西南地区典型矿床成矿规律与找矿预测丛书

滇东北矿集区富锗铅锌矿床成矿机制与隐伏矿定位预测

韩润生　张　艳　王　峰　吴　鹏　邱文龙　李文尧等　著

科学出版社

北　京

内 容 简 介

本书以全球罕见的滇东北矿集区富锗铅锌矿为研究对象，通过国内外典型铅锌矿床对比研究，将碳酸盐岩容矿的非岩浆后生热液型铅锌矿床划分为两个端元矿床，即密西西比河谷型（MVT）和会泽型（HZT）；阐明了斜冲走滑构造系统的控矿作用，研究总结了矿床时空分布规律和矿体定位规律，提出陆内走滑断褶构造控矿论；揭示了富锗铅锌矿超常富集与巨量聚集的主要机制，建立了特色成矿系统的矿床模型，提出流体“贯入”-交代成矿论；构建了找矿预测地质模型及其应用流程，创新了构造地球化学深部精细勘查技术，创建了大比例尺构造-蚀变岩相找矿预测方法、高精度坑道重力全空间域定位探测方法及大比例尺“四步式”深埋藏矿体定位探测集成技术，实现了矿区深部及外围找矿重大突破。

本书可供矿产普查与勘探、矿物学岩石学矿床学、地球化学、地球探测与信息技术、构造地质学等专业的研究生、高校教师和矿产勘查技术人员参考。

图书在版编目(CIP)数据

滇东北矿集区富锗铅锌矿床成矿机制与隐伏矿定位预测 / 韩润生等著. —北京：科学出版社，2019.8
（西南地区典型矿床成矿规律与找矿预测丛书）

ISBN 978-7-03-055934-0

Ⅰ.①滇…　Ⅱ.①韩…　Ⅲ.①铅锌矿床-成矿作用-云南　②铅锌矿床-隐伏矿床-成矿预测-云南　Ⅳ.①P618.400.1

中国版本图书馆CIP数据核字（2017）第313097号

责任编辑：王　运　姜德君 / 责任校对：张小霞
责任印制：肖　兴 / 封面设计：耕者设计工作室

科学出版社 出版
北京东黄城根北街16号
邮政编码：100717
http://www.sciencep.com

北京汇瑞嘉合文化发展有限公司 印刷
科学出版社发行　各地新华书店经销
*
2019年8月第　一　版　开本：787×1092　1/16
2019年8月第一次印刷　印张：33
字数：780 000

定价：428.00元

（如有印装质量问题，我社负责调换）

序　一

富铅锌矿是我国的紧缺资源，稀散元素锗是一种新兴战略关键矿产。川滇黔接壤区广泛分布富锗铅锌矿，铅锌品位之高、富锗之多，全球少见。国内外已有成矿理论还不能圆满解释该区富锗铅锌矿的特殊性，常规找矿技术在深部探测遇到困难。因此，该类型矿床成矿的主控因素和矿体赋存规律、成矿类型及其形成机制等诸多理论问题亟待破解，高寒乌蒙山区深部找矿勘查技术组合亟待研发和集成。韩润生教授领衔的产学研用协同创新团队，历经20多年的持续攻关，以滇东北矿集区为研究基地，针对制约深部找矿突破的成矿构造动力学背景与成矿响应机制、高品位大吨位铅锌锗成矿机制、矿床成矿规律、矿床类型归属及其成矿系统等理论问题，以及深埋藏矿床（体）定位探测等关键技术难题，系统开展了典型矿床精细解剖、矿田构造解析和矿床地球化学、实验地球化学、国内外矿床对比等研究，在成矿理论和深部定位勘查技术研究方面实现了新突破，在深部找矿方面取得重大成果。其主要成果概括为以下三个方面。

一是率先提出川滇黔富锗铅锌矿床以构造驱动成矿为主导的学术思想，论证了矿床形成于印支期碰撞造山过程的陆内走滑构造系统，查明了矿床形成的主控断褶构造组合样式，揭示了构造成矿-控矿新机制，建立了构造分级控矿、矿体定位模式，提出了陆内走滑断褶构造控矿论。在此基础上，阐明了“矿源-输运-聚集”成矿过程，揭示出构造-流体多重耦合作用是铅锌锗超常富集-巨量聚集成矿的主要机制，厘定了铅锌矿床新类型——会泽型，建立了矿床成矿系统和矿床模型，进而创立了流体“贯入”-交代成矿论，并有效地指导了区域找矿评价和矿山深部及外围找矿勘查部署。

二是从该类型矿床的典型特征出发，成功研发出大比例尺构造-蚀变岩相找矿预测、构造地球化学精细勘查、高精度坑道重力全空间域深部矿体定位探测等系列关键技术，创建了大比例尺深部矿体定位探测集成技术体系及“四步式”综合勘查模型，解决了非岩浆热液矿床矿化自然边界圈定、低弱矿化信息提取和隐伏矿体产状推断等难题，填补了大比例尺坑道重力三方向梯度探测技术的空白。

三是以成矿理论为指导，运用研发的深部勘查技术，在会泽、毛坪等老矿山深部及外围推广应用，指导探明了一系列富厚大矿体，推动深部找矿取得重大突破，新增铅锌、锗、银金属资源储量巨大，经济、社会和环境效益显著。该成果为我国深部找矿勘查提供了一个典型范例。

总之，《滇东北矿集区富锗铅锌矿床成矿机制与隐伏矿定位预测》是一部成矿理论与找矿实践紧密结合，在铅锌成矿理论和深部找矿技术方面有重大创新，在找矿实践中有显著实效的力作。该成果为我国特色成矿系统研究和深部资源勘查提供了典型案例，必将进一步推动铅锌矿床成矿理论的发展与深部勘查技术水平的提升，相信对全球类似矿床地质找矿具有重要启迪意义。

中国工程院院士

2018年12月18日

序　二

川滇黔接壤区地处特提斯成矿域与环太平洋成矿域交界地带，广泛分布一批以品位特高、规模大、共伴生锗等元素多、矿体延深大为典型特征的大型–超大型铅锌矿床，一直是地学界研究的热点地区。20世纪60年代至21世纪初，广大地质工作者先后对碳酸盐岩中的铅锌矿提出了一系列成因观点，其中以沉积成矿观点为主导。但是，国内外已有理论难以圆满解释该区富锗铅锌矿的特殊性。同时，在20世纪末，会泽、毛坪、赫章等一批主力矿山资源枯竭，“四矿问题”凸显。因此，破解该类矿床成矿主控因素、成矿类型及其形成机制等诸多理论问题，创新深部找矿勘查技术，已成为发现新的接替资源亟待解决的重要任务。

韩润生教授带领的产学研用协同创新团队，以矿床成矿系统论、构造成矿动力学理论和方法为指导，在矿床成因认识、深部找矿技术及勘查难度极大的条件下，针对制约深部找矿突破的成矿构造动力学背景及其成矿响应机制、铅锌锗超常富集成矿机制等核心问题与隐伏矿定位探测等关键技术难题，突破沉积成矿为主导的传统思维，率先提出了构造成矿为主导的学术思想，历经20余年持续创新，通过区域构造分析、矿田构造解析、典型矿床精细解剖、实验地球化学等系统研究和深部找矿关键技术研发及集成，取得了在构造成矿理论和深部找矿技术上有重大创新、在找矿勘查实践上有重大突破的突出成果。主要表现在：一是创新提出富锗铅锌矿形成于印支期陆内碰撞造山成矿响应的大陆动力学背景的观点，查明了矿床形成的主控因素和断褶构造组合样式，揭示了陆内走滑构造系统成矿–控矿新机制，建立了构造分级控矿系统和矿体定位模式，提出了陆内走滑断褶构造控矿论；揭示出构造–流体多重耦合作用是铅锌锗超常富集成矿的主要机制，厘定了具中国特色的会泽型铅锌矿床新类型，并建立了其成矿系统和矿床模型，提出了流体“贯入”–交代成矿论，为区域找矿勘查部署奠定了坚实基础。二是创新和发明了大比例尺构造–蚀变岩相找矿预测、构造地球化学精细勘查、高精度坑道重力全空间域深部矿体定位探测等关键技术，创建了大比例尺“四步式”深部矿床（体）定位探测集成技术体系及深部综合勘查模型，攻克了非岩浆热液矿床矿化自然边界圈定、深部低弱矿化信息提取、隐伏矿体产状推断及其定位等技术难题。三是以成矿理论和勘查技术为支撑，在一批老矿山深部和外围及勘查区发现了系列矿床（体），新增铅、锌、锗、银金属资源储量巨大，经济、社会和环境效益显著，实现了该区近50年来铅锌成矿理论和深部找矿技术创新的新飞跃。

《滇东北矿集区富锗铅锌矿床成矿机制与隐伏矿定位预测》是我国近些年来深部找矿勘

查领域铅锌成矿理论技术成果及成功找矿范例的系统概括。该专著的出版，不仅对川滇黔接壤区深部找矿具有直接指导作用，而且将推动我国铅锌矿床成矿理论的进一步发展和深部勘查技术水平的提升，并对世界类似矿床地质找矿具有示范推广作用。我衷心祝贺该著作的出版！

郑华

2018 年 12 月 18 日

前　　言

矿产资源的可持续供应是我国经济增长、国家资源安全和提高国际竞争力的重要保障，是国家中长期科学与技术发展规划中矿产资源领域资源勘探增储的优先主题，也是深入实施“一带一路”倡议、“南亚东南亚辐射中心”战略的需要。目前，国家开展的“深地资源勘查开采重点专项”正是为了解决深部矿产资源探测重大问题而设立的研发计划。

富铅锌矿是我国重要的紧缺资源，稀散元素锗是全球新兴产业的关键矿产。我国铅锌资源产量和消耗量居世界首位，对外依存度居高不下。川滇黔接壤区广泛分布富锗铅锌矿，铅锌品位之高、富锗之多，全球罕见。该区地处集革命老区、民族地区和连片特困区于一体的乌蒙山区，是国家扶贫攻坚的重点区，也是我国最大有色金属工业基地的核心区及中国地质调查局规划的 19 个重点找矿区带之一。20 世纪末，以该区会泽、毛坪铅锌矿为代表的一批主力矿山资源枯竭，大批员工下岗，“四矿问题”（矿业、矿山、矿工、矿城）凸显，铅锌产业面临严峻挑战。因此，创新成矿理论和深部探测技术，发现和探明接替资源刻不容缓！

近些年来，虽然广大地质工作者在滇东北大型矿集区富锗铅锌矿成矿理论、深部找矿技术等方面开展了富有成效的研发工作，但是老矿山储量不足的矛盾仍很突出，而且深部找矿难度极大：①认识难度大——国内外已有理论不能圆满解释富锗铅锌矿的特殊性［品位特高，Pb+Zn：20% ~35%；储量大，矿床（体）可达大型-超大型规模；富锗、银等元素；矿体延深大；热液蚀变强］，成矿主控因素和矿体赋存规律不清、矿床成矿类型和形成机制不明；②技术难度大——矿体形态特殊且埋深大，地表物化探异常较弱，导致常规找矿技术难以奏效；③勘查难度大——高寒乌蒙山区山高谷深，地表勘查困难。为此，在国家自然科学基金和省部级科技计划及一批校企合作重点项目的持续支持下，针对制约深部找矿突破的成矿构造动力学背景及其成矿响应机制、铅锌锗元素超常富集-巨量聚集成矿机制、矿源-输运-聚集成矿过程、矿床成矿规律、矿床类型归属、富锗铅锌成矿系统等重大理论问题，以及深埋藏矿床（体）定位预测等关键技术难题，通过会泽、毛坪、乐红、茂租、富乐厂、松梁等一批中-大型富锗铅锌矿床的精细解剖与黔西北、川西南矿集区典型铅锌矿床的深入调研，历经 20 年产学研用协同攻关，取得了如下主要成果。

1. 基于全球罕见的滇东北矿集区富锗铅锌矿独特的地质特征，提出了陆内走滑断褶构造控矿论，为找矿思路从沉积成矿到构造成矿的根本转变提供了科学依据

（1）提出了富锗铅锌矿的形成与碰撞造山事件的成矿响应机制密切相关的观点，厘定了印支期陆内构造-成矿耦合事件的年代，阐明了高品位大吨位富锗铅锌矿形成的大陆动力学背景。在系统总结矿床独特的地质特征的基础上，通过地质推断–构造变形筛分–古应力值系统测量–同位素精确定年，厘定陆内构造–成矿耦合事件的时代为印支期（228～194Ma），进一步揭示出富锗铅锌矿形成于印支期碰撞造山过程的陆内走滑构造系统。印支期，印支陆块与扬子陆块碰撞导致包括中越交界的八布–Phu Ngu洋在内的古特提斯洋关闭，形成了南盘江–右江造山带，区域构造应力向扬子陆块内传导，在川滇黔接壤区形成了空间分布具广泛性、类型具分区性和多样性的陆内走滑构造系统：在滇东北形成NE向左行斜冲走滑–断褶带；在黔西北形成NW向斜落走滑–断褶带；在川西南形成近SN向走滑断裂带。印支期碰撞造山作用，导致新元古代—古生代陆缘裂陷，并产生大规模构造变形，而且构造驱动深源流体沿走滑断褶带或断裂带大规模运移，流体呈旋涡状被断褶构造和花状构造圈闭，因构造释压、流体"贯入"及构造–流体多重耦合作用，形成了以滇东北矿集区为代表的川滇黔富锗铅锌成矿区。

（2）查明了矿床形成的主控因素和断褶构造组合样式，揭示了陆内走滑断褶构造系统成矿–控矿机制，构建了构造分级控矿、矿体定位模式。通过深入剖析陆内走滑构造系统和矿床时–空–物结构，提出印支期控制盆地边缘碳酸盐岩蚀变带的走滑断褶构造带为该类矿床的成矿地质体，成矿构造体系为NE构造带，从而实现了以地层层位成矿为主导转变为以构造成矿为主导的认识突破；厘定了成矿–控矿的断褶构造组合样式为同斜式断褶带、对倾式断褶带、单斜式断褶带及背倾式断裂带，进而构建了构造分级控矿系统：陆内走滑构造系统控制了川滇黔成矿区分布；区内NE、NW、近SN向走滑断褶带分别控制滇东北、黔西北、川西南富锗铅锌矿集区；断褶构造组合控制富锗铅锌矿田（床）；层间断裂带、断裂裂隙带控制矿体展布。基于构造精细解析与地表、坑道、钻孔地质填图，建立了矿体定位模式：①空间上矿体呈等间距、等深距展布。②在滇东北矿集区，矿体定位于NE向断褶构造主断裂带上盘的层间断裂–裂隙带中，呈左列式向SW向侧伏。③走滑断褶带为矿床的导矿构造，次级断裂–褶皱为配矿构造，层间断裂带、断裂裂隙带为容矿构造。④断裂–裂隙带、蚀变岩相转化界面（酸碱界面）等主要的成矿结构面及其组合，直接控制了"似层状"型、倾伏–侧伏型、不规则脉型及其组合等矿化样式。

2. 揭示了构造–流体多重耦合作用是铅锌锗超常富集–巨量聚集成矿的主要机制，提出了会泽型富锗铅锌矿床流体"贯入"–交代成矿论

（1）查明了"矿源–输运–聚集"成矿过程，揭示了铅锌锗超常富集成矿的主要机制。通过矿化蚀变分带规律、微量元素地球化学、流体包裹体地球化学及S–Pb–Sr–Zn–Fe、C–H–O、He–Ar同位素示踪等研究，揭示了矿质主要来源于变质基底和深源，成矿流体主要有深源和盆地两种来源。基于流体包裹体地球化学和物理化学相图，查明了成矿流体中铅锌主要以氯络合物形式迁移，流体历经了中高温–低盐度–中高压→中温–中盐度–低压→低温–中低盐度–低压的演化过程，矿床主要形成于近中性环境，酸碱地球化学障是铅锌共生分异和矿化蚀变岩相分带的主因。结合成矿模拟实验，揭示出酸性流体萃取作用、深源流体"贯入"作用、流体不混溶作用、流体混合作用是铅锌锗超常富集成矿的主要机制。

（2）发现富锗铅锌矿床典型特征不同于典型的密西西比河谷型（MVT）矿床，厘定了会泽型（HZT）铅锌矿床新类型，划分了碳酸盐岩容矿的非岩浆后生热液型铅锌矿床的两类端元矿床，构建了其成矿系统的矿床模型，为区内找矿部署提供了科学依据。经典理论认为，MVT 铅锌矿主要形成于克拉通碳酸盐台地和大陆伸展环境，赋存于弱变形且稳定的碳酸盐台地，受正断层控制（Leach and Sangster，1993），但川滇黔富锗铅锌矿的形成机制无法用经典理论来解释。研究发现：区内富锗铅锌矿是走滑断褶构造圈闭、富矿流体充沛、储矿空间优越及酸性流体萃取、流体不混溶、流体混合作用之综合效应的产物；矿床在成矿构造背景、成矿主控因素和矿化蚀变分带规律、矿体侧伏规律、成矿物化条件、地球化学特征及成矿机制等方面明显不同于典型 MVT 矿床，进而提出了会泽型（HZT）铅锌矿床新类型；基于典型 MVT 铅锌矿床的成矿规律，通过国内外非岩浆后生热液型铅锌矿床的对比研究，将碳酸盐岩容矿的非岩浆后生热液型铅锌矿床划分为两类端元矿床：密西西比河谷型（MVT）、会泽型（HZT）；总结了 HZT 铅锌矿床成矿规律，建立了该类矿床成矿系统：源（矿质主要来源于变质基底和深源，流体来源主要为深源和盆地源）→运（构造驱动流体沿走滑断褶带大规模运移）→储（流体在层间断裂带、断裂-裂隙带中卸载沉淀）→变（成矿后构造使矿体变位）→保（矿床主体未遭受强烈剥蚀得以保存），进而构建了流体“贯入”-交代成矿模型与找矿预测地质模型，并依据其矿床模型及其应用流程，有效地指导了深部及外围找矿勘查部署。

3. 成功研发了大比例尺找矿勘查系列关键技术，为隐伏矿定位预测和深部找矿突破提供了有力支撑

（1）发明了大比例尺构造-蚀变岩相找矿预测新方法，圈定了找矿有利区段，解决了非岩浆热液矿床矿化自然边界圈定的难题。基于该类矿床矿化蚀变岩相分带规律与矿化蚀变指数、迁入元素增长指数的变化规律，发明了该方法。其要点为：构造-蚀变岩相填图→反演成矿物化条件（T、P、pH、Eh）→构建矿化蚀变岩相分带模型→圈定找矿有利区段。

（2）创新了构造地球化学精细勘查技术，研发出矿化中心圈定和深部矿化信息捕获及矿体产状判定新方法，实现了重点靶区快速圈定，解决了低弱矿化信息提取、隐伏矿体产状推断困难的问题。针对矿床明显受构造控制和热液蚀变强等特点，基于构造精细解析，识别并筛分出深部成矿构造；采用数据挖掘方法、断裂带金属元素组合晕异常及模糊综合评判模型，提取深部低弱矿化信息；依据异常延展方向、异常梯度变化规律及异常漂移方向，判定隐伏矿体产状和侧伏方向。

（3）发明了高精度坑道重力全空间域定位探测深部矿体新方法，填补了大比例尺坑道重力三方向梯度探测技术的空白，攻克了坑道重力反演多解性的难题，弥补了其他物探方法受电磁干扰的不足。基于 HZT 铅锌矿床高品位大吨位、矿石与围岩密度差异明显的特点，通过重力勘查理论研究、正演计算及实地探测，发明了高精度坑道重力全空间域定位探测方法。其要点为：应用重力异常（V_z）及其三维重力梯度异常（V_{xz}、V_{yz}、V_{zz}）的正负组合特点，判定隐伏矿体的定位空间。

（4）创建了大比例尺深部矿体定位探测集成技术体系，建立了“四步式”综合勘查模型，在会泽、毛坪等矿区深部和外围取得重大找矿突破。针对在哪里找大矿、如何找富矿的难题，在不同找矿方法异构数据同构化的基础上，集成了矿床模型和找矿勘查关键技术，发明了大比例尺“四步式”深部矿体定位探测技术，建立了其综合勘查模型：①应用矿床模型优选找矿方向，实现“空间择向”。②应用构造-蚀变岩相找矿方法，预测找矿有利区段，实现“面中筛区”。③运用构造地球化学精细勘查技术，快速圈定重点靶区，实现“区中选点”。④坑道重力、AMT和TEM、IP综合探深，实现“点上探深”，最终实现隐伏富厚矿体的准确定位。

通过富锗铅锌矿成矿理论研究和深部勘查技术示范，建立了矿床模型与矿体定位模式，优化了找矿标志，优选出多批重点找矿靶区，在会泽、毛坪等矿区深部及外围取得了“攻深找盲”的重大突破，自20世纪末以来累计新增超千万吨铅锌金属资源储量和数千吨锗银金属资源储量。以此资源为依托，新建成具有国际领先水平的曲靖、会泽采选冶和加工基地及会泽、彝良2000t/d采选基地，现已发展成为以云南驰宏锌锗股份有限公司为主体的国际化铅锌锗工业基地，取得了巨大的经济、社会和环境效益，在我国有色金属产业中处于举足轻重的地位。本书成果为我国特色成矿系统研究和深部资源勘查提供了重要的创新平台，也为川滇黔接壤区矿床深部及外围与同类矿床实现找矿突破奠定了基础。

本书是集体智慧和劳动成果的结晶。撰写具体分工如下：前言，韩润生；第一章，韩润生、王峰、任涛、张艳、邱文龙、张长青；第二章，王峰、韩润生、周高明、黄智龙、王雷、王胜开；第三章，韩润生、邱文龙、吴鹏、张艳、周高明、郭忠林、任涛、石增龙、王加昇、刘飞；第四章，韩润生、王峰、陈进、李波、胡煜昭、崔峻豪、孙晓栋、李孜腾、胡彬、吕豫辉、潘萍；第五章，韩润生、邱文龙、申屠良义、文德潇、张小培、陈随海；第六章，韩润生、任涛、吴鹏、张艳；第七章，韩润生、张艳、邱文龙、吴永涛、赵冻、王磊、管申进；第八章，张艳、韩润生；第九章，韩润生、王峰、张艳、罗大锋、任涛、邱文龙、王雷；第十章，韩润生、李文尧、吴鹏、王峰、罗大锋、周高明、郭忠林、胡体才、贺皎皎、龚红胜。另外，吴海枝、杨光树、杨柏英、雷丽、魏平堂、江小均、黄建国、管申进、韩尚、王子勇、韩爱宁等同志参与野外调研、图件绘制及资料收集整理等工作。最后由韩润生、张艳审定完成。

需要指出的是，为了保持有关成果的延续性，本书中地层划分沿用二叠系的两分方案，石炭系的三分方案。

本书得到了国家自然科学基金联合基金重点项目“滇东北矿集区富锗铅锌矿床成矿机理及靶区优选”（U1133602）、国家自然科学基金项目“黔西北富银铅锌矿集区冲断褶皱构造系统的成矿机制及找矿潜力分析”（41572060）、“云岭学者”人才计划项目（2014）、云南省自然科学基金重点项目（2010CC005）、中国地质调查局典型矿集区潜力评价示范项目（121201115036001）、中国博士后科学基金项目“铅锌运移动力学机制的高温高压实验——以会泽铅锌矿为例”（2017M610614）、昆明理工大学-云南驰宏锌锗股份有限公司校企合作重点项目“昭通毛坪铅锌矿床深部及外围隐伏矿找矿预测及增储研究”（2010-01）和“云南会泽超大型铅锌矿床深部及外围隐伏矿找矿预测及增储研究”（2010-2）等项目的联合资助。在此一并深表感谢。

在项目立项和研究过程中，得到翟裕生院士、张洪涛教授级高工、叶天竺教授、刘丛强院士、毛景文院士、侯增谦院士、邓军教授、王京彬教授级高工、李文昌教授、方维萱研究员、胡瑞忠研究员、孙晓明教授、倪培教授、唐菊兴研究员、吕志成教授级高工、庞振山教授级高工、祝新友教授级高工、金中国研究员、崔银亮教授级高工、侯曙光教授级高工等的悉心指导和帮助。在本书编撰过程中，得到翟裕生院士、陈毓川院士、邓军教授、李峰教授、王学焜教授、冉崇英教授、朱立新研究员、张翼飞教授级高工、尹光侯教授级高工、武国辉研究员等的指导和鼓励；毛景文院士、方维萱研究员、李峰教授等对完善本书学术思想提出了宝贵的指导性意见。在项目实施过程中，得到云南冶金集团总公司、云南驰宏锌锗股份有限公司、有色金属矿产地质调查中心、中国地质调查局发展研究中心、中国科学院地球化学研究所、中国地质科学院矿产资源研究所、南京大学、云南省地质调查局、云南省有色地质局等单位领导和技术人员的大力支持和帮助，尤其是得到了云南冶金集团王洪江副总经理，云南驰宏锌锗股份有限公司沈立俊总经理、孙成余总经理，会泽矿业分公司闫庆文等领导及工程技术人员，以及昆明理工大学国土资源工程学院、科技处、人事处等部门的领导和老师们的大力支持和帮助。在此，对以上单位和各位专家表示深深的谢意。特别要感谢毛景文院士、邓军教授在百忙之中欣然为本书作序。还要感谢以上未提到的关心和支持项目研究的领导、专家学者及各位同仁。

本书付梓正值云南省著名的地质学家、教育学家孙家骢教授（1934～1997）逝世22周年之际，谨以此作表达学生对恩师的教导之恩和崇敬之情。

韩润生
2019年6月

目　录

第一章　概　　述

第一节　铅锌矿床的主要类型

基于川滇黔接壤区铅锌矿床的特殊性与区内矿床找矿勘查的需要，综合国内外专家学者对铅锌矿床的分类，并根据容矿岩石类型、矿床与围岩的时空关系，以及铅锌成矿作用与岩浆热液的成因关系，结合不同类型矿床复合与叠加等因素，现将铅锌矿床概括为五种主要类型：碳酸盐岩容矿的非岩浆后生热液型铅锌矿床、碎屑岩容矿的非岩浆热液型（SEDEX 或 CD）铅锌矿床、火山岩容矿的块状硫化物型（VHMS）铅锌矿床、岩浆热液型铅锌矿床及复合-叠加型铅锌矿床（表 1-1）。

表 1-1　主要类型铅锌矿床典型特征简表

矿床类型		定义	成矿构造背景	成矿主控因素	主要特征	我国代表性矿床	参考文献
碳酸盐岩容矿的非岩浆后生热液型	密西西比河谷型（MVT）	赋存于克拉通台地和前陆盆地、裂谷盆地边缘，以成岩碳酸盐岩（礁灰岩组合）为容矿围岩，在 50～200℃条件下从盆地卤水中沉淀形成的、成因与岩浆活动无关的浅成后生热液型铅锌矿床	克拉通台地、前陆盆地边缘、裂谷盆地边缘	层控（硅-钙面、不整合面、古喀斯特）、岩控和正断层	铅锌品位低且较稳定（Pb＋Zn：一般在 3%～10%，极少达 15%）、矿床储量大、共伴生组分少、矿体延深浅、热液蚀变弱、成矿温度低、一般无矿化蚀变分带	湖南花垣、广东凡口、青海东莫扎抓	Leach 和 Sangster，（1993）；Leach 等（2001，2005，2010）；Taylor 等(2009)；李发源(2003)；张长青等（2005）；刘文均等（1999）；刘文均和卢家烂(2000)；刘文均和郑荣才(1999，2000a，2000b)；祝新友等(2013)；甄世民等(2014)；刘英超等(2008)
	会泽型（HZT）	产于陆内走滑构造背景下，受斜向走滑断褶构造带控制，以蚀变的碳酸盐岩为直接的容矿围岩，中高温（200～350℃）-中低盐度、富气相或 CO_2 成矿流体“贯入”-交代成矿的后生铅锌矿床	陆块碰撞造山过程的陆内走滑构造系统	走滑断褶构造组合及蚀变碳酸盐岩	铅锌品位特高（Pb＋Zn：20%～35%）、矿床（体）规模大、共伴生元素多（Ge、Ag、Cd、Ga 等）、矿体延深大、（铁）白云石化等热液蚀变强、成矿温度较高、矿物组合分带明显及层-脉式矿化结构明显	云南会泽、毛坪、乐红、茂租、富乐厂、金沙，四川天宝山、大梁子，贵州猪拱塘、亮岩、天桥、杉树林、蟒硐、垭都等	韩润生等（2001a，2006，2012，2014）；Han 等（2007a，2007b）

续表

矿床类型		定义	成矿构造背景	成矿主控因素	主要特征	我国代表性矿床	参考文献
碎屑岩容矿的非岩浆热液型（SEDEX或CD）	沉积-成岩型	产于被动陆缘、同生断裂和裂陷盆地中，赋存于陆相或海相碎屑岩或沉积变质岩的沉积层序中的铅锌矿床	被动陆缘、同生断裂和裂陷盆地	层位、岩性/岩相及同生断裂	矿床规模大、矿体多呈层状，富Pb、Zn，偶尔伴生Ag，因多含重晶石而含Ba，贫Cu和Au，具有双层结构及分相性，围岩蚀变种类较多，矿床分带性明显	甘肃厂坝、邓家山，陕西八方山和银硐子，内蒙古东升庙、灰窑口、甲生盘	马国良和祁思敬（1996）；王玲之（1989）；戴问天（1989）；马芳芳（2012）；彭润民等（2000，2004，2007）；彭润民和翟裕生(2004)
	构造热液型			受一定层位和构造带控制呈带状分布，含膏盐砂（砾）岩赋矿层与后期成矿构造（盐丘构造、推覆构造）组合		云南兰坪金顶铅锌矿，新疆乌拉根铅锌矿	赵兴元（1989）；王京彬等（1990）；王江海和常向阳（1993）
火山岩容矿的块状硫化物型（VHMS）		赋存于火山岩系中的块状硫化物型铅锌矿床，包括海相火山喷流沉积型和陆相火山热液型	洋中脊拉张环境，大陆边缘活动带	火山机构、海底火山岩相组合	矿体以层状为主，矿石构造具分带性，主要成矿元素为Cu、Pb、Zn，主要伴生元素为Au、Ag	浙江五部，四川呷村，新疆阿尔泰铁木尔特	李嘉曾（1984）；黄报章等（1983）；陈懋弘（2014）；徐九华等（2008）
岩浆热液型	夕卡岩型（接触交代型）	赋存于碳酸盐岩或钙镁质岩石与中酸性侵入岩接触带或外带夕卡岩中的铅锌矿床	褶皱带、地台内的侵入岩体、断裂构造系统	中酸性侵入体、钙镁质岩石及构造	矿体多呈脉状、网脉状、似层状，空间上常和高温热液型钨锡矿床、夕卡岩型铁铜矿、斑岩型铜钼矿构成岩浆热液成矿系统；具有明显的矿化蚀变分带，以硅化、绢云母化为主；成矿具明显的阶段性	滇西核桃坪，湖南水口山，内蒙古白音诺	高伟等（2010）；李永胜等（2012，2014）；张德全等（1991）；张德全和鲍修文（1990）
	热液脉型	赋存于岩浆热液成矿系统外带的岩浆热液脉型铅锌矿床或岩浆热液型铅锌矿床				滇西北北衙金多金属矿田碱性斑岩外带的大型铅锌矿，黑龙江塔源二支线铜铅锌矿，江西冷水坑银铅锌金矿，云南姚安、山东香夼铅锌矿	和文言等(2012)；王宝权(2016)；孟祥金等(2009)；王建飞等(2016)；张乾（1990）
复合-叠加型		以上类型铅锌矿床通过复合成矿作用和叠加成矿作用形成的铅锌矿床	大体同期两种或以上成矿作用的构造背景；两期或以上构造背景叠加，具有构造背景的转换，如拉张→挤压转换等	大体同期两种或以上成矿主控因素复合；两期或以上成矿主控因素叠加	矿体形态、产状复杂，但保留早期和晚期不同成矿作用的矿体特征。不同的矿化类型、蚀变矿物组合、矿石组构等特征客观反映了不同成矿作用	湖南黄沙坪锡铜铅锌多金属矿，长江中下游铜金铅锌多金属矿，云南澜沧铜钼铅锌银多金属矿，西藏斯弄多大型铅锌矿床	王玉往等（2011）；地质矿产部《南岭项目》构造专题组（1988）；李峰等（2010）；曾普胜等（2005）；李光明等（2010）；张辉(2017)

（1）碳酸盐岩容矿的非岩浆后生热液型铅锌矿床：是铅锌矿床的主要类型之一。自从Leach等（2001，2010）系统总结了密西西比河谷型（MVT）铅锌矿床成矿特征及其成矿构

造背景以来，世界各地MVT铅锌矿床研究“风起云涌”，国内外很多铅锌矿床多被归属于MVT矿床这个“大篮子”。根据MVT铅锌矿床和川滇黔接壤区铅锌矿成矿地质作用类型、成矿温度、成矿方式、赋矿碳酸盐岩的成因类型及勘查方向等方面的明显差异，将碳酸盐岩容矿的非岩浆后生热液型铅锌矿床划分为两个端元：密西西比河谷型（MVT）（本章第四～第六节详述）和会泽型（HZT）（第九章详述）。前者的成矿方式以低温热卤水充填为主，后者以中高温热液“贯入”-交代为主。可以说，世界上多数碳酸盐岩容矿的非岩浆后生热液型铅锌矿床是介于两个端元矿床的过渡类型，MVT与HZT铅锌矿床共存，但各具特色。

MVT铅锌矿床指赋存于克拉通台地和前陆盆地、裂谷盆地边缘，以成岩的碳酸盐岩（礁灰岩组合）为容矿围岩，在50～200℃条件下从盆地卤水中沉淀形成的，成因与岩浆活动无关的浅成后生热液型铅锌矿床（Leach and Sangster，1993）。该类矿床以美国密西西比河谷发育的铅锌矿床最为典型。研究认为该类矿床是古盆地流体在一定构造事件过程中于某些有利位置卸载成矿的（Garven，1985；Leach and Rowan 1986；Oliver，1986，1992；Bethke and Marshak，1990；Leach et al.，2001），在我国可进一步划分为花垣式、凡口式、东莫扎抓式铅锌矿床。以前这类矿床曾被称为“远成岩浆热液矿床”。20世纪70～80年代，涂光炽院士称其为低温热液型铅锌矿床。

HZT铅锌矿床指产于陆内走滑构造背景下，受走滑断褶构造带控制，以蚀变的碳酸盐岩为直接容矿围岩，中高温（200～350℃）-中低盐度、富气相或CO_2成矿流体“贯入”-交代成矿的后生铅锌矿床。该类矿床产于扬子陆块西南缘，最早研究的会泽超大型富锗铅锌矿，在川滇黔接壤区具有典型性和普遍性，成矿特征颇具特色（韩润生等，2001a，2001b，2006，2007，2012，2014；Han et al.，2004，2007a，2007b，2012），因此取名为会泽型（HZT）铅锌矿床（韩润生等，2006，2007，2012，2014）。

（2）碎屑岩容矿的非岩浆热液型（SEDEX或CD）铅锌矿床：Leach等（2005）定义了SEDEX矿床，指产于被动陆缘、同生断裂和裂陷盆地中，赋存于碎屑岩为主岩的沉积岩中的铅锌矿床。Leach等（2010）用碎屑岩为主岩的铅锌矿床（CD型）来定义该类矿床，弱化了矿床分类与过程的相关性，避免了矿床成因与时间的关系问题（如同生的、成岩的或同生成岩的）。该类矿床一般赋存于页岩、砂岩、硅质岩、混合碎屑岩中。该类矿床包括沉积-成岩型、构造热液型两个亚类，后者如兰坪金顶式铅锌矿，有学者认为该矿床的形成与膏盐底辟作用有关，但也有学者认为该矿床与典型的MVT铅锌矿床的成矿作用具有相似性，将其归为MVT铅锌矿床（Leach et al.，2010）。

（3）火山岩容矿的块状硫化物型（VHMS）铅锌矿床：也称火山喷流沉积型铅锌矿床，是指产于海相火山岩系中，与海相火山-侵入岩浆活动有关且在海底环境下火山喷气（热液）作用形成的硫化物矿床（Huchinson，1973；Franklin，1981）。

（4）岩浆热液型铅锌矿床：可分为夕卡岩型、岩浆热液脉型两个亚类。其中，夕卡岩型铅锌矿床指赋存于碳酸盐岩或钙镁质岩石与中酸性侵入岩接触带或外带夕卡岩中的铅锌矿床。该类夕卡岩距离成矿侵入岩体往往较远，多属远程夕卡岩，如滇西保山核桃坪铅锌矿床。岩浆热液脉型铅锌矿床主要指赋存于岩浆热液成矿系统外带的热液脉型铅锌矿床或岩浆热液型铅锌矿床，如分布于碱性斑岩外带的滇西北北衙金多金属矿田中的大型铅锌矿床、花岗斑岩外带的黑龙江塔源二支线中的铜铅锌矿床等。

（5）复合-叠加型铅锌矿床：指复合成矿作用和叠加成矿作用形成的铅锌矿床，常见的多成因矿床和改造矿床，均是由多种成矿地质作用叠加或复合的产物。复合型铅锌矿床，是指大体同一地质时期内两种或两种以上成矿作用在同一矿区复合的铅锌矿床，包括沉积成矿作用中的复合、沉积作用与火山作用的复合、沉积作用与侵入岩浆作用的复合、火山成矿作用中的复合、侵入岩浆作用中的复合、侵入岩浆作用与变质作用复合、大型变形地质作用及其与其他成矿地质作用的复合（王玉往等，2011）。例如，湘南地区黄沙坪铜锡铅锌银多金属矿床（地质矿产部《南岭项目》构造专题组，1988），为燕山早期与花岗斑岩（A2 型，301 岩体）有关的锡多金属矿与花斑岩（A1 型，304 岩体）有关的铜多金属矿复合而成。叠加型铅锌矿床，是指不同时期成矿地质作用叠加（或改造）形成的铅锌矿床，包括沉积作用被火山作用、岩浆作用、变质作用和构造作用叠加，火山作用被岩浆热液作用、变质作用和构造作用叠加，岩浆热液作用被变质、变形作用叠加，变质作用被变形作用叠加，以及上述作用被风化淋滤作用叠加（王玉往等，2011）。例如，云南澜沧铜钼铅锌银多金属矿床，为喜马拉雅期花岗斑岩型-夕卡岩型铜钼多金属矿（深部）叠加于海西期火山喷流沉积型铅锌矿（浅部）而成（李峰等，2010）。

第二节　全球超大型铅锌矿床概况

一、主要超大型铅锌矿床分布

世界上主要的超大型铅锌矿床主要分布在欧洲、北美洲、大洋洲、南美洲及亚洲，其铅锌储量主要分布情况如图 1-1 所示。

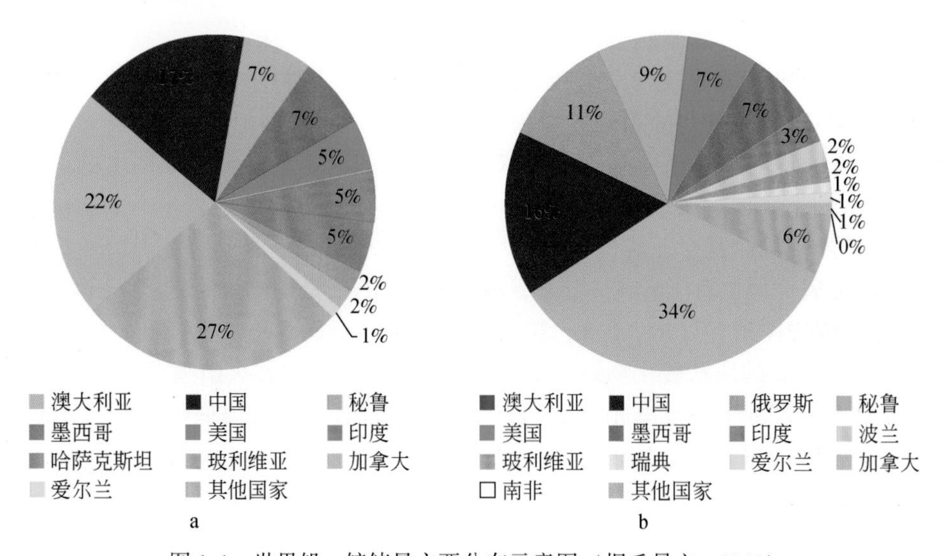

图 1-1　世界铅、锌储量主要分布示意图（据毛景文，2012）

a. 铅；b. 锌

CD（SEDEX）、HZT+MVT、VMS 铅锌矿床，无论是其数量还是储量均居重要地位（图 1-2）。

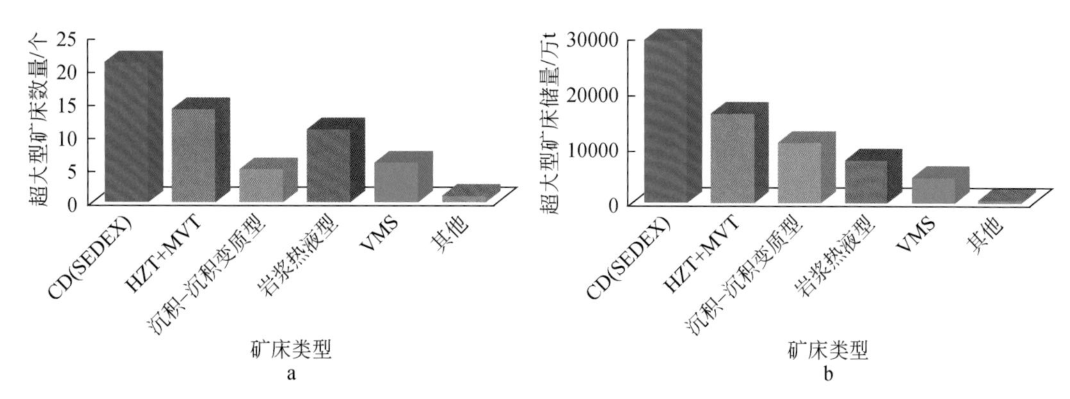

图 1-2 不同类型铅锌矿床的数量及储量（据毛景文，2012 修改）

a. 不同类型超大型铅锌矿床数量；b. 不同类型超大型矿床铅锌储量

二、MVT、HZT 铅锌矿床重要程度、规模及时空分布

（一）重要程度及规模

该类矿床分布广泛，提供了世界上约 25% 的铅锌金属储量，具有重要地位，且矿床规模大、品位较稳定，易采选冶。主要的矿石矿物为闪锌矿、方铅矿、黄铁矿，脉石矿物常见白云石和方解石，少见重晶石和萤石。除 Pb、Zn 可达到经济价值外，常共伴生Fe±Ag±Cu±Co±Ni±Sb±Cd±Ge±Ga±In±Ba 等。约 85% 的矿床相对富锌，Zn/（Zn+Pb）值为 0.5～1.0，通常为 0.8。

该类矿床有明显的群聚性，密集分布，其分布区域可达几百平方千米。密苏里州东南铅锌矿化区覆盖 2500km^2，Pine Point 地区超过 1600km^2，上密西西比河谷区近 7800km^2，阿尔卑斯地区近 1 万 km^2，川滇黔接壤区近 10 万 km^2。尽管一些矿床在区域内不连续，其控矿因素有一定变化，但是矿床具相似性，在一个地区内所有矿床具有共同的物源。该类矿床可以形成世界级铅锌矿集区，而单个矿床多为中小型，少数为大型-超大型。例如，Pine Point 矿区大多数矿床金属储量为 20 万～200 万 t，最大的接近 1800 万 t；上密西西比河谷地区为 10 万～50 万 t，少数达 300 万 t 以上；会泽、毛坪富锗铅锌矿床铅锌金属储量可达大型-超大型规模。

MVT 矿床铅锌品位一般低于 10%，仅个别矿床品位较高，如加拿大北极群岛的 Polaris 超大型矿床（储量 2200 万 t）品位高达 18%；HZT 矿床铅锌品位特高，如川滇黔接壤区多个大型-超大型矿床铅锌品位在 20%～35%。

（二）在世界的时空分布特征

该类矿床集中分布于北美洲、欧洲、东南亚地区。北美洲有美国田纳西州 Jefferson City、Copper Ridge 等矿集区，密苏里州 Old Lead Belt 和 Viburnum Trend 矿集区，俄克拉荷马州、堪萨斯州和密苏里州地区 Tristate 矿集区，威斯康星州、伊利诺伊州 Upper Mississippi Valley 矿集区；加拿大西北地区 Nanisivik、Pine Point、Polaris、Pobb Lake、Monarch-Kicking Horse

铅锌矿床，以及新斯科舍省 Gays River、纽芬兰省 Newfoundland 等矿集区或矿床。欧洲有波兰上西里西亚（Upper Silesia），爱尔兰 Navan、Lisheen 和 Galmoy 铅锌矿床等，奥地利 Bleiberg，法国南部 Vevennes 矿集区，西班牙北部 Reocin 矿床和意大利 Raibl 矿床等。亚洲有伊朗 Medhdiabad、Angouran 矿床及中国的一系列矿床。大洋洲有澳大利亚 Admirals Bay、Sorby Hills、Coxco、Lennard Shelf 等矿集区。南美洲有巴西 Vazante 矿床，秘鲁 San Vincente 矿床，纳米比亚 Skorpion 矿床，摩洛哥 El Abadekta 矿床等。

综合世界主要矿床围岩时代及矿床放射性同位素年龄和古地磁年龄分布，发现其赋矿围岩多形成于寒武纪和奥陶纪，矿床多形成于泥盆纪—三叠纪早期和白垩纪—古近纪两个大时期（图 1-3），而典型的 MVT 和 HZT 矿床主要形成于泥盆纪—三叠纪，其总数约占全部矿床的 75%（图 1-3）。Leach 等（2010）提出该类铅锌矿床与全球大尺度收缩汇聚构造间存在直接联系，前者与 Pangea 大陆汇聚相关，后者与阿尔卑斯-拉拉米造山汇聚运动（Alpine-Laramide Assimilation）影响的微板块聚合相关。川滇黔接壤区铅锌矿床、比利时 La Calamine 矿床、伊朗 Angouran 矿床与造山作用有关。

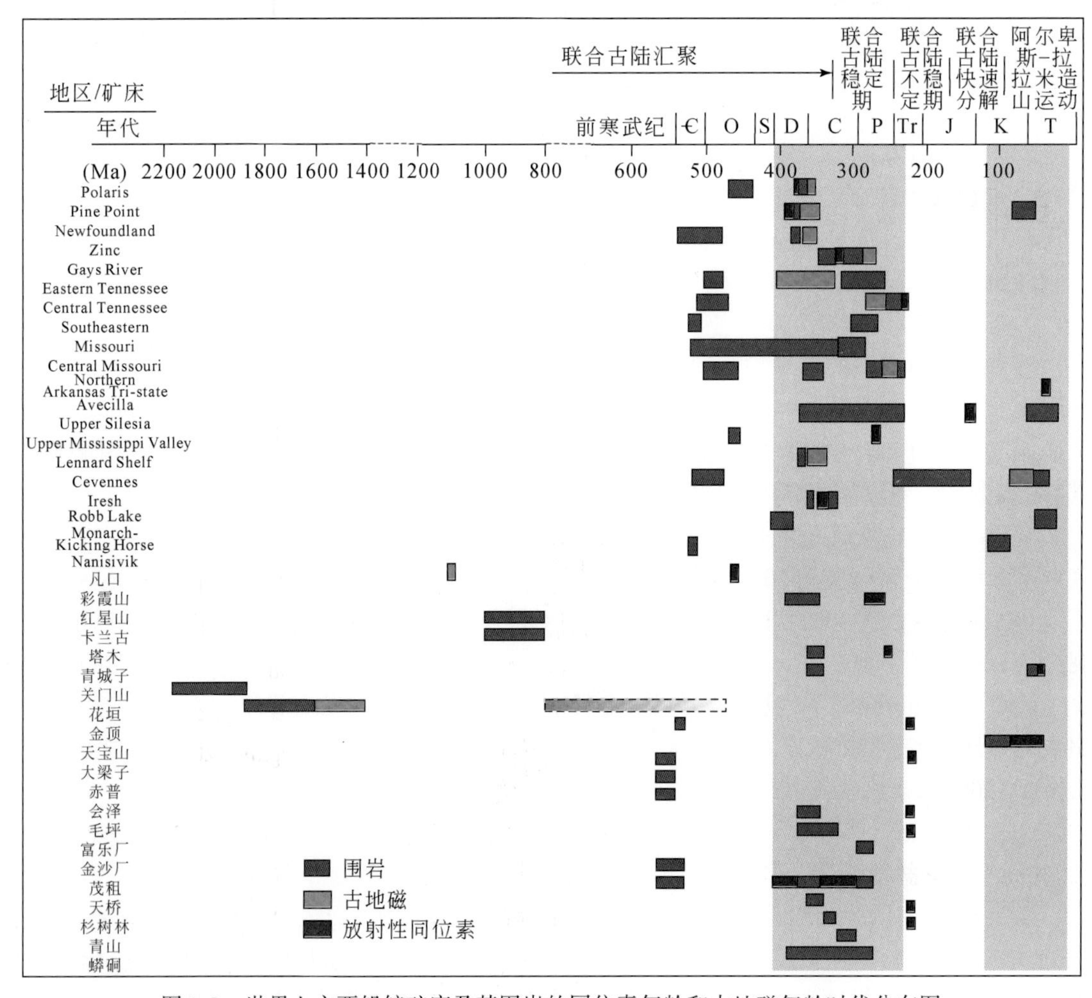

图 1-3　世界上主要铅锌矿床及其围岩的同位素年龄和古地磁年龄时代分布图

国外矿床资料据 Leach 等（2010）修改

（三）在我国的时空分布特征

MVT铅锌矿床主要集中分布在扬子陆块南缘桂粤地区（广东凡口、广西泗顶、湖南后江桥、广西北山等矿床）、塔里木盆地西南缘塔木卡兰地区、扬子陆块中部湘鄂地区（湖南花垣、李梅、董家河、白云铺等矿床）；HZT铅锌矿床主要分布于川滇黔接壤区，包括会泽、毛坪、茂租、乐马厂、乐红、天宝山、猪拱塘、垭都、青山等440多个铅锌（银）矿床（点），扬子陆块北缘及秦岭弧盆系南部地区（湖北竹溪-古城、神农架等矿床）也有分布。

古生界中铅锌金属储量约占该类矿床的95%，元古宇和太古宇中铅金属储量约占5%（图1-4）。矿床的成矿时代明显晚于赋矿围岩（Pt_2-T_3，主要集中于Z、C、D）（图1-4）。川滇黔接壤区铅锌矿床的成矿时代主体为印支晚期（200～230Ma）（黄智龙，2004；韩润生等，2014），广东凡口超大型矿床成矿时代存在明显争议，蒋映德等（2006）、Qiu和Jiang（2006）获得闪锌矿和石英流体包裹体真空击碎$^{40}Ar/^{39}Ar$法年龄为233.6±7.4Ma，祝新友等（2013）采用辉绿岩的锆石SHRIMP年龄厘定其成矿时代为122～90Ma。

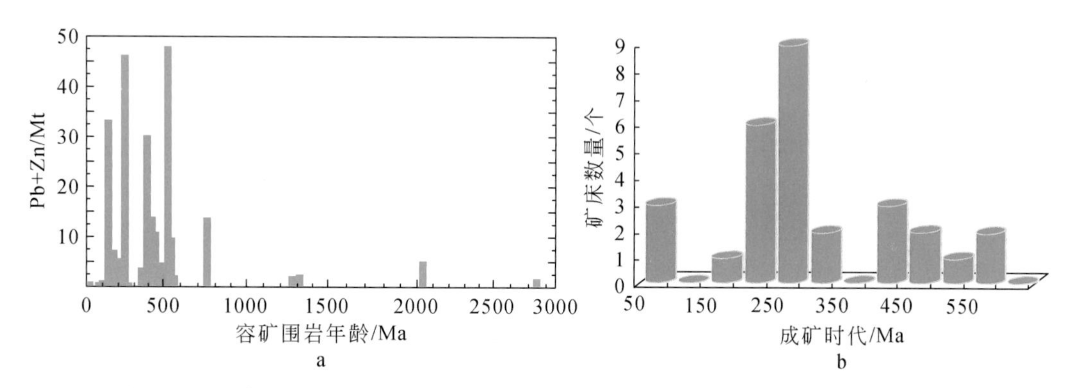

图1-4 矿床金属量与容矿围岩年龄（a）和成矿时代图（b）（据毛景文，2012）

（四）矿床产出的大地构造背景

弧陆碰撞造山带、安第斯型造山带和陆陆碰撞造山带与MVT矿床的形成关系密切（图1-5，图1-6）。多数MVT铅锌矿床是大规模成矿流体在相邻造山带重力驱动下，流经前陆盆地时发生金属硫化物沉淀形成的（Garven，1985；Appold and Garven，1999）。虽然围岩、盆地卤水、流体驱动力及矿体沉淀场所等对矿床形成至关重要（Leach and Sangster，1993），但这些条件最终都统一于大地构造背景中（Kesler and Carrigan，2002；Bradley and Leach，2003）。

MVT铅锌矿床多形成于造山带前陆盆地演化的克拉通碳酸盐台地和大陆伸展环境中，如在弧后伸展盆地形成的爱尔兰铅锌矿床。控制矿田（床）分布的构造属正断层性质（Bradley and Leach，2003；Leach and Sangster，1993）。祝新友等（2013）提出了该类矿床与伸展盆地有关的锶同位素特征证据；HZT铅锌矿床产于陆块碰撞造山过程的陆内走滑构造背景下，印支期（230～200Ma）印支陆块与扬子陆块碰撞导致包括中越交界的八布-Phu Ngu洋在内的古特提斯洋关闭，形成了南盘江-右江造山带，区域构造应力向扬子陆块内传导，在川滇黔接壤区形成一系列走滑断褶构造带，深源流体在构造动力驱动下沿走滑断褶带或断裂带发生了大规模运移，并伴随强烈的带状白云石化热液蚀变，因构造释压、流体“贯入”及构造-流体多重耦合作用，最终形成一系列大型-超大型富锗铅锌矿床（韩润生等，2012，2014）。

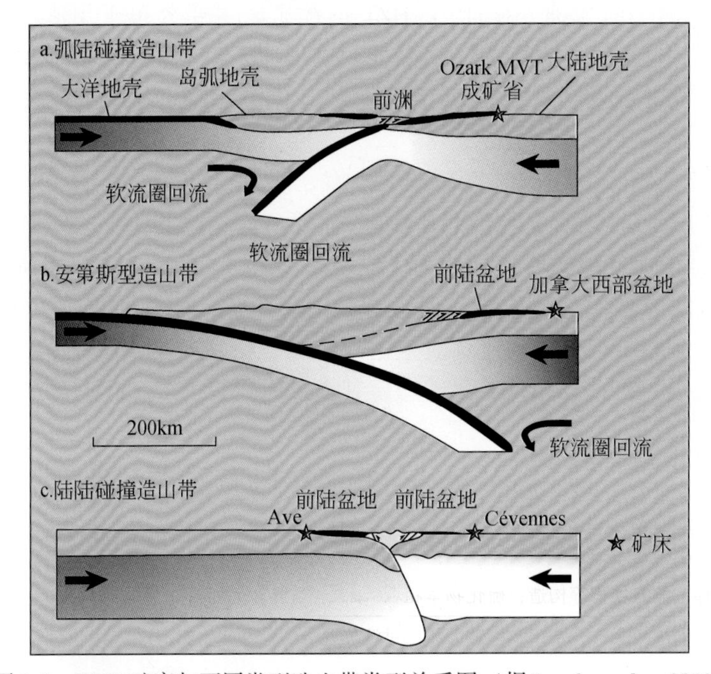

图 1-5　MVT 矿床与不同类型造山带类型关系图（据 Leach et al.，2010）

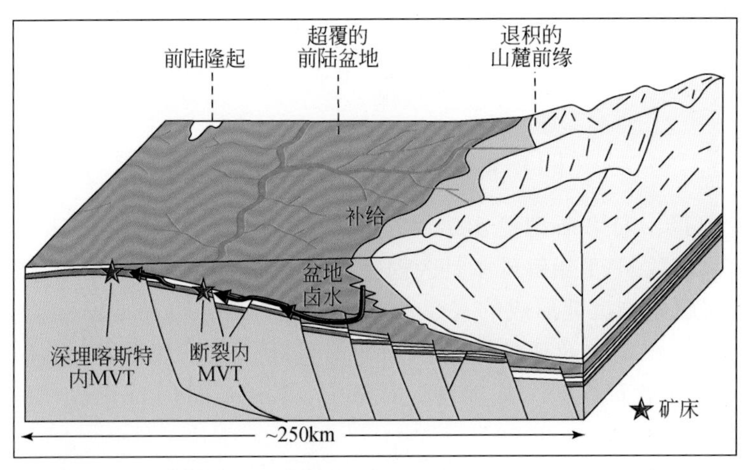

图 1-6　后碰撞环境中形成的 MVT 矿床（据 Leach et al.，2010）

第三节　中国 MVT 铅锌矿床主要特征

MVT 铅锌矿床最基本特点为后生成矿、碳酸盐岩容矿、与岩浆活动无关、铅锌硫化物为主、定位于盆地周缘、与盆地流体有关、断裂裂隙和溶洞控矿、有低温–高盐度流体等。MVT 铅锌矿主要特征见表 1-2。

表 1-2　MVT 铅锌矿床典型特征

项目	特征
矿床成因	后生热液矿床或后生的层控热液矿床（翟裕生等，2011）
与岩浆关系	一般无关
赋矿围岩	台地碳酸盐岩，主要产于白云岩中，很少在灰岩或砂岩中
区域背景	一般位于造山带外侧 600km 内前陆盆地边缘或陆内伸展环境中，产于盆地边缘浅部未变形岩石或前陆台地碳酸盐岩中
分布范围	分布区域广，可达几百平方千米，甚至形成金属成矿省。主要分布于成矿流体上升迁移的构造区域，矿床主要赋存于岩溶角砾岩中、页岩的边缘、相变、正断层、基底隆起等部位
矿床规模	具有群聚性，串珠状分布，单个矿体具中小型，矿床可达大型规模
矿体形态	形态各异，一般具层控性，局部沿裂隙或断层充填，与赋矿围岩呈不整合接触、喀斯特形态和角砾岩带等
元素组合	Pb + Zn 可达经济价值；伴生 Fe ±Ag ±Cu ±Co ±Ni ±Sb ±Cd ±Ge ±Ga ±In ±Ba 等
矿物组合	组成简单，矿石矿物为浅色闪锌矿、方铅矿、铁硫化物；脉石矿物常见白云石、方解石，重晶石、萤石少见
矿石组构	条带状、浸染状、皮壳状、胶状和树枝状、溶蚀坍塌角砾岩、断层角砾和沉积角砾、雪顶、斑马、韵律、洞穴堆积等构造；硫化物呈粗粒–细粒、充填为主等结构
控矿构造	溶蚀坍塌角砾岩、断层和裂隙、相变过渡位置、白云石化生物礁相、膨胀断层带及相关的构造角砾岩、基底高地的尖灭带
热液蚀变	一般较弱，白云岩化、角砾岩化，少数硅化；极少见黏土化、云母化、长石化
成矿流体特征	成矿温度低（75～150℃为主），盐度高（15%～30% $NaCl_{eq}$，% 表示质量分数，下标 eq 表示当量），盆地热卤水成矿，成矿区域与围岩处于热平衡状态
成矿物源	硫主要来自地层及海水硫酸盐；成矿物质多来自壳源
Pb-S 同位素	$\delta^{34}S$（CDT）为–25‰～+30‰；$^{206}Pb/^{204}Pb$ 为 13.8～22.8，$^{207}Pb/^{204}Pb$ 为 14.54～16.20

资料来源：据 Leach 和 Sangster（1993），Leach 等（1993，2005）修改

第四节　MVT 铅锌矿床成矿规律

叶天竺等（2007）提出“三位一体”成矿规律研究方法，之后进一步研究提出勘查区找矿预测理论与方法（叶天竺等，2014，2017），在危机矿山金属矿床找矿预测中发挥了重要作用。在矿床成矿规律研究中，需要把握成矿作用的“时（间）–空（间）–物（质）能（能量）”四要素与“（物）源–（输）运–储（集）–变（化）–保（存）”五环节，来研究矿床成矿地质作用、成矿构造系统及流体作用标志，揭示成矿作用的实质——成矿地质体、成矿构造及成矿流体，它们之间的关系如图 1-7 所示。

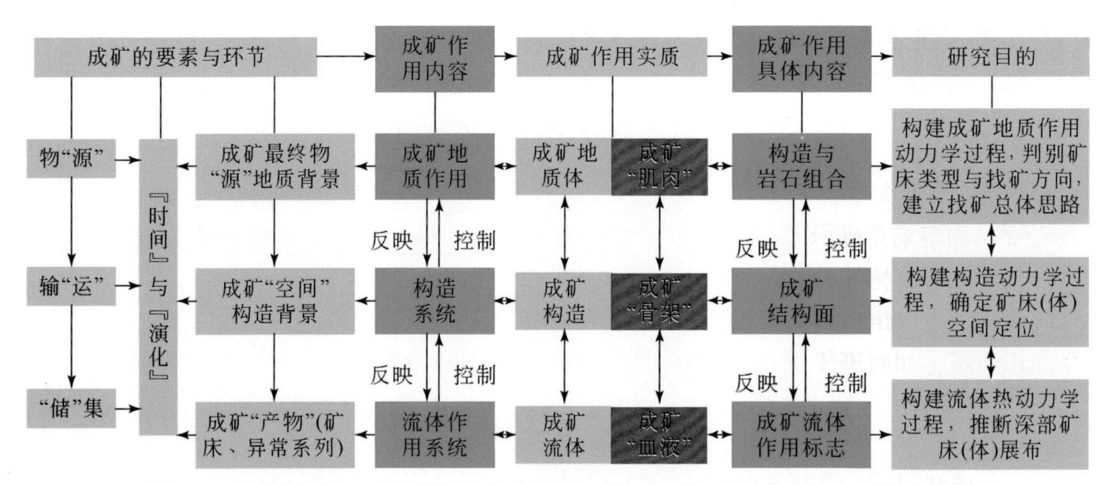

图 1-7 成矿地质体、成矿构造及成矿流体的相互关系及其研究内容和目的示意图

一、成矿地质体特征

（一）成矿地质体

在空间上，该类矿床产于前陆盆地边缘的碳酸盐台地和陆内裂谷环境。前陆盆地中铅锌矿特征显示“上压下张”的构造环境，即上部造山过程中形成挤压环境，下部俯冲板块俯冲时发生弯曲而形成一系列正断层和喀斯特化（拉张环境），主要分布于弧-陆碰撞造山带、安第斯型俯冲造山带、陆-陆碰撞造山带三种造山带的前陆盆地中，如湘鄂-桂粤地区的铅锌矿床；陆内裂谷环境中的典型铅锌矿，如爱尔兰铅锌重晶石矿床、波兰上西里西亚铅锌矿、西班牙东部 Maestat Penyagolosa 次级盆地中的铅锌矿床等。

该类矿床的全球分布与红层盆地存在密切的空间关系，主要分布在两类地区：①喜马拉雅-阿尔卑斯带，包括中国藏北、塔西南，以及伊朗、欧洲等；②中等纬度地区，如中国华南地区、北美洲 Missouri-Appalachia 地区、澳大利亚 Canning 地区等。其赋矿层位底部的砂砾岩常为紫色河湖相，赋矿层序主要为一套海进序列，矿化赋存于海进序列的上部。同时，在赋矿碳酸盐岩的顶部或更上部，总是存在一套晚期的陆相红层盆地沉积，其中常赋含膏盐层。例如，凡口铅锌矿床，位于曲仁盆地北缘地区，该盆地主体属中生代含膏盐的陆相紫红色砂砾岩沉积。华南等地发育的 MVT 铅锌矿床，与晚中生代陆相红层盆地空间分布关系密切。祝新友等（2013）认为，红层盆地在压实过程中，高盐度卤水渗入深部含水层（碳酸盐岩/紫色砂岩组合），沿紫色砂岩迁移并淋滤其中的金属物质，生烃层（岩）提供富含成熟有机质和硫的还原性卤水，二者混合形成 MVT 铅锌矿床。

在时间上，该类矿床成矿作用明显晚于赋矿碳酸盐岩地层。例如，凡口铅锌矿床，其成矿时代为燕山期，围岩为泥盆系碳酸盐岩。

在成矿物源上，主要来源于地层或近源，成矿与成岩作用、后生构造作用有关。而且，成矿流体可发生大规模、长距离运移，运移距离可大于数百千米。

因此，该类矿床特定的层位和后生构造作用是其最主要的成矿地质要素，礁灰岩组合和生烃盆地是重要的成矿地质要素，其成矿地质作用表现为沉积地质作用与构造地质作用的复合，其成矿地质体为碳酸盐台地和陆内裂谷环境中成岩碳酸盐岩建造与同期构造的复合体。

（二）成矿地质体类型及其基本特征

前陆盆地中铅锌矿床的成矿地质体为盆地边缘礁组合（渗透的碳酸盐岩和礁灰岩周边角砾岩带）和溶塌角砾岩及一系列正断层带的组合，其特征为地堑式构造带、岩性界面或不整合面及古喀斯特等，如湘鄂地区铅锌矿床；裂谷中铅锌矿床的成矿地质体为裂谷盆地碳酸盐岩与正断裂的组合，其特征表现为他形-自形结构的白云岩（w_{FeCO_3}为9.37%）地层中的一系列正断层，如西班牙 Maestrat 盆地中铅锌矿床。

（三）成矿地质体成因及其含矿特征

该类矿床在地貌、基底地形或断层、基底隆起、不整合面及溶解坍塌等因素作用下，成矿热液发生大规模运移、充填成矿，常形成似层状、透镜状、脉状矿体或矿化体，明显受硅-钙面控制，赋矿地层常为一套海进序列的碎屑岩-碳酸盐岩组合，常富含大量的生物或生物碎屑，甚至存在大量的礁灰岩。当这套组合发育于不整合面之上，其下为变质碎屑岩时，常产出规模大的铅锌矿床，如凡口铅锌矿床。

（四）成矿地质体判别标志

层控、岩（相）控特点突出，表现为硅-钙面。铅锌矿体赋存于碎屑岩/碳酸盐岩界面的上部碳酸盐岩中。国内外绝大多数矿床均具有此类岩石组合，铅锌矿分布于硅-钙面，其上部为白云石化灰岩，下部为紫色砂砾岩层，如美国密苏里地区，中国新疆塔木-卡兰古矿带、广西泗顶铅锌矿、湘西花垣等铅锌矿床。还有其他典型标志，如正断层、破碎带下盘、岩性边界、溶解坍塌角砾岩、礁灰岩组合、基底隆起、不整合面等。

二、成矿构造系统与成矿结构面特征

（一）成矿结构面类型及其特征

基于该类铅锌矿床地质特征，该类矿床的成矿构造系统为沉积-成岩构造系统与张性断裂构造系统的组合，其成矿结构面类型及其特征如下。

（1）古喀斯特型：岩溶坍塌角砾岩带、不整合面之下溶解坍塌角砾岩礁组合、渗透型碳酸盐岩相和礁灰岩周边的角砾岩带；早期形成的古油气藏和古喀斯特溶洞控制矿床就位，如湘西花垣铅锌矿床（图1-8a）。

（2）硅-钙面型（岩性/岩相型）：许多矿床产于碳酸盐岩相和砂页岩相界面附近的碳酸盐岩中，矿化发育于礁灰岩岩相中（图1-8b1），如湘西花垣铅锌矿床；或发育于礁灰岩岩相附近的不透水层（页岩、千枚岩）控制形成的硅-钙面（图1-8b2），如广东凡口铅锌矿床的部分矿体。

（3）断裂裂隙型：正断层裂隙和层间破碎带、断层有关的膨胀带（图1-8c）。主要包括层间断裂式、穿层断裂式（云南的大屯、思茅坡角、临沧勐兴铅锌矿床）、红层盆地边界断裂延深式。矿体主要富集在断裂构造扩容部位，在断裂膨胀部位或多条断裂形成的地堑式构造带常是矿体最发育的地段。

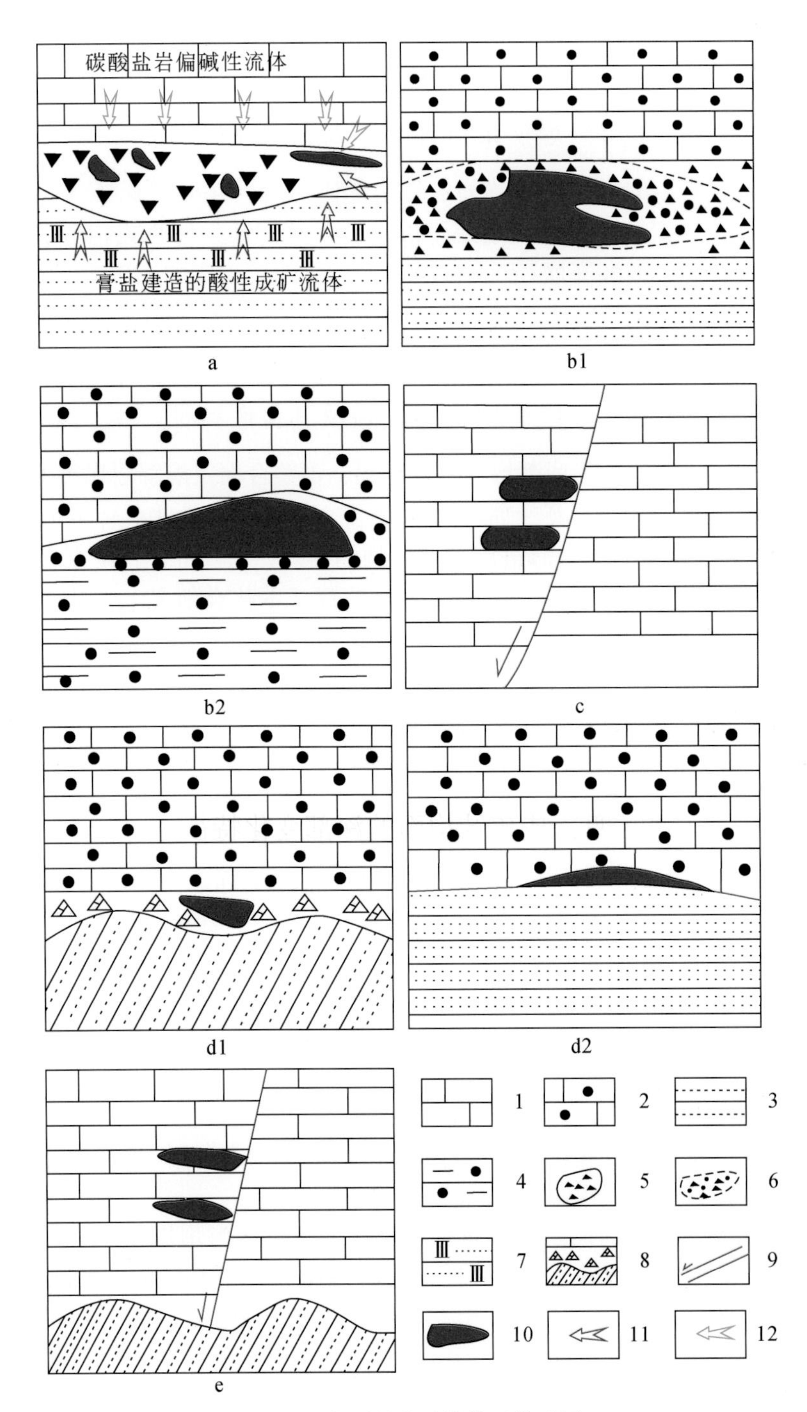

图 1-8　主要的成矿结构面类型图

a. 古喀斯特型；b1、b2. 硅–钙面型；c. 碳酸盐岩中断层型；d. 不整合/假整合面型；e. 组合型。1. 灰岩；2. 礁灰岩；3. 砂岩；4. 千枚岩；5. 岩溶角砾岩；6. 岩溶角砾蚀变体；7. 膏盐层；8. 角度不整合；9. 正断裂；10. 矿体；11. 酸性成矿流体运移方向；12. 偏碱性流体运移方向

(4) 不整合面/假整合面型：矿体产于不整合面或假整合面上的碳酸盐岩中。包括角度不整合式（图1-8d1）（陕西马元、广西泗顶铅锌矿床）、假整合面式（图1-8d2）（甘肃代家庄铅锌矿床）。

(5) 组合型：不整合面+硅-钙面+断裂（主断裂+层间断裂）组合式（图1-8e），如凡口铅锌矿床。

研究发现，沉积-成岩作用形成的藻礁灰岩组合和硅-钙面是该类矿床主要的成矿结构面。

（二）成矿结构面成因类型

成矿流体在重力压实作用、热-盐对流驱动下沿硅-钙面、正断层、古岩溶和不整合面等结构面发生循环、淋滤、充填形成似层状、透镜状、角砾状、囊状为主的矿床。其中古岩溶、不整合面、硅-钙面为原生成矿结构面，断层为次生成矿结构面，两类成矿结构面经常在同一空间叠加形成层-脉状矿体。

（三）成矿构造、成岩构造、区域构造的时空关系

成矿构造、成岩构造、区域构造的时空关系密切，成矿构造叠加于沉积盆地构造之上，并伴随裂谷作用形成一系列正断层，成矿流体在不整合面、古喀斯特溶洞及正断层带中充填成矿。

（四）成矿结构面的深部变化特征

断裂结构面延深往往小于走向延长。古喀斯特、沉积结构面主要发育于不整合面之下或岩性界面、基底隆起等部位，因而平面延长较大。

三、成矿作用特征标志

（一）矿 化 样 式

单个矿体规模一般不大，但展布范围广。矿体与围岩界线较截然，其形态多呈层状、似层状、板状、筒状、柱状、团块状、透镜状等，也可见穿层脉状矿体，具有层控、岩控和构控的特征，主要的矿化样式（图1-9）如下。

(1) 角砾岩型：矿体赋存于角砾岩带中，如陕西马元（图1-9a）、新疆塔木（图1-9b）、甘肃代家庄（图1-9c）、湖南李梅铅锌矿床。

(2) 断裂与硅-钙面组合型：矿体位于陡倾斜断裂两盘，多顺层交代，少量产于断裂中，构成“旗杆上面挂小旗”的矿化样式，如广西泗顶（图1-9d）、广东凡口（图1-9e）、广西北山等铅锌矿床。

(3) 硅-钙面型：大部分矿床位于海进序列构成的硅钙面上侧的碳酸盐岩中，如广东凡口（图1-9e）、广西泗顶（图1-9d）和盘龙、湘西、鄂西等地的铅锌矿床。

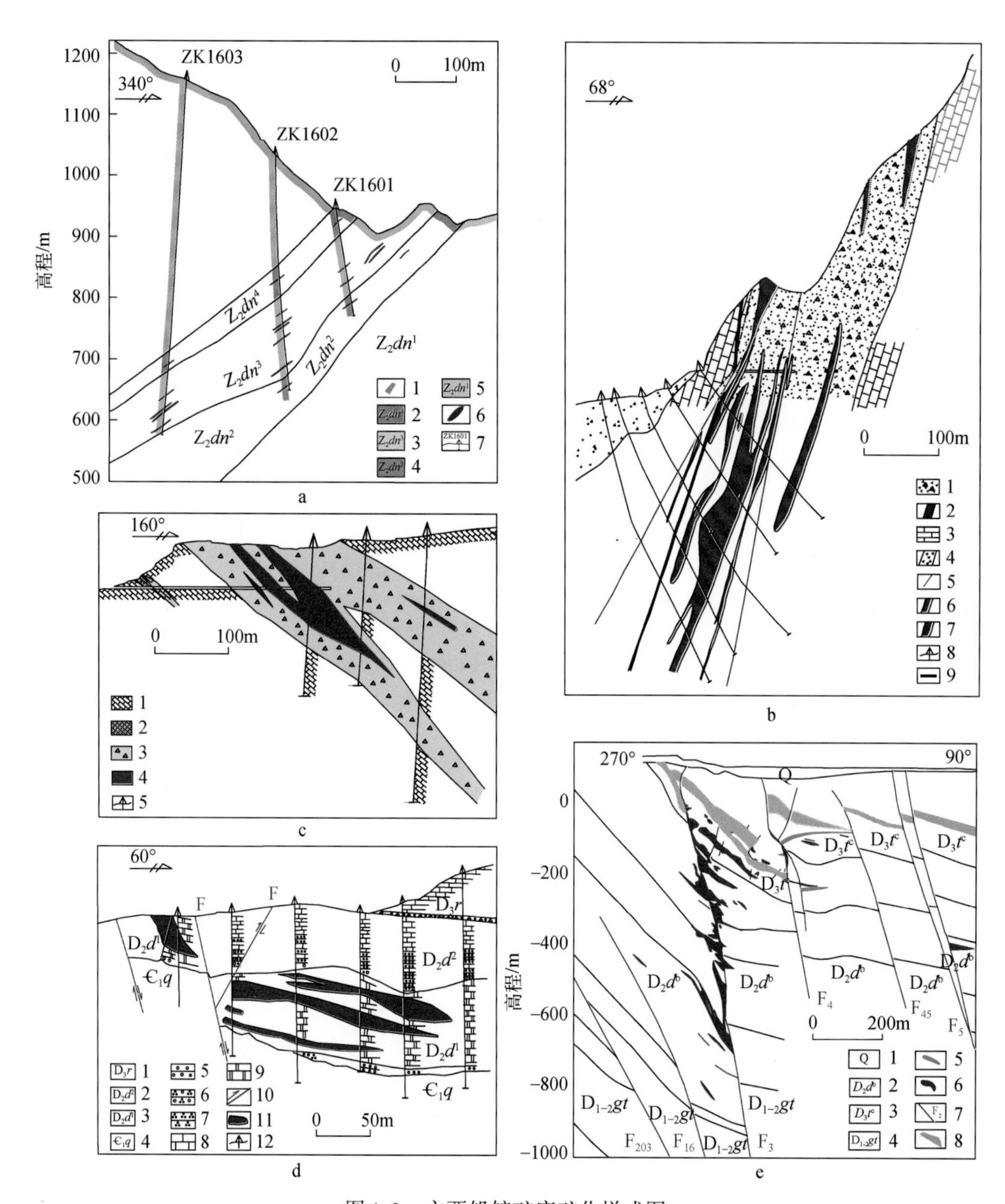

图 1-9　主要铅锌矿床矿化样式图

a. 陕西马元（据王海等，2016）：1. 碳质板岩；2. 纹层状白云岩（Z_2dn^4）；3. 角砾状白云岩（Z_2dn^3）；4. 条纹状白云岩（Z_2dn^2）；5. 厚层状白云岩（Z_2dn^1）；6. 矿体；7. 钻孔。b. 新疆塔木（据杨向荣等，2010）：1. 容矿角砾岩；2. 页岩层；3. 白云质灰岩；4. 第四系砂砾石；5. 断层；6. 表内矿体；7. 表外矿体；8. 钻孔；9. 平巷坑道。c. 甘肃代家庄（据祝新友等，2006）：1. 薄层灰岩与生物灰岩；2. 白垩系紫红色砂岩；3. 角砾岩及碎裂状灰岩；4. 铅锌矿体；5. 钻孔。d. 广西泗顶（据覃焕然，1986）：1. 上泥盆统融县组；2. 中泥盆统东岗组上段；3. 中泥盆统东岗组下段；4. 下寒武统清溪组；5. 石英砾岩；6. 含砾石英砂岩；7. 石英砂岩；8. 灰岩；9. 白云岩；10. 断层；11. 矿体；12. 钻孔。e. 广东凡口（据祝新友等，2006）：1. 第四系；2. 东岗岭组白云质灰岩；3. 天子岭组灰岩、白云岩；4. 清溪组粉砂岩、页岩、石英砂岩；5. 辉绿岩脉；6. 矿体；7. 断层；8. 石炭系灰岩

（二）矿石矿物及组构特征

矿石矿物以闪锌矿、方铅矿、黄铁矿、白铁矿为主，一般不含黄铜矿、斑铜矿、自然铜等，在一些矿床中，发育一些钴镍硫化物等；脉石矿物多为白云石、方解石、石英等，少见萤石、重晶石。矿石具明显的后生成因特点。矿石多具块状、条带状、浸染状、角砾状构造，具细粒他形、自形-半自形、网状交代、条纹状、环带状、乳滴状固溶体分离等结构。矿石品位一般低（Pb+Zn：3%~10%），很少超过10%。常伴生Ag、Cd、Ge、Ga、Ni等元素，个别矿床含银达（10~161）$\times10^{-6}$，如维伯纳姆带银平均为45.9 $\times10^{-6}$（Leach et al., 2005），凡口铅锌矿银平均为100×10^{-6}（祝新友等，2013）。

（三）成矿期次与矿化蚀变分带特征

该类矿床以低温热液成矿为突出特征，其成矿过程一般可划分为成岩期与热液成矿期。其中，热液成矿期由三个成矿阶段构成，即黄铁矿-石英阶段、闪锌矿-方铅矿阶段、方解石-白云石阶段。

虽然不同矿床主要矿化元素组合不同，但是一般无明显的矿化分带，也无明显的成矿中心。仅少数矿区有矿化分带，如上密西西比河谷地区，铅广泛分布，局部具锌-铜矿化，在矿化带两侧常见钡矿化。在Pine Point矿区，从柱状矿体向外，Fe/（Fe+Zn+Pb）和Zn/（Zn+Pb）值增加；在密苏里南东地区，矿床具Pb、Zn、Fe、Cu、Ni和Co的分带特征；在爱尔兰内陆地区，发育良好的地球化学分带（Leach et al., 2005）。成矿期前区域性白云石化分布范围巨大，矿体常定位于白云石化边缘，矿体旁侧灰岩可见溶蚀港湾。

我国一些矿床具有与HZT铅锌矿类似的分带规律：①矿石构造分带（图1-10a-1，a-2，a-3）；②热液蚀变与矿化分带，如四川天宝山矿床（图1-10b），陕西马元矿床（图1-10c），广东凡口矿床（图1-10d），四川大梁子矿床（图1-10e）。

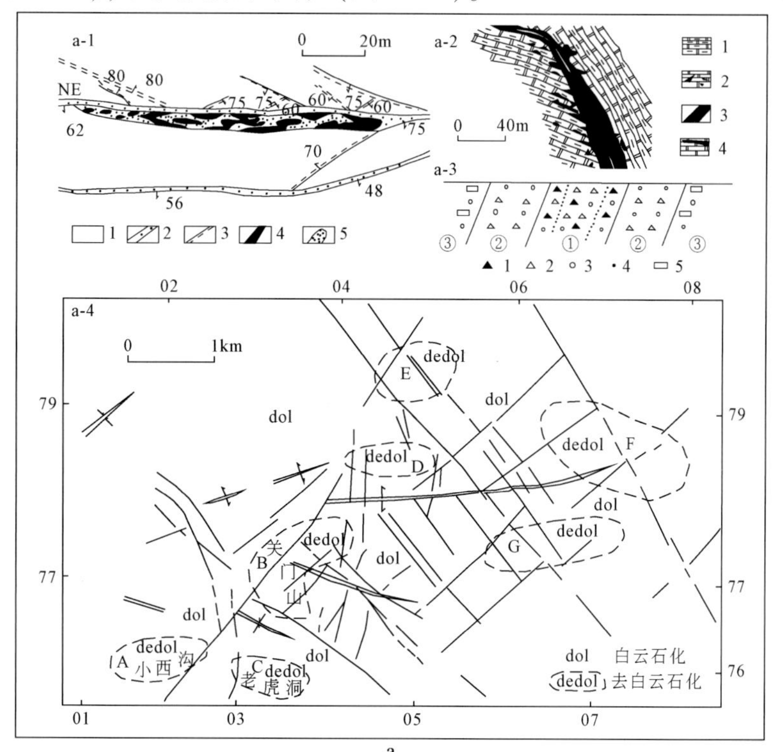

a

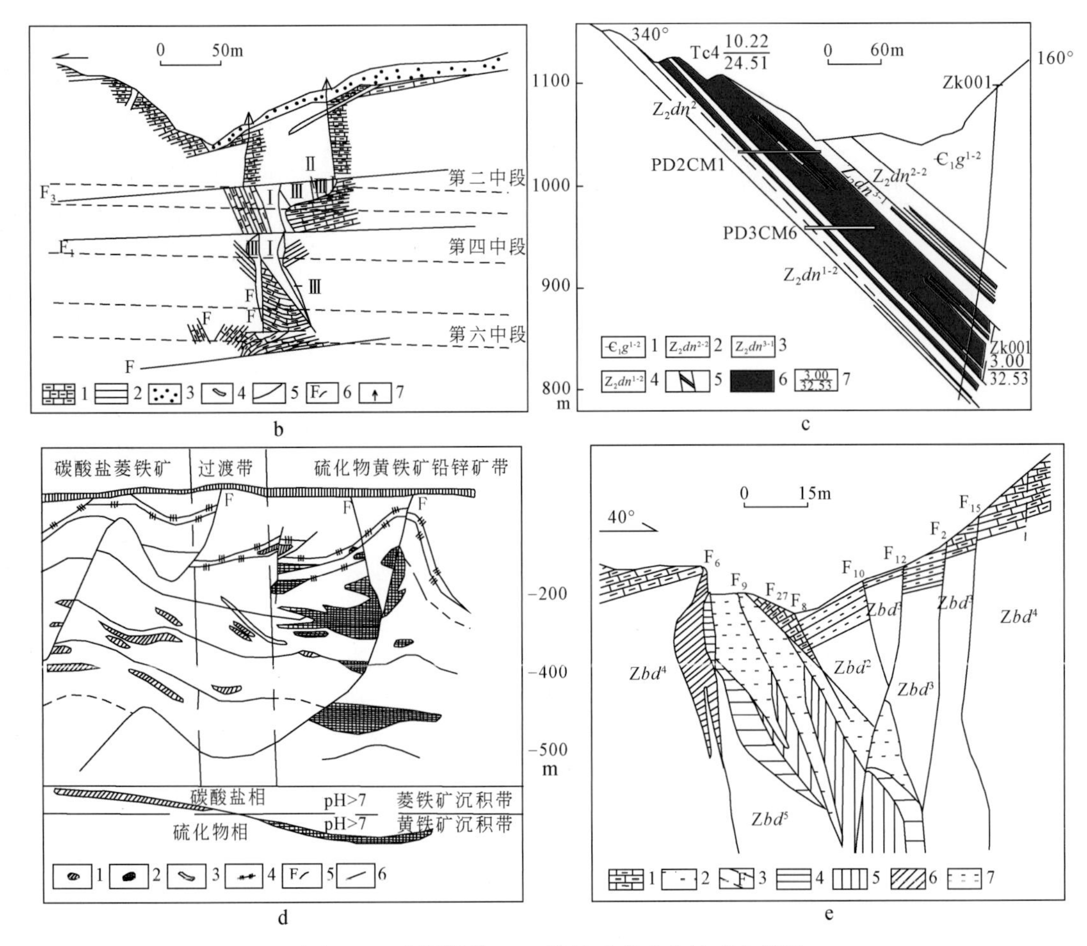

图 1-10　中国部分 MVT 铅锌矿床矿化蚀变分带图

a. 关门山蚀变矿化分带图（据芮宗瑶等，1991 改绘）。a-1. 小西沟 7 号矿体形态及与 NE 向断裂关系：1. 白云岩；2. 断裂；3. 裂隙；4. 致密块状矿石；5. 网脉状矿石。a-2. 小西沟 2 号矿体形态及其中的纵向裂隙，1. 条带状白云岩；2. 浸染状矿化；3. 致密块状矿体，中心有纵向裂隙；4. 细脉状矿化。a-3. 主要矿石矿物分带示意图，①致密块状矿石；②网脉状矿石；③围岩；1. 黑色闪锌矿与他形粒状黄铁矿；2. 褐色闪锌矿与粗粒方铅矿；3. 黄褐色闪锌矿；4. 细粒黄铁矿与细粒方铅矿；5. 五角十二面体或八面体黄铁矿。a-4. 去白云石化与矿化分布图，A、B、C、D 去白云石化区分别为小西沟、关门山、老虎洞、李地沟矿段，E、F、G 去白云石化区为找矿靶区。b. 天宝山蚀变矿化分带图（据叶霖等，2016）：1. 上震旦统灯影组白云岩；2. 中寒武统西王庙组砂岩；3. 第四系；4. 辉绿岩脉；5. 地质界线；6. 断层；7. 钻孔；Ⅰ. 致密块状矿石；Ⅱ. 角砾状矿石；Ⅲ. 细脉浸染状矿石。c. 马元蚀变矿化分带图（据侯满堂等，2007 改绘）：1. 下寒武统郭家坝组碳质板岩；2. 灯影组第二岩性段层纹状藻屑白云岩；3. 灯影组第三岩性段厚层白云岩、铅锌矿化角砾状白云岩；4. 灯影组第四岩性段含燧石条带状白云岩；5. 铅矿体；6. 锌矿体；7. 矿体品位/厚度（m）。d. 凡口蚀变矿化分带图（据刘瑞弟，2002 改绘）：1. 菱铁矿体；2. 黄铁铅锌矿体；3. 辉绿岩脉；4. 滑脱构造；5. 断层；6. 地层界线。e. 大梁子蚀变矿化分带图（据李发源，2003 改绘）：1. 上震旦统灯影组白云岩；2. 下寒武统筇竹寺组黑色页岩；3. 断层；4. 角砾状矿石；5. 致密块状矿石；6. 细脉浸染状矿石；7. 黑色破碎带矿石

（四）成矿作用微观特征

1. 成矿流体矿物学标志

该类矿床热液蚀变一般不很发育，但赋矿层在成矿期前往往发生区域性成岩白云石化，分布范围广，可达万余平方千米，矿体常定位于白云石化带的边缘。矿体旁侧灰岩可见溶蚀港湾，但无强烈的蚀变现象。其热液作用主要表现在：①流体沿孔隙充填。矿石具粒状、交

代、交代残余、胶状、包含、溶蚀、穿插、草莓状、葡萄状、薄层状结构，矿石构造以块状、角砾状、网脉状、“雪顶”状为主，条带状、脉状构造为次（Leach and Sangster，1993；Symons et al.，1995；Sangster and Savard，1998）。②溶解坍塌角砾岩化作用形成溶蚀、交代、穿插结构与角砾状、网脉状、镶嵌状、胶状、脉状、韵律层构造。③交代作用具选择性。白云岩选择性交代生物灰岩或白云质灰岩而形成条带状和假角砾岩构造，如Newfoundland锌矿区的假角砾岩构造，Pine Point、Robb Lake、Monach Kiching和Pend Oreille矿床的条带状构造。④洞穴堆积作用可形成一系列类似钟乳石、石笋的硫化物。

金属硫化物粒度多呈细粒，矿物生成顺序常为黄铁矿（白铁矿）→闪锌矿→方铅矿。

2. 矿石中元素地球化学标志

矿石中除S、Fe外，主要元素为Pb、Zn，约85%的矿床相对富锌，Zn/（Zn+Pb）值在0.5～1.0。亲石元素（F、Sr、Ba、W、U、Mn）居次要地位；亲硫元素除Au、Ag常以自然元素及Au、Ag互化物形式存在外，其余均为硫化物及硫盐类矿物，少数呈分散状态。

3. 流体包裹体标志

流体包裹体均一温度范围为50～250℃，大多数集中于75～150℃。2006年，国外报道爱尔兰地区和Rays河地区最高的均一温度超过200℃。许多MVT矿床可能形成于高地温梯度的环境中，或与盆地深部对流热传递或基底岩石中深部循环的上升流体有关（Leach et al.，2006）。花垣铅锌矿、凡口铅锌矿及塔里木周缘铅锌矿，流体包裹体均一温度主要集中在150～240℃（图1-11a）。

世界上主要铅锌矿床成矿流体盐度为15%～30% $NaCl_{eq}$（质量分数，下同）（Basuki，2002）。Basuki（2002）发现，规模较大的矿床成矿流体盐度为16%～21% $NaCl_{eq}$。我国主要矿床成矿流体盐度普遍在20% $NaCl_{eq}$左右（图1-11b）。

普遍认为，该类矿床的成矿流体与盆地流体有关，流体包裹体成分与油田卤水相似。Roedder（1984）研究发现，成矿流体为含有丰富有机质的Na^+-Ca^{2+}-K^+-Mg^{2+}-Cl^-型卤水，几乎所有的MVT铅锌矿床流体包裹体中离子百分含量依次为$Cl^- > Na^+ > Ca^{2+} > K^+ > Mg^{2+}$，$HCO_3^-$含量很低（卢焕章等，1990；芮宗瑶等，1991）。

4. 同位素地球化学特征

硫同位素组成：金属硫化物$\delta^{34}S$值与同时代硫酸盐$\delta^{34}S$值接近，一般小于15‰。但有些矿床$\delta^{34}S$> 15‰（图1-12）。全球铅锌矿床硫同位素值变化较大，但总体表现出壳源特征。就单个矿床或地区而言，硫可能有单一来源或多源，如源自含硫酸盐的蒸发岩、同生海水、成岩期硫酸盐、含硫有机质、H_2S气体储库和盆地缺氧水中的还原硫等。

铅同位素组成：Leach等（2005）统计了30个矿床570件方铅矿、闪锌矿样品测试结果，反映出许多矿床（矿集区）铅具有基底来源的特征。Bushy Park、Pering、Gays River、爱尔兰Midland矿集区、Lennard Shelf、Upper Mississippi河谷矿集区、密苏里州东南矿集区及Tri-State等矿集区，其铅源为上地壳源，我国凡口铅锌矿床、塔里木周缘和辽东裂谷铅锌矿集区矿床也具有类似特征（图1-12）。

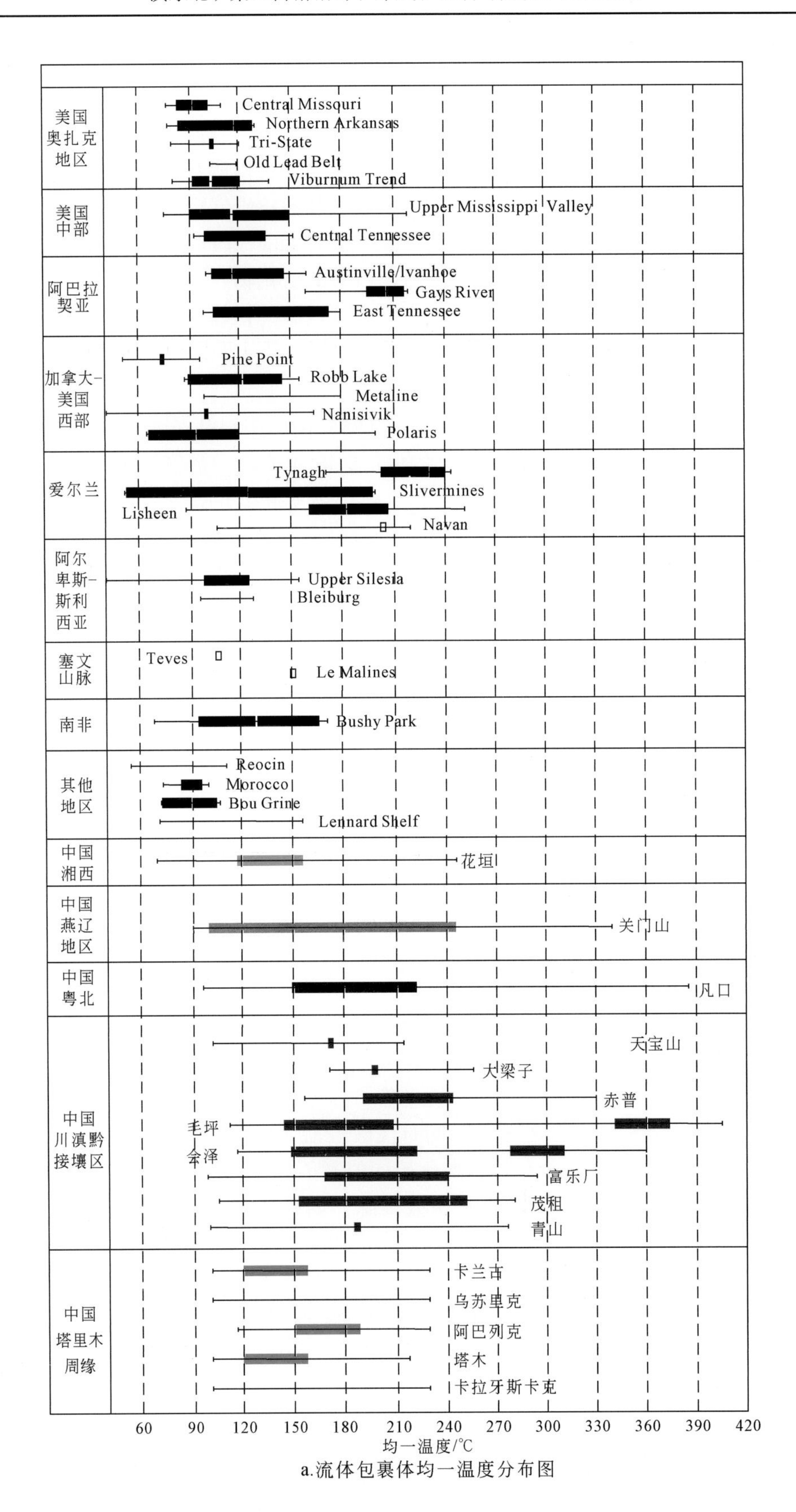

a.流体包裹体均一温度分布图

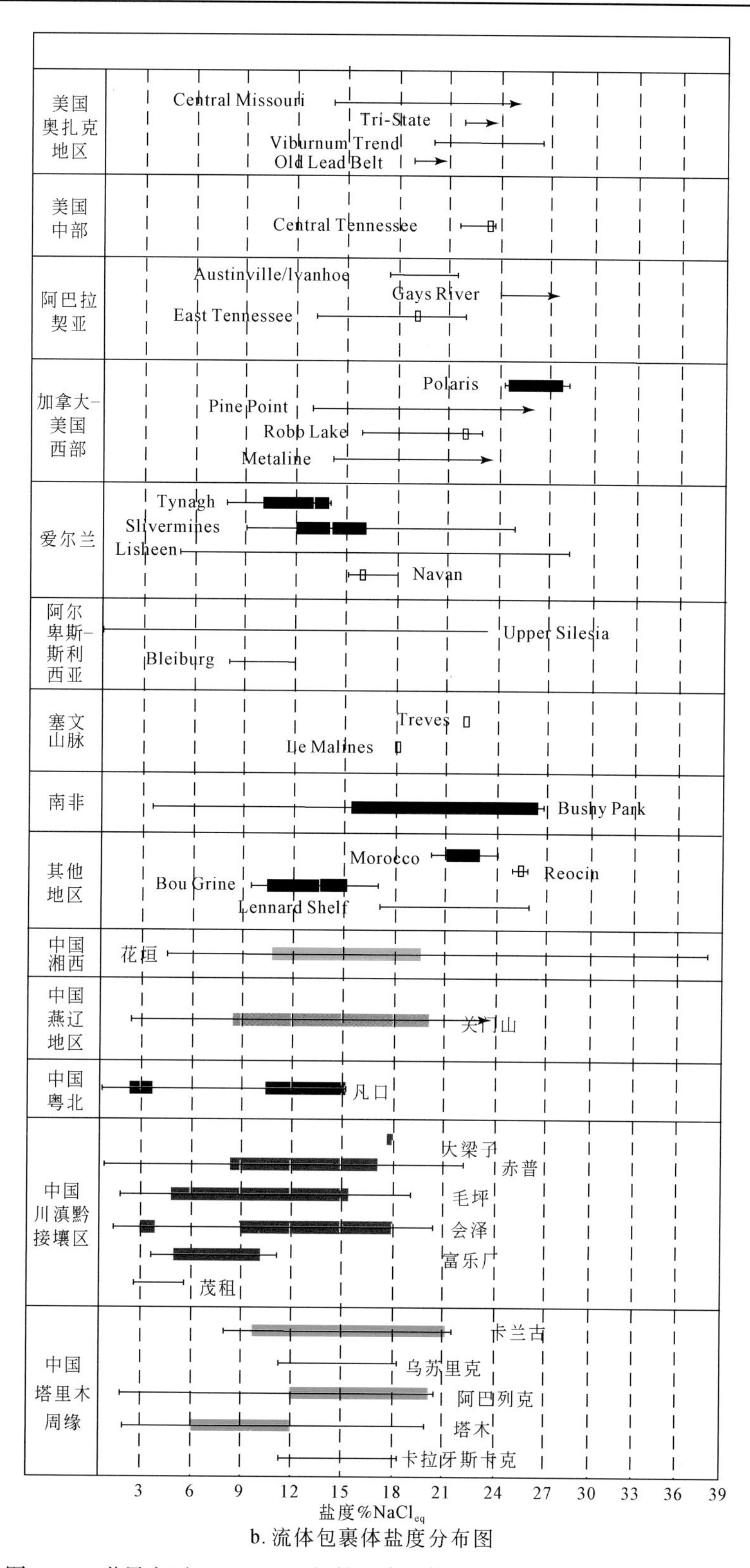

b. 流体包裹体盐度分布图

图 1-11 世界主要 MVT、HZT 铅锌矿床流体包裹体均一温度与盐度分布图

资料来源：芮宗瑶等（1991）；刘文均和郑荣才（2000a）；王书来等（2002）；高晓理（2006）；冯光英等（2009）；祝新友等（2013）；国外 MVT 矿床数据来自于 Leach 等（2005）

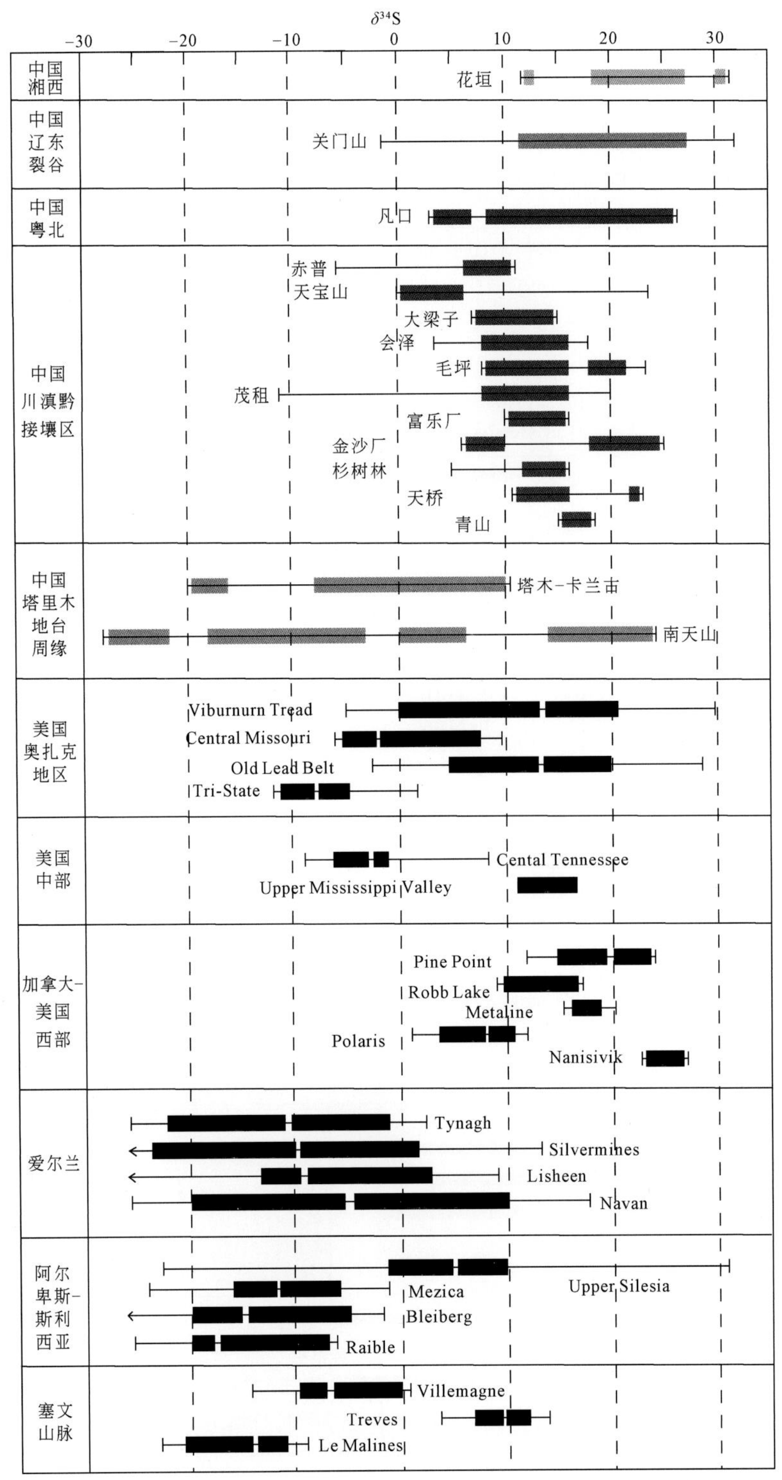

图 1-12　世界主要 MVT、HZT 铅锌矿床矿物硫同位素组成分布图

资料来源：周振冬等（1983）；廖文（1984）；陈耀钦和曹波夫（1984）；王小春（1988）；彭守晋（1990）；芮宗瑶等（1991）；徐新煌和龙训荣（1996）；周朝宪等（1997）；祝新友等（1998）；柳贺昌和林文达（1999）；罗家贤（2003）；张自洋（2003）；匡文龙等（2002，2003）；朱华平和张德全（2004）；顾尚义（2007）；高景刚等（2007）；王乾等（2008）；肖庆华等（2009）；丛源等（2010）；杨向荣等（2010）；董存杰等（2010）；李志丹等（2010）；祝新友等（2013）；国外 MVT 矿床数据来自 Leach 等（2005）

碳氧同位素组成：不同矿床或同一矿床，不同脉石矿物碳氧同位素差别较大。凡口铅锌矿床，$\delta^{13}C$ 为 -13.4‰ ~ 13.3‰，$\delta^{18}O$ 为 -125.7‰ ~ 21.3‰；彩霞山铅锌矿床，$\delta^{13}C$ 为 -2.4‰ ~ 0.1‰，$\delta^{18}O$ 为 14.7‰ ~ 19.1‰。几乎所有统计样品均落入海相碳酸盐岩区域（图 1-13a），具有向碳酸盐岩溶解作用-脱羧基作用偏移的趋势。

氢氧同位素组成：矿石矿物和脉石矿物流体包裹体氢-氧同位素组成范围分别是 $\delta^{18}O$ 为 8.2‰ ~ 10.1‰，δD 为-40.3‰ ~ -94.3‰，大部分靠近大气降水范围，说明成矿热液以盆地流体为主（图 1-13b）。

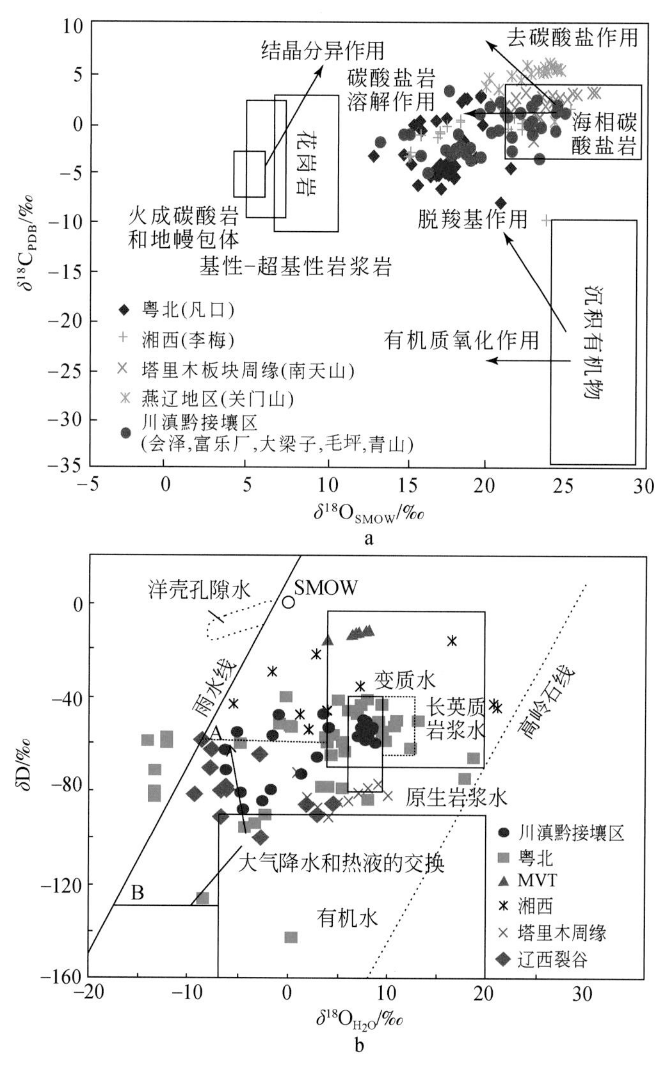

图 1-13 我国主要 MVT、HZT 铅锌矿床碳氧同位素（a）和氢氧同位素（b）组成分布图

资料来源：尹汉辉（1983）；陈耀钦和曾波夫（1984）；蒋少涌（1988）；芮宗瑶等（1991）；王小春（1992）；夏新阶和舒见闻（1995）；徐新煌和龙训荣（1996）；周朝宪等（1997）；林绍标（1998）；柳贺昌和林文达（1999）；陈学明等（2000）；匡文龙等（2002）；高景刚等（2007）；杨绍祥和劳可通（2007）；Han 等（2007a，2007b）；李志丹等（2010）；韩英等（2011）；韩润生等（2012）

5. 成矿物质来源

Pb 主要来自壳源，包括基底、风化层、盆地砂岩和碳酸盐岩含水层等各种组分，Zn 源尚不清楚。硫同位素变化范围大，有两种来源：①直接来自地壳（Sangster and Savard，1998），包括硫酸盐蒸发岩、原生卤水、成岩期硫化物、含硫有机质、H_2S 气藏和成层盆地中的缺氧水等（Leach et al.，2005）；②残留在沉积物中的海水硫酸盐（Sangster and Savard，1998）经历生物还原（BSR）和热化学还原（TSR）作用而成。

据韩英等（2013）研究，凡口铅锌矿的形成经历了三种流体混合的过程：流体 A 相对氧化；流体 B 相对还原；可能还存在深源流体。前两种流体温度均较低，其最初来源均与大气降水有关，属于地下水或盆地卤水性质；后一种流体温度较高，可能与凡口地区深部某种热动力源有关。稳定同位素研究表明，硫和矿质主要来源于赋矿泥盆系。

四、矿床成矿作用机制

（一）元素迁移及沉淀机制

半个世纪以来，针对 MVT 铅锌矿床，前人主要提出了三种流体运移沉淀模式。

1. 流体混合模式

该模式是 Jackson 和 Beales（1966）及 Beales（1975）以加拿大 Pine Point 铅锌矿为原型所建立的。Anderson（1975）用该模式解释了 MVT 铅锌矿床的沉淀机制。该模式解释了还原硫的来源（Trudinger et al.，1985），赋矿围岩为碳酸盐岩尤其是白云岩的原因（刘英超等，2008），溶蚀坍塌角砾岩、围岩交代、碳酸盐化等特征（Anderson，1983；Corbella et al.，2004），胶状闪锌矿的形成、矿体与围岩接触关系截然，以及大量白云岩溶解的机制（张长青等，2009）等问题。但是，无法解释许多矿床中普遍存在有机质、黄铁矿与氧化矿物共生。对此，Charles 和 Allen（1995）、Corbella 等（2004）分别提出含硫代硫酸盐的溶液通过各自途径与有机质在成矿地点发生反应沉淀成矿与两种化学性质不同但对方解石饱和的热液流体在溶洞内混合成矿的机制，对该模式进行了补充。

2. 硫酸盐还原模式

该模式由 Barton（1967）提出，经 Anderson（1983，1991）补充完善。由于部分 MVT 铅锌矿区围岩中存在大量可以还原硫酸盐的有机质（Gize and Hoering，1980；Rickard et al.，1981；Gize and Barnes，1987；Etminan and Hoffmann，1989；Arne et al.，1991），当携带大量金属离子和硫酸盐的成矿流体遇到富含有机质的碳酸盐岩地层时，硫化物从成矿流体中沉淀。Spirakos 和 Allen（1993）提出，S 还能以氧化态或亚硫化物的形式迁移，合理解释了黄铁矿中 S 存在不同价位和硫同位素多样性的原因，以及有机质与黄铁矿的存在，但难以解释其形成的动力学机制，且不能解释硫化物的反复沉淀和溶解的过程，也无法解释部分 MVT 矿床存在的某些地质特征，如碳酸盐岩的溶解（Corbella et al.，2004；Plumlee 1994a，1994b）和胶状闪锌矿的形成等（Kaiser，1988）。

20 世纪 90 年代以来，我国学者开始关注 MVT 矿床与有机质相关的成矿机制研究（刘文均等，1999；刘文均和郑荣才，2000b；李发源等，2002；匡文龙等，2002，2003）。但是，不少 MVT 矿床有机质并不发育，研究该类矿床成矿机制仍是一个重要的科学问题。

3. 还原硫模式

针对有些 MVT 矿床既非蒸发岩环境又缺乏硫酸盐还原的证据，Anderson（1973，1975）、Ohmoto（1979）、Sverjensky（1986）等提出并完善了这种模式。该沉淀机制要求存在理想的地质条件（pH 为 4～5 或略高），且 Pb、Zn 浓度很低（高浓度金属无法与还原硫共存），但此种流体难以形成高品位的大型铅锌矿床。Sverjensky（1986）、朱赖民和袁海华（1995）、周朝宪（1998）、Emsbo（2000）等计算的流体 pH 均为弱酸性，在一定程度上支持了还原硫模型。但是，该模式却无法解释许多矿床中流体包裹体数据显示的流体温度无明显下降的现象。

（二）流体驱动机制

成矿流体的驱动机制存在争论，主要有两种驱动模型：构造挤压模型和地形驱动模型（Garven and Raffensperger，1997）。前者认为造山事件早期的剧烈收缩产生构造挤压，流体受到挤压发生侧向流动；后者认为前陆盆地成盆早期地下水径流为自由对流，后期受到沉积物沉积压实或造山后山体抬升等产生的重力驱动发生流动。对于前者，因为构造挤压产生的流体速率太小，不能驱动流体长距离运移，而地形对流体的驱动存在于整个造山事件中，且随着山体抬升，为流体流动提供了充足动力。所以，重力是流体运移的主要驱动力。该类矿床与前陆抬升边缘及克拉通内盆地密切相关，地形驱动的流体运移形式、运移速率及热影响均为铅锌矿化提供了理想条件（Leach et al.，2005）。

（三）络合物的恢复和物理化学条件

成矿实验和矿物共生组合研究及计算机模拟表明：低 pH、较高温度、中高盐度、贫 S 热液体系中，铅、锌的氯络合物稳定，如 $[PbCl_4]^{2-}$、$[ZnCl_4]^{2-}$，但在近中性到碱性的热液体系中不稳定，而低温（75～150 ℃）、高 S 浓度、低 Cl^-浓度的碱性溶液中，硫的主要存在形式为 H_2S、HS^-、SO_4^{2-}等，锌硫络合物的稳定性超过其氯络合物，铅硫络合物只在特富硫的溶液中才显得重要。我国该类矿床流体包裹体均一温度主要集中于 150～240℃，盐度为 15%～30% $NaCl_{eq}$，流体以富 K^+、Ca^{2+}、Cl^-为特征，且 $K^+>Ca^{2+}>Na^+>Mg^{2+}$、$Cl^->F^-$。因此，推断 $[PbCl_4]^{2-}$、$[ZnCl_4]^{2-}$是成矿流体运移的主要形式。

（四）成矿地球化学障

研究表明，冷却降压作用不一定使铅锌硫化物发生沉淀；稀释作用可产生少量沉淀；pH 变化、水-岩反应是硫化物沉淀的主要因素；Eh 变化是硫化物沉淀的重要因素；流体混合可能是大型矿床形成的主要机制（张艳等，2016）。因此，冷却、稀释作用在大型矿床形成中作用有限，且稀释之所以产生沉淀是 pH 升高而导致的；氧化还原作用的发生有一定的条件限制，即铅锌与硫酸盐在同一流体中搬运至含大量还原性物质的地层中沉淀成矿，因而在流体混合中使矿物沉淀的主要因素是 pH 升高。流体混合作用，从广义上来讲，也属于水-岩反应，但其反应速率比液-固的反应快得多，造成的沉淀效果也显著得多。同时，混合作用多具有循环热液体系的特点，因而影响范围大、持续时间长。水-岩反应，热液蚀变造成矿质沉淀的原因也是 pH 升高。因此，该类矿床主要的成矿地球化学障为酸-碱障。

第五节　MVT 铅锌矿床找矿预测地质模型

一、成矿地质体与矿体的时空关系

该类矿床成矿地质体与矿体在时空上关系密切。空间上，矿体分布于含铅锌的碳酸盐岩地层及其断裂裂隙中。时间上，前陆盆地中的铅锌矿床形成过程为礁灰岩组合（白云岩或白云质灰岩等）形成→俯冲作用→俯冲板片弯曲形成一系列单向正断层+岩溶作用→流体大规模运移→矿床；而裂谷中的铅锌矿床形成过程为双向正断层→白云岩、白云质灰岩地层→流体淋滤、循环→沉淀成矿。

二、成矿构造与成矿结构面的特征

宏观上成矿构造位于碎屑岩与碳酸盐岩接触面的碳酸盐岩一侧，以及面状白云石化区与灰岩区界面部位，沉积-成岩构造、（张性）断裂构造系统共同控制成矿结构面。沉积-成岩构造系统控制古岩溶、硅-钙面、不整合面、岩性界面及礁组合等成矿结构面；断裂构造系统控制溶解坍塌角砾岩带、正断层破碎带及基底隆起等成矿结构面。两类成矿结构面有的在同一空间叠加存在，形成似层状、脉状矿体，有的独立存在，形成脉状或透镜状、似层状、囊状矿体。

三、找矿预测地质模型

综合研究认为，该类铅锌矿床的“三位一体”成矿规律为：矿床产于前陆盆地地堑式构造带、不整合面或假整合面上发育的溶塌角砾岩岩相组合、成矿正断层破碎带、区域性热卤水活动的硅-钙面中。据此，建立其找矿预测地质模型（图 1-14）：前陆盆地地堑式构造带（沉积构造系统与正断层构造系统）控制成矿区带、矿田和矿床的展布，因此通过前陆盆地地堑式构造带研究确定勘查区找矿方向；溶塌角砾岩岩相组合、白云石化生物礁相组合控制不规则状矿体和角砾状构造矿石，成矿正断层裂隙带的膨大带控制脉状矿体的产状，因此通过成矿结构面研究判断矿体空间位置和产状；白云石化碳酸盐岩与紫色砂岩中的褪色蚀变形成的硅-钙面不仅控制了透镜状矿体分布，而且反映曾发生过区域性低温热卤水活动，因此硅-钙面的特征是判断矿床（体）存在的成矿流体作用标志。

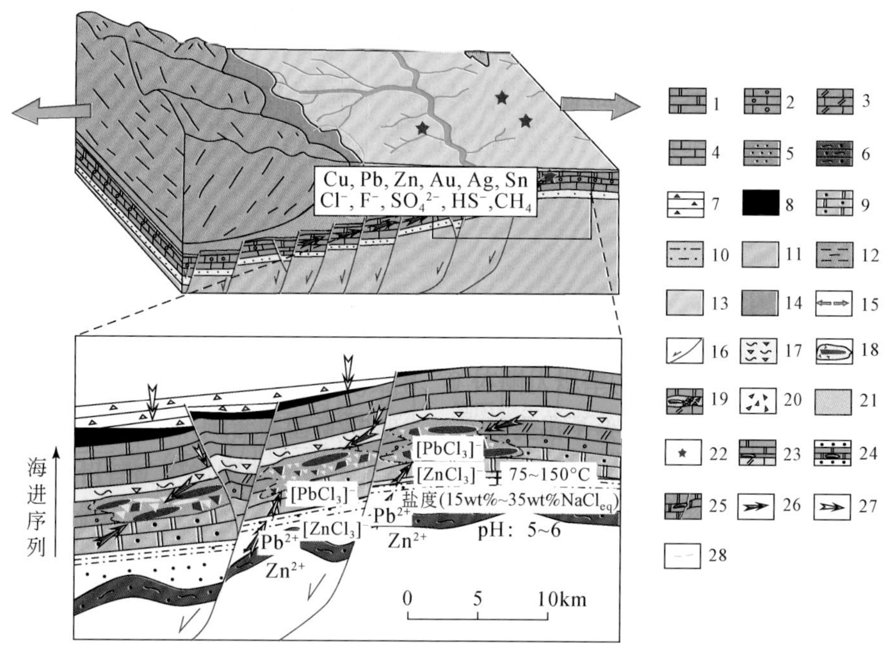

图 1-14 MVT 铅锌矿床找矿预测模型简图（综合 Leach et al.，2005 和祝新友等，2012 改绘）

1. 白云岩；2. 含藻灰岩；3. 白云质灰岩；4. 灰岩；5. 砂岩；6. 变质细砂岩；7. 陆相碎屑岩；8. 煤层；9. 砂质白云岩；10. 砂质碎屑岩；11. 变质岩系（基底）；12. 造山带；13. 超覆前陆盆地；14. 山前次级沉积盆地；15. 伸展方向；16. 断层；17. 破碎带；18. 矿体（Py+Sp+Gn）；19. 热液喀斯特角砾状矿体；20. 白云石化，方解石化，溶蚀角砾；21. 白云石化礁灰岩；22. 矿区；23. 岩性结构面；24. 硅-钙面；25. 构造结构面；26. 富矿质盆地卤水（Cu、Pb、Zn、CO_2、SO_4^{2-}、Cl^-）；27. 大气降水；28. 富硫盆地卤水（CH_4、C_5-C_7、SO_4^{2-}、Sr）。其中，19、21 为成矿地质体，23、24、25 为成矿结构面

四、找矿预测模型结构分析

基于矿化样式的讨论，在应用该类矿床找矿预测模型时，须注意找矿预测模型结构特征。矿化样式结构模式主要表现为层-脉结构，而成矿作用空间结构表现为构造-地层双控结构、特殊岩性/岩相层界面结构。

层-脉结构：矿体（脉）常沿主干断层及其配套褶皱发育的层间断裂带形成典型的似层状、脉状矿体结构，呈现主矿脉走向延长较大，而似层状延长较短的特征（如凡口铅锌矿）。

构造-地层双控结构：矿体受盆地特定层位的白云岩-灰岩变化带与断裂构造控制，地层常提供部分成矿物质，成矿构造系统和其附近的膏盐盆地边界断裂系统形成于同一时空，导致成矿过程中形成成矿物质和卤水双源成矿地质体，膏盐盆地提供卤水，控矿构造提供热能，将特定的碳酸盐岩层的成矿物质活化形成 MVT 矿床。因此，控矿构造系统控制成矿作用中心。

特殊岩性/岩相层界面结构：碳酸盐岩和砂岩类岩性界面，常见硅-钙面（如凡口铅锌矿）；溶塌角砾岩岩相组合、白云石化生物礁相组合控制不规则状、角砾状矿石及矿体。

五、找矿预测地质模型使用说明及勘查应用流程

（一）找矿预测地质模型的使用说明

1. 标志参数

MVT铅锌矿床找矿预测地质模型中的参数，参考了国内外典型矿床的主要特征：低温、高盐度、富含有机质流体、正断层、硅-钙面等（具体内容参见表9-7）。

2. “三位一体”各要素关系

前陆盆地地堑式构造带（成矿地质体之一）控制成矿区带和矿田的展布；溶塌角砾岩相带、硅-钙面（成矿结构面之一）控制矿床分布；白云石化生物礁灰岩相组合、正断层裂隙带（成矿结构面）控制矿体及其产状和角砾状构造矿石；低温-高盐度、含有机质流体、弱蚀变等特征为成矿流体作用标志。

3. 模型适用条件及需要注意的问题

该模型适用于全国各个大地构造单元中MVT铅锌矿床，其成矿深度参考国内外报道的数据，矿体与成矿地质体的距离受围岩岩性影响。根据应用者反馈意见修改，实时更新模型。

（二）找矿预测地质模型的勘查应用流程

该矿床找矿预测可依据以下流程：①根据成矿构造背景，判别确定成矿区带的找矿远景区（矿集区）；②根据成矿地质体、成矿构造系统和热液蚀变范围，圈定矿田或矿床范围；③根据成矿结构面，判别矿化样式和矿体产状；④根据成矿作用标志，确定矿体赋存地段。在勘查过程中实际应用该模型时，找矿预测地质模型的勘查应用流程分为如下10个步骤（简称十大要素）。

（1）看：研究成矿构造背景（前陆盆地地堑式构造带、克拉通碳酸盐台地）。

（2）查：查明岩性（相）组合（发育大面积白云岩化灰岩，沿不整合面发育溶塌角砾岩相组合）。

（3）识：识别矿化结构与矿物组合分带（一般不明显）。

（4）厘：厘定成矿结构面（根据硅-钙面、成矿正断层破碎带，确定矿体赋矿部位）。

（5）析：剖析成矿构造判别矿体延深（正断层控制矿体的延深远小于其走向延长，侧伏规律不明显）。

（6）填：沉积岩相、后生构造专项填图（突出后生构造与沉积成岩岩相等标志，圈定勘探线基线大致范围）。

（7）测：采用野外快速分析仪测试黄铁矿、白云石等标型矿物的微量元素，初步评估矿化范围；测量闪锌矿、方解石中流体包裹体均一温度，确定成矿温度高低。

（8）比：类比区域成矿系统的典型矿床特征参数，构建以成矿模型为基础的找矿预测

地质模型。

(9) 探：结合化探，提出找矿靶区，初步布设少量探矿工程以确定勘查类型（预查），转换找矿地质模型为勘查模型；其中预查阶段的综合研究尤为重要。

(10) 勘：补充完善勘查模型，部署规模性探矿工程（普查）。

第六节 典型MVT铅锌矿床成矿规律研究实例

前已述及，MVT铅锌矿床广泛分布于全球的不同地区，基于野外调研和前人研究成果（刘文均和郑荣才，2000a，2000b；祝新友等，2012），现简述两个典型MVT矿床成矿规律。

一、广东凡口超大型铅锌矿床

（一）矿床地质概况

凡口铅锌矿区（图1-15）地处南岭有色金属成矿带中段、曲仁中新生代沉积盆地北缘，铅锌金属资源储量近千万吨。该矿床赋存于华南泥盆系海进序列中上部的碳酸盐岩中，矿体受断裂构造控制，呈不规则状。矿区主要发育台地碳酸盐岩-碎屑岩（D-C赋矿层）、生烃层（P龙潭煤系），上覆曲仁盆地为白垩纪陆相红层盆地，基底为变质细砂岩。矿区发育

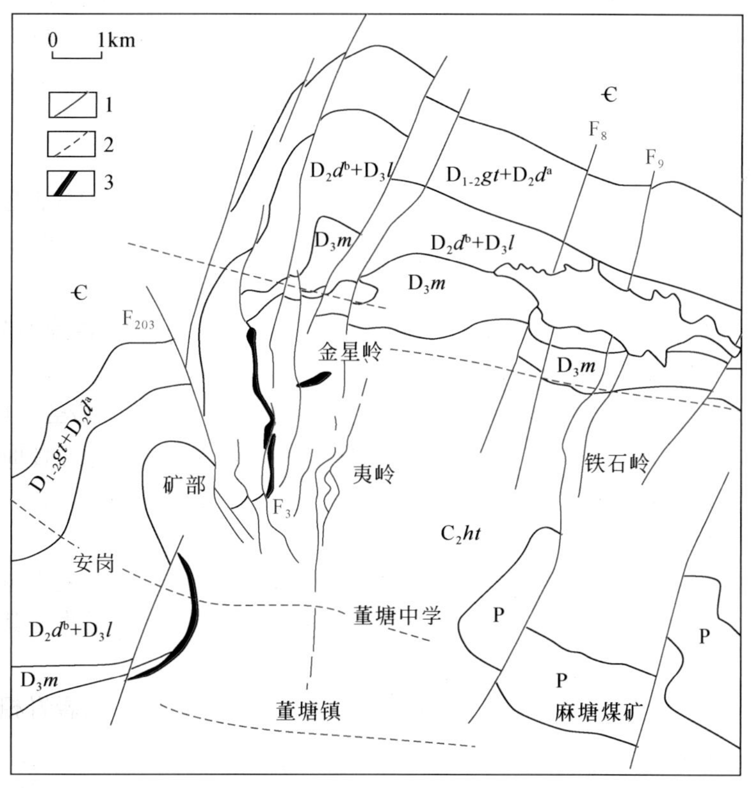

图1-15 凡口铅锌矿区构造地质简图（祝新友等，2012）

1. 断层；2. 推测断层；3. 角闪辉绿岩脉

NWW 向断裂、NNE 向控矿构造及 NW 向破矿构造。在 D_3t-C_2ht 发育 NWW 向断裂破碎带（“破乱层”），控制矿化顶界（祝新友等，2012）。矿区还发育辉绿岩脉，主要受 NWW 向、NW 向、NNE 向断裂控制。靠近矿体的辉绿岩发生黏土化和碳酸盐岩化，与铅锌矿体分布无明显的空间关系。

（二）成矿地质体特征

祝新友等（2012）从空间、时间关系和物源三方面论证了该矿床成矿地质体为红层盆地和生烃层。研究认为，它们应为区域铅锌成矿区带的成矿地质体，而该矿床的成矿地质体为红层盆地与生烃层之间的碳酸盐岩建造与控矿构造的复合体。

（三）成矿构造与成矿结构面特征

1. 成矿构造系统

成矿构造系统主要表现为沉积–成岩构造系统和褶皱断裂构造系统，前者控制了白垩纪红层盆地和生烃层，也控制了硅–钙面的分布，而后者控制成矿流体运移和沉淀成矿作用。

2. 成矿结构面类型及其特征

成矿结构面类型主要包括硅–钙面型、断裂带型（层间断裂型、穿层断裂型）及硅–钙面–断裂带型。典型的硅–钙面型，表现在矿床受控于海进序列的含矿建造，矿体产于寒武系细砂岩、泥质岩上覆的中、上泥盆统余田桥组和锡矿山组中的蚀变白云岩、白云质灰岩中；NWW 向断裂的破碎带控制了矿体北界，NNE 向穿层断裂在早期呈左行压扭性，在晚期呈右行张扭性，其中充填的脉状矿体与 NE 向层间断裂带中的矿体（脉）形成层–脉型、“入”字型、“多”字型矿化组合，而 NW 向断裂为破矿构造。

（四）流体作用特征标志

1. 矿化特征

1）*矿体特征*

矿体类型主要有黄铁矿型和黄铁矿铅锌矿型，二者紧密相伴出现。黄铁矿铅锌矿型矿体多达 200 余个，绝大部分资源量集中分布于天子岭组和东岗岭组上亚组—壶天群。矿体明显受地层岩性与断裂的联合控制，呈不规则状。矿体形态与地层岩性有关，发育于天子岭组上亚组块状碳酸盐岩中的矿体受构造控制，与围岩界线截然且不规则，呈不规则状、囊状、似层状；黄铁矿型矿体赋矿地层为余田桥组和锡矿山组的白云岩、白云质灰岩，分布于上部块状白云质灰岩中的矿体多呈不规则囊状，下部白云岩夹细石英砂岩中矿体多呈不规则似层状。

2）*矿石特征*

矿石矿物包括黄铁矿、闪锌矿、方铅矿，少量毒砂、黄铜矿、黝铜矿、菱铁矿、深红银矿、淡红银矿、银黝铜矿、辉银矿、自然银、辰砂、沥青铀矿等。其中闪锌矿广泛发育环带结构，环带核部色深含 Fe 高，常见乳滴状黄铜矿。大多数闪锌矿核部见有细粒石英和白云母碎屑，属于沉积岩被交代的残留物，环带边缘呈浅黄色；脉石矿物以白云石和方解石为主，少量石英、萤石、重晶石。

矿石主要具块状构造，部分呈条带状构造，少量具浸染状、角砾状构造；主要矿石结构为细粒他形、自形-半自形、交代、网状交代、条纹状、环带状、乳滴状固溶体分离结构等。

矿床成矿过程可划分为三个成矿阶段：①块状、条纹条带状黄铁矿-石英-黄铜矿-闪锌矿（少）阶段；②闪锌矿-方铅矿-石英-黄铜矿-黝铜矿-自形黄铁矿（少）阶段；③方解石-中粗粒黄铁矿阶段。

2. 矿化分带特征

矿石组合分带性较差。平面上，北部金星岭地区黄铁矿含量相对高，铅锌相对较低，菱铁矿很少；中部狮岭地区，铅锌增多，黄铁矿减少；南部矿石及围岩中脉状菱铁矿逐渐增多。垂向上，上部矿体的铅锌含量高，黄铁矿相对少，尤其是分布于“破乱层”下盘的矿体，产于上泥盆统天子岭组上亚组（D_3t^c）块状花斑状白云质灰岩中，具不规则状、囊状构造，部分矿体具块状构造。深部矿体中黄铁矿增多，尤其是产于中泥盆统东岗岭组上亚组（D_2d^b）砂岩-白云岩互层中的似层状矿体，其中黄铁矿含量增高，导致了矿石品位自上而下有逐渐降低的趋势。

3. 成矿作用的微观特征

1）*成矿流体的矿物学标志*

东岗岭组下亚组（D_2d^a）杂色砂岩及桂头群（$D_{1-2}gt$）紫色砂岩中不均匀发育褪色蚀变现象，具有明显的穿层特点。其赋矿地层上部的白云石化蚀变体和铅锌矿体分布的地层层位大体一致。区域性白云石化和紫色砂岩中的褪色蚀变面积广泛，与盆地卤水活动有关。

2）*主、微量元素地球化学特征*

矿石中伴生 Ag，可高达 108×10^{-6}。Pb、Zn、Cd、Tl、U 等元素高度相关且富集特点一致，均与铅锌矿成矿作用有关。U 与 Pb、Zn 的密切关系说明，U 与铅锌矿成矿作用可能与盆地卤水作用有关。W、Mo、Ga、Rb、Sr、Cs、Li、Nb、Ta、Hf、Th 元素的相关性较好。矿石的稀土元素含量与围岩大体相当，但随着矿化增强，$\sum$REE 有减小的趋势，块状矿石 REE 含量最低。

3）*成矿流体特征*

方解石中流体包裹体特征反映成矿流体具有中低温、中高盐度特点，流体主要为纯水、$NaCl-H_2O$ 体系，含少量 CH_4、HCl、CO 等气体成分，有机质参与成矿，但参与程度不高，流体来源于盆地卤水，受大气降水影响。

4）*同位素组成特征*

硫同位素：硫化物 $\delta^{34}S$ 组成呈明显的塔式分布，集中分布于 12‰～22‰。黄铁矿与铅锌矿物的硫同位素组成接近，其变化规律大体相似。

铅同位素：矿石铅同位素组成较集中，除个别样品外，绝大多数样品$^{206}Pb/^{204}Pb$ = 18.23～18.85，$^{207}Pb/^{204}Pb$ = 15.63～15.82，$^{208}Pb/^{204}Pb$ = 38.65～39.10，显示出正常铅的特点。矿石与灰岩、辉绿岩分布范围大体一致，其μ值大体相当，集中于9.4～9.9。

碳氧、锶同位素：方解石和菱铁矿具有热液的$\delta^{13}C$、$\delta^{18}O$组成。Sr同位素的变化趋势更加明显，下段碎屑岩中具有较高的$^{87}Sr/^{86}Sr$值，向上部随着碳酸盐岩的增加，比值下降，而在碳酸盐岩中稳定在0.71左右。Sr同位素的变化特征反映出上部碳酸盐岩中的Sr同位素组成具有明显沉积岩来源的特点，而下部碎屑岩中$^{87}Sr/^{86}Sr$值增高，主要与碎屑岩中热液活动形成的碳酸盐岩矿物的增多有关，预示盆地卤水活动。

氢氧同位素：指示主要成矿流体为大气降水。

（五）矿床成矿规律综述

区域白云石化的分布与红层盆地密切相关。在华南晚中生代陆相红层盆地分布区的碳酸盐岩均遭受不同程度的白云石化，在扬子陆块震旦系—奥陶系碳酸盐岩中，含有大量渗透性良好的白云岩或白云质灰岩。其成矿时代与燕山期红层盆地的发育时代一致。成矿地球化学障主要表现为酸碱障。该矿床具有鲜明的层控、相控和构控特征。沉积构造系统、褶皱断层构造系统控制海进序列的含矿建造，也控制了成矿区带、矿田的展布；硅-钙面与成矿褶皱断层控制了矿床的展布；白云石化灰岩、白云岩组合与成矿构造联合控制矿体的赋存部位；成矿流体具中低温-高盐度、重硫等特征，反映了区域性中低温热卤水活动，是判断矿体（床）存在的成矿流体作用标志。

二、湘西南花垣铅锌矿床

（一）矿床地质概况

花垣矿区位于扬子陆块东南缘、江南古陆西侧的加里东期褶断带上，以西为印支期八面山褶皱带（图1-16）。矿区地层以下古生界为主，震旦系及新元古界（板溪群）见于背斜轴部及东部地区，赋矿层位主要为中下寒武统、下奥陶统。主要构造为NW向断层、NE向短轴背斜及层间断裂带。矿体主要呈层状、似层状产出。矿床具有大（超大型）、广（矿化分布面广）、贫（矿床品位低）、多（赋矿层位多）、少（共伴生组分少）、浅（矿体赋存浅）、弱（热液蚀变弱）的特点，与典型的MVT铅锌矿床特征类似。

（二）成矿地质体

该矿床严格受台地边缘浅滩亚相、藻礁灰岩微相与热液喀斯特角砾岩带控制，因此矿床的成矿地质体为藻礁灰岩、粒屑灰岩及纹层状白云岩组合与层间虚脱裂隙发育的热液喀斯特角砾岩蚀变带。

矿体受硅-钙面控制明显，赋矿层位之上为富硅铝质页岩，透水性很差，对成矿流体起隔挡作用，赋矿层为藻礁灰岩岩相组合。铅锌成矿时代晚于武夷-云开弧盆系加里东期的碰撞后伸展阶段，反映了该矿床属后生成因。主要流体来源为大气降水；热源为埋藏热源与构造热源；硫源为与赋矿地层同时代海水及油田卤水及渗流卤水，铅来自大厚度的藻灰岩地层。

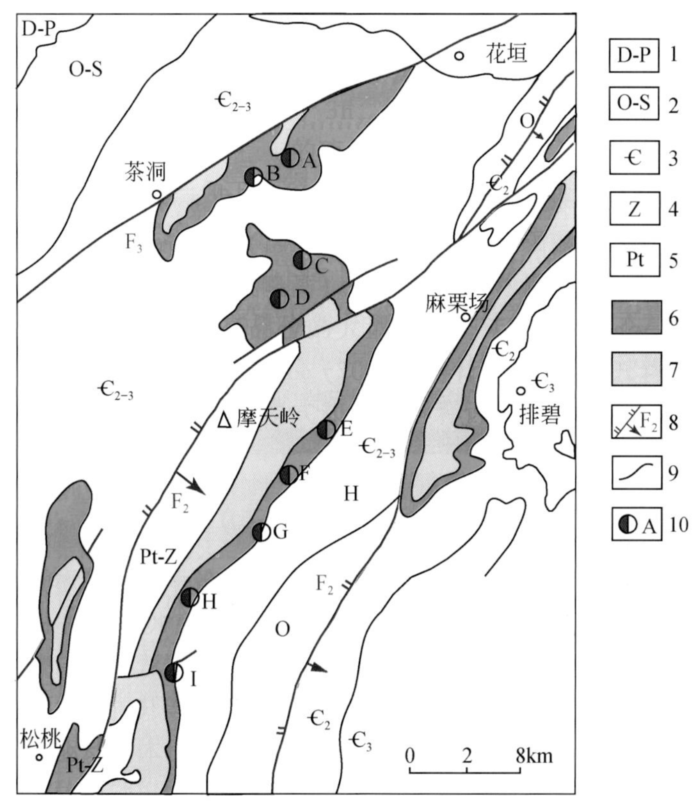

图 1-16 花垣铅锌矿床地质简图（据刘文均和郑荣才，2000b）

1. 泥盆系—二叠系；2. 奥陶系—志留系；3. 寒武系；4. 震旦系；5. 古元古界；6. 清虚洞组；7. 杷榔组、牛蹄塘组；8. 逆断层及编号；9. 地层界线；10. 矿床（点）及编号：A. 耐子堡，B. 半坡，C. 渔塘，D. 土地坪，E. 排吾，F. 杉木冲，G. 大铁厂，H. 水源，I. 嗅脑

（三）成矿构造与成矿结构面特征

成矿构造系统包括沉积-成岩构造系统和张性构造系统，同生断裂控制藻礁灰岩组合，后者控制岩溶喀斯特角砾岩带。硅-钙面结构面控制了矿田（床）的分布；矿床范围内岩性岩相结构面表现为矿体下部的泥灰岩，中部的赋矿藻礁灰岩、粒屑灰岩及上部的变形纹层状白云岩组合；喀斯特结构面表现为渗透型碳酸盐岩相和礁灰岩周边的热液角砾岩带；构造结构面表现为层间虚脱、破碎带及层内裂隙系统，矿体主要富集在构造扩容部位。矿体受硅-钙面控制，流体常沿层间虚脱断裂带及其裂隙系统内的碳酸盐岩卸载充填就位。

成矿构造与区域构造时空关系密切。沉积-成岩构造控制礁灰岩岩相组合，加里东晚期成矿构造叠加于沉积盆地构造之上，并伴随裂陷作用形成一系列正断层，控制成矿流体在白云石化灰岩中的层间虚脱、破碎带、喀斯特溶洞中卸载充填成矿。古喀斯特结构面主要沿藻礁灰岩组合岩性界面等部位发育，造成成矿结构面沿地层发育，其延深小于走向延长。成矿流体沿成矿结构面充填成矿。

（四）流体作用特征标志

1. 矿体特征

矿体主要呈层状、似层状沿赋矿层位分布，主要有铅锌矿型和汞铅锌矿型矿体；矿石矿物以浅色–无色闪锌矿和方铅矿为主，氧化矿石中含菱锌矿、异极矿；脉石矿物为白云石、方解石、重晶石、石英、萤石及辰砂等。矿石品位低（1.5%~3.5%），伴生元素较少（Cd、Hg、Sb 等）；矿石主要呈浸染状、角砾状、网脉状、胶状、条带状构造；主要矿石结构包括细粒他形、自形–半自形、环带状结构等；矿床无明显矿化分带特征。

2. 成矿作用的微观特征

热液蚀变主要为白云石化、方解石化、重晶石化、黄铁矿化；浅色闪锌矿呈玫瑰色–淡黄色。矿石以 Pb、Zn 为主，伴生 Cd、Hg、Ba、V、P 等低温元素，显示了中低温热液成矿特点；化探异常以 Cu-Ag 元素组合为主，部分与 Pb、Zn 或 Sb 异常重叠。成矿流体为 Ca^{2+}-Na^{+}-Cl^{-}-SO_4^{2-} 体系，成矿温度 89 ~ 200℃，盐度为 4.5%~38.3% $NaCl_{eq}$。

硫化物矿物 $\delta^{34}S$ = 11.75‰ ~ 31.33‰，属重硫型，具古海水硫酸盐的硫特征，与蒸发岩的古地理环境有关。铅同位素组成具上地壳铅源的特征，反映盆地热卤水长期循环聚集，在有利岩性–藻灰岩中富集成矿。样品碳氧同位素落入 $\delta^{13}C$-$\delta^{18}O$ 图中海相碳酸盐岩区域，具碳酸盐岩溶解作用；氢氧同位素组成显示大气降水参与铅锌矿成矿过程。

（五）矿床成矿规律简述

沉积–成岩作用形成白云石化藻礁灰岩组合，张性构造控制喀斯特热液角砾岩带的分布，成矿热液在岩性界面和藻礁灰岩中在弱酸性条件下迁移，在弱碱性条件下卸载充填成矿，因此其成矿地球化学障为酸碱障。该矿床具有鲜明的层控、相控和构控特征。裂陷盆地的沉积–成岩构造系统和正断层构造系统控制区域性礁灰岩组合，也控制了成矿区带、矿田的展布；硅–钙面和热液喀斯特角砾岩带控制了矿床的展布；白云石化礁灰岩组合控制矿体（层）的赋存部位，热液喀斯特角砾岩相带控制典型的角砾状矿石构造，成矿正断层裂隙带的膨大部位控制矿脉产状；成矿流体的低温–高盐度、重硫、弱蚀变等特征，反映了区域性低温热卤水活动，是判断矿体（床）存在的成矿流体作用标志。

本 章 小 结

（1）统一了碳酸盐岩容矿的非岩浆后生热液型铅锌矿床类型划分，提出了会泽型（HZT）铅锌矿床的内涵。结合 MVT 铅锌矿床和川滇黔接壤区铅锌矿床成矿地质作用类型、成矿温度、成矿方式及赋矿碳酸盐岩的成因类型，将碳酸盐岩容矿的非岩浆后生热液型铅锌矿床划分为两个端元：MVT 和 HZT。世界上大多数非岩浆后生热液型铅锌矿床为介于两个端元矿床的过渡类型。并概述了非岩浆后生热液型铅锌矿床的全球时空分布规律。

（2）从“时、空、物、能”四要素出发，厘定了 MVT 铅锌矿床的成矿地质体，总结了成矿结构面类型及其控矿特征，概括了成矿流体作用特征标志。以凡口、花垣铅锌矿床为例，简述了其成矿规律。

(3) 总结了 MVT 铅锌矿床成矿规律为：矿床产于前陆盆地地堑式构造带、不整合面上发育的溶塌角砾岩岩相组合、成矿正断层破碎带、区域性热卤水活动的硅-钙面中。

(4) 建立了 MVT 铅锌矿床找矿预测地质模型，并提出了该模型的勘查应用流程，对指导该类铅锌矿床找矿勘查具有重要意义。

参考文献

陈懋弘.2014. 四川呷村 VMS 型矿床外围有热矿区找矿实践. 矿床地质，(s1)：665-666.

陈学明，邓军，沈崇辉，等.2000. 凡口超大型铅锌矿床成矿流体的物理特征和地球化学特征. 地球科学，25 (4)：438-453.

陈耀钦，曾波夫.1984. 试论凡口大型层控铅锌矿床的地质特征及矿床成因. 沉积学报，2 (3)：34-47.

丛源，陈建平，董庆吉，等.2010. 青海东莫扎抓铅锌矿床硫化物特征及成因意义. 现代地质，24 (1)：42-51.

戴问天.1989. 层控铅锌矿中两类矿化的成因及相互关系——以陕南八方山为例. 地质找矿论丛 (1)：14-21.

地质矿产部《南岭项目》构造专题组.1988. 南岭区域构造特征及控岩控矿构造研究. 北京：地质出版社.

董存杰，张洪涛，张宝琛.2010. 青城子铅锌矿床成因分析. 地质与勘探，46 (1)：59-69.

冯光英，刘燊，彭建堂，等.2009. 新疆塔木-卡兰古铅锌矿带流体包裹体特征. 吉林大学学报（地球科学版），39 (3)：406-414.

高景刚，梁婷，彭明兴，等.2007. 新疆彩霞山铅锌矿床硫、碳、氢、氧同位素地球化学. 地质与勘探，43 (5)：57-60.

高伟，叶霖，程增涛，等.2010. 云南保山核桃坪铅锌矿床地球化学研究初探. 矿床地质，29 (s1)：187-188.

高晓理.2006. 新疆彩霞山铅锌矿床地质特征及其成因机理. 长安大学硕士学位论文.

顾尚义.2007. 黔西北地区铅锌矿硫同位素特征研究. 贵州工业大学学报（自然科学版），36 (1)：8-11.

韩润生，陈进，李元，等.2001a. 云南会泽麒麟厂铅锌矿床构造地球化学及定位预测. 矿物学报，21 (4)：667-673.

韩润生，刘丛强，黄智龙，等.2001b. 论云南会泽富铅锌矿床成矿模式. 矿物学报，21 (4)：674-680.

韩润生，陈进，黄智龙，等.2006. 构造成矿动力学及隐伏矿定位预测：以云南会泽超大型铅锌（银、锗）矿床为例. 北京：科学出版社.

韩润生，邹海俊，胡彬，等.2007. 云南毛坪铅锌（银、锗）矿床流体包裹体特征及成矿流体来源. 岩石学报，23 (9)：2109-2118.

韩润生，胡煜昭，王学琨，等.2012. 滇东北富锗银铅锌多金属矿集区矿床模型. 地质学报，86 (2)：280-294.

韩润生，王峰，胡煜昭，等.2014. 会泽型（HZT）富锗银铅锌矿床成矿构造动力学研究及年代学约束. 大地构造与成矿学，38 (4)：758-771.

韩英，王京彬，祝新友，等.2011. 凡口铅锌矿床方解石稀土元素特征分析. 矿物学报，(s1)：585-586.

韩英，王京彬，祝新友，等.2013. 广东凡口铅锌矿床流体包裹体特征及地质意义. 矿物岩石地球化学通报，32 (1)：81-86.

和文言，喻学惠，莫宣学，等.2012. 滇西北衙多金属矿田矿床成因类型及其与富碱斑岩关系初探. 岩石学报，28 (5)：55-66.

侯满堂，王党国，高杰，等.2007. 陕西马元地区铅锌矿矿石特征研究. 陕西地质，35 (1)：1-10.

黄报章，郑人来，尤岳昌，等 . 1983. 论浙江黄岩五部铅锌矿的成矿特征和形成条件 . 中国地质科学院南京地质矿产研究所所刊，(2)：87-106.
黄智龙 . 2004. 云南会泽超大型铅锌矿床地球化学及成因 兼论峨眉山玄武岩与铅锌成矿的关系 . 北京：地质出版社 .
蒋少涌 . 1988. 辽宁青城子铅-锌矿床氧、碳、铅、硫同位素地质特征及矿床成因 . 地质论评，6：515-523.
蒋映德，邱华宁，肖慧娟 . 2006. 闪锌矿流体包裹体 40Ar-39Ar 法定年探讨—以广东凡口铅锌矿为例 . 岩石学报，22（10）：2425-2430.
匡文龙，刘继顺，朱自强，等 . 2002. 西昆仑地区卡兰古 MVT 型铅锌矿床成矿作用和成矿物质来源探讨 . 大地构造与成矿学，26（4）：423-428.
匡文龙，刘继顺，朱自强，等 . 2003. 塔西南 MVT 型铅锌矿床成矿作用机制研究——以卡兰古铅锌矿为例 . 新疆地质，21（1）：136-140.
李发源 . 2003. MVT 铅锌矿床中分散元素赋存状态和富集机理研究——以四川天宝山、大梁子铅锌矿床为例. 成都理工大学硕士学位论文 .
李发源，顾雪祥，付绍洪，等 . 2002. 有机质在 MVT 铅锌矿床形成中的作用 . 矿物岩石地球化学通报，21（4）：272-276.
李峰，鲁文举，杨映忠，等 . 2010. 危机矿山成矿规律与找矿研究 . 北京：云南科技出版社 .
李光明，刘波，董随亮，等 . 2010. 冈底斯成矿带中段铜铁铅锌矿集区的叠合成矿作用及意义——以斯弄多铅锌矿床为例 . 矿床地质，(s1)：240-241.
李嘉曾 . 1984. 内生过程铅锌的分离聚合及其成矿意义——浙江五部铅锌矿床成矿物质来源 . 桂林冶金地质学院学报，(1)：41-50.
李永胜，甄世民，公凡影，等 . 2012. 湖南水口山铅锌金银矿田成矿物质来源探讨 . 全国矿床会议论文集 .
李永胜，巩小栋，祝新友，等 . 2014. 湖南水口山铅锌金银矿田典型矿床成因分析 . 矿床地质，（s1）：219-220.
李志丹，薛春纪，张舒，等 . 2010. 新疆西南天山霍什布拉克铅锌矿床同位素地球化学及成因 . 全国矿床会议论文集 .
廖文 . 1984. 滇东、黔西铅锌金属区硫、铅同位素组成特征与成矿模式探讨 . 地质与勘探，1：2-8.
林绍标 . 1998. 凡口超大型铅锌矿床地质特征 . 有色金属工程，（s1）：3-12
刘瑞弟 . 2002. 凡口铅锌矿的地质地球化学特征及成矿模式研究 . 中南大学硕士学位论文 .
刘文均，郑荣才 . 1999. 花垣铅锌矿床中沥青的初步研究——MVT 铅锌矿床有机地化研究（Ⅱ）. 沉积学报，17（4）：608-614.
刘文均，卢家烂 . 2000. 湘西下寒武统有机地化特征——MVT 铅锌矿床有机成矿作用研究（Ⅲ）. 沉积学报，18（2）：290-296.
刘文均，郑荣才 . 2000a. 花垣铅锌矿床成矿流体特征及动态 . 矿床地质，19（2）：173-181.
刘文均，郑荣才 . 2000b. 硫酸盐热化学还原反应与花垣铅锌矿床 . 中国科学：地球科学，30（5）：456-464.
刘文均，郑荣才，李元林，等 . 1999. 花垣铅锌矿床中沥青的初步研究——MVT 铅锌矿床有机地化研究（I）. 沉积学报，17（1）：19-23.
刘英超，侯增谦，杨竹森 . 2008. 密西西比河谷型（MVT）铅锌矿床：认识与进展 . 矿床地质，27（2）：254-264.
柳贺昌，林文达 . 1999. 滇东北铅锌银矿床规律研究 . 昆明：云南大学出版社 .
卢焕章 . 1990. 包裹体地球化学 . 北京：地质出版社 .
罗家贤 . 2003. 东坪铅锌矿构控特征及矿床成因 . 云南地质，22（3）：304-312.
马芳芳 . 2012. 陕西银硐子银铅多金属矿床地质特征及矿化富集规律研究 . 吉林大学硕士学位论文 .
马国良，祁思敬 . 1996. 甘肃厂坝铅锌矿床喷气沉积成因研究 . 地质找矿论丛，(3)：36-44.

毛景文 . 2012. 国外主要矿床类型、特点及找矿勘查 . 北京：地质出版社 .
孟祥金，侯增谦，董光裕，等 . 2009. 江西冷水坑斑岩型铅锌银矿床地质特征、热液蚀变与成矿时限 . 地质学报，83（12）：1951-1967.
彭润民，翟裕生 . 2004. 内蒙古狼山—渣尔泰山中元古代被动陆缘热水喷流成矿特征 . 地学前缘，11（1）：257-268.
彭润民，翟裕生，王志刚 . 2000. 内蒙古东升庙、甲生盘中元古代 SEDEX 矿床同生断裂活动及其控矿特征 . 中国地质大学学报（地球科学），25（4）：404-453.
彭润民，翟裕生，王志刚，等 . 2004. 内蒙古狼山炭窑口热水喷流沉积矿床钾质“双峰式”火山岩层的发现及其示踪意义 . 中国科学：地球科学，34（12）：1135-1144.
彭润民，翟裕生，韩雪峰，等 . 2007. 内蒙古狼山造山带构造演化与成矿响应 . 岩石学报，23（3）：679-688.
彭守晋 . 1990. 喀什地区主要铅锌矿床地质特征及成因探讨 . 新疆有色金属，2：8-16.
覃焕然 . 1986. 试论广西泗顶—古丹层控型铅锌矿床成矿富集特征 . 南方国土资源，（2）：54-65.
芮宗瑶，李宁，王龙生 . 1991. 关门山铅锌矿床盆地热卤水成矿及铅同位素打靶 . 北京：地质出版社 .
王宝权 . 2016. 黑龙江省塔源二支线铅锌铜矿床地质特征及找矿标志 . 地质与资源，25（2）：144-149.
王海，王京彬，祝新友，等 . 2016. 陕西马元铅锌矿床矿石组构研究与成因意义 . 矿产与地质，30（3）：406-413.
王建飞，吴鹏，姜龙燕，等 . 2016. 云南姚安老街子铅银矿床岩性-断裂控矿特征与找矿预测——以 2108m 中段为例 . 地质与勘探，52（3）：407-416.
王江海，常向阳 . 1993. 云南金顶铅锌矿床新的喷流成因机制 . 矿物岩石地球化学通报，12（4）：201-204.
王京彬，李朝阳，陈晓钟 . 1990. 金顶超大型铅锌矿喷流沉积成因初探 . 矿物岩石地球化学通报，9（2）：122-123.
王玲之 . 1989. 甘肃邓家山铅锌矿床矿化期、矿化阶段的划分及成因研究 . 矿产与地质，（1）：42-48.
王乾，顾雪祥，付绍洪，等 . 2008. 云南会泽铅锌矿床分散元素镉锗镓的富集规律 . 沉积与特提斯地质，28（4）：69-73.
王书来，汪东波，祝新友，等 . 2002. 新疆塔木-卡兰古铅锌矿床成矿流体地球化学特征 . 地球与环境，30（4）：34-39.
王小春 . 1988. 康滇地轴中段东缘震旦系灯影组层控铅锌矿床成矿机理——以天宝山和大梁子矿床为例 . 成都地质学院硕士学位论文 .
王小春 . 1992. 天宝山铅锌矿床成因分析 . 成都理工大学学报（自然科学版），3：10-20.
王玉往，王京彬，叶天竺，等 . 2011. 叠合成矿作用及相关问题 . 矿产勘查，2（6）：640-646.
夏新阶，舒见闻 . 1995. 李梅锌矿床地质特征及其成因 . 大地构造与成矿学，3：197-204.
肖庆华，秦克章，许英霞，等 . 2009. 东疆中天山红星山铅锌（银）矿床地质特征及区域成矿作用对比 . 矿床地质，28（2）：120-132.
徐九华，单立华，丁汝福，等 . 2008. 阿尔泰铁木尔特铅锌矿床的碳质流体组合及其地质意义 . 岩石学报，24（9）：2094-2104.
徐新煌，龙训荣 . 1996. 赤普铅锌矿床成矿物质来源研究 . 矿物岩石，3：54-59.
杨绍祥，劳可通 . 2007. 湘西北铅锌矿床的地质特征及找矿标志 . 地质通报，26（7）：899-908.
杨向荣，彭建堂，胡瑞忠，等 . 2010. 新疆塔里木西南缘塔木铅锌矿硫同位素特征与成因 . 岩石学报，26（10）：3074-3084.
叶霖，李珍立，胡宇思，等 . 2016. 四川天宝山铅锌矿床硫化物微量元素组成：LA- ICPMS 研究 . 岩石学报，32（11）：3377-3393.
叶天竺，肖克炎，严光生 . 2007. 矿床模型综合地质信息预测技术研究 . 地学前缘，14（5）：13-21.

叶天竺，吕志成，庞振山，等. 2014. 勘查区找矿预测理论与方法（总）论. 北京：地质出版社.
叶天竺，吕志成，庞振山，等. 2017. 勘查区找矿预测理论与方法（各）论. 北京：地质出版社.
尹汉辉，喻茨玫，张国新，等. 1983. 中国沉积–改造铅锌矿床. 中国科学：化学，13（11）：1029-1038.
曾普胜，裴荣富，侯增谦，等. 2005. 安徽铜陵矿集区冬瓜山矿床：一个叠加改造型铜矿. 地质学报，79（1）：106-133.
翟裕生，姚书振，蔡克勤. 2011. 矿床学（第3版）. 北京：地质出版社.
张德全，鲍修文. 1990. 内蒙古白音诺中酸性火山—深成杂岩体的岩石学，地球化学. 地质论评，36（4）：289-297.
张德全，雷蕴芬，罗太阳，等. 1991. 内蒙古白音诺铅锌矿床地质特征及成矿作用. 矿床地质，（3）：204-216.
张辉. 2017. 阿尔泰克兰盆地VMS矿床变质叠加成矿及找矿评价. 北京科技大学博士学位论文.
张乾. 1990. 山东香夼斑岩型铅梓矿床的地球化学特征及成因探讨. 地质找矿论丛，（2）：12-19.
张艳，韩润生，魏平堂. 2016. 碳酸盐岩型铅锌矿床成矿流体中铅锌元素运移与沉淀机制研究综述. 地质论评，62（1）：187-201.
张长青，毛景文，吴锁平，等. 2005. 川滇黔地区MVT铅锌矿床分布、特征及成因. 矿床地质，24（3）：336-348.
张长青，余金杰，毛景文. 2009. 密西西比型（MVT）铅锌矿床研究进展. 矿床地质，28（2）：195-210.
张自洋. 2003. 乐红铅锌矿矿床地质与成因分析. 云南地质，22（1）：97-106.
赵兴元. 1989. 云南金顶铅锌矿床成因研究. 中国地质大学学报（地球科学），（5）：523-530.
甄世民，祝新友，韩英. 2014. 广东凡口铅锌矿床成矿模式. 矿床地质，（s1）：779-780.
周朝宪. 1998. 滇东北麒麟厂锌铅矿床成矿金属来源、成矿流体特征和成矿机理研究. 矿物岩石地球化学通报，17（1）：36-38.
周朝宪，魏春生，叶造军. 1997. 密西西比河谷型铅锌矿床. 地球与环境，1：65-75.
周振冬，王润民，庄汝礼，等. 1983. 湖南花垣渔塘铅锌矿床矿床成因的新认识. 成都理工大学学报（自然科学版），3：4-22，118-119.
朱华平，张德全. 2004. 陕西南秦岭志留系中铅锌矿床地质地球化学特征研究. 地质找矿论丛，19（2）：76-82.
朱赖民，袁海华. 1995. 论底苏铅锌矿床成矿物理化学条件. 成都理工大学学报（自然科学版），（4）：15-21.
祝新友，汪东波，王书来. 1998. 新疆阿克陶县塔木—卡兰古铅锌矿带矿床地质和硫同位素特征. 矿床地质，17（3）：204-214.
祝新友，汪东波，卫冶国，等. 2006. 甘肃代家庄铅锌矿的地质特征与找矿意义. 地球学报，27（6）：595-602.
祝新友，王艳丽，甄世民，等. 2012. 广东凡口铅锌矿典型矿床研究. 北京矿产地质研究院研究报告，1-170.
祝新友，王京彬，刘慎波，等. 2013. 广东凡口MVT铅锌矿床成矿年代——来自辉绿岩锆石SHRIMP定年证据. 地质学报，87（2）：167-177.
Anderson G M. 1973. The hydrothermal transport and deposition of Galena and Sphalerite Near 100° C. Economic Geology，68（4）：480-492.
Anderson G M. 1975. Precipitation of Mississippi valley-type ores. Economic Geology，70（5）：937-942.
Anderson G M. 1983. Some geochemical aspects of sulfide precipitation in carbonate rocks. In：Kisvarsanyi G，Grant S K，Pratt W P，et al（eds.）. International Conference of MVT Lead-Zinc Deposits：Rolla，University of Missouri Rolla：61-76.

Anderson G M. 1991. Organic maturation and ore precipitation in Southeast Missouri. Economic Geology, 86: 909-926.

Appold M S, Garven G. 1999. The hydrology of ore formation in the Southeast Missouri District numerical models of topography-driven fluid flow during the Ouachita Orogeny. Economic Geology, 94 (6): 913-935.

Arne D C, Curtis L W, Kissin S A. 1991. Internal zonation in a carbonate-hosted Zn-Pb-Ag deposit, Nanisivik, Baffin Island, Canada. Economic Geology, 86 (4): 699-717.

Barton P J. 1967. Possible role of organic matter in the precipitation of the Mississippi Valley ores. Economic Geology, 3: 371-377.

Basuki N I. 2002. A review of fluid inclusion temperatures and salinities in Mississippi valley-type Zn-Pb deposits: identifying thresholds for metal transport. Exploration & Mining Geology, 11 (1-4): 1-17.

Beales F W. 1975. Precipitation mechanisms for mississippi valley-type ore deposits: A reply. Economic Geology, 70: 943-948.

Bethke C M, Marshak S. 1990. Brine migrations across North America-the plate tectonics of groundwater. Annual Review of Earth and Planetary Sciences, 18 (1): 287-315.

Bradley D C, Leach D L. 2003. Tectonic controls of Mississippi Valley-type lead-zinc mineralization inorogenic forelands. Mineralium Deposita, 38 (6): 652-667.

Charles SS, Allen V H. 1995. Evaluation of proposed precipitation mechanisms for Mississippi Valley-type deposits. Ore Geology Reviews, 10: 1-17.

Corbella M, Ayora C, Cardellach E. 2004. Hydrothermal mixing, carbonate dissolution and sulfide precipitation in Mississippi Valley-type deposits. Mineralium Deposita, 39: 344-357.

Emsbo P. 2000. Gold in sedex deposits. Economic Geology Review, 13: 427-437.

Etminan H, Hoffmann C F. 1989. Biomarkers in fluid inclusions: A new tool in constraining source regimes and its implications for the genesis of Mississippi Valley-type deposits. Geology, 17 (17): 19-22.

Franklin J M. 1981. Volcanic-associated massive sulfide deposits. Economic Geology: 485-627.

Garven G. 1985. The role of regional fluid flow in the genesis of the Pine Point Deposit, Western Canada sedimentary basin. Economic Geology, 80 (80): 307-324.

Garven G, Raffensperger J P. 1997. Hydrogeology and geochemistry of ore genesis in sedimentary basins. In: Barnes H L (eds.) . Geochemistry Hydrothermal Ore Deposit. New York: John Wiley & Sons Inc.

Gize A P, Hoering T C. 1980. The organic matter in Mississippi Valley-type deposits Carnegie Institution of Washington Year Book, 79: 384-388.

Gize A P, Barnes H L. 1987. The organic geochemistry of two Mississippi Valley-type lead-zinc deposits. Economic Geology, 82 (2): 457-470.

Han R S, Liu C Q, Huang Z L, et al. 2004. Fluid inclusions of calcite and sources of ore-forming fluids in the Huize Zn-Pb-(Ag-Ge) District, Yunnan, China. Atca Geological Sinica, 78 (2): 583-591.

Han R S, Liu C Q, Huang Z L, et al. 2007a. Geological features and origin of the Huize carbonate-hosted Zn-Pb-(Ag) District, Yunnan, South China. Ore Geology Reviews, 31 (1): 360-383.

Han R S, Zou H J, Hu B, et al. 2007b. Features of fluid inclusions and sources of ore-forming fluid in the Maoping carbonate-hosted Zn-Pb-(Ag-Ge) deposit, Yunnan, China. Acta Petrological Sinica, 23 (09): 2109-2118.

Han R S, Liu C Q, Carranza J M, et al. 2012. REE geochemistry of altered faulttectonites of Huize-type Zn-Pb-(Ge-Ag) deposit, Yunnan Province, China. Geochemistry: Exploration, Environment, Analysis, 12: 127-146.

Hutchinson R W. 1973. Volcanogenic sulfide deposits and their metallogenic significance. Economic Geology, 68 (8): 1223-1246.

Jackson S A, Beales F W. 1966. Precipitation of lead-zinc ores in carbonate reservoirs as illustrated by Pine Point ore field, Canada. TIMM B, 75: 278-285.

Jiang Y D, Qiu H N, Xiao H J. 2006. Preliminary investigation of sphalerite ^{40}Ar-^{39}Ar dating by crushing in vacuum: A case study from the Fankou Pb-Zn deposit, Guangdong province. Acta Petrologica Sinica, 22 (10): 2425-2430.

Kaiser C J. 1988. Chemical and isotopic kinetics of sulfate reduction by organic matter under hydrothermal conditions. Geological society of America. Annual Meeting and Exposition, Dickinson, 7: 721.

Kesler S E, Carrigan C W. 2002. Discussion on " Mississippi Valley-type lead-zinc deposits through geological time: implications from recent age-dating research" by Leach D L, Bradley D, Lewchuk M T, Symons D T A, Marsily G de, and Brannon J (2001) Mineralium Deposita . Mineralium Deposita, 37 (8): 800-802.

Leach D L, Rowan E L. 1986. Genetic link between Ouachita fold belt tectonism and the Mississippi Valley type lead-zinc deposits of the Ozarks. Geology, 14: 931-935.

Leach D L, Sangster D F. 1993. Mississippi Valley-Type lead-zinc deposits. Geological Association of Canada Special Paper, 40: 289-314.

Leach D L, Rowan E L, Shelton K L, et al. 1993. Fluid- inclusion studies of regionally extensive epigenetic dolomites, Bonneterre Dolomite (Cambrian), southeast Missouri: Evidence of multiple fluids during dolomitization and lead- zinc mineralization: Alternative interpretation and reply. Geological Society of America Bulletin, 105 (7): 968-978.

Leach D L, Bradley D, Lewchuk M T, et al. 2001. Mississippi valley- type lead- zinc deposits through geological time: Implications from recent age-dating research. Mineralium Deposita, 36 (8): 711-740.

Leach D L, Sangster D F, Kelley K D, et al. 2005. Sediment- hosted lead- zinc deposits: A global perspective. Economic Geology, 100: 561-607.

Leach D, Macquar J C, Lagneau V, et al. 2006. Precipitation of lead- zinc ores in the Mississippi Valley- type deposit at Trèves, Cévennes region of southern France. Geofluids, 6 (1): 24-44.

Leach D L, Bradley D C, Huston D, et al. 2010. Sediment- hosted lead- zinc deposits in earth history. Economic Geology, 105 (3): 593-625.

Ohmoto H. 1979. Isotopes of sulfur and carbon. Geochemistry of Hydrothermal Ore Deposits: 509-567.

Oliver J. 1986. Fluids expelled tectonically fromorogenic belts: Their role in hydrocarbon migration and other geologic phenomena. Geology, 14 (2): 99-102.

Oliver J. 1992. The spots and stains of plate tectonics. Earth-Science Reviews, 32 (1-2): 77-106.

Plumlee G S, Leach D L, Hofstra A H. 1994a. Chemical reaction path modeling of ore deposition in Mississippi Valley type deposits of the Ozark region, U. S. Midcontinent. Econ Geol, 89: 1361-1383.

Plumlee G S, Leach D L, Hofstra A H, et al. 1994b. Chemical reaction path modeling of ore deposition in Mississippi Valley- type Pb- Zn deposits of the Ozark region, US midcontinent. Economic Geology, 90 (5): 1346-1349.

Qiu H N, Jiang Y D. 2007. Sphalerite $^{40}Ar/^{39}Ar$ progressive crushing and stepwise heating techniques. Earth and Planetary Science Letters, 256 (1-2): 224-232.

Rickard D T, Coleman, M L, Swainbank I. 1981. Lead and sulfur isotopic compositions of galena from the Laisvall sandstone lead-zinc deposit, Sweden. Economic Geology, 76 (7): 2042-2046.

Roedder E. 1984. Fluid inclusion. Mineralogy, 12: 337-359, 413-471.

Sangster D F, Savard M M. 1998. A special issue devoted to zinc- lead mineralization and basinal brine movement, Lower Windsor Group (Visean), Nova Scotia, Canada; introduction. Economic Geology & the Bulletin of the Society of Economic Geologists, 93 (6): 699-702.

Spirakos C S, Allen V H. 1993. Local heat, thermal convection of basinal brines and genesis of lead-zinc deposits of the Upper Mississippi Valley district. Institution of Mining and Metallurgy, Transactions, Section B. Applied Earth Science Imm Transactions, 102: 201-202.

Sverjensky D A. 1986. Genesis of Mississippi valley-type lead-zinc desposits. Annual Review of Earth & Planetary Sciences, 14 (1): 177.

Symons D T A, Sangster D F, Leach D L. 1995. A Tertiary age frompaleomagnetism for mississippi valley-type zinc-lead mineralization in Upper Silesia, Poland. Economic Geology, 90 (4): 782-794.

Taylor R D, Leach D L, Bradley D C, et al. 2009. Compilation of mineral resource data for Mississippi valley-type and clastic-dominated sediment-hosted lead-zinc deposits. Aqua.

Trudinger P A, Charnbers L A, Smith J W. 1985. Low-temperature sulphate reduction: Biological versus abiological. Canadian Journal of Earth Sciences, 22: 1910-1918.

第二章 成矿地质背景

第一节 区域地质

滇东北富锗铅锌矿集区位于太平洋构造域与特提斯构造域的结合部位，是扬子陆块西南缘川滇黔铅锌多金属成矿域（约 $17\times10^4km^2$）的重要组成部分，处于小江深断裂东侧滇东北拗陷盆地中，展布于SN向小江深断裂带、NW向紫云–垭都深断裂带及NE向弥勒–师宗深断裂带所围成的“三角区”内，毗邻龙门山造山带、南盘江–右江增生弧型冲褶带及哀牢山墨江绿春造山带（马力，2004）（图2-1），因多期次构造叠加复合强烈、地质环境多变、成矿动力学机制复杂，成矿地质条件优越，不仅形成了我国独具特色的富锗铅锌矿集区，而且造就了世界罕见的具有特高品位（Pb+Zn：25%～35%）的大型–超大型富锗银铅锌多金属矿床（图2-2），在川滇黔铅锌多金属成矿域具有典型性。

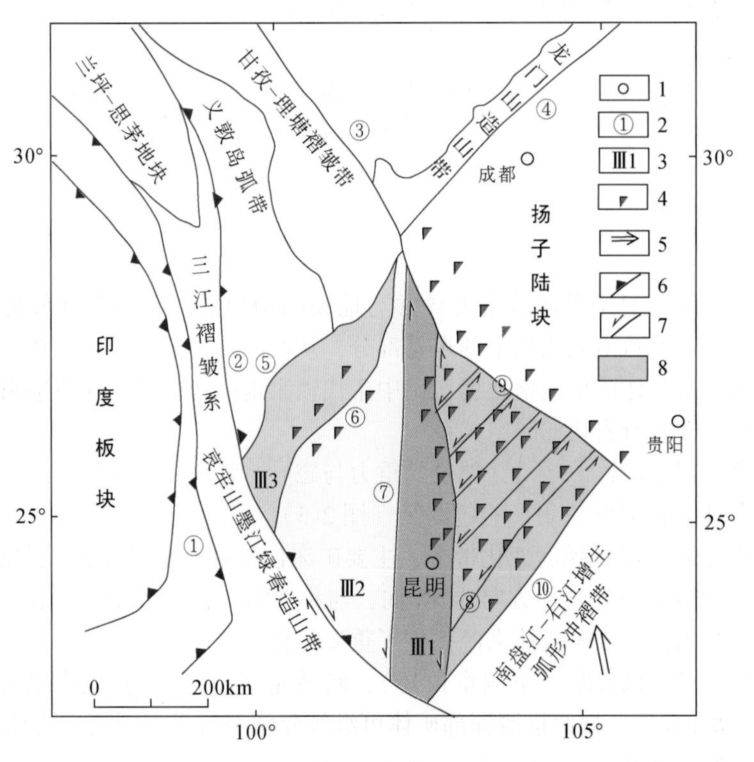

图2-1 川滇黔地区区域构造格架简图（据马力，2004修改）

1. 省会城市。2. 断裂：①怒江断裂；②金沙江–红河断裂；③鲜水河断裂；④龙门山断裂；⑤小金河–中甸断裂；⑥箐河–程海断裂；⑦安宁河–绿汁江断裂；⑧小江深断裂；⑨南东段为紫云–垭都断裂；⑩弥勒–师宗断裂。3. 裂陷带：Ⅲ1. 会理–昆明裂陷带；Ⅲ2. 康滇断隆带；Ⅲ3. 盐源–丽江裂陷带。4. 峨眉山玄武岩；5. 区域构造应力方向；6. 板块结合带；7. 走滑断裂；8. 川滇黔接壤区

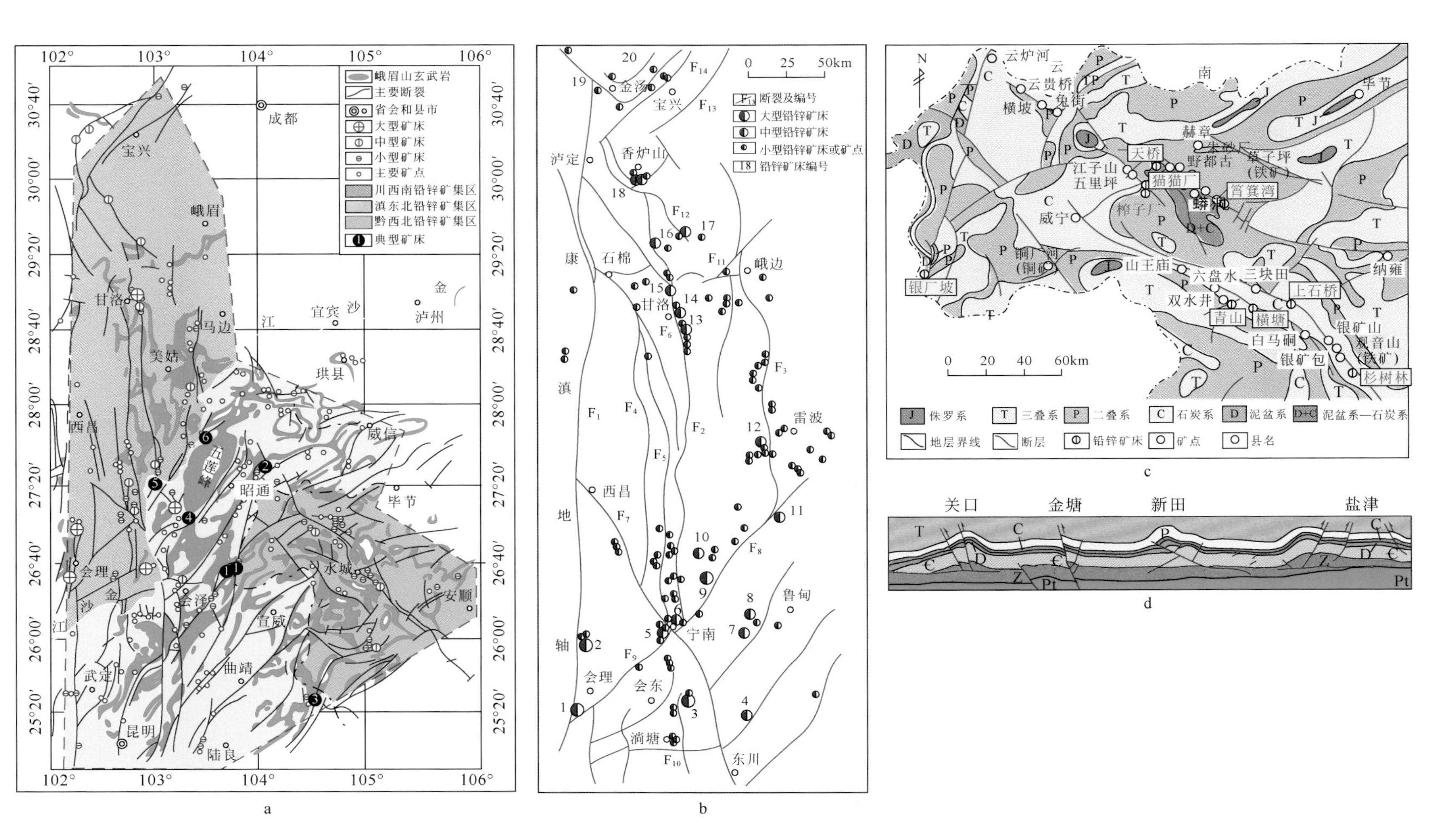

图2-2 a.川滇黔接壤区主要走滑断褶带与矿床(点)分布图(据柳贺昌和林文达,1999详绘);b.川西南走滑断裂成矿带与矿床(点)分布图(据张立生,1998修改);c.黔西北走滑断褶带及富锗铅锌矿床分布图(据金中国,2008);d.关口–盐津地区地震解释剖面图(据中石化南方勘探公司,2010)

截至2009年，滇东北矿集区蕴藏着220多个铅锌多金属矿床（点）和矿化点。其中超大型铅锌、银矿床2个，大型铅锌矿床5个、中小型矿床19个（图2-2）。近年来，通过滇东北矿集区地质研究和矿山找矿工作，在会泽、毛坪富锗铅锌矿等矿山深部取得了重大找矿突破，而且化探异常突出，找矿远景区数十个，预测铅锌多金属潜在资源潜力大。该区是最具找矿潜力的矿集区和中国地质调查局19个找矿靶区及云南省7个国家矿业经济开发区之一，现已建成以云南驰宏锌锗股份有限公司为主体的国际化铅锌锗工业基地。

一、区域地层

川滇黔铅锌多金属成矿域主要分布于川滇黔菱形地块内，地层发育较齐全，由变质基底和沉积盖层组成（表2-1）。变质基底主要由中元古界昆阳群、河口群、会理群，新元古界盐边群、盐井群和大量新元古界岩浆杂岩组成；沉积盖层包括震旦系—二叠系海相沉积盖层和中新生界陆相沉积盖层。

（一）变质基底

长期以来，众多学者认为本区存在着“双变质基底”，即下部以太古宇深变质康定群为代表组成结晶基底，上部由中元古界中-浅变质昆阳群、会理群等构成褶皱基底（李兴唐和黄鼎成，1981；刘福辉，1984；冯本智，1989；杨应选等，1994；柳贺昌和林文达，1999；王奖臻等，2001；王宝禄等，2004a，2004b；韩润生等，2006；张志斌等，2006）。康定群为一套闪长质、花岗质混合片麻岩、斜长片麻岩、斜长角闪岩，局部出现麻粒岩，主要分布于冕宁沙坝、盐边同德及米易、攀枝花一带。因其变质程度较深，很多学者认为其形成年代相对较老。近年来，越来越多的同位素年代学数据表明，康定群主要由大量的新元古代（750～850Ma；杜利林等，2007）岩浆杂岩和少量中-新元古代（750～1700Ma；杜利林等，2007）变质地层组成。因此，本区变质基底主要由中元古界下部河口群、上部会理群、昆阳群，以及新元古界盐边群、盐井群及相当地层和大量新元古界岩浆杂岩组成（杜利林等，2007），为一套浅海相复理石碎屑岩夹火山岩、碳酸盐岩建造，在晋宁期发生区域变质和变形作用（750Ma左右）（孙家骢和颜以彬，1986），形成了中-浅变质褶皱基底。

（二）沉积盖层

自新元古代以来，川滇黔接壤区进入沉积盖层形成阶段，其沉积盖层由震旦系—二叠系组成的海相盖层和中新生界陆相盖层构成。新元古代—古生代末，康滇断隆带隆起处于剥蚀状态，缺失部分古生界；东、西两侧的会理-昆明裂陷带和盐源-丽江裂陷带则保持继续沉降，发育完整的古生界（王宝禄等，2004a，2004b）。从震旦系—二叠系，会理-昆明裂陷带仅缺失个别统级地层单元，为一套连续沉积的海相地层，几乎每一地层中均有铅锌矿床产出，滇东北矿集区以震旦系、泥盆系、石炭系及二叠系为主。川滇黔地区地层见表2-1。

震旦系在会理-昆明裂陷带内分布广泛，最大厚度7073m。自下而上分为澄江组、南沱组、陡山沱组和灯影组。下震旦统为一套流纹岩、英安岩、流纹斑岩、火山碎屑岩和杂色砂

表 2-1　川滇黔铅锌多金属成矿域主要地区地层及矿产分布简表

地层（界）	地层（系）	地层（统）	代号	厚度/m	滇东北	西昌-梁山	黔西北	岩性特征	主要矿产	代表矿床
中生界	白垩系		K	588		嘉定组		红色砂岩	Cu	
	侏罗系		J	71628	蓬莱镇组 沙溪庙组 自流井组	飞天山组 新村组 全门组	重庆组 郎代组 龙山头组	杂色粉砂岩、泥岩、长石砂岩	Cu	
	三叠系		T	4673	须家河组 关岭组 飞仙关组	白果湾组 嘉陵江组 飞仙关组	火把冲组 关岭组 飞仙关组	杂色砂页岩、砾岩、碳酸盐岩	Cu、Pb、Zn、Fe、Al、Sb	
上古生界	二叠系	上统	P_2	3707	宣威组 玄武岩组	乐平组 玄武岩组	宣威组 玄武岩组	粉砂质岩夹泥岩、玄武岩、灰岩、白云岩、杂色砂岩夹页岩	Pb、Zn、Ag	云南富乐厂、乐马厂，贵州猪拱塘
		下统	P_1		栖霞-茅口组 梁山组	栖霞-茅口组 梁山组	栖霞-茅口组 梁山组			
	石炭系	上统	C_3		马平组 威宁组		马平组	灰岩夹粗晶白云岩、灰岩、生物灰岩夹白云岩、白云岩夹灰岩、碳酸盐岩夹砂页岩、粗晶白云岩	Pb、Zn、Cu、Fe	云南矿山厂、麒麟厂、毛坪
		中统	C_2	2928			黄龙组			
		下统	C_1		摆佐组 大塘组 岩关组		摆佐组 大塘组 岩关组			
	泥盆系	上统	D_3	1909	宰格组	唐王寨组	代化组 望城坡组	白云岩夹灰岩	Pb、Zn、Fe	云南毛坪、绿卯平
		中统	D_2		曲靖组 红崖坡组 缩山头组	白石铺组	火烘组 利山组 郊寨组	石英砂岩、粉砂质泥岩和碳酸盐岩		
		下统	D_1		箐门组 边箐沟组 坡脚组 翠峰山组	平驿铺组	龙华山组	石英砂岩夹页岩、碳酸盐岩中夹赤铁矿层		
下古生界	志留系	上统	S_3	1315	莱地湾组	纱帽组		砂泥质岩及碳酸盐岩	Cu、Pb、Zn	四川宝兴、大坪子
		中统	S_2		大路寨组 嘶凤崖组	石门坎组	大关组			
		下统	S_1		黄惠溪组 龙马溪组	龙马溪组				
	奥陶系	上统	O_3	454	五峰组 盐津组	钱塘江组		砂页岩夹泥质岩、白云岩，局部为磷矿层	Pb、Zn、Fe	四川乌依、宝贝函
		中统	O_2		大青组 上巧家组	艾家山组	十字铺组			
		下统	O_1		下巧家组 红石崖组	宜昌组	同高组 锅塘组			
	寒武系	上统	$\in_3$	1456	二道水组	二道水组	娄山关组	杂色砂页岩、硅质岩和白云岩、黑色页岩夹砂岩、磷矿层	Cu、Pb、Zn、Ag、Hg、V、Ni、Mo、U	四川底舒、阿尔、跑马乡、大梁子，云南会泽韩家村
		中统	$\in_2$		西王庙组 陡坡寺组	西王庙组 大槽河组	高台组			
		下统	$\in_1$		龙王庙组 沧浪铺组 筇竹寺组	龙王庙组 沧浪铺组 筇竹寺组	清虚洞组 金顶山组 明心寺组 牛蹄塘组			
元古宇	震旦系		Zb	7030	灯影组 陡山沱组 南沱组	灯影组 观音崖组 列古六组	灯影组 南沱组	杂砂岩中夹中酸性火山岩和白云岩，下部冰砾岩和冰碛层	Cu、Fe、Pb、Zn	云南乐红、茂租、会泽矿山厂(深部)，四川天宝山
			Za		澄江组	开建桥组 苏雄组				
	昆阳群—会理群		Pt	①13441~17737(会理) ②12965~13599(东川)	麻地组 小河口组 大营盘组 青龙山组 黑山组 落雪组 因民组 美党组 大龙口组 黑山头组 黄草岭组	天宝山组 凤山营组 力马河组 通安组：五段、四段、三段、二段、一段 河口组	隆里组	沉积变质岩系夹火山岩建造	Cu、Fe、Pb、Zn、Ni	云南东川铜矿、易门铜矿，四川小石房铅锌矿，云南老鹰箐铅锌矿

岩，并有底砾岩；上震旦统南沱组为一套冰积层，陡山沱组和灯影组为厚度巨大的碳酸盐岩。灯影组为本区最重要的铅锌赋矿层位之一，下部为浅灰-灰白色厚层含藻白云岩，含硅质结核及条带；中部为薄层状白云岩、硅质白云岩；上部为厚层粉晶白云岩夹层纹状藻白云岩、硅质白云岩（柳贺昌和林文达，1999）。大梁子、天宝山、茂租、金沙厂、火德红等大型铅锌矿床和乐红、东坪、松梁等中小型矿床均产于其中。

下寒武统为薄层状泥质粉砂岩、石英粉砂岩夹粉砂质页岩、碳质泥岩、泥质碎屑岩夹碳酸盐岩；中寒武统为泥质碳酸盐岩夹钙质粉砂岩或页岩、泥质碎屑岩；上寒武统为一套中厚层状白云质灰岩、泥砂岩、灰质白云岩及白云岩。寒武系也是区域铅锌矿赋矿层位之一，四川底舒、阿尔和跑马乡等铅锌矿床产出于该层位的碳酸盐岩中。

下奥陶统为砂岩夹页岩，局部含磷；中奥陶统为泥、砂质碎屑岩、厚层白云岩，含少量燧石；上奥陶统为薄层状泥灰岩夹钙质页岩、钙质砂页岩、泥灰岩。川南的乌依、宝贝函等铅锌矿床产于奥陶系。

志留系为一套浅海相、滨海-陆屑滩相砂、泥质碳酸盐岩沉积。下志留统为砂泥质岩及碳酸盐岩；中志留统为泥质细碎屑岩、粉砂质碳酸盐岩；上志留统则由碎屑岩和砂泥质白云岩夹石英白云质砂岩组成。志留系也是区域铅锌赋矿层之一，如宁南松林小型铅锌矿床。

下泥盆统下部为泥质粉砂岩、石英砂岩夹页岩，上部为碳酸盐岩和碎屑岩；中泥盆统下部为粉砂岩、页岩和石英砂岩，上部为碳酸盐岩及细碎屑岩；上泥盆统底部为厚层状灰岩夹少量页岩，顶部为灰岩夹白云岩。泥盆系是铅锌矿床的主要赋矿层位之一，如滇东北毛坪、火德红、洛泽河铅锌矿床和黔西北蟒硐等大中型铅锌矿床。

下石炭统下部为摆佐组结晶灰岩、硅质灰岩，中部为泥质页岩夹硅质岩或石英砂岩，上部为浅灰-灰白色白云质灰岩、白云岩；中石炭统为威宁组灰岩、白云质灰岩夹白云岩；上石炭统为马平组鲕状灰岩夹白云岩，下部为含角砾状灰岩。石炭系也是本区重要的赋矿层位之一，黔西北银厂坡、猫猫厂、杉树林、青山等中型铅锌矿床和会泽超大型铅锌矿床均产于石炭系白云岩中。

下二叠统为一套碳酸盐岩沉积，其岩性为灰岩、鲕状灰岩、泥晶灰岩、白云质灰岩夹白云岩。上二叠统为峨眉山玄武岩及宣威组煤层。二叠系也为本区主要的赋矿层之一，云南富乐厂大型铅锌矿床、乐马厂超大型（铅锌）银矿床和贵州猪拱塘超大型铅锌矿均产于二叠系碳酸盐岩中。

中生界主要为河湖相沉积，岩性为泥岩、砂岩、粉砂岩、泥质粉砂岩、钙质粉砂岩、页岩和含煤碎屑岩，以及少量的碳酸盐岩。盐源-丽江裂陷带三叠系发育齐全，缺失侏罗系、白垩系沉积；康滇断隆带则缺失中、下三叠统，仅发育上三叠统及层序完整、厚度巨大的侏罗系、白垩系；会理-昆明裂陷带仅发育厚几百米的中、下三叠统碎屑岩-碳酸盐岩建造，缺失或局限分布厚度不大的侏罗系和白垩系沉积。

新生界多为河湖相砂岩、泥岩，夹褐煤层或泥炭层。会理-昆明裂陷带和盐源-丽江裂陷带新生界发育局限，新生代断陷盆地和高原湖泊发育。

二、区域构造

川滇黔接壤区位于会理-昆明裂陷带内，其周边均以深大断裂为界，西以南北向安宁河-绿汁江断裂为界，北到康定-奕良-水城断裂，南至弥勒-师宗-水城断裂（王宝禄等，2004a，2004b）。主要断裂构造15条，分为SN（近SN）向、NE向和NW向三组。SN向（近SN向）断裂主要分布于小江深断裂与安宁河-绿汁江断裂间的川南、滇北地区；NW向断裂分布于康定-奕良-水城断裂南西至滇东北之间的黔西北地区；NE向断裂主要分布在弥勒-师宗-水城断裂北西的滇东北地区，从南到北分布一系列NE向构造带，与伴生的NW向张（扭）性断裂一起形成“多”字型构造（韩润生等，2006）。

区域上，与铅锌矿床关系密切的主要区域构造分述如下。

（一）SN向断裂带

SN向构造带以安宁河-绿汁江断裂、小江深断裂和昭通-曲靖隐伏断裂为代表。

安宁河-绿汁江断裂：为一超壳深大断裂，总体呈SN走向，北起四川冕宁，经德昌、会理西，进入云南境内。北段在四川境内称为安宁河断裂，南段在滇中称为绿汁江断裂。该断裂是康滇断隆带和会理-昆明裂陷带的边界断裂，对东、西两盘的沉积建造、岩浆活动及成矿作用等方面有明显的控制作用。中、新元古代，断裂东盘的会理-昆明裂陷带内变质基底为浅变质岩系，康滇断隆带则为中-深变质岩系，基本缺失中元古界浅变质岩系；新元古代—古生代，会理-昆明裂陷带发育巨厚的海相地层，而康滇断隆带基本缺失；中生代，会理-昆明裂陷带地壳相对隆起，中生界红层沉积有限，沉积盆地大为收缩，康滇断隆带地壳强烈沉降，沉积大规模中生界红层。沿断裂带附近有晋宁期酸性侵入岩体及海西期基性-超基性侵入岩体成群成带分布。断裂西侧分布大红山铁铜矿床、攀枝花钒钛磁铁矿床、铂钯矿床及与中酸性岩有关的稀有、稀土矿床，东侧则发育铁、铜矿床及众多铅锌矿床（王宝禄等，2004a）。该断裂形成于晋宁运动早期，具有多期活动的特征（刘福辉，1984）：晋宁早期，具张性特征；晋宁-澄江期，沿断裂有大规模中酸性岩侵入；加里东期，断裂规模进一步发展，有小型基性、超基性岩体侵入；海西期，受东西向拉张作用，断裂深度进一步增加，来自地幔的玄武岩浆分异成超基性-基性岩，玄武岩大量喷溢；印支期，受到EW向挤压，断裂由张性转为压性；燕山期至喜马拉雅期，继续受到NWW向挤压，使断裂两侧具强烈的压扭特征。

小江深断裂：为会理-昆明裂陷带内次级深大断裂，北自四川普雄，经宁南、巧家沿小江河谷延伸，到东川附近分成东西两支，向南至弥勒-师宗-水城断裂、红河断裂。小江深断裂对东、西两侧的沉积建造有明显的控制作用。石炭系在西昌-凉山一带缺失，而滇东北地区广泛分布；西昌-凉山地区发育白垩系，而滇东北地区则缺失。该断裂带对本区的岩浆活动、铅锌银矿床的发育和分布起着十分重要的控制作用，在其东侧形成了8条斜冲走滑-断褶构造-矿化带（第四章详述），其形成始于加里东中期，经历多期力学性质的复杂转化，具多期活动的特征（刘福辉，1984）：早期具张性特征，在海西期活动增强，切割加深，玄武岩浆沿断裂喷发，从而控制了该区东侧巨厚玄武岩层的分布。印支-燕山晚期，受到了EW向挤压，断裂由东往西逆冲，力学性质转化为压性，断裂北段普雄一带，可见二叠系玄武岩逆冲于侏罗系—白垩系红层砂岩之上，并产生宽达30余米的挤压破碎带。喜马拉雅期受到NWW向挤压，表现为左行走滑性质。

昭通-曲靖隐伏断裂：根据区域地球物理场、卫星图片及构造分布特点推断，该断裂具有区域影像分界面的特征，为贺兰山-龙门山南北向重力梯度带的南延部分（黄智龙，

2004；韩润生，2006，2014；李波，2010）。以昭通-曲靖为界，东西两侧地层和构造及地壳深层结构均有所不同，西部广泛出露古生界海相地层，构造以 NE 向为主；东部以古生界和中生界为主，构造以 NE—NEE 向和 NW 向为主（韩润生，2006，2014）。该断裂带对川滇黔铅锌多金属成矿域内的铅锌矿床的分布也具有重要的控制作用。

（二）NW 向断裂带

康定-彝良-水城断裂：为扬子陆块内深大断裂（王宝禄等，2004a），总体呈 NW 走向。断裂北起四川康定，经泸定、汉源、甘洛、大关、奕良，至水城与弥勒-师宗-水城断裂相交，并继续朝 SE 向延伸。西北段在四川境内称为泸定-汉源-甘洛断裂；中段（甘洛-大关段）在地表不连续，具隐伏断裂性质；东南段称为紫云-垭都断裂，分为威宁-水城，垭都-蟒硐两支断裂，其间为威水断陷盆地（金中国，2008）。紫云-垭都断裂为贵州境内二级、三级构造单元分界，对其两侧沉积建造和构造有明显的控制作用，如北东盘发育 NE 向褶皱和断裂，缺失或极少发育泥盆系—石炭系；南西盘则以 NW 向褶皱及断裂为主，发育沉积厚度较大的泥盆系—石炭系。

（三）NE 向断裂带

弥勒-师宗-水城断裂：为扬子地块和华南褶皱带的分界断裂。断裂呈 NE 走向，自云南建水，经弥勒、师宗，至水城附近交于康定-奕良-水城断裂。该断裂对两盘地层有明显的控制作用（王宝禄等，2004a）：①为峨眉山玄武岩东侧的分界线，北西侧有大量峨眉山玄武岩，东南侧很少见；②北西侧出露大量古生界，东南侧主要为三叠系，沿线可见上古生界逆冲覆盖在三叠系之上。同时，沿断裂带分布小型基性侵入体，显示其对基性岩浆活动有明显的控制作用。

在弥勒-师宗-水城断裂北西部的滇东北地区，从南到北分布 8 条 NE 向构造带：罗平-普安构造带、宜良-曲靖构造带、寻甸-宣威构造带、东川-镇雄（金牛厂-矿山厂）构造带、会泽-奕良-牛街构造带、巧家-鲁甸-大关构造带、巧家-金阳-永善构造带、永善-盐津构造带，它们与伴生的 NW 向张（扭）性断裂一起形成“多”字型构造。

三、区域岩浆岩

川滇黔接壤区岩浆活动频繁、持续时间长，自晋宁期至燕山期均有产出；岩浆岩分布面积广、分布不均。晋宁期岩浆侵入作用强烈，形成 4 个岩浆岩系列（耿元生，2008）：镁铁-超镁铁质系列（810～820Ma）、辉长岩-闪长岩系列（810～820Ma、760～790Ma）、英云闪长岩-奥长花岗岩-花岗闪长岩系列（830～860Ma、780～800Ma、750～770Ma）和钾质花岗岩系列（740～750Ma）。加里东期，硅镁质、超镁质岩浆沿张性断裂上升，在米易及其以南地区形成 400～460Ma 的基性、超基性岩体（李兴唐和黄鼎成，1981）；海西期为大面积峨眉山玄武岩的喷发期。印支-燕山期，沿深大断裂带仅发生规模较小的岩浆活动，早期形成一些碱性岩体，晚期为酸性花岗岩（柳贺昌和林文达，1999）。其中，海西期峨眉山玄武岩不仅分布面积广，且厚度巨大，构成了著名的峨眉山大火山岩省

（黄智龙，2004），吸引了国内外学者的关注。众多学者对玄武岩的分布和成因、岩相学、地球化学、年代学及其成矿作用等方面进行了详细研究（张云湘，1988；侯增谦等，1999；宋谢炎等，2001，2002，2005；朱炳泉，2003a，2003b；朱炳泉等，2002，2003，2005；董云鹏等，2002；范蔚茗等，2004；黄智龙，2004；张正伟等，2004；胡瑞忠等，2005；谢静等，2006；许连忠等，2006）。

峨眉山玄武岩北西界为小金河–中甸断裂、南西界为金沙江–红河断裂、南东界为弥勒–师宗–水城断裂、北东界大致分布在康定–奕良–水城断裂一带。边界断裂以外则尖灭或仅零星出露，分布面积约30万km^2（张云湘，1988）。以箐河–程海断裂和安宁河–绿汁江断裂为界，峨眉山玄武岩又分为西、中、东三个岩区（黄智龙，2004）。其中，东岩区玄武岩以昭觉–东川–宣威所限范围内厚度最大，自西向东厚度逐渐减薄，其分布范围与铅锌矿床分布范围大体一致（图2-2）。

峨眉山玄武岩沿深大断裂呈多期次、多中心裂隙式间歇性喷发、喷溢，有多个喷发旋回（张云湘，1988），与下伏地层（下二叠统栖霞–茅口组）呈假整合接触，上覆二叠系宣威组或龙潭组。不同岩区玄武岩的喷出环境和岩石组合具有明显差异，西岩区为典型海相玄武岩；中岩区为海陆交互相玄武岩；东岩区则为大陆溢流玄武岩。峨眉山玄武岩岩浆活动时间范围为251～260Ma（Zhou et al.，2002），主喷发期为257～259Ma，喷发时限仅1～2Ma（宋谢炎等，2002；朱炳泉，2003a，2003b；范蔚茗等，2004）；许连忠等（2006）也认为峨眉山玄武岩在早于255Ma已经结束活动，且喷发时限小于3Ma。

第二节　区域地球物理、地球化学

一、区域地球物理特征

韩润生等（2006）总结了区域重力异常与地壳结构特征，反映出滇东北地区的地球物理场、地壳结构是川滇黔南北构造带的东延部分，从西向东为渐变过渡关系。该区的地球物理场、地壳结构及基本地质构造格架揭示出中生代以来地壳运动留下的遗迹明显，铅锌成矿作用与该区地壳运动有着密切的时空关系。

现仅讨论会泽富锗铅锌矿区及其邻区的重力与磁异常特征，具体如下。

（1）矿区处于正磁异常三角形的包围区（图2-3）。

（2）矿区处于重力异常梯度变化带上，主要矿床位于重力异常与负磁异常的重叠部位。

（3）重力、磁异常总体延伸方向近SN向，与小江深断裂延伸方向基本一致，反映了深部构造特征，为揭示深部成矿流体来源提供了重要依据。

（4）据MT测量成果推断（第四章详述），斜冲走滑–断褶构造的断裂面在深部变缓，延深可达–500～0m高程，据此推测深部矿体可继续延深至海平面附近，为该区深部找矿预测提供了重要依据。

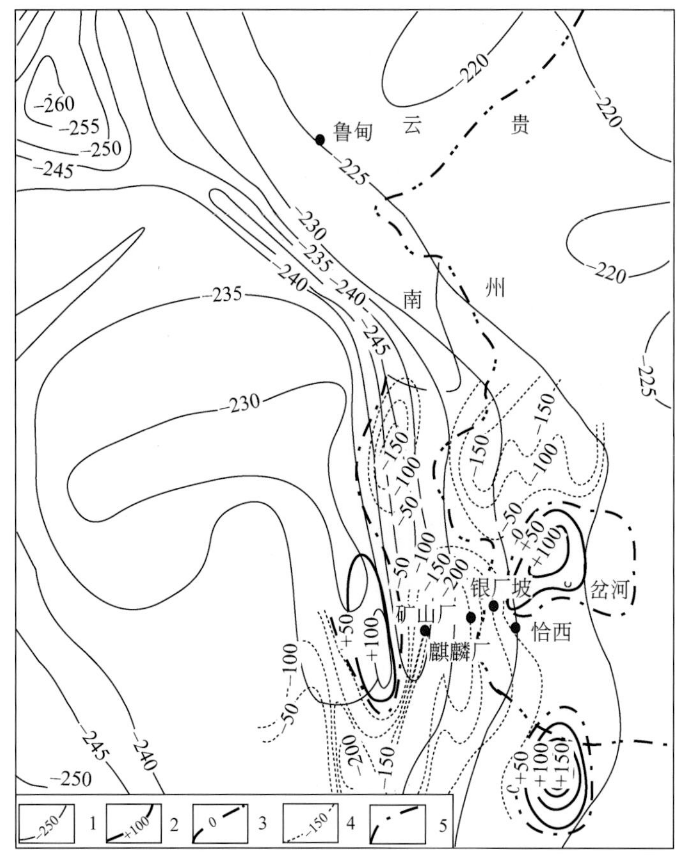

图 2-3　会泽铅锌矿区及其邻区重力与磁异常分布图（云南省地质矿产局，1990）

1. 布伽重力异常等值线（*g*）；2. 正磁场等值线（T）；3. 磁场零值线；4. 负磁场等值线（T）；5. 省界

二、区域地球化学

从滇中、滇东地区地球化学异常图（图 2-4）可以看出，小江深断裂和昭通–曲靖隐伏深断裂间为以 Pb、Zn 为主的 Pb–Zn–Cu 组合异常带，表明该区具有形成富锗铅锌矿床的地球化学背景。该带总体呈 SN 向展布。在滇东北地区，单个异常大致呈 NE 向展布，反映了区域构造对成矿的控制作用。

（一）区域地层地球化学背景

滇东北地区出露的中元古界昆阳群至下寒武统渔户村组，某些层位呈现出含 Pb、Zn、Ag 等成矿元素高、其他地层基本上均较低的特点，但是异常值变化范围较大，显示了该区 Pb、Zn、Ag 等成矿元素分散、富集过程的多期性、继承性和复杂性，并受多种因素的影响。Pb、Zn、Ag 明显高于元素在地壳中的丰度值（柳贺昌和林文达，1999）。而且，沿断裂带两侧地层的 Pb、Zn 含量高，反映了区域地层的 Pb、Zn 丰度受断裂控制明显。

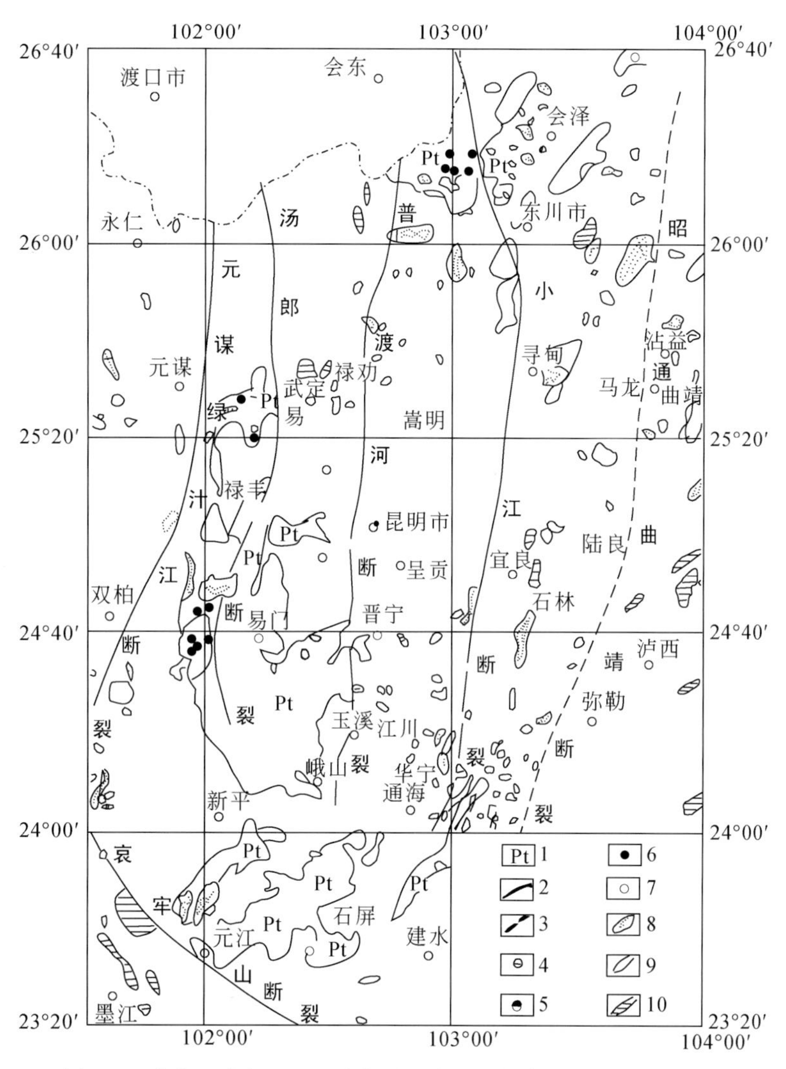

图2-4　滇中、滇东地区地球化学异常图（据龚琳等，1996改绘）

1. 昆阳群出露范围；2. 深大断裂；3. 推测深大断裂；4. Pb、Zn矿床；5. Cu、Co矿床；6. Cu矿床；7. Cu、Fe矿床；8. Cu异常；9. Pb、Zn异常；10. V、Ti、Ni异常

（二）区域地球化学分带

滇东北地区铅、锌地球化学异常具有明显的分带性，其分带与地层、构造关系极为密切。由西往东可以分为3个带：西带位于西昌会理-易门断裂和小江深断裂之间，带内铅锌异常显著并呈SN向展布；中带位于小江深断裂和昭通-曲靖隐伏断裂之间，断裂带内NE向构造发育，铅、锌异常呈NE向展布，带内古生代地层的铅、锌异常则相对较弱；东带位于昭通-曲靖隐伏断裂以东，以发育NW向、NE向断裂为主，铅、锌异常主要呈NW向展布。

以上特征均反映了滇东北地区昆阳群至下寒武统渔户村组、筇竹寺组的某些层位及岩浆岩出现了Pb、Zn的初步富集，形成了Pb、Zn异常区，为该区铅锌矿床的形成奠定了物质基础。而且，该区铅锌地球化学异常分带清楚，在不同带内受不同方向断裂控制，成矿作用与断裂构造在时间、空间上关系密切，矿床、矿化点均分布于断裂上盘，受次级断裂和层间断裂带控制。总体看来，Pb、Zn 异常呈线状分布，虽然其成矿作用受深断裂控制。这一推测与该区地球物理特征一致。滇东北地区铅锌成矿带之下存在一个上地幔隆起区，即峨眉山玄武岩浆的幔源区，其中富含 Pb、Zn 等成矿元素，在地质历史演化过程中，成矿物质沿深大断裂进入地壳表层，为该区铅锌矿床的形成提供了必要的物质来源，形成呈带状分布的铅锌成矿域。

第三节　区域矿床分布及其地质地球化学特征

一、区域铅锌矿床分布特征

川滇黔接壤区是我国西南地区重要的铅锌矿基地之一，其中大型矿床 7 处，中型矿床 20 余处，小型矿床 50 余处，矿化（点）不计其数。近年发现和探明会泽、猪拱塘超大型矿床和毛坪大型矿床。这些矿床（点）主要分布于滇东北、黔西北及川西南 3 个大型矿集区，而且受一系列构造-成矿带控制，在滇东北矿集区表现为斜冲走滑构造作用形成 8 条 NE 向断褶构造-成矿带：罗平-普安带、宜良-曲靖带、寻甸-宣威带、东川-镇雄带（金牛厂-矿山厂带）、会泽-奕良-牛街带、巧家-鲁甸-大关带、巧家-金沙-永善带、永善-盐津带，是滇东北典型的“多”字型构造控矿型式（韩润生等，2001，2006；韩润生，2007），这些 NE 向叠瓦状断褶构造控制了会泽、毛坪、乐红、乐马厂等富锗铅锌（银）矿床的空间展布（图 2-2a）。在黔西北矿集区斜落-走滑断褶构造作用形成 NW 向威宁-水城、垭都-蟒硐断褶皱构造-成矿带（图 2-2c）。在川西南矿集区，走滑构造作用形成 4 条 SN 向断裂构造-成矿带：西昌-会理带、香炉山-宁南带、峨边-雷波带、石棉-会东带（图 2-2b）。

滇东北矿集区铅锌矿床受 SN 向、NE 向和 NW 向断裂带控制，矿床形成与这些构造带的形成、发展、演化关系密切，具有以下主要特征。

（1）矿床的形成与含铅、锌高的地层、构造、岩浆活动有一定的空间关系。

（2）小江深断裂以西的铅锌矿床均分布在 SN 向深断裂带两侧；而小江深断裂带、昭通-曲靖隐伏断裂带之间的铅锌矿床则主要受 NE 向断裂带的控制；昭通-曲靖隐伏断裂带以东的贵州境内的铅锌矿床主要受 NW 向断裂带控制（图 2-2 a）。

（3）赋矿地层的时代从西向东逐渐变新，赋矿岩石由硅质岩石过渡为碳酸盐岩类岩石。

（4）围岩蚀变从西向东，硅化逐渐减弱、碳酸盐化逐渐增强，过渡为以碳酸盐化为主的蚀变类型。

二、矿床地质地球化学特征

主要铅锌矿床地质地球化学特征见表 2-2。

表 2-2　川滇黔铅锌多金属成矿域部分矿床地质地球化学特征对比

矿床名称	四川大梁子	云南茂租	云南会泽	云南昭通毛坪	贵州银厂坡	贵州杉树林	贵州青山
矿床规模	大型	大型	超大型	大型-超大型	中型*	中型	中型
矿化类型	Pb-Zn-Ga-Ge-Ag-As-Sb	Pb-Zn-Ag-Cd-Ga-Ge-In	Pb-Zn-Ag-Ge-Ga-Cd-In	Pb-Zn-Ag-Ge-Ga-Cd-In	Ag-Pb-Zn-Cd-As-Sb	Pb-Zn-Ag-Cd-As-Sb	Pb-Zn-Ag
赋矿地层	震旦系灯影组白云岩	震旦系灯影组白云岩	石炭系摆佐组白云岩	泥盆系宰格组白云岩	石炭系摆佐组白云岩	石炭系黄龙组灰岩	石炭系马平组灰岩
控矿构造	近 SN 向反冲断层及次级 NWW 向张扭性断裂组成走滑-断裂带	NNE 向逆断层及上盘背斜翼部的层间断裂褶皱组成斜冲走滑-断褶带	NE 向逆断层及上盘背斜翼部的层间断裂褶皱组成斜冲走滑-断褶带	NE 向逆断层及上盘背斜翼部的层间断裂褶皱组成斜冲走滑-断褶带	NE 逆断层及上盘背斜翼部的层间断裂褶皱组成斜冲走滑-断褶带	NW 向张扭性断裂及下盘褶皱翼部的层间断裂组成斜落走滑-断褶带	NW 向张扭断裂及下盘褶皱翼部的层间断裂组成斜落走滑-断褶带
矿体产状	筒柱状，脉状	似层状，脉状，囊状	囊状，透镜状，似层状	囊状，透镜状，似层状	囊状，透镜状	层状，透镜状	囊状，似层状，脉状
矿石矿物	方铅矿，闪锌矿，黄铁矿，黄铜矿	闪锌矿，方铅矿	闪锌矿，方铅矿，黄铁矿	闪锌矿，方铅矿，黄铁矿	方铅矿，闪锌矿	方铅矿，闪锌矿，黄铁矿	方铅矿，闪锌矿，黄铁矿
脉石矿物	石英，白云石	白云石，重晶石，石英，萤石	方解石，白云石	方解石，白云石，石英	方解石，白云石	方解石，白云石，萤石，重晶石	方解石，白云石，重晶石，萤石
围岩蚀变	白云石化，黄铁矿化，硅化	硅化，重晶石化，萤石化	方解石化，白云石化，黄铁矿化	方解石化，白云石化，硅化，黄铁矿化	方解石化，白云石化，黄铁矿化	方解石化，白云石化，萤石化	白云石化，黄铁矿化，重晶石化
均温度/℃	140～280	153～282	175～276	200～215，260～300	146～171	175～276	110～275
流体盐度/(%$NaCl_{eq}$)	4.25～11.71	2.76～5.73	7.31～21.12	0.8～23	4.2～7.8	14.9～22.6	10.6～12.2
$^{206}Pb/^{204}Pb$	17.690～19.147	17.980～18.444	17.980～18.830	18.412～18.914	18.062～19.073	18.276～19.030	18.495～18.657
$^{207}Pb/^{204}Pb$	15.220～16.483	15.470～15.746	15.010～16.180	15.593～15.746	15.440～16.334	15.448～15.990	15.681～15.782
$^{208}Pb/^{204}Pb$	37.280～40.444	38.010～18.858	36.930～40.620	38.561～39.176	38.360～40.695	38.299～39.190	38.872～39.571
$^{87}Sr/^{86}Sr$（矿石）			0.70833～0.71808		0.71084～0.71877		0.71073～0.71357
$\delta^{34}S$/‰			9.00～15.75	12～16	7.57～14.15		9～20（集中范围）
$\delta^{13}C_{PDB}$/‰			-2.10～-3.50	-1.1～-4.7	16.7～18.6		
$\delta^{13}O_{SMOW}$/‰			-0.58～-3.18	-11.7～18.8	11.31～20.89		
资料来源	王小春,(1988)；邵世才和李朝阳(1996)；柳贺昌和林文达(1999)	邵世才和李朝阳（1996）；柳贺昌和林文达(1999)	Zhou 等（2001）；韩润生等(2001)；Huang 等（2003）	韩润生（2007）；邱文龙（2013）	胡耀国（1999）	陈士杰（1986）；王林江（1994）；郑传仑（1994）	王林江（1994）；欧锦秀（1996）；顾尚义等（1997）

＊ Ag 储量为中型，Pb+Zn 储量为小型

第四节　成矿构造背景研究总结

一、主要研究回眸

自20世纪末至21世纪初韩润生等（2001）提出“会泽麒麟厂式”铅锌矿床直接受构造控制的观点以来，同行专家学者越来越认识和重视构造在铅锌成矿中的重要作用，最突出的研究进展表现在地幔热柱构造与铅锌成矿关系密切。谢家荣（1963）提出了海西期大面积峨眉山玄武岩岩浆活动与铅锌成矿的联系。90年代以来，峨眉山玄武岩岩浆活动与成矿关系被矿床学专家所关注（李红阳等，1996；牛树银，1996）；侯增谦和李红阳（1998）将川滇黔接壤区大部分矿床归入热幔柱成矿体系的热幔柱-热点成矿系统，其主体发育于二叠纪。因此，部分专家学者认为该区成矿流体的驱动机制为岩浆热动力（胡耀国等，2000；Huang et al.，2003）。王登红（2001）认为西南地区包括铅锌矿床在内的许多金属矿床的大规模成矿作用与地幔柱活动存在密切联系；廖文（1984）、陈进（1993）、柳贺昌和林文达（1999）认为峨眉山玄武岩提供了部分矿质；Huang等（2003）认为成矿流体中幔源组分可能与峨眉山玄武岩岩浆活动过程中的去气作用有关；王林江（1994）、王奖臻等（2002）、李文博等（2002）、Zhou等（2001）认为峨眉山玄武岩与铅锌矿床无成因联系。

根据矿床成矿时代精确定年结果，确定主体成矿时代为印支晚期（第四章中详述）。显然，峨眉山玄武岩虽然与铅锌矿床存在空间关系，但与铅锌成矿无明显的成生联系。海西晚期玄武岩喷发所处的地幔柱构造背景是不容置疑的，仅为该区印支期富锗铅锌成矿提供了有利的构造地质背景。

二、成矿构造背景

Leach等（2010）认为MVT矿床产于被动陆缘构造背景的台地碳酸盐岩的伸展地带。毛景文等（2005）认为川滇黔接壤区铅锌矿床形成于大陆边缘造山弧后伸展背景。王奖臻等（2001）认为MVT矿床产于造山带前陆盆地或伸展构造背景下，控制矿田（床）分布的构造具正断层性质。但是，川滇黔接壤区铅锌矿床则不同，矿田（床）直接受陆内走滑构造系统控制。作者认为，铅锌矿床是海西晚期伸展背景向印支期碰撞造山背景的构造体制转换的产物（第四章阐述）。其主要证据有如下四方面。

（1）印支期造山作用对川滇黔接壤区铅锌多金属成矿作用产生重要影响。印支期，印支陆块向扬子陆块碰撞，导致古特提斯洋关闭，形成南盘江-右江构造带，川滇黔地块于诺利早期（T_3）开始隆升，并伴随强烈的造山作用，印支期地体增生事件是扬子大陆生长过程具划时代意义的重大事件（刘肇昌等，1996）；右江、盐源-丽江、攀西等裂谷在T_3几乎同时封闭造山（高振敏等，2002）；哀牢山地区于印支期开始隆升造山，也使扬子陆块西南缘岩相古地理格局发生变化。可想而知，印支期的碰撞造山过程（图2-1）必然对该区铅锌成矿作用产生重要影响。

（2）通过区域地质调查、地震资料解译和矿田构造配置特征、性质、规模、产状、空间组合、期次、物质组分、运动方式和矿床构造控矿规律及构造变形筛分，认为铅锌成矿作用与印支期古特提斯洋关闭的成矿响应密切相关。先是 NW 走向的西段洋盆（中越交界的八布-Phu-Ngu 洋及越北香葩岛-海南屯昌一带的洋盆）的关闭，形成 NW 向断褶带（吴根耀，2001；马力，2004）。之后是 NE 向的东段（海南屯昌-福建长乐）发生碰撞造山，在滇东北地区和黔西南中部形成北东向断褶构造（胡煜昭等，2011），并形成一系列富锗银铅锌矿床。

滇东北矿集区构造分级控矿系统（详见第四章第一节）反映了区域构造背景具有斜冲走滑性质。从矿田、矿床（体）尺度均反映该类矿床是在斜冲走滑构造作用下形成，铅锌成矿作用处于斜冲走滑构造环境，矿床的形成与印支期碰撞造山事件的成矿响应密切相关。

（3）该区成矿构造背景不同于 MVT 铅锌矿床。前已论述，MVT 矿床有两种主要类型：前陆盆地型（如美国 Tristate District）和裂谷型（如西班牙 Maestrat）。前者形成的成矿构造背景具有“上压下张”的典型特征，即上部造山过程中形成挤压环境，下部俯冲板块俯冲时发生弯曲而形成一系列正断层，具拉张环境；后者产于陆内裂谷背景。MVT 铅锌矿床具有成矿温度低、未见流体沸腾证据、含有机质包裹体、受岩相控制及具典型角砾状矿石构造等主要特点。但是，HZT 铅锌矿床产于走滑断褶构造背景下，具有特殊的矿床地质特征（Han et al., 2004, 2007, 2012；韩润生等，2012）。

（4）SEDEX 铅锌矿床形成于伸展动力学背景下，在后期大陆挤压收缩体制下，常形成热水沉积-叠加改造型铅锌矿床，如泥盆纪岩石圈总体缓慢俯冲消减，导致陆壳浅部发生伸展盆地，在伸展盆地和拉分断陷盆地中形成了秦岭铅锌成矿带，在印支期秦岭主造山带过程中，形成了热液改造富集型矿床，其中，造山带流体大规模运移和碳酸盐型热水在金属成矿中具有重要作用（方维萱等，2012a，2012b）。

三、区域构造演化

该区经历了长期而复杂的地质演化，众多专家学者从不同角度讨论了大地构造演化过程（李兴唐和黄鼎成，1981；刘福辉，1984；杨应选等，1994；刘肇昌和李凡友，1996；陆彦，1998；柳贺昌和林文达，1999；王奖臻等，2001；何斌等，2003；王宝禄等，2004b；张志斌等，2006）。通过总结前人研究成果，认为本区大地构造演化主要经历了 4 个阶段。

（1）变质基底形成阶段：古元古代末的陇川运动，形成 SN 向深大断裂，形成川滇黔菱形地块的 3 个次级构造单元，构成“两堑一垒”的构造格局（王宝禄等，2004b）。中、新元古代，康滇断隆带隆升遭受剥蚀，缺失中、新元古界；盐源-丽江裂陷带断陷下降，沉积罗平山群、石鼓群等中、新元古界；会理-昆明裂陷带断陷下降，沉积昆阳群、会理群、峨边群及登相营群等中、新元古界。900Ma 左右，晋宁运动使会理-昆明裂陷带中地层强烈褶皱、变质，形成本区变质基底。变质基底主要由中元古界河口群、会理群、昆阳群和新元古界的盐边群、盐井群及岩浆杂岩组成（耿元生，2008），为一套浅海相复理石碎屑岩夹火山岩、碳酸盐岩。

晋宁期岩浆侵入活动非常强烈，形成 4 个岩浆岩系列（耿元生，2008）：①岛弧环境的镁铁-超镁铁质系列，以石棉超镁铁质杂岩为代表；②辉长岩-闪长岩系列，与超镁铁质岩或钠质系列花岗岩共生，主要形成于岛弧环境；③英云闪长岩-奥长花岗岩-花岗闪长岩系列，主要形成于火山弧环境；④后造山环境中的钾质花岗岩系列。

中、新元古代，本区构造应力总体表现为SN向挤压和EW向拉张状态（耿元生，2008），SN向区域性断裂（如安宁河-绿汁江断裂）已初步形成（刘福辉，1984）。刘肇昌和李凡友（1996）认为中元古代，会理-东川、石棉-峨边地区为横切大陆边缘的近EW向拗拉槽；李献华等（2002）认为在中元古代—新元古代，本区存在一个近EW向的俯冲带，这一时期大规模的构造运动和岩浆活动与Rodinia超大陆的汇聚拼合有关。

（2）海相盖层形成阶段：新元古代—古生代末，川滇黔菱形地块仍维持“两堑夹一垒”的构造格局（王宝禄等，2004b），会理-昆明裂陷带则进入海相沉积盖层形成阶段。康滇断隆带仍处于剥蚀状态，缺失古生界；会理-昆明裂陷带和盐源-丽江裂陷带则保持继续沉降，发育较完整的古生界。震旦系—二叠系，会理-昆明裂陷带仅缺失部分地层，为一套连续沉积的海相地层。加里东期，区域遭受近EW向张应力、SN向挤压应力。在EW向张应力作用下，区域性SN向断裂（如安宁河-绿汁江断裂）规模进一步发展，SN向深大断裂（小江深断裂）开始形成（刘福辉，1984）。规模不大的硅镁质、超镁质岩浆沿SN向断裂上升，在米易及其以南地区形成400～460Ma的基性、超基性岩体（李兴唐和黄鼎成，1981）。海西期，由于持续受到EW向拉张作用，SN向深断裂深度增加，安宁河-绿汁江断裂已发展成为岩石圈断裂。玄武岩浆分异成超基性-基性岩，沿深大断裂大量喷溢，形成大面积峨眉山玄武岩。

（3）陆相盖层形成阶段：会理-昆明裂陷带进入陆相盖层形成阶段。康滇断隆带下降接受沉积，发育上三叠统及层序完整、厚度巨大的侏罗系、白垩系；盐源-丽江裂陷带和会理-昆明裂陷带地壳发生上升运动，三叠系发育齐全，缺失侏罗系、白垩系沉积，而后者仅发育厚几百米的中、下三叠统碎屑岩-碳酸盐岩建造，缺失或局限分布厚度不大的侏罗系和白垩系（柳贺昌和林文达，1999）。印支期，由于印支陆块与扬子陆块碰撞，越北古陆向北强烈挤压，在川滇黔接壤区形成陆内走滑构造系统，在滇东北地区形成一系列NE向斜冲走滑-断褶带，在黔西北地区形成一系列NW向斜落走滑-断褶带，在川西南地区形成一系列SN向走滑断裂带，并伴随大规模铅锌成矿作用。该期受NNE-SSW向挤压应力，南北向深大断裂具压扭特征（刘福辉，1984）。该期仅沿深大断裂带发生规模较小的岩浆活动，早期形成一些碱性岩体，晚期为酸性花岗岩（柳贺昌和林文达，1999）。

（4）全面隆升阶段：喜马拉雅运动导致川滇黔菱形地块强烈挤压、褶皱，并全面隆升，基本形成了现代地貌。

本章小结

概述了川滇黔铅锌多金属成矿域区域地质、地球物理和地球化学、矿产分布等特征，简述了成矿构造背景及区域构造演化过程。

参考文献

陈进．1993. 麒麟厂铅锌硫化矿矿床成因及成矿模式探讨．有色金属矿产与勘查，(2)：85-90.

陈士杰．1986. 黔西滇东北铅锌矿成因探讨．贵州地质，(3)：3-14.

董云鹏，朱炳泉，常向阳，等．2002. 滇东师宗-弥勒带北段基性火山岩地球化学及其对华南大陆构造格局的制约．岩石学报，18（1）：37-46.
杜利林，耿元生，杨崇辉，等．2007．扬子地台西缘康定群的再认识：来自地球化学和年代学证据．地质学报，81（11）：1562-1577.
范蔚茗，王岳军，彭头平，等．2004．桂西晚古生代玄武岩 Ar-Ar 和 U-Pb 年代学及其对峨眉山玄武岩省喷发时代的约束．科学通报，49（18）：1892-1900.
方维萱，黄转盈．2012a．陕西凤太拉分盆地构造变形样式与动力学及金-多金属成矿．中国地质，39（5）：1211-1228.
方维萱，黄转盈．2012b．陕西凤太晚古生代拉分盆地动力学与金——多金属成矿．沉积学报，30（3）：405-421.
冯本智．1989．论扬子准地台西缘前震旦纪基底及其成矿作用．地质学报，（4）：338-348.
高振敏，杨竹森，饶文波，等．2002．中国红色粘土型金矿与国外红土型金矿的对比研究．矿床地质，（s1）：117-120.
耿元生．2008．扬子地台西缘变质基底演化．北京：地质出版社．
龚琳，何毅特，陈天佑，等．1996．云南东川元古宙裂谷型铜矿．北京：冶金工业出版社．
顾尚义，张启厚，毛健全．1997．青山铅锌矿床两种热液混合成矿的锶同位素证据．贵州工业大学学报（自然科学版），（2）：50-54.
韩润生．2007．隐伏矿定位预测的构造成矿动力学研究的有关问题．第七届全国地质力学学术研讨会论文集．
韩润生，马德云．2003．陕西铜厂矿田构造成矿动力学．昆明：云南科技出版社．
韩润生，刘丛强，黄智龙，等．2001．论云南会泽富铅锌矿床成矿模式．矿物学报，21（4）：674-680.
韩润生，陈进，黄智龙，等．2006．构造成矿动力学及隐伏矿定位预测：以云南会泽超大型铅锌（银、锗）矿床为例．北京：科学出版社．
韩润生，胡煜昭，王学琨，等．2012．滇东北富锗银铅锌多金属矿集区矿床模型．地质学报，86（2）：280-294.
韩润生，王峰，胡煜昭，等．2014．会泽型（HZT）富锗银铅锌矿床成矿构造动力学研究及年代学约束．大地构造与成矿学，38（4）：758-771.
何斌，徐义刚，肖龙，等．2003．攀西裂谷存在吗？地质论评，49（6）：572-582.
侯增谦，李红阳．1998．试论幔柱构造与成矿系统：以三江特提斯成矿域为例．矿床地质，（2）：97-113.
侯增谦，卢记仁，汪云亮，等．1999．峨眉火成岩省：结构、成因与特色．地质论评，45（s1）：885-891.
胡瑞忠，陶琰，钟宏，等．2005．地幔柱成矿系统：以峨眉山地幔柱为例．地学前缘，12（1）：42-54.
胡耀国．1999．贵州银厂坡银多金属矿床银的赋存状态、成矿物质来源与成矿机制．贵阳：中国科学院地球化学研究所博士学位论文．
胡耀国，李朝阳，温汉捷．2000．贵州银厂坡银矿床蚀变过程中组分迁移特征．矿物学报，20（4）：371-377.
胡煜昭，王津津，韩润生，等．2011．印支晚期冲断-褶皱活动在黔西南中部卡林型金矿成矿中的作用——以地震勘探资料为例．矿床地质，30（5）：815-827.
黄智龙．2004．云南会泽超大型铅锌矿床地球化学及成因 兼论峨眉山玄武岩与铅锌成矿的关系．北京：地质出版社．
金中国．2008．黔西北地区铅锌矿控矿因素、成矿规律与找矿预测．北京：冶金工业出版社．
李波．2010．滇东北地区会泽、松梁铅锌矿床流体地球化学与构造地球化学研究．昆明理工大学博士学位论文．
李红阳，阎升好，王金锁，等．1996．初论地幔热柱与成矿．矿床地质，（3）：249-256.
李文博，黄智龙，陈进，等．2002．云南会泽超大型铅锌矿床成矿物质来源——来自矿区外围地层及玄武岩成矿元素含量的证据．矿床地质，(s1)：413-416.

李献华，李正祥，周汉文，等. 2002. 川西新元古代玄武质岩浆岩的锆石 U-Pb 年代学、元素和 Nd 同位素研究：岩石成因与地球动力学意义．地学前缘，9 (4)：329-338.

李兴唐，黄鼎成．1981. 攀西裂谷区域地质构造．地质科学，1：20-28.

廖文．1984. 滇东、黔西铅锌金属区硫、铅同位素组成特征与成矿模式探讨．地质与勘探，1：2-8.

刘福辉．1984. 攀西地区断块构造特征的初步探讨．成都理工大学学报（自然科学版），(2)：36-46.

刘肇昌，李凡友．1995. 扬子地台西缘及邻区裂谷（陷）构造与金属成矿．矿产勘查，(2)：70-76.

刘肇昌，李凡友．1996. 扬子地台西缘大陆生长中的裂陷（谷）作用与增生-碰撞作用．“八五”地质科技重要成果学术交流会议.

柳贺昌，林文达．1999. 滇东北铅锌银矿床规律研究．昆明：云南大学出版社.

陆彦．1998. 川滇南北向构造带的两开两合及成矿作用．矿物岩石，(s1)：32-38.

马力．2004. 中国南方大地构造和海相油气地质．北京：地质出版社.

毛景文，李晓峰，李厚民，等．2005. 中国造山带内生金属矿床类型、特点和成矿过程探讨．地质学报，79 (3)：342-372.

牛树银．1996. 幔枝构造及其成矿规律．北京：地质出版社.

欧锦秀．1996. 贵州水城青山铅锌矿床的成矿地质特征．桂林理工大学学报，(3)：277-282.

邱文龙．2013. 云南昭通铅锌矿床流体地球化学研究．昆明理工大学硕士学位论文.

邵世才，李朝阳．1996. 扬子地块西缘震旦系灯影组层控铅锌矿床的成矿规律及形成超大型矿床的可能性．云南地质，(4)：345-350.

宋谢炎，侯增谦，曹志敏，等．2001. 峨眉大火成岩省的岩石地球化学特征及时限．地质学报，75 (4)：498-506.

宋谢炎，侯增谦，汪云亮，等. 2002. 峨眉山玄武岩的地幔热柱成因．矿物岩石，22 (4)：27-32.

宋谢炎，张成江，胡瑞忠，等．2005. 峨眉火成岩省岩浆矿床成矿作用与地幔柱动力学过程的耦合关系．矿物岩石，25 (4)：35-44.

孙家骢，颜以彬．1986. 元江红龙厂因民组与美党组接触关系的观察．云南地质，5 (4)：327-331.

王宝禄，李丽辉，曾普胜．2004a. 川滇黔菱形地块地球物理基本特征及其与内生成矿作用的关系．东华理工大学学报（自然科学版），27 (4)：301-308.

王宝禄，吕世琨，胡居贵．2004b. 试论川滇黔菱形地块．云南地质，23 (2)：140-153.

王登红．2001. 地幔柱的概念、分类、演化与大规模成矿——对中国西南部的探讨．地学前缘，8 (3)：67-72.

王奖臻，李朝阳，李泽琴，等．2001. 川滇地区密西西比河谷型铅锌矿床成矿地质背景及成因探讨．地球与环境，29 (2)：41-45.

王奖臻，李朝阳，李泽琴，等．2002. 川、滇、黔交界地区密西西比河谷型铅锌矿床与美国同类矿床的对比．矿物岩石地球化学通报，21 (2)：127-132.

王林江．1994. 黔西北铅锌矿床的地质地球化学特征．桂林理工大学学报，(2)：125-130.

王小春．1988. 康滇地轴中段东缘震旦系灯影组层控铅锌矿床成矿机理——以天宝山和大梁子矿床为例．成都理工大学硕士学位论文.

吴根耀．2001. 古深断裂活化与燕山期陆内造山运动——以川南-滇东和中扬子褶皱-冲断系为例．大地构造与成矿学，25 (3)：246-253.

谢家荣．1963. 论矿床的分类．北京：科学出版社.

谢静，常向阳，朱炳泉．2006. 滇东南建水二叠纪火山岩地球化学特征及其构造意义．中国科学院大学学报，23 (3)：349-356.

谢学锦．2008. 中国西南地区 76 种元素地球化学图集．北京：地质出版社.

许连忠，张正伟，张乾，等．2006. 威宁宣威组底部硅质页岩 Rb-Sr 古混合线年龄及其地质意义．矿物学报，26（4）：387-394.
杨应选，柯成熙，林方成，等．1994. 康滇地轴东缘铅锌矿床成因及成矿规律．成都：四川科技大学出版社．
云南省地质矿产局．1990. 中华人民共和国地质矿产部地质专报 1 区域地质 第21 号云南省区域地质志．北京：地质出版社．
张立生．1998. 康滇地轴东缘以碳酸盐岩为主岩的铅-锌矿床的几个地质问题．矿床地质，17（增刊）：135-138.
张云湘．1988. 攀西裂谷．北京：地质出版社．
张正伟，程占东，朱炳泉，等．2004. 峨眉山玄武岩组铜矿化与层位关系研究．地球学报，25（5）：503-508.
张志斌，李朝阳，涂光炽，等．2006. 川、滇、黔接壤地区铅锌矿床产出的大地构造演化背景及成矿作用．大地构造与成矿学，30（3）：343-354.
郑传仑．1994. 黔西北铅锌矿的矿质来源．桂林理工大学学报，（2）：113-124.
中石化南方勘探公司．2010. 黔北地区关口-盐津地区地震剖面工作总结报告．
朱炳泉．2003a. 大陆溢流玄武岩成矿体系与基韦诺（Keweenaw）型铜矿床．地球与环境，31（2）：1-8.
朱炳泉．2003b. 关于峨眉山溢流玄武岩省资源勘查的几个问题．中国地质，30（4）：406-412.
朱炳泉，常向阳，胡耀国，等．2002. 滇-黔边境鲁甸沿河铜矿床的发现与峨眉山大火成岩省找矿新思路．地球科学进展，17（6）：912-917.
朱炳泉，常向阳，胡耀国，等．2003. 地球化学急变带与地幔柱资源系统．矿物岩石地球化学通报，22（4）：287-293.
朱炳泉，戴橦谟，胡耀国，等．2005. 滇东北峨眉山玄武岩中两阶段自然铜矿化的$^{40}Ar/^{39}Ar$ 与 U-Th-Pb 年龄证据．地球化学，34（3）：235-247.
Han R S，Liu C Q，Huang Z L，et al. 2004. Fluid inclusions of calcite and sources of ore-forming fluids in the Huize Zn-Pb-(Ag-Ge) District，Yunnan，China. Atca Geological Sinica，78（2）：583-591.
Han R S，Liu C Q，Huang Z L，et al. 2007. Geological features and origin of the Huize carbonate-hosted Zn-Pb-(Ag) District，Yunnan，South China. Ore Geology Reviews，31（1）：360-383.
Han R S，Liu C Q，Carranza J M，et al. 2012. REE geochemistry of altered fault tectonites of Huize-type Zn-Pb-(Ge-Ag) deposit，Yunnan Province，China. Geochemistry：Exploration，Environment，Analysis，12：127-146.
Huang Z L，Li W B，Chen J，et al. 2003. Carbon and oxygen isotope constraints on mantle fluid involvement in the mineralization of the Huize super-large Pb-Zn deposits，Yunnan Province，China. Journal of Geochemical Exploration，（3）：637-642.
Leach D L，Bradley D C，Huston D，et al. 2010. Sediment-hosted lead-zinc deposits in earth history. Economic Geology，105（3）：593-625.
Sun J C，Han R S. 2016. Theory and method of ore field Geomechanics. Beijing：Science Press.
Zhou C X，Wei SS，Guo J Y. 2001. The source of metals in the Qilichang Zn-Pb deposit，northeastern Yunnan，China：Pb-Sr isotope constrains. Economic Geology，96：583-598.
Zhou M F，Malpas J，Song X Y，et al. 2002. A temporal link between the Emeishan large igneous province（SW China）and the end-Guadalupian mass extinction. Earth & Planetary Science Letters，196（3-4）：113-122.

第三章　主要典型铅锌矿床

第一节　会泽超大型富锗铅锌矿床

一、矿 区 地 质

1. 地层

矿区地层由前寒武纪基底和晚震旦世以来的沉积盖层组成，两者之间呈角度不整合接触。基底主要由中元古界昆阳群组成；沉积盖层包括震旦系—二叠系组成的海相盖层及中新生界组成的陆相盖层。上古生界发育完整，下古生界寒武系仅出露下统筇竹寺组，缺失中寒武统、上寒武统、奥陶系、志留系和下泥盆统，上震旦统灯影组仅在局部地段出露（图3-1）。其中，下石炭统摆佐组（C_1b）和下震旦统灯影组（Z_2dn）为该矿床主要的赋矿层位。

2. 构造

矿区位于扬子陆块西南缘滇东北褶断束南东部，处于东川-镇雄构造带的会泽金牛厂-矿山厂构造-矿化带的北东端，由麒麟厂和矿山厂两个大型富锗铅锌矿床、银厂坡中型富锗铅锌矿床（贵州）及龙头山、小黑箐、滥银厂等铅锌矿床（点）组成。矿区内断裂主要发育NE向、NW向、近SN向、NNW向和近EW向5组，其中NE-SW向压扭性断层是重要的控矿构造，矿山厂、麒麟厂、银厂坡断层组成三重叠瓦状构造，为矿区的主干断层，分别控制矿山厂、麒麟厂、银厂坡3个富锗铅锌矿床（图3-2）。

3. 岩浆岩

矿区大面积出露海西期峨眉山玄武岩组。黄智龙（2004）对本区玄武岩的空间展布、岩相学特征、地球化学和成因，以及与成矿的关系等方面进行了详细研究，认为成矿与玄武岩有成生联系。研究认为玄武岩与成矿无直接的成生联系。

4. 矿区地层元素地球化学特征

在矿区地层中，震旦系—二叠系，成矿元素Pb、Zn、Ag含量较高，相对于地壳平均值均有不同程度的富集，其中Pb富集系数为1.79～8.70（地壳平均值采用13×10^{-6}），Zn富集系数为1.34～6.91（地壳平均值采用60×10^{-6}），Ag富集系数大（4.37～15.47）（地壳平均值采用0.07×10^{-6}）。与地壳中碳酸盐岩中成矿元素含量相比，本区碳酸盐岩地层中成矿元素具有更高的富集系数，但分散元素富集系数较小（Ge为0.09～0.87，Ga为0.35～2.26，In为0.03～0.34）。但是，区域地层具有较低的成矿元素和共伴生分散元素的背景值

（第六章详述），反映了矿区地层不足以提供足够的成矿物质，这些元素之所以较高，与铅锌成矿过程中热液蚀变作用有关。

界	系	统	组	代号	厚度/m	柱状图	岩性特征
上古生界	二叠系	上统	玄武岩组	$P_2\beta$	600~800		灰绿色致密块状及杏仁状、气孔状玄武岩。中上部见紫色蚀变玄武岩，其间见树叶状自然铜。与下伏地层呈假整合接触
		下统	栖霞-茅口组	P_1q+m	450~600		深灰-浅灰色灰岩，白云质灰岩夹白云岩，白云质分布不均匀，呈不规则团块或虎斑状
			梁山组	P_1l	20~60		上部：灰黑色碳质页岩与石英细砂岩互层夹煤层。 下部：黄白色石英细砂岩夹黄褐色泥页岩
	石炭系	上统	马平组	C_3m	78~85		上部：豆状灰岩及灰岩。 中部；灰岩夹紫红色、黄绿色页岩。 下部：紫色、灰紫色角砾状灰岩，砾石成分为钙质，被紫色、黄绿色泥质胶结
		中统	威宁组	C_2w	10~20		浅灰色灰岩夹鲕状灰岩、白云质灰岩
		下统	摆佐组	C_1b	40~60		中上部：灰白色、米黄色粗晶白云岩夹浅灰色白云质灰岩（主要赋矿层）。 下部：浅灰-灰白色白云质灰岩夹蒸发岩
			大塘组	C_1d	5~25		灰色角砾状灰岩、隐晶灰岩、鲕状灰岩。 底部为灰褐色粉砂岩及紫色泥岩(0~5m)
	泥盆系	上统	宰格组	D_3zg	40~60		上部：灰色隐晶灰岩、黄白色及肉红色中-粗晶白云岩（次要含矿层）夹蒸发岩。在小黑箐附近浅色粗晶白云岩中赋存铅锌矿体。
					60~90		中部：浅灰色中至厚层状粉晶硅质白云岩夹灰黄色薄层钙质页岩。顶部局部有浅黄色、浅肉红色细晶白云岩。
					100~160		下部：浅灰色中至厚层状细-中晶白云岩夹浅灰色泥质白云岩
		中统	海口组	D_2h	0~11		浅灰色、浅黄色粉砂岩与绿色、灰黑色泥质页岩互层。与下伏地层呈假整合接触
下古生界	寒武系	下统	筇竹寺组	ϵ_1q	0~70		黑色泥质页岩夹黄色砂质泥岩。与下伏地层呈假整合接触
新元古界	震旦系	上统	灯影组	Z_2dn	> 70		浅灰、灰白色硅质白云岩。与下伏地层呈断层接触

图 3-1　会泽富锗铅锌矿区地层柱状图

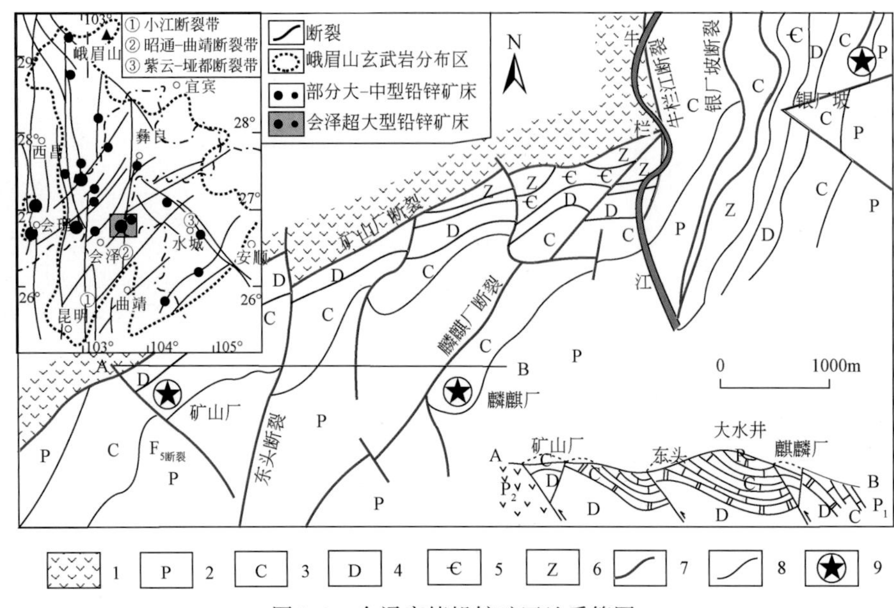

图 3-2　会泽富锗铅锌矿区地质简图

1. 上二叠统峨眉山玄武岩组；2. 二叠系栖霞-茅口组灰岩、白云质灰岩夹白云岩，梁山组碳质页岩和石英砂岩；3. 石炭系马平组角砾状灰岩，威宁组鲕状灰岩，摆佐组粗晶白云岩及白云质灰岩，大塘组隐晶灰岩及鲕状灰岩；4. 泥盆系宰格组灰岩、硅质白云岩和白云岩，海口组粉砂岩和泥质页岩；5. 寒武系筇竹寺组泥质页岩夹砂质泥岩；6. 震旦系灯影组硅质白云岩；7. 断裂；8. 地层界线；9. 富锗铅锌矿床

二、矿 床 地 质

（一）矿体形态及产状

1. 麒麟厂矿床

该矿床位于麒麟厂断裂上盘（图 3-2），由麒麟厂、大水井两个矿段组成。目前已发现富锗铅锌矿体 70 余个（其中具工业价值矿体 20 个），Zn+Pb 平均品位 25%～30%，均赋存于下石炭统摆佐组（C_1b）中上部粗晶白云岩中。矿体与围岩界线明显，主要沿层间断裂带产出，走向 NE20°～30°，倾向 SE，倾角较陡，为 50°～76°。矿体水平延长较短，倾向延深大于 1800m。在平面上，矿体呈似层状、脉状、囊状、扁柱状、脉状或网脉状产出（图 3-3）；在剖面上，矿体主要呈透镜状，顶部或尾部变薄或分支尖灭，且具有向 SW 向侧伏的特征（图 3-4）。

2. 矿山厂矿床

该矿床产出于矿山厂断裂、F_5 断层与东头断裂所围限的范围内，矿体主要赋存于下石炭统摆佐组（C_1b）粗晶白云岩中。在长约 2000m 的地段内，共圈出 260 个大小不等的矿体，铅锌金属量 300 万 t 以上，Zn+Pb 平均品位约 30%。矿体多呈似层状、透镜体状、囊状、扁豆状及不规则脉状，沿层间断裂带展布。矿体沿其走向和倾向，均呈现尖灭再现（侧现）、膨大收缩的变化规律（图 3-5，图 3-6），并具有向 SW 向侧伏的特征（图 3-7）。

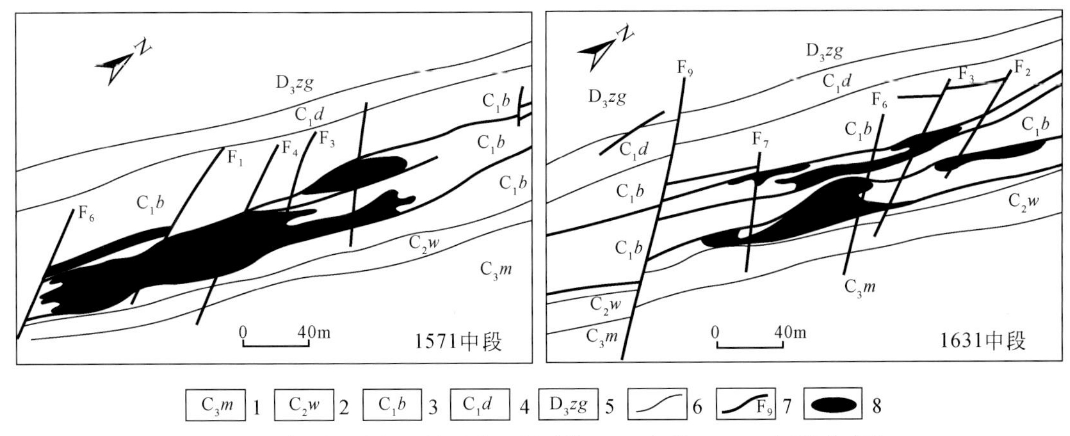

图 3-3　麒麟厂富锗铅锌矿床 6 号矿体 1571 中段、1631 中段平面图

1. 上石炭统马平组角砾状灰岩；2. 中石炭统威宁组鲕状灰岩；3. 下石炭统摆佐组粗晶白云岩夹灰岩及白云质灰岩；4. 下石炭统大塘组隐晶灰岩及鲕状灰岩；5. 上泥盆统宰格组灰岩、硅质白云岩和白云岩；6. 地层界线；7. 断层及编号；8. 矿体

矿体水平长度 26～233m（平均 98.17m），水平厚度 2～35m（平均 16.65m），倾斜延深大于 1600m。Pb 品位 4.73%～44.05%（平均 20.60%），Zn 品位 3.29%～46.52%（平均 29.74%）。由浅部到深部，矿石呈现氧化矿→混合矿→硫化矿的分布规律。

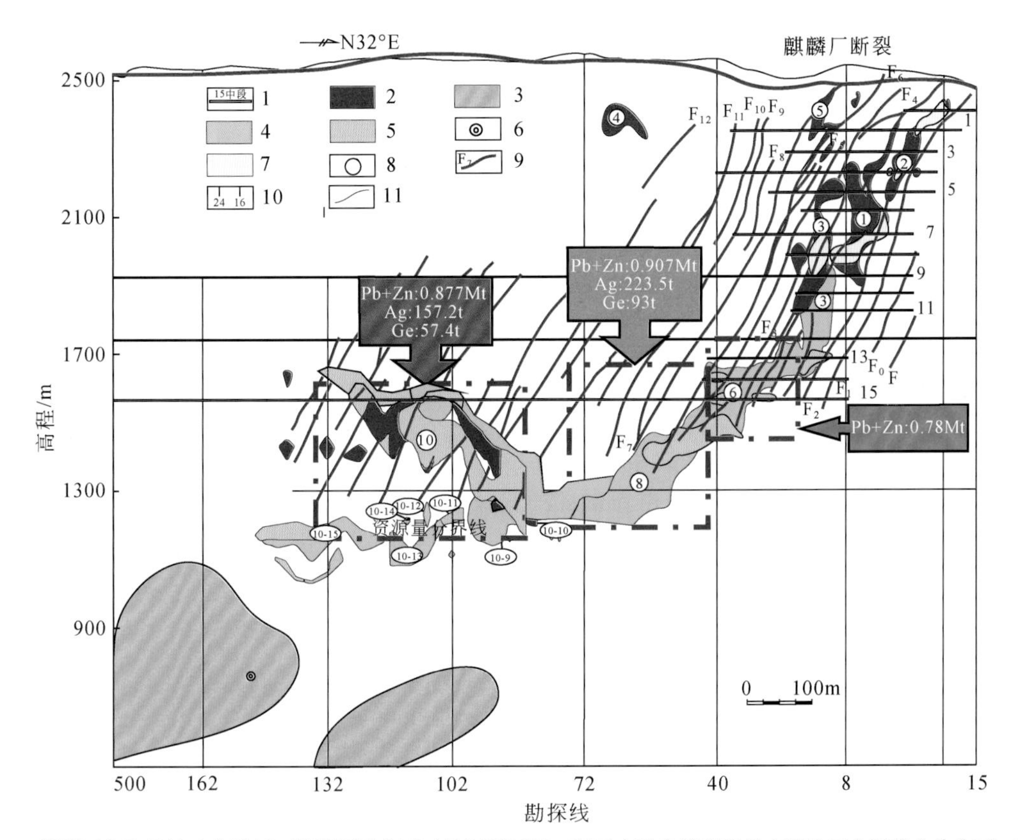

图 3-4　麟麒厂富锗铅锌矿床纵剖面投影图及主要矿体资源量图（据云南驰宏锌锗股份有限公司会泽矿业分公司，2016）

1. 中段编号；2. 氧化矿体；3. 预测靶区；4. 硫化矿体；5. 下盘矿体；6. 钻孔；7. 铅氧化矿体；8. 矿体编号；9. 断层及编号；10. 剖面线及编号；11. 地形线

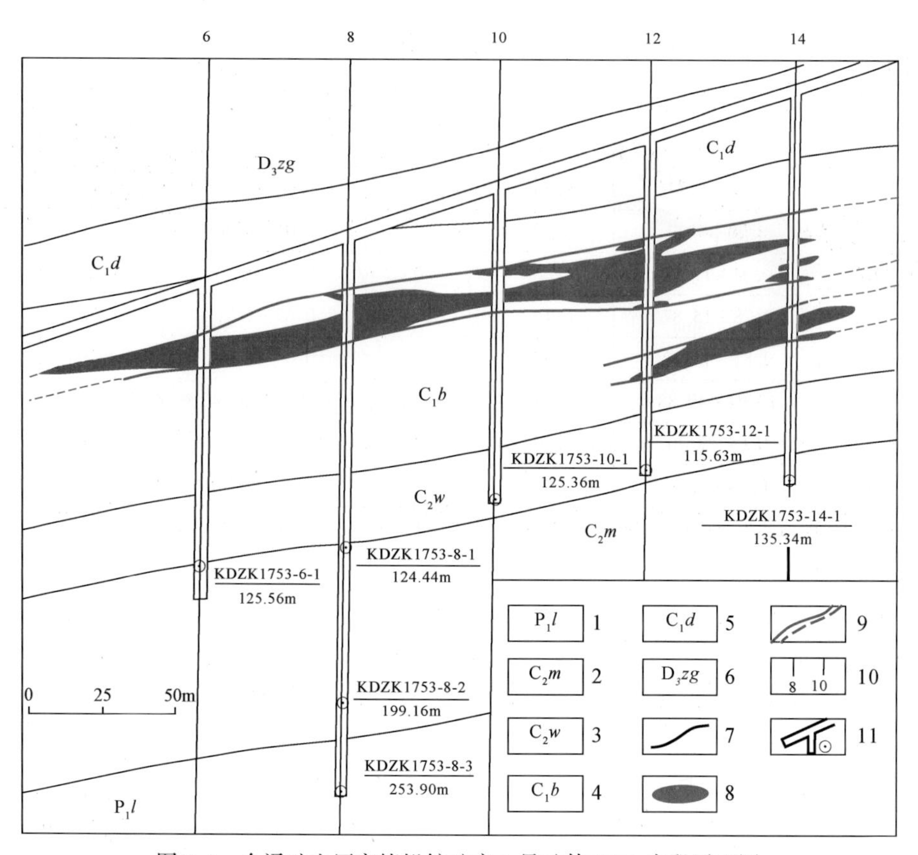

图 3-5 会泽矿山厂富锗铅锌矿床 1 号矿体 1751 中段平面图

1. 梁山组碳质页岩和石英砂岩；2. 马平组角砾状灰岩；3. 威宁组鲕状灰岩；4. 摆佐组粗晶白云岩夹灰岩及白云质灰岩；5. 大塘组隐晶灰岩及鲕状灰岩；6. 宰格组灰岩、硅质白云岩和白云岩；7. 地层界线；8. 矿体；9. 层间断裂及推测断裂；10. 剖面线及编号；11. 勘探坑道与钻孔

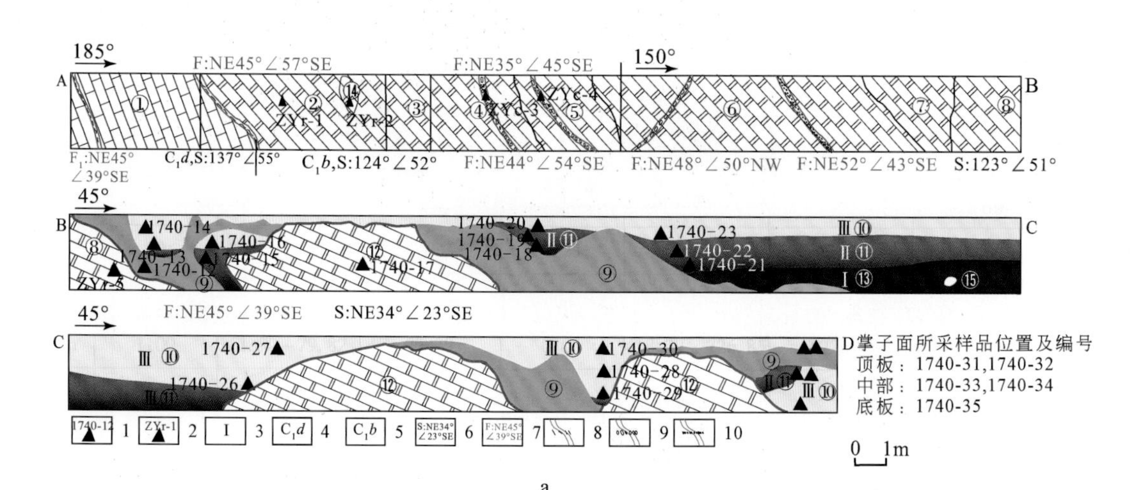

a

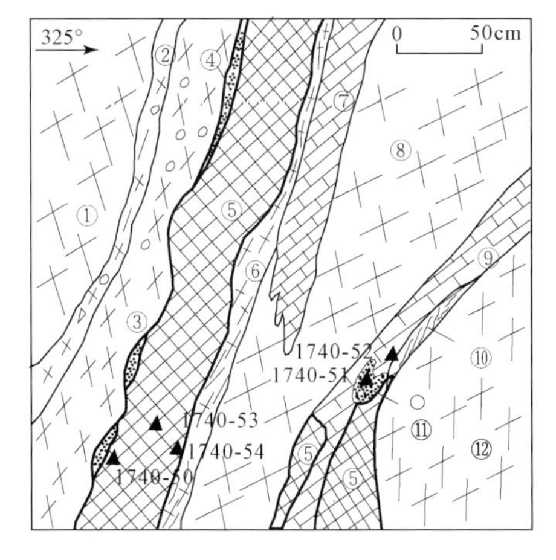

b

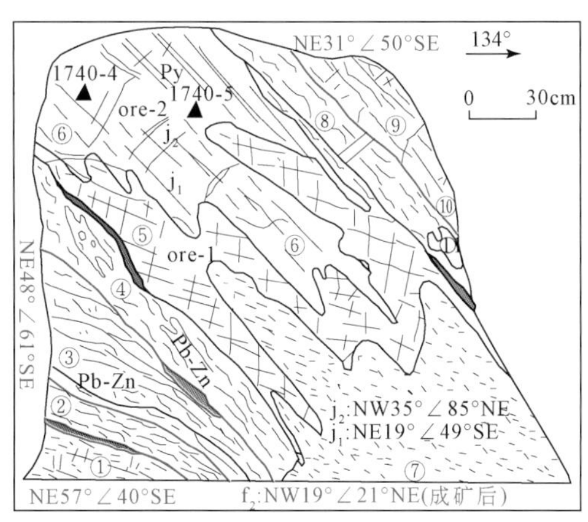

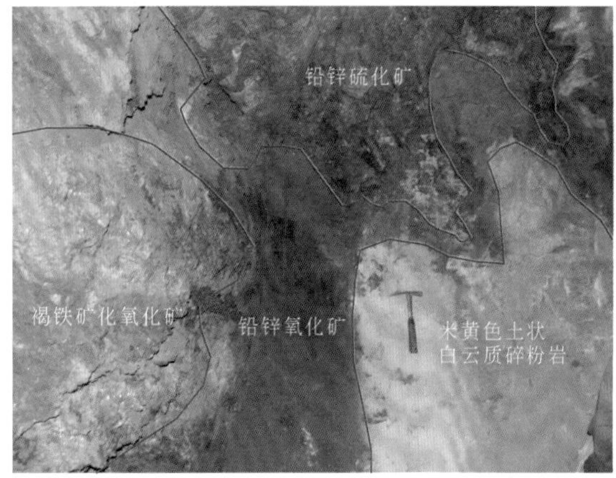

c

图 3-6　矿山厂 1740 中段主要勘探线矿体特征素描图及照片

a. 矿山厂 1740 中段 5 号线采场剖面图：①含方解石脉灰黑色泥晶灰岩，解理发育；②灰白色中细晶白云岩；③灰-深灰色中细晶白云岩；④浅灰色中细晶白云岩；⑤灰白色粗晶白云岩；⑥白色细晶白云岩；⑦浅黄色粗晶白云岩；⑧灰白色细晶白云岩；⑨氧化矿石；⑩第三阶段硫化物矿石；⑪第二阶段硫化物矿石；⑫白色-米黄色粗晶白云岩；⑬第一阶段硫化物矿石；⑭粗晶白云岩；⑮方解石团块。1. 矿石样品采样位置及编号；2. 围岩样品采样位置及编号；3. 成矿阶段；4. 石炭系大塘组；5. 石炭系摆佐组；6. 地层产状；7. 断裂产状；8. 断裂带内主要为断层泥；9. 断裂带内主要为碎裂、碎斑岩；10. 断裂带内主要为碎粉岩。

b. 1740 中段 13 号线采场掌子面图：①灰白色中粗晶白云岩；②灰黑色中粗晶白云岩，局部见脉状、团斑状方铅矿、闪锌矿；③米黄色碎裂中粗晶白云岩，局部见团斑状方铅矿、闪锌矿；④氧化矿石；⑤硫化物矿石；⑥米黄色碎裂中粗晶白云岩，见脉状方铅矿、闪锌矿；⑦灰黑色泥晶灰岩；⑧米黄色粗晶白云岩；⑨灰黑色泥晶灰岩；⑩方解石脉；⑪脉状、团斑状方铅矿、闪锌矿，细脉状、星点状细晶黄铁矿；⑫米黄色、灰黑色碎裂粗晶白云岩。

c. 1740 中段 7 号线采场掌子面图：①褐黄色土状强褐铁矿化氧化矿石（含白云质）；②褐色土状强褐铁矿化氧化矿石；③透镜体化铅锌矿残余及土状氧化矿石；④碎粉状、土状含铅锌硫化物氧化矿石；⑤褐色土状氧化矿石；⑥灰色块状硫化物矿石，局部见黄铁矿-方铅矿-闪锌矿呈条带状；⑦米黄色土状白云质碎粉岩；⑧土黄色氧化矿石；⑨米黄色褐铁矿化粗晶白云岩；⑩铅锌硫化物细脉

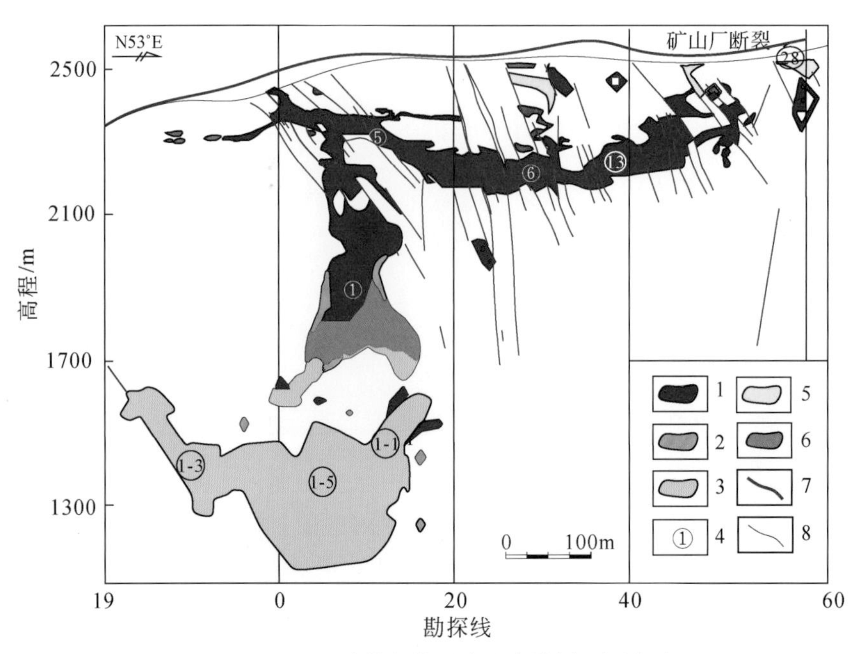

图 3-7　矿山厂富锗铅锌矿床垂直纵剖面投影图

（据云南驰宏锌锗股份有限公司会泽矿业分公司，2016）

1. 铅锌共生氧化矿体；2. 混合型氧化矿体；3. 混合矿体；4. 铅锌矿体编号；5. 铅锌氧化矿体；6. 预测矿体；7. 断裂；8. 地形线

（二）矿石特征

1. 矿石组成及其特征

该矿床主要由硫化矿、氧化矿两种类型组成，目前主要开采硫化矿。硫化矿的矿石矿物组成相对简单，主要为闪锌矿、方铅矿和黄铁矿，零星见黄铜矿、硫铋银矿和自然锑等，而脉石矿物主要为方解石、白云石，其次为石英、重晶石、石膏和黏土类矿物等，其特征如下（图 3-8，图 3-9）。

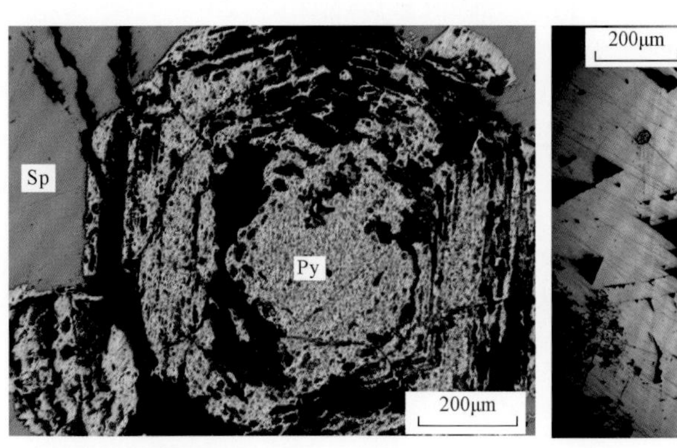

a

b

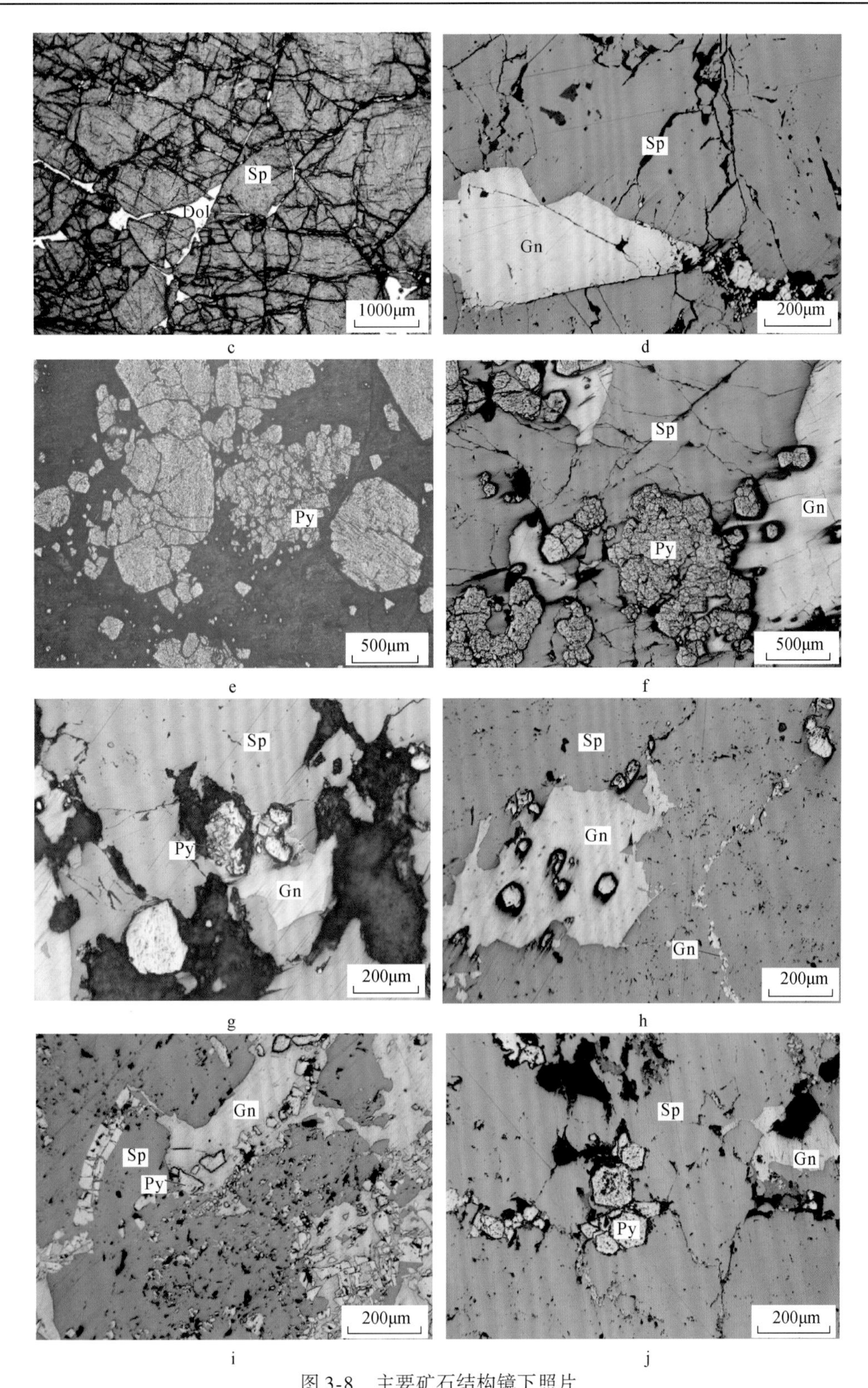

图 3-8　主要矿石结构镜下照片

a. 黄铁矿呈环状结构（-）；b. 方铅矿内部三角解理构成的黑三角孔（-）；c. 闪锌矿、方铅矿他形粒状结构（-）；d. 闪锌矿、方铅矿半自形-他形粒状结构（-）；e. 黄铁矿碎裂结构（-）；f. 闪锌矿、方铅矿呈共边结构（-）；g. 黄铁矿被方铅矿交代呈骸晶结构（-）；h. 方铅矿呈交代结构（-）；i. 闪锌矿交代方铅矿形成港湾结构（-）；j. 黄铁矿呈包含结构嵌布于闪锌矿内（-）。图中字母代号含义：Sp. 闪锌矿；Gn. 方铅矿；Py. 黄铁矿；Dol. 白云石

图 3-9　主要矿石构造照片

a. 晶洞状构造；b. 块状构造；c. 条带状构造；d. 脉状构造；e. 浸染状和脉状构造；f. 条带状构造。
图中字母代号含义：Sp. 闪锌矿；Gn. 方铅矿；Py. 黄铁矿；Dol. 白云岩；Cal. 方解石

闪锌矿：最主要的矿石矿物，颜色变化多样，自浅黄色、黄褐色、褐色、浅褐色、棕褐色至黑褐色，以褐色和棕褐色为主。多呈块状与方铅矿、黄铁矿共生；或与脉状黄铁矿、方铅矿交互出现，构成条带状铅锌矿石，是成矿热液沿层间断裂裂隙充填-交代的产物；或呈浸染状、不规则团块状及不规则细脉状充填于黄铁矿之间；少量中粗粒自形闪锌矿呈团块状、细脉状、星散浸染状分布于脉石矿物及其节理裂隙中。闪锌矿有 3 个世代，为不同成矿阶段的产物，早世代闪锌矿颜色呈深棕褐色至黑褐色，具中粗晶自形粒状结构；中世代闪锌矿呈棕色、褐色，具粗晶粒状结构，常与中粗晶方铅矿、黄铁矿呈脉状产出；晚世代闪锌矿则呈浅褐色、玫瑰色至淡黄色，具中晶结构，明显交代脉石矿物，并常包含自形晶粒状黄铁矿。

方铅矿：呈亮铅灰色、细-粗晶粒状，具2个世代。早世代的粗晶方铅矿与闪锌矿密切共生，呈不规则细脉状或浸染状分布于闪锌矿中；晚世代细晶方铅矿则单独或与方解石脉共同产出，呈细脉状、浸染状分布于脉石矿物（方解石、石英）或白云岩中。

黄铁矿：具有4个世代，第一世代黄铁矿呈他形-半自形粒状，常呈立方体晶形，颜色较浅，为沉积成岩期形成；第二世代黄铁矿晶粒粗大，呈自形粒状（最大可达5mm），晶形以五角十二面体、五角十二面体与立方体的聚形为主，呈块状、浸染状、条带状集合体产出，主要分布于矿体内，与早世代闪锌矿共生；第三世代黄铁矿呈中-粗晶，晶形以五角十二面体为主，与中世代闪锌矿共生；第四世代黄铁矿呈细粒状（0.01～0.5mm），晶体以立方体为主，少量五角十二面体，多分布于矿体上部或边缘，常沿方铅矿、闪锌矿及脉石矿物裂隙呈细脉状产出。

（铁）白云石：最主要的脉石矿物之一。早成矿阶段多形成铁白云石，主-晚成矿阶段形成白云石。呈粗晶-巨晶自形-半自形粒状结构（0.3～1mm），重结晶作用明显，常交代黄铁矿呈骸晶结构。

方解石：最主要的脉石矿物之一，主要呈团块状、斑点状、条带状、浸染状、不规则脉状分布在矿石内。根据方解石的产状将其分为三类，即团块状、团斑状和脉状，为不同成矿阶段的产物，其生成顺序为团块状→团斑状→脉状。

2. 矿石组构

矿石结构主要呈自形-他形晶粒状、交代、共边、填隙、包含、内部解理、骸晶、固溶体分离、文象、揉皱结构及碎裂结构等（图3-8）。矿石构造主要有致密块状、浸染状、条带状、脉状、网脉状、晶洞状、角砾状构造等（图3-9）。

3. 矿石化学组成

根据矿石元素分析结果（表3-1，表3-2），矿石化学组成以Zn、Pb为主，其质量分数为25%～35%，最高达50%以上，伴生有用组分为Ge、Ag、Cd、In、Ga、S等，有害组分SiO_2、As等含量不高。部分地段可圈定出独立Ge、Ag矿体。

表3-1　麒麟厂富锗铅锌矿床矿石化学成分分析结果

化学成分	质量分数/%	主要成矿元素	质量分数/%	微量元素	质量分数/10^{-6}
SiO_2	1.65～3.68	Pb	7.75～11.75	Cu	51～401
TiO_2	0.22～0.45	Zn	14.32～34.35	Co	0.30～1.25
Al_2O_3	0.09～0.94	S	27.25～34.28	Mo	0.50～4.40
TFe	14.5～38.0			Bi	9.00～29.00
MnO	0.04～0.15			As	215～1689
MgO	0.40～6.00			Sb	67～415
CaO	1.10～12.10			Ag	50～150
Na_2O	0.03～0.04			Ga	2.00～20.00
K_2O	0.001～0.20			Ge	10.00～80.00
P_2O_5	0.001～0.003			Cd	78.00～488.00

注：测试单位为中国科学院地球化学研究所；分析方法为主元素用化学法，微量元素用ICP-MS法；TFe = FeO + Fe_2O_3

表 3-2　会泽、毛坪富锗铅锌矿共伴生元素质量分数　　（单位：10^{-6}）

伴生元素			Cd	Ge	Ga	In	Tl	Ag	Cu	Sb
会泽	矿床（98）	范围	2.55～1686	0.520～256	0.495～35.9	0.010～3.82	0.34～305	0.58～309	4.46～2691	7.58～661
		均值	661	62.10	2.26	0.65	61.20	54.70	204	170
	6 号矿体（42）	范围	31.00～1686	1.49～224	0.49～7.74	0.02～3.82	9.01～305	7.38～309	5.01～2691	23.60～661
		均值	687	69.40	1.70	1.15	44.10	83	272	205
	1 号矿体（29）	范围	5.65～1470	1.66～204	0.64～35.9	0.01～1.63	1.04～70.90	0.58～103	22.30～609	23.40～550
		均值	705	66.80	3.22	0.33	26.20	27.30	177	185
	10 号矿体（27）	范围	2.55～1256	0.52～256	0.57～5.07	0.01～0.96	0.34～53.00	2.01～160	4.46～538	7.58～316
		均值	574	45.80	2.10	0.22	16.60	40.20	127	99.60
	富集系数		3305	41.40	0.15	6.50	136	781.40	3.70	855
毛坪	矿床	范围	21.43～735.48	0.97～202.97	0.81～10.14	1.11～4.22	1.48～15.87	29.70～495.55	48.71～1658.41	8.78～1306.35
		均值	171.57	24.64	4.81	1.97	4.14	87.89	199.19	235.69
	Ⅰ号块状矿体（10）	范围	21.43～735.48	0.97～202.97	0.81～7.20	0.11～3.83	3.28～15.87	41.17～495.55	48.71～1658.41	100.25～1306.35
		均值	254.21	39.22	3.26	1.27	6.18	133.63	296.75	395.1
	Ⅱ、Ⅲ号块状矿体（9）	范围	49.96～117.38	3.19～21.83	3.65～10.14	0.49～4.22	1.48～2.72	29.70～80.81	58.77～139.64	8.78～192.31
		均值	88.93	10.06	6.35	2.66	2.10	42.15	101.63	76.27
	富集系数		857.90	16.40	0.06	19.70	9.20	1255.60	3.60	1178.50
地壳丰度值*			0.20	1.50	15	0.10	0.45	0.07	55	0.20

* 据 Taylor 和 Mclennan（1985）

注：分析单位为中国科学院地球化学研究所 ICP-MS 实验室；（）内数值为样品数

（三）围岩蚀变

围岩蚀变类型较简单（图 3-10），主要为（铁）白云石化、方解石化和黄铁矿化，而硅化、黏土化等分布范围较小，重晶石化主要发育在主断裂带或周边。这些蚀变组合同时出现是重要的找矿标志。

（1）（铁）白云石化：热液蚀变白云岩是矿体的主要围岩，其颜色为白色、灰白色、米黄色及肉红色，呈团块状、不规则状分布于矿化蚀变带及矿体中，呈半自形粗粒状结构，颗粒粒度 0.2～1mm。近矿白云岩呈网脉状、条带状，局部可见溶蚀形成的白云岩孔洞（0.5mm 左右）。随矿体埋藏深度增加，矿体规模、厚度增大，矿石品位增高，白云石化愈显强烈，预示（铁）白云石化与成矿具紧密的成生联系。

（2）方解石化：呈粗晶粒状、团块状、脉状，主要发育在矿体、矿化蚀变白云岩中及 NW 向断裂带中。

（3）黄铁矿化：最普遍的蚀变类型之一，具多世代的特征。沉积-成岩作用形成的黄铁矿受热液作用发生重结晶，形成五角十二面体自形粒状黄铁矿，分布于矿体中或呈浸染状产于矿体顶板的白云岩中；细脉状、浸染状黄铁矿分布于白云岩及其节理和裂隙中，或与灰白色白云岩互层形成条带状黄铁矿；晚世代黄铁矿多呈细粒立方体分布于矿体附近的断裂破碎带中。距矿体越近，黄铁矿化越强，反之则越弱。

图 3-10 蚀变矿物特征显微照片

a. 白云石化，白云石呈中粗晶结构，(+)；b. 弱白云石化重结晶亮晶生物碎屑灰岩，白云石呈自形-半自形菱形晶，方解石重结晶作用明显，(-)；c. 黄铁矿化，黄铁矿呈半自形-他形粒状，(-)；d. 黏土化，黏土质呈隐晶状、微鳞片状，粒度<0. 02mm，填隙状分布于不透明矿物间，(-)。
图中字母代号含义：Sp. 闪锌矿；Py. 黄铁矿；Dol. 白云石；Cal. 方解石

(4) 重晶石化：呈不规则脉状分布于孙家沟矿山厂断裂带内、麒麟厂 1571 中段朱家丫口 51 号穿脉中。矿山厂断裂带内的重晶石脉，多呈纯白色，少数因含铁锰质呈浅红色、浅黄色，多具板状巨晶团块，与方解石、褐铁矿胶结于一体；麒麟厂穿脉中的重晶石呈纯白色，具放射状、环带状、板条状巨晶团块，与中细晶白云岩、粗晶白云岩、针孔状白云岩等各类白云岩胶结。

(5) 硅化：蚀变较弱，仅见于矿体附近的围岩中，主要以玉髓、蛋白石的形式交代碳酸盐岩矿物，偶见石英。

(6) 黏土化：由绿泥石、伊利石等矿物组成，分布局限，主要产于矿体上盘和构造裂隙及泥质岩中，属晚阶段热液蚀变的产物。

（四）矿物组合分带

通过对矿山厂、麒麟厂不同中段坑道的精细编录，发现该矿床具有清晰的矿物组合分带特征，从矿体底板到顶板，依次为：黄铁矿+深褐色闪锌矿+铁白云石→褐色-玫瑰色闪锌矿+方铅矿→黄铁矿+方解石+白云石，各带之间呈过渡关系，其矿物组合与矿物晶形也有变化。该矿物组合分带不仅出现在矿体尺度上（图3-6a），在手标本上也可清晰地观察到类似特征（图3-11）。

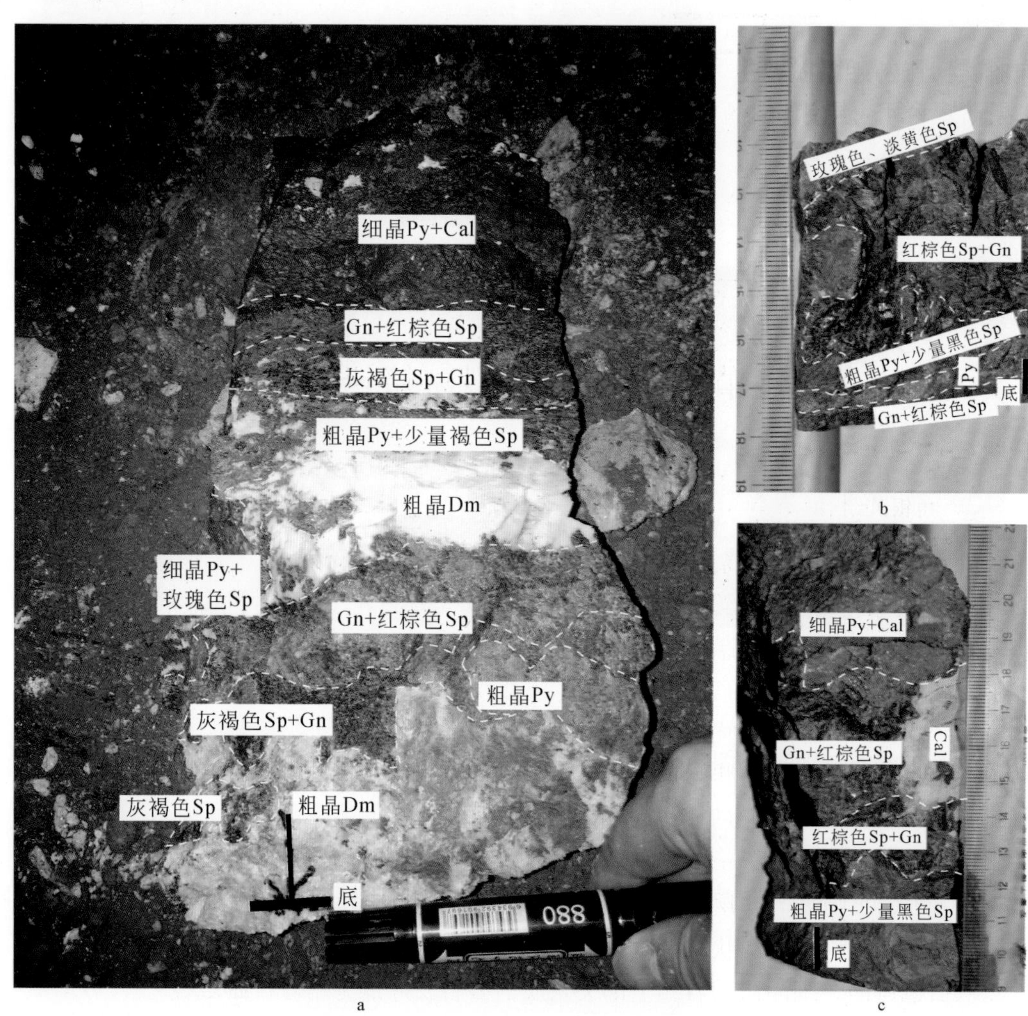

图3-11　矿物组合分带的矿石标本照片

a. 矿物组合分带明显，从底到顶依次为：灰-灰白色粗晶白云岩含星点状、浸染状Gn→灰褐色Sp+Gn、粗晶Py→Gn+红棕色Sp，以Sp为主→细晶Py+玫瑰色Sp→团块状、脉状白色Dm+Cc→粗晶Py+少量褐色粗粒Sp，少量Gn，发育少量团块状白云石→灰褐色Sp+Gn→以Gn为主，夹少量红棕色Sp→条带状细粒Py见团斑状Cal、脉状Gn。b. 矿物组合分带明显，从底到顶依次为：Gn+红棕色Sp→粗脉状Py→粗晶Py+少量黑色Sp+红棕色Sp+Gn→玫瑰色、淡黄色Sp。c. 矿物组合分带明显，从底到顶依次为：粗晶Py→红棕色Sp+Gn→Gn+浅棕色Sp+Cal→细晶Py+少量黑色Sp。图中字母代号含义：Sp. 闪锌矿；Gn. 方铅矿；Py. 黄铁矿；Dm. 白云岩；Cal. 方解石

（五）成矿期次划分及矿物生成顺序

根据该矿床地质特征、矿石组构、矿物共生组合及矿脉的穿插关系等特征，将矿床的成矿过程划分为两个成矿期：热液成矿期和表生氧化期。其中热液成矿期可进一步划分成4个成矿阶段：重晶石-铁白云石-黄铁矿-深褐色闪锌矿阶段（Ⅰ），深棕色闪锌矿-方铅矿阶段（Ⅱ），方铅矿-褐色、淡黄色闪锌矿阶段（Ⅲ），黄铁矿-白云石-方解石阶段（Ⅳ）（表3-3，图3-12）。

表3-3　会泽富锗铅锌矿床成矿期次划分及矿物生成顺序表

成矿期次	热液成矿期					表生氧化期
	Ⅰ阶段		Ⅱ阶段	Ⅲ阶段	Ⅳ阶段	
	$Ⅰ_1$阶段	$Ⅰ_2$阶段				
主要矿物	重晶石+铁白云石	粗晶黄铁矿+少量深褐色闪锌矿	深棕色闪锌矿+方铅矿+铁白云石	方铅矿+褐色、淡黄色闪锌矿+石英+方解石	细晶黄铁矿+白云石+方解石	
黄铁矿						
闪锌矿						
方铅矿						
黄铜矿						
螺银矿						
角银矿						
银黝铜矿						
硫铋银矿						
白云石						
方解石						
铁白云石						
石英						
重晶石						
异极矿						
白铅矿						
菱铁矿						
褐铁矿						
矿石构造	块状、浸染状		致密块状	致密块状	致密块状、脉状	土状、蜂窝状
矿石结构	粗晶、交代、镶嵌、压碎		粗-中晶、交代、填隙、共边、包含	中-细晶、交代、填隙、共边、揉皱	自形细晶	胶状
矿石类型	黄铁矿-闪锌矿矿石		黄铁矿-闪锌矿-方铅矿矿石	方铅矿-闪锌矿矿石	黄铁矿矿石	铅锌氧化矿石

注：线条粗细表示矿物含量的多寡

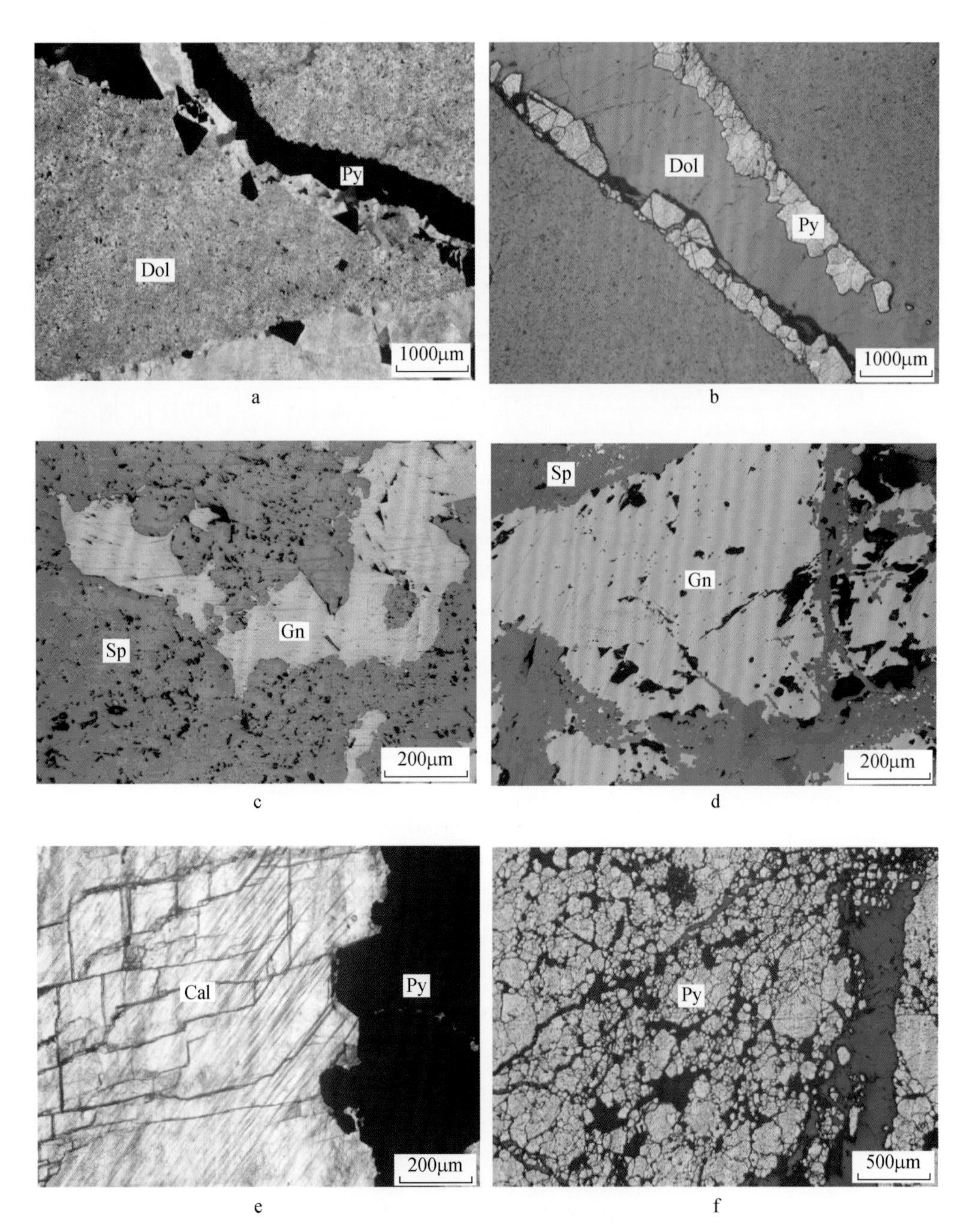

图 3-12　会泽富锗铅锌矿床矿物生成顺序镜下照片

a、b. 粗晶黄铁矿阶段（Ⅰ阶段），图 a（+），图 b（-）；c. 闪锌矿-方铅矿阶段（Ⅱ阶段），闪锌矿交代方铅矿呈残余结构，且闪锌矿含量远大于方铅矿；d. 方铅矿-闪锌矿阶段（Ⅲ阶段），闪锌矿与方铅矿呈港湾结构，方铅矿呈蚕食状交代闪锌矿，方铅矿为主要矿石矿物；e、f. 细晶黄铁矿-白云石-方解石阶段（Ⅳ阶段），图 e（+），图 f（-）。图中字母代号含义：Sp. 闪锌矿；Gn. 方铅矿，Dol. 白云石；Cal. 方解石；Py. 黄铁矿

第二节　毛坪大型富锗铅锌矿床

一、矿 区 地 质

毛坪富锗铅锌矿为会泽–牛街斜冲走滑–断褶带上的典型矿床之一（图2-1），处于毛坪深断裂、紫云–垭都深断裂及曲靖–昭通隐伏断裂带的交会部位。目前，已发现毛坪大型富锗铅锌矿床和放马坝、云炉河坝等小型铅锌矿床及拖姑煤、龙街等12处铅锌矿点（矿化点）（图3-13）。毛坪大型富锗铅锌矿床为其典型代表（图3-14）。

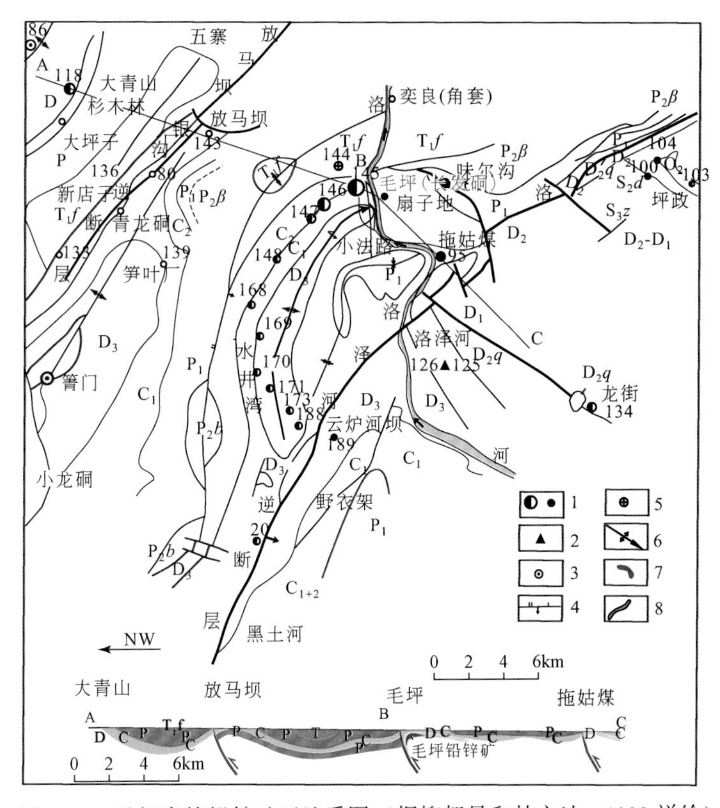

图3-13　毛坪富锗铅锌矿区地质图（据柳贺昌和林文达，1999 详绘）

1. 铅锌矿床（点）；2. 黄铁矿矿床；3. 铁矿床；4. 逆断层；5. 铜矿点；6. 倾没背斜；7. 铅锌矿体；8. 河流

（一）地　　层

矿区出露的地层主要有中泥盆统、上泥盆统、石炭系、二叠系，缺失奥陶系、志留系，地层间以假整合和整合接触关系为主（图3-15），主要赋矿层位为上泥盆统宰格组（D_3zg），其次为摆佐组（C_1b）、威宁组（C_2w）。

（二）构　　造

毛坪富锗铅锌矿区严格受NE向会泽–牛街斜冲走滑–断褶带控制，该带上毛坪、放马

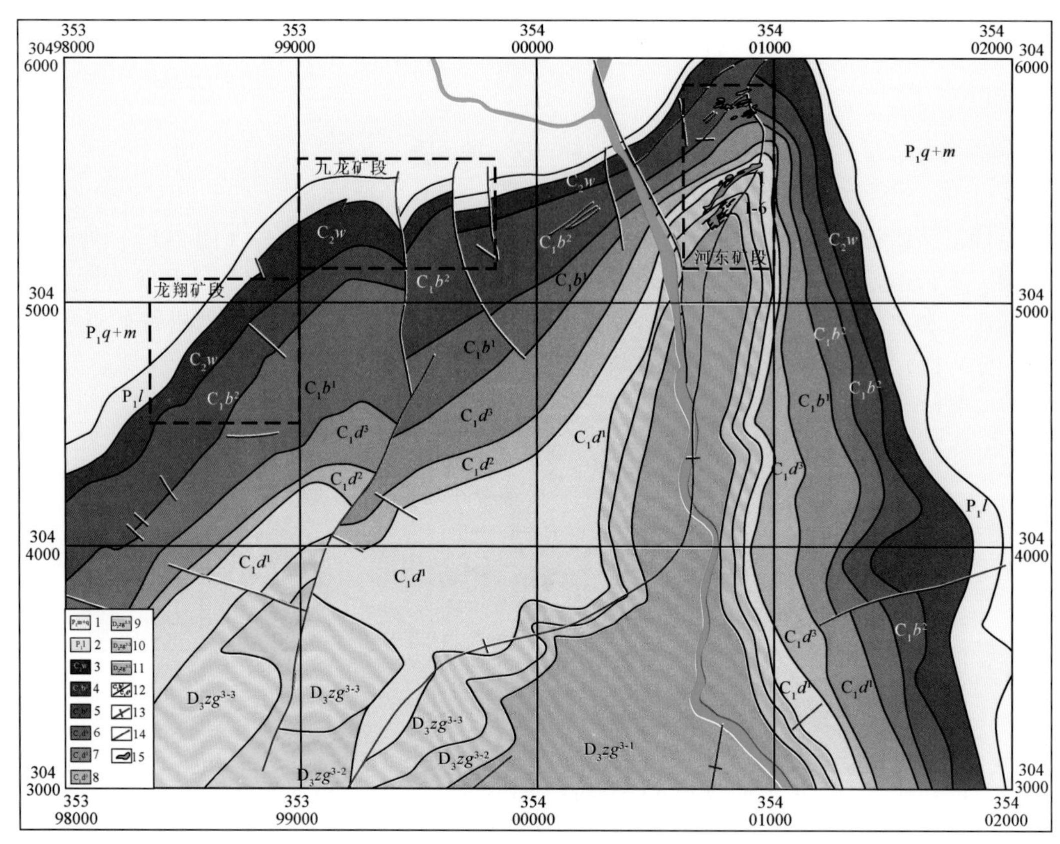

图 3-14　毛坪富锗铅锌矿床地质平面图

1. 栖霞-茅口组灰岩；2. 梁山组灰岩；3. 威宁组中晶白云岩；4. 摆佐组细-粗晶白云岩；5. 摆佐组细晶白云岩；6. 大塘组灰岩-泥灰岩-页岩；7. 大塘组黑色燧石条带灰岩；8. 大塘组含煤层砂页岩；9. 宰格组中-细晶白云岩夹页岩和灰岩；10. 宰格组粗晶白云岩；11. 宰格组厚层状中-细晶晶白云岩；12. 地层界线；13. 背斜轴；14. 断裂；15. 矿体水平投影

坝、洛泽河三条压扭性断裂在剖面上呈叠瓦状分布，分别控制了毛坪、放马坝、洛泽河铅锌矿床（图 3-13）。主要断层和褶皱分述如下。

（1）毛坪断层：主要由一组 NE 向具透镜体化、片理化带的压扭性断裂带组成。矿床直接受该断裂及其上盘的猫猫山倒转背斜控制（图 3-14），为毛坪富锗铅锌矿床的导矿构造。

（2）放马坝断层：呈 NE 向展布，直接控制了放马坝小型铅锌矿床的展布，矿体分布于断裂上盘背斜发育的陡倾斜层间压扭性断裂带内。

（3）洛泽河断层：与放马坝断层产状及其控矿特征相似，直接控制云炉河坝、乐开铅锌矿床。

（4）猫猫山倒转背斜：为短轴倾伏背斜，长约 20km，宽约 19km（图 3-14）。轴向 NE，核部为泥盆系，两翼由石炭系、二叠系组成。北西翼地层倒转或陡立，南东翼地层平缓。背斜向 NE 向或 SW 向倾伏于矿区外围，近轴部发育层间断裂带，直接控制了矿体赋存。其背斜轴向 NE10°～37°，枢纽呈 NE-SW 向“S”形展布。在倒转背斜北西翼发育的层间压扭性断裂带中分布着毛坪、红尖山等一系列铅锌矿床（点）。

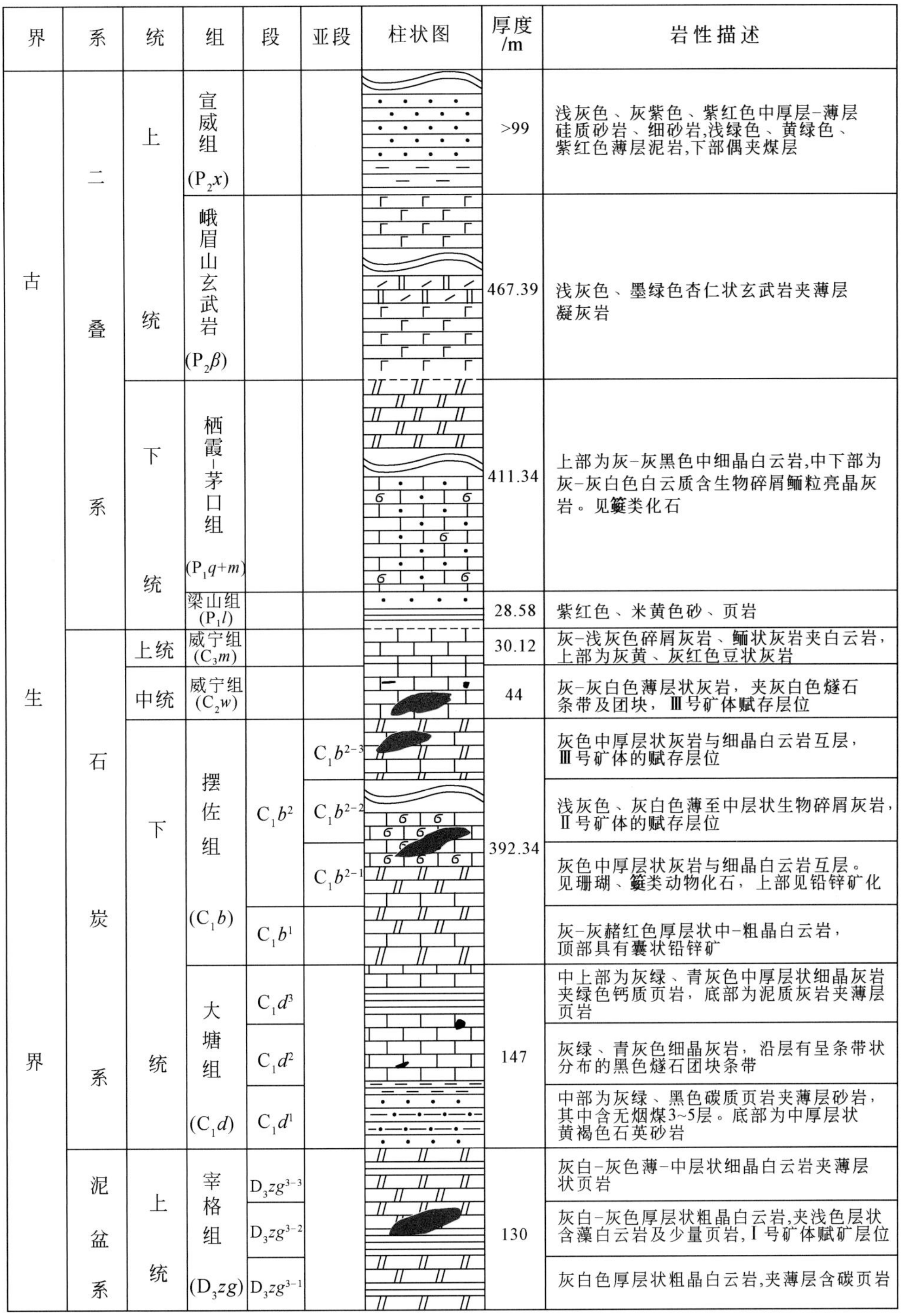

界	系	统	组	段	亚段	柱状图	厚度/m	岩性描述
古生界	二叠系	上统	宣威组(P_2x)				>99	浅灰色、灰紫色、紫红色中厚层-薄层硅质砂岩、细砂岩,浅绿色、黄绿色、紫红色薄层泥岩,下部偶夹煤层
			峨眉山玄武岩($P_2\beta$)				467.39	浅灰色、墨绿色杏仁状玄武岩夹薄层凝灰岩
		下统	栖霞-茅口组(P_1q+m)				411.34	上部为灰-灰黑色中细晶白云岩,中下部为灰-灰白色白云质含生物碎屑鲕粒亮晶灰岩。见䗴类化石
			梁山组(P_1l)				28.58	紫红色、米黄色砂、页岩
	石炭系	上统	威宁组(C_3m)				30.12	灰-浅灰色碎屑灰岩、鲕状灰岩夹白云岩，上部为灰黄、灰红色豆状灰岩
		中统	威宁组(C_2w)				44	灰-灰白色薄层状灰岩，夹灰白色燧石条带及团块，Ⅲ号矿体赋存层位
		下统	摆佐组(C_1b)	C_1b^2	C_1b^{2-3}		392.34	灰色中厚层状灰岩与细晶白云岩互层，Ⅲ号矿体的赋存层位
					C_1b^{2-2}			浅灰色、灰白色薄至中层状生物碎屑灰岩，Ⅱ号矿体的赋存层位
					C_1b^{2-1}			灰色中厚层状灰岩与细晶白云岩互层。见珊瑚、䗴类动物化石，上部见铅锌矿化
				C_1b^1				灰-灰赭红色厚层状中-粗晶白云岩，顶部具有囊状铅锌矿
			大塘组(C_1d)	C_1d^3			147	中上部为灰绿、青灰色中厚层状细晶灰岩夹绿色钙质页岩，底部为泥质灰岩夹薄层页岩
				C_1d^2				灰绿、青灰色细晶灰岩，沿层有呈条带状分布的黑色燧石团块条带
				C_1d^1				中部为灰绿、黑色碳质页岩夹薄层砂岩，其中含无烟煤3~5层。底部为中厚层状黄褐色石英砂岩
	泥盆系	上统	宰格组(D_3zg)	D_3zg^{3-3}			130	灰白-灰色薄-中层状细晶白云岩夹薄层状页岩
				D_3zg^{3-2}				灰白-灰色厚层状粗晶白云岩,夹浅色层状含藻白云岩及少量页岩,Ⅰ号矿体赋矿层位
				D_3zg^{3-1}				灰白色厚层状粗晶白云岩,夹薄层含碳页岩

图3-15　毛坪富锗铅锌矿区地层柱状图

（5）昭鲁背斜：为轴向NE的不对称背斜，南西端起于鲁甸西南，延展至昭通东北部。核部由泥盆系组成，翼部依次为石炭系、二叠系。近轴部褶皱剧烈，并伴随有逆断层产生，沿背斜有切断地层的少量横断层分布。背斜延伸长度为 50 ~ 60km，最大宽度 12km。

（6）彝良向斜：为一 NEE 向的宽平向斜，西南始于彝良附近，东北经落旺延伸到四川境内，全长达 90km 以上。核部分布侏罗系、白垩系红色陆相岩系。构造较简单，向斜内一般不发育纵断层，局部发育次级构造，如在煤洞湾一带形成了较小的次级背斜。

（7）松林背斜（大以背斜）：轴向与彝良向斜大体平行，几乎成 EW 向，西始于以勒坝附近，东止于老街、羊肠一带，长 60 ~ 70km，宽约 15km。核部地层为寒武系，翼部依次为奥陶系、志留系、泥盆系、石炭系、二叠系。背斜两翼不同程度上被纵断裂包围，其西南部横断裂十分发育。

（三）岩　浆　岩

峨眉山玄武岩仅分布于矿区外围毛坪乡一带（图 3-13），距矿区约 1km。其岩性主要为灰绿-绿黑色致密块状玄武岩、杏仁状玄武岩及少量气孔状玄武岩。区域玄武岩微量元素含量（柳贺昌和林文达，1999）比铅的克拉克值（12.5×10^{-6}）、锌的克拉克值（70×10^{-6}）（Taylor，1964）分别高 1 ~ 3 倍和 1 ~ 10 倍，与铅锌伴生的 Cu、As、Sb、Mo、V、Ti 等微量元素也高出相应克拉克值若干倍。该特征似乎反映了玄武岩岩浆活动与本区的成矿作用有联系。综合研究认为，玄武岩与成矿无直接的成生联系。在此不再赘述。

二、矿 床 地 质

（一）矿体形态及产状

毛坪富锗铅锌矿床主要由Ⅰ号、Ⅱ号、Ⅲ号矿体群组成（表 3-4，图 3-16），矿体走向 NE-SW，倾向 SE 或 NW，倾角 60° ~ 90°。呈透镜状、似层状、脉状、网脉状矿体集中分布于猫猫山倒转背斜倾伏端的 NW 倒转翼陡倾斜的 NE 向层间断裂带中，其延深明显大于走向延长。在平面和剖面上，矿体具明显的尖灭再现、膨大缩小现象，矿体与围岩界线明显，且矿体向 SW 向侧伏（图 3-17a）。自地表至深部，矿石呈现氧化矿→混合矿→硫化矿的变化规律。

表 3-4　毛坪富锗铅锌矿床主要矿体特征表

矿体编号	矿体产状			产出地层	矿石品位		矿体规模		
	走向	倾向	倾角		Pb/%	Zn/%	长度/m	厚度/m	延深/m
Ⅰ	NE30° ~ 60°	SE	60° ~ 80°	D_3zg^2	2.29 ~ 4.56	7.72 ~ 21.53	35 ~ 144	0.9 ~ 16	0 ~ 300
Ⅱ	NE65° ~ 75°	SE	60° ~ 80°	C_1b^{2-2}	1.20 ~ 30.03	0.91 ~ 32.78	5.5 ~ 182	0.5 ~ 10.76	0 ~ 540
Ⅲ	NE50° ~ 60°	SE	60° ~ 80°	C_2w	0.50 ~ 12.7	1.00 ~ 13.89	12 ~ 202.5	0.37 ~ 2.76	0 ~ 600
Ⅰ- 6	NE50° ~ 60°	SE	75° ~ 85°	D_3zg^2	7.72	17.71	80 ~ 180	0.7 ~ 20.2	>427
Ⅰ- 8	NE50° ~ 60°	SE	75° ~ 85°	D_3zg^2	8.56	20.35	166	34.15	503 ~ 658
Ⅰ- 10	NE50° ~ 60°	SE	75° ~ 85°	D_3zg^2	3.75	14.21		17.57	>700

注：据毛坪富锗铅锌矿床资料综合整理

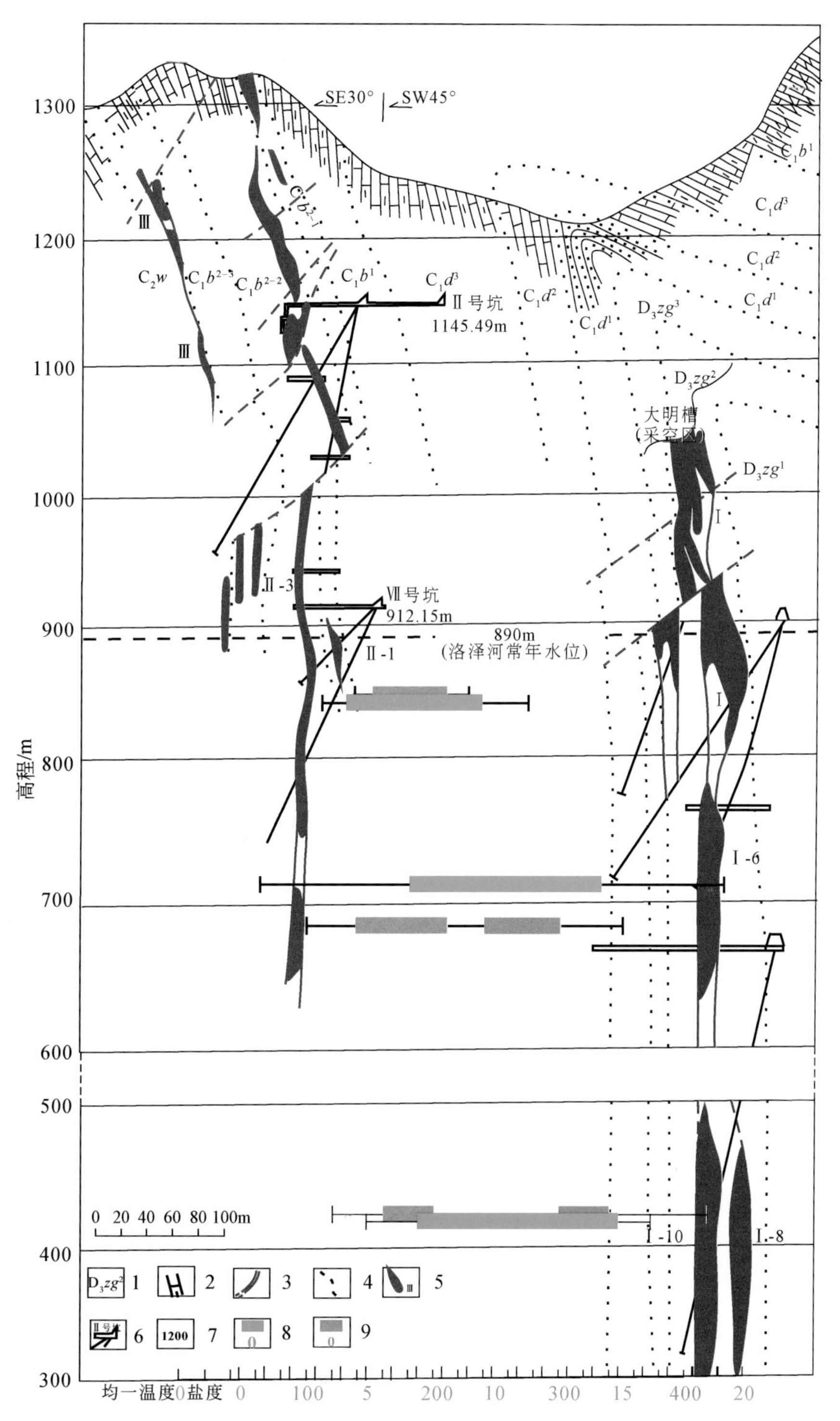

图3-16　毛坪富锗铅锌矿床矿体剖面图（据柳贺昌和林文达，1999，以及地质编录修改）

1. 地层代号；2. 岩性；3. 层间断裂；4. 地层界线；5. 矿体及编号；6. 巷道及编号；7. 标高（m）；8. 盐度（% $NaCl_{eq}$）；9. 均一温度（℃）

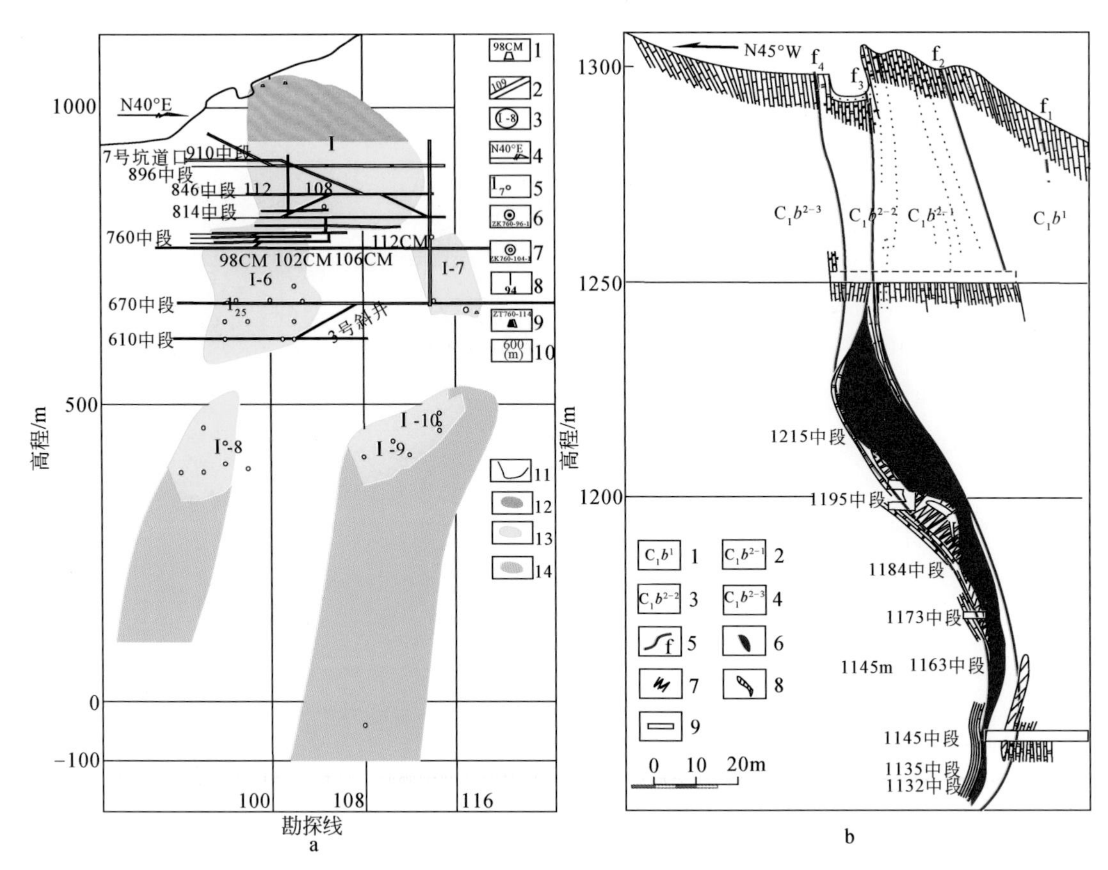

图 3-17　毛坪富锗铅锌矿床Ⅰ号矿体群垂直纵投影图（a）与Ⅱ-2 矿体“陡窄缓宽”横剖面图（b）
（据柳贺昌和林文达，1999）

a. 1. 穿脉；2. 斜井；3. 矿体编号；4. 方位角；5. 测点；6. 见矿钻孔；7. 未见矿钻孔；8. 勘探线；9. 巷道取样工程号；10. 高程；11. 333 以上资源量估算界线；12. 氧化物矿体；13. 硫化物矿体；14. 预测靶区。b. 1. 下石炭统摆佐组第一段；2. 下石炭统摆佐组第二段第一亚层；3. 下石炭统摆佐组第二段第二亚层；4. 下石炭统摆佐组第二段第三亚层；5. 层间断裂；6. 以铅锌为主的块状矿体；7. 以闪锌矿为主的块状铅锌矿石；8. 以黄铁矿为主的铅锌矿石；9. 巷道及标高

Ⅰ号矿体群：以Ⅰ号和新发现的Ⅰ-6、Ⅰ-8、Ⅰ-10 等矿体为主，主要赋存于上泥盆统宰格组第二段（D_3zg^2）倒转背斜核部层间压扭性断裂带中，矿体连续性较好，呈似层状、透镜体状、囊状、不规则脉状产出（图 3-16），长 35 ~ 150m，厚 0.6 ~ 60m，延深>1400m（未尖灭），矿体 Pb+Zn 品位为 25%~35%，多个矿体的铅锌金属储量可达大型规模（图 3-17a）。

Ⅱ号矿体群：由多个矿体组成，透镜状、扁柱状、扁豆状矿体产于下石炭统摆佐组（C_1b）层间压扭性断裂中，其上紧邻厚 1 ~ 3m 的绿色页岩层（图 3-17b，图 3-18）。单个矿体长 5.5 ~ 182m，厚 0.5 ~ 10.76m，延深>700m；矿石铅锌品位高（Pb 为 1.20%~30.03%，Zn 为 0.91%~32.78%），部分矿石 Pb+Zn 品位可达 40% 以上（表 3-4）。

Ⅲ号矿体群：透镜体状、串珠状矿体产于中石炭统威宁组（C_2w）层间压扭性断裂带中，由多个小矿体组成，其走向长 12 ~ 202.5m，厚 0.37 ~ 2.76m，延深>600m。矿石铅锌品位高（Pb 为 0.50%~12.7%，Zn 为 1.0%~13.89%）。

从单个矿体剖面看，压扭性断裂控制的矿体具有“缓宽陡窄”的特征（图3-17b）。背斜倒转翼陡倾斜“S”形的拖曳空间为矿体的赋存空间，Ⅱ-2号矿体横剖面图（图3-17b）就是典型实例。Ⅱ-2号矿体出露标高1252m，向下延深至1124m还未尖灭。矿体严格受C_1b^{2-2}中层间断裂带控制，并沿层间断裂延深。随着标高的降低，Pb、Zn品位有增加的趋势。从矿体底板→顶板，矿石也具有从富Zn→富Pb变化的特征，且越靠近绿色页岩，矿石富Zn特征越明显（图3-18）。

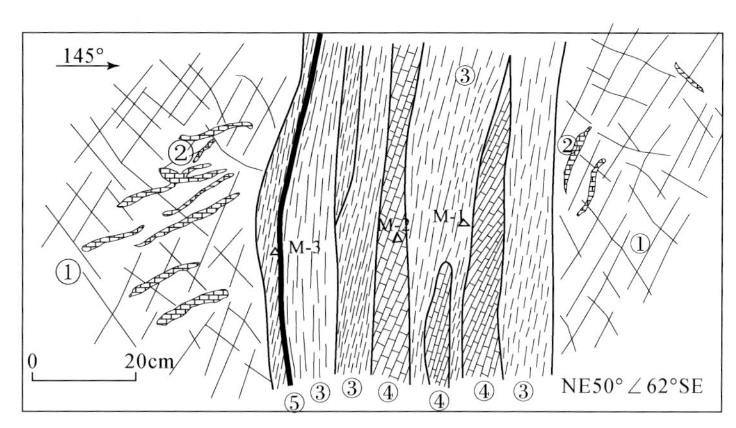

图3-18 760中段7号穿脉坑道穿脉2分层处绿色页岩及其矿化现象剖面素描图

①威宁组灰-深灰色灰岩，其中发育方解石细脉；②灰岩中的方解石细脉，细脉沿NE32°∠46°NW、NW45°∠57°SW方向两组节理充填；③灰绿色泥质页岩；④灰-灰黑色灰岩，呈大小不等的细脉状、透镜体状产于页岩中，其中发育方解石细脉、闪锌矿细脉及少量重晶石细脉；⑤页岩中的闪锌矿细脉，脉宽约1cm

（二）矿石特征

1. 矿石类型

矿石自然类型：氧化矿、硫化矿、混合矿矿石三类。

矿石工业类型：闪锌矿-方铅矿-黄铁矿矿石、闪锌矿-方铅矿矿石、黄铁矿矿石和氧化物矿石。矿石组分变化总体表现出从浅部到深部氧化物矿石减少，硫化物矿石增多，并逐渐过渡到硫化物矿石的特征。

2. 矿物组成

1）*氧化物矿石*

矿石矿物：由白铅矿、铅矾、菱锌矿、水锌矿、异极矿和褐铁矿组成，残留方铅矿、闪锌矿及黄铁矿，呈胶状、皮壳状、多孔状、脉状、网格状及土粉状；脉石矿物有（铁）白云石、方解石等。

菱锌矿：主要呈致密块状产出，个别呈泉华状。粒度0.013～0.4mm。

水锌矿：白色土状、钟乳状、被膜状、充填状。粒度0.025～0.16mm，一般在0.06mm左右。

白铅矿：多呈块状、粒状集合体。常受铁质浸染。白铅矿表面有水锌矿晶体聚集成覆盖膜。方铅矿可在白铅矿中呈残留体。粒度 0.075 ~ 1mm，一般在 0.25mm。

异极矿：板状晶体聚集体，嵌布在白铅矿、菱锌矿空隙中。粒度 0.13 ~ 0.5mm。

铅矾：呈不规则粒状，嵌布在白铅矿、菱锌矿空隙中。粒度 0.03 ~ 0.3mm。

褐铁矿：呈块状、多孔状、泉华状。褐铁矿孔隙中有水锌矿、菱锌矿产出。

2）*硫化物矿石*

矿石矿物主要由方铅矿、闪锌矿、黄铁矿组成；脉石矿物为（铁）白云石、方解石、少量石英，偶见重晶石。闪锌矿呈浅黄色、玫瑰红色、棕褐色、黑色，为铁含量不同所引起，是不同成矿阶段的产物。

矿石矿物特征具体如下。

闪锌矿：主要呈棕褐-黑褐色，少量为浅褐色。闪锌矿多与方铅矿、黄铁矿共生呈块状构造，有的呈细脉状产于黄铁矿或脉石矿物裂隙内，少量闪锌矿呈细粒浸染状分散于方铅矿和脉石矿物中。在镜下，闪锌矿呈半透明-不透明，主要具他形-半自形晶粒状结构，粒度 0.1 ~ 5mm；常单独呈不规则粒状集合体产出，并见闪锌矿明显交代黄铁矿和脉石矿物，或与方铅矿、黄铁矿呈共边结构。

根据闪锌矿与黄铁矿、方铅矿的相互关系及其组构特征，判断其有 3 个世代，为 3 个成矿阶段的产物。第一世代闪锌矿主要呈棕褐-黑褐色，呈星散浸染状分布于黄铁矿中，组成致密块状黄铁矿-闪锌矿矿石。在黄铁矿-闪锌矿阶段中，最先析出黄铁矿，闪锌矿与黄铁矿共生，有时见闪锌矿交代较早形成的黄铁矿，而且镶嵌半自形黄铁矿集合体。闪锌矿一般呈粗晶状，在闪锌矿条带与黄铁矿条带接触部位，可见两者相互交代和包裹的现象，为闪锌矿相与黄铁矿相在平衡条件下的产物。第二世代闪锌矿多呈棕褐色，呈粗晶-中晶粒状集合体产出，与方铅矿密切共生，并共生极少量的黄铁矿和脉石矿物，构成致密块状闪锌矿-方铅矿-黄铁矿矿石。方铅矿-闪锌矿共生组合主要沿裂隙充填交代第一世代闪锌矿，并叠加在黄铁矿-闪锌矿共生组合之上，为主成矿阶段的产物。部分闪锌矿发育在第一世代闪锌矿边缘，为第一世代闪锌矿溶解和再沉淀的产物。第三世代闪锌矿呈棕褐色，少量呈浅棕褐色，一般具中晶-细晶，其产出状态多样，主要呈浸染状、团块状分布于方解石或石英中，也见少量闪锌矿呈细脉状或网脉状，与方铅矿细脉、网脉穿插或交代第二世代闪锌矿-方铅矿共生组合或充填于白云岩和早期脉石矿物的裂隙内。闪锌矿与方铅矿主要形成浸染状、条带状、细脉状或网脉状构造的铅锌矿矿石，为第三成矿阶段的产物。从成矿早阶段到晚阶段，闪锌矿具有粒度逐渐变细、颜色逐渐变浅的特征。

方铅矿：方铅矿呈亮铅灰色、细-粗粒状，形成于两个成矿阶段。早世代方铅矿与闪锌矿密切共生，多与闪锌矿呈共边结构，或呈不规则细脉状或浸染状分布于闪锌矿中，局部可见由后期应力作用形成的揉皱结构；晚世代方铅矿呈细脉状、浸染状分布于脉石矿物（方解石、石英）或白云岩中。主要呈他形-自形晶粒状结构，发育三角孔内部解理结构。晚世代方铅矿主要呈不规则细脉状、网脉状充填于闪锌矿或黄铁矿的裂隙内，局部可见方铅矿轻微交代闪锌矿。

黄铁矿：黄铁矿为淡黄色、细粒状，但自形程度较高，呈五角十二面体、立方体或两者的聚形。大量的黄铁矿与闪锌矿共生呈块状，少量呈浸染状或细脉状分布于白云岩内或沿白云岩及脉石矿物的节理产出。主要呈半自形-自形晶粒状结构，粒度以0.05～0.2mm为主，也常集中呈粒状集合体产出，局部可见黄铁矿交代闪锌矿、方铅矿及脉石矿物，或被闪锌矿交代呈骸晶结构；少量黄铁矿由于受到后期构造作用，具压碎结构。

沉积-成岩期形成的黄铁矿呈他形-半自形粒状，具立方体晶形，主要以星点状、浸染状或稠密浸染状分布于围岩中；热液成矿期第一世代黄铁矿呈自形-半自形粒状，粒度较大，颜色呈黄色-浅铜黄色，具压碎结构，沿微细裂纹或黄铁矿晶粒间的裂隙常充填方解石、方铅矿或闪锌矿；第二世代黄铁矿以自形-半自形晶为主，粒度明显较第一世代的小，常与闪锌矿呈共边结构，或呈自形晶粒状包含于方铅矿或闪锌矿内，而且矿物表面光滑，未见碎裂纹，受应力作用不明显，其形成晚于具压碎结构的第一世代黄铁矿；第三世代黄铁矿粒度细小，自形程度较高，主要产于呈细脉状白云石、方解石中，或产于构造裂隙内或细小溶孔内。

主要脉石矿物特征具体如下。

（铁）白云石：主要表现为成岩白云岩遭受热液作用发生重结晶作用，呈浸染状、团块状、细脉状、不规则状和条带状，形成中-粗晶热液（铁）白云岩，主要分布于矿体旁及外侧矿化强烈地段，铁白云石结晶粗大，白云石化较强。

方解石：主要呈团块状、斑点状、不规则脉状分布在矿石内。其主要产出状态如下。①呈白色-灰白色团斑状（直径一般<2cm）或不规则脉状产出于白云岩中；②呈肉红色-红褐色与重结晶白云石沿层间断裂呈脉状产出，脉宽2～20cm；③呈白色-灰白色细脉状充填于白云岩节理内，脉宽一般<0.5cm；④呈白色-灰白色大小不等的团块状产出于白云岩中，直径较大（一般>5cm，大者可达50cm），方解石团块中可见角砾状白云岩碎块，沿方解石节理多充填黑色有机物；⑤呈白色细小团块状或团斑状产出于铅锌矿石中，方解石内可见颗粒状闪锌矿和方铅矿；⑥呈白色-灰白色细脉状与闪锌矿或方铅矿细脉共同产出，方解石细脉内可见颗粒状闪锌矿和方铅矿。镜下可见两世代方解石脉穿插于白云岩中。根据方解石的产状将其分为团块状、团斑状和脉状，为不同成矿阶段的产物，其生成顺序为团块状→团斑状→脉状。

石英：多为半透明乳白色，主要呈脉状、团块状分布于闪锌矿中，石英中可见颗粒状闪锌矿，少量石英呈柱状晶体包含于方解石内部，或呈透明柱状晶体分布于矿石细小溶洞内。石英分两个世代，第一世代石英呈半自形-他形粒状，与黄铁矿呈共边结构，可见到被第二世代闪锌矿交代呈港湾结构；第二世代石英呈半自形-自形粒状，与闪锌矿、方铅矿共生，呈现共边结构。

3. 矿石组构

1）*矿石结构*

矿石结构主要具有自形-他形晶粒状（图3-19 i）、交代（图3-19 a，b，d，f，i）、共边（图3-19 c～g）、填隙（图3-19 j）、包含（图3-19 b，k）、内部解理（图3-19 g）、揉皱（图3-19 h）、碎裂（图3-19 l）、压碎结构（图3-19 a）等。

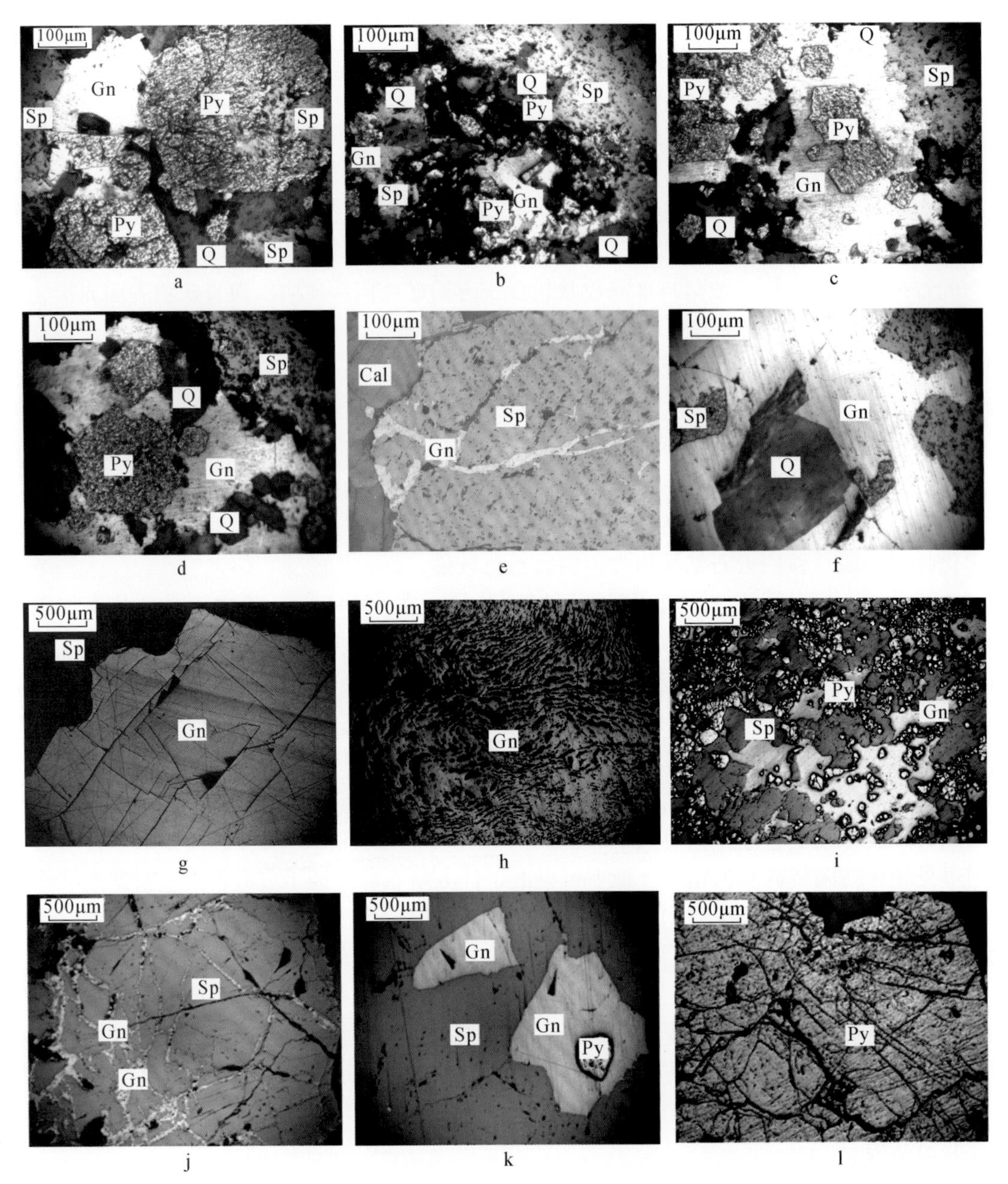

图 3-19　毛坪富锗铅锌矿床矿石结构镜下照片

a. Py 自形晶结构；b. 交代残余结构；c. 包含和交代结构；d. Py 自形晶结构；e. Sp 粗晶结构，Gn 呈脉状充填于 Sp 裂隙；f. 包含结构；g. 粗晶结构；h. 方铅矿揉皱结构；i. Sp 交代 Gn 呈港湾结构、交代残余结构；j. 填隙结构，细脉状构造（Gn）；k. 共边结构、骸晶结构；l. 碎裂结构的黄铁矿。图中字母代号含义：Sp. 闪锌矿；Py. 黄铁矿；Gn. 方铅矿；Q. 石英；Cal. 方解石

2）*矿石构造*

矿石构造主要有致密块状（图 3-20a，d）、浸染状（图 3-20b，j）、条带状（图 3-20c）、脉状（图 3-20k）、网脉状（图 3-20g，f）、溶孔状（图 3-20i）、细脉状（图 3-20e，h）等。

图 3-20　毛坪富锗铅锌矿床矿石构造照片

a. 块状闪锌矿矿石；b. 块状、浸染状闪锌矿-黄铁矿夹少量脉石矿石；c. 条带状硫化物矿石（Sp、Gn、Py）；d. 块状黄铁矿夹石英矿石；e. 细脉状闪锌矿矿石；f. 网脉状黄铁矿-闪锌矿矿石夹脉石；g. 网脉状闪锌矿矿石；h. 细脉状黄铁矿；i. 溶孔状白云岩铅锌矿石；j. 浸染状铅锌矿石（Sp+Gn+Q）；k. 角砾状铅锌矿石（Sp+Gn+Q）；l. 块状黄铁矿矿石。图中字母代号含义：Sp. 闪锌矿；Py. 黄铁矿；Gn. 方铅矿；Q. 石英；Cal. 方解石

4. 矿石化学组成

Ⅰ号矿体群矿石组分中除富含 Pb、Zn、Fe 等元素外，还相对富集 Ge、Ga、As、Ag、Cd、In、Sb、Tl、Bi、U 等元素（表 3-2，表 3-5），其富集在 $n \sim n \times 10^3$ 倍。其中，除 In 与 U 在浸染状矿石中较块状矿石中富集外，其他元素在块状矿石中的富集程度均高于浸染状矿石；Ⅱ号、Ⅲ号矿体群矿石组分也具有类似特征，但矿石中 Pb、Zn、Cu、Ag、Ge、As、Mo、Cd、In、Sb、Tl、Bi、U 等元素的富集程度低于Ⅰ号矿体，多数富集程度在 $n \sim n \times 10^2$ 倍（表 3-6）。在同一中段，Ⅱ号、Ⅲ号矿体中 Mn 元素富集、Sn 呈弱异常，显示Ⅱ号、Ⅲ号矿体与Ⅰ号矿体在矿石成分上有差异。

表 3-5　846 中段Ⅰ号矿体矿石的化学组成

元素	沉积层碳酸盐岩丰度值	块状矿体（10）			浸染状矿体（4）		
		样品元素丰度范围	均值	富集倍数	样品元素丰度范围	均值	富集倍数
Sc	9	0. 03 ~ 3. 51	1. 35	0. 1	2. 28 ~ 2. 90	2. 56	0. 3
Ti	3200	19. 18 ~ 3194. 08	592. 78	0. 2	67. 14 ~ 393. 27	215. 82	0. 1
V	90	1. 21 ~ 228. 40	44. 70	0. 5	3. 30 ~ 20. 84	12. 65	0. 1
Cr	63	0. 43 ~ 29. 10	8. 33	0. 1	3. 42 ~ 7. 75	6. 10	0. 1
Mn	1100	77. 46 ~ 09. 86	285. 07	0. 3	813. 38 ~ 1742. 96	1109. 68	1. 00
Co	15	0. 31 ~ 2. 95	1. 53	0. 1	2. 91 ~ 3. 75	3. 38	0. 2
Ni	56	2. 21 ~ 34. 77	13. 22	0. 2	10. 69 ~ 20. 80	17. 22	0. 3
Cu	40	48. 71 ~ 1658. 41	296. 75	7. 4	22. 93 ~ 65. 66	37. 56	0. 9
Zn	72	15. 47 ~ 32. 95	16. 65	2313. 1	4. 38 ~ 4. 17	3. 94	547. 4
Ga	15	7. 21 ~ 0. 81	3. 26	0. 2	0. 55 ~ 1. 65	1. 00	0. 1
Ge	1. 2	0. 97 ~ 202. 97	39. 22	32. 7	0. 32 ~ 10. 47	5. 29	4. 4
As	8. 6	393. 10 ~ 11753. 03	1767. 48	205. 5	44. 36 ~ 612. 37	199. 47	23. 2
Se	0. 4	0. 01 ~ 12. 16	2. 12	5. 3	1. 33 ~ 5. 14	2. 36	5. 9
Rb	95	0. 52 ~ 52. 47	11. 52	0. 1	1. 60 ~ 7. 13	4. 11	0. 0
Sr	410	1. 44 ~ 127. 73	28. 84	0. 1	40. 85 ~ 175. 14	83. 85	0. 2
Y	32	0. 05 ~ 3. 88	0. 85	0	0. 81 ~ 2. 62	1. 79	0. 1
Zr	130	0. 35 ~ 54. 60	11. 45	0. 1	1. 22 ~ 8. 03	4. 42	0. 0
Nb	7. 7	0. 03 ~ 7. 48	1. 47	0. 2	0. 27 ~ 1. 20	0. 60	0. 1
Mo	2. 9	0. 99 ~ 211. 67	23. 54	8. 1	0. 56 ~ 41. 01	11. 43	3. 9
Ag	0. 065	41. 17 ~ 495. 55	133. 63	2055. 8	3. 22 ~ 17. 59	7. 83	120. 5
Cd	0. 21	21. 43 ~ 735. 48	254. 21	1210. 5	35. 72 ~ 94. 66	53. 32	253. 9
In	0. 08	0. 11 ~ 3. 83	1. 27	15. 9	0. 24 ~ 4. 48	1. 79	22. 4
Sn	3. 9	0. 53 ~ 11. 98	3. 77	1. 0	1. 13 ~ 3. 16	2. 06	0. 5
Sb	1	100. 25 ~ 1306. 35	395. 10	395. 1	3. 21 ~ 41. 40	16. 02	16. 0
Cs	3. 4	0. 05 ~ 16. 11	2. 63	0. 8	0. 17 ~ 0. 36	0. 27	0. 1

续表

元素	沉积层碳酸盐岩丰度值	块状矿体（10）			浸染状矿体（4）		
		样品元素丰度范围	均值	富集倍数	样品元素丰度范围	均值	富集倍数
Ba	460	1.81～137.30	24.63	0.1	7.49～2900.14	747.82	1.6
Hf	2.2	0.01～1.73	0.35	0.2	0.05～0.16	0.14	0.1
Ta	0.5	0.00～0.49	0.10	0.2	0.01～0.08	0.04	0.1
W	1.6	0.04～11.91	1.66	1.0	0.16～1.52	0.53	0.3
Tl	1	3.28～15.87	6.18	6.2	0.25～1.81	0.89	0.9
Pb	15	2.81～13.12	6.30	4197.6	0.08～6.29	4145.96	276.4
Bi	0.003	10.94～49.88	23.90	7966.7	0.32～7962.40	1.52	506.0
Th	8.5	0.04～7.76	1.70	0.2	1.43～1.66	0.80	0.1
U	2.8	0.38～6.79	8.28	3.0	3.00～36.60	18.00	6.4

注：在中国科学院地球化学研究所测试；沉积层碳酸盐岩丰度值据黎彤（1990）；（）内数值为样品数；Pb、Zn 丰度单位为%，其余为 10^{-6}

表 3-6　846 中段Ⅱ号、Ⅲ号矿体矿石组成

元素	沉积层碳酸盐岩丰度值	块状矿体（4）			浸染状矿体（3）		
		样品元素丰度范围	均值	富集倍数	样品元素丰度范围	均值	富集倍数
Sc	9	1.53～3.95	2.83	0.3	1.68～10.51	5.42	0.6
Ti	3200	41.65～1838.35	789.28	0.2	11.90～3236.46	1270.62	0.4
V	90	10.53～34.63	20.70	0.2	1.67～103.04	43.24	0.5
Cr	63	10.18～48.41	25.84	0.4	8.61～75.19	42.98	0.7
Mn	1100	193.66～9117.61	4208.92	3.8	340.85～10845.07	2245.37	2
Co	15	2.49～6.79	4.19	0.3	3.63～9.03	6.88	0.5
Ni	56	15.45～47.75	27.31	0.5	17.26～41.43	35.96	0.6
Cu	40	58.77～139.64	101.63	2.5	16.27～50.02	32.34	0.8
Zn	72	3.14～7.28	5.08	705.3	0.10～2.73	8052.53	111.8
Ga	15	3.65～10.14	6.35	0.4	0.55～17.81	7.45	0.5
Ge	1.2	3.19～21.83	10.06	8.4	0.24～3.48	1.49	1.2
As	8.6	15.55～1699.57	688.74	80.1	37.15～641.77	204.26	23.8
Se	0.4	0.57～1.42	0.93	2.3	0.26～3.26	1.82	4.6
Rb	95	0.55～38.24	16.80	0.2	0.26～106.97	32.38	0.3
Sr	410	84.09～167.61	114.38	0.3	71.91～186.12	127.27	0.3
Y	32	2.98～6.62	5.32	0.2	2.22～8.78	5.14	0.2
Zr	130	2.19～57.64	24.54	0.2	0.52～130.19	43.49	0.3
Nb	7.7	0.19～8.37	3.56	0.5	0.07～22.64	6.49	0.8
Mo	2.9	0.57～2.41	1.20	0.4	0.32～2.70	1.122	0.4
Ag	0.065	29.70～80.81	42.15	648.4	3.11～21.20	8.64	132.9

续表

元素	沉积层碳酸盐岩丰度值	块状矿体（4）			浸染状矿体（3）		
		样品元素丰度范围	均值	富集倍数	样品元素丰度范围	均值	富集倍数
Cd	0.21	49.96～117.38	88.93	423.5	0.95～45.16	15.13	72.1
In	0.08	0.49～4.22	2.66	33.3	0.04～2.05	0.35	4.4
Sn	3.9	4.08～5.76	5.12	1.3	0.44～6.59	3.46	0.9
Sb	1	8.78～192.31	76.27	76.3	5.42～27.81	14.45	14.5
Cs	3.4	0.23～3.54	1.88	0.6	0.06～15.09	6.04	1.8
Ba	460	7.21～379.33	136.35	0.3	5.55～5942.10	888.82	1.9
Hf	2.2	0.06～0.70	0.66	0.3	0.01～3.22	1.30	0.6
Ta	0.5	0.01～0.54	0.23	0.5	0.005～1.42	0.42	0.8
W	1.6	0.52～1.41	0.85	0.5	0.22～2.14	0.99	0.6
Tl	1	1.48～2.72	2.68	2.7	0.18～59.92	9.08	9.1
Pb	15	1.68～4.42	2.80	1864.4	0.01～0.65	2221.86	148.1
Bi	0.003	6.22～10.09	8.15	2718.3	0.11～2.28	0.95	315.5
Th	8.5	0.25～6.19	2.70	0.3	0.07～14.71	4.85	0.6
U	2.8	0.57～25.47	10.17	3.6	0.65～15.32	4.22	1.5

注：在中国科学院地球化学研究所测试；沉积层碳酸盐岩丰度值（10^{-6}）据黎彤（1990）；（）内数值为样品数；Pb、Zn丰度单位为%，其余为10^{-6}

Ⅰ-6号矿体矿石组分中除富含Pb、Zn、Fe等元素外，还相对富集Ag、Cd、Sb等元素（表3-7），富集倍数在$n \sim n\times10^3$。其中致密块状矿石超常富集的元素为Zn、As、Ag、Cd、Sb、Pb、Bi等，而浸染状矿石主要富集Zn、As、Ag、Cd、Sb、Pb等元素，具有致密块状矿石的元素富集较浸染状矿石显著的特点。

表3-7　670中段Ⅰ-6号矿体矿石的化学组成

元素	沉积层碳酸盐岩丰度值	致密块状铅锌矿石（4）			浸染状矿石（2）			富集系数比值
		丰度范围	均值	富集倍数	丰度范围	均值	富集倍数	
Sc	9	7.00～7.50	7.30	0.8	6.40～12.00	9.09	1.0	0.80
Ti	3200	39.06～143.18	92.43	0.03	325.92～3014.55	1670.24	0.5	0.06
V	90	20.00～21.00	20.33	0.23	20.00～78.00	49.01	0.5	0.43
Cr	63	75.00～146.00	98.51	1.6	76.00～80.00	77.82	1.2	1.26
Mn	1100	61.90～79.82	69.29	0.06	418.77～726.85	572.81	0.5	0.12
Co	15	5.00～10.00	7.40	0.5	7.00～14.00	10.43	0.7	0.70
Ni	56	13.00～20.00	15.93	0.3	52.00～62.00	57.15	1.0	0.27
Cu	40	113.00～277.00	192.62	4.8	34.00～39.00	36.88	0.9	5.24
Zn	72	27.07～55.78	42.16	5855.6	1.09～3.79	2.44	338.9	17.28
Ga	15	4.10～9.70	5.94	0.4	2.10～9.40	5.75	0.4	1.05

续表

元素	沉积层碳酸盐岩丰度值	致密块状铅锌矿石（4）			浸染状矿石（2）			富集系数比值
		丰度范围	均值	富集倍数	丰度范围	均值	富集倍数	
Ge	1.2	4.20～8.70	6.65	5.6	0.60～1.00	0.8	0.7	8.28
As	8.6	284.00～5060.00	1623.75	188.8	457.00～1370.00	913.5	106.2	1.78
Rb	95	6.70～11.00	8.74	0.09	16.00～91.00	53.6	0.6	0.16
Sr	410	2.00～11.00	5.53	0.01	82.00～102.00	91.9	0.2	0.05
Y	32	0.10～0.30	0.20	0.01	2.30～6.60	4.5	0.1	0.07
Zr	130	4.00～10.00	8.33	0.06	16.00～99.00	57.5	0.4	0.14
Nb	7.7	0.10～0.80	0.44	0.06	1.30～12.00	6.7	0.9	0.07
Mo	2.9	0.50～8.60	4.09	1.4	9.60～21.00	15.1	5.2	0.27
Ag	0.065	73.00～338.00	212.50	3269.2	16.00～36.00	26.0	400.0	8.17
Cd	0.21	589.00～952.00	811.30	3863.3	27.00～84.00	55.6	264.7	14.60
In	0.08	0.30～15.00	4.66	58.3	0.40～0.80	0.6	7.9	7.40
Sn	3.9	1.20～4.50	3.01	0.8	0.80～1.80	1.3	0.3	2.33
Sb	1	125.00～448.00	396.25	396.2	34.00～53.00	43.5	43.5	9.11
Cs	3.4	0.20～0.60	0.38	0.1	0.80～12.00	6.2	1.8	0.06
Ba	460	0.10	8.42	0.02	0.10～1.30	46.4	0.1	0.20
Hf	2.2	0.12	0.12	0.05	0.30～3.30	1.8	0.8	0.06
Ta	0.5	0.07～0.10	0.09	0.2	0.10～0.90	0.5	1.1	0.17
W	1.6	0.20～0.70	0.47	0.3	0.70～1.40	1.1	0.7	0.45
Tl	1	1.20～20.30	9.98	10.0	1.90～2.50	2.2	2.2	4.56
Pb	15	4.97～23.62	17.92	11948.3	0.54～1.83	1.2	790.0	15.12
Bi	0.003	0.20～0.70	0.50	167.8	0.20～0.60	0.4	123.3	1.36
Th	8.5	0.10～0.50	0.28	0.03	0.90～11.00	5.7	0.7	0.04
U	2.8	0.20～7.30	2.42	0.9	24.00～26.00	25.0	8.9	0.10

注：在西北有色地质研究院测试中心测试；沉积层碳酸盐岩丰度值（10^{-6}）据黎彤（1990）；富集系数比值为致密块状矿石的富集倍数与浸染状矿石的富集倍数之比；（）内数值为样品数；元素 Pb、Zn 丰度单位为%，其余为 10^{-6}

（三）围岩蚀变特征

该矿床热液蚀变发育，类型较多，强度变化大，且具多阶段的特点。主要蚀变类型有（铁）白云石化、方解石化、黄铁矿化、硅化、重晶石化等，形成了多种蚀变矿物组合。

（1）（铁）白云石化：矿区最为普遍的蚀变类型之一，主要表现为白云岩地层遭受热液作用发生重结晶，中-粗晶白云石呈浸染状、团块状、细脉状、不规则状或不规则的条带状和脉状分布。经白云石化，白云岩常发生不同程度的褪色，呈灰白色或浅白色。在矿化较好地段和近矿围岩中，(铁) 白云石结晶较粗大。

(2) 方解石化：矿区最为普遍的蚀变现象之一，野外产出状态为细–巨晶方解石，呈大小不等的团块、团斑及脉状分布于白云岩中，或呈不规则脉状沿白云岩节理或裂隙产出。其中呈不规则脉状沿白云岩节理或裂隙产出的方解石与铅锌矿化关系密切。

(3) 黄铁矿化：主要呈浸染状或细脉状发育于矿体和白云岩、方解石的节理裂隙中，且靠近矿体黄铁矿化强烈，远离矿体黄铁矿化逐渐减弱，也具多阶段特点。有时矿体本身以黄铁矿为主，其矿物含量远多于闪锌矿和方铅矿，形成独立的黄铁矿矿体。

(4) 硅化：硅化蚀变较弱，主要分布于矿体内和近矿蚀变围岩中，主要表现为显微粒状石英交代白云石颗粒形成交代、交代假象结构等。隐晶质的玉髓呈团块状或脉状分布于白云岩或方解石中。经硅化作用后的白云岩通常硬度明显增加，颜色变浅，常呈浅灰色或灰白色。

(四) 成矿期、成矿阶段划分及矿物生成顺序

根据矿脉间的穿插关系、矿石组构、矿物共生组合等特征，将矿床的成矿过程划分为热液成矿期及表生氧化期。其中热液成矿期可进一步划分成 4 个成矿阶段：(铁) 白云石–粗晶黄铁矿–石英–深色闪锌矿阶段、褐色闪锌矿–方铅矿阶段、方铅矿–浅褐色闪锌矿阶段、细晶黄铁矿–白云石–方解石阶段 (表 3-8)。

表 3-8　毛坪富锗铅锌矿床成矿期次划分及矿物生成顺序表

成矿期次 / 矿物	热液成矿期				表生氧化期
	(铁)白云石–粗晶黄铁矿–石英–深色闪锌矿阶段	褐色闪锌矿–方铅矿阶段	方铅矿–浅褐色闪锌矿阶段	细晶黄铁矿–白云石–方解石阶段	
黄铁矿					
闪锌矿					
方铅矿					
黄铜矿					
铁方解石					
方解石					
石英					
铁白云石					
白云石					
重晶石					
褐铁矿					
菱锌矿					
矿石结构	他形–自形晶粒状结构为主，碎裂结构等	他形–自形晶粒状结构为主，共边结构、交代结构、揉皱结构等	他形–自形晶粒状结构为主，共边结构、交代结构、包含结构等	残余结构、填隙结构等	残余结构、溶蚀结构、填隙结构等
矿石构造	块状构造为主，同时有浸染状构造等	致密块状构造为主，同时有块状构造等	浸染状、网脉状、细脉状构造为主，同时有块状、条带状构造	浸染状构造	土状、蜂窝状构造
主要矿物组合	黄铁矿、闪锌矿等	闪锌矿、方铅矿、黄铁矿、方解石等	方解石、方铅矿、黄铁矿、闪锌矿等	方解石、白云石、黄铁矿等	菱锌矿等
矿物标型特征	以黄铁矿为主，呈淡黄–亮黄色细粒状，自形晶程度较高，闪锌矿含量较少，主要呈黑褐色，粒度较大。脉石矿物较少或无	以大量出现深棕褐色–棕褐色闪锌矿和致密块状构造为特征，伴生方铅矿和少量的黄铁矿，脉石矿物很少	黄铁矿、闪锌矿和方铅矿呈浸染状分布于方解石–白云石中，矿石矿物以粒状结构为主，闪锌矿主要为浅棕褐	以出现大量方解石为特征，黄铁矿呈浸染状分布于方解石中	以土状、蜂窝状构造及氧化矿物为特征

第三节　乐红大型富锗铅锌矿床

该矿床为滇东北矿集区巧家-鲁甸-大关斜冲走滑-断褶带与巧家-金沙断褶带间的大型矿床之一，距鲁甸县城西约26km。明末清初已有开采记录。1949年以来，多家勘查单位对该矿床开展了不少地质工作，现已基本查明了矿体地质特征和矿石化学组分，认为该矿床是以铅锌为主，共伴生银和分散元素的多金属矿床，铅锌资源储量达大型规模（黄典豪，2000；张自洋，2003；周云满，2003；丁德生，2007；云南省地质矿产勘查开发局第一地质大队，2010；张云新等，2014）。

一、矿 区 地 质

（一）地　　层

矿区出露地层主要为上震旦统灯影组、寒武系、奥陶系、志留系、泥盆系及第四系（周云满，2003；张云新等，2014）。寒武系与上覆红石崖组和下伏灯影组均为假整合接触（图3-21，图3-22）。地层从老到新，其岩性变化如下。

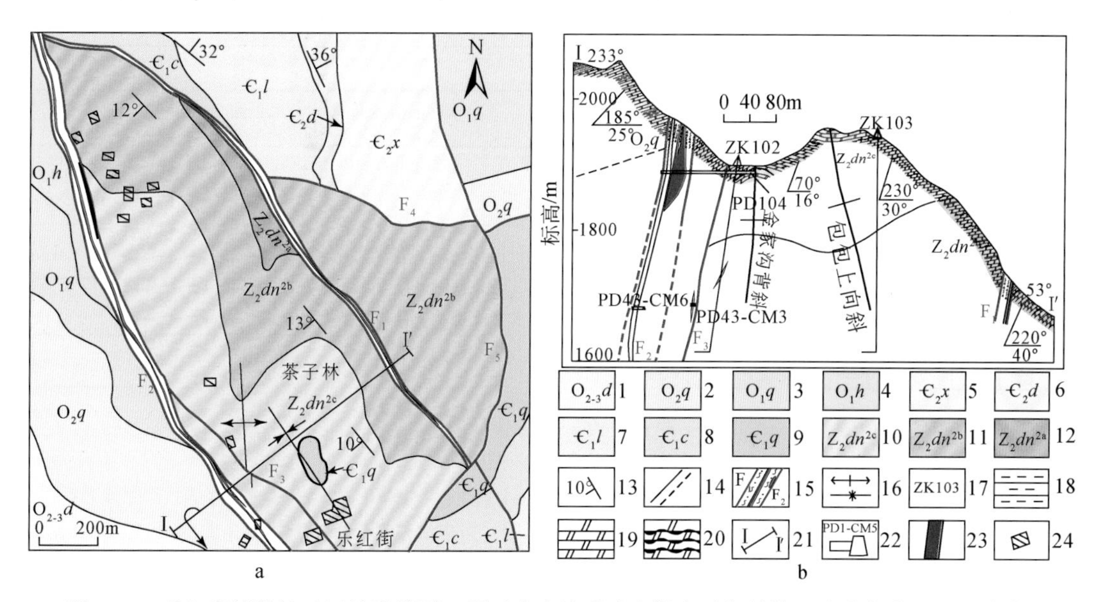

图3-21　乐红富锗铅锌矿区地质简图（据云南省地质矿产勘查开发局第一地质大队，2010改绘）

a. 地质简图；b. Ⅰ-Ⅰ′横剖面图

1. 大箐组；2. 上巧家组；3. 下巧家组；4. 红石崖组；5. 西王庙组；6. 陡坡寺组；7. 龙王庙组；8. 沧浪铺组；9. 筇竹寺组；10. 灯影组上段第三亚段；11. 灯影组上段第二亚段；12. 灯影组上段第三亚段；13. 产状；14. 地质界线；15. 断裂破碎带及编号；16. 向/背斜轴线；17. 钻孔编号；18. 泥岩；19. 白云岩；20. 硅质条带白云岩；21. 剖面；22. 平硐及编号；23. 矿体；24. 村庄

上震旦统灯影组上段（Z_2dn^2）：浅灰色-灰白色中厚层状粉晶-细晶（硅质）白云岩，为矿区主要赋矿层位。

地层系统 界	系	统	组	代号	柱状图	地层厚度/m	岩性描述
新生界	第四系			Q		0~30	冲积、残积的沙、砾、黏土、岩（矿）石碎块
古生界	泥盆系	中统	曲靖组	D_2q		180	灰黑色白云岩、泥质白云岩夹白云质泥岩及砂页岩。中下部为黄灰色泥质白云岩夹灰绿色泥岩、白云质砂岩。与下伏地层呈假整合接触
	志留系	中统	嘶风崖组	S_2s		445	上部：灰绿、黄绿色页岩、砂质泥岩夹泥质白云岩或瘤状灰岩。 下部：紫红色灰绿色泥页岩，见底砾岩。与下伏地层呈假整合接触
	奥陶系	上统	大箐组	$O_{2-3}d$		250~400	灰色中厚层状细晶白云岩夹浅灰白色厚层状细晶白云岩。 底部：中、厚层状白云岩，含椭圆形白云岩角砾
		中统	上巧家组	O_2q		148	上部：灰绿色薄层状泥岩。下部：浅灰色中厚层状细晶白云岩。 底部：夹薄层状泥岩
		下统	下巧家组	O_1q		70~90	上部：灰色薄层状泥岩夹灰色中厚层状泥质灰岩。 中、下部：浅灰、白色中厚层状石英砂岩
			红石崖组	O_1h		90~150	灰绿色薄层状泥岩，夹薄层状灰绿色石英砂岩。与下伏地层呈假整合接触
	寒武系	上统	二道水组	ϵ_3e		50~60	浅灰色中厚层状细晶白云岩，含泥质白云岩，底部含燧石角砾及条带
		中统	西王庙组	ϵ_2x		60~70	浅灰色薄-中厚层状泥岩、白云质粉砂岩，顶部为浅灰色中厚层状细粒石英砂岩，与下伏地层呈假整合接触
			陡坡寺组	ϵ_2d		40~50	上部：浅灰色厚层状泥质白云岩。 下部：灰色薄层状粉砂质白云岩、泥岩，含云母碎片
		下统	龙王庙组	ϵ_1l		50~60	浅灰色厚层状粉晶白云岩。上部为浅灰绿色薄层状白云质泥岩，底部为浅灰色薄-中层状鲕粒白云岩
			沧浪铺组	ϵ_1c		128.4	浅灰色薄层状泥岩，含云母碎片。中部为浅灰色泥质白云岩。 下部为中厚层状石英砂岩。含深灰黑色碎屑物质，碎屑成分为泥质、碳质
			筇竹寺组	ϵ_1q		154	上部：灰-深灰色薄-中层状泥岩夹白云质粉砂岩。 中部：深灰黑色含碳质泥岩，含星点状黄铁矿。 下部：灰-深灰色中厚层状含白云质粉砂岩，夹薄层泥岩。与下伏地层呈假整合接触
新元古界	震旦系	上统	灯影组	Z_2dn^{2c}		126.92	顶部：白云质内碎屑磷块岩。 上部：浅灰色中厚层状细-粉晶白云岩，含硅质团块及条带。 下部：浅灰色厚层状细晶白云岩、硅质白云岩
				Z_2dn^{2b}		214.6	上部：浅灰色、灰白色厚层状晶白云岩、硅质白云岩。 下部：浅灰色、灰白色厚层状、块状细-粉晶白云岩，含少量燧石条带及结核
				Z_2dn^{2a}		>94.3	浅灰色厚层状、块状含硅质粉晶白云岩。顶部为浅灰色薄层状细晶白云岩，具层纹状结构

图 3-22　乐红富锗铅锌矿综合地层柱状图（据云南省地质矿产勘查开发局第一质大队，2010 改绘）

下寒武统筇竹寺组（ϵ_1q）：灰-深灰色薄至中厚层状泥岩、白云质粉砂岩。下寒武统沧浪铺组（ϵ_1c）：浅灰色中厚层状石英细-中粒砂岩。下寒武统龙王庙组（ϵ_1l）：浅灰-灰色中-厚层状粉晶白云岩。中寒武统陡坡寺组（ϵ_2d）：上部为浅灰色厚层状泥质白云岩；下部为浅灰色薄层状粉砂质白云岩、白云质粉砂岩、泥岩，含云母碎片。中寒武统西王庙组（ϵ_2x）：浅灰色薄-中厚层状白云质粉砂岩、泥岩。上寒武统二道水组（ϵ_3e）：浅灰色中厚层状泥质白云岩、细晶白云岩。

下奥陶统红石崖组（O_1h）：灰绿色、紫红色薄层状泥岩，夹灰绿色薄层状石英砂岩。下奥陶统下巧家组（O_1q）：浅灰色-灰白色中厚层状石英细砂岩，上部夹泥岩和泥质灰岩。中奥陶统上巧家组（O_2q）：灰色中-厚层状含泥质细晶白云岩。中、上奥陶统大箐组（$O_{2-3}d$）：灰色中-厚层状粉至细晶白云岩，夹浅灰色中厚层状细晶白云岩和泥岩。

中志留统嘶风崖组（S_2s）：上部为灰绿、黄绿色页岩、砂质泥岩夹泥质白云岩或瘤状灰岩；下部为紫红色、灰绿色泥、页岩；底部为底砾岩。

中泥盆统曲靖组（D_2q）：灰黑色白云岩、泥质白云岩夹白云质泥岩及砂页岩。

第四系残坡积层（Q）：由灰、黄灰色岩块、砂、黏土、砂质黏土、矿石碎块等组成。

（二）构 造

矿区断裂极为发育，可分为 NW 向组、近 EW 向组及 SN 向组。其中以 NW 向为主，自西向东分别为 F_2、F_6、F_1断裂（图 3-21），特征如下。

F_1断裂：产状 NW60°∠45°SW，上下盘均为细晶块状白云岩，断裂带内为细晶白云质碎裂岩，发育透镜状铅锌矿体。

F_2断裂：为复合断裂，断裂上下盘均为细晶碎裂白云岩，产状 NW31°～56°∠65°～85°SW，断裂带宽 20～25m，断裂带内片理化较为发育，局部可见白云石脉、石英脉，也可见透镜体状黄铁矿、网脉状闪锌矿矿体，是矿床主要的容矿断裂。

F_6断裂：产状 NE31°∠66°～74°SE，断裂带内发育片理化碎裂、碎粉岩，断裂上盘为粉砂质白云岩，下盘为细晶碎裂白云岩。

矿区褶皱构造主要有包包上向斜和金家沟背斜（图 3-21b）。两者展布方向总体为 NW 向，褶皱两翼地层产状不对称。

（三）岩 浆 岩

岩浆岩主要分布于乐红矿区北西部，在小寨一带可见出露，多见于向斜核部。由深灰、灰黑色致密块状玄武岩和杏仁状、斑状玄武岩为主构成上二叠统峨眉山玄武岩组，其顶部为灰色火山角砾岩和凝灰岩，下部为灰色粗-细粒火山角砾岩夹深灰色杏仁状、斑状玄武岩。从岩石类型和分布特征看，区内火山活动不强烈，为裂隙式喷发（溢）或面式喷发（溢）型（柳贺昌和林文达，1999；云南省地质矿产勘查开发局第一地质大队，2010）。

（四）矿区地球物理、地球化学特征

该矿区处于康定-水城 NW 向巨大的重力梯度带上，指示 NW 向隐伏深断裂的存在。矿区各类岩石电性参数、物性特征明显：灯影组上段（Z_2dn^2）、白云岩和寒武系（∈）、奥陶系（O）砂岩、泥岩、白云岩均具中-高阻、中-低极化的特征；氧化铅锌矿石具中-偏低阻、低极化特征；硫化铅锌矿石、含铅锌黄铁矿石具低阻、高极化特征；F_2黑色断层泥具低阻、低极化特征。根据岩矿石电性特征，沿 F_2断裂带可圈出乐红街异常、水井湾异常等多个电性异常，异常均呈长条带状，激电异常幅值 9.2%～14.9%，单个激电异常宽 25～300m，长 50～800m。瞬变异常自浅部到 1400m 标高均有异常显示，且 1400m 标高之下异常继续延伸。

区域 1∶20 万水系沉积物测量发现 Pb、Zn、Ag、As 等元素异常，呈不规则 NE-SW 向长轴状、带状分布，且规模巨大，具有明显的浓度分带；成矿元素异常强度较大，包含整个矿区，并向外延展，Pb 异常极大值为 532×10^{-6}，Zn 异常极大值为 536×10^{-6}；1∶5 万土壤地球化学单元素异常呈等轴状，Pb、Zn 成矿元素浓度分带明显，Pb 异常范围大于 Zn 异常范围且套合好，异常浓集中心清晰，而且与已知矿体对应（图 3-23）。

未蚀变白云岩化学组成显示，CaO、MgO 变化不大（CaO 为 22.47%～26.45%，MgO 为

17.68%~20.77%)，钙镁比值（CaO/MgO）为1.27~1.31（均值为1.29）（表3-9）。钙镁比值接近纯白云岩的理论值（CaO为30.4%，MgO为21.8%，CaO/MgO为1.39）。未蚀变白云岩微量元素分析结果表明，主要成矿元素相对较高，Pb、Zn丰度比地壳丰度高出7~75倍（表3-10）。Ag、Ge、Cd也具有类似特征。由此推测，未蚀变白云岩具有提供部分成矿物质的潜力。

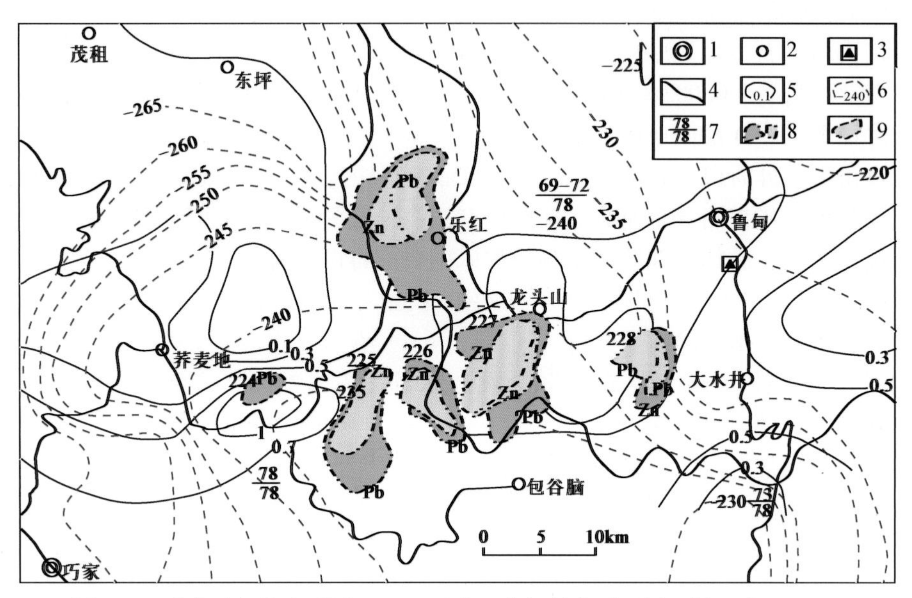

图3-23　鲁甸地区航空磁测（Δ*T*）重力、化探异常平面图（周云满，2003）

1. 县城；2. 乡镇；3. 磁力基点；4. 公路；5. 磁力异常等值线（*n*×100nT）；6. 重力异常等值线（10^{-5} m/s^2）；7. 航磁异常编号；8. 土壤异常及编号；9. 水系沉积物异常及元素异常

表3-9　乐红富锗铅锌矿床未蚀变白云岩化学组成

样号	岩石名称	TiO_2/%	Al_2O_3/%	TFe_2O_3/%	MnO/%	MgO/%	CaO/%	Na_2O/%	K_2O/%	P_2O_5/%	CaO/MgO
LHr-1	灰黑色白云岩	0.57	15.39	2.39	0.03	18.93	23.83	0.13	4.00	0.19	1.26
LHr-12	灰-灰黑色白云岩	0.01	0.12	2.13	0.05	20.13	26.45	0.07	0.01	0.04	1.31
LHr-13	灰黑色白云岩	0.01	0.35	2.93	0.05	20.77	24.53	0.05	0.06	0.05	1.18
LHr-14	灰黑色白云岩	0.02	0.29	1.27	0.05	19.71	26.63	0.03	0.08	0.04	1.35
LHr-47	浅灰色白云岩	0.03	0.16	3.00	0.03	19.1	25.01	0.07	0.02	0.11	1.31
LHr-61	灰色白云岩	0.06	2.05	4.24	0.12	17.68	22.47	0.09	0.49	0.51	1.27
LHr-84	灰-灰黑色白云岩	0.01	0.21	2.27	0.19	20.3	25.75	0.03	0.03	0.28	1.27

注：测试单位为西北有色地质研究院测试中心；TFe=FeO+Fe_2O_3

表3-10　乐红富锗铅锌矿床未蚀变白云岩微量元素含量　　（单位：10^{-6}）

元素 \ 样号及岩石名称	LHr-1 灰黑色细晶白云岩	LHr-12 灰黑色细晶白云岩	LHr-47 灰黑色细晶白云岩	LHr-85-2 灰黑色细晶白云岩	均值
Pb	1240.00	186.00	283.00	918.00	656.75

续表

元素 \ 样号及岩石名称	LHr-1 灰黑色细晶白云岩	LHr-12 灰黑色细晶白云岩	LHr-47 灰黑色细晶白云岩	LHr-85-2 灰黑色细晶白云岩	均值
Zn	1200.00	1090.00	602.00	494.00	846.50
Cu	17.65	10.39	16.69	84.31	36.90
Cr	71.90	6.40	45.94	26.89	37.78
Co	21.80	1.81	2.28	48.80	18.67
Ni	50.10	15.60	30.20	121.00	54.23
Ga	18.40	0.40	0.47	4.07	5.84
Ge	2.48	0.28	0.69	2.41	1.48
As	27.10	4.69	4.54	88.20	31.13
Ag	2.61	1.13	1.41	2.48	1.91
Cd	3.91	2.22	1.39	1.64	2.29
In	0.04	0.01	—	0.03	0.02

注：测试单位为中国科学院地球化学研究所（ICP-MS法）；“—”表示低于检测下限

二、矿床地质

（一）矿体形态和产状

矿体主要赋存于上震旦统灯影组上段（Z_2dn^2）浅灰色中-细晶白云岩中，呈透镜状、脉状和不规则状分布于F_2、F_1断裂破碎带内及旁侧围岩中（图3-21）。矿床由12个矿体组成，连续性较好，其走向延长大于2060m，延深大于1000m，产状与断层基本一致。矿体最大厚度29.64m，平均7.37m。

（二）矿石特征

地表发育次生氧化物矿石，中部分布混合型矿石，深部（标高1750m以下）分布原生硫化物矿石。原生硫化物矿石金属矿物以方铅矿、闪锌矿、黄铁矿为主；氧化物矿石多见菱锌矿、褐铁矿，其次为白铅矿、铅矾、异极矿、水锌矿、硅锌矿等。脉石矿物主要为白云石、方解石、重晶石、石英等。硫化矿石以富铅锌矿石为主，含锌较高。以Ⅱ号矿体群为例，铅为0.06%~17.19%（平均2.61%），锌为0.77%~32.41%（平均13.49%），银为$8.979\times10^{-6}\sim404.29\times10^{-6}$。矿体Pb+Zn平均品位为19.57%（黄典豪，2000；张自洋，2003；周云满，2003；丁德生，2007；云南省地质矿产勘查开发局第一地质大队，2010；张云新等，2014）。矿石中共伴生组分为银、硫、镓、锗、镉，少量为铜、锑等，有害元素砷含量很低。

1. 主要矿石矿物

闪锌矿：呈团块状、脉状、斑状和浸染状产出。颜色变化多样，依据其颜色的变化及穿插关系，可划分为 3 个世代，即棕褐色（Sp_1）闪锌矿（图 3-24b）为硫化物阶段的产物，呈细脉状产于围岩裂隙中，脉宽为 5～10cm，长度为 30～100cm，局部矿脉变化受次级断裂控制；棕红色-红棕色闪锌矿（Sp_2）（图 3-24c，e，f）和浅棕色闪锌矿（Sp_3）（图 3-24f）受构造控制明显，沿构造裂隙充填或产于断裂破碎带内，充填于黄铁矿（Py_3，Py_4）或碳酸盐岩矿物（Dol_3）的裂隙中或胶结黄铁矿碎块，闪锌矿晶体粗大，见生长环带结构。在断裂的上、下盘处发育块状矿体，自矿体的中心向外围矿化规模及程度逐渐减弱。

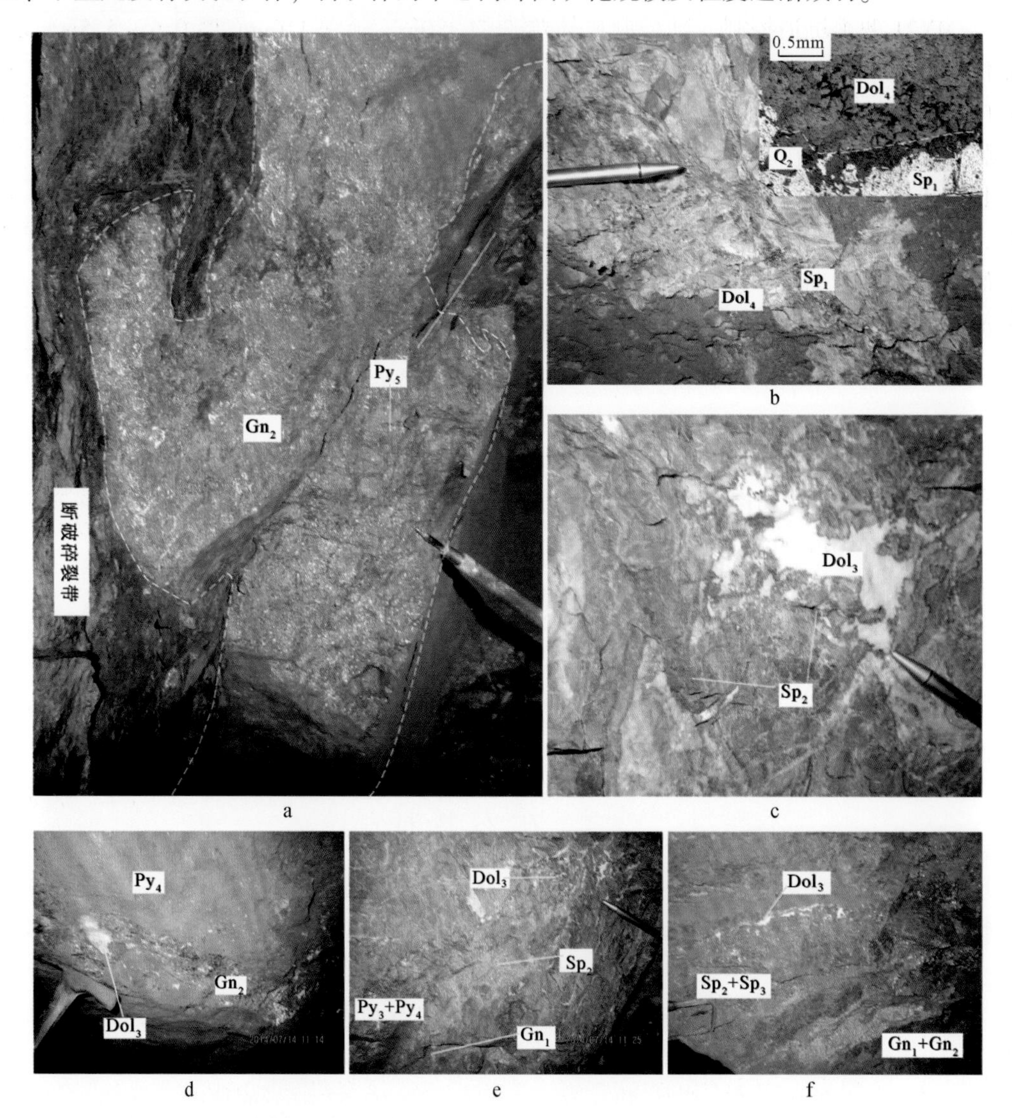

图 3-24　不同成矿阶段闪锌矿、方铅矿矿石结构构造及其产状的样品照片

a. 与 Gn_2 共生的斑团状、浸染状黄铁矿 Py_5；b. 浅色脉状闪锌矿 Sp_1 与 Dol_4 热液白云岩；c. 棕红色浸染状闪锌矿（Sp_2）与团斑状热液白云石（Dol_3）；d. 黄铁矿（Py_4）与方铅矿（Gn_2）及热液白云石（Dol_3）共生；e. 脉状黄铁矿（Py_3+Py_4）交代碳酸盐岩，接触部位见星点状闪锌矿（Sp_2）及方铅矿（Gn_1）；f. 闪锌矿（Sp_2+Sp_3）与方铅矿（Gn_1+Gn_2）共生，见斑点（团）状白云石。图中字母代号含义：Gn. 方铅矿；Sp. 闪锌矿；Py. 黄铁矿；Dol. 白云石；Q. 石英

方铅矿：呈稀疏浸染状、脉状、团块状产出。按其穿插关系可以分为 2 个世代，即 Gn_1

(图3-24e，f）见于白云石角砾间的孔隙中，与Sp_2，Sp_3互相溶蚀包裹，为同时形成。显微镜下呈不规则状，可见自形粒状、半自形粒状结构的黄铁矿（Py_3，Py_4）及星点状白云石（Dol_3）分布在方铅矿内，其接触边平整、光滑。Gn_2（图3-24a，d，f）在断裂带内的黄铁矿透镜体中及断裂上盘或下盘中均有分布，或呈脉状穿切早期生成的Sp_1、Sp_2、Sp_3和Gn_1等。

黄铁矿：普遍发育，呈浸染状、脉状、网脉状、斑团状产出。依据矿化强弱、穿插接触关系等，可将其划分为5个世代，即Py_1（图3-25a）和Py_2（图3-25b）为成矿早阶段形成的黄铁矿，充填于早阶段热液溶蚀孔洞和围岩裂隙中；Py_3为立方体结构的黄铁矿；Py_4（图3-25c、d、e)分布于白云石颗粒间的孔隙或沿白云石层理发生溶蚀沉淀作用形成，在围岩中形成黄铁矿与灰黑色白云岩互层的现象；Py_5（图3-25e）产于构造裂隙中，与次级构造关系密切，穿切早阶段形成的黄铁矿及方铅矿、闪锌矿等。

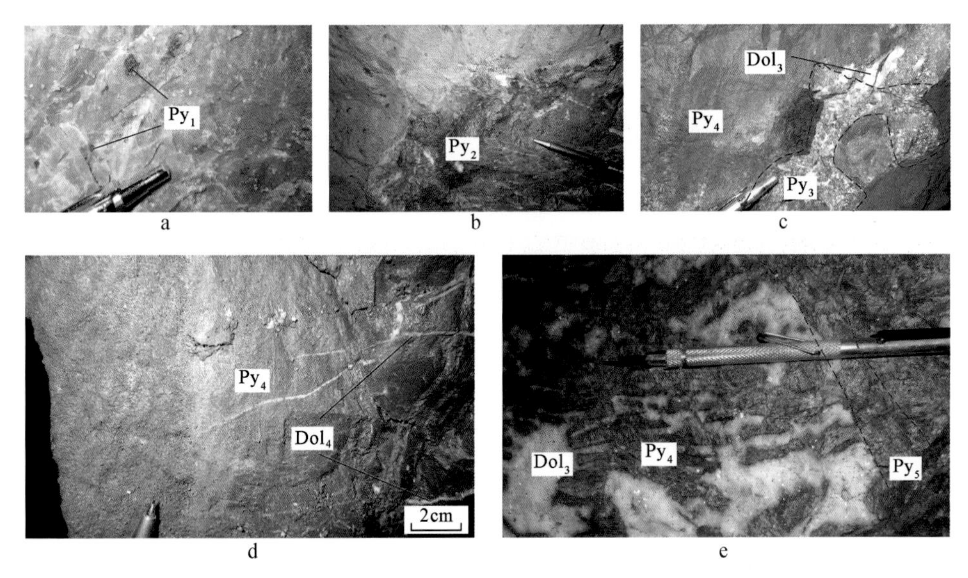

图3-25　不同成矿阶段黄铁矿结构及其产状特征照片

a. 围岩内发育星点状黄铁矿（Py_1）；b. 产于围岩中的脉状黄铁矿（Py_2）；c. 黄铁矿（Py_4）内发育自形粒状的黄铁矿（Py_3）及白云石（Dol_3）；d. Dol_4脉状白云石穿插网脉状黄铁矿（Py_3）；e. Py_5黄铁矿脉穿插网脉状黄铁矿（Py_4）及白云石（Dol_3）。图中字母代号含义：Py. 黄铁矿；Dol. 白云石

2. 脉石矿物

白云石、方解石：为主要的脉石矿物。依据其蚀变强弱及其穿插关系，划分为4个世代，即Dol_1（图3-26a，b）发育于热液溶蚀白云岩中，见明显的白云石蚀变的反应边结构；Dol_2（图3-26c，e）为脉状热液白云石；Dol_3（图3-24c，f；图3-25c，e；图3-26d，f，i）呈网脉状胶结黄铁矿（Py_4）及围岩角砾；Dol_4（图3-25d；图3-26g）主要见于构造裂隙和节理中，与Cal_1方解石（图3-26g，h）共生。自矿体向两侧围岩呈现团块状、脉状（Dol_3）→细脉状、团斑状（Dol_2）→斑点状、细脉状（Dol_1）的变化规律。

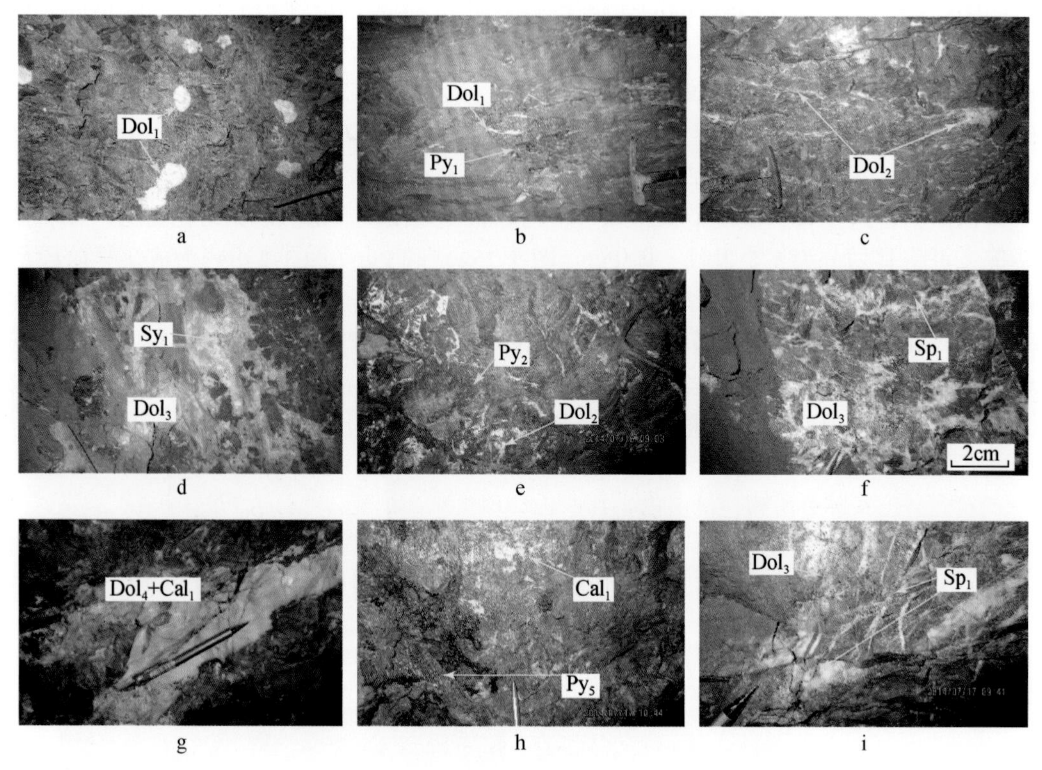

图 3-26　不同成矿阶段白云石结构及其产状特征照片

a. 围岩内发育斑点状白云石（Dol_1）；b. 产于围岩中的浸染状热液白云石（Dol_1）、黄铁矿（Py_1）；c. 细脉状白云石（Dol_2）；d. Dol_3热液白云石溶蚀、胶结角砾状围岩，内可见星点状浅色闪锌矿（Sp_1）；e. Dol_2白云石及Py_2黄铁矿溶蚀、胶结角砾状围岩；f. Dol_3热液白云石溶蚀、胶结角砾状围岩，内可见星点状浅色闪锌矿（Sp_1）；g. 产于围岩中的脉状方解石Cal_1；h. Py_5中发育斑团状的方解石Cal_1；i. 网脉状白云石（Dol_3）内发育细脉状、浸染状闪锌矿（Sp_1）。图中字母代号含义：Sp. 闪锌矿；Py. 黄铁矿；Dol. 白云石；Cal. 方解石

重晶石：呈团斑状、脉状产出，呈半自形粒状结构，在重晶石颗粒接触部位之间可见星点状黄铁矿分布（图 3-27）。

图 3-27　重晶石结构及其产状

a. Bal_1重晶石包裹、溶蚀Py_2黄铁矿；b. Bal_1重晶石溶蚀Py_2黄铁矿（+）；c. Bal_1重晶石溶蚀Py_2黄铁矿（+）。图中字母代号含义：Py. 黄铁矿；Bal. 重晶石

石英：为成矿早阶段的产物，分为 2 个世代，Q_1（图 3-28a，b）见于硅质白云岩中呈

梳状构造或不规律状分布；Q_2（图 3-28c，d）产于围岩裂隙和断裂中，与白云石或闪锌矿（Sp_1）、方铅矿（Gn_1）共生。

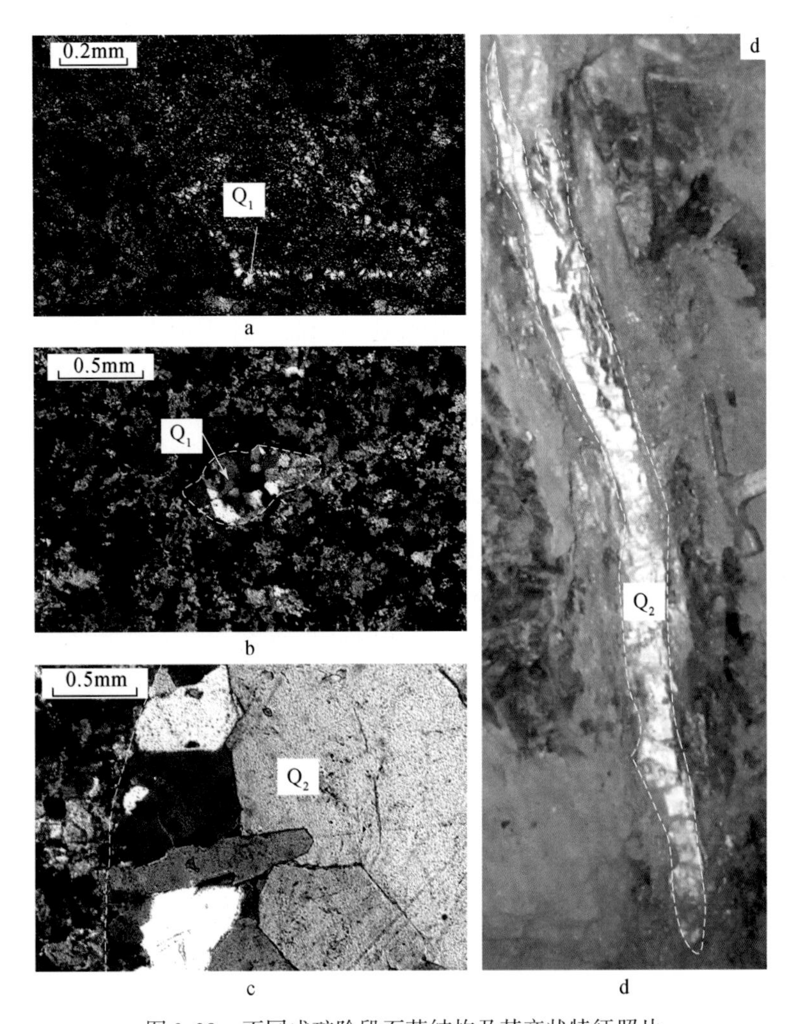

图 3-28　不同成矿阶段石英结构及其产状特征照片

a. 由围岩（隐晶质-细晶白云岩）边缘向中心生长，呈梳状构造分布的石英 Q_1（+）；b. 隐晶质-细晶白云岩围岩内发育斑团状石英 Q_1（+）；c. 与闪锌矿共生，呈自形、半自形粒状结构的石英 Q_2（+）；d. 产于断裂带内的脉状石英 Q_2。Q_1 被 Q_2 穿切溶蚀，Q_1 重结晶明显，Q_1 生成顺序早于 Q_2。图中字母代号含义：Q. 石英

3. 矿石组构

矿石结构、构造较简单。闪锌矿、方铅矿、黄铁矿以粒状结构为主，其次具交代残余、溶蚀、填隙、包含结构等（图 3-29）。硫化物矿石以致密块状、角砾状、浸染状、斑团状构造为主，次有细网脉状构造（图 3-30）。

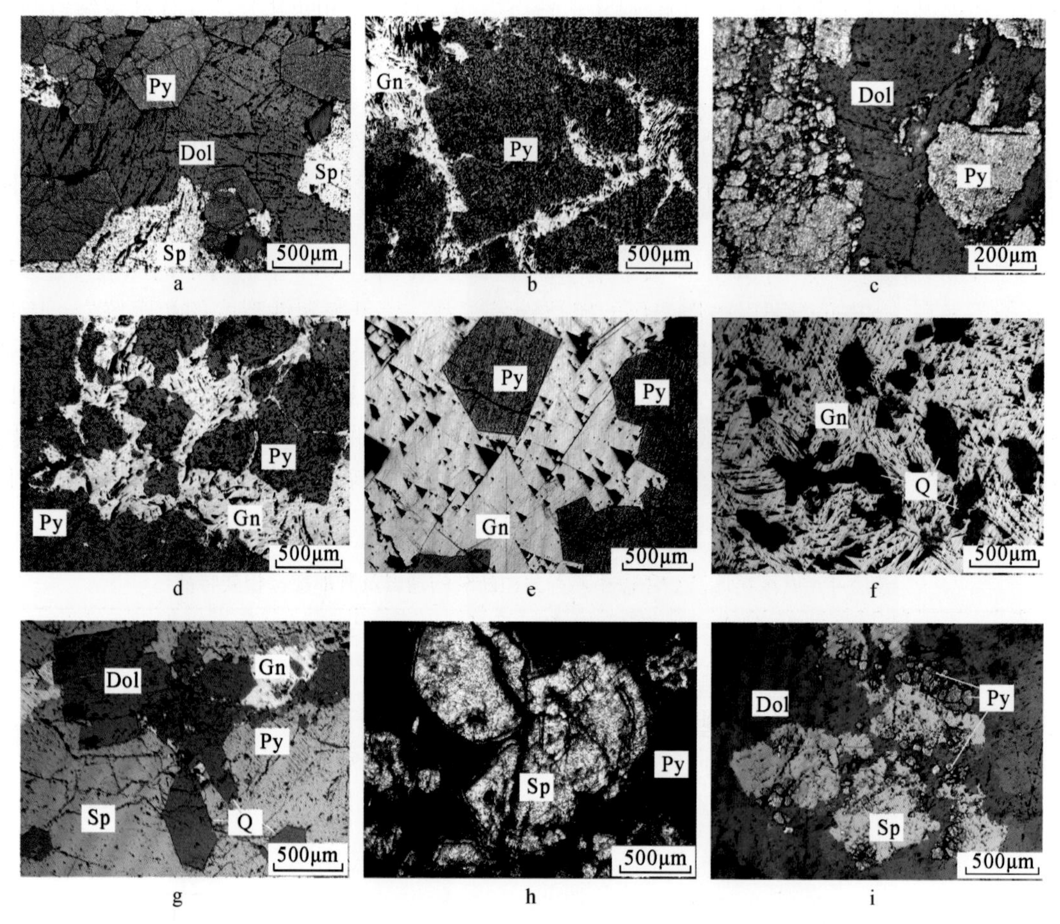

图 3-29　主要矿物典型结构显微照片

a. 自形粒状结构黄铁矿（+）；b. 方铅矿溶蚀包裹黄铁矿（+）；c. 白云石溶蚀交代黄铁矿（+）；d. 方铅矿溶蚀包裹黄铁矿（+）；e. 方铅矿三组解理构成的黑三角孔及自形粒状黄铁矿（+）；f. 方铅矿受构造影响产生的揉皱结构（+）；g. 闪锌矿包裹方铅矿呈交代残余结构（+）；h. 环带状结构闪锌矿（-）；i. 闪锌矿被溶蚀呈残余结构（-）。图中字母代号含义同前

c

d

图3-30　典型矿石构造照片

a. 块状铅锌矿矿石；b. 角砾状黄铁矿矿石；c. 细脉浸染状闪锌矿穿插于白云岩中；d. 网脉状黄铁矿穿插于白云岩中。图中字母代号含义同前

4. 矿石中微量元素分配

矿石中除Pb、Zn外，Cu、As含量较高且变化较大（Cu为$90\times10^{-6}\sim987\times10^{-6}$，As为$16.5\times10^{-6}\sim177\times10^{-6}$），表明这些元素在矿石中分配不均一；Ag含量相对均一（$109\times10^{-6}\sim242\times10^{-6}$）；Cd、Ge含量高且变化大（Cd为$158\times10^{-6}\sim1108\times10^{-6}$，Ge为$10.3\times10^{-6}\sim120\times10^{-6}$，Tl为$0.92\times10^{-6}\sim13.4\times10^{-6}$）（表3-11）。

表3-11　矿石中主元素和微量元素组成

样号	矿石类型	Pb	Zn	Cu	Co	Ni	Cr	Cd	Ge
LHo-4	块状铅锌矿石	2.98	27.40	987.20	37.90	175.00	7.60	804.40	90.10
LHo-54-1	块状铅锌矿石	6.39	17.90	473.50	25.50	155.00	6.40	546.20	94.90
LHo-54-2	块状铅锌矿石	21.30	35.20	671.80	12.80	32.30	14.90	1108.60	120.00
LHo-75	块状铅锌矿石	54.00	4.61	156.40	0.73	8.52	8.40	224.40	9.69
LHo-76-1	块状铅锌矿石	13.60	8.65	318.90	0.12	0.50	1.00	536.00	45.30
LHo-76-2	块状铅锌矿石	15.50	2.40	90.90	0.27	2.00	2.70	158.20	10.30
LHo-77	块状铅锌矿石	7.87	16.40	274.39	0.47	4.00	4.60	709.70	37.50
LHo-78	块状铅锌矿石	12.90	3.85	122.30	0.21	2.00	3.00	180.50	10.60
平均		8.01	14.55	386.90	9.75	47.40	6.10	533.50	52.30
样号	矿石类型	Ga	In	Tl	As	Ag	Mo	Sb	
LHo-4	块状铅锌矿石	42.80	0.55	7.10	177.00	151.00	0.57	573.00	
LHo-54-1	块状铅锌矿石	16.70	0.08	13.40	100.00	109.00	1.73	286.00	
LHo-54-2	块状铅锌矿石	29.50	0.67	4.96	65.90	118.00	1.07	357.00	
LHo-75	块状铅锌矿石	8.80	0.01	1.13	16.50	128.00	0.66	329.00	
LHo-76-1	块状铅锌矿石	6.20	0.24	1.84	164.00	176.00	0.40	588.00	

续表

样号	矿石类型	Ga	In	Tl	As	Ag	Mo	Sb	
LHo-76-2	块状铅锌矿石	1.20	0.05	1.36	132.00	234.00	0.17	800.00	
LHo-77	块状铅锌矿石	5.90	0.06	0.92	142.00	149.00	0.86	318.00	
LHo-78	块状铅锌矿石	7.40	0.22	1.05	47.80	242.00	0.21	842.00	
平均		14.80	0.23	3.97	106.70	163.00	0.71	511.60	

注：测试单位为中国科学院地球化学研究所；Pb、Zn 单位为%，其余为 10^{-6}

（三）成矿期、成矿阶段和矿物生成顺序

依据矿脉穿插关系、不同蚀变矿物及其组合、矿石组构等特征，该矿床主要表现为热液成矿期，进一步可划分为 4 个成矿阶段（表 3-12）。

表 3-12　乐红矿床成矿阶段划分及矿物生成顺序表

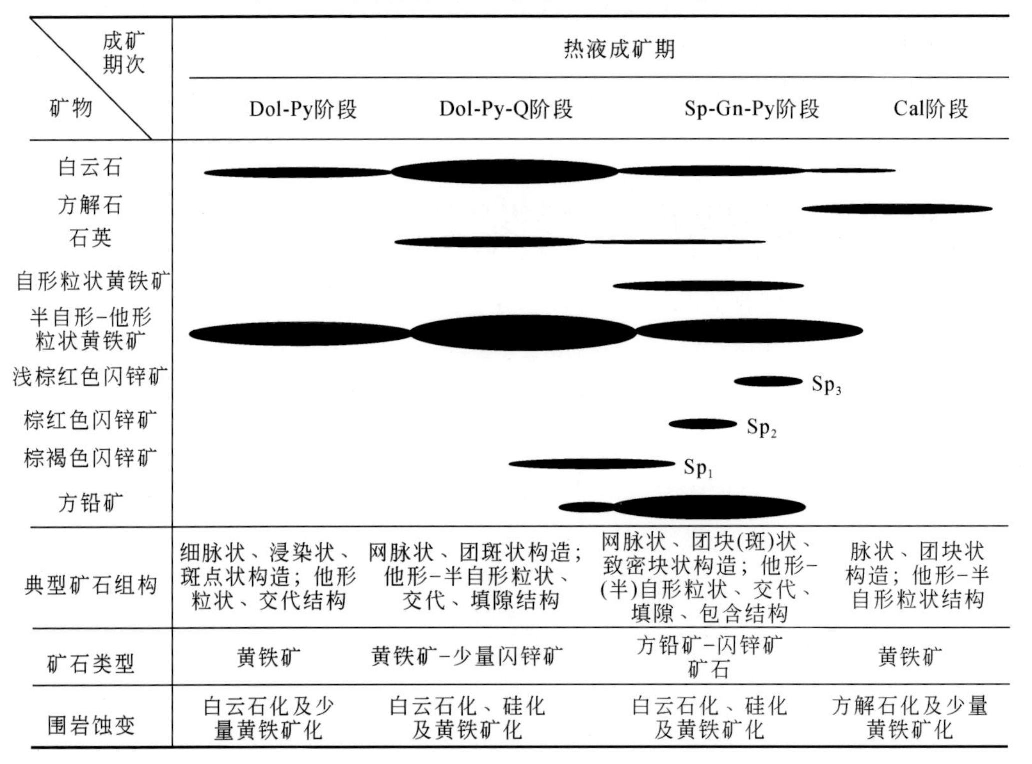

第四节　茂租大型富锗铅锌矿床

一、矿区地质

该矿床为滇东北矿集区巧家-金沙斜冲走滑-断褶带上赋存于震旦系灯影组白云岩中的

大型矿床之一（图3-31），位于扬子陆块西南缘滇东台褶带中北部的SN向小江深断裂和NE向巧家-莲峰大断裂所夹持的“三角地带”。该矿床距离巧家县城约48km，是川滇黔铅锌多金属成矿域内大型铅锌矿床之一。

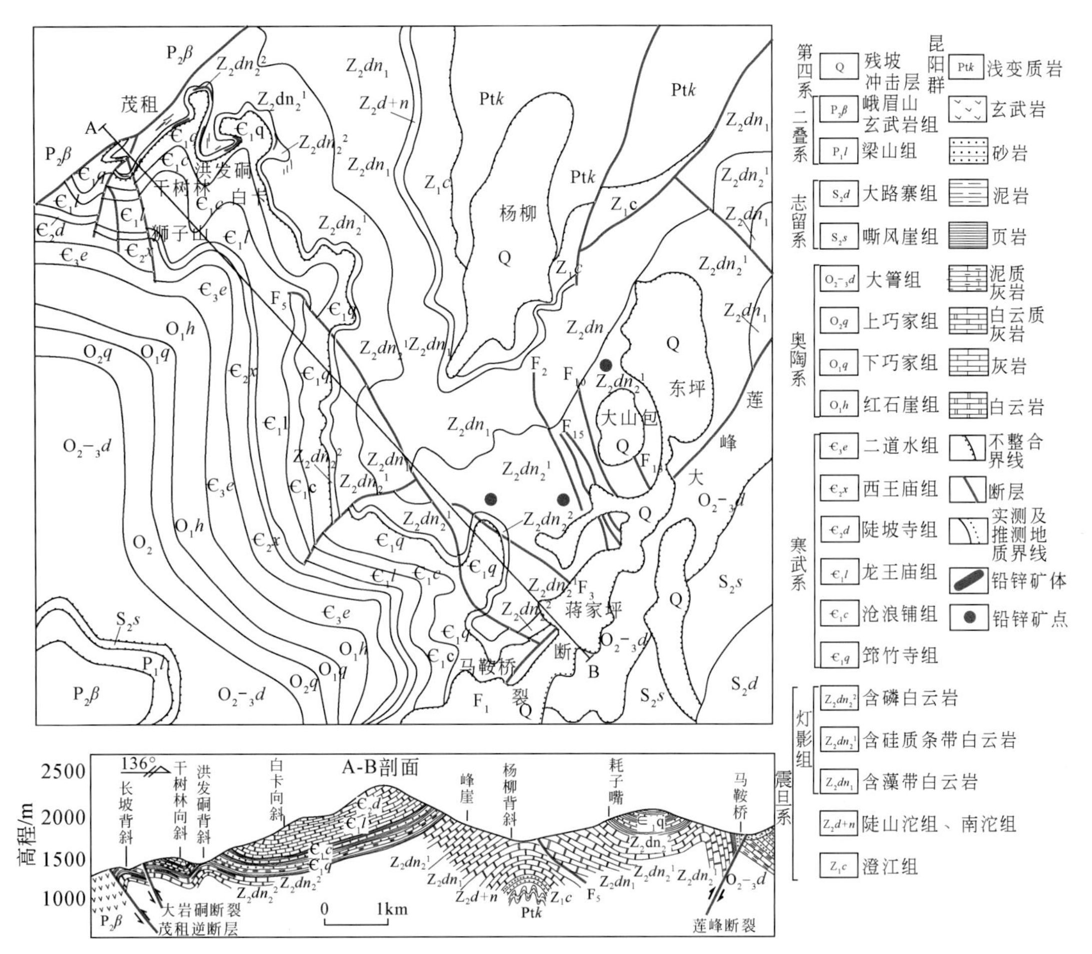

图3-31　茂租富锗铅锌矿床矿区地质及剖面略图（据云南省地勘局第一地质大队，1998修改）

（一）地　　层

矿区出露上震旦统灯影组，下寒武统筇竹寺组、沧浪铺组、龙王庙组，以及中上寒武统、奥陶系、志留系、泥盆系碳酸盐岩与碎屑岩，上二叠统峨眉山玄武岩（图3-31，图3-32）。赋矿围岩为灯影组顶部白云岩。

（二）构　　造

矿区处于茂租断裂（汉源-甘洛逆断层）和臭水井断裂（巧家-莲峰断裂）交会部位，断裂、褶皱十分发育，总体构造线呈NE向，控制了铅锌矿床的展布。矿区由平行排列的不对称背斜（局部倒转）和宽缓向斜褶曲所组成，从西向东依次为：长坡倒转背斜、干树林不对称向斜、洪发硐-四财硐不对称背斜及白卡向斜。除上述褶皱外，在背斜、向斜轴部和

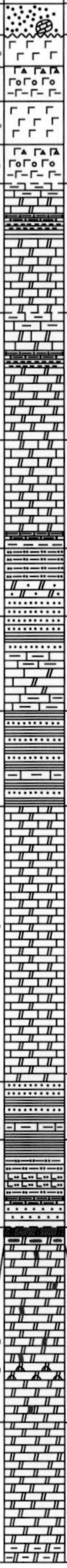

界	系	统	组	符号	柱状图	厚度/m	岩性描述
新生界	第四系					0~110	山麓堆积、洪积及少量的残坡积物
上古生界	二叠系	上统	峨眉山玄武岩	$P_2\beta^4$ $P_2\beta^3$ $P_2\beta^2$ $P_2\beta^1$		>300	顶部为致密块状玄武岩，黄褐色、灰绿色气孔状玄武岩，致密块状玄武岩，凝灰岩及少量辉绿岩，上部夹紫红色砂页岩显假层理及杏仁状构造。局部长石斑晶密集，分为上、下斑状玄武岩段，底部为火山角砾岩段，与下伏地层呈断层或假整合接触。具多期次喷发旋回
上古生界	二叠系	下统	未分组	P_1		190~1171	未分组，浅灰色灰岩夹白云质灰岩、杂色粉砂岩、页岩，夹含砾岩及煤
下古生界	奥陶系	中统	大箐组	O_2d		>375	浅灰色厚层状细晶白云岩及灰色泥质、白云质灰岩夹少量灰绿色、紫红色薄层状砂质、泥质页岩
下古生界	奥陶系	中统	巧家组	O_2q		50~350	顶部少量出露灰色、深灰色灰质白云岩。其下为灰色、灰白色厚层状灰质白云岩，部分地段白云岩结晶。底部见少量浅灰绿色砂质、泥质页岩
下古生界	奥陶系	下统	红石崖组	O_1h		151~220	上部为紫红色薄至中层含泥质砂岩、页岩互层。中部为浅灰色砂质白云岩，下部为紫红色砂岩。含腕足类生物化石
下古生界	寒武系	上统	二道水组	ϵ_3e		154~296	上部为浅灰色石英砂岩夹灰绿色页岩。下部为灰色含泥质、白云质灰岩
下古生界	寒武系	中统	西王庙组-陡坡寺组	ϵ_2d+x		150~298	紫红色砂岩夹土黄色页岩互层，局部地段夹灰质白云岩透镜体，厚度150~298m，与下伏下寒武统龙王庙组呈整合接触
下古生界	寒武系	下统	龙王庙组	ϵ_1l		>300	灰白色、深灰色中至厚层状不纯灰岩夹白云岩，底部具有一层厚约50m的泥质灰岩夹黄绿色页岩，厚300m，与下伏沧浪铺组呈整合接触
下古生界	寒武系	下统	沧浪铺组	ϵ_1c		140~179	灰绿色、黄绿色中厚层状砂岩、页岩及砂页岩互层，与下伏地层接触处有厚约50m泥质灰岩夹页岩呈链条状
下古生界	寒武系	下统	筇竹寺组	ϵ_1q		150~260	灰至灰黑色页岩，泥质粉砂岩及碳质页岩中夹浅灰色钙质砂岩层。底部有0~15m厚的含磷层
新元古界	震旦系	上统	灯影组上段 顶部	$Z_2dn_2^2$		18~32	灰色至深灰色薄至厚层状白云岩，细-粗粒状结晶，在磷层底部11.5m范围内赋存有全区规模最大的上层铅锌矿体
新元古界	震旦系	上统	灯影组上段 中上部	$Z_2dn_2^1$		>500	浅灰色、灰色含燧石扁豆及燧石条带白云岩及硅质白云岩。在顶部7.3m范围内是下层铅锌矿体主要的赋存部位。中下部有零星铅锌矿体
新元古界	震旦系	上统	灯影组下段	Z_2dn_1		323~663	上部为灰色含藻白云岩，中部为浅灰、暗灰色藻礁白云岩，下为深灰色层状白云岩、泥质白云岩

图 3-32　茂租富锗铅锌矿床矿区地层柱状图

两翼局部地段，还发育小挠曲。断裂以 NE 向为主，次为近 SN 向、NW 向，主要断裂为茂租断裂、长坡逆断裂、大岩硐断裂。

（三）岩　浆　岩

岩浆活动总体不强烈。除晚二叠世峨眉山玄武岩广泛分布于茂租断裂以西和干树林向斜南部大跨山一带外，晋宁期花岗岩、澄江期石英斑岩及流纹岩-玄武岩仅在局部地段分布。在矿区南部棉纱湾北（金沙江边）分布花岗岩侵入体（γ_2^1），呈 NNE 向延长，约 1000m，侵入昆阳群中。

二、矿 床 地 质

（一）矿体形态与产状

矿体主要赋存于上震旦统灯影组上段的层间断裂带中，以似层状、陡倾脉状和不规则状等形态产出，以似层状为主（图 3-33）。根据赋矿层位可分为上赋矿层和下赋矿层，分别赋存于灯影组上段的上、下亚段白云岩中。上下两层矿所占矿床储量分别为 84% 和 14%，主要分布于甘树林向斜北西翼及洪发硐背斜轴部一带。矿体产状受褶皱和层间断裂带控制，大部分似层状矿体走向 NNE，倾向 SE，倾角 20°～35°，单个矿体长 440～930m，延深 254～725m，厚 1.60～5.64m，矿体形态、产状均较稳定，规模较大。下层矿中部分矿体走向 NE10°～15°，倾向 SE，倾角 65°～80°，单个矿体长 243～612m，延深 45～129m，矿体产出规模较小。

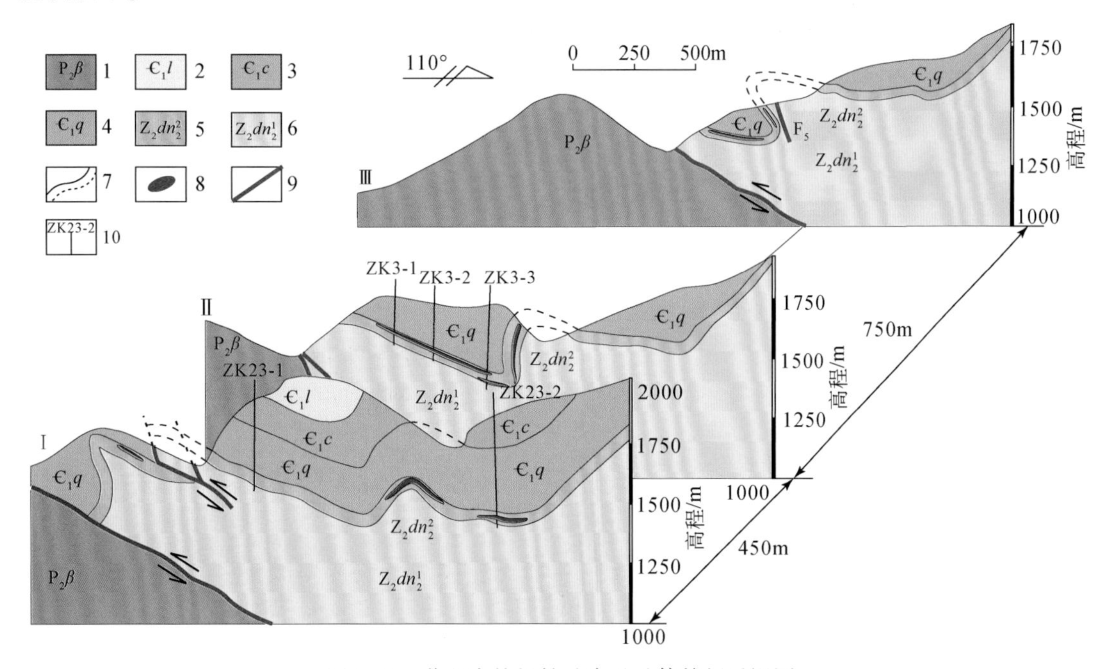

图 3-33　茂租富锗铅锌矿床及矿体特征透视图

1. 二叠纪峨眉山玄武岩；2. 龙王庙组；3. 沧浪铺组；4. 筇竹寺组；5. 上震旦统灯影组上段；6. 上震旦统灯影组下段；7. 实测及推测地质界线；8. 矿体；9. 断层；10. 钻孔及其编号

上赋矿层（$Z_2dn_2^2$）：为灰－深灰色细－粗晶白云岩夹磷质页岩，顶部有 1～4 层小砾石层，砾石层多为被白云质胶结的黑色磷质碎屑。该层厚度变化大（32～14.82m），一般为25m，EW 向变化较 SN 向大；在水平方向和垂直方向上岩性均有显著差异。多层碎屑状砾石层的尖灭与再现等均有明显的彼此交替重叠现象，以灰岩、白云质灰岩变为白云岩为常见。第一层铅锌矿体稳定地赋存于 $Z_2dn_2^2$ 顶部的白云岩中。赋矿部位的岩性特征是，顶部为薄层白云岩与深灰色磷质、白云质页岩互层，其下为青灰色中厚层状细－粗晶白云岩夹少许磷质页岩和小砾石层（图 3-34）。

下赋矿层（$Z_2dn_2^1$）：为灰白色－灰色厚层、硅质白云岩，含稀密不均的燧石扁豆和燧石条带。局部为灰色、深灰色细粒不规则状白云岩透镜体，厚 200m 左右。与 $Z_2dn_2^2$ 分界为厚 1～9m 的含燧石团块、条带的砾石层，砾石多由浅灰色、淡肉红色、灰白色硅质白云岩及少量深灰色白云岩组成，粒径一般几毫米至几厘米。该层自西向东厚度增大，燧石条带变厚。第二层铅锌矿体就位于此砾石层界面以下 13.25～14m，以含萤石团块和萤石脉的深灰色、灰白色细－中粒白云岩中的铅锌矿体最有价值。下赋矿层之下尚有裂隙型矿体产出，但一般不具工业意义（图 3-34）。

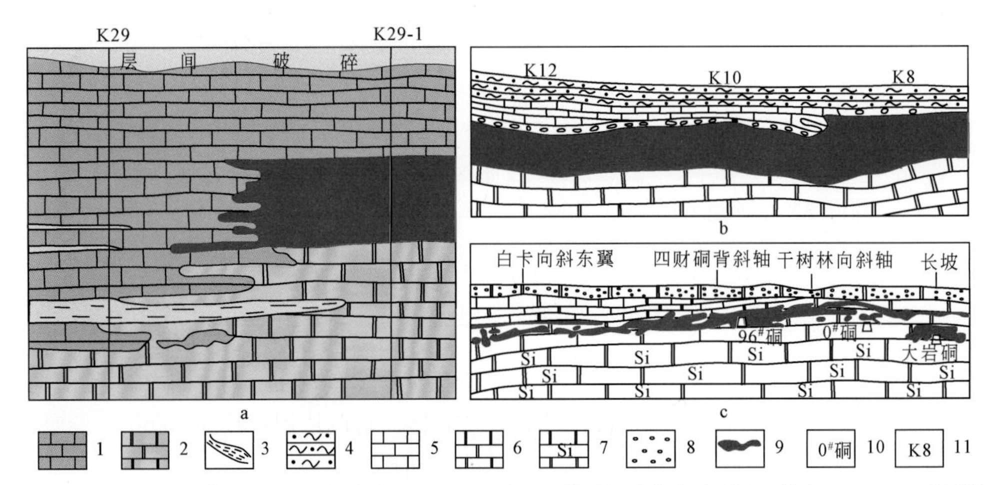

图 3-34　茂租上层矿矿体与岩性变化关系图（a）以及 $Z_2dn_2^2$ 顶部矿体与含磷角砾层（b）、$Z_2dn_2^1$ 顶部矿体与硅质白云岩（c）变化关系图

1. 石灰岩；2. 白云岩；3. 碳泥质碎屑物及角砾层；4. 含磷层；5. 石灰岩；6. 白云岩；7. 硅质白云岩；8. 角砾层；9. 铅锌矿体；10. 老硐；11. 钻孔

（二）矿石特征

1）*矿物组成*

矿石矿物主要为闪锌矿、方铅矿，少量菱锌矿、白铅矿、水锌矿、氯磷锌矿、铅矾等。脉石矿物为白云石、方解石、萤石、石英，少量磷灰石、燧石、黄铁矿、褐铁矿、胶磷矿、重晶石等。

2）*矿石组构*

矿石主要具半自形－自形晶粒状、交代溶蚀、碎裂充填、骸晶、揉皱等结构。矿石构造以块状构造最为常见，可见脉状、条带状、网脉状、浸染状、斑点状、角砾状等构造（图3-35～图3-37）。

3）*矿石类型*

地表和浅部分布氧化物矿石，中部为氧化物矿石与硫化物矿石组成的混合型矿石，深部主要分布硫化物矿石。矿石工业类型可划分为块状矿石（闪锌矿块状矿石、闪锌矿-方铅矿块状矿石）与浸染状矿石（闪锌矿浸染状矿石、闪锌矿-方铅矿浸染状矿石）。矿石中锌品位较稳定，铅的变化较大，在断裂附近相对富集。铅的最高品位达20.11%，平均品位1.94%；锌的最高品位为18.82%，平均5.68%。其中氧化物矿石平均品位，铅1.91%、锌8.01%；混合矿石平均品位，铅1.79%，锌5.44%；硫化物矿石平均品位，铅2.03%，锌4.69%。

可综合利用的伴生金属平均含量为：Ge，13×10^{-6}；Cd，180×10^{-6}；Ga，18×10^{-6}；In，4.5×10^{-6}；Ag，13.3×10^{-6}。下层矿体伴生元素Ge、Cd、Ga、In、Ag的平均含量略高于上层矿体。

图3-35　矿石结构镜下照片

a. 自形粒状结构（+）：方铅矿（Gn）呈立方体晶粒状分布于白云石（Dol）中。b. 斑状结构（-）：闪锌矿（Sp）呈斑状充填白云石（Dol）孔隙，并交代溶蚀白云石（Dol）。c. 镶嵌结构（+）：闪锌矿（Sp）呈不规则粒状与白云石（Dol）镶嵌在一起。d. 粗粒（+）（晶）结构：闪锌矿和方铅矿呈粒状和不规则状出现在白云岩中。图中字母代号含义：Gn. 方铅矿；Sp. 闪锌矿；Dol. 白云石

图 3-36　典型矿石构造照片

a. 块状构造：闪锌矿呈致密块状构造。b . 块状构造：方铅矿呈致密块状构造。c. 胶状构造：方铅矿呈胶体状充填于孔隙和裂隙中，胶结白云岩角砾。d. 土状构造：闪锌矿氧化成菱锌矿，呈疏松土状。e. 脉状构造：闪锌矿沿白云岩裂隙充填和沿方解石细脉边缘交代呈脉状产出。f. 网脉状构造：方铅矿沿白云岩裂隙充填呈脉状产出。g. 斑状构造：闪锌矿呈半自形-他形晶团斑分布于白云岩中和萤石中。h. 条带状、浸染状构造：闪锌矿和方铅矿呈不规则粒状、散点状、细脉浸染于白云岩中，呈条带状构造。图中字母代号含义：Gn. 方铅矿；Sp. 闪锌矿；Cc. 方解石；Dol. 白云石；Cal. 方解石；Flu. 萤石

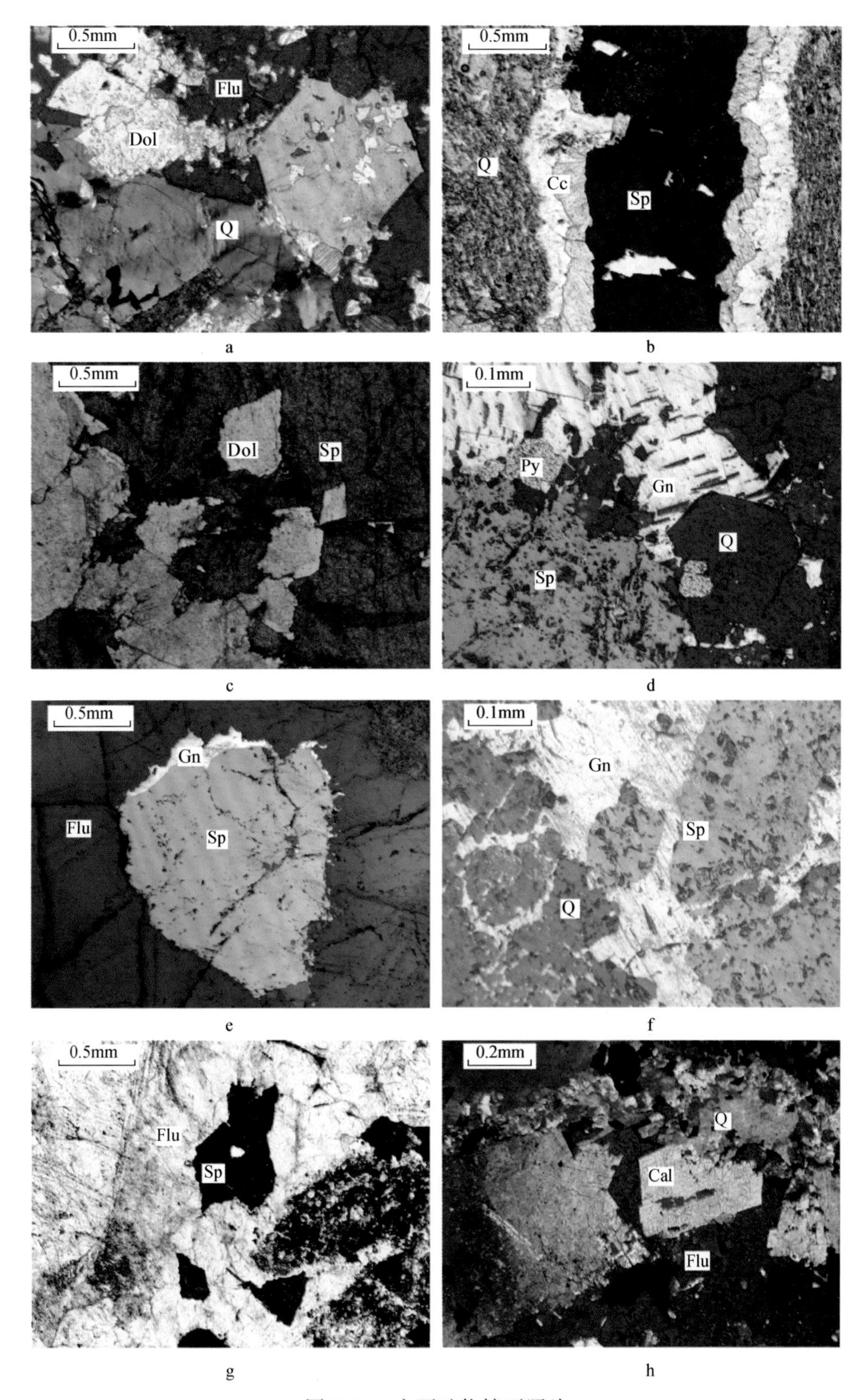

图 3-37　主要矿物镜下照片

a. 半自形-他形石英交代早期形成的白云石，又被晚期形成的萤石包裹、交代溶蚀（+）；b. 从闪锌矿脉中心向两侧依次为方解石和石英，具脉状构造，且石英为板条状由脉壁向中心生长，又称梳状构造（-）；c. 闪锌矿为致密块状闪锌矿，其中嵌布有白云石晶粒，闪锌矿具块状构造，白云石具斑状结构（-）；d. 中粗晶粒状结构，方铅矿三组解理构成黑三角孔，黄铁矿被石英包裹，且黄铁矿、石英被闪锌矿、方铅矿交代溶蚀，闪锌矿与方铅矿呈共边结构；e. 萤石包裹并交代、溶蚀闪锌矿和方铅矿，闪锌矿呈残余斑状结构；f. 方铅矿包裹闪锌矿，并交代、溶蚀石英；g. 萤石脉中包裹并交代、溶蚀闪锌矿（-）；h. 萤石脉中包裹并交代、溶蚀石英和方解石（+）。图中字母代号含义：Dol. 白云石；Cal. 方解石；Q. 石英；Py. 黄铁矿；Sp. 闪锌矿；Gn. 方铅矿；Flu. 萤石

（三）围岩蚀变

围岩蚀变主要有萤石化、白云石化、硅化及方解石化，以萤石化为主。矿化蚀变分带明显，从赋矿围岩到矿体，矿化蚀变依次为白云石化带→星点状矿化带→细脉浸染状矿化带→矿体（图3-38）（第五章详述）。

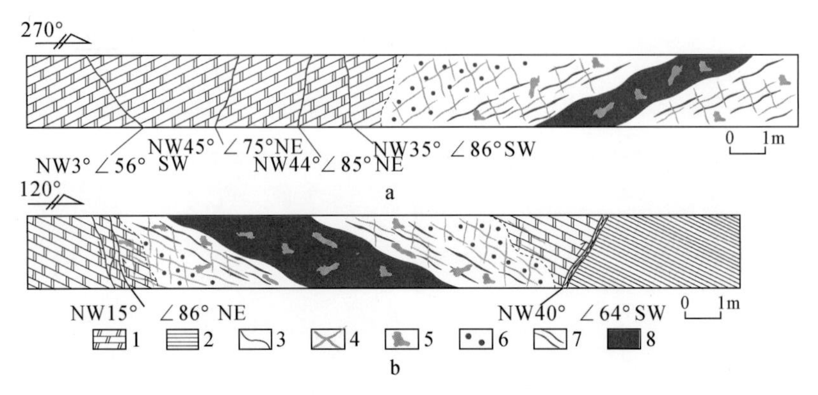

图3-38　1400中段10号穿脉（a）与1380中段13号穿脉（b）矿化蚀变分带图

1. $Z_2dn_2^2$白云岩；2. $\in_1q$页岩；3. 断裂；4. 脉状萤石；5. 团块状萤石；6. 星点状矿化；7. 细脉浸染状矿；8. 矿体

萤石化：主要发育于矿体和矿化蚀变带内，从矿化蚀变带到矿体均发育，多见铅锌矿化与萤石化相伴随。通过野外调研和岩矿鉴定，萤石可分为两个世代，即第一世代萤石形成于硫化物阶段，又细分为两种，一是主要呈脉状和团块状产出，与致密块状铅锌矿物密切共生，颜色呈白色、浅紫色，局部为紫色；二是产于细脉浸染状铅锌矿化带中，与细脉浸染状铅锌矿密切共生，主要呈细脉状产出，颜色呈白色。第二世代萤石形成于成矿晚阶段，产于星点状铅锌矿化带中，呈无色-白色，颗粒粗大，与方解石共生，发育星点状铅锌矿化。

白云石化：蚀变白云岩是矿体的主要围岩，其成因不同于沉积成岩成因。沉积成岩成因白云岩呈层状，产状稳定；蚀变白云岩呈白色、灰白色，呈团块状、不规则状分布于矿化蚀变带和矿体中，白云石呈半自形-自形细-粗晶粒状结构（粒度0.2～1mm）。蚀变白云岩与灰岩、白云质灰岩残留体呈渐变关系，白云岩、白云质灰岩、灰岩中发育网脉状、条带状、雪花状蚀变白云岩。白云石化随着热液作用强度增强而增强，矿体厚度增大、矿石品位增高，白云石化也变得强烈，反映出热液蚀变与成矿具有密切的成生联系。

方解石化：呈粗晶粒状、团块状、脉状和网脉状，主要发育在矿体和矿体旁侧的断裂带中，与闪锌矿、萤石、白云石等共（伴）生。

硅化：硅化见于矿体附近的灰白色硅质白云岩中，呈脉状、团块状、斑点状分布于白云岩和矿石的裂隙和孔隙中。

（四）成矿期、成矿阶段和矿物生成顺序

根据矿物共生组合、矿石组构和矿化蚀变分布特征，将矿床的形成过程划分为热液成矿期和表生成矿期。热液成矿期可细分为白云石阶段、石英-黄铁矿阶段、多金属硫化物阶段、硫化物-方解石阶段和方解石-萤石阶段（表3-13）。

表 3-13　茂租富锗铅锌矿床成矿阶段划分及矿物生成顺序表

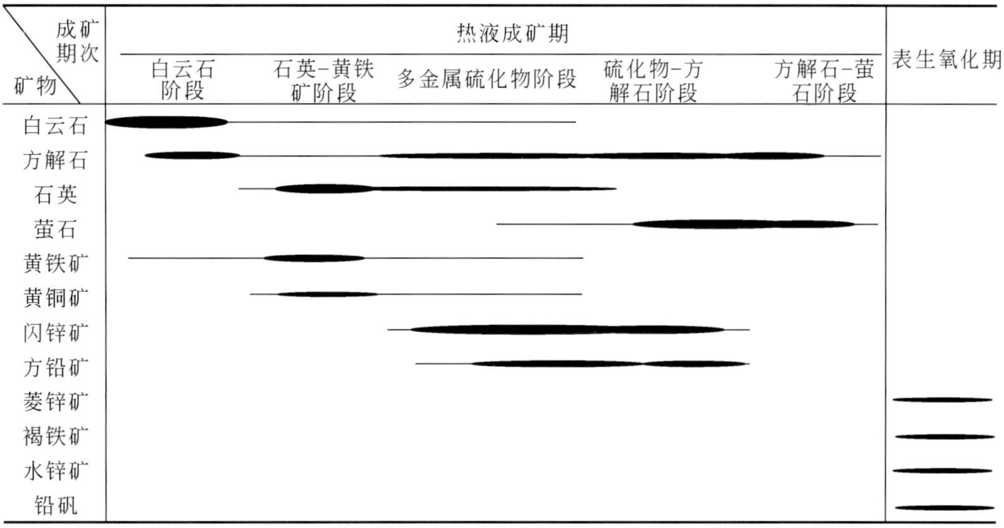

成矿期次 / 矿物	热液成矿期					表生氧化期
	白云石阶段	石英-黄铁矿阶段	多金属硫化物阶段	硫化物-方解石阶段	方解石-萤石阶段	
白云石						
方解石						
石英						
萤石						
黄铁矿						
黄铜矿						
闪锌矿						
方铅矿						
菱锌矿						
褐铁矿						
水锌矿						
铅矾						

第五节　富乐厂大型富锗铅锌矿床

一、矿 区 地 质

该矿床为滇东北矿集区东南部罗平-普安断褶带上的典型矿床之一，地处扬子陆块与华南褶皱带分界线北侧。据张文佑等（1984）的观点，该分界线为 NE 向弥勒-师宗断裂，其南侧构造呈 NE 向，北侧构造呈 NNE—SN 向（图 2-2a，b），赋矿地层为 P_1m。

（一）地　　层

矿区出露地层为三叠系和二叠系，三叠系仅出露于矿区东部和南部，为关岭组（T_2g）、永宁镇组（T_1y）和飞仙关（T_1f）组。地层从新到老依次如下。

关岭组可分为三段：第一段（T_2g^1）为紫、紫红、蓝灰、黄绿色等杂色泥岩、砂质泥岩及黄色白云岩、泥质灰岩互层，底部见碎屑凝灰岩；第二段（T_2g^2）为灰-深灰色薄至中厚层状灰岩、泥质灰岩与蠕虫状灰岩互层夹泥灰岩、白云质灰岩互层；第三段（T_2g^3）主要为浅灰、灰白色微晶、细晶白云岩，下部夹灰质白云岩、局部见角砾状白云岩。

永宁镇组（T_1y）：上部为浅灰色中厚层状白云岩、盐溶角砾岩、白云岩夹泥岩；下部为浅灰色中厚层状灰岩、夹黄绿、紫红色薄层砂岩、泥岩及粉砂岩。

飞仙关组（T_1f）：紫红-暗紫色厚至中厚层状岩屑砂岩与粉砂岩互层。

二叠系可分为三部分：宣威组（P_2x）、峨眉山玄武岩组（$P_2\beta$）和茅口组（P_1m）。

宣威组（P_2x）：总体以灰绿色钙质页岩、泥质及黑色碳质页岩为主，夹薄层硅质岩及砂岩，含数层煤层。

峨眉山玄武岩组（$P_2\beta$）：为灰绿色致密块状和杏仁状玄武岩，夹数层紫红色玄武质泥岩，局部夹玄武质凝灰岩和辉绿岩，局部见玄武质砾岩，胶结物为玄武质及钙质。

茅口组：上段（P_1m^3）为灰色至青灰色中至厚层状结晶灰岩夹少量白云质灰岩及白云岩，含较多燧石条带，顶部可见灰色泥质页岩，偶见磁铁矿及黄铁矿，发育铅锌矿化和白云石脉，但未产出工业矿体；中段（P_1m^2）主要为浅灰色白云质灰岩和蚀变的白云岩互层，其上部互层状最为明显，偶见硅化，中部以粗晶白云岩为主夹白云石化灰岩，是铅锌矿床的主要赋矿围岩，而下部以灰岩为主夹白云岩；下段（P_1m^1）为浅灰色中至厚层状灰岩夹白云质灰岩及少量白云岩。

（二）构　造

矿区分布若干条平缓背斜、向斜及陡倾断层。儿勒背斜为主要的褶皱构造，其轴向自SN向转为NE向，还分布近SN向小达村断层、苇芦塘断层、景东山断层、下色则断层、富乐厂向斜等（图3-39）。

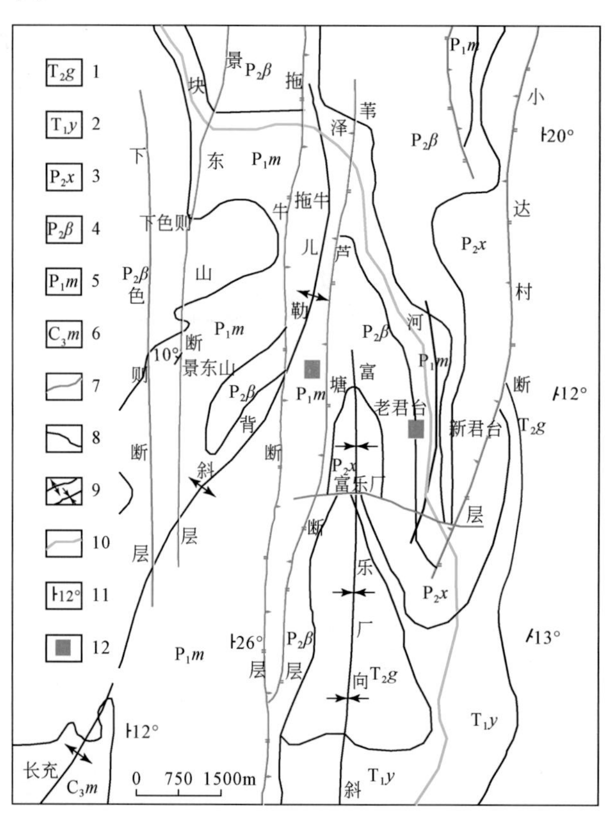

图3-39　富乐厂富锗铅锌矿区地质简图（据柳贺昌和林文达，1999）

1. 中三叠统关岭组；2. 下三叠统永宁镇组；3. 上二叠统宣威组；4. 上二叠统峨眉山玄武岩组；5. 下二叠统茅口组；6. 上石炭统马平组；7. 断层；8. 地层界线；9. 背斜、向斜；10. 河流；11. 地层产状；12. 铅锌矿段

二、矿床地质

（一）矿体形态及产状

矿体隐伏地表以下150～200m，矿体走向NE，倾向SE，倾角20°～28°，呈NE-SE向

延长约3000m，SE向宽约1500m（图3-40）。矿体主要沿层间断裂带展布，局部地段见两层矿体，多呈透镜状、似层状、脉状平缓产出，舒缓波状弯曲和膨胀收缩现象明显（图3-41）。从北西向南东矿体埋深加大，主矿体的周边常分布规模较小的透镜状矿体和矿脉。

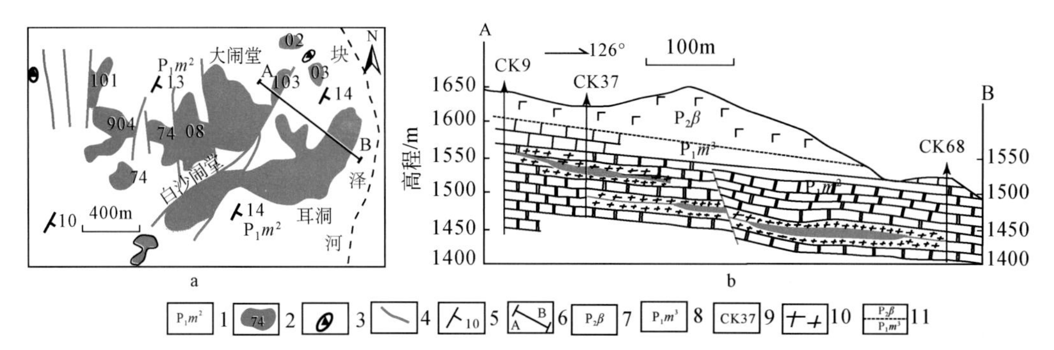

图3-40　1440中段地质简图（a）与剖面图（b）（据西南有色地质勘查局317队1994年资料修改）

1. 茅口组中段灰岩与白云岩互层；2. 矿体及编号；3. 火山角砾岩筒；4. 断裂；5. 地层产状；6. 剖面位置；7. 峨眉山玄武岩；8. 茅口组上段含燧石条带灰岩；9. 钻孔；10. 破碎带；11. 假整合面

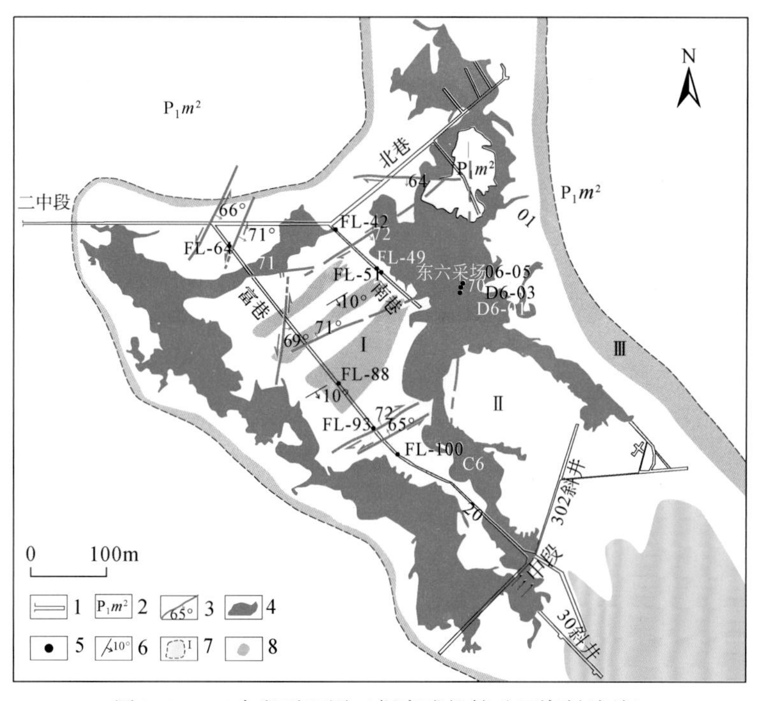

图3-41　二中段平面图（据富盛铅锌矿区资料编绘）

1. 巷道；2. 茅口组中段；3. 断裂及产状；4. 矿体；5. 采样点；6. 地层产状；7. 蚀变带及编号；8. 推测深部矿体。Ⅰ. 近矿带；Ⅱ. 过渡带；Ⅲ. 远矿带

（二）矿石特征

矿石矿物以闪锌矿为主，其次为方铅矿、黄铁矿，局部见黝铜矿和砷黝铜矿；脉石矿物主要有白云石和方解石。从矿体中心至边部，闪锌矿逐渐减少，方铅矿逐渐增加。矿石具块

状、浸染状、角砾状、条带状、网脉状、脉状构造与自形–他形粒状、交代（包括孤岛状、港湾状结构）、包含、共边、填隙、碎裂结构等（图3-42）。

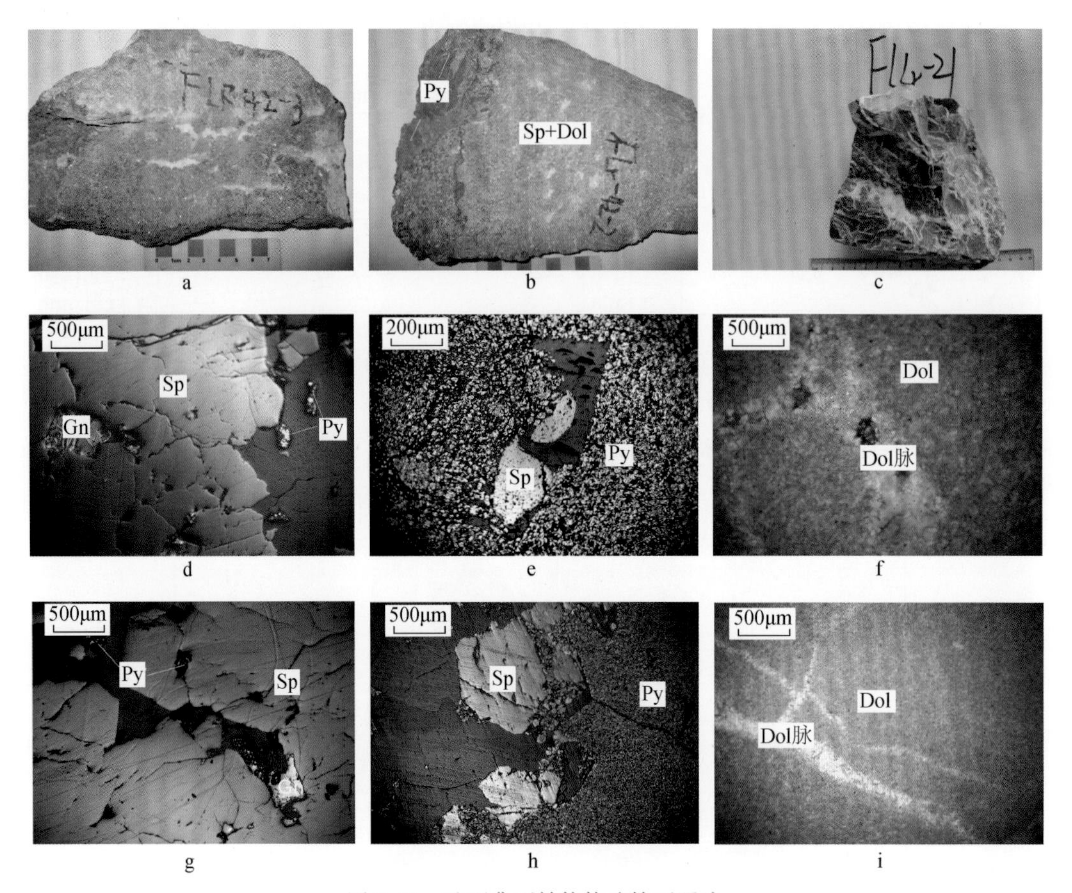

图3-42 矿石典型结构构造镜下照片

a～c. 标本照片；d～i. 镜下照片。a. 方铅矿、闪锌矿富集充填于断裂破碎带内，形成条带状构造；b. 黄铁矿呈稠密浸染状构造，闪锌矿与白云石紧密共生，沿层理面连续或不连续展布呈条带状构造；c. 灰色块状细晶白云岩；d. 方铅矿、闪锌矿黄铁矿组成块状矿石；e. 黄铁矿结核包含闪锌矿；f. 白云岩中的白云石细脉，具脉状构造；g. 闪锌矿中嵌布星点状Py、Gn，呈他形粒状结构，具脉状构造；h. 黄铁矿中嵌布闪锌矿斑晶，具斑状结构；i. 白云岩中具白云石细脉形成共脉状构造。矿物字母代号含义：Sp. 闪锌矿；Gn. 方铅矿；Dol. 白云石；Py. 黄铁矿

（三）围岩蚀变

矿区主要发育白云石化和方解石化。其中以白云石化为主，呈不规则状、脉状沿围岩裂隙分布；方解石化主要呈脉状分布于围岩裂隙中。

（四）成矿期、成矿阶段和矿物生成顺序

根据矿体（脉）的穿插关系、矿石组构、矿物共生组合及热液蚀变等特征，热液成矿期可划分为黄铁矿阶段、闪锌矿–方铅矿–黝铜矿阶段、黄铁矿–方解石–白云石阶段。

第六节　巧家松梁富锗铅锌矿床

一、矿 区 地 质

该矿床为滇东北矿集区巧家–鲁甸–大关走滑断褶带上的中型铅锌矿床之一，位于小江深断裂东侧、莲峰–巧家断裂东南端，分布于松梁村公所–烂潭–田上一带。目前已发现3个铅锌矿体及4条铅锌矿化蚀变带（图3-43）。

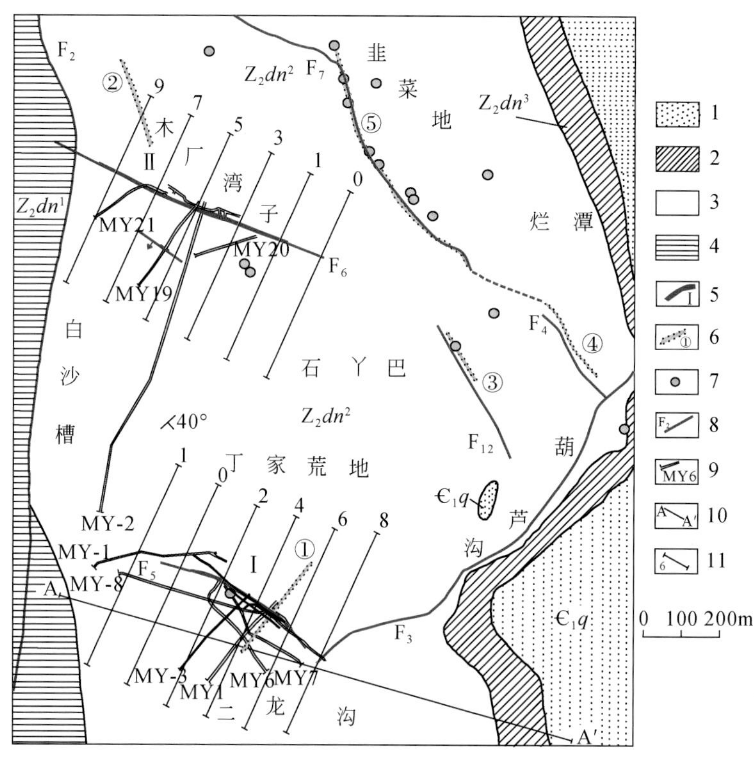

图3-43　松梁富锗铅锌矿区地质简图

1. 下寒武统筇竹寺组下段；2. 上震旦统灯影组上段；3. 上震旦统灯影组中段；4. 上震旦统灯影组下段；5. 矿体及编号；6. 矿化蚀变带及编号；7. 居民点；8. 断层；9. 坑道及编号；10. 实测地层剖面；11. 勘探线及编号

（一）地　　层

矿区内出露地层主要为上震旦统灯影组（Z_2dn）、下寒武统筇竹寺组（ϵ_1q）、下奥陶统巧家组（O_1q）和第四系（Q）。其中，灯影组中段（Z_2dn^2）为主要的赋矿地层。地层从老到新依次如下。

上震旦统灯影组（Z_2dn）：广泛分布于矿区中、西部，呈近SN向展布，为一套海侵系列的镁质碳酸盐岩沉积岩，富含藻类化石及硅质条带。根据其岩性、岩石结构及生物组合特征，可分为下、中、上三段。

灯影组下段（Z_2dn^1）：出露于矿区西缘，为一套灰白至深灰色厚层状白云岩夹白云质灰岩，偶含硅质结核及硅质薄层，产藻类化石，厚度达844m。

灯影组中段（Z_2dn^2）：主要赋矿层位，为一套富含硅质条带的浅灰色中-厚层状白云岩，分布于矿区的北西部及中部。底部一般为紫红色含钙白云质页岩、砂岩和灰绿色含白云质泥质灰岩及硅质岩；下部为灰至灰白色厚层块状白云岩；中、上部为灰白色厚层块状白云岩，具硅质结核或硅质条纹和条带。厚度达580m。

灯影组上段（Z_2dn^3）：乳白、浅灰色薄至中厚层状含磷白云岩、夹黑色条带状磷块岩及硅质结核层。厚75～201m，与上覆地层呈平行不整合（假整合）接触。

下寒武统筇竹寺组（Є$_1q$）：下寒武统筇竹寺组下段（Є$_1q^1$）和上段（Є$_1q^2$）分布于矿区东部及南部，为一套还原条件下的细碎屑沉积岩。下段（Є$_1q^1$）为一套灰至褐黑色不等厚层状细粒泥质砂岩、粉砂岩，夹粉砂质页岩、海绿石砂岩，产腹足类化石；岩层具断续的微细波状层理，厚度大于130m。上段（Є$_1q^2$）主要为紫红、黄色页岩与灰、紫红色致密泥质灰岩互层，夹泥质砂岩，厚度大于100m。

下奥陶统巧家组（O_1q）：分布于矿区东部，仅出露下奥陶统下段（O_1q^1）。主要岩性为灰-深灰色中-厚层状致密泥质灰岩、含泥质灰岩、生物碎屑灰岩等，常夹灰色钙质砂岩、页岩、泥砂质灰岩，产三叶虫、腕足类等化石。厚30～117m。

第四系（Q）：分布于矿区的河谷、洼地内，主要为残积物、坡积物和冲积物，为黄褐、紫灰色黏土、粉砂土、砾石及各种岩块，砾石成分复杂，主要为泥岩、砂岩、石英砂岩及玄武岩。厚0～50m。

矿体主要赋存于上震旦统灯影组中、上段的切层断裂带中。灯影组广泛分布于矿区中、西部，根据矿区二龙沟实测地层剖面（图3-44），可分为9个岩性层：①浅灰-灰白色巨厚层状微-细晶白云岩，厚5～15m；②灰-灰绿色薄层状含钙白云质页岩、砂岩和灰绿色含白云质泥质灰岩，厚7.5m；③浅灰色厚-中厚层状白云岩，夹少量硅质条带，厚125m；④灰白色中-厚层状硅质白云岩，夹少量白色硅质条带，局部见灰黑色燧石，厚75m；⑤灰-灰白色薄层状含白色硅质条带白云岩，硅质条带较多，厚142m；⑥灰-青灰色中厚层状含灰色硅质条带白云岩，厚156m；⑦灰白色硅质白云岩夹黑色条带状磷块岩及硅质结核层，厚8.5m；⑧灰-深灰色泥晶白云岩夹灰-灰白色中厚层状含硅质结核白云岩，厚62m；⑨下寒武统筇竹寺组，灰黑色薄层状泥质细砂岩，厚度>35m。

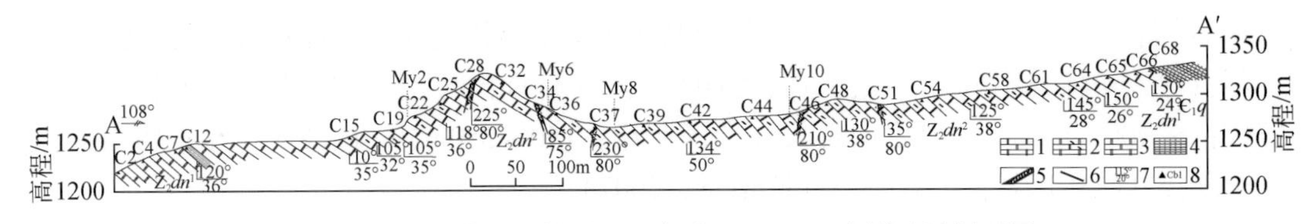

图3-44　松梁富锗铅锌矿区二龙沟（A-A′）实测地层剖面图

1. 灯影组下段灰白-深灰色厚层白云岩；2. 灯影组中段灰色含硅质条带中厚层白云岩；3. 灯影组上段浅灰色薄-中厚层含磷白云岩；4. 筇竹寺组青灰色薄层状泥页岩、泥砂岩；5. 铅锌矿化构造破碎带；6. 断层；7. 岩层产状；8. 取样位置及编号

其中，①层属于灯影组下段（Z_2dn^1），②～⑥层属于灯影组中段（Z_2dn^2），⑦、⑧层

属于灯影组上段（Z_2dn^3），三者之间呈整合接触。上震旦统灯影组上段（Z_2dn^3）与下寒武统筇竹寺组（ϵ_1q）之间为假整合接触，二者界线较清楚。

主要岩石类型：灰-灰白色微晶-粉晶白云岩、灰白色硅质白云岩、硅质条带白云岩（又分为规则条带状和不规则条带状）、灰色层纹状含碳质微晶-细晶白云岩及青灰色砂页岩、泥页岩，含矿岩石为强蚀变硅质白云岩。岩石镜下具体特征如下。

灰-灰白色微晶-粉晶白云岩：呈粉晶粒状结构、块状构造，主要由白云石组成，局部可见黄铁矿。白云石多呈他形晶，少量呈半自形晶状；晶粒以粉晶粒为主，粒度几十微米至0.1mm，少量为微晶（0.003～0.03mm）。黄铁矿均匀分布于白云石颗粒之间，呈自形-他形晶粒状，粒度多在0.01～0.05mm。

灰白色条带状硅质白云岩：呈他形晶粒状结构、规则或不规则条带状构造，条带主要由灰白色和浅灰色物质相间分布而成。灰白色者以白云质为主，浅灰色者以硅质为主，条带之间为渐变过渡关系，局部见乳白色石英颗粒。硅质条带白云岩中往往见铅锌矿化，其中的铅锌矿多为中-粗粒状自形晶，呈细脉状顺层断续产出。岩石局部还见中-粗晶黄铁矿，大多为自形晶，且成群产出。经镜下鉴定，其主要由白云石、硅质物及少量泥质物组成。白云石呈他形-自形晶，晶粒大小为数微米至0.05mm。硅质物为石英，其晶粒十分细小，大多在0.01～0.03mm。石英和白云石常各自相对集中成不规则的条带相间产出。条带间往往渐变过渡，而且硅质条带有或多或少的白云石晶粒，呈星点状分布（多为自形晶）。白云石条带也常均匀地镶嵌着微晶石英颗粒。

浅灰白色-灰白色层纹状含碳质微晶-细晶白云岩：呈显微晶质结构，层状-微层状层理构造。岩石的主要成分为白云石，呈他形晶，微晶粒。其次为粉尘状的黑色碳质物，大小在0.01～0.2mm，其形态不规则。从薄片、手标本看，岩石都呈现显微层理状（或层纹状、纹层状）构造，由黑色碳质物分布而引起。在含黑色碳质白云石纹层中，碳质物均匀散布在白云石晶粒中。此外，还见很少量含白云石（有时不含白云石）硅质斑点，大小在0.05～0.6mm，其形态大多为浑圆状，可能为硅质结核。

（二）构　　造

矿区内构造线方向总体呈NE-SW向展布，其次为SN向和NW向。断裂与褶皱相间出现，向斜宽缓，背斜紧密，多具不对称性；断裂构造多表现出高角度压扭性特征，倾角一般在45°～70°。主要构造特征如下。

马树-蒙姑向斜：轴向NE，核部为三叠系，产有马树铜矿。

乐马厂-大包厂断褶带：由乐马厂-大包厂断裂、谓姑背斜及大包厂背斜组成。两背斜核部为震旦系，两翼为古生界，轴向NE。断褶带内有小河、新店、迷羊硐、白牛厂、狮子硐、大包厂、马洪厂等铅锌矿点分布。

药山断褶带：由药山复式向斜、狮山向斜、半箐背斜及荞麦地断裂组成。褶皱轴部多发育有逆冲断裂，向斜核部由玄武岩组成，两翼为古生界。

莲峰-巧家断褶带：由北西部的金阳断裂、茂租断裂、金阳背斜及东坪背斜，南东部的莲峰巧家断裂、棉纱湾背斜组成。该带分布有茂租、小牛栏、东坪、白马厂、马劲子、白梁子、毛店子、大田湾、棉纱湾、金牛厂、松梁等多个铅锌铜矿点。

小江深断裂：北西由四川昭觉向南延入云南，经巧家、蒙姑沿小江河谷延伸，在云南境内延伸长达530km以上。沿断裂带形成一条宽大的挤压破碎带，断裂总体向西陡倾，断裂西盘相对东盘发生过大规模的左行平移。小江深断裂带的强烈地震活动及沿其分布的一系列温、热泉点，表明断裂带具有明显的现今活动性和较强的热流活动。

（三）岩 浆 岩

峨眉山玄武岩分布于矿区东侧，呈致密块状、气孔状、杏仁状构造，斑状结构。玄武岩斑晶为斜长石，斑晶呈半自形-自形晶，大小在1～5mm×4～11mm。基质呈辉绿辉长结构，其主要成分为斜长石，其次为普通辉石，另见少量的绿泥石集合体和更少量的磁铁矿。基质中的斜长石呈显微板条状，大小在0.1～0.5mm×0.25～1mm，分布杂乱，在其格架隙中分布着辉石和磁铁矿晶粒；辉石呈他形晶，其大小大多在0.2～0.7mm；绿泥石集合体大小在0.1～0.5mm，形态为浑圆状。

二、矿 床 地 质

（一）矿体形态及产状

已发现铅锌矿体3条（图3-45显示其中一条），均产于上震旦统灯影组中段含硅质条带白云岩中，多呈脉状、不规则状，沿NWW向断裂带产出。

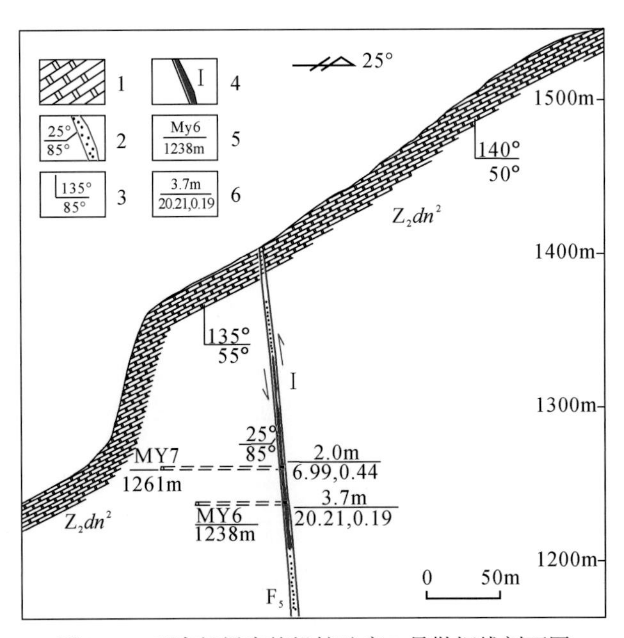

图3-45　巧家松梁富锗铅锌矿床2号勘探线剖面图

1. 上震旦统灯影组中段硅质白云岩；2. 断裂带及产状；3. 地层产状；4. 矿体及编号；5. 坑口纵投影位置及标高；6. 矿体厚度/Zn平均品位（%），Pb平均品位（%）

Ⅰ号矿体：位于二龙沟北坡，赋存于F_5断裂构造破碎带中。矿体主要呈脉状、透镜体状在NE向层间断裂带中，呈似层状分布。矿体走向NW55°～70°，倾向NE，局部反倾，倾角70°～85°。地表矿化较弱，深部由MY1、MY6、MY7、MY附3、MY附1等坑道从不同中段控制（图3-43）。已控制矿体长约150m，延深约260m（未见底），厚0.60～3.70m。Zn品位5.94%～33.02%，平均10.65%，Pb品位0.08%～8.39%，平均0.54%。自浅部至深部，矿石呈现氧化物矿石→混合矿石→硫化物矿石的变化规律。

Ⅱ号矿体：位于白沙槽-木厂弯子一带，赋存于 F_6 断裂构造破碎带中。矿体走向NW50°～70°，倾向NE，部分地段反倾，倾角80°～85°，主要呈脉状、透镜体状产出。地表有老硐LD185控制，LD185以东为村庄及土地等覆盖，以西为白沙槽破碎带；深部由MY19、MY21两个坑道控制。已控制矿体延长约280m，延深110m，厚0.6～5.5m，Zn平均品位11.66%，Pb平均品位0.02%。铅锌矿化主要位于断裂破碎带中碎裂岩和碎斑岩的裂隙内，矿化较强时在断裂的上、下盘均有团块状矿石。矿体沿断裂破碎带走向有尖灭再现、膨大收缩现象，在断裂交会处矿体变富厚。

Ⅲ号矿体：位于唐家坡，赋存于 F_{23} 断裂构造破碎带中。矿体走向近EW，倾向N，局部反倾，倾角80°，主要呈脉状、透镜体状。地表因滑坡垮塌强烈而形成一条破碎带，可见构造角砾岩。深部由Tj1、Tj2两个坑道控制。已控制矿脉长约100m，延深约80m，宽1～3m。矿体沿断裂破碎带走向有膨大收缩现象，在与NE向断裂交会处矿体变厚变富。

（二）矿石特征

1）*矿石类型*

矿石按自然类型可以分为氧化物矿石、混合矿石和硫化物矿石；按矿石矿物组合可分为闪锌矿型矿石、闪锌矿-方铅矿型矿石和闪锌矿-黄铁矿-方铅矿型矿石；按矿石构造可分为块状矿石、浸染状矿石、角砾状矿石和网脉状矿石等。

2）*矿石组构*

主要矿石构造为角砾状、块状、浸染状、条带状、不规则脉状、网脉状、蜂窝状、土状构造等（图3-46）；主要矿石结构有自形-他形晶粒状、填隙、揉皱、乳浊状、压碎、共边、交代结构等（图3-46）。

3）*矿物组成*

氧化物矿石的矿物组成较复杂，矿石矿物主要为闪锌矿、方铅矿、黄铁矿、黄铜矿、菱锌矿、水锌矿、白铅矿、铅钒等。硫化物矿石的矿物组成则相对简单，其矿石矿物主要为闪锌矿、方铅矿和黄铁矿，也可见零星黄铜矿。脉石矿物主要为白云石，其次为石英、方解石。

硫化物矿石中矿石矿物和脉石矿物的主要特征如下。

闪锌矿：多呈脉状、浸染状产出，为主要矿石矿物，呈棕色、棕褐色、深褐色，他形-半自形晶，少量呈自形晶；中-细粒粒状结构，粒度0.001～1mm，大多0.01～0.08mm。矿体上部的闪锌矿与方铅矿、黄铁矿密切共生，有时密集呈条带状与方铅矿条带相间分布，有时产于断裂带；矿体下部的闪锌矿胶结白云岩、硅质白云岩角砾，或充填在构造角砾裂隙中，少见方铅矿、黄铁矿与其共生。

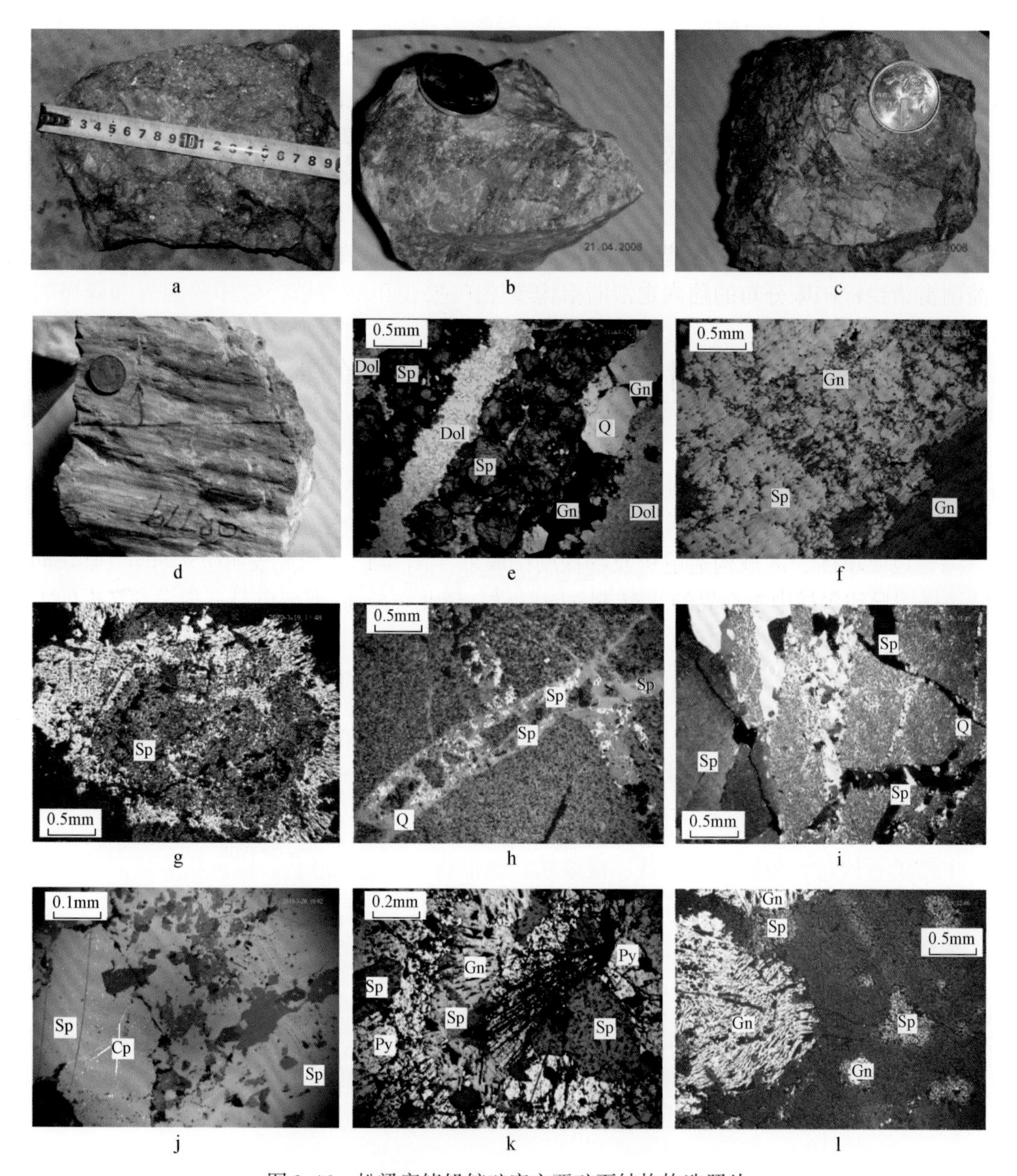

图 3-46　松梁富锗铅锌矿床主要矿石结构构造照片

a ~ d. 标本照片；e ~ l. 镜下照片。a. 致密块状铅锌矿石，由 Sp、Gn、Py 组成，见白云岩角砾；b. 块状硫化物矿石，主要为 Py 及少量 Sp、Gn 组成，具脉状、网状构造；c. 块状硫化物矿石，主要由 Sp、Gn、Py 组成，具网脉构造；d. 条带状矿石，具条带状构造；e. 条带状铅锌矿石，主要由 Sp、Gn 和白云石条带组成；f. 条带状铅锌矿石，主要由 Sp、Gn 条带夹 Dol、Q 条带组成；闪锌矿矿石，具交代残余结构，闪锌矿交代白云石；g. 块状铅锌矿石，由 Sp、Gn 组成，具交代溶蚀结构；h. 脉状贫铅锌矿石，由 Q 和 Sp 呈脉状充填于白云岩中；i. 闪锌矿矿石，具脉状构造，由 Q 和 Sp 呈脉状充填于硅质白云岩中；j. 闪锌矿矿石，具乳滴状结构，Cp 呈乳滴状分布于 Sp 中；k. 块状铅锌矿石，由 Sp、Gn 及少量 Py 组成，具压碎结构、交代结构及网脉状构造；l. 铅锌矿石，以 Gn 为主，少量 Sp，Gn 具三角解理产生的黑三角孔及揉皱结构。Cp 为黄铜矿，其他字母代号意义同前方铅矿：矿体上部方铅矿较多（但比闪锌矿少），呈亮铅灰色，他形-半自形晶；中-细粒粒状结构，粒度大多0.0n~0.6mm。方铅矿与闪锌矿密切共生，呈微星点状散布在闪锌矿晶粒间，分布稀疏，但相对均匀；有时呈不规则状分布于矿石的微细裂隙中；局部见方铅矿交代闪锌矿。有时见方铅矿、闪锌矿和黄铁矿共生，偶见闪锌矿晶粒间零星分布方铅矿、黄铁矿。白云石和石英细脉中也可见到少量的方铅矿颗粒。方铅矿可能是不同成矿阶段的产物。

黄铁矿：矿石中见少量黄铁矿，呈浅黄-淡黄色。按其产状分为三类，第一类含量较少，他形-半自形晶，粒度0.01~0.04mm，呈星点状分布于闪锌矿晶粒间或成斑点嵌布。第二类产于白云石中，较少，具显微他形-自形晶粒状结构，粒度0.01~0.05mm。第三类产于闪锌矿和脉石矿物接触部位或岩石微细裂隙中，为主要产出形式，呈他形-半自形晶，或自形晶，粒度0.01~0.05mm。

另外，灯影组白云岩中的黄铁矿呈自形晶、集合成群产出，或呈透镜体产出，粒度0.03~0.05mm。成因与沉积成岩作用有关。

白云石：主要脉石矿物，呈白色、乳白色，他形-自形晶，自粉晶到粗晶均有。常集中呈条带状与石英条带相间分布，两者呈渐变过渡关系，石英条带中也见自形晶白云石颗粒。白云石中可见星点状闪锌矿、黄铁矿，或呈粉晶粒状均匀分布于闪锌矿晶粒间的裂隙中。

石英：乳白色，油脂光泽，他形粒状结构，粒度0.0n~1mm。按产出状态，可分为脉状和团块状。脉状石英的形成较早，常被铅锌矿脉切穿；团块状石英与铅锌矿共生。另外，白云石条带中也可见石英颗粒。

4）*矿石化学组成*

矿石化学成分以CaO、MgO、Zn、Pb和Fe为主（表3-14）。w(CaO+MgO)在1.54%~47.43%，变化较大，3个矿体w(CaO+MgO)平均含量分别为22.88%、29.70%、19.61%；Zn+Pb含量变化也较大，最高近40%，平均为10.39%~11.68%。矿石中含多种微量元素，如Ge、In、Cu、Cd、Cr、Ga、Ag等元素。

表3-14　矿石主要化学成分

元素		Ⅰ号矿体			Ⅱ号矿体			Ⅲ号矿脉		
		范围	均值	件数	范围	均值	件数	范围	均值	件数
主量元素 $w_B/10^{-2}$	CaO+MgO	4.27~46.60	22.88	25	1.54~42.47	29.70	10	1.59~47.43	17.61	4
	TFe	0.30~5.51	1.12	25	0.38~1.70	0.83	10	0.83~2.42	1.44	4
	Zn+Pb	0.27~39.73	11.19	45	0.56~31.14	11.68	23	0.38~24.82	10.39	7
微量元素 $w_B/10^{-6}$	Cr	5.44~39.00	24.01	25	7.66~43.76	21.46	10	15.00~29.03	21.63	4
	Cu	5.94~832.30	365.02	25	27.05~1621.00	501.58	10	26.08~613.98	226.35	4
	Ga	0.63~65.54	23.59	25	2.25~153.05	32.15	10	1.87~44.30	20.58	4
	Ge	0.41~13.07	3.73	25	0.21~26.44	6.75	10	1.20~14.58	6.26	4
	Cd	3.58~1229.00	485.02	25	7.50~1206.00	411.75	10	11.68~960.40	446.80	4
	In	0.11~1.19	0.35	25	0.07~1.03	0.29	10	0.16~0.79	0.37	4
	Ag	2.00~69.34	26.09	25	1.86~52.68	21.16	10	1.51~66.00	26.13	4
采样地点		My1、My6、My7坑道			My19、My21坑道			Tj1、Tj2坑道		

注：由西北有色地质研究院测试中心测试；TFe=Fe_2O_3+FeO

（三）围岩蚀变

矿床围岩蚀变简单，主要为白云石化、硅化、方解石化、重晶石化、黄铁矿化，具中低温热液蚀变的特点。白云石化较普遍，围岩褪色现象明显，局部地段形成灰白色粉末，为重要的找矿标志。

（四）成矿期、成矿阶段划分和矿物生成顺序

根据矿石组构特征、矿脉之间穿插关系及矿物共生组合特征，将矿床成矿期划分为热液成矿期和表生氧化期。热液成矿期又可分为3个成矿阶段：①闪锌矿-黄铁矿阶段；②闪锌矿-方铅矿阶段；③闪锌矿-方铅矿-黄铁矿阶段（表3-15）。闪锌矿和方铅矿主要形成于闪锌矿-方铅矿成矿阶段和闪锌矿-方铅矿-黄铁矿阶段，黄铁矿的形成贯穿了整个成矿过程。

表3-15　成矿阶段的划分及矿物生成顺序表

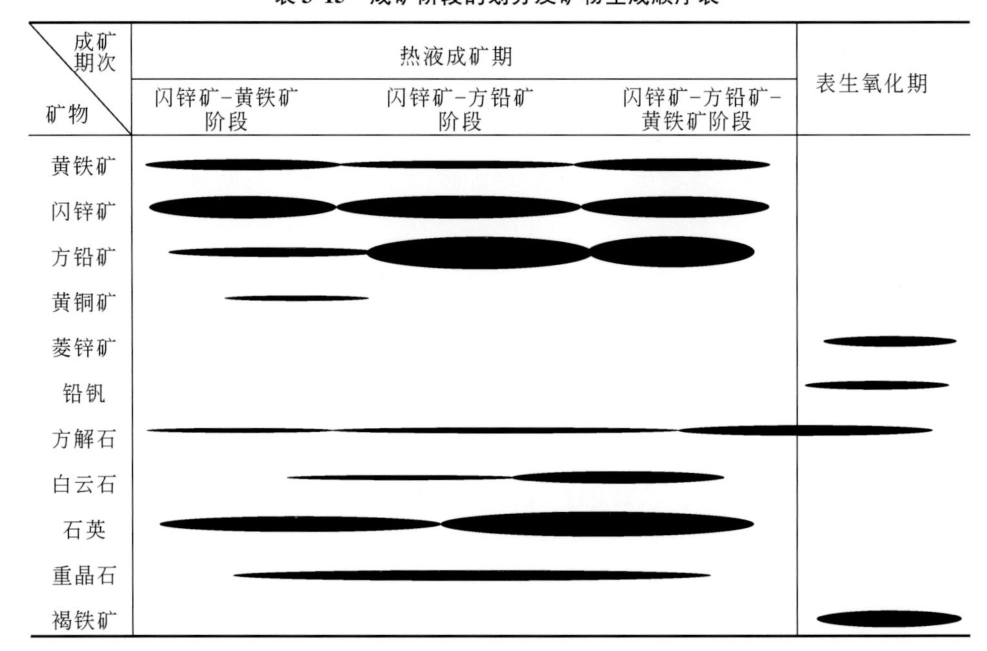

第七节　滇东北矿集区富锗铅锌矿床典型特征

通过会泽、毛坪、乐红、茂租、富乐厂、松梁等典型矿床的精细解剖及其他矿床的调研，滇东北矿集区富锗铅锌矿床具有如下典型地质特征（韩润生等，2012）。

（1）富：矿床平均品位特高（Pb+Zn为20%～35%，局部高达50%），明显不同于经典MVT、SEDEX等类型铅锌矿床（Pb+Zn为3%～10%）。

（2）大：矿床铅锌资源量可达大型-超大型规模，其矿床平面展布范围高度集中（图3-47）；单个矿体富铅锌和共生的Ge、Ag、Cd资源量也可达大型矿床规模（会泽富锗铅锌矿1号、8号、10号矿体；毛坪富锗铅锌矿Ⅰ号矿体群）。

图 3-47　典型矿床块状构造铅锌矿石照片

a、b. 毛坪富锗铅锌矿床；c、d. 会泽富锗铅锌矿床

a. 网脉状方铅矿（Gn）穿插于黑褐色闪锌矿（Sp_1）与褐色闪锌矿（Sp_2）中；b. 方铅矿（Gn）浸染于黑褐色闪锌矿（Sp_1）与褐色闪锌矿（Sp_2）中；c. 脉状黄铁矿（Py）、方铅矿（Gn）穿插于黑褐色闪锌矿（Sp_1）、棕色闪锌矿（Sp_2）中；d. 浸染状方铅矿（Gn）和细脉状方解石（Cal）穿插于黑褐色闪锌矿（Sp_1）、棕色闪锌矿（Sp_2）中

（3）多：矿石除富集 Pb、Zn 外，还富集 Ge、Ag、Cd、Ga、In 等共（伴）生组分。矿石组构特点突出（中粗晶粒状结构为主，块状构造矿石占绝对优势）（表 3-2）。

（4）深：因矿床明显受斜冲走滑断层及其派生的褶皱构造（即斜冲走滑-断褶构造）控制，不仅导致矿体与围岩界线截然（详见图 5-8，图 5-9），而且陡倾斜矿体垂向延深（会泽铅锌矿：>1900m）远大于其走向延长（会泽矿床：150～350m）（图 3-3，图 3-16），与造山带中断控脉状矿床特征大致一致（陈衍景，2007）。

（5）高：方解石流体包裹体均一温度为 183～221℃，盐度为 13%～18% $NaCl_{eq}$，而深色闪锌矿和石英流体包裹体均一温度集中在 200～355℃，盐度为 1.8%～4% $NaCl_{eq}$（Han et al., 2010）；流体包裹体类型除富液相的气液两相（$L_{H_2O}+V_{H_2O}$）、纯液相（L_{H_2O}）外，还存在含子晶三相（$S+L_{H_2O}+V_{H_2O}$）、含 CO_2 三相（$V_{CO_2}+L_{CO_2}+L_{H_2O}$）、纯气相（$V_{H_2O}$）流体包裹体，气相组分中含 $CO_2+CH_4+N_2$（韩润生等，2007；Han et al., 2004，2007）（第七章详述）。该特点反映了成矿过程中流体发生了气-液分异作用。

（6）强：（铁）白云石化分布范围广且强，围绕矿体大致对称出现“（铁）白云石化、硅化、黄铁矿化→白云石化、方解石化→白云石化”的蚀变分带规律（第五章详述）。

（7）层：矿床赋存于中元古界—三叠系多个层位的蚀变碳酸盐岩的层间断裂带中，特别是热液蚀变形成的中粗晶白云岩中。因此，“多层位”成矿是该类矿床的重要特色之一。研究发现，在中元古界昆阳群（会理群）、新元古界震旦系，古生界寒武系、奥陶系、泥盆系（宰格组）、石炭系（摆佐组、威宁组）、二叠系（栖霞-茅口组）均有铅锌矿床产出（表3-16），进一步证明该类矿床明显受构造和蚀变碳酸盐岩控制，并非受地层控制。成矿流体不局限于某一特定层位的构造系统中沉淀成矿。也就是说，成矿流体可在不同层位的成矿构造系统中沉淀成矿，从而明显拓展了找矿空间。因此，“多层位”找矿是滇东北矿集区的重要方向。会泽富锗铅锌矿床深部找矿就是其突出实例：长期以来，认为下石炭统摆佐组是重要的赋矿层位，也是浅部勘查的重要经验之一。通过大量深入研究，发现该矿床直接产于矿山厂、麒麟厂斜冲断裂上盘背斜的层间断裂带中，并非受地层控制而受构造和蚀变白云岩控制，矿体受地层控制是一种假象。近期在矿山厂深部发现震旦系灯影组中赋存网脉状铅锌矿体和块状矿体。而且，浅部、深部矿体的矿化结构明显，从浅部到深部，上部矿体呈NE-SW向左列式断续分布于主断裂上盘的压扭性层间断裂带内，且向SW向侧伏；深部矿体为震旦系中的脉状铅锌矿体，其矿物组合分带大体与上部矿体的特征类似。毛坪富锗铅锌矿床也是其典型实例之一，矿体不仅赋存于上泥盆统宰格组的层间断裂带内，而且还赋存于摆佐组、威宁组白云岩的层间断裂带中。

（8）带：矿体中矿物组合分带规律明显：从矿体底板到顶板，呈现黄铁矿+深色闪锌矿+石英+铁白云石→褐色-玫瑰色闪锌矿+方铅矿→黄铁矿+方解石+白云石的分带规律。乐红铅锌矿床内带以闪锌矿为主，外带渐变为黄铁矿带。

表3-16　川滇黔接壤区铅锌矿床、矿（化）点统计结果

不同赋矿地层岩性简述	规模及统计结果							代表矿床
	大型	中型	小型	矿点	矿化点	小计	占总矿床数的百分比/%	
三叠系泥灰岩、灰岩及砂泥岩					3	3	0.70	仅为矿点
上二叠统峨眉山玄武岩					1	1	0.16	仅为矿点
二叠系白云质灰岩	2		3	9	8	22	5.11	云南罗平富乐厂、乐马厂，贵州垭都、猪拱塘
中下石炭统粗晶白云岩、白云质灰岩	3	3	13	39	12	70	17.16	云南会泽矿山厂、麒麟厂、毛坪
上泥盆统中粗晶白云岩	1	1	7	20	30	59	14.68	云南毛坪
志留系灰岩夹砂泥岩		1	5	3	5	14	3.48	四川宝兴寨子坪
奥陶系白云岩、白云质灰岩		2	2	9	26	39	9.70	四川布托乌依
寒武系硅化灰岩、白云质灰岩及砂页岩		1	3	26	41	71	17.66	四川大梁子、甘洛老林，云南会泽韩家村

续表

不同赋矿地层岩性简述	规模及统计结果							代表矿床
	大型	中型	小型	矿点	矿化点	小计	占总矿床数的百分比/%	
震旦系白云岩、白云质灰岩	4	7	15	28	55	109	26.87	云南茂租、松梁、会泽、乐红金沙厂，四川天宝山、火德红
元古宇昆阳群（会理群）白云岩	1		2	6	9	18	4.48	四川会理小石房，云南会泽老鹰箐

本章小结

本章通过对会泽、毛坪、乐红、茂租、富乐厂、松梁等典型矿床的精细解剖，详细阐述了上述矿床的矿区地质和矿床地质特征，进一步总结了滇东北矿集区富锗铅锌矿床具有的"富、大、多、深、高、强、层、带"的典型特征，为陆内走滑断褶构造控矿论、流体"贯入"-交代成矿论和深部找矿勘查技术研发及应用奠定了基础。

参考文献

白俊豪．2013．滇东北金沙厂铅锌矿床地球化学及成因．中国科学院大学博士学位论文．

陈衍景，倪培，范洪瑞，等．2007．不同类型热液金矿系统的流体包裹体特征．矿物学报，27（s1）：2085-2108.

丁德生．2007．乐红铅锌矿床综合找矿模型的建立及重要性．有色金属设计，34（2）：11-20.

耿元生．2008．扬子地台西缘变质基底演化．北京：地质出版社．

韩润生，陈进，黄智龙，等．2006．构造成矿动力学及隐伏矿定位预测：以云南会泽超大型铅锌（银、锗）矿床为例．北京：科学出版社．

韩润生，邹海俊，胡彬，等．2007．云南毛坪铅锌（银、锗）矿床流体包裹体特征及成矿流体来源（英文）．岩石学报，23（9）：2109-2118.

韩润生，胡煜昭，罗大峰，等．2011．滇东北富锗铅锌矿床成矿构造背景讨论．矿物学报，（s1）：200-201.

韩润生，胡煜昭，王学琨，等．2012．滇东北富锗银铅锌多金属矿集区矿床模型．地质学报，86（2）：280-294.

黄典豪．2000．云南乐红铅锌矿床氧化带中异极矿的矿物学特征及其意义．岩石矿物学杂志，19（4）：349-354.

黄智龙．2004．云南会泽超大型铅锌矿床地球化学及成因 兼论峨眉山玄武岩与铅锌成矿的关系．北京：地质出版社．

黎彤．1990．地球和地壳的化学元素丰度．北京：地质出版社．

柳贺昌，林文达．1999．滇东北铅锌银矿床规律研究．昆明：云南大学出版社．

门倩妮，刘玲，温良，等．2015．电感耦合等离子体质谱法测定碳酸盐岩中30种痕量元素及干扰校正研究.岩矿测试，34（4）：420- 423.

云南驰宏锌锗股份有限公司会泽矿业分公司．2016．会泽超大型铅锌矿床深部及外围隐伏矿找矿预测及增储研究．

云南省地质矿产勘查开发局第一地质大队．1998．云南省巧家县大石包铅锌矿扶贫勘查地质工作设计．

云南省地质矿产勘查开发局第一地质大队 . 2010. 云南省鲁甸县乐红铅锌矿详查报告 .

张文佑 . 1984. 断块构造导论 . 北京：石油工业出版社 .

张云湘 . 1988. 攀西裂谷 . 北京：地质出版社 .

张云新，吴越，田广，等 . 2014. 云南乐红铅锌矿床成矿时代与成矿物质来源：Rb-Sr 和 S 同位素制约 . 矿物学报，34（3）：305-311.

张自洋 . 2003. 乐红铅锌矿矿床地质与成因分析 . 云南地质，22（1）：97-106.

周云满 . 2003. 滇东北乐红铅锌矿床地质特征及找矿远景 . 地球与环境，31（4）：16-21.

Corbella M, Ayora C, Cardellach E. 2004. Hydrothermal mixing, carbonate dissolution and sulfide precipitation in Mississippi Valley-type deposits. Mineralium Deposita, 39 (3): 344-357.

Han R S, Liu C Q, Huang Z L, et al. 2004. Sources of ore-forming fluid in Huize Zn-Pb- (Ag-Ge) district, Yunnan, China. Acta Geologica Sinica, 78 (2): 583-591.

Han R S, Liu C Q, Huang Z L, et al. 2007. Geological featares and origin of the Huize carbonate-hosted Zn-Pb-(Ag) district, Yunnan. Ore Geology Reviews, 31: 360-383.

Han R S, Li B, Ni P. 2010. Genesis of the Huize zinclead deposit from an infrared microthermometic study of fluid inchusions in sphalerite, Yunnan, China. Geochimica et Cosmochimica Acta, 74 (12): A377.

Leach D L, Sangster D F. 1993. Mississippi Valley-type lead-zinc deposits. Geological Association of Canada-Special Paper, 40: 289-314.

Leach D L, Sangster D F, Kelley K D, et al. 2005. Sediment-hosted lead-zinc deposits: A global perspective. Economic Geology, 100: 561-607.

Taylor S R. 1964. Abundance of chemical elements in the continental crust: A new table. Geochimica et Cosmochimica Acta, 28 (8): 1273-1285.

Taylor S R, Mclennan S M. 1985. The continental crust: Its composition and evolution, an examination of the geochemical record preserved in sedimentary rocks. Journal of Geology, 94 (4): 632-633.

Zartman R E, Haines S M. 1988. The plumbotectonic model for Pb isotopic systematics among major terrestrial reservoirs: A case for bi-directional transport. Geochimica et Cosmochimica Acta, 52 (6): 1327-1339.

第四章　陆内走滑断褶构造控矿论

基于川滇黔接壤区成矿构造背景与区域构造解析、构造专项填图、物探剖面解译，提出了控制富锗铅锌矿床分布的陆内走滑断褶构造控矿论。

第一节　陆内走滑断褶构造系统形成的区域动力学背景

一、陆内走滑断褶构造系统

综合地质填图、区域构造解析及物探勘探成果（图4-1），研究表明印支期印支陆块向扬子陆块碰撞导致包括中越交界的八布-Phu-Ngu洋、越北香葩岛-海南屯昌一带洋盆在内的古特提斯洋关闭，形成南盘江-右江造山带。同时，区域构造应力向扬子陆块内传导，在川滇黔接壤区形成空间分布具广泛性、类型具分区性和多样性的陆内走滑断褶构造系统：在滇东北矿集区形成NE向左行斜冲走滑-断褶带，在黔西北矿集区形成NW向斜落走滑-断褶带，在川西南基底构造层内形成近SN向左行走滑断裂带（图4-1），从而使成矿流体呈旋涡状圈闭于该构造系统中。该构造事件使新元古代—古生代被动陆缘裂陷盆地大规模构造变形，驱动成矿流体大规模运移，并聚集在陆内走滑构造系统内的走滑断褶带或断裂带中，因构造-流体多重耦合作用（详见第九章），形成线状、带状展布的（铁）白云石化蚀变，导致成矿流体卸载与聚集成矿，最终形成一批大型-超大型富锗铅锌矿床（图4-2）。

通过会泽、毛坪、茂租、富乐厂、乐红、松梁等富锗铅锌矿床构造解析，综合黔西北、川西南矿集区控矿/成矿构造研究，认为川滇黔接壤区中铅锌矿集区、矿田、矿床和矿体（脉）均受陆内走滑构造系统控制。陆内走滑构造作用驱动深源流体沿走滑断褶带向浅部大规模运移，被断褶构造带和花状构造圈闭聚集成矿。

二、走滑断褶构造分级控矿系统

综合地质构造分析和地球物理探测等成果，认为川滇黔接壤区不同级次构造分别控制了矿集区、矿田（床）和矿体：陆内走滑构造系统控制了川滇黔富锗铅锌成矿区的分布；不同方向斜向走滑-断褶带控制大型矿集区，如NE向斜冲走滑-断褶构造带、NW向斜落走滑-断褶构造带、近SN向断裂带分别控制滇东北、黔西北、川西南矿集区的展布；断褶构造组合控制

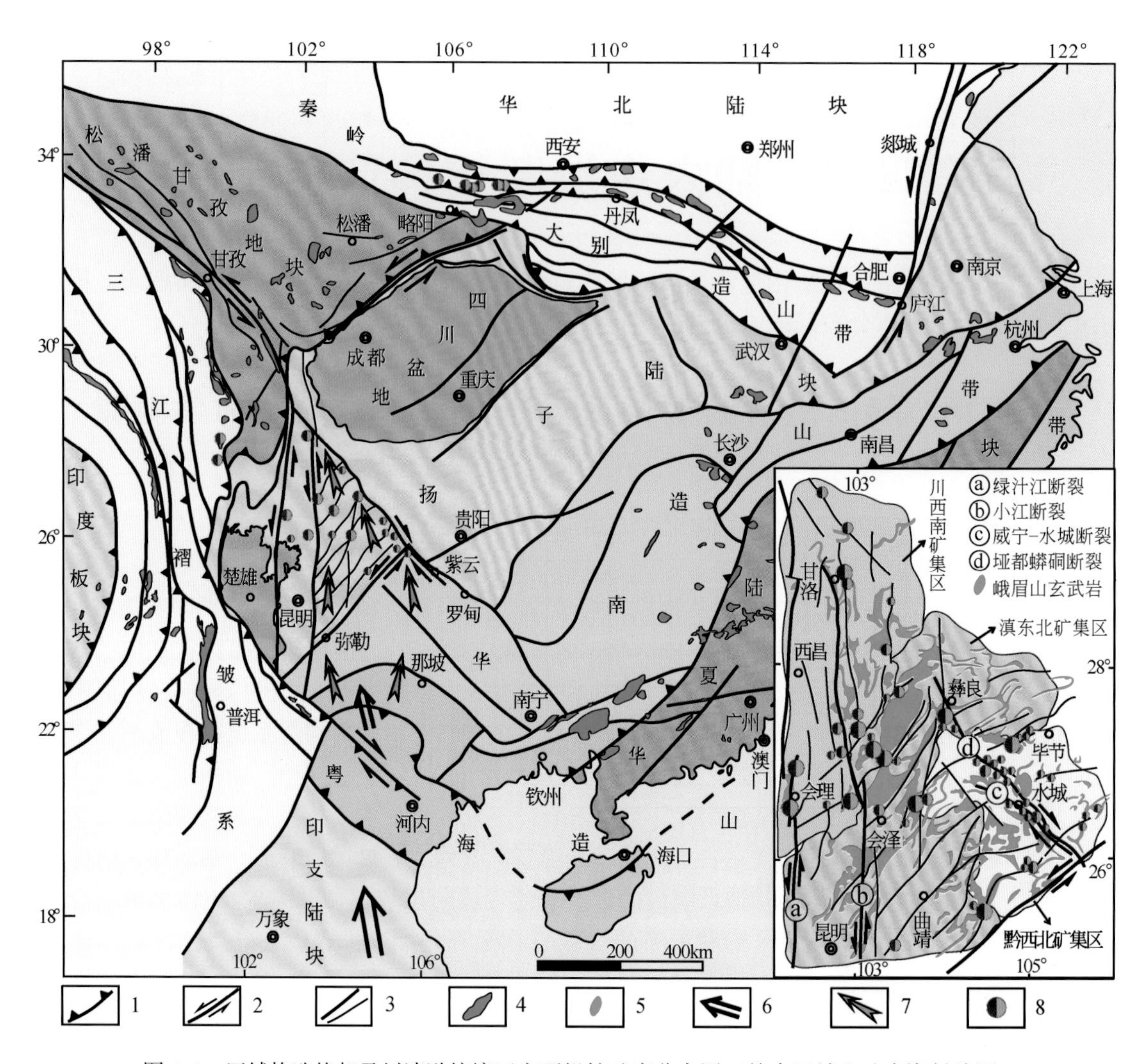

图 4-1 区域构造格架及川滇黔接壤区主要铅锌矿床分布图（综合区域和矿床资料编图）

1. 结合带；2. 走滑断裂；3. 深断裂/主要断层；4. 印支期中酸性岩；5. 峨眉山玄武岩；6. 构造应力方向；7. 成矿流体流向；8. 铅锌矿床

了富锗铅锌矿田，如滇东北矿集区的会泽–牛街断褶带，控制了包括毛坪、放马坝、云炉河、洛泽河等铅锌矿床组成的昭通铅锌矿田；东川–镇雄断褶带控制了会泽、雨禄、待补等铅锌矿床在内的会泽铅锌矿田；断褶构造控制富锗铅锌矿床分布，如矿山厂、麒麟厂、银厂坡斜冲断层和上盘褶皱（断褶构造）分别控制了会泽矿山厂、麒麟厂大型富锗铅锌矿床及银厂坡中型富锗铅锌矿床；次级 NE 向左行压扭性断裂（层间断裂带）、NW 向张扭性断层控制矿体（脉），如会泽矿山厂、麒麟厂、银厂坡斜冲断层上盘的蚀变白云岩中 NE 向左行压扭性层间断裂带直接控制了富厚矿体的展布（韩润生等，2014）（图 4-3 ~ 图 4-6）。

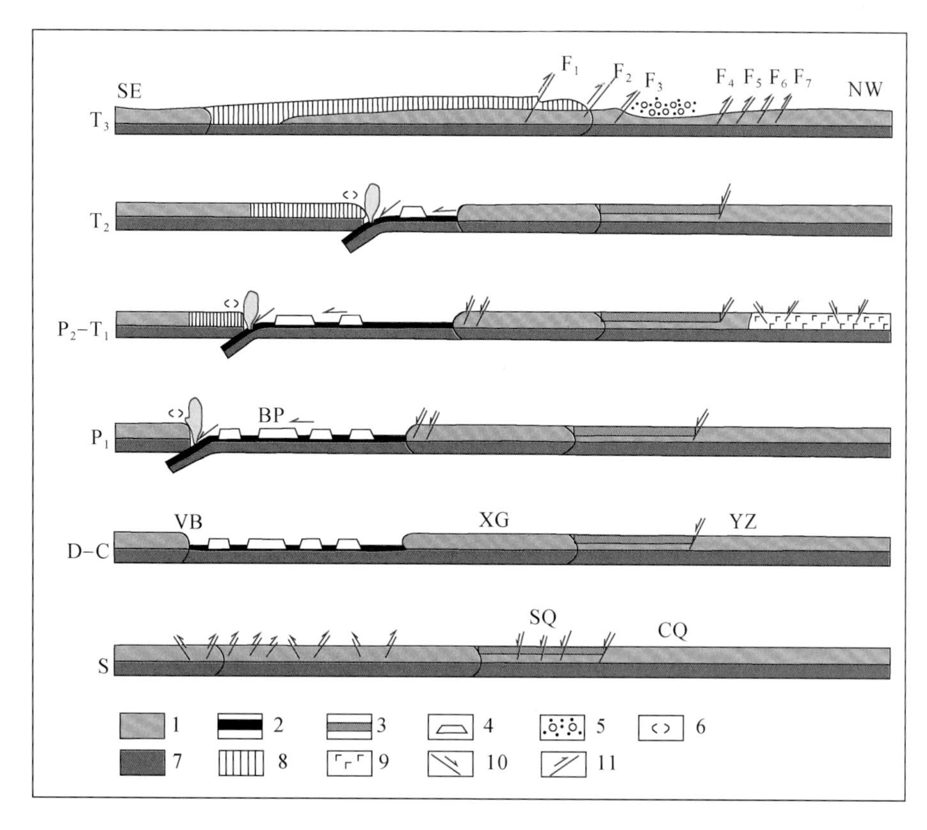

图 4-2　川滇黔地区斜冲走滑-断褶构造带与构造演化示意图（据马力等，2004 修绘）

1. 大陆地壳；2. 大洋地壳；3. 坡积沉积；4. 洋岛；5. 磨拉石；6. 逆冲断层；7. 地幔岩石圈；8. 岛弧或大陆活动边缘；9. 增生楔；10. 玄武岩；11. 正断层。SQ. 黔南斜坡；CQ. 黔中隆起；VB. 越北地块；BP. 八布-Phu-Ngu 洋盆；XG. 湘桂地块；YZ. 扬子地块。冲断褶皱带：F_1. 右江；F_2. 贞丰；F_3. 垭紫罗；F_4. 东川-镇雄；F_5. 会泽-牛街；F_6. 鲁甸-盐津；F_7. 永善-绥江

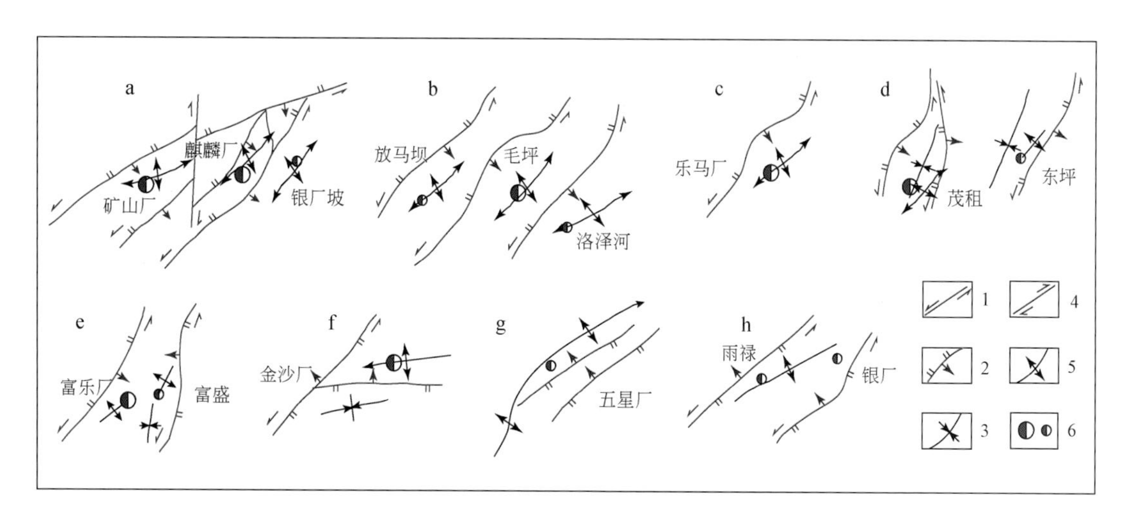

图 4-3　滇东北矿集区主要典型矿床断褶构造解析平面图

1. 左行扭性断裂；2. 压扭性断裂；3. 向斜；4. 右行扭性断裂；5. 背斜；6. 大中型铅锌矿床

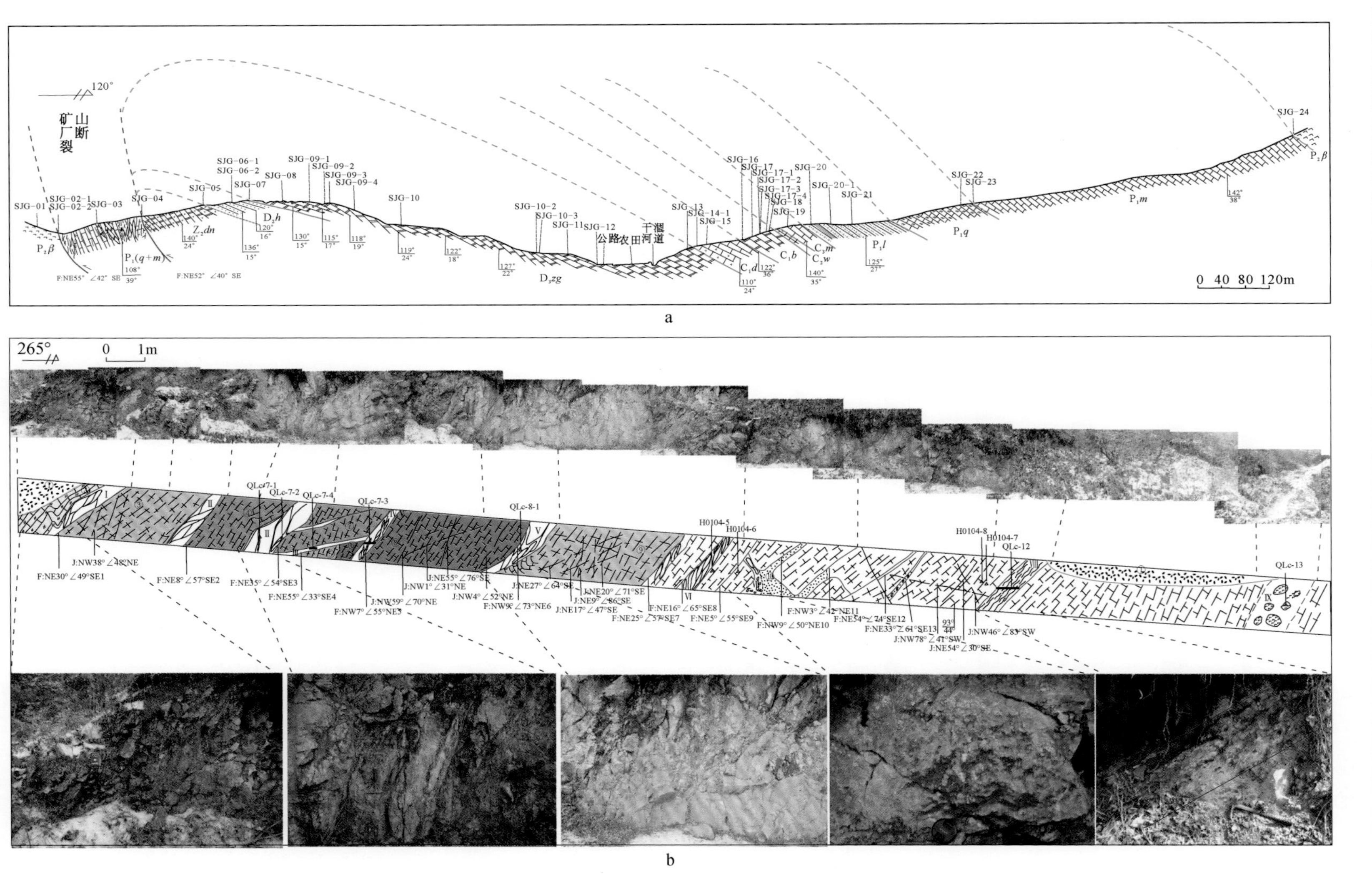

图4-4　会泽富锗铅锌矿区孙家沟矿山厂断褶构造(a)和水砂充填站麒麟厂断裂带(b)实测剖面图

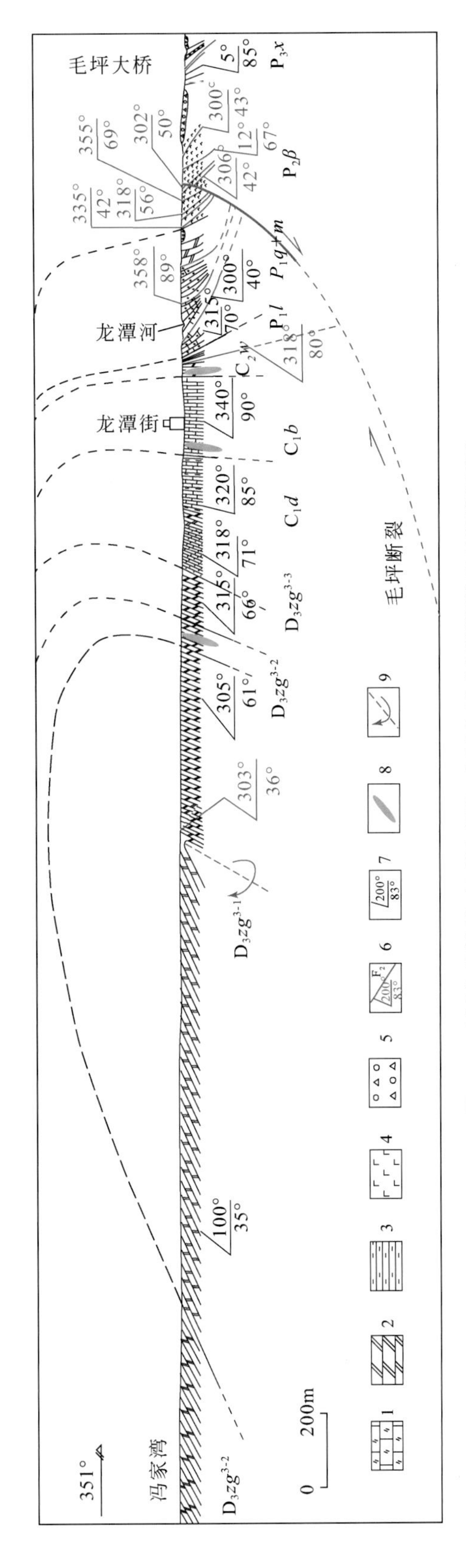

图4-5　毛坪富锗铅锌矿区冯家湾-毛坪大桥毛坪断褶构造实测剖面图

1.白云质灰岩；2.白云岩；3.泥质砂岩；4.玄武岩；5.第四系浮土；6.断层；7.产状；8.矿体投影；9.倒转背斜

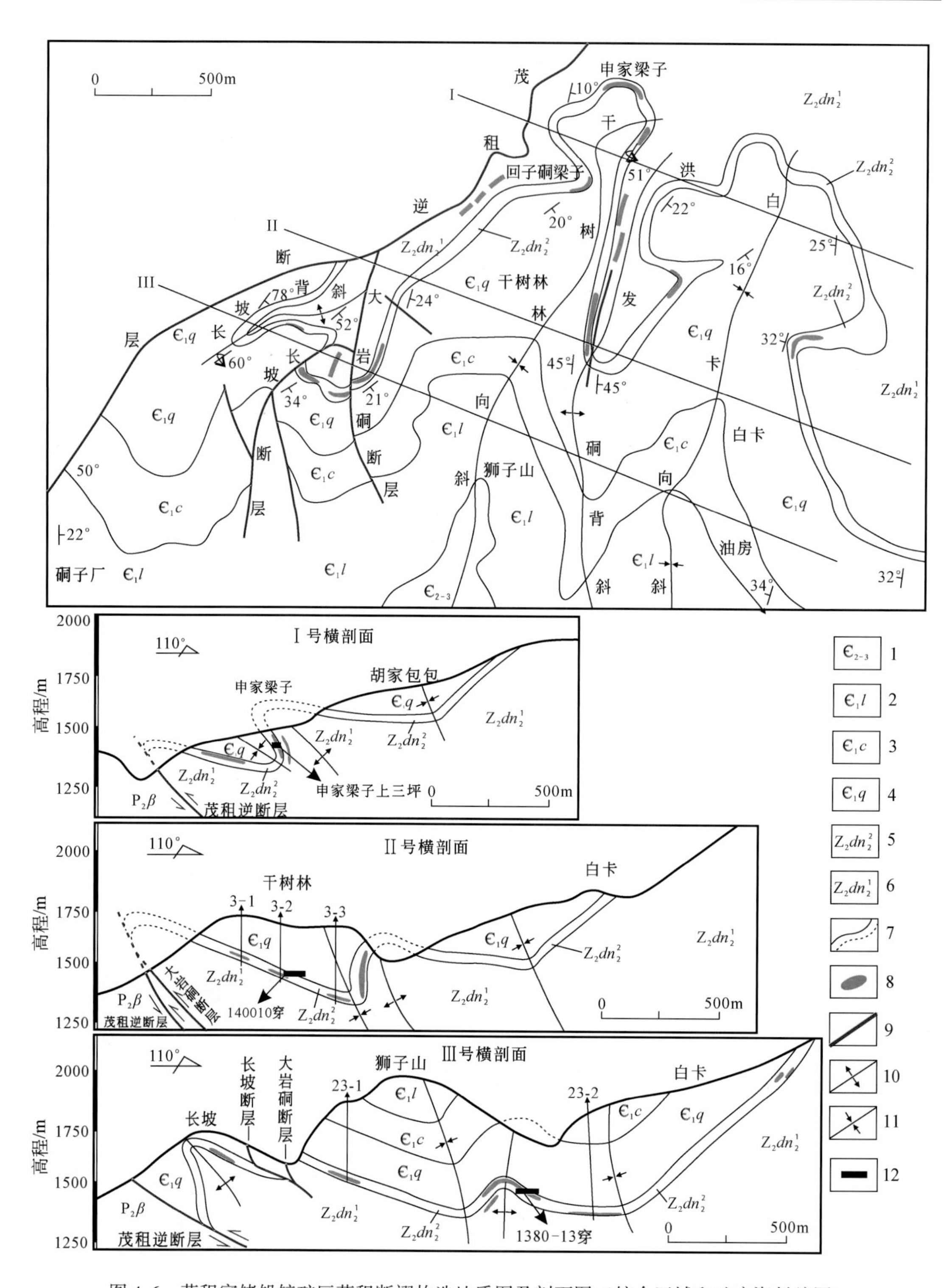

图 4-6　茂租富锗铅锌矿区茂租断褶构造地质图及剖面图（综合区域和矿床资料编图）

1. 中-上寒武统；2. 龙王庙组；3. 沧浪铺组；4. 筇竹寺组；5. 上震旦统灯影组上段；6. 上震旦统灯影组下段；7. 实测及推测地质界线；8. 矿体；9. 断层；10. 向斜轴；11. 背斜轴；12. 坑道

三、斜冲走滑–断褶构造的力学分析

综合典型矿床构造解析及其控矿/成矿规律（本章第四节详述），认为滇东北矿集区一系列断褶构造的主断层在成矿期发生了左行斜冲作用，斜冲断层具左行压扭性的力学性质（图4-3）；构造变形以脆性变形为主，主要构造岩为碎裂岩–碎斑岩–碎粒岩–碎粉岩，局部见粒化岩–构造片岩和初糜棱岩。这些NE向斜冲走滑–断褶构造均为NW–SE向最大主应力作用的产物（图4-7）。

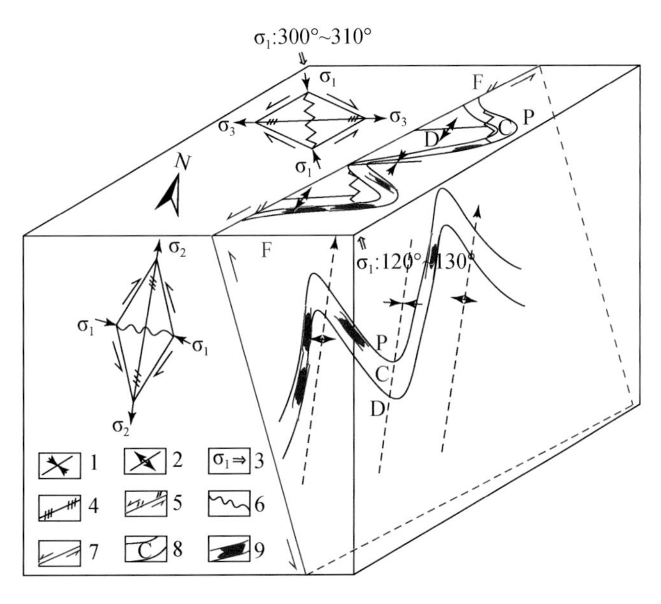

图4-7　滇东北矿集区斜冲走滑–断褶构造力学性质的空间分析示意图（Han et al.，2015）

1. 向斜；2. 背斜；3. 主压应力方向；4. 压扭性结构面；5. 斜冲断层；6. 张性结构面；7. 断裂运动方向；8. 地层；9. 层间断裂带中的矿体

第二节　斜冲走滑–断褶构造的深部结构及构造组合样式

一、斜冲走滑–断褶构造的深部结构

根据会泽铅锌矿区两条代表性的MT剖面测量及其成果解译，矿山厂、麒麟厂斜冲断层在深部逐渐变缓，矿山厂断裂最大延深可达–500m高程，麒麟厂断裂最大延深可达0m平面，据此推测两条斜冲断层控制的深部矿体延深可达–500～0m高程（图4-8）。这一推断不仅为会泽矿区深部找矿预测提供了地球物理依据，而且也为矿山厂三号深竖井的设计提出了重要的科学依据。

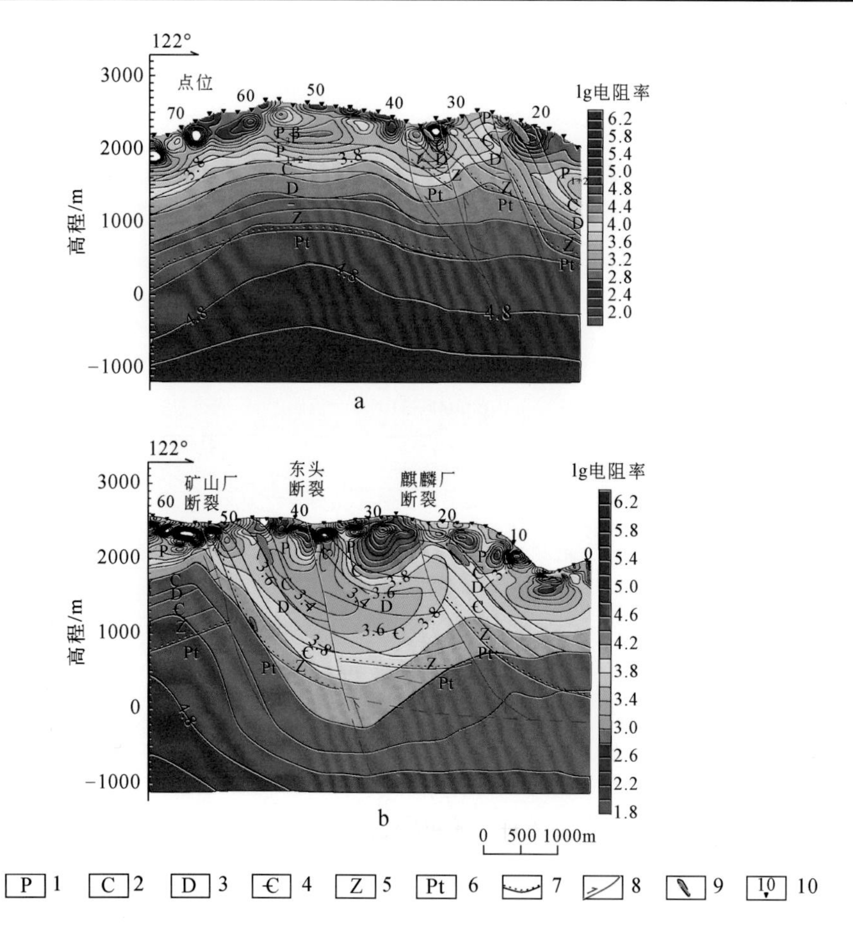

图 4-8 会泽富锗铅锌矿区 59 号（a）与 120 号（b）剖面线 MT 测量成果解译图

1. 二叠系；2. 石炭系；3. 泥盆系；4. 寒武系；5. 震旦系；6. 元古宇昆阳群；7. 角度不整合；8. 断裂；9. 矿体；10. 点号点位

二、断褶构造组合样式

滇东北矿集区主要的断褶构造组合样式包括同斜式、对倾式、背倾式及单斜式（图 4-9，图 4-10）。其中，同斜式断褶构造以会泽、毛坪富锗铅锌矿为代表；对倾式断褶构造以茂租、富乐厂、小河、东坪富锗铅锌矿为代表；背倾式断褶构造以乐红富锗铅锌矿为代表；单斜式断褶构造以乐马厂、雨禄、金沙厂富锗铅锌矿为代表。

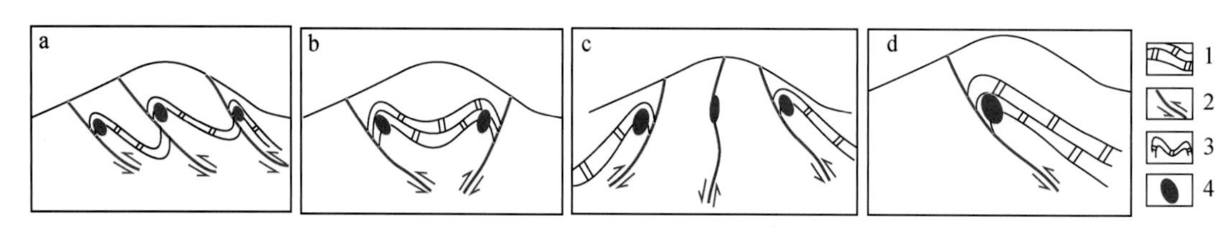

图 4-9 滇东北矿集区主要的断褶构造组合样式示意图

a. 同斜式；b. 对倾式；c. 背倾式；d. 单斜式。1. 蚀变碳酸盐岩；2. 斜冲断层；3. 褶皱；4. 矿床（体）

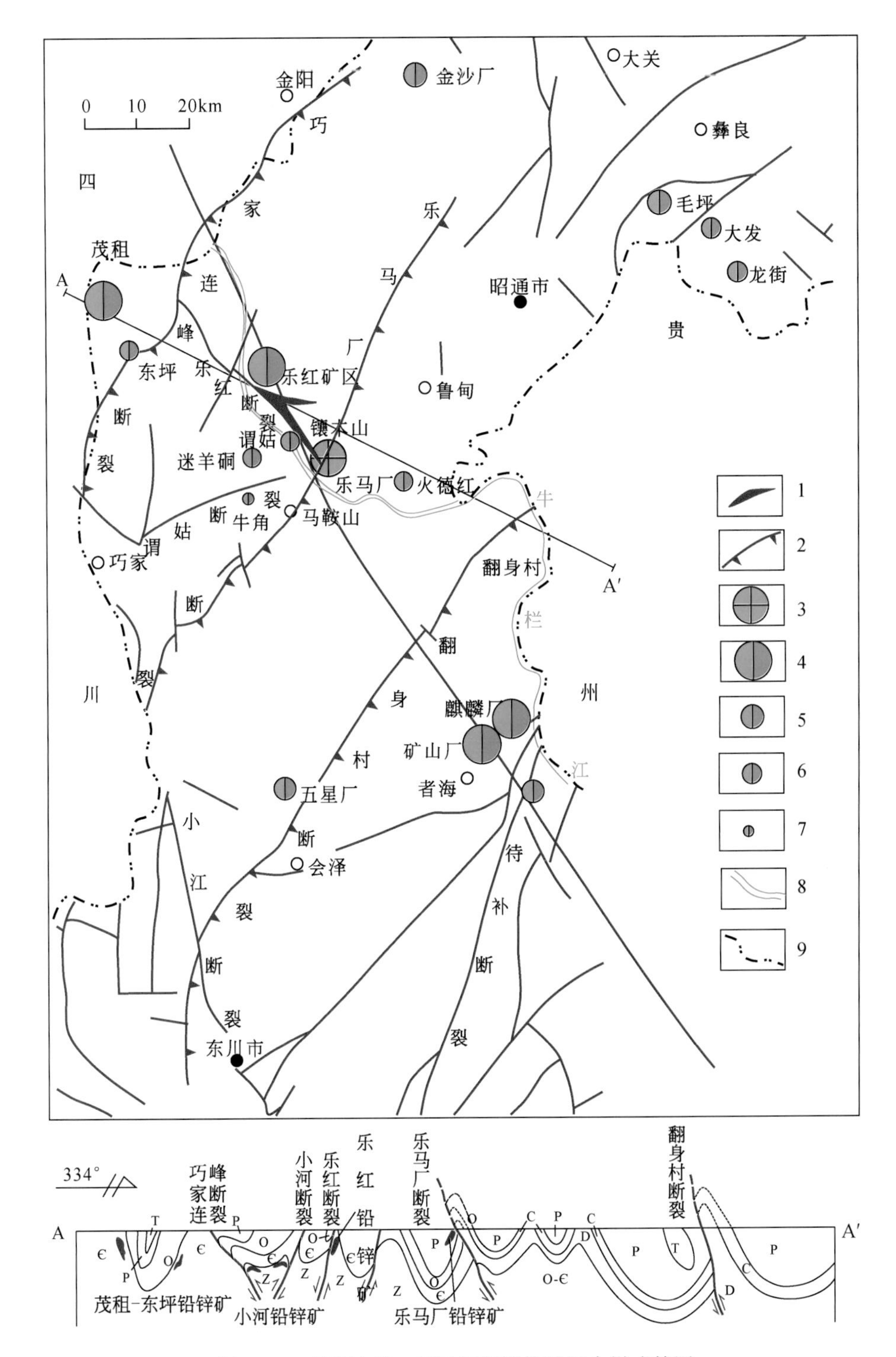

图4-10　巧家连峰、乐马厂断褶构造组合样式简图

1. 矿床和矿体露头；2. 斜冲断层与其他断层；3. 超大型银铅锌矿床；4. 大型富锗铅锌矿床；5. 中型富锗铅锌矿床；6. 小型富锗铅锌矿床；7. 铅锌矿点；8. 河流；9. 省界

第三节　走滑断褶带与成矿地质体

一、成矿地质作用与成矿地质体

矿床的成矿地质体的概念，已在第二章做了讨论。解决该类矿床的找矿方向，关键是厘定富锗铅锌矿床的成矿地质体，其重点是确定主要的成矿地质作用。究竟是赋矿地层上覆的红层盆地，还是赋矿层位，还是控制矿床的构造带？这一问题一直未有定论。

“时间、空间、物源、能量”四要素的研究证明，走滑断褶作用是该类矿床最主要的成矿地质作用，热液白云岩蚀变体是走滑构造驱动流体成岩成矿的产物。因此，该类矿床的成矿地质体为控制中粗晶白云岩、针孔状粗晶白云岩蚀变体的走滑断褶带。该结论为解决长期困扰该类矿床找矿方向这一难题提供了理论依据。

时间上，在滇东北矿集区，斜冲走滑-断褶构造形成时代与矿床成矿时代一致，成矿作用主体发生于200～230Ma（韩润生等，2014），且与滇东北地区玄武岩中自然铜矿床的成矿年龄（226～228Ma）（朱炳泉等，2005）一致，川滇黔多金属成矿域铅、锌、铜成矿作用属于统一的成矿事件（印支晚期富锗铅锌成矿事件）（韩润生等，2014）；在空间上，铅锌矿体赋存于断褶构造上盘的左行压扭性断裂带中，其成矿地质体与成矿空间的关系密切；在与矿源、流体来源的关系上，通过Sr-Nd-Pb、C-H-O-S同位素示踪，以及流体包裹体地球化学、构造岩稀土元素地球化学等研究（Han et al.，2012），认为主要矿质来源于富含铅、锌、锗等矿质的褶皱基底（昆阳群、会理群等）和深源，成矿流体具深源和三叠纪红层盆地两种来源；在与热源的关系上，斜冲走滑-断褶作用的动力驱动和产生的热能使成矿流体从深部沿走滑断褶带、不整合面或假整合面向浅部运移，在蚀变白云岩中发育的断裂带内沉淀成矿。

二、走滑断褶带控制的热液白云岩的判别标志

在滇东北矿集区断褶构造主断裂上盘的压扭性断裂带及其热液白云岩蚀变带是成矿地质体的重要判别标志。其中带（线）状分布的粗晶白云岩受断褶构造所控制，是热液白云石化作用（HTD）的产物（详见第五章）。热液白云岩（HTD白云岩）是构造驱动流体运移发生水-岩作用的重要标志，其岩性分带、热液作用强度、显微构造特征对矿体产出具有重要的指示意义（图4-11）。

HTD白云岩的判别标志如下。

1）宏观特征

热液白云石化作用与铅锌矿化作用优先发生在断褶构造之上盘，HTD白云岩发育大量的呈线状与面状分布裂隙或溶孔。

2）微观矿物特征

（1）鞍状白云石多为肉红色、灰白色、乳白色、灰色或棕色的亮晶白云石晶体，具有

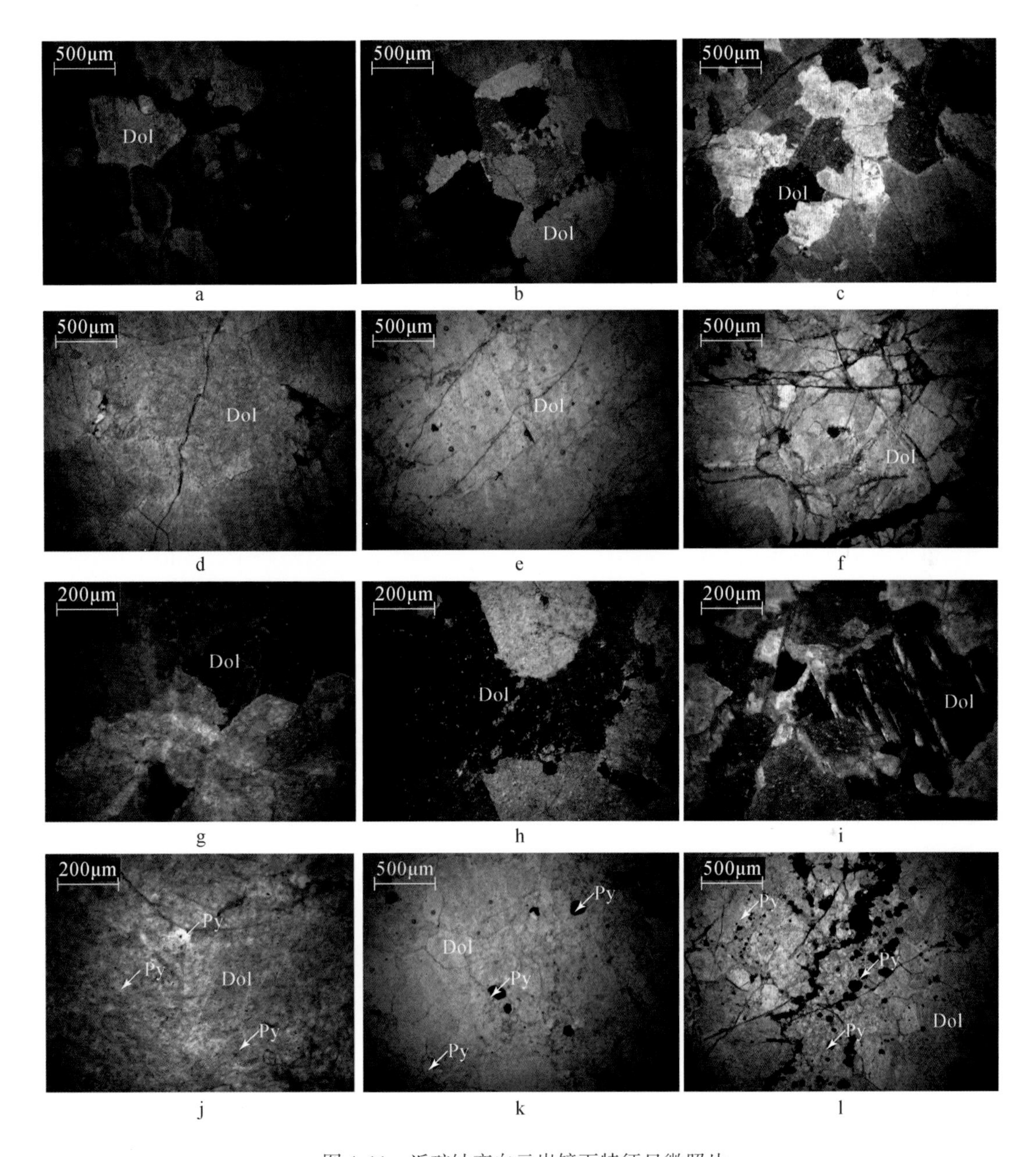

图4-11　近矿蚀变白云岩镜下特征显微照片

a. 粒状白云石具不规则晶边，发育动态重结晶的细小晶粒、环带状与镶嵌式消光，（+）；b. 粒状白云石具不规则晶边，发育动态重结晶的细小晶粒、环带状与镶嵌式消光，（+）；c. 粒状白云石具不规则晶边，发育动态重结晶的细小晶粒、环带状与镶嵌式消光，（+）；d. 少量裂隙在白云石中发育，（-）；e. 中等裂隙与散点状黄铁矿在白云石中发育，（-）；f. 大量裂隙在白云石中发育，（-）；g. 细条纹状双晶发育在白云石中，（+）；h. 条纹状双晶发育在白云石中，（+）；i. 宽条纹状双晶发育在白云石中，（+）；j. 黄铁矿呈散点状嵌布于白云石中，（-）；k. 黄铁矿呈浸染状分布于白云石中，（-）；l. 沿白云石裂隙分布大量细粒状不同世代的黄铁矿，（-）。Dol. 白云石；Py. 黄铁矿

独特的尖顶、弯曲晶面（弯月刀状），他形鞍状、曲面鞍形、曲面接触、晶内微裂隙、溶孔，波状消光，珍珠光泽，流体包裹体发育，晶内微量元素变化复杂。

（2）白云石通常作为铸模孔、晶洞和裂缝的胶结物。

（3）常见因剪切作用形成微裂缝而被鞍状白云石充填的斑马纹构造和白云岩角砾。

（4）可见与热液作用的产物（黄铁矿、方解石、闪锌矿、方铅矿、重晶石等）共生，其分布受压扭性断裂控制，集中分布于断裂上盘的扩容空间内，发育晶洞充填物。

（5）HTD 白云石主要具中粗晶-粗晶半自形-他形粒状、雾心亮边、环带结构。

（6）鞍状白云石具基质交代型和孔-缝充填型，在 HTD 白云岩与灰岩狭窄过渡带，伴随鞍状白云石形成斑马状、角砾状构造。

（7）NW 向张扭性断裂带中发育网脉状白云石化，其白云石均一温度高（250 ~ 438℃），盐度变化大（3.4% ~ 17.2% $NaCl_{eq}$），沸腾作用显著；NE 向压扭性断裂带发育白云石化，其均一温度较高（180 ~ 354℃），盐度偏低（1.1% ~ 5.9% $NaCl_{eq}$）。

因此，HTD 白云岩是中-高温（250 ~ 440℃）成岩成矿作用的产物，佐证了深源流体参与了成矿作用。

第四节　构造控矿作用与成矿构造体系

基于矿田地质力学理论与方法（孙家骢和韩润生，2016），通过对斜冲走滑-断褶构造的精细解析，研究了会泽、毛坪、乐红、富乐厂等大型-超大型富锗铅锌矿床构造的几何学、运动学、力学、物质学、年代学及其动力学特征，总结了构造控矿规律，进一步厘定了滇东北矿集区成矿构造体系。

一、会泽超大型富锗铅锌矿床

韩润生等（2007）论述了会泽矿区不同方向构造的控矿特征，现概括总结其成矿构造系统和成矿结构面及其控矿规律。

（一）成矿构造系统、成矿结构面及其控矿特征

1. 成矿构造系统

根据断裂构造力学性质、空间形态特征、活动期次、物质成分、应力作用方式和褶皱类型、规模、产状、形态、空间组合，以及与区域构造的关系，认为斜冲走滑-断褶构造是该矿床的成矿构造系统，可分为断裂构造亚系统和褶皱构造亚系统，其中后者是伴随断裂构造亚系统的发生而发展的，是同一构造应力场持续作用的产物。滇东北矿集区东川-镇雄构造带控制了会泽、雨禄、待补等富锗铅锌矿床组成的矿田分布（图 4-1，图 4-3）；矿山厂、麒麟厂、银厂坡断褶构造控制了会泽超大型富锗铅锌矿床的展布（图 4-3）；矿山厂、麒麟厂斜冲断层上盘的 NE 向左行压扭性层间断裂带控制了富厚矿体的赋存（图 4-1，图 4-3）。

2. 成矿结构面及其控矿特征

成矿结构面是指成矿作用过程中赋存矿体的显性或隐性存在的岩石物理化学性质不连续面（叶天竺，2010）。因此，该矿床成矿结构面主要为断裂构造、蚀变岩相转化界面两类结

构面。两类成矿结构面的组合共同控制了矿体的展布，蚀变岩相转化界面是在断裂构造的基础上形成和发展的。

1）断裂构造成矿结构面

断裂构造结构面力学性质分析不仅是认识矿区构造力学性质的基础，也是识别矿床导矿构造、配矿构造和储矿构造必不可少的条件，而且在构造体系划分、构造与成矿的关系判断及隐伏矿预测方面有重要意义。

主要断裂构造岩类型：矿区主要发育 NE 向、近 SN 向、NNW 向、NW 向断裂，近 EW 向断裂不发育。NE 向断裂以脆性变形的碎粒岩最发育，可见脆塑性形变的初糜棱岩、糜棱岩、糜棱岩化碎裂岩，反映该断裂经历了多期构造活动；近 SN 向断裂以发育脆性形变构造岩为特征，脆塑性形变发育片理化，以碎裂岩为主，还有碎斑岩、碎粒岩；NNW 向断裂以发育脆性形变碎裂岩为特征（表 4-1）。从 $D_3zg \to C_1b$，成矿断裂的构造岩呈规律性的变化：碎裂岩-碎斑岩、透镜体化粒化岩带→碎裂灰岩带→白云质碎裂岩带→构造片岩-透镜体化粒化岩、白云质碎裂岩带。

表 4-1　会泽矿区赋矿围岩中不同方向断裂构造岩及其形变、相变特征

<table>
<tr><th colspan="2">不同方向断裂构造岩类型</th><th>NE 向</th><th>近 SN 向</th><th>NNW 向</th><th>NW 向</th></tr>
<tr><td colspan="2" rowspan="2">构造岩</td><td>碎粒岩、碎斑岩、初糜棱岩、糜棱岩</td><td>碎斑岩</td><td rowspan="2">碎裂岩</td><td rowspan="2">张性角砾岩</td></tr>
<tr><td>碎裂岩化糜棱岩、碎裂岩</td><td>碎粒岩、碎裂岩</td></tr>
<tr><td colspan="2" rowspan="2">结构构造</td><td>碎斑、碎粒、糜棱、碎裂结构</td><td>碎裂、碎斑、碎粒结构</td><td>碎裂结构</td><td>张性碎裂结构</td></tr>
<tr><td>透镜体状、片理化、条带状构造</td><td>透镜体状、片理化构造</td><td>透镜体状构造</td><td>角砾状构造</td></tr>
<tr><td rowspan="5">形变</td><td rowspan="2">脆性</td><td>碎粒岩化、碎斑岩化</td><td>碎裂岩化、碎斑岩化</td><td>碎裂岩化</td><td>显微裂隙</td></tr>
<tr><td>显微裂隙、碎裂岩化</td><td>碎粒岩化、显微裂隙</td><td>显微裂隙、碎斑岩化</td><td>碎裂岩化</td></tr>
<tr><td rowspan="2">脆-塑性</td><td>糜棱岩化、初糜棱岩化、</td><td rowspan="2">片理化、初糜棱岩化</td><td rowspan="2">片理化</td><td rowspan="2"></td></tr>
<tr><td>片理化、条带状</td></tr>
<tr><td>塑性</td><td>透镜体化</td><td>透镜体化</td><td>透镜体化</td><td></td></tr>
<tr><td rowspan="2">相变</td><td>新生矿物</td><td>方解石、白云石、黄铁矿、石英</td><td>方解石、黄铁矿、石英</td><td>黄铁矿、方解石</td><td></td></tr>
<tr><td>蚀变类型</td><td>碳酸盐化、黄铁矿化、硅化</td><td>黄铁矿化、硅化</td><td>黄铁矿化</td><td></td></tr>
</table>

矿物和岩石的形变相变特征及区域主压应力方向：NE 向断裂主要表现为岩石和矿物的脆性变形，逐渐演化为脆-塑性变形。构造岩的显微裂隙构造特征表明，岩石经历了多阶段脆性变形作用，形成各类构造蚀变岩，发育构造岩相变、方解石和白云石重结晶和少量梳状方解石。通过定向薄片和宏观构造特征，可判断该组断裂所受的最大主压应力（σ_1）方向主要经历了 305°～315°→45°～50°→85°～90°→353°～360°的转变。近 SN 向断裂构造岩经历了脆性变形（碎裂岩、碎斑岩）→脆塑性变形（构造片理化）→弱塑性变形的转变。而且，方解石的动态重结晶作用增强，有少量新生石英，并发生黄铁矿化。由构造岩显微构造形变特征判断，该组断裂所受的最大主压应力（σ_1）方向主要经历了 310°→55°→275°→0°的变化。NNW 向断裂构造岩以脆性形变为主，脆塑性、塑性变形较弱，而相变较强，有方解石的动态重结晶，蚀变以黄铁矿化为主。根据显微构造变形特征判断，该组断裂所受的最

大主压应力（σ_1）方向经历了 290°→40°→90°的变化。由此可见，构造岩形变以脆性变形为主，相变相对较弱。

结合宏观、微观的断裂构造力学性质分析（韩润生等，2006），判断不同方向断裂发生了复杂的力学性质转变：①NE 向断裂主要经历了压-左行压扭性→张（扭）性→右行扭（压）性→左行扭（压）性的力学性质转变；②近 SN 向断裂主要经历了左行扭压性→右行扭性→压性的力学性质转变；③NW 向断裂主要经历了左行扭性→张（扭）性→右行压扭性→右行扭性的转变；④NNW 向断裂主要经历了左行扭性→右行扭压性→左行压扭性的力学性质转变；⑤近 EW 向断裂主要经历了右行扭性→左行扭性→压性的力学性质转变。

2）*蚀变岩相转化成矿结构面*

通过 1751、1571、1584、1261、1031 中段典型剖面与地表蚀变岩相精细填图，从主要赋矿地层（C_1b）底部到顶部，其蚀变岩相分带依次为：①网脉状白云石化-方解石化中细晶白云岩带；②黄铁矿化铅锌矿化针孔状粗晶白云岩带；③面型粗晶白云岩带。网脉状白云石化以穿层为主，面型白云岩化大致以顺层为主。而且，蚀变岩相垂向分带规律明显。从 D_3zg→C_1d→C_1b→C_2w，形成于成矿早阶段的面型白云岩化依次增强，矿化蚀变岩相分带明显，依次为：线状白云石化、灰色细晶白云岩带（D_3zg^2）→弱方解石化-铅锌矿化、灰白色面型粗晶白云岩带（D_3zg^3）→弱白云石化、黑色灰岩带（C_1d）→网脉状白云石化、灰色-杂色灰岩带（C_1b 下部）→含灰岩残余的肉红色致密块状粗晶白云岩带（C_1b 中下部）→铅锌矿化方解石化、米黄色针孔状粗晶铁白云岩带→强黄铁矿-强铅锌矿化带（C_1b 中上部）→弱方解石化黑色细晶灰岩带（C_2w）。这一规律反映了矿体主要分布于网脉状白云石化-方解石化中细晶白云岩带与面型粗晶白云岩带的转化界面上。

（二）成矿构造体系

1. 矿区构造体系

基于各方向断裂结构面力学性质的复杂转变过程，通过构造筛分和配套，结合区域构造演化过程，将矿区构造划分为四种构造组合，代表四种不同的构造体系，反映五期构造的演化和发展，矿区构造体系的成生发展顺序为：①早 SN 构造带；②NE 构造带；③NW 构造带（在滇东北矿集区表现不明显）；④晚 SN 构造带；⑤EW 构造带。其中，NE 构造带是由一系列左列式“多”字型 NE 向褶皱和压扭性断裂组成，控制了该区铅锌（银、锗）矿床的分布；NW 构造带在黔西北地区表现为垭都-蟒硐、威宁-水城 NW 构造带，在滇东北矿集区表现不明显。各构造体系的最大主压应力方向如下：第一期 σ_1 方向为 90°；第二期 σ_1 方向为 300°～310°；第三期 σ_1 方向为 45°～55°；第四期 σ_1 方向为 85°～90°，第五期 σ_1 方向为 351°～355°。

2. 控矿构造型式

根据矿田地质力学理论与方法，矿床（体）的形成和分布受控于构造应力场，而且与构造变形之间有着密切的联系。通过含矿断裂力学性质的鉴定和控矿构造型式分析，可以探讨成矿期构造变形对矿床的控制作用。矿区主要有两种控矿构造型式（韩润生和刘丛强，

2000）。

（1）“多”字型控矿构造型式：矿体沿NE向压扭性层间断裂带分布，并与NW向张（扭）性断裂构成“多”字型构造型式，也是川滇黔接壤区、矿区内具有普遍性的控矿构造型式，被称为滇东北“多”字型控矿构造。

（2）“阶梯状”控矿构造型式：矿体受NE向层间压扭性断裂带控制，在空间上具有等间距、等深距成矿特点，在剖面上呈现“阶梯状”的构造型式。理论和实践已经证明，它是一种独特的构造控矿型式。这种构造主要是含矿断裂在平面和剖面上的等间距性控制的结果。对于构造等间距性的形成机理，可以从弹性波的角度利用数学模拟的方法给予证明。构造应力不仅随空间位置变化，而且也随时间变化。根据一定强度的弹性波在均匀介质（岩石）中的传播速度相等的原理，压缩波、引张波在岩石传播过程中相互作用，在平面和剖面上造成了断裂与矿体的等间距分布。在会泽矿区，赋矿的摆佐组主要由碳酸盐岩组成，中上部主要为粗晶白云岩，下部为致密块状白云质灰岩。尽管中上部地层岩石的岩性有细微的差别，但总体来说是较均匀的，而且其力学强度比下部弱（韩润生，2001b）。当构造应力作用后，中上部的岩石容易产生破裂，表现出构造对岩性的选择性，从而造成NE向、NW向控矿断裂构造的等间距性，形成控制矿体纵向分布的“阶梯状”构造。

3. 成矿构造体系鉴定

通过对含矿断裂力学性质的鉴定，可以看出不同方向断裂在成矿期的力学性质不同，而且在前期和后期归属于不同的构造体系，但是成矿期构造均是在NW-SE向的构造应力作用下形成的，归属于NE构造带这一构造体系（华夏系）。

（1）滇东北地区：铅锌矿床（点）均分布于八个左列式斜冲走滑-断褶构造-成矿带上，构成了滇东北“多”字型构造。其串连面走向大致呈SN向，平行于小江深断裂带和昭通-曲靖隐伏断裂带，表明它们是小江深断裂带左行走滑派生的构造应力场作用的产物，小江深断裂带是区域性成矿流体的运移通道。

（2）会泽矿区：矿山厂、麒麟厂、银厂坡等矿床呈左行雁列展布，形成中等级别的“多”字型构造。

（3）麒麟厂矿床：从北到南，3号、6号、8号矿体、大水井10矿体组成了低序次“多”字型构造，这是麒麟厂斜冲断层左行压扭作用的结果。

（4）麒麟厂矿床立体空间分布和构造地球化学异常：3号、6号、8号矿体和构造地球化学异常（韩润生等，2001a）在平面上呈左列式排布，在剖面上呈“阶梯状”向SW向侧伏，明显受NE向压扭性层间断裂带和NW向张扭性断裂带的控制。

（三）构造控矿规律及其控矿模式

1. 构造控矿规律

1）*区域构造控矿规律*

会泽富锗铅锌矿床地处会泽金牛厂-矿山厂断褶带上，南西起自寻甸白龙潭，经会泽金牛厂、待补、雨碌、澜银厂、者海、矿山厂到威宁银厂坡，长105km。主断裂走向NE，倾向 SE，沿其断裂分布二叠系峨眉山玄武岩与小型、中-大型铅锌矿床及矿（化）点，区域化探异常显示断裂带及其容矿层基本与已知矿床（化）重合（柳贺昌，1995）。研究认为，小江深断裂带和昭通-曲靖隐伏断裂带为成矿不仅提供了十分有利的构造地质背景，控制了川滇黔铅锌成矿域的分布，而且该断裂发生左行走滑作用形成的滇东北“多”字型构造控制了 NE 向斜列展布的铅锌（银、锗）成矿带。小江深断裂带是一条长期继承发展演化的超壳断裂，为元古宇昆阳群裂谷东界，由一系列近直立的 SN 向逆冲断裂带组成，断裂带有强铁矿化、透镜体化和糜棱岩、碎斑岩、碎粒岩化破碎带，曾发生了左行和右行走滑、逆冲及拉伸等活动，明显具有多期活动特点。它控制了其东西两侧地层和构造及火成岩的发育，西侧主要发育元古宇昆阳群和中生界及花岗岩体；东侧主要发育古生界，主构造线主要呈 NE 向，部分 SN 向。在该断裂西侧，新发现铅、锌、铜矿化，局部矿（化）点中锌品位可达 15% 以上。

前已论述，印支期形成的陆内走滑构造系统，导致小江深断裂带发生左行走滑作用，在滇东北地区形成八个 NE 向斜冲走滑-断褶带，它们主要由 NE 向压扭性断裂带和褶皱群组成，并有垂直于主干构造的 NW 向张（扭）性断裂相伴生，形成左列式“多”字型控矿构造型式，对本区铅锌矿床的发育和分布起重要控制作用。会泽富锗铅锌矿就位于区域性东川-镇雄断褶构造带的会泽金牛厂-矿山厂断褶带上，沿断裂发育多个小-大型铅锌矿床、矿化点及区域化探异常。

2）*矿田构造控矿规律*

矿山厂、麒麟厂、银厂坡断裂为多期活动的断裂带，组成叠瓦状构造，分别控制了矿山厂、麒麟厂和银厂坡富锗铅锌矿床，形成三个铅锌矿化带。构成会泽矿田的“多”字型构造，它们分别是三个矿床的导矿构造，其主要表现在：①断裂带内构造岩发育强烈的白云石化、黄铁矿化、硅化、绿泥石化及方解石化等热液蚀变，在断裂带和附近围岩中分布大量碳酸盐岩脉及石英细脉，反映断裂中成矿流体活动的特点；②断裂构造岩中 Pb、Zn、Fe、Ge、As、Ag、Tl 等元素异常较强，Fe 可达 18% 以上，Pb+Zn 高达 0.7%（韩润生等，2006）。

3）*矿床构造控矿规律*

矿床受矿山厂、麒麟厂断裂派生的 NE 向压扭性层间断裂和 NW 向张扭性断裂的复合控制。NE 向压扭性层间断裂带将矿体限制于摆佐组中上部层位，控制了矿体的顶底板，为矿床主要的容矿构造。在平面上，似层状、透镜状矿体与围岩产状基本一致，延长一般在数十米至 300 余米，富厚矿体（Pb+Zn>30%）厚度达 30 余米，并富含 Ag 与 Ge、In、Cd、Tl、Ga 等元素（韩润生等，2007）。这类构造派生的节理裂隙控制了细脉状矿化。除层间构造控制矿体外，岩层挠曲、岩层产状急剧变化处，控制了平行矿脉。

矿山厂、麒麟厂断裂上盘分布的 NW 向、NNW 向断裂，从浅部到深部分布密度逐渐减少，规模逐渐增大，并与矿体共存，与矿山厂、麒麟厂导矿断裂相联系，与派生的背斜共同构成了矿床的配矿构造。虽然在 NW 向断裂中未发现铅锌矿体，深部 NNW 向断裂中有铅锌矿脉分布，但是与 SN 向断裂的构造岩相比，其构造岩发生了较强烈的热液蚀变和铅锌等矿化。其铅锌含量可达 0.15%。而且，在 NW 向断裂和 NE 向断裂的交叉部位，矿体局部膨大，反映了这类构造对成矿的控制作用，这是配矿构造的典型特征之一。

所以，在小江深断裂带发生左行走滑活动派生的NW–SE向主压应力作用下，成矿流体沿构造发生“贯入”成矿作用，形成“阶梯状”和“多”字型两种独特的构造控矿型式，造成矿体的等间距与等深距分布，它们都是同一构造应力场作用的结果。

2. 构造控矿模式

研究认为，斜冲断层与短轴背斜同期形成滇东北矿集区斜冲走滑–断褶构造的控矿模式（详见本章第八节）：印支期，陆内走滑构造系统使小江深断裂带发生左行走滑运动，为铅锌成矿提供了有利的构造地质背景；矿山厂、麒麟厂及银厂坡斜冲断裂带为成矿流体“贯入”提供了通道，为主要的导矿构造；斜冲断裂派生的短轴背斜与NW向断裂带，是矿床的配矿构造；短轴背斜翼部下石炭统摆佐组粗晶白云岩中NW向层间压扭性断裂和少量NNW向断裂为成矿提供了储存空间，并控制了矿体的形态和产状，为矿床的容矿构造，从而形成“蚀变白云岩–含矿断裂带–矿体”的典型矿化结构。NE构造带是矿区最主要的成矿构造体系。这一模式表明会泽富锗铅锌矿床的形成和分布严格受断褶构造控制，为隐伏矿预测奠定了理论基础（图4-1）。

二、会泽铅锌矿床外围小竹箐勘查区

在总结会泽富锗铅锌矿床构造控矿特征的基础上，研究银厂坡斜冲断裂控制的小竹箐勘查区的构造控矿规律，旨在指导该区深部找矿工作。

（一）勘查区构造特征

小竹箐勘查区位于会泽矿区南东侧，主要发育NNE–NE向银厂坡断褶构造。银厂坡斜冲断层纵贯勘查区，在勘查区中南部分为东、西两支断裂（西支F_1，东支F_{1-1}），于勘查区南部再次交会，与断裂带东侧背斜构造共同组成斜冲断裂与构造透镜体并存的特征（图4-12）。其中银厂坡斜冲断层，呈舒缓波状，其上盘分布银厂坡背斜。该背斜构造由灯影组、筇竹寺组、海口组、宰格组、大塘组、摆佐组、威宁组、马平组、梁山组、栖霞–茅口组及峨眉山玄武岩组组成，构造透镜体内也发育褶曲构造。断裂带下盘（NW盘）从东向西仅见峨眉山玄武岩组、栖霞–茅口组出露。勘查区内次级构造较为发育，以NE–NNE向、NW向构造最为发育，EW向构造也明显。其中摆佐组、宰格组、灯影组等地层中层间断裂发育，伴有铅锌矿化和热液蚀变现象。

1. 银厂坡断褶构造

银厂坡断层位于矿山厂–金牛厂构造带北东端，南起NNE向鲁纳断层和NE向待补断层交会处，延伸达200km；走向NE5°～NE25°，倾向SEE，倾角40°～70°，局部达80°～90°；整体呈舒缓波状，断裂带宽数米到数十米，带内主要分布方解石化、白云石化（偶见硅化，局部见孔雀石、蓝铜矿化）的灰质、白云质碎裂岩、碎斑岩、碎粉岩，具透镜体化、片理化特征。断层上盘灯影组等地层被斜冲推覆于二叠系上形成典型的斜冲走滑–断褶构造，褶皱两翼层间断裂破碎带发育。

图4-13反映银厂坡断裂北段的宏观特征如下：从断裂下盘到上盘，岩性依次为暗红色

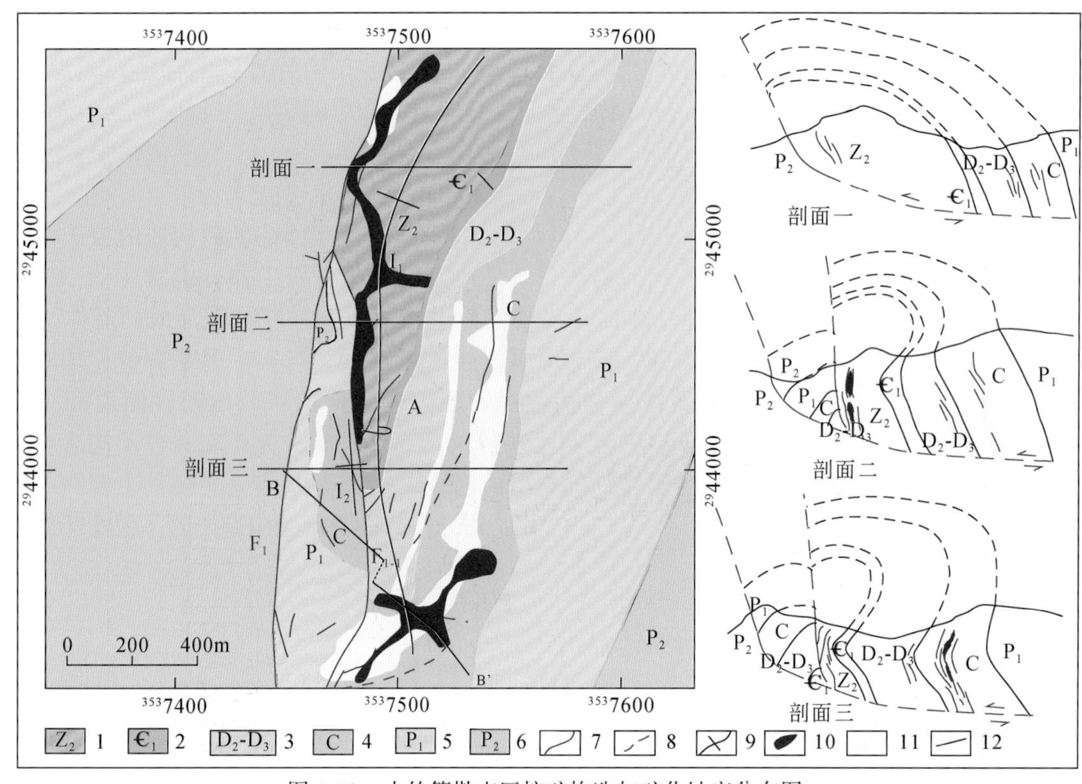

图 4-12　小竹箐勘查区控矿构造与矿化蚀变分布图

1. 上震旦统；2. 下寒武统；3. 中、上泥盆统；4. 石炭系；5. 下二叠统；6. 上二叠统；7. 断层；8. 推测断层；9. 背斜；10. 铅锌矿化带；11. 白云石化带；12. 剖面位置

碎裂玄武岩→下裂面 $f_{1下}$（XZ161 点）→灰质碎裂岩带→上裂面 $f_{1上}$（XZ162 点）→碎裂白云岩。次级 f_2断裂呈微波状，裂带宽 50～100cm，带内为浅灰色灰质碎裂岩，被网脉状方解石脉、白云石脉胶结，该特征反映出主断裂具左行压扭性力学性质。

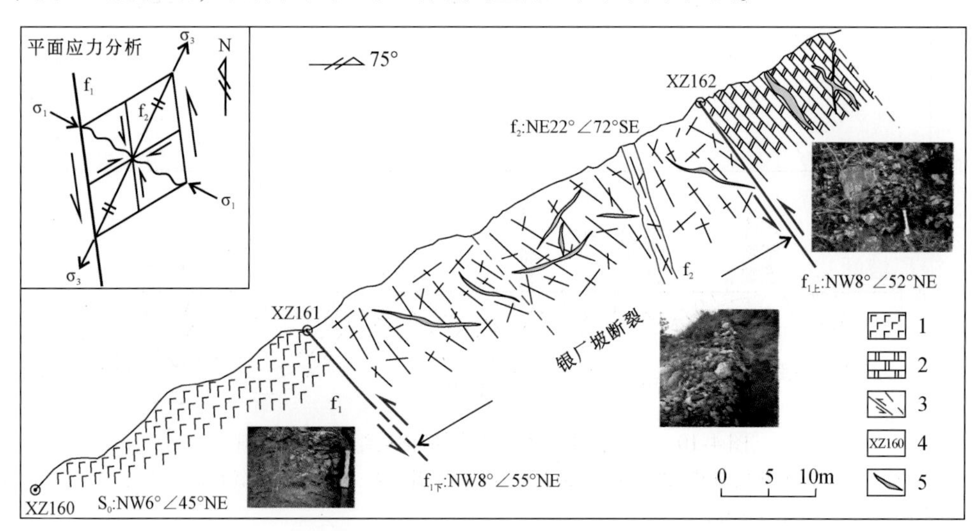

图 4-13　小竹箐勘查区西北银厂坡断层带 XZ160 实测剖面图

1. 玄武岩；2. 白云岩；3. 实测断层和推测断层；4. 地质点；5. 方解石、白云石脉

2. 不同方向断裂特征

1）NE 向断裂组

该组断裂最为发育，裂面多呈舒缓波状。

YP-3 点 f_3 断裂（NE62°∠42°SE）：裂面呈舒缓波状，带宽 20～60cm，带内为透镜体化、片理化玄武质构造岩，断裂下盘未见，上盘为碎裂白云质灰岩，指示断裂早期具左行压扭性；f_4 断裂（NE15°∠51°SE）裂面呈微波状，带宽 20～30cm，带内为白云质灰质碎裂岩，上下盘岩性均为白云质灰岩，指示断裂具左行压扭性；f_5 裂面（NW20°∠75°NE）大致呈锯齿状，带内为风化土混合白云质灰质碎裂岩，节理密集，指示该断裂呈张扭性（图 4-14），f_4、f_5 断裂特征反映了晚期 f_3 断裂具右行张扭性。

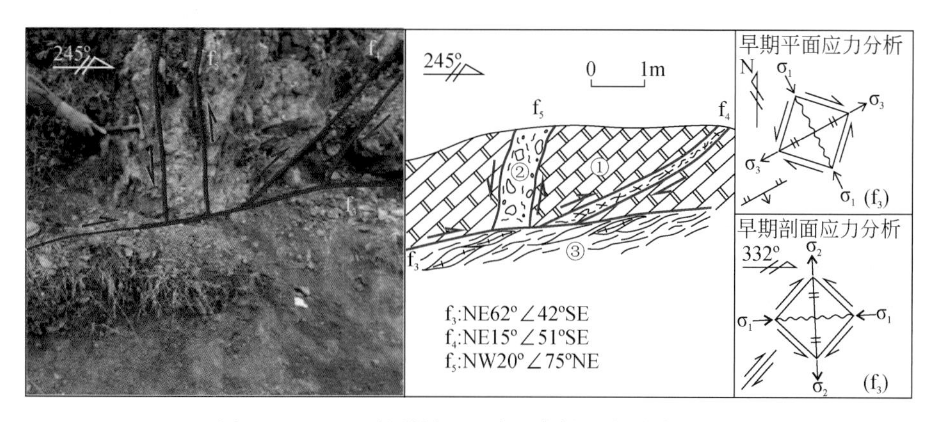

图 4-14　YP-3 断裂剖面照片、素描及力学分析图

①白云质灰岩；②风化含砾土；③透镜体、片理化带

XZ71 点断裂（NE46°∠70°SE）（图 4-15）：断裂面呈舒缓波状，裂带宽 20～50cm，带内为片理化紫红色泥质胶结的灰质碎裂岩，可见褐铁矿化，构造片理产状为 NE60°∠58°NW，上下盘均为 C_3m 马平组角砾灰岩。该特征指示断裂具压扭性。

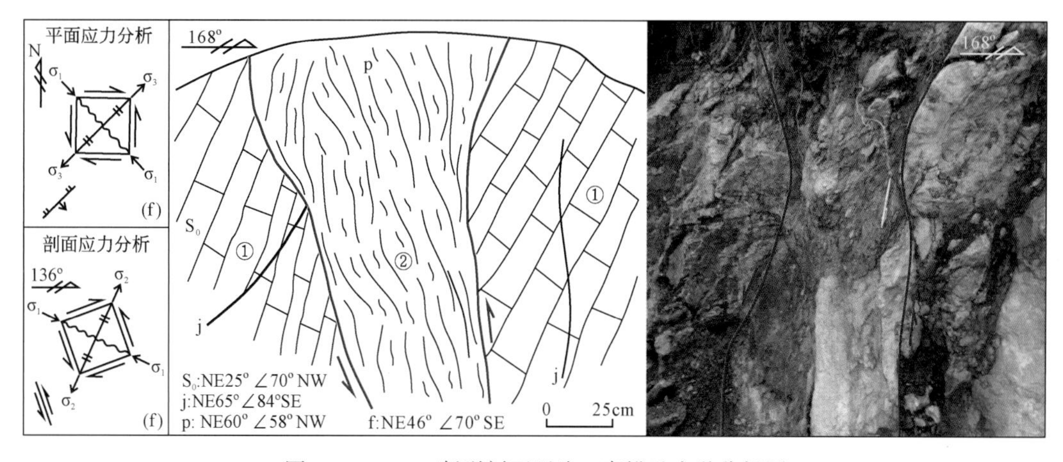

图 4-15　XZ71 断裂剖面照片、素描及力学分析图

①角砾状、碎裂状灰岩；②片理化、灰质碎裂岩

XZ13 断裂（NE50°∠81°SE）（图 4-16）：裂面较平直且光滑，裂带宽但被覆盖，仅见上裂面，发育的灰质碎裂岩带内见 3～5cm 方解石化带，局部见褐铁矿化；靠近裂面的上盘见透镜体化灰岩，节理发育。这些特征指示该断裂具右行扭压性。

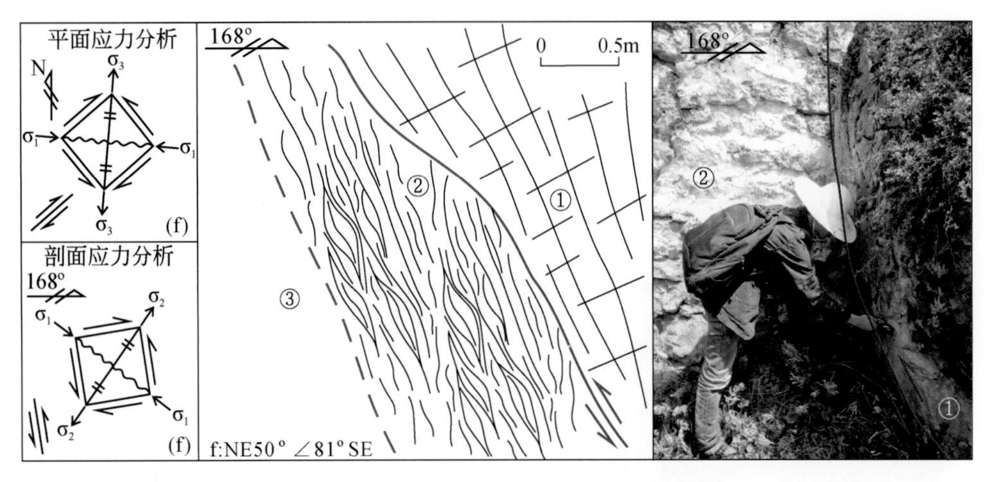

图 4-16　XZ13 断裂剖面照片、素描及力学分析图

①方解石化灰质碎裂岩；②透镜体化灰岩；③覆盖

XZ03 断裂（NE40°∠45°NW）（图 4-17）：裂面呈微波状，断裂带宽 50～80cm，为白云质碎裂岩，上盘近裂面见牵引褶皱和 3mm 铁锰方解石脉，褶皱轴面与裂面斜交。该特征反映断裂具压扭性。

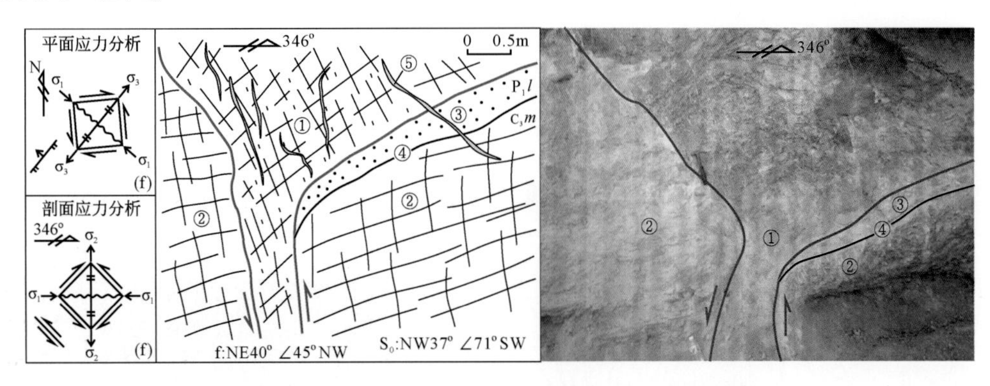

图 4-17　XZ03 断裂照片、剖面素描及力学分析图

①白云质碎裂岩；②碎裂白云岩；③梁山组紫红色石英砂岩；④马平组与梁山组界线；⑤铁锰方解石脉

综合 NE 向断裂力学性质，认为该组断裂经历了左行压扭性→右行张（扭）性→右行扭（压）性力学性质的转变。

2）NW 向断裂组

该组构造发育程度较 NE 向低，主要在成矿期呈张（扭）性，后期具压性特征，具三期构造运动特征（A 期、B 期、C 期）。

XZ134 断裂：发育于栖霞-茅口组中（图 4-18），可见两条断裂，f_1 裂面呈波状、锯齿状，带内为灰岩角砾与风化土混杂堆积，体现该断裂早期具张性，靠近下裂面为黄褐色土质胶结的磨砾岩，显示了晚期 f_1 再次活动，具压性特征；f_2 断裂发育于 f_1 上盘，呈舒缓波状，裂带紧闭，体现出Ⅱ期构造活动特征，指示其在Ⅰ期主要呈左行扭压性，在Ⅱ期受到了右行扭性叠加，力学性质发生复杂转变。

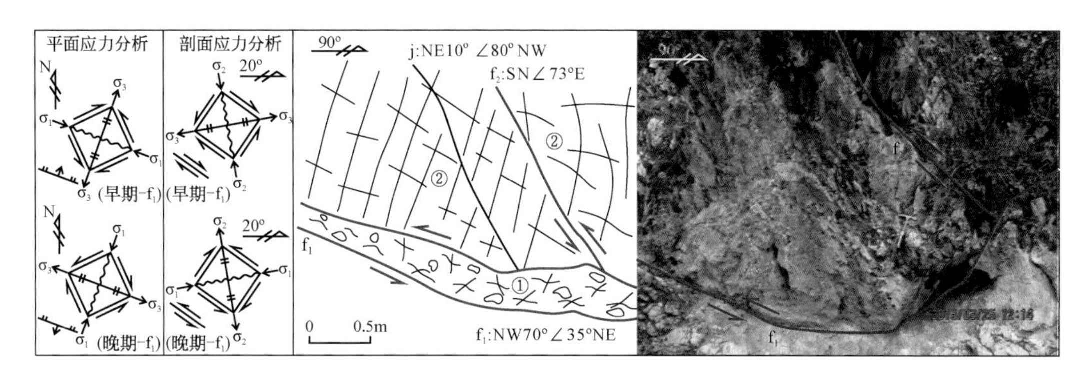

图 4-18　XZ134 断裂照片、素描及力学分析图

①灰岩角砾；②劈理化灰岩

XZ44 断裂产状 NE80°∠53°NW（图 4-19）：f_1 裂面呈舒缓波状，产状为 NW30°∠40°SW，带宽 5～8cm，带内为透镜体化灰白色白云质碎裂岩，断裂具压扭性特征。其上下盘为 C_1b 灰色、深灰色碎裂白云岩，节理较发育，沿节理面见铁染；f_2 断裂发育于 f_1 上盘，裂面较平直且光滑，反映该断裂应为 f_1 扭动派生的产物具扭性特征。

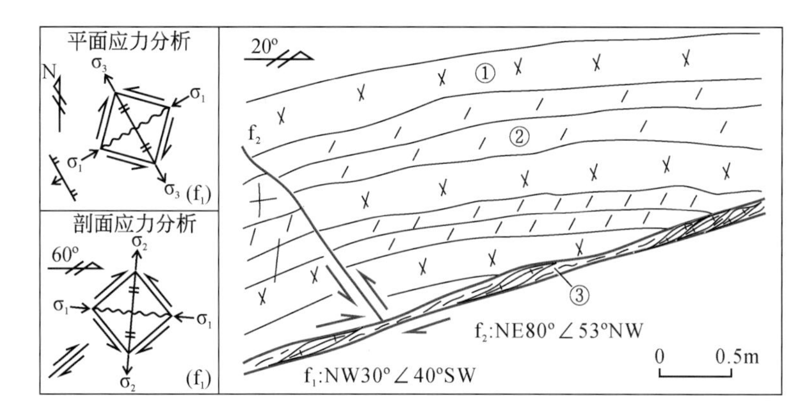

图 4-19　XZ44 断裂剖面素描及力学分析图

①深灰色碎裂白云岩；②灰白色碎裂白云岩；③透镜体化白云质碎裂岩

3）SN 向断裂组

以 YP-8 断裂为代表，如图 4-20 所示。

4）EW 向断裂组

XZ18 断裂：裂面缓宽陡窄，较光滑，呈舒缓波状，擦痕不清；带宽 10～50cm；带内为方解石化白云质碎裂岩。据下盘节理特征判断该断裂（EW∠71°NE）具左行压扭性质。发育两组节理，J_1 为 NW70°∠71°NE，J_2 为 NW60°∠65°SW（图 4-21）。

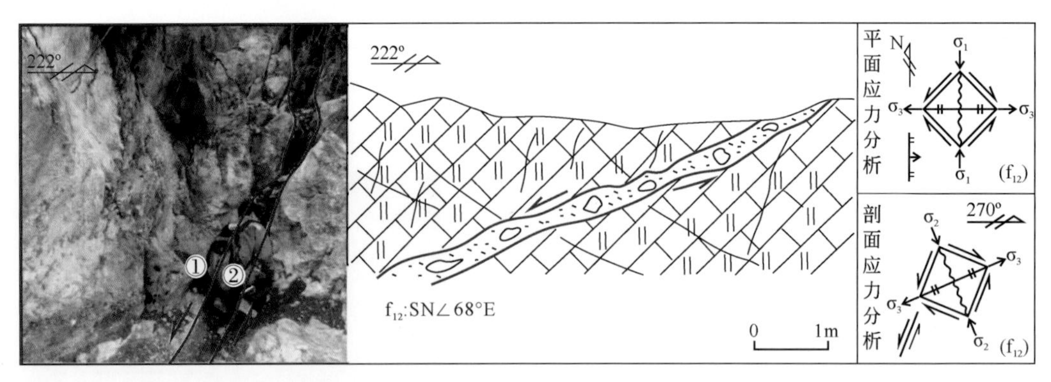

图 4-20 YP-8 断裂照片、素描剖面及力学分析图

①灰质白云岩；②风化土混合灰质白云岩角砾

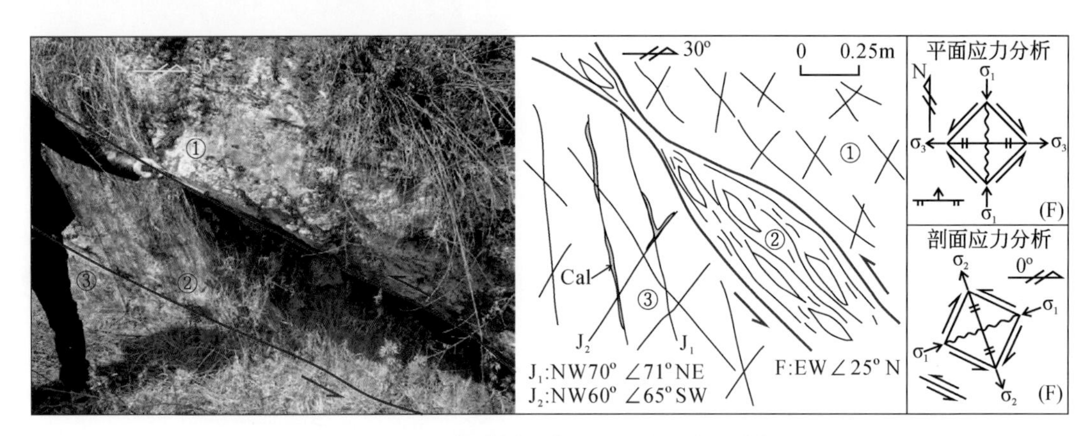

图 4-21 XZ18 断裂剖面素描和照片及力学分析图

①白云岩；②透镜体化白云质碎裂岩；③方解石化白云岩。Cal. 方解石

5）断裂统计

通过断裂统计，绘制出断裂走向玫瑰花图（图 4-22）。可以看出，断裂构造的发育顺序为 SN 向断裂→NE 向断裂→NW 向断裂→EW 向断裂构造。

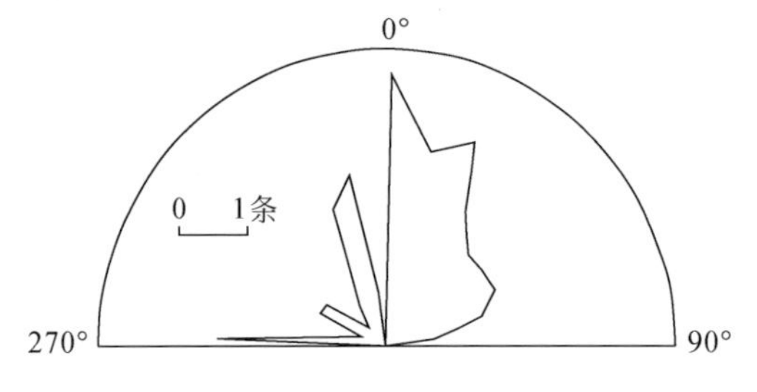

图 4-22 断裂走向玫瑰花图

3. 褶皱构造

小竹箐勘查区发育的主要褶皱构造为银厂坡断裂上盘背斜褶皱（Z1）和银厂坡断裂东西支间的波状褶皱（Z2）（图 4-23）。

背斜构造（Z1）：由灯影组、筇竹寺组、海口组、宰格组、大塘组、摆佐组、威宁组、马平组、梁山组、栖霞-茅口组和峨眉山玄武岩组地层组成。北段轴向与地层走向一致约NE30°，南段轴向经历了NE30°→SN—NW10°→NW40°→SN—NE10°的转变。其中，灯影组至马平组中层间断裂发育。

波状褶皱（Z2）：透镜体状地块中地层褶皱强烈，自东向西主要出露大塘组、摆佐组、威宁组、马平组、梁山组、栖霞-茅口组和峨眉山玄武岩组，轴迹沿180°~210°方向延伸。在摆佐组中层间断裂极为发育（图4-23）。

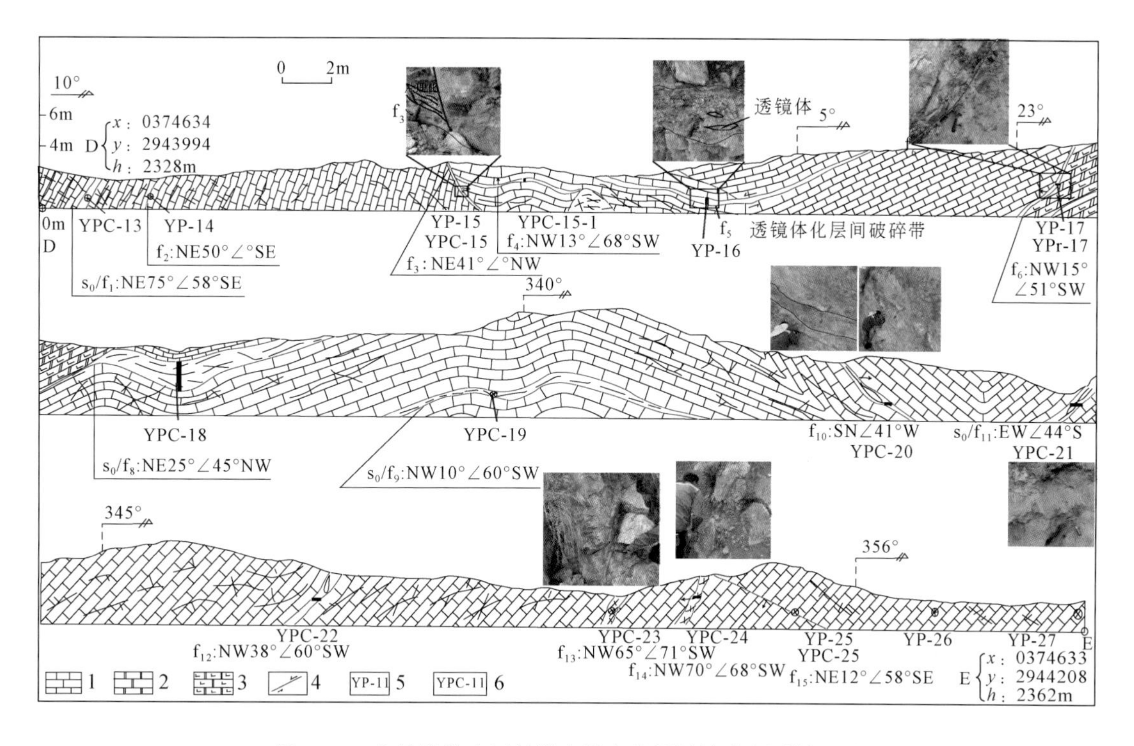

图4-23 小竹箐勘查区长箐小学南路褶皱构造实测剖面图

1. 白云岩；2. 灰岩；3. 灰质白云岩；4. 实测断层；5. 地质点；6. 地球化学样品点。YP是地质点的点号，YPC为该点所取化学样品的编号。YP-14：层间断裂，带宽40cm，带内为灰质碎裂岩泥化、片理化发育，上下盘近裂面为碎裂灰岩。YP-15：裂面舒缓波状，可见擦痕，带宽20cm，带内米黄色透镜体化，泥化破碎带，为左行扭性。上下盘近裂面为碎裂灰岩，见一组层间断裂f_4，裂面呈舒缓波状，带内为片理化，泥化。YP-16：f_5为层间断裂，裂面呈舒缓波状，带宽30~60cm，内为紫色泥质胶结透镜体化，上下盘为方解石化（网脉状，宽1~5mm）灰岩，层间破碎强烈。YP-17：f_6见一断裂，裂面呈舒缓波状，宽10~15cm，带内为片理化，透镜体化，泥化断裂带上盘为灰色方解石化（网脉状，1~5mm）灰岩，下盘为浅玫瑰色方解石化（细脉）灰质白云岩。YP-18：见一层间断裂，裂面舒缓波状，带宽1~1.5m，内为灰色灰质碎裂岩，发育褐铁石化方解石脉（1~10cm），上盘为浅玫瑰色方解石化（细脉）灰质白云岩，下盘灰岩。YP-19：见一层间断裂，裂面舒缓波状，宽50cm左右，为灰色灰质碎裂岩，上盘灰岩。YP-20：层间断裂带，舒缓波状，宽30~60cm，内为透镜体化灰质碎裂岩。YP-21：f_{21}为层间断裂，裂面舒缓波状，宽60~80cm，内为褐铁矿化灰质碎裂岩，上下盘为灰岩。YP-22：f_{22}为一层间断裂带，宽30~80cm，裂面呈舒缓波状，内为透镜体化灰质碎裂岩，上下盘为灰岩。YP-23：f_{23}为切层断裂，宽80cm左右，裂面微波状，带内灰色强方解石化（网脉状）灰质碎裂岩，上下盘均为灰色方解石化（细脉-网脉状）碎裂灰岩。YP-24：f_{24}见一断裂，裂面平直光滑，上下盘灰色方解石化（细脉-网脉状）碎裂灰岩。YP-26：黑色方解石化，白云质化，白云质灰岩，石英细脉呈网脉状沿节理发育。YP-27：方解石化白云质灰岩

（二）构造演化特征

通过构造筛分认为银厂坡断裂主要表现出三期构造活动（图4-24），其主压应力方向分别为NW–SE向（Ⅰ，成矿期，σ_1方位308°）、近EW向（Ⅱ，σ_1方位85°）及近SN向（Ⅲ，σ_1方位355°）。该区构造演化过程与会泽、毛坪富锗铅锌矿区（本章第六节论述）一致。三期构造演化过程如下。

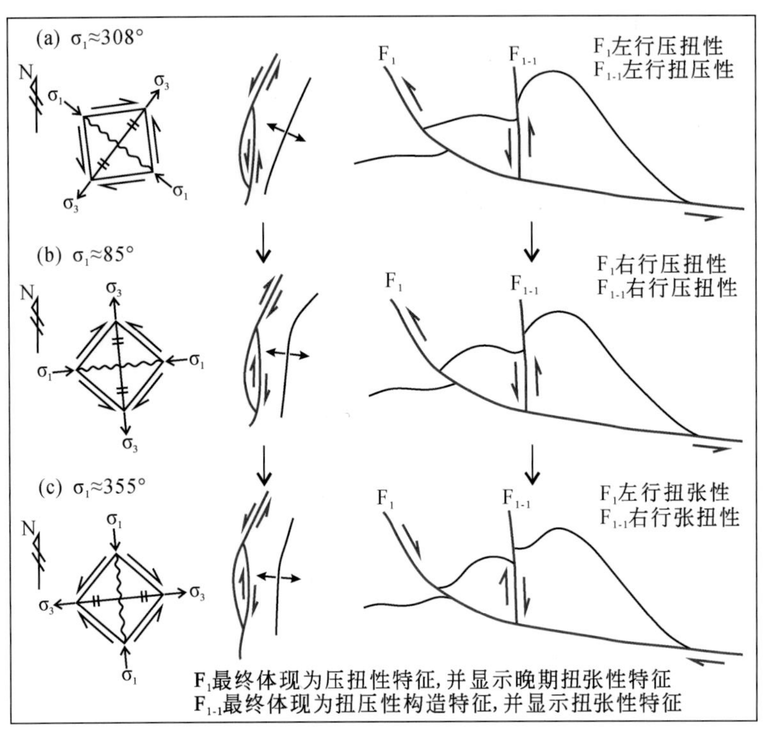

图4-24　小竹箐勘查区构造演化过程示意图

Ⅰ：受到NW–SE（σ_{1A}≈308°）向应力作用，形成了NE25°走向的左行压扭性F_1及次级断裂F_{1-1}，并在两条断裂的东盘形成了主褶皱Z_1。

Ⅱ：受到近EW（σ_{1B}≈85°）向应力作用，F_1南段产状变化，发生偏转，F_1转变为右行压扭。

Ⅲ：受到近SN（σ_{1C}≈355°）向应力作用，F_1、F_{1-1}均受到张扭作用改造，在局部呈现张性特征，如断裂带内分布梳状方解石等。F_1具左行扭张–张扭性，F_{1-1}具右行张扭性。

（三）构造控矿规律

（1）该区发育方解石化、铅锌矿化、黄铁矿（褐铁矿）化等矿化蚀变（图4-25）。NW向断裂中沿节理面发育铁染矿化。层间断裂带内褐铁矿化发育，方解石晶形良好。现总结该勘查区（图4-12）矿（化）体分布规律：①灯影组中沿银厂坡断裂带分布铅锌矿化带。②在斜冲断层派生的背斜南段地层倒转部位白云石化强烈，在层间破碎带内更为发育。③银厂坡断裂上盘灯影组内靠近银厂坡断层一侧，Z_1褶皱倒转处摆佐组中NE向层间断裂与NW向构造交会处，推测有隐伏矿体赋存。

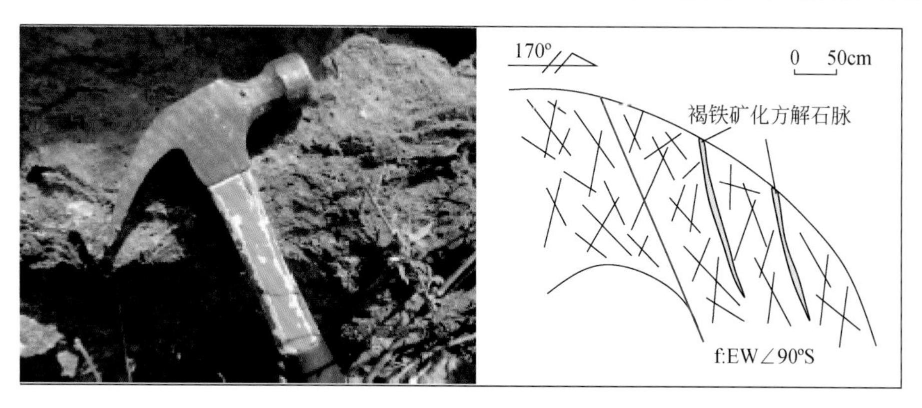

图 4-25　XZ111 占矿化蚀变剖面照片和素描图

（2）该区主压应力方向主要经历了 NW–SE 向（$\sigma_1\approx308°$）→EW 向（$\sigma_1\approx85°$）→近 SN 向（$\sigma_1\approx355°$）的演化，其中 NW–SE 向主压应力作用形成的 NE 构造带为成矿构造体系。

（3）银厂坡断裂为勘查区成矿的导矿构造，主断层褶皱构造和 NW 向断裂为配矿构造；灯影组、摆佐组中层间断裂裂隙带为容矿构造。

三、毛坪富锗铅锌矿床

（一）褶皱结构面

猫猫山倒转背斜（图 3-13，图 3-16）控制了铅锌矿体的展布。铅锌矿体赋存于倒转背斜靠近核部的白云岩中（Ⅰ号矿化带）、西翼 C_1b 和 C_2w 中（Ⅱ号、Ⅲ号矿化带）的层间断裂带内。点 MP-36 处发育猫猫山倒转背斜的次级褶曲（图 4-26），它具有两个轴面，产状分别为 P_1，NE15°∠90°SE；P_2，NE50°∠56°SE，反映褶皱分别受到了 NW75°和 NW40°主压应力的作用。

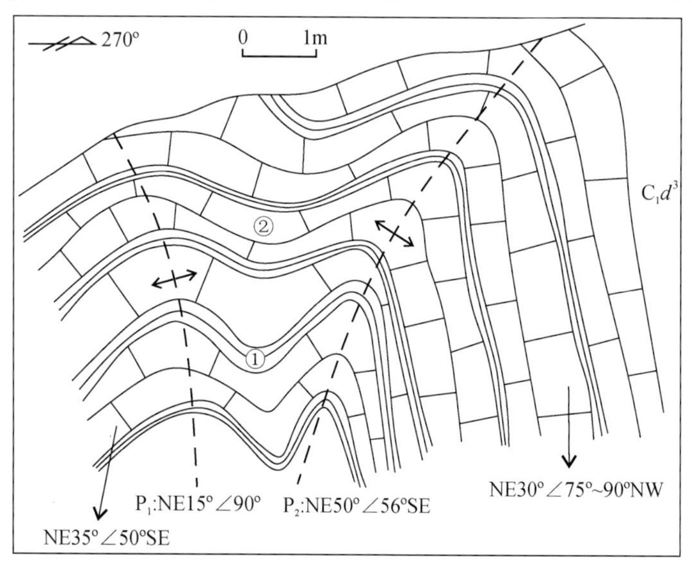

图 4-26　毛坪矿区点 MP-36 处褶曲剖面素描图

①灰黑色页岩；②灰黑色灰岩

（二）断裂结构面

1. NE 向断裂组

760 中段 98 号穿脉 0-1 导线 18m 处断裂（图 4-27a）：此处发育三条 NE 向断裂，产状分别为 f_1，NE25°∠28°NW；f_2，NE64°∠46°SE；f_3，NE46°∠74°NW。围岩为深灰色粗晶白云岩，内部发育多条顺层、切层产出的方解石细脉。三条断裂围限区为浅灰白-浅黄褐色白云质碎裂岩、碎粒岩，岩石表面发育细粒黄铁矿化及团块状方解石化，靠近断裂面分布灰白色白云质碎粒岩。f_3断裂南东侧分布致密块状黄铁矿矿体，其中仅见少量闪锌矿、方铅矿。

f_1断裂宽 5～15cm，带内为灰白色白云质碎粒岩，上、下裂面均平直、光滑，发育擦痕，显示右行压扭性。f_2断裂宽 1～3cm，带内为灰白色白云质碎裂岩，表面具褐铁矿化。f_3断裂为矿体和围岩的边界断裂，裂面平直且紧闭，其力学性质以压性为主。

760 中段 106 号穿脉点 M-34 处断裂（图 4-27b）：该断裂产于灰白-灰色中-粗晶白云岩中，其内可见细粒状黄铁矿化、细脉状方解石化，方解石细脉宽 2～10mm，沿 NW23°∠73°NE、NE80°∠62°NW 两组节理充填。

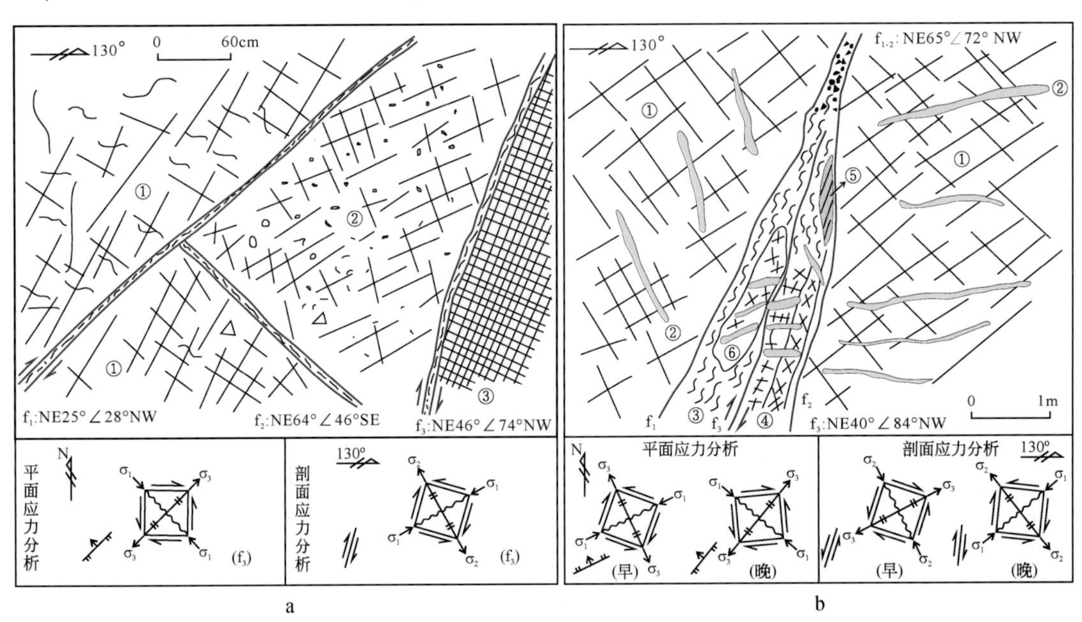

图 4-27　760 中段 98 号穿脉 0-1 导线 18m 处（a）与 106 号穿脉点 M-34 处（b）断裂剖面素描图

a. ①深灰色粗晶白云岩，发育方解石细脉；②浅灰白-浅黄褐色白云质碎裂岩、碎粒岩，具细粒黄铁矿化及团块状方解石化；③致密块状黄铁矿矿体，矿体中仅见少量闪锌矿、方铅矿。b. ①灰白-灰色中-粗晶黄铁矿化白云岩，发育方解石细脉；②白云岩中的方解石细脉；③断裂带内的灰黑色断层泥，夹白云岩、方解石碎块；④断裂带内的灰黑色断层泥；⑤灰白色白云岩透镜体；⑥断裂带内的白云岩碎块，发育三条方解石细脉，明显被后期断裂 f_3 错断

该断裂带为一复合断裂，总体产状为 NE65°∠72°NW，由三条断裂组成（f_1、f_2、f_3）。f_1、f_2断裂裂面呈波状起伏，带内为白云岩和方解石碎斑及灰黑色断层泥，碎斑大小不等、棱角明显，被包裹在断层泥中，并可见白云岩透镜体及较大白云岩碎块，显示断裂早期具张性性质，后期转变为压扭性质。f_3为后期断裂，产状为 NE40°∠84°NW，裂面光滑，呈微波

状，发育细小擦痕，明显错断白云岩碎块中的三条方解石细脉，断距约10cm。从对方解石脉的错动方向和擦痕判断f_3断裂为右行压扭性。总体上，该断裂经历了张性→右行压扭性力学性质的转变。

760中段106号穿脉点M-38处断裂（图4-28a）：灰白色粗晶白云岩中发育两条近平行断裂，白云岩具强方解石化、弱硅化、微弱黄铁矿化，方解石细脉沿白云岩两组节理充填。白云岩中可见石英或方解石团块，方解石团块大者可达50cm×30cm，内部见团斑状石英（粒度约1cm）或自形晶石英颗粒，沿方解石节理充填黑色有机质。f_1断裂宽1～5cm，带内为灰黑色断层泥，裂面平直，无明显擦痕，从错断方解石脉的情况判断为右行压扭性质。f_2断裂宽5～15cm，带内为灰黑色断层泥，发育方解石细脉及透镜体，靠近断裂面为破碎白云岩，方解石细脉上可见明显阶步和擦痕。由此推断，主断裂活动早期为成矿期，形成方解石脉。通过擦痕和阶步判断该断裂后期呈右行压扭性。

760中段106号穿脉点M-39处断裂（图4-28b）：灰白色破碎粗晶白云岩中发育三条NE向断裂，地层产状为NE54°∠68°NW，白云岩中见两组方解石脉，即第一组方解石-白云石脉，宽0.3～1.5cm，具黄铁矿化，产状为近SN∠61°E；第二组方解石脉充填于白云岩节理中，明显切断第一组方解石脉，产状为NE53°∠74°NW。f_1断裂宽约5cm，带内为灰绿色-黄褐色断层泥，夹白云岩碎块，产状为NE66°∠73°NW。f_2断裂宽1～2cm，带内为灰绿色-黄褐色断层泥，产状为NE64°∠73°NW。f_3断裂宽约15cm，带内为灰绿色-黄褐色断层泥，夹白云岩夹石，产状为NE48°∠78°NW。三条断裂为一组近平行的断裂，裂面均较平直，无明显擦痕和阶步，从断裂形态判断其为压扭性断裂。

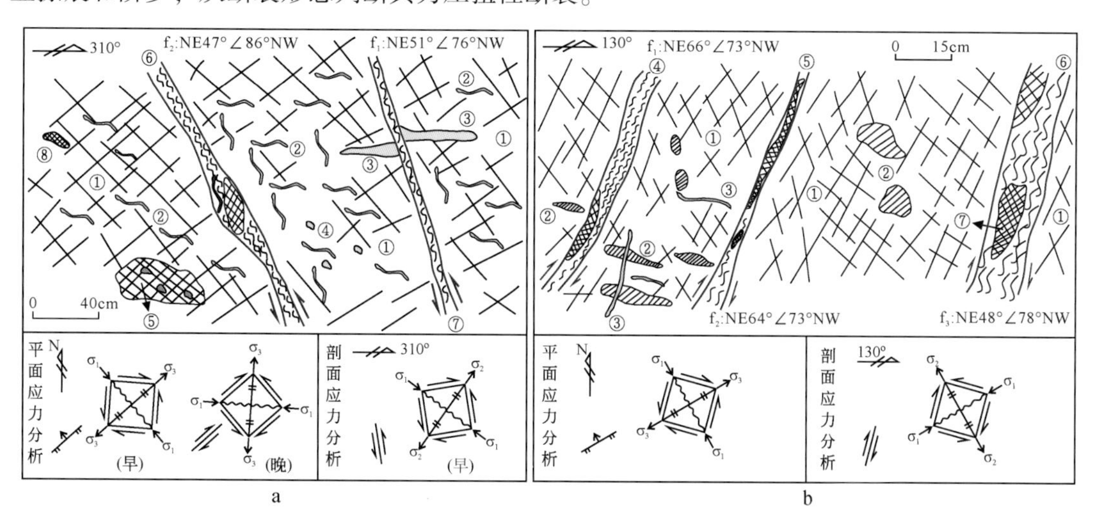

图4-28　760中段106号穿脉点M-38处（a）与M39处（b）断裂剖面素描图

a. ①灰白色粗晶白云岩；②方解石细脉；③被断裂错断的方解石脉；④粗晶白云岩中的石英团块，局部可形成石英的锥形体；⑤粗晶白云岩中的方解石团块；⑥f_2断裂内的断层泥；⑦f_1断裂内的断层泥；⑧粗晶白云岩中的方解石团块，内部可见石英颗粒及黑色有机质。b. ①灰白色破碎粗晶白云岩；②白云岩的方解石-白云石脉，具黄铁矿化；③沿节理充填的方解石，切断前期方解石脉；④f_1断裂及带内的断层泥，夹白云岩夹石；⑤f_2断裂及带内的断层泥；⑥f_3断裂及带内的断层泥，夹白云岩夹石；⑦白云岩夹石

670中段98号穿脉点M-201处断裂（图4-29a）：此处发育多条层间断裂，共同控制矿

体的产出，从 $f_1 \to f_2 \to f_3$ 显示出粗晶白云岩→浸染状矿石→块状矿石→粗晶白云岩的变化规律。其中 f_1 和 f_3 断裂裂面呈舒缓波状，带宽较窄，力学性质为压扭性。f_2 上裂面呈舒缓波状，下裂面则较平直，带宽 20 ~ 40cm，透镜体化和片理化发育，带内见透镜体、灰黑色构造片岩和细粒状黄铁矿，并且透镜体长轴方向与裂面近平行，判断断裂以压扭性为主。

670 中段 102 号穿脉点 16.7m 处断裂（图 4-29b）：上、下裂面均呈微波状起伏，带宽 2 ~ 10cm，带内为土黄色片理化断层泥，上、下盘均为灰白色碎裂白云岩，白云岩中发育两组方解石，第一组主要顺层产出，以团块状和透镜体状为主，且该组方解石内黄铁矿化较发育；而第二组主要为切层的脉状方解石。断裂中构造带显示出典型的“陡宽缓窄”现象，裂面无明显擦痕，判断该断裂力学性质经历了压扭性→张性的转变。

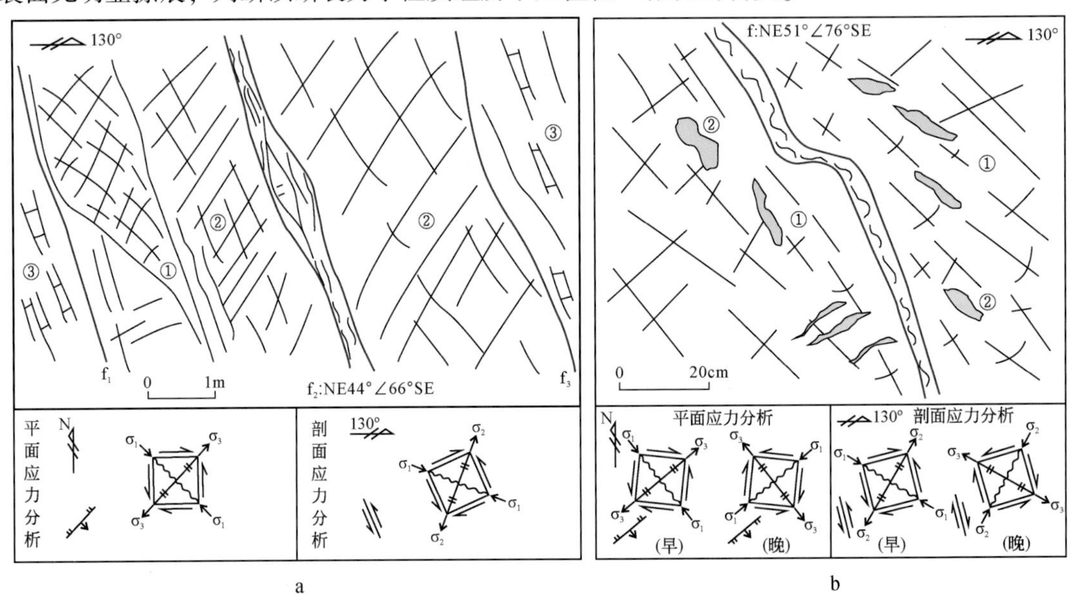

图 4-29　670 中段 98 号穿脉点 M-201 处（a）与 102 号穿脉 16.7m 处（b）断裂剖面素描图

a. ①浸染状矿石；②块状矿石；③微层理发育的粗晶白云岩。b. ①灰白色碎裂白云岩；②顺层发育的方解石团块

670 中段 102 号穿脉点 M-153 处断裂（图 4-30a）：此处为一复合断裂，清晰可见四个裂面，f_1 裂面较平直、紧闭，见少量黄褐色断层泥，发育擦痕，与水平交角 10° ~ 11°，判断其力学性质具扭性。其余裂面均与 f_1 相似。从断裂中心向两侧出现灰白色白云质碎粒岩-碎粉岩→肉红色白云质碎裂岩→深灰色粗晶白云岩的分带特征。该特征指示主断裂经历了压性→左行压扭性的转变。

670 中段 94 号穿脉（M-267）11m 处断裂（图 4-30b）：此处为一复合断裂，后期断裂 f_2 切断了前期断裂 f_1。f_1 断裂上下裂面均平直，较光滑，带宽 10 ~ 20cm，带内为灰白色粗晶白云岩，白云岩发育方解石化和弱黄铁矿化。靠近上下裂面片理化现象发育；f_2 断裂上裂面（$f_{2\text{-}2}$）呈波状起伏，下裂面（$f_{2\text{-}1}$）则较平直，带宽 40 ~ 180cm，呈“缓宽陡窄”的形态，带内发育透镜体化，靠近下裂面一侧主要为白云质碎裂岩-碎斑岩。上下盘围岩为灰色-灰白色方解石化弱黄铁矿化粗晶白云岩。这些特征指示 f_1 断裂具压扭性（Ⅰ）→扭性（Ⅱ）的转变；f_2 具张性（Ⅱ）→右行压扭性（Ⅲ）的转变。

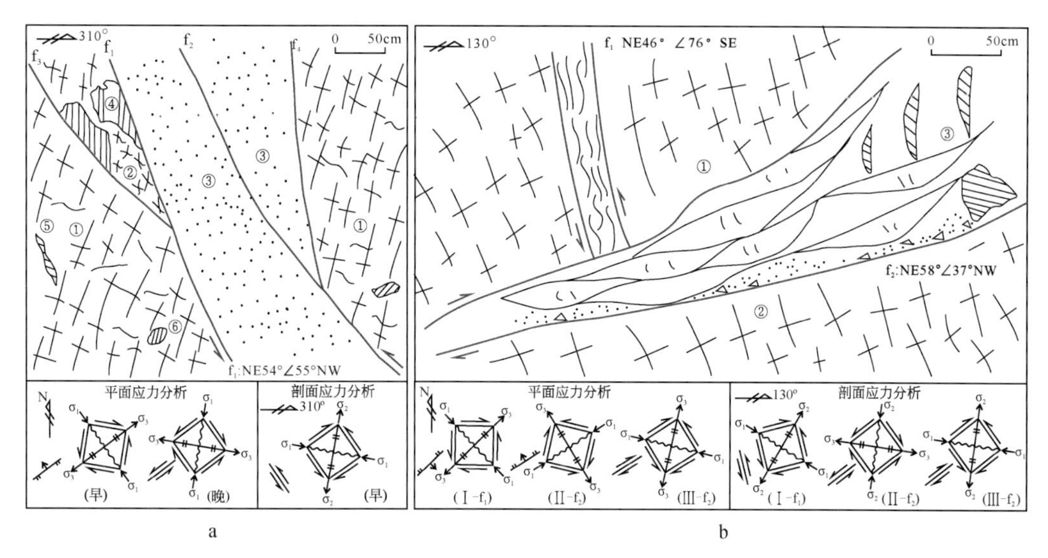

图4-30 670中段102号穿脉M-153处（a）与94号穿脉（M-267）11m处（b）断裂剖面素描图

a. ①深灰色粗晶白云岩；②肉红色白云质碎裂岩；③灰白色白云质碎粒岩-碎粉岩；④灰白色方解石透镜体；⑤细脉状方解石；⑥团块状方解石。b. ①灰-灰白色方解石化弱黄铁矿化粗晶白云岩；②灰-灰白色方解石化弱黄铁矿化粗晶白云岩；③断裂带内充填的白云岩透镜体，灰-灰白色方解石化粗晶白云岩和白云质碎裂-碎斑岩

综上所述，该组断裂经历了压性-左行压扭性→张性-右行扭压性→左行扭压性力学性质的转变。

2. NW向断裂组

NW向断裂在矿区不发育，仅以以下断裂为例说明。

760中段98号穿脉10m处断裂（NW55°∠31°NE）（图4-31a）：灰白-浅黄褐色白云岩中的NW向断裂，断裂下盘的白云岩中见浸染状、微脉状铅锌矿化，并见团块状方铅矿化。带宽1～8cm，带内为灰白色白云质碎粒岩；上裂面不太明显，呈波状起伏；下裂面光滑，呈微波状，表面具有应力矿物，并发育擦痕，擦痕显示为其具左行压扭性。因此该断裂经历了张扭性→左行压扭性的力学性质转变。

670中段沿脉点M-198处断裂（图4-31b）：此处为一条较为复杂的复合断裂，f_{1-1}、f_{1-2}断裂裂面呈舒缓波状，“缓宽陡窄”现象明显，窄处1m，缓处带宽1.5m。其裂面光滑，可见擦痕，显示其具压扭性特点，方解石脉主要呈脉状分布于断裂带较陡的位置，其中的分支脉指示上盘下落，指示早期张扭性断裂在后期转变为压扭性。f_2裂面较光滑且见擦痕，擦痕侧伏向NW6°，倾角36°～45°，具扭压性特征。f_3断裂错断f_1，左行平移断距30cm，裂面较平直，近水平擦痕，显示左行扭动特点及第三期构造特点。故该断裂的力学性质经历了张（扭）性→压扭性→左行扭（压）性的转变。

670中段110号穿脉M-166处断裂（图4-32）：此处显示至少有两期构造活动，f_1为一前期断层，明显被f_2、f_3错断。f_1断裂裂面总体较平直，局部呈弧形弯曲，宽2～10cm，带内充填灰黄色断层泥和灰黑色有机质。裂面上见近水平擦痕，判断性质以扭性为主。f_2断裂裂面平直，宽2～5cm，带内充填灰黄色断层泥和白云岩角砾，裂面上见擦痕，判断其具扭压性。f_3断裂面较平直、紧闭，见擦痕，判断其具扭压性，与f_2为共轭断裂。

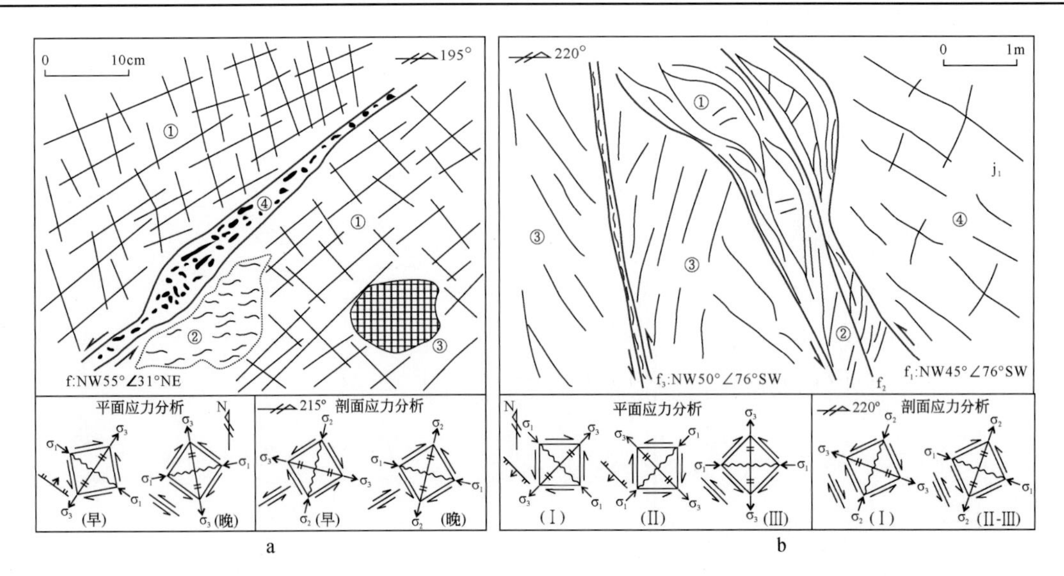

图 4-31 760 中段 98 号穿脉 10m 处（a）与 670 中段沿脉点 M-198 处（b）断裂剖面素描图

a. ①灰白-浅黄褐色白云岩；②断裂下盘浸染状、微脉状铅锌矿化；③断裂下盘的团块状方铅矿化；④断裂及带内的灰白色白云质碎粒岩。b. ①灰白色透镜体化硅化粗晶白云岩；②方解石脉；③灰白色中-粗晶白云岩，见残余灰白色粗晶白云岩团块，以及黑色有机质团块；④灰-深灰色方解石化白云岩

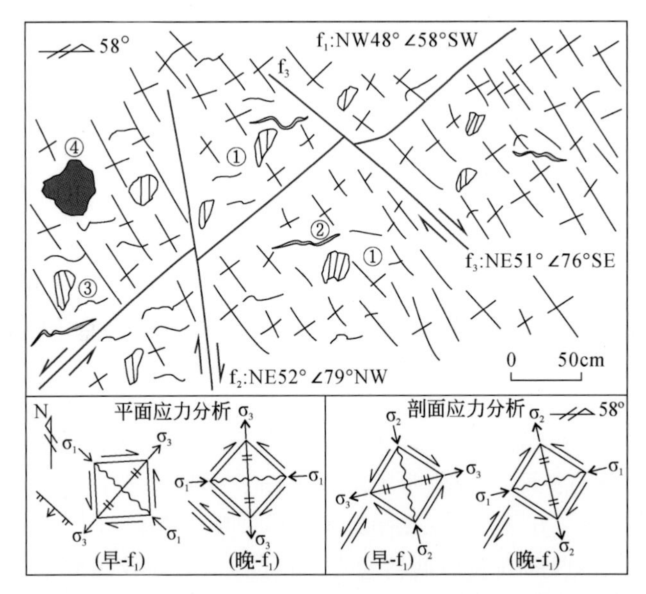

图 4-32 毛坪富锗铅锌矿床 670 中段 110 号穿脉 M-166 处断裂剖面素描图

①灰白色粗晶白云岩；②细脉状方解石；③团块状方解石；④团块状有机质

综合对矿区其他 NW 向断裂结构面的分析，认为 NW 向断裂经历了张性-左行张扭→左行压扭性→左行扭压性的力学性质转化。

3. 近 SN 向断裂组

近 SN 向断裂在矿区不发育，仅以 670 中段 102 号穿脉 55m 处断裂为例（图 4-33）：主裂面总体较平直，其间充填细粒状黄铁矿，而两侧发育的次级裂面则呈舒缓波状，其间也充填细粒状黄铁矿。上下盘围岩均为灰色中晶白云岩，白云岩中发育细脉状和团块状的方解石，同时可见黄铁矿沿白云岩的裂隙呈不规则脉状分布。

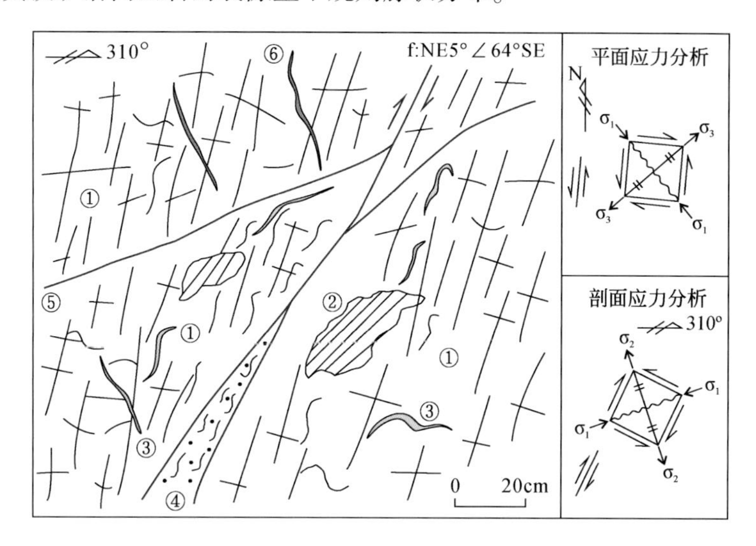

图 4-33　毛坪富锗铅锌矿床 670 中段 102 号穿脉 55m 处断裂剖面素描图

①灰色中晶白云岩；②团块状方解石；③细脉状方解石；④断裂面，其间充填黄铁矿；⑤次级裂面，其间充填黄铁矿；⑥沿白云岩裂隙充填黄铁矿脉

研究结果表明，SN 向断裂组经历了右行压扭→左行压扭力学性质的转变。

4. EW 向断裂组

该组断裂在矿区内出露较少，仅以 910 中段点 M-169 处断裂为例进行说明（图 4-34）：断裂宽约 3.5m，产状为 EW∠75°S，上盘为白云岩，下盘为白云岩夹灰岩。断裂带内为碎裂岩，片理化发育，并见白云岩透镜体。裂面不明显，上裂面大致呈锯齿状，该断裂早期表现为张性，晚期转变为压扭性。

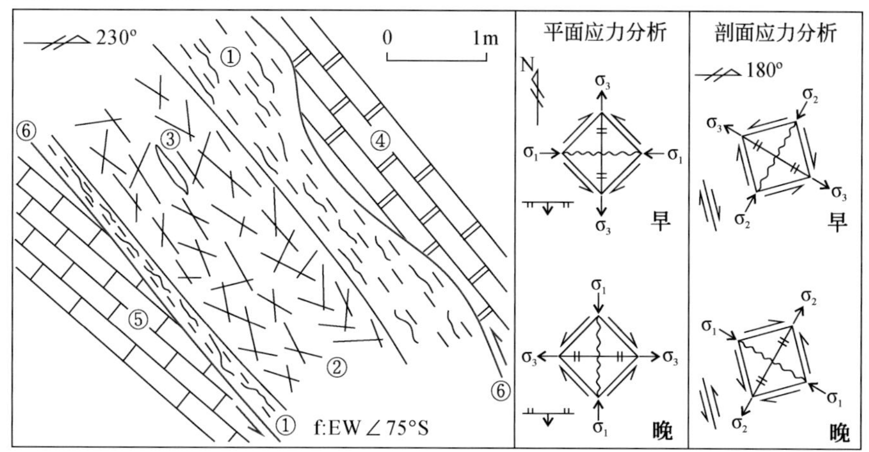

图 4-34　毛坪富锗铅锌矿床 910 中段点 M-169 处断裂剖面素描图

①片理化带；②白云质碎裂岩；③白云岩透镜体；④白云岩；⑤白云岩夹灰岩；⑥主裂面

（三）构造岩相分带特征

1. 构造岩类型及其组合

NE 向层间断裂为该矿床的主要容矿构造，其力学性质以压扭性为主，断裂带内主要构造岩类型为：①白云质碎裂岩；②白云质碎斑岩；③白云质碎粒岩；④透镜体粒化岩；⑤构造片岩(糜棱岩类片理化带)。其组合类型为：①白云质碎裂-碎斑岩；②构造片岩+白云质碎裂-碎斑岩；③碎裂白云岩+白云质碎裂-碎斑岩；④透镜体粒化岩+白云质碎裂-碎斑岩。

按照构造岩组合可以将其分为两类：脆性构造变形组合和脆-韧性构造变形组合。脆性构造岩组合主要包括：白云质碎裂-碎斑岩组合、碎裂白云岩+白云质碎裂-碎斑岩组合；脆-韧性构造岩组合主要包括：构造片岩+白云质碎裂-碎斑岩组合、透镜体粒化岩+白云质碎裂-碎斑岩组合。

该矿床构造岩以脆性变形为主，白云质碎裂-碎斑岩和碎裂白云岩普遍发育。断裂带内发育透镜体化白云质碎裂岩、碎斑岩；碎裂白云岩主要分布于层间断裂带内。构造岩相分布特征如下：①断裂带中透镜体内为粗晶-中粗晶白云岩或白云质碎裂岩，局部见方解石脉沿透镜体分布；②靠近裂面一侧，变形程度较高，常见白云质碎裂岩-白云质碎斑岩。

2. 构造岩相分带特征

（1）白云质碎裂-碎斑岩相带：原岩主要为脆性白云岩，经构造变形之后形成碎裂岩-碎斑岩系列，主要分布于压扭性断裂中，断裂上下盘岩石较完整，受构造影响较小（图 4-35，表 4-2）。

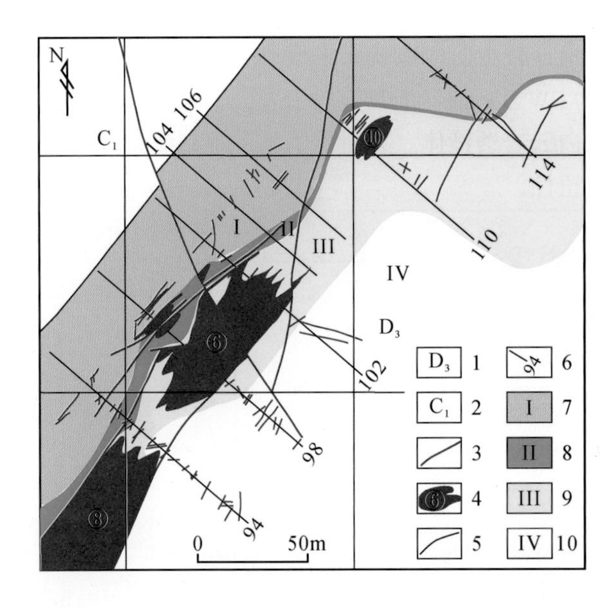

图 4-35　毛坪富锗铅锌矿床 670 中段构造岩分带平面图

1. 上泥盆统；2. 下石炭统；3. 断裂；4. 矿体及编号；5. 地层界线；6. 勘探线及编号；7. 白云质碎裂-碎斑岩相带；8. 构造片岩相带；9. 碎裂白云岩相带；10. 透镜体粒化岩相带

表 4-2　各构造岩相带蚀变、矿物和结构特征表

代号	岩相带名称	构造岩类型	构造岩组合	蚀变矿物
Ⅰ	白云质碎裂-碎斑岩相带	白云质碎斑岩、碎裂岩	脆性构造变形组合	方解石
Ⅱ	构造片岩相带	白云质构造片岩，白云质碎斑岩、碎裂岩	脆-韧性构造变形组合	黄铁矿，方解石，碳质
Ⅲ	碎裂白云岩相带	碎裂白云岩，白云质碎斑岩、碎裂岩	脆性构造变形组合	方解石，黄铁矿
Ⅳ	粒化岩相带	白云质透镜体粒化岩，白云质碎斑岩、碎裂岩	脆-韧性构造变形组合	方解石，白云石，石英

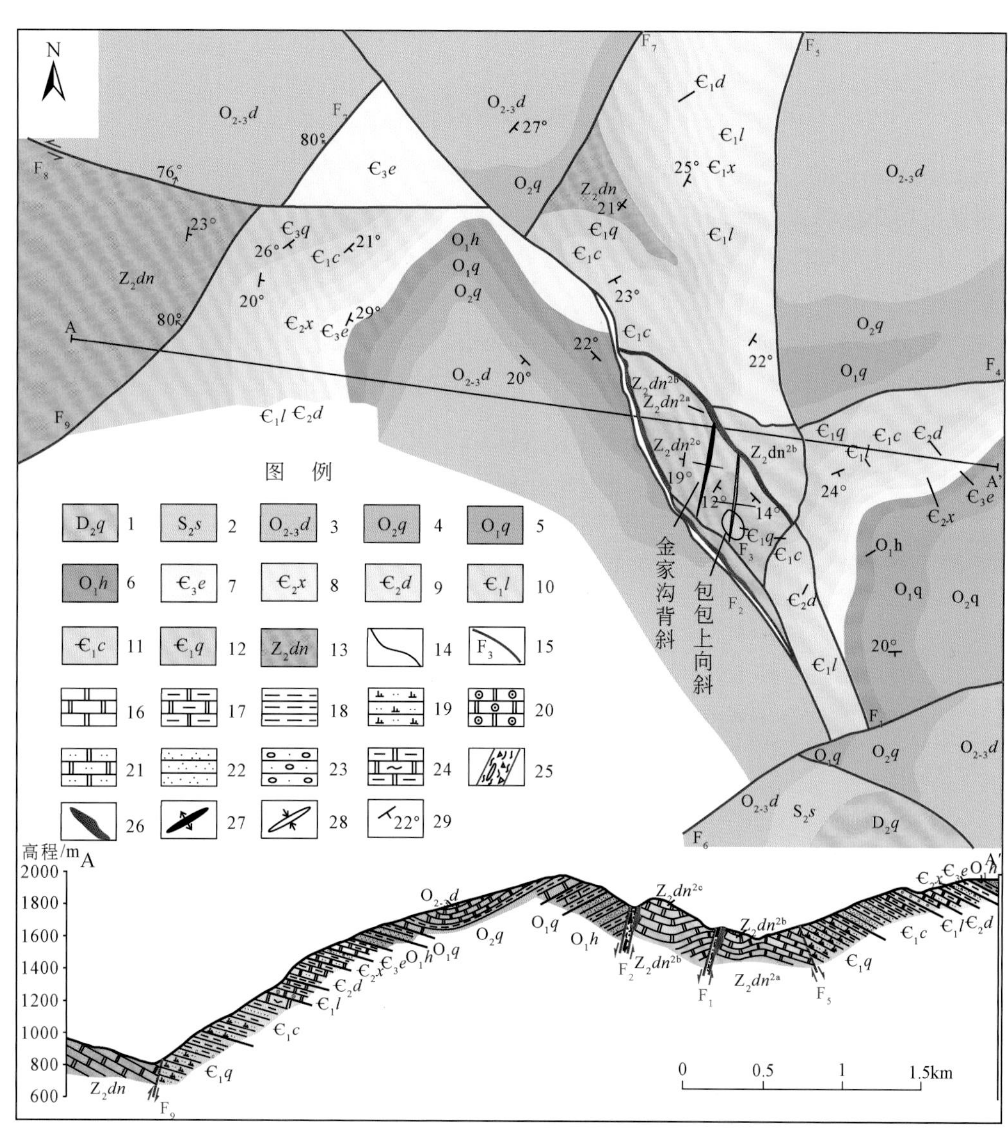

图 4-36　乐红富锗铅锌矿床地质简图（据云南省鲁甸县乐红铅锌矿区地形地质图修绘）

1. 泥盆系曲靖组；2. 志留系嘶风崖组；3. 奥陶系大箐组；4. 奥陶系上巧家组；5. 奥陶系下巧家组；6. 奥陶系红石崖组；7. 寒武系二道水组；8. 寒武系西王庙组；9. 寒武系陡坡寺组；10. 寒武系龙王庙组；11. 寒武系沧浪铺组；12. 寒武系筇竹寺组；13. 震旦系灯影组；14. 地质界线；15. 断裂及其编号；16. 白云岩；17. 泥质白云岩；18. 泥岩；19. 白云质粉砂岩；20. 白云质泥岩；21. 粉砂质白云岩；22. 石英砂岩；23. 砾岩；24. 蠕虫状泥质白云岩；25. 断层破碎带；26. 矿体；27. 背斜；28. 向斜；29. 地层产状

（2）构造片岩相带：在断裂带内发育的构造片岩，褐铁矿化、方解石化及碳化。

（3）碎裂白云岩相带：主要为脆性变形的碎裂白云岩，分布于层间断裂带内，为矿体的主要赋存部位。

（4）粒化岩相带：主要表现为断裂带中构造透镜体发育，透镜体原岩为白云岩，透镜体靠近裂面两侧多为白云质碎斑岩分布。

四、乐红大型富锗铅锌矿床

（一）矿区构造特征

基于1690、1640、1550、1290四个中段主要断裂结构面的宏观力学性质鉴定，认为该矿床明显受构造控制，主要控矿构造为断裂和褶皱（图4-36）。

由于矿区受多期构造应力作用，其构造形迹复杂，并发育包包上向斜和金家沟背斜。

矿区断裂主要为NW向和NE向断裂，少量SN向。主要的控矿断裂为乐红-山神庙断裂（F_2、F_1），产状呈NW向，倾角较大（70°～85°），倾向变化大，控制了矿体的产出。同时，F_1、F_2也是成矿流体的主要运移通道。可见构造控矿作用十分明显，现鉴定不同方向断裂的力学性质（表4-3）。

表4-3　乐红矿区实测典型断裂构造特征表

序号	走向	主要力学性质	产状	位置	备注
1	NW	右行压扭性	NW45°∠85°SW	No. 1	$F_{2下}$断裂
2	NW	压扭性	NW20°∠74°NE	No. 13	$F_{2上}$断裂
3	NW	压扭性	NW19°∠59°NE	No. 29	$F_{2上}$断裂
4	NW	压扭性	NW5°∠74°NE	No. 34	$F_{2上}$断裂
5	NW	张性→右行压扭性	NW24°∠69°NE	No. 41	$F_{2上}$断裂
6	NW	压扭性	NW23°∠71°SW	No. 44	$F_{2下}$断裂
7	NW	压扭性	NW20°∠84°NE	LH-54	$F_{2上}$断裂
8	NW	右行压扭性	NW40°∠65°SW	LH-60	$F_{2下}$断裂
9	NW	右行压扭性	NW43°∠70°SW	LH-60	$F_{2下}$断裂
10	NW	张性→压扭性	NW31°∠74°SW	LH-68	$F_{2下}$断裂
11	NW	张性→压扭性	NW53°∠85°SW	LH-70	$F_{2上}$断裂
12	NW	压扭性	NW15°∠87°SW	LH-82	$F_{2上}$断裂
13	NW	压扭性	NW50°∠44°NE	No. 7	
14	NW	压扭性	NW32°∠41°SW	No. 18	
15	NW	压扭性	NW69°∠36°NE	No. 20	
16	NW	压扭性	NW55°∠54°NE	No. 22	
17	NW	张扭性	NW65°∠71°NE	No. 25	
18	NW	压扭性	NW63°∠66°NE	No. 43	

续表

序号	走向	主要力学性质	产状	位置	备注
19	NW	压扭性	NW65°∠75°NE	No. 43	
20	NW	压扭性	NW63°∠72°NE	No. 43	
21	NW	压扭性	NW41°∠58°NE	No. 43	
22	NW	压扭性	NW42°∠60°NE	No. 43	
23	NW	扭压性	NW44°∠44°NE	LH-48	
24	NW	扭压性	NW63°∠33°NE	LH-51	
25	NW	扭压性	NW40°∠46°NE	LH-51	
26	NW	压扭性	NW54°∠37°NE	LH-53	
27	NW	压扭性	NW44°∠86°SW	LH-58	
28	NW	压扭性	NW20°∠50°NE	LH-63	
29	NW	压扭性	NW25°∠55°NE	LH-64	
30	NW	压扭性	NW70°∠59°SW	LH-65	
31	NW	压扭性	NW67°∠51°SW	LH-66	
32	NW	压扭性	NW76°∠69°SW	LH-69	
33	NW	压扭性	NW50°∠67°SW	LH-71	
34	NW	右行压扭性	NW60°∠45°SW	LH-76	$F_{1下}$断裂
35	NW	左行张扭性	NW56°∠84°NE	LH-87	
36	NE	左行扭压性	NE31°∠66°SE	LH-73	$F_{6上}$断裂
37	NE	左行扭压性	NE34°∠68°SE	LH-73	$F_{6上}$断裂
38	NE	右行扭压性	NE78°∠74°SE	LH-75	$F_{6下}$断裂
39	NE	右行压扭性	NE72°∠66°SE	No. 10	
40	NE	扭压性	NE40°∠43°SE	No. 12	
41	NE	压扭性	NE2°∠40°SE	No. 36	
42	NE	右行扭压性	NE10°∠51°SE	LH-67	
43	NE	扭压性	NE40°∠58°SE	LH-74	
44	SN	扭张性	SN°∠55°E	LH-61	

（二）构造形迹组合和构造体系厘定

系统鉴定各种构造形迹的力学性质是划分构造体系的基础，是确定变形边界条件的先行步骤。因此，运用矿田地质力学理论和方法（孙家骢，1988；孙家骢和韩润生，2016），系统鉴定断裂结构面力学性质是揭示构造作用的一项重要内容。矿区内主要的控矿构造为褶皱和断裂。

1. 褶皱构造力学性质分析

区域上褶皱主要有药山向斜与渭姑背斜（图4-37），它们同属于SN向药山构造带的组成部分。其中乐红铅锌矿位于渭姑背斜北部倾伏端，该背斜轴线呈膝状弯曲，展布方向总体为 N10°～15°W，灯影组（Z_2dn）、澄江组（Z_1c）组成其核部，两组地层呈高角度不整合接触，两翼分布古生界，其中西翼出露寒武系—上二叠统峨眉山玄武岩，大部分地段缺失石炭系，东翼缺失大箐组（$O_{2-3}d$）至大路寨组（S_2d）。两翼倾角 10°～30°，枢纽微波状向 SW 向倾伏。该背斜规模较大，具有多期活动特点，其形成时间可推至新元古代，核部澄江组（Z_1c）因受澄江运动影响，形成近 SN 向背斜（σ_1方向为 90°～110°），致使灯影组（Z_2dn）、澄江组（Z_1c）呈高角度不整合接触，后经历多期构造作用改造，使其轴线呈膝状弯曲，总体方向为 N10°～15°W，形成复杂压扭性褶皱形迹。

矿区内主要褶皱为包包上向斜和金家沟背斜（图 4-36），均为乐红断裂活动形成的次级褶皱。包包上向斜总体展布方向为 NE 20°，北端翘起向南撒开，轴迹长 400m，为一对称褶皱。西翼产状 NE20°∠8°～15°SE（走向-倾角-倾向，下同），东翼 NW20°∠10°～16°SW，均为震旦系灯影组细晶白云岩。金家沟背斜与包包上向斜大致平行展布，南端被 F_3 错开，轴迹长 460m，两翼基本对称，均由上震旦统灯影组细晶白云岩组成，东翼产状为 NE20°∠8°～15°SE，西翼产状为 NW20°∠8°～18°SW。从褶皱形态和空间分布来看，这些褶皱的形成应与 F_2 断裂作用有关，为 300°～310°主压应力作用下产物。

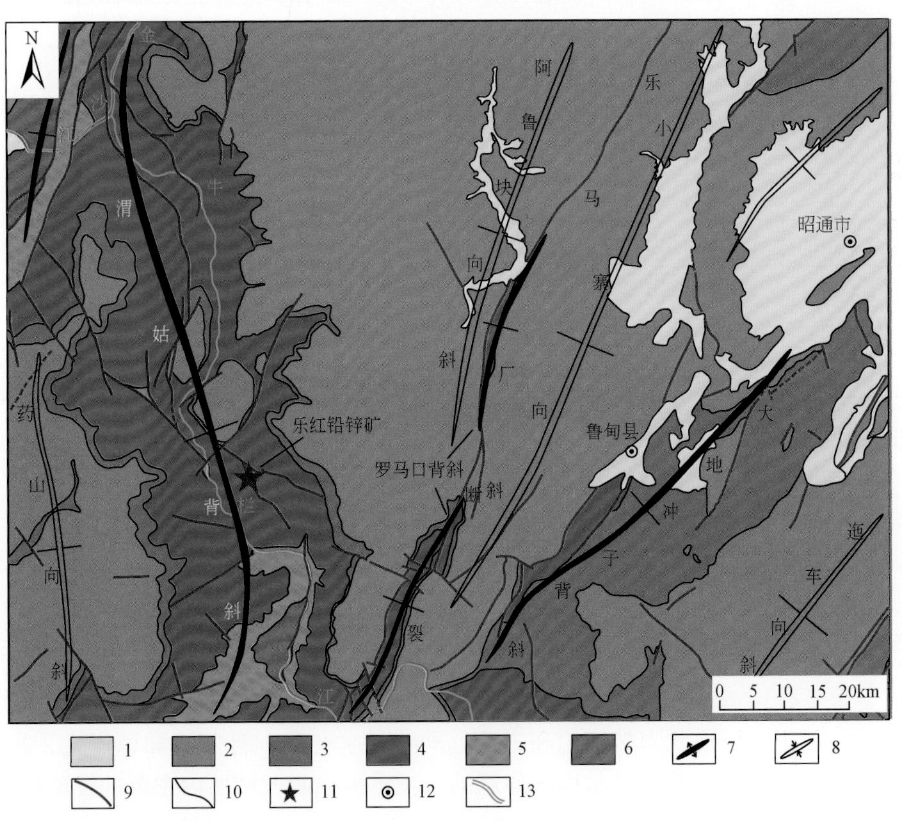

图 4-37　昭通乐红地区区域构造纲要简图（据 1980 年 1∶20 万鲁甸幅、昭通幅地质图修绘）

1. 第四系—古近系；2. 中三叠统—中二叠统；3. 下石炭统—下泥盆统；4. 志留系—寒武系；5. 震旦系；6. 澄江组；7. 背斜；8. 向斜；9. 断裂；10. 地质界线；11. 矿区位置；12. 城镇；13. 河流

2. 不同方向组断裂力学性质的系统鉴定

通过矿区不同方向断裂结构面力学性质的系统鉴定，统计表明：矿区主要分布 NW 向断裂，其次为 NE 向断裂和少量 SN 向断裂。

1）NW 向断裂

NW 向断裂在矿区较发育，由一系列走向为 N35°～65°W 断裂组成，倾角变化不一（30°～88°），倾向 NE 或 SW，带内发育碎裂岩、碎粉岩、构造角砾岩，常见白云石、方解石等脉石矿物，少见黄铁矿，片理化、透镜体化现象明显；其裂面和部分构造角砾岩上发育不同方向和力学性质的擦痕和阶步。具较大规模断裂常显示多期次活动特征。

矿区 F_2断裂为矿区 NW 向断裂的典型代表，其断裂带内广泛发育碎裂岩、碎粉岩，片理化、透镜体化现象明显。LH-68 点处见三条 NW 向断裂带（$F_{2下}$为 NW31°∠74°SW、f 为 NW76°∠69°SW、$F_{2上}$为 NW53°∠85°SW），其中 $F_{2下}$与 $F_{2上}$为 F_2断裂的上下裂面，该断裂呈波状，局部具锯齿状，裂带宽 20～30m，靠近裂面带内发育灰黑色碳质断层泥、强片理化及透镜体化，并伴随有少量黄铁矿及白云石脉；裂带内发育白云质碎裂岩、碎粉岩，见少量白云石脉；断裂下盘为灰-深灰色细晶白云岩，发育块状黄铁矿及铅锌矿；上盘为灰色白云岩，发育白云石团块。f 为 F_2断裂带内一条叠加断裂，裂面呈舒缓波状，裂带宽 40～50cm，带内发育片理化断层泥（图 4-38）。

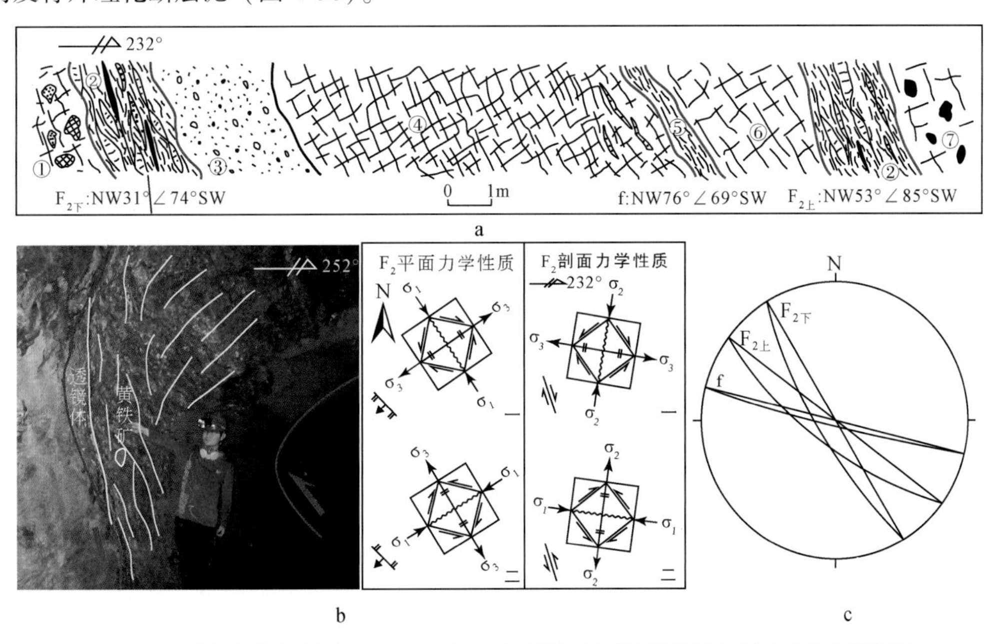

图 4-38　乐红富锗铅锌矿区 LH-68 点 F_2断裂剖面素描及断裂吴氏网下半球投影图

a. F_2断裂带素描图；b. F_2断裂带下盘片理化带照片；c. 断裂 $F_{2下}$、$F_{2上}$与 f 吴氏网下半球投影图。a：①硅质白云岩，发育团块状黄铁矿、闪锌矿、方铅矿；②透镜体化、片理化碳质破碎带，发育透镜状黄铁矿及少量白云石脉；③白云质碎斑岩；④白云质碎裂岩，发育少量黄铁矿脉；⑤片理化断层泥；⑥碎裂白云岩；⑦硅质白云岩，发育团块状白云石。产状标注解释：如 NE76°∠86°SE，依次表示走向北偏东 76°，倾角 86°，倾向南东，余同。断裂构造编号解释：如 $F_{2下}$、$F_{2上}$等以大写 F 加角标为矿区范围内的断裂，与以下内容中各点相同编号为同一断裂构造；断裂构造编号如 f 等以小写 f 加角标为观测点实测断裂，与以下内容中各点相同编号断裂等构造无联系据构造特征分析，该点构造具有两期活动的特征：早期在 NW-SE 向主压应力作用下，形成 NW 向张性断裂，并伴随铅锌矿化作用；晚期在 NE-SW 向主压应力作用下，NW 向断裂力学性质从张性转化为左行压扭性，为成矿后构造。

NW 向断裂以 F_2断裂为典型代表，具有从张性向压扭性力学性质转变的特点，断裂倾角较大（70°～85°），倾向以 SW 向为主，局部反转，控制乐红铅锌矿床主矿体产出。由于 F_2断裂在区域上处于 NE 向巧家-莲峰斜冲走滑断裂与乐马厂斜冲走滑断裂的夹持部位，在两条断裂持续左行剪切作用下，使该断裂在同一期不同阶段力学性质从张性-左行张扭性转变为右行压扭性，呈现出 NW 段倾向 NE、SE 段倾向 SW 的“麻花状”空间形态。同时，断裂带东侧沿断裂发育强烈的矿化蚀变，热液作用明显，是主要配矿构造。

矿区 1690 中段 LH-76 点至 LH-78 点断裂（F_1断裂）（NW60°∠45°SW）（图 4-39）：上盘为细晶块状白云岩，下盘未见。裂面呈舒缓波状。裂带内为细晶碎裂白云岩，并发育铅锌矿矿体，呈透镜状产出。根据裂面擦痕及旁侧构造推断，该断裂为一右行压扭性断裂。

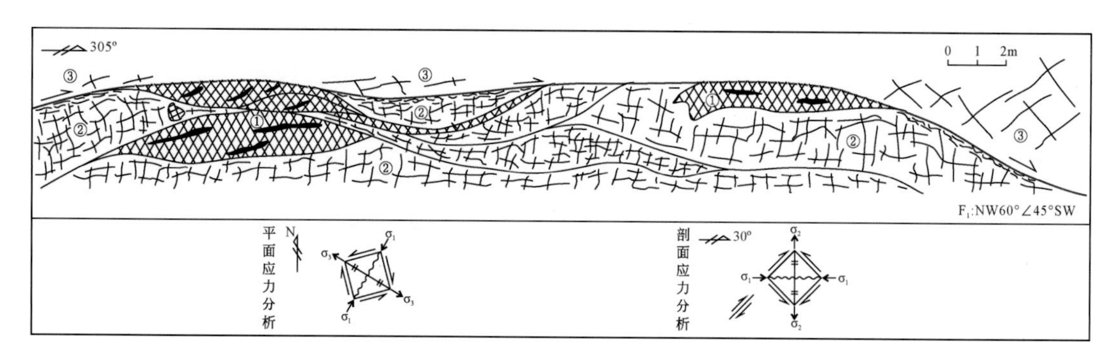

图 4-39　乐红富锗铅锌矿区 LH-76 点至 LH-78 点断裂剖面素描图

①方铅矿、闪锌矿矿体，矿石品位高；②灰-深灰色细晶碎裂白云岩；③灰黑色细晶块状白云岩

矿区 1640 中段 13-2 号穿脉 LH-60 点断裂（图 4-40a）：上盘为白云石化、黄铁矿化中细晶碎裂白云岩，下盘为细晶块状白云岩。裂面呈舒缓波状，其产状为 NW40°∠65°SW。裂带宽 3～4m，裂带内为透镜体化、片理化碎裂白云岩，并发育透镜体化黄铁矿及网脉状闪锌矿。该断裂为一右行压扭性断裂。

矿区 1550 中段南沿 9 号穿脉 LH-87 点断裂（图 4-40b）：上下盘均为碎裂白云岩，下盘发育团块状白云岩。裂面呈锯齿状，产状为 NW56°∠84°NE。裂带宽 2～3m，裂带内发育构造角砾岩，角砾成分为细晶白云岩。该断裂为一左行张扭性断裂。

矿区 1290 中段 7 号穿脉 No. 41 点断裂（NW24°∠69°NE）（图 4-41）：上盘为黄铁矿化碎裂白云岩，下盘未见。裂面呈锯齿状。裂带内发育透镜体化、片理化带，具强铅锌矿化、黄铁矿化，黄铁矿呈透镜体状产出。根据该断裂裂面形态及旁侧构造推断，该断裂至少经历了早期为张性，晚期为右行压扭性的力学性质转变。

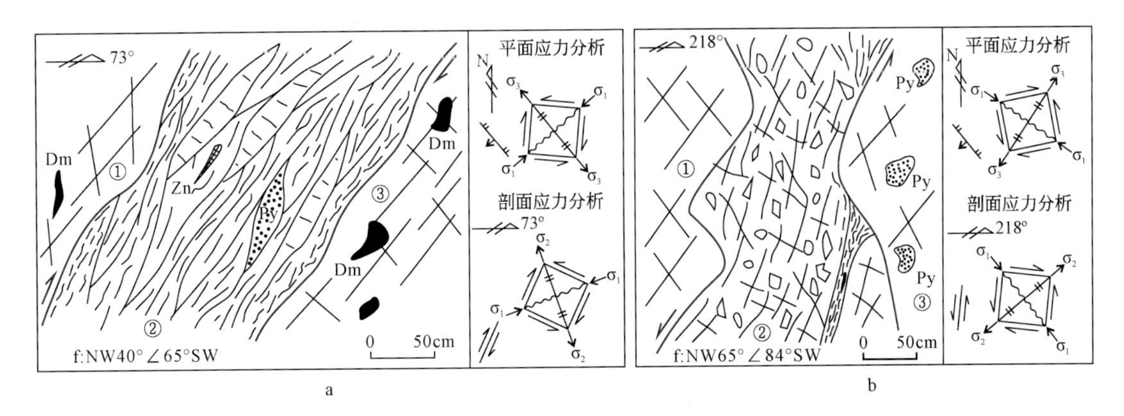

图 4-40　乐红富锗铅锌矿区 LH-60 点（a）与 LH-87 点（b）断裂剖面素描图

a. ①灰白色 Dm、Py 化中细晶白云岩，强白云石化；②黄铁矿团块，黄铁矿呈透镜状，发育网脉状闪锌矿；③灰色细晶块状白云岩，发育团斑状、网脉状白云石。b. ①黄褐色、浅黄色碎裂岩；②黄褐色、灰色构造角砾岩；③灰色碎裂岩，碎裂程度较高，发育团块状黄铁矿

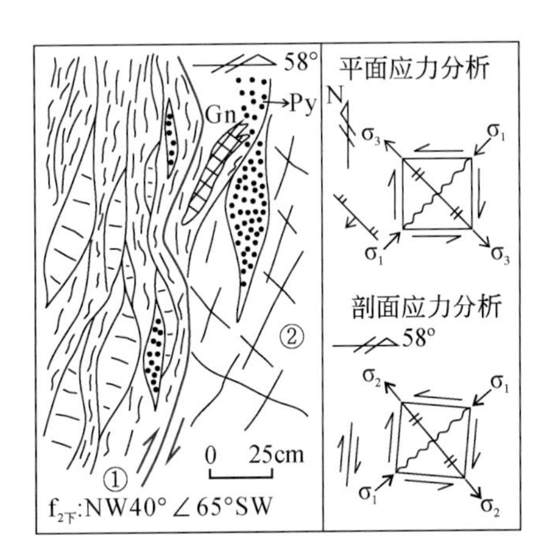

图 4-41　乐红富锗铅锌矿区 No. 41 点断裂素描图

①透镜体、片理化带，强铅锌矿化，发育碳化、黄铁矿化；②灰色细晶碎裂白云岩

因此，通过对多条 NW 向断裂及其旁侧构造（擦痕、阶步及角砾岩）等综合分析，认为该组断裂的力学性质主要经历了左行压扭性→（张-左行张扭性→右行压扭性）→左行扭（压）性→右行扭（压）性的力学性质转变过程。

2）NNW 向断裂

NNW 向断裂走向为 N10°～20°W，倾角变化在 50°～80°，倾向 NE 或 SW，断裂带内发育碎斑岩、碎粒岩，部分断裂带内见块状黄铁矿。前期张扭性构造被后期构造改造，导致其力学性质难以鉴别。LH-63 点处见一 NNW 向断裂（NW20°∠50°NE），裂面呈舒缓波状，裂带宽 20～40cm，断裂带内发育深灰色细晶白云岩，发育团块状脉状白云石、黄铁矿，显示该断裂具明显的左行压扭性，其主压应力方向为 NE-SW 向（图 4-42）。

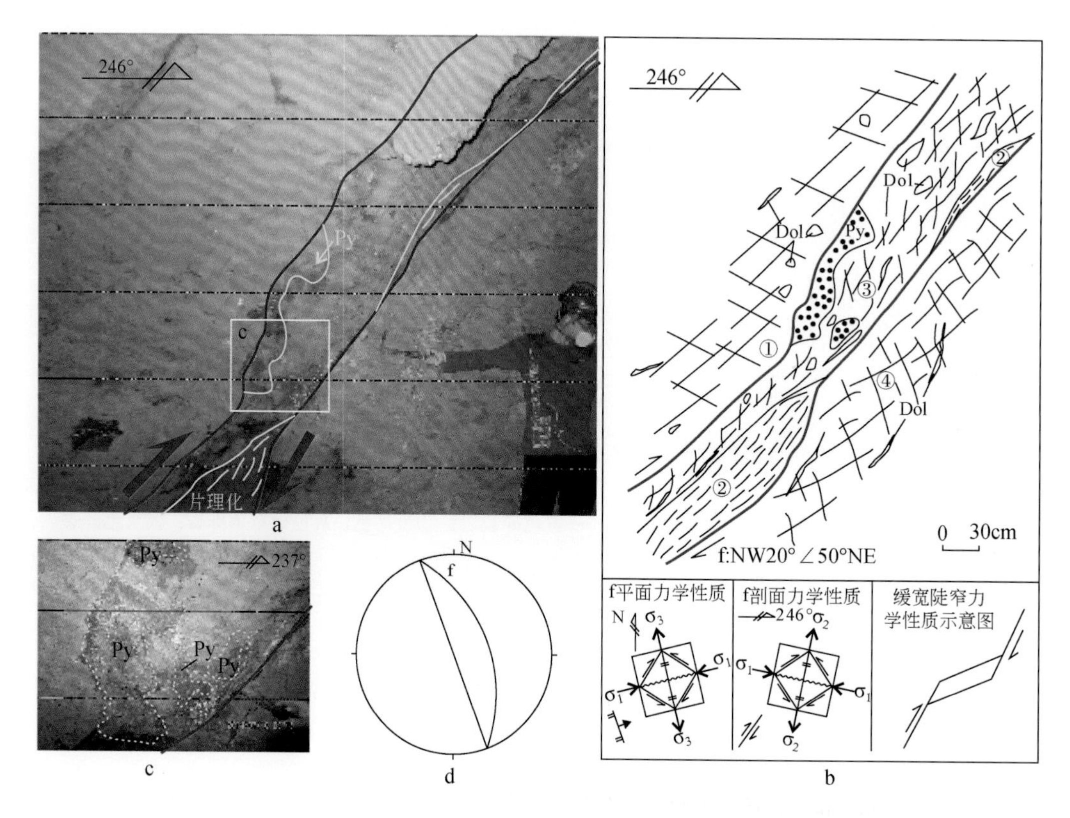

图 4-42　乐红富锗铅锌矿区 LH-63 点断裂剖面素描及断裂吴氏网下半球投影图

a、b. 断裂带坑道照片及素描图；c. 断裂带内黄铁矿照片；d. 断裂 f 吴氏网下半球投影图。b. ①灰黑色细晶白云岩，发育脉状、团斑状白云石；②透镜体化、片理化破碎带，发育少量白云石脉；③白云质碎斑岩，发育团块状、团斑状黄铁矿，少量团斑状、脉状；④灰黄-黄褐色碎裂岩，见白云石脉。Dol. 白云石；Py. 黄铁矿

通过对多条 NNW 向断裂及其旁侧构造（擦痕、阶步及角砾岩）等综合分析，认为该组断裂主要经历了左行张扭性→左行压扭性的转变过程。该组断裂经过后期构造作用改造，使得压扭性构造形迹较为明显。

3）NE 向断裂

NE 向断裂为走向 N20°～80°E 断裂带，倾角变化较大（30°～88°），倾向 NW 或 SE，带内发育碎裂岩、碎粉岩，常见白云石、方解石脉，片理化、透镜体化现象明显；部分断裂面以及部分构造角砾岩上发育不同方向和力学性质的擦痕、阶步。具较大规模断裂显示出多期次活动特征。

NE 向断裂以 F_6 为代表，如点 LH-73～LH-75 处，倾向 SE，倾角 65°～75°，裂带宽 10～15m，裂带内近裂面为炭黑色碳质断层泥，带内发育灰黑色白云质碎裂岩，并伴有方解石、白云石脉，其力学性质表现为左行扭（压）性。野外观测发现，断裂 F_6 将 F_2 错断（图 4-43）。

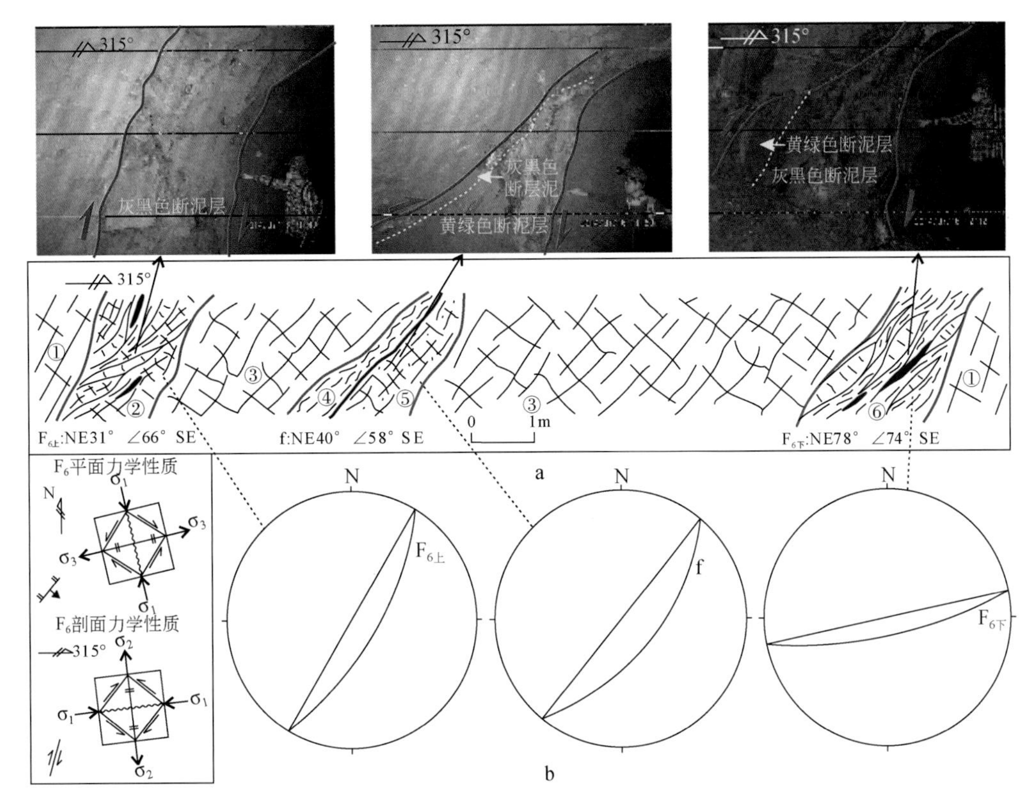

图 4-43　乐红富锗铅锌矿区 LH-73 至 LH-75 点 F_6 断裂剖面素描及吴氏网下半球投影图

a. F_6 断裂剖面素描；b. 断裂 $F_{6上}$、$F_{6下}$ 与 f 吴氏网下半球投影图。a. ①硅质白云岩；②透镜体化、碎裂化破碎带，发育少量白云石脉；③白云质碎裂岩；④片理化断层泥；⑤白云质碎裂、碎斑岩；⑥透镜体化、片理化破碎带，发育白云石脉

CP-01 点处见一 NE 向断裂（f：NE76°∠86°SE），裂面呈波状，裂带宽 20～40cm，带内发育灰质碎裂岩、碎粉岩，见少量方解石脉和团块，断裂上下盘均分布灰-灰黑色细晶碎裂灰岩，其中发育团块状和网脉状方解石（图 4-44a，g）。裂面上见构造角砾岩（图 4-44c）和多个不同方向的擦痕、阶步（图 4-44d～f），构造角砾岩上见明显擦痕。不同方向擦痕、阶步和构造角砾岩的生成顺序显示，该断裂经历了 4 期构造活动：张性→右行扭压性→左行扭压性→右行压扭性。

矿区 1550 中段 10 号穿脉 No. 10 点断裂（NE72°∠66°SE）（图 4-45）：两盘为碎裂细晶白云岩。裂面呈舒缓波状。裂带内发育片理化带。根据该断裂裂面形态及旁侧构造推断，该断裂为一右行压扭性断裂。

通过对多个 NE 向断裂擦痕、阶步、片理化等断裂构造要素的分析及统计，认为 NE 向断裂主要经历了压性-右行扭压性→左行扭压性→右行压扭性质的力学性质转换。

4）近 SN 向断裂

近 SN 向断裂主要为走向 SN 和 N2°～10°E 的断裂组成，倾角变化大（30°～70°），倾向东或西，断裂带内见碎裂岩、碎斑岩和构造角砾岩，片理化、透镜体化现象明显；部分断裂面与构造角砾岩发育不同方向及力学性质的擦痕和阶步，表明经历了多期构造活动。

图 4-44 乐红富锗铅锌矿区 CP-01 点断裂点调查及力学性质分析图

a，g. 断裂破碎带野外照片及素描图；b. 断裂带裂面照片；c. 断裂面上构造角砾岩；d ~ f. 断裂面上擦痕，分别代表一、二、三期构造活动。g. ①灰-灰黑色细晶碎裂灰岩，发育方解石团块、网脉；②片理化破碎带，发育少量方解石脉；③灰-灰黑色灰质碎裂岩，发育透镜体，方解石脉；④灰-灰黑色碎斑岩、碎粉岩，见少量方解石。Cal. 方解石

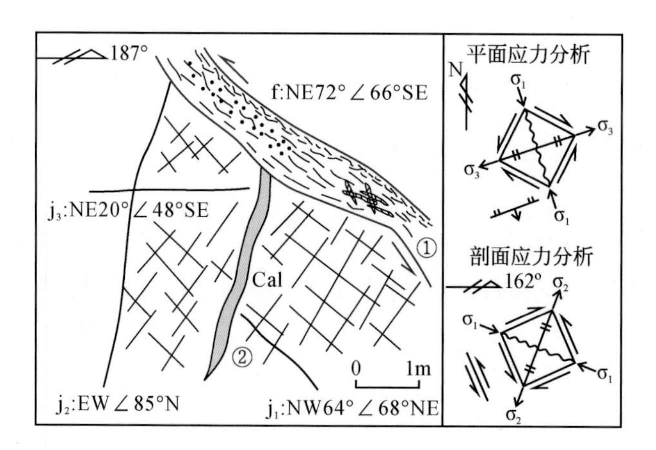

图 4-45 乐红富锗铅锌矿区 No. 10 点断裂剖面素描图及力学分析图

①片理化、碎裂化、碎粒化细晶白云岩；②碎裂化细晶白云岩。Cal. 方解石脉

LH-67 点见一断裂，裂面呈舒缓波状，裂带较紧闭宽 2 ~ 8cm，带内发育片理化断层泥，两盘岩性为灰色细晶白云岩，发育白云石脉及团块，裂面擦痕较明显，显示其力学性质为右

行扭（压）性（图4-46）。

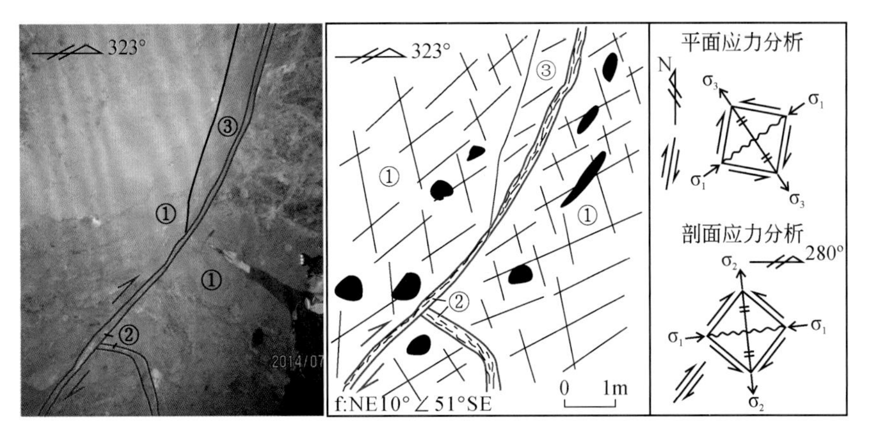

图4-46　乐红富锗铅锌矿区LH-67点断裂剖面素描及其力学分析图

①灰黑色细晶碎裂白云岩，发育团块状、脉状白云石；②灰黑色断层泥；③断裂面，裂面擦痕明显

CP02点见一断裂，裂面较平直，裂带宽15～30cm，裂带内发育构造角砾岩以及方解石，角砾为灰岩，具有一定的定向性，大小不一，带内部分构造角砾岩呈透镜体状，同时角砾岩表面见明显擦痕，表明该断裂至少经历了2期构造活动：早期呈扭张性，晚期呈压性，断裂带的两盘岩性为灰色细晶灰岩，且分布方解石细脉（图4-47）。

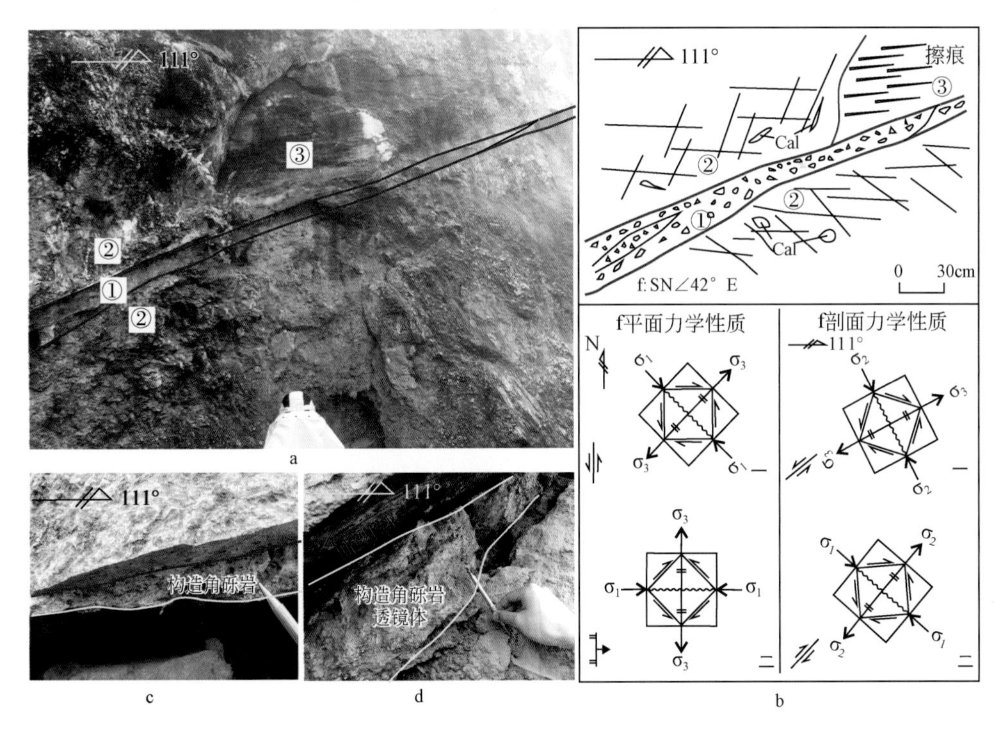

图4-47　乐红富锗铅锌矿CP-02点断裂调查及力学性质分析图

a、b. 断裂破碎带野外照片及素描图；c. 断裂带裂面构造角砾岩照片；d. 断裂带内透镜体状构造角砾岩及角砾岩面上擦痕照片。①构造角砾岩，角砾成分为灰岩，具有一定定向性，部分呈透镜体状；②灰色碎裂灰岩；③断裂旁侧断裂构造面，裂面上擦痕明显。Cal. 方解石

通过对多个近 SN 向断裂的擦痕、阶步、片理化等断裂构造要素的分析及统计，认为 SN 向断裂力学性质主要经历了压性→左行扭（压）性→右行扭性→压性→张-张（扭）性的转变过程。

综合乐红铅锌矿区不同方向断裂结构面力学性质，表现为：①NW 向断裂主要经历了左行压扭性→（张-左行张扭性→右行压扭性）→左行扭（压）性→右行扭（压）性转变过程；②NNW 向断裂主要经历了右行扭压性→左行张扭性→左行压扭性转变过程；③NE 向断裂主要经历了压-右行扭压性→左行扭压性→右行压扭性转变过程；④近 SN 向断裂主要经历了压性→左行扭（压）性→右行扭性→压性→张-张（扭）性转变过程。

（三）断裂构造岩类型及其特征

通过采集不同方向和性质典型断裂构造岩，进行构造岩显微组构鉴定（图 4-48），结合前人对构造岩分类和命名的方案（孙岩，1994；胡玲等，2009；Bons et al.，2012），将本区断裂构造岩类型划分为碎粒岩、碎斑岩、碎裂岩及构造角砾岩（表 4-4）。

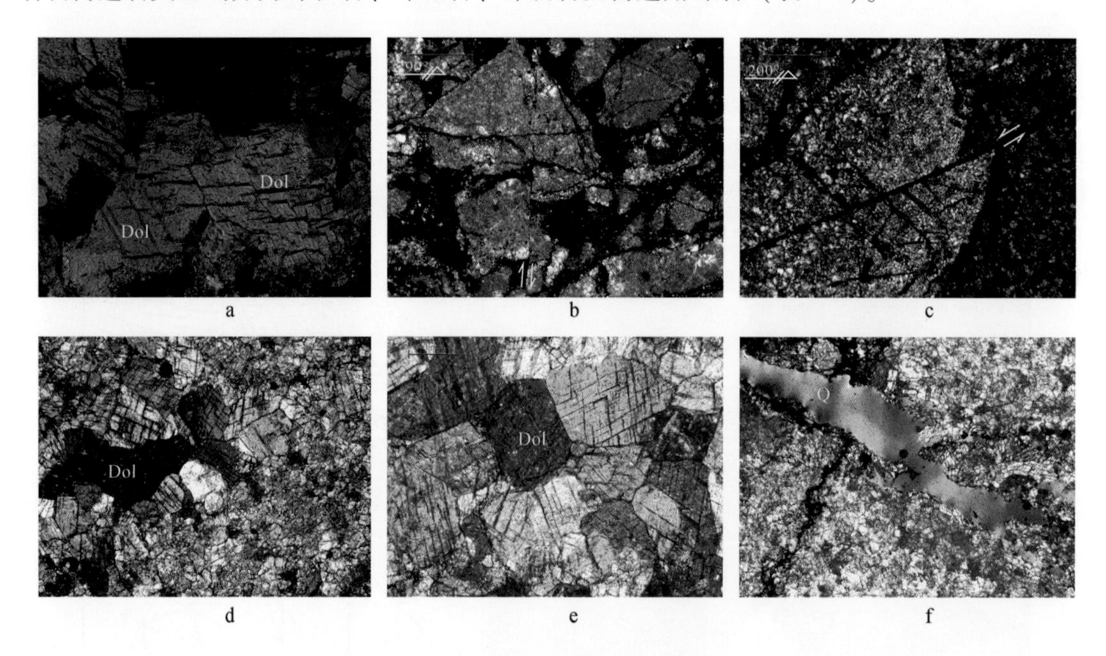

图 4-48 乐红富锗铅锌矿断裂构造岩显微构造特点

a .白云石机械双晶；b. 碎斑岩，原岩为白云岩，具碎斑结构，碎基含量>20%，白云岩颗粒被一裂隙右行错动；c. 碎斑岩，原岩为白云岩，碎基含量>15%，白云岩颗粒被裂隙左行错动；d. 白云石膨凸重结晶现象，具核幔构造；e. 白云岩中，白云石由静态恢复重结晶形成的规则边界新晶粒；f. 白云岩中的石英由于应力作用，其晶格发生弯曲而引起的波状消光。Dol. 白云石；Q. 石英

表 4-4 乐红富锗铅锌矿区不同方向主要断裂构造岩及其形变和岩相特征

断裂方向	NW 向	近 SN 向	NE 向	NNW 向
构造岩类型	构造角砾岩、碎粒岩、碎斑岩、碎裂岩	碎斑岩、碎裂岩	碎粒岩、碎裂岩、碎斑岩	碎裂岩
结构	张性碎裂、碎斑、碎粒、碎裂	碎斑、碎裂	碎裂、碎斑	碎裂

续表

断裂方向		NW 向	近 SN 向	NE 向	NNW 向
构造		角砾状、透镜体状、片理化、条带状	透镜体状	透镜体状、条带状、片理化	透镜体状
形变	脆性	碎粒岩化、碎斑岩化、碎裂岩化、显微裂隙	碎裂岩化、碎斑岩化、显微裂隙	碎粒岩化、碎裂岩化、碎斑岩化、显微裂隙	碎裂岩化、显微裂隙
	塑-脆性	片理化、条带状		片理化、条带状	片理化
	塑性	透镜体化		透镜体化	
相变	蚀变矿物	石英、白云石		白云石	石英、白云石
	蚀变类型	碳酸盐化、黄铁矿（已氧化为褐铁矿）化、硅化		碳酸盐化、硅化	黄铁矿（褐铁矿）化、碳酸盐化、硅化

由表4-4可见，构造岩形变以脆性为主，相变较弱。综合断裂构造的力学性质分析，判断不同方向的断裂发生了复杂的力学性质转变。

（1）NW 向断裂主要经历了张-左行张扭→右行压扭性→左行扭（压）性→右行扭（压）性质的力学性质转变。

（2）NNW 向断裂主要经历了左行张扭性→右行扭压性→左行压扭性质的力学性质转变。

（3）NE 向断裂主要经历了压-左行压扭性→右行扭（压）性→左行扭（压）性质的力学性质转变。

（4）近 SN 向断裂主要经历了左行扭（压）→压性→张-张（扭）性的力学性质转变。

（四）成矿构造体系

综合研究各方向断裂结构面宏观和显微构造力学性质及其复杂转变过程，结合前人对滇东北矿集区的研究（张志斌等，2006；韩润生等，2012，2014；李波等，2014），采用构造筛分法，将乐红矿区构造形迹划分为4种构造组合，代表5类不同构造体系，反映5期构造成生发展。不同期次主压应力（σ_1）方位变化依次为近 EW→N50°～60°W→N45°～50°E→近 EW→近 SN。

从区域构造形迹和不同构造层展布特征来看（图4-35），结合矿区控矿构造筛分，区域内出露最早的构造属澄江期，反映在渭姑背斜核部灯影组（Z_2dn）与澄江组（Z_1c）呈高角度不整合接触，表明澄江运动在该区产生了强烈影响，形成了东坪背斜核部 NNE 向构造形迹（图4-35 NW 端），推断其σ_1方位为近 EW 向；加里东期—前海西期，形成了早期近 SN 向的药山向斜、渭姑背斜等构造形迹，应为加里东期—前海西期构造活动的产物，其σ_1主体方位为近 EW 向；由于海西运动在区内的活动痕迹很不显著，前人对此研究也较少，仅郭文魁（1942）对该区地层厚度进行对比，认为海西运动在滇东北区域有响应，但无法确定海西运动σ_1方位；印支期—燕山早期构造活动对该区影响强烈。许志琴等（2012）指出，古特提斯洋盆关闭，其洋盆向扬子地块方向俯冲，使其间诸多微块体发生碰撞形成印支造山系西部的组成部分。综合川-滇-黔接壤区成矿构造背景分析，该期印支地块向扬子地块碰撞导致包括中越交界的八布-Phu-Ngu 洋、越北香葩岛-海南屯昌一带洋盆在内的古特提斯洋关闭，区域构造应力向扬子陆块内传导，在川–滇–黔接壤区形成空间分布具广泛性、类型具分区性和多样性的陆内走滑构造系统，在滇东北矿集区形成 NE 向左行斜冲走滑–断褶带，从而在区内发育一系列 NE 向褶皱和断裂带，如阿鲁块向斜、罗马口背斜与小寨向斜，影响最新地层时代为 T_2。故认为印支期—燕山早期 σ_1 主体方位为 N50°～60°W；在燕山中期，结合区内构造形迹，认为在该期 σ_1 主体方位为 N45°～50°E；燕山晚期由于西伯利亚板块向南、太平洋板块向北西、印度洋板块向北东同时向中朝板块汇聚，使该区处于挤压环境，其 σ_1 方位主体呈近 EW 向；喜马拉雅期印度板块东北部向北楔入西藏–云南前陆盆地之下，因此该区喜马拉雅期 σ_1 方位主要呈近 SN 向。

综上所述，矿区构造体系成生发展顺序为（图 4-49）：①早 SN 构造带主体对应加里东期—前海西期构造活动；②NE 构造带主体对应于印支期—燕山早期构造活动；③NW 构造带主体对应于燕山中期构造活动；④晚 SN 构造带对应于燕山晚期构造活动；⑤EW 构造带对应于喜马拉雅期构造活动。不同期次的主压应力（σ_1）方位变化依次为：近 EW→N50°～60°W→N45°～50°E→近 EW→近 SN。根据张云新（2014）对闪锌矿 Rb-Sr 定年成果，可以

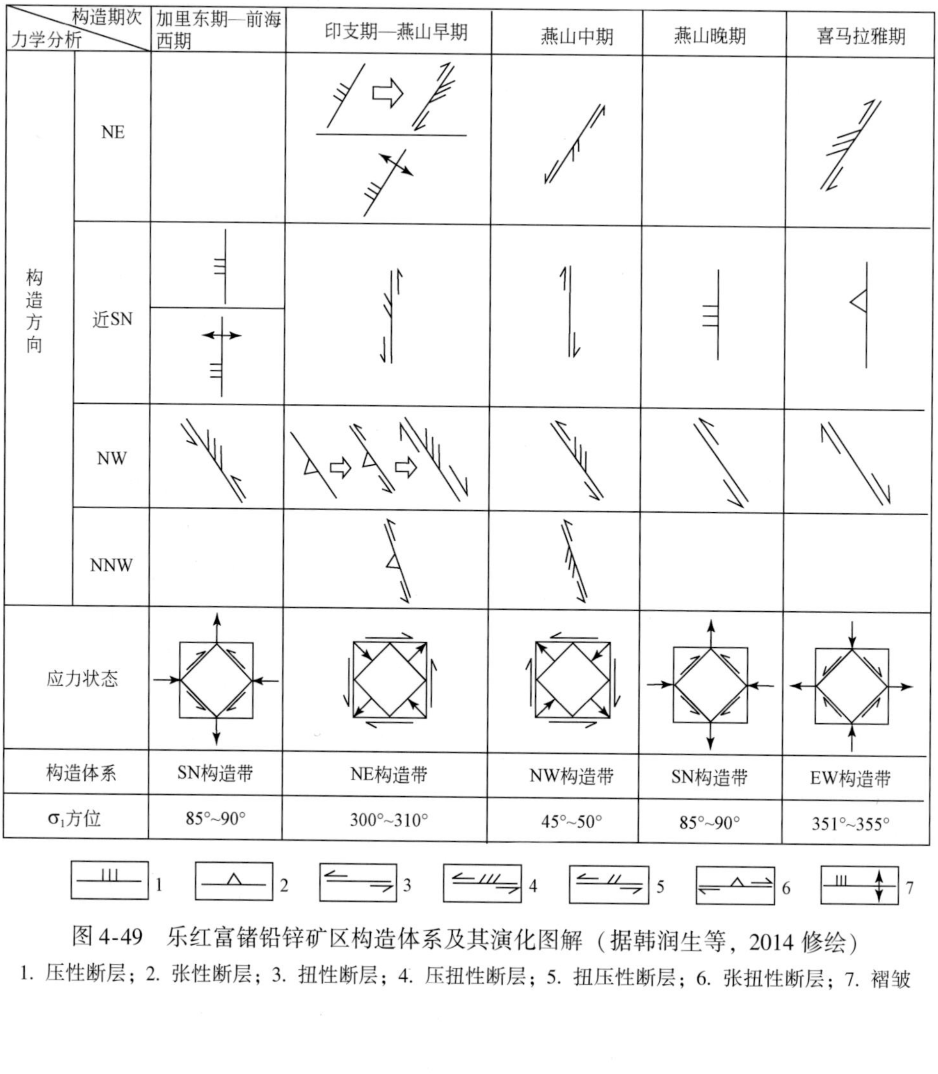

构造期次 力学分析		加里东期—前海西期	印支期—燕山早期	燕山中期	燕山晚期	喜马拉雅期
构造方向	NE					
	近SN					
	NW					
	NNW					
应力状态						
构造体系		SN构造带	NE构造带	NW构造带	SN构造带	EW构造带
σ_1方位		85°~90°	300°~310°	45°~50°	85°~90°	351°~355°

1　2　3　4　5　6　7

图 4-49　乐红富锗铅锌矿区构造体系及其演化图解（据韩润生等，2014 修绘）

1. 压性断层；2. 张性断层；3. 扭性断层；4. 压扭性断层；5. 扭压性断层；6. 张扭性断层；7. 褶皱

确定乐红铅锌矿形成与印支晚期—燕山早期的构造作用有关，NE 向构造带为主要的成矿构造体系，且与川滇黔接壤区铅锌多金属成矿构造体系一致。

（五）成矿结构面类型及其特征

1. 岩性/岩相界面

似层状矿体主要分布于灯影组第三亚段的层间断裂带中，部分分布于筇竹寺组与震旦系灯影组的假整合面上形成以硅-钙面为基础发育的成矿结构面，其下部为浅灰色中厚层状细晶白云岩（透水层），上部为灰-深灰色中厚层状含白云质粉砂岩，含碳质泥岩（非透水层），构成良好的成矿流体圈闭（图 4-50a）。

2. 断裂与褶皱构造

矿区整体构造格架为东部 NE-SW 向谓姑背斜，西部 NE-SW 小河背斜，北部近 SN 向新街向斜、韦家渡背斜、掩车向斜，发育 NW 向、NE 向、近 SN 向及近 EW 向断裂。乐红-小河断裂带（NW 向断裂）控制了矿体的分布。NE 向构造带是主要的成矿构造体系（图 4-50b）。

3. 物理化学界面

在乐红-小河铅锌矿床，物理化学界面主要表现为酸碱转化面，沿断裂方向带状分布，规模较大。该矿床沿 NW 向乐红-小河断裂分布，均产于碳酸盐岩内（图 4-50c）。

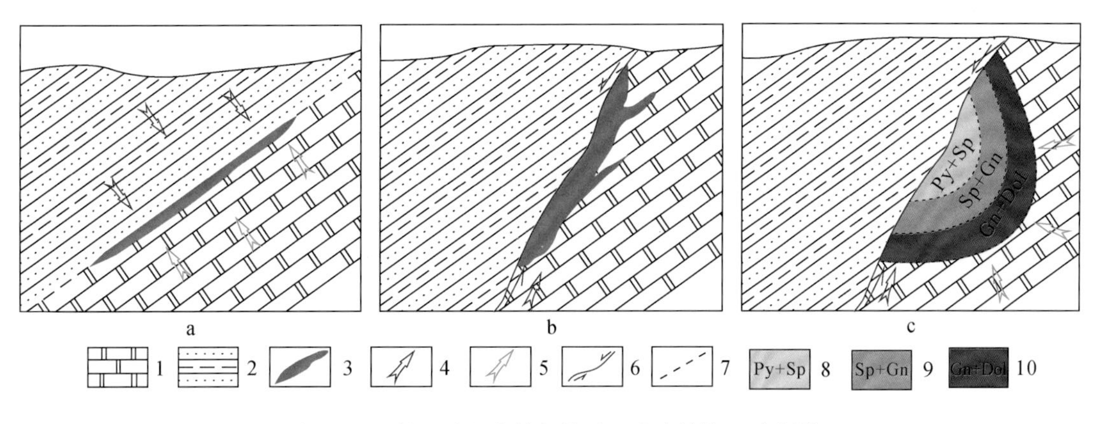

图 4-50　乐红-小河富锗铅锌矿区成矿结构面示意图

1. 白云岩；2. 白云质粉砂岩夹泥岩；3. 矿体；4. 酸性流体；5. 白云岩中的流体；6. 断裂及运动方向；7. 假整合界线；8. 黄铁矿、闪锌矿化带；9. 闪锌矿、方铅矿化带；10. 方铅矿、白云石化带

4. 成矿结构面组合

主要表现为岩性界面（$\epsilon_1 q/Z_2 dn^{2c}$）（硅-钙面）+层间断裂结构面+pH 界面。部分矿体分布于假整合面或岩性-岩相界面附近硅-钙面的蚀变白云岩一侧，形成“层-脉式”结构的矿体群，矿体沿切层断裂带上升盘发育的层间断裂带中分布。

（六）构造控矿特征

1. 褶皱构造控矿特征

从区域上看，乐红矿区位于渭姑背斜北部倾伏端（周云满，2003），多期构造作用为乐红矿床形成提供了必要的成矿条件。矿区内与成矿有关的褶皱为发育于震旦系灯影组白云岩内的包包上向斜和金家沟背斜，部分矿体具有沿褶皱东翼层间断裂带产出的特征，根据褶皱与断裂构造的配置关系和矿化特征，认为这些褶皱为断裂活动所形成的拖曳褶皱，其形成时间与成矿时间一致，而且在褶皱形成时岩层间发生层间滑动，形成了层间断裂带，其虚脱空间为含矿热液沉淀成矿提供了必要的场所。

2. 断裂构造控矿特征

1）地质证据

矿区内主要的 NW 向控矿断裂为 F_1、F_2，位于乐红断裂带南段，是该矿床的导矿构造。主要表现在：①断裂带及其旁侧发育强烈的白云岩化、黄铁矿化、硅化及方解石化等热液蚀变，在附近围岩中分布大量碳酸盐岩脉，反映了成矿流体沿断裂“贯入”和热液交代特点；②矿体产于断裂旁侧围岩裂隙带内，反映了成矿流体通过断裂从深部向上运移，并在成矿有利部位富集成矿（图 4-51）。

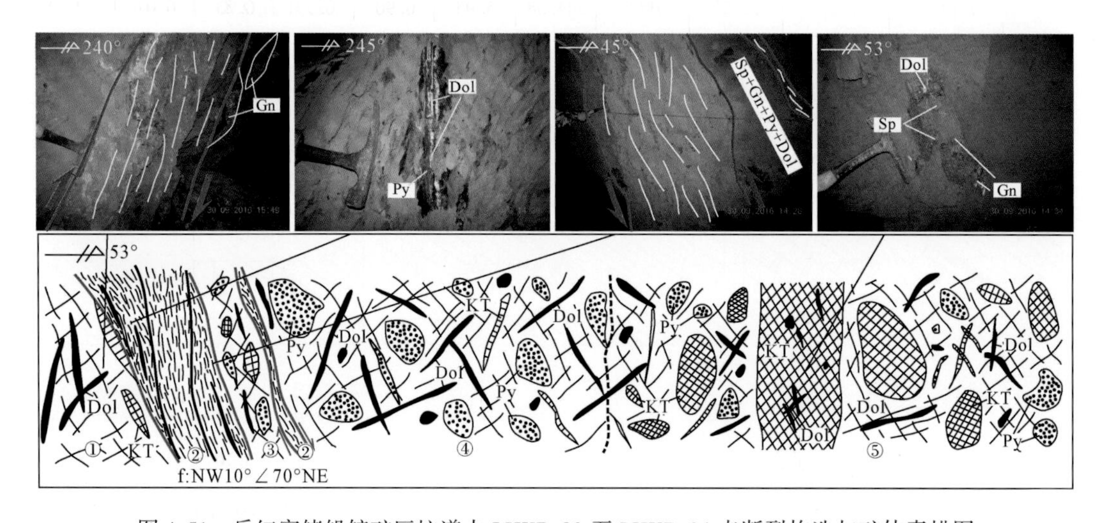

图 4-51　乐红富锗铅锌矿区坑道中 LHKD-03 至 LHKD-04 点断裂构造与矿体素描图

①灰-深灰色中-细晶白云岩，发育白云石脉，近裂面见透镜状矿体；②灰黑色片理化断层泥，发育少量白云石脉及黄铁矿脉；③灰色白云质碎裂岩，发育团块状闪锌矿、黄铁矿，白云石呈脉状产出；④灰-深灰色碎裂白云岩，发育块状黄铁矿，团斑状及脉状白云石，少量闪锌矿脉；⑤灰色碎裂白云岩，发育块状铅锌矿，团块状黄铁矿、少量脉状白云石。Dol. 白云石；Py. 黄铁矿；Sp. 闪锌矿；Gn. 方铅矿；KT. 矿体

研究发现，F_2断裂经历了由张性向压扭性力学性质转变。早期张性构造使得 F_2 断裂带扩张，后期由于该断裂所处的特殊构造环境，其力学性质从张-张扭性转变为压扭性，同时使靠近断裂附近的围岩发生破裂，为成矿流体沿 F_2断裂运移、“贯入”沉淀和富集成矿提供

了有利空间。

2）地球化学证据

（1）Pb、Zn等元素异常特征

断裂构造岩中出现较强Pb、Zn、Ge、Tl、Cu等元素异常（表4-5），同时还具有深部（1290中段）断裂构造岩元素含量高于浅部（1690中段）的特点。

表4-5 乐红富锗铅锌矿区 F_2 断裂构造岩元素含量 （单位：10^{-6}）

序号	样号	中段编号	Cu	Zn	Pb	Ga	Mo	Ge	Tl	In	Cd
1	LHc-15	（1）	159.81	3000.00	325.22	22.62	3.62	4.34	2.92	0.09	10.20
2	LHc-16	（1）	305.42	1900	160.77	18.47	3.27	5.07	1.95	0.12	6.61
3	LHc-17	（1）	61.38	60.76	94.83	19.27	1.67	1.88	1.87	0.07	0.35
4	LHc-18	（1）	31.74	110.85	43.53	17.02	4.47	2.00	1.71	0.07	0.40
5	LHc-19	（1）	15.93	86.50	21.95	16.64	4.03	1.43	0.75	0.09	0.55
6	LHc-68-1	（2）	14.92	2100	90.86	6.51	1.76	1.00	0.91	0.07	2.81
7	LHc-68-2	（2）	10.46	835.18	264.76	6.02	1.84	0.81	0.98	0.07	2.66
8	LHc-68-3	（2）	11.23	1000	244.38	5.93	0.90	0.99	0.83	0.07	2.31
9	LHc-68-4	（2）	10.33	777.77	167.06	3.97	0.85	0.57	0.65	0.07	2.79
10	LHc-68-5	（2）	18.92	1000	295.94	5.76	0.66	1.06	0.53	0.06	3.12
11	LHc-68-6	（2）	5.52	417.81	36.51	5.24	0.76	0.87	0.74	0.05	0.48
12	LHc-68-7	（2）	6.99	47.35	51.22	4.81	1.49	0.95	1.48	0.06	0.13
13	LHc-68-8	（2）	4.59	96.86	33.56	5.68	0.75	1.07	1.05	0.05	0.17
14	LHc-68-9	（2）	6.52	64.29	42.37	8.01	0.50	1.07	1.45	0.07	0.18
15	LHc-68-10	（2）	10.91	31.98	15.68	10.93	0.50	1.02	0.94	0.05	0.11
16	LHc-70	（2）	13.48	32.28	52.72	9.08	0.58	1.05	2.10	0.07	0.12

注：“（1）”表示1290中段 F_2 断裂；“（2）”表示1690中段 F_2 断裂。测试单位为有色金属西北矿产地质测试中心，其测试数据误差在5%以内

（2）稀土元素地球化学特征

1290、1690中段 F_2 断裂构造岩稀土元素测定结果见表4-6。F_2 断裂构造岩主要为白云质碎裂岩［主要成分为灯影组（Z_2dn）细晶白云岩］。各中段构造岩稀土元素地球化学特征如下。

表 4-6　乐红矿床主断裂带构造岩稀土元素含量

样品号	样品名称	La	Ce	Pr	Nd	Sm	Eu	Gd	Tb	Dy	Ho	Er	Tm	Yb	Lu	Y	ΣREE	LREE	HREE	LREE/HREE	La/Yb	δEu	δCe
LHc-15	灰黑色碳泥质白云岩	36. 45	63. 43	7. 65	30. 52	4. 52	0. 92	4. 77	0. 69	5. 19	0. 98	2. 77	0. 39	2. 65	0. 42	18. 13	179. 48	143. 50	35. 98	3. 99	9. 85	0. 60	0. 88
LHc-16	灰黑色白云质碎斑岩	26. 44	50. 60	6. 25	25. 56	4. 34	0. 97	4. 88	0. 70	4. 24	1. 01	2. 57	0. 36	2. 35	0. 39	19. 38	150. 03	114. 16	35. 87	3. 18	8. 05	0. 64	0. 93
LHc-17	灰黑色白云质碎裂岩	28. 23	52. 39	6. 37	27. 23	4. 30	0. 89	4. 72	0. 66	4. 19	0. 96	2. 36	0. 33	2. 43	0. 34	19. 58	154. 98	119. 41	35. 57	3. 36	8. 34	0. 60	0. 92
LHc-18	灰黑色白云质碎裂岩	23. 23	48. 92	7. 29	24. 03	4. 42	0. 91	5. 09	0. 53	2. 99	0. 75	1. 61	0. 21	1. 71	0. 24	20. 31	142. 25	108. 80	33. 45	3. 25	9. 74	0. 59	0. 91
LHc-19	灰黑色白云质碎裂岩	17. 12	34. 60	4. 57	19. 31	3. 79	0. 85	3. 72	0. 57	3. 46	0. 81	2. 19	0. 28	2. 38	0. 32	22. 13	116. 11	80. 23	35. 87	2. 24	5. 17	0. 68	0. 94
平均值		26. 29	49. 99	6. 43	25. 33	4. 27	0. 91	4. 64	0. 63	4. 01	0. 90	2. 30	0. 31	2. 30	0. 34	19. 91	148. 57	113. 22	35. 35	3. 20	8. 23	0. 62	0. 92
LHc-68-1	深灰色强片理化断层泥	9. 64	21. 81	2. 57	10. 90	1. 98	0. 37	1. 99	0. 28	1. 89	0. 36	1. 04	0. 11	1. 03	0. 14	9. 18	63. 30	47. 27	16. 03	2. 95	6. 71	0. 56	1. 05
LHc-68-2	灰黑色白云质碎斑岩	8. 47	29. 39	2. 28	10. 64	1. 90	0. 39	1. 94	0. 24	1. 44	0. 32	0. 95	0. 11	0. 83	0. 13	9. 84	68. 86	53. 07	15. 80	3. 36	7. 31	0. 61	1. 61
LHc-68-3	黄褐色白云质碎斑岩	11. 79	20. 62	2. 56	10. 75	1. 92	0. 37	1. 77	0. 27	1. 65	0. 32	0. 90	0. 10	0. 93	0. 15	10. 22	64. 29	48. 00	16. 29	2. 95	9. 14	0. 60	0. 88
LHc-68-4	黄褐色白云质碎裂岩	11. 38	23. 00	2. 90	12. 04	2. 23	0. 44	2. 24	0. 31	1. 86	0. 42	1. 06	0. 13	1. 04	0. 14	11. 57	70. 75	51. 98	18. 77	2. 77	7. 87	0. 59	0. 96
LHc-68-5	黄褐色白云质碎裂岩	14. 16	27. 24	3. 27	13. 75	2. 32	0. 50	2. 33	0. 28	1. 58	0. 34	0. 88	0. 11	0. 89	0. 13	12. 99	80. 76	61. 24	19. 52	3. 14	11. 46	0. 65	0. 95
LHc-68-6	灰黑色白云质碎裂岩	12. 46	23. 01	2. 63	10. 91	1. 81	0. 38	1. 71	0. 20	1. 20	0. 27	0. 72	0. 10	0. 61	0. 11	10. 55	66. 68	51. 21	15. 47	3. 31	14. 57	0. 66	0. 94
LHc-68-7	灰黑色碎裂白云岩	16. 06	27. 99	3. 25	13. 38	2. 23	0. 49	2. 50	0. 31	1. 59	0. 40	0. 91	0. 11	0. 84	0. 12	12. 33	82. 51	63. 39	19. 12	3. 32	13. 73	0. 63	0. 90
LHc-68-8	黄褐色碎裂白云岩	19. 02	35. 88	4. 28	17. 83	2. 78	0. 67	2. 93	0. 33	1. 95	0. 42	1. 11	0. 11	1. 03	0. 15	14. 86	103. 36	80. 46	22. 89	3. 52	13. 30	0. 71	0. 94
LHc-68-9	黄褐色碎裂白云岩	23. 66	45. 76	5. 51	22. 97	3. 92	0. 86	4. 03	0. 48	2. 95	0. 54	1. 26	0. 14	1. 12	0. 18	18. 27	131. 67	102. 69	28. 98	3. 54	15. 12	0. 65	0. 95
LHc-68-10	灰黑色强片理化断层泥	23. 22	43. 39	5. 37	21. 38	3. 56	0. 68	3. 15	0. 37	2. 12	0. 42	1. 09	0. 11	0. 92	0. 13	12. 50	118. 40	97. 60	20. 81	4. 69	18. 12	0. 61	0. 92
LHc-70	灰色碎裂白云岩	22. 30	42. 03	5. 07	20. 36	3. 31	0. 70	3. 25	0. 37	1. 94	0. 44	1. 05	0. 12	0. 98	0. 16	15. 29	117. 39	93. 77	23. 62	3. 97	16. 31	0. 64	0. 93
平均值		15. 65	30. 92	3. 61	14. 99	2. 54	0. 53	2. 53	0. 31	1. 83	0. 39	1. 00	0. 11	0. 93	0. 14	12. 51	88. 00	68. 24	19. 75	3. 41	12. 15	0. 63	1. 00

注：有色金属西北矿产地质测试中心测试。LHc-15 ~ 19 为 1290 中段；LHc68-1 ~ 10，LHc-70 为 1690 中段。稀土元素含量单位为 10^{-6}

1290 中段：F_2断裂构造岩∑REE 较高（$116.11\times10^{-6}\sim179.48\times10^{-6}$），轻重稀土分馏程度中等（LREE/HREE = 2.24 ~ 3.99），Eu 均为负异常（δEu = 0.59 ~ 0.68），具稀土总量较高-Eu 负异常-轻稀土富集特征，其稀土配分模式呈右倾下斜型（图 4-52a）。

1690 中段：F_2断裂构造岩∑REE 中等（$63.30\times10^{-6}\sim117.39\times10^{-6}$），轻重稀土分馏程度中等（LREE/HREE = 2.77 ~ 4.69），Eu 均为负异常（δEu = 0.56 ~ 0.71），具稀土总量中等-Eu 负异常-轻稀土富集特征，其稀土配分模式呈右倾下斜型（图 4-52b）。围岩主要为细晶白云岩［主要成分为灯影组（Z_2dn）］，∑REE 较低（$3.63\times10^{-6}\sim10.24\times10^{-6}$），轻重稀土分馏程度中等（LREE/HREE = 4.3 ~ 4.97），Eu 均为负异常（δEu = 0.64 ~ 0.81），具稀土总量低-Eu 负异常-轻稀土富集特征型，其稀土配分模式呈右倾下斜型（图 4-52c）。

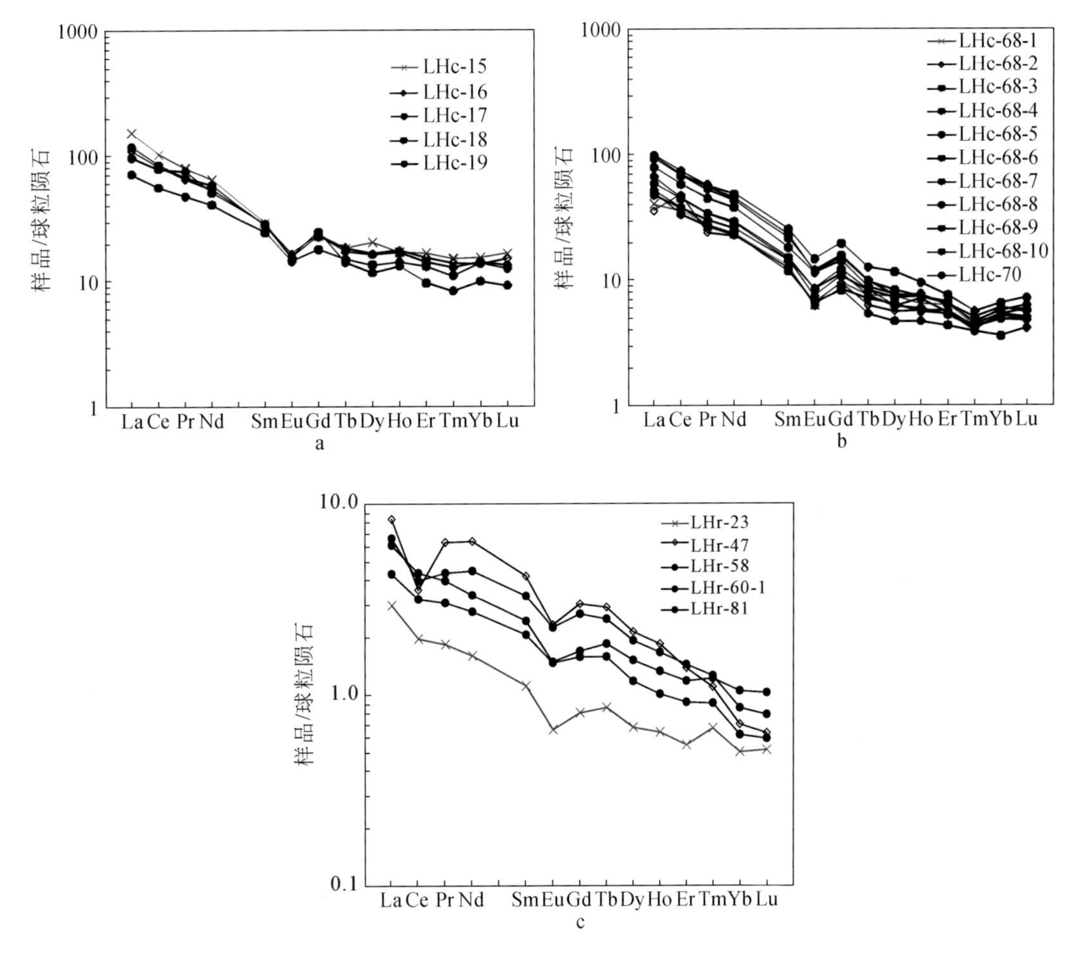

图 4-52 F_2断裂构造岩稀土元素配分模式

a. 1290 中段；b. 1690 中段；c. 围岩白云岩

从图 4-52 可以看出，矿区内碳酸盐岩（围岩）∑REE（图 4-52c）远低于断裂构造岩的∑REE（图 4-52a，b）。碳酸盐岩地层不可能淋滤出相对富含 REE 的流体（Michard，1989）。因此，该矿床成矿流体不可能完全来自地层，还来自于相对富集 REE 的源区；断裂构造岩∑REE、∑LREE、∑HREE 有向深部依次增高的趋势，反映了成矿流体除对围岩淋滤作用外，还有深源流体加入，使断裂构造岩∑REE 增高。李文博等（2004a）认为地幔流体（包括地幔、岩浆去气形成的流体）相对富集 REE，尤其是 LREE。断裂构造是成矿流体的运移通道，也是矿质沉淀的场所，那么构造岩中必然携带了示矿信息（赵江南等，2011）。该矿床所有断裂构造岩∑LREE 均较富集，故推断 F_2断裂构造岩∑REE 较高的原因可能为深部流体作用。基于构造岩∑REE 变化大（$63.30\times10^{-6}\sim179.48\times10^{-6}$）与深部∑REE 高于浅部的事实，可以推断成矿流体沿断裂向上运移，影响了构造岩稀土元素组成，成矿物质具有深部来源的特征。这与张云新等（2014）通过 S、Sr 同位素示踪成矿物源的结论相似，也进一步证明 F_2断裂为热液运移通道和成矿空间。

（七）构造控矿规律与构造控矿模式

1. 构造控矿规律

乐红铅锌矿区构造活动强烈，具有多期次活动的特征。构造为成矿流体运移和矿床（体）定位提供了有利的通道和空间。综合不同级别构造控矿特征，其控制作用主要表现在 3 个方面。

（1）区域构造对成矿带的控制。SN 向小江深断裂带与曲靖–昭通隐伏断裂带控制了川–滇–黔铅锌成矿区的空间展布（郑庆鳌，1997；韩润生等，2001c）；滇东北矿集区内 NE 向巧家–莲峰斜冲走滑断裂带与乐马厂斜冲走滑断裂带则控制了巧家–金阳–永善构造带及其铅锌矿田的空间分布，为矿区的一级控矿构造，是成矿流体的主要运移通道。

（2）巧家–金阳–永善构造带内 NW 向乐红断裂为多期活动的断裂带，控制了乐红矿床的分布和控矿构造的成生发展。同时，在乐红铅锌矿床范围内，矿体无论是水平延长还是垂向延深均沿着乐红断裂带发育，且沿包包上向斜和金家沟背斜形成过程中派生的层间断裂带产出。故认为乐红断裂与其活动形成的拖曳褶皱（包包上向斜、金家沟背斜）为二级控矿构造，是矿床的配矿构造。

（3）乐红断裂旁侧分布的包包上向斜、金家沟背斜与大量次级裂隙带控制矿体（脉）。矿体（脉）赋存于拖曳褶皱形成时派生的节理、裂隙和层间断裂构造中。因此，这些构造是含矿热液沉淀成矿的储存空间，直接控制了规模不等、形态不同的矿体（脉）分布，是矿区的三级控矿构造，同时也是矿床主要的容矿构造。

因此，区域、矿床、矿体不同级别控矿构造具有明显的挨次控制关系，它们均受 NE 向构造带控制，NE 向构造带为主要的成矿构造体系。

2. 构造控矿模式

从区域上看，乐红铅锌矿床地处扬子地块西缘会理–昆明裂陷带内。前已论述，在印支期，在滇东北矿集区形成 NE 向左行斜冲走滑–断褶带。如此有利的构造背景为成矿流体向上运移和汇聚提供了必要的通道和沉淀场所，发生了大规模成矿作用。毛景文等（2012）也强调了中国三叠纪大规模成矿作用及其动力学背景。

基于以上分析，建立乐红铅锌矿床构造控矿模式（图 4-53）：①成矿期主要受 300°～310°方向的主压应力作用，使乐红断裂具有张性–张扭性的特征，使矿体主要赋存于主断裂下盘有利构造部位；②成矿流体从深部向上运移，沿乐红断裂旁侧构造发生“贯入”–交代作用，形成透镜状、块状矿体（图4-53-①），其空间形态主要受乐红断裂带控制；③伴随包包上向斜、金家沟背斜的形成，产生一系列裂隙构造，流体沿这些构造裂隙沉淀形成网脉状矿体（图4-53-②）；④伴随褶皱作用形成，层间发生滑动，形成与岩层近乎平行的层间断裂-裂隙带，流体沿这些构造“贯入”-交代形成脉状矿体（图4-53-③）。

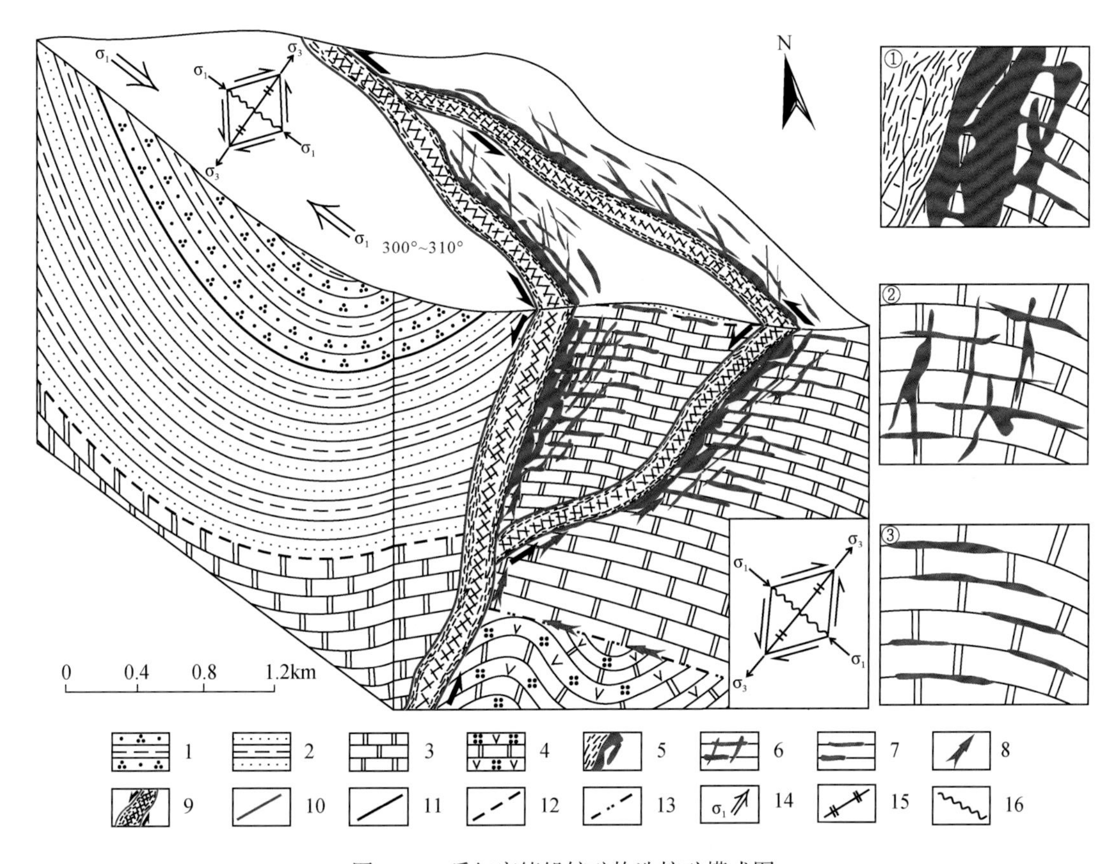

图4-53　乐红富锗铅锌矿构造控矿模式图

1. 寒武系沧浪铺组；2. 寒武系筇竹寺组；3. 震旦系灯影组；4. 澄江组；5. 断裂旁侧块状矿体；6. 网脉状矿体；7. 层间脉状矿体；8. 流体方向；9. 片理化、碎裂化断裂带及运动方向；10. 断裂；11. 地层界线；12. 假整合面；13. 角度不整合面；14. 最大主应力方向；15. 压性面；16. 张性面。①沿乐红断裂旁侧形成透镜状、块状矿体；②沿旁侧裂隙形成网脉状矿体；③沿层间断裂及围岩裂隙形成脉状矿体

通过上述分析，可以得出以下结论。

（1）乐红铅锌矿区具有4种构造组合，代表5种不同构造体系，反映5期构造演化和发展，其成矿时代为印支晚期—燕山早期。

（2）巧家-莲峰断裂与乐马厂断裂持续左行剪切作用，使乐红断裂的力学性质从张性-左行张扭性转变为右行压扭性，导致该断裂呈现“麻花状”的空间形态，这是特殊构造环境下构造作用的产物。成矿流体经乐红断裂自下而上运移、卸载成矿。∑REE深部构造岩高于浅部的地球化学特征佐证了部分成矿流体可能具深源特征。

（3）巧家-莲峰断裂与乐马厂断裂是含矿热液的主要运移通道，为矿区一级控矿构造（导矿构造）；乐红断裂与包包上向斜、金家沟背斜是矿区二级控矿构造（配矿构造）；乐红断裂所派生的次级断裂破碎带与包包上向斜、金家沟背斜作用形成的层间断裂带、节理裂隙带，是含矿热液沉淀的储存空间，是矿区三级控矿构造（容矿构造）。

（4）乐红铅锌矿形成于陆内斜冲走滑构造环境下，成矿流体沿乐红断裂运移至围岩中产生3种矿化样式：透镜状、块状矿体→网脉状矿体→脉状矿体。综合构造控矿规律，最终建立了乐红铅锌矿床的构造控矿模式（图4-53）。

五、富乐厂大型富锗铅锌矿床

该矿区构造以断裂为主，其次为褶皱。主要发育近SN向、NE向及近EW向断裂构造组；近SN向断裂规模大，具多期活动特点，是重要的导矿构造；近EW向断裂规模较小，多受SN向构造限制，主要为成矿后构造；NE向断裂主要为容矿构造。在大量断裂结构面解析基础上（表4-7），总结构造控矿规律。

表4-7　富乐厂富锗铅锌矿区典型构造特征及构造岩铅锌元素含量表

点号	构造类型	力学性质	产状（走向-倾角-倾向）	主压应力方向	观察位置	$Zn/10^{-6}$	$Pb/10^{-6}$	备注
D6-03	逆断层	压扭性→张扭性	NE80°∠70°SE	EW	东六采场导线位置20.6m	889	328	切层
FL-49	逆断层	压扭性	NE 40°∠70°SE	NW-SE	南巷实测剖面导线81m	2240	59.5	切层
FL-64	逆断层	压（扭）性	NE44°∠77°SE	NW-SE	富巷实测剖面导线42.4m	4420	100.5	切层
D6-05	平移断层	右行扭性	EW∠30°S	NW-SE	东六采场导线位置33.4m	5650	168	层间
FL-93	逆断层	左行压扭	NE40°∠25°SE	NW-SE	富巷实测剖面导线336m	322	23.4	层间
FL-100	逆断层	压（扭）性	NE60°∠56°SE	NW-SE	富巷实测剖面导线401m	861	156.5	切层
FL-51	平移断层	左行扭压	EW∠69°S	NE-SW	南巷实测剖面导线91m	>10000	>10000	切层
D6-01	逆断层	压扭性	NW15°∠54°SW	NE-SW	东六采场导线位置3.8m	2753	873	小角度切层
FL-88	平移断层	左行扭（压）性	EW∠70°S	NE-SW	富巷导线位置280.7m	83	53.9	切层
FL-42	f_2 逆断层	左行扭性	EW∠69°N	NE-SW	南巷实测剖面导线10.2m	>10000	>10000	切层
	f_1 逆断层	压扭性	NE135°∠228°E	NE-SE				层向

注：测试单位为澳实分析检测（广州）有限公司

（一）不同方向断裂构造特征

1. 近SN向断裂

该组断裂在平剖面上呈舒缓波状，倾向E，倾角65°~75°。其走向与矿区主构造线方向一致，其中托牛断层与小达村断层属一组压扭性断裂，控制了矿田的展布。断裂构造岩呈角砾状和透镜体状构造，以碎裂、碎斑结构为主，裂面常见擦痕，带内具方解石化蚀变及断层泥产出。含矿断裂内，致密、浸染状、条带状构造铅锌矿石产出，分布范围受断裂活动所限定。

D6-03点：裂面波状起伏，带宽1.5~3m，带内见团块状、块状铅锌矿石角砾和灰-灰白色角砾状浅灰色粗晶白云岩。上盘分布团块状、脉状方解石化深灰色中粗晶白云岩角砾，下盘为灰-灰白色脉状巨晶方解石化中细晶白云岩、灰质白云岩。旁侧的铅锌矿脉具拖曳现象，显示上盘相对下盘下降；垂直于该断裂方向见白云质碎裂碎斑岩组成的断裂带，裂面波状起伏、具水平擦痕。该特征指示断裂经历了压扭性→张扭性的力学性质转变（图4-54）。

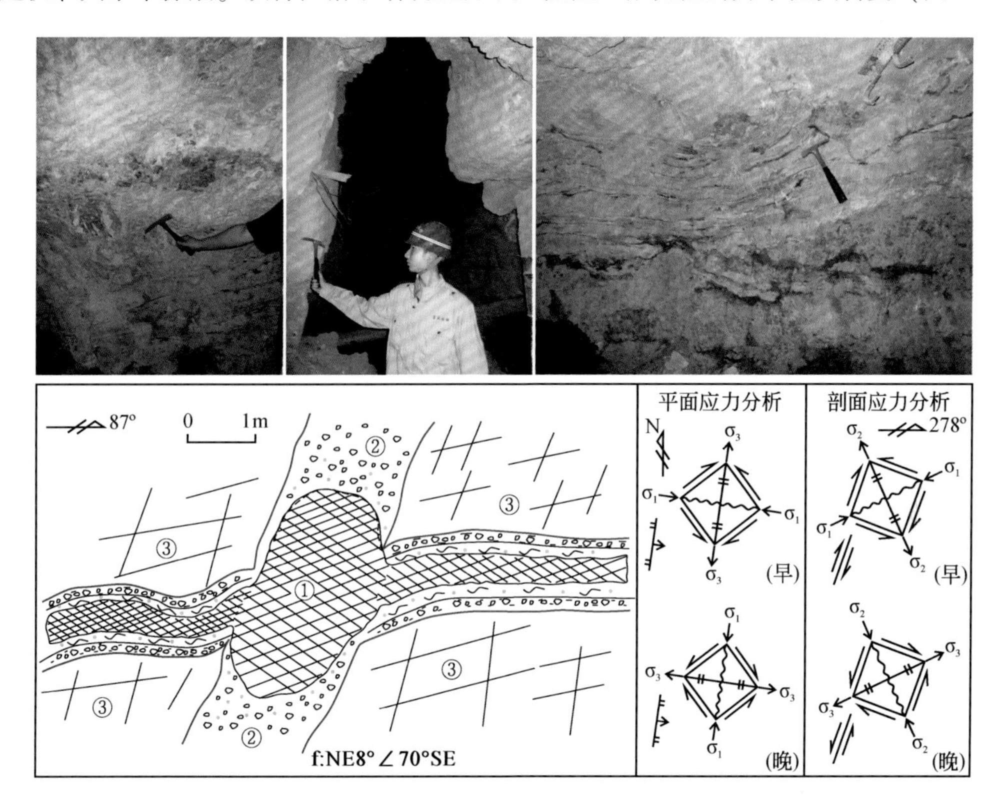

图4-54　富乐厂东六采场D6-03点两断裂剖面素描图

①铅锌矿体；②浅灰色褐铁矿化白云质角砾岩；③灰色强方解石化碎裂白云岩

2. NE向、NW向断裂

断裂构造岩以碎裂、碎斑、碎粒结构为主，具透镜体化和片理化构造，裂面常见擦痕，带内矿化蚀变多表现为方解石化、黄铁矿化、铅锌矿化及断层泥。矿体产状为NE47°∠24°SE，矿石呈致密块状、浸染状、条带状构造。NE向层间断裂发育，以压扭性为主，多与地层呈小角度斜交；矿体上盘岩石碎裂化严重，碎裂岩被方解石胶结。NW向断裂以左行扭压性为主。

FL-96点：裂面呈缓波状，带宽5～10cm，带内发育灰色断层泥和碎裂岩，靠近裂面偶见碎粒岩，见黄铁矿化和有机质填充。上盘为灰-灰白色弱方解石化白云岩，下盘为灰色碎裂白云岩，为一层间断裂，产状NE50°∠15°SE。力学性质为左行压扭性（图4-55）。

FL-64点：裂面呈舒缓波状，带宽10～20cm，带内见透镜体化，透镜体由碎裂白云质灰岩组成，局部为深灰色碎斑碎粒岩，近裂面见碎斑岩分布。下盘为深灰色脉状方解石（3～5cm）穿插的中细晶白云质灰岩，上盘为灰白色中粗晶白云岩。产状为NE44°∠77°SE。为压（扭）性的逆断层（图4-56）。

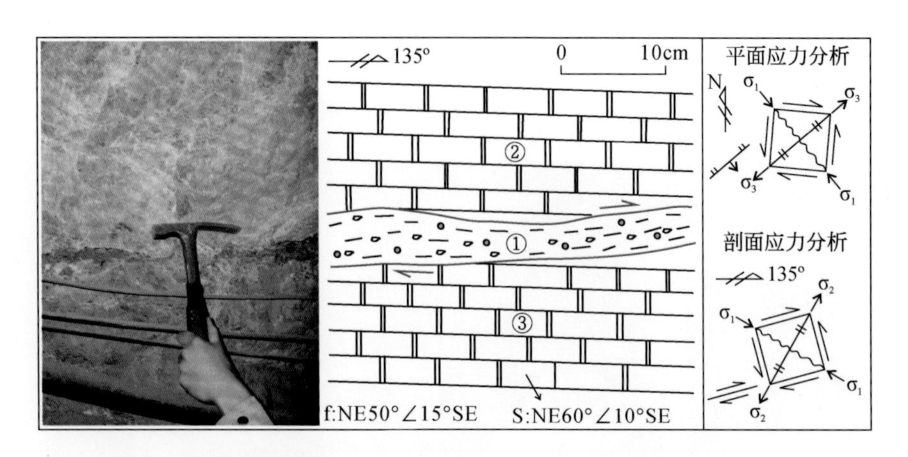

图 4-55 富乐厂富巷 350m 处 FL-96 点断裂素描图

①灰色断层泥，碎粒岩及黄铁矿砾岩；②灰色碎裂白云岩；③灰-灰白色白云岩

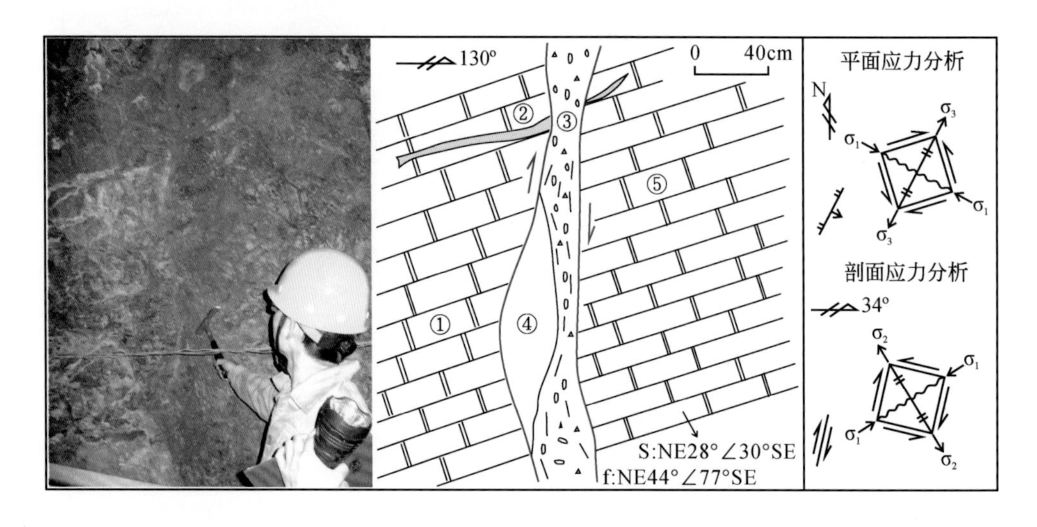

图 4-56 富乐厂富巷 FL-64 点断裂素描图

①灰白色中粗晶白云岩；②方解石脉；③深灰色白云质碎斑-碎粒岩；④白云岩透镜体；⑤中细晶白云质灰岩

FL-100 断裂点（NE60°∠56°NW）：裂面较平直，局部呈舒缓波状，带宽 10～30cm，带内发育灰-深灰色白云质碎裂、碎斑岩，浅灰色白云质碎裂岩透镜体，近裂面发育的铅锌矿化在斑点状、脉状方解石脉中赋存。下盘为浅灰-灰色中粗晶白云岩，上盘为灰-灰白色方解石化中细晶白云岩。近裂面岩石较破碎，为灰-灰白色碎裂岩，方解石化及白云石化强烈。擦痕指示断裂为左行压（扭）性逆断层（图 4-57）。

D6-01 断裂点（NW15°∠54°SW）：裂面呈缓波状，带宽 5～10cm，带内见强方解石化及褐铁矿化白云质碎裂岩，上盘近裂面处见铅锌矿化深灰色中粗晶白云岩，见团块状及脉状方解石化，下盘为脉状方解石化白云岩断裂与地层小角度相交（图 4-58）。该特征指示其具压扭性。

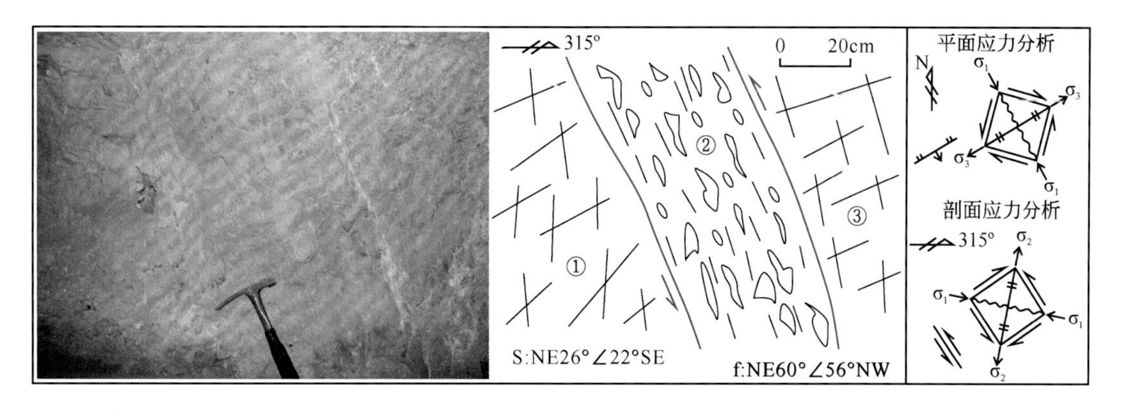

图 4-57 富乐厂富巷导线 401m 处 FL-100 点断裂素描图

①浅灰-灰色中粗晶白云岩；②深灰-灰色白云质碎裂岩；③灰-灰白色方解石化中细晶白云岩

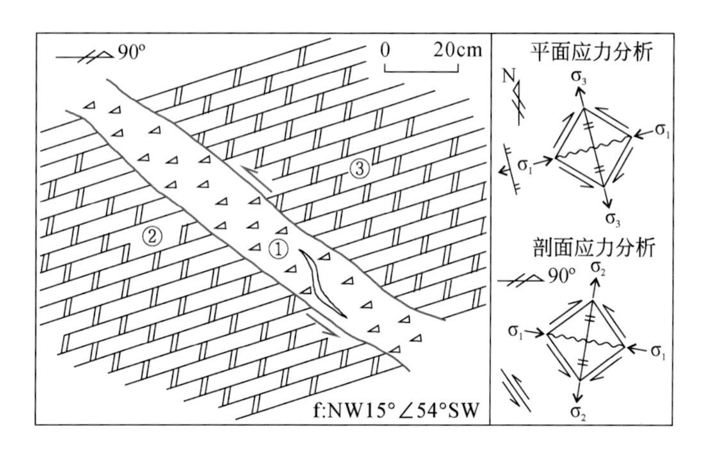

图 4-58 富乐厂东六采场 D6-01 点断裂剖面素描图

①白云质碎裂岩；②浅灰色细晶白云岩；③深灰色中粗晶白云岩

3. 近 EW 向断裂

该组断裂走向以 EW 向为主，多数向南倾，倾角一般大于 60°，断裂带内构造岩以碎裂、碎斑、碎粒结构为主，呈透镜体化、片理化构造，带内蚀变和矿化表现为方解石化及铅锌矿化。该组断裂多为成矿后断裂，主要是 NWW—EW—NEE 向断层，其产状与拖牛复背斜轴向近垂直，该组断裂为晚期近 NE-SW 向主应力作用的产物。近 EW 向断裂密度往 NW 向有变密的趋势。

FL-42 断裂点：f_1 断裂带中赋存铅锌矿脉，为压扭性应力作用的产物。f_2 裂面平直、紧闭，见擦痕（侧伏角 9°），上盘为脉状、团块状强白云石化、脉状白云石化铅锌矿体，下盘为脉状、麻点状强白云石化铅锌矿体。产状为 EW∠69°N。该特征指示后期断层 f_2 具左行扭（压）性（图 4-59）。

综合以上分析，矿区主要断裂构造岩类型为碎粒岩、碎斑岩及碎裂岩，具碎粒、碎斑、碎裂结构，近 SN 向构造中除透镜体外可见片理化构造，表明 NE 向、NW 向、EW 向构造强度类似。而且，在 NE 向、NW 向构造中均见到了黄铁矿化，说明两者形成时期接近；SN 向

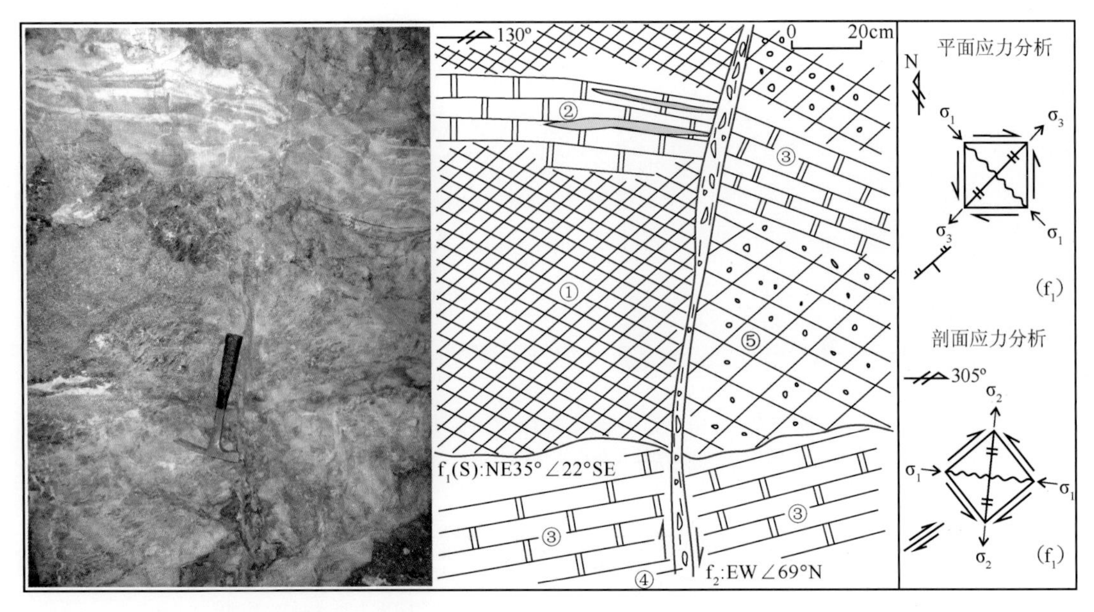

图 4-59　富乐厂南巷 10.2m 处 FL-42 点断裂素描图

①强方解石化白云石化铅锌矿体；②方解石脉；③灰色中粗晶白云岩；④断层泥；⑤脉状、麻点状强白云石化铅锌矿体

构造中只见方解石化，部分未见黄铁矿化和铅锌矿化，推断其发生时期应在 NE 向、NW 向断裂之前；EW 向构造多切断矿体，应为成矿后构造。

（二）构造控矿作用

综合研究认为，该矿区构造主要经历了三期。

印支期前（Ⅰ期）：经历了近 EW 向的挤压，形成近 SN 向构造带。同时，EW 向的挤压作用使得矿区褶皱（富乐厂向斜，儿勒背斜）开始发育。

印支晚期—燕山早期（Ⅱ期）：矿区受 NW-SE 向主压应力作用，形成了 NE 向压扭性构造，为矿床的主要成矿期。

燕山中晚期（Ⅲ期）：矿区主压应力方向表现为 NE-SW 向。在该方向主压应力作用下，形成了 NW 向构造带，EW 向断裂呈左行扭性。

因此，罗平-普安斜冲走滑-断褶构造带控制富乐厂矿床，拖牛、小达村左行压扭性逆断层为矿床的导矿构造，配套的褶皱构造和 NW 向断裂为配矿构造，主断裂上盘背斜的层间断裂带为容矿构造。

第五节　滇东北矿集区构造体系成生发展与成矿构造体系

综合对典型矿床构造的精细解析，结合区域构造演化特征，认为滇东北矿集区至少经历了五期构造成生发展过程：①晋宁期—印支早期 SN 向构造带；②印支中晚期—燕山早期 NE 向构造带；③燕山中期 NW 向构造带；④燕山晚期晚 SN 向构造带；⑤喜马拉雅期 SN 向构造带（图 4-60）。其中 NE 向构造带是主要的成矿构造体系，铅锌成矿作用主要发生于印支晚期。

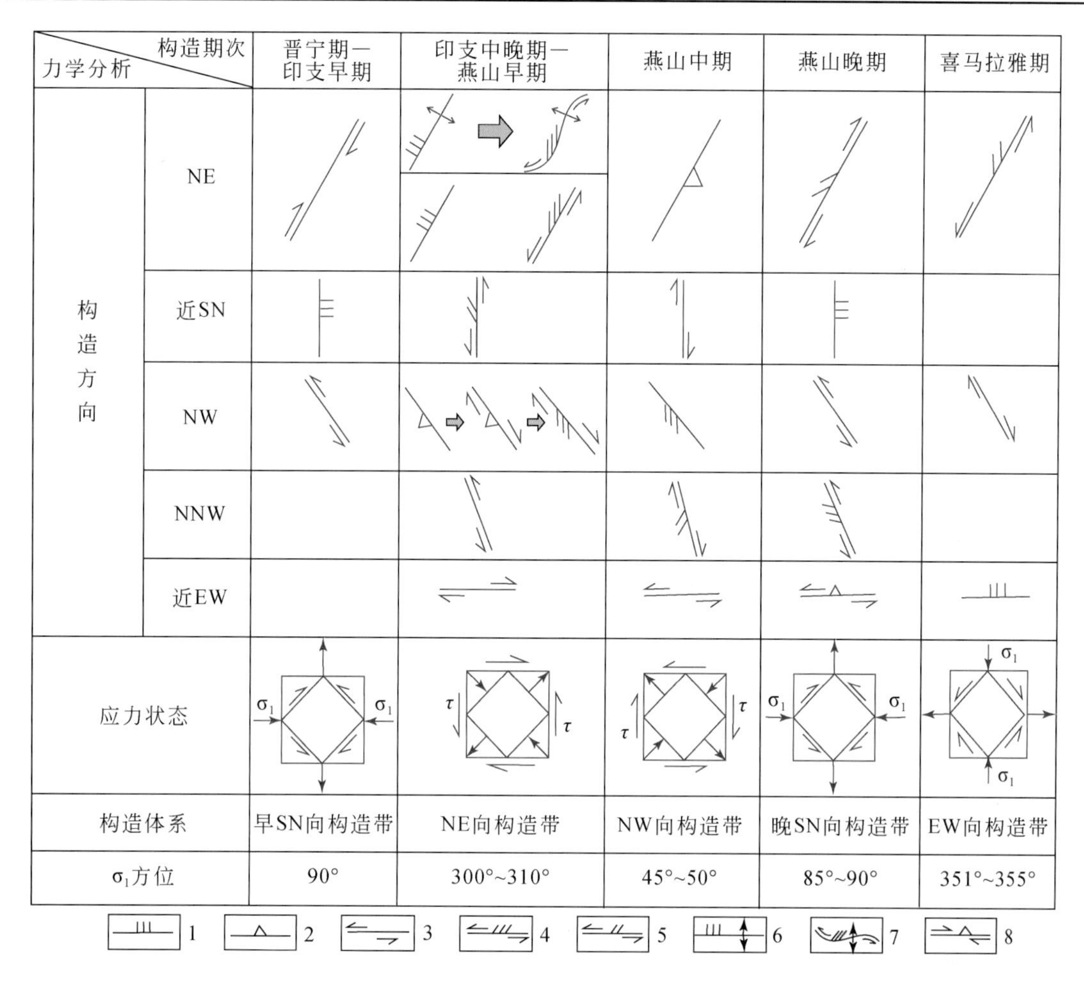

图 4-60　滇东北矿集区构造变形及其演化图解

1. 压性断层；2. 张性断层；3. 扭性断层；4. 压扭性断层；5. 扭压性断层；6. 褶皱；7. 压扭性褶皱；8. 张扭性褶皱

第六节　成矿结构面类型、矿化样式及控矿规律

一、典型的成矿结构面类型

在综合上述典型矿床成矿结构面特征的基础上，滇东北矿集区主要的成矿结构面为断裂褶皱构造、热液蚀变岩相转化面及酸碱界面，主要的成矿结构面类型具体特征如下（图 4-61）。

（1）断裂裂隙型（图 4-61a1 ~ a3）：背斜倒转翼层间断裂式（毛坪）、穿层断裂式（乐红）、背斜的陡翼层间断裂式（会泽）。断裂裂隙系统主要由层间断裂及其裂隙组成，主要在蚀变岩相转化结构面基础上发展而成。

（2）假整合型（图 4-61b）：表现出矿体沿砂岩与蚀变碳酸盐岩间的假整合面分布（茂租）。

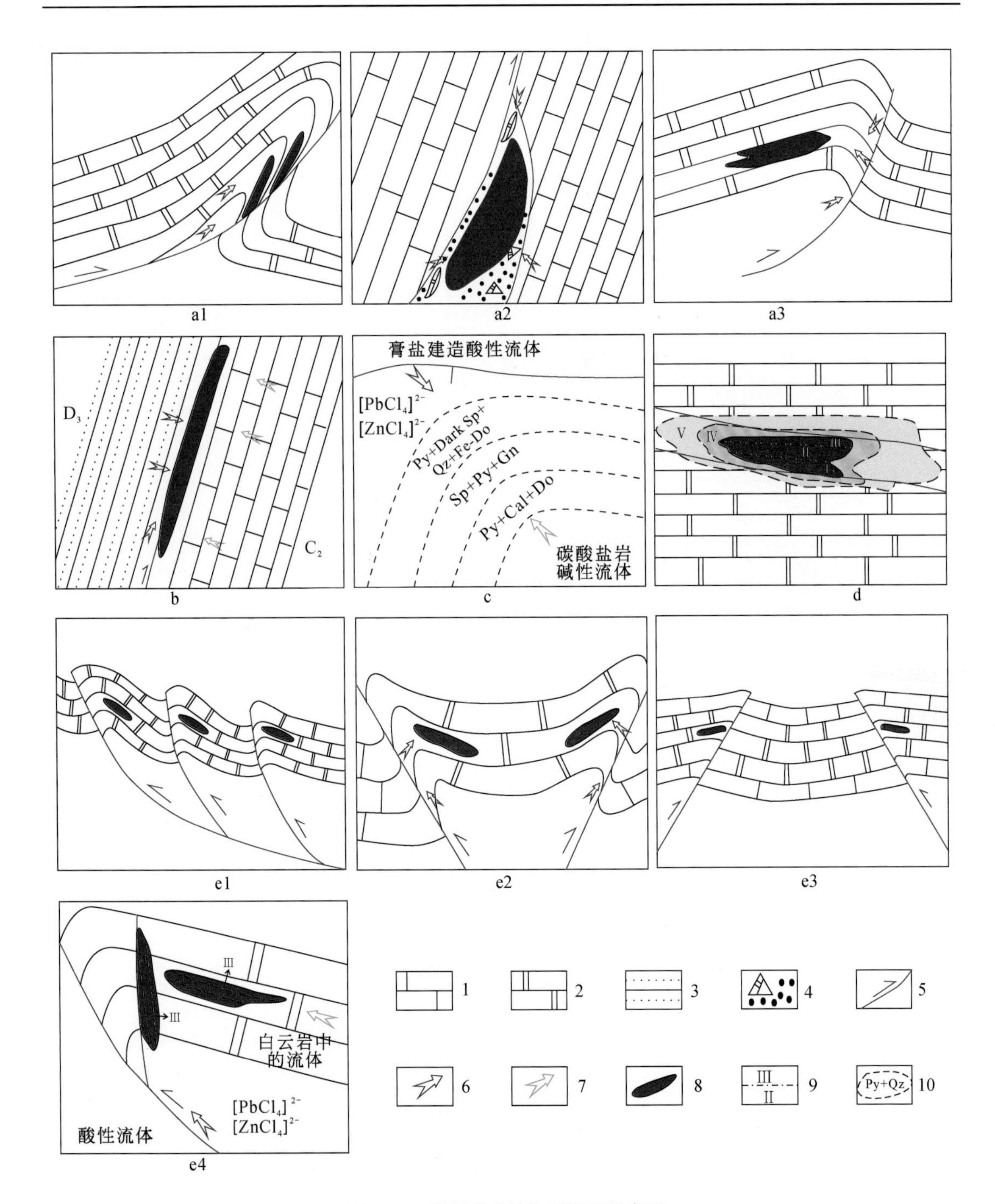

图 4-61 主要成矿结构面类型示意图

a. 断裂构造型：背斜倒转翼层间断裂式（a1），断裂带充填式（a2），背斜中陡翼层间断裂式（a3）。b. 假整合型。c. 酸碱物理化学界面型。d. 蚀变岩相转化型（图中字母含义如下：a. Py+Black Sp+Qz+Fe-Do；b. Sp+Py+Gn；c. Py+Cal+Do；d. 针孔状白云石化带；e. 粗晶白云石化带）。e. 组合型：岩溶角砾岩+断层式（e1）、同斜断裂式（e2），对倾断裂式（e3）、背倾式断裂式（e4）。1. 灰岩；2. 白云岩；3. 砂岩；4. 构造岩；5. 断裂；6. 酸性流体；7. 碱性流体；8. 矿体；9. 蚀变界线及编号；10. 矿物组合及分带界线

（3）酸碱物理化学界面型（图4-61c）：酸性流体与碱性环境的碳酸盐岩发生水/岩作用形成成矿地球化学障，产生矿物组合分带。

（4）蚀变岩相转化型（图4-61d）：实为酸碱物理化学界面，如会泽富锗铅锌矿，矿体主要分布于网脉状白云石化灰岩带与米黄色针孔状块状粗晶白云岩带，铅锌矿化、方解石化米黄色针孔状、块状粗晶白云岩带与黑色细晶灰岩带的蚀变岩相转化的成矿结构面上。

（5）组合型（图4-61e1～e4）：同斜断裂式，多个主控断裂向同一方向倾斜，分别控制其上盘的矿体群（图4-61e1），如会泽矿床；对倾断裂式，两控矿断裂对倾控制其上盘的矿体群（图4-61e2），如茂租铅锌矿床；背倾断裂式，两控矿断裂相向倾斜分别控制其上盘的矿体群，如乐红铅锌矿床（图4-61e3）；断裂+倾伏背斜型，矿体受倾伏背斜陡倾翼的层间断裂控制（图4-61a1，a3，e1，e2）；层间断裂+穿层断裂式，会泽铅锌矿及其矿体（图4-61e2）。

二、主要矿化样式

滇东北矿集区富锗铅锌矿单个矿体的储量可达大型矿床规模，但平面展布范围小，矿体与围岩界线截然，形态不规则，具有明显的构控型后生矿床的特点。一般来说，矿体在纵剖面上呈阶梯状，单个矿体形态不规则，多呈似筒状、扁柱状、透镜状、囊状、脉状、网脉状及“似层状”。主要的矿化样式有六类（图4-62）。

（1）似层状块型（a）：产于层间断裂带中的块状矿体，如会泽、毛坪矿床。

（2）倾伏侧伏型（b）：产于倾伏背斜的矿体向SW向侧伏，如会泽、毛坪矿床。

（3）不规则脉型：产于斜切断层带中，如五星厂矿床。

（4）组合型：雁列式或“多”字型（c），断裂带中多条矿体（脉）呈雁列式分布，如会泽矿床。硅钙面+断裂控制型（d），硅-钙面与断裂控制矿体，如茂租矿床。矿体倾斜式，可分为对倾式、背倾式和同斜式，背倾式或对倾式为赋存于主断裂的矿体向相对或相反方向倾斜，如富乐厂、茂租铅锌矿床；同斜式系赋存于断层上盘的矿体向同方向倾斜，如会泽矿床。分叉式，受“入”字型构造控制的矿体。

（5）赋矿层倾斜型：倒转或中高倾斜式（e1），如会泽、毛坪山铅锌矿床；缓倾式（e2），如富乐厂、茂租、松梁、鲁甸铅锌矿床。

（6）矿化元素组合型：Zn-Pb-Ge-Ag（会泽、毛坪矿床）、Pb-Zn-Ag（乐马厂矿床）、Zn-Pb-Cd-Cu-Sb（富乐厂矿床）。

三、斜冲走滑-断褶构造的空间控矿规律

综合构造的控矿特征，现总结滇东北矿集区斜冲走滑-断褶构造的空间控矿规律，斜冲走滑-断褶构造分别控制了矿集区、矿田（床）、矿体的分布：在空间上，矿床（体）赋存于NE向斜冲主断层上盘褶皱翼部的层间断裂带及其配套的断裂裂隙中，或产于两条NE向主断层之间地段的NW向上升盘的断裂裂隙构造中，矿体延深远大于矿体走向延长，且呈等间距、等深距分布；在平面上，NE向层间断裂带中的矿体呈左列式；在剖面上，矿体向SW向侧伏（第三章详述）。进一步划分了成矿构造控矿类型：斜冲断层是矿床的导矿构造，配套

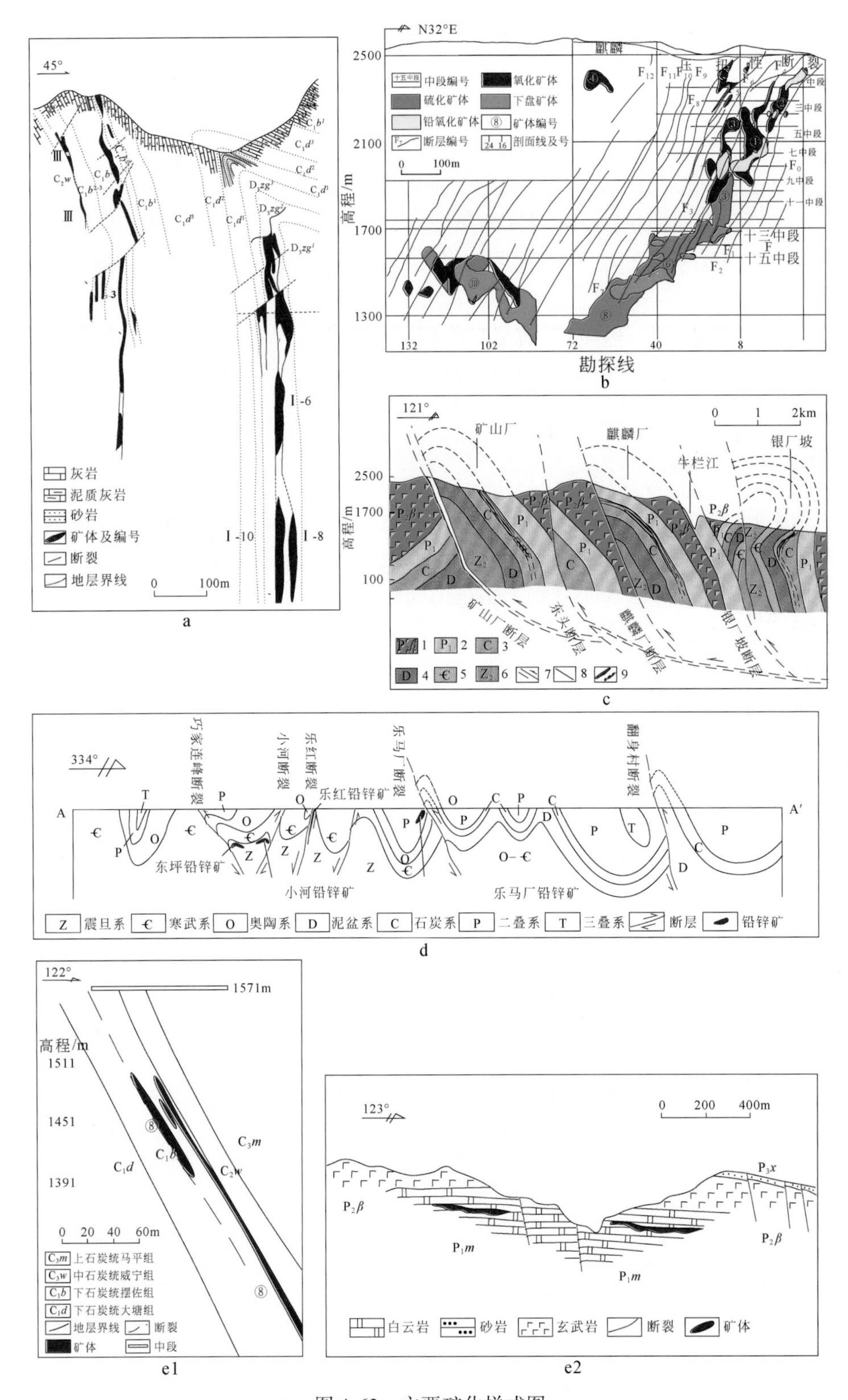

图 4-62　主要矿化样式图

a. 似层状块型（毛坪矿床）；b. 倾伏侧伏型（会泽矿床）；c. 雁列式（会泽矿床）；d. 硅-钙面+断裂控制型（茂租矿床）；e1. 中高倾斜式（会泽矿床）；e2. 缓倾式（富乐厂矿床）

的牵引褶皱与张扭性断裂是其配矿构造，中-低序次压扭性断层和旋扭构造是主要的容矿构造，NE 向构造带（NE 向断褶带）是滇东北矿集区的成矿构造体系。

第七节　成矿构造年代学与印支晚期富锗铅锌成矿事件

关于川滇黔成矿域铅锌矿床成矿时代，不同专家学者报道的矿床成矿时代差异很大（表 4-8），究竟是海西期、印支期、燕山期、喜马拉雅山期，还是多期成矿？根据笔者十余年的研究，应用地质推断-构造变形筛分-古应力值系统测量-同位素约束定年方法，川滇黔陆内走滑构造系统形成时代与富锗铅锌成矿作用同期发生，主要成矿时代为印支晚期（200～230Ma）（韩润生等，2014），为提出"印支期富锗铅锌成矿事件"提供了重要依据。

表 4-8　川滇黔铅锌多金属成矿域不同作者提出的成矿时代

分析方法	推断的成矿时代	矿床或地区	资料来源
矿床成矿规律分析、古地磁法	海西期、燕山期	康滇地轴东缘铅锌矿床	杨应选等（1994）；张立生（1998）；管士平和李忠雄（1999）
Pb 同位素模式年龄	海西期、燕山期	滇东北会泽铅锌矿床	柳贺昌和林文达（1999）
沉积成矿观点分析	Z-P	滇东北、黔西北铅锌矿床	张位及（1984）；陈士杰（1986）
区域构造分析	燕山期—喜马拉雅期	川滇地区铅锌矿床	王奖臻等（2001）；Zhou 等（2001）
构造筛分-古应力-同位素年龄	海西晚期—印支期	滇东北会泽铅锌矿床	韩润生等（2006，2012）
闪锌矿 Rb-Sr、方解石 Sm-Nd 等时线年龄	225～226Ma		黄智龙等（2004）
伊利石低温蚀变矿物K-Ar法	176.5±2.5Ma		毛景文等（2005）；张长青等（2005）
萤石 Sm-Nd 等时线年龄	201.1±2.9Ma	金沙厂矿床	毛景文等（2012）
闪锌矿 Rb-Sr 等时线年龄	199.5±2.45Ma	金沙厂矿床	毛景文等（2012）
闪锌矿 Rb-Sr 等时线年龄	204.0±3.4Ma	金沙厂矿床	白俊豪等（2013）
闪锌矿 Rb-Sr 年龄	200.1±4.0Ma	川西南跑马铅锌矿床	蔺志永等（2010）
单颗粒硫化物 Re-Os 等时线年龄	191.9±6.9Ma	黔西北天桥铅锌矿床	吴越等（2012）转引的周家喜等未刊数据
热液方解石 Sm-Nd 等时线年龄	194Ma	滇东北茂租铅锌矿床	
闪锌矿 Rb-Sr 等时线年龄	200.9±2.3Ma	乐红铅锌矿床	毛景文等（2012）转引的张长青未刊数据；张云新等（2014）

一、构造成矿年代学约束

现从四方面予以论证，对成矿构造动力学进行年代学约束。

（一）地质现象推断成矿时代

已知以下五方面的基本地质事实：

（1）川滇黔接壤区 440 多个铅锌矿床（点）分布于上三叠统—元古宇昆阳群碳酸盐岩中，主要集中在下二叠统—震旦系蚀变白云岩、白云石化灰岩中（韩润生等，2006）。这一特征指示其成矿作用可能发生于三叠纪。

（2）滇东北矿集区内的斜冲走滑-断褶构造已卷入了上二叠统峨眉山玄武岩组、部分三叠系；会泽麒麟厂富锗铅锌矿床的导矿构造——麒麟厂斜冲断裂带，发育铅锌矿化玄武岩的构造透镜体和片理化带（图 4-63），铁白云石化、黄铁矿化等热液蚀变强烈，其中构造岩的铅锌元素含量较高（Pb 为 6726×10^{-6}，Zn 为 607×10^{-6}），会泽矿山厂富锗铅锌矿床的导矿构造-矿山厂断裂带也具有类似特征，而且成矿构造形成于二叠系玄武岩之后（Han et al., 2012）。这些特征指示其铅锌成矿作用发生于晚二叠世之后，也证实了铅锌成矿作用与海西晚期玄武岩喷发作用无直接的成因联系。

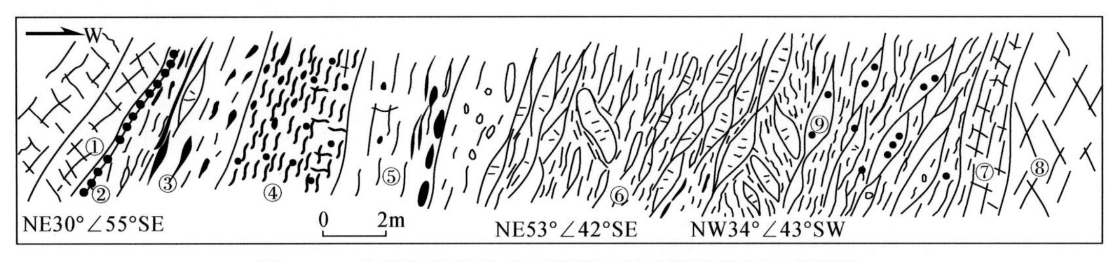

图 4-63 会泽富锗铅锌矿区麒麟厂斜冲断裂带剖面素描图

①碎裂中粗粒白云岩；②褐铁矿化白云质磨砾岩；③硅化灰-灰白色透镜体化白云岩；④片理化灰绿-黄绿色白云质、玄武质磨砾岩；⑤透镜体（黑色）化、片理化白云岩破碎带；⑥铅锌矿化透镜体化片理化玄武质磨砾岩破碎带；⑦强褐铁矿化碎裂白云岩，分布铅锌矿化石英微细脉；⑧青灰色灰质白云岩（P_1q+m）；⑨铅锌矿化玄武岩构造透镜体

（3）在滇东北矿集区，控制矿田的斜冲走滑-断褶带均具左行压扭性，且在成矿期具有一致性，指示斜冲走滑-断褶构造形成时代与矿床成矿时代一致（图 4-3）。

（4）不管是滇东北矿集区、川西南矿集区，还是黔西北矿集区，断褶构造控制铅锌矿床的规律性和矿床地质特征具有明显的相似性（图 4-64，图 4-65），反映了川滇黔成矿区铅锌矿床成矿时代具有一致性。

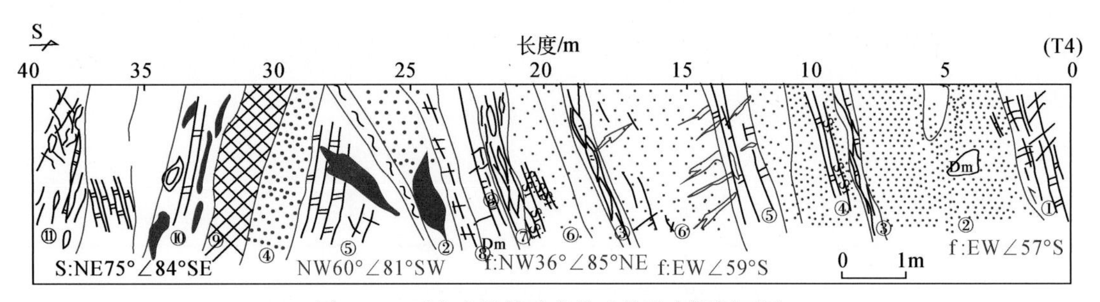

图 4-64 天宝山铅锌矿床控矿构造实测剖面图

①白色碎裂细晶白云岩；②含白云岩角砾状稠密浸染矿石；③黄铁矿化透镜体化白云岩；④硅质条带细晶白云岩的稠密浸染状矿石；⑤条带状白云岩中铅锌矿脉；⑥硅质白云岩中稀疏浸染状矿石；⑦褐铁矿化泥化构造透镜体带；⑧铅锌矿化碎裂白云岩；⑨块状铅锌矿石；⑩含白云岩夹石和黄铜矿脉状铅锌矿石；⑪白云岩角砾破碎带

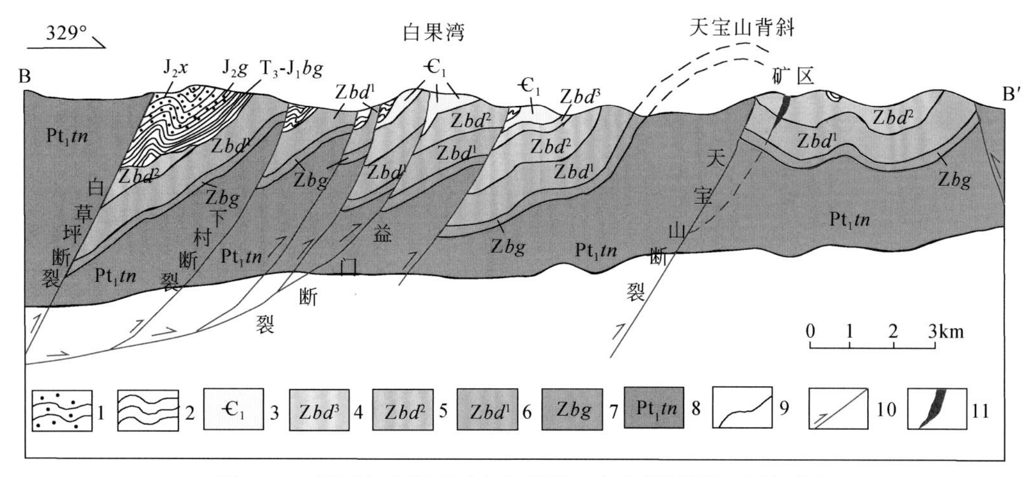

图4-65　川西南矿集区天宝山铅锌矿床走滑断褶构造剖面图

1. 中侏罗统益门组（J_2y）；2. 上三叠统白果湾组（T_3bg）；3. 下寒武统（$€_1$）；4. 上震旦统灯影组上段（Zbd^3）；5. 上震旦统灯影组中段（Zbd^2）；6. 上震旦统灯影组下段（Zbd^1）；7. 上震旦统观音崖组（Zbg）；8. 前震旦系天宝山组（Pt_1tn）；9. 地层界线；10 逆断层；11. 矿体

（5）张长青等（2005）报道会泽铅锌矿床伊利石低温蚀变矿物 K-Ar 法年龄为176.5Ma。根据该矿床矿石中低温蚀变矿物（伊利石）与闪锌矿不共生的事实，显然这一年龄并不代表矿床成矿时代，可能标识了矿床形成后的另一次地质热事件；持沉积成矿观点的学者认为铅锌矿床成矿时代与赋矿地层或峨眉山玄武岩喷发时代同期（柳贺昌和林文达，1999；黄智龙，2004）。矿集区内整个矿床或一个铅锌矿床主要赋存于 Z-P 多个层位（如毛坪矿床赋矿层位为 D_3zg、C_1b、C_2w），矿体特征一致，反映了该区铅锌矿床为同一成矿作用的产物。

根据这些地质现象，可以推断该区铅锌矿床的主要成矿时代在三叠纪开始，并延至侏罗纪。

（二）构造变形筛分定年

通过构造的几何学、运动学、力学、期次、构造岩特征和构造动力学过程研究，结合区域构造演化特征，认为滇东北矿集区至少经历了五期构造成生发展，NE 向构造带是主要的成矿构造体系（详见本章第五节），该区铅锌锗成矿作用发生于印支期—燕山早期。

（三）构造古应力系统测量定年

古应力声发射法（AE 法）（丁原辰和孙宝珊，1997；丁原辰等，1998；丁原辰，2000），不仅能估计不同时代岩石经历的主要构造运动期最大主应力记忆值，而且还可以为矿床成矿时代的确定提供依据。

根据会泽铅锌矿区不同时代岩（矿）石的实测古应力值（表4-9）反映的构造期次特征，发现晚震旦世以来，本区主要经历了11次构造活动。根据同一地区古应力值的可比性，在晚震旦世—早石炭世摆佐期，本区主要经历了4次构造活动；早石炭世—晚二叠世，主要经历了2次构造活动；在晚二叠世—三叠纪，至少经历2次构造活动；三叠纪后，至少经历了3次构造活动。块状铅锌矿石形成经历的构造运动期次比早石炭世摆佐期、早二叠世茅口期岩石经历的构造活动期次至少多2次。这一特征总体与该区反映地壳运动造成的地层接触关系特征相吻合（表2-1）。因此，推断该矿床成矿时代为晚二叠世—晚三叠世。

表4-9　会泽铅锌矿区古应力值测定及记忆的主要构造期次

测点编号	试样岩性	地层时代	各期（幕）古构造应力最大主应力有效值/MPa	记忆的主要构造运动期次	测点位置
HY-23	浅褐色粉砂岩	T_3	89.9，134.7，154.2	3	矿区外围地表
HY-21-1	墨绿色块状玄武岩	$P_2\beta$	104.6，156.4，197.0，223.8，254.9	5	矿区外围地表
HY-25	墨绿色块状玄武岩	$P_2\beta$	123.1，158.0，196.3，215.0，244.4	5	矿区外围地表
HY56-2	墨绿色致密块状玄武岩	$P_2\beta$	34.6，45.3，64.6，94.6，114.9	5	矿区地表
HY53-4	灰白色厚层状泥晶白云质灰岩	P_1q+m	24.6，34.5，45.9，63.7，74.1，105.2，115.3	7	矿区地表
HY73	褐色砂泥岩中团块状黄铁矿	P_1l	16.8，25.9，35.5，45.0，56.4，62.3，73.1	7	矿区地表
HY-4-1	浅灰色块状粗晶白云岩	C_1b	35.9，43.4，48.6，57.3，65.1，74.5，84.8	7	矿区外围地表
HY63	肉红色块状粗晶白云岩	C_1b	25.9，45.4，54.9，65.9，75.3，84.0，94.4	7	距地表1000m
HY-7	浅黄色块状粗晶白云岩	C_1b	34.7，44.6，55.0，65.2，74.8，93.0	6	距地表约900m
HY-8-1	灰白色厚层状细晶白云岩	Zbd	35.3，42.7，54.4，63.8，74.0，90.8，98.3，106.8，114.1，125.0	10	矿区外围地表
HY57-2	灰白色块状细晶白云岩	Zbd	24.1，34.9，44.9，54.6，67.1，76.7，84.7，96.2，104.9，124.7	11	矿区地表
HY72-1	灰黑色块状铅锌矿石	?	18.0，43.6，55.3，65.9，83.2	5	距地表940m

注：测试单位为中国地质科学院地质力学研究所应力测试室

（四）同位素定年的约束

Nakai等（1990，1993）、Christensen等（1995a，1995b）、Symons和Sangster（1991）、Symons等（1995）、Chesley等（1991，1994）、Brannon等（1992，1993）、Halliday等（1990）、Jiang等（1991）、Bell等（1989）、Changkakoti等（1988）在*Nature*等刊物发表了一批直接测定MVT铅锌矿床闪锌矿或流体包裹体Rb-Sr等时线年龄的数据；彭建堂等（2002）、黄智龙等（2001）、Zhong和Mucci（1995）也认为方解石和石英具有Sm-Nd等时线定年的潜力。

该区铅锌矿床的闪锌矿颜色丰富多彩（呈深黑-棕褐色、浅褐-褐色、玫瑰色-淡黄色）、晶形不一、粒度各异，可见生长环带结构，不同世代闪锌矿Rb、Sr含量变化较明显。因此，闪锌矿Rb-Sr等时线定年是较理想的定年技术，为成矿时代厘定提供了有利条件。

1. 前期研究

黄智龙（2004）获得会泽铅锌矿床闪锌矿Rb-Sr等时线年龄和热液方解石Sm-Nd等时

线年龄为226～225Ma，王登红等（2010）也获得一致的成矿年龄（230～220Ma）；毛景文等（2012）报道的金沙厂矿床萤石Sm-Nd等时线年龄为201.1±2.9Ma，闪锌矿的Rb-Sr等时线年龄为199.5±4.5Ma；白俊豪（2013）获得不同颜色闪锌矿Rb-Sr等时线年龄为204.0±3.4Ma。

作者获得会泽铅锌矿床闪锌矿Re-Os四组年龄：①252Ma；②226Ma；③122Ma；④50～51Ma，其中①、③、④组可能代表地质热事件的年龄，②组与滇东北地区玄武岩型铜矿床浊沸石的$^{40}Ar/^{39}Ar$坪年龄和等时线年龄（226～228Ma）（Zhu et al.，2007）完全一致，反映了该区的铅锌矿床与玄武岩型铜矿床可能属同一成矿系统。

吴越等（2012）转引的周家喜等获得的黔西北矿集区天桥铅锌矿床Re-Os等时线年龄为191.9±6.9Ma、滇东北矿集区茂租铅锌矿床方解石Sm-Nd等时线年龄为194Ma。

2. 茂租铅锌矿床成矿时代

茂租铅锌矿床热液方解石的$^{147}Sm/^{144}Nd$值变化范围为0.1241～0.4142，$^{143}Nd/^{144}Nd$值变化为0.512008～0.512443，ε_{Nd}（t=205Ma）值变化范围为-9.5～8.9（表4-10），其Sm-Nd等时线年龄为205±9Ma（图4-66），与Zhou等（2013）测得年龄（196±13Ma）相近，也与会泽超大型铅锌矿床热液方解石Sm-Nd等时线年龄（222～228Ma；李文博等，2004b）和闪锌矿Rb-Sr等时线年龄（223～226Ma；李文博等，2004a）大体一致。茂租铅锌矿床Sm-Nd同位素年龄也显示，该矿床形成于晚三叠世。

表4-10　茂租铅锌矿床方解石Sm-Nd同位素组成

样品编号	$Sm/10^{-6}$	$Nd/10^{-6}$	$^{147}Sm/^{144}Nd$	$^{143}Nd/^{144}Nd$	2σ	$\varepsilon_{Nd}(t)$
1380-12+	2.11	4.39	0.2900	0.512309	0.000023	-8.9
MZ-16+	0.17	0.62	0.1722	0.512141	0.000032	-9.1
1400-1+	1.31	9.17	0.0862	0.512008	0.000013	-9.4
1380-9C	1.01	4.55	0.1241	0.512063	0.000016	-9.3
1380-8+	2.18	3.13	0.4142	0.512443	0.000015	-9.5

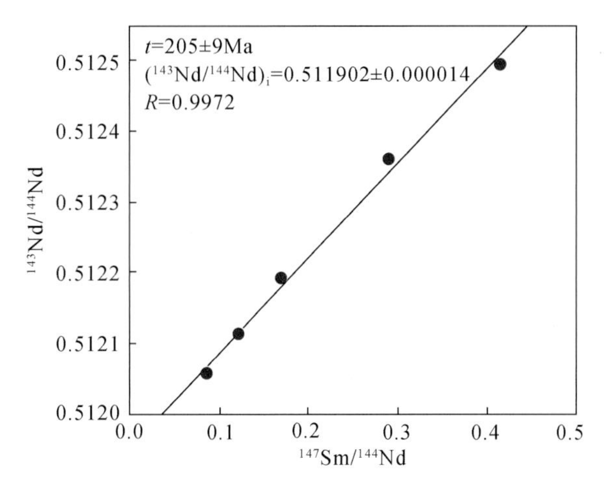

图4-66　茂租铅锌矿床方解石Sm-Nd等时线图

二、印支期富锗铅锌成矿事件

综观川滇黔成矿域主要矿床的成矿时代（图4-67），结合其他专家学者在黔西北、川西

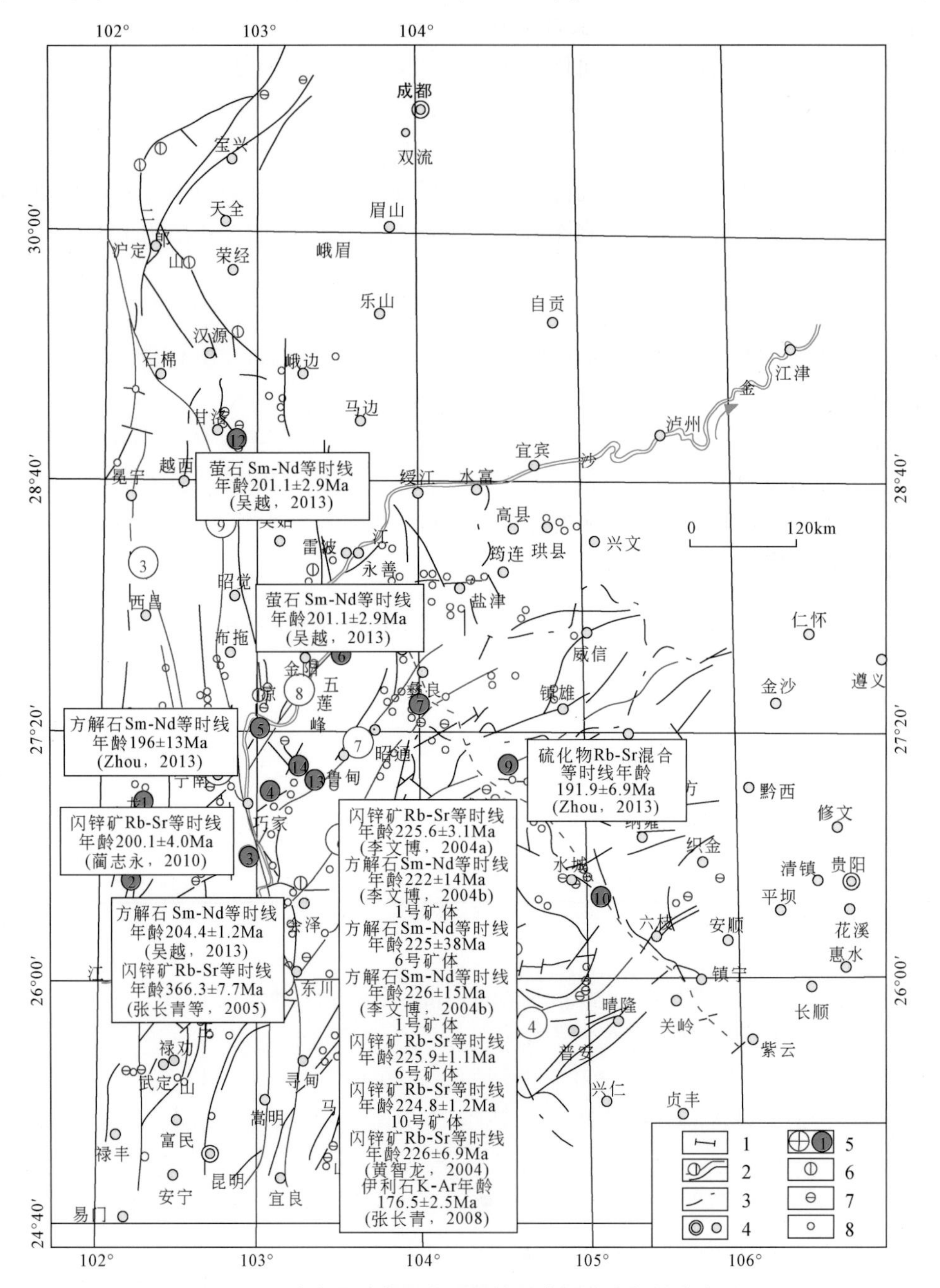

图4-67　滇东北矿集区主要铅锌矿床同位素年龄分布图

1. 地震剖面位置；2. 断裂；3. 省界；4；省城和县市。5. 大型和主要矿床：①跑马铅锌矿，②天宝山矿床，③大梁子铅锌矿，④松梁，⑤茂租铅锌矿，⑥金沙厂铅锌矿，⑦毛坪铅锌矿，⑧会泽铅锌矿，⑨天桥铅锌矿，⑩杉树林铅锌矿，⑪富乐厂铅锌矿，⑫赤普铅锌矿，⑬乐马厂铅锌矿，⑭乐红铅锌矿。6. 中型矿床；7. 小型矿床；8. 主要矿点

南矿集区所得到的同位素定年结果（表4-8），研究认为，以会泽铅锌矿床为代表的川滇黔接壤区铅锌矿床表现出成矿时代的一致性（194～228Ma），可以看出该区构造成矿作用主体上发生于印支晚期，该期是本区重大的成矿事件。

概括起来，主要的地质依据如下。

（1）印支运动不仅结束了该区长期以来的海相沉积史，开始了陆相湖盆沉积，是该区地质历史发展史上的重要转折点，而且形成了区域性的隆起和拗陷。在滇东北、黔西北、黔西南、川西南地区，T_3/T_{1+2}均表现区域性假整合或不整合接触关系；楚雄盆地及邻区T_3g/Pt_2kn均呈角度不整合关系。任纪舜（1984）指出，整个中国南部印支运动在闽粤沿海和右江地区的特点是运动强度较大，表现为类似地槽型的紧密线性褶皱，主要的构造运动发生在晚三叠世，表明印支运动在该区影响深远。这一推论与川滇黔成矿域陆内走滑构造带的形成时代一致。

（2）韩润生等（2014）论述了川滇黔接壤区铅锌矿床主要成矿时代为T_2-T_3。

（3）索书田等（1998）根据南盘江-右江盆地地层中煤的镜质组反射率（R_o）结果，论证了南盘江-右江盆地T_{2-3}地层存在中高温热流体（200～350℃），该流体为铅锌成矿作用提供了物源和能量。

（4）茂租铅锌矿床热液方解石的Sm-Nd等时线年龄为205±9Ma（图4-67），显示矿床形成于晚三叠世，不仅指示了该矿床的形成与峨眉山玄武岩浆活动无关，而且与川滇黔成矿域铅锌矿床其他矿床成矿时代一致。

第八节 陆内走滑断褶构造控矿论的意义

一、陆内走滑断褶构造控矿论的意义

通过滇东北矿集区大量宏观及微观构造研究和综合分析，总结提出了陆内走滑断褶构造控矿论，不仅具有重要的理论意义，而且对该区找矿预测评价具有重要的指导作用。

（1）陆内走滑断褶构造控矿论揭示了滇东北矿集区构造控矿机制，可以推广应用到川滇黔接壤区。

（2）陆内走滑断褶构造控矿论阐明了川滇黔接壤区构造动力学机制和铅锌矿床（体）的时空分布规律及矿床成因。

（3）陆内走滑断褶构造控矿论对不少矿床“背斜加一刀”构造形迹有了深刻认识。

（4）陆内走滑断褶构造控矿论揭示了HZT铅锌矿床控矿成矿地质体，指出了找矿方向，不仅对该类矿床的找矿预测和勘查实践提供了重要的理论依据，而且对其他类似矿床的找矿预测和评价具有重要的指导意义。近些年来，作者及研究团队在会泽、毛坪富锗铅锌矿区的找矿突破证明了这一理论的重要意义。

二、“背斜加一刀”构造形迹剖析

研究认为，“背斜加一刀”构造形迹仅仅是对这一构造现象的形象描述。根据背斜与断层的形成时期及其控矿特征大致可分为以下三种情况。

（1）主断层与褶皱同期形成且受主断层牵引产生褶皱，主断层产状与褶皱轴面不一致。矿床（体）主要产于断层上盘的次级构造中，如滇东北矿集区断褶构造。

（2）断层与褶皱同期形成，但断层产状常与褶皱轴面一致，如平行于轴面的断层，矿体主要产于断层及次级构造中。

（3）断层晚于褶皱形成，存在两种情形：①成矿期褶皱被成矿后断层破坏，使褶皱中的矿体变形变位；②后期断层成矿。

以上三种情形的构造控矿作用不同，其找矿方向大不相同，即使（1）、（2）两种情况属同期构造，但是其形成机制和控矿特征及找矿方向也有明显区别。

本 章 小 结

基于区域构造背景与矿田构造研究、矿床控矿构造精细解析、地表填图和坑道编录、物探勘探剖面解译及构造成矿时代厘定，提出陆内走滑断褶构造控矿论，对滇东北矿集区，乃至川滇黔接壤区具有重要的科学意义与找矿指导作用。

（1）厘定了斜滑-断褶构造分级控矿系统：斜滑-断褶构造带控制矿集区；断褶带控制矿田；断褶构造控制矿床；次级压扭性断层或层间断裂控制矿体（脉）。其分级控矿系统受成矿期 NW-SE 向主应力作用的构造应力场严格控制。

（2）揭示了滇东北矿集区斜滑-断褶构造的深部结构和构造组合样式，进一步总结了构造控矿规律。

（3）提出断褶构造作用是 HZT 铅锌矿床的主要成矿地质作用，确定了成矿地质体为控制盆地边缘发育的中粗晶白云岩、针孔状粗晶白云岩蚀变体的斜滑-断褶构造带，进一步提出成矿地质体的有关判别标志。

（4）系统总结了滇东北矿集区典型铅锌矿床的成矿结构面类型及主要的矿化样式。

（5）滇东北矿集区富锗铅锌矿床的构造成矿时代主要为印支晚期，提出了印支晚期富锗铅锌成矿事件及陆内走滑构造系统形成的区域动力学背景。

参 考 文 献

白俊豪. 2013. 滇东北金沙厂铅锌矿床地球化学及成因. 中国科学院大学博士学位论文.

陈士杰. 1986. 黔西滇东北铅锌矿成因探讨. 贵州地质，(3)：3-14.

丁原辰. 2000. 声发射法古应力测量问题讨论. 地质力学学报，6 (2)：45-52.

丁原辰，孙宝珊. 1997. 塔北油田现今地应力的 AE 法测量. 地球科学，(2)：215-218.

丁原辰，孙宝珊，邵兆刚，等. 1998. AE 法油田最大主应力值的测量及其与油产关系. 岩石力学与工程学报，17 (3)：315-315.

管士平，李忠雄. 1999. 康滇地轴东缘铅锌矿床铅硫同位素地球化学研究. 地球与环境，(4)：45-54.

郭文魁. 1942. 滇北之早期海西运动. 地质论评，7 (z1)：9-16.

韩润生，刘丛强. 2000. 云南会泽铅锌矿床构造控矿及断裂构造岩稀土元素组成特征. 矿物岩石，20 (4)：11-18.

韩润生，陈进，李元，等. 2001a. 云南会泽麒麟厂铅锌矿床八号矿体的发现. 地球与环境，29 (3)：191-195.

韩润生，陈进，李元，等. 2001b. 云南会泽麒麟厂铅锌矿床构造地球化学及定位预测. 矿物学报，21（4）：667-673.
韩润生，刘丛强，黄智龙，等. 2001c. 论云南会泽富铅锌矿床成矿模式. 矿物学报，21（4）：674-680.
韩润生，陈进，黄智龙，等. 2006. 构造成矿动力学及隐伏矿定位预测：以云南会泽超大型铅锌（银、锗）矿床为例. 北京：科学出版社.
韩润生，邹海俊，胡彬，等. 2007. 云南毛坪铅锌（银、锗）矿床流体包裹体特征及成矿流体来源. 岩石学报，23（9）：2109-2118.
韩润生，胡煜昭，王学琨，等. 2012. 滇东北富锗银铅锌多金属矿集区矿床模型. 地质学报，86（2）：280-294.
韩润生，王峰，胡煜昭，等. 2014. 会泽型（HZT）富锗银铅锌矿床成矿构造动力学研究及年代学约束. 大地构造与成矿学，38（4）：758-771.
胡玲，刘俊来，纪沫，等. 2009. 变形显微构造识别手册. 北京：地质出版社.
黄智龙. 2004. 云南会泽超大型铅锌矿床地球化学及成因：兼论峨眉山玄武岩与铅锌成矿的关系. 北京：地质出版社.
黄智龙，陈进，韩润生，等. 2001. 云南会泽铅锌矿床脉石矿物方解石 REE 地球化学. 矿物学报，21（4）：659-666.
李波，韩润生，文书明，等. 2014. 滇东北巧家松梁铅锌矿床构造特征及构造地球化学. 大地构造与成矿学，38（4）：855-865.
李文博，黄智龙，陈进，等. 2004a. 会泽超大型铅锌矿床成矿时代研究. 矿物学报，24（2）：112-116.
李文博，黄智龙，王银喜，等. 2004b. 会泽超大型铅锌矿田方解石 Sm-Nd 等时线年龄及其地质意义. 地质论评，50（2）：189-195.
蔺志永，王登红，张长青. 2010. 四川宁南跑马铅锌矿床的成矿时代及其地质意义. 中国地质，37（2）：488-494.
柳贺昌. 1995. 峨眉山玄武岩与铅锌成矿. 地质与勘探，（4）：1-6.
柳贺昌，林文达. 1999. 滇东北铅锌银矿床规律研究. 昆明：云南大学出版社.
马力. 2004. 中国南方大地构造和海相油气地质. 上. 北京：地质出版社.
毛景文，李晓峰，李厚民，等. 2005. 中国造山带内生金属矿床类型、特点和成矿过程探讨. 地质学报，79（3）：342-372.
毛景文，张作衡，裴荣富. 2012. 中国矿床模型概论. 北京：地质出版社.
彭建堂，胡瑞忠，林源贤，等. 2002. 锡矿山锑矿床热液方解石的 Sm-Nd 同位素定年. 科学通报，47（10）：789-792.
任纪舜. 1984. 印支运动及其在中国大地构造演化中的意义. 地球学报，6（2）：31-44.
孙家骢. 1988. 矿田地质力学方法. 昆明理工大学学报，13（3）：120-126.
孙家骢，韩润生. 2016. 矿田地质力学理论与方法. 北京：科学出版社.
孙岩. 1998. 断裂构造地球化学导论. 北京：科学出版社.
孙岩，韩克从. 1994. 构造动力学变质岩带. 北京：科学出版社.
索书田，毕先梅，赵文霞，等. 1998. 右江盆地三叠纪岩层极低级变质作用及地球动力学意义. 地质科学，（4）：395-405.
王登红，陈郑辉，陈毓川，等. 2010. 我国重要矿产地成岩成矿年代学研究新数据. 地质学报，84（7）：1030-1040.
王奖臻，李朝阳，李泽琴，等. 2001. 川滇地区密西西比河谷型铅锌矿床成矿地质背景及成因探讨. 地球与环境，29（2）：41-45.
王中刚. 1989. 稀土元素地球化学. 北京：地质出版社.

吴越. 2013. 川滇黔地区MVT铅锌矿床大规模成矿作用的时代与机制. 中国地质大学（北京）博士学位论文.

吴越, 张长青, 毛景文, 等. 2012. 扬子板块西南缘与印支期造山事件有关的MVT型铅锌矿床. 矿床地质,（s1）: 451-452.

许志琴, 杨经绥, 李化启, 等. 2012. 中国大陆印支碰撞造山系及其造山机制. 岩石学报, 28（6）: 1697-1709.

杨应选, 柯成熙, 林方成, 等. 1994. 康滇地轴东缘铅锌矿床成因及成矿规律. 成都: 四川科技大学出版社.

叶天竺. 2010. 流体成矿作用过程、矿物标志、空间特征. 全国危机矿山项目办典型矿床研究专项中期成果会.

云南弘迪矿产资源有限公司. 2007. 云南省鲁甸县乐红铅锌矿区地形地质图.

云南省地质局第二区域地质调查队. 1980. 中华人民共和国1∶200000鲁甸幅地质图.

云南省地质局区域地质调查大队. 1980. 中华人民共和国1∶200000昭通幅地质图.

张立生. 1998. 康滇地轴东缘以碳酸盐岩为主岩的铅-锌矿床的几个地质问题. 矿床地质, 17（Z1）: 135-138.

张位及. 1984. 试论滇东北铅锌矿床的沉积成因和成矿规律. 地质与勘探,（7）: 13-18.

张云新, 吴越, 田广, 等. 2014. 云南乐红铅锌矿床成矿时代与成矿物质来源: Rb-Sr和S同位素制约. 矿物学报, 34（3）: 305-311.

张长青, 毛景文, 刘峰, 等. 2005. 云南会泽铅锌矿床粘土矿物K-Ar测年及其地质意义. 矿床地质, 24（3）: 317-324.

张志斌, 李朝阳, 涂光炽, 等. 2006. 川、滇、黔接壤地区铅锌矿床产出的大地构造演化背景及成矿作用. 大地构造与成矿学, 30（3）: 343-354.

赵江南, 陈守余, 赵鹏大. 2011. 个旧高松矿田断裂带构造岩稀土元素地球化学特征及意义. 中国稀土学报, 29（2）: 224-232.

郑庆鳌. 1997. 云南会泽矿山厂, 麒麟厂铅锌矿床对流循环成矿及热水溶硐赋存块状富铅锌矿. 西南矿产地质,（1）: 8-16.

周云满. 2003. 滇东北乐红铅锌矿床地质特征及找矿远景. 地球与环境, 31（4）: 16-21.

朱炳泉, 戴橦谟, 胡耀国, 等. 2005. 滇东北峨眉山玄武岩中两阶段自然铜矿化的$^{40}Ar/^{39}Ar$与U-Th-Pb年龄证据. 地球化学, 34（3）: 235-247.

Bell K, Anglin C D, Franklin J M. 1989. Sm-Nd and Rb-Sr isotope systematics of scheelites: Possible implications for the age and genesis of vein-hosted gold deposits. Geology, 17（6）: 500-504.

Bons P D, Elburg M A, Gomez-Rivas E. 2012. A review of the formation of tectonic veins and their microstructures. Journal of Structural Geology, 43（43）: 33-62.

Brannon J C, Podosek F A, Viets J G, et al. 1991. Strontium isotopic constraints on the origin of ore-forming fluids of the Viburnum Trend, southeast Missouri. Geochimica et Cosmochimica Acta, 55（5）: 1407-1419.

Brannon J C, Podosek F A, McLimans R K. 1992. Alleghenian age of the Upper Mississippi Valley zinc-lead deposit determined by Rb-Sr dating of sphalerite. Nature, 356: 509-511.

Brannon J C, Podosek F A, Mclimans R K. 1993. Isotopic compositions of gangue versus ore minerals in the Upper Mississippi Valley zinc-lead district. Geological Society of America, Abstracts with Programs.

Changkakoti A, Gray J, Krstic D, et al. 1988. Determination of radiogenic isotopes（Rb-Sr, Sm-Nd and Pb-Pb）in fluid inclusion waters: An example from the Bluebell Pb-Zn deposit, British Columbia, Canada Geochimica et Cosmochimica Acta, 52（5）: 961-967.

Chesley J T, Halliday A N, Scrivener R C. 1991. Samarium-neodymium direct dating of fluorite mineralization.

Science, 252: 949-951.

Chesley J T, Halliday A N, Kyser T K, et al. 1994. Direct dating of Mississippi valley-type mineralization - use of Sm-Nd in fluorite. Economic Geology, 89 (5): 1192-1199.

Christensen J N, Halliday A N, Leigh K E, et al. 1995a. Direct dating of sulfides by Rb-Sr: A critical test using the Polaris Mississippi Valley-type Zn-Pb deposit. Geochimica et Cosmochimica Acta, 59 (24): 5191-5197.

Christensen J N, Halliday A N, Vearncombe J R, et al. 1995b. Testing models of large-scale crustal fluid flow using direct dating of sulfides; Rb-Sr evidence for early dewatering and formation of mississippi valley-type deposits, Canning Basin, Australia. Economic Geology & the Bulletin of the Society of Economic Geologists, 90 (4): 877-884.

Halliday A N, Shepherd T J, Dickin A P, et al. 1990. Sm-Nd evidence for the age and origin of a Mississippi Valley Type ore deposit. Nature, 344: 54-56.

Han R S, Liu C Q, Carranza J M, et al. 2012. REE geochemistry of altered faulttectonites of Huize-type Zn-Pb-(Ge-Ag) deposit, Yunnan Province, China. Geochemistry: Exploration, Environment, Analysis, 12: 127-146.

Han R S, Chen J, Wang F, et al. 2015. Analysis of metal-element association halos within fault zones for the exploration of concealed ore-bodies: A case study of the Qilinchang Zn-Pb-(Ag-Ge) deposit in the Huize mine district, northeastern Yunnan, China. Journal of Geochemical Exploration, 159 (11): 62-78.

Jiang S Y, Ding T P, Wan D F. 1991. The fluid inclusion and stable isotope geochemistry of Dongsheng lead-zinc deposit, Liaoning Province, China. Geology, (1): 43-54.

Michard A. 1989. Rare earth element systematics in hydrothermal fluids. Geochimca et Cosmochimica Acta, 53 (3): 745-750.

Nakai S I, Halliday A N, Kesler S E, et al. 1990. Rb-Sr dating of sphalerites from Tennessee and the genesis of Mississippi Valley type ore deposits. Nature, 346 (6282): 354-357.

Nakai S I, Halliday A N, Kesler S E, et al. 1993. Rb-Sr dating of sphalerites from Mississippi Valley-type (MVT) ore deposits. Geochimica et Cosmochimica Acta, 57 (2): 417-427.

Symons D T A, Sangster D F. 1991. Paleomagnetic age of the Central Missouri barite deposits and its genetic implications. Economic Geology, 86 (1): 1-12.

Symons D T A, Sangster D F, Leach D L. 1995. A Tertiary age from paleomagnetism for mississippi valley-type zinc-lead mineralization in Upper Silesia, Poland. Economic Geology, 90 (4): 782-794.

Zhong S, Mucci A. 1995. Partitioning of rare earth elements (REEs) between calcite and seawater solutions at 25℃ and 1 atm, and high dissolved REE concentrations. Geochimica Et Cosmochimica Acta, 59 (3): 443-453.

Zhou C X, Wei SS, Guo J Y. 2001. The source of metals in the Qilichang Zn-Pb deposit, northeastern Yunnan, China: Pb-Sr isotope constrains. Economic Geology, 96: 583-598.

Zhou J X, Huang Z L, Yan Z. 2013. The origin of the Maozu carbonate-hosted Pb-Zn deposit, southwest China: Constrained by C-O-S-Pb isotopic compositions and Sm-Nd isotopic age. Journal of Asian Earth Sciences, 73 (5): 39-47.

Zhu B Q, Hu Y G, Zhang Z W, et al. 2007. Geochemistry and geochronology of native copper mineralization related to theEmeishan flood basalts, Yunnan Province, China. Ore Geology Reviews, 32 (1): 366-380.

第五章　流体“贯入”-交代成矿论(一)
——矿化蚀变分带规律

第四章讨论了陆内走滑断褶构造控矿论，在此基础上，基于构造-流体“贯入”成矿模型（韩润生等，2012），通过典型矿床矿化蚀变分带规律、微量元素地球化学、流体包裹体和同位素地球化学、实验地球化学等研究，提出了流体“贯入”-交代成矿论。

矿化蚀变分带是滇东北富锗铅锌矿床的重要特征之一，也是该类矿床流体成矿作用的重要特征之一。矿化蚀变分带规律研究为流体“贯入”-交代成矿论提供了重要依据，也为建立蚀变岩相找矿预测方法奠定了基础。

第一节　会泽超大型富锗铅锌矿

一、HTD 白云岩及其形成机制

热液白云岩（HTD 白云岩）是容矿地质体（柳贺昌和林文达，1999），对成矿环境具有重要的指示作用。热液白云岩常受拉张断层、转换断层或断裂系统控制（李荣等，2008）。会泽富锗铅锌矿受斜冲走滑-断褶构造控制，产于陆内斜冲走滑构造背景下（韩润生等，2006，2012），导致热液白云岩的产状特殊，具有如下特征：①热液白云岩产于白云岩或白云石化灰岩中，常呈厚层状，沿层交代，少量呈团块状、脉状、网脉状产出。整个热液白云岩带厚度为 30～70m，分带明显，过渡带范围窄，暗示其强烈的白云石化处于相对封闭的体系，受压扭性层间断裂控制。②在成矿期前或成矿期均有产出。③热液白云石包裹体均一温度为 110～400℃，盐度为 5%～20% $NaCl_{eq}$（张振亮，2006），明显不同于全球 22 处 HTD 白云石包裹体均一温度（80～235℃）与盐度（5%～30% $NaCl_{eq}$）的特征（Davies and Smith，2006）。

断裂构造控制热液白云石化（HTD）为白云岩成岩的主流模式（黄思静等，2009），其内涵是在温度和压力升高的埋藏条件下，富镁热液沿张性断层或转换断层或断裂系统上升，遇到渗透性差的隔挡层后侧向进入渗透性好的围岩中形成，常发育于断层及其上盘。相关学者提出原生与次生白云岩的判别标志：刘英俊（1984）认为白云岩的产状是判别的最可靠标志；韩林（2006）认为热液白云岩为次生白云岩。不少研究者（Wierzbicki et al.，2006；Luczaj，2006；Diehl et al.，2010；Metz and Milke，2012；Vandeginste et al.，2013）将白云岩的宏观产状作为两者区别的重要标志。白云石的矿物特征也是区分白云岩成因的可靠标志（黄思静等，2009；王丹等，2010）。为此，基于会泽富锗铅锌矿典型剖面精细测量与镜下鉴定，划分出埋藏白云岩与热液白云岩，结合其构造背景与形成条件，探讨该矿床“受压扭性层间断裂圈闭控制的 HTD 白云岩”的成因。

（一）HTD 白云岩特征

HTD 白云岩与锗铅锌矿化优先发育于张性断层上盘，鞍状白云石是其指示矿物（李荣等，2008）。本节选择一条穿越摆佐组（C_1b）、威宁组（C_2w）地层的典型剖面（图 5-1，

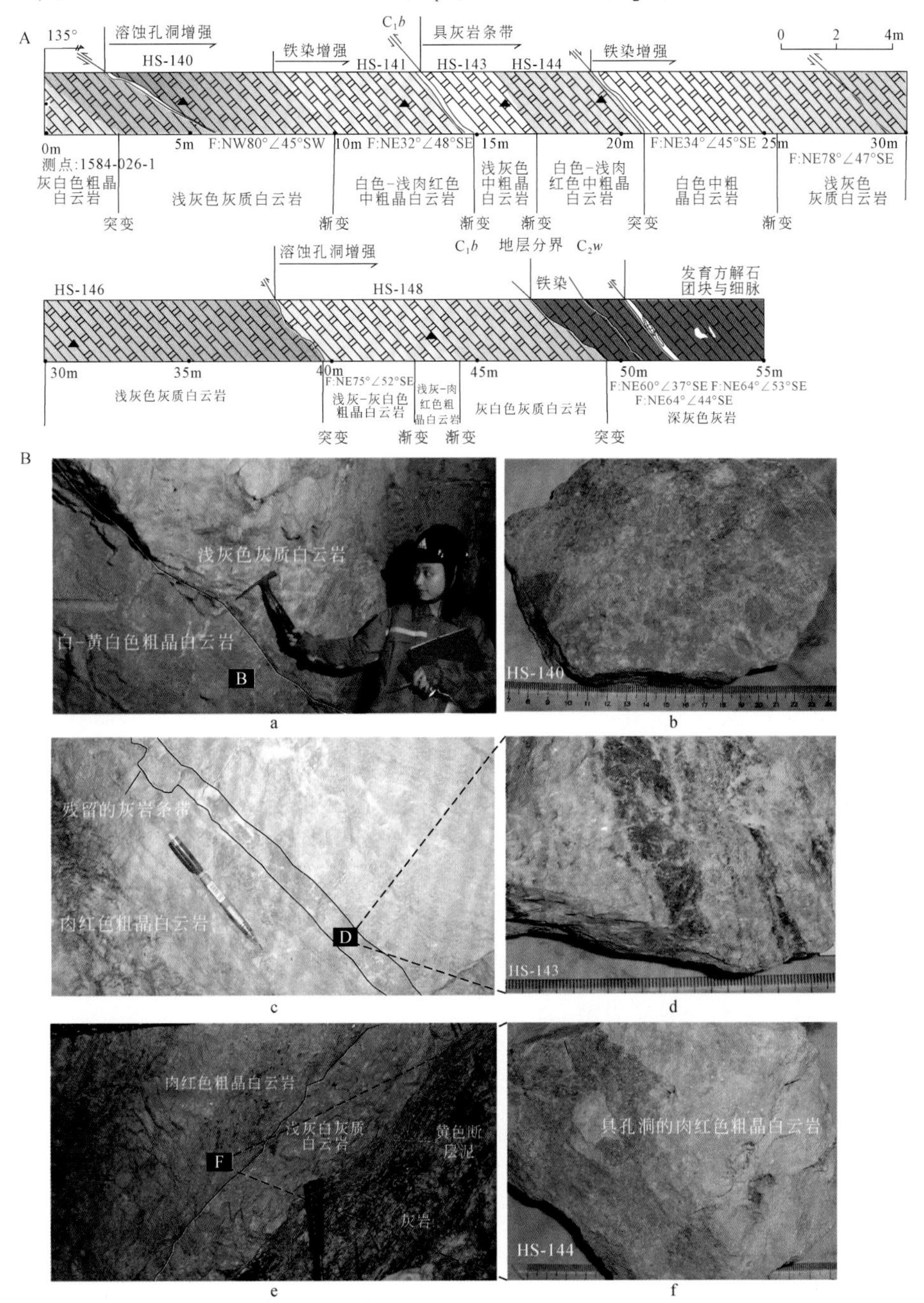

图 5-1　1584 中段 026 号穿脉白云岩分带特征照片

A：1584 中段 026 穿脉坑道编录。B：a、c. 在 NWW 向断裂上盘，肉红色粗晶白云石网脉分布于浅灰色灰质白云岩中；b、d. 肉红色粗晶白云岩中的黑色灰质白云岩条带；e、f. 溶孔状粗晶白云岩、灰岩→泥化带（断裂带）→浅灰色灰质白云岩→肉红色粗晶白云石的分带性，接触界线明显，肉红色粗晶白云岩带中见浅灰色灰质白云岩残块

表5-1）研究HTD白云岩。C_1b 岩性为浅灰色灰质白云岩、肉红色中-粗晶白云岩、白色中-粗晶白云岩、灰白色粗晶白云岩，而 C_2w 为深灰色灰岩。

表5-1　白云岩成因类型与分带特征表

白云岩组构 / 白云岩带	构造	白云石							黄铁矿		方解石构造	晶洞充填物	裂隙	成因
		含量/%	粒度/mm	晶形	晶面	晶间接触	消光	显微裂隙	构造	结构				
浅灰色灰质白云岩带	网脉	65	<0.2	自形-半自形	直面	直面	无				粗脉	Dol、Cal	发育	埋藏
白色中粗晶白云岩带	块状	80	0.4～0.8	鞍状	鞍形	曲面	波状	晶内裂隙			细脉		发育	热液
肉红色中粗晶铁白云岩带	块状	75	0.4～0.8	鞍状	鞍形	曲面	波状	晶内裂隙	散点状	五角十二面体-立方体	细脉	Dol、Cal、py	发育	
灰白色粗晶白云岩带	块状	80	>1	鞍状	鞍形	曲面	波状	晶内裂隙	散点状	五角十二面体-立方体	细脉	Dol、Cal、py	发育	

1. 白云岩成因类型及蚀变分带

浅灰色灰质白云岩带：具有沉积成岩特征，见生物碎屑，属埋藏白云岩。与中粗晶白云岩呈过渡关系（图5-1a，c），其中见中-粗晶白云石脉，发育大量粗脉或网脉状方解石，可见溶孔与裂隙。主要矿物为白云石、方解石，少量黄铁矿。白云石含量约65%，粒度<0.2mm、呈自形-半自形、平直晶面、直面接触。少量黄铁矿分布于矿物裂隙中。其矿物生成顺序为白云石（埋藏白云岩化）→脉状方解石→裂隙带中黄铁矿→晶洞方解石。

白色中粗晶铁白云岩带：少量角砾状灰白色灰质白云岩分布其中，裂隙发育。主要矿物为铁白云石，少量方解石。铁白云石约80%，呈纯白色，粒度0.4～0.8mm，呈他形鞍状、曲面鞍形、曲面接触、波状消光、晶内裂隙。脉状乳白色方解石沿顺层裂隙充填。矿物生成顺序为白色中粗晶白云石→脉状方解石→晶洞方解石。

肉红色中粗晶铁白云岩带：浅灰色灰质白云岩残块分布其中（图5-1b，d）或二者呈互层产出，发育溶孔（图5-1e，f）与裂隙，沿裂隙见铁染。主要矿物为铁白云石，含少量方解石、黄铁矿。铁白云石含量约75%，呈肉红色，粒度0.4～0.8mm，呈他形鞍状、曲面鞍形、曲面接触、波状消光、晶内裂隙发育。少量的细粒立方体黄铁矿呈散点状分布于白云石晶间。脉状乳白色方解石沿顺层裂隙充填。矿物生成顺序为肉红色中粗晶铁白云石、细晶立方体黄铁矿→脉状方解石→晶洞方解石。

灰白色粗晶白云岩带：呈厚层状，见少量角砾状肉红色中粗晶白云岩，晶洞内见方解石或偶见五角十二面体黄铁矿，裂隙发育。其矿物主要为白云石，少量方解石、黄铁矿。白云石约80%，呈灰白色，粒度>1mm，呈他形鞍状、曲面鞍形、曲面接触、波状消光、晶内裂隙。少量立方体、五角十二面体黄铁矿（粒度0.2～0.5mm）。脉状乳白色方解石沿顺层裂隙充填。矿物生成顺序为灰白色粗晶白云石、粗晶黄铁矿→细晶黄铁矿→脉状方解石→晶洞方解石。

2. 埋藏白云岩

埋藏白云岩除了灰质白云岩外，还有白云石化鲕粒状灰岩。鲕粒状灰岩内白云石化呈两种类型（图5-2b）：①分布于鲕粒间隙，呈粉晶结构；②分布于鲕粒间溶孔内，溶孔边缘发育的晶体细小，溶孔中部发育中晶、自形-半自形晶体，晶面为直面，晶间关系为点面与直面接触，在正交偏光下均匀消光或见机械双晶。从白云石分布看，其沉淀与岩屑溶解作用有关（Taylor et al.，2000），钙质生物碎屑溶解形成晶间孔与溶孔，并被白云石充填。其形成于浅-中埋藏深度，成因以交代为主并胶结增生，见鲕粒压扁拉长，说明其受到构造应力作用。

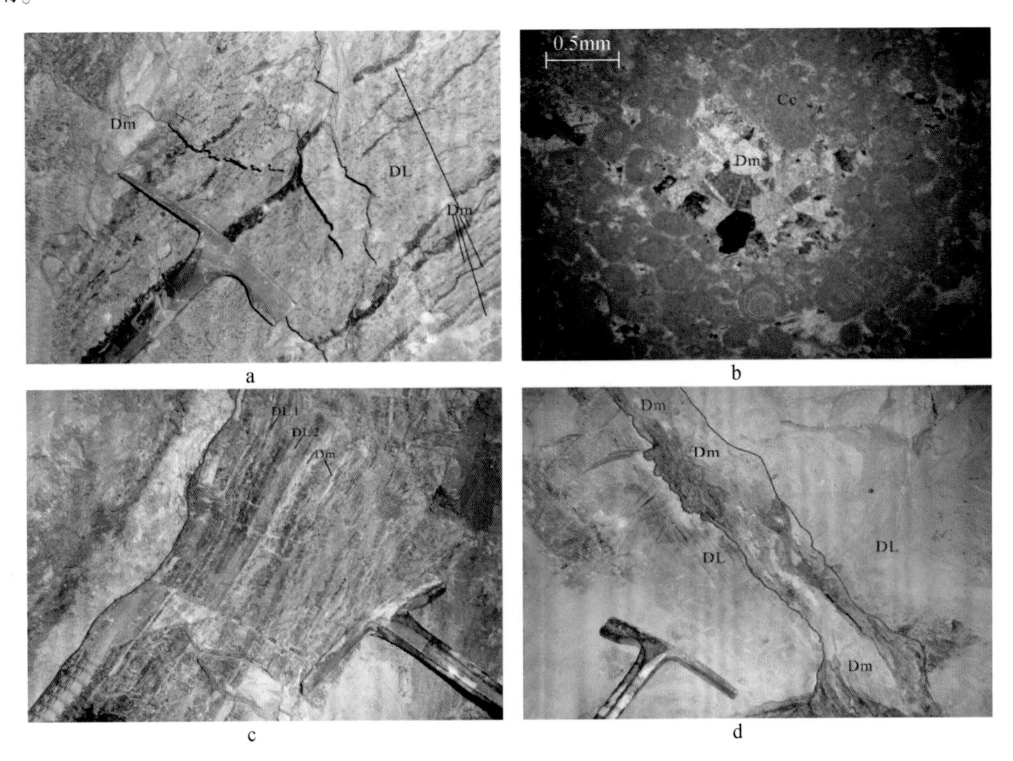

图5-2　灰质白云岩与细脉状热液白云岩的关系照片

a. 浅灰色灰质白云岩（DL）内发育沿裂隙充填的白色粗晶白云岩（Dm）；b. 鲕粒状灰岩溶解后形成的空隙被埋藏白云石（Dm）充填，白云石发育机械双晶，（+）40×；c. 深灰色灰岩（DL1）与浅灰色灰质白云岩（DL2）呈互层条带状产出，白色粗晶白云岩（Dm）沿顺层裂隙充填；d. 断裂带内的肉红色粗晶白云岩透镜体，断裂两盘的灰质白云岩（DL）

3. 热液白云岩与构造的关系

1）断裂控制热液白云岩展布

026号穿脉见一条NWW向断裂（图5-1）穿过灰质白云岩，产状为NW80°∠45°SW，裂面呈微波状，具缓宽陡窄特征，断裂带宽2～5cm，带内为土黄色碎粉岩与粒化岩（具方解石脉的灰质白云质粒化岩)，显示断裂具压性或压扭性特征。断裂上盘的灰质白云岩见溶孔，发育网脉状肉红色中粗晶白云岩（图5-1a），下盘发育灰岩条带与团块，指示热液运移通道。

NE向层间断裂控制厚层状白云岩展布（图5-1），其分布密度为8～10m/条，两盘分布粗晶白云岩。热液白云岩在上盘较宽，并具有两种蚀变分带模式：①纯白色中粗晶白云岩-浅灰色灰质白云岩组合，出现在21～29m，纯白色中粗晶白云岩呈致密块状，溶孔不发育，见少量细小裂隙，沿裂隙分布铁染。②灰白色针孔状粗晶白云岩-肉红色中粗晶白云岩-浅灰色灰质白云岩组合，在穿脉两地段中出现该组合。第一段（6～21m）受15m处断裂控制，呈现断裂→灰白色针孔状粗晶白云岩→肉红色中粗晶白云岩→浅灰色灰质白云岩的渐变关系，断层下盘随远离断层带溶孔密度减小，铁染减弱，断层上盘见灰质白云岩条带与肉红色中粗晶白云岩条带互层（图5-1b），为流体沿顺层断裂交代的结果（Allan and Wiggins，1994）。第二段（39.5～49m）呈现39.5m处断裂→灰白色针孔状粗晶白云岩→肉红色中粗晶白云岩→浅灰色灰质白云岩的渐变关系，溶孔密度逐渐减小。

2）裂（孔）隙与热液白云岩的关系

围岩裂隙由热液脉与裂（孔）隙构成：①热液脉，主要为方解石脉，见少量铁白云石脉。铁白云石脉分布范围窄，分布于中粗晶白云岩与灰质白云岩接触带的灰质白云岩的顺层裂隙中（图5-2a，图5-3c，d）。②裂（孔）隙，灰质白云岩裂隙密度明显大于中粗晶白云岩裂隙密度，中粗晶白云岩溶孔密度也明显大于灰质白云岩的溶孔密度。中粗晶白云岩的溶孔分布有两种类型：①呈线性沿顺层裂隙分布，受顺层裂隙化程度制约；②呈面状分布发育于块状粗晶白云岩中，受裂隙化程度与成岩强度影响（表5-2）。

表5-2　1584中段026号穿脉断裂构造与热液白云岩关系

断裂构造		力学性质	下盘						上盘					
			岩性	热液白云岩结构	热液白云岩构造	溶孔	铁染	灰岩条带	岩性	热液白云岩结构	热液白云岩构造	溶孔	铁染	灰岩条带
NWW向	f_1	压扭性	浅灰色灰岩	—	—	—	—	√	浅灰色灰岩	中粗晶	网脉状	√	—	—
NE向	f_2	压扭性	肉红色中粗晶白云岩	中粗晶	块状	√	√	—	灰白色粗晶白云岩	粗晶	块状	√	√	√
	f_3	压扭性	肉红色中粗晶白云岩	中粗晶	块状	—	—	—	白色中粗晶白云岩	中粗晶	块状	—	√	—
	f_4	压扭性	浅灰色灰岩	—	—	—	—	—	浅灰色灰岩	—	—	—	—	—
	f_5	压扭性	浅灰色灰岩	—	—	—	—	—	灰白色粗晶白云岩	粗晶	块状	√	—	—
	f_6	压扭性	浅灰色灰岩	—	—	—	—	—	深黑色灰岩	—	—	—	—	—

注：“√”表示发育；“—”表示不发育

4. 鞍状白云石厘定

鞍状白云石是HTD白云岩的主要指示物（李荣等，2008）。但是，在研究鞍状白云石时，还需考虑其含量、共生矿物组合、宏观产状及地质背景等（Machel，1987）。

1）晶体形态与含量

中粗晶白云石（图5-3d），呈肉红色、灰白色或棕色，具有独特的尖顶、他形鞍状、曲面鞍形、曲面接触、晶内微裂隙、溶孔，正交偏光镜下见波状消光与雾心亮边，为鞍状白云石。鞍状白云石不一定是热液成因，当宿主地层发生强烈压溶作用时可形成鞍状白云石（卿海若和陈代钊，2010），但较少（Machel，1987）。矿区内鞍状白云石发育广泛，呈厚层状产出，具热液成因。

2）矿物共生关系

中粗晶白云岩与热液成因矿物共生，如闪锌矿、方铅矿、黄铁矿（图5-3b）、重晶石等，显示其为HTD白云岩。发育的晶洞充填物是"热卤水流体"性质、活动范围和活动强度的指示。晶洞充填物分两类：①白云石-方解石组合，白云石分布于洞壁，为多期酸性流体对基质的重结晶作用，方解石呈晶簇状产出，与流体作用无关。②黄铁矿-白云石-方解石组合，"热卤水流体"多次充注造成晶洞加大，并常被鞍状白云石、部分黄铁矿充填其中。

3）HTD白云岩的产状及构造

厚层状HTD白云岩受NE向压扭性层间断裂控制，产出于灰质白云岩的断裂带中，并见少量细脉沿裂隙分布（图5-2a，图5-3c）。鞍状白云石具基质交代型和孔-缝充填型，发育微裂隙。在中粗晶白云岩与灰质白云岩的狭窄过渡带的白云岩呈斑马状、角砾状构造。

（1）厚层状构造：中粗晶白云岩呈厚层状产出于灰质白云岩中（图5-1，图5-2a），两者呈过渡关系，但过渡带窄。中粗晶白云岩的形成受热液白云岩化的影响，同时盖层和断裂也起重要作用（Esteban and Taberner，2003）。致密块状灰岩可起到良好的岩性圈闭作用（陈轩等，2012），而层间压扭性断裂是流体运移通道与矿物沉淀场所，可促进大量热液白云岩化聚集，为形成厚层状白云岩提供了物化条件。

（2）细脉状构造：在灰质白云岩中，白云石充填于微裂缝（图5-3a）或沿顺层裂隙充填（图5-2a，c）。中粗晶白云岩中细脉状构造发育较少，但白云石内见晶内裂隙与晶间裂隙，显示矿物结晶后受构造应力作用。

（3）斑马状构造：最常见的斑马状构造是浅肉红色糖粒状白云岩与浅灰色中-细晶白云岩呈现的典型构造（图5-3c）。斑马状构造是低渗透率白云岩受应力作用的结果（陈代钊，2008），反映出白云岩受异常高压作用与孔隙流体压力不易释放形成微裂隙的特点，并伴随方解石胶结物广泛溶解与形成铸模孔洞或裂隙的白云石作用（图5-3d）。当白云岩具高孔渗性时，发生广泛的热液交代作用，形成鞍状白云石基质（图5-3e），不发育斑马状构造。

（4）角砾状构造：HTD白云岩的典型构造（李荣等，2008）。矿区内灰岩角砾（图5-3e）、中-细晶白云岩角砾、肉红色中粗晶白云岩角砾，发育在热液蚀变强烈的白云岩中。三种角砾是早期剪切作用形成的碎裂岩系伴随热液交代的产物。角砾状构造仅发育在蚀变带边部范围内，且角砾细小（图5-3f）（张振亮，2006）。

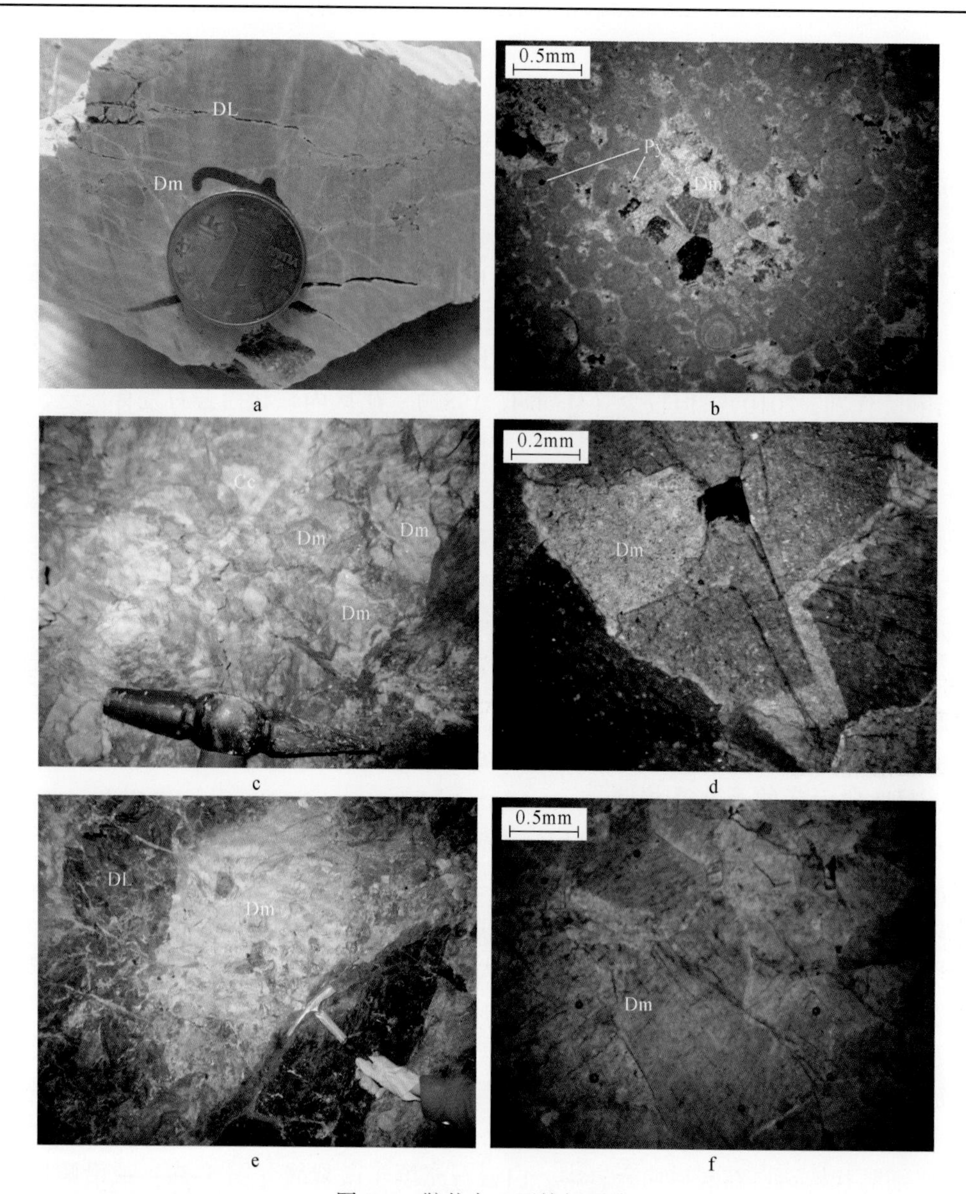

图 5-3　鞍状白云石特征照片

a. 具网脉状微裂隙的灰色灰质白云岩（DL），裂隙被后期白云石细脉充填，为孔-缝充填型白云石；b. 鞍状白云石（Dm）与立方体黄铁矿（Py）共生，(-) 100×；c. 具斑马状构造的粗晶白云岩（Dm），肉红色、灰白色为粗晶白云石（Dm），纯白色为方解石（Cc）；d. 粗晶白云石（Dm）具尖顶、弯曲晶面、波状消光，并发育微裂隙，(-) 100×，后期见次生加大边；e. 灰色灰质白云岩（DL）角砾残留在肉红色粗晶白云岩（Dm）中，为基质交代型白云石；f. 红褐色白云石晶体分布在浅肉红色白云石中（Dm），(-) 40×

4）流体包裹体特征

NWW—NW 向断裂控制的 HTD 白云石，样品采自断裂上盘（图 5-1）的网脉状铁白云石化灰质白云岩中。①流体包裹体类型主要为纯气相、纯液相，少量气液两相，包裹体多。②原生包裹体粒度大（>20μm），形态规则，边界不规则，因后期构造破坏作用，其数量少（图 5-4a）；次生包裹体多而小（<5μm），呈定向串珠状产出。③流体包裹体均一温度高

(250～438℃)，盐度范围大（3.4%～17.2% $NaCl_{eq}$）（表5-3）。④液相包裹体充填度与均一温度相关系数为-0.42，液相充填度与盐度相关系数为0.23，均一温度与盐度相关系数为-0.41，反映了随着压力降低，温度增加、盐度降低的特征，指示沸腾作用显著。

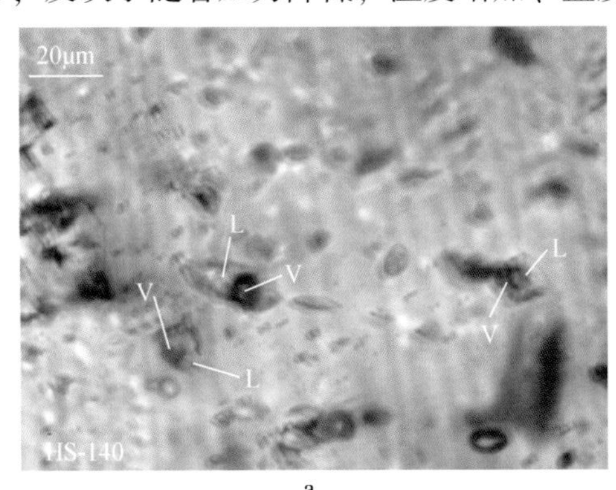

a　　　　b

图5-4　鞍状白云石中流体包裹体岩相学照片

L. 液相；V. 气相

NE向断裂控制的HTD白云石，样品采自断裂上盘的夹灰质白云岩条带的中粗晶白云岩中（产于厚层状肉红色中粗晶白云岩带中上部）（图5-1a，图5-2）。①主要流体包裹体类型为纯气相或纯液相，少见气液两相（图5-4）。②包裹体多而小（<5μm），部分次生包裹体呈串珠状产出。③流体包裹体均一温度较高（180～354℃），盐度变化范围小（1.1%～5.9% $NaCl_{eq}$）（表5-3）。④液相充填度与均一温度相关系数为-0.36，充填度与盐度相关系数为-0.68，均一温度与盐度相关系数为0.44，反映压力降低温度与盐度增加，沸腾作用不显著。

NW向断裂控制的HTD白云石的流体包裹体具有高的均一温度与盐度，而NE向断裂控制的HTD白云石流体包裹体均一温度与盐度较低。该结果与NW向断裂为流体运移通道，而NE向断裂为流体沉淀场所的特征相符：富CO_2热卤水沿NW向断裂运移，充填旁侧裂隙形成网脉状白云岩，随着热液从NW向断裂向NE向层间断裂运移，流体温度和盐度降低，在NE向层间断裂带内的张开空间大量聚集并发生沸腾作用，形成厚层状HTD白云岩。

表5-3　白云石中流体包裹体显微测温结果

构造环境	寄主矿物	相态	大小/μm	充填度/%	均一温度/℃	盐度/% $NaCl_{eq}$	测试数/个
NW向断裂	白云石	L+V	4～7	60～70	250～370	3.3～17.2	10
	白云石	L+V	3～6	90～98	275～326	7.8～10.7	3
	白云石	L+V	18～30	60～70	356～438	4.0～4.6	4
NE向断裂	白云石	L+V	4～6	70～75	211～354	1.0～5.8	7
	白云石	L+V	4～11	85～90	225～238	1.0～1.2	3

（二）HTD白云岩形成机制与矿化指示

矿区内HTD白云岩形成于斜冲走滑构造背景下，受层间压扭性断裂控制，其成岩温度高（最高达400℃），导致热液白云石化强烈，呈厚层状产出。据Allan和Wiggins（1994）研究，在灰岩地区发育白云石化应该具备两个条件：①Mg^{2+}供给充足；②必要的运移机制，使Mg^{2+}到达白云石化所发生的地段，并发生白云石化蚀变，同时众多孔隙使蚀变反应达到平衡。

1. 流体驱动机制

流体驱动机制主要为构造动力驱动，并受沉积物压实与热对流影响（Allan and Wiggins，1994）。

（1）印支期，川滇黔接壤区发生陆块碰撞造山事件导致滇东北地区发生强烈的斜冲走滑作用形成断褶构造带（韩润生等，2012），为流体运移提供了动力机制，伴随先期存在的基底断层重新活化而形成热液疏导体系（李荣等，2008），促使大规模的深部中高温、高压流体沿断裂向浅部运移。小江深断裂为深部流体向浅部运移提供了通道，为发生白云石化提供了条件（杨永强等，2006）。

（2）虽然逆冲断层不是热液白云岩化作用的有利场所，但是矿区内麒麟厂、矿山厂和银厂坡断褶构造为流体交代碳酸盐岩提供了有利条件，流体可在构造中大量聚集，并向层间压扭性断裂带运移。

（3）NE 向层间压扭性断裂是流体运移的通道，具有构造-岩性圈闭作用，其扩容空间是流体沉淀场所。随流体压力和温度改变，碳酸盐岩矿物发生溶解与沉淀（Leach et al.，1991；Marfil et al.，2005；陈昭佑和王光强，2010）。NE 向层间压扭性断裂控制热液白云岩的展布，在断层上盘张性空间蚀变增强，流体从断裂向外围扩散，蚀变逐渐减弱。

（4）在粗晶白云岩与灰岩的狭窄过渡带，鞍状白云石中形成微裂隙、斑马状、角砾状构造，显示其过渡带处于不稳定的物理化学环境。

2. 流体性质

中粗晶白云岩与黄铁矿共生，显示流体偏酸性。随着温度升高，形成白云岩所需的 Mg/Ca 降低（Allan and Wiggins，1994），同时沸腾时 CO_2 逃逸对白云石充填物沉淀具有控制作用（Leach et al.，1991）。因此，中高温、中低盐度的偏酸性流体作用为强烈白云石化提供了有利条件，使 HTD 白云岩呈厚层状产出。

3. 裂（孔）隙指示成岩强度

在碳酸盐岩地层中，裂（孔）隙发育受以下因素影响。

（1）地层越薄越易发育构造裂缝（刘宏等，2008；孟庆峰等，2011）。

（2）碳酸盐岩矿物晶粒越大，构造裂缝越发育（潘文庆等，2013）。

（3）碳酸盐岩晶洞构造是热液交代作用的结果，溶孔发育受骨架颗粒（或蒸发岩）并受淋漓与裂缝化制约（Allan and Wiggins，1994）。

（4）在断裂破碎强烈处或流体运移遇到堵塞的区域溶孔发育（舒晓辉等，2012）。

（5）顺层岩溶作用可有效增加晶洞的形成（赵文智等，2013）。

裂（孔）隙发育程度受地层岩性、动力学条件与热液作用影响，具体特征如下。

（1）在热液作用早期，灰质白云岩形成大量裂隙，富 Ca^{2+} 流体沿裂隙充填形成大量热液方解石脉，并形成溶孔。

（2）在白云石化作用早阶段，形成白色中粗晶白云岩，由于没有形成裂缝与热液流体淋漓，不发育溶孔。

（3）在白云石化作用主阶段，流体选择易形成裂隙的中粗晶白云岩进行交代，富 Mg^{2+} 流体沿中粗晶白云岩裂隙对骨架颗粒溶蚀，形成大量溶孔。

（4）热液沿顺层裂隙溶蚀形成线性分布的晶洞，而热液沿层间断裂对骨架颗粒进行淋漓，可促进面状分布的晶洞发育。

（5）在白云石化作用晚阶段，见少量富 Ca^{2+} 流体沿裂隙形成少量方解石脉。

（6）裂隙脉的发育范围显示热液活动的范围，溶孔发育强度显示流体持续作用，并反映多阶段流体的动力学条件，溶孔中黄铁矿充填物应为近矿的重要标志。

4. HTD 白云岩对矿化的指示

白云岩是川滇黔接壤区铅锌矿床最主要的赋矿围岩（表 5-4），矿体的主要容矿岩石为粗晶白云岩、硅质白云岩、硅质条带白云岩，其次为白云质灰岩（柳贺昌和林文达，1999）。热液白云岩随着矿体埋深增加、矿体规模增大、矿体厚度增大、矿石品位增高，显示矿化蚀变增强，预示热液蚀变与铅锌成矿具有密切的成生联系（韩润生等，2006）。在富 CO_2 中高温酸性流体运移到层间断裂带时发生减压沸腾和混合作用，导致大量 CO_2 逃逸，碳酸盐岩发生大规模白云石化（韩润生等，2006，2012）。HTD 白云岩是走滑断褶构造体系下流体作用的产物，但不是所有的 HTD 白云岩都赋存矿体。HTD 白云岩分带性是多阶段热液作用的结果，其分带性与矿体产出关系密切。白云石重结晶程度、显微构造、黄铁矿、晶洞充填物及裂隙是辨识赋矿白云岩的重要标志（文德潇等，2014）。

表 5-4　川滇黔地区铅锌矿床岩性特征

矿床名称	会泽	昭通毛坪	巧家茂租	会理天宝山	汉源团宝山	罗平富乐厂
矿床规模	超大型	大型	大型	大型	中型	大型
容矿岩性	粗晶白云岩	中-粗晶白云岩		硅质白云岩	灰质白云岩	白云石化灰岩
地层时代	C_1b、Zbd	D_3zg、C_1b、C_2w	Zbd、ϵ_1y			P_1m

资料来源：柳贺昌和林文达（1999）

综上所述，HTD 白云岩（赋矿围岩）产出受碳酸盐岩地层中层间压扭性断裂控制，具如下特征。

（1）HTD 白云岩产出受层间压扭性断裂控制，优先发育在断层上盘。

（2）发育大量裂（孔）隙的 HTD 白云岩，溶孔具线状和面状分布特征。

（3）鞍状白云石颗粒粗大，呈肉红色、灰白色或棕色，具有独特尖顶、他形鞍状、曲面鞍形、曲面接触、晶内微裂隙、溶孔，正交偏光镜下具波状消光和雾心亮边的特征。

（4）鞍状白云石与黄铁矿等热液矿物共生，并发育晶洞充填物。

（5）鞍状白云石具基质交代型和孔-缝充填型，在 HTD 白云岩与灰岩狭窄过渡带，常伴随形成斑马状、角砾状构造的鞍状白云石。

（6）NWW—NW 向断裂为流体运移通道，发育网脉状白云石化，其白云石包裹体均一温度高（250～438℃），盐度变化范围大（3.4%～17.2% $NaCl_{eq}$），沸腾作用显著；NE 向压扭性断裂发育厚层状白云石化，其白云石包裹体均一温度高（180～354℃），盐度低（1.1%～5.9% $NaCl_{eq}$），沸腾作用减弱。

（7）流体驱动机制主要为构造动力驱动，区域构造应力是流体运移的动力。

（8）中高温-中盐度偏酸性流体在走滑断褶体系内大量集聚，在其配套的压扭性层间断裂上盘与膨大部位发生沸腾作用，形成厚层状白云石化。

（9）HTD 白云岩分带、热液作用强度、显微构造特征对矿体产出具有指示意义。

二、赋矿粗晶白云岩之成因

本节主要从白云石晶体形态与含量、矿物共生关系、白云岩产状及流体包裹体特征厘定了 HTD 白云岩，现从其岩石学、主微量元素及稀土元素特征探讨粗晶白云岩成因，发现该类白云岩具有典型的热液蚀变特征，而非埋藏成岩成因。

（一）岩石学特征

摆佐组（C_1b）为会泽富锗铅锌矿的主要赋矿层位，其中上部分布脉状、似层状的灰白色、米黄色、浅肉红色粗晶白云岩，下部主要分布灰岩、白云质灰岩、粉晶白云岩，产状以似层状为主且稳定，呈 NE-SW 走向。赋矿的粗晶白云岩，呈“似层状”的脉状产出，严格受层间断裂破碎带控制，常见膨缩和尖灭现象，可穿插于威宁组下部，与矿体有明显的空间关系。标本观察和镜下鉴定表明，摆佐组细晶白云岩呈浅黄褐色，泥晶-粉晶结构，白云石晶形不显；网脉状粗晶白云石化灰岩分布于粗晶白云岩与灰岩、灰质白云岩接触处，或穿插于层间断裂带内，白云石呈网脉状胶结灰质、白云质残块，接触界线显示明显的港湾状，被交代的角砾成分取决于地层岩性，多为灰质角砾或细晶白云质角砾。镜下发现脉状白云石多呈粗晶自形粒状，与周边分布的灰色细晶-隐晶方解石呈现鲜明对比，具港湾状构造；赋矿的粗晶白云岩呈灰白、米黄、肉红色，白云石含量70%～80%，呈中-粗晶自形粒状（0.25～1.48mm），可见曲面鞍状白云石，正交偏光镜下见波状消光与雾心亮边等特征。

（二）主量元素特征

摆佐组粗晶白云岩、白云质灰岩及灰岩的主量元素组成（表5-5）有所不同，与理想白云岩相比，具有如下特征：MgO 含量特征为理想白云岩>粗晶白云岩>白云质灰岩与灰岩（摆佐组原始岩性），CaO 含量特征为白云质灰岩与灰岩>粗晶白云岩>理想白云岩。粗晶白云岩还具有 Si，Fe 含量较摆佐组中未蚀变岩石高的特征。

表 5-5　会泽矿区摆佐组主量元素含量　（单位：%）

岩性样品号	白云质灰岩	灰岩	粗晶白云岩					
元素	Sc-32	HQ-173	Sc-33	Sc-34	Sc-35	HR-5	HQ-89	HQ-176
SiO_2	2.50	3.40	3.75	3.59	2.21	4.85	5.39	1.96
TiO_2	0.27	0.35	0.37	0.01	0.06	0.21	0.00	0.17
Al_2O_3	0.23	0.47	0.24	0.47	0.23	0.23	1.65	0.09
TFe	0.12	0.23	0.20	0.14	0.19	0.92	0.38	0.24
MnO	0.01	0.01	0.02	0.01	0.01	0.01	0.01	0.07
MgO	4.90	1.10	14.70	8.90	15.90	15.10	17.80	20.40
CaO	54.10	55.10	38.80	47.10	42.70	34.90	34.20	33.10
Na_2O	0.03	0.04	0.04	0.04	0.05	0.04	0.05	0.03

续表

岩性样品号 / 元素	白云质灰岩	灰岩	粗晶白云岩					
	Sc-32	HQ-173	Sc-33	Sc-34	Sc-35	HR-5	HQ-89	HQ-176
K_2O	0.02	0.06	0.04	0.01	0.03	0.04	0.16	0.02
P_2O_5	0.001	0.220	0.001	0.003	0.001	0.001	0.001	0.002
CO_2	37.05	38.00	37.20	36.70	34.52	37.30	34.80	37.90
其他	0.45	0.71	4.00	2.30	3.45	5.60	4.90	5.30
合计	99.68	99.69	99.36	99.27	99.35	99.20	99.34	99.28

资料来源：韩润生等（2006）

（三）稀土元素特征

在地表、坑道等典型剖面采集的18件样品（细晶白云岩2件，白云质灰岩2件，粗晶白云岩5件，粗晶白云石化灰岩7件，铅锌矿石2件）位于摆佐组内。全部样品加工至200目，缩分成测试样品。在中国地质科学院国家地质实验测试中心测定，使用ICP-MS方法，分析精度优于5%。

（1）ΣREE：碳酸盐岩ΣREE变化范围较大，为$1.45\times10^{-6}\sim49.41\times10^{-6}$，与海相碳酸盐岩变化一致（马宏杰等，2014）；粗晶白云岩平均ΣREE为12.83×10^{-6}，变化范围为$2.16\times10^{-6}\sim49.41\times10^{-6}$；粗晶白云石化灰岩平均ΣREE为$12.18\times10^{-6}$，变化范围为$5.98\times10^{-6}\sim20.74\times10^{-6}$；白云质灰岩平均ΣREE为$5.15\times10^{-6}$，变化范围为$5.09\times10^{-6}\sim5.21\times10^{-6}$；细晶白云岩平均ΣREE为$36.12\times10^{-6}$，变化范围为$33.05\times10^{-6}\sim39.18\times10^{-6}$（表5-6）。因此，不同碳酸盐岩ΣREE呈现细晶白云岩>粗晶白云岩>粗晶白云石化灰岩>白云质灰岩的变化规律（图5-5）。

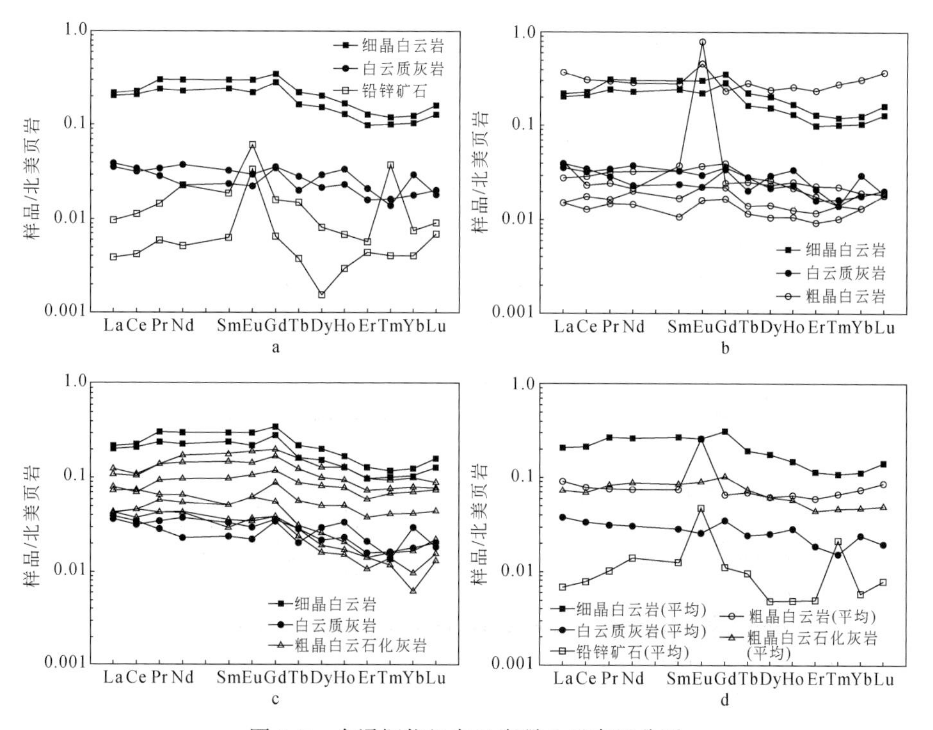

图5-5 会泽摆佐组白云岩稀土元素配分图

a. 未蚀变岩与矿石；b. 未蚀变岩与蚀变岩；c. 未蚀变岩与蚀变不完全岩石；d. 不同岩性与矿石平均值

表 5-6　会泽矿区摆佐组白云岩稀土元素特征

岩性	未蚀变岩				蚀变不完全岩石							蚀变岩					矿石	
	白云质灰岩		细晶白云岩		粗晶白云石化灰岩							粗晶白云岩						
样号	H0105-13	HQ-173	H0105-14	H0105-16	317-16	314-18	318-12-2	318-12-1	316-7-2	316-7-1	316-12	HQ-106	HQ-107	317-12	317-13	317-15	HQ-93	HQ-94
La	1.12	1.23	6.38	6.99	1.37	1.28	1.39	2.34	3.52	2.55	4.01	1.28	11.64	0.85	0.48	0.46	0.12	0.31
Ce	2.10	2.27	13.62	15.23	2.55	3.06	3.05	4.99	7.12	4.77	7.50	1.54	20.34	1.90	1.17	0.86	0.27	0.75
Pr	0.27	0.22	1.87	2.41	0.34	0.46	0.34	0.53	1.18	0.76	1.15	0.19	2.34	0.25	0.13	0.12	0.05	0.12
Nd	1.00	0.63	6.13	8.16	1.08	1.51	1.17	1.83	4.73	2.72	4.04	0.57	7.86	0.87	0.54	0.39	0.14	0.61
Sm	0.19	0.14	1.43	1.78	0.18	0.31	0.21	0.31	1.09	0.59	0.91	0.22	1.63	0.20	0.10	0.06	0.04	0.11
Eu	0.04	0.03	0.26	0.35	0.04	0.07	0.04	0.08	0.23	0.13	0.17	0.93	0.54	0.04	0.03	0.02	0.04	0.07
Gd	0.19	0.18	1.46	1.82	0.21	0.30	0.21	0.47	1.07	0.64	0.91	0.13	1.20	0.21	0.11	0.09	0.03	0.08
Tb	0.02	0.02	0.13	0.17	0.02	0.03	0.02	0.05	0.13	0.07	0.10	0.02	0.22	0.02	0.01	0.01	0.00	0.01
Dy	0.13	0.17	0.88	1.17	0.09	0.15	0.11	0.29	0.76	0.48	0.60	0.13	1.38	0.15	0.08	0.06	0.01	0.05
Ho	0.02	0.04	0.14	0.17	0.02	0.02	0.02	0.05	0.14	0.08	0.10	0.03	0.27	0.02	0.01	0.01	0.00	0.01
Er	0.05	0.07	0.34	0.44	0.04	0.05	0.05	0.13	0.34	0.20	0.26	0.08	0.08	0.06	0.04	0.03	0.02	0.02
Tm	0.01	0.01	0.05	0.06	0.01	0.01	0.01	0.02	0.05	0.04	0.04	0.01	0.14	0.01	0.01	0.01	0.00	0.02
Yb	0.05	0.09	0.31	0.37	0.03	0.02	0.05	0.13	0.31	0.22	0.24	0.06	0.91	0.06	0.04	0.04	0.01	0.02
Lu	0.01	0.01	0.06	0.07	0.01	0.01	0.01	0.02	0.04	0.03	0.04	0.01	0.16	0.01	0.01	0.01	0.00	0.00
Y	0.81	0.94	4.71	6.16	0.63	1.29	0.63	1.72	4.92	2.62	3.94	1.31	7.31	0.95	0.84	0.77	0.14	0.35
ΣREE	5.21	5.09	33.05	39.18	5.98	7.27	6.67	11.24	20.74	13.29	20.06	5.19	49.41	4.64	2.76	2.16	0.73	2.17
LREE/HREE	9.72	7.88	8.83	8.16	13.35	11.60	12.93	8.71	6.30	6.52	7.78	10.40	8.73	7.80	7.81	7.72	8.13	9.25
δEu	0.85	0.76	0.84	0.92	1.03	1.15	0.91	0.89	1.01	0.99	0.89	25.41	1.80	1.02	1.14	1.20	5.37	3.55
δCe	0.91	1.02	0.93	0.87	0.89	0.94	1.05	1.06	0.82	0.81	0.83	0.72	0.92	0.96	1.11	0.87	0.86	0.92
数据来源	a	b	a	a	a	a	a	a	a	a	a	b	b	a	a	a	b	b

注：a 代表本书；b 代表 Han 等（2012）。稀土元素含量单位为 10^{-6}

（2）LREE/HREE：采用 Gromet 等（1984）的北美平均页岩（NASC）标准值进行标准化，做出岩石 REE 配分模式，以推断流体性质和来源。研究发现，粗晶白云岩的稀土配分模式继承了原岩（细晶白云岩与白云质灰岩）的稀土元素配分模式，均表现出轻稀土富集的特征（LREE/HREE 在 $6.30\times10^{-6}\sim13.35\times10^{-6}$）（图 5-5b）。除个别样品外，白云质灰岩的 LREE/HREE 在 $8.2\times10^{-6}\sim9.72\times10^{-6}$，平均为 8.96×10^{-6}，摆佐组中细晶白云岩 LREE/HREE 平均值为 8.46×10^{-6}。与之相比，粗晶白云岩（粗晶白云石化灰岩）的重稀土相对于原岩富集（图 5-5b），LREE/HREE 为 $6.70\times10^{-6}\sim8.35\times10^{-6}$，平均值为 7.72×10^{-6}。

（3）δCe：通过同一地段 H0105 样品与 316 样品的 REE 分配模式对比，发现原岩 δCe 为 $0.87\times10^{-6}\sim0.93\times10^{-6}$，而粗晶白云岩 δCe 为 $0.80\times10^{-6}\sim0.83\times10^{-6}$，后者略低于前者（图 5-5b）。

（4）δEu：摆佐组中细晶白云岩、白云质灰岩的 δEu 均为 0.76～0.92；粗晶白云岩及粗晶白云岩化灰岩 δEu 值明显升高。δEu 值整体呈现出铅锌矿石（4.04）>粗晶白云岩（3.73）>粗晶白云石化灰岩（0.97，部分样品具正异常）>细晶白云岩与白云质灰岩（0.84）的规律（图 5-5）。原岩和蚀变碳酸盐岩的 δEu 变化不大，显示无异常或弱负异常。

（四）粗晶白云岩成因的讨论

综合粗晶白云岩的产状、岩石学、主量元素及稀土元素等特征，发现粗晶白云岩属于构造热液白云岩，明显不同于摆佐组中细晶白云岩或白云质灰岩。

（1）粗晶白云岩主要沿摆佐组中的层间断裂破碎带及矿山厂、麒麟厂断裂带分布（图 5-6），看似沿层，实际上与层间断裂带产状一致，但与地层产状有微角度；网脉状白云石化灰岩主要分布于粗晶白云岩与细晶白云岩/白云质灰岩过渡部位，说明粗晶白云岩的展布受控矿构造控制，与层状细晶白云岩、白云质灰岩明显不同（图 5-7f）。

（2）镜下观察发现，粗晶白云岩与摆佐组细晶白云岩相比，后者的白云石呈自形粒状表明白云石发生过重结晶作用，而前者的粗晶白云石与细晶白云石、方解石呈港湾状接触，显示了粗晶白云岩具热液交代成因，其原岩应为细晶白云岩或白云质灰岩；粗晶白云石化灰岩中因蚀变不完全残余部分灰岩。

（3）粗晶白云岩 Mg/Ca 高于摆佐组中细晶白云岩或白云质灰岩，低于成岩白云岩，体现出粗晶白云岩蚀变前为灰岩或白云质灰岩。在热液作用下灰岩与白云质灰岩逐渐蚀变为粗晶白云岩，但仍无法达到成岩白云岩的 Mg/Ca。粗晶白云岩 SiO_2 与 Fe 高于白云质灰岩与灰岩，也可体现出粗晶白云岩经受过热液蚀变作用。

（4）$\sum$REE：$\sum REE_{粗晶白云岩}>\sum REE_{粗晶白云石化灰岩}>\sum REE_{白云质灰岩}$，该特征反映了导致摆佐组岩石蚀变的流体富集稀土元素。摆佐组岩石通过热液蚀变作用，经历了从白云质灰岩→粗晶白云石化灰岩→粗晶白云岩的转变过程。粗晶白云岩 HREE 相对摆佐组岩石富集，可能是酸性条件下 LREE 的氯络合物稳定性强于 HREE 造成流体中 LREE 富集。因此，粗晶白云石化灰岩的 LREE/HREE 略低于地层岩石。

（5）粗晶白云岩 δEu 具有 $\delta Eu_{粗晶白云岩}>\delta Eu_{粗晶白云石化灰岩}>\delta Eu_{细晶白云岩与白云质灰岩}$ 的特征，这是因为 Eu 异常主要受氧化还原电位的控制，Eu^{3+}/Eu^{2+} 在温度升高过程中急剧增加，所以中高温流体中 Eu^{2+} 和 Ca^{2+} 具有相同的电价和相似的离子半径，可优先进入矿物晶格，出现 Eu 正异常，呈现出粗晶白云岩 δEu 值普遍高于地层岩石。该特征反映了粗晶白云石化灰岩并非成岩成因，而为热液蚀变作用而成。

（6）将同一地段未蚀变岩石（H0105-13、H0105-14、H0105-16）与蚀变白云岩（316-12/316-7）对比，发现后者 δCe 比前者低。Ce 负异常指示粗晶白云岩形成可能经历过相对还原的形成环境。

因此，粗晶白云岩 Mg/Ca、SiO_2、Fe 较高，HREE 相对富集，δEu 值相对升高、在矿石中为正异常（4.46），δCe 相对降低、在矿石中为弱负异常（0.89），显示了粗晶白云岩具有强蚀变特征，且受构造控制。粗晶白云石化灰岩具不完全蚀变的特征。

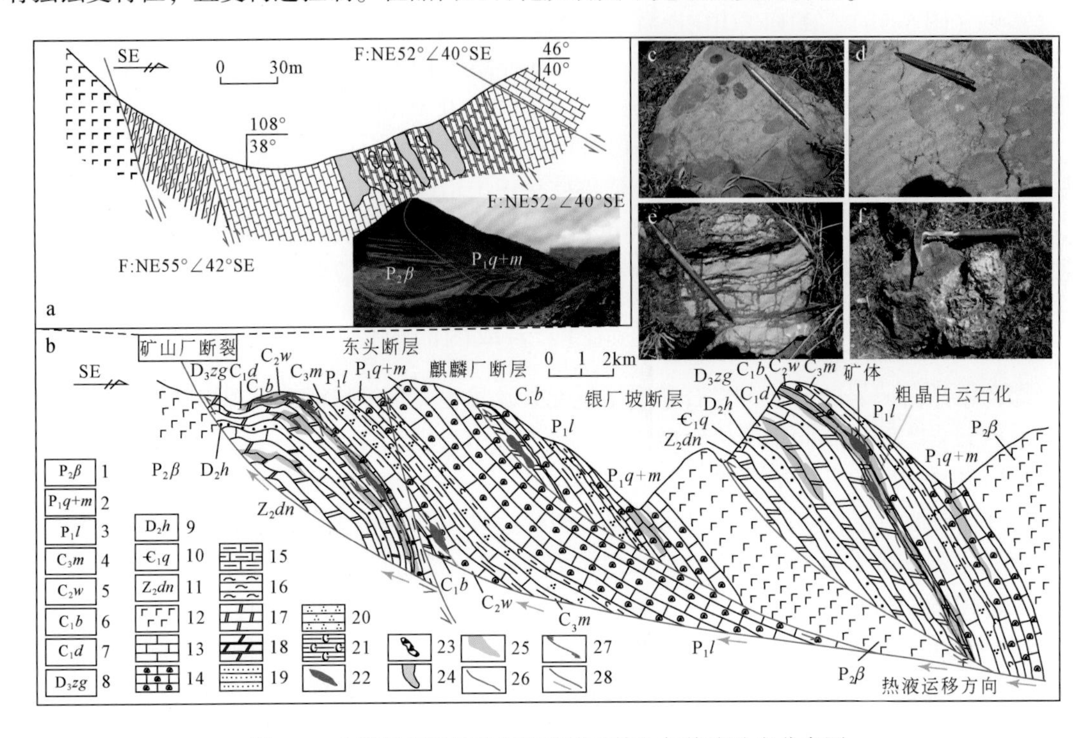

图 5-6　会泽富锗铅锌矿床构造控矿特征与热液蚀变分布图

1. 上二叠统峨眉山玄武岩组；2. 下二叠统栖霞-茅口组；3. 下二叠统梁山组；4. 上石炭统马平组；5. 中石炭统威宁组；6. 下石炭统摆佐组；7. 下石炭统大塘组；8. 上泥盆统宰格组；9. 中泥盆统海口组；10. 下寒武统筇竹寺组；11. 上震旦统灯影组；12. 峨眉山玄武岩；13. 灰岩；14. 生物碎屑灰岩；15. 泥质灰岩；16. 次糜棱岩化灰岩；17. 白云岩；18. 蚀变粗晶白云岩；19. 细砂岩；20. 石英砂岩；21. 碳质页岩；22. 矿体；23. 粗晶白云石脉；24. 方解石脉；25. 蚀变带；26. 断裂；27. 断层运动方向；28. 热液运移方向。a. 矿山厂断裂带剖面；b. 矿区主要控矿构造剖面；c、d. 矿山厂断裂带内生物礁灰岩；e. 矿山厂断裂带内网脉状白云石化灰岩；f. 矿山厂断裂带内重晶石团块

三、矿化蚀变分带规律

HZT 富锗铅锌矿床矿化蚀变分带研究起步较晚，截至目前还未建立完整的分带模式。蚀变岩相是指热液与围岩在平衡或准平衡的条件下所形成的具有一定矿物共生组合和特征的蚀变岩（胡受奚等，2004）。现对比研究近矿地段与预测地段在剖面、平面的矿化蚀变分带规律，进一步总结该类矿床的矿化蚀变分带模式。

图 5-7　会泽富锗铅锌矿床典型矿化蚀变分带照片

a. 锗铅锌矿矿体，发育团块状方解石；b. 锗铅锌矿矿体，见黄铁矿团斑；c. 黄铁矿矿体，发育团块状方解石（边缘发育细脉状铅锌矿）；d. Ⅶ带穿插至Ⅵ带中；e. 层间断裂上盘为Ⅳ带，向下盘逐渐过渡为Ⅶ带；f. Ⅴ带逐渐过渡至Ⅶ带至Ⅷ带；g. Ⅷ/Ⅵ带以 NE 向层间断裂为界线；h. Ⅲ/Ⅵ带以 NE 向层间断裂为界线；i. Ⅴ/Ⅷ带以 NE 向层间断裂为界线；j. Ⅵ带穿插至Ⅶ带内；k. 强方解石化粗晶白云岩，方解石呈团块状/脉状；l. 灰白色粗晶白云岩，见细脉状黄铁矿、闪锌矿、方铅矿。Cal. 方解石；Py. 黄铁矿；Sp. 方铅矿；Gn. 闪锌矿

（一）矿化蚀变岩剖面分带特征

通过会泽麒麟厂矿区深部 1249 中段 3 号穿脉（图 5-8）、1163 中段 4 号穿脉（图 5-9）1∶100 大比例尺构造-蚀变岩相填图，研究认为其矿化蚀变具有代表性和典型性。在剖析各剖面中不同蚀变矿物类型、矿化蚀变岩石组合特征和蚀变强度差异的基础上，结合矿物共生

关系、结构构造等特征，将矿化蚀变分带划分为灰白色粗晶白云岩带（Ⅰ）→针孔状粗晶白云岩带（Ⅱ）→米黄色粗晶白云岩带（Ⅲ）→灰白色矿化粗晶白云岩带（Ⅳ）→锗铅锌矿化带（Ⅴ）（图5-8～图5-10）。

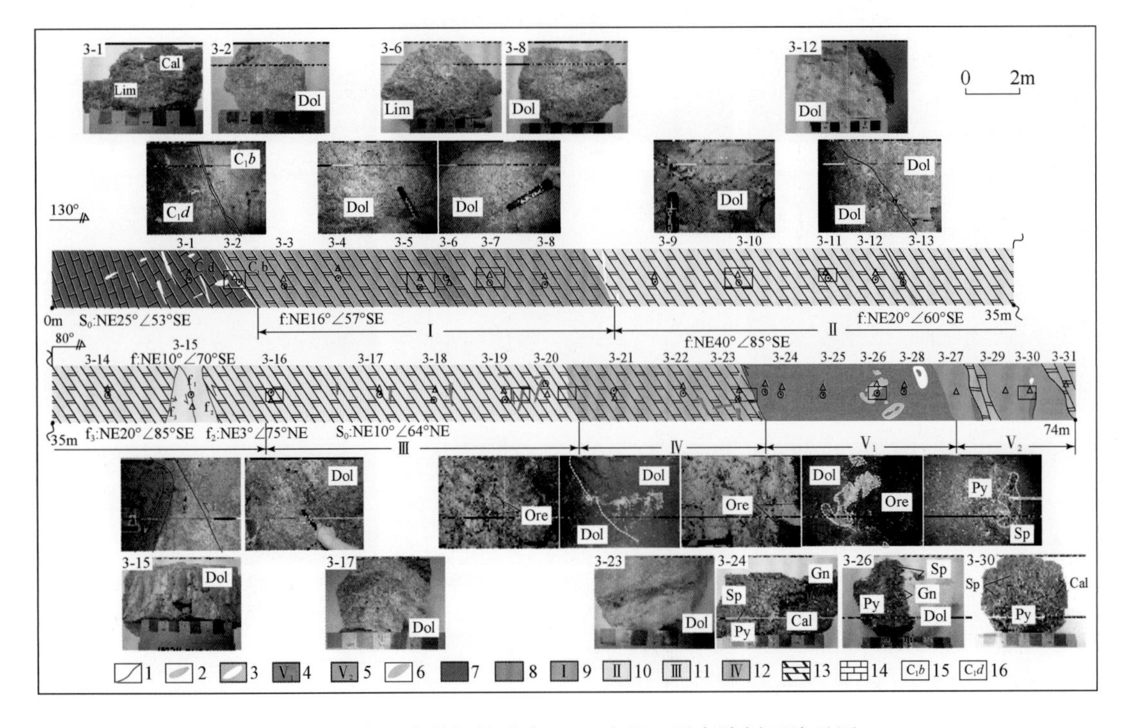

图5-8 会泽富锗铅锌矿床1249中段3号穿脉剖面编录图

1. 断层；2. 黄铁矿化；3. 方解石化；4. 富锗铅锌矿化带（Sp为主）；5. 富锗铅锌矿化带（Py为主）；6. 白云石化；7. 灰岩带；8. 灰质蚀变残余；9. 灰白色粗晶白云岩带；10. 针孔状粗晶白云岩带；11. 米黄色粗晶白云岩带；12. 灰白色矿化粗晶白云岩带；13. 白云岩；14. 灰岩；15. 下石炭统摆佐组；16. 下石炭统大塘组。Lim. 灰岩；Dol. 白云岩；Cal. 方解石；Py. 黄铁矿；Sp. 闪锌矿；Gn. 方铅矿；Ore. 矿体

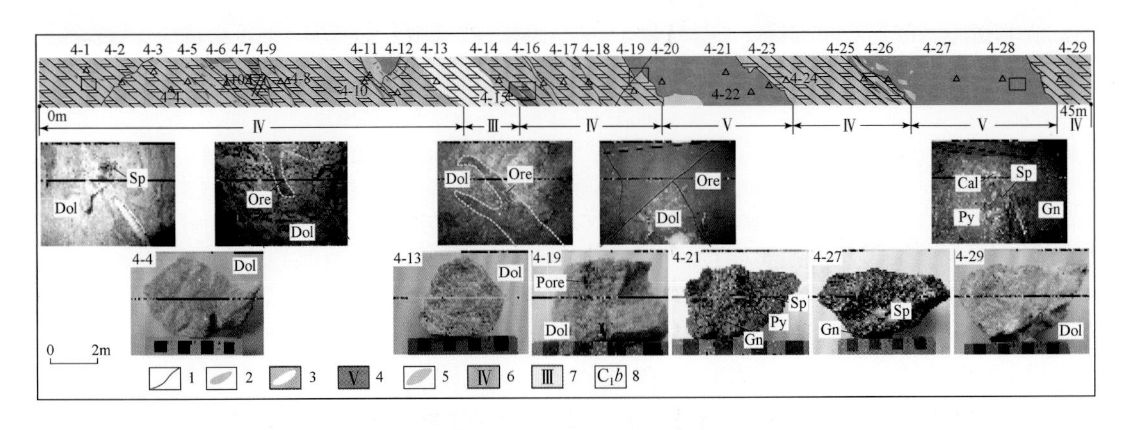

图5-9 会泽富锗铅锌矿床1163中段4号穿脉剖面编录图

1. 断层；2. 黄铁矿化；3. 方解石化；4. 锗铅锌矿化；5. 白云石化；6. 灰白色矿化粗晶白云岩带；7. 米黄色粗晶白云岩带；8. 下石炭统摆佐组。Lim. 灰岩；Dol. 白云岩；Cal. 方解石；Py. 黄铁矿；Sp. 闪锌矿；Gn. 方铅矿；Ore. 矿体

图 5-10　1249 中段 3 号穿脉不同蚀变带岩石显微照片

a. 灰白色粗晶白云岩带（样品号 3-3）：白云石发育不规则晶边、细小双晶纹且发育短小而密集的晶内裂隙。b. 灰白色粗晶白云岩带（样品号 3-4）：局部重结晶呈自形细粒状白云石。c. 针孔状粗晶白云岩带（样品号 3-14）：靠近断裂的白云石发育密集穿晶裂隙及晶内裂隙，裂隙内充填细粒黄铁矿（0.02mm）。d. 米黄色粗晶白云岩带（样品号 3-17）：粗晶白云石发育不规则裂隙，黄铁矿（呈五角十二面体）（约 0.1mm）嵌布于白云石的晶间裂隙。e. 米黄色粗晶白云岩带（样品号 3-19）：黄铁矿（呈五角十二面体）被交代呈残留骸晶结构（0.01～0.15mm）。f. 灰白色矿化粗晶白云岩（样品号 3-23）：白云石受应力作用，发育裂隙，黄铁矿呈自形晶嵌布其中。Dol. 白云岩；Py. 黄铁矿；Pore. 孔隙

灰白色粗晶白云岩带（Ⅰ）：浅灰-灰白色白云岩，呈中-粗晶粒状，显微镜下可见不规则晶边、细小双晶纹及晶内裂隙（图 5-10a，b），因受热液蚀变作用影响，发育少量溶蚀孔洞，其内可见呈细小晶簇状的方解石及自形粒状黄铁矿；岩石中裂隙较为发育，常见脉状方解石、黄铁矿及褐铁矿（黄铁矿氧化形成）沿裂隙充填。脉状、透镜状或不规则团块状的蚀变残余灰岩发育是该带的典型特征之一，与围岩接触关系为溶蚀包裹，未见铅锌矿化。

针孔状粗晶白云岩带（Ⅱ）：浅灰白色白云岩，局部受褐铁矿化影响呈浅肉红色，呈粗晶粒状。该带内白云岩溶蚀孔洞较远矿灰白色粗晶白云岩带增多，其内见方解石及少量黄铁矿充填，方解石呈粒状集合体；黄铁矿呈五角十二面体，粒度相对较大。白云石呈网脉状、脉状、团块状沿构造、溶蚀裂隙分布，白云石脉内偶发育星点状、浸染状闪锌矿。成矿热液运移使围岩发生明显重结晶，或包裹围岩交代蚀变形成角砾状白云岩。未见铅锌矿化。

米黄色粗晶白云岩带（Ⅲ）：米黄色白云岩，由于受热液作用，重结晶较明显，在形成细密“针孔状”溶蚀孔洞的同时形成粗晶白云岩。蚀变矿物共生组合为白云石+方解石+黄铁矿+方铅矿与闪锌矿（微量），方解石呈不规则团块状，发育自形-半自形粗晶粒状，黄铁矿呈五角十二面体、立方体假象或交代残留骸晶结构（图 5-10d，e）。围岩裂隙发育，沿裂

隙常见脉状方解石化、硅化及黄铁矿化，该带的蚀变相对前两个蚀变带明显增强，局部可见浸染状、团斑状、细脉状铅锌矿沿围岩裂隙分布。

灰白色矿化粗晶白云岩带（Ⅳ）：灰白色粗晶白云岩，重结晶作用明显，溶蚀孔洞明显增多、增大，其内常见自形粗粒状方解石、黄铁矿及白云石，晶体表面光滑。该带内蚀变矿物共生组合如下：白云石+方解石+黄铁矿+硅化+方铅矿与闪锌矿（少量），方解石和石英呈团块状、微细脉状沿围岩裂隙或次级断裂产出。黄铁矿呈稠密浸染状，沿节理面、裂隙面分布，近铅锌矿化带可见稠密浸染状、细脉状、团斑状黄铁矿及白云石化。其与远矿灰白色粗晶白云岩化带相比，可见浸染状、脉状铅锌矿化。

锗铅锌矿化带（Ⅴ）：灰-灰白色粗晶白云岩。主要的矿物组合为闪锌矿+黄铁矿+方铅矿+白云石（偶见铁白云石）+方解石。围岩重结晶明显，呈粗晶粒状结构和块状构造，其内见脉状、团块状闪锌矿、方铅矿等，交代结构明显。硅化的主要表现为石英，呈自形粒状结构或见硅化白云石，多呈脉状构造。该带内黄铁矿化增强，呈稠密浸染状、透镜体状、块状。矿石主要具团块状构造，由闪锌矿为主的块状铅锌矿矿石组成；或与黄铁矿脉、方铅矿脉交互出现，构成“条带状”铅锌矿矿石，为热液沿层间断裂裂隙充填和交代的产物；或呈浸染状、不规则团块状及不规则细脉状充填于黄铁矿之间；或呈中-粗粒自形晶和团块状、细脉状、星散浸染状分布于脉石矿物及其节理裂隙中。依据铅锌矿化和黄铁矿化的强弱，将该带的矿化蚀变细分为黄铁矿为主+少量闪锌矿、方铅矿→闪锌矿、方铅矿为主+少量黄铁矿+少量方解石团块、白云石团块→黄铁矿为主+少量方铅矿、闪锌矿。

综上所述，从远矿到近矿，麒麟厂深部矿化蚀变变化规律如下：①黄铁矿化逐渐增强，粒度逐渐增大，晶形多从五角十二面体→五角十二面体、立方体，常呈交代残留骸晶结构。②围岩溶蚀孔洞逐渐由小变大，由疏变密，反映了热液对围岩的溶蚀作用由弱逐渐变强。③铅锌矿化、黄铁矿化、方解石化及白云石化也逐渐增强。

（二）矿化蚀变岩平面分带模式

通过 1274 中段 2 号、4 号及 8 号穿脉的构造-蚀变岩相精细填图，三条穿脉揭露 C_1d、C_1b 及 C_2w 地层，其岩性包括灰色灰岩、灰质白云岩、中-粗晶白云岩及深灰色灰岩。围岩蚀变受断裂、岩性控制。根据蚀变白云岩颜色、矿化强度及蚀变类型，将 1274 中段平面矿化蚀变分带（图 5-11）从 C_1d→C_1b→C_2w 依次划分为灰白色白云岩带（Ⅰ）→针孔状白云岩带（Ⅱ）→米黄色粗晶白云岩带（Ⅲ）→灰白色矿化粗晶白云岩带（Ⅳ）→铅锌矿化带（Ⅴ）→针孔状白云岩带（Ⅱ）→灰白色粗晶白云岩带（Ⅰ）。由Ⅰ带→Ⅴ带，闪锌矿化、方铅矿化、黄铁矿化逐渐加强；Ⅰ带→Ⅳ带，白云石化、方解石化逐渐加强。

（三）找矿预测地段蚀变岩的剖面分带特征

通过对比分析，发现 1584 中段 36 号穿脉蚀变较为典型，其蚀变岩在水平方向上具有一定的分带特征。该穿脉揭露地层为 C_1b（下石炭统摆佐组白云质灰岩、中-粗晶白云岩）、C_2w（浅灰-灰白色白云石化灰岩）；围岩蚀变可划分为三个带，即浅灰色细晶白云质灰岩带（$Ⅰ_0$）→灰白-白色粗晶白云岩带（$Ⅰ_1$）→肉红色针孔状粗晶白云岩带（Ⅱ）（图 5-12，图 5-13）。其特征描述如下。

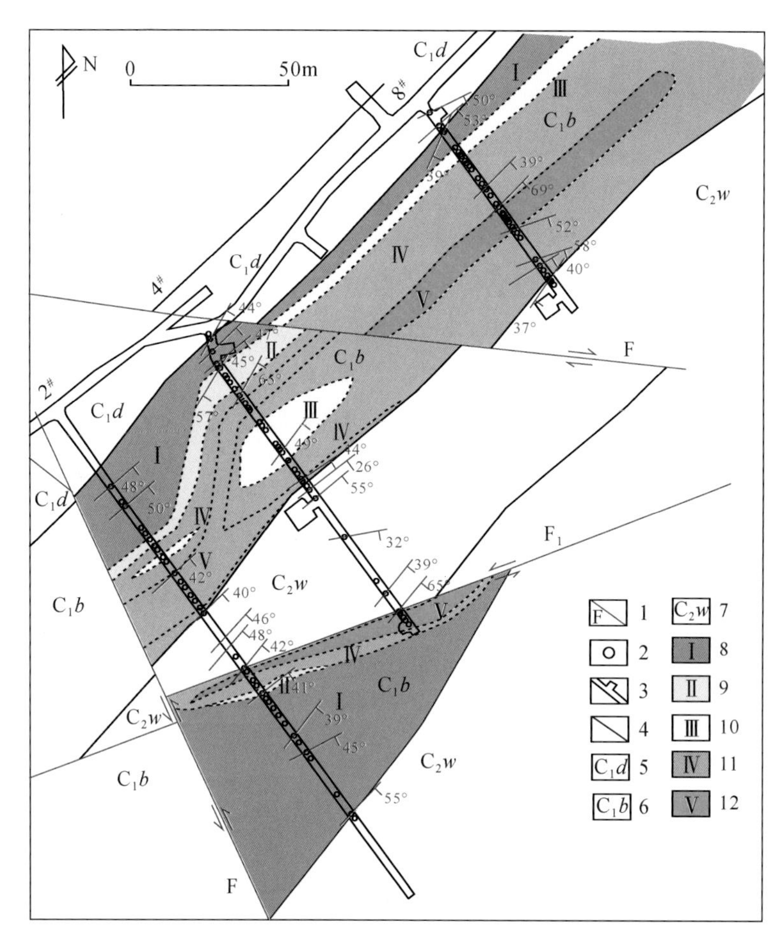

图5-11 会泽富锗铅锌矿床1274中段平面矿化蚀变分带图

1. 断层；2. 取样点；3. 坑道；4. 地层界线；5. 下石炭统大塘组；6. 下石炭统摆佐组；7. 中石炭统威宁组；8. 灰白色粗晶白云岩带（Ⅰ）；9. 针孔状粗晶白云岩带（Ⅱ）；10. 米黄色粗晶白云岩带（Ⅲ）；11. 灰白色矿化粗晶白云岩带（Ⅳ）；12. 锗铅锌矿石带（Ⅴ）

（1）浅灰色细晶白云质灰岩带（I_0）：浅灰色白云质灰岩（图5-12a），蚀变矿物共生组合为白云石+褐铁矿，主要具块状、脉状构造和隐晶质结构，少量具自形粒状结构。白云石呈白色，脉状、网脉状（脉宽为2cm左右）分布于浅灰色白云质灰岩带，半自形-自形粒状结构，局部可见白云石脉与白云质灰岩互层。此外，岩石中发育褐铁矿细脉，见铁染，局部包裹块状、不规则状白色粗晶白云岩。该带分布于C_1b灰白-白色粗晶白云岩、肉红色针孔状粗晶白云岩与C_2w深灰色灰岩的过渡带（图5-12d）。

（2）灰白-白色粗晶白云岩带（I_1）：灰白-白色粗晶白云岩（图5-12b、c）。该带与浅灰色细晶白云质灰岩带、肉红色针孔状粗晶白云岩带呈过渡关系。强烈的热液作用导致原岩发生明显的重结晶，使得围岩化学成分和结构、构造等均遭受到不同程度的改变，岩石颜色变浅，形成了白色中-粗晶白云岩。蚀变矿物为粗晶白云石，白云石呈白色，主要具块状构造和半自形中-粗晶粒状结构，粒度大于1mm，具明显的重结晶现象。局部见灰白-白色粗晶白云岩穿插于浅灰色细晶白云质灰岩中。

（3）肉红色针孔状粗晶白云岩带（Ⅱ）：肉红色针孔状粗晶白云岩，蚀变矿物组合为褐铁矿+铁白云石+方解石。铁白云石常呈网脉状、脉状、团块状沿构造和溶蚀裂隙分布。重结晶作用明显，方解石呈不规则晶洞状产于针孔状粗晶白云岩的溶蚀孔洞中，沿围岩裂隙常见铁染现象。其中，灰白–白色粗晶白云岩与肉红色针孔状粗晶白云岩常呈断层（NE 向）接触，后者分布于断层上盘，前者分布于断层下盘。肉红色针孔状粗晶白云岩与浅灰色白云质灰岩呈渐变关系。

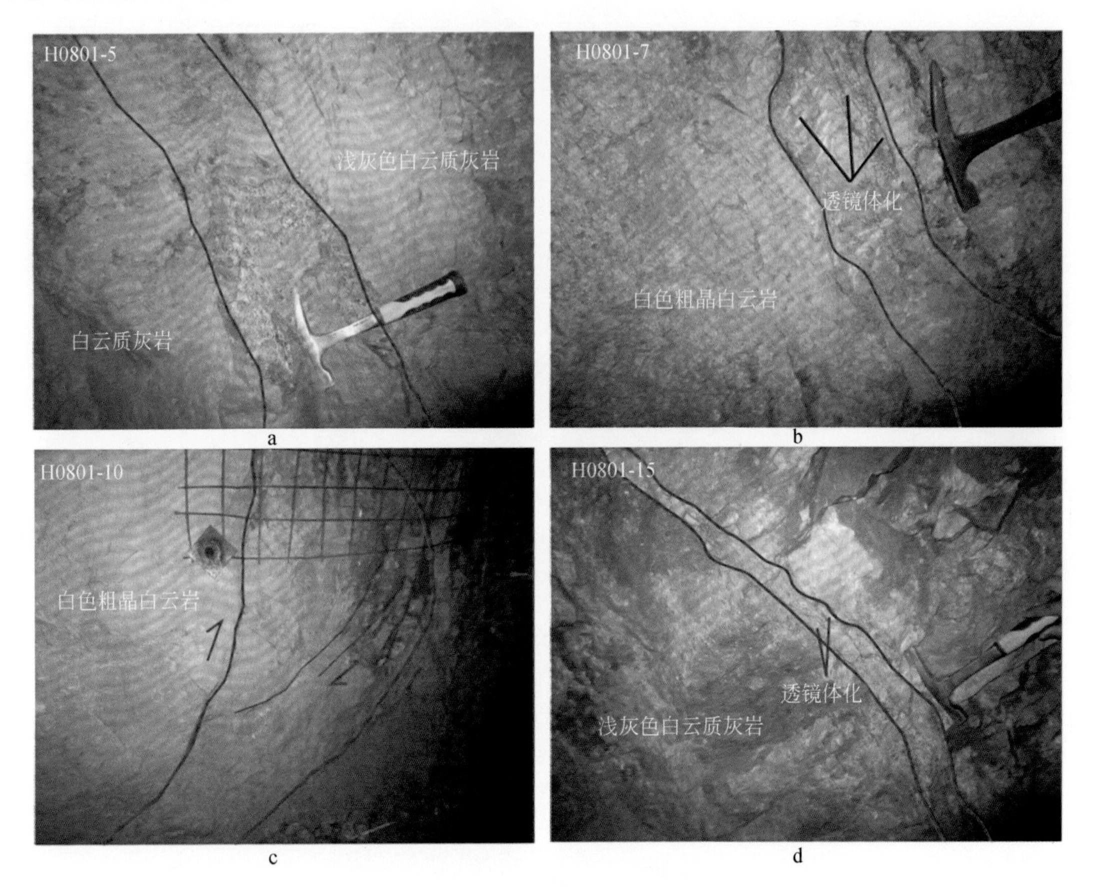

图 5-12　1584 中段小菜园勘查区 36 号穿脉蚀变白云岩特征照片

a. 断层下盘为白云石脉与灰色白云质灰岩互层，局部见褐铁矿化，上盘为浅灰色白云质灰岩，发育脉状、网脉状白云石；b. 白色粗晶白云岩，断裂带内见铁染与透镜体；c. 白色粗晶白云岩；d. C_1b 灰白–白色粗晶白云岩、肉红色针孔状粗晶白云岩与 C_2w 深灰色灰岩的过渡带

（四）找矿预测区蚀变岩平面分带模式

会泽麒麟厂 1584 中段小菜园勘查区从 $C_1d \rightarrow C_1b \rightarrow C_2w$，蚀变岩相分带规律明显，依次如下：浅灰色细晶白云质灰岩带（I_0）→灰白色–白色粗晶白云岩带（I_1）→肉红色针孔状粗晶白云岩带（Ⅱ）→浅灰色细晶白云质灰岩带（I_0）。黄铁矿化和重晶石化多数分布在粗晶白云岩带中（图 5-13，图 5-14）。

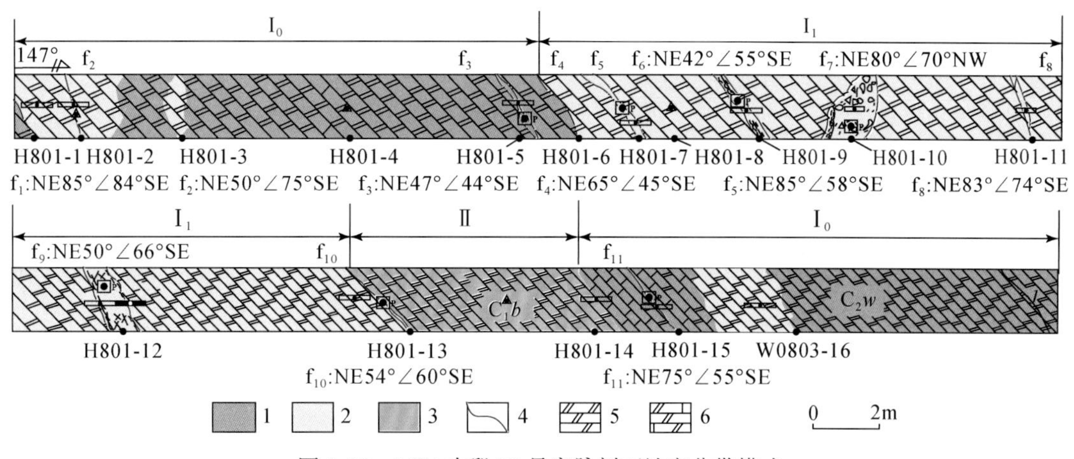

图 5-13　1584 中段 36 号穿脉剖面蚀变分带模式

1. 浅灰色细晶白云质灰岩带（I_0）；2. 灰白色-白色粗晶白云岩带（I_1）；3. 肉红色针孔状粗晶白云岩带（Ⅱ）；4. 断层；5. 白云岩；6. 白云质灰岩

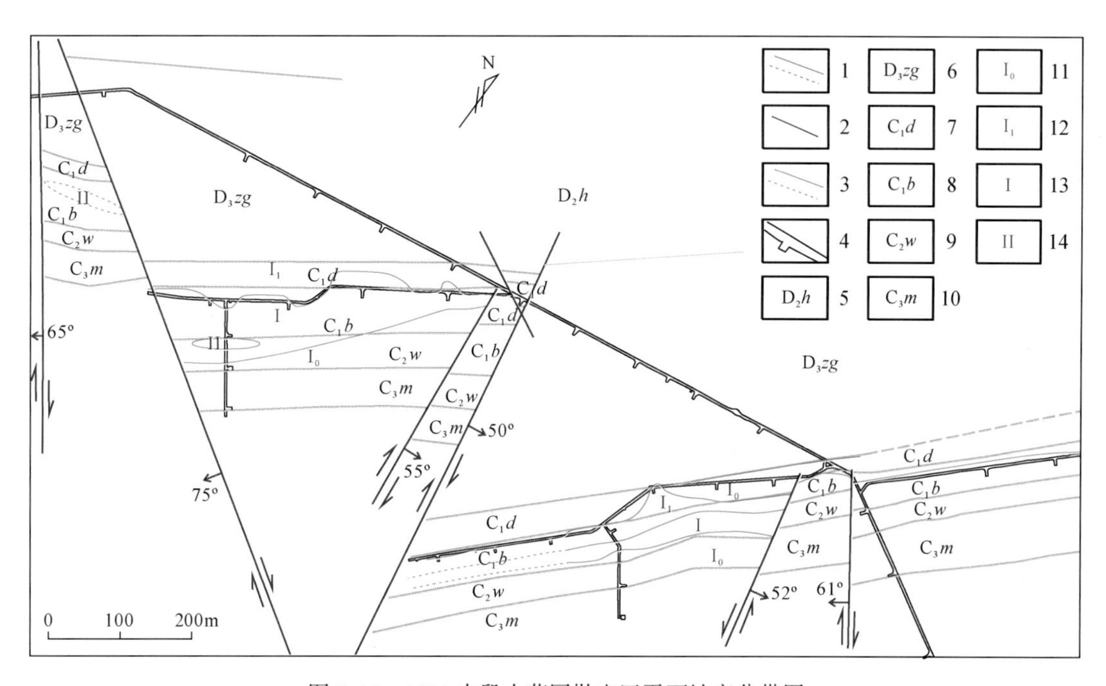

图 5-14　1584 中段小菜园勘查区平面蚀变分带图

1. 地层界线；2. 断层；3. 蚀变分带界线；4. 坑道；5. 泥盆系海口组（D_2h）；6. 泥盆系宰格组（D_3zg）；7. 石炭系大塘组（C_1d）；8. 石炭系摆佐组（C_1b）；9. 石炭系威宁组（C_2w）；10. 石炭系马平组（C_3m）；11. I_0浅灰色细晶白云质灰岩带；12. I_1中细晶蚀变白云岩带；13. Ⅰ粗晶蚀变白云岩带；14. Ⅱ针孔状粗晶白云岩带

（五）矿化蚀变分带规律总结

通过多中段、多剖面的矿化蚀变精细测量，认为赋矿白云岩不仅具明显的热液蚀变成因，而且与锗铅锌矿体相伴随，具有明显的矿化蚀变分带规律。尽管不同地段的矿化蚀变带的空间分布规律不尽相同，但总体上呈现出如下的矿化蚀变分带规律（图 5-15）。

（1）铅锌矿石带（Ⅰ）：包括浅色铅锌矿体带（I_1）和深色铅锌矿体带（I_2）矿体多呈似层状、透镜体状、囊状、扁豆状及不规则脉状，一般沿层间断裂带展布；矿体沿其走向和倾向均具有尖灭再现（侧现）、膨大收缩的明显变化特征；闪锌矿呈浅黄色、黄褐色、浅褐色、黑褐色，细–粗晶他形–自形晶粒状，以中粗晶为主，且常与黄铁矿条带、方铅矿条带互层；方铅矿呈亮铅灰色–灰黑色，镜下呈灰白–亮白色，具他形–自形晶粒状，粒度0.2～10mm，发育立方体解理及三角孔内部解理，常具揉皱结构，发育团块状方解石（图5-15a）。

（2）铅锌矿化黄铁矿带（Ⅱ）：黄铁矿主要呈不规则团块状；靠近与铅锌矿接触界线处，呈粗粒，晶形完整；在黄铁矿团块内闪锌矿呈细粒状发育（图5-15c）。

（3）矿化粗晶白云岩带（Ⅲ）及灰白色粗晶白云岩带（Ⅳ）（图5-15b）：白云石含量高于70%，呈粗晶自形粒状；方解石呈团块状、细脉状；五角十二面体细粒状黄铁矿主要沿节理面、裂隙面与晶洞分布，Ⅲ带与Ⅳ带的不同点主要是Ⅲ带常见细脉状、团斑状或星点状的铅锌矿化或黄铁矿化。

（4）米黄色粗晶白云岩带（Ⅴ）（图5-15f）：在矿化较弱区段未见（图5-15c），可见具交代残余结构的肉红色中粗晶白云岩。白云石含量约80%，主要呈粗晶粒状（粒度0.24～2.0mm），并见少量自形细粒状，其晶内裂隙密度增大；方解石脉呈团块状、微细脉状分布，可见发育浸染状粗晶黄铁矿（或氧化成褐铁矿，粒度1～10mm），具五角十二面体、立方体假象、交代残留骸晶结构。

（5）肉红色粗晶白云岩带（Ⅵ）：白云石含量大约75%，呈粗晶粒状（粒度0.21～1.48mm），透明度差，少量方解石细脉沿顺层裂隙充填。发育散点状立方体黄铁矿与五角十二面体、立方体假象的散点状褐铁矿（黄铁矿氧化而成），散点状褐铁矿主要分布于黄铁矿和白云石边部。溶蚀孔与裂隙不太发育，溶蚀孔大小为0.3～0.5mm，见少量亚晶与隐晶质方解石充填于晶间空隙中。

（6）蚀变残留体带（Ⅶ）：网脉状粗晶白云岩胶结不规则细晶灰岩残块，为白云石化不完全的表现，常分布于粗晶白云岩的边界（图5-15e、f）或穿插于其他带内（图5-15d），也可独成一带，是白云石化减弱的明显标志。

（7）弱白云石化带（Ⅷ）：热液蚀变明显减弱，灰岩或灰质白云岩中偶见方解石化、白云石化细脉或团斑。

除上述矿化蚀变分带外，不同地段的矿化蚀变规律有所差异。从图5-15可以看出，离矿体越近，蚀变越强，强蚀变岩紧靠矿体（图5-15）。矿体旁侧白云岩蚀变体呈“似层状”分布于NE向层间断裂带中（图5-15g、h、i），常见6～7个蚀变带（图5-15b），蚀变类型相对完整；在矿化蚀变较弱地段，上述蚀变带减少，仅出现部分蚀变带。例如，远离矿体地段（图5-15a），难见所有蚀变带，通常只出现Ⅵ带、Ⅴ带、Ⅳ带中的1～2个带，蚀变残留体出现的概率增加，表现出蚀变减弱且不完全的特征。

四、构造对矿化蚀变分带的控制

无论是蚀变岩的展布特征，还是蚀变分带规律，均受到成矿期不同级次构造的严格控制。

（1）在矿山厂、麒麟厂断裂带内携卷的栖霞–茅口组灰岩，其中的粗晶白云石以脉状、囊状分布。以矿山厂麒麟厂断裂为例（图5-6），在主断裂带内，靠近下盘一侧岩性为糜棱

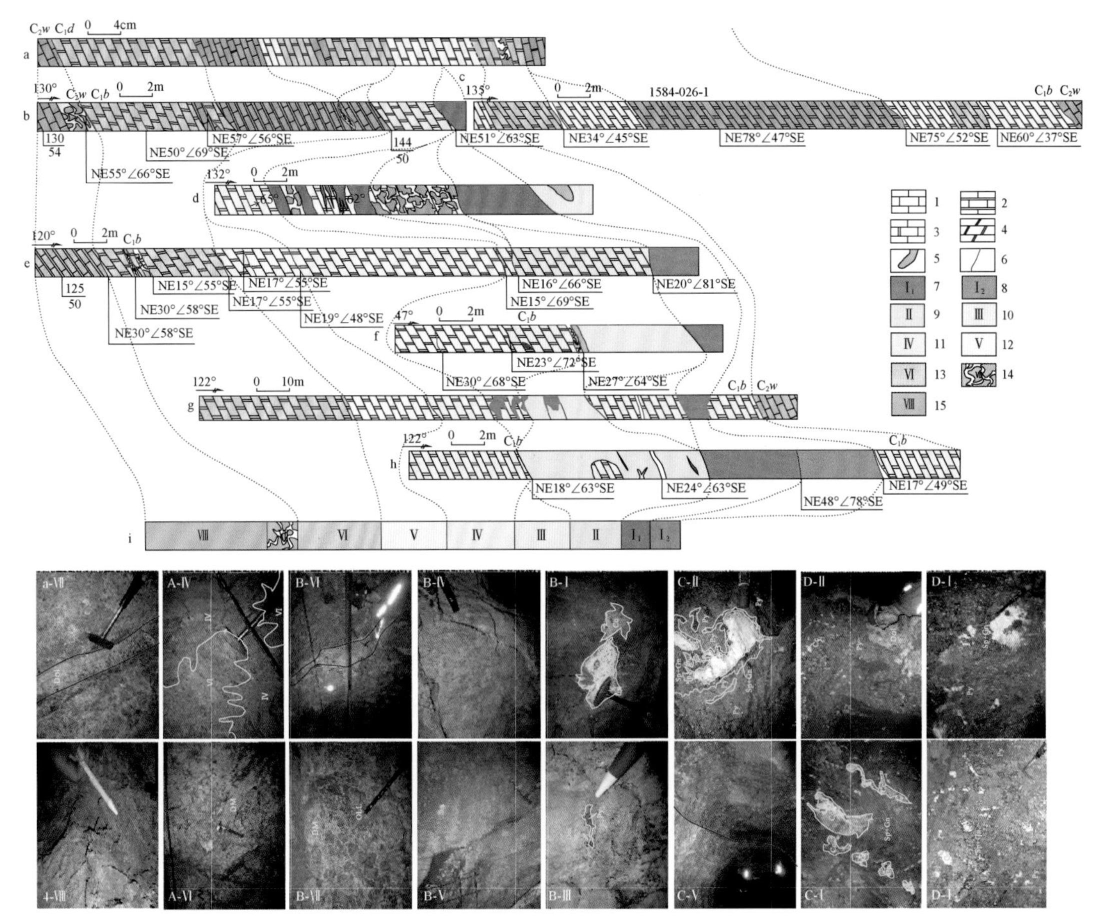

图 5-15　会泽富锗铅锌矿床矿化蚀变分带测量剖面图

1. 灰岩；2. 大理岩化灰岩；3. 白云质灰岩；4. 白云岩；5. 方解石脉；6. 断裂；7. 浅色铅锌矿体带；8. 深色铅锌矿体带；9. 铅锌矿化黄铁矿带；10. 矿化粗晶白云岩带；11. 灰白色粗晶白云岩带；12. 米黄色粗晶白云岩带；13. 肉红色粗晶白云岩带；14. 蚀变残留体；15. 弱白云石化带。a. 1764 平面 073#勘探线水平钻孔；b、c、d. 1584 平面 11#出矿道；e. 1331 平面 1#出矿道；f-h. 1284 平面 1#出矿道；A-Ⅷ. 威宁组生物碎屑灰岩，含斑状黄铁矿；A-Ⅶ. 层间断裂带，裂面舒缓波状，带内为网脉状白云石化灰岩，上下盘均为脉状白云石化白云质灰岩，上盘较下盘白云石化强；A-Ⅵ. 层间断裂，上盘为Ⅵ蚀变带，下盘为白云质灰岩；A-Ⅳ. Ⅳ蚀变带。B-Ⅶ. Ⅶ蚀变带；B-Ⅵ. 层间断裂，上盘为Ⅵ蚀变带，下盘为Ⅷ带即白云质灰岩与大理岩化灰岩；B-Ⅴ. Ⅴ蚀变带；B-Ⅳ. Ⅳ蚀变带；B-Ⅲ. Ⅲ蚀变带可见细脉状黄铁矿化；B-Ⅰ. Ⅰ带，即铅锌矿体，可见方解石团块。C-Ⅴ. Ⅴ蚀变带；C-Ⅱ. Ⅱ带，黄铁矿体，发育铅锌矿脉及方解石团块；C-Ⅰ. Ⅰ带，铅锌矿体，发育方解石团块。d. D 剖面（1261 中段 90 号穿脉）；D-Ⅱ. 粗晶黄铁矿，少量脉状深褐色闪锌矿或细脉状方铅矿；D-$Ⅰ_1$. 块状棕色-褐色闪锌矿，发育脉状方铅矿；D-$Ⅰ_2$. 块状粗晶玫瑰色闪锌矿，团斑状方铅矿，团块状方解石

岩化灰岩，栖霞-茅口组灰岩中可见方解石细脉或拉长的斑状方解石，大体呈定向排列；靠近上盘可见相对完整的栖霞-茅口组灰岩，向裂带内变化为蚀变粗晶白云岩和网脉状白云石化灰岩（图 5-6c），在蚀变粗晶白云岩带中分布团块状重晶石脉（图 5-6f）和白云质、灰质的断层角砾岩；在断裂带中部，保留了栖霞-茅口组岩石。结合上述坑道揭露的蚀变现象，常见蚀变粗晶白云岩和网脉状白云石化灰岩（蚀变残留体），未见铅锌矿化，局部可见硅化，反映了矿山厂断裂作为导矿构造为成矿热液运移提供了通道，其蚀变分带特征与近矿围岩蚀变分带总体相似。由此看来，矿山厂断裂严格控制了蚀变带的分布。

（2）矿山厂、麒麟厂断裂上盘的赋矿岩石主要为摆佐组粗晶白云岩，其中的矿体和近矿蚀变粗晶白云岩多呈脉状、似层状或透镜状展布于层间断裂带中（图5-6），而断裂带下盘的矿化蚀变较弱。

（3）在矿体或矿化较强区域，存在6～7个矿化蚀变带，可以将层间断裂视为矿化蚀变带圈定的界线。粗晶白云岩蚀变带与矿体均分布在层间断裂带内，相邻两个蚀变带的界线即为NE向压扭性层间断裂；在蚀变相对较弱地段，蚀变带通常减少为2～3个，这些蚀变带也以层间断裂为界线，相对较强蚀变带分布更窄，也见层间断裂带内夹小于10cm的肉红色粗晶白云岩带。也就是说，在矿区外围，蚀变较弱地区，蚀变白云岩通常呈脉状，以相邻层间断裂为边界，穿插于原岩之中或在层间断裂的两盘发生热液蚀变。

因此，该矿床的矿化蚀变分带规律受到各级次成矿断裂的严格控制：走滑断褶带使富锗铅锌矿体和强蚀变带严格限制于主断层的上盘，含矿热液在构造应力驱动下，沿导矿构造（矿山厂、麒麟厂断裂）向浅部运移，至上盘层间断裂带中沉淀成矿，以层间断裂带为矿化蚀变的边界，形成富锗铅锌矿体和矿化蚀变分带，从而形成走滑断褶带控制矿田（床）→矿山厂、麒麟厂断裂控制矿体和热液蚀变体→层间断裂带控制粗晶白云岩蚀变带和矿脉的多级次构造控矿控岩模式。

五、矿化蚀变岩地球化学特征

（一）矿化蚀变带组分迁移特征

1. 主量元素特征

会泽富锗铅锌矿部分蚀变岩主量元素含量及相关参数见表5-7和表5-8，总结如下。

（1）从蚀变带Ⅰ到Ⅴ，随着离矿体距离越近，TFe、Pb、Zn含量总体上逐渐升高，说明矿化程度增强。

（2）CaO和MgO为各蚀变带主要氧化物，其中MgO与矿体距离线性关系不明显，但含量有所变化；CaO含量越靠近矿体呈降低趋势，说明近矿各蚀变带MgO含量增加，白云石化增强，出现Mg^{2+}、Ca^{2+}不同程度的活化迁移。

（3）从蚀变带Ⅰ、Ⅱ到Ⅲ，SiO_2含量逐渐增加，Ⅲ带与Ⅳ带SiO_2含量接近，Ⅴ带SiO_2含量最高，说明靠近矿体发生弱硅化蚀变。

表5-7　1249中段3号穿脉各蚀变带主要元素含量及Pb、Zn平均值

蚀变带	SiO_2	TFe	CaO	MgO	Zn	Pb	CaO+MgO	$(CaO/MgO)_m$
Ⅰ	0.77	0.50	31.35	19.94	743.31	153.81	51.30	1.14
Ⅱ	0.68	0.50	30.57	20.80	109.92	51.64	51.37	1.05
Ⅲ	0.94	1.88	28.65	21.06	689.06	5699.42	49.71	0.97
Ⅳ	0.81	1.49	29.50	20.80	1650.00	564.68	50.30	1.01
Ⅴ	1.18	15.40	8.68	3.14	192016.67	46233.33	11.82	2.02

注：Ⅰ. 灰白色粗晶白云岩带；Ⅱ. 针孔状粗晶白云岩带；Ⅲ. 米黄色粗晶白云岩带；Ⅳ. 灰白色矿化粗晶白云岩带；Ⅴ. 铅锌矿石带。Pb、Zn单位为10^{-6}，其余单位为%

表 5-8　会泽麒麟厂 1249 中段 3 号穿脉岩石化学成分及 Pb、Zn 含量

样品编号	SiO_2	TiO_2	Al_2O_3	TFe	MnO	MgO	CaO	Na_2O	K_2O	P_2O_5	LOI	Zn	Pb	CaO+MgO	$(CaO/MgO)_m$	合计	蚀变分带
未蚀变（6）	1.87	0.02	0.38	0.55	0.02	20.65	29.87	0.06	0.13	0.04	46.13	37.38	8.46	50.52	1.03	99.72	Ⅵ
3-3	0.81	0.01	0.30	0.25	0.02	20.84	30.65	0.07	0.06	0.04	46.55	2.80	53.64	51.49	1.05	99.60	Ⅰ
3-4	0.57	0.01	0.22	0.32	0.03	20.63	30.98	0.07	0.05	0.04	47.03	92.10	34.26	51.61	1.07	99.95	
3-5	0.67	0.01	0.43	0.44	0.04	16.74	35.18	0.06	0.08	0.03	46.06	222.30	98.50	51.92	1.50	99.74	
3-7	1.35	0.02	0.96	0.93	0.07	20.29	29.86	0.09	0.19	0.04	45.78	3000	390.20	50.15	1.05	99.58	
3-8	0.43	0.01	0.12	0.56	0.04	21.22	30.08	0.06	0.05	0.03	46.98	399.35	192.45	51.30	1.01	99.58	
3-9	0.38	0.01	0.07	0.40	0.02	21.11	30.5	0.06	0.05	0.04	47.19	85.80	53.23	51.61	1.03	99.83	Ⅱ
3-10	0.55	0.01	0.17	0.36	0.02	20.9	30.86	0.07	0.05	0.04	47.24	64.90	29.48	51.76	1.05	100.27	
3-11	1.03	0.03	0.58	0.64	0.02	20.23	30.63	0.07	0.10	0.04	46.32	200.20	108.40	50.86	1.08	99.69	
3-12	1.12	0.01	0.25	0.46	0.02	20.98	30.3	0.06	0.07	0.04	46.89	61.00	5.00	51.28	1.03	100.20	
3-14	0.3	0.01	0.16	0.64	0.05	20.78	30.56	0.06	0.05	0.04	46.87	137.70	62.10	51.34	1.05	99.52	
3-16	0.15	0.06	0.05	0.69	0.03	21.41	30.09	0.06	0.05	0.03	47.19	109.80	75.11	51.50	1.00	99.81	Ⅲ
3-17	0.31	0.01	0.11	0.89	0.05	21.39	29.97	0.05	0.05	0.03	46.82	236.60	80.00	51.36	1.00	99.68	
3-18	0.30	0.01	0.14	1.63	0.04	21.24	29.59	0.06	0.05	0.04	46.6	409.85	242.00	50.83	1.00	99.70	
3-19	1.23	0.04	0.77	3.33	0.11	21.49	25.79	0.06	0.14	0.03	43.78	5300	26300	47.28	0.86	96.77	
3-20	2.7	0.06	2.25	2.84	0.08	19.79	27.82	0.09	0.46	0.03	43.62	2000	1800	47.61	1.00	99.74	
3-21	0.28	0.01	0.14	0.88	0.04	21.27	29.85	0.06	0.05	0.03	46.85	1000	374.30	51.12	1.00	99.46	Ⅳ
3-22	0.60	0.01	0.36	2.05	0.06	21.34	28.84	0.07	0.05	0.04	46.13	1300	635.20	50.18	0.97	99.55	
3-23	0.61	0.02	0.35	1.55	0.05	21.18	29.36	0.07	0.05	0.03	46.37	1500	367.60	50.54	0.99	99.64	
3-29	1.74	0.04	1.37	1.48	0.06	19.41	29.95	0.06	0.27	0.04	44.89	2800	881.60	49.36	1.10	99.31	

注：测试单位为西北有色地质研究院测试中心（ICP-MS 法）；( ) 内的数字代表样品数。Ⅵ. 未蚀变白云岩；Ⅰ. 灰白色粗晶白云岩带；Ⅱ. 针孔状粗晶白云岩带；Ⅲ. 米黄色粗晶白云岩带；Ⅳ. 灰白色矿化粗晶白云岩带。Pb、Zn 单位为 10^{-6}，其余单位为%。TFe. $FeO+Fe_2O_3$

表 5-9　会泽麒麟厂 1249 中段 3 号穿脉各蚀变带化学成分迁移计算

蚀变岩	未蚀变白云岩	未蚀变白云岩带→灰白色粗晶白云岩带			灰白色粗晶白云岩带→针孔状粗晶白云岩带			针孔状粗晶白云岩带→米黄色粗晶白云岩带			米黄色粗晶白云岩带→灰白色矿化粗晶白云岩带		
化学成分	w_B	w_B	T_i迁入（+）带出（-）	T_i/%（迁移量/原岩量）	w_B	T_i迁入（+）带出（-）	T_i/%（迁移量/原岩量）	w_B	T_i迁入（+）带出（-）	T_i/%（迁移量/原岩量）	w_B	T_i迁入（+）带出（-）	T_i/%（迁移量/原岩量）
SiO_2/%	1. 87	0. 77	-0. 77	-41. 19	0. 68	-0. 19	-24. 59	0. 94	-0. 31	-46. 08	0. 81	0. 62	66. 41
Al_2O_3/%	0. 38	0. 41	0. 20	53. 71	0. 25	-0. 20	-48. 13	0. 67	0. 01	4. 84	0. 55	0. 40	60. 18
TFe_2O_3/%	0. 55	0. 50	0. 17	30. 95	0. 50	-0. 07	-14. 36	1. 88	0. 23	45. 13	1. 49	1. 01	53. 78
MnO/%	0. 02	0. 04	0. 04	217. 21	0. 03	-0. 02	-44. 95	0. 06	0. 00	-5. 59	0. 05	0. 04	61. 12
MgO/%	20. 65	19. 94	8. 05	38. 97	20. 80	-2. 17	-10. 89	21. 06	-12. 64	-60. 76	20. 80	19. 17	91. 02
CaO/%	29. 87	31. 35	15. 25	51. 05	30. 57	-5. 23	-16. 70	28. 65	-19. 46	-63. 67	29. 50	28. 41	99. 16
Na_2O/%	0. 06	0. 07	0. 04	66. 25	0. 06	-0. 02	-21. 81	0. 06	-0. 04	-61. 17	0. 06	0. 06	96. 26
K_2O/%	0. 13	0. 09	-0. 01	-6. 12	0. 07	-0. 03	-36. 01	0. 15	-0. 01	-12. 01	0. 11	0. 06	38. 59
P_2O_5/%	0. 04	0. 04	0. 02	42. 84	0. 04	0. 00	-9. 31	0. 03	-0. 02	-66. 39	0. 04	0. 04	115. 66
LOI/%	46. 13	46. 48	20. 77	45. 02	46. 90	-6. 41	-13. 79	45. 60	-29. 23	-62. 31	46. 06	43. 49	95. 37
Zn/10^{-6}	37. 38	743. 31	1032. 38	2761. 56	109. 92	-649. 40	-87. 37	1611. 25	514. 63	468. 18	1650. 00	1580. 21	98. 07
Pb/10^{-6}	8. 46	153. 81	212. 90	2516. 63	51. 64	-109. 69	-71. 32	5699. 42	2157. 54	4177. 88	564. 68	-4607. 22	-80. 84

2. 蚀变组分迁移特征

为了研究矿化蚀变岩带相对弱蚀变岩的迁移组分的变化特征，利用 Gresens（1967）的假设为前提：在地质体系开放过程中，至少存在一个或者几个相对不活动的组分。以矿区外围弱蚀变样品的主量元素、Pb 和 Zn 含量代表未蚀变带的主量元素、Pb 和 Zn 含量（表 5-9），以灰白色粗晶白云岩带（Ⅰ）、针孔状粗晶白云岩带（Ⅱ）、米黄色粗晶白云岩带（Ⅲ）和灰白色矿化粗晶白云岩带（Ⅳ）中蚀变岩样品的 SiO_2、Al_2O_3、TFe 等元素作为研究对象，结合成矿地质条件，选择 TiO_2 作为不活动组分（Maclean and Kranidiotis，1987；孙华山和高怀忠，2000；郭顺等，2013），采用式（5-1）（张可清和杨勇，2002）对 1249 中段 3 号穿脉各蚀变带之间主要组分及 Pb、Zn 质量迁移进行定量分析，计算结果见表 5-9，图5-16。

$$T_i=\left(\omega_{id}\times\frac{\omega_{jp}}{\omega_{jd}}\right)-\omega_{ip} \tag{5-1}$$

式中，原岩总质量假设为 1；T_i 为成分 i 在原岩遭受蚀变形成蚀变岩后迁入或迁出的量（g 或 mol）；ω_{id}，ω_{ip} 为蚀变岩和原岩成分 i 的质量分数；ω_{jd}，ω_{jp} 为不活动组分 j 在蚀变岩和原岩中的质量分数。

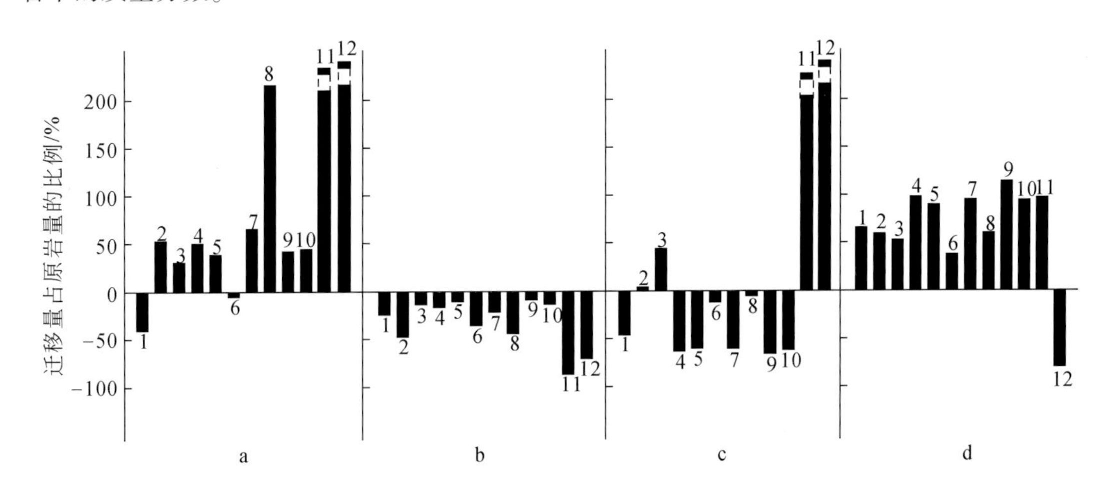

图 5-16　会泽麒麟厂 1249 中段 3 号穿脉各蚀变带化学成分迁移图

a. 未蚀变白云岩带→灰白色粗晶白云岩带；b. 灰白色粗晶白云岩带→针孔状粗晶白云岩带；c. 针孔状粗晶白云岩带→米黄色粗晶白云岩带；d. 米黄色粗晶白云岩带→灰白色矿化粗晶白云岩带。1. SiO_2；2. Al_2O_3；3. TFe；4. CaO；5. MgO；6. K_2O；7. Na_2O；8. MnO；9. P_2O_5；10. LOI；11. Zn；12. Pb

1249 中段 3 号穿脉矿化蚀变带组分迁移特征如下。

（1）弱蚀变白云岩带→灰白色粗晶白云岩带（A）：SiO_2 和 K_2O 的迁移量占原岩的比例分别为 −41.9% 和 −6.12%，呈迁出状态；Al_2O_3、TFe、CaO、MgO、Na_2O、MnO、P_2O_5、LOI、Pb 和 Zn 呈迁入富集状态。灰白色粗晶白云岩带→针孔状粗晶白云岩带（B）：SiO_2、K_2O、Al_2O_3、TFe、CaO、MgO、Na_2O、MnO、P_2O_5、LOI、Pb 和 Zn 均呈迁出状态。针孔状粗晶白云岩带→米黄色粗晶白云岩带（C）：Al_2O_3、TFe、Pb 和 Zn 呈迁入富集状态，SiO_2、K_2O、CaO、MgO、Na_2O、MnO、P_2O_5、LOI 为迁出状态。米黄色粗晶白云岩带→

灰白色矿化粗晶白云岩带（D）：除 Pb 之外的其他组分均呈迁入富集状态。

（2）总体而言，TFe 在各带相对保持迁入富集状态，且随着 Pb、Zn 矿化的增强而递增；CaO、MgO、Na_2O、MnO、P_2O_5和 LOI 在 A、D 阶段表现为迁入富集状态；在 B、C 阶段表现为弱迁出状态；Pb 和 Zn 在 A、C 阶段保持大量迁入富集状态，在 B 阶段有少量迁出；而在 D 阶段，Zn 保持迁入，Pb 保持迁出。

（3）D 阶段是各元素最主要的富集阶段。说明成矿热液在沿断裂运移的过程中，萃取地层中 Pb、Zn 等成矿元素，同时改变围岩的化学成分，带走围岩中的 Mg^{2+}、Ca^{2+}等组分，导致 B 阶段 MgO、CaO、Pb、Zn 及 TFe 元素处于迁出状态。成矿热液在有利的空间和条件下发生沉淀，成矿热液越来越富 Pb、Zn 而贫 Mg^{2+}、Ca^{2+}（C 阶段），其外侧恰恰相反（富集 Mg^{2+}、Ca^{2+}，微弱富集 Pb、Zn）。当热液沉淀形成矿石或残余热液继续运移时，与围岩的接触部位（灰白色矿化粗晶白云岩）产生弱硅化、白云石化、方解石化、闪锌矿化及方铅矿化，导致 MgO、CaO、Pb、Zn 及 TFe 元素在 D 阶段最为富集。

（二）矿化蚀变指数

在蚀变过程中，矿化蚀变程度的强弱可用矿化蚀变指数来衡量（Haeussinger et al.，1993；Piché and Jébrak，2006），热液矿化蚀变指数（AI）为迁入元素与迁入迁出元素总和的百分比（Haeussinger et al.，1993），现引入 AI 对 1249 中段 3 号穿脉和 1163 中段 4 号穿脉进行计算，铅锌矿化、白云石化及黄铁矿矿化蚀变指数为

$$\mathrm{AI}=\frac{\sum_{A=\mathrm{Pb、Zn、MgO、TFe}} w_A}{\sum_{B=\mathrm{Pb、Zn、MgO、TFe、Al_2O_3、CaO}} w_A}\times 100\% \tag{5-2}$$

铅、锌矿化指数：

$$\mathrm{AI_{Pb}}=\frac{\sum_{A=\mathrm{Pb}} w_A}{\sum_{B=\mathrm{Pb、Zn、MgO、TFe、Al_2O_3、CaO}} w_A}\times 100\% \tag{5-3}$$

$$\mathrm{AI_{Zn}}=\frac{\sum_{A=\mathrm{Zn}} w_A}{\sum_{B=\mathrm{Pb、Zn、MgO、TFe、Al_2O_3、CaO}} w_A}\times 100\% \tag{5-4}$$

白云石化蚀变指数：

$$\mathrm{AI_{MgO}}=\frac{\sum_{A=\mathrm{MgO}} w_A}{\sum_{B=\mathrm{Pb、Zn、MgO、TFe、Al_2O_3、CaO}} w_A}\times 100\% \tag{5-5}$$

黄铁矿化蚀变指数：

$$\mathrm{AI_{TFe}}=\frac{\sum_{A=\mathrm{TFe}} w_A}{\sum_{B=\mathrm{Pb、Zn、MgO、TFe、Al_2O_3、CaO}} w_A}\times 100\% \tag{5-6}$$

式中，w_A为迁入元素的质量分数；w_B为迁入和迁出元素的质量分数；AI 的值越大，代表矿化蚀变程度越强，反之则越弱。

现对 1249 中段 3 号穿脉 29 件样品（包含蚀变岩样品 19 件、矿石样品 6 件和构造岩样品 3 件，未蚀变岩样 1 件），1163 中段 4 号穿脉 27 件样品（包含蚀变岩样品 12 件、矿石样 9 件和构造岩样品 6 件）、1584 中段 36 号穿脉 12 件构造蚀变岩样品和 1584 中段小菜园勘查

区的166件样品进行计算，并将矿化蚀变指数与其构造-蚀变岩相填图剖面相结合，得出图5-17～图5-20。

1）1249中段3号穿脉

Ⅰ带→Ⅴ带，1249中段3号穿脉的矿化蚀变指数特征如下（表5-10，图5-17）。

表5-10　会泽麒麟厂1249中段3号穿脉岩石矿化蚀变指数　（单位:%）

样品号	岩性	AI	AI_{MgO}	AI_{TFe}	AI_{Pb}	AI_{Zn}	AI均值	矿化蚀变带
3-1	未蚀变灰岩	6.02	4.90	1.12	0.004	0.003	6.02	
3-3	灰白色粗晶白云岩	40.34	39.84	0.49	0.01	0.00	38.91	灰白色粗晶白云岩带（Ⅰ）
3-4		39.93	39.31	0.60	0.01	0.02		
3-5		32.32	31.43	0.83	0.02	0.04		
3-7		40.45	38.06	1.75	0.07	0.56		
3-8		41.52	40.35	1.06	0.04	0.08		
3-9	灰-浅灰白色针孔状粗晶白云岩	41.01	40.22	0.76	0.01	0.02	40.50	针孔状粗晶白云岩带（Ⅱ）
3-10		40.40	39.69	0.69	0.01	0.01		
3-11		39.63	38.35	1.22	0.02	0.04		
3-12		40.89	40.00	0.88	0.00	0.01		
3-14		40.60	39.36	1.21	0.01	0.03		
3-16	米黄色粗晶白云岩	41.77	40.44	1.30	0.01	0.02	43.07	米黄色粗晶白云岩带（Ⅲ）
3-17		41.87	40.15	1.67	0.02	0.04		
3-18		42.24	39.12	3.00	0.04	0.08		
3-19		48.35	37.13	5.75	4.54	0.92		
3-20		41.14	35.38	5.08	0.32	0.36		
3-21	灰白色粗晶白云岩	41.93	40.02	1.65	0.07	0.19	42.34	灰白色矿化粗晶白云岩带（Ⅳ）
3-22		43.01	38.92	3.74	0.12	0.24		
3-23		42.30	39.10	2.86	0.07	0.28		
3-31		42.12	39.39	2.61	0.04	0.08		
3-24	铅锌矿石	77.65	3.63	12.55	8.70	52.77	63.20	铅锌矿石带（Ⅴ）
3-25		52.89	4.07	39.77	3.70	5.35		
3-26		55.12	8.02	16.86	4.38	25.86		
3-28		63.16	7.57	11.37	4.35	38.33		
3-27		70.31	2.29	25.34	9.13	35.08		
3-30		60.06	1.89	36.25	11.56	10.36		
3-2	断层泥	21.91	18.33	3.49	0.02	0.08	21.91	
3-13	断层泥	38.97	34.00	4.82	0.06	0.09	38.97	
3-15	碎粒（斑）岩	49.69	36.93	4.50	2.82	5.44	49.69	

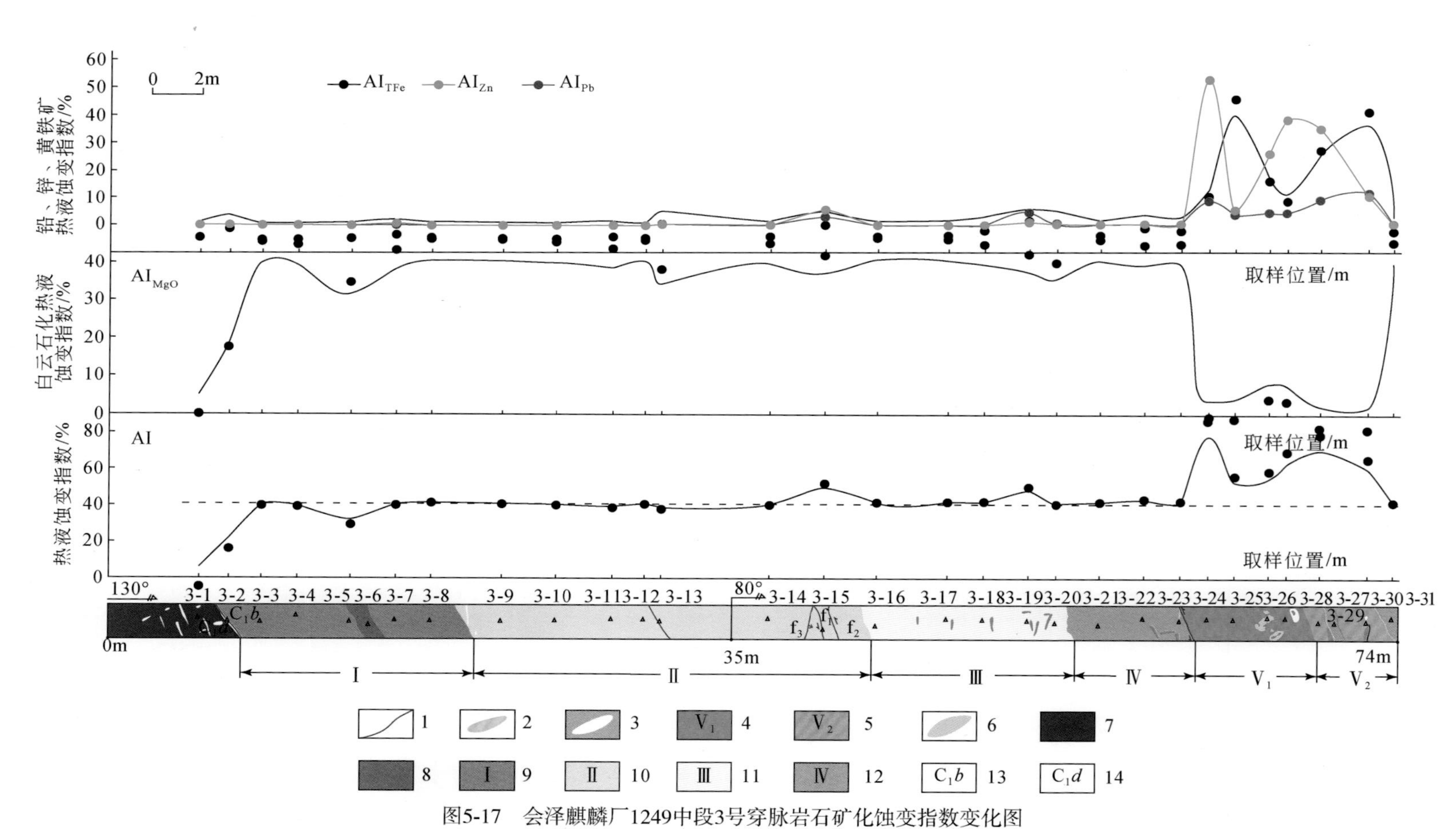

图5-17　会泽麒麟厂1249中段3号穿脉岩石矿化蚀变指数变化图

1．断层；2．黄铁矿化；3．方解石化；4．铅锌矿石带(Sp为主)；5．铅锌矿石带（Py为主）；6．白云石化；7．灰岩带；8．灰质蚀变残余；9．灰白色粗晶白云岩带；10．针孔状粗晶白云岩带；11.米黄色粗晶白云岩带；12.灰白色矿化粗晶白云岩带；13.下石炭统摆佐组；14.下石炭统大塘组

（1）AI 平均值：38.91%→40.50%→43.07%→42.34%→63.20%，总体呈递增趋势，矿体的 AI 值均大于 50%，而蚀变围岩的 AI 值均低于 50%。

（2）矿体的 AI_{TFe}、AI_{Pb} 和 AI_{Zn} 值均高于围岩，而 AI_{MgO} 值则低于围岩。说明矿体黄铁矿化、方铅矿化和闪锌矿化比围岩强，而白云石化则比围岩弱。

（3）从远矿到近矿，构造蚀变岩的 AI 值逐渐增大，AI_{MgO}、AI_{TFe}、AI_{Pb} 和 AI_{Zn} 值均逐渐增大，说明构造在成矿期存在热液活动。

2）1163 中段 4 号穿脉

Ⅳ带→Ⅲ带→Ⅳ带→Ⅴ带，1163 中段 4 号穿脉的矿化蚀变指数特征如下（表 5-11，图 5-18）。

表 5-11　会泽麒麟厂 1163 中段 4 号穿脉岩石矿化蚀变指数　（单位：%）

样品号	岩性	AI	AI_{MgO}	AI_{TFe}	AI_{Pb}	AI_{Zn}	AI 均值	矿化蚀变带
4-1	灰白色粗晶白云岩	41.28	39.99	0.99	0.02	0.29	42.68	灰白色矿化粗晶白云岩带（Ⅳ）
4-3		46.38	45.59	0.62	0.04	0.13		
4-5		41.42	40.84	0.52	0.02	0.04		
4-8		43.00	40.45	2.47	0.12	0.25		
4-10		26.72	26.15	0.45	0.04	0.08		
4-12		57.29	30.91	17.60	3.64	5.15		
4-15	灰白色粗晶白云岩	49.18	36.58	9.23	1.62	1.75	43.42	
4-18		41.42	39.74	1.25	0.13	0.30		
4-19		43.66	40.75	1.99	0.19	0.73		
4-24		40.73	37.74	1.62	0.21	1.16		
4-29		42.12	39.39	2.61	0.04	0.08		
4-13	米黄色粗晶白云岩	42.80	40.63	1.74	0.14	0.28	42.80	米黄色粗晶白云岩带（Ⅲ）
4-14	铅锌矿石	72.68	14.52	19.69	8.85	29.62	70.18	铅锌矿石带（Ⅴ）
4-20		72.80	1.19	26.47	10.25	34.89		
4-21		68.84	1.10	30.46	9.64	27.64		
4-22		73.71	1.09	25.39	11.31	35.92		
4-23		63.82	3.75	30.75	8.40	20.92		
4-25		61.36	25.60	14.09	5.66	16.00		
4-26		73.42	26.44	3.19	8.43	35.37		
4-27		95.51	1.00	3.90	21.18	69.43		
4-28		49.47	3.20	43.87	1.48	0.92		
4-2	构造岩	40.66	39.40	0.78	0.02	0.45	40.66	
4-6		41.12	40.32	0.67	0.05	0.08	41.12	
4-7		41.78	40.59	1.03	0.05	0.09	41.78	
4-9		29.95	27.24	2.34	0.02	0.05	29.95	
4-11		29.96	25.50	3.88	0.29	0.29	29.96	
4-16		40.94	39.08	1.29	0.10	0.47	40.94	

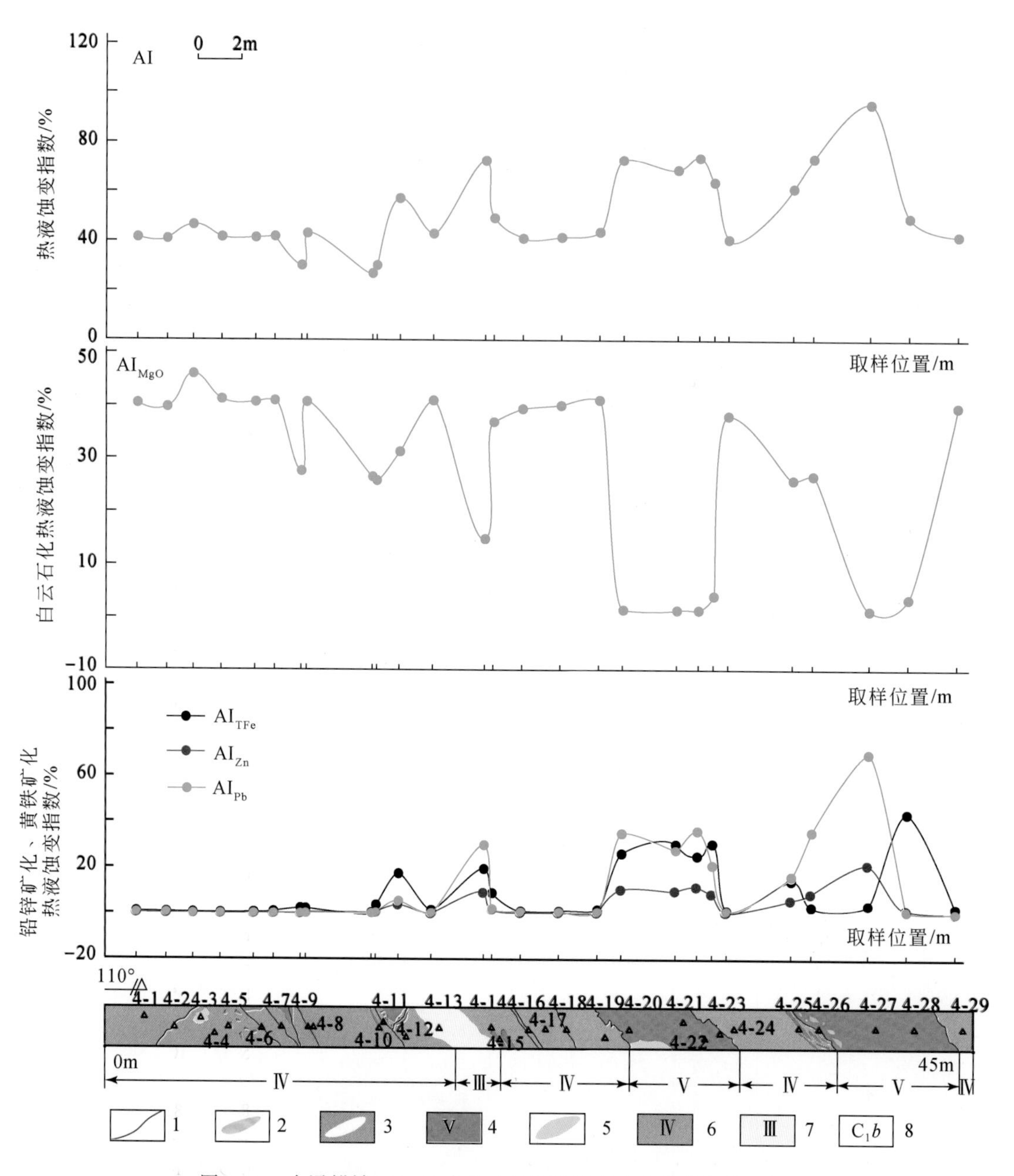

图 5-18　会泽麒麟厂 1163 中段 4 号穿脉岩石矿化蚀变指数变化图

1. 断层；2. 黄铁矿化；3. 方解石化；4. 铅锌矿石带；5. 白云石化；6. 灰白色粗晶白云岩带；7. 米黄色粗晶白云岩带；8. 下石炭统摆佐组

（1）AI 平均值：42. 68%→42. 80%→43. 42%→70. 18%，总体呈递增趋势，矿体的 AI 值明显比蚀变围岩高。

（2）矿体的 AI_{TFe}、AI_{Pb}和 AI_{Zn}值均高于围岩，而 AI_{MgO}值则低于围岩。说明矿体黄铁矿化、方铅矿化和闪锌矿化比围岩强，而白云石化则比围岩弱。

（3）构造蚀变岩的 AI 值与矿体距离关系不明显，可能与所取样品位置有关，1163 中段

4 号穿脉的断层发育比较复杂，多数断层内发育矿化，其 AI_{TFe}、AI_{Pb}和 AI_{Zn}值总体随着离矿体距离减小而呈增高之趋势。其中 Zn 较稳定，而 Fe、Pb 变化较大，其特点与成矿环境变化有关。

3）1584 中段 36 号穿脉

在 1584 中段 36 号穿脉，浅灰色细晶白云质灰岩带中蚀变指数为 7.91 ~ 15.44，均值为 12.28，而灰白-白色粗晶白云岩带中蚀变指数为 14.47 ~ 39.71，均值为 25.15，明显高于浅灰色细晶白云质灰岩带（表 5-12，图 5-19）。

通过对比图 5-19，发现白云石化指数与铅锌矿化指数的变化规律相反。造成这种现象的原因为成矿热液沿断裂运移，与围岩发生物质和能量交换，产生围岩蚀变，带走围岩中的 Mg^{2+}等组分，使强矿化或强蚀变的构造岩中 Mg 含量减少，从而产生矿化蚀变分带现象。

表 5-12　会泽富锗铅锌矿 1584 中段 36 号穿脉构造蚀变岩部分岩石化学组成及 Pb、Zn、Ba 含量

样品号＼元素	Al_2O_3	TiO_2	TFe	MnO	MgO	CaO	Na_2O	K_2O	Ba	Zn	Pb
H0801c-5	8.95	0.36	2.94	0.02	4.01	33.26	0.04	2.80	54.19	880.56	555.70
H0801c-9	15.21	0.57	2.07	0.03	9.98	22.60	0.15	3.29	210.73	1370.83	415.58
H0801c-10	1.64	0.06	0.48	0.03	14.14	33.64	0.13	0.12	55.55	300.15	153.66
H0801c-11	1.32	0.09	0.54	0.03	7.44	41.47	0.09	0.12	51.36	921.27	246.30
H0801c-12-1	28.42	1.00	3.06	0.01	3.35	2.65	0.13	7.19	171.14	2032.32	343.69
H0801c-12-2	0.45	0.03	0.24	0.03	19.51	33.08	0.10	0.05	54.38	172.50	50.74
H0801c-13	14.45	0.70	4.16	0.01	4.98	25.97	0.14	3.34	230.39	1723.09	317.30
W0803c-16	0.49	0.02	0.50	0.02	20.64	31.40	0.07	0.08	54.68	57.36	14.81
W0803c-17	25.23	1.00	3.76	0.01	3.07	4.93	0.15	6.88	335.41	1082.28	42.09
W0803c-18	6.406	0.33	1.17	0.01	3.00	41.556	0.12	1.29	168.53	860.58	66.37
W0803c-19	8.908	0.44	1.75	0.01	1.32	38.308	0.16	1.83	51.79	141.41	19.96
W0803c-20	20.703	0.80	3.08	0.010	1.42	3.493	0.27	3.52	165.14	30.68	7.269

注：测试单位为西北有色地质研究院测试中心，分析方法为化学分析；Pb、Zn、Ba 单位为 10^{-6}，其余单位为%

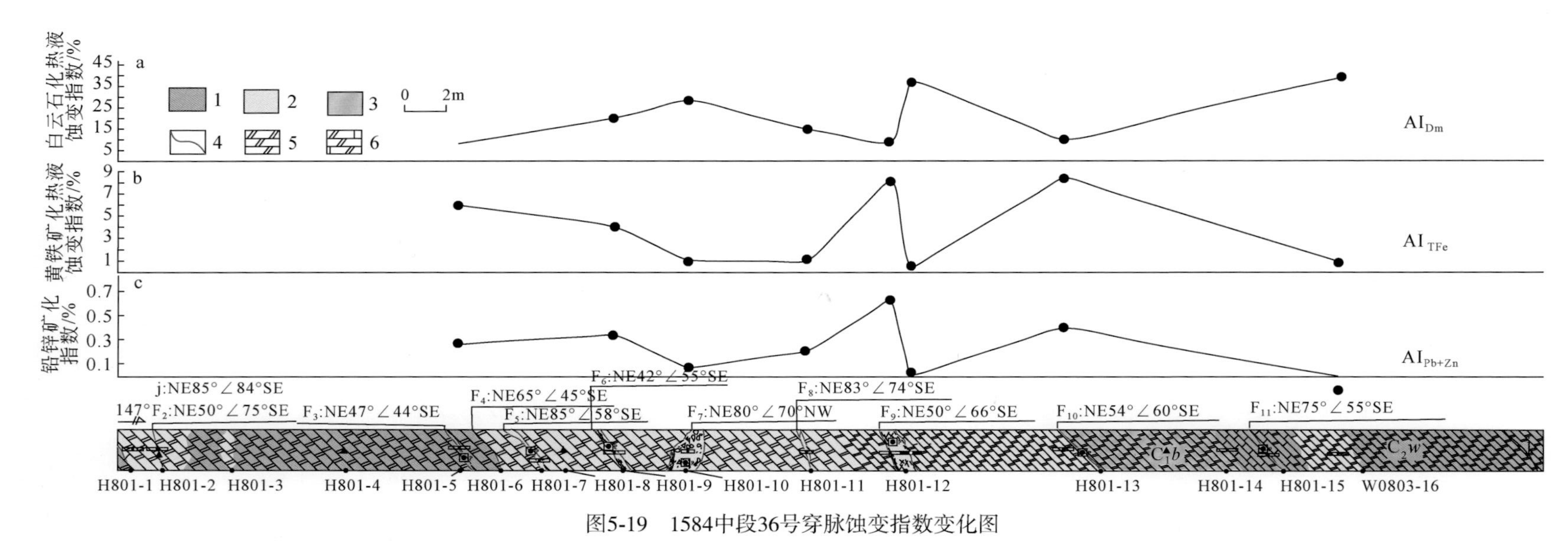

图5-19 1584中段36号穿脉蚀变指数变化图

a.构造岩总体蚀变指数折线图；b.构造岩黄铁矿化指数折线图；c.构造岩铅锌矿化指数折线图；1.浅灰色细晶白云质灰岩(Ⅰ$_0$)；2.灰白色-白色粗晶白云岩(Ⅰ$_1$)；3.肉红色针孔状粗晶白云岩(Ⅱ)；4.断层；5.白云岩；6.白云质灰岩

4）1584 中段小菜园勘查区

表 5-13 和图 5-20 可反映如下特征。

表 5-13　摆佐组白云岩主要化学成分

<table>
<tr><th>样品编号</th><th>岩石</th><th>Al_2O_3/%</th><th>CaO/%</th><th>TFe/%</th><th>MgO/%</th><th>$Zn/10^{-6}$</th><th>$Pb/10^{-6}$</th><th>蚀变指数</th></tr>
<tr><td>HQ173</td><td>灰岩</td><td>0.47</td><td>55.05</td><td>0.23</td><td>1.1</td><td rowspan="8">120.75</td><td rowspan="8">47.43</td><td rowspan="2">AI，5.49</td></tr>
<tr><td>Sc-32</td><td>白云质灰岩</td><td>0.23</td><td>54.12</td><td>0.12</td><td>4.9</td></tr>
<tr><td>HR-5</td><td rowspan="6">粗晶白云岩</td><td>0.23</td><td>34.9</td><td>0.92</td><td>15.1</td><td rowspan="6">AI_{MgO}，28.23；
AI_{TFe}，0.63；
AI_{Pb+Zn}，0.03；
AI，28.89</td></tr>
<tr><td>HQ-89</td><td>1.65</td><td>34.2</td><td>0.38</td><td>17.8</td></tr>
<tr><td>HQ176</td><td>0.09</td><td>33.1</td><td>0.24</td><td>20.4</td></tr>
<tr><td>Sc-33</td><td>0.24</td><td>38.8</td><td>0.2</td><td>14.7</td></tr>
<tr><td>Sc-34</td><td>0.47</td><td>47.1</td><td>0.14</td><td>8.9</td></tr>
<tr><td>Sc-35</td><td>0.23</td><td>42.7</td><td>0.19</td><td>15.9</td></tr>
</table>

注：测试单位为中国科学院地球化学研究所（化学法测定）

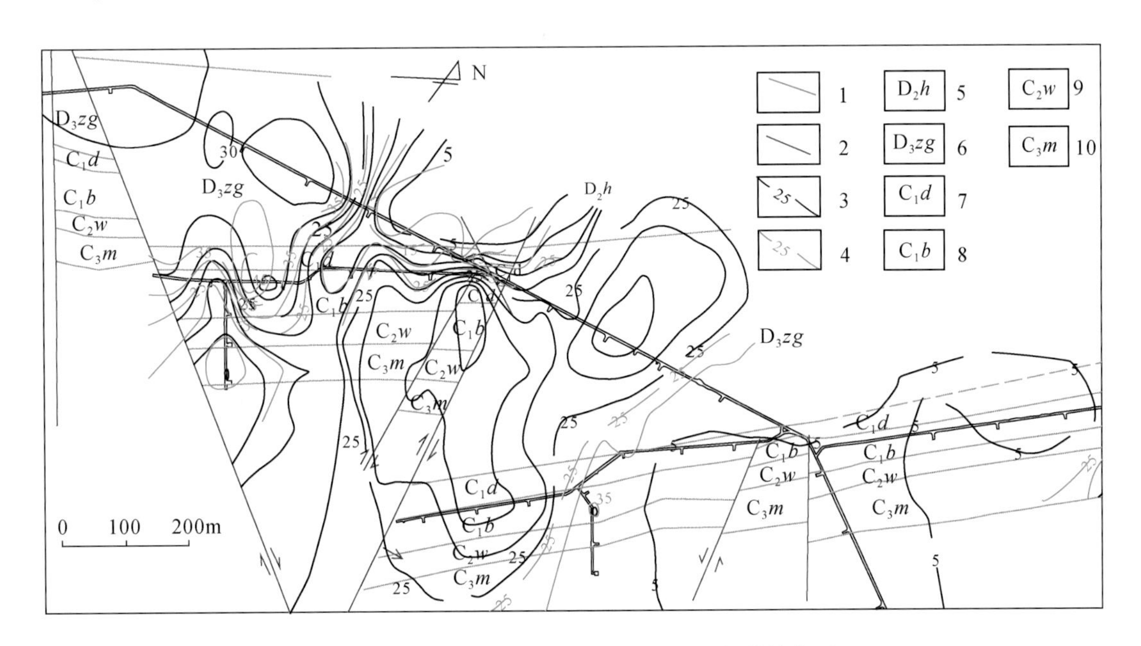

图 5-20　1584 中段小菜园勘查区蚀变指数等值线图

1. 地层界线；2. 断层；3. 白云石蚀变指数等值线；4. 总蚀变指数等值线；5. 中泥盆统海口组（D_2h）；6. 上泥盆统宰格组（D_3zg）；7. 下石炭统大塘组（C_1d）；8. 下石炭统摆佐组（C_1b）；9. 中石炭统威宁组（C_2w）；10. 上石炭统马平组（C_3m）

当蚀变指数值大于 28.89 时，指示该地段为强白云石化、黄铁矿化带，可能还有铅锌矿化带，该结论与构造地球化学异常基本吻合，说明蚀变指数法可圈定与成矿密切相关的白云石化、黄铁矿化等蚀变带。但是，该蚀变指数不能用于判别方解石化蚀变。

根据蚀变指数等值线图（图 5-20），由近矿到远矿不同类型蚀变带的蚀变指数不同：强白云石化（>28.23）、黄铁矿化（>1.26）及铅锌矿化（>0.03）→中等白云石化（>18.23）、黄铁矿化（>0.63）及方解石化→弱白云石化（>8.23）。

（三）迁入元素增长指数

张可清和杨勇（2002）认为，单独的元素质量分数变化不能直接用来计算元素的变化量，为了衡量矿化蚀变岩石相对于未蚀变岩石各组分的增长指数，现将断裂构造岩、矿化蚀变岩及未蚀变岩石主量元素、Pb 及 Zn 的含量进行对比。计算过程如下：

$$w_i = \frac{M_i}{M} \tag{5-7}$$

式中，w_i为岩石中元素 i 的质量分数；M_i为岩石中元素 i 的质量或量（g 或 mol）；M 为岩石的总质量或量（g 或 mol）。

$$Z = \frac{M_{id}}{M_{ip}} \tag{5-8}$$

式中，Z 为蚀变前后元素增长的倍数，Z 值越大，矿化蚀变岩石迁入成分越多；M_{ip}为元素 i 在未蚀变岩石中的总质量；M_{id}为元素 i 在蚀变岩石中的总质量。

将式（5-7）代入式（5-8），得

$$Z = \frac{w_{id} \times M_d}{w_{ip} \times M_p} \tag{5-9}$$

式中，w_{id}、w_{ip}分别为蚀变岩和未蚀变岩石成分 i 的质量分数；M_d、M_p分别为蚀变岩和未蚀变岩石的总质量。

将未蚀变岩石的总质量 M_p 假设为 1，假定岩石在物质变化中存在不活动元素 j，不活动元素的迁移量为零，得出：

$$w_{jp} \times M_p - w_{jd} \times M_d = 0$$

简化得到：

$$M_d = \frac{w_{jp}}{w_{jd}} \tag{5-10}$$

将式（5-10）代入式（5-9），得到：

$$Z = \frac{w_{id} \times w_{jp}}{w_{ip} \times w_{jd}} \tag{5-11}$$

Z 值越大，代表矿化迁入元素增长指数相对于未蚀变白云岩越高。将数据代入式(5-11)中，Ti_2O 作为不活动元素，计算 1249 中段 3 号穿脉 29 件样品和 1163 中段 4 号穿脉 27 件样品的迁入富集元素 TFe、CaO、MgO、Pb 和 Zn 的增长指数，计算结果见表 5-14，表 5-15，图5-21，图 5-22。

Ⅰ带→Ⅴ带，1249 中段 3 号穿脉的迁入富集元素增长指数特征（表 5-14，图 5-21）如下。

（1）矿体部位的 Z_{TFe}、Z_{Zn}和 Z_{Pb}迁入元素增长指数增长幅度较大，反映出铅锌矿化带（Ⅴ）内的黄铁矿、闪锌矿和方铅矿较未蚀变白云岩而言富集程度很高，较各蚀变带而言差别也很明显。但其 Z_{CaO}和 Z_{MgO}迁入元素增长指数的增长幅度相对于各蚀变带而言则较低。

（2）矿体的 Z_{TFe}、Z_{Zn}和 Z_{Pb}值均高于围岩，而 Z_{CaO}和 Z_{MgO}值则低于围岩。说明矿体黄铁矿化、方铅矿化和闪锌矿化比围岩强，而方解石化和白云石化则比围岩弱。

（3）从远矿到近矿，构造蚀变岩的 Z_{TFe}、Z_{Zn}、Z_{Pb}、Z_{CaO}和 Z_{MgO}值逐渐增大，说明构造

内的黄铁矿化、闪锌矿化、方铅矿化、方解石化和白云石化随着离矿体距离的减小而增大。

（4）矿石带只有样品3-26的Z_{CaO}值为1.15，大于1。样品3-28的Z_{CaO}值为0.97，接近1，反映了该带方解石化较强。

表5-14　会泽麒麟厂矿区1249中段3号穿脉迁入元素的增长指数

样品号	岩矿石	Z_{CaO}	Z_{MgO}	Z_{TFe}	Z_{Zn}	Z_{Pb}	矿化蚀变带
3-1	未蚀变灰岩	0.33	0.03	0.22	0.10	0.52	
3-3	灰白色粗晶白云岩	1.68	1.65	0.76	0.12	10.40	灰白色粗晶白云岩带（Ⅰ）
3-4		1.71	1.64	0.95	4.05	6.66	
3-5		1.91	1.31	1.30	9.64	18.88	
3-7		0.96	0.94	1.63	77.10	44.31	
3-8		1.68	1.72	1.69	17.83	37.98	
3-9	灰-浅灰白色针孔状粗晶白云岩	1.70	1.70	1.21	3.81	10.45	针孔状粗晶白云岩带（Ⅱ）
3-10		1.72	1.68	1.10	2.88	5.79	
3-11		0.64	0.61	0.73	3.34	8.00	
3-12		1.53	1.53	1.27	2.46	0.89	
3-14		1.71	1.68	1.94	6.15	12.25	
3-16	米黄色粗晶白云岩	0.27	0.28	0.34	0.80	2.42	米黄色粗晶白云岩带（Ⅲ）
3-17		1.71	1.76	2.75	10.78	16.10	
3-18		1.69	1.75	5.05	18.67	48.71	
3-19		0.39	0.47	2.76	64.57	1415.91	
3-20		0.27	0.28	1.50	15.48	61.56	
3-21	灰白色粗晶白云岩	1.67	1.72	2.67	44.66	73.86	灰白色矿化粗晶白云岩带（Ⅳ）
3-22		1.61	1.72	6.24	58.05	125.35	
3-23		1.02	1.06	2.92	41.54	44.98	
3-31		1.69	1.74	4.35	19.55	41.42	
3-24	铅锌矿石	0.39	0.21	27.84	17195.20	12520.01	铅锌矿石带（Ⅴ）
3-25		0.14	0.12	45.32	895.35	2739.16	
3-26		1.15	0.48	38.33	8636.32	6461.29	
3-28		0.97	0.43	24.01	10881.94	12520.01	
3-27		0.04	0.05	21.64	4806.53	2409.02	
3-30		0.12	0.09	67.19	2819.56	13908.88	
3-2	断层泥	0.01	0.01	0.06	0.20	0.24	
3-13		0.03	0.05	0.26	0.73	1.97	
3-15	碎粒（斑）岩	1.47	1.74	7.98	1416.61	3240.71	

Ⅳ带→Ⅲ带→Ⅴ带，1163中段4号穿脉的迁入富集元素增长指数特征（表5-15，图5-22）如下。

（1）矿石带的Z_{TFe}、Z_{Zn}和Z_{Pb}迁入元素增长指数增长幅度较大，可以反映出铅锌矿化带

（Ⅴ）内的黄铁矿、闪锌矿和方铅矿较未蚀变白云岩而言富集程度很高，较各蚀变带而言差别也很明显。但其 Z_{CaO} 和 Z_{MgO} 迁入元素增长指数的增长幅度相对于各蚀变带而言则较低。

（2）矿石的 Z_{TFe}、Z_{Zn} 和 Z_{Pb} 值均高于围岩，而 Z_{CaO} 和 Z_{MgO} 值则低于围岩。说明矿体黄铁矿化、方铅矿化和闪锌矿化比围岩强，而方解石化和白云石化则比围岩弱。

（3）从远矿到近矿，构造蚀变岩的 Z_{TFe}、Z_{Zn}、Z_{Pb}、Z_{CaO} 和 Z_{MgO} 变化关系不明显，构造内的黄铁矿化、闪锌矿化、方铅矿化、方解石化和白云石化较围岩而言较高，因此 1163 中段 4 号穿脉内的构造岩可能为含矿构造。

表 5-15 会泽麒麟厂矿区 1163 中段 4 号穿脉迁入元素的增长指数

样品号	岩性	Z_{CaO}	Z_{MgO}	Z_{TFe}	Z_{Zn}	Z_{Pb}	矿化蚀变带
4-1	灰白色粗晶白云岩	0. 11	0. 11	0. 10	4. 23	1. 02	灰白色矿化粗晶白云岩带（Ⅳ）
4-3		0. 01	0. 01	0. 01	0. 18	0. 24	
4-5		0. 38	0. 39	0. 18	2. 13	5. 31	
4-8		1. 36	1. 47	3. 38	10. 77	17. 61	
4-10		1. 32	0. 70	0. 45	11. 44	24. 92	
4-12		1. 07	1. 93	41. 25	1771. 90	5535. 37	
4-15	灰白色粗晶白云岩	1. 48	1. 90	18. 00	501. 05	2053. 12	
4-18		1. 69	1. 70	2. 01	71. 45	133. 28	
4-19		1. 62	1. 76	3. 25	174. 16	197. 34	
4-24		0. 82	0. 80	1. 30	136. 54	107. 05	
4-29		1. 69	1. 74	4. 35	19. 55	41. 42	
4-13	米黄色粗晶白云岩	1. 66	1. 76	2. 85	67. 32	144. 63	米黄色粗晶白云岩带（Ⅲ）
4-14	铅锌矿石	0. 30	0. 83	42. 44	9374. 23	12379. 11	铅锌矿石带（Ⅴ）
4-20		0. 02	0. 06	49. 26	9533. 66	12379. 11	
4-21		0. 02	0. 06	57. 54	7666. 10	11815. 51	
4-22		0. 03	0. 06	49. 99	10385. 45	14452. 36	
4-23		0. 19	0. 20	61. 21	6117. 39	10849. 33	
4-25		0. 15	0. 25	5. 27	878. 51	1374. 48	
4-26		0. 40	0. 71	3. 22	5246. 45	5528. 58	
4-27		0. 02	0. 06	8. 53	22278. 60	30031. 92	
4-28		0. 17	0. 17	86. 19	264. 19	1892. 09	
4-2	构造岩	0. 47	0. 46	0. 34	29. 13	7. 05	
4-6		0. 83	0. 84	0. 53	9. 49	25. 10	
4-7		1. 68	1. 73	1. 66	22. 24	56. 58	
4-9		0. 03	0. 03	0. 09	1. 41	2. 95	
4-11		0. 04	0. 03	0. 18	1. 90	8. 42	
4-16		1. 66	1. 63	2. 02	108. 74	98. 62	

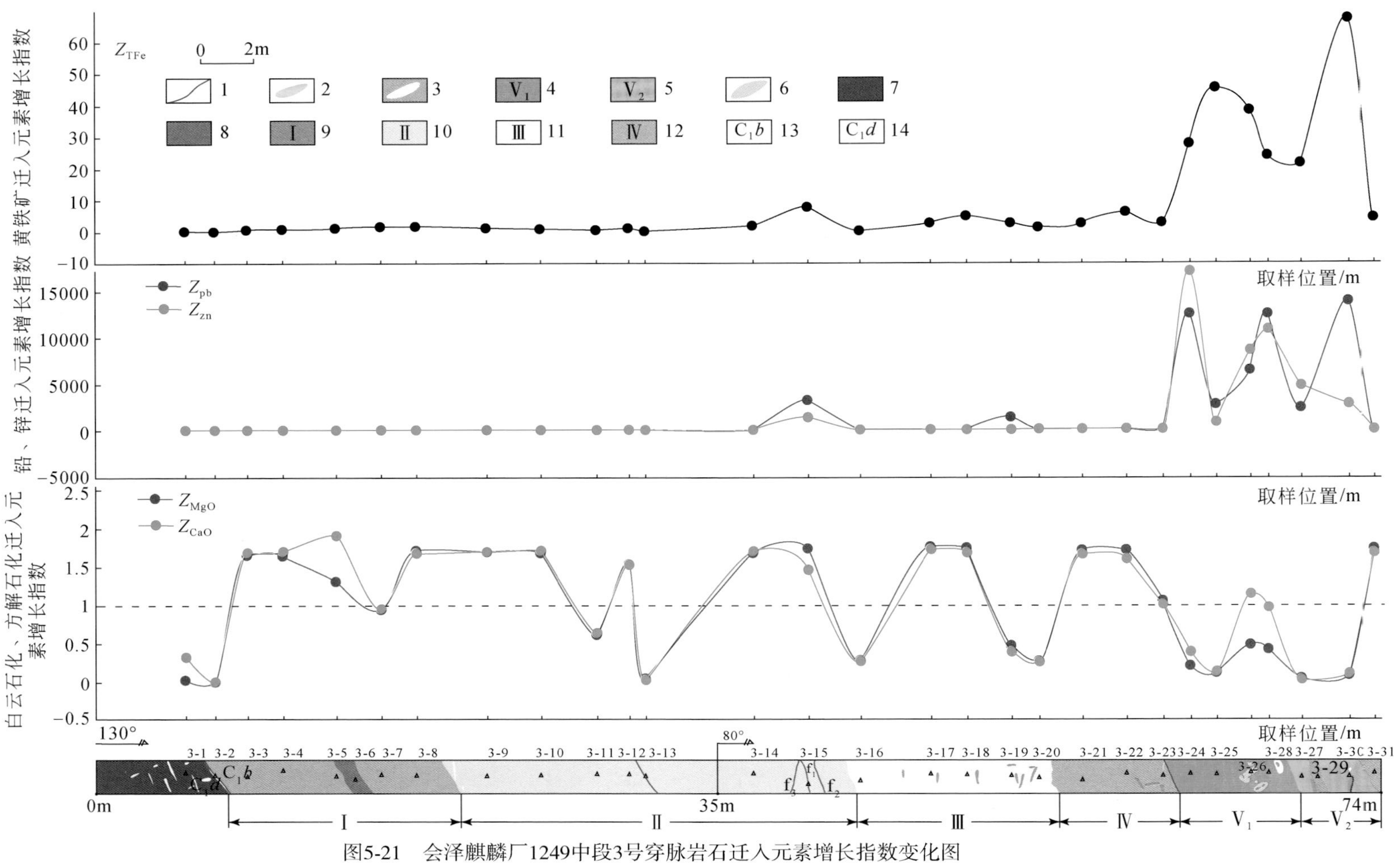

图5-21 会泽麒麟厂1249中段3号穿脉岩石迁入元素增长指数变化图

1.断层；2.黄铁矿化；3.方解石化；4.铅锌矿石带(Sp为主)；5.铅锌矿石带(Py为主)；6.白云石化；7.灰岩带；8.灰质蚀变残余；9.灰白色粗晶白云岩带；10.针孔状粗晶白云岩带；11.米黄色粗晶白云岩带；12.灰白色矿化粗晶白云岩带；13.下石炭统摆佐组；14.下石炭统大塘组

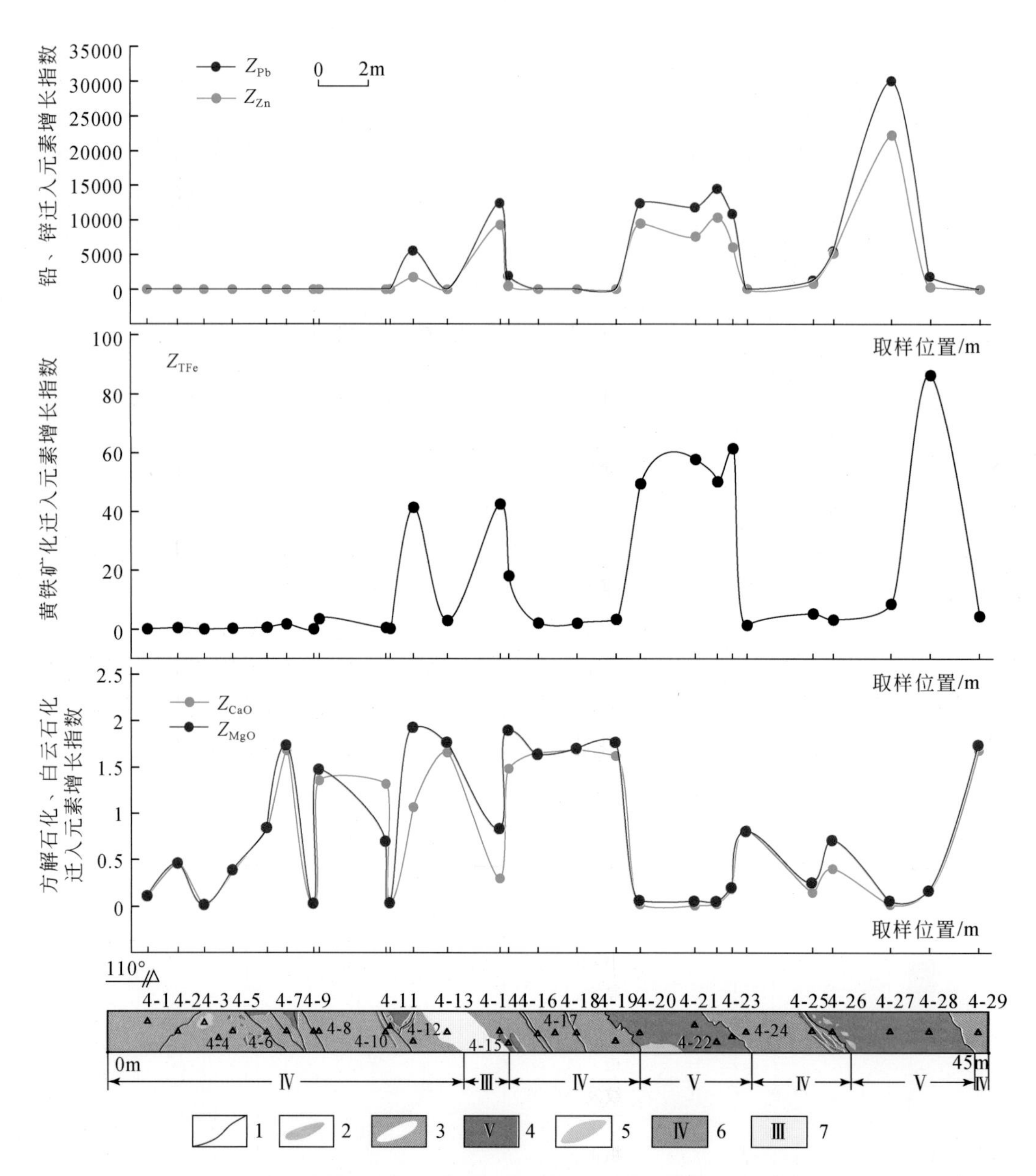

图 5-22 会泽麒麟厂 1163 中段 4 号穿脉岩石迁入元素增长指数变化图

1. 断层；2. 黄铁矿化；3. 方解石化；4. 铅锌矿石带；5. 白云石化；6. 灰白色粗晶白云岩带；7. 米黄色粗晶白云岩带

从图 5-21、图 5-22，可得以下认识。

（1）从远矿到近矿，Z_{TFe}、Z_{Pb}及Z_{Zn}总体呈增长趋势，其中矿体的Z_{TFe}、Z_{Pb}及Z_{Zn}值明显高于围岩，Z_{Pb}和Z_{Zn}值同步增长，结合Z_{TFe}、Z_{Pb}及Z_{Zn}增长指数的同步变化，进一步验证了铅锌矿化分带规律。

（2）Z_{MgO}与Z_{CaO}总体呈振荡分布，两者呈正相关关系，但铅锌矿石带的Z_{MgO}与Z_{CaO}值总体偏低。与矿化指数 Pb、Zn、Fe 具消长关系，部分样品的Z_{CaO}值高于Z_{MgO}值，应与蚀变白云岩灰岩蚀变残余和矿石中包裹的方解石和白云石有关。Z_{MgO}与Z_{CaO}呈振荡分布，应与白云石化、方解石化的不均一性有关，即热液与围岩的热液蚀变作用具有不均一性。

（3）断裂构造样品和蚀变带分界线样品的 Z_{MgO} 与 Z_{CaO} 均比较低，间接反映了水-岩反应相对较弱。

通过以上分析，能更有效地提取不同矿化蚀变分带内铅锌矿化、黄铁矿化、方解石化及白云石化等矿化蚀变信息，可以明确地指导并查明成矿地质体的空间分布特征，对于建立HZT铅锌矿床蚀变岩相分带模型及指导该类矿床深部和外围找矿勘查、提高找矿效率具有重要意义。

（四）矿化蚀变岩相分带机理讨论

通过矿化蚀变岩矿物组合、矿物结晶习性和交代蚀变作用中化学组分在各个矿化蚀变带中的变化规律研究，可以推断其形成环境的物理化学条件的变化。

根据上述矿化蚀变分带，从远矿到近矿，依次出现灰白色粗晶白云岩带（Ⅰ）→针孔状粗晶白云岩带（Ⅱ）→米黄色粗晶白云岩带（Ⅲ）→灰白色矿化粗晶白云岩带（Ⅳ）→铅锌矿化带（Ⅴ），其矿物组合和矿物结晶习性（表5-16）具四个特征：①白云石发育动态重结晶形成不规则晶边，晶内裂隙从细晶→粗晶、从晶内裂隙→穿晶裂隙，反映出，温度逐渐升高，围岩受构造流体的扰动程度逐渐加强；②黄铁矿从晶形不显→细粒状五角十二面体→五角十二面体、立方体的聚形或交代残留骸晶结构→中粗粒状五角十二面体，反映其形成温度逐渐升高；③白云石化增强，岩石内孔洞从稀疏到密集，说明热液对围岩的溶蚀作用由弱逐渐变强；④矿化程度由弱变强，反映温度逐渐升高，硫化物的沉淀表现为强还原环境。

表5-16　会泽铅锌矿床矿化蚀变分带特征

矿化蚀变分带	矿物组合	黄铁矿	白云石	方解石	闪锌矿	方铅矿	组分迁移
灰白色粗晶白云岩带（Ⅰ）	Dol-Cal-Py	细脉状；晶形不显	中-粗晶粒状、局部重结晶，发育不规则晶边、细小双晶纹及晶内裂隙	细小晶簇状的方解石发育于溶蚀孔洞内（少量）	无	无	Al_2O_3、TFe、CaO、MgO、Pb和Zn迁入；SiO_2迁出
针孔状粗晶白云岩带（Ⅱ）	Dol-Cal-Py	脉状、星点状充填于溶蚀孔洞中；细粒五角十二面体	粗晶粒状、发育密集穿晶裂隙及晶内裂隙	溶蚀孔洞内发育方解石晶簇	无	无	SiO_2、Al_2O_3、TFe、CaO、MgO、Pb和Zn迁出
米黄色粗晶白云岩带（Ⅲ）	Dol-Cal-Py-Sp-Gn	脉状、浸染状；中-细粒五角十二面体、立方体假象或交代残留骸晶结构	中-粗晶粒状、发育不规则晶边和短小的晶内裂隙	呈不规则团块状	细脉浸染状、团斑状	细脉浸染状、团斑状	Al_2O_3、TFe、Pb和Zn迁入；SiO_2、CaO、MgO迁出

续表

矿化蚀变分带	矿物组合	黄铁矿	白云石	方解石	闪锌矿	方铅矿	组分迁移
灰白色矿化粗晶白云岩带（Ⅳ）	Dol-Cal-Py-Sp-Gn-Q	脉状、稠密浸染状；五角十二面体	粗晶粒状、发育不规则晶边、密集的穿晶裂隙及短小的晶内裂隙	团块状	浸染状、脉状	浸染状、脉状	SiO_2、Al_2O_3、TFe、CaO、MgO、Pb和Zn迁入
铅锌矿石带（Ⅴ）	Sp-Py-Gn-Fe-Dol-Q	脉状、透镜状、块状	发育淡红色白云石，呈团块状	白色，呈团块状（直径较大）	脉状、团块状等	脉状、团块状等	SiO_2、Al_2O_3、TFe、Zn迁入；CaO、MgO、Pb迁出
	Py-Sp-Gn-Dol-Cal						

各矿化蚀变带间化学组分变化特征表明：成矿热液在沿断裂运移过程中，萃取基底和地层中的Pb、Zn等元素，同时改变围岩的化学成分，带走围岩中的Mg^{2+}、Ca^{2+}等成分。成矿热液在有利的空间和条件下发生沉淀，成矿热液中心越来越富Pb、Zn而贫Mg^{2+}、Ca^{2+}，其外侧恰恰相反（富集Mg^{2+}、Ca^{2+}，微弱富集Pb、Zn），而且成矿热液从成矿中心向外侧运移，形成白云石化、方解石化、硅化、黄铁矿化。

因此，矿床的矿化蚀变岩相表现出明显的物理-化学界面的转换：灰白色粗晶白云岩带（Ⅰ）主要表现出白云岩化，呈现相对碱性环境；针孔状粗晶白云岩带（Ⅱ）和米黄色粗晶白云岩带（Ⅲ）表现为白云石化、黄铁矿化、方解石化增强，局部伴随着铅锌矿化，表现为氧化→还原、碱性→弱酸性过渡的环境；灰白色矿化粗晶白云岩带（Ⅳ）则伴有矿化、黄铁矿化和硅化作用，表现为弱酸性、还原环境；铅锌矿化带（Ⅴ）主要表现为强还原、弱酸性-中性环境。

综合1249中段、1163中段、1274中段、1584中段矿化蚀变岩相分带研究，提出该矿床的矿化蚀变分带规律（图5-23）。

（1）从灰白色粗晶白云岩带（Ⅰ）→针孔状粗晶白云岩带（Ⅱ）→米黄色粗晶白云岩带（Ⅲ）→灰白色矿化粗晶白云岩带（Ⅳ）→铅锌矿石带（Ⅴ），自围岩向矿体中心，白云石化、方解石化、黄铁矿化呈现出由弱变强的变化规律。外围空白区的蚀变带数量减少，从地层C_1d→C_1b→C_2w，主要为浅灰色白云质灰岩带（$Ⅰ_0$）→灰白-白色中-细晶白云岩带（$Ⅰ_1$）→肉红色针孔状粗晶白云岩带（Ⅱ）→粗晶白云岩带带（Ⅲ）→浅灰色白云质灰岩带（$Ⅰ_0$）。

（2）不同蚀变带之间的主量元素和Pb、Zn的质量平衡计算表明，TFe、CaO、MgO、Pb、Zn保持迁入富集状态，其中TFe、Pb和Zn的迁入富集最为明显，米黄色粗晶白云岩带→灰白色矿化粗晶白云岩带阶段是各元素的主要富集阶段。

（3）AI、AI_{TFe}、AI_{Pb}及AI_{Zn}随着离矿体距离的减小而增大，而AI_{MgO}值在近矿蚀变部位高、矿体部位低，说明靠近矿体具强烈的白云石化。构造岩的AI_{Pb}、AI_{Zn}和AI_{TFe}值较围岩高。矿体的矿化指数AI>50%，而蚀变白云岩的AI值为35%～50%，构造岩的AI值较围岩高。

（4）从远矿到近矿，Z_{TFe}、Z_{Pb}及Z_{Zn}总体呈增长趋势，而Z_{MgO}与Z_{CaO}值则呈振荡分布。

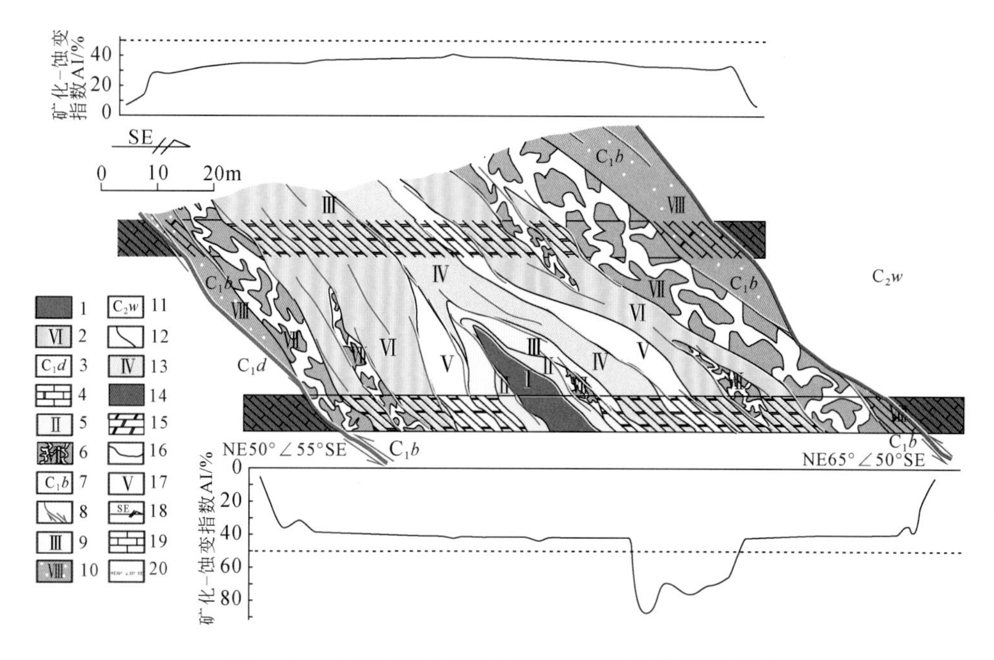

图 5-23　会泽富锗铅锌矿区深部矿化蚀变分带模式图

1. 铅锌矿石带；2. 肉红色粗晶白云岩带；3. 下石炭统大塘组；4. 白云质灰岩；5. 铅锌矿化黄铁矿石带；6. 网脉状粗晶白云石带；7. 下石炭统摆佐组；8. 断裂及运动方向；9. 矿化灰白色粗晶白云岩带；10. 弱白云石化灰岩带；11. 下石炭统威宁组；12. 蚀变带界线；13. 灰白色粗晶白云岩带；14. 未蚀变围岩；15. 蚀变粗晶白云岩；16. 地形线；17. 米黄色粗晶白云岩带；18. 剖面方向；19. 灰岩；20. 产状

其中，矿体的 Z_{TFe}、Z_{Pb}及 Z_{Zn}值明显高于围岩，而 Z_{MgO}与 Z_{CaO}值则低于围岩。Z_{CaO}值>1 时显示方解石化较强。

(5) 该矿床的形成经历物理化学条件的变化：从早阶段到晚阶段，呈现相对碱性环境→氧化-还原、碱性-弱酸性的过渡环境→弱酸性、还原环境→强还原、弱酸性-中性环境的变化。因此，成矿物理化学界面控制了矿体的分布，但本质上受成矿构造所控制。

第二节　毛坪大型富锗铅锌矿床

一、矿化蚀变岩相分带研究

通过不同中段多条穿脉的详细观察和编录（图 5-24），发现不同的矿化蚀变带的蚀变类型、蚀变强度、蚀变矿物和矿化类型差异明显。不管在平面上，还是在剖面上，蚀变强度总体上呈现以矿体为中心向外依次减弱的变化趋势，岩矿石矿化蚀变组合、产出特征、组构、矿物共生组合及形成条件也呈明显变化。从Ⅰ号矿体矿石带（Ⅰ. 闪锌矿-方铅矿-黄铁矿矿石相带）到蚀变白云岩的上下盘，可圈定三个蚀变岩相带，依次为近矿带（Ⅱ. 强铁白云石化-黄铁矿化针孔状粗晶白云岩相带），过渡带（Ⅲ. 强白云石化、方解石化中粗晶白云岩相带）和远矿带（Ⅳ. 方解石化中细晶白云岩相带）（表 5-17，图 5-24 ~ 图 5-26）。

表 5-17　不同矿化蚀变岩相带主要特征简表

分带	矿化蚀变岩相带	主要矿化蚀变类型及其强度	主要矿物及其产出特征	特征矿物的结构	形成条件
Ⅰ	矿石带（闪锌矿–方铅矿–黄铁矿矿石相带）	铅锌矿化、强黄铁矿化、强铁白云石化及硅化	上部黄铁矿呈细粒状；中下部闪锌矿呈深棕褐色–黑褐色粗粒状；矿体呈浸染状、脉状和囊状分布于铁白云岩内，方解石呈脉状和团块状，见团块状石英	闪锌矿、方铅矿、黄铁矿呈自形–半自形晶粒状、共边、交代、压碎结构	中高温、中低盐度、中性为主、还原
Ⅱ	近矿带（强铁白云石化–黄铁矿化针孔状粗晶白云岩相带）	强铁白云石化、强黄铁矿化、强硅化	铁白云石呈粗粒状；黄铁矿呈团块状、脉状；石英呈细脉状和微粒状	白云石、黄铁矿呈粒状、交代为主结构	中高温、中低盐度、弱酸性–弱碱性、还原
Ⅲ	过渡带（强白云石化、方解石化中粗晶白云岩相带）	强白云石化、中等黄铁矿化、强方解石化	白云石呈粗粒状；方解石呈脉状、团块状；黄铁矿呈脉状、团块状、浸染状	白云石、方解石、黄铁矿呈粒状、交代为主结构	中低温、中低盐度、碱性
Ⅳ	远矿带（方解石化中细晶白云岩相带）	强–中等方解石化、白云石化	白云石呈粗粒状；方解石呈网脉状、团块状；黄铁矿呈星点状	白云石、方解石呈粒状、交代结构	低温、中盐度、碱性

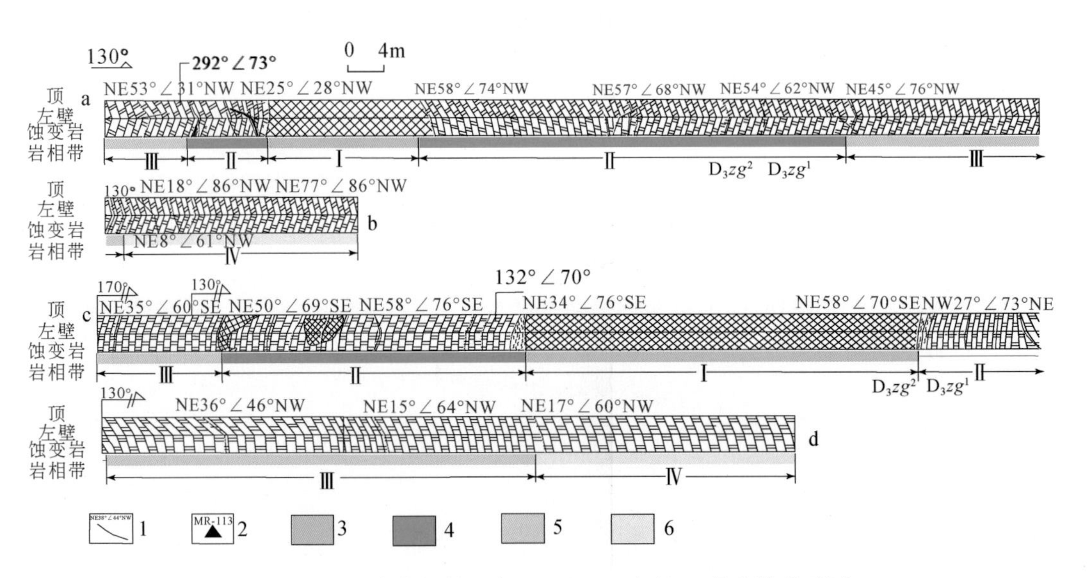

图 5-24　毛坪富锗铅锌矿床 760 和 670 中段 98 号穿脉编录图

a、b. 760 中段；c、d. 670 中段。1. 断裂及产状；2. 样品及编号；3. 矿体（Ⅰ）；4. 近矿带（Ⅱ）；5. 过渡带（Ⅲ）；6. 远矿带（Ⅳ）

对比 760 和 670 两个中段 98 号穿脉，两者具有相同的蚀变岩相分带规律（图 5-24）：从铅锌矿石相带→强蚀变矿化白云岩相带→蚀变白云岩相带→弱蚀变白云岩相带，构造岩–岩相也呈脆性变形→脆性兼韧性变形分带的规律。

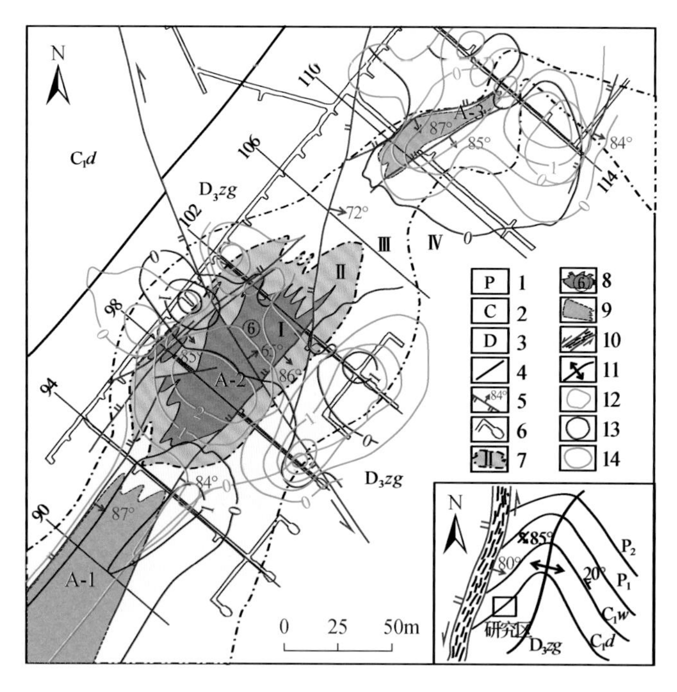

图5-25　毛坪富锗铅锌矿床Ⅰ号矿体670中段蚀变岩相分带与构造地球化学异常综合图

1. 二叠系；2. 石炭系；3. 泥盆系；4. 地层界线；5. 逆断层及产状；6. 坑道；7. 蚀变分带及编号；8. 矿体及编号；9. 深部找矿靶区；10. 主断裂带及运动方向；11. 背斜；12. Zn-Fe-Pb-Cu-Cd等组合异常；13. Fe-Cr-Co-Ni-Mo组合异常；14. Bi-Th-U组合异常

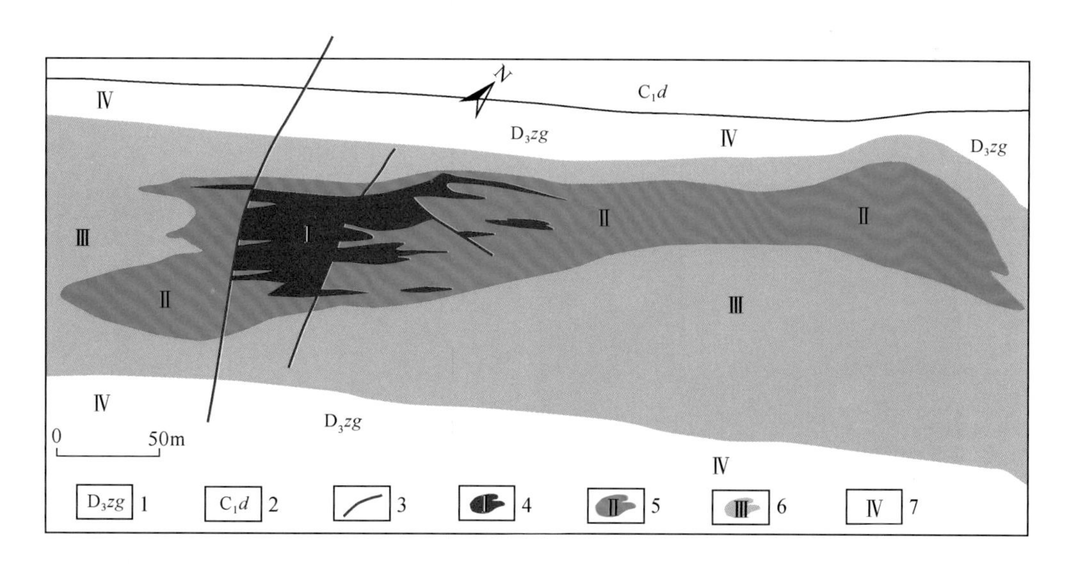

图5-26　毛坪富锗铅锌矿床Ⅰ-6号矿体760中段蚀变岩相分带图

1. 上泥盆统宰格组；2. 下石炭统大塘组；3. 断层；4. 矿石带；5. 近矿带；6. 过渡带；7. 远矿带

（一）铅锌矿石相带

铅锌矿石相带可划分为以下三个亚相带。

1）Ⅰ-1：杂色含脉状、条带状铅锌矿的黄铁矿矿石亚相带

矿石矿物：黄铁矿最多，其次为闪锌矿和少量方铅矿，闪锌矿和方铅矿主要呈脉状和条带状及少量团块状分布于致密块状黄铁矿中；脉石矿物主要为团块状方解石和细粒状石英（图 5-27）。

闪锌矿和方铅矿呈脉状、条带状及团块状标本照片

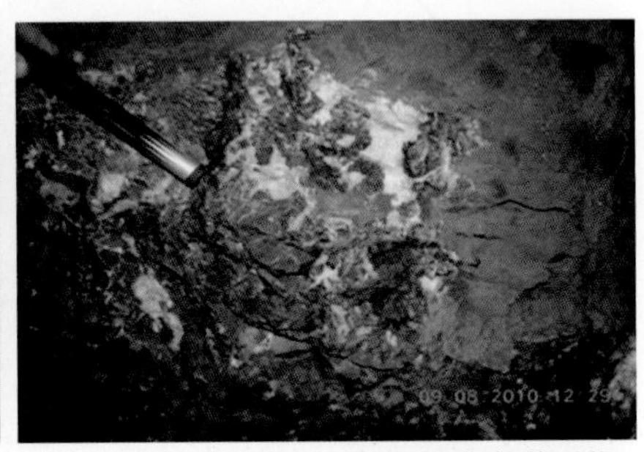

致密块状黄铁矿中团块状方解石和细粒状石英，闪锌矿和方铅矿呈脉状、条带状及团块状标本照片

块状黄铁矿矿石含条带状闪锌矿（标本照片）

块状黄铁矿矿石含闪锌矿细脉（标本照片）

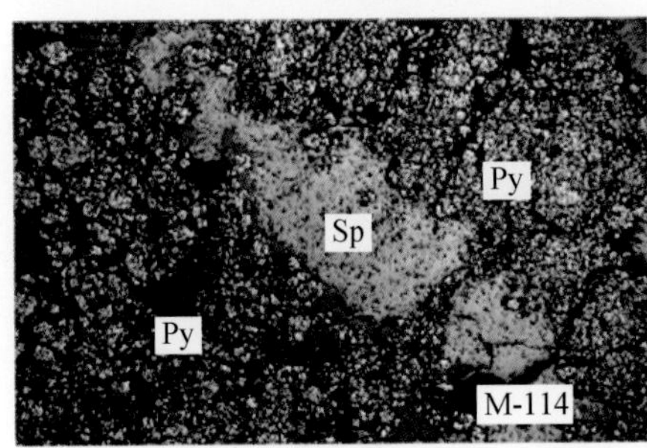

交代结构：闪锌矿被黄铁矿交代残余结构（镜下照片）

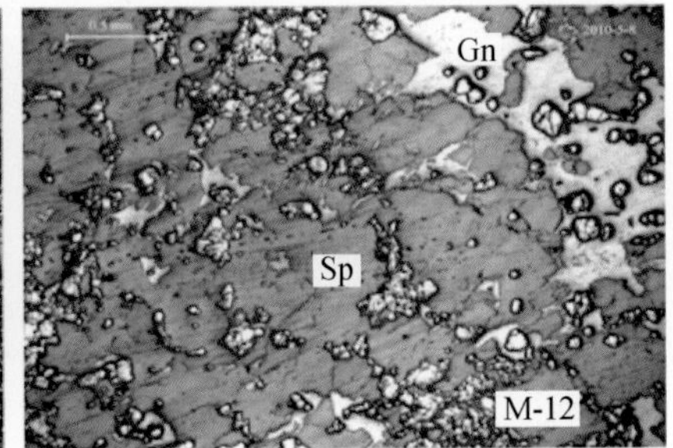

交代残余结构：方铅矿被闪锌矿交代呈溶蚀交代结构（镜下照片）

图 5-27　杂色含脉状、条带状铅锌矿的黄铁矿矿石亚相带矿石组构照片

2）Ⅰ-2：棕褐色致密块状铅锌矿石亚相带

矿石矿物：主要为闪锌矿（棕褐色），其次为黄铁矿和方铅矿，黄铁矿主要呈脉状、网脉状分布于铅锌矿中；方铅矿多与闪锌矿共生。脉石矿物：少见，主要为细粒状石英（图 5-28）。

块状闪锌矿(棕褐色)-方铅矿矿石(标本照片)

晚阶段闪锌矿-方铅矿呈脉状、网脉状分布于块状铅锌矿石中(标本照片)

棕褐色致密块状铅锌矿石(标本照片)

棕褐色致密块状铅锌矿石(标本照片)

交代残余结构：闪锌矿交代黄铁矿方铅矿交代闪锌矿呈残余结构(镜下照片)

共边结构：闪锌矿和方铅矿共生呈粗晶结构(镜下照片)

图 5-28　棕褐色致密块状铅锌矿石亚相带矿石组构照片

3）Ⅰ-3：浅黄色致密块状黄铁矿石亚相带

矿石矿物：主要为黄铁矿，以及较少量的闪锌矿和方铅矿，闪锌矿和方铅矿主要呈团块状和脉状分布，局部亦见致密块状。脉石矿物：少见，为团块状方解石和细粒状石英（图 5-29）。

闪锌矿、方铅矿主要呈团块状和脉状分布于块状黄铁矿矿石中(标本照片)

闪锌矿、方铅矿主要呈脉状分布于块状黄铁矿矿石中(标本照片)

致密块状黄铁矿矿石(标本照片)　　含脉状闪锌矿的黄铁矿矿石(标本照片)

交代残余结构：黄铁矿交代方铅矿呈残余结构(镜下照片)　　交代结构、填隙结构：闪锌矿交代黄铁矿后期，方铅矿沿闪锌矿和黄铁矿的裂隙充填Py→Sp→Gn(镜下照片)

图 5-29　浅黄色致密块状黄铁矿矿石亚相带矿石组构照片

（二）近　矿　带

该岩相带紧邻矿体，且环绕矿体分布，其形态与矿体相似，在平面上呈不规则囊状，宽 15～35m，长 200～300m，长轴方向 NE-SW，与地层走向一致。其主体部分位于上泥盆统宰格组二段（D_3zg^2）地层中，只有极小一部分位于第一段（D_3zg^1）中。

该带内白云石的重结晶作用明显，主要矿物为半自形粗粒白云石，含量75%～80%，粒度 0.02～2mm，它是原生白云石经强烈的热液白云石化而形成。同时黄铁矿化、方解石化和硅化都强烈发育，并零星分布浸染状的铅锌矿化。黄铁矿主要呈细脉状沿白云岩节理和裂隙分布，也有的呈团块状分布于白云岩中，少量黄铁矿呈星点状分布；方解石则主要呈团块状和脉状，以及沿着白云岩的节理、裂隙呈面状分布；硅化的岩石硬度较大，敲击声清脆，岩石碎块棱角明显，肉眼基本看不到石英颗粒，镜下主要为微粒状石英及少量玉髓呈粒状交代白云石，由于交代不彻底，常见其保留白云石解理和晶形而呈假象交代结构（图 5-30）。

a　　b

图 5-30 近矿带岩石（a、b）标本及其镜下照片（c、d）

M-113. 灰色强黄铁矿化强硅化粗晶化白云岩。网脉状构造；半自形-他形粗粒变晶结构、交代结构、假象交代结构。黄铁矿（Py）主要呈网脉状、脉状沿白云岩的裂隙分布。镜下见白云石（Dol）呈中-粗粒状，半自形-他形，并见石英（Q）交代白云石不完全，保留白云石的晶形和两组解理，（+10）×4。采样位置：670 中段 98 号穿脉。M-122. 灰白色强硅化粗晶白云岩。块状构造；半自形粗粒结构、交代结构。镜下可见石英（Q）交代白云石（Dol）。（+）10×4。采样位置：670 中段 98 号穿脉

（三）过 渡 带

该带位于Ⅱ带外围，主体产于上泥盆统宰格组二段（D_3zg^2）和一段（D_3zg^1）地层中，呈极不规则的带状，宽 15～150m，总体走向 NE-SW，与地层走向一致。在 110 号和 114 号穿脉附近，因靠近背斜核部地层发生明显的转折，蚀变带也随之倒转。

蚀变带内主要矿物为半自形粗粒状白云石、交代白云石，次为方解石、黄铁矿和石英等。此外，有机质较发育是本带的一个显著特点，主要呈团块状分布于断裂带及其附近，常与方解石共生，镜下多见有机质呈不规则状分布于白云岩及其裂隙中。白云石呈半自形粒状，含量 80%～85%，粒度 0.02～0.4mm。方解石主要呈脉状和团块状，沿白云岩的节理、裂隙呈面状分布；石英呈他形粒状交代白云石；黄铁矿呈脉状、团块状和浸染状分布于白云岩中（图 5-31）。

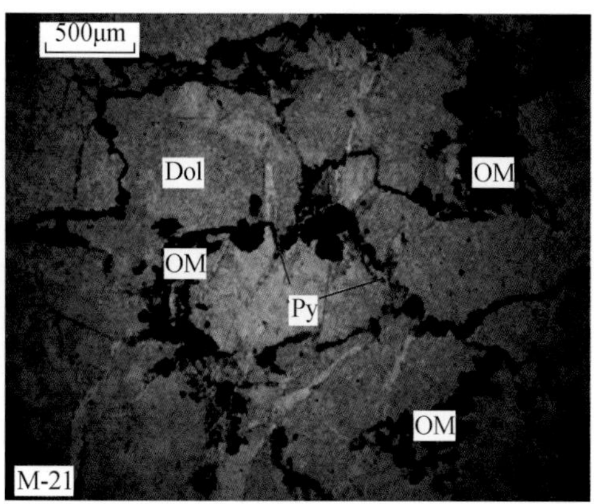

图 5-31　过渡带蚀变岩石（a、b）及其镜下照片（c、d）

M-21. 深灰色强方解石化有机质较多的黄铁矿化白云岩。脉状构造；粗晶白云岩粒状结构，岩石裂隙充填有机质和黄铁矿细脉，白云石（Dol）呈他形-半自形粒状；有机质（OM）呈不规则状分布于白云石及其裂隙中；方解石（Cc）呈脉状沿白云石（Dol）裂隙分布；黄铁矿（Py）呈半自形粒状，(−)10×4；采样位置：760 中段 98 号穿脉。M-124. 深灰色有机质方解石化白云岩。块状构造，脉状构造；粒状结构。白云石（Dol）呈他形-半自形粒状；有机质（OM）呈不规则状分布于白云石及其裂隙中；方解石（Cc）呈脉状，可分两期，见前期脉被后期脉错断，(−)10×4。采样位置：760 中段 98 号穿脉

（四）外　带

外带主要矿物为他形-半自形中粗粒状白云石、交代白云石，其次为方解石、石英和黄铁矿。方解石化较前两个带有所减弱，主要呈网脉状和团块状分布。硅化肉眼较难判别，镜下可见，主要为石英呈他形粒状交代白云石。黄铁矿化很弱，呈星散状分布于白云岩中，偶见团块状（图 5-32）。

二、蚀 变 指 数

毛坪富锗铅锌矿床矿化蚀变岩主量元素见表 5-18，由表可以得出以下特征。

(1) 主量元素以 CaO 和 MgO 为主。近矿带（Ⅱ带）CaO 含量 26.26% ~29.11%，平均

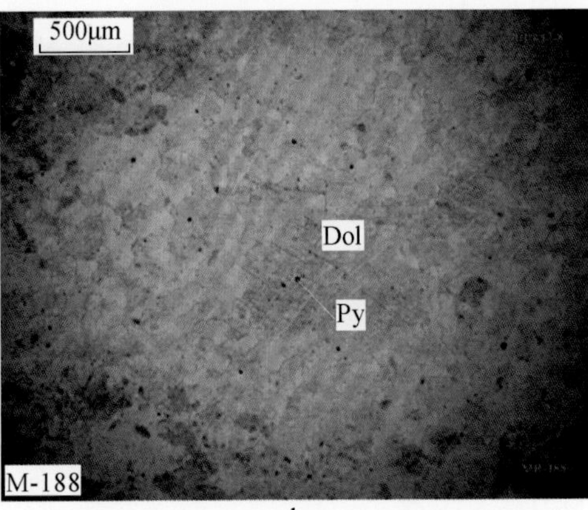

c

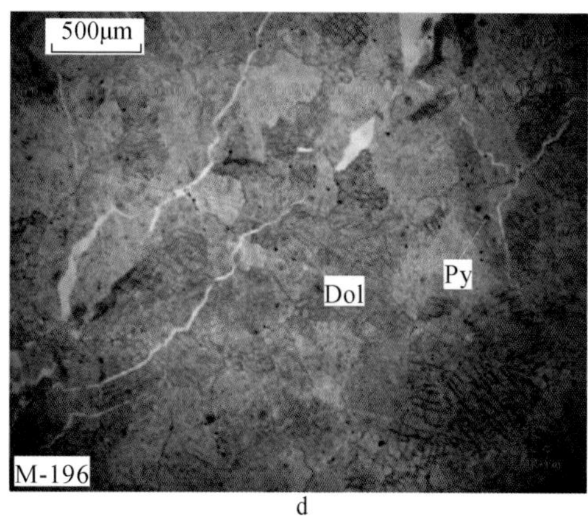

d

图 5-32 外带岩石（a、b）及其镜下照片（c、d）

M-188. 褐色方解石化弱黄铁矿化白云岩。网脉状构造，粒状结构。方解石（Cc）呈网脉状分布；黄铁矿（Py）呈半自形-自形粒状分布于白云石（Dol）和方解石中，(-)10×4。采样位置：670 中段 114 号穿脉。M-196. 灰色方解石化弱黄铁矿化白云岩。块状构造，粒状结构。岩石裂隙较发育，方解石沿白云岩裂隙和解理呈面状分布。黄铁矿（Py）呈半自形-自形粒状星点状分布于白云石（Dol）中，(-)10×4。采样位置为 670 中段 114 号穿脉

27.96%；MgO 含量 17.73% ~19.87%，平均 18.80%；CaO+MgO 含量为 43.99% ~48.98%，平均 46.76%；CaO/MgO 的摩尔数之比为 1.05 ~1.08，平均 1.06，可能是强烈的方解石化带入了大量的 Ca^{2+}，而使 CaO/MgO 偏高；SiO_2 含量 0.5% ~3.68%，平均 1.57%；FeO 含量 0.71% ~1.22%，平均 0.90%；Fe_2O_3 含量 2.37% ~14.20%，平均 8.43%；FeO/Fe_2O_3 变化较大，为 0.05 ~0.51，平均 0.22；Na_2O 含量 0.04% ~0.13%，平均 0.1%；K_2O 含量 0.04% ~0.09%，平均 0.06%。

（2）过渡带（Ⅲ带）内 CaO 含量 30.70% ~32.47%，平均 31.45%；MgO 含量 17.12% ~20.80%，平均 19.53%；CaO+MgO 为 48.32% ~52.71%，平均 50.98%；CaO/MgO的摩尔数之比为 1.06 ~1.30，平均 1.16，较Ⅱ带高，与方解石化强有关；SiO_2 含量为 0.49% ~2.86%，平均 1.51%，比Ⅱ带均值稍低，Ⅱ带的硅化比Ⅲ带强烈；FeO 含量 0.19% ~1.16%，平均 0.58%；Fe_2O_3 含量 0.40% ~3.22%，平均 1.58%；FeO/Fe_2O_3 为 0.18 ~0.79，平均 0.48；Na_2O 含量 0.04% ~0.11%，平均 0.07%；K_2O 含量 0.01% ~0.49%，平均 0.13%。

（3）因白云石化、黄铁矿化和硅化在本矿床中的特殊性，对 Ishikawa 等（1976）的蚀变指数计算式 $(K_2O+MgO)/(K_2O+Na_2O+MgO+CaO)\times100\%$ 适当修改，确定毛坪矿床蚀变指数计算式为 $(MgO+TFe+SiO_2)/(MgO+TFe+SiO_2+CaO+MnO_2)\times100\%$。

近矿带（Ⅱ带）蚀变指数在 47.92 ~55.75，平均 51.26（表 5-18）；而过渡带（Ⅲ带）蚀变指数在 39.69 ~43.88，平均 42.34，明显低于近矿带。

由图 5-33 可见，从近矿带（Ⅱ带）到过渡带（Ⅲ带），矿化蚀变指数呈明显的递减趋势，说明过渡带的蚀变程度较近矿带弱。根据蚀变岩相带之间的空间分布特征，从矿体向围岩矿化蚀变指数逐渐减小，即以矿体为中心，随着远离矿体，矿化蚀变程度逐渐降低。

表 5-18　毛坪富锗铅锌矿床 670 中段 I 号矿体分布区蚀变岩化学成分及其特征参数表

岩相带	样号	蚀变特征	SiO_2	TiO_2	Al_2O_3	Fe_2O_3	FeO	MnO	MgO	CaO	Na_2O	K_2O	P_2O_5	LOI	合计	MgO+CaO	$(CaO/MgO)_m$	FeO/Fe_2O_3	蚀变指数
近矿带（Ⅱ）	M-113	强黄铁矿化，强硅化	0.53	0.01	0.47	14.20	0.71	0.08	17.73	26.26	0.13	0.06	0.02	39.62	99.83	43.99	1.06	0.05	55.75
	M-122	强方解石化，强硅化	3.68	0.01	0.68	2.37	1.22	0.39	19.87	29.11	0.04	0.09	0.02	42.85	100.33	48.98	1.05	0.51	47.92
	M-152	强黄铁矿化，强方解石化	0.50	0.01	0.50	8.71	0.77	0.12	18.80	28.52	0.13	0.04	0.02	42.13	100.25	47.32	1.08	0.09	50.12
	平均（3）		1.57	0.01	0.55	8.43	0.90	0.20	18.80	27.96	0.10	0.06	0.02	41.53	100.14	46.76	1.06	0.22	51.26
过渡带（Ⅲ）	M-102	方解石化	0.86	0.01	0.42	0.51	0.40	0.04	20.80	31.33	0.04	0.08	0.02	45.52	100.02	52.13	1.08	0.79	41.83
	M-124	强方解石化，黄铁矿化	0.49	0.00	0.14	2.53	0.45	0.06	20.58	30.70	0.10	0.01	0.02	44.56	99.66	51.28	1.07	0.18	43.88
	M-126	方解石化	0.56	0.01	0.34	0.40	0.19	0.03	20.23	32.47	0.11	0.05	0.02	45.61	100.03	52.71	1.15	0.47	39.69
	M-130	强方解石化，黄铁矿化	2.79	0.01	0.56	1.23	0.71	0.18	18.92	31.56	0.06	0.04	0.02	44.26	100.34	50.48	1.19	0.58	42.70
	M-154	有机质化，方解石化	2.86	0.06	1.77	3.22	1.16	0.29	17.12	31.20	0.06	0.49	0.02	42.65	100.91	48.32	1.30	0.36	43.61
	平均（5）		1.51	0.02	0.65	1.58	0.58	0.12	19.53	31.45	0.07	0.13	0.02	44.52	100.19	50.98	1.16	0.48	42.34

注：①（CaO/MgO）$_m$ 为 CaO 与 MgO 的摩尔数之比，其余比值为质量分数之比。②分析单位：西北有色地质研究院测试中心。③分析方法：化学分析。④蚀变指数 MR 计算式：$MR=[(MgO+TFe+SiO_2)/(MgO+TFe+SiO_2+CaO+MnO)]\times 100\%$。各化学成分单位为%

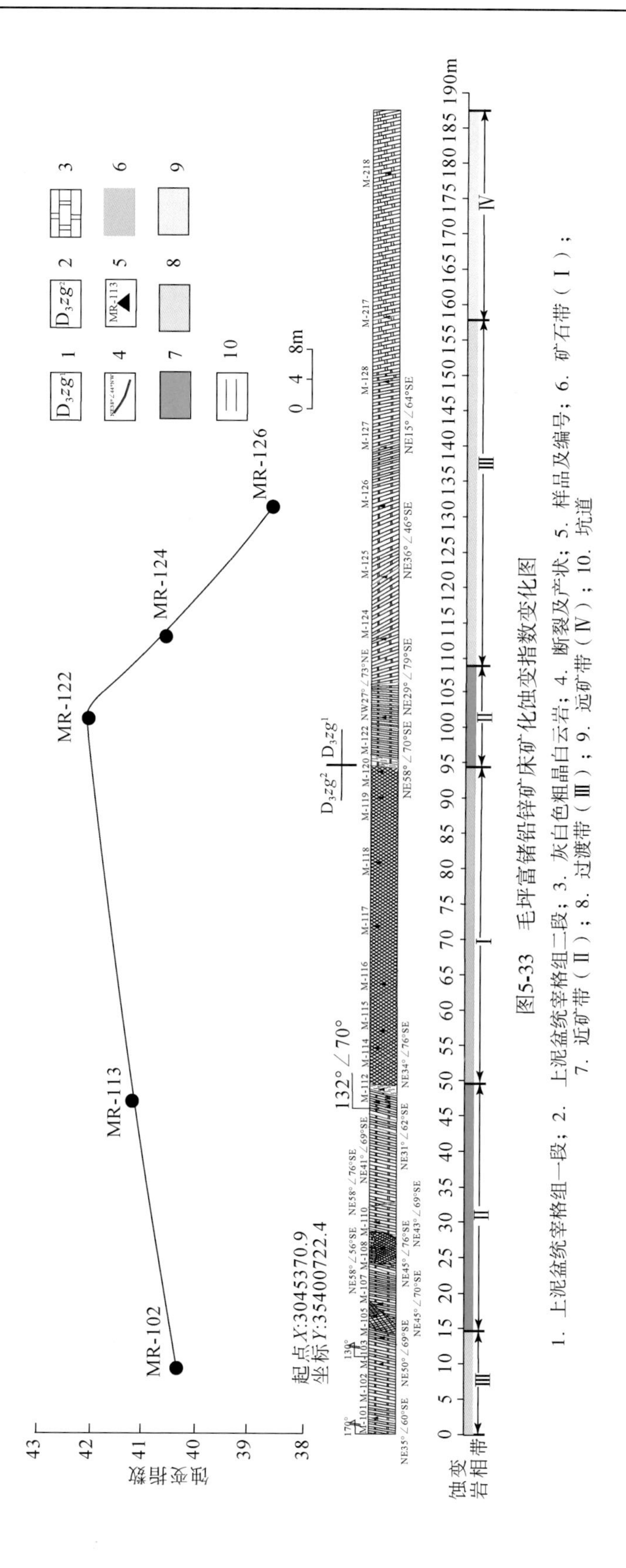

图5-33　毛坪富锗铅锌矿床矿化蚀变指数变化图

1. 上泥盆统宰格组一段；2. 上泥盆统宰格组二段；3. 灰白色粗晶白云岩；4. 断裂及产状；5. 样品及编号；6. 矿石带（Ⅰ）；7. 近矿带（Ⅱ）；8. 过渡带（Ⅲ）；9. 远矿带（Ⅳ）；10. 坑道

第三节　乐红-小河大型富锗铅锌矿床

一、矿化蚀变分带规律

通过乐红矿区1290、1640、1690中段与小河老伙房6号坑3号穿脉、炉房沟6号坑2号穿脉、老伙房6号坑991中段1号穿脉、炉房沟2号坑2中段6号和2号穿脉蚀变岩相填图，划分矿化蚀变分带。

（一）矿化蚀变分带划分

自围岩（即各穿脉坑口）向矿体中心（近主干断裂），矿化蚀变矿物组合呈现出蚀变强度依次增强的特征。在研究各穿脉中不同蚀变矿物类型、共生组合特征和各蚀变的强度差异的基础上，结合矿物的共生关系及结构构造等特征（表5-19），把1290、1640及1690中段的围岩蚀变划分了三个带：弱蚀变白云岩带（矿化边缘带，Ⅰ），强黄铁矿化、硅化、蚀变白云岩带（矿化过渡带，Ⅱ）及强铅锌矿化带（矿化中心带，Ⅲ）（图5-34～图5-39）。

表5-19　各蚀变岩相带蚀变类型、矿物、结构及矿化特征

分带号	岩相带	蚀变类型及其强度	主要矿物及其组构特征	矿化类型
Ⅰ	矿化边缘带	弱白云石化、方解石化、弱硅化、弱黄铁矿化	白云石呈粗粒状；方解石呈网脉状、团块状；石英呈微粒状和细脉状，黄铁矿呈星点状；细粒状结构、交代结构	少量黄铁矿化，无闪锌矿化、方铅矿化
Ⅱ	矿化过渡带	强白云石化、中-强等黄铁矿化、中等方解石化、中-强硅化	白云石呈粗粒状；方解石呈脉状、面状、团块状；黄铁矿呈脉状、团块状、浸染状；石英呈细脉状和微粒状；方铅矿、闪锌矿呈中-细晶粒状结构、交代结构、包含结构、浸染状交代结构	大量黄铁矿化，少量闪锌矿化、方铅矿化
Ⅲ	矿化中心带	强白云石化、强黄铁矿化、强方解石化、强硅化	白云石呈粗粒状；方解石呈团块状、脉状；黄铁矿呈块状、脉状；石英呈（细）脉状和微粒状；方铅矿、闪锌矿呈中-粗粒状结构、交代结构、包含结构、填隙结构	大量闪锌矿化、方铅矿化

1）*矿化边缘带（Ⅰ）*

主要矿物组合为白云石+方解石+少量黄铁矿。围岩主要为灰至灰白色细晶白云岩，发育细脉状、团块状方解石及白云石，脉体延伸较短，一般不超过50cm，脉体密度较小，一般1～2条/5m^2。白云石脉内或与围岩接触带中发育浸染状、团斑状黄铁矿。如图5-34～图5-39中Ⅰ所示。

2）*矿化过渡带（Ⅱ）*

主要矿物组合为白云石+方解石+黄铁矿+石英+少量铅锌矿。围岩主要为灰至灰白色碎裂细晶白云岩。沿构造、溶蚀裂隙形成网脉状、脉状、团块状白云石，白云石脉内偶见星点状闪锌矿。热液运移导致围岩矿物重结晶明显，构造应力作用及包裹，形成角砾状的白云岩。黄铁矿化程度较强，主要以粗脉状、网脉状，团斑状、浸染状产出。沿团斑状白云石外围发育不规则环状黄铁矿包裹白云石。石英主要呈半自形、他形粒状结构及交代结构，团斑状、脉状构造，与粗晶白云石化关系密切。如图 5-34 ~ 图 5-39 中Ⅱ所示。

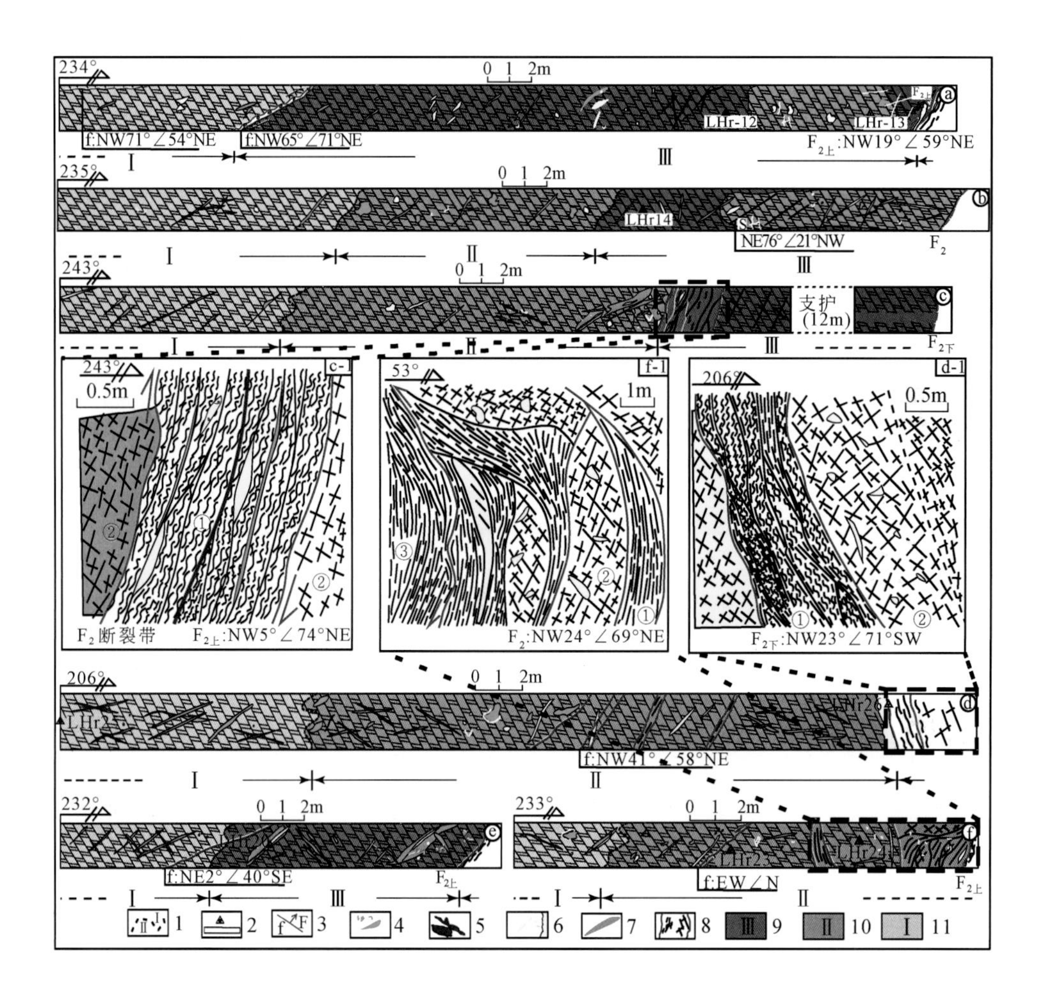

图 5-34　乐红富锗铅锌矿床 1290 中段坑道编录剖面图

a. 19 穿（131W）坑道；b. 15 穿（135W）坑道；c. 11 穿（138W）坑道；d. 5#上山（147W）坑道；e. 9 穿（140W）坑道；f. 7 穿（143W）坑道。c-1. 11 穿 F_2断裂素描图：①灰黑色片理化带，具碳质，内见白云石，方解石脉，黄铁矿透镜体。②灰黑色细晶碎裂白云岩。③灰黑色细晶碎裂白云岩，见铅锌矿体。d-1. ①灰黑色片理化断层泥，内发育条带状白云石脉，脉宽 3 ~ 4mm。②黄褐色绿泥石化碎裂、碎粉岩，少量黄铁矿；③灰黑色碎裂白云岩，具块状黄铁矿化。f-1. ①黄褐色、灰白色断层泥。②灰黑色细晶碎裂白云岩，发育黄铁矿。③灰黑色断层泥。1. 蚀变带界线；2. 采样点；3. 次级断裂及产状；4. 白云石化；5. 方解石化；6. 黄铁矿化；7. 矿体；8. F_2断裂带；9. 矿化中心带；10. 矿化过渡带；11. 矿化边缘带

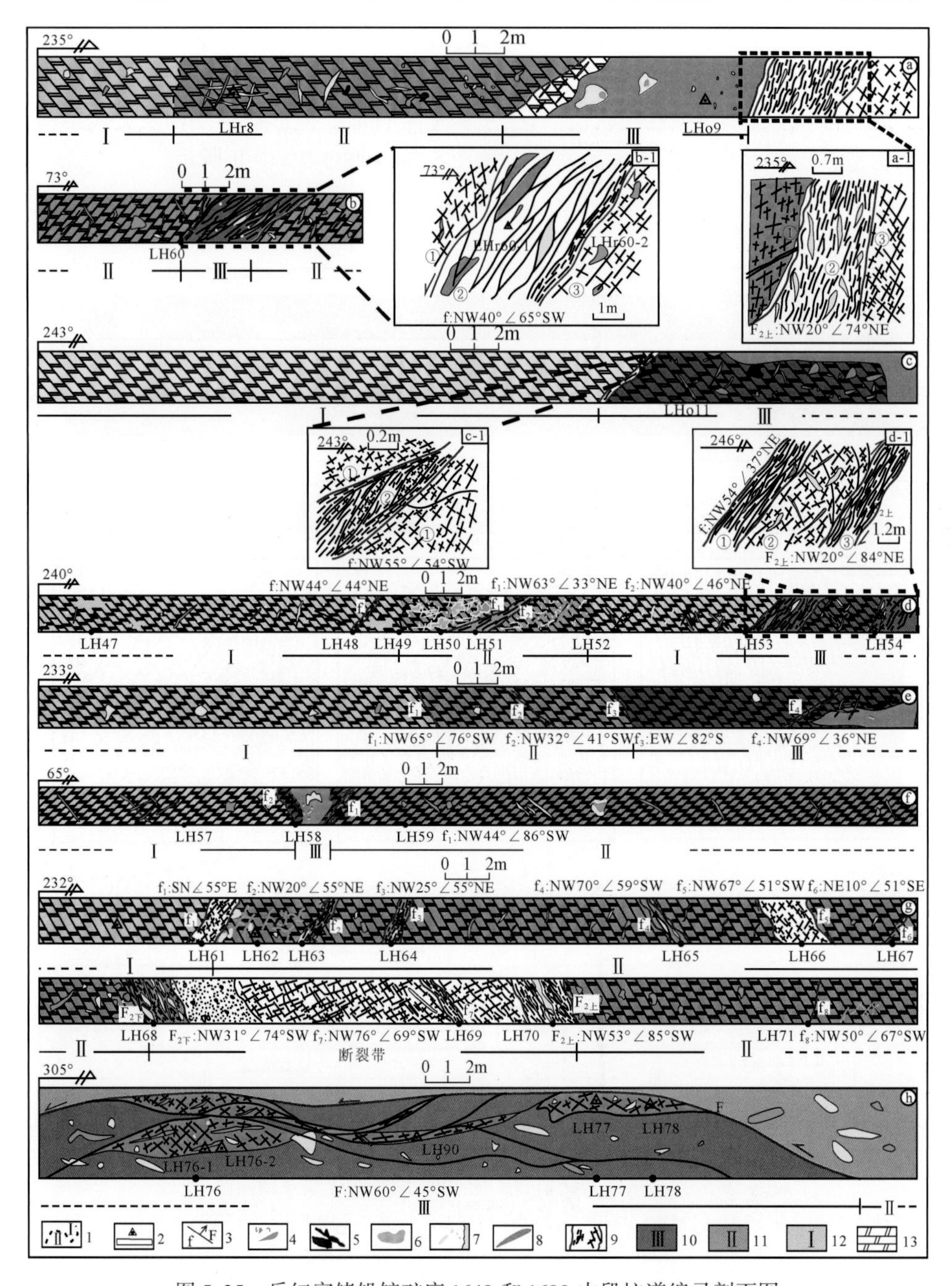

图 5-35　乐红富锗铅锌矿床 1640 和 1690 中段坑道编录剖面图

a. 1640 中段 98W 坑道；b. 1640 中段 13-2 号穿脉（112W）坑道；c. 1640 中段 100W 号穿脉坑道；d. 1640 中段 20 号穿脉（103W）坑道；e. 1640 中段 21 号穿脉坑道；f. 1640 中段 14 号穿脉（111W）坑道；g. 1690 中段右 19 号穿脉坑道；h. 1690 中段左二穿左拉底坑道。a-1. ①灰白色碎裂白云岩，具铅锌矿化；②碳泥质片理化、透镜体化带，③灰白色碎裂岩。b-1. ①灰白色 Dol、Py 化中细晶白云岩；②黄铁矿团块，黄铁矿呈透镜状，具网脉状闪锌矿；③灰色细晶块状白云岩，具团斑状、网脉状白云石。c-1. ①灰黑色碎裂白云岩，②NW 断裂带，带内为白云质碎裂岩及断层泥，d-1. ①黄褐色片理化断层泥，②黄铁矿团块，发育细脉状、浸染状方铅矿、闪锌矿，③灰黑色片理化碎裂岩、碎粉岩，内发育细粒黄铁矿，白云石脉。1. 蚀变带界线；2. 采样点；3. 次级断裂及产状；4. 白云石化；5. 方解石化；6. 重晶石化；7. 黄铁矿化；8. 矿体；9. F_2断裂带；10. 矿化中心带；11. 矿化过渡带；12. 矿化边缘带；13. 白云岩

3）矿化中心带（Ⅲ）

主要矿物组合为白云石+方解石+石英+黄铁矿+大量的铅锌矿。围岩为灰至灰黑色细晶碎裂硅质白云岩。粗晶白云岩呈网脉状、团斑状，在脉体及脉体与围岩接触带见脉状、小团块状闪锌矿、方铅矿等；交代结构明显。石英主要呈自形粒状结构，脉状构造。带内黄铁矿明显增多，呈透镜体状、块状产出。闪锌矿、方铅矿大量分布，呈粒状、脉状、浸染状、团块状产出，且相互穿插、包含。如图5-34～图5-39中Ⅲ所示。

观察发现，越靠近矿区的主干断裂F_2（乐红富锗铅锌矿床）和F_9（小河铅锌矿床），次级断裂越发育，矿化越强烈。尤其要引起注意的是，断裂下裂面，见块状黄铁矿发育，最厚处可达1m以上，黄铁矿内可见白云石化及铅锌矿化。此外，显微镜下观察发现自形、他形粒状石英分布于白云石、闪锌矿内，局部被闪锌矿包裹，与白云石接触部位无蚀变或蚀变较弱。

根据三个蚀变带的变化特征，可以看出蚀变强弱的变化关系：自围岩向矿体中心，呈现蚀变强度依次增强的特征，越靠近F_2和F_9断裂蚀变越强（图5-34～图5-39）。

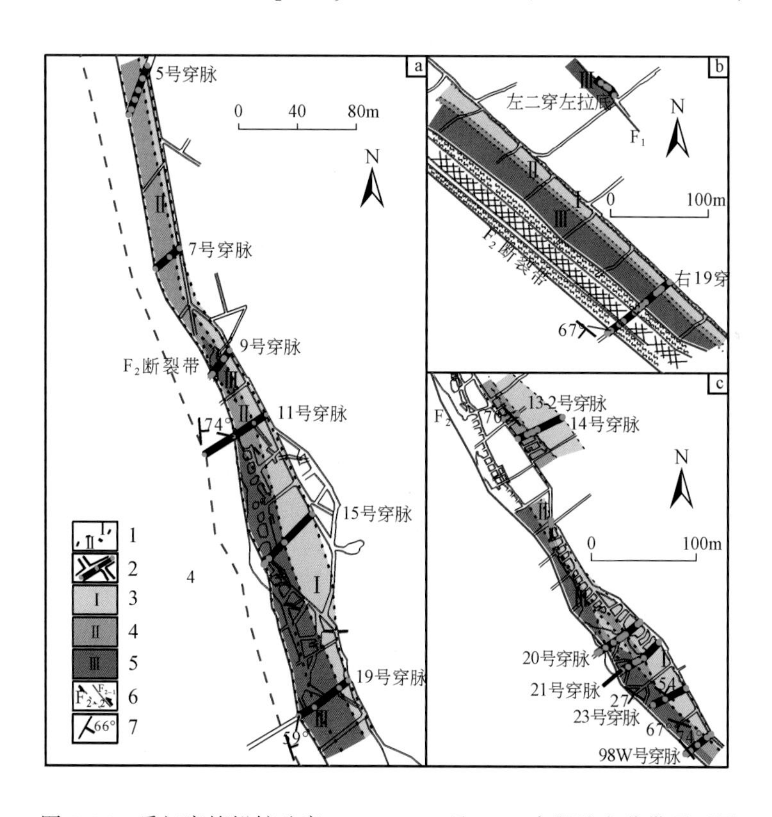

图5-36　乐红富锗铅锌矿床1290、1640及1690中段蚀变分带平面图

a. 1290中段；b. 1640中段；c. 1690中段。1. 矿化蚀变带界线；2. 填图剖面方位及观测点；3. 矿化边缘带；4. 矿化过渡带；5. 矿化中心带；6. F_2断裂；7. 断层产状

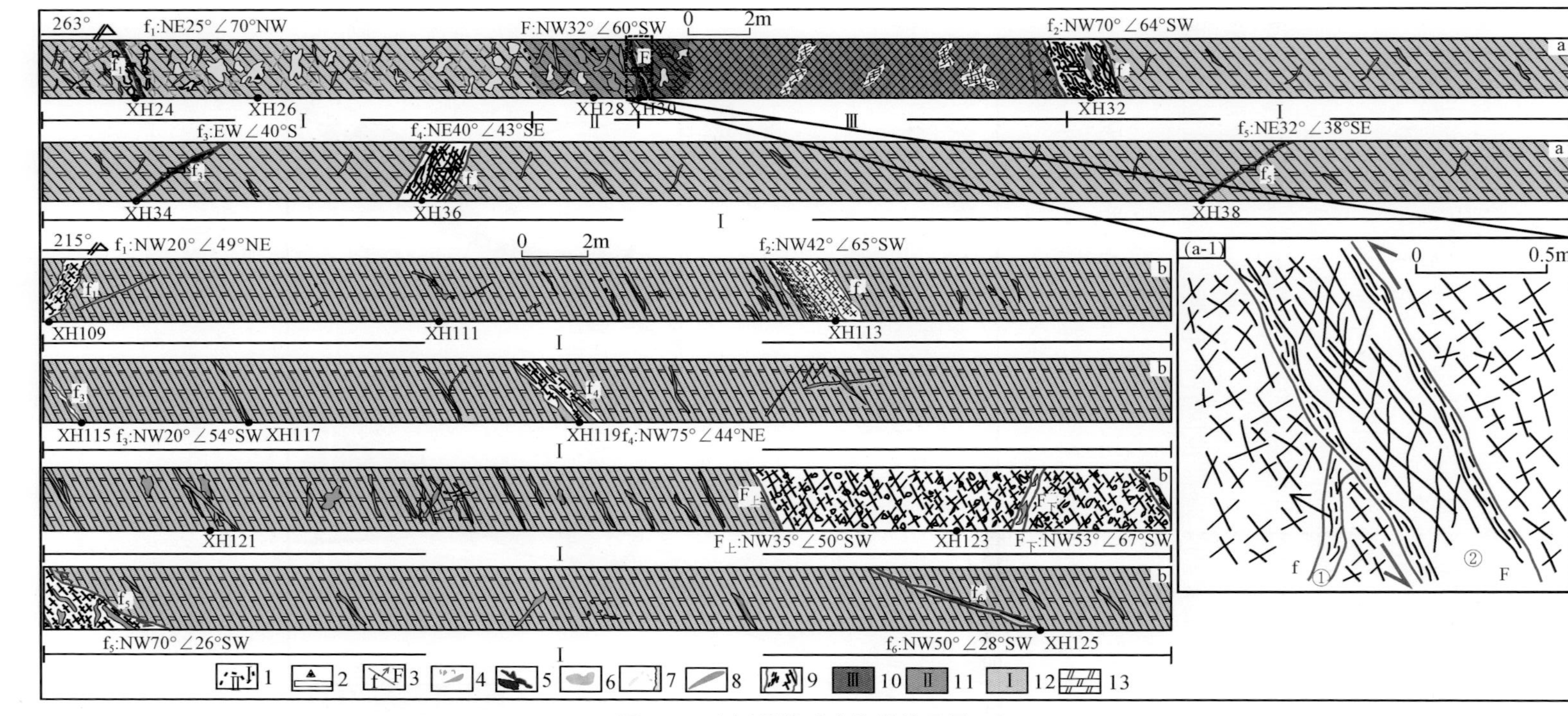

图5-37　小河铅锌矿床坑道编录图(一)

a．老伙房6号坑3号穿脉。a-1．老伙房6号坑3号穿脉F素描图；①灰黑色片理化、泥化带；②灰白色白云质碎裂岩带。b．炉房沟6号坑2号穿脉。
1．蚀变带界线；2．采样点；3．次级断裂及产状；4．白云石化；5．方解石化；6．硅化；7．黄铁矿化；8．铅锌矿体；9．F_2断裂带；10．矿化中心带；11．矿化过渡带；12．矿化边缘带；13．白云岩

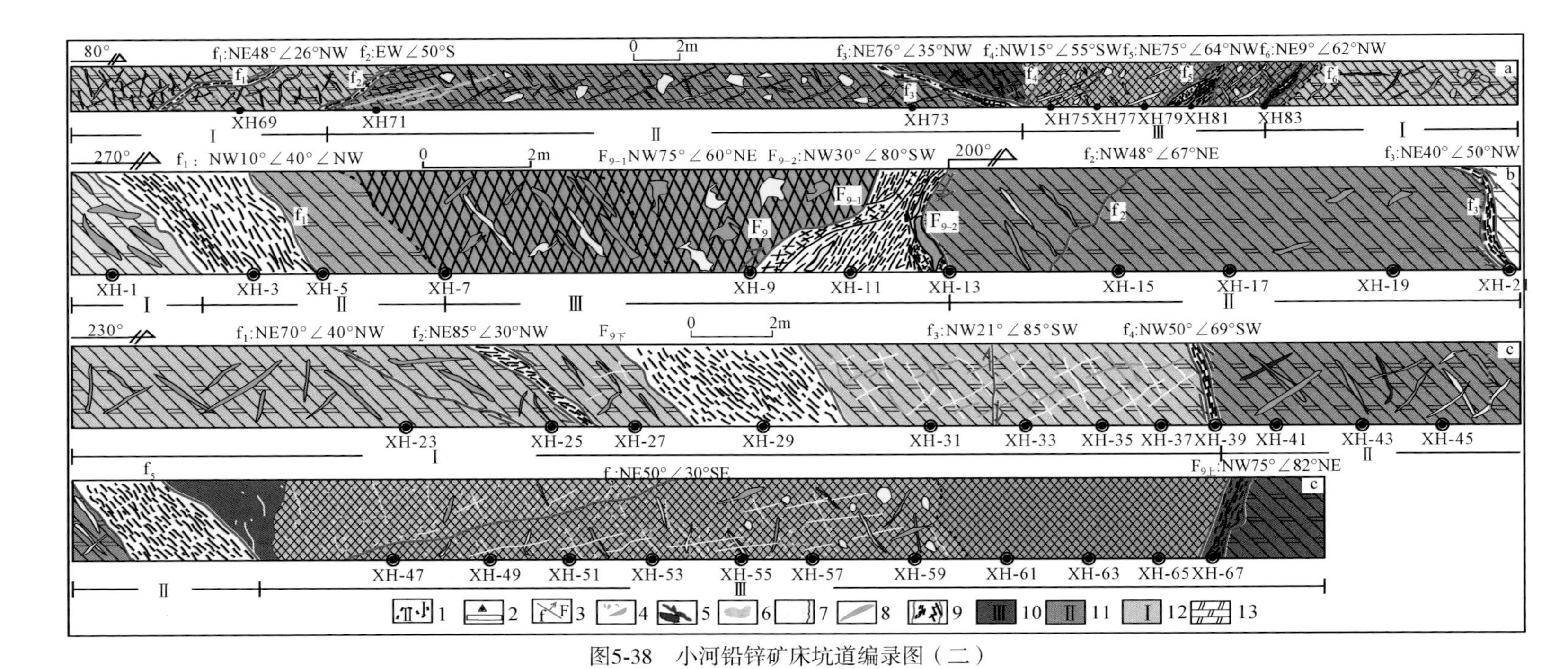

图5-38 小河铅锌矿床坑道编录图（二）

a．老伙房6号坑991中段1号穿脉；b．炉房沟2号坑2中段6号穿脉；c．炉房沟2号坑2中段2号穿脉。1．蚀变带界线；2．采样点；3．次级断裂及产状；4．白云石化；5．方解石化；6．硅化；7．黄铁矿化；8．铅锌矿体；9．F_2断裂带；10．矿化中心带；11．矿化过渡带；12．矿化边缘带；13．白云岩

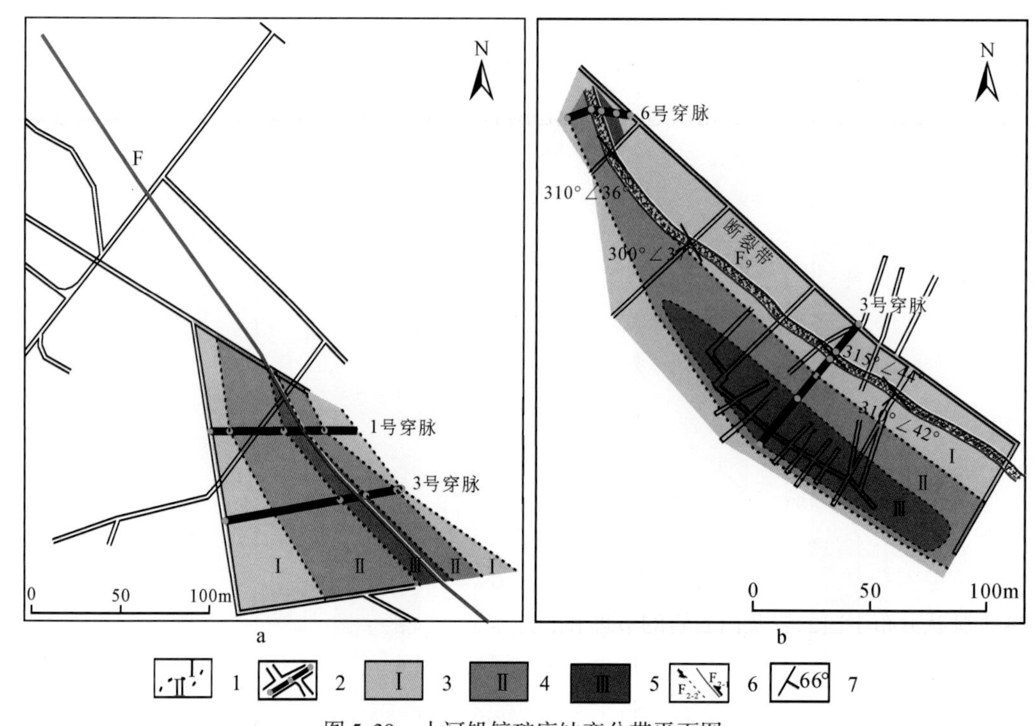

图 5-39　小河铅锌矿床蚀变分带平面图

a. 老伙房 6 号坑 991 中段；b. 炉房沟 2 号坑 2 中段

1. 蚀变带界线；2. 填图剖面及方位；3. 矿化边缘带；4. 矿化过渡带；5. 矿化中心带；6. 断裂及编号；7. 产状

（二）矿化蚀变分带模式

乐红-小河铅锌矿床矿化蚀变分带相对较简单，以断裂带为中心呈面状分布，各带蚀变矿物组合较稳定。

各蚀变带与矿化类型有一定的对应关系，在不同的蚀变带形成不同的矿化：矿化中心带以 Pb-Zn 为主，大量黄铁矿化，矿石构造为块状、网脉状，矿化强度较高，为工业矿体的主要产出部位。矿化过渡带也形成浸染状、细脉状 Pb-Zn 矿化，但黄铁矿化程度减弱。矿化边缘带基本无 Pb-Zn 矿化或矿化较弱。岩石蚀变分带和矿化是同一空间上含矿热液在构造作用下多次充填交代连续演化所形成。蚀变分带界线具渐变过渡或叠加等特点。在水平方向上具有蚀变明显分带标志，自矿体中心向外呈现蚀变依次减弱的特征。矿区内的蚀变演化规律反映了蚀变对矿化的控制作用，不同蚀变带内的矿物组合特征可以预测矿体的赋存部位（表 5-19）。

二、蚀 变 特 征

乐红-小河矿区热液蚀变主要为白云石化、方解石化、硅化、黄铁矿化、重晶石化等。

（1）白云石化和方解石化：矿区内最为普遍的蚀变类型，以粗晶白云石化为主。在矿体内部及断裂破碎带、层间破碎带中均可见，以溶蚀、重结晶为主要的存在类型，是酸性热液流体与碳酸盐岩发生水-岩相互作用的结果。早期白云石往往被晚期的白云石交代而发生重结晶，局部可见黑色有机物充填在粗晶白云石脉内。近矿体的白云石呈网脉状，密度较高，表明近矿的白云石蚀变较强。局部可见溶蚀形成的白云岩孔洞，直径为0.5mm左右。

方解石主要形成于成矿晚阶段，分布范围有限，主要见于矿化带及层间破碎带中。局部可见晚期形成的方解石沿裂隙充填过程中引起围岩重结晶，形成蚀变晕。此外，脉状方解石中偶见角砾状白云岩及闪锌矿、方铅矿及黄铁矿。

（2）硅化：主要见于断裂构造带中，呈脉状展布，脉宽为4～5cm，脉体延伸较长，约为2m；石英与中粗晶白云岩共生，偶见显微粒状石英交代白云石颗粒，呈交代结构、假象交代结构等；或石英呈细-粗晶粒状，半透明-透明，呈细脉状分布于闪锌矿与粗晶白云岩接触部位。矿区内发育硅质白云岩，镜下观察硅质白云岩中石英呈粒状、椭圆状，通常长轴大于30μm。乐红矿区赋矿围岩主要为硅质白云岩，硅化后的白云岩硬度明显增加，颜色稍浅，为浅灰色或灰白色。白云岩重结晶时硅质成分变成颗粒状石英，局部形成脉状、细脉状石英。硅化具多期性特点。

（3）黄铁矿化：为最重要和普遍的蚀变类型之一，具多阶段特征。见于矿体内部及近矿围岩中，近矿体部位黄铁矿化强，远离矿体相对减弱。近主干断裂，黄铁矿化明显，呈块状、透镜状分布，可见闪锌矿、方铅矿；或呈细脉状分割早期形成的硫化矿（闪锌矿、方铅矿）；或呈浸染状或细脉状分布于白云岩及白云岩的节理和裂隙中，与灰白色白云岩互层形成具条带状构造的黄铁矿，为后期热液作用形成的；偶见胶结白云岩围岩及后期热液矿物。

因此，该矿床的矿化蚀变平面分带为矿化边缘带→矿化过渡带→矿化中心带，其特征矿物依次为方解石-白云石-黄铁矿→白云石-黄铁矿→闪锌矿、方铅矿、黄铁矿。矿物组构变化为斑点状、团斑状→细脉状→网脉状→块状，蚀变依次增强。

第四节　茂租、富乐厂大型富锗铅锌矿床

一、茂租大型富锗铅锌矿床

在灯影组上段，灰-深灰黑色中粗晶白云石化强烈，矿化蚀变分带明显。根据蚀变白云岩的岩性、矿物蚀变组合等特征，从近矿围岩到矿体中心，依次为雪花状白云石化带、条带状白云石化带、星点状矿化带、细脉浸染状矿化带和铅锌矿石带（图5-40～图5-43）。

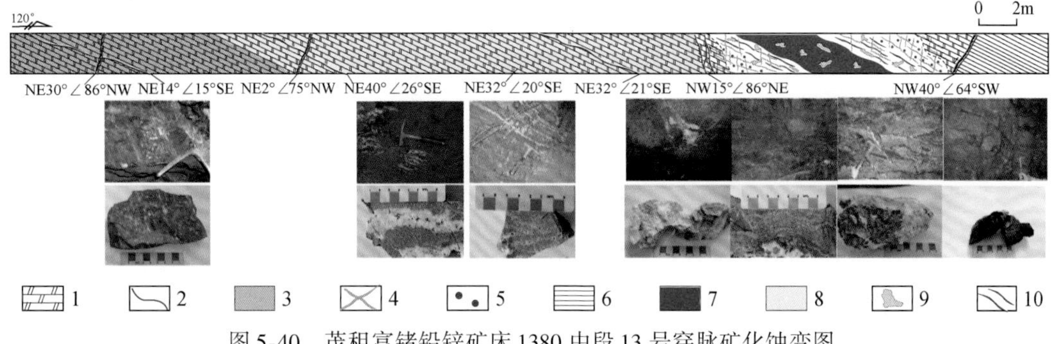

图5-40　茂租富锗铅锌矿床1380中段13号穿脉矿化蚀变图

1. $Z_2dn_2^2$白云岩；2. 断裂；3. 雪花状白云石化带；4. 脉状萤石或方解石；5. 星点状矿化带；6. ϵ_1q页岩；7. 矿体；8. 条带状白云石化带；9. 团块状萤石或方解石；10. 细脉浸染状矿化带

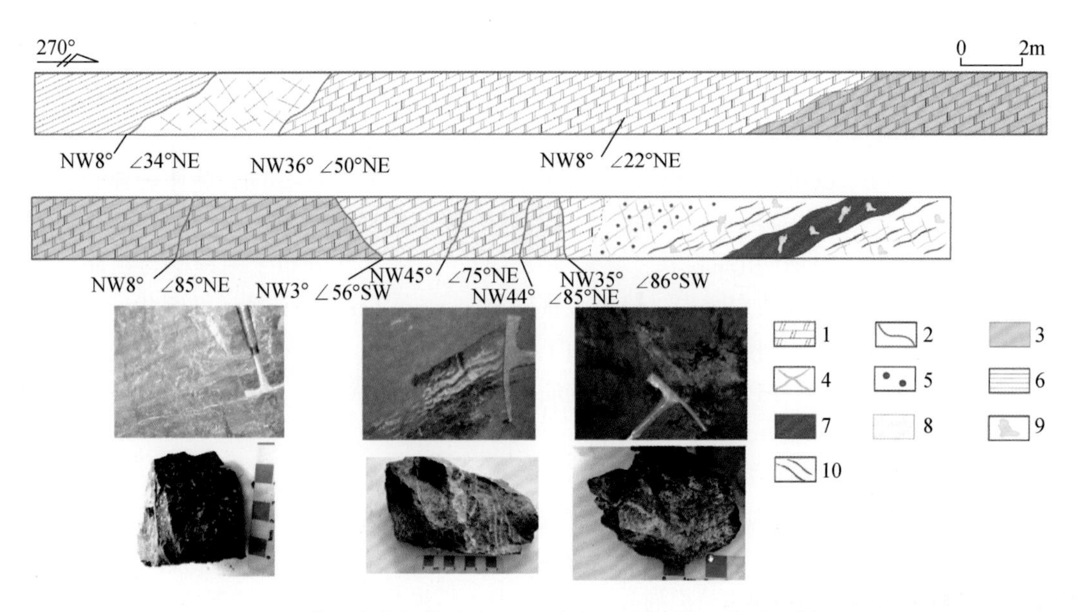

图 5-41　茂租富锗铅锌矿床 1400 中段 10 号穿脉矿化蚀变剖面图

1. $Z_2dn_2^2$白云岩；2. 断裂；3. 雪花状白云石化带；4. 脉状萤石或方解石；5. 星点状矿化带；6. ϵ_1q 页岩；7. 矿体；8. 条带状白云石化带；9. 团块状萤石或方解石；10. 细脉浸染状矿化带

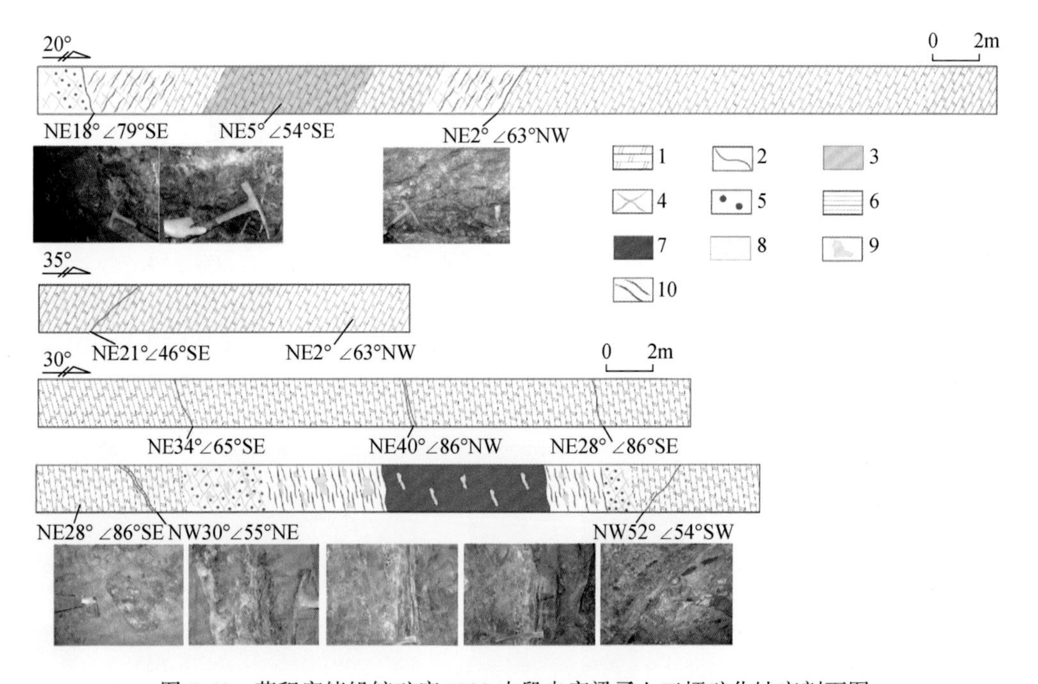

图 5-42　茂租富锗铅锌矿床 1380 中段申家梁子上三坪矿化蚀变剖面图

1. $Z_2dn_2^2$白云岩；2. 断裂；3. 雪花状白云石化带；4. 脉状萤石或方解石；5. 星点状矿化带；6. ϵ_1q 页岩；7. 矿体；8. 条带状白云石化带；9. 团块状萤石或方解石；10. 细脉浸染状矿化带

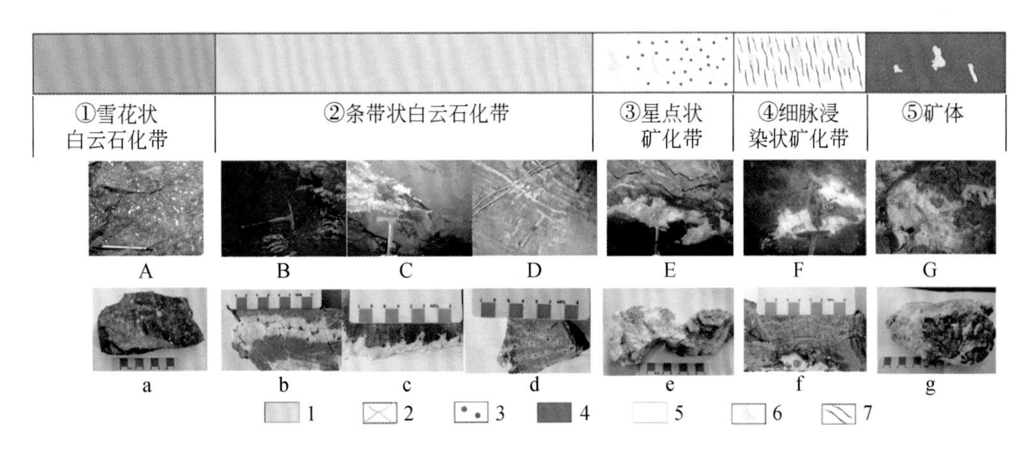

图 5-43　茂租富锗铅锌矿床矿化蚀变分带示意图

1. 雪花状白云石化带；2. 脉状萤石或方解石；3. 星点状矿化带；4. 矿体；5. 条带状白云石化带；6. 团块状萤石或方解石；7. 细脉浸染状矿化带。A、a：雪花状构造白云岩。B、b，C、c，D、d：条带状构造白云岩。E、e：团块状萤石和方解石，发育星点状铅锌矿化。F、f：细脉浸染状铅锌矿化带，脉状、团块状萤石和方解石，发育细脉浸染状铅锌矿。G、g：矿体中团块状萤石和铅锌矿共生

（1）雪花状白云石化带：矿物组合为白云石+石英。白云岩为深灰色、薄至中层状细晶白云岩，具雪花状构造，雪花状物质是经受热液蚀变形成的白云石和硅化重结晶形成乳白色石英，颗粒较大，为中-粗晶，白云石颗粒具鞍状构造（图 5-44）。雪花状构造的白云岩为白色、灰白色白云石和硅化白云石呈不规则团块状（粒度为 5～20mm）分布于灰色-深灰色的中细晶白云岩之中。该蚀变带内未见矿化现象，主要为白云石化。

（2）条带状白云石化带：矿物组合为白云石+石英+黄铁矿。该蚀变带的白云岩呈灰-深灰色具乳白色条带状构造的细-中晶白云岩，偶见星点状黄铁矿化。该蚀变带紧挨雪花状白云石化带，一旦看到这种蚀变带组合，就离矿体不远了。条带主要为热液白云石化的白云石脉和热液形成的石英脉，一般条带内部白云石的结晶程度较好、粒度较粗（图 5-45）。条带状白云岩随着白云石化及硅化的加强，出现褪色现象，局部白云岩褪色为灰-灰白色。条带与白云岩的接触面呈犬牙交错状接触，显示了热液蚀变残余现象，且条带内部多发育溶蚀孔洞，充填黑色有机物质。越靠近矿体，条带状构造白云岩增多、条带变粗大、硅化蚀变越明显。

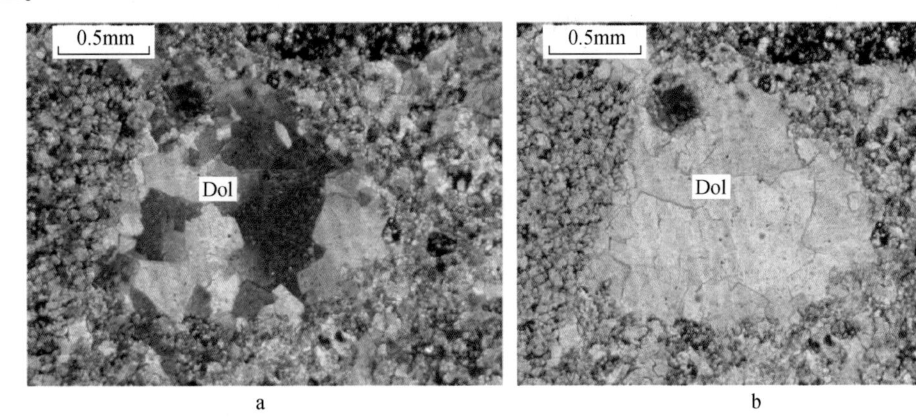

图 5-44　雪花状构造的白云岩镜下照片

a、b. 雪花状物质为经受热液白云石化形成乳白色的白云石团块，白云石聚晶形成斑状结构；c、d. 雪花状物质为硅化经重结晶形成乳白色石英团块，白云石聚晶形成斑状结构

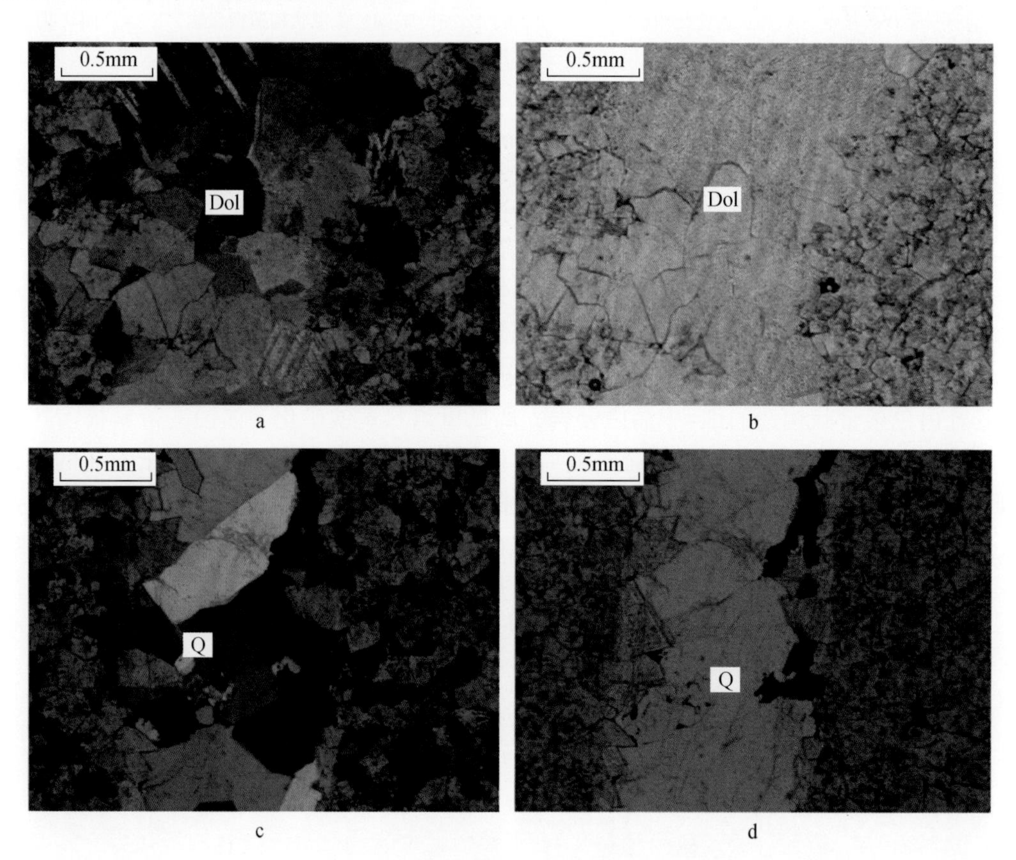

图 5-45　条带状构造的白云岩镜下照片

a、b. 条带主要为重结晶的中-细粒白云石；c、d. 条带主要为重结晶的石英

（3）星点状矿化带：矿物组合为白云石+方解石+石英+黄铁矿+（黄铜矿）。该带主要表现为深灰色、细-粗晶白云岩。蚀变带内发育断层，蚀变规模较前两个蚀变带大，在断层附近开始出现大量乳白色、透明-半透明的脉状、团块状方解石和硅化。方解石的解理比较

发育，石英结晶程度较低，硅化中见粒状黄铁矿和黄铜矿。方解石-硅化脉的周围开始出现星点状的闪锌矿。

（4）细脉浸染状矿化带：矿物组合为白云石+方解石+萤石+石英+黄铁矿+闪锌矿。该带出现大量乳白色方解石和萤石团块及细脉状、浸染状闪锌矿，见方解石和萤石包裹团块状、粒状闪锌矿，方解石和萤石的形成晚于闪锌矿。

（5）铅锌矿石带：矿物组合为方解石+萤石+石英+黄铁矿+闪锌矿+方铅矿。该带为致密块状矿石，层状、似层状铅锌矿体赋存于灰-深灰色中-粗晶白云岩中，发育团块状萤石和方解石，见萤石包裹团块状铅锌矿石。

二、富乐厂大型富锗铅锌矿床

该矿床与区内其他铅锌矿床具有类似的矿化蚀变分带规律：从铅锌矿石带→强黄铁矿化、糖粒状粗晶白云石化带→强白云石化、方解石化、黄铁矿化带→强白云石化、方解石化带（图5-46），故在此不再赘述。

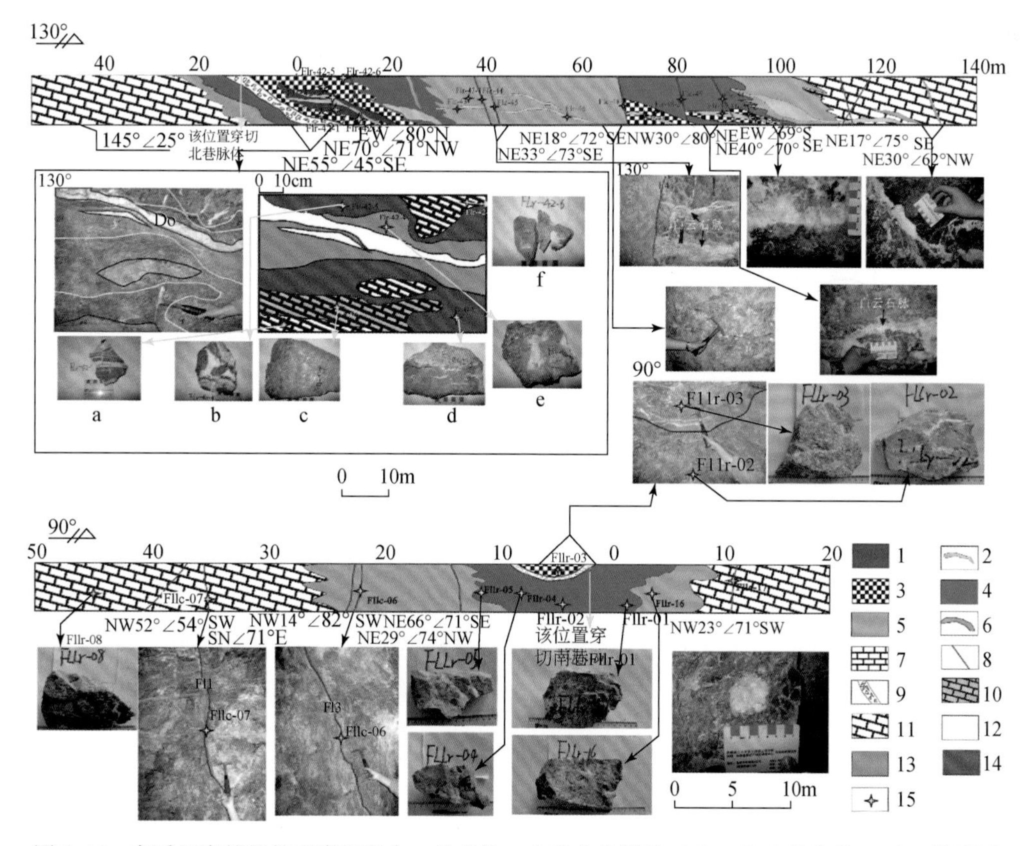

图5-46 富乐厂富锗铅锌矿床新君台1号矿体2中段北巷沿脉（上）和南巷穿脉（下）编录图

1. 矿体；2. 矿化白云石脉；3. Ⅰ类蚀变带（粒状粗晶白云岩）；4. Ⅱ类蚀变带（粗晶白云岩）；5. Ⅲ类蚀变带（中粗晶白云岩）；6. 方解石白云石脉；7. 白云质灰岩；8. 断裂；9. 断裂带；10. Ⅰ类蚀变带；11. Ⅱ类蚀变带；12. 白云石脉；13. 深色块状矿石；14. 红棕色浸染状矿石；15. 采样点；a. 白云石化粗晶白云岩；b. 红棕色闪锌矿；c. 粗晶白云石；d. 红棕色闪锌矿；e. 深褐色闪锌矿；f. 白云石化粗晶白云岩

本章小结

（1）精细剖析了5个典型矿床的矿化蚀变分带规律，可分为3～5个矿化蚀变带，其中以会泽、毛坪富锗铅锌矿最为典型。从矿体中心向外逐渐减弱，且具对称性变化。

（2）矿化蚀变带的矿物组成除少量铅锌、铁硫化物外，主要有白云石（铁白云石）、方解石，少量重晶石、萤石、石英。矿化蚀变岩具明显的粗-中粗晶结构、交代残余结构，其构造为脉状、网脉状、块状、不规则状等。

（3）矿床矿化蚀变分带规律反映出HZT矿床成矿地球化学障以酸碱障为主，形成的主要矿物组合为重晶石-石英-萤石-黄铁矿-黏土矿物（伊利石）（酸性，中高温）+铁白云石-铁方解石（碱性，中温）（围岩）→方铅矿-闪锌矿-黄铁矿（中性，还原，中温）→白云石-方解石（碱性，低温）。酸碱障是矿化蚀变分带形成的主要原因。

（4）矿化蚀变指数、迁入元素增长指数可作为矿化蚀变强弱的定量判别标志。

（5）矿化蚀变分带规律研究不仅具有重要的理论意义，而且对于找矿预测具有指导作用，为构造-蚀变岩相找矿预测方法奠定了理论基础。

参考文献

陈代钊. 2008. 构造-热液白云岩化作用与白云岩储层. 石油与天然气地质，29（5）：614-622.

陈轩，赵文智，张利萍，等. 2012. 川中地区中二叠统构造热液白云岩的发现及其勘探意义. 石油学报，33（4）：562-569.

陈昭佑，王光强. 2010. 鄂尔多斯盆地大牛地气田山西组砂体组合类型及成因模式. 石油与天然气地质，31（5）：632-639.

郭顺，叶凯，陈意，等. 2013. 开放地质体系中物质迁移质量平衡计算方法介绍. 岩石学报，29（5）：1486-1498.

韩林. 2006. 白云岩成因分类的研究现状及相关发展趋势. 中国西部油气地质，（4）：50-56.

韩润生. 2005. 隐伏矿定位预测的矿田（床）构造地球化学方法. 地质通报，24（z1）：978-984.

韩润生，陈进，李元，等. 2001a. 云南会泽麒麟厂铅锌矿床八号矿体的发现. 地球与环境，29（3）：191-195.

韩润生，陈进，李元，等. 2001b. 云南会泽铅锌矿床构造控矿规律及其隐伏矿预测. 矿物学报，21（2）：265-269.

韩润生，刘丛强，黄智龙，等. 2001c. 论云南会泽富铅锌矿床成矿模式. 矿物学报，21（4）：674-680.

韩润生，陈进，黄智龙，等. 2006. 构造成矿动力学及隐伏矿定位预测：以云南会泽超大型铅锌（银、锗）矿床为例. 北京：科学出版社.

韩润生，邹海俊，胡彬，等. 2007. 云南毛坪铅锌（银、锗）矿床流体包裹体特征及成矿流体来源. 岩石学报，23（9）：2109-2118.

韩润生，胡煜昭，王学琨，等. 2012. 滇东北富锗银铅锌多金属矿集区矿床模型. 地质学报，86（2）：280-294.

韩润生，王峰，胡煜昭，等. 2014. 会泽型（HZT）富锗银铅锌矿床成矿构造动力学研究及年代学约束. 大地构造与成矿学，38（4）：758-771.

胡受奚，叶瑛，方长泉. 2004. 交代蚀变岩岩石学及其找矿意义. 北京：地质出版社.

黄思静，张雪花，刘丽红，等. 2009. 碳酸盐成岩作用研究现状与前瞻. 地学前缘，16（5）：219-231.

李荣，焦养泉，吴立群，等．2008．构造热液白云石化——一种国际碳酸盐岩领域的新模式．地质科技情报，27（3）：35-40.

李向民，彭礼贵．1998．白银矿田含矿围岩蚀变特征及其意义．西北地质，(2)：10-18.

刘宏，蔡正旗，谭秀成，等．2008．川东高陡构造薄层碳酸盐岩裂缝性储集层预测．石油勘探与开发，35（4）：431-436.

刘英俊．1984．元素地球化学．北京：科学出版社.

柳贺昌，林文达．1999．滇东北铅锌银矿床规律研究．昆明：云南大学出版社.

吕古贤，郭涛，舒斌，等．2001．构造变形岩相形迹的大比例尺填图及其对隐伏矿床地质预测——以胶东玲珑-焦家式金矿为例．地质通报，20（3）：313-321.

马宏杰，张世涛，程先锋，等．2014．云南会泽石炭系摆佐组白云岩地球化学特征及其成因分析．沉积学报，32（1）：118-125.

孟庆峰，侯贵廷，潘文庆，等．2011．岩层厚度对碳酸盐岩构造裂缝面密度和分形分布的影响．高校地质学报，(3)：462-468.

潘文庆，侯贵廷，齐英敏，等．2013．碳酸盐岩构造裂缝发育模式探讨．地学前缘，20（5）：188-195.

卿海若，陈代钊．2010．非热液成因的鞍形白云石：来自加拿大萨斯喀彻温省东南部奥陶系Yeoman组的岩石学和地球化学证据．沉积学报，28（5）：980-986.

舒晓辉，张军涛，李国蓉，等．2012．四川盆地北部栖霞组-茅口组热液白云岩特征与成因．石油与天然气地质，33（3）：442-448.

孙华山，高怀忠．2000．元素地球化学不活动组分判别——以库布苏金矿中矿带研究为例．地球与环境，28（4）：26-32.

王丹，陈代钊，杨长春，等．2010．埋藏环境白云石结构类型．沉积学报，28（1）：17-25.

魏爱英，薛传东，洪托，等．2012．滇东北毛坪铅锌矿床的蚀变-矿化分带模式——蚀变-岩相填图证据．岩石矿物学杂志，31（5）：723-735.

文德潇，韩润生，吴鹏，等．2014．云南会泽HZT型铅锌矿床蚀变白云岩特征及岩石-地球化学找矿标志．中国地质，41（1）：235-245.

杨永强，翟裕生，侯玉树，等．2006．沉积岩型铅锌矿床的成矿系统研究．地学前缘，13（3）：200-205.

张军涛，胡文碹，钱一雄，等．2008．塔里木盆地中央隆起区上寒武统—下奥陶统白云岩储层中两类白云石充填物：特征与成因．沉积学报，26（6）：957-966.

张可清，杨勇．2002．蚀变岩质量平衡计算方法介绍．地质科技情报，21（3）：104-107.

张振亮．2006．云南会泽铅锌矿床成矿流体性质和来源——来自流体包裹体和水岩反应实验的证据．中国科学院地球化学研究所博士学位论文.

赵文智，沈安江，潘文庆，等．2013．碳酸盐岩岩溶储层类型研究及对勘探的指导意义——以塔里木盆地岩溶储层为例．岩石学报，29（9）：3213-3222.

Allan J R, Wiggins W D. 1994. Dolomite reservoirs-geochemical techniques for evaluating origin and distribution. American of Petroleum Geologists: 1-128.

Chilingarian G V. 1993. Dolomite reservoirs: Geochemical techniques for evaluating origin and distribution. Journal of Petroleum Science & Engineering, 14 (s3-4): 262-263.

Davies G R, Smith L B. 2006. Structurally controlled hydrothermal dolomite reservoir facies: An overview. AAPG Bulletin, 90 (11): 1641-1690.

Derakhshani R, Abdolzadeh M. 2009. Mass change calculations during hydrothermal alteration/mineralization in the porphyry copper deposit of Darrehzar, Iran. Research Journal of Environmental Sciences, 3 (1): 41-51.

Diehl S F, Hofstra A H, Koenig A E, et al. 2010. Hydrothermal zebra dolomite in the Great Basin, Nevada—attributes and relation to paleozoic stratigraphy, tectonics, and ore deposits. Geosphere, 6 (5): 663-690.

Esteban M, Taberner C. 2003. Secondary porosity development during late burial in carbonate reservoirs as a result of mixing and/or cooling of brines. Journal of Geochemical Exploration, 78 (03): 355-359.

Grant J A. 1976. The isocon diagram-a simple solution to Gresens' equation for metasomatic alteration. Economic Geology, 81 (8): 1976-1982.

Gresens R L. 1967. Composition-volume relationships of metasomatism. Chemical Geology, 2 (67): 47-65.

Gromet L P, Haskin L A, Korotev R L, et al. 1984. The "North American shale composite": Its compilation, major and trace element characteristics. Geochimica et Cosmochimica Acta, 48 (12): 2469-2482.

Guo S, Kai Y E, Yi C. 2013. Introduction of mass-balance calculation method for component transfer during the opening of a geological system. Acta Petrologica Sinica, 29 (5): 1486-1498.

Haeussinger H, Okrusch M, Scheepers D. 1993. Geochemistry of premetamorphic hydrothermal alteration of metasedimentary rocks associated with the Gorob massive sulfide prospect, Damara Orogen, Namibia. Economic Geology, 88 (1): 72-90.

Han R S, Liu C Q, Huang Z L, et al. 2004. Fluid inclusions of calcite and sources of ore-forming fluids in the Huize Zn-Pb-(Ag-Ge) District, Yunnan, China. Atca Geological Sinica, 78 (2): 583-591.

Han R S, Liu C Q, Huang Z L, et al. 2007. Geological features and origin of the Huize carbonate-hosted Zn-Pb-(Ag) District, Yunnan, South China. Ore Geology Reviews, 31 (1): 360-383.

Han R S, Liu C Q, Carranza J M, et al. 2012. REE geochemistry of altered fault tectonites of Huize-type Zn-Pb-(Ge-Ag) deposit, Yunnan Province, China. Geochemistry: Exploration, Environment, Analysis, 12: 127-146.

Ishikawa Y, Sawaguchi T, Iwaya S, et al. 1976. Modes of volcanism of underlying dacite and alteration haloes. Shigen-Chishitsu, 26: 105-117.

Leach D L, Plumlee G S, Hofstra A H, et al. 1991. Origin of late dolomite cement by CO_2-saturated deep basin brines: Evidence from the Ozark region, central United States. Geology, 19 (4): 348-351.

Leitch C H B, Lentz D R. 1994. The Gresen's approach to mass balance constraints of alteration systems: Methods, Pitfalls, Examples. In: R L D (ed.). Altelatzon and Alteration Processes Associated with Ore-Forming Systems Volume 11: Waterloo, Geological Association of Canada.

Luczaj J A. 2006. Evidence against the Dorag (Mixing-Zone) model for dolomitization along the Wisconsin arch—A case for hydrothermal diagenesis. Aapg Bulletin, 90 (90): 1719-1738.

Luczaj J A, Iii W B H, Williams N S. 2011. Fractured hydrothermal dolomite reservoirs in the devonian dundee formation of the Central Michigan Basin. Aapg Bulletin, 90 (11): 1787-1801.

Machel H. 1987. Saddle dolomite as a by-product of chemical compaction and thermochemical sulfate reduction. Geology, 15 (10): 1301 - 1306.

Maclean W H. 1990. Mass change calculations in altered rock series. Mineralium Deposita, 25 (1): 44-49.

Maclean W H, Kranidiotis P. 1987. Immobile elements as monitors of mass transfer in hydrothermal alteration; Phelps Dodge massive sulfide deposit, Matagami, Quebec. Economic Geology, 82 (4): 951-962.

Madeisky H, Stanley C. 1993. Lithogeochemical exploration of metasomatic zones associated with volcanic-hosted massive sulfide deposits using pearce element ratio analysis. International Geology Review, 35 (12): 1121-1148.

Madeisky, Eberhard H. 1996. Quantitative analysis of hydrothermal alteration: Applications in lithogeochemical exploration. Engineering Economist, 5 (2): 13-28.

Marfil R, Caja M A, Tsige M, et al. 2005. Carbonate-cemented stylolites and fractures in the Upper Jurassic limestones of the Eastern Iberian Range, Spain: A record of palaeofluids composition and thermal history. Sedimentary Geology, 178 (3): 237-257.

Metz P, Milke R. 2012. Mechanism and kinetics of forsterite formation in metamorphic siliceous dolomites:

Findings from a rock-sample experiment. European Journal of Mineralogy, 24 (4): 771-771.

Piché M, Jébrak M. 2006. Determination of alteration facies using the normative mineral alterat. Canadian Journal of Earth Sciences, 43 (12): 1877-1885.

Qing H R, Chen D Z. 2010. Non-hydrothermal saddle dolomite: Petrological and geochemical evidence from the Ordovician Yeoman Formation, Southeastern Saskatchewan, Canada. Acta Sedimentologica Sinica, 28 (5): 980-986.

Taylor K G, Gawthorpe R L, Curtis C D, et al. 2000. Carbonate cementation in a sequence- stratigraphic framework: Upper cretaceous sandstones, book cliffs, Utah- Colorado. Journal of Sedimentary Research, 70 (2): 360-372.

Urqueta E, Kyser T K, Clark A H, et al. 2009. Lithogeochemistry of the Collahuasi porphyry Cu- Mo and epithermal Cu-Ag (-Au) cluster, northern Chile: Pearce element ratio vectors to ore, Universidad Central de Venezuela. Geochemistry: Exploration, Environment, Analysis, 9 (1): 9-17.

Vandeginste V, John C M, Flierdt T V D, et al. 2013. Linking process, dimension, texture, and geochemistry in dolomite geohodies: A case study from Wadi Mistal (northem Oman). Aapg Bulletin, 97 (7): 1181-1207.

Whitbread M A, Moore C L. 2004. Two lithogeochemical approaches to the identification of alteration patterns at the Elura Zn-Pb-Ag deposit, Cobar, New South Wales, Australia. Use of Pearce Element Ratio Analysis and Isocon Analysis, (2): 129-141.

Wierzbicki R, Dravis J J, Alaasm I, et al. 2006. Burial dolomitization and dissolution of Upper Jurassic Abenaki platform carbonates, Deep Panuke reservoir, Nova Scotia, Canada. AAPG Bulletin, 90 (11): 1843-1861.

第六章　流体“贯入”-交代成矿论（二）——微量元素地球化学

本章基于区域、矿区及其外围地层岩石、矿石矿物微量元素地球化学研究，讨论了成矿过程中成矿物质来源和水-岩相互作用，为流体“贯入”-交代成矿论提供微量元素地球化学证据。

第一节　微量元素特征

一、区域微量元素特征

（一）成矿元素特征

古生代地层样品主要采集自远离会泽矿区的孙家沟、九龙村2条地层剖面。昆阳群变质基底样品主要采自东川小清河-汤丹-宝台山-马鞍桥-望厂-菜园弯-汤丹1号硐，因民大劈槽-水头上村-黑山村至落雪三风口2个剖面。

通过元素分析，成矿元素具有以下特征（图6-1）。

（1）大多数地层的Pb、Zn含量均明显低于克拉克值或接近于克拉克值（表6-1，表6-2），仅有少数地层，如梁山组（P_2l）、麻地组（Pt_2Kn_3m）、小河口组（Pt_2Kn_3xh）Pb高于克拉克值，而小河口组（Pt_2Kn_3xh）Zn平均含量达786×10^{-6}，明显大于克拉克值（94×10^{-6}）。

（2）大多数地层Ag含量低于克拉克值，只有极少数地层略高于克拉克值。

（3）各地层Ga、Cd无明显异常，In低于克拉克值。

（4）昆阳群变质基底多由板岩和碳酸盐岩组成，原岩为喷流-沉积建造和火山岩建造，Pb、Zn、Ga含量高于沉积盖层，但Ag、Ge、Cd、In含量低于沉积盖层（表6-2）。区域上各地层成矿元素含量表现出区域背景（正常场）>矿区外围（降低场）<矿床（升高场）的分布规律（表6-3），可以推测，变质基底中成矿元素可能沿构造向矿区发生了对流循环作用，水-岩反应萃取了基底岩石和部分盖层中的成矿元素参与了成矿作用；梁山组中成矿元素较高，在成矿过程中可能起地球化学障的作用。因此，变质基底特别是小河口组具有提供Pb、Zn、Ga成矿物质的潜力，Ag、Ge、Cd、In的部分来源可能与盖层有关。

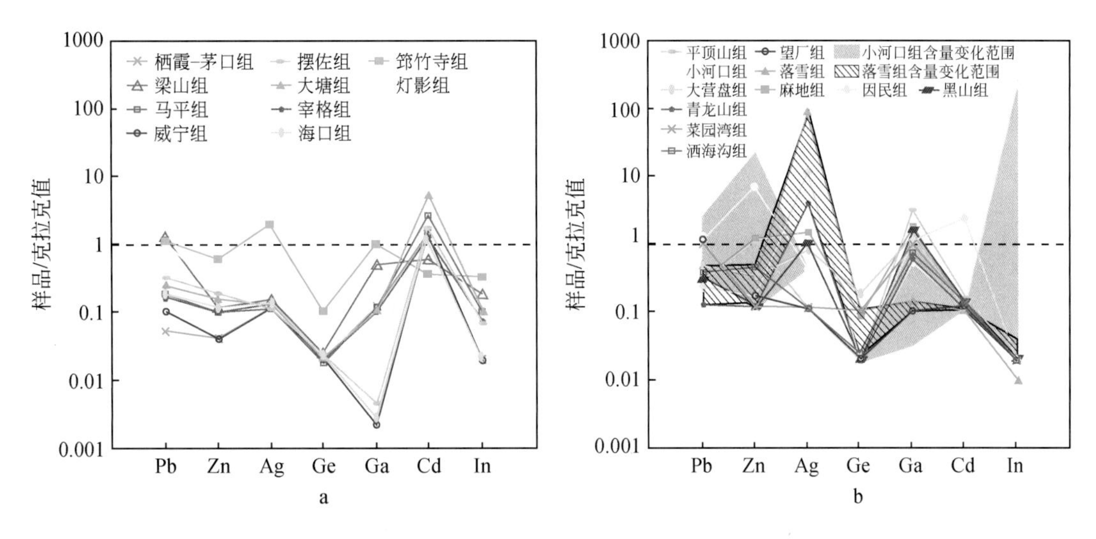

图 6-1 区域成矿元素含量变化图

a. 盖层地层；b. 基底地层

表 6-1 区域地层岩石元素含量统计表 （单位：10^{-6}）

地层	样号	Pb	Zn	Ag	Ge	Ga	Cd	In	数据来源
$P_2\beta$	SJG-01	6.20	120.00	0.13	0.20	24.70	0.06	0.105	本书
	均值	6.20	120.00	0.13	0.20	24.70	0.06	0.105	
P_1q+m	SJG-22	1.30	8.00	0.01	<0.05	0.13	0.72	<0.005	
	SJG-23	0.50	3.00	<0.01	<0.05	0.05	0.77	<0.005	
	范围	0.50 ~ 1.30	3.00 ~ 8.00	—	—	0.05 ~ 0.13	0.07 ~ 0.72	—	
	均值（2）	0.90	6.00	—	—	0.09	0.40	—	
P_1l	SJG-21	44.40	20.00	0.03	0.17	24.00	0.12	0.084	
	XZ33-1r	3.30	10.00	0.01	0.05	2.45	0.12	0.012	
	范围	3.30 ~ 44.40	10.00 ~ 20.00	0.01 ~ 0.03	0.05 ~ 0.17	2.45 ~ 24.00	0.12	0.012 ~ 0.084	
	均值（2）	23.90	15.00	0.02	0.11	13.23	0.12	0.048	
C_3m	SJG-19	4.20	14.00	<0.01	<0.05	2.68	0.57	0.015	
	XZ231r	3.60	10.00	<0.01	0.09	3.03	0.86	0.012	
	范围	3.60 ~ 4.20	10.00 ~ 14.00	—	—	2.68 ~ 3.03	0.57 ~ 0.86	0.012 ~ 0.015	
	均值（2）	3.90	12.00	—	—	2.86	0.72	0.014	
C_2w（1）	XZ35-2r	1.30	6.00	<0.01	<0.05	0.08	0.36	<0.005	
	均值	13.00	6.00	—	—	0.08	0.36	—	

续表

地层	样号	Pb	Zn	Ag	Ge	Ga	Cd	In	数据来源
C_1b	SJG-08	6.60	37.00	<0.01	<0.05	0.14	0.36	<0.005	本书
	SJG-17	8.80	60.00	0.01	<0.05	0.11	0.62	<0.005	
	SJG-17-1	4.90	15.00	0.01	<0.05	0.17	0.50	<0.005	
	SJG-17-3	5.70	13.00	0.01	0.05	0.06	0.30	<0.005	
	范围	4.90 ~ 8.80	13.00 ~ 60.00	0.01	—	0.06 ~ 0.17	0.30 ~ 0.62	—	
	均值（4）	6.50	32.00	0.01	—	0.12	0.45	—	
C_1d	SJG-14-2	5.70	27.00	<0.01	0.07	3.12	1.12	0.013	
	均值（1）	5.70	27.00	—	0.07	3.12	1.12	0.013	
D_3zg	SJG-10-2	3.60	10.00	0.01	0.06	1.68	0.22	0.013	
	SJG-10-3	3.40	8.00	<0.01	0.06	2.27	0.17	0.013	
	SJG-13	3.70	14.00	0.01	0.05	1.46	0.21	0.010	
	范围	3.40 ~ 3.70	8.00 ~ 14.00	—	0.05 ~ 0.06	1.46 ~ 2.27	0.17 ~ 0.22	0.010 ~ 0.013	
	均值（3）	3.60	11.00	—	0.06	1.80	0.20	0.012	
D_2h	SJG-06-2	5.00	17.00	0.02	<0.05	1.72	0.41	0.010	
	SJG-07	4.30	9.00	0.02	0.05	3.69	0.05	0.018	
	范围	4.30 ~ 5.00	9.00 ~ 17.00	0.02	—	1.72 ~ 3.69	0.05 ~ 0.41	0.010 ~ 0.018	
	均值（2）	4.60	13.00	0.02	—	2.70	0.23	0.014	
ϵ_1q	JL-4	25.20	58.00	0.29	0.21	23.80	0.07	0.078	
	JL-5	10.70	92.00	0.24	0.12	15.30	0.11	0.083	
	范围	10.70 ~ 25.20	58.00 ~ 92.00	0.24 ~ 0.29	0.12 ~ 0.21	15.30 ~ 23.80	0.07 ~ 0.11	0.078 ~ 0.083	
	均值（2）	17.90	75.00	0.27	0.17	19.55	0.09	0.080	
Z_2dn	JL-1	5.10	17.00	0.84	<0.05	0.74	0.30	<0.005	
	JL-2	24.00	55.00	0.08	<0.05	0.73	1.27	0.005	
	范围	5.10 ~ 24.00	17.00 ~ 55.00	0.08 ~ 0.84	—	0.73 ~ 0.74	0.30 ~ 1.27	—	
	均值（2）	14.60	36.00	0.46	—	0.74	0.79	—	
Pt_2kn_3m	范围	3.80 ~ 50.00	7.00 ~ 150.00	—	—	6.00 ~ 49.00	—	—	莫向云等（2013）
	均值（76）	23.00	49.00	—	—	19.00	—	—	
Pt_2kn_3xh	范围	7.30 ~ 53.00	12.00 ~ 3030.00	—	—	1.00 ~ 33.00	—	—	
	均值（62）	26.00	786.00	—	—	14.00	—	—	

续表

地层	样号	Pb	Zn	Ag	Ge	Ga	Cd	In	数据来源
Pt_2kn_3d	范围	7.00 ~ 11.00	12.00 ~ 63.00	—	—	19.00 ~ 46.00	—	—	莫向云等（2013）
	均值（305）	8.80	54.00	—	—	41.00	—	—	
Pt_2kn_2q	范围	2.30 ~ 30.00	13.00	—	—	15.00 ~ 50.00	—	—	
	均值（28）	4.30	13.00	—	—	18.00	—	—	
Pt_2kn_2h	Kyr-5	3.60	40.00	<0.01	0.22	22.00	0.10	0.111	本书
	均值（1）	3.60	40.00	—	0.22	22.00	0.10	0.111	
	均值（94）	4.90	42.00	0.06	—	45.00	—	—	莫向云等（2013）
Pt_2kn_2l	Kyr-13	1.70	23.00	0.53	<0.05	2.23	0.02	0.009	本书
	均值（1）	1.70	23.00	0.53	—	2.23	0.02	0.009	
	均值（276）	8.50	51.00	7.20	0.15	4.00	—	—	莫向云等（2013）
Pt_2kn_2y	Kyr-16	0.70	3.00	0.01	<0.05	0.28	0.68	<0.005	本书
	均值（1）	0.70	3.00	0.01	—	0.28	0.68	—	
	均值（44）	5.00	30.00	1.00	0.05	30.00	—	—	莫向云等（2013）
Pt_2kn_1p	Kyr-7	13.90	34.00	0.03	0.05	1.49	0.07	0.012	本书
	Kyr-8	7.80	22.00	0.01	0.29	23.50	0.02	0.055	
	Kyr-9	4.20	12.00	0.01	0.09	11.80	0.04	0.048	
	范围	4.20 ~ 13.90	12.00 ~ 89.00	0.01 ~ 0.03	0.05 ~ 0.29	1.49 ~ 26.80	0.02 ~ 0.07	0.012 ~ 0.098	
	均值（3）	7.60	39.00	0.02	0.15	15.90	0.04	0.053	
$Pt2kn_1c$	均值（18）	12.00	30.00	—	0.22	21.00	—	—	莫向云等（2013）
Pt_2kn_1w	Kyr-10	5.10	91.00	0.04	0.20	25.40	0.02	0.098	本书
	Kyr-11	5.00	113.00	0.02	0.21	28.40	0.04	0.112	
	Kyr-12	7.70	136.00	0.01	0.24	27.70	0.07	0.097	
	范围	5.00 ~ 7.70	91.00 ~ 136.00	0.01 ~ 0.04	0.20 ~ 0.24	25.40 ~ 28.40	0.02 ~ 0.07	0.097 ~ 0.112	
	均值（3）	5.90	113.00	0.02	0.22	27.20	0.04	0.102	
Pt_2kn_1s	Kyr-1	6.00	110.00	0.07	0.19	27.20	0.02	0.097	
	Kyr-2	18.10	173.00	0.01	0.22	28.70	0.02	0.111	
	Kyr-14	23.50	173.00	0.01	0.18	24.10	0.06	0.087	

续表

<table>
<tr><th>地层</th><th>样号</th><th>Pb</th><th>Zn</th><th>Ag</th><th>Ge</th><th>Ga</th><th>Cd</th><th>In</th><th>数据来源</th></tr>
<tr><td rowspan="2">Pt_2kn_1s</td><td>范围</td><td>6. 00 ~ 23. 50</td><td>110. 00 ~ 173. 00</td><td>0. 01 ~ 0. 07</td><td>0. 18 ~ 0. 22</td><td>24. 10 ~ 28. 70</td><td>0. 02 ~ 0. 06</td><td>0. 09 ~ 0. 11</td><td rowspan="2">本书</td></tr>
<tr><td>均值（3）</td><td>15. 90</td><td>152. 00</td><td>0. 03</td><td>0. 20</td><td>26. 67</td><td>0. 03</td><td>0. 10</td></tr>
<tr><td colspan="2">克拉克值</td><td>12. 00</td><td>94. 00</td><td>0. 08</td><td>1. 40</td><td>18. 00</td><td>0. 15</td><td>0. 14</td><td>黎彤（1990）</td></tr>
<tr><td colspan="2">中国东部玄武岩</td><td>9. 60</td><td>120. 00</td><td>0. 05</td><td>1. 15</td><td>20. 50</td><td>0. 10</td><td>0. 08</td><td rowspan="2">鄢明才和迟清华（1997）</td></tr>
<tr><td colspan="2">中国东部沉积岩</td><td>15. 00</td><td>45. 00</td><td>0. 12</td><td>1. 08</td><td>9. 40</td><td>0. 15</td><td>0. 04</td></tr>
</table>

注：测试单位为澳实分析检测（广州）有限公司。各元素的检出限分别为：Pb，0.5×10^{-6}；Zn，2×10^{-6}；Ag，0.01×10^{-6}；Ge，0.05×10^{-6}；Ga，0.05×10^{-6}；Cd，0.02×10^{-6}；In，0.005×10^{-6}。“—”代表未检出

表 6-2　区域、会泽铅锌矿区、矿区外围 Pb、Zn 元素对比　　（单位：10^{-6}）

<table>
<tr><th rowspan="2">地层</th><th colspan="2">区域</th><th colspan="2">会泽矿区</th><th colspan="2">会泽矿区外围</th></tr>
<tr><th>Pb</th><th>Zn</th><th>Pb</th><th>Zn</th><th>Pb</th><th>Zn</th></tr>
<tr><td>震旦系灯影组</td><td>44. 8</td><td>20. 0</td><td>64. 8</td><td>205. 5</td><td>3. 1</td><td>4. 5</td></tr>
<tr><td>中、下寒武统</td><td>11. 4</td><td>20. 5</td><td>48. 0</td><td>106. 0</td><td>21. 4</td><td>62. 9</td></tr>
<tr><td>中泥盆统海口组</td><td>10. 8</td><td>40. 0</td><td>44. 6</td><td>64. 8</td><td>5. 8</td><td>12. 9</td></tr>
<tr><td>上泥盆统海口组</td><td>8. 0</td><td>20. 0</td><td>46. 2</td><td>121. 7</td><td>3. 5</td><td>2. 4</td></tr>
<tr><td>下石炭统大塘组</td><td rowspan="2">64. 8</td><td rowspan="2">20. 0</td><td>57. 4</td><td>135. 9</td><td>4. 8</td><td>5. 3</td></tr>
<tr><td>下石炭统摆佐组</td><td>47. 3</td><td>120. 8</td><td>3. 6</td><td>4. 3</td></tr>
<tr><td>中石炭统威宁组</td><td rowspan="2">15. 0</td><td rowspan="2">20. 0</td><td rowspan="2">26. 9</td><td rowspan="2">80. 5</td><td>5. 7</td><td>13. 5</td></tr>
<tr><td>上石炭统马平组</td><td>2. 0</td><td>14. 8</td></tr>
<tr><td>下二叠统梁山组</td><td>40. 8</td><td>75. 0</td><td>未取样</td><td>未取样</td><td>4. 8</td><td>11. 2</td></tr>
<tr><td>下二叠统栖霞-茅口组</td><td>28. 4</td><td>36. 0</td><td>49. 1</td><td>108. 5</td><td>1. 9</td><td>9. 5</td></tr>
<tr><td>峨眉山玄武岩</td><td>8. 8</td><td>60. 0</td><td></td><td></td><td>5. 3</td><td>113. 6</td></tr>
<tr><td>克拉克值</td><td>12. 0</td><td>94. 0</td><td></td><td></td><td></td><td></td></tr>
</table>

资料来源：区域数据来自柳贺昌和林文达（1999）；矿区来自韩润生等（2001）；矿区中、下寒武统来自刘淑文等（2002）；矿区外围来自黄智龙（2004）；克拉克值来自黎彤（1990）

表 6-3　区域地层岩石和矿石稀土元素组成及特征值

时代	地层	样号	岩矿石	La	Ce	Pr	Nd	Sm	Eu	Gd	Tb	Dy	Ho	Er	Tm	Yb	Lu	Y	ΣREE	LREE	HREE	LREE/HREE	(La/Yb)$_N$	δEu	δCe	数据来源
二叠纪	峨眉山玄武岩组	SJG-01	玄武岩	38.80	87.60	11.40	48.20	10.75	3.05	9.38	1.44	7.22	1.4	3.69	0.49	2.95	0.41	35.60	226.73	185.95	36.93	7.40	9.43	0.91	1.01	本书
	栖霞-茅口组	SJG-22	白云质灰岩	0.90	0.50	0.19	0.70	0.13	0.06	0.28	0.03	0.21	0.07	0.16	0.03	0.10	0.02	5.10	3.38	2.29	0.94	2.76	6.46	0.94	0.28	
		SJG-23	灰岩	0.60	0.50	0.11	0.50	0.09	0.04	0.27	0.05	0.25	0.07	0.21	0.03	0.16	0.02	3.80	2.90	1.71	0.98	1.74	2.69	0.73	0.44	
	梁山组	SJG-21	粉砂岩	60.30	130.00	13.20	45.10	6.09	0.84	3.54	0.60	3.70	0.84	2.95	0.47	3.07	0.53	23.80	271.18	248.55	18.56	16.27	14.09	0.51	1.08	
		XZ33-1r	砂岩	9.00	24.40	2.58	9.80	1.64	0.25	1.10	0.16	0.95	0.21	0.79	0.41	1.07	0.18	5.90	52.54	45.78	5.10	9.79	6.03	0.54	1.22	
石炭纪	马坪组	SJG-19	角砾状灰岩	10.10	14.40	2.03	8.00	1.49	0.34	1.26	0.22	1.13	0.23	0.65	0.10	0.22	0.09	7.70	40.26	34.53	5.32	9.32	32.93	0.74	0.74	
		XZ23-1r	角砾状灰岩	29.80	46.90	6.31	26.40	4.84	1.00	5.45	0.82	4.13	0.84	1.93	0.27	1.64	0.23	33.10	130.56	109.41	19.01	7.53	13.03	0.59	0.80	
	威宁组	XZ35-2r	灰岩	0.70	0.70	0.11	0.50	0.11	0.03	0.18	0.03	0.14	0.03	0.13	0.02	0.13	0.01	3.00	2.82	2.01	0.65	3.21	3.86	0.65	0.56	
	摆佐组	SJG-17	粗晶白云岩	0.50	0.50	0.05	0.30	0.04	0.03	0.05	0.01	0.07	0.01	0.03	0.01	0.03	0.01	0.50	1.64	1.35	0.24	6.45	11.95	2.05	0.62	
		SJG-17-1	灰岩	0.80	1.00	0.19	0.80	0.17	0.03	0.10	0.02	0.10	0.02	0.09	0.01	0.11	0.01	1.00	3.45	2.79	0.53	6.50	5.22	0.65	0.61	
		SJG-17-3	粗晶白云岩	0.50	0.50	0.07	0.20	0.06	0.03	0.05	0.01	0.05	0.01	0.03	0.01	0.08	0.01	0.60	1.61	1.27	0.24	5.44	4.48	1.63	0.57	
	大塘组	SJG-14-2	灰岩	5.50	11.20	1.26	4.90	0.86	0.16	0.89	0.13	0.79	0.15	0.41	0.07	0.41	0.06	4.30	26.79	22.86	3.39	8.21	9.62	0.55	1.00	
泥盆纪	宰格组	SJG-10-2	灰岩	4.30	7.40	0.78	3.20	0.56	0.13	0.55	0.09	0.43	0.40	0.21	0.04	0.24	0.04	2.80	18.37	15.68	2.37	8.19	12.85	0.71	0.92	
		SJG-10-3	粉晶白云岩	4.90	9.90	1.09	4.30	0.77	0.15	0.70	0.10	0.66	0.15	0.46	0.08	0.38	0.05	3.90	23.69	20.19	2.99	8.18	9.25	0.61	1.01	
		SJG-13	中细晶白云岩	3.10	6.60	0.76	2.90	0.52	0.11	0.51	0.07	0.37	0.06	0.20	0.03	0.22	0.03	2.10	15.48	13.36	1.84	9.39	10.11	0.65	1.02	
	海口组	SJG-06-2	砂岩	3.30	6.10	0.75	2.70	0.54	0.10	0.41	0.08	0.40	0.08	0.22	0.03	0.22	0.03	2.60	14.96	12.85	1.83	9.18	10.76	0.62	0.91	
		SJG-07	泥质页岩	7.70	15.90	1.77	7.30	1.40	0.21	1.01	0.19	1.11	0.21	0.65	0.08	0.58	0.08	5.80	38.19	32.67	4.78	8.77	9.52	0.51	1.02	
寒武纪	筇竹寺组	JL-4	石英砂岩	38.90	75.40	8.47	32.30	5.38	1.03	4.62	0.79	4.55	0.91	3.04	0.45	2.96	0.42	26.70	179.22	155.07	20.32	9.10	9.43	0.62	0.97	
		JL-5	石英砂岩	20.10	43.30	5.30	24.30	6.99	1.44	6.15	0.93	5.07	0.98	2.68	0.38	2.28	0.34	25.80	120.24	93.00	24.24	5.39	6.32	0.66	1.01	
震旦纪	灯影组	JL-1	灰质白云岩	4.80	4.80	1.01	4.60	0.84	0.26	0.83	0.13	0.83	0.15	0.35	0.05	0.24	0.03	6.30	18.92	15.21	3.39	6.25	14.35	0.94	0.51	
		JL-2	硅质白云岩	2.50	3.70	0.46	2.10	0.46	0.13	0.50	0.08	0.46	0.09	0.22	0.04	0.27	0.04	3.30	11.05	8.76	1.94	5.50	6.64	0.82	0.79	

续表

时代	地层	样号	岩矿石	La	Ce	Pr	Nd	Sm	Eu	Gd	Tb	Dy	Ho	Er	Tm	Yb	Lu	Y	ΣREE	LREE	HREE	LREE/HREE	$(La/Yb)_N$	δEu	δCe	数据来源
前寒武纪	麻地组	—	灰岩	14.00	27.30	3.68	12.60	2.50	0.44	2.07	0.29	1.88	0.34	1.09	0.16	0.95	0.13	10.40	67.38	57.53	8.61	8.75	10.55	0.57	0.91	赵小惠等（1988）
	小河口组	—	石英砂岩	19.80	40.50	5.71	20.70	4.31	0.85	3.72	0.51	2.77	0.52	1.68	0.23	1.55	0.23	14.00	103.04	86.67	14.36	8.19	9.18	0.63	0.92	
	大营盘组	—	碳质板岩	41.90	92.40	11.90	41.50	8.19	1.63	6.48	0.96	5.12	1.01	3.13	0.45	2.91	0.43	27.00	217.91	187.60	26.52	9.63	10.32	0.66	1.00	
	青龙山组	—	白云岩	12.90	23.90	3.29	11.90	2.24	0.47	1.97	0.30	1.80	0.39	1.09	0.17	1.04	0.15	12.00	61.66	52.04	8.26	7.92	8.92	0.67	0.87	
	黑山组	KYr-5	黏土质板岩	43.90	89.30	10.50	42.10	8.32	1.70	7.33	1.22	6.71	1.29	3.78	0.63	3.96	0.57	36.00	221.26	185.75	30.35	7.68	7.95	0.65	0.99	本书
	落雪组	KYr-13	白云岩	2.00	1.00	0.50	2.20	0.42	0.09	0.38	0.08	0.54	0.09	0.33	0.04	0.28	0.04	2.80	11.09	8.80	1.93	5.23	5.12	0.68	0.98	
	因民组	KYr-16	角砾岩	0.60	1.00	0.12	0.50	0.12	0.03	0.06	0.01	0.09	0.01	0.08	0.01	0.09	0.01	1.10	2.73	2.22	0.40	6.58	4.78	0.96	0.86	
	平顶山组	KYr-6	绢云绿泥板岩	58.20	92.20	11.80	40.20	7.26	1.06	4.53	0.77	4.16	0.84	2.50	0.42	2.84	0.39	23.70	227.17	202.40	21.12	12.81	14.70	0.53	0.81	
		KYr-7	灰岩	9.70	14.60	1.89	7.20	1.27	0.27	1.31	0.17	1.17	0.21	0.61	0.07	0.50	0.06	7.60	39.03	33.39	5.01	8.52	13.92	0.63	0.78	
		KYr-8	砂质板岩	76.40	153.00	19.30	85.30	23.9	4.85	28.20	4.43	24.40	4.78	13.05	1.62	8.94	1.26	156.00	449.38	333.95	103.61	4.18	6.13	0.57	0.95	
		KYr-9	板岩	28.70	62.50	6.74	26.30	5.18	0.81	4.50	0.82	4.96	1.03	3.24	0.50	3.14	0.45	27.60	148.87	124.24	20.54	6.99	6.56	0.50	1.06	
	菜园湾组	—	灰岩	4.5	7.48	1.23	3.93	0.73	0.17	0.75	0.28	0.78	0.13	0.34	0.09	0.64	0.09	4.73	21.14	17.14	3.18	5.82	5.04	0.70	0.77	赵小惠等（1988）
	望厂组	KYr-10	砂质板岩	51.30	102.00	11.90	44.80	8.75	1.53	6.93	1.09	5.61	1.09	3.11	0.47	2.94	0.39	28.80	241.41	209.50	28.11	10.16	12.52	0.58	0.97	本书
		KYr-11	砂质板岩	51.50	107.00	12.50	48.70	9.52	1.58	7.47	1.16	5.98	1.22	3.37	0.46	2.90	0.42	31.80	253.73	219.65	30.30	10.04	12.74	0.55	1.00	
		KYr-12	砂质板岩	85.60	87.50	19.30	68.10	12.80	2.29	9.71	1.42	6.92	1.33	3.81	0.56	3.45	0.45	33.20	303.24	260.50	38.28	9.97	17.80	0.60	0.51	
	洒海沟组	KYr-1	绿泥绢云板岩	45.80	95.90	10.70	40.00	7.98	1.33	6.31	0.93	5.41	1.09	3.10	0.46	2.92	0.42	28.70	222.35	192.40	26.15	9.77	11.25	0.55	1.02	
		KYr-2	钙质板岩	43.50	90.10	10.00	15.30	7.26	1.19	5.86	0.87	5.07	0.96	3.04	0.49	2.98	0.43	27.50	187.05	158.90	24.25	8.49	10.47	0.54	1.02	
		KYr-14	绢云母板岩	42.50	88.10	9.73	36.50	7.11	1.29	5.71	0.89	5.32	1.01	3.10	0.46	2.95	0.40	28.90	205.07	176.83	24.43	9.34	10.33	0.60	1.02	
会泽铅锌矿未含重晶石的铅锌矿石		YPC-8	铅锌矿石	13.30	24.70	2.83	10.60	2.11	0.40	2.14	0.31	2.07	0.40	1.28	0.18	1.22	0.17	14.70	61.71	53.95	7.76	6.95	7.85	0.57	0.94	韩润生等（2006）

注：稀土元素含量单位为 10^{-6}

（二）稀土元素组成特征

从表6-3和图6-2可得以下认识。

（1）除峨眉山玄武岩、梁山组砂页岩外，沉积盖层的∑REE普遍很低；变质基底岩石的∑REE总体较高，而铅锌矿石总体介于两者之间。

（2）摆佐组中粗晶白云岩δEu表现出明显的正异常，而沉积盖层、变质基底和铅锌矿石δEu主要表现为亏损（0.5～0.94），δCe主要表现为亏损或无明显异常（0.5～1.2）。

（3）REE分配模式均表现为LREE富集下斜型，但峨眉山玄武岩和矿石LREE/HREE比沉积盖层和变质基底明显。

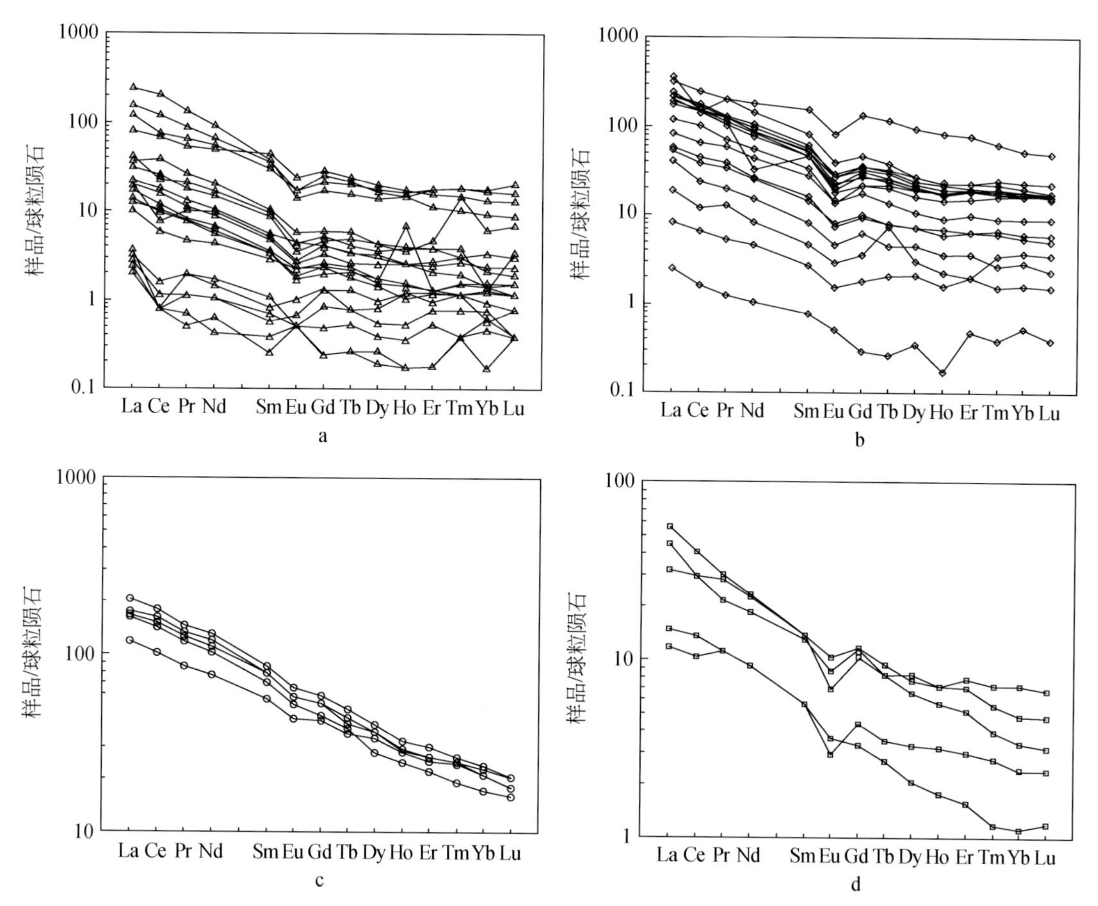

图6-2　区域地层岩石和矿石球粒陨石标准化稀土分配模式（球粒陨石数据据Sun and McDonough，1989）

a. 沉积盖层；b. 变质基底；c. 峨眉山玄武岩；d. 矿石

二、会泽富锗铅锌矿床

韩润生等（2006）论述了矿区外围地层岩石主元素和微量元素特征，认为震旦系可提供部分Pb、Zn成矿物质。构造岩稀土元素特征（图6-3）研究表明，主要成矿物质来源于昆阳群基底，热液沿断裂运移的过程中发生了水–岩相互作用，热流体运移可能伴随着构造变形过程发生了泵吸作用（Han et al.，2012）。

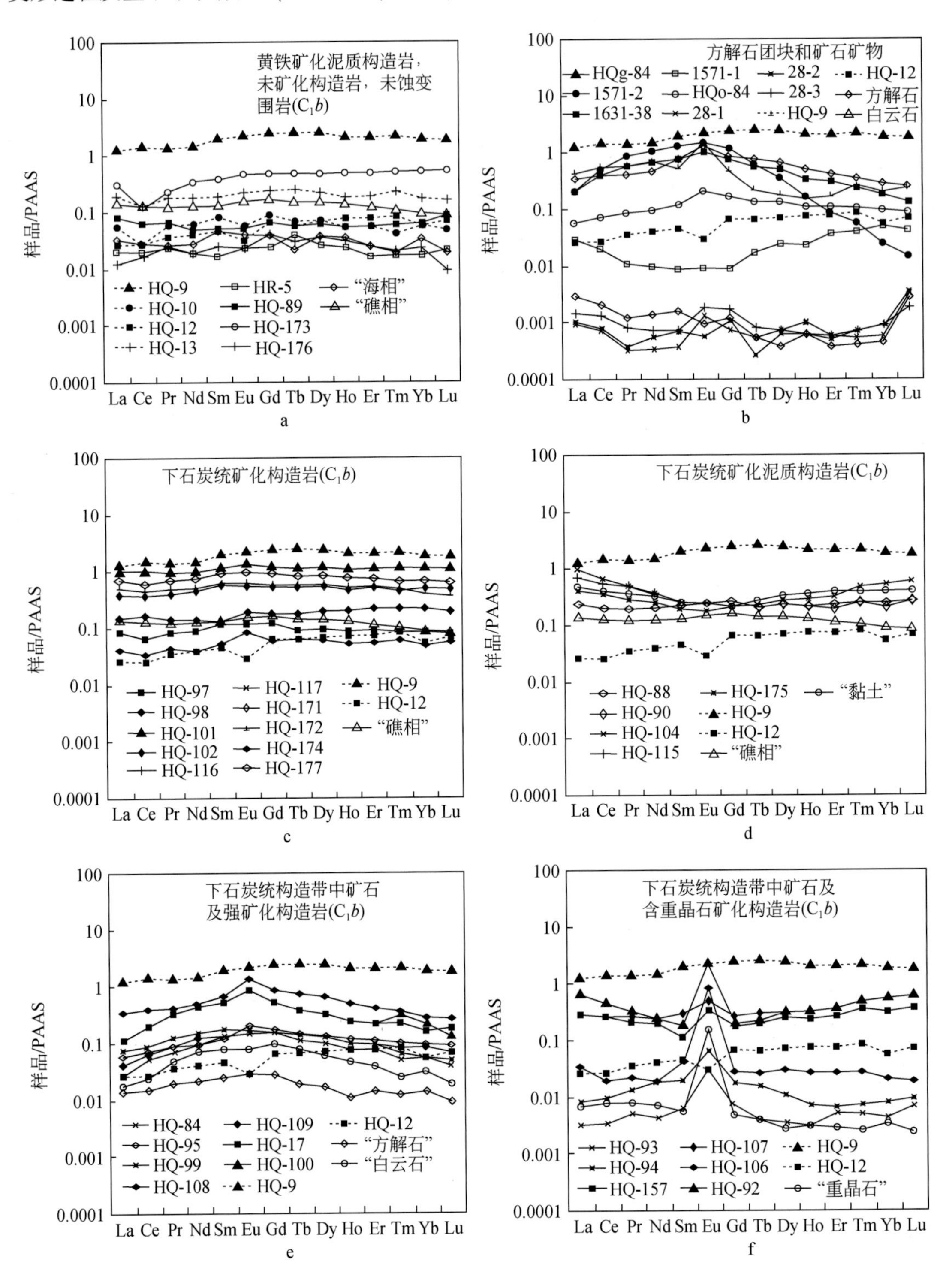

图 6-3　不同类型构造岩和矿石稀土元素分配模式（标准化数据据 Taylor and McLennan，1985）

三、毛坪富锗铅锌矿床

（一）铅锌矿石化学组成

通过毛坪富锗铅锌矿床矿石元素分析（ICP-MS法、化学分析法），发现浅部Ⅰ号矿体的矿石组分中除富含Pb、Zn、Fe、Cu、Ag等元素外，还相对富集Ge、As、Mo、Cd、In、Sb、Tl、Bi、U等元素（表3-5，表3-7）；Ⅰ-6号矿体矿石组分中除富含Pb、Zn等元素外，还相对富集Ge、As、Ag、Cd、In、Sb、Tl、Bi、U等元素（$n \sim n\times10^3$倍），致密块状矿石的元素富集和亏损较浸染状矿石显著。而且，Ⅰ-6号与Ⅰ号矿体元素富集规律一致，表明二者为同源流体作用的产物，但Ⅰ-6号矿体Pb、Zn较Ⅰ号矿体更为富集；矿石中成矿元素（Pb、Zn、Fe、S、Ge、Ag、Cd）、矿化元素（As、Mo、Cu、Sb、Ga、Tl、In）及富集元素（Bi、U、Se、Cr、Ga等）在深部有增高趋势，Ba仅在浅部浸染状矿石中有一定增高（图6-4，表3-5～表3-7）。

通过毛坪富锗铅锌矿与会泽富锗铅锌矿床对比，毛坪矿床矿石中Ga、Ag、In，Ge、Cd、Tl相对偏低（表3-3）。

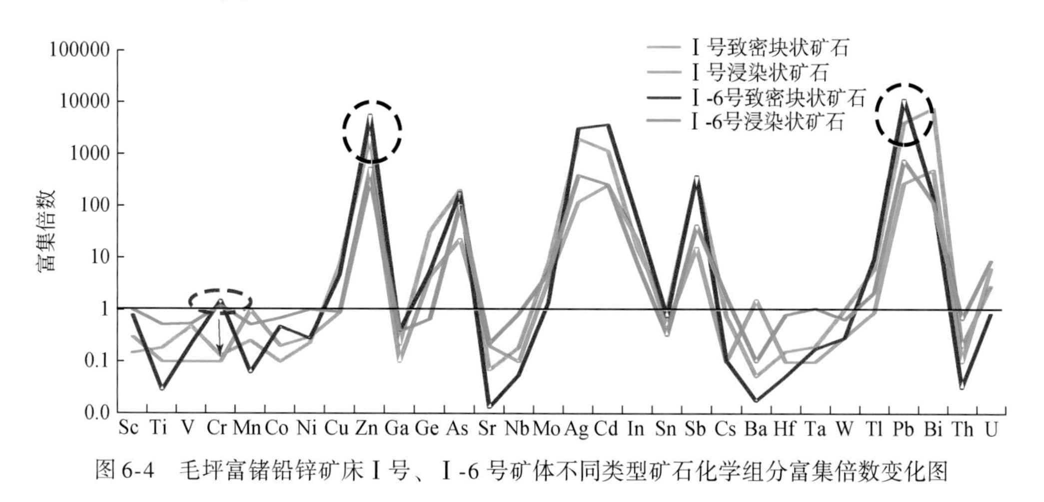

图6-4　毛坪富锗铅锌矿床Ⅰ号、Ⅰ-6号矿体不同类型矿石化学组分富集倍数变化图

（二）闪锌矿化学组成

1. 主量元素、微量元素组成

前人通过对我国143个铅锌矿床闪锌矿化学分析，并收集国内外500余件闪锌矿分析资料发现，闪锌矿除主要组分Zn与S外，还含Fe、Mn、Cd、In、Ga、Ge、Tl、Ag、Hg、Co、Ni、As、Se、Te等元素，利用这些元素的图解和比值法可以总结地球化学标型特征作为矿床成因的判别标志。

毛坪富锗铅锌矿闪锌矿的主量元素、微量元素组成（表6-4，表6-5）具有如下特点。

（1）浅部矿体的闪锌矿主要为贫铁或含铁闪锌矿，中深部表现为含铁闪锌矿和铁闪锌矿。

表 6-4　毛坪富锗铅锌矿闪锌矿单矿物分析表

样品号	采样点	晶胞 a_0 值	Zn/%	S/%	Ag/%	Au/%	Fe/%	As/%	Cd/%	Co/%	Ni/%	Zn/Fe	Zn/Cd	Fe/Cd
R721-6	7 硐 721 穿脉	5. 406±0. 002	63. 38	34. 83	0. 04	—	1. 76	—	—	—	—	35. 95	—	—
R623-5	6 硐 623 穿脉	5. 409±0. 001	65. 03	34. 18	0. 00	0. 00	1. 53	0. 24	0. 16	—	—	42. 56	408. 96	9. 61
R721-12	7 硐 721 穿脉	5. 4062±0. 0009	66. 43	33. 32	0. 04	0. 00	0. 31	—	0. 09	0. 02	0. 00	212. 23	722. 04	3. 40
R623-4	6 硐 623 穿脉	5. 408±0. 002	64. 20	33. 57	0. 09	0. 00	1. 64	0. 00	0	—	—	39. 38	—	—
R722-5	7 硐 722 穿脉	5. 408±0. 001	63. 56	33. 19	0. 02	—	2. 92	0. 00	0. 23	0. 05	0. 00	21. 76	272. 79	12. 54
R722-3	7 硐 722 穿脉	5. 407±0. 002	64. 46	34. 02	0. 09	0. 00	1. 27	0. 07	0. 11	0. 00	0. 00	50. 95	591. 34	11. 61
109-1	9 硐 109 穿脉	5. 4068±0. 0009	65. 17	33. 11	0. 00	0. 00	0. 70	0. 44	0. 30	0. 01	0. 17	92. 84	216. 51	2. 33
R4021-6	付中段 4021 穿脉	5. 404±0. 001	61. 45	33. 11	0. 16	0. 00	4. 41	1. 12	0. 24	0. 00	0. 29	13. 92	256. 02	18. 39
R731-5	7 硐 731 穿脉	5. 4059±0. 0009	63. 25	32. 91	0. 00	0. 00	2. 68	0. 00	0. 12	0. 00	0. 14	23. 64	510. 11	21. 58
R4021-7	付中段 40402	5. 407±0. 001	64. 79	33. 54	0. 00	0. 01	2. 69	0. 36	0. 19	0. 10	0. 00	24. 07	348. 36	14. 47
R731-4	7 硐 731 穿脉	5. 404±0. 0009	—	—	—	—	—	—	—	—	—	—	—	—
R4022-6	付中段 4022 穿脉	5. 407±0. 001	58. 74	33. 22	0. 02	0. 00	5. 89	0. 70	0. 23	0. 00	0. 41	9. 97	253. 18	25. 40

资料来源：柳贺昌和林文达（1999）

注：测试单位为中国地质大学（北京）。分析方法：电子探针。“—”表示未检测

表6-5　毛坪、会泽富锗铅锌矿矿石矿物微量元素含量　（单位：10^{-6}）

矿物	样品编号	Ag	Ge	Ga	In	Cd	Tl	Co	Ni	矿床
闪锌矿（Ⅲ）	QL-301	21.60	169.00	9.19	0.21	1232.00	0.09	1.55	9.51	会泽
闪锌矿（Ⅰ）	QL-301	6.78	38.50	12.80	0.25	1126.00	0.11	0.00	8.30	
闪锌矿（Ⅱ）	10#-131-2	30.60	190.00	1.09	0.98	1344.00	2.25	0.26	6.16	
闪锌矿（Ⅱ）	HZ-03-3	40.70	86.40	3.78	0.30	1137.00	3.61	0.19	5.48	
闪锌矿（Ⅰ）—平均（8）*		45.13	177.95	3.62	0.26	935.44	6.56	—	—	
闪锌矿（Ⅱ）—平均（8）*		270.30	87.22	0.82	0.47	725.46	6.07	—	—	
闪锌矿（Ⅲ）—平均（2）*		7.74	12.97	4.87	0.40	761.25	0.91	—	—	
闪锌矿（Ⅲ）—平均（22）		35.65	138.20	2.44	0.64	1240.50	2.13	0.23	5.82	
黄铁矿	HZ-03-3	9.10	2.59	1.83	<0.05	6.36	2.31	0.54	18.60	
黄铁矿	QL-301	11.70	2.68	1.84	0.50	5.18	11.00	0.70	23.50	
黄铁矿	10#-1331-2	7.73	2.93	1.98	<0.05	8.71	0.81	0.64	16.00	
黄铁矿—平均（3）		9.51	2.73	1.88	<0.05	6.75	1.41	0.65	19.37	
闪锌矿（Ⅰ）	MPO-9-2C	116.79	371.80	2.49	0.11	1995.40	0.83	0.05	0.85	毛坪
闪锌矿（Ⅰ）	MPO-6	207.70	107.30	3.68	2.31	1772.80	0.67	0.26	1.44	
闪锌矿（Ⅰ）	M-8	73.38	46.29	4.86	2.64	1771.20	0.52	0.02	0.47	
闪锌矿（Ⅰ）	M-9	92.28	14.00	6.61	2.17	194.90	0.15	0.02	0.64	
闪锌矿（Ⅰ）	M-15	29.76	122.5	5.41	1.77	2405.00	0.07	0.01	0.40	
闪锌矿—平均（5）		103.98	131.66	4.62	1.74	1627.86	0.45	0.07	0.76	
闪锌矿（Ⅱ）	MPO-6-1	238.10	333.7	10.40	0.91	2447.00	1.60	0.35	1.63	
闪锌矿（Ⅱ）	MPO-39	259.40	353.00	1.45	0.07	249.00	1.70	0.45	4.91	
闪锌矿（Ⅱ）	M-3	38.90	6.238	7.63	7.89	1533.90	0.08	0.18	0.65	
闪锌矿—平均（3）		178.80	230.97	6.49	2.96	1409.97	1.13	0.33	2.39	
闪锌矿（Ⅲ）	MPO-36-1	112.02	203.20	2.56	0.06	2790.00	1.05	0.44	7.11	
闪锌矿（Ⅲ）	MPO-9-2X	119.02	354.00	2.33	0.21	2167.00	0.68	0.17	4.34	
闪锌矿（Ⅲ）	MPO-4Z	110.30	5.99	4.41	3.85	1571.50	1.97	0.25	3.86	
闪锌矿（Ⅲ）	MPO-4X	110.54	65.39	4.27	3.81	1585.50	1.80	0.22	3.17	
闪锌矿—平均（4）		112.97	157.15	3.39	1.98	2028.50	1.37	0.26	4.62	
黄铁矿	M-8	73.00	3.93	1.80	0.05	55.80	4.42	0.61	14.5	

资料来源：*表示来源于韩润生等（2006），其余为本书。

注：①括号内阿拉伯数字为统计单矿物数量，罗马数字为矿物世代。②测试单位为中国地质科学院国家地质实验中心。③测试方法：ICP-MS。“—”表示未统计

（2）与会泽富锗铅锌矿床相比，毛坪富锗铅锌矿床Cd平均含量较高（1113.25×10^{-6}），Ag、Ga相对富集（Ag平均35.1×10^{-6}、Ga平均6.14×10^{-6}），Tl含量明显较低（平均为0.37×10^{-6}），In含量明显较高。该特征反映了两矿床成矿环境的微细差别（表6-5），但与MVT铅锌矿中微量元素的特征明显不同（芮宗瑶等，1991）。

（3）会泽富锗铅锌矿床成矿早阶段闪锌矿Ag、Ge和Tl含量较高，至成矿晚阶段逐渐

降低，而 In 在成矿主阶段含量较高，Ga 在晚阶段含量更高；毛坪富锗铅锌矿除 2 件样品落于火山热液型、夕卡岩-热液型多金属矿床范围外，其余投影于高 Ge 范围，与会泽、松梁铅锌矿分布于同一范围，明显不同于其他类型铅锌矿床（图 6-5）。

（4）毛坪富锗铅锌矿床以富 Ge、Ag 和少量 Ga 为特点，闪锌矿不同位置，Ge 、Ga 含量分布较离散，靠近方铅矿与闪锌矿的交代或共生位置，Ag 含量较高；松梁铅锌矿以富集 Ge、Ag 为特点，不同颜色闪锌矿中 Ge、Ag 含量不一致（图 6-5a）。结合张乾（1987）对闪锌矿的统计研究，反映了毛坪富锗铅锌矿床成矿流体主要具盆地流体兼深源流体的特点（图 6-5b）。

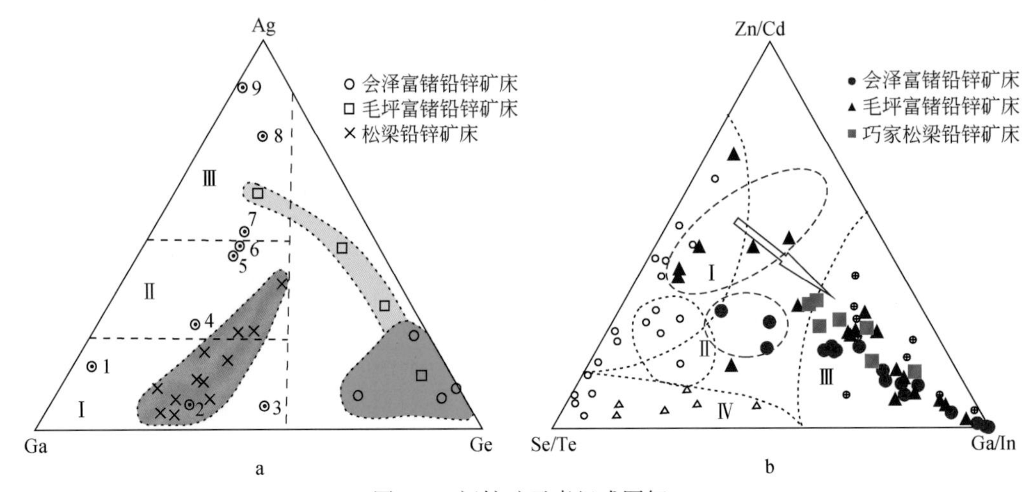

图 6-5　闪锌矿元素组成图解

a. 主要铅锌矿床的闪锌矿 Ag-Ga-Ge 原子比三角图（底图据芮宗瑶等，1991）：Ⅰ. 受后期热液微弱改造的同生沉积闪锌矿和碳酸盐岩容矿岩中铅锌矿床；Ⅱ. 受后期热液强烈改造的碳酸盐岩容矿岩中铅锌矿床；Ⅲ. 火山热液型和夕卡岩-热液型多金属矿床。1. 不列颠群岛同生闪锌矿；2. 意大利 Gorno 铅锌矿床；3. 密西西比河上游铅锌矿床；4. 凡口铅锌矿床；5. 关门山铅锌矿床；6. 泗顶铅锌矿床；7. 长江中下游铁铜多金属矿床；8. 小铁山多金属矿床；9. 水口山铅锌矿床。b. 闪锌矿（Zn/Cd-Se/Te-Ga/In）图解（底图据张乾，1987）：Ⅰ. 岩浆热液矿床；Ⅱ. 火山岩型矿床；Ⅲ. 沉积-改造矿床；Ⅳ. 沉积变质混合岩化矿床。测试方法：LA-ICP-MS

（5）不同世代闪锌矿的 REE 分配模式呈无 δEu 异常-LREE 富集型，第一世代闪锌矿 Eu 异常不明显，第二世代闪锌矿均显示 Eu 负异常，指示铅锌矿形成于还原条件下（图 6-6）；第三世代闪锌矿 Eu 异常复杂，可能指示成矿流体从第三成矿阶段向晚阶段演化过程中氧化还原条件的变化。

综上所述，该矿床闪锌矿微量元素特征揭示出成矿流体主要为盆地流体兼深源流体，不同于经典的 MVT 铅锌矿床（图 6-5c）。

2. 会泽、毛坪、巧家松梁富锗铅锌矿闪锌矿 LA-ICP-MS 分析

基于 3 个矿床深色闪锌矿不同环带、不同矿物接触界面及其内部解理的 LA-ICP-MS 分析结果（表 6-6，图 6-7），可得以下内容。

（1）作为惰性组分的 Ti 和 Al 变化较小，亲生物元素如 B、P 含量均较低且无明显变化。

（2）Cr 和 Fe 呈现正相关性，尤其是 Fe 含量较高的闪锌矿中，相关性更好；Cu 与 Ge、Ga 等相关性较好，显示其变化具一致性，显示 Ge、Ga 强亲硫性，具强极化作用；含铁闪锌矿中 Cd 含量均较高，推测其主要以类质同象替代闪锌矿中的 Fe。

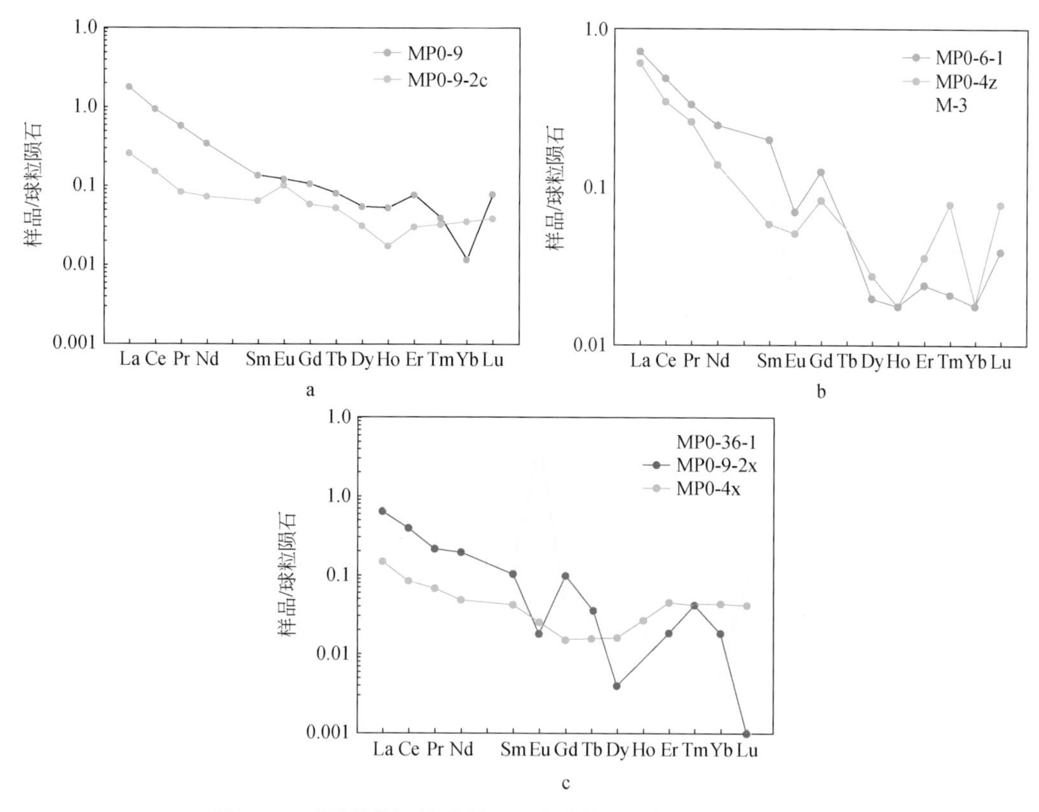

图 6-6　不同世代闪锌矿稀土元素球粒陨石标准化分布型式图

a. 第一世代；b. 第二世代；c. 第三世代

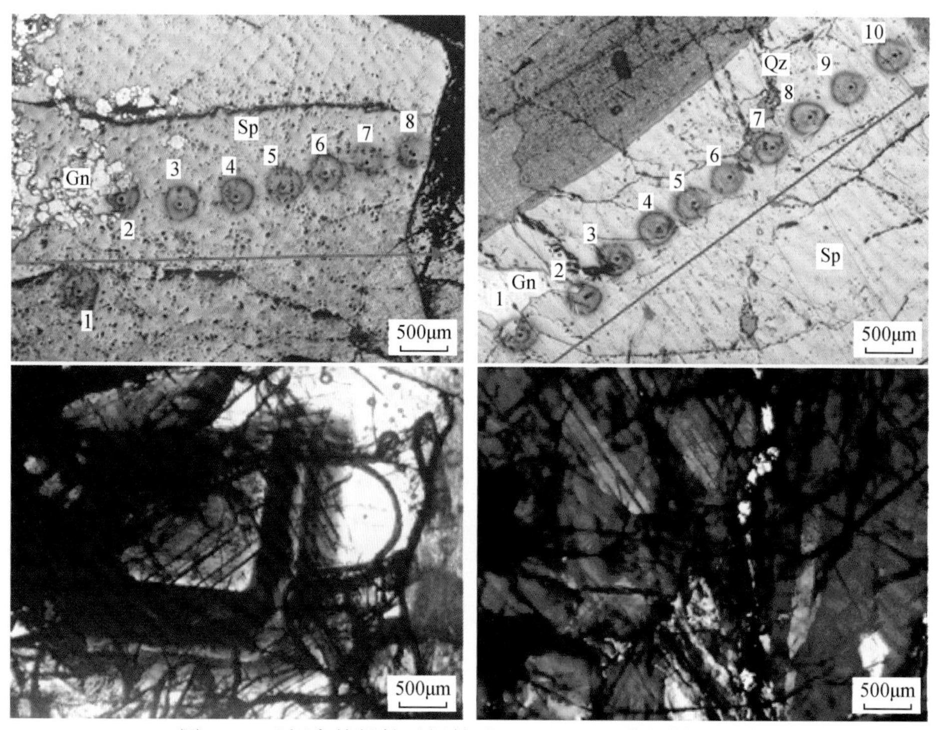

图 6-7　毛坪富锗铅锌矿闪锌矿 LA-ICP-MS 分析剖面照片

表 6-6　会泽、毛坪、巧家松梁富锗铅锌矿闪锌矿中微量元素含量

样品号＼元素	Cr	Mn	Fe	Co	Ni	Cu	Zn	Ga	Ge	As	Se	Cd	Ag	Sn	Sb	Pb	矿床
307-2	—	16. 68	719. 77	0. 04	0. 18	252. 58	66. 92	0. 19	201. 17	11. 67	7. 85	1053. 97	2. 97	0. 06	32. 42	3. 15	会泽
	—	15. 03	726. 56	0. 04	0. 19	233. 43	66. 92	0. 20	183. 51	10. 78	7. 74	1111. 02	5. 71	0. 06	38. 15	137. 74	
	—	15. 99	830. 54	0. 05	0. 22	254. 08	66. 92	0. 14	208. 95	10. 96	7. 56	1178. 71	5. 29	0. 08	44. 16	3. 44	
	—	19. 61	814. 68	0. 05	0. 23	297. 82	66. 92	0. 21	231. 15	20. 86	7. 71	1192. 71	8. 04	0. 07	57. 22	8. 31	
	—	17. 95	805. 64	0. 04	0. 21	20. 46	66. 92	0. 41	9. 19	3. 51	7. 15	1632. 19	7. 89	0. 11	4. 09	17. 07	
	—	20. 82	936. 52	0. 05	0. 28	11. 94	66. 92	0. 12	4. 99	1. 35	7. 58	1730. 25	5. 25	0. 08	2. 18	6. 93	
	—	15. 64	824. 58	0. 05	0. 21	25. 16	66. 92	0. 33	14. 68	1. 15	5. 55	1511. 90	7. 20	0. 07	4. 06	14. 77	
	—	13. 03	685. 56	0. 04	0. 18	204. 46	66. 92	0. 19	157. 75	11. 76	5. 41	1122. 29	6. 59	0. 06	40. 92	9. 27	
	4600. 20	20. 35	1084. 28	0. 05	0. 19	127. 83	66. 92	0. 15	113. 14	4. 90	5. 29	1511. 98	3. 42	0. 07	14. 79	1. 71	
	1650. 29	17. 11	971. 86	0. 05	0. 19	7. 46	66. 92	0. 22	4. 80	2. 00	4. 77	1589. 78	1. 39	0. 08	0. 22	2. 47	
10-1331-5	610. 42	1. 60	569. 94	0. 86	1. 62	57. 50	64. 35	7. 24	4. 94	9. 03	4. 61	2127. 01	2. 67	22. 32	6. 36	7. 55	
	860. 35	0. 68	770. 95	1. 33	0. 14	32. 90	64. 99	3. 02	10. 77	7. 90	4. 04	2309. 07	2. 16	2. 93	15. 62	7. 25	
	570. 13	0. 67	570. 29	0. 52	0. 18	319. 13	59. 44	23. 04	73. 62	53. 15	4. 46	2422. 44	27. 39	1. 57	180. 24	16. 32	
	513. 83	0. 55	497. 10	0. 43	0. 19	151. 11	64. 26	37. 19	74. 10	13. 88	3. 71	2131. 51	7. 16	1. 33	50. 79	8. 50	
	495. 20	0. 46	517. 66	0. 45	0. 15	145. 18	57. 84	28. 42	80. 22	12. 58	3. 16	1918. 30	6. 88	2. 15	50. 12	5. 11	
	10. 41	1. 51	1. 67	0. 03	0. 12	144. 58	62. 66	65. 16	3. 06	56. 93	2. 75	2204. 07	13. 29	11. 24	14. 58	192. 55	
	791. 79	0. 78	771. 64	0. 54	0. 17	86. 63	64. 27	25. 68	53. 26	5. 70	3. 51	2521. 36	1. 94	0. 22	23. 77	3. 09	
	1375. 30	1. 47	1939. 25	0. 64	0. 18	85. 12	64. 27	6. 19	54. 28	11. 65	3. 57	3518. 87	2. 30	0. 09	50. 69	5. 28	
	1380. 21	1. 38	2085. 50	0. 41	0. 14	171. 29	62. 66	10. 50	69. 28	28. 47	3. 73	2424. 43	18. 80	0. 24	152. 04	18. 86	
	899. 84	4. 81	981. 16	0. 57	0. 16	114. 21	64. 27	24. 07	58. 22	7. 11	4. 46	2414. 57	4. 91	4. 24	32. 84	4. 84	
均值	687. 38	9. 31	855. 25	0. 31	0. 28	137. 14	64. 92	11. 63	80. 55	14. 37	5. 23	1881. 35	7. 06	2. 35	40. 90	23. 86	
MZ-27-9	7993. 94	9. 67	17657. 32	0. 04	0. 21	522. 65	63. 38	4. 41	466. 02	0. 35	4. 79	1051. 79	2. 82	17. 54	40. 62	1. 48	毛坪
	8975. 48	10. 29	19363. 51	0. 04	0. 18	545. 83	63. 38	4. 61	469. 11	0. 36	3. 73	1191. 82	3. 46	19. 34	64. 29	3. 55	
	8794. 79	11. 38	18645. 47	0. 05	0. 23	18. 43	63. 39	0. 37	15. 56	0. 41	4. 38	1296. 94	2. 29	0. 21	0. 80	0. 58	
	9789. 17	12. 06	22315. 96	0. 05	0. 21	15. 12	63. 39	0. 32	14. 58	0. 42	4. 08	1531. 85	3. 07	0. 10	0. 78	0. 43	

续表

样品号＼元素	Cr	Mn	Fe	Co	Ni	Cu	Zn	Ga	Ge	As	Se	Cd	Ag	Sn	Sb	Pb	矿床
MZ-27-9	7514.05	8.11	16206.83	0.03	0.18	59.75	63.39	0.83	59.76	2.88	3.11	1072.19	6.97	0.86	1.51	4.37	毛坪
	3469.82	5.08	6737.25	0.04	0.18	5.48	63.39	3.68	0.63	0.32	2.99	904.09	3.88	0.18	0.65	2.91	
	5071.34	9.18	9940.18	0.03	0.15	5.59	63.39	1.17	0.64	6.01	2.52	811.21	3.23	0.25	3.15	4.76	
	5284.38	7.36	12457.78	0.03	0.14	200.64	63.39	5.41	193.89	1.88	2.91	963.43	17.10	6.89	14.87	2.58	
	9146.75	11.45	20237.76	0.04	0.20	14.00	63.39	0.33	12.82	7.18	3.63	1417.12	5.70	0.26	2.62	2.40	
	7392.51	8.25	15430.46	0.04	0.25	16.81	63.39	0.50	14.25	0.40	3.98	1031.05	4.54	0.79	0.19	2.30	
M-139	—	17.41	27993.40	0.04	0.23	12.58	62.74	0.14	12.00	11.75	11.39	1703.41	2.46	0.08	0.63	4.51	
	—	16.53	27666.21	0.03	0.17	107.28	62.74	0.62	110.35	18.69	9.08	1615.33	4.24	0.51	4.30	10.12	
	—	14.21	23860.13	0.03	0.22	782.08	62.74	8.69	814.31	0.43	8.22	1281.98	11.79	5.63	42.39	3.65	
	188268.38	13.43	23516.40	0.04	0.17	98.78	62.74	0.70	104.56	2.60	6.78	1266.59	7.91	0.69	4.94	2.31	
	68139.58	15.19	27781.60	0.04	0.17	70.06	62.74	0.52	55.25	22.80	5.99	1376.02	7.06	0.47	5.97	23.88	
	35906.14	13.85	22791.21	0.03	0.27	354.80	62.74	0.87	16.96	25.46	4.30	1325.29	6.54	0.40	5.97	18.91	
	32862.80	18.40	28763.95	0.04	0.17	104.85	62.74	0.62	117.38	0.37	4.63	1511.61	5.71	0.11	1.80	0.26	
	27719.74	17.23	32053.62	0.03	0.69	11.77	62.74	0.21	8.46	159.03	4.22	1809.66	6.88	0.34	7.54	7.14	
	17524.16	14.66	22879.54	0.03	0.14	182.80	62.74	1.49	181.88	29.14	3.33	1645.46	15.86	0.81	50.38	25.15	
	18080.61	19.68	29215.21	0.05	0.18	269.52	62.74	0.50	266.92	0.42	4.36	1512.34	13.61	0.17	19.02	0.78	
均值	23096.68	12.67	21275.65	0.04	0.22	169.94	60.36	1.79	146.77	14.55	4.92	1230.79	6.76	2.78	13.62	6.11	
Q0180	3889.51	4.20	7426.44	0.04	0.19	1.37	66.44	0.23	0.52	0.35	5.56	1159.71	6.55	1.14	0.07	0.80	巧家松梁
	9999.96	20.10	20982.99	0.03	0.17	8.92	66.44	0.12	9.10	0.29	4.07	1170.89	5.13	0.82	0.80	8160.69	
	10840.51	25.68	21466.03	0.03	0.18	0.70	66.44	0.07	0.30	0.29	3.82	1366.91	2.76	0.64	0.31	1.02	
	12254.38	24.92	22327.41	0.03	0.19	10.37	66.44	0.14	11.09	0.32	3.86	1807.31	3.09	1.53	0.11	0.57	
	9056.30	19.91	18465.53	0.03	0.13	0.50	66.44	0.05	0.24	0.26	3.23	1429.05	1.08	0.49	0.03	0.17	
	18533.50	47.21	37410.60	0.03	0.14	2.10	66.44	0.12	2.27	0.26	3.46	1117.15	1.41	0.52	0.03	0.03	
	11204.71	16.49	22314.74	0.03	0.18	31.31	66.44	0.24	59.33	0.26	3.32	1339.47	1.59	0.46	0.04	0.06	
均值	10825.55	23.29	21484.82	0.03	0.17	7.95	66.44	0.14	11.84	0.29	3.91	1315.78	3.09	0.80	0.20	1166.19	

注：测试单位为南京大学国家重点实验室（LA-ICP-MS）；Zn 单位为%，其余单位为 10^{-6}；“—”表示低于检出限

（3）会泽富锗铅锌矿床闪锌矿中 Cu、Ge、Sb、Sn 变化趋势基本一致，Fe、Cr 变化趋势也近于一致，结合镜下岩相学特征，显示对闪锌矿具有橙色-红色作用的主要着色元素为 Cu；靠近晶体边缘，Fe 含量具有明显峰值，而在解理处未显示该特征；毛坪富锗铅锌矿闪锌矿中 Cu、Ga、Ge 变化一致，Ag、Sn、Sb 变化一致，Fe、Cd 具有相似性；巧家松梁铅锌矿闪锌矿中 Fe 与 Cr、Ge 与 Cu 变化具一致性。

（4）根据 3 个矿床闪锌矿中 Cd 的分布特征，发现在闪锌矿环带过渡区域和晶体边缘，Cd 含量明显增加，显示其硫化物作为黄色着色剂的特点；闪锌矿中 Ge 与 Cu 的变化趋势具有一致性。

（5）3 个矿床闪锌矿中 Cr 含量高是一重要特征，可能指示铅锌成矿与深源流体来源有密切联系。

3. 会泽、毛坪、巧家松梁富锗铅锌矿床闪锌矿电子探针分析

（1）虽然 3 个富锗铅锌矿床闪锌矿 Fe 含量有一定变化，但总体较低。毛坪富锗铅锌矿床闪锌矿环带显示有明显的 Fe 异常，深色环带 Fe 含量部分高达 5% 以上，并具有 Fe 的震荡分布特征，可能是成矿流体不均匀冷却造成的结果；会泽富锗铅锌矿床浅部闪锌矿 Fe 含量（QL307-1）与深部（10-1331-5）相比，具有较明显差异，不同环带中 Fe 含量也具有明显的变化（表 6-7）。

表 6-7　闪锌矿电子探针组成分析　　（单位：%）

样品号	Se	As	S	Pb	Bi	Fe	Cu	Zn	Ni	Sb	Co	矿床
QL307-1	0.06	0.00	31.82	0.26	0.00	0.31	0.00	66.66	0.01	0.00	0.00	会泽
	0.04	0.00	32.23	0.24	0.01	0.23	0.03	66.69	0.00	0.01	0.00	
	0.03	0.00	32.44	0.12	0.04	0.33	0.01	67.03	0.00	0.00	0.00	
	0.00	0.00	31.95	0.23	0.07	0.23	0.05	66.29	0.01	0.00	0.00	
	0.00	0.00	32.22	0.00	0.00	0.30	0.13	67.36	0.01	0.01	0.00	
	0.00	0.00	32.17	0.00	0.00	0.29	0.05	67.09	0.00	0.03	0.02	
	0.02	0.00	31.95	0.11	0.03	0.29	0.08	66.90	0.01	0.00	0.00	
	0.00	0.00	31.91	0.06	0.02	0.16	0.00	66.38	0.00	0.01	0.00	
	0.00	0.00	32.01	0.09	0.06	0.31	0.08	66.53	0.00	0.00	0.00	
	0.00	0.00	32.06	0.11	0.05	0.34	0.06	67.16	0.00	0.00	0.00	
10-1331-5	0.00	0.00	32.31	0.15	0.05	2.27	0.00	64.37	0.00	0.00	0.00	
	0.02	0.00	31.94	0.11	0.05	1.40	0.00	64.90	0.00	0.00	0.00	
	0.01	0.00	32.76	0.12	0.04	6.65	0.00	59.32	0.00	0.00	0.01	
	0.00	0.00	32.45	0.01	0.00	3.01	0.00	64.30	0.00	0.00	0.00	
	0.01	0.00	33.02	0.24	0.07	8.60	0.00	57.81	0.00	0.00	0.00	
	0.00	0.00	32.78	0.13	0.00	7.59	0.00	58.41	0.00	0.00	0.01	
	0.00	0.00	31.97	0.00	0.00	4.70	0.00	62.13	0.01	0.00	0.00	
	0.05	0.00	32.47	0.25	0.02	1.56	0.00	65.25	0.00	0.00	0.00	
	0.00	0.00	32.17	0.04	0.00	2.66	0.00	64.14	0.00	0.00	0.01	
	0.01	0.00	32.51	0.12	0.00	1.49	0.00	65.15	0.00	0.00	0.00	
均值	0.01	0.00	32.26	0.11	0.03	2.15	0.03	64.69	0.00	0.00	0.00	

续表

样品号	Se	As	S	Pb	Bi	Fe	Cu	Zn	Ni	Sb	Co	矿床
M-139	0.05	0.00	32.39	0.00	0.02	5.76	0.00	60.33	0.00	0.02	0.02	毛坪
	0.00	0.00	32.35	0.18	0.06	5.72	0.00	61.19	0.00	0.00	0.03	
	0.00	0.00	32.45	0.11	0.01	4.51	0.03	62.26	0.01	0.00	0.00	
	0.00	0.00	32.19	0.30	0.02	0.41	0.02	67.15	0.01	0.00	0.00	
	0.00	0.01	32.78	0.15	0.00	3.96	0.24	62.85	0.01	0.00	0.00	
	0.00	0.01	32.52	0.17	0.00	5.08	0.00	61.66	0.00	0.00	0.01	
	0.01	0.00	32.53	0.00	0.00	1.51	0.00	66.21	0.00	0.00	0.00	
	0.00	0.00	32.45	0.06	0.00	4.91	0.28	62.04	0.00	0.02	0.01	
	0.00	0.00	32.21	0.21	0.02	5.46	0.00	61.86	0.00	0.00	0.00	
	0.00	0.00	31.81	0.21	0.00	5.64	0.00	60.82	0.00	0.00	0.01	
MZ27-9	0.03	0.00	31.93	0.21	0.00	3.68	0.00	62.15	0.00	0.00	0.00	
	0.00	0.00	31.73	0.11	0.00	3.30	0.00	62.47	0.00	0.00	0.02	
	0.00	0.01	32.18	0.06	0.01	2.91	0.07	63.62	0.00	0.00	0.00	
	0.00	0.00	31.96	0.00	0.00	3.32	0.16	63.09	0.01	0.01	0.01	
	0.00	0.00	32.33	0.06	0.00	3.90	0.00	63.56	0.00	0.01	0.01	
	0.05	0.00	32.48	0.15	0.00	3.58	0.00	62.94	0.00	0.00	0.00	
	0.00	0.00	31.98	0.09	0.02	2.20	0.00	63.86	0.01	0.01	0.00	
	0.00	0.00	32.22	0.15	0.04	1.78	0.00	64.73	0.00	0.01	0.00	
	0.00	0.00	32.23	0.06	0.00	3.50	0.00	64.28	0.01	0.00	0.00	
	0.02	0.00	31.89	0.09	0.00	3.55	0.05	62.84	0.00	0.01	0.00	
均值	0.01	0.00	32.23	0.12	0.01	3.73	0.04	62.97	0.00	0.00	0.01	
Q0180	0.00	0.02	32.08	0.00	0.03	0.19	0.00	66.07	0.00	0.00	0.00	巧家松梁
	0.00	0.00	31.98	0.09	0.02	0.37	0.00	67.14	0.00	0.00	0.00	
	0.03	0.00	31.73	0.18	0.00	0.24	0.01	65.94	0.02	0.00	0.00	
	0.00	0.00	32.62	0.00	0.04	0.31	0.15	66.77	0.00	0.07	0.00	
	0.00	0.00	32.11	0.08	0.09	0.11	0.02	65.84	0.01	0.03	0.02	
	0.00	0.00	32.30	0.09	0.00	0.15	0.02	66.76	0.00	0.00	0.00	
	0.03	0.00	32.20	0.29	0.00	0.38	0.00	66.05	0.00	0.00	0.00	
	0.01	0.00	32.11	0.00	0.00	1.37	0.00	66.05	0.00	0.02	0.00	
	0.03	0.00	32.17	0.00	0.01	0.32	0.02	66.32	0.01	0.00	0.00	
	0.01	0.00	32.24	0.00	0.04	0.46	0.00	66.76	0.01	0.03	0.00	
均值	0.01	0.00	32.16	0.07	0.02	0.42	0.02	66.37	0.01	0.02	0.00	

注：测试单位为中国地质科学院国家地质实验中心

（2）闪锌矿不同环带中 Zn（Fe）-S 的变化相互影响，在不同环带中 Zn 的变化相对滞后于 Fe 的变化。

（3）前人研究认为（卢焕章，1975；夏学惠，1992；何朝鑫等，2015），闪锌矿中 Fe

含量对闪锌矿形成环境具有重要指示意义。通过滇东北矿集区铅锌矿床闪锌矿环带的研究，认为不同环带意味成矿流体在矿物结晶过程中发生一定的扰动，不同环带的重复性显示其形成环境具有震荡特征。而且，同一矿物在其生长过程中所捕获的流体包裹体反映的成矿流体信息也具有多样性。

（三）黄铁矿微量元素组成

毛坪富锗铅锌矿黄铁矿的样品中 Co/Ni>1 的有 3 件，Co/Ni<1 的有 4 件，具有热液成矿作用特征（表 6-8）。

表 6-8　毛坪富锗铅锌矿中黄铁矿组成分析　（单位：%）

样号	位置	Fe	S	Zn	Ag	Au	Cu	As	Cd	Co	Ni	Co/Ni
R623-5	6 硐 623 穿	46.20	53.40	0.15	0.01	0.00	0.00	0.16	0.06			
R721-2	7 硐 721 穿	45.16	52.34	0.00	0.22	0.55	0.00	1.27	0.40			
R623-4	6 硐 623 穿	46.66	53.53	0.04	0.06	0.00	0.00	0.49	0.04			
R623-3	6 硐 623 穿	46.56	53.32	0.00	0.01	0.00	0.00	0.00	0.11			
R721-5	7 硐 721 穿	45.83	53.35	0.14	0.25	0.00	0.14	0.20	0.07			
R4021-6	940 中段	46.14	52.65	0.06	0.17	0.00	0.12	0.85	0.00	0.00	0.01	<1
R4021-7	940 中段	45.38	52.64	1.73	0.00	0.00	0.01	0.00	0.14	0.00	0.11	<1
R722-5	7 硐 722 穿	45.60	52.92	0.53	0.15	0.00	0.00	0.26	0.22	0.10	0.22	0.43
R722-3	7 硐 722 穿	45.98	53.14	0.10	0.00	0.00	0.00	0.74	0.09	0.32	0.01	28.73
R721-6	7 硐 721 穿	46.57	54.30	0.00	0.26	0.00	0.00	0.00	0.04	0.13	0.06	2.33
R721-7	7 硐 721 穿	46.83	54.10	0.31	0.00	0.00	0.21	0.00	0.00	0.01	0.04	0.30
109-1	9 硐 109 穿	46.24	53.05	0.20	0.03	0.00	0.10	0.00	0.08	0.18	0.12	1.41

资料来源：据柳贺昌和林文达（1999）修改

注：测试单位为中国地质科学院国家地质实验中心（ICP-MS），中国地质大学（北京）（电子探针）

（四）元素分异与成矿流体温度关系讨论

基于假设成矿流体分异为两个部分：溶液部分（包裹体所捕获）、溶质部分（卸载形成闪锌矿矿物），结合 LA-ICP-MS 测试及对应的流体包裹体测温成果，讨论 Pb、Ag、Cu 等元素的分异与成矿流体温度关系（图 6-8），得到如下认识。

（1）闪锌矿中铅分布范围接近铅的溶解曲线，铅含量分异与成矿流体温度、铅元素浓度及溶液的 pH 等物理化学条件有关。

（2）HZT 铅锌矿闪锌矿中铅的特征与台地型、裂谷型 MVT 铅锌矿均存在明显不同。

（3）尽管闪锌矿中赋存微量银（10×10^{-6}左右），但是与闪锌矿形成温度不成比例，研究认为在铅锌卸载沉淀过程中，银与铅的关系更为密切。

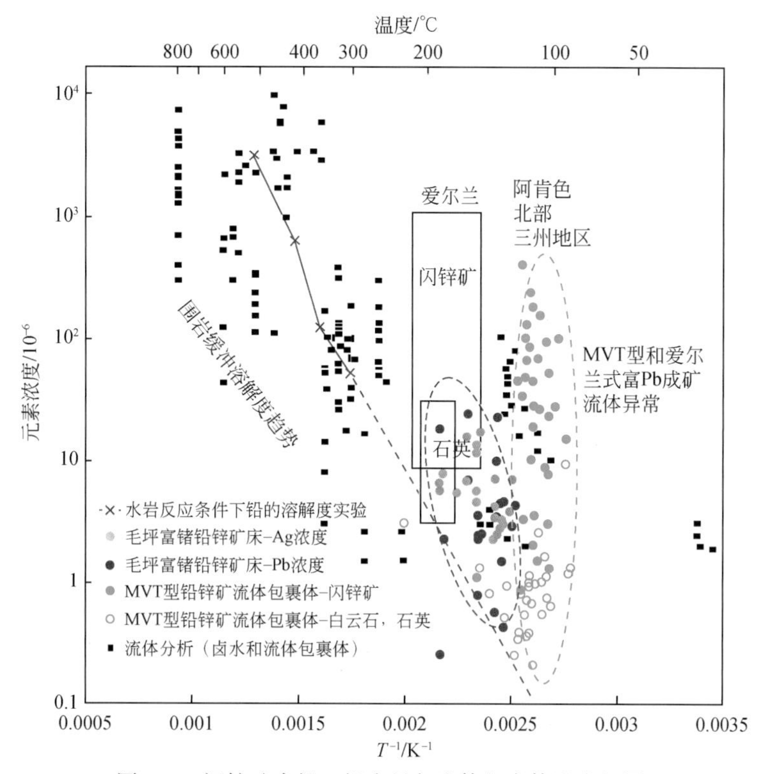

图 6-8　闪锌矿中铅、银含量与流体包裹体温度相图

四、茂租富锗铅锌矿床

（一）方解石稀土元素组成

从蚀变围岩到矿体，矿化蚀变分带依次为白云石化带、星点状矿化带、细脉浸染状矿化带、矿体。热液方解石主要呈脉状分布于星点状矿化带、呈团块状分布于细脉浸染状矿化带和矿体中。方解石分为两个世代，第一世代方解石呈白色，与铅锌矿物密切共生，主要呈脉状和团块状产出，形成于硫化物主成矿阶段；第二世代方解石呈无色-白色，晶粒粗大，与萤石共生，产于星点状矿化带，形成于成矿晚阶段（图 6-9）。

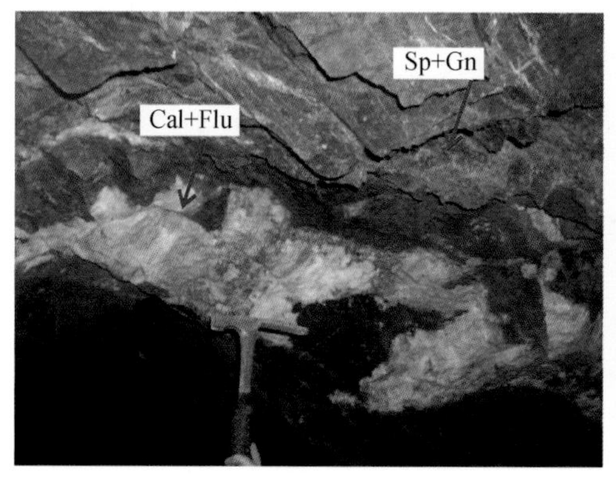

a

b

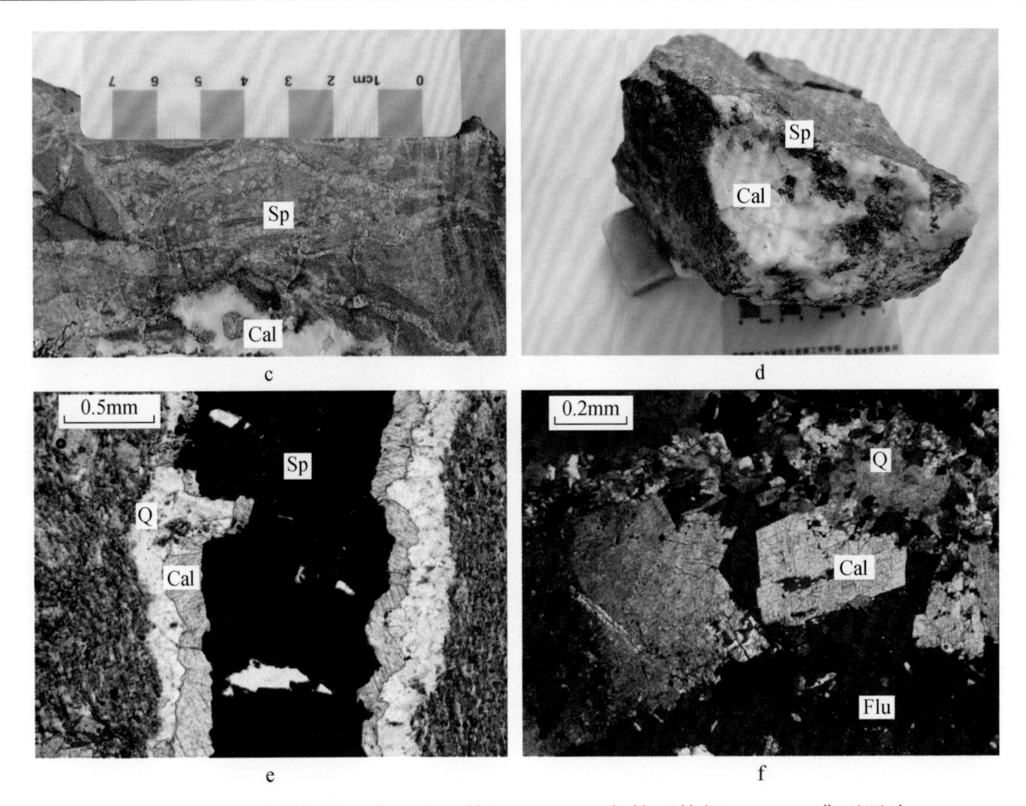

图 6-9　茂租富锗铅锌矿床矿宏观特征（a～d）与镜下特征（e～f）典型照片

a. 脉状条带状矿石中嵌布方解石和萤石脉，具脉状构造；b. 块状铅锌矿石中包裹方解石、萤石团块，具团斑状构造；c. 深灰色细-中晶白云岩中发育斑点状、脉状闪锌矿，见方解石团块包裹斑点状闪锌矿；d. 深灰色细-中晶白云岩中，团块状方解石与斑点状铅锌矿，具斑点状构造；e. 从闪锌矿脉中心向两侧依次为方解石、石英脉，且石英、方解石脉呈板条状由脉壁向中心生长，形成梳状构造；f. 萤石脉中包裹并交代、溶蚀石英和方解石，形成交代残斑结构。Dol. 白云石；Cal. 方解石；Q. 石英；Py. 黄铁矿；Sp. 闪锌矿；Gn. 方铅矿；Flu. 萤石

方解石 ΣREE 不高，具有较宽的变化范围（7.83×10^{-6}～59.56×10^{-6}），ΣLREE/ΣHREE 值为 3.01～13.97，$(La/Yb)_N$ 值为 10.45～61.54，说明轻、重稀土元素分异较明显，即热液方解石富集轻稀土（图 6-10，表 6-9）。

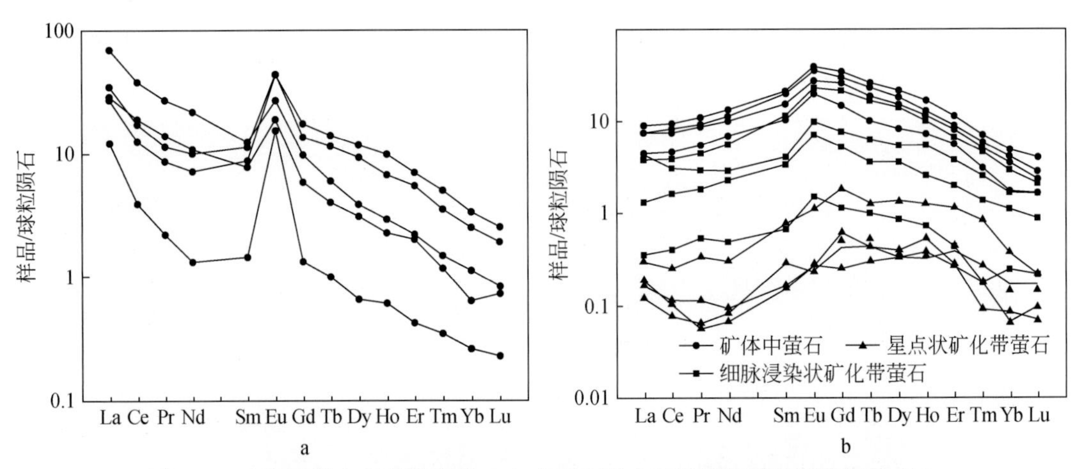

图 6-10　方解石稀土分配模式图（a）与萤石稀土元素球粒陨石标准化图（b）

表 6-9　茂租富锗铅锌矿床方解石和萤石稀土元素含量及特征参数

样品号	样品名		La	Ce	Pr	Nd	Sm	Eu	Gd	Tb	Dy	Ho	Er	Tm	Yb	Lu	Y	ΣREE	LREE	HREE	LREE/HREE	$(La/Yb)_N$	$(La/Sm)_N$	$(Gd/Yb)_N$	δEu	δCe
MZ-16+	方解石		2.89	2.37	0.21	0.61	0.22	0.90	0.27	0.04	0.17	0.03	0.07	0.01	0.04	0.01	3.17	7.83	7.20	0.64	11.34	46.48	8.46	5.04	11.22	0.54
1400-1			16.30	23.10	2.61	10.10	1.88	1.59	1.99	0.23	0.99	0.16	0.36	0.04	0.19	0.02	9.09	59.56	55.58	3.98	13.97	61.54	5.59	8.64	2.50	0.78
1400-9c			6.89	11.70	1.31	5.00	1.18	1.11	1.19	0.15	0.79	0.13	0.33	0.03	0.11	0.02	8.76	29.94	27.19	2.75	9.90	46.19	3.77	9.22	2.83	0.89
1380-8+			6.49	7.64	0.82	3.35	1.33	2.57	2.76	0.43	2.34	0.38	0.91	0.09	0.43	0.05	37.00	29.57	22.19	7.38	3.01	10.85	3.15	5.32	4.00	0.69
1380-12+			8.22	10.50	1.09	4.75	1.72	2.50	3.55	0.53	3.01	0.56	1.15	0.13	0.56	0.07	44.60	38.33	28.78	9.55	3.01	10.45	3.08	5.20	3.03	0.74
MZ-23	萤石	矿体	1.81	4.72	0.83	4.75	2.37	1.61	5.44	0.71	3.96	0.66	1.33	0.13	0.61	0.06	60.80	28.99	16.09	12.90	1.25	2.13	0.49	7.38	1.33	0.94
MZ-24			2.15	5.95	1.05	6.36	3.35	2.32	7.25	0.99	5.54	0.94	1.90	0.18	0.83	0.10	77.30	38.92	21.18	17.73	1.19	1.85	0.41	7.2	1.4	0.97
MZ-25			1.05	2.83	0.51	3.20	1.59	1.15	3.13	0.38	2.11	0.41	0.94	0.08	0.30	0.04	41.90	17.71	10.33	7.38	1.40	2.53	0.43	8.69	1.55	0.94
MZ-26			1.77	5.03	0.9	5.34	3.01	2.06	6.29	0.89	4.65	0.74	1.51	0.15	0.70	0.07	68.30	33.11	18.11	15.00	1.21	1.82	0.38	7.48	1.42	0.97
MZ-16		细脉浸染状矿化带	1.04	1.93	0.28	1.32	0.64	0.57	1.58	0.24	1.38	0.31	0.62	0.06	0.29	0.04	30.50	10.29	5.78	4.51	1.28	2.59	1.05	4.54	1.67	0.86
1380-8			0.08	0.25	0.05	0.23	0.11	0.09	0.23	0.04	0.22	0.04	0.07	0.00	0.04	0.01	4.07	1.46	0.80	0.66	1.22	1.4	0.51	4.56	1.64	0.91
1380-12			0.89	2.36	0.43	2.62	1.80	1.35	4.43	0.63	3.62	0.57	1.09	0.12	0.50	0.05	53.20	20.47	9.45	11.02	0.86	1.29	0.32	7.39	1.4	0.93
1380-14			0.31	0.99	0.17	1.07	0.52	0.42	1.10	0.13	0.92	0.14	0.33	0.04	0.19	0.02	16.70	6.35	3.48	2.87	1.21	1.18	0.38	4.84	1.67	1.04
1400-1		星点状矿化带	0.07	0.15	0.03	0.14	0.12	0.06	0.37	0.05	0.34	0.07	0.19	0.02	0.06	0.01	13.00	1.68	0.57	1.11	0.52	0.82	0.39	4.95	0.85	0.8
1400-2			0.03	0.05	0.01	0.04	0.04	0.01	0.1	0.02	0.09	0.02	0.07	0.01	0.02	0.00	5.86	0.52	0.17	0.35	0.50	0.81	0.43	3.64	0.58	0.83
1380-1			0.04	0.07	0.01	0.04	0.03	0.02	0.05	0.01	0.08	0.02	0.04	0.00	0.01	0.00	5.20	0.43	0.20	0.23	0.87	2.52	1	4.17	1.34	0.8
1380-2			0.04	0.06	0.01	0.03	0.02	0.02	0.13	0.02	0.10	0.03	0.05	0.00	0.01	0.00	8.34	0.51	0.18	0.33	0.54	2.18	1.2	7.63	0.69	0.86

注：测试单位为核工业北京地质研究院分析测试中心。球粒陨石标准化采用 Sun 和 McDonough（1989）的数据。稀土元素含量单位为 10^{-6}

该矿床中热液方解石表现出明显的 Eu 正异常（2.50～11.22），且具有“M”型稀土元素分配模式，暗示其沉淀在相对氧化环境下。方解石具“M”型分配模式，与震旦系灯影组白云岩和其他时代地层沉积岩、峨眉山玄武岩的稀土元素分配模式明显不同，但与会泽超大型富锗铅锌矿团斑状、脉状方解石稀土元素分配模式相似，暗示成矿流体中的 REE 可能有深部来源。

（二）萤石稀土元素组成

该矿床萤石分为两个世代，第一世代萤石形成于成矿主阶段，又细分为两种：①呈白色、浅紫色，局部为紫色，产于矿体中，与致密块状铅锌矿密切共生，主要呈脉状和团块状产出；②呈白色，产于细脉浸染状铅锌矿化带，主要呈细脉状产出。第二世代萤石呈无色-白色，晶粒粗大，形成于成矿晚阶段，产于星点状铅锌矿化带，与方解石共生（图 6-11，图 6-12，表 6-10）。

通过致密块状铅锌矿体、细脉浸染状矿化带和星点状矿化带的系统采样（各 4 件萤石）及分析，不同矿化带萤石的 REE 含量变化较大，特征参数有所差别。从矿体→细脉浸染状矿化带→星点状矿化带，ΣREE 逐渐减少（$29.68\times10^{-6}\to9.62\times10^{-6}\to0.88\times10^{-6}$），由轻稀土富集逐渐变为重稀土富集，δEu 由正异常逐渐变为弱负异常（1.4→1.6→0.9），δCe 也逐渐变小（0.95→0.94→0.82）。该特征反映出萤石的形成条件有差异。

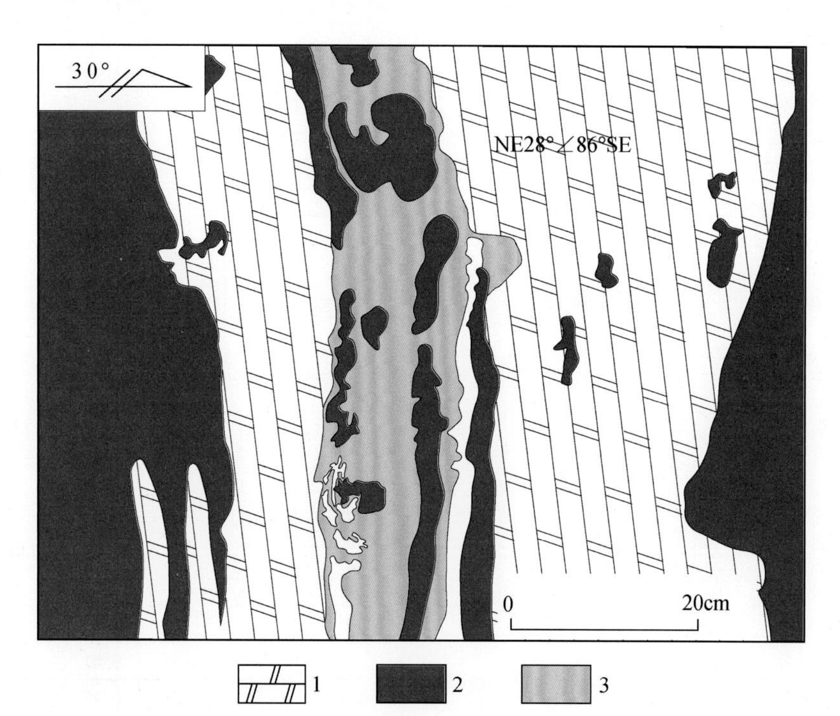

图 6-11　串家梁子上三坪矿体中萤石、铅锌矿石素描图

1. 深灰色中-粗晶白云岩；2. 铅锌矿石；3. 萤石

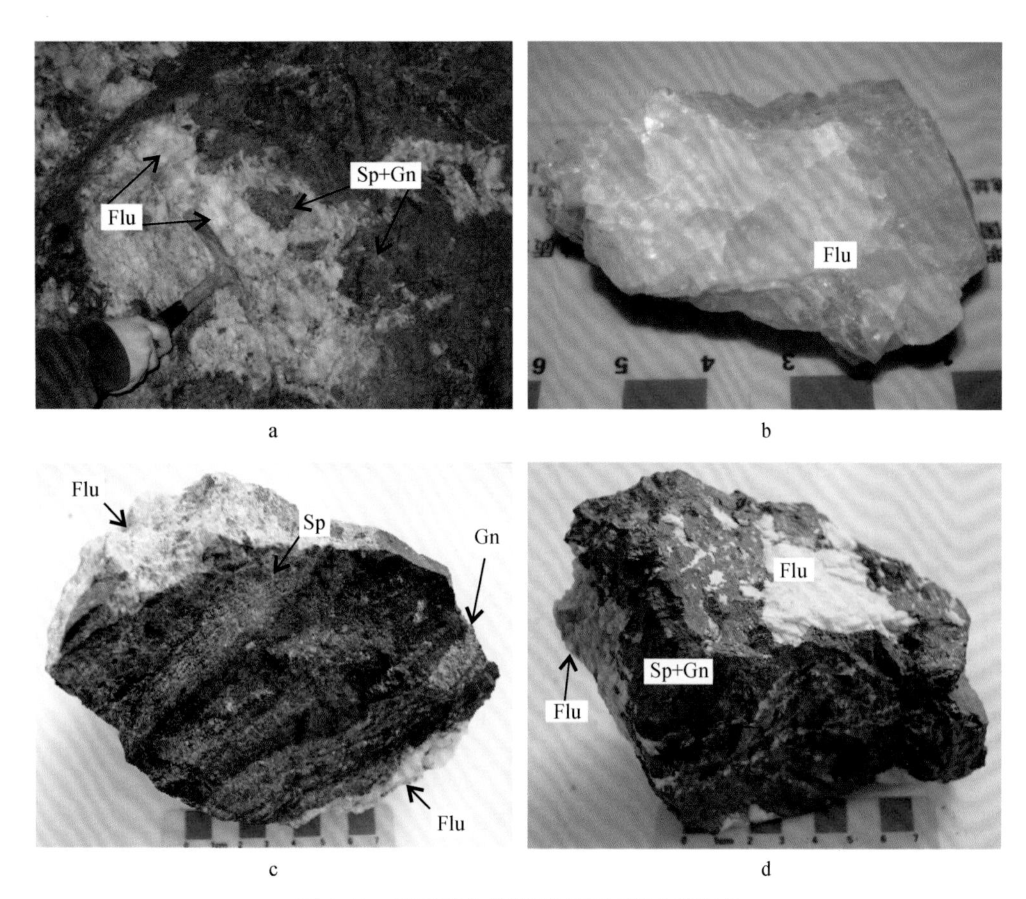

图6-12　不同矿化带萤石产出特征典型照片

a. 矿体中团块状萤石和团斑状闪锌矿、方铅矿具脉状、团斑状构造；b. 星点状矿化带中块状萤石；c. 细脉浸染状矿石；d. 致密块状铅锌矿石中含有块状萤石，具块状构造。Sp. 闪锌矿；Gn. 方铅矿；Flu. 萤石；Cal. 方解石

表6-10　萤石稀土元素特征值

样号	MZ-23	MZ-24	MZ-25	MZ-26	MZ-16	1380-8	1380-12	1380-14	1400-1	1400-2	1380-1	1380-2
	铅锌矿体				细脉浸染状矿化带				星点状矿化带			
$\Sigma REE/10^{-6}$	28.99	38.92	17.71	33.11	10.29	1.46	20.47	6.35	1.68	0.52	0.43	0.51
$\Sigma REE_{平均}/10^{-6}$	29.86				9.62				0.88			
$\Sigma REE+Y/10^{-6}$	89.79	116.22	59.61	101.41	40.79	5.53	73.67	23.05	14.68	6.38	5.63	8.85
$LREE/10^{-6}$	16.09	21.18	10.33	18.11	5.78	0.80	9.45	3.48	0.57	0.17	0.20	0.18
$HREE/10^{-6}$	12.90	17.73	7.38	15.00	4.51	0.66	11.02	2.87	1.11	0.35	0.23	0.33
LREE/HREE	1.25	1.19	1.40	1.21	1.28	1.22	0.86	1.21	0.52	0.50	0.87	0.54
$(La/Yb)_N$	2.13	1.85	2.53	1.82	2.59	1.40	1.29	1.18	0.82	0.81	2.52	2.18
$(La/Sm)_N$	0.49	0.41	0.43	0.38	1.05	0.51	0.32	0.38	0.39	0.43	1.00	1.20
$(Gd/Yb)_N$	7.38	7.20	8.69	7.48	4.54	4.56	7.39	4.84	4.95	3.64	4.17	7.63
Tb/La	0.39	0.46	0.36	0.56	0.23	0.46	0.71	0.43	0.67	0.70	0.29	0.36
Eu/Sm	0.68	0.69	0.72	0.69	0.90	0.82	0.75	0.82	0.54	0.31	0.65	0.66
Sm/Nd	0.50	0.53	0.50	0.56	0.48	0.46	0.69	0.48	0.86	1.16	0.59	0.77

续表

样号	MZ-23	MZ-24	MZ-25	MZ-26	MZ-16	1380-8	1380-12	1380-14	1400-1	1400-2	1380-1	1380-2
	铅锌矿体				细脉浸染状矿化带				星点状矿化带			
δEu	1.33	1.40	1.55	1.42	1.67	1.64	1.40	1.67	0.85	0.58	1.34	0.69
$\delta Eu_{平均}$	1.40				1.60				0.88			
δCe	0.94	0.97	0.94	0.97	0.86	0.91	0.93	1.04	0.80	0.83	0.80	0.86
$\delta Ce_{平均}$	0.95				0.94				0.82			

注：测试单位为核工业北京地质研究院分析测试中心

五、乐红富锗铅锌矿床

（一）微量元素组成

1. 矿化蚀变岩石微量元素组成

根据矿化蚀变岩石分析（表6-11）和标准化图（图6-13）可得以下认识。

表6-11　乐红富锗铅锌矿床矿化–蚀变岩微量元素组成

微量元素	大陆上地壳	矿化边缘带			矿化过渡带			矿化中心带					
		未蚀变白云岩（n=5）			蚀变白云岩（n=5）			浸染状Pb-Zn矿石（n=6）			块状Pb-Zn矿石（n=5）		
		最小值	最大值	平均值	最小值	最大值	平均值	最小值	最大值	平均值	最小值	最大值	平均值
Cu	14.30	6.38	96.52	29.85	122.31	987.21	447.30	122.31	987.21	447.30	90.86	318.88	192.55
Ag	0.07	1.41	5.03	2.79	14.70	184.00	102.82	14.70	184.00	102.82	128.00	242.00	185.80
As	2.00	4.54	27.10	15.82	19.90	177.00	97.97	19.90	177.00	97.97	16.50	164.00	100.46
Cd	0.10	1.39	4.34	3.12	79.76	1108.55	521.72	79.76	1108.55	521.72	158.17	709.74	361.77
Sb	0.31	6.29	10.50	8.40	24.20	573.00	234.38	24.20	573.00	234.38	318.00	842.00	575.40
Pb	17.00	82.86	1240.00	475.97	0.04	63.90	23.48	0.04	63.90	23.48	54.00	15.50	11.05
Zn	52.00	436.00	1200.00	690.64	2.14	35.20	16.28	2.14	35.20	16.28	4.61	3.85	7.18
In	0.06	0.03	0.08	0.04	0.07	0.67	0.30	0.07	0.67	0.30	0.01	0.24	0.12
Ga	14.00	0.47	18.40	5.48	2.36	42.80	19.91	2.36	42.80	19.91	1.20	8.83	5.88
Ge	1.40	0.21	2.48	1.16	7.10	120.00	64.93	7.10	120.00	64.93	9.69	45.30	22.68
Mo	1.40	0.70	11.89	3.35	0.39	9.15	2.42	0.39	9.15	2.42	0.17	0.86	0.46
Bi	0.12	0.01	0.18	0.10	0.00	0.06	0.03	0.00	0.06	0.03	0.05	0.15	0.11
W	1.40	1.35	5.81	3.68	0.58	4.33	2.44	0.58	4.33	2.44	0.38	3.84	1.52
Rb	110.00	1.38	104.00	28.13	0.52	5.07	1.82	0.52	5.07	1.82	0.17	1.03	0.36
Cs	5.80	0.19	20.90	5.44	0.17	0.96	0.49	0.17	0.96	0.49	0.02	0.11	0.05
Sr	316.00	37.14	79.00	48.53	7.02	48.80	19.84	7.02	48.80	19.84	1.61	25.80	8.51
Ba	668.00	108.20	828.00	416.82	1.84	689.00	181.61	1.84	689.00	181.61	1.42	99.50	24.53
U	2.50	0.10	2.57	0.74	0.10	0.64	0.30	0.10	0.64	0.30	0.03	0.26	0.09
Th	10.30	2.00	8.29	2.97	0.06	0.47	0.17	0.06	0.47	0.17	0.03	0.13	0.06
Zr	237.00	2.50	161.00	39.91	0.96	8.56	3.01	0.96	8.56	3.01	0.74	1.63	1.01
Hf	5.80	0.10	3.72	0.92	0.00	0.23	0.06	0.00	0.23	0.06	0.00	0.06	0.02
Nb	26.00	0.16	10.99	3.57	0.01	0.82	0.21	0.01	0.82	0.21	0.03	0.16	0.07

续表

微量元素	大陆上地壳	矿化边缘带 未蚀变白云岩 (n=5)			矿化过渡带 蚀变白云岩 (n=5)			矿化中心带 浸染状 Pb-Zn 矿石 (n=6)			矿化中心带 块状 Pb-Zn 矿石 (n=5)		
		最小值	最大值	平均值	最小值	最大值	平均值	最小值	最大值	平均值	最小值	最大值	平均值
Ta	1.50	0.10	0.80	0.28	0.00	0.09	0.03	0.00	0.09	0.03	0.01	0.74	0.16
Li	22.00	1.30	41.70	9.57	0.46	5.81	1.74	0.46	5.81	1.74	0.17	0.79	0.34
Be	3.10	0.23	2.80	0.93	0.00	0.11	0.04	0.00	0.11	0.04	0.00	0.04	0.02
Sc	7.00	0.65	13.46	3.99	0.03	0.89	0.39	0.03	0.89	0.39	0.05	0.46	0.32
Sn	2.50	0.62	4.16	2.89	0.77	12.30	4.53	0.77	12.30	4.53	0.33	4.05	2.00
Tl	0.75	0.20	4.13	1.12	0.28	13.40	5.61	0.28	13.40	5.61	0.92	1.84	1.26
V	55.00	2.44	94.23	28.72	0.94	12.13	3.83	0.94	12.13	3.83	0.23	2.54	0.80
Cr	35.00	18.97	71.90	36.16	6.40	14.89	9.99	6.40	14.89	9.99	1.01	8.37	3.94
Co	11.60	1.30	47.85	14.87	4.73	37.90	21.07	4.73	37.90	21.07	0.12	0.73	0.36
Ni	18.60	6.90	105.12	40.25	24.00	175.00	88.23	24.00	175.00	88.23	0.50	8.52	3.40

资料来源：大陆上地壳数据据 Wedepohl（1995）

注：测试单位为中国科学院地球化学研究所；矿化过渡带、矿化中心带 Pb、Zn 单位为%，其余单位为 10^{-6}

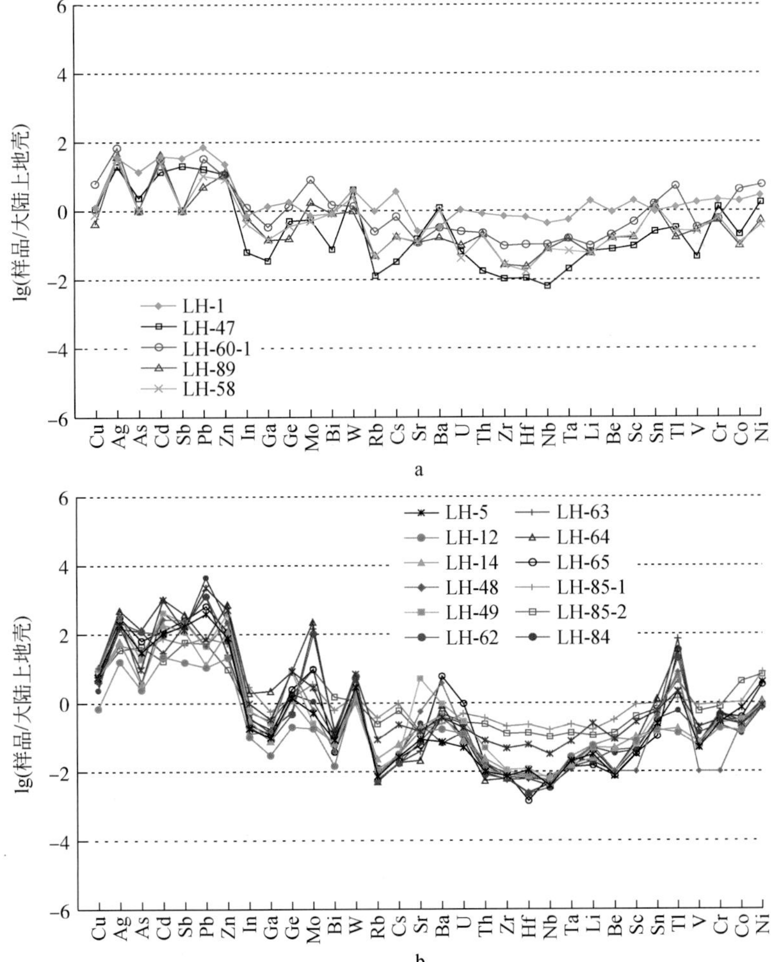

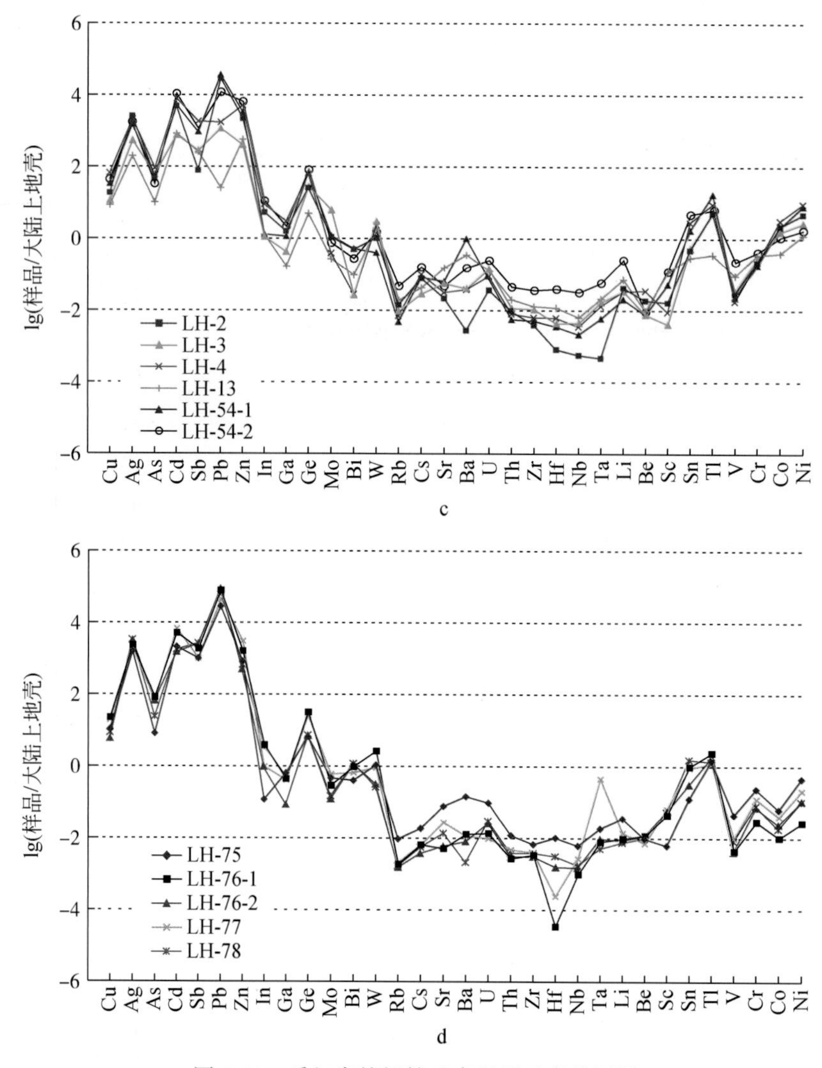

图 6-13　乐红富锗铅锌矿床微量元素蛛网图

a. 灰黑色未蚀变白云岩；b. 黄铁矿化（碳酸盐化）白云岩；c. 浸染状 Pb-Zn 矿石；d. 块状 Pb-Zn 矿石

（1）矿化中心带和矿化过渡带 Cu、Ag、As、Cd、Sb、Pb、Zn、Ge 表现为富集状态，而在矿化边缘带呈弱富集-亏损状态；不同蚀变带亏损 In、Ga、Mo、W、Rb、Cs、Sr、U、Th、Zr、Hf、Nb、Ta、Li、Be、Sc、Sn、Tl、V、Cr、Co、Ni 等元素；Ag、Pb、Zn、Cd、As、Sb 等元素在各蚀变带中的富集程度较高，尤其 Pb、Zn 是最富集的成矿元素，矿化过渡带相对于区域背景值（Pb 为 44.8×10^{-6}；Zn 为 20.0×10^{-6}）的富集系数分别达 270、444，矿化中心带高达上万倍，而在矿化边缘带中的富集程度要低得多。

（2）对比矿石和蚀变岩微量元素，可以看出 Pb、Zn、Fe、As、Sb、Hg、Bi、Ag、Cd、Sn、Ni、Cu、Ge、Ga 等元素富集系数明显较高，呈现出从块状铅锌矿石→浸染状铅锌矿石→黄铁矿化（碳酸盐化）白云岩由高至低的变化特点。

（3）对比矿化过渡带和矿化边缘带中微量元素含量，Zn、Pb、Cu、Mo、Cd、Ba、Th、

Ge、Ga、Rb、Nb、Cs、Tl、Ti、As、Sb、Sc、Cr 、Co、Ni 等元素含量在矿化过渡带中高于其在矿化边缘带，即表现出元素含量与蚀变程度呈正相关关系，而 Zr、Mn、Fe、W、Sr、U 等元素变化则相反。

2. 闪锌矿元素组成特征

闪锌矿元素组成（表 6-12）具有如下特征。

（1）不同世代闪锌矿明显富集 Cu、Zn、Pb、Cd、Ge、Ga、Ag、As、Sb 等元素；In、Tl、Mo、Bi、Sn、Fe、Mn 较低。其中 Fe 含量呈现 $Sp_1>Sp_2>Sp_3$ 的变化规律，Cd 与 Fe 变化规律基本一致。Cd 富集特征与会泽、毛坪富锗铅锌矿基本一致。

（2）对比不同蚀变带微量元素变化特征，认为矿化中心带中 Cu、Ag、As、Cd、Sb、Pb、Zn、Ge 富集特征明显，矿化过渡带次之，矿化边缘带最小。富集系数也呈现出矿化中心带>矿化过渡带>矿化边缘带的变化规律。不同蚀变带亏损 In、Ga、Mo、W、Rb、Cs、Sr、U、Th、Zr、Hf、Nb、Ta、Li、Be、Sc、Sn、Tl、V、Cr、Co、Ni 等元素。根据不同蚀变带内富集系数，可以推测成矿流体沿乐红断裂带运移的方向为矿化中心带→矿化过渡带→矿化边缘带。

表 6-12　不同世代闪锌矿元素组成

样品号	LH-54-1	LH-22	LH-77	LH-78	LH-90	LH-92	LH-6	LH-11	LH-60-2
不同世代闪锌矿	Sp_1		Sp_2				Sp_3		
Zn	65. 37	64. 96	65. 48	66. 53	63. 87	66. 52	66. 50	65. 38	67. 81
Fe	1. 15	1. 24	0. 33	0. 39	0. 17	0. 32	0. 30	0. 09	0. 14
Mn	19. 13	23. 85	30. 66	20. 41	30. 86	21. 11	20. 25	20. 67	30. 75
Co	1. 07	41. 20	0. 94	0. 62	0. 41	18. 00	3. 00	1. 00	0. 66
Ni	1. 21	162. 00	1. 05	0. 97	0. 58	1. 45	3. 00	2. 00	1. 11
Cu	652. 00	2480. 00	283. 00	374. 00	720. 00	545. 00	476. 00	110. 00	285. 00
Cd	3336. 00	3697. 00	3660. 00	3570. 00	3830. 00	2094. 00	1900. 00	2920. 00	2730. 00
Ge	35. 41	12. 82	—	—	54. 80	59. 20	11. 30	—	—
Ga	11. 50	30. 60	9. 30	75. 40	19. 10	158. 00	47. 40	26. 00	89. 90
In	3. 04	3. 06	0. 08	1. 23	1. 05	8. 70	0. 31	0. 22	0. 43
Tl	9. 57	54. 30	0. 01	0. 01	0. 11	0. 26	3. 80	0. 20	0. 18
Mo	0. 16	2. 85	0. 06	0. 37	0. 17	0. 08	1. 50	0. 20	0. 26
Ag	39. 47	57. 24	35. 80	44. 50	30. 50	39. 47	56. 00	35. 10	34. 20
Sn	2. 41	5. 88	2. 00	24. 00	1. 88	1. 56	5. 00	2. 00	81. 00
Sb	290. 00	905. 00	37. 60	30. 10	56. 60	102. 00	202. 00	24. 20	76. 80
As	48. 50	51. 10	63. 00	30. 00	83. 00	37. 70	72. 00	48. 00	50. 00
Bi	0. 04	0. 03	—	0. 10	—	0. 09	0. 30	—	—
Pb	337. 90	168. 70	3440. 0	3970. 0	1290. 0	94. 90	3720. 0	61. 00	3130. 00
Ga / In	3. 78	10. 00	116. 25	61. 30	18. 19	18. 16	152. 90	118. 18	209. 07

续表

样品号	LH-54-1	LH-22	LH-77	LH-78	LH-90	LH-92	LH-6	LH-11	LH-60-2
Ge / In	11.65	4.19			52.19	6.80	36.45		
Co / Ni	0.88	0.25	0.90	0.64	0.71	12.41	1.00	0.50	0.59
Zn / Cd	195.95	175.71	178.93	186.37	166.77	317.67	349.97	230.76	248.41

注：测试单位为核工业北京地质研究院分析测试研究中心；“—”表示低于检测限；除 Zn、Fe 单位为% 外，其他元素单位为 10^{-6}

（二）矿物稀土元素组成

1. 矿物稀土元素组成

稀土元素的地球化学性质相似，在地质作用过程中往往作为一个整体迁移，因而广泛用于矿床成矿流体来源与演化的示踪研究（王国芝等，2003；彭建堂等，2004；张瑜等，2010）。δEu 在稀土元素地球化学研究中占有重要的地位，常作为讨论成岩成矿条件的重要参数之一（Cocherie et al.，1994；Mills and Elderfield，1995）。基于该矿床矿物稀土元素组成（表6-13，表6-14），REE 分配模式（图6-14）可得以下特征。

1）未蚀变白云岩与热液白云石

未蚀变白云岩比热液白云石具有更高的∑REE 含量、δEu 负异常和 δCe 负异常的特点（图6-14a）。热液白云石稀土元素分配模式具轻稀土富集的右倾型。

2）热液方解石

LH-6 方解石呈粗脉状，脉宽约6cm，脉内见星点状闪锌矿、方铅矿；LH-7 方解石呈粗脉状，脉宽约7cm，与矿化的关系不明显。LH-7 方解石∑REE 含量明显高于 LH-6。方解石 REE 分配模式具轻稀土富集-δEu 亏损的右倾型（图6-14b）。

围岩碳酸盐岩和蚀变白云岩 REE 分配模式十分相似，前者具略高的∑REE（图6-14a），反映了蚀变白云岩继承了围岩的 REE 特征。

3）闪锌矿

闪锌矿稀土含量变化较小，稀土元素分配模式具右倾型（图6-14），显示轻稀土富集、无 δEu 异常和较弱 δCe 负异常的特点。闪锌矿从早阶段到晚阶段，稀土元素特征表现出 δEu 正异常→δEu 负异常的特征；Sp_1 和 Sp_2 的稀土分配模式与重晶石相似，Sp_3 稀土分配模式与白云石、方解石稀土分配模式基本一致，指示 Sp_1 和 Sp_2 具相似的流体来源，从侧面反映了成矿流体可能为深源流体和盆地流体混合而成。

4）重晶石

重晶石∑REE 较低，明显低于国内外报道的重晶石∑REE（$53.4\times10^{-6}\sim14.9\times10^{-6}$）（方维萱等，2002），其分配模式（图6-14d）显示轻稀土富集、重稀土亏损的右倾型特点，具有较强的 δEu 正异常和 δCe 负异常，呈开阔的“W”形，明显有别于现代海底热水系统流体及其沉积物的稀土组成模式（Barrett et al.，1990；Klinkhammer et al.，1994；Mills and Elderfield，1995），与现代大洋沉积物的稀土组成特征类似（Graf，1978），且 Ce 亏损的特

表 6-13 乐红富锗铅锌矿床围岩和热液白云石稀土元素含量及参数

样品号	LH-23	LH-47	LH-58	LH-60-1	LH-81	LH-89	平均值	LH-10	LH-14	LH-22	LH-23	LH-60-1	LH-81	LH-84	均值
	灰黑色白云岩							白云石							
La	0.69	1.97	1.02	1.56	1.44	0.43	1.19	0.25	0.86	1.17	0.46	0.93	1.08	1.13	0.84
Ce	1.20	2.17	1.94	2.42	2.66	0.78	1.86	0.45	1.92	1.67	0.69	1.67	2.55	1.70	1.52
Pr	0.17	0.60	0.29	0.41	0.38	0.10	0.33	0.13	0.33	0.21	0.10	0.30	0.42	0.25	0.25
Nd	0.75	2.97	1.27	2.08	1.55	0.45	1.51	0.86	1.67	0.90	0.48	1.45	1.93	1.04	1.19
Sm	0.17	0.64	0.32	0.50	0.37	0.10	0.35	0.33	0.45	0.18	0.10	0.37	0.50	0.27	0.32
Eu	0.04	0.13	0.09	0.13	0.09	0.023	0.08	0.08	0.12	0.05	0.03	0.10	0.14	0.09	0.09
Gd	0.17	0.61	0.32	0.54	0.35	0.12	0.35	0.36	0.48	0.20	0.11	0.45	0.49	0.32	0.34
Tb	0.03	0.11	0.06	0.09	0.07	0.02	0.06	0.08	0.10	0.04	0.02	0.10	0.11	0.06	0.07
Dy	0.17	0.54	0.30	0.49	0.38	0.10	0.33	0.52	0.62	0.23	0.09	0.65	0.58	0.32	0.43
Ho	0.04	0.10	0.06	0.09	0.08	0.02	0.06	0.12	0.12	0.04	0.02	0.14	0.12	0.07	0.09
Er	0.09	0.23	0.15	0.24	0.20	0.05	0.16	0.31	0.30	0.11	0.05	0.39	0.30	0.17	0.23
Tm	0.02	0.03	0.02	0.03	0.03	0.01	0.02	0.05	0.05	0.02	0.01	0.06	0.05	0.03	0.04
Yb	0.09	0.12	0.11	0.15	0.18	0.04	0.11	0.31	0.22	0.09	0.04	0.29	0.25	0.14	0.19
Lu	0.01	0.02	0.01	0.02	0.03	0.01	0.02	0.05	0.03	0.01	0.01	0.03	0.03	0.02	0.03
Y	1.24	3.25	2.11	3.75	2.58	0.76	2.28	3.43	3.88	1.61	0.77	5.60	3.47	2.86	3.09
ΣREE	3.63	10.24	5.95	8.76	7.79	2.26	6.44	3.90	7.26	4.92	2.19	6.95	8.53	5.60	5.62
LREE	3.02	8.48	4.92	7.11	6.48	1.90	5.32	2.10	5.35	4.18	1.86	4.83	6.61	4.49	4.20
HREE	0.61	1.76	1.03	1.65	1.31	0.36	1.12	1.80	1.91	0.74	0.33	2.12	1.92	1.12	1.42
LREE/HREE	4.96	4.83	4.76	4.30	4.97	5.23	4.84	1.17	2.80	5.66	5.56	2.28	3.44	4.02	3.56
$(La/Yb)_N$	5.86	11.87	6.97	7.72	5.80	7.08	7.55	0.58	2.81	9.43	9.41	2.33	3.15	5.79	4.79
$(La/Sm)_N$	4.08	3.07	3.24	3.10	3.87	4.25	3.60	0.76	1.88	6.43	4.68	2.48	2.17	4.12	3.22
δEu	0.68	0.64	0.81	0.76	0.72	0.72	0.72	0.67	0.78	0.76	0.81	0.77	0.86	0.95	0.80
δCe	0.82	0.49	0.86	0.72	0.87	0.87	0.77	0.59	0.88	0.76	0.75	0.77	0.93	0.75	0.78

注：测试单位为核工业北京地质研究院分析测试研究中心；球粒陨石标准化 REE 数据引自 Gresens（1967）；$Ce^* = (La_N \cdot Pr_N)^{1/2}$，$\delta Ce = Ce_N/Ce^*$，$Eu^* = (Sm_N \cdot Gd_N)^{1/2}$，$\delta Eu = Eu_N/Eu^*$（$Ce_N$ 和 Eu_N 指球粒陨石标准化后计算的值）。稀土元素含量单位为 10^{-6}

表 6-14　乐红富锗铅锌矿床闪锌矿、方解石和重晶石稀土元素含量及参数

样品号	LH-4	LH-76-1	LH-77	LH-78	LH-90	均值	LH-6	LH-11	LH-60-2	均值	LH-49	LH-91	均值	LH-6	LH-7	均值
	S1	S2					S3				重晶石			方解石		
La	0.24	0.07	0.01	0.10	0.10	0.07	0.94	0.14	0.23	0.44	0.77	0.31	0.54	0.57	1.56	1.07
Ce	0.42	0.12	0.02	0.20	0.20	0.14	1.99	0.28	0.43	0.90	0.36	0.04	0.20	1.18	4.10	2.64
Pr	0.05	0.01	—	0.03	0.02	0.02	0.34	0.03	0.05	0.14	0.04	0.01	0.03	0.20	0.71	0.45
Nd	0.20	0.07	0.02	0.10	0.08	0.07	1.81	0.12	0.22	0.72	0.31	0.11	0.21	0.90	3.38	2.14
Sm	0.03	0.01	0.01	0.03	0.02	0.02	0.41	0.02	0.06	0.16	0.15	0.06	0.10	0.21	0.97	0.59
Eu	0.02	0.01	0.01	0.01	0.01	0.01	0.09	0.01	0.01	0.04	4.46	1.98	3.22	0.05	0.18	0.12
Gd	0.04	0.01	—	0.02	0.01	0.01	0.37	0.03	0.04	0.15	0.50	0.08	0.29	0.22	0.94	0.58
Tb	0.01	—	—	—	—	0.00	0.05	—	0.01	0.02	0.01	—	—	0.04	0.18	0.11
Dy	0.04	0.01	—	0.02	0.02	0.02	0.22	0.02	0.04	0.09	0.03	0.01	0.02	0.17	0.98	0.57
Ho	0.01	—	—	—	—	—	0.04	0.01	0.01	0.02	0.01	0.00	0.01	0.03	0.18	0.11
Er	0.03	0.01	—	0.01	0.01	0.01	0.09	0.01	0.02	0.04	0.02	0.01	0.01	0.07	0.46	0.26
Tm	0.01	—	—	—	—	—	0.02	—	—	0.01	—	—	0.00	0.01	0.07	0.04
Yb	0.02	0.01	—	0.01	0.01	0.01	0.06	0.02	0.02	0.03	0.04	0.02	0.03	0.04	0.32	0.18
Lu	0.01	—	—	—	—	—	0.01	—	—	0.00	0.01	0.00	0.01	0.01	0.04	0.03
Y	0.25	0.05	0.02	0.10	0.09	0.07	1.26	0.13	0.22	0.54	0.79	0.41	0.60	1.67	7.22	4.45
ΣREE	1.12	0.32	0.08	0.54	0.49	0.35	6.42	0.69	1.15	2.75	6.70	2.63	4.66	3.70	14.07	8.88
LREE	0.97	0.29	0.07	0.47	0.44	0.31	5.58	0.60	1	2.39	6.09	2.50	4.29	3.12	10.89	7.00
HREE	0.15	0.03	0.01	0.07	0.05	0.04	0.84	0.09	0.15	0.36	0.61	0.13	0.37	0.58	3.18	1.88
LREE/HREE	6.52	10.07	14.40	6.69	8.53	9.92	6.63	6.53	6.70	6.62	9.98	19.07	14.52	5.39	3.43	4.41
$(La/Yb)_N$	7.26	9.90	—	9.15	8.13	9.06	11.80	6.89	8.76	9.15	14.50	11.23	12.86	10.83	3.49	7.16
$(La/Sm)_N$	7.15	7.67	2.80	3.78	4.43	4.67	2.29	7.20	3.80	4.43	5.19	5.69	5.44	2.75	1.62	2.18
δEu	2.08	4.23	8.02	1.46	1.39	3.78	0.71	0.92	0.62	0.75	45.36	91.18	68.27	0.74	0.57	0.65
δCe	0.86	0.89	0.83	—	0.95	0.89	0.86	0.96	0.92	0.91	0.31	0.09	0.20	0.85	0.96	0.90

注：测试单位为核工业北京地质研究院分析测试研究中心；球粒陨石标准化 REE 数据引自 Gresens（1967）；$Ce^* = (La_N \cdot Pr_N)^{1/2}$，$\delta Ce = Ce_N/Ce^*$，$Eu^* = (Sm_N \cdot Gd_N)^{1/2}$，$\delta Eu = Eu_N/Eu^*$（$Ce_N$和$Eu_N$指球粒陨石标准化后计算的值）。S1. 第一世代闪锌矿；S2. 第二世代闪锌矿；S3. 第三世代闪锌矿。“—”表示低于检测限。稀土元素含量单位为10^{-6}

征与正常海相沉积物一致（De Barr，1985），即海水中 Ce 相对于其他稀土元素相对亏损且具负异常的特征（Elderfield et al.，1990）。Eu 正异常非常明显，呈现出随 Ba^{2+} 含量增高而增大的趋势，反映 Eu^{2+} 与 Ba^{2+} 和 Ca^{2+} 的类质同象有关（Zhong and Mucci，1995；韩润生等，2006，2012）。

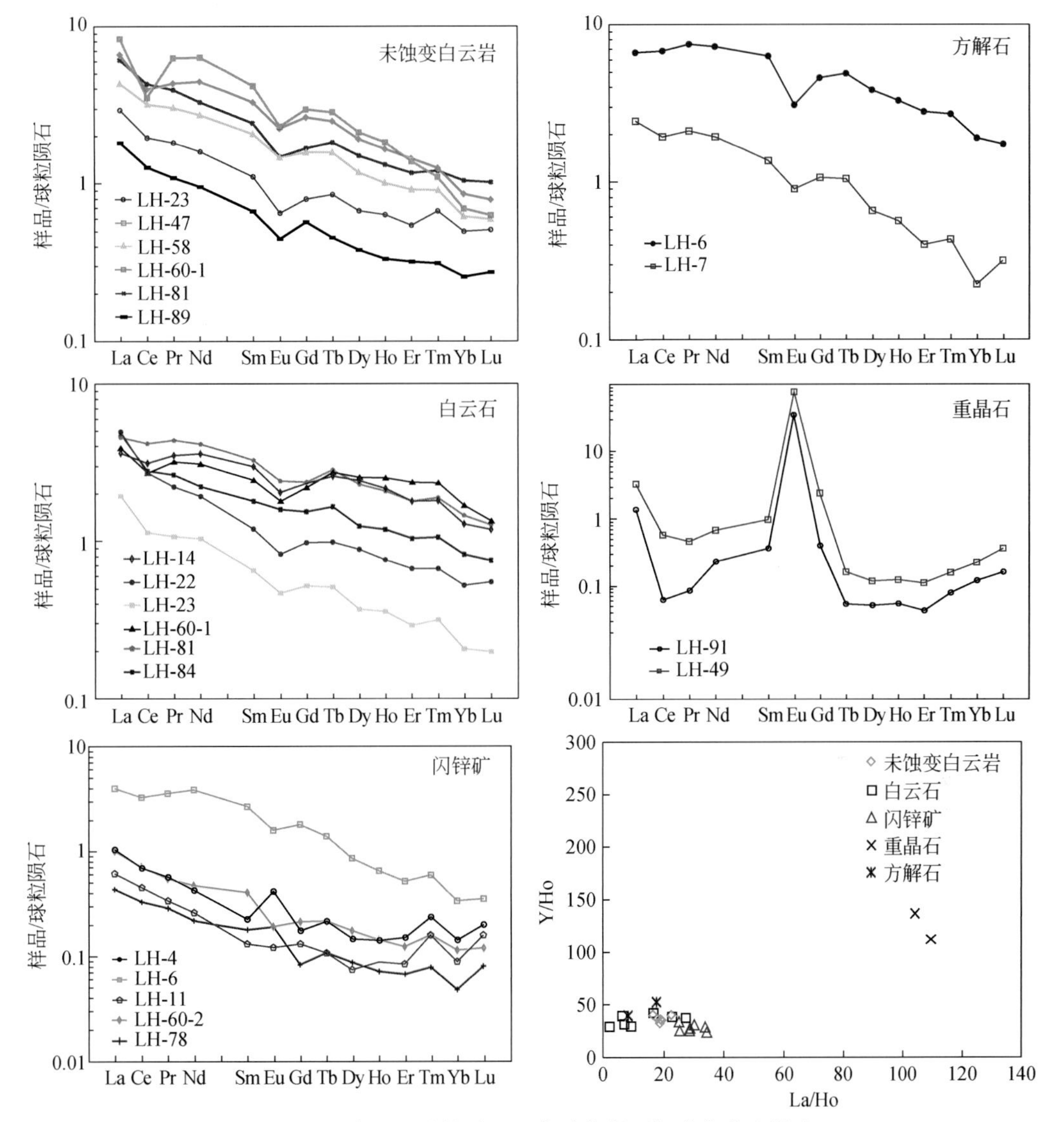

图 6-14　岩石和矿物稀土元素球粒陨石标准化分配模式

各阶段矿物的 δEu、δCe 表现出一定的差异性，表明成矿环境经历了早阶段高温、较氧化条件→成矿主阶段中高温、弱还原条件→晚阶段低温、还原条件的演化过程，与流体包裹体研究结果相符。

2. 矿化蚀变岩稀土元素组成

研究发现，未蚀变灰黑色白云岩具有比热液白云石较高的 ∑REE（不含 Y，本节同）（表6-15）。在球粒陨石标准化图上（图6-15），未蚀变灰黑色白云岩稀土元素具有轻稀土富

表 6-15　乐红富锗铅锌矿床矿化蚀变岩稀土元素含量及参数

样品号	样品描述	La	Ce	Pr	Nd	Sm	Eu	Gd	Tb	Dy	Ho	Er	Tm	Yb	Lu	Y
LH-1	未蚀变灰黑色白云岩	41.90	63.30	6.44	20.70	2.59	0.45	2.11	0.38	1.89	0.42	1.27	0.19	1.35	0.22	12.50
LH-47		1.96	2.57	0.50	2.28	0.50	0.07	0.48	0.06	0.34	0.07	0.18	0.02	0.10	0.02	2.37
LH-58		28.72	44.02	5.04	17.60	2.56	0.51	2.73	0.36	2.08	0.47	1.26	0.22	1.31	0.23	10.87
LH-60-1		4.96	9.33	1.40	4.82	1.23	0.35	1.19	0.18	1.03	0.25	0.59	0.10	0.55	0.10	5.20
LH-61		1.27	2.24	0.31	1.70	0.33	0.05	0.36	0.06	0.33	0.07	0.12	0.01	0.08	0.01	1.88
LH-89		1.59	2.13	0.54	2.21	0.47	0.24	0.47	0.10	0.38	0.10	0.17	0.10	0.12	0.10	2.30
LH-5	黄铁矿化（碳酸盐化）白云岩	0.82	1.91	0.23	1.08	0.17	0.05	0.20	0.04	0.18	0.04	0.10	0.01	0.08	0.01	1.34
LH-12		1.02	1.73	0.25	1.16	0.21	0.04	0.19	0.03	0.18	0.04	0.07	0.02	0.08	0.01	1.11
LH-14		1.63	2.91	0.40	1.56	0.32	0.06	0.27	0.05	0.36	0.06	0.15	0.02	0.10	0.02	2.17
LH-48		1.84	4.65	1.02	6.06	1.56	0.27	1.52	0.23	0.99	0.16	0.33	0.02	0.14	0.01	4.65
LH-49		0.64	0.88	0.09	0.36	0.10	0.04	0.07	0.01	0.05	0.01	0.03	0.00	0.04	0.00	0.43
LH-62		0.82	1.39	0.24	1.06	0.21	0.04	0.21	0.03	0.15	0.03	0.08	0.01	0.03	0.01	0.85
LH-63		0.62	1.07	0.16	0.73	0.20	0.00	0.12	0.01	0.07	0.02	0.04	0.01	0.03	0.00	0.43
LH-64		1.74	3.40	0.55	2.81	0.63	0.11	0.82	0.08	0.34	0.06	0.14	0.02	0.07	0.01	2.96
LH-65		0.37	0.67	0.07	0.31	0.08	0.00	0.07	0.01	0.05	0.01	0.02	0.00	0.03	0.01	0.42
LH-84		1.18	2.17	0.31	1.28	0.38	0.10	0.42	0.05	0.29	0.05	0.14	0.02	0.16	0.02	2.18
LH-85-1		10.50	21.00	2.50	9.90	2.80	0.63	2.83	0.41	2.48	0.43	1.18	0.18	1.08	0.15	12.40
LH-85-2		6.79	13.50	1.57	5.42	1.19	0.25	1.30	0.18	1.08	0.25	0.66	0.09	0.59	0.09	6.62
LH-2	浸染状铅锌矿石	0.37	0.73	0.06	0.23	0.06	0.01	0.04	0.00	0.02	0.00	0.01	0.00	0.03	0.00	0.22
LH-3		0.46	0.91	0.12	0.51	0.08	0.02	0.10	0.03	0.12	0.02	0.05	0.01	0.05	0.01	0.81
LH-4		0.54	0.72	0.06	0.19	0.06	0.01	0.03	0.01	0.05	0.01	0.03	0.00	0.02	0.00	0.30
LH-13		1.41	2.08	0.23	0.87	0.11	0.01	0.13	0.03	0.11	0.02	0.08	0.01	0.04	0.01	0.85
LH-54-1		3.09	3.76	0.33	1.14	0.19	0.03	0.23	0.03	0.15	0.04	0.11	0.02	0.14	0.02	1.07
LH-54-2		4.31	7.41	0.95	3.67	0.71	0.12	0.60	0.11	0.69	0.14	0.35	0.06	0.38	0.05	3.83

续表

样品号	样品描述	La	Ce	Pr	Nd	Sm	Eu	Gd	Tb	Dy	Ho	Er	Tm	Yb	Lu	Y
LH-75	块状铅锌矿石	0.10	0.11	0.01	0.07	—	—	0.02	—	—	—	—	—	—	—	0.04
LH-76-1		0.11	0.12	0.01	0.04	0.02	—	0.01	—	—	—	—	—	—	—	0.06
LH-76-2		0.11	0.17	0.02	0.07	0.02	—	0.01	—	—	—	—	—	0.01	—	0.07
LH-77		0.13	0.18	0.02	0.13	0.02	0.02	0.04	—	0.04	—	—	—	0.01	0.00	0.16
LH-78		0.13	0.18	0.03	0.15	0.04	0.01	0.03	—	0.03	0.00	0.01	—	0.01	—	0.16

样品号	样品描述	ΣREE	LREE	HREE	LREE/HREE	La_N/Yb_N	La_N/Sm_N	$(Gd/Yb)_N$	$(La/Pr)_N$	δEu	δCe
LH-1	未蚀变灰黑色白云岩	143.21	135.38	7.82	17.30	22.26	16.18	1.56	6.51	0.58	0.85
LH-47		9.13	7.88	1.25	6.30	14.29	3.89	4.84	3.95	0.41	0.62
LH-58		107.12	98.45	8.67	11.36	15.69	11.21	2.08	5.70	0.58	0.83
LH-60-1		26.09	22.10	3.99	5.53	6.44	4.03	2.15	3.54	0.87	0.85
LH-61		6.95	5.90	1.05	5.61	10.82	3.86	4.25	4.15	0.46	0.85
LH-89		8.72	7.18	1.54	4.65	9.43	3.38	3.91	2.94	1.52	0.56
LH-5	黄铁矿化（碳酸盐化）白云岩	4.93	4.26	0.66	6.42	7.70	4.90	2.63	3.53	0.89	1.06
LH-12		5.03	4.41	0.62	7.14	9.61	4.90	2.53	4.02	0.59	0.81
LH-14		7.92	6.89	1.03	6.66	11.24	5.03	2.57	4.05	0.61	0.86
LH-48		18.79	15.40	3.39	4.54	9.50	1.18	10.91	1.80	0.53	0.82
LH-49		2.33	2.11	0.22	9.54	11.78	6.72	1.78	6.97	1.38	0.78
LH-62		4.30	3.75	0.55	6.88	17.30	3.96	6.03	3.45	0.56	0.76
LH-63		3.08	2.78	0.29	9.54	14.58	3.14	3.83	4.00	0.08	0.82
LH-64		10.76	9.23	1.53	6.05	18.71	2.78	12.27	3.18	0.47	0.85
LH-65		1.69	1.50	0.19	7.77	10.53	4.86	2.72	5.07	0.05	0.94
LH-84		6.57	5.43	1.15	4.74	5.46	3.09	2.70	3.81	0.80	0.86
LH-85-1		56.06	47.33	8.74	5.42	6.97	3.75	2.62	4.20	0.67	0.97
LH-85-2		32.96	28.72	4.24	6.78	8.20	5.71	2.18	4.32	0.62	0.98

续表

样品号	样品描述	ΣREE	LREE	HREE	LREE/HREE	La_N/Yb_N	La_N/Sm_N	$(Gd/Yb)_N$	$(La/Pr)_N$	δEu	δCe
LH-2	浸染状铅锌矿石	1.56	1.45	0.11	13.70	8.58	5.73	1.22	5.74	0.31	1.07
LH-3		2.47	2.10	0.38	5.58	6.61	5.59	1.94	3.74	0.53	0.93
LH-4		1.72	1.58	0.14	11.53	19.51	9.38	1.25	9.16	0.55	0.80
LH-13		5.15	4.72	0.43	10.94	22.93	12.37	2.87	6.05	0.21	0.81
LH-54-1		9.30	8.54	0.76	11.27	15.39	16.09	1.61	9.36	0.40	0.74
LH-54-2		19.55	17.18	2.37	7.23	8.09	6.04	1.58	4.53	0.55	0.86
LH-75	块状铅锌矿石	0.37	0.33	0.04	8.00	25.84	13.54	7.29	8.63	0.74	0.67
LH-76-1		0.36	0.32	0.04	8.38	15.26	5.09	3.75	7.97	0.13	0.66
LH-76-2		0.46	0.42	0.05	8.69	6.87	4.09	1.19	5.11	0.53	0.81
LH-77		0.64	0.53	0.12	4.54	8.52	5.68	4.29	4.59	2.01	0.71
LH-78		0.66	0.56	0.10	5.49	9.31	3.37	3.32	4.58	0.79	0.70

注：测试单位为核工业北京地质研究院分析测试研究中心；球粒陨石标准化 REE 数据引自 Gresens（1967）；$Ce^* = (La_N \cdot Pr_N)^{1/2}$，$\delta Ce = Ce_N/Ce^*$，$Eu^* = (Sm_N \cdot Gd_N)^{1/2}$，$\delta Eu = Eu_N/Eu^*$（$Ce_N$和$Eu_N$指球粒陨石标准化后计算的值）。“—”表示低于检测限。稀土元素含量单位为10^{-6}

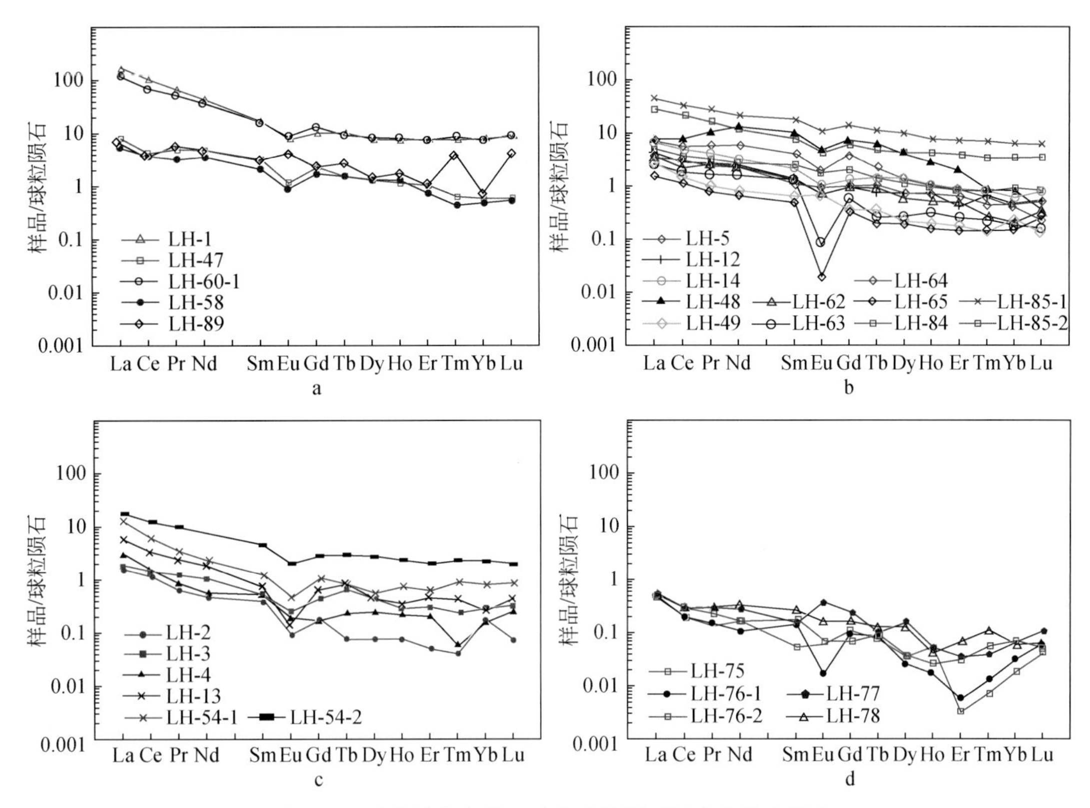

图6-15　矿化蚀变岩稀土元素球粒陨石标准化分配模式

a. 未蚀变灰黑色白云岩；b. 黄铁矿化（碳酸盐化）白云岩；c. 浸染状铅锌矿石；d. 块状铅锌矿石

集、重稀土亏损的右倾型，主要岩石具有较强 δEu 负异常和弱 δCe 负异常的特点；黄铁矿化（碳酸盐化）白云岩与灰黑色白云岩的稀土元素分配模式相似，具有 δEu 较弱负异常和 δCe 弱负异常的特点；浸染状铅锌矿石稀土含量较低，其分配模式（图6-15，表6-15）均呈轻稀土富集、重稀土亏损的右倾型，具有较强的 δEu 负异常和较弱的 δCe 负异常；块状铅锌矿石的 ∑REE 极低，与滇东北矿集区其他矿床特征相类似，其分配模式（图6-15，表6-15）具轻稀土富集、重稀土亏损的右倾型，δEu 异常变化较大，较弱的 δCe 负异常。对比各矿化蚀变带内矿化蚀变岩石稀土元素特征，具有如下特点。

（1）除块状铅锌矿石外，矿化蚀变岩 ∑REE 普遍较高，且呈现灰黑色白云岩→黄铁矿化（碳酸盐化）白云岩→浸染状铅锌矿石→块状铅锌矿石逐渐减小的变化规律。

（2）尽管各蚀变带内矿化蚀变岩 ∑REE 变化很大，但是它们的分配模式基本一致，均呈 LREE 富集-HREE 亏损的右倾型，且 LREE/HREE 明显分馏，反映了形成不同蚀变带的成矿流体来源具一致性，矿化蚀变岩石稀土特征灰黑色白云岩具有继承性。

（3）各蚀变带岩石所具有的较强 δEu 负异常和较弱 δCe 负异常特征，反映了弱还原的形成环境（图6-15）。

综上所述，乐红富锗铅锌矿床 Ag、Pb、Zn、Cd、As、Sb 明显富集，并呈现出矿化中心带富集程度较高→矿化过渡带次之→矿化边缘带较低的变化规律。闪锌矿明显富集 Cu、Pb、Cd、Ge、Ga、Ag、As、Sb 等元素，而贫 In、Tl、Mo、Bi、Sn 等元素；Ga/In 值、Ag、As、Sb 元素相对富集及 Zn/Cd 值可指示成矿温度以中低温为主。LREE 富集、HREE 亏损与 δEu、δCe

异常特征指示成矿流体经历了中高温、氧化→中温、弱还原→低温、还原的演化过程。

第二节　锗等元素富集规律及其赋存状态研究

近年来，在我国西南地区相继发现了多个锗、铊等分散元素独立矿床，包括云南临沧煤系中的超大型锗矿、南华砷铊矿、会泽富锗铅锌矿、都龙铟锡锌矿，贵州牛角塘锌镉矿、滥木厂汞铊矿、四川大水沟碲矿等。这是矿床学研究的重大突破，表明分散元素在一定的条件下能聚集形成独立矿床，在特定的地质-地球化学条件下甚至可出现数千倍乃至数万倍的超常富集而形成大型-超大型矿床。同时，分散元素在川滇黔接壤区超常富集也为专家学者研究提供了得天独厚的条件和机遇。

一、锗等元素的富集规律

川滇黔接壤区铅锌矿床中普遍富含分散元素，特别是 Ge、Cd、In 等元素，如会泽富锗铅锌矿、富乐厂富镉锗铅锌矿。

巧家松梁、大梁子、会泽矿床富集 Cd 分别为 $1762\times10^{-6}\sim1916\times10^{-6}$，$2452\times10^{-6}\sim14131\times10^{-6}$，$726\times10^{-6}\sim1344\times10^{-6}$，富乐厂矿床中 Cd 高达 $7658\times10^{-6}\sim30610\times10^{-6}$，是继牛角塘矿床之后发现含 Cd 最高的铅锌矿床之一（图 6-16）。除川西南矿集区大梁子矿床外，其他矿床中 Cd 元素含量均随着闪锌矿颜色变深而增加。

在富乐厂矿床中，除个别浅色闪锌矿中 Ge 含量高达 195×10^{-6}外，深色闪锌矿中 Ge 含量分布于 $89.6\times10^{-6}\sim119.1\times10^{-6}$，棕色闪锌矿中分布于 $99.1\times10^{-6}\sim186.4\times10^{-6}$，显示出随着闪锌矿颜色变深 Ge 含量增加的趋势（图 6-16），而巧家松梁矿床中不同颜色闪锌矿中 Ge 的含量变化不很明显。

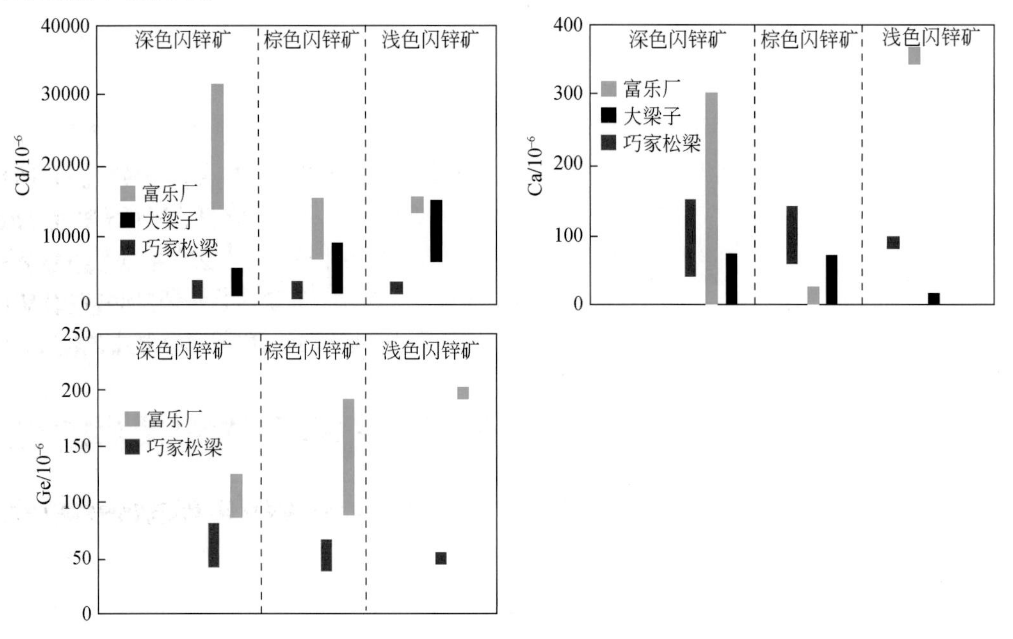

图 6-16　滇东北矿集区不同矿床中不同颜色闪锌矿与 Cd、Ge、Ga 元素含量变化图解

在富乐厂矿床中深色闪锌矿 Ga 含量变化为 $4.79\times10^{-6}\sim296\times10^{-6}$，棕色闪锌矿中分布于 $4.93\times10^{-6}\sim19.06\times10^{-6}$，浅色闪锌矿中为 357×10^{-6}；巧家松梁矿床深色闪锌矿中 Ga 含量为 $47.9\times10^{-6}\sim137\times10^{-6}$，棕色闪锌矿中为 $67\times10^{-6}\sim134\times10^{-6}$，浅色闪锌矿中 Ga 含量可高达 89.1×10^{-6}；大梁子铅锌矿中不同颜色闪锌矿中 Ga 含量变化于 $3\times10^{-6}\sim65\times10^{-6}$。分析发现闪锌矿颜色与 Ga 含量在区域上无明显的相关性。

基于闪锌矿的色谱透光性分析和 ICP-MS 微量元素分析，发现棕褐色-红棕色闪锌矿的透光波数（$1577.69\sim1634.03\text{cm}^{-1}$）明显高于浅棕色-黄色（$1397.65\sim1403.86\text{cm}^{-1}$）。根据闪锌矿中透光波数不同，在微量元素-透光波数关系图上（图 6-17）将其分为两个区间：第Ⅰ区间低透光波数（$1397.65\sim1403.86\text{cm}^{-1}$，平均 1401.49cm^{-1}）；第Ⅱ区间高透光波数（$1577.69\sim1634.03\text{cm}^{-1}$，平均 1617.59cm^{-1}）。Cu 在第Ⅱ区间中的含量（6064×10^{-6}）高于在第Ⅰ区间中的含量（5035×10^{-6}），约为 1.20 倍；Ga 在第Ⅱ区间中的含量（537.43×10^{-6}）低于在第Ⅰ区间中的含量（699.85×10^{-6}），约为 0.77 倍；Cd 在第Ⅱ区间中的含量（40036×10^{-6}）低于在第Ⅰ区间中的含量（44523×10^{-6}），约为 0.90 倍；Sb 在第Ⅱ区间中的含量（2320×10^{-6}）明显高于在第Ⅰ区间中的含量（1105×10^{-6}），约为 2.1 倍；Cr 在第Ⅱ区间中的含量（92.307×10^{-6}）明显高于在第Ⅰ区间中的含量（6.369×10^{-6}），约为 14.49 倍。

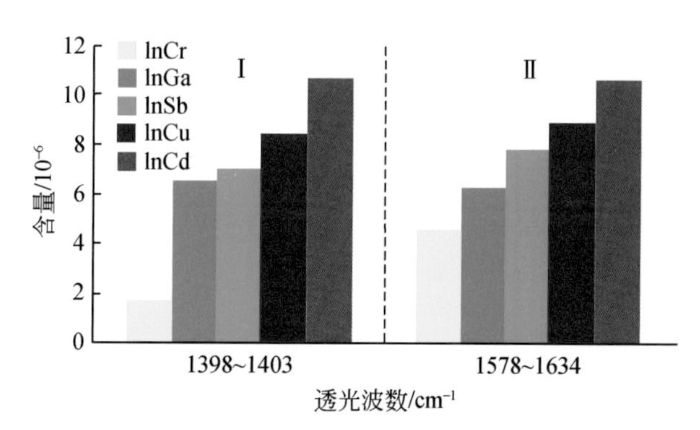

图 6-17　闪锌矿中 Cr、Ga、Sb、Cu、Cd 元素含量与闪锌矿透光波数关系柱状图

研究发现，Cd、Ga、Cu、Sc、Y、In、Cs、Mo、Co 等元素相对富集在闪锌矿中；Li、V、Cr、Ni、Rb、Sr、Be 相对富集在黄铁矿中；Sb、Bi 在方铅矿中富集程度较高。在闪锌矿中，随着透光波数的增大，大部分微量元素含量呈上升趋势。微量元素 Li、Be、Sc、Y、In、Cs、Bi、Rb、Sr、Mo、Ni、Ba、V、Co、Cu、Sb、Cr 的含量在高透光波数区间的含量比在低透光波数区间高，Li、Be、Cs、Rb、Cr 等元素含量在高透光波数区间是低透光波数区间的 7～16 倍，Ga 和 Cd 相对富集在透光波数较低的闪锌矿中（图 6-18，图 6-19）。

二、锗等分散元素赋存状态的讨论

在川滇黔接壤区，会泽、毛坪矿床富含 Ge、Ag、Cd，银厂坡矿床富含 Ge、Ag，大梁子矿床富 Ge、Cd、Ga。通过毛坪、富乐厂、乐红、茂租、巧家松梁铅锌矿床矿石学研究，未发现分散元素 Ge、Cd、Ga 的独立矿物。张伦尉等（2008）报道，在会泽富锗铅锌矿床中发现 Ge 的独立矿物。可以推断，除极少量细小颗粒的独立矿物外，Cd、Ge、Ga 等元素主要

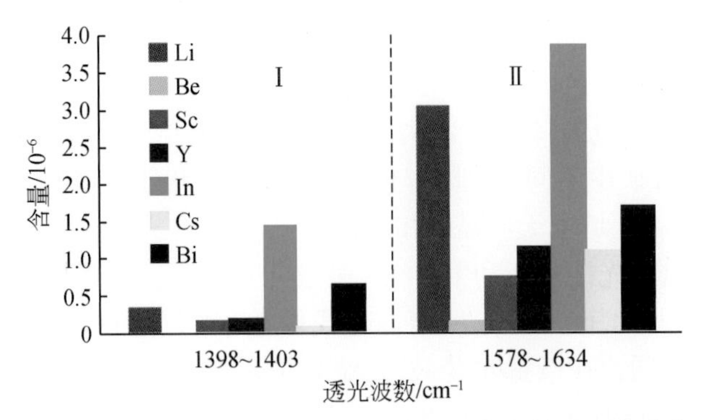

图 6-18 闪锌矿中 Li、Be、Sc、Y、In、Cs、Bi 含量与闪锌矿透光波数关系柱状图

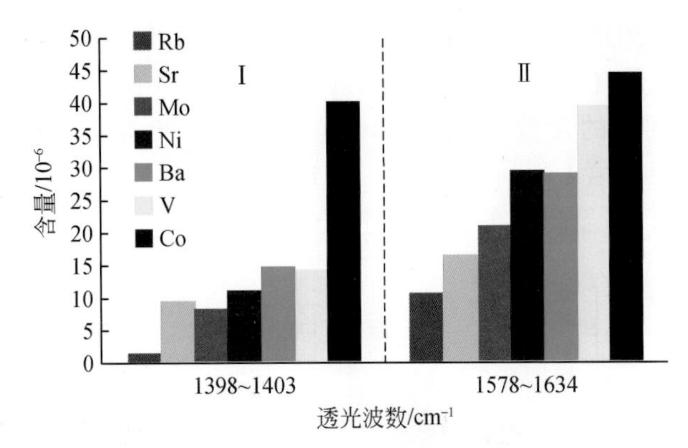

图 6-19 闪锌矿中 Rb、Sr、Mo、Ni、Ba、V、Co 含量与闪锌矿透光波数关系柱状图

以类质同象形式存在。

梁铎强等（2009）通过常温常压条件下富锗闪锌矿氧压酸浸过程锗的化学行为研究，认为有利于锗的沉淀条件如下：高的锗初始浓度、铁锗摩尔比、溶液 pH 和低的离子强度及中和温度。本书通过对毛坪富锗铅锌矿床闪锌矿的 LA-ICP-MS 分析与流体包裹体显微测温，认为锗沉淀的物理化学条件为相对低的中和温度、偏弱碱性条件（图 6-20）及较低的铁锗摩尔比（图 6-21）。

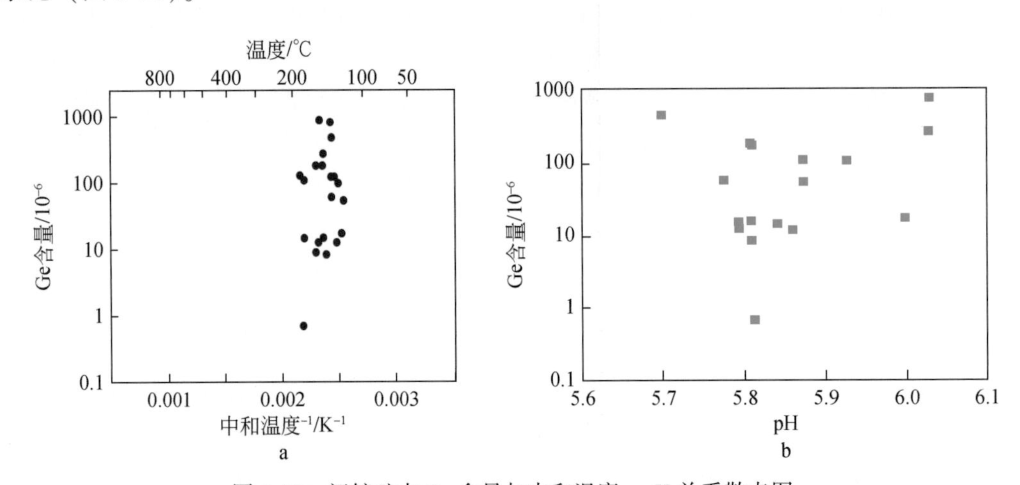

图 6-20 闪锌矿中 Ge 含量与中和温度、pH 关系散点图

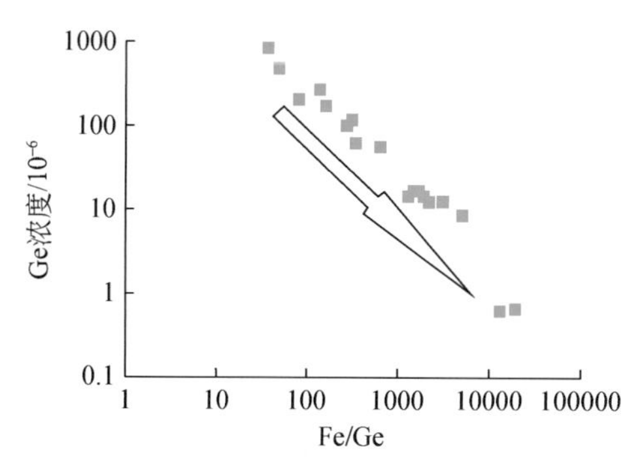

图 6-21 锗与铁锗摩尔比关系散点图

根据流体包裹体测温，其均一温度主要分布在 149 ~ 213℃，峰值范围为 150 ~ 180℃。常压下，150℃和 180℃的水的离子积常数（K_w）值分别为 $10^{-11.638}$和 $10^{-11.4286}$，其热液呈中性时 pH 为 5.8 ~ 5.7，支持了锗的沉淀需要较高 pH 的条件要求。同时，根据早世代闪锌矿与中-晚世代闪锌矿中锗含量对比，发现铁锗共沉淀作用需要较高的铁锗比，因此在早世代闪锌矿中锗含量更高，部分点可达 814.31×10^{-6}。

三、黝铜矿族矿物的发现及其意义

黝铜矿（$Cu_{12}Sb_4S_{13}$）主要产于富乐厂铅锌矿床矿石内，呈脉状分布于方铅矿与闪锌矿的接触部位，常被闪锌矿交代呈孤岛状、港湾状结构（图 6-22）。根据黝铜矿电子探针分析结果，Cu、S、As、Zn 含量分别为 35.89% ~ 38.38%，24.82% ~ 27.63%，1.61% ~ 9.43%，6.92% ~ 8.07%，据此将其定名为锌黝铜矿（表 6-16）。

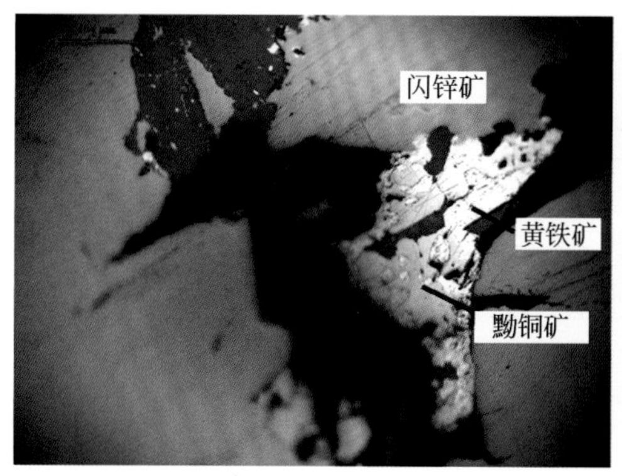

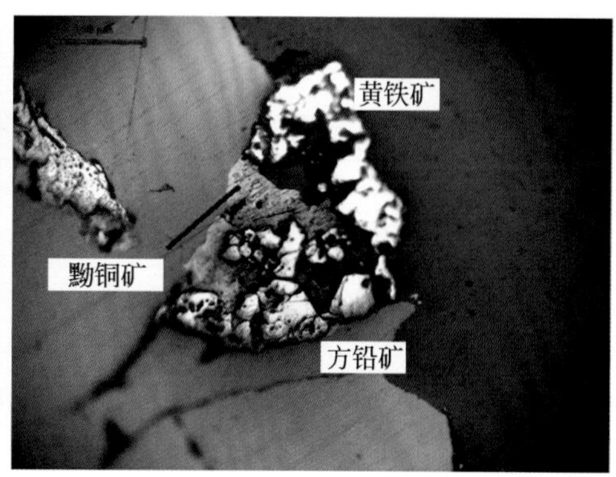

图 6-22 黝铜矿族矿物显微照片

表 6-16 富乐厂矿床黝铜矿化学组成 （单位：%）

样品号	As	Fe	S	Se	Cu	Pb	Zn	Ag	Sb	Cd	合计
Flr-42-4	9.43	0.63	27.63	0.04	38.38	0.06	8.07	—	14.44	0.30	98.97
Flr-42-5	1.61	0.02	24.82	0.08	35.89	2.63	6.92	0.03	26.92	—	98.92

续表

样品号	As	Fe	S	Se	Cu	Pb	Zn	Ag	Sb	Cd	合计
Flr-42-3	20.00	0.04	29.63	0.15	40.70	0.13	9.07	—	0.98	0.12	100.83
	18.11	2.60	29.48	0.05	39.56	0.05	5.02	—	4.45	—	99.32
	19.00	0.07	29.23	0.12	40.49	0.13	8.52	—	3.26	0.11	100.93
	19.21	0.17	29.18	0.05	39.32	0.40	9.06	0.03	1.04	0.04	98.51
Flr-42-2	19.85	1.40	29.99	0.11	38.69	0.11	10.80		0.12	0.08	101.17
Flr-48	19.47	1.64	29.28	0.06	40.18	0.09	9.04	—	1.19	0.22	101.17

砷黝铜矿（$Cu_{12}As_4S_{13}$）主要呈脉状与方铅矿伴生，在闪锌矿内呈不规则状交代方铅矿和白云石，在黄铁矿内呈不规则状交代黄铁矿和方铅矿。通过与我国首次在夕卡岩型铅锌矿中发现的锌砷黝铜矿对比发现，富乐厂矿床的砷黝铜矿具有富 As、Pb、Zn 贫 Ag、Sb 的特点。在 As-Sb 图解上（图 6-23），As 和 Sb 具负相关关系，说明 Sb 通过置换矿物中 As 进入砷黝铜矿晶格（表 6-17）。

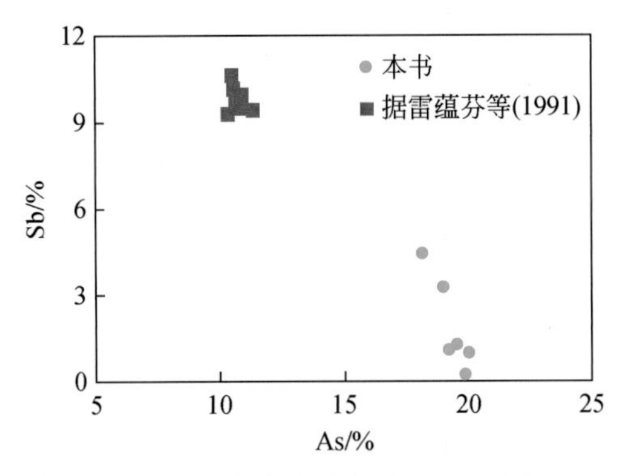

图 6-23　黝铜矿族矿物中 As-Sb 图解

表 6-17　我国首次发现的锌–砷黝铜矿的化学组成（据雷蕴芬等，1991）（单位：%）

样品号	As	Fe	S	Cu	Pb	Zn	Ag	Sb	Bi	合计
1-1	10.77	0.34	26.08	39.8	0.08	7.36	0.11	10.03	5.45	100.02
1-2	10.51	0.36	25.74	39.39	0.08	7.42	0.11	10.57	5.61	99.79
2-1	10.5	0.41	25.91	39.76	0	7.2	0.21	10.17	5.33	99.49
2-2	10.33	0.34	25.85	39.5	0.06	7.72	0.22	9.32	6.77	100.11
3-1	10.64	0.4	26.04	39.6	0	7.37	0.2	9.65	6.14	100.04
3-2	10.61	0.38	25.48	39.3	0.08	7.5	0.12	9.86	6.27	99.6
4-1	10.8	0.36	26.02	39.94	0.06	7.28	0.24	9.67	5.79	100.16
4-2	11.29	0.43	26.44	39.81	0	7.22	0.21	9.47	5.27	100.14
5-1	10.86	0.33	26.02	40.03	0	7.21	0.21	9.54	5.67	99.87

本章小结

（1）在川滇黔接壤区，成矿元素（Pb、Zn、Fe、S、Ge、Ag、Cd）、矿化元素（As、Mo、Cu、Sb、Ga、Tl、In）及富集元素（Bi、U、Se、Cr 等元素）在深部有增高趋势。

（2）闪锌矿中主要富集 Ge、Cd、Ga、Cr 元素，Cr 是深源元素的标志。

（3）发现了成矿物质深部来源的主要地球化学证据，主要矿源来自变质基底及深源。

（4）会泽、茂租矿床中方解石、萤石的 REE 分配模式呈现“四分组”效应（图 6-3，图 6-10），反映成矿过程发生强烈的水-岩相互作用。

（5）研究了锗等元素的富集规律，讨论了元素赋存状态及富乐厂矿床中发现黝铜矿族矿物的意义。

参考文献

丁振举，刘丛强 . 2000. 海底热液沉积物稀土元素组成及其意义 . 地质科技情报，19（1）：27-30.

方维萱，胡瑞忠，苏文超，等 . 2002. 大河边-新晃超大型重晶石矿床地球化学特征及形成的地质背景 . 岩石学报，18（2）：247-256.

韩润生 . 2005. 隐伏矿定位预测的矿田（床）构造地球化学方法 . 地质通报，24（zl）：978-984.

韩润生，陈进，李元，等 . 2001. 云南会泽麒麟厂铅锌矿床构造地球化学及定位预测 . 矿物学报，21（4）：667-673.

韩润生，陈进，黄智龙，等 . 2006. 构造成矿动力学及隐伏矿定位预测：以云南会泽超大型铅锌（银、锗）矿床为例 . 北京：科学出版社 .

韩润生，胡煜昭，王学琨，等 . 2012. 滇东北富锗银铅锌多金属矿集区矿床模型 . 地质学报，86（2）：280-294.

何朝鑫，陈翠华，李佑国，等 . 2015. 青海省都兰县双庆铁矿床金属硫化物地球化学特征及其指示意义 . 地球化学，（4）：392-401.

亨德森 . 1989. 稀土元素地球化学 . 北京：地质出版社 .

黄智龙 . 2004. 云南会泽超大型铅锌矿床地球化学及成因 兼论峨眉山玄武岩与铅锌成矿的关系 . 北京：地质出版社 .

雷蕴芬，林月英，张德全，等 . 1991. 我国首次发现的锌-砷黝铜矿 . 岩石矿物学杂志，（2）：176-180.

黎彤 . 1990. 地球和地壳的化学元素丰度 . 北京：地质出版社 .

梁铎强，王吉坤，阎江锋，等 . 2009. 低-中温下富锗闪锌矿的氧压酸浸研究 . 有色金属工程，61（3）：62-70.

刘才英，赵小惠 . 1989. 昆阳群稀土元素的数学地质研究与地层对比 . 西南矿产地质，（2）：16-25.

刘淑文，魏宽义，许拉平 . 2002. 云南会泽铅锌矿田控矿构造体系及成矿预测 . 西北地质，35（3）：84-89.

柳贺昌，林文达 . 1999. 滇东北铅锌银矿床规律研究 . 昆明：云南大学出版社 .

卢焕章 . 1975. 闪锌矿地质温度计和压力计 . 地球与环境，（2）：8-11.

莫向云，崔银亮，姜永果，等 . 2013. 滇东南海相火山岩型铜矿成因及找矿方向探讨 . 云南省有色地质局建局 60 周年学术论文集 .

彭建堂，胡瑞忠，漆亮，等 . 2004. 锡矿山热液方解石的 REE 分配模式及其制约因素 . 地质论评，50（1）：25-32.

芮宗瑶，李宁，王龙生 . 1991. 关门山铅锌矿床盆地热卤水成矿及铅同位素打靶 . 北京：地质出版社 .

王国芝，胡瑞忠，刘颖，等. 2003. 黔西南晴隆锑矿区萤石的稀土元素地球化学特征. 矿物岩石，23（2）：62-65.

吴越. 2013. 川滇黔地区 MVT 铅锌矿床大规模成矿作用的时代与机制. 中国地质大学（北京）博士学位论文.

夏学惠. 1992. 东升庙多金属硫铁矿床闪锌矿特征及形成条件. 岩石矿物学杂志，(4)：375-382.

鄢明才，迟清华. 1997. 中国东部地壳元素丰度与岩石平均化学组成研究. 物探与化探，(6)：451-459.

张伦尉，黄智龙，李晓彪. 2008. 云南会泽超大型铅锌矿床发现锗的独立矿物. 矿物学报，28（1）：15-16.

张乾. 1987. 利用方铅矿、闪锌矿的微量元素图解法区分铅锌矿床的成因类型. 地球与环境，(9)：66-68.

张瑜，夏勇，王泽鹏，等. 2010. 贵州簸箕田金矿单矿物稀土元素和同位素地球化学特征. 地学前缘，17（2)：385-395.

赵小惠，刘才英，李琼珍. 1988. 某老矿区新类型铜矿床成矿地质条件的数学地质研究. 中国通信学会卫星通信委员会第五次卫星通信学术讨论会.

Barrett T J，Jarvis I，Jarvis K E. 1990. Rare earth element geochemistry of massive sulfides-sulfates and gossans on the Southern Explorer Ridge. Geology，18（7）：583-586.

Bau M. 1991. Rare-earth element mobility during hydrothermal and metamorphic fluid-rock interaction and the significance of the oxidation state of europium. Chemical Geology，93（3-4）：219-230.

Cocherie A，Calvez J Y，Oudin-Dunlop E. 1994. Hydrothermal activity as recorded by Red Sea sediments：Sr-Nd isotopes and REE signatures. Marine Geology，118（3-4）：291-302.

De Baar H J W，Bacon M P，Brewer P G，et al. 1985. Rare earth elements in the Pacific and Atlantic Oceans. Geochimica et Cosmochimica Acta，49（9）：1943-1959.

Elderfield H，Upstill-Goddard R，Sholkovitz E R. 1990. The rare earth elements in rivers，estuaries，and coastal seas and their significance to the composition of ocean waters. Geochimica et Cosmochimica Acta，54（4）：971-991.

Graf J L. 1978. Rare earth elements，iron formations and sea water. Geochimica et Cosmochimica Acta，42（12）：1845-1850.

Gresens R L. 1967. Composition-volume relationships of metasomatism. Chemical Geology，2（67）：47-65.

Han R S，Liu C Q，Carranza J M，et al. 2012. REE geochemistry of altered fault tectonites of Huize-type Zn-Pb-(Ge-Ag) deposit，Yunnan Province，China. Geochemistry：Exploration，Environment，Analysis，12：127-146.

Huang Z L，Li X B，Zhou M F，et al. 2010. REE and C-O isotopic geochemistry of calcites from the world-class Huize Pb-Zn Deposits，Yunnan，China：Implications for the ore genesis. Acta Geologica Sinica，84（3）：597-613.

Jr J L G. 1978. Rare earth elements，iron formations and sea water. Geochimica et Cosmochimica Acta，42（12）：1845-1850.

Klinkhammer G P，Elderfield H，Edmond J M，et al. 1994. Geochemical implications of rare earth element patterns in hydrothermal fluids from mid-ocean ridges. Geochimica et Cosmochimica Acta，58（23）：5105-5113.

Mills R A，Elderfield H. 1995. Rare earth element geochemistry of hydrothermal deposits from the active TAG Mound，26°N Mid-Atlantic Ridge. Geochimica et Cosmochimica Acta，59（17）：3511-3524.

Ronchi L H，Touray J C，Michard A，et al. 1993. The Ribeira fluorite district，southern Brazil. Mineralium Deposita，28（4）：240-252.

Sun S S，Mcdonough W F. 1989. Chemical and isotopic systematics of oceanic basalts：Implications for mantle composition and processes. Geological Society London Special Publications，42（1）：313-345.

Taylor S R，Mclennan S M. 1985. The continental crust：Its composition and evolution，an examination of the

geochemical record preserved in sedimentary rocks. Journal of Geology, 94 (4): 632-633.
Wedepohl K H. 1995. The composition of the continental crust. Mineralogical Magazine, 58 (7): 1217-1232.
Zhong S, Mucci A. 1995. Partitioning of rare earth elements (REEs) between calcite and seawater solutions at 25°C and 1 atm, and high dissolved REE concentrations. Geochimica et Cosmochimica Acta, 59 (3): 443-453.

第七章　流体“贯入”–交代成矿论（三）——流体包裹体、同位素地球化学

通过会泽、毛坪、乐红、茂租、富乐厂等典型矿床的流体包裹体、同位素地球化学研究，讨论了成矿流体性质和矿质、流体来源及流体演化过程，为流体“贯入”–交代成矿论提供流体包裹体、同位素地球化学依据。

第一节　流体包裹体地球化学

一、会泽超大型富锗铅锌矿

（一）流体包裹体岩相学

按流体包裹体成因，可分为原生、假次生和次生三类。闪锌矿中原生流体包裹体发育，按其产出状态和大小可分三类：①包裹体较小（多在2μm以下），呈群分布，多数为纯气相包裹体、富气相气液两相包裹体；②包裹体沿闪锌矿生长环带呈定向分布，其大小为4～6μm，多为纯气相包裹体、富液相气液两相包裹体及富气相气液两相包裹体；③包裹体较大（一般在5μm以上），呈孤立状零星分布于闪锌矿中，是本章的主要研究对象，该类包裹体以富液相气液两相包裹体为主，少量为富气相气液两相、纯液相包裹体，并见含NaCl子矿物三相、含CO_2三相包裹体。次生流体包裹体较少见，颗粒一般较大，呈定向分布，成群出现于矿物晶体裂隙内；极少见假次生流体包裹体。

根据Roedder（1984）和卢焕章（1990）等对流体包裹体在室温下相态的分类标准，会泽富锗铅锌矿的闪锌矿、重晶石中原生流体包裹体可分为六种类型。

Ⅰ类：纯气相（V）包裹体（图7-1A-a，B-f，B-g），为闪锌矿中最主要的包裹体类型，包裹体主要呈黑色不透明，未见液相。包裹体大小悬殊，90%的此类包裹体小于2μm，甚至小于1μm，密集呈群分布；大小中等者约5μm，常沿闪锌矿的生长环带呈定向分布，约占此类包裹体的8%；有少量呈孤立状分布的包裹体大于10μm，约占此类包裹体的2%。根据赋存矿物特征，可以划分为三类：①深棕褐色闪锌矿，包裹体长轴大小为4～8μm，占包裹体总数7%，呈群或孤立状分布；②褐色–棕色闪锌矿，包裹体长轴大小为2～11μm，占包裹体总数5%，呈群或串珠状分布；③浅黄色闪锌矿，包裹体长轴为1～5μm，占包裹体总数2%，呈群分布。纯气相包裹体常与富液相气液两相包裹体、富气相气液两相包裹体共存（图7-1）。

Ⅱ类：富液相气液两相（L+V）包裹体（图7-1A-d～A-h，B-a，B-b），由液相（L）和气相（V）组成，以液相为主，气液比［$V_{气}$/（$V_{气}+V_{液}$）］一般小于40%。此类包裹体大小多为2～6μm，是主要研究对象，呈管状、负晶形及不规则状沿闪锌矿的生长环带定向排布，较大者呈孤立状分布。根据赋存矿物特征，可以划分为三类：①深棕褐色闪锌矿，包裹体长轴大

小为2～20μm，占包裹体总数3%，孤立状分布（图7-1B-e）；②褐色-棕色闪锌矿，包裹体长轴大小为2～36μm，占包裹体总数8%，呈群或串珠状分布（图7-1B-d）；③浅黄色闪锌矿，包裹体长轴为2～10μm，占包裹体总数10%，呈群分布（图7-1B-c）。纯气相包裹体常与富液相气液两相包裹体、富气相气液两相包裹体共生。其均一温度变化范围为100～350℃，主要集中于150～200℃；盐度为1.06%～18.04%$NaCl_{eq}$，主要集中于2%～4%$NaCl_{eq}$和14%～18%$NaCl_{eq}$两个区间。在重晶石流体包裹体中，气液比一般小于40%，大小多在3～12μm，是较多的包裹体类型（图7-1A-d，A-h；图7-1B-i～B-l）。

Ⅲ类：富气相气液两相（L+V）包裹体，由液相（L）和气相（V）组成，以气相为主，气液比［$V_{气}$/（$V_{气}$+$V_{液}$）］大于50%。能够观察到的此类包裹体多为2～6μm，呈管状、负晶形、不规则状沿闪锌矿生长环带定向排布，较大者呈孤立状分布；在重晶石流体包裹体中，气液比［V气/（V气+L液）］大于50%，多在3～12μm，数量较少（图7-1B-j）。

Ⅳ类：纯液相（L）包裹体（图7-1A-b，A-c；图7-1B-h），该类包裹体中未见有气相（V）和固相的存在，其粒度较小，一般为1～5μm，少数6～8μm，形态多呈负晶形、管状或圆形，少数呈不规则状。根据赋存矿物特征，可以划分为三类：①深棕褐色闪锌矿，包裹体长轴大小为1～10μm，占包裹体总数90%，呈群分布；②褐色-棕色闪锌矿，包裹体长轴大小为2～11μm，占包裹体总数85%，呈群或串珠状分布；③浅黄色闪锌矿，包裹体长轴为1～12μm，占包裹体总数80%，呈群分布。该类包裹体分布较少，常沿矿物结晶面成群分布，少量单个产出，与纯气相包裹体和气液两相包裹体共存；重晶石流体包裹体较小，多在2μm左右，常沿着矿物结晶面成群分布（图7-1B-i）。

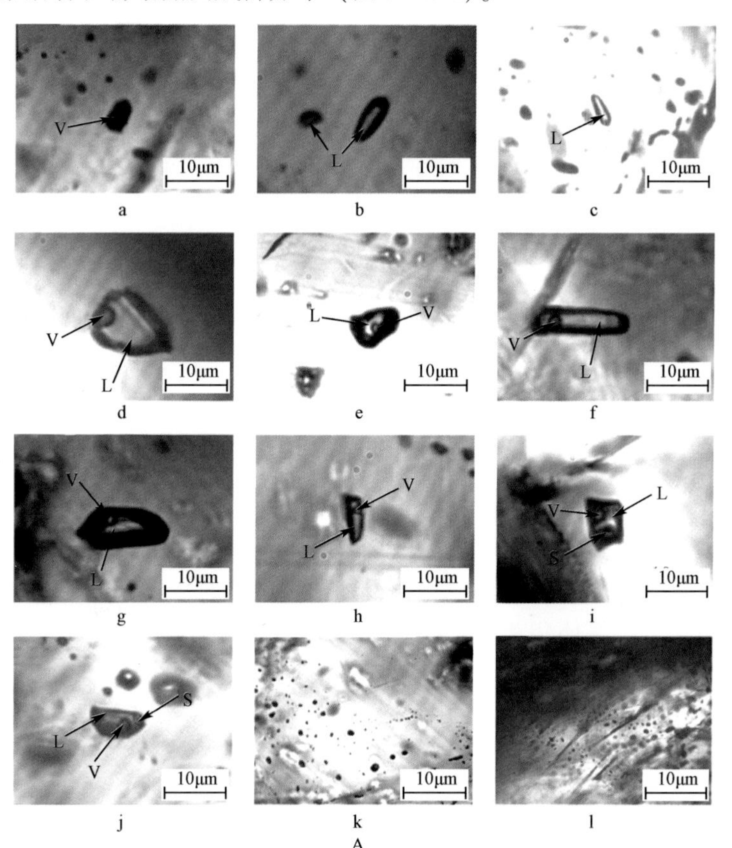

A

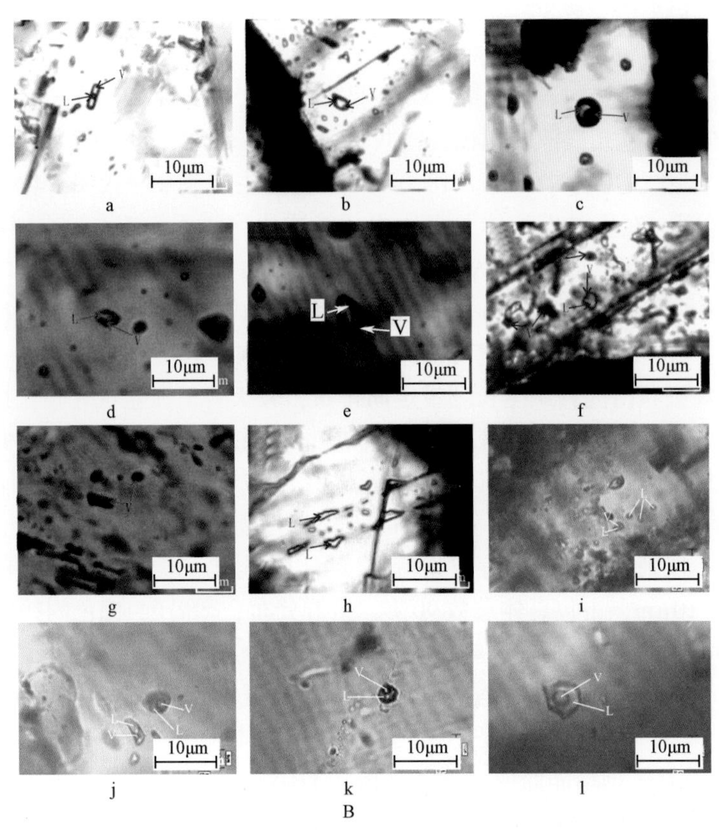

图 7-1　流体包裹体岩相学照片

A. 闪锌矿中流体包裹体照片：a. 纯气相（V）包裹体；b、c. 纯液相（L）包裹体；d～h. 富液相气液两相（L+V）包裹体；i～j. 含子矿物多相（$S+L_{H_2O}+V_{H_2O}$）包裹体；k. 气相包裹体群；l. CO_2不混溶沸腾包裹体群。V. 气相；L. 液相；S. 子矿物。B. 闪锌矿、重晶石流体包裹体分类照片：a～h. 闪锌矿中流体包裹体。a、b. 富液相气液两相流体包裹体；c. 赋存于浅黄色闪锌矿中富液相气液两相流体包裹体；d. 赋存于橙黄色闪锌矿中富液相气液两相流体包裹体；e. 赋存于棕褐-深红棕色闪锌矿中富液相气液两相流体包裹体；f. 纯气相流体包裹体与富液相气液两相流体包裹体共存；g. 纯气相流体包裹体；h. 纯液相流体包裹体。i～l. 重晶石中流体包裹体。i. 纯液相（L）包裹体和富液相气液两相（L+V）包裹体；j. 富液相气液两相（L+V）和富气相气液两相（L+V）包裹体；k、l. 富液相气液两相（L+V）包裹体

Ⅴ类：含子矿物多相（$S+L_{H_2O}+V_{H_2O}$）包裹体（图 7-1A-i，A-j），含有气相、液相和固相子矿物（NaCl）。包裹体大小为 3～8μm，气液比 8%～20%；子矿物一般为 1 个，少量为 2 个。子矿物一般早于气泡或与气泡同时消失。子矿物完全消失温度为 100～130℃，盐度为 28.0%～28.9%$NaCl_{eq}$，气泡完全消失温度为 130～200℃。

Ⅵ类：含 CO_2三相（$L_{CO_2}+L_{H_2O}+V_{CO_2}$）包裹体（图 7-1A-l）。该类包裹体含有气相 CO_2、液相 CO_2和液相 H_2O，与流体包裹体成分中含有较多的 CO_2相一致。包裹体大小为 4μm×6μm，气液比 10%，主要呈孤立状分布，反映了流体发生不混溶过程。

（二）均一温度与盐度

流体包裹体显微测温采用的循环测温技术参见朱霞等（2007），测温过程如图 7-2 所示。

麒麟厂矿床闪锌矿和方解石中流体包裹体的均一温度为 100 ~ 364℃（图 7-3），主要集中在两个区间：150 ~ 221℃和 320 ~ 364℃。深色-棕褐色闪锌矿均一温度高于浅色闪锌矿和共生方解石的均一温度。利用 Potter（1989）所给出的不同浓度 NaCl 溶液的均一温度与压力校正图解（卢焕章，1990）对包裹体测温数据进行压力校正，该矿床流体包裹体压力校正值为 31 ~ 67℃，包裹体的捕获温度大多大于 200℃，其中成矿早阶段流体捕获温度可达 382℃，反映了具中高温热液流体作用的特征。不同成矿阶段流体演化特征如下（表 7-1）。

Py_1-Sp_1-(Fe-Dol) 阶段（Ⅰ）：均一温度范围 174 ~ 364℃，平均值 230℃，峰值区间 185 ~ 200℃；盐度范围 4.7% ~ 20.1%$NaCl_{eq}$，平均值 12.8%$NaCl_{eq}$，峰值区间 14% ~ 15% $NaCl_{eq}$。

Sp_2-Gn_1-Cc_1 阶段（Ⅱ）：均一温度范围 155 ~ 239℃，平均值 189℃，峰值区间 170 ~ 185℃；盐度范围 2.8% ~ 20.1%$NaCl_{eq}$，平均值 12.5%$NaCl_{eq}$，峰值区间 12% ~ 13%$NaCl_{eq}$。

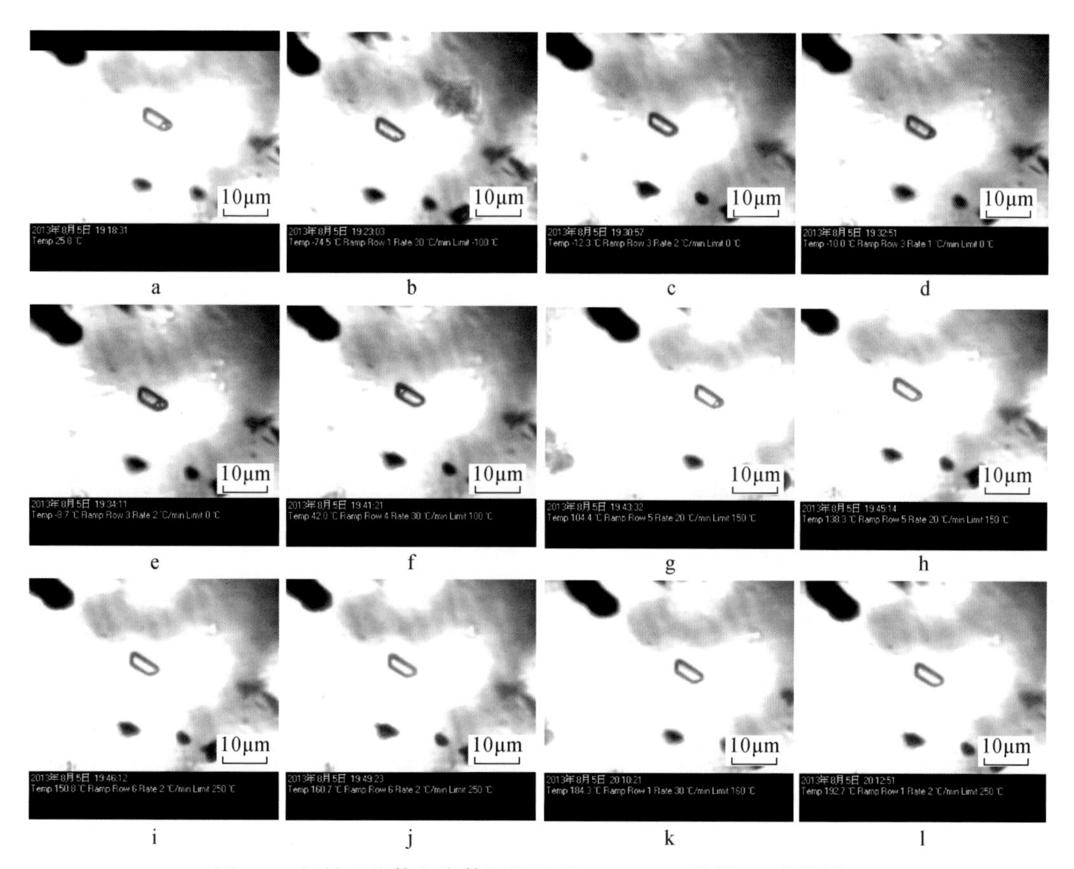

图 7-2　闪锌矿流体包裹体测温过程（1740-31 号样品 3 号测点）

a. 常温下包裹体形态；b. 降温至过冷却-74.5℃；c. 升温至-12.3℃；d. 升温至-10.0℃；e. 气泡恢复至室温大小且开始跳动，-8.7℃；f ~ h. 升温过程，气泡逐渐变小；i. 升温至 150.8℃，气泡进入阴影区域，快速降温，发现气泡又开始跳动；j、k. 重复上述过程数次，直至均一；l. 气泡均一至液相达到均一温度 192.7℃

表 7-1　会泽富锗铅锌矿床流体包裹体特征及测温数据

序号	样号	采样位置	成矿阶段	矿物	包裹体类型	大小/μm	气液比/%	冰点/℃		均一温度/℃		盐度/(%$NaCl_{eq}$)	密度/(g/cm^3)	资料来源
								范围	均值	范围	均值			
1	1740-21	1740 中段 5 号采场	Ⅱ	Sp	L+V	2×1 ~ 8×4	2 ~ 5	-7.1 ~ -0.6	-13.5	161 ~ 212	192	11.9 ~ 20.5	0.86 ~ 1.03	张艳等(2017)
2	1740-26	1740 中段 5 号采场	Ⅲ	Sp	L+V	2×2 ~ 5×3	5	-15.6 ~ -8.9	-12.3	148 ~ 186	165	12.7 ~ 19.3	0.98 ~ 1.04	
3	1740-16	1740 中段 5 号采场	Ⅲ	Sp	L+V	2×2 ~ 6×2	5	—	—	134 ~ 190	164	—	—	
4	1740-32	1740 中段 5 号采场	Ⅲ	Sp	L+V	3×2 ~ 10×4	5 ~ 10	-9.4 ~ -13.6	-11.7	151 ~ 191	170	13.3 ~ 17.4	0.98 ~ 1.04	
5	1740-50	1740 中段 13 号采场	Ⅰ	Sp	L+V	2×1 ~ 8×4	5 ~ 10	-20.2 ~ -10.8	-16.9	170 ~ 280	200	14.8 ~ 22.5	0.95 ~ 1.06	
6	1740-34	1740 中段 5 号采场	Ⅲ	Sp	L+V	4×3 ~ 20×4	5 ~ 10	-15.2 ~ -1.9	-8.9	148 ~ 167	152	3.2 ~ 18.8	0.94 ~ 1.04	
7	1740-54	1740 中段 13 号采场	Ⅱ	Sp	L+V	3×3 ~ 8×6	5 ~ 10	-20.7 ~ -18.8	-19.7	157 ~ 234	175	21.5 ~ 22.8	1.01 ~ 1.08	
8	1740-31	1740 中段 5 号采场	Ⅱ	Sp	L+V	3×2 ~ 10×5	5 ~ 10	-17.8 ~ -5.5	-11.9	128 ~ 197	176	8.6 ~ 20.8	0.94 ~ 1.04	
9	1740-23	1740 中段 5 号采场	Ⅱ	Sp	L+V	3×3 ~ 12×6	5 ~ 15	-20.5 ~ -9.6	-12.6	144 ~ 205	206	13.5 ~ 22.7	0.99 ~ 1.09	
10	1740-53	1740 中段 13 号采场	Ⅱ	Sp	L+V	4×3 ~ 8×6	10	-20.4 ~ -14.6	-18.0	175 ~ 211	186	18.3 ~ 22.6	1.02 ~ 1.06	
11	1740-5	1740 中段 7 号采场	Ⅱ	Sp	L+V	5×2 ~ 8×6	10	-14.4 ~ -3.6	-9.6	148 ~ 190	167	5.4 ~ 18.1	0.93 ~ 1.02	
12	1740-33	1740 中段 5 号采场	Ⅱ	Sp	L+V	3×2 ~ 6×3	5 ~ 10	—	—	126 ~ 185	159	—	—	
13	ZYr-1	1740 中段 5 号采场	蚀变	Dol	L+V	4×2 ~ 10×6	5 ~ 10	-10.8 ~ -0.6	-1.1	86 ~ 163	138	1.1 ~ 14.8	0.92 ~ 1.07	
14	QL-301	1571 中段 10 号矿体	Ⅱ、Ⅲ	Sp	L+V	2×2.5 ~ 5×15	5 ~ 40	-7.1 ~ -0.6	-2.1	118 ~ 251	180	1.1 ~ 10.6	0.89 ~ 0.97	韩润生等(2006)
15	LB-1	1571 中段 10 号矿体 110 号穿脉矿体下部	Ⅲ	Sp	L+V	3×3	10	—	—	148	148	—	—	
16	LB-6	1571 中段 110 号穿脉 10 号矿体	Ⅰ、Ⅱ	Sp	L+V	2×2 ~ 8×10	8 ~ 30	-13.5 ~ -5.1	-9.2	100 ~ 282	169	8.0 ~ 17.3	0.92 ~ 1.00	
17	LB-2	1631 中段 38 号穿脉 6 号矿体中部	Ⅰ、Ⅱ	Sp	L+V	4×6 ~ 12×15	8 ~ 30	-12.8 ~ -8.4	-10.7	171 ~ 228	194	12.2 ~ 16.7	0.94 ~ 1.02	
18	LB-5	麒麟厂矿区地表（充填站旁）	Ⅱ	Sp	L+V	4×5 ~ 5×7	25 ~ 30	-9.9 ~ -6.5	-8.2	195 ~ 199	197	9.9 ~ 13.8	0.94 ~ 0.97	
19	LB-8	1571 中段 10 号矿体 1571-1 点	Ⅰ	Sp	L+V	2×2 ~ 5×5	12 ~ 45	—	—	325 ~ 344	335	—	—	
20	LB-10	1571 中段 10 号矿体 1571-9-1 点	Ⅰ、Ⅱ	Sp	L+V	2×4 ~ 5×7	5 ~ 20	—	—	182 ~ 266	237	—	—	

续表

序号	样号	采样位置	成矿阶段	矿物	包裹体类型	大小/μm	气液比/%	冰点/℃		均一温度/℃		盐度/(%$NaCl_{eq}$)	密度/(g/cm^3)	资料来源
								范围	均值	范围	均值			
21	LB-14	1571 中段 10 号矿体 1571-9-3 点	Ⅱ、Ⅲ	Sp	L+V	2×5～5×20	5～33	−14.3～−4.5	−8.2	141～192	170	7.2～18.0	0.94～1.03	韩润生等(2006)
22	LB-18	1571 中段 10 号矿体 1571-9-8 点	Ⅱ	Sp	L+V	5×5～14×36	5～40	−12.0～−9.6	−10.7	124～189	173	3.5～16.0	0.98～1.00	
23	LB-12	1571 中段 8 分层 10 号矿体第Ⅲ层矿顶板	Ⅲ	Sp	L+V	5×7	25	—	—	142	142	—	—	
24	LB-23	1571 中段 16 分层 6 号矿体	Ⅱ	Sp	L+V	2×3～6×13	10～30	−13.7～−10.0	−12.0	133～190	155	13.9～17.5	1.01～1.05	
25	LB-7	1261-94 号穿脉	Ⅲ	Cal	L+V	2×3～5×6	4～40	−6.2～−0.1	−2.8	137～247	190	0.2～9.5	0.88～0.96	
26	HZ-1261-94-11	1261-94 号穿脉	Ⅱ、Ⅲ	Sp	L+V	1×3～10×6	14～40	−9.6～−2.9	−6.6	144～286	175	—	—	
27	HZ-1261-94-4	1261-94 号穿脉	Ⅳ	Cal	L+V	2×2～8×4	18～60	−4.8～−0.9	−3.1	132～212	175	—	—	
28	HZ-1261-94-10	1704-14 号穿脉	Ⅳ	Cal	L+V	2×2～6×4	18～30	−2.2～−0.9	−1.7	133～212	174	—	—	
29	1#-1704-14-2	1704-14 号穿脉	Ⅱ	Sp	L+V	4×4～12×6	11～30	−11.6～−4.7	−8.6	161～200	186	—	—	
30	1#-1704-14-6	1704-14 号穿脉	Ⅰ	Sp	L+V	4×2～10×4	25～30	−16.9～−3.8	−7.7	201～270	238	—	—	
31	1#-1704-14-7	1331 中段 10 号矿体	Ⅱ	Sp	L+V	2×4～24×18	14～25	−10.5～−1.7	−5.7	162～188	175	—	—	
32	10#-1331-5	1331 中段 10 号矿体	Ⅰ、Ⅲ	Sp	L+V	3×3～5×4	20～28	−12.8～−8.3	−10.3	130～205	182	—	—	
33	HZ-06		Ⅱ	Sp	L+V	4×2～6×6	20～40	−12.2～−6.1	−8.6	172～237	206	—	—	
34	QL-308	麒麟厂	Ⅱ	Sp	L+V	4×2～10×4	18～40	−18～−6.3	−9.5	156～225	199	—	—	
35	QL-304-2	麒麟厂	Ⅱ	Sp	L+V	4×4～14×3	14～40	−14.6～−4.7	−9.4	160～239	182	—	—	
36	CHR-13	麒麟厂	Ⅰ	Sp	L+V	4×2～10×4	18～30	−11.4～−6.8	−8.6	194～364	232	—	—	
37	1571-2	麒麟厂	Ⅱ	Cal	L+V	3～8	5～10	—	−5.8	168～232	172	7.6～10.8	—	

续表

序号	样号	采样位置	成矿阶段	矿物	包裹体类型	大小/μm	气液比/%	冰点/℃		均一温度/℃		盐度/(% $NaCl_{eq}$)	密度/(g/cm^3)	资料来源
								范围	均值	范围	均值			
38	HQ-84	麒麟厂	Ⅱ	Cal	L+V	3～10	5～20	—	-4.8	189～240	208	6.3～9.0	—	韩润生等（2006）
39	1631-1	麒麟厂	Ⅱ、Ⅳ	Cal	L+V	3～10	5～15	—	-4.4	142～205	164	5.5～8.5	—	
40	HQ109-4		Ⅱ	Cal	L+V	3～10	5～15	—	-5.7	203～245	221	5.7～10.5	—	
41	HQ-99-1		Ⅱ	Cal	L+V	3～10	5～10	—	-4.1	181～204	193	5.0～7.8	—	
42	44QM-1		Ⅳ	Cal	L+V	5～70	5～15	—	-6.3	147～202	165	8.0～10.7	—	
43	MQ914		Ⅱ、Ⅳ	Cal	L+V	3～15	5～20	—	-7.4	138～226	175	9.4～13.5	—	
44	MQ912		Ⅱ	Cal	L+V	3～12	5～30	—	-8.2	198～240	217	6.8～16	—	
45	QL-14	麒麟厂	—	Cal	L+V	5～6	10～15	-9.8～-7.2	—	180～202	—	10.7～14.8	0.97～0.98	张振亮（2006）
46	QL-0	麒麟厂	—	Cal	L+V	8～9	10～70	-11.4～-3.2	—	184～389	—	5.3～16.0	0.59～1.00	
47	QL-L-2	麒麟厂	—	Cal	L+V	5～8	1～10	-12.4～-5.8	—	148～203	—	9.3～18.0	0.54～1.04	
48	QL-12	麒麟厂	—	Cal	L+V	4	10	-11.5	—	209	—	16.0	0.98	
49	QL-7	麒麟厂	—	Cal	L+V	6	10	-8.5	—	183	—	12.8	0.98	
50	QL-LEE-6	麒麟厂	—	Dol	L+V	5～8	1	-9.0～-6.2	—	132～161	—	9.8～13.1	0.99～1.02	
51	QL-9	麒麟厂	—	Dol	L+V	8	5	-7.8	—	132	—	12.5	1.02	
52	QL-9	麒麟厂	—	Dol	L+V	5	10	180.7（子晶消失）	—	164（气泡消失）	—	38.5	1.13	
53	9918-20	麒麟厂	—	Cal	L+V	8	80	-6.7	—	401	—	10.11	0.66～	
54	9918-4	麒麟厂	—	Cal	L+V	7～15	15～90	-5.5～-3.6	—	152～384	—	5.9～8.7	0.61～0.96	
55	9918-5	麒麟厂	—	Cal	L+V	8～15	10～20	-15.4～-7.9	—	161～327	—	11.6～19.0	0.80～1.04	
56	9918-37	麒麟厂	—	Cal	L+V	5～8	10～20	-16.7～-14.9	—	182～256	—	15.4～20.0	0.93～1.03	
57	HZK-32	麒麟厂	—	Cal	L+V	6～15	15～20	-5.2～-4.9	—	199～282	—	7.6～8.1	0.82～0.92	
58	HZQ-35	麒麟厂	—	Cal	L+V	10	15	-11.5	—	185	—	15.5	1.00～	
59	HZ911-15	麒麟厂	—	Cal	L+V	3～8	10～15	-18.2～-16.7	—	111～211	—	20.0～21.1	1.02～1.10	
60	JS-11-1	麒麟厂	Ⅰ前	Bal	L+V			0.2～6.9	2.7	220～349	274			王磊等（2016）
61	JS-12-2	麒麟厂	Ⅰ前	Bal	L+V			0.3～7.8	3.0	205～329	264			
62	JS-40-5	矿山厂	Ⅰ前	Bal	L+V			0.9～11.7	4.0	212～352	270			
63	JS-41-1	矿山厂	Ⅰ前	Bal	L+V			0.2～0.9	2.7	216～344	269			

注：Sp. 闪锌矿；Dol. 白云石；Cal. 方解石；Bal. 重晶石

Sp_3-Gn_2-Py_2阶段（Ⅲ）：均一温度范围137～213℃，平均值164℃，峰值区间155～170℃；盐度范围1.1%～17%$NaCl_{eq}$，平均值7.8%$NaCl_{eq}$，峰值区间1%～2%$NaCl_{eq}$。

Py_3-Cc_2-Dol阶段（Ⅳ）：均一温度范围131～191℃，平均值167℃，峰值区间155～170℃；盐度范围0.2%～7.2%$NaCl_{eq}$，平均值3.5%$NaCl_{eq}$，峰值区间3%～4%$NaCl_{eq}$。

矿山厂矿床闪锌矿流体包裹体均一温度在131～280℃（图7-3），具有较宽的变化区间，盐度则相对较高，在3.2%～22.7%$NaCl_{eq}$；白云石流体包裹体均一温度在86～163℃，大部分盐度较低，在1.1%～14.8%$NaCl_{eq}$。三个成矿阶段闪锌矿和白云石流体包裹体均一温度和盐度具有较明显的分布特征，从热液成矿期早阶段→晚阶段→围岩蚀变阶段，流体呈现中高温-低盐度→中温-中低盐度→中低温-中盐度→中低温-低盐度的演化规律，在成矿早阶段显示出中高温-低盐度流体与低温-中盐度流体混合的趋势，在成矿主阶段显示了等温（中低温）条件下不同盐度流体混合的特征；围岩蚀变则显示了中低温条件下中盐度与低盐度流体混合的结果。可见，在整个热液成矿过程中，至少有两种不同盐度的流体参与了成矿作用，流体混合可能是矿物沉淀的主要机制，这与流体包裹体岩相学研究中观察到的纯气相包裹体与气液两相包裹体共生所反映的不混溶特征一致。

重晶石流体包裹体均一温度主要在205～352℃，集中分布在240～300℃（图7-3），平均为269℃。冰点温度在-8.0～0.9℃，对应的盐度为0.18%～11.70%$NaCl_{eq}$，平均为3.14%$NaCl_{eq}$。矿山厂重晶石与麒麟厂重晶石在温度、盐度上无明显区别。将气液两相包裹体盐度和均一温度在Bodnar（1983）的NaCl-H_2O体系*T*-*W*-*p*图解上投图，获得流体密度范围为0.60～1.0g/cm^3。对比前人所测方解石、闪锌矿包裹体温度、盐度数据（表7-1），重晶石均一温度明显高于方解石与闪锌矿的均一温度。

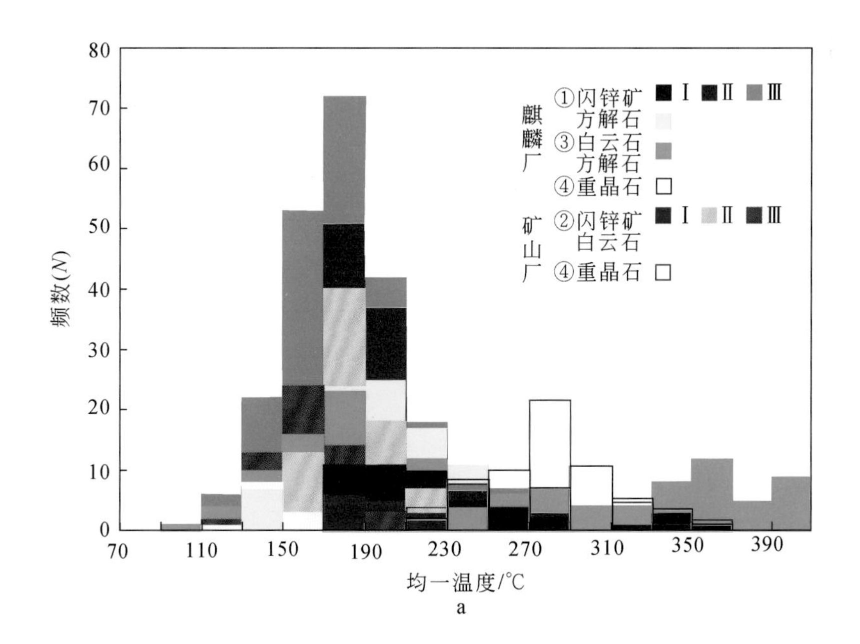

a

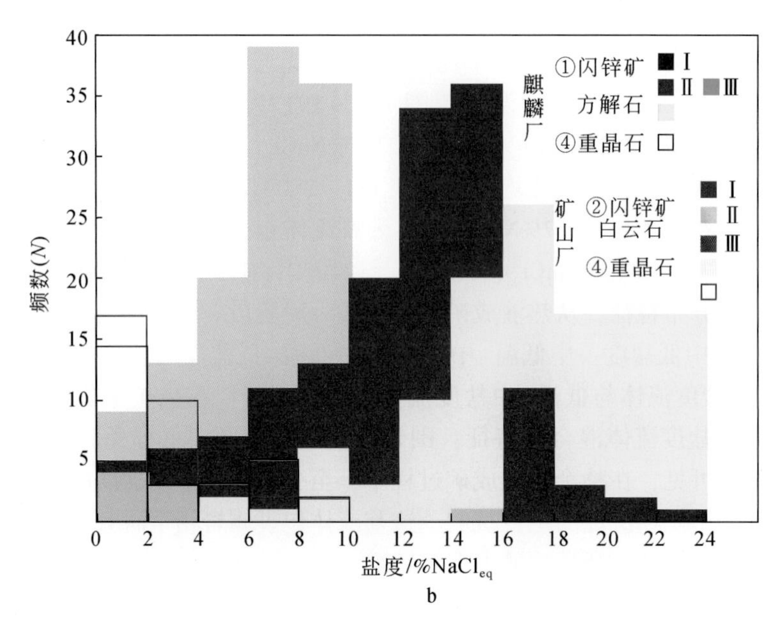

图 7-3 会泽富锗铅锌矿床流体包裹体均一温度（a）和盐度（b）直方图

资料来源：①韩润生等（2006）；②张艳等（2017）；③张振亮（2006）；④王磊（2016）。

注：盐度直方图中由于文献③的资料不全未投点

综合麒麟厂和矿山厂矿床的均一温度和盐度，可将其分为四组：①高温为主-低盐度（200～350℃，<10%$NaCl_{eq}$）、②低温-低盐度（130～210℃，<10%$NaCl_{eq}$）、③中低温-中盐度（150～200℃，10%～18%$NaCl_{eq}$）、④中低温-高盐度（150～220℃，>18%$NaCl_{eq}$）（图 7-4），代表了中高温-低盐度的深源流体与地层中的中低温-高盐度的盆地流体发生混合作用，形成了中低温-中盐度成矿流体，流体混合作用使某些组分增加或减少，发生流体不混溶分离，产生物理或化学性质不一致的两相或多相包裹体。流体包裹体岩相学研究为此推断提供了重要证据（图 7-1）。

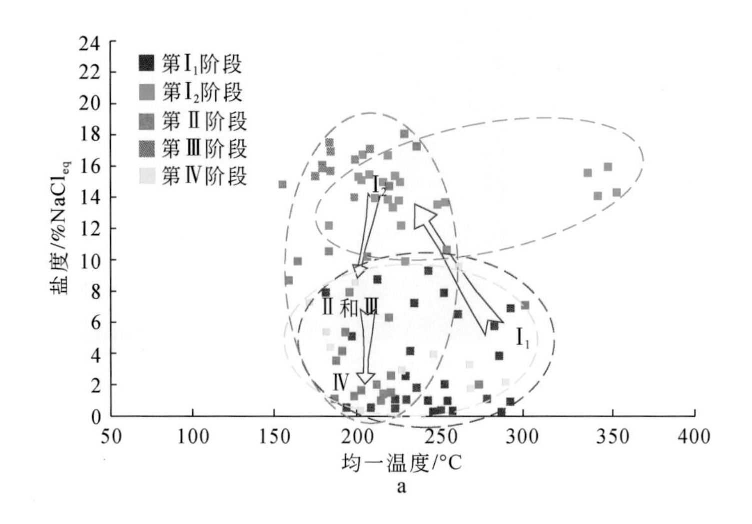

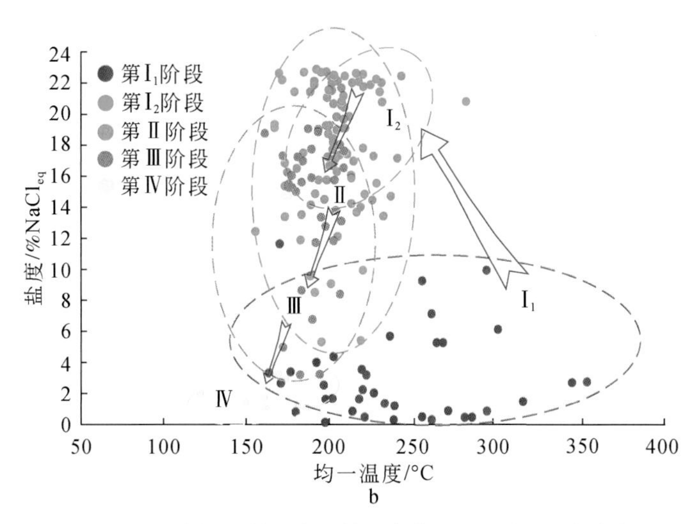

图7-4　会泽富锗铅锌矿床流体包裹体均一温度-盐度分布图

a. 麒麟厂；b. 矿山厂

资料来源：第I_1阶段据王磊（2016）；麒麟厂据韩润生等（2016）；矿山厂据张艳等（2017）

会泽富锗铅锌矿中不同矿物流体包裹体特征反映了流体温度、盐度的演化过程：断裂带中铁白云石流体包裹体均一温度为250～438℃，盐度变化大（1.1%～17.2%$NaCl_{eq}$），指示存在高温-低盐度流体；重晶石流体包裹体可分为富液相气液两相（L+V）、纯液相（L）和富气相气液两相（L+V）包裹体，以前者为主，其均一温度为170～330℃，主要集中在210～270℃，盐度为0.18%～11.70%$NaCl_{eq}$；不同世代闪锌矿中存在纯气相（V）、富液相气液两相（L+V）、富气相气液两相（L+V）、纯液相（L）、含子矿物三相（L+V+S）、含CO_2三相（$L_{CO_2}+L_{H_2O}+V_{CO_2}$）包裹体，其均一温度集中在两个区间，即150～221℃和320～364℃，而盐度主要集中于三个区间，即12%～18%$NaCl_{eq}$、5%～11%$NaCl_{eq}$、1%～5%$NaCl_{eq}$，指示成矿系统中存在低-中等盐度流体；方解石中仅发现富液相气液两相（L+V）、纯液相（L）包裹体，其均一温度为165～221℃，盐度为5.6%～12.0%$NaCl_{eq}$。这一特征表明成矿流体演化过程为：高温-低盐度流体与低温-低盐度流体混合→中温-中盐度流体→低温-低盐度流体。

无论是麒麟厂矿床还是矿山厂矿床（图7-3），不同阶段矿物的流体包裹体均一温度和盐度具有明显差异，这种差异是流体在成矿过程中不断演化所造成，矿山厂矿床的这种差异更为明显。以矿山厂矿床为例，I_1阶段重晶石流体包裹体盐度<10%$NaCl_{eq}$，均一温度170～350℃，代表了流体A的信息；I_2阶段闪锌矿流体包裹体盐度>14%$NaCl_{eq}$，均一温度190～290℃，温度比I_1阶段有所降低，而盐度却升高了，说明有另一种相对高盐度的流体B参与了成矿作用，其盐度应>20%$NaCl_{eq}$；而在主成矿阶段（Ⅱ、Ⅲ阶段），其均一温度为150～250℃，流体盐度基本均匀分布在5%～23%$NaCl_{eq}$，就是流体A与流体B混合的产物（图7-5）。同时，在250～300℃，流体可能曾发生过沸腾作用或不混溶现象，部分流体以低盐度的气相形式挥发，沸腾作用使剩余的流体盐度大大增加，即纯气相包裹体与气液两相包裹体共生，为流体沸腾作用的产物（图7-1B-h，B-g）。随着成矿作用的进行，到了成矿晚阶段（Ⅳ），Ca^{2+}、

Mg^{2+}沉淀为白云石、方解石，Cl^-进入黏土矿物（伊利石）使混合流体盐度大幅度降低（<10%$NaCl_{eq}$），均一温度也同时下降（120～190℃）。因此流体的演化过程为Ⅰ$_1$阶段高温-低盐度的流体经减压沸腾后，沉淀部分闪锌矿，盐度升高，该流体与另一高盐度-低温流体混合后，向Ⅰ$_2$阶段演化，随着混合作用的进行，硫化物沉淀不断析出，从Ⅰ$_2$→Ⅱ→Ⅲ→Ⅳ，流体盐度不断降低，温度略有下降，至晚阶段（Ⅳ）温度下降较为明显。

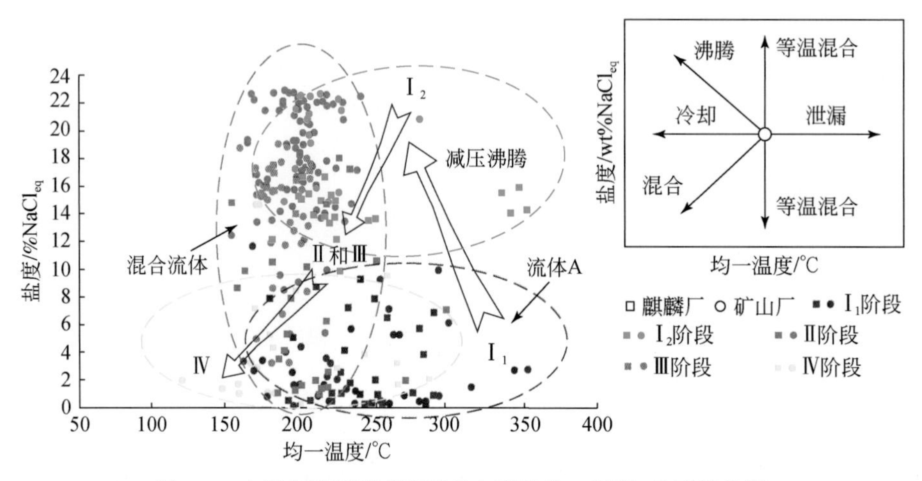

图 7-5　会泽富锗铅锌矿床流体包裹体均一温度-盐度演化图

（三）不同阶段流体迁移、卸载的物理化学条件

1. pH 计算

目前获得流体 pH 主要有两种方式，一为测试，二为计算。就测试而言，姑且不论挑单矿物、制样和测试过程中的人为及机械误差，单单是一个矿物晶体就可能包含不同阶段的包裹体，尤其是闪锌矿、黄铁矿还具有代表不同成矿阶段的环带结构（杨书桐，1993；刘铁庚等，1994；崔天顺和齐金钟，1995；马建秦等，1999），这使得常规手段难以获得真正的某一成矿阶段或成矿期次的样品，其结果只能是各成矿阶段包裹体的混合结果（刘文均和郑荣才，2000；叶水泉和曾正海，2000；王书来等，2002；韩润生等，2006），因而仅有参考意义。

目前流体包裹体 pH 的计算还处于探索阶段，已发表的计算公式缺少高压（>1bar，1bar=10^5Pa）环境下包裹体中不同组分反应的平衡常数，若运用常温条件下的化学组分平衡常数加以计算，对于特定环境下捕获的包裹体，存在较大误差（刘斌，2011），同时，对于地质过程中包裹体所捕获的 NaCl-H_2O 成分，由于 H_2O、NaCl 的水解作用，热液中既有 H_2O 和 NaCl 组分，还有 H^+、OH^-、HCl、Cl^-、Na^+。对于 NaCl-H_2O 成分热液，运用浓度近似代替活度，以简化计算问题，这种简化适用于中-低盐度溶液的包裹体。虽然会泽富锗铅锌矿流体包裹体体系主要为 Ca^{2+}-Mg^{2+}-Na^+-Cl^--HCO_3^--SO_4^{2-}型，但通过盐度计算可换算为以 NaCl 水溶液为单位，且矿床盐度均<23%$NaCl_{eq}$，因此，可以考虑利用简化方式估算 pH。

根据刘斌（2011）的简化计算方法和韩润生等（2006）包裹体气液相成分测试数据，

可以计算出热液成矿期不同阶段成矿流体的 pH（表 7-2）。

根据下述反应，在酸性条件下，方铅矿、闪锌矿溶解，铅进入 $PbCl_2$ 和［$PbCl_4$］$^{2-}$，锌进入［ZnCl］$^+$。较高的方铅矿溶解度反映了如下平衡在 a_{H^+} 很大、pH 较低时，反应向右进行，即

反应 1：$PbS_{(方铅矿)} + H^+_{(aq)} + 4Cl^-_{(aq)} \rightleftharpoons PbCl_4^{2-}{}_{(aq)} + HS^-_{(aq)}$

反应 2：$ZnS_{(闪锌矿)} + H^+_{(aq)} + Cl^- \rightleftharpoons ZnCl^+_{(aq)} + HS^-_{(aq)}$

随着 pH 升高，反应 1 和反应 2 均向左进行，沉淀出方铅矿和闪锌矿。

根据 Reed（2006）的模拟，温度为 300℃时，方铅矿的溶解度在 pH=8.1 时出现逆转。这种逆转是 $Pb(HS)_2$ 及随后的 $Pb(OH)_2$ 和 $Pb(OH)_3^-$ 的浓度增加所致。当 pH 升高时，HS^- 和 OH^- 配合基浓度随着增大。这一效应可用如下反应解释：

$$PbS_{(方铅矿)} + H_2O_{(aq)} + OH^-_{(aq)} \rightleftharpoons Pb(OH)_{2(aq)} + HS^-_{(aq)}$$

张艳等（2015）通过热力学相图得出如下结论：温度为 200℃时（流体呈中性时，pH=5.65），在含硫和氯的体系中，在酸性至近中性条件（pH<5.3）下，铅锌以氯络合物为主要存在形式，而在碱性条件（pH>8）下，铅锌以硫氢络合物为主要存在形式，在中性附近（5<pH<8）则为铅锌硫化物的沉淀稳定区。这也证明了热液 pH 对铅锌运移和沉淀起着重要的控制作用。

因此，本书计算结果与周朝宪（1998）在 250℃，690bar 和 $m_{K^+}=0.089$ 条件下获得的结果（pH=4.9～5.3），以及张振亮（2006）利用蚀变围岩计算的结果（pH=4.5～5.5）基本一致。成矿流体在迁移过程中，成矿流体呈酸性，从成矿Ⅰ阶段到Ⅳ阶段，流体 pH 逐渐增大，主成矿阶段（Ⅱ、Ⅲ阶段）时，闪锌矿和方铅矿在中性-弱碱性条件下大量析出，与张振亮（2006）、Reed（2006）计算机模拟和张艳等（2015）热力学相图获得的结论一致。

2. 气体逸度估算

根据徐文炘（1991）的方法，利用韩润生（2002）包裹体气液相成分测试数据，可以计算出不同成矿阶段成矿流体的气体逸度，如 $\lg f_{CO}$、$\lg f_{CO_2}$、$\lg f_{O_2}$。

将包裹体研究和物理化学条件计算的结果汇总于表 7-2，即可得到会泽富锗铅锌矿不同阶段成矿流体迁移、卸载的物理化学条件。

表 7-2　会泽富锗铅锌矿床不同阶段流体迁移、卸载的物理化学条件

成矿阶段	均一温度/℃	盐度/%$NaCl_{eq}$	压力/10^5Pa	成矿深度/km	pH	$\lg f_{O_2}$	$\lg f_{CO_2}$	$\lg f_{CO}$	流体类型
迁移阶段	>364	>4.7	—	—	<3.6	—	—	—	Ca^{2+}-Mg^{2+}-Na^+-Cl^--HCO_3^--CO_2-SO_4^{2-}

续表

成矿阶段		均一温度/℃	盐度/%$NaCl_{eq}$	压力/10^5 Pa	成矿深度/km	pH	$\lg f_{O_2}$	$\lg f_{CO_2}$	$\lg f_{CO}$	流体类型
流体卸载阶段	Ⅰ(Py+Fe-Dol+Sp)阶段	173～364 (190～205)	(4.7～22.5) (9～11, 20～22)	400～700	1.4～2.5	3.6～3.7	−51.5～−37.1	−14.1～6.6	−5.8～1.0	Ca^{2+}-Mg^{2+}-Cl^--HCO_3^--SO_4^{2-}
	Ⅱ(Sp+Gn+Py+Dol)阶段	152～283 (170-190)	2.8～22.6 (14～18)			5.6～5.9	−51.4～−37.3	−14.6～7.0	−6.1～7.2	Ca^{2+}-Mg^{2+}-Na^+-Cl^--HCO_3^--SO_4^{2-}
	Ⅲ(Gn+ Sp+Q+Dol+Cal) 阶段	116～251 (145～170)	1.1～18.8 (14～18)			5.1～5.7	−50.6～−41.6	−16.1～10.6	−14.3～8.5	Ca^{2+}-Mg^{2+}-Na^+-Cl^--HCO_3^--SO_4^{2-}
	Ⅳ(Py+Dol+Cal) 阶段	86～213 (130～150)	1.1～14.8 (1～4)			5.8～5.9	−50.6～−41.6	−16.1～10.6	−14.3～8.5	Na^+-Cl^--HCO_3^--SO_4^{2-}

注：表中括号内数字为峰值。Sp. 闪锌矿；Py. 黄铁矿；Gn. 方铅矿；Dol. 白云石；Fe-Dol. 铁白云石；Cal. 方解石；Q. 石英

二、毛坪大型富锗铅锌矿床

（一）流体包裹体岩相学

毛坪富锗铅锌矿流体包裹体特征和分类与会泽富锗铅锌矿相似，具体如下。

（1）Ⅰ-6、Ⅰ-10号矿体中，闪锌矿中与脉石矿物（石英、白云石、方解石）中分别存在4种（纯气相、纯液相、富液相气液两相、富气相气液两相）和5种（纯气相、富液相气液两相、富气相气液两相、含CO_2三相、含子矿物三相）包裹体类型（图7-6），未发现典型的有机包裹体；包裹体类型的丰富与流体的沸腾作用有关。

（2）沸腾流体包裹体群，普遍出现在第二世代闪锌矿和早世代石英中，由呈群分布的纯气相、纯液相包裹体组成，反映了在成矿过程中成矿流体发生了沸腾作用，表明其包裹体所捕获的流体成分呈现出不均匀性（图7-6）。

（3）结合所采集样品的空间位置，深部样品的流体包裹体岩相学类型较上部简单，流体分异作用可能集中存在于Ⅰ号矿体群内。

（二）均一温度与盐度

显微测温研究表明，闪锌矿中原生流体包裹体均一温度在104～351℃，并存在两个峰值区间：200～215℃和260～300℃；其盐度具有较大的变化范围（0.8%～23%$NaCl_{eq}$）；与闪锌矿共生的石英，均一温度在169～214℃，盐度在6.7%～16.7%$NaCl_{eq}$；与闪锌矿共生的方解石，均一温度在73～172℃，盐度在1.5%～12.3%$NaCl_{eq}$。现概括特征如下（图7-7～图7-9，表7-3）。

（1）第一世代闪锌矿以深源流体为主，结合包裹体岩相学研究，闪锌矿内存在沸腾包裹体群，流体特征主要为中高温-中等盐度流体卸载成矿，少量中高温-中低盐度流体包裹体可能为流体沸腾时被捕获（图7-7）。

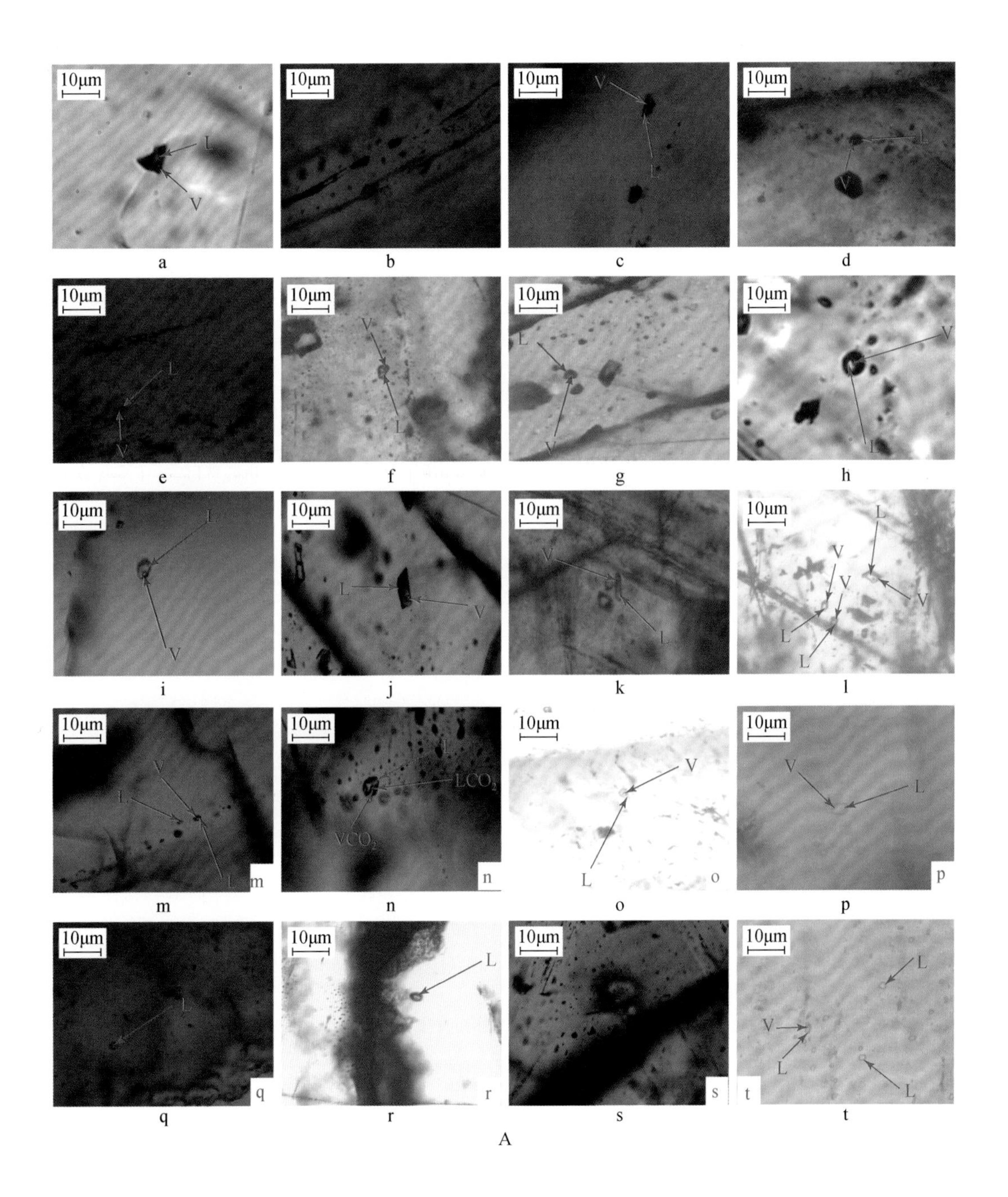

A

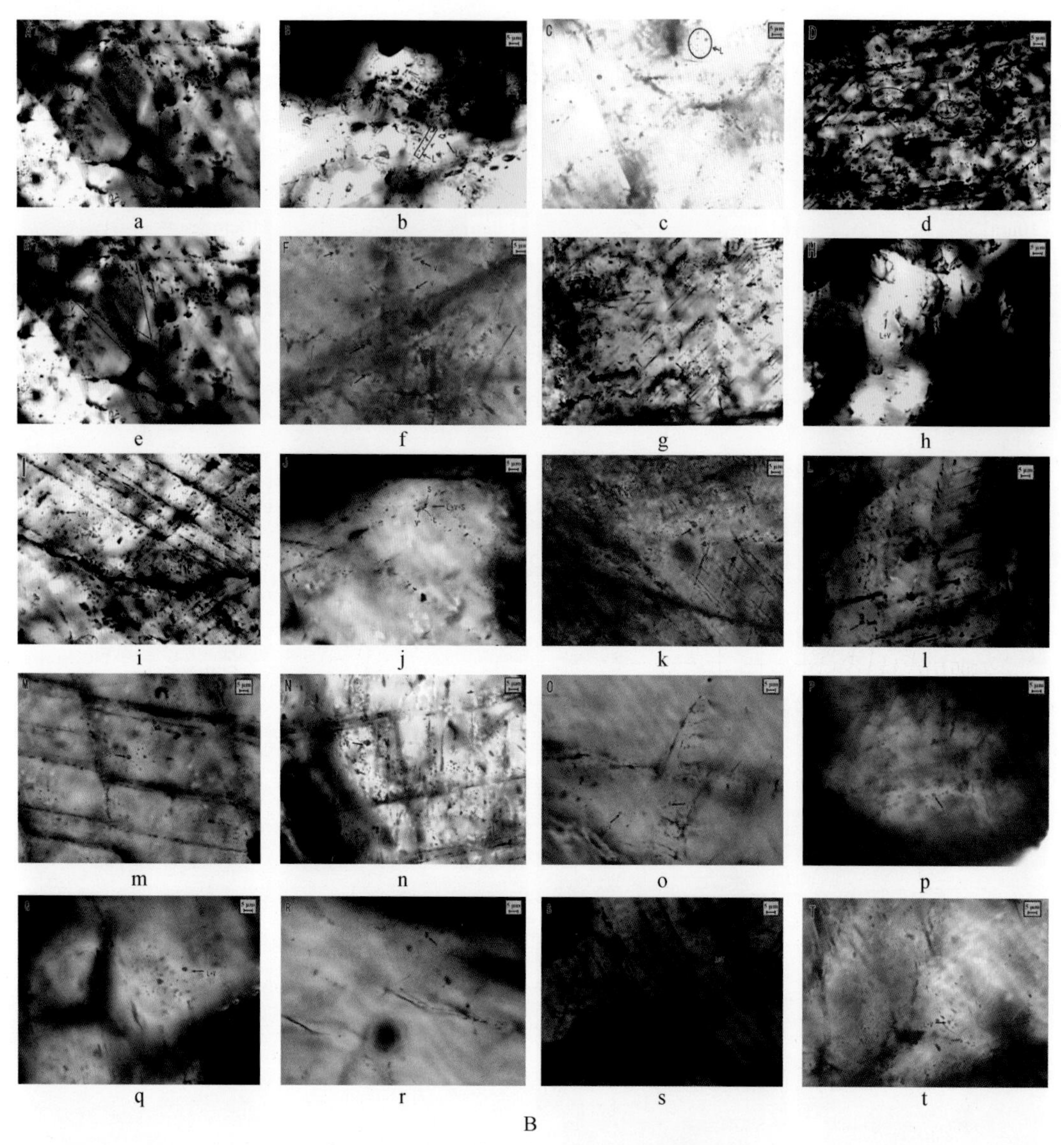

B

图 7-6　毛坪富锗铅锌矿床流体包裹体照片

A. 毛坪富锗铅锌矿Ⅰ-6 号矿体流体包裹体照片：a ~ d. 第一世代闪锌矿气液（L+V）两相流体包裹体；e ~ h. 第二世代闪锌矿气液（L+V）相流体包裹体；i. 第三成矿阶段石英气液（L+V）两相流体包裹体；j ~ l. 第三世代闪锌矿气液（L+V）两相流体包裹体；m. 闪锌矿次生包裹体；n. 含 CO_2 三相包裹体；o. 闪锌矿中纯气相包裹体；p. 第四成矿阶段方解石气液（L+V）两相流体包裹体；q、r. 闪锌矿纯液相流体包裹体；s. 闪锌矿沸腾包裹体群；t. 石英沸腾包裹体群。B. 毛坪富锗铅锌矿Ⅰ-10 号矿体闪锌矿流体包裹体照片：a. 赋存于棕褐色-红棕色闪锌矿中的纯液相包裹体，呈群分布或呈孤立状分布；b. 赋存于橙黄色闪锌矿中的纯液相包裹体，呈群或串珠状分布；c. 赋存于浅黄色闪锌矿中的纯液相包裹体，呈群分布；d. 长轴小于 2μm 的纯气相包裹体，呈群分布；e. 大小为 1 ~ 4μm 沿生长环带定向分布的纯气相包裹体；f. 长轴大于 4μm 的纯气相包裹体，主要呈孤立状分布；g. 赋存于棕褐色-红棕色闪锌矿中的富液相气液两相（L+V）包裹体，其长轴大小为 1 ~ 4μm，充填度 90% ~ 95%，呈孤立状分布或呈群分布；h. 赋存于橙黄色闪锌矿中的富液相气液两相（L+V）包裹体，长轴大小为 1 ~ 6μm，充填度为 90% ~ 95%，呈群分布或孤立状分布；i. 赋存于浅黄色闪锌矿中的富液相气液两相（L+V）包裹体，其长轴大小为 1 ~ 6μm，充填度为 90% ~ 95%，呈群分布或孤立状分布；j. 含子晶的富液相三相（L+V+S）包裹体；k ~ t. 赋存于黄色-浅黄色闪锌矿中的富液相气液两相（L+V）包裹体，长轴大小为 1 ~ 4μm，充填度为 90% ~ 95%，呈群分布或孤立状分布

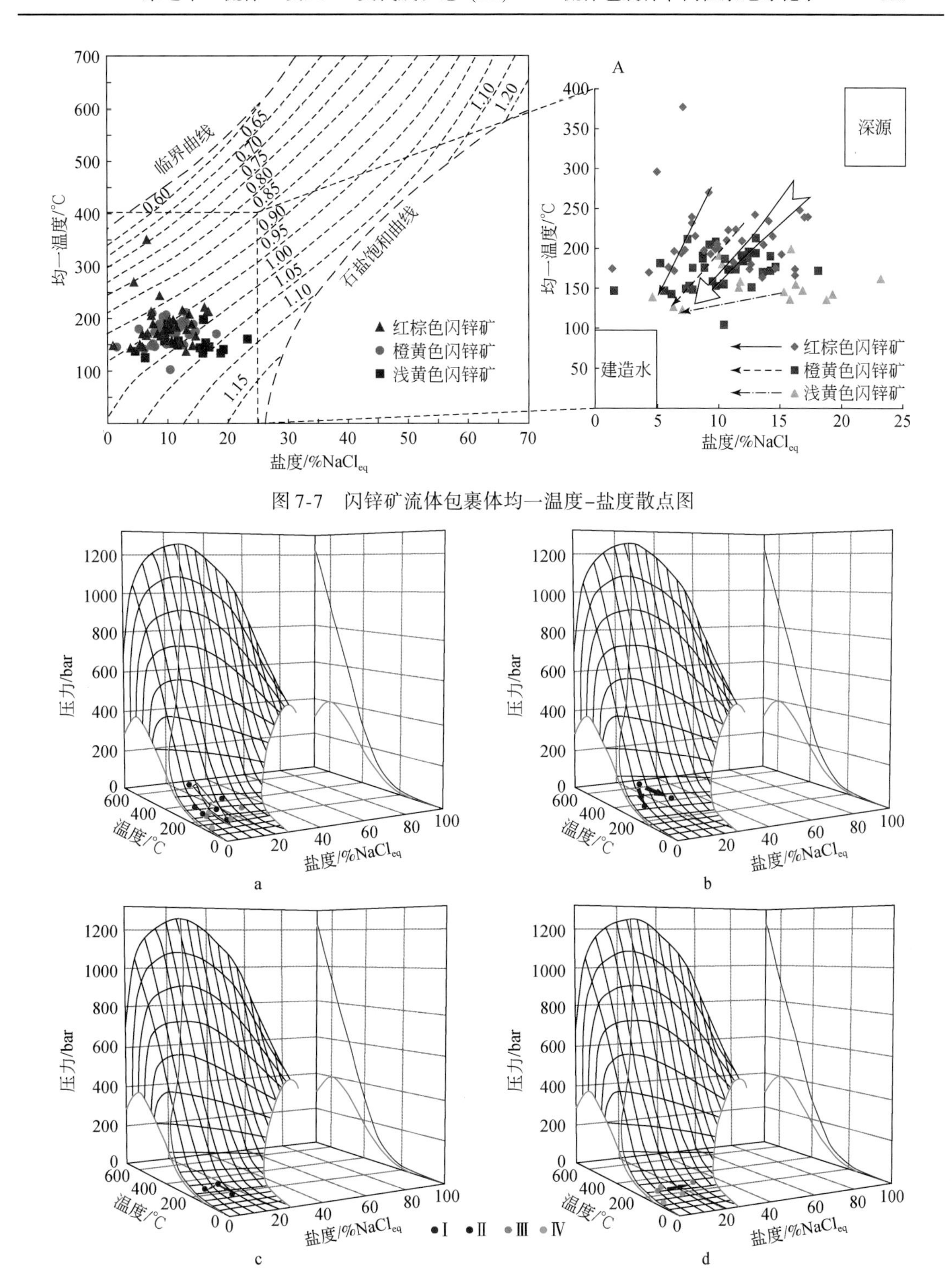

图 7-7　闪锌矿流体包裹体均一温度-盐度散点图

图 7-8　流体包裹体显微测温与盐度-压力-温度散点图（底图据 Andrew，2014）

Ⅰ ~ Ⅳ分别为四个成矿阶段。

a. 成矿早阶段（Ⅰ）至中晚阶段（Ⅱ ~ Ⅳ），流体呈单纯冷却作用；b. 成矿早阶段（Ⅰ）流体降温过程中的盐度分异；c. 成矿中晚阶段（Ⅱ、Ⅲ）流体等压条件下的等温盐度分异与单纯冷却作用；d. 成矿晚阶段（Ⅳ）流体混合作用，单纯冷却作用

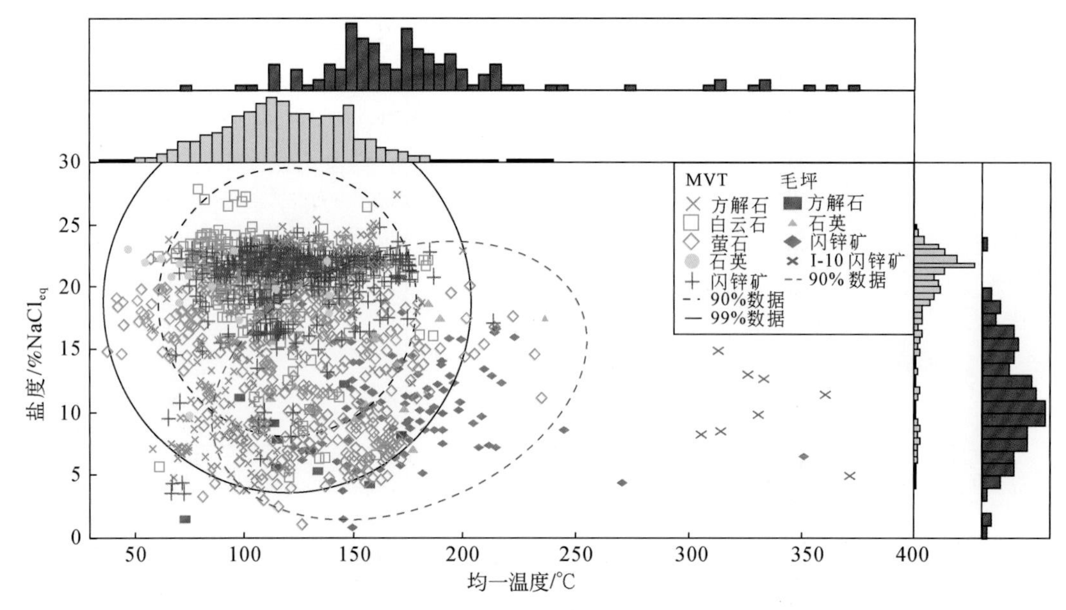

图 7-9　MVT 铅锌矿床与毛坪富锗铅锌矿床流体包裹体测温散点-柱状图解（底图据 Andrew，2014）

（2）均一温度较高。方解石、石英、闪锌矿中流体包裹体平均均一温度分别为 127℃、180℃、177℃，闪锌矿中流体包裹体均一温度存在两个峰值：200～215℃和 260～300℃。MVT 铅锌矿床均一温度则相对较低，在 50～250℃，以 90～150℃居多。尤其深部的Ⅰ-10 号矿体，其成矿流体温度远远高于 MVT 矿床（图 7-7，图 7-9）。

（3）流体盐度较低。方解石、石英、闪锌矿中流体包裹体的平均盐度分别为 7.6%$NaCl_{eq}$、10.5%$NaCl_{eq}$、11.24%$NaCl_{eq}$，而 MVT 铅锌矿床成矿流体以高盐度著称（15%～35%$NaCl_{eq}$）（图 7-7，图 7-9）。同时，该矿床成矿流体盐度具有多峰特点，当均一温度在 150℃附近时，盐度呈现离散分布特征，指示成矿流体中存在多深源流体、盆地流体混合的可能（图 7-7）。

（4）对于不同颜色闪锌矿，其流体演化曲线斜率逐渐减小，揭示了早-主阶段成矿流体分异作用、晚阶段多源流体（深源流体及盆地流体）混合作用明显的特征（图 7-7）。

（5）闪锌矿包裹体中的流体密度集中在 0.95～1.05g/cm^3，大部分低于纯水密度，显示中低密度流体的特点（图 7-7）。与 MVT 铅锌矿床另一显著特征（流体密度较高，大于 1.0g/cm^3，常高达 1.10g/cm^3）明显不同。

（6）闪锌矿中流体包裹体均一温度反映成矿流体的演化过程。伴随成矿作用的进行，成矿流体整体上呈现降温-升盐度-减压的演化过程：Ⅰ阶段表现为降温-升盐度-减压与降温-等盐度-减压的特点；Ⅱ阶段表现为降温-等盐度-减压与等温-降盐度-等压的特征；Ⅲ、Ⅳ阶段表现为降温-降盐度-降压与降温-降盐度-近等压的演化特点（图 7-8）。

综合闪锌矿和脉石矿物流体包裹体研究显示，成矿流体呈现中高温、中低盐度→中温、中盐度→低温、中低盐度的演化。成矿流体演化除单纯的降温冷却方式之外，还有压差所造成的密度增加-降温，体现在图 7-8 上。降温过程可以分解为：①单纯降温冷却与密度下降；②等压等温，密度上升。同时，存在巨大的压差（内压-外压）（包裹体内压换算得到 614bar，而依据相图，其最高的压力值接近 200bar）。

表 7-3　毛坪富锗铅锌矿床流体包裹体测试数据统计表

序号	样号	实验号	阶段	主矿物	大小/μm	气液比	冰点温度/℃		均一温度/℃		盐度/%$NaCl_{eq}$		密度/(g/cm^3)	
							范围	平均值	范围	平均值	范围	平均值	范围	平均值
1	M-15	7	Ⅰ	闪锌矿	4×3～10×14	18～30	-12.8～-4.2	-6.7	168～206	184	6.7～16.7	9.8	0.9～0.98	0.94
		4	Ⅰ	石英	4×2～6×2	22～40	-14.2	-14.2	236～304	275	17.9	17.9	0.67～0.97	0.78
		12	Ⅱ	石英	2×2～6×8	15～30	-12.1～-6.3	-9.3	147～189	171	9.6～16.1	13.1	0.89～1.0	0.95
		7	Ⅲ	石英	4×4～18×10	14～25	-15.5～-4.5	-9.9	141～161	151	7.1～19.0	13.4	0.93～1.05	0.98
		3	Ⅳ	石英	10×2～14×6	12.5～25	-15.2～-13.8	-14.5	112～123	119	17.6～18.8	18.2	0.95～1.07	1.03
2	M-108	4	Ⅰ	闪锌矿	3×3～16×6	15～30	-7.7～-4.8	-6.2	183～204	195	7.5～11.3	9.4	0.86～0.97	0.93
		7	Ⅱ	闪锌矿	3×2～6×4	10～35	-7.3～-4.0	-5.7	131～172	158	6.4～10.9	8.8	0.92～0.99	0.95
3	MZ-27-9	4	Ⅰ	闪锌矿	4×3～8×4	20～30	-12.8～-3.6	-6.7	171～351	227	5.8～9.5	7.2	0.69～0.96	0.88
		12	Ⅲ	闪锌矿	3×3～10×4	11～30	-11.7～-0.5	-7.1	138～167	150	0.83～15.7	10.1	0.92～1.03	0.98
4	MZ-27-4	6	Ⅰ	闪锌矿	5×4～14×6	20～45	-9.1～-2.7	-6.2	186～270	214	4.4～13.8	9.9	0.85～0.99	0.93
		2	Ⅱ	闪锌矿	6×4～6×4	20～25	-9.9～-3.1	-6.5	173～175	174	7.8～10.7	9.3	0.94～0.95	0.94
		2	Ⅲ	闪锌矿	4×4～12×4	20～25	-4.4～-3.9	-4.2	122～126	124	6.2～7.0	6.6	0.98～0.98	0.98
5	MZ-54-2	10	Ⅱ	闪锌矿	4×4～10×8	18～40	-12.0～-5.6	-8.3	162～198	184	8.6～16.0	11.8	0.88～0.99	0.94
		10	Ⅲ	闪锌矿	4×4～18×4	10～30	-15.7～-11.3	-13.5	131～161	144	15.3～19.2	17.2	0.91～1.08	0.99
		10	Ⅳ	方解石	4×4～10×8	12～25	-7.6～-0.9	-4.6	73～171	128	1.5～11.2	6.7	0.93～1	0.97
6	MZ-24-5	10	Ⅱ	闪锌矿	4×2～10×8	11～30	-9.6～-3.2	-6.1	142～211	171	5.2～13.5	9.1	0.89～0.99	0.95
		5	Ⅲ	闪锌矿	3×2～8×8	11～30	-4.8～-0.9	-3.4	146～173	156	1.5～7.5	5.4	0.90～0.97	0.94
7	MZ-27-1	9	Ⅱ	闪锌矿	4×2～6×6	18～40	-8.1～-7.0	-7.6	161～276	224	10.5～11.8	11.2	0.74～0.96	0.84
		2	Ⅲ	闪锌矿	6×4～6×6	12～20	-6.9～-3.4	-5.2	103～146	125	5.5～10.4	7.9	0.96～1.01	0.99
8	MPO-35	5	Ⅱ	闪锌矿	2×2～8×6	10～25	-10.2～-5.7	-8.0	162～198	176	8.8～14.2	11.5	0.87～0.99	0.93
9	MZ-23-3	10	Ⅱ	闪锌矿	2×2～9×8	12～40	-10.2～-5.6	-8.2	155～212	181	8.6～14.2	11.9	0.90～0.97	0.94
		9	Ⅲ	闪锌矿	4×2～12×6	14～27	-8.8～-6.2	-6.9	148～158	154	9.5～12.6	10.3	0.91～1.0	0.95
10	M-114	8	Ⅰ	闪锌矿	3×3～10×6	14～35	-6.8	-6.8	197～230	211	10.2	10.2	0.82～0.95	0.86
		6	Ⅱ	闪锌矿	4×2～6×4	15～20	—	—	172～179	175	—	—	0.89～0.90	0.90
		1	Ⅲ	闪锌矿	6×4	15	-10.1	-10.1	139	140	14.051	14.0	1.015	1.015
11	M-139	7	Ⅰ	闪锌矿	2×2～6×6	11～35	-12.5～-8.6	-10.4	179～222	208	12.4～16.4	14.3	0.85～0.98	0.93
		2	Ⅱ	闪锌矿	5×3～6×4	11～35	-8.3～-6.7	-7.5	154～184	170	10.1～12.1	11.1	0.95～0.99	0.98
12	MZ-29-1	6	Ⅱ	闪锌矿	2×2～7×2	11～18	-14.3～-7.7	-10.3	162～188	176	11.3～18.0	14.1	0.89～1.0	0.96
		4	Ⅲ	闪锌矿	4×3～8×2	11～18	-12.9～-2.8	-9.0	138～154	148	4.5～16.8	12.3	0.96～1.03	1.0
13	M-130	3	Ⅳ	方解石	2×6	35	-8.5～-3.3	-5.6	114～145	131	5.3～12.3	8.5	0.97～1.0	0.99

（7）从Ⅰ-10号→Ⅰ-6号→Ⅰ号矿体（从深部到浅部），成矿流体均一温度分布范围逐渐收窄，同时成矿流体高温特征越不明显。可以推断，成矿流体向上运移的过程中与围岩的水–岩反应，以及与盆地卤水的混合作用，使其降温冷却，进而形成均一流体；盐度峰值从中等盐度逐渐变化为中低盐度，显示出成矿流体混合及其上升过程中逐渐卸载的流体演化过程（图3-16）。

（三）成矿流体组成

1. 激光拉曼探针分析

通过对不同世代闪锌矿流体包裹体气液相组分的拉曼光谱探针分析，发现如下特征（图7-10）。

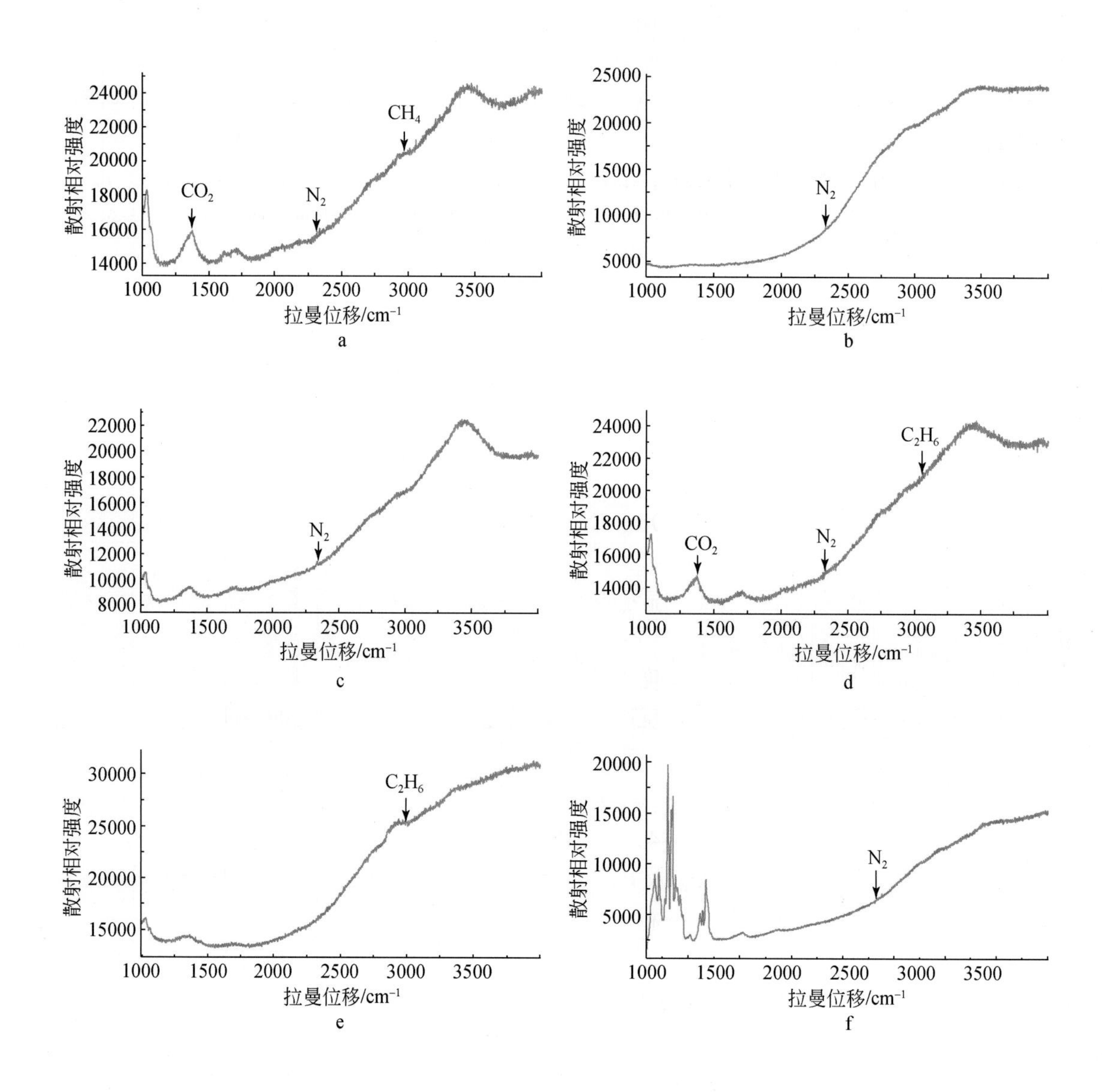

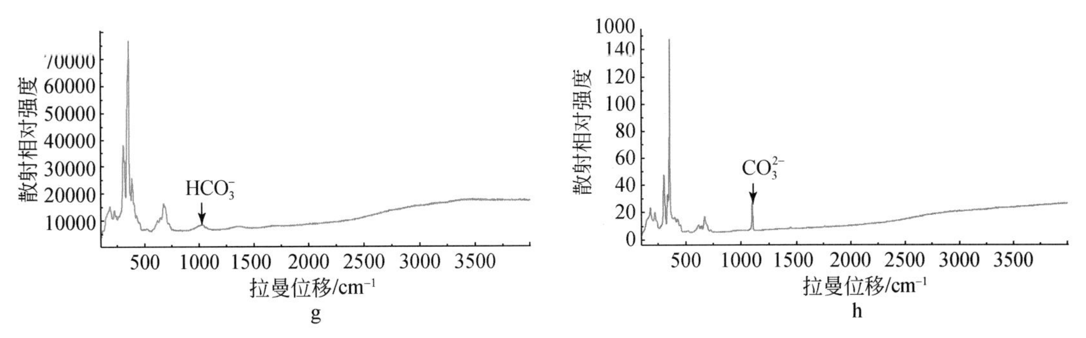

图7-10　不同世代闪锌矿流体包裹体显微拉曼谱线图

a. MPO-35-3 气液两相包裹体，4μm×4μm，气液比 25%，呈孤立状分布于第二世代闪锌矿中，显示 CO_2 峰（$1380cm^{-1}$）值区间较宽，N_2 峰（$2330cm^{-1}$）具有一定平移，并见 CH_4 峰（$2920cm^{-1}$）较显著。b. M-15-2 气液两相包裹体，10μm×6μm，气液比 10%，呈孤立状分布于第一世代闪锌矿中，N_2 峰（$2326cm^{-1}$），测温结果为 $T_m=-4.2℃$，$T_h=172.8℃$，盐度为 6.7%$NaCl_{eq}$，由于闪锌矿背景值较高，液相水峰不明显，但是显示其中等盐度的特征。c. MPO-35-1 气液两相包裹体，6μm×3μm，气液比 20%，呈孤立状分布于第二世代闪锌矿，N_2 峰（$2329cm^{-1}$），水峰较明显。d. MPO-35-4 气液两相包裹体，6μm×4μm，30%，沿生长环带分布于第二世代闪锌矿中，N_2 峰（$2328cm^{-1}$）较明显，$^{13}CO_2$ 峰（$1370cm^{-1}$）较宽。e. MPO-35-6 纯液相包裹体，4μm×3μm，呈孤立状分布于第二世代闪锌矿中，液相 C_2H_6 峰（$2939cm^{-1}$）及液相 CO_3^{2-} 峰（$1068cm^{-1}$）较明显。f. MZ-23-3-1 气液两相包裹体，5μm×4μm，气液比 10%，呈孤立状分布于第三世代闪锌矿中；N_2 峰及闪锌矿矿物峰值明显。g. M-108-1 气液两相包裹体，6μm×4μm，气液比 15%，呈孤立状分布于第一世代闪锌矿中，由于矿物峰较高，气相成分相对较少，主要显示 HCO_3^- 液相峰明显。h. MZ-54-2-4 纯液相包裹体，呈孤立状分布于第三世代闪锌矿，主要显示 CO_3^{2-} 液相峰（$1080cm^{-1}$）

（1）第一世代闪锌矿包裹体中含少量液相 HCO_3^-、CO_3^{2-} 和气相 CO_2；第二世代闪锌矿具有少量液相 C_2H_6、CO_3^{2-} 和 CO_2、N_2 及有机气体 CH_4、C_2H_6、C_6H_6；第三世代闪锌矿含气相 N_2。

（2）当检测谱峰波长为 0～$4000cm^{-1}$ 时，主要检测到 2900～$4000cm^{-1}$ 包络峰及少量 HCO_3^-、CO_3^{2-} 峰值；当检测谱峰波长为 1000～$4000cm^{-1}$ 时，可以检出微量的 N_2、CO_2、CH_4、C_2H_6 等挥发性组分峰值（图7-10），显示闪锌矿在具挥发分流体中迁移、在盐水溶液中沉淀析出的特征。

（3）热液成矿系统内有机气体浓度无较大变化，有机质参与了成矿作用。

（4）闪锌矿中液相水峰较明显，反映了流体包裹体具中-中低盐度的特征。

2. 阴阳离子分析

通过气液相成分质谱分析（表7-4，表7-5），主要液相成分为 Ca^{2+}、Na^+ 及 Mg^{2+}；气相成分除了 H_2O 以外，还有 CO_2、CH_4 及 C_2H_6 等有机气体成分；其中脉石矿物以 H_2O、CO_2 为主，反映流体呈弱氧化状态；流体液相阳离子成分主要为 Mg^{2+}、Ca^{2+}、Na^+、K^+，且 $Ca^{2+}>Na^+>K^+>Mg^{2+}$，富 Ca^{2+}、Mg^{2+}、Na^+，贫 K^+（图7-11）；阴离子为 F^-、Cl^-、SO_4^{2-}、NO_3^-，且 $Cl^->SO_4^{2-}\gg F^-$，富 Cl^- 贫 F^-；成矿流体属 Ca^{2+}-Na^+-K^+-Cl^--SO_4^{2-} 型。

表 7-4　毛坪富锗铅锌矿床流体包裹体成分分析结果

样号	矿物名称	阶段	盐度 /wt%$NaCl_{eq}$	均一温度 /℃	pH	Na^+	K^+	Ca^{2+}	Mg^{2+}	Cl^-	F^-	Br^-	SO_4^{2-}	NO_3^-	PO_4^{3-}
M-15*	黑褐闪锌矿	Ⅰ	9.8	184	5.76	5.72	1.59	35.75	1.30	1.60	3.33	0.00	—	0.15	0.00
MPO-15-1*	白云石	Ⅰ		200		18.02	4.06	—	—	71.84	0.53	0.00	2.11	—	0.00
M-15*	石英	Ⅱ	13.1	172	5.85	21.40	4.26	4.35*	0.18	31.20	—	0.00	—	—	0.00
MPR-82	方解石	Ⅱ	—	—	—	6.75	1.91	—	—	36.89	0.24	0.00	0.00	—	0.00
MP0-5-1*	方解石	Ⅱ	—	—	—	6.71	1.48	—	—	36.26	0.99	0.00	0.00	—	0.00
M-54-2*	棕褐闪锌矿	Ⅲ	17.2	144	5.85	13.71	5.76	104.76	2.52	3.84	0.20	0.00	—	0.20	0.00
M-22*	方解石	Ⅳ				3.81	0.43	40.38*	0.72	5.25	—	0.00	—	—	0.00
M-54-2*	方解石	Ⅳ	6.7	129	5.92	3.69	0.40	15.18*	9.42	5.10	—	0.00	—	—	0.00
MPR-236	重晶石	Ⅳ	—	—	—	0.58	0.07	13.68	0.26	4.21	0.25	0.00	28.76	—	0.00
MPR-286	方解石		—	—	—	0.20	0.13	—	—	0.08	1.10	0.00	0.00	0.00	0.00
MPR-248	方解石		—	—	—	0.64	0.27	—	—	0.43	0.31	0.00	6.18	0.00	0.00
MPR-213	重晶石		—	—	—	0.10	0.31	0.58	0.42	1.04	1.10	—	16.80	—	—

样号	矿物名称	H_2O	CO_2	CH_4	CO	C_2H_6	H_2S	N_2	Ar	Na^+/K^+	Cl^-/F^-	CO_2/H_2O	$CO_2/(CH_4+C_2H_6)$	CO_2/N_2	R
M-15*	黑褐闪锌矿	—	—	—	—	—	—	—	—	3.60	—	—	—	—	—
MPO-15-1*	白云石	53.72	42.80	0.26	0.47	1.56	0.04	0.74	0.40	4.44	136.58	0.80	23.50	57.73	0.06
M-15*	石英	97.27	2.21	0.28	—	0.03	0.00	0.20	0.01	5.02	—	0.06	17.83	17.14	0.11
MPR-82	方解石	83.89	10.32	0.58	0.73	1.72	0.02	2.19	0.56	3.53	156.33	0.12	4.49	4.72	0.44
MP0-5-1*	方解石	82.38	13.04	0.42	0.79	1.14	0.03	1.92	0.28	4.53	36.55	0.16	0.36	6.79	0.27
M-54-2*	棕褐闪锌矿	—	—	—	—	—	—	—	—	2.38	—	—	—	—	—
M-22*	方解石	97.88	1.78	0.15	—	0.06	0.00	0.12	0.01	8.94	—	0.04	19.61	22.90	0.10
M-54-2*	方解石	93.23	6.62	0.04	—	0.04	0.00	0.07	0.00	9.25	—	0.17	152.62	147.04	0.013
MPR-236	重晶石	91.80	6.51	0.14	0.00	0.20	0.01	1.28	0.05	8.36	16.76	0.07	19.18	5.07	0.25
MPR-286	方解石	9223.84	513.38	20.58	62.62	51.08	2.54	112.08	13.88	1.54	13.94	0.06	7.16	4.58	0.36
MPR-248	方解石	8097.45	1615.41	28.86	0.00	131.94	7.77	91.14	27.43	2.33	0.72	0.20	10.05	17.72	0.16
MPR-213	重晶石	6449.94	3062.98	22.02	142.69	62.41	2.73	229.25	27.98	0.32	1.06	0.48	36.28	13.36	0.10

* 为第二批研究测试样品，测试单位为宜昌矿产资源研究所；R 为还原参数，其计算式为 $R=(XH_2+XN_2+XCH_4+XC_2H_6)/XCO_2$

注：液相成分单位为 10^{-6}，气相成分单位为 mol%

表 7-5　MVT 与毛坪富锗铅锌矿床流体成分对比表

矿床	矿物	盐度 /wt% $NaCl_{eq}$	温度 /℃	液相成分									气相成分							
				Na	K	Ca	Mg	Cl	Br	F	SO_4^{2-}	NO_3^-	H_2O	N_2	Ar*	CO	CO_2	CH_4	C_2H_6	H_2S
MVT[1]			107	76257	17686	774.343		5614690	13.029	0.042	187									
MVT*[2]	闪锌矿	19.3	112	60000	<1040	23000	2110	117000												
MVT*[3]	石英	23.7	114	74000	1400			140000												
MVT*[3]	石英	19.7	110	67000	7200	14000	1400	120000												
毛坪	方解石			3.810	0.426	40.380*	0.723	5.250	—	—	—	—	97.880	0.122	0.011	—	1.779	0.147	0.055	0 001
毛坪	方解石	6.7	129	3.690	0.399	15.180*	9.420	5.100	—	—	—	—	93.230	0.071	0.000	—	6.618	0.037	0.044	0.0003
毛坪	石英	13.1	172	21.400	4.260	4.350*	0.180	31.200	—	—	—	—	97.270	0.202	0.008	—	2.208	0.277	0.034	0.001
毛坪	黑色闪锌矿	9.8	184	5.725	1.590	35.747	1.297	1.603	—	3.334	—	0.153	—	—	—	—	—	—	—	—
毛坪	棕褐色闪锌矿	17.2	144	13.706	5.760	104.759	2.519	3.844	—	0.205	—	0.205	—	—	—	—	—	—	—	—
毛坪	方解石	—	—	0.203	0.132	—	—	1.101	—	0.079	0.000	—	92.238	1.121	0.139	0.626	5.134	0.206	0.511	0.025
毛坪	方解石	—	—	6.747	1.911	—	—	36.894	—	0.236	0.000	—	83.889	2.187	0.564	0.732	10.315	0.578	1.719	0.017
毛坪	白云石	—	—	18.021	4.061	—	—	71.840	—	0.526	2.114	—	53.723	0.741	0.400	0.472	42.801	0.259	1.562	0.042
毛坪	方解石	—	—	0.638	0.274	—	—	0.312	—	0.432	6.183	—	80.975	0.911	0.274	0.000	16.154	0.289	1.319	0.078
毛坪	方解石	—	—	6.713	1.481	—	—	36.259	—	0.992	0.000	—	82.377	1.921	0.284	0.786	13.038	0.423	1.137	0.033
毛坪	重晶石	—	—	0.585	0.070	13.677	0.257	4.208	—	0.251	28.758	—	91.804	1.285	0.047	0.000	6.511	0.142	0.198	0.014
毛坪	重晶石	—	—	0.099	0.314	0.576	0.419	1.098	—	1.040	16.793	—	64.499	2.293	0.280	1.427	30.630	0.220	0.624	0.027

资料来源：1. Kharaka 等（1987）；2. Wilkinson 等（2009）；3. Stoffell 等（2004）

* 测试方法为 LA-ICP-MS，毛坪矿床测试方法为 ICP-MS

注：“—”表示低于检测限；空白为未测试。液相成分单位为 10^{-6}，气相成分单位为 mol%

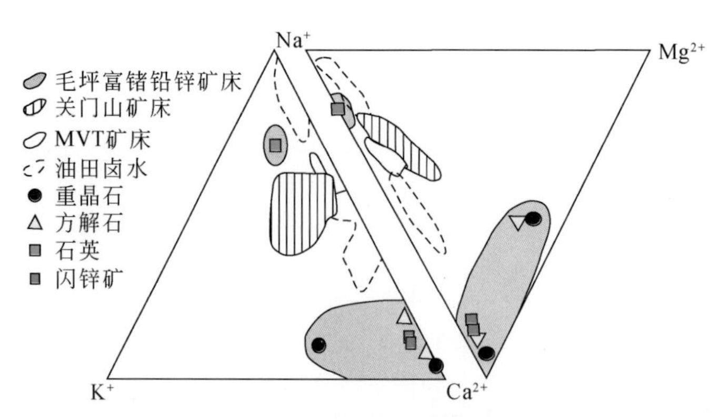

图 7-11　毛坪富锗铅锌矿床流体包裹体阳离子组分图（底图据芮宗瑶等，1991）

各主矿物中流体包裹体的液相成分含量变化规律为白云石>闪锌矿>石英>方解石>重晶石，闪锌矿的液相成分含量较大，重晶石中液相成分含量明显较前者低，反映了在成矿过程的早-中阶段，成矿流体成分含量变化不大，但在晚阶段则明显降低。

闪锌矿、方解石、重晶石、白云石及石英的 Na^+/K^+ 平均值分别为 2.99、5.02、16.32、4.44 和 5.02，明显低于 MVT 铅锌矿床的 Na^+/K^+（17），但高于岩浆热液（Na^+/K^+ 一般小于 1）；闪锌矿、方解石、重晶石及石英的 Ca^{2+}/Mg^{2+} 平均值分别为 34.57、28.73、27.30 和 24.17，明显高于 MVT 铅锌矿床的 Ca^{2+}/Mg^{2+} 值（一般为 4～8），说明成矿流体不同于 MVT 铅锌矿床的油田卤水（表 7-5）。

Cl^-/F^- 值较大，在 0.722～156.33，说明 Cl^- 是流体中阴离子的主要成分。从闪锌矿到方解石，Cl^-/F^- 值有逐渐增大的趋势，反映从成矿早阶段到晚阶段，F^- 含量有减小的趋势，F^- 富集是深源流体的指示剂，推断初始成矿流体可能有部分深源组分（韩润生等，2006）。

（四）成矿物理化学条件

根据流体包裹体地球化学、矿石学等特征及热力学原理，反演了成矿流体在加载迁移、卸载沉淀阶段的物理化学条件（表 7-6）。

表 7-6　毛坪富锗铅锌矿流体包裹体矿质迁移、卸载的物化条件

成矿期次			参数	均一温度/℃	盐度/$\%NaCl_{eq}$	压力/10^5Pa	成矿深度/m	pH	Eh/V
	阶段								
热液成矿期	流体迁移阶段		范围	260～350	—	>614	—	<5.7	—
	流体卸载阶段	Ⅰ-粗晶黄铁矿（少量深褐色闪锌矿）阶段	范围	168～351	4.4～18.0	49～614	183～2317	5.7～6.1	-0.017～0.076
			峰值	200～215，260～300	9～11	311	1174		
		Ⅱ-棕色闪锌矿-方铅矿-铁白云石阶段	范围	142.3～372	5.2～18.0	7～635	28～2398	5.74～6.0	0.017～0.09
			峰值	170～185	10～11.5	272	1026		

续表

<table>
<tr><th colspan="3">成矿期次</th><th rowspan="2">参数</th><th rowspan="2">均一温度/℃</th><th rowspan="2">盐度/%$NaCl_{eq}$</th><th rowspan="2">压力/10^5 Pa</th><th rowspan="2">成矿深度/m</th><th rowspan="2">pH</th><th rowspan="2">Eh/V</th></tr>
<tr><th></th><th colspan="2">阶段</th></tr>
<tr><td rowspan="4">热液成矿期</td><td rowspan="4">流体卸载阶段</td><td rowspan="2">Ⅲ-方铅矿-褐色-淡黄色闪锌矿-石英-方解石阶段</td><td>范围</td><td>103.9～173.4</td><td>0.8～19.2</td><td>6～637</td><td>23.4～2406</td><td>5.7～5.9</td><td>0.069～0.097</td></tr>
<tr><td>峰值</td><td>140～165</td><td>10～18</td><td>305</td><td>1153</td><td></td><td></td></tr>
<tr><td rowspan="2">Ⅳ-细晶黄铁矿-白云石-方解石阶段</td><td>范围</td><td>73.2～171.6</td><td>1.5～18.8</td><td>50～562</td><td>187～2124</td><td>5.7～6.4</td><td>0.063～0.094</td></tr>
<tr><td>峰值</td><td>100～125</td><td>5～11</td><td>363</td><td>1371</td><td></td><td></td></tr>
</table>

三、茂租富锗铅锌矿床

（一）流体包裹体岩相学与均一温度、盐度

测温的包裹体大小一般在5μm以上，该类包裹体以富液相气液两相包裹体为主、少量为富气相气液两相包裹体、纯液相包裹体。未见到含子矿物、含二氧化碳的多相包裹体。包裹体以原生包裹体为主，形态较为规则，充填度相似；其次为假次生包裹体，呈串珠状产出；次生包裹体较为少见。

根据Roedder（1984）和卢焕章（2004）对流体包裹体在室温下相态的分类标准，流体包裹体分为四类。

（1）纯液相包裹体（L）：由单一液相组成，在显微镜下透明，包裹体的壁较为清晰，看不到气泡和子矿物，粒度一般在1～5μm，个别大于5μm，形态呈管状、负晶形、椭圆形或圆形、不规则状。该类包裹体较常见，多呈群分布、串珠状分布或孤立状分布，与纯气相和富液相气液两相包裹体共生。

（2）纯气相包裹体（V）：在显微镜下呈黑色不透明，包裹体较小，大部分小于2μm，常密集呈群或串珠状分布，与液相和富液相气液两相包裹体共生。

（3）富液相气液两相（L+V）包裹体：是本章主要研究对象，也是分布最多的一类包裹体。由液相（L）和气相（V）组成，以液相为主，气液比［$V_{气}$/（$V_{气}+V_{液}$）］一般小于40%。包裹体大小主要为4～15μm，呈椭圆形或圆形、管状、负晶形及不规则状呈群或串珠状分布，较大者呈孤立状分布。加热时随着温度升高，气泡消失，均一到液相。

（4）富气相气液两相（G+L）包裹体：由液相（L）和气相（G）组成，以气相为主，气液比［$V_{气}$/（$V_{气}+V_{液}$）］一般大于50%。比较少见，主要呈孤立状分布，与纯气相包裹体和富液相气液两相包裹体共生。加热时随着温度升高，气泡消失，均一到气相。

由表7-7可以看出，石英、方解石、萤石包流体裹体均一温度在192～275℃，盐度在2.1%～6.9%$NaCl_{eq}$。硅化-黄铁矿阶段成矿流体的均一温度为215℃左右，盐度为4.1 %$NaCl_{eq}$左右；随着成矿流体演化和铅锌硫化物的形成，在硫化物-方解石阶段，流体均一温度（235℃）和盐度（5.9%$NaCl_{eq}$）较高。随着流体演化，流体温度降至215℃、盐度降至3.1%$NaCl_{eq}$左右（图7-12）。

表 7-7　茂租铅锌矿床包裹体测温数据

序号	样号	寄主矿物	包裹体类型	大小/μm	V/L/%	冰点温度/℃	盐度/%NaCl$_{eq}$		均一温度/℃	
							范围	均值	范围	均值
1	1400-1	方解石	V+L	6×5～20×10	20～50	-4.3～-3.2	5.3～6.9	6.1	213～275	242.7
2	1400-2	方解石	V+L	5×3～18×4	10～40	-3.9～-3	5.0～6.3	5.6	203～262	229
3	MZ-18	石英	V+L	4×3～10×4	10～20	-3.2～-1.9	3.2～5.3	4.1	201～238	216.3
4	MZ-26	萤石	V+L	4×4～12×6	15～30	-1.9～-1.2	2.1～3.2	2.7	201～227	212
5	MZ-28	萤石	V+L	5×4～10×5	20～30	-2.8～-1.5	2.6～4.6	3.3	195～223	212
6	1400-5-1	萤石	V+L	4×3～10×5	15～20	-2.7～-1.5	2.6～4.5	3.6	192～233	205
7	洪-1	萤石	V+L	3×2～10×5	15～20	-2.3～-1.2	2.1～3.9	3	192～224	207.8

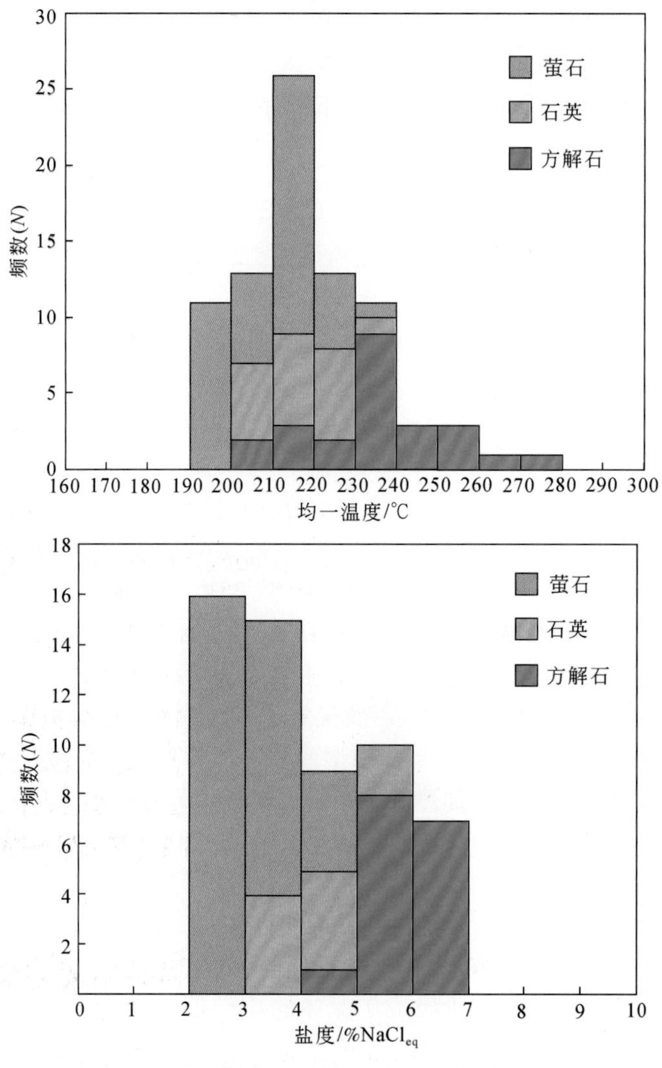

图 7-12　流体包裹体均一温度、盐度直方图

将均一温度和盐度投到 NaCl-H_2O 体系流体包裹体均一温度-盐度-密度相图上，可以看出流体包裹体密度分布于 0.70 ~ 0.85g/cm^3，主要峰值为 0.75g/cm^3，为中低密度流体（图 7-13）。

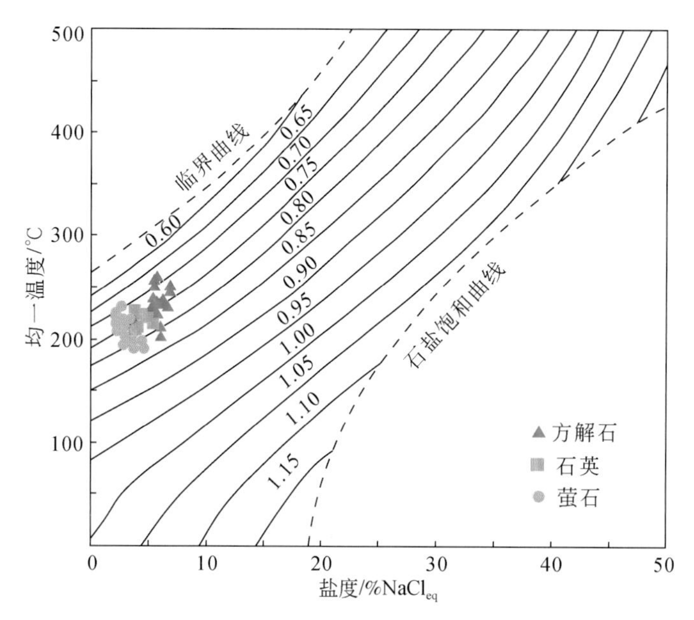

图 7-13　NaCl-H_2O 体系流体包裹体均一温度-盐度-密度相图（底图据 Bodnar，1983）

图中数字为密度，g/cm^3

（二）包裹体成分

方解石、石英和萤石包裹体中存在峰值为 2917cm^{-1}左右对称的振动拉曼位移，表明其中含有 CH_4成分，而且其拉曼特征峰值较高（图 7-14a）。由于形成含 CH_4的流体包裹体的内压不高，推断其形成深度不会太深，可能存在来自盆地卤水的有机质。该矿床赋存于生烃盆地的周边地区，普遍看到染手的黑色有机质，而流体包裹体中发现 CH_4，说明有机质参与了矿床成矿作用过程。

样品 1400-1 为方解石，采自 1400 中段矿体边缘的断裂带内，是硫化物-方解石阶段的热液方解石，测试发现其中富气相气液两相包裹体的气相成分含 CO_2（峰值 1284cm^{-1}和 1387cm^{-1}）和 H_2O（峰值 3425cm^{-1}）（图 7-14b）。CO_2为氧化性气体，指示所处的环境为弱氧化环境。而且，流体中 CO_2含量较岩浆热液矿床低得多，推断成矿流体属于非岩浆水来源。

四、滇东北矿集区典型矿床流体包裹体地球化学特征

综合会泽、毛坪、茂租等富锗铅锌矿流体包裹体地球化学特征，可得到如下主要结论。

（1）闪锌矿中发育大量流体包裹体，按其相态可分为纯气相（V）、富液相气液两相（L+V）、富气相气液两相（L+V）、纯液相（L）、含子矿物多相（$S+L_{H_2O}+V_{H_2O}$）、含 CO_2三

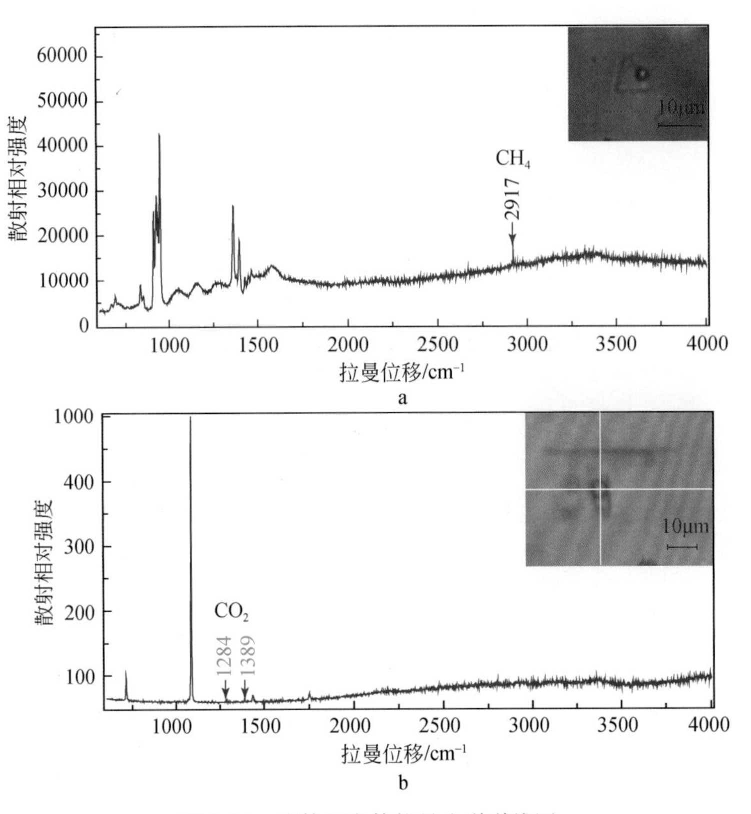

图 7-14　流体包裹体拉曼光谱谱线图

相（$L_{CO_2}+L_{H_2O}+V_{CO_2}$）包裹体。

（2）成矿温度、盐度的垂向变化：毛坪、会泽富锗铅锌矿闪锌矿和白云石的流体包裹体显微测温结果反映，从浅部到深部，呈现均一温度增高、成矿早阶段气相、CO_2三相包裹体增多及盐度降低等特征，与典型的 MVT 铅锌矿床在包裹体类型（纯液相、气液两相）、均一温度（75～150℃）、盐度（15%～35%$NaCl_{eq}$）等方面存在明显差异。

（3）流体温度、盐度演化过程：闪锌矿流体包裹体特征反映成矿早-主成矿阶段，而方解石包裹体主要反映流体演化的中-晚阶段，整个成矿过程中流体演化过程为中高温-中低盐度→中温-中低盐度→低温-低盐度，结合矿床所处的构造背景、赋矿围岩、控矿构造、围岩蚀变、矿体等特征，显然与典型的 MVT 矿床不是相同的成矿系统。

（4）结合均一温度和盐度特征，将流体包裹体分为四组：中低温-中高盐度、中低温-中盐度、低温-低盐度和高温-低盐度（图 7-12），代表了中高温条件下不同盐度流体混合的产物。沸腾作用与两种不同温度、压力和组分的流体混合作用，使某些组分增加或减少造成流体不混溶分离，使原始均匀的流体分离成物理或化学性质不一致的两相或多相流体，即CO_2三相包裹体、气-液-固三相包裹体、纯气相包裹体与气液两相包裹体共存，指示了流体发生过不混溶作用。

（5）成矿流体主要液相成分为 Ca^{2+}、Na^{+}及 Mg^{2+}，气相成分除了 H_2O 以外，还有 CO_2、CH_4、C_2H_6等有机成分，其中脉石矿物的流体包裹体以 H_2O、CO_2为主，反映流体具弱氧化条件；液相阳离子成分主要为 Mg^{2+}、Ca^{2+}、Na^{+}、K^{+}，且 $Ca^{2+}>Na^{+}>K^{+}>Mg^{2+}$，富 Ca^{2+}、

Mg^{2+}、Na^{+}，贫 K^{+}；阴离子为 F^{-}、Cl^{-}、SO_4^{2-}、NO_3^{-}，且 $Cl^{-}>SO_4^{2-}\gg F^{-}$，富 Cl^{-}贫 F^{-}。成矿流体性质属 Ca^{2+}-Na^{+}-K^{+}-Cl^{-}-SO_4^{2-}型。

（6）流体包裹体地球化学特征指示成矿流体演化过程，反演了成矿流体在加载迁移、卸载沉淀阶段的物理化学条件。

第二节 同位素地球化学

一、会泽超大型富锗铅锌矿床

前人研究已积累了大量有关会泽超大型富锗铅锌矿床的同位素地球化学资料，但多集中在麒麟厂矿床，矿山厂矿床较少，且无深部样品。因此，本次重点选择矿山厂 1752 中段 15 号采场作为典型剖面，样品采集位置如图 7-15 所示，进行同位素组成分析，以补充成矿流体研究的同位素地球化学证据，进而系统地探讨成矿物质和成矿流体来源及流体演化过程。

（一）硫同位素组成

通过资料收集和测试分析，得到 161 件样品的数据，时空分布合理，具有代表性，分析数据见表 7-8。

通过对表 7-8 中数据分析后发现，测试数据与前人结果基本一致，会泽富锗铅锌矿硫同位素组成特征如下（图 7-16，图 7-17）。

（1）矿石富集重硫，无论是矿山厂矿床还是麒麟厂矿床，方铅矿、闪锌矿、黄铁矿的 $\delta^{34}S$ 均集中于 12‰～17‰，明显不同于 $\delta^{34}S$ 值在 0 附近的深源，与摆佐组中石膏和重晶石等硫酸盐的 $\delta^{34}S$ 值（15‰）相近，也与石炭纪海相硫酸盐的 $\delta^{34}S$ 值一致（Holser et al.，1996），反映成矿流体中的硫来源于地层中海相硫酸盐的还原作用。与世界范围内众多硫化物富集重硫的铅锌矿床 S 主要来自海相硫酸盐的还原一致（Dejonghe et al.，1989；Ghazban et al.，1990；Hu et al.，1995；Dixon and Davidson，1996）。

据 Ohmoto（1986），细菌还原模式（BSR）和热化学还原模式（TSR）是硫酸盐还原的 2 种主要机制。本章第一节中流体包裹体研究表明，会泽矿床的成矿温度主要集中在 150～250℃，超过了细菌可以存活的温度（Machel，1989；Jorgenson et al.，1992）。同时，硫酸盐的 $\delta^{34}S$ 值往往比以 BSR 方式还原的 $\delta^{34}S$ 值高 40‰（Ohmoto，1979，1986）。当温度高于 175℃时，TSR 方式可以快速产生大量还原硫（Ohmoto et al.，1990），且还原硫与硫酸盐之间的同位素分馏很小甚至没有（Hoefs，1997）。因此，会泽富锗铅锌矿的还原硫应主要来自海相硫酸盐的 TSR 还原作用，盆地卤水在地层中不断循环并萃取地层中被还原的海相硫酸盐，形成富含 H_2S 的地层卤水。

（2）矿山厂矿床方铅矿在 6‰～10‰时出现另一峰值，是因为成矿流体结晶为硫化物时，硫同位素分馏受交换动力学参数的影响，^{32}S 的交换速率大于 ^{34}S，所以早期晶出的硫化物矿物富 ^{32}S，成矿作用的持续进行使成矿流体中 ^{34}S 浓度相对升高，较晚析出的硫化物矿物 $\delta^{34}S$ 值不断升高，即硫同位素组成会出现空间变化（张理刚，1985；陈好寿，1994），图 7-17 清晰地反映了这一趋势：随海拔降低，3 种矿物明显更富重硫，因此海拔高的方铅矿中 $\delta^{34}S$‰值较低。

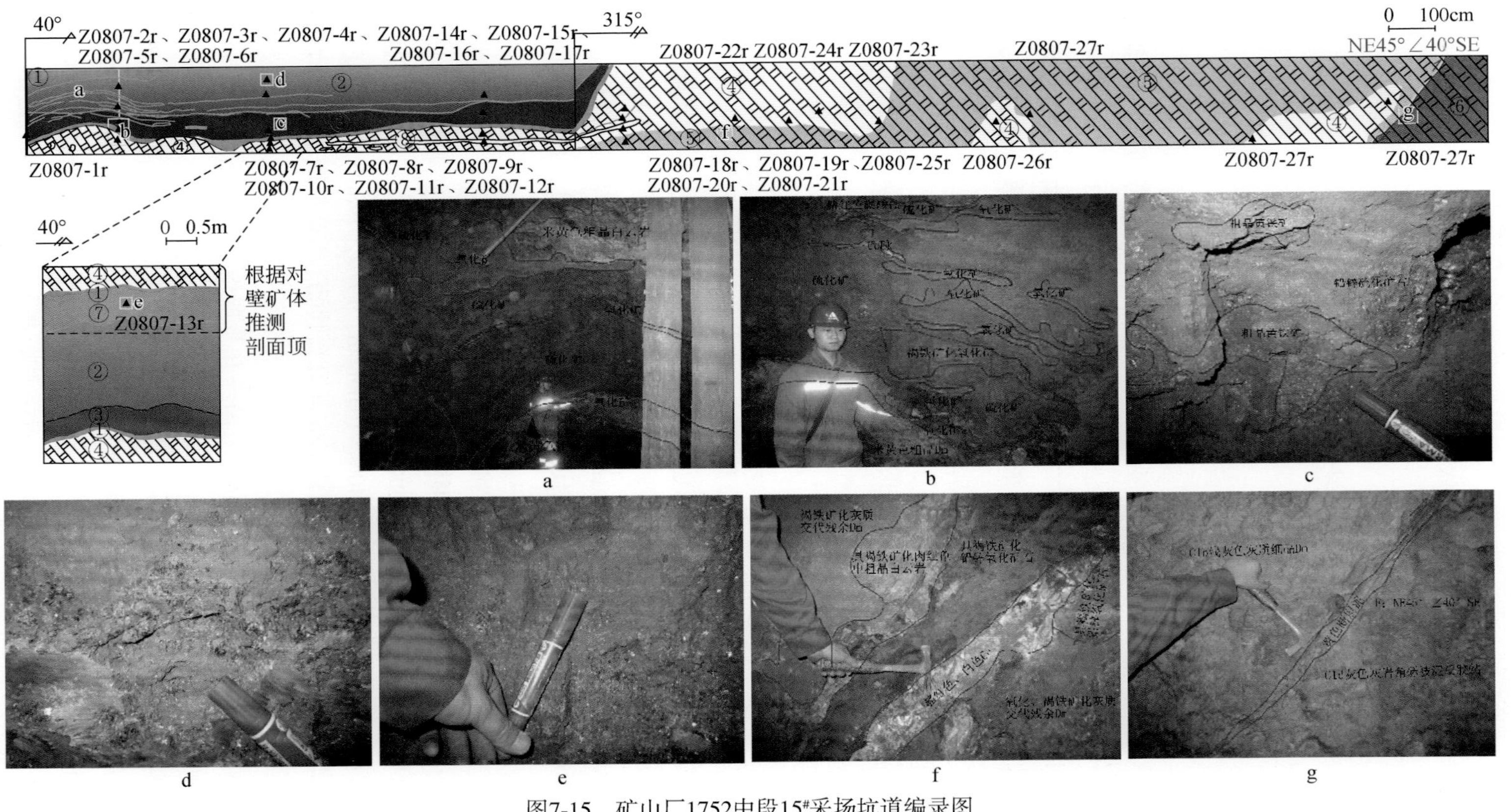

图7-15　矿山厂1752中段15#采场坑道编录图

①铅锌氧化矿石；②以第Ⅰ阶段粗晶黄铁矿矿石为主，含少量深褐色闪锌矿；③以第Ⅱ阶段棕色闪锌矿矿石为主，含少量方铅矿；④米黄色粗晶白云岩，发育脉状、团斑状方解石；⑤浅灰-灰白色中晶灰质白云岩；⑥灰-深灰色细晶灰岩；⑦第Ⅲ阶段矿石，玫瑰色闪锌矿+方铅矿；⑧方解石。

a.迎头0~5m矿体，灰黑色铅锌硫化矿体两侧分别为黄褐色-红褐色铅锌氧化矿体，外侧为米黄色粗晶白云岩，硫化矿体中夹多条脉状氧化矿；b.4m处矿体，节理裂隙较发育，氧化矿体与硫化矿体大致呈互层状产出，该壁顶部为赭红色碳酸盐岩，为热液晚期产物；c.8m处硫化矿体底部，矿体主要矿物为粗晶黄铁矿，偶见深色闪锌矿；d.8m处左壁硫化矿体顶部，矿体主要矿物为黄褐色-棕色闪锌矿，次为方铅矿，闪锌矿呈团斑状、脉状分布，铅灰色星点状方铅矿与其紧密共生；e.8m处右壁硫化矿体，根据矿体产状推测为矿体顶板部分，矿体主要矿物为铅灰色方铅矿，次为黄褐色闪锌矿，方铅矿呈团斑状、脉状分布，闪锌矿呈脉状、斑点状分布；f.19.5m处氧化矿体与围岩形态；g.46m处层间断裂，裂面呈舒缓波状，裂带宽1~10cm，带内充填黄褐色断层泥，具片理化，为C_1b/C_1d界线，上盘为C_1b浅灰-灰白色灰质细晶白云岩，下盘为C_1d灰-深灰色角砾泥质胶结灰岩，具透镜体化，为一左行压扭性断裂，产状为NE45°∠40°SE

表 7-8　会泽富锗铅锌矿硫同位素组成

序号	样号	位置与特征			$\delta^{34}S$/‰			资料来源
		具体位置或主要持征	中段或矿体	矿床	Py	Sp	Gn	
1	I-15	308 穿-309 穿，散点状，红色	2380 中段	矿山厂矿床		8.6		廖文（1984）
2	I-17	201 穿，扁豆状，细晶					5.1	
3	I-31	201 穿，I号矿体，团块状，色暗					5.9	
4	I-32	208 穿，小矿囊，色亮					5.1	
5	I-33	210 穿-211 穿，旧硐，色亮					4.8	
6	I-18	401 穿，小矿体底部	2353 中段				6.4	
7	I-19	402 穿，沿层小矿体					6.5	
8	I-20	402 穿，采空区，厚层状					5.3	
9	I-22	404 穿，氧化矿中残留方铅矿					6.3	
10	I-27	409 穿，主矿体下部				8.8		
11	I-24	409 穿，Gn 散点状，Sp 红色及棕色				6.9	5.3	
12	I-25	409 穿，似层状矿体，色暗					5.7	
13	I-26	401 穿，小矿体上部，色亮					5.2	
14	I-29	307 穿，小扁豆体，色暗	2323 中段				7.3	
15	I-30	510 穿，I号矿体下盘小矿体，色亮					7.9	
16	I-28	549 穿，氧化矿中残留方铅矿					7.2	
17	C-3	500-2 穿，粗晶方铅矿	2293 中段				7.2	
18	C-4	613 穿，细-中晶方铅矿					8.7	
19	C-2	6-1 孔，粗晶方铅矿					8.9	
20	C-1	7-1 孔，细-中粒	2263 中段				7.5	
21	会 3	14-9 孔	I 号矿体		13.3	13		柳贺昌和林文达（1999）
22	会 17-16	16-7 孔			14	13.2		张学诚（1989）
23	HZ-911-9						11.1	李文博等（2006）
24	HZ-911-17						11.5	
25	H1-17					13.2②		
26	H1-11					14.1②	10.9	
27	H1-12	Sp 深色				14.1	11.6	
28	H1-10					15.2③		
29	H1-22-1	深色				15.4		
30	H1-6					15.7③		
31	H1-23	深色				16		
32	MQ-911				11.80	13.0		韩润生等（2006）
33	MQ-918Q					13.3		
34	MQ-915S					13.2		
35	MQ-910					13.4②		
36	MQ-909Q					13.9		
37	MQ-918						11.6②	
38	MQ-909						13.6②	
39	MQ-1053				3.2			

续表

序号	样号	位置与特征			$\delta^{34}S$/‰			资料来源
		具体位置或主要持征	中段或矿体	矿床	Py	Sp	Gn	
40	I-32		1931中段（9号坑），Ⅲ号矿体	麒麟厂矿床		13.7		廖文（1984）
41	C-5	916穿				14.3		
42	C-6	916穿，细粒			15.2		10.8	
43	C-7	916穿					13.2	
44	38-3	38分层采场	1884中段Ⅲ号矿体				13.2	陈晓钟等（1996）
45	I-36	4号样，Py黄绿，Sp、Gn色亮	1870中段Ⅲ号矿体8-1孔		13.3	11.2	9	廖文（1984）
46	I-37	9号样，Py、Sp、Gn粗晶、色暗			14.5	10.8	8.5	
47	I-38	15号样，Gn细晶，色稍暗			13.8	12.6	10.6	
48	I-35	8-2孔，9号样，Py细晶，黄绿色；Sp细晶，色亮，Gn色亮	1810中段Ⅲ号矿体		12.8	11.8	9	
49	I-39	7-1矿块，Sp暗棕色，Gn色亮				13.2	9.6	
50	I-40	7-2块，Py细晶，色浅；Sp暗棕色			12.1	12.5		
51	13-24-1	24+1采场	1691中段Ⅲ号矿体				12.4	陈晓钟等（1996）
52	13-55	55采场					11.5	
53	13-61	61采场				11.9	12.1	
54	6-10	6分层采场	1648中段Ⅲ号矿体			13.9②	12	
55	14-1-11	1-11采场	1631中段Ⅲ号矿体			13.9②	11.8	
56	14-1-12	1-12采场					12.8	
57	14-2-8	38穿，Ⅵ矿体中部				15.1		
58	14-2-11	2-11采场					12.5	
59	14-3-3	3-3采场			14.5	13.9⑤	11.9	
60	14-3-4					11.4		
61	1631-7-1					14.2		韩润生等（2006）
62	1631-7-2					14.3		
63	1631-7-3					14		
64	HQ-84						12	
65	HQ-99-1				10.6			
66	23-4	23穿	1571中段Ⅵ号矿体		15.1	13.4②	11	陈晓钟等（1996）
67	44-5	44穿			15.1	13.5②	10.6	
68	1571-8				15.8			韩润生等（2006）
69	1571-11					11.8		
70	HQ-503X				15.5			
71	HQ-473C				5.7			

续表

序号	样号	位置与特征			$\delta^{34}S$/‰			资料来源
		具体位置或主要特征	中段或矿体	矿床	Py	Sp	Gn	
72	HZQ21				15.8		12.6	
73	HZQ38				15.1	14.1	11.6	
74	HZQ53	Ⅵ号矿体	1571 中段			14.7		李文博等（2006）
75	HZQ69					15.9	13.0	
76	HZQ81				16.7	17.2	14.1	
77	HQ485				15.2②			
78	HQ486				14.9			
79	HQ487				15.8	15.8		
80	HQ488				16.2	16		
81	HQ489				16.4			
82	HQ490				15.3②			
83	HQ491					15.1②	14.8	
84	HQ492				16			
85	HQ493	Ⅷ号矿体	1571 中段	麒麟厂矿床	15.0②	13.5		
86	HQ494					13.5		
87	HQ495				15.7②	13.0②	10.9	李文博等（2006），韩润生等（2006）
88	HQ496				16.7	13.6		
89	HQ498				13.4			
90	15 号					14.8		
91	8-1					15.5		
92	8-2					15.8		
93	H10-18				15.7			
94	H10-22					13.6	13.5	
95	H10-20	Ⅹ号矿体	1571 中段		16.5	14.1④		
96	H10-19					15.2②		
97	H10-3				17.4	15.3	14.4	
98	HZP4-03	米黄色闪锌矿				13.6		
99	HZP9-02	米黄色闪锌矿				12.3		
100	HZP6-12	米黄色闪锌矿				13.5		
101	HZP6-21	深色闪锌矿				13.5		
102	HZP7-08	棕色闪锌矿				12.2		付绍洪（2004）
103	HZP9-02	棕色闪锌矿				11.8	10.4	
104	HZP6-21	棕色闪锌矿				13.6		
105	HZP6-14	棕色闪锌矿				14.8		

续表

序号	样号	位置与特征			δ³⁴S/‰			资料来源
		具体位置或主要持征	中段或矿体	矿床	Py	Sp	Gn	
106	HZP10-05	棕色闪锌矿				13. 2		付绍洪（2004）
107	HZP5-11	棕色闪锌矿			16. 4	14. 2		
108	HZP4-03	黑色闪锌矿				14. 2	9. 83	
109	HZP5-03	黑色闪锌矿				15. 0		
110	HZP6-12	黑色闪锌矿			15. 2	14. 8		
111	HZP7-08	黑色闪锌矿				12. 7		
112	HZP9-04	黑色闪锌矿			15. 1	12. 2		
113	HZP9-05	黑色闪锌矿				14. 0		
114	HZP9-06	黑色闪锌矿				13. 6	8. 8	
115	HZP9-07	黑色闪锌矿				13. 5	9. 3	
116	HZP9-08	黑色闪锌矿				13. 0	9. 8	
117	HZP9-09	黑色闪锌矿				12. 9	10. 2	
118	HZP6-14	黑色闪锌矿				13. 7		
119	HZP10-05	黑色闪锌矿				12. 8	10. 5	
120	HZP10-07	黑色闪锌矿				12. 4	9. 8	
121	HZJ-03	黄铁矿			13. 4			
122	HZP4-06	黄铁矿			15. 8			
123	HZP6-06	黄铁矿			14. 9			
124	HZP6-08	黄铁矿	Ⅷ号矿体		14. 6			
125	HZP6-17	黄铁矿			14. 6			
126	H10-23	黄铁矿		麒麟厂	5. 2			李文博等（2006）
127	HQ480	黄铁矿			6. 8			
128	HQ481	黄铁矿			10. 6			
129	HQ483	黄铁矿			4. 2			
130	HQ484	黄铁矿			8. 1			
131	HQ503	黄铁矿			5. 3			

续表

序号	样号	位置与特征			$\delta^{34}S$/‰			资料来源
		具体位置或主要特征	中段或矿体	矿床	Py	Sp	Gn	
132	C_2w		Ⅵ号矿体	麒麟厂	15.8			本书
133	麒麟厂-1	石膏	Ⅵ号矿体	麒麟厂	14.0			
134		重晶石		麒麟厂	17.6			
135	Z0807-1r	闪锌矿、方铅矿、黄铁矿矿石	1752中段	矿山厂		13.5	10.4	Zhang 等（2017）
136	Z0807-4r					13.1	10.1	
137	Z0807-5r					12.8	10.0	
138	Z0807-6r					13.1	11.8	
139	Z0807-10r				13.2	13.5	9.5	
140	Z0807-11r					13.6	9.6	
141	Z0807-12r					13.8	9.0	
142	Z0807-13r					14.0	8.0	
143	Z0807-17r					13.1		
144	WL08-1	闪锌矿、方铅矿、黄铁矿	3号矿体	麒麟厂		13.5	10.6	王磊等（2016）
145	WL08-2					13.1	10.1	
146	WL08-3					12.8	10	
147	WL08-4					13.1	11.8	
148	WL08-5				13.3	13.5	9.5	
149	WL08-6					13.6	9.6	
150	WL08-7					13.8	9.1	
151	WL08-9					14.0	8	
152	JS-11-1	外围断裂带重晶石		麒麟厂	18.8			
153	JS-11-2				18.9			
154	JS-11-3				19.6			
155	JS-12-1				18.1			
156	JS-12-3				19.0			
157	JS-13-1				19.7			
158	JS-40-3	外围栖霞-茅口组重晶石		矿山厂	24.3			
159	JS-40-5				21.9			
160	JS-40-1				23.2			
161	JS-40-2				20.5			

注：样品测试单位为澳实同位素实验室；上标圈码表示 n 个样品的平均值

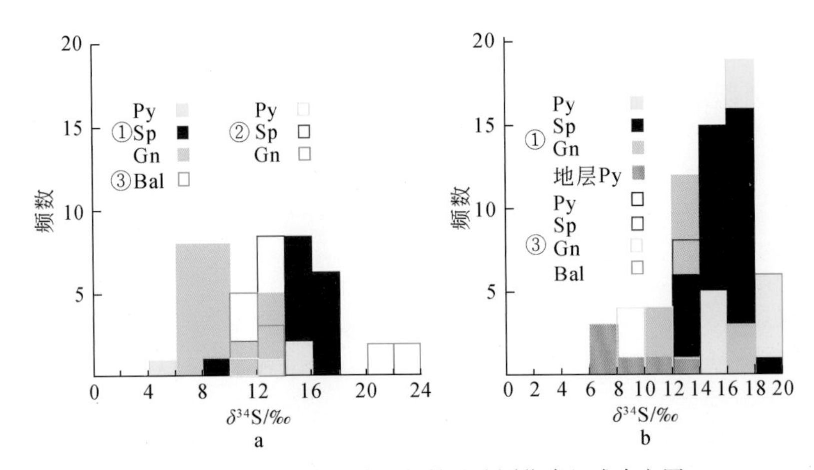

图 7-16　会泽超大型富锗铅锌矿硫同位素组成直方图

资料来源：①前人数据（详见表 7-8）；②张艳等（2017）；③王磊等（2016）。a. 矿山厂；b. 麒麟厂

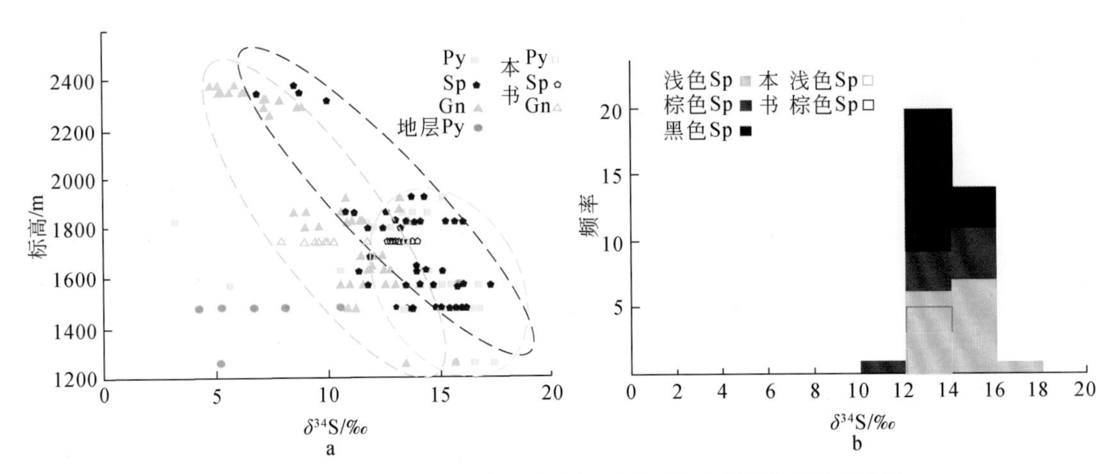

图 7-17　硫同位素组成的高程效应与不同闪锌矿硫同位素组成图解

a. 不同标高硫同位素组成分布；b. 不同颜色闪锌矿硫同位素组成

（3）不同颜色闪锌矿之间 $\delta^{34}S$ 值相差不很大，大致呈现 $\delta^{34}S_{浅色Sp}>\delta^{34}S_{棕色Sp}>\delta^{34}S_{黑色Sp}$ 的规律。

（4）除 1 件闪锌矿外（$\delta^{34}S$：23.49‰），120 件硫化物的 $\delta^{34}S$ 为 8.0‰～17.7‰（图 7-16）。这 120 件硫化物中，26 件黄铁矿的 $\delta^{34}S$ 为 10.63‰～17.42‰，平均值为 15.27‰，极差为 6.79‰；61 件闪锌矿的 $\delta^{34}S$ 为 11.70‰～17.68‰，平均值为 14.20‰，极差为 5.98‰；33 件方铅矿的 $\delta^{34}S$ 为 8.0‰～15.94‰，平均值为 11.77‰，极差为 7.94‰。总体上 $\delta^{34}S_{黄铁矿}>\delta^{34}S_{闪锌矿}>\delta^{34}S_{方铅矿}$（表 7-9），对同一件样品，硫同位素组成也呈现出如此分布规律，如样品 MQ-911、HZQ-38、HZQ-81、HQ-488、HQ-493、WL08-1、WL08-2 等。根据热力学平衡分馏原理，表明成矿流体中硫同位素分馏基本达到平衡（Ohmoto，1986）。11 件地层硫酸盐矿物样品的 $\delta^{34}S$ 变化在 17.95‰～24.30‰，平均值为 20.14‰，极差为 6.35‰。

表 7-9　会泽富锗铅锌矿硫化物硫同位素组成统计表

矿物	硫同位素组成/‰		
	范围	平均	样品数
方铅矿	8.8 ~ 14.5	11.8	86
闪锌矿	11.8 ~ 17.7	14.2	69
黄铁矿	3.2 ~ 17.4	13.5	55

（5）碳酸盐岩地层中浸染状黄铁矿的 $\delta^{34}S$ 值明显低于矿石矿物的 $\delta^{34}S$，暗示地层中黄铁矿与矿石中硫具不同源。

（6）硫源具多源性：不同矿物的硫同位素组成反映了主要硫源具深源硫和地层硫的特点，指示成矿流体可能是深源流体与地层中盆地流体混合而成。不同世代黄铁矿 $\delta^{34}S$ 值差异明显，指示黄铁矿中的硫具深源硫和地层硫（图 7-16）。

（7）选择方铅矿–闪锌矿共生矿物对，采用 $1000\ln\alpha_{闪锌矿-方铅矿}=0.74\times10^6/T^2$（150 ~ 600℃），计算硫同位素热力学平衡温度为 157 ~ 370℃，与闪锌矿流体包裹体均一温度（150 ~ 350℃）大体一致。

（二）碳–氧同位素组成

（1）会泽富锗铅锌矿 C-O 同位素组成相对均一，在 $\delta^{13}C_{PDB}$-$\delta^{18}O_{SMOW}$ 图上（图 7-18a）集中于岩浆碳酸岩与海相碳酸盐岩之间的狭小范围内，更接近于海相碳酸盐岩。总体上，$\delta^{13}C_{方解石}<\delta^{13}C_{蚀变白云岩}<\delta^{13}C_{白云岩}<\delta^{13}C_{灰岩}$，$\delta^{18}O_{方解石}<\delta^{18}O_{蚀变白云石}<\delta^{18}O_{白云岩}<\delta^{18}O_{灰岩}$。中、晚泥盆世海相灰岩的 $\delta^{18}O$ 值主要分布于 20‰左右，$\delta^{13}C=0$‰左右。会泽矿区正常灰岩的 $\delta^{18}O$、$\delta^{13}C$ 值大致与此相对应，随白云石化的增强有所下降。方解石 $\delta^{18}O$、$\delta^{13}C$ 同位素组成则有所不同，矿体和构造带中的方解石 $\delta^{18}O$、$\delta^{13}C$ 值明显低于碳酸盐岩（围岩）（表 7-10）。

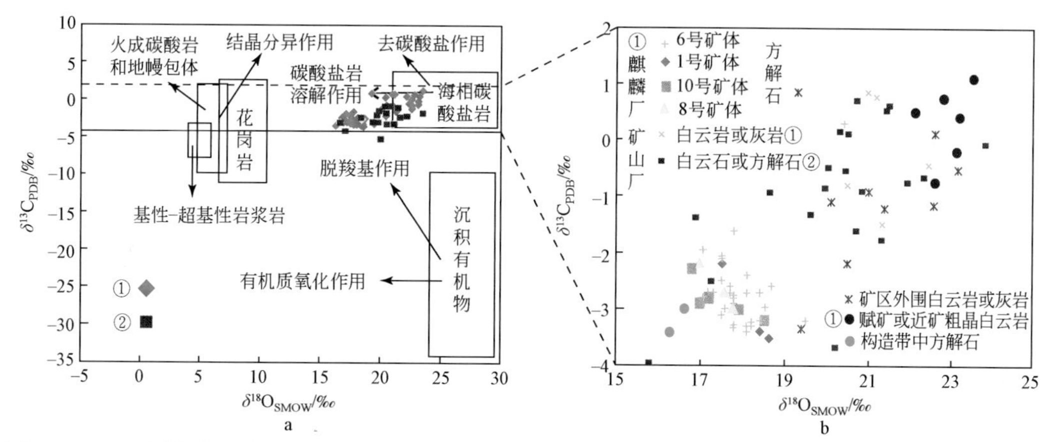

图 7-18　C-O 同位素组成图（底图据何明勤等，2004）(a) 与不同矿体和围岩 C-O 同位素组成图 (b)

资料来源见表 7-10

（2）不同矿体、不同产状脉石矿物方解石具有相似的 C-O 同位素组成，$\delta^{13}C_{PDB}$ 变化于 −1.9‰ ~ −3.5‰，$\delta^{18}O_{SMOW}$ 变化于 16.8‰ ~ 18.7‰，显示成矿流体具有较赋矿围岩低得多的 $\delta^{13}C$。

表 7-10 会泽富锗铅锌矿碳-氧同位素组成

序号	样号	矿物/岩石	$\delta^{13}C_{PDB}$ /‰	$\delta^{18}O_{SMOW}$ /‰	采样位置	资料来源
1	HQO-99-1	方解石	-1.94	17.09	麒麟厂 6 号矿体 1631 中段	韩润生等（2006）
2	HQO-109-4	方解石	-3.27	17.79		
3	1631-38	方解石	-2.97	18.56		
4	HQ-84	方解石	-3.23	18.21	麒麟厂 6 号矿体 1571 中段	
5	HQ-109-4	方解石	-3.31	17.79		
6	1571-2	方解石	-3.3	18.21		
7	Hui-2-3	方解石	-2.75	17.8	麒麟厂 6 号矿体 1751 中段	柳贺昌和林文达（1999）
8	38-3	方解石	-2.8	17.1	麒麟厂 6 号矿体 1884 中段	
9	Hui-6-10	方解石	-2.9	17.8	麒麟厂 6 号矿体 1648 中段	
10	13-61	方解石	-2.7	18.1	麒麟厂 6 号矿体 1691 中段	
11	Hui-1-1	方解石	-3.2	18.43	麒麟厂 6 号矿体 1836 中段	
12	14-2-8	方解石	-2.6	18.7	麒麟厂 6 号矿体 1631 中段	
13	14-3-6	方解石	-2.7	18.4		
14	Hui-5-1	方解石	-2.4	18.1		
15	Hui-4-23	方解石	-3.1	17.5	麒麟厂 6 号矿体 1571 中段	
16	23-4R	方解石	-3	17.6		
17	会-8	重晶石		8.29		
18	HQC-25	重晶石化碎裂岩	0.3	20.4	麒麟厂 6 号矿体 1631 中段	韩润生等（2006）
19	HQC-98	矿化白云质碎粒岩	-3.2	19.5		
20	HQC-92	矿化白云质碎粒岩	-1.6	17.8		
21	41707	蚀变白云岩	-0.8	20.5	矿山厂 2233 中段	周朝宪（1998）
22	Hui-1-2	近矿白云岩	0.77	21.16		陈士杰（1986）
23	HE-16	生物灰岩	-0.44	22.45		
24	HE-18	生物灰岩	-1.5	21.33		
25	HE-17	中细晶白云岩	0.85	20.98		
26	SC-33	白云质灰岩	-0.9	21	矿区外围孙家沟剖面	韩润生等（2006）
27	SC-34	粗晶白云岩	-2.2	20.5		
28	SC-35	粗晶白云岩	-1.2	21.4		
29	HE11	细-中晶白云岩	0.85	19.32	矿区外围朱家丫口剖面	陈士杰（1986）
30	HE10	白云石化灰岩	-3.35	19.42		
31	HE12	白云石化灰岩	-1.1	20.09		
32	HE02	中细晶白云岩	0.09	22.6	矿区外围青超街剖面	
33	HE01	生物灰岩	-1.15	22.59		
34	HE03	白云石化灰岩	-0.53	23.14		

续表

序号	样号	矿物/岩石	$\delta^{13}C_{PDB}$ /‰	$\delta^{18}O_{SMOW}$ /‰	采样位置	资料来源
35	HZ911-3	斑状方解石	-2.2	17.5	1号矿体	李文博等（2006）
36	HZ911-10	团块状方解石	-3.4	18.4		
37	HZ911-15	团块状方解石	-3.5	18.6		
38	HZQ25	团块状方解石	-2.5	17.5	6号矿体	
39	HZQ40	斑状方解石	-2.6	17.7		
40	HZQ47	团块状方解石	-3.1	17.5		
41	HZQ55	脉状方解石	-2.7	17.7		
42	HZQ66	团块状方解石	-3.4	18.1		
43	HZQ70	斑状方解石	-3.3	18.1		
44	HZQ77	脉状方解石	-2.8	17.8		
45	HZQ85	斑状方解石	-2.7	17.3		
46	HZQ90	斑状方解石	-2.7	17.2		
47	HZQ96	团块状方解石	-2.1	17.5		
48	HQ10-7	团块状方解石	-2.9	17	10号矿体	
49	HQ10-12	团块状方解石	-3.2	18.5		
50	HQ10-18	团块状方解石	-2.3	16.8		
51	HQ10-25	团块状方解石	-3	17.9		
52	HQ10-5	团块状方解石	-2.8	17.2		
53	HQ8-115	团块状方解石	-2.2	17	8号矿体	
54	HQ18-143	团块状方解石	-2.7	17.6		
55	HQ8-98	脉状方解石	-3	17.8		
56	HZQ35	晶洞方解石	0.5	22.1	栖霞-茅口组碳酸盐岩（距矿500m）	
57	HZK33	晶洞方解石	1.1	23.5		
58	HZQ74	粗晶白云岩全岩	-0.8	22.6	10号矿体摆佐组赋矿围岩	
59	HZ2053-29	粗晶白云岩全岩	0.4	23.2	1号矿体摆佐组赋矿围岩（距矿1500m）	
60	HZS40	粗晶白云岩全岩	0.7	22.8	孙家沟剖面摆佐组（距矿1500m）	
61	HZX-3	粗晶白云岩全岩	-0.2	23.1	小黑箐摆佐组（距矿1000m）	
62	HZ911-4	构造带中方解石	-3	16.7	NE向构造带（距矿540m）	
63	HZQ28	构造带中方解石	-3.4	16.3	NE向构造带（距矿150m）	

续表

序号	样号	矿物/岩石	$\delta^{13}C_{PDB}$ /‰	$\delta^{18}O_{SMOW}$ /‰	采样位置	资料来源
64	Z0807-2r	白云石	-1. 310	19. 60	矿山厂 1752 中段 15 号采场	Zhang 等（2017）
65	Z0807-3r	白云石	-2. 52	17. 25		
66	Z0807-7r	白云石	0. 170	20. 3		
67	Z0807-8r	白云石	-0. 750	21. 9		
68	Z0807-15r	白云石	-0. 830	19. 95		
69	Z0807-18r	白云石	-4. 11	15. 80		
70	Z0807-21r	白云石	-0. 490	20. 0		
71	Z0807-22r	白云石	-0. 890	20. 8		
72	Z0807-23r	白云石	-0. 070	23. 8		
73	Z0807-24r	白云石	0. 130	20. 5		
74	Z0807-25r	白云石	0. 710	20. 7		
75	Z0807-26r	白云石	0. 640	21. 5		
76	Z0807-27r	白云石	-0. 530	20. 4		
77	Z0807-28r	白云石	0. 540	21. 4		
78	Z0807-29r	白云石	-0. 660	22. 3		
79	Z0807-14r	方解石	-1. 360	16. 90		
80	Z0807-19r	方解石	-0. 910	18. 65		
81	Z0807-25r	方解石	-1. 770	21. 3		
82	Z0807-26r	方解石	-3. 70	20. 2		
83	Z0807-27r	方解石	-1. 590	20. 7		
84	JS-11-1	重晶石	11. 55	-91. 3	麒麟厂	王磊（2016）
85	JS-11-2	重晶石	9. 85	-85. 5		
86	JS-11-3	重晶石	11. 75	-87. 8		
87	JS-12-1	重晶石	11. 76	-77. 4		
88	JS-12-3	重晶石	11. 66	-80. 5		
89	JS-13-1	重晶石	12. 36	-79. 8		
90	JS-40-3	重晶石	12. 39	-73. 7	矿山厂	
91	JS-40-5	重晶石	13. 69	-63. 9		
92	JS-41-1	重晶石	13. 35	-75. 1		
93	JS-42-2	重晶石	13. 35	-61. 7		

注：样品测试单位为澳实同位素实验室

（3）矿山厂矿区蚀变白云岩、生物灰岩和矿区外围地层碳酸盐岩及晶洞方解石具有相似的C-O同位素组成，大多数样品投影于海相碳酸盐岩区内，显示其C源于碳酸盐岩，且明显不同于脉石矿物方解石的C-O同位素组成，均为流体淋滤围岩的产物。

（4）NE向构造带中方解石的C-O同位素组成与脉石矿物方解石较接近，明显不同于上述围岩地层的C-O同位素组成。这是因为会泽富锗铅锌矿成矿流体运移的主要通道为NE向构造带（柳贺昌和林文达，1999；李朝阳等，2005；Viers，2007），所以该带中方解石C-O同位素组成最接近成矿流体。

（5）成矿流体起源或流经矿体下伏的富含有机质的地层，水岩反应使碳酸盐岩溶解并导致流体与地层中C-O同位素发生交换，使流体中的$\delta^{13}C$升高，围岩中的$\delta^{13}C$降低。

（三）氢-氧同位素组成

通过收集整理前人数据发现，会泽矿区H、O同位素均为方解石流体包裹体中的H同位素和矿物O同位素，计算后的流体$\delta^{18}O$可能由于同位素平衡温度的选取和矿物-水氧同位素是否平衡分馏等问题而无法真实地代表原始成矿流体的同位素组成，而且方解石为成矿晚阶段的产物，缺乏成矿早阶段的数据，无法清晰地反映成矿流体演化过程。在会泽矿区，不同成矿阶段闪锌矿特征明显，流体包裹体与矿物在后期不发生同位素交换，包裹体岩相学表明闪锌矿中包裹体以原生、假次生为主，少见次生包裹体，同时测试过程中已去除吸附水和所含的次生包裹体。因此，直接测试不同成矿阶段闪锌矿流体包裹体中的H、O同位素，不仅能代表成矿流体的原始同位素组成，也能示踪成矿流体在不同成矿阶段的演化过程。由于重晶石在会泽、茂租、金沙厂等矿床中广泛分布，为了完整地示踪成矿流体演化的全过程，同时测试了10件I_1阶段的重晶石样品。在会泽矿区外围，重晶石主要分布于矿山厂断裂带内和麒麟厂矿床朱家丫口1571中段，前者重晶石分布4条囊状、脉状、不规则状，呈白色团块状、片状、板状，主要分布于灰质、白云质碎屑胶结物中，并发育有网脉状方解石，后者重晶石主要呈白色团块状、放射状、脉状分布于浅肉红色中粗晶白云岩中。

（1）会泽富锗铅锌矿H-O同位素组成与S、C、O同位素组成特征相似，也相对较稳定，δD为-43.5‰～-66‰，平均-56.3‰；$\delta^{18}O_{H_2O}$为-2.05‰～+10.08‰，平均7.55‰。

（2）不同矿体、不同产状的方解石H-O同位素组成不具明显区别。$\delta^{18}O_{H_2O}$为采用同位素平衡分馏方程计算得到，计算时同位素平衡温度的确定对成矿流体$\delta^{18}O_{H_2O}$值至关重要。前人在计算时选择了200℃的平均温度，这样将会导致$\delta^{18}O_{H_2O}$在图中的分布范围过于集中（6‰～10‰）。另外，流体包裹体的测温本身存在局限性，只有大量数据的统计分析才能逐渐逼近真实情况。本章第一节收集了2018年以前会泽铅锌矿区所有的流体包裹体测温数据（韩润生等，2006，2016；李文博等，2006；张振亮，2006；张艳等，2017），分析后认为，从Ⅰ阶段→Ⅱ阶段→Ⅲ阶段→Ⅳ阶段，成矿流体温度变化为（190～205℃）→（170～190℃）→（145～170℃）→（130～150℃），方解石为Ⅲ、Ⅳ阶段的产物，用200℃作为平衡温度明显过高，已有研究表明计算得到的$\delta^{18}O_{H_2O}$值与平衡温度呈正相关关系（杨贵才和齐金忠，2007；杨贵才等，2008；郭远生和罗荣生，2008），因此真实的$\delta^{18}O_{H_2O}$值投图后应向大气降水一侧偏移，从而与Ⅲ阶段闪锌矿流体包裹体H-O同位素组成分布范围一致。

该特征反映成矿系统中主要存在两类流体：深源流体、大气降水。根据成矿地质条件及其与造山型矿床 H-O 同位素组成比较，推断成矿流体为深源流体与盆地卤水混合。

（3）9 件闪锌矿样品中，除 Z0807-10r 离散外，其余 8 件样品闪锌矿流体包裹体中 H、O 同位素分布范围较集中，因此所获得的测试结果可以代表不同成矿阶段成矿流体的原始同位素组成。从Ⅰ阶段→Ⅱ阶段→Ⅲ阶段，H 同位素组成的变化较小，不同阶段样品在图7-19的分布范围略向上收缩；O 同位素组成的变化则较明显，变化为（25.5‰～28.9‰）→（12.2‰～17.1‰）→（2.2‰～5.5‰），显示成矿流体从Ⅰ阶段以深源流体为主向Ⅲ阶段混入的大气降水逐渐增多的演化过程。

（4）6 件麒麟厂矿床重晶石样品矿物的 $\delta^{18}O_{重晶石}$ 为 12.6‰～15.5‰，平均为 14.4‰（表 7-11）。根据重晶石与水的氧同位素分馏方程 $1000\ln\alpha = 3.01\times10^6/T^2-7.30$，计算出的 $\delta^{18}O_{H_2O}$ 为 9.85‰～12.36‰，平均为 11.49‰；麒麟厂矿床重晶石流体包裹体水的 δD 为 −91.3‰～−79.8‰，平均为−83.1‰；4 件矿山厂矿床重晶石样品矿物的 $\delta^{18}O_{重晶石}$ 为 15.3‰～16.6‰，平均为 16.1‰；流体 $\delta^{18}O_{H_2O}$ 水为 12.39‰～13.69‰，平均为 13.20‰；矿山厂矿床重晶石流体包裹体水的 δD 为−75.1‰～−61.7‰，平均为−65.7‰。总体来说，矿山厂矿床重晶石包裹体水明显比麒麟厂矿床富集重氢。投图后 $Ⅰ_1$ 阶段重晶石 H-O 同位素组成分布范围与 $Ⅰ_2$ 阶段闪锌矿 H-O 同位素组成分布范围基本一致。

表 7-11　会泽富锗铅锌矿 H-O 同位素组成

样号	采样位置	矿物	$\delta^{18}O_{H_2O}$/‰	δD/‰	数据来源
HZ911-10	1 号矿体	团块状方解石	8.6	−59.8	李文博等（2006）
HZ911-15	1 号矿体	团块状方解石	8.8	−52.4	
HZQ25	6 号矿体	团块状方解石	7.7	−50.2	
HZQ40	6 号矿体	斑状方解石	7.9	−55.6	
HZQ47	6 号矿体	团块状方解石	7.7	−57.9	
HZQ55	6 号矿体	脉状方解石	7.9	−54.1	
HZQ66	6 号矿体	团块状方解石	8.3	−53.9	
HZQ77	6 号矿体	脉状方解石	8	−58	
HZQ85	6 号矿体	斑状方解石	7.5	−52.7	
HQ10-12	10 号矿体	团块状方解石	8.7	−53.2	
HQ10-18	10 号矿体	团块状方解石	7	−57.3	
HQ10-25	10 号矿体	斑状方解石	8.1	−53	
HQ10-5	10 号矿体	脉状方解石	7.4	−52.8	
HQ8-115	8 号矿体	团块状方解石	7.2	−55.2	
HQ8-143	8 号矿体	团块状方解石	7.8	−54.1	
HQ8-98	8 号矿体	脉状方解石	8	−54.3	

续表

样号	采样位置	矿物	$\delta^{18}O_{H_2O}$/‰	δD/‰	数据来源
HQO-99-1	麒麟厂矿床	方解石	7.78	-43.5	韩润生等（2006）
HQO-109-4		方解石	10.08	-54.8	
1631-38		方解石	7.78	-48	
HQ-84		方解石	9.7	-51.5	
HQ-109-4		方解石	7.55	-43.5	
1751-2		方解石	7.7	-55.4	
HW-2-3		方解石	7.14	-55.8	柳贺昌和林文达（1999）
38-3		方解石	6.44	-64	
Hui-6-10		方解石	7.14	-75	
13-61		方解石	8.04	-57	
14-2-8		方解石	-2.05	-66	
会-8	矿山厂	重晶石	7.78	-86	
Z0807-1r	矿山厂1752中段15号采场	闪锌矿	-52	28.0	Zhang等（2017）
Z0807-4r		闪锌矿	-50	-15.5	
Z0807-5r		闪锌矿	-55	2.2	
Z0807-6r		闪锌矿	-50	25.5	
Z0807-10r		闪锌矿	-27	17.1	
Z0807-11r		闪锌矿	-43	4.0	
Z0807-12r		闪锌矿	-49	13.2	
Z0807-13r		闪锌矿	-57	12.2	
Z0807-17r		闪锌矿	-51	28.9	
JS-11-1	麒麟厂	重晶石	-91.3	11.55	王磊（2016）
JS-11-2			-85.5	9.85	
JS-11-3			-87.8	11.75	
JS-12-1			-77.4	11.76	
JS-12-3			-80.5	11.66	
JS-13-1			-79.8	12.36	
JS-40-3	矿山厂		-73.7	12.39	
JS-40-5			-63.9	13.69	
JS-41-1			-75.1	13.35	
JS-42-2			-61.7	13.35	

注：本书样品测试单位为澳实同位素实验室

（5）从Ⅰ阶段（重晶石、闪锌矿）→Ⅱ阶段（闪锌矿）→Ⅲ阶段（闪锌矿、方解石）→Ⅳ阶段（方解石），热液重晶石→麒麟厂矿床铅锌矿石→矿山厂矿床铅锌矿石，流体H-O同位素组成呈现规律性的变化，指示成矿温度总体降低，成矿流体从以深源为主逐渐演化为以大气降水为主，反映了成矿过程中混合的盆地卤水增多（图7-19）。

（四）铅同位素组成

（1）铅同位素组成变化较稳定，其中矿石矿物$^{206}Pb/^{204}Pb$为18.120～19.073，平均18.459；$^{207}Pb/^{204}Pb$为15.420～16.654，平均15.721；$^{208}Pb/^{204}Pb$为38.360～40.695，平均

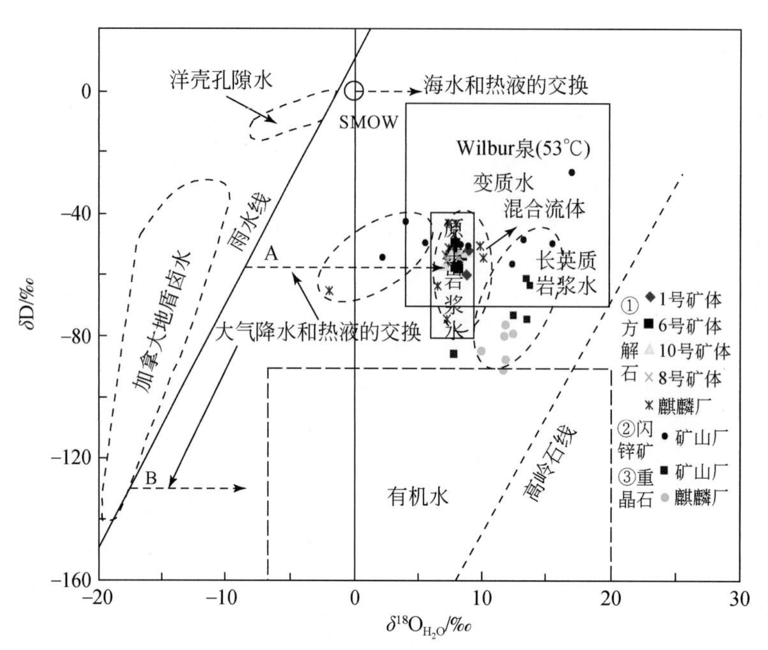

图 7-19　会泽富锗铅锌矿 δD-$\delta^{18}O_{H_2O}$ 图解

数据来源见表 7-11

38.897；地层岩石$^{206}Pb/^{204}Pb$ 为 18.133 ~ 20.920，平均 18.634；$^{207}Pb/^{204}Pb$ 为 15.528 ~ 19.073，平均15.897；$^{208}Pb/^{204}Pb$ 为37.745 ~41.018，平均37.745，绝大部分样品的$^{206}Pb/^{204}Pb$、$^{207}Pb/^{204}Pb$、$^{208}Pb/^{204}Pb$ 分别集中于 18.40 ~ 18.50、15.66 ~ 15.76 和 38.70 ~ 39.00 的狭小范围。不同矿体、不同矿石矿物及矿石的 Pb 同位素组成无明显差别；Pb 同位素组成均落在不同时代碳酸盐岩、区域基底岩石及峨眉山玄武岩较宽的 Pb 同位素组成变化范围之内，尤其是昆阳群范围内（表 7-12，表 7-13）。

表 7-12　会泽富锗铅锌矿区不同地层 Pb 同位素组成统计

地层/岩石	样数	$^{206}Pb/^{204}Pb$			$^{207}Pb/^{204}Pb$			$^{208}Pb/^{204}Pb$		
		范围	极差	均值	范围	极差	均值	范围	极差	均值
栖霞-茅口组	2	18.189 ~ 18.759	0.57	18.474	15.609 ~ 16.522	0.913	16.066	38.498 ~ 38.542	0.049	38.518
摆佐组	9	18.120 ~ 18.673	0.553	18.388	15.500 ~ 16.091	0.591	15.758	38.360 ~ 39.685	1.325	38.844
宰格组	3	18.245 ~ 18.842	0.597	18.542	15.681 ~ 16.457	0.776	16.012	38.715 ~ 39.562	0.847	38.998
昆阳群	10	18.198 ~ 18.517	0.319	18.360	15.699 ~ 15.987	0.288	15.818	38.547 ~ 39.271	0.724	38.909
灯影组	27	17.781 ~ 20.933	3.212	18.789	15.582 ~ 15.985	0.403	15.686	37.178 ~ 40.483	3.305	38.427
会理群	6	18.094 ~ 18.615	0.521	18.287	15.630 ~ 15.827	0.197	15.708	38.274 ~ 38.932	0.658	38.585
玄武岩	8	18.175 ~ 18.855	0.680	18.568	15.528 ~ 15.662	0.134	15.587	38.380 ~ 39.928	1.548	39.038
矿石	117	18.120 ~ 19.073	0.953	18.459	15.420 ~ 16.654	1.234	15.721	38.360 ~ 40.695	2.335	38.897

表 7-13　会泽富锗铅锌矿床 Pb 同位素组成

序号	样号	采样位置	矿物/岩石	$^{206}Pb/^{204}Pb$	$^{207}Pb/^{204}Pb$	$^{208}Pb/^{204}Pb$	资料来源	序号	样号	采样位置	矿物/岩石	$^{206}Pb/^{204}Pb$	$^{207}Pb/^{204}Pb$	$^{208}Pb/^{204}Pb$	资料来源
1	44-5	6 号矿体	方铅矿	18. 436	15. 683	38. 861	①	24	44-5	6 号矿体	闪锌矿	18. 487	15. 72	38. 867	①
2	38-3	6 号矿体	方铅矿	18. 471	15. 702	38. 847	①	25	14-2-8	6 号矿体	闪锌矿	18. 458	15. 694	38. 814	①
3	23-4	6 号矿体	方铅矿	18. 469	15. 701	38. 85	①	26	F1	6 号矿体	闪锌矿	18. 455	15. 709	38. 859	①
4	13-55	6 号矿体	方铅矿	18. 461	15. 701	38. 857	①	27	F126	6 号矿体	闪锌矿	18. 458	15. 698	38. 863	①
5	13-61	6 号矿体	方铅矿	18. 45	15. 692	38. 823	①	28	F135	6 号矿体	闪锌矿	18. 462	15. 713	38. 874	①
6	13-34+1	6 号矿体	方铅矿	18. 474	15. 701	38. 844	①	29	HQLC1a	6 号矿体	矿石	18. 475	15. 723	38. 9	⑤
7	6-10	6 号矿体	方铅矿	18. 454	15. 691	38. 82	①	30	HQLC1b	6 号矿体	矿石	18. 464	15. 713	38. 873	⑤
8	14-1-11	6 号矿体	方铅矿	18. 469	15. 7	38. 85	①	31	HQLC9	6 号矿体	矿石	18. 467	15. 722	38. 888	⑤
9	14-1-12	6 号矿体	方铅矿	18. 471	15. 709	38. 839	①	32	HQLC13	6 号矿体	矿石	18. 476	15. 733	38. 923	⑤
10	14-2-11	6 号矿体	方铅矿	18. 434	15. 672	38. 749	①	33	HQLC30a	6 号矿体	矿石	18. 46	15. 715	38. 868	⑤
11	14-3-3	6 号矿体	方铅矿	18. 47	15. 7	38. 849	①	34	HQLC30b	6 号矿体	矿石	18. 467	15. 723	38. 884	⑤
12	14-3-17	6 号矿体	方铅矿	18. 458	15. 69	38. 817	①	35	HQLC34	6 号矿体	矿石	18. 486	15. 734	38. 946	⑤
13	S1-20	6 号矿体	方铅矿	18. 53	15. 855	39. 433	①	36	HQLC50	6 号矿体	矿石	18. 488	15. 735	38. 952	⑤
14	S3-11	6 号矿体	方铅矿	18. 251	15. 693	38. 487	①	37	HQLC57	6 号矿体	矿石	18. 483	15. 73	38. 928	⑤
15	HQ84	6 号矿体	方铅矿	18. 496	15. 75	39. 001	②	38	HQ485	8 号矿体	黄铁矿	18. 495	15. 742	38. 973	⑤
16	1571-8	6 号矿体	黄铁矿	18. 393	15. 688	38. 82	②	39	HQ486	8 号矿体	黄铁矿	18. 498	15. 741	38. 968	⑤
17	HQ99-1	6 号矿体	黄铁矿	18. 464	15. 696	38. 828	②	40	HQ487	8 号矿体	黄铁矿	18. 506	15. 751	39. 009	⑤
18	14-3-4	6 号矿体	黄铁矿	18. 474	15. 7	38. 845	①	41	HQ488	8 号矿体	黄铁矿	18. 486	15. 731	38. 936	⑤
19	F-131	6 号矿体	黄铁矿	18. 432	15. 664	38. 729	①	42	HQ489	8 号矿体	黄铁矿	18. 487	15. 731	38. 942	⑤
20	1571-11	6 号矿体	闪锌矿	18. 339	15. 676	38. 753	②	43	HQ490	8 号矿体	黄铁矿	18. 493	15. 744	38. 973	⑤
21	1631-7-1	6 号矿体	闪锌矿	18. 385	15. 676	38. 771	②	44	HQ492	8 号矿体	黄铁矿	18. 491	15. 738	38. 955	⑤
22	1631-7-2	6 号矿体	闪锌矿	18. 441	15. 679	38. 772	②	45	HQ493	8 号矿体	黄铁矿	18. 481	15. 73	38. 925	⑤
23	1631-7-3	6 号矿体	闪锌矿	18. 353	15. 663	38. 719	②	46	HQ495	8 号矿体	黄铁矿	18. 491	15. 743	38. 967	⑤

续表

序号	样号	采样位置	矿物/岩石	$^{206}Pb/^{204}Pb$	$^{207}Pb/^{204}Pb$	$^{208}Pb/^{204}Pb$	资料来源	序号	样号	采样位置	矿物/岩石	$^{206}Pb/^{204}Pb$	$^{207}Pb/^{204}Pb$	$^{208}Pb/^{204}Pb$	资料来源
47	HQ497	8 号矿体	黄铁矿	18. 493	15. 74	38. 963	⑤	71	10-3-3	10 号矿体	黄铁矿	18. 468	15. 719	38. 897	⑤
48	HQ478	8 号矿体	闪锌矿	18. 5	15. 748	38. 977	⑤	72	10-6-2	10 号矿体	黄铁矿	18. 468	15. 719	38. 889	⑤
49	HQ488	8 号矿体	闪锌矿	18. 494	15. 739	38. 947	⑤	73	10-9-2	10 号矿体	黄铁矿	18. 479	15. 748	38. 935	⑤
50	HQ491	8 号矿体	闪锌矿	18. 484	15. 726	38. 927	⑤	74	10-16-3	10 号矿体	黄铁矿	18. 471	15. 731	38. 921	⑤
51	HQ493	8 号矿体	闪锌矿	18. 486	15. 739	38. 946	⑤	75	10-20	10 号矿体	黄铁矿	18. 467	15. 724	38. 91	⑤
52	HQ494	8 号矿体	闪锌矿	18. 495	15. 754	38. 995	⑤	76	10-5	10 号矿体	矿石	18. 471	15. 739	38. 928	⑤
53	HQ495	8 号矿体	闪锌矿	18. 482	15. 736	38. 936	⑤	77	10-12	10 号矿体	矿石	18. 469	15. 725	38. 911	⑤
54	HQ497	8 号矿体	闪锌矿	18. 477	15. 733	38. 925	⑤	78	10-21	10 号矿体	矿石	18. 464	15. 722	38. 898	⑤
55	HQ524	8 号矿体	矿石	18. 494	15. 744	38. 975	⑤	79	1-6-1	1 号矿体	方铅矿	18. 419	15. 678	38. 813	⑤
56	HQ537	8 号矿体	矿石	18. 478	15. 734	38. 929	⑤	80	1-11-1	1 号矿体	方铅矿	18. 439	15. 721	38. 887	⑤
57	HQ538	8 号矿体	矿石	18. 487	15. 741	38. 957	⑤	81	1-17-1	1 号矿体	方铅矿	18. 417	15. 687	38. 879	⑤
58	HQ542	8 号矿体	矿石	18. 481	15. 737	38. 941	⑤	82	1-22	1 号矿体	方铅矿	18. 425	15. 701	38. 875	⑤
59	10-3-1	10 号矿体	方铅矿	18. 462	15. 713	38. 884	⑤	83	1-6-2	1 号矿体	闪锌矿	18. 428	15. 705	38. 867	⑤
60	10-11-1	10 号矿体	方铅矿	18. 478	15. 731	38. 918	⑤	84	1-11-2	1 号矿体	闪锌矿	18. 427	15. 709	38. 869	⑤
61	10-9-1	10 号矿体	方铅矿	18. 485	15. 751	38. 941	⑤	85	1-17-2	1 号矿体	闪锌矿	18. 423	15. 703	38. 88	⑤
62	10-16-1	10 号矿体	方铅矿	18. 469	15. 724	38. 899	⑤	86	1-17-3	1 号矿体	黄铁矿	18. 431	15. 716	38. 876	⑤
63	10-18	10 号矿体	方铅矿	18. 472	15. 728	38. 909	⑤	87	1-23	1 号矿体	黄铁矿	18. 457	15. 728	38. 899	⑤
64	10-22-1	10 号矿体	方铅矿	18. 475	15. 737	38. 938	⑤	88	1-10	1 号矿体	矿石	18. 466	15. 729	38. 907	⑤
65	10-3-2	10 号矿体	闪锌矿	18. 47	15. 725	38. 907	⑤	89	1-12	1 号矿体	矿石	18. 437	15. 718	38. 894	⑤
66	10-6-1	10 号矿体	闪锌矿	18. 476	15. 728	38. 915	⑤	90	1-17-1	1 号矿体	方铅矿	18. 417	15. 687	38. 879	⑤
67	10-16-2	10 号矿体	闪锌矿	18. 476	15. 738	38. 929	⑤	91	10-19	10 号矿体	闪锌矿	18. 465	15. 714	38. 893	⑤
68	10-22-2	10 号矿体	闪锌矿	18. 481	15. 748	38. 948	⑤	92	180-5	矿山厂 529 穿脉	方铅矿	18. 220	15. 630	38. 670	⑥
69	C-1	矿山厂 7-1 矿床	方铅矿	18. 280	15. 530	38. 720	⑥	93	C-2	矿山厂 6-1 矿床	方铅矿	18. 180	15. 420	38. 390	⑥
70	180-4	矿山厂 405 穿脉	方铅矿	18. 220	15. 630	38. 680	⑥	94	HZP6-12	米黄色闪锌矿		18. 133	15. 664	38. 729	⑦

续表

序号	样号	采样位置	矿物/岩石	$^{206}Pb/^{204}Pb$	$^{207}Pb/^{204}Pb$	$^{208}Pb/^{204}Pb$	资料来源	序号	样号	采样位置	矿物/岩石	$^{206}Pb/^{204}Pb$	$^{207}Pb/^{204}Pb$	$^{208}Pb/^{204}Pb$	资料来源
95	HZP9-02		米黄色闪锌矿	18.448	15.667	38.757	⑦	119	HZP4-03		黑色闪锌矿	18.620	15.757	39，316	⑦
96	HZP4-03		米黄色闪锌矿	18.512	15.757	39.013	⑦	120	HZP6-12		黑色闪锌矿	18.552	15.747	39.065	⑦
97	HZP10-05		棕色闪锌矿	18.437	15.647	38.710	⑦	121	HZP9-04		黄铁矿	18.452	15.694	38.821	⑦
98	HZP-7-08		棕色闪锌矿	18.440	15.665	38.737	⑦	123	HZP6-08		黄铁矿	18.459	15.691	38.827	⑦
99	HZP6-11		棕色闪锌矿	18.440	15.673	38.742	⑦	124	HZP6-12		黄铁矿	18.458	15.697	38.836	⑦
100	HZP6-14		棕色闪锌矿	18.448	15.681	38.768	⑦	125	HZP6-17		黄铁矿	18.474	15.705	38.846	⑦
101	HZP9-02		棕色闪锌矿	18.490	15.709	38.920	⑦	126	HZJ-03		黄铁矿	18.459	15.703	38.841	⑦
102	HZP6-21		棕色闪锌矿	18.472	15.718	38.874	⑦	127	HZP4-06		黄铁矿	18.473	15.714	38.889	⑦
103	HZP10-05		黑色闪锌矿	18.437	25.651	38.727	⑦	128	HZP5-11		黄铁矿	18.486	15.734	38.965	⑦
104	HZP9-05		黑色闪锌矿	18.421	15.653	38.674	⑦	129	HZP6-06		黄铁矿	18.511	15.745	39.021	⑦
105	HZP6-21		黑色闪锌矿	18.419	16.654	38.679	⑦	130	HZP6-09		黄铁矿	18.507	15.750	39.029	⑦
106	HZP5-03		黑色闪锌矿	18.417	15.653	38.689	⑦	131	HZP9-02		方铅矿	18.501	15.787	39.042	⑦
107	HZP9-04		黑色闪锌矿	18.437	15.654	38.728	⑦	132	HZP4-03		方铅矿	18.530	15.780	39.102	⑦
108	HZP9-07		黑色闪锌矿	18.422	15.659	38.691	⑦	133	HZP9-08		方铅矿	18.518	15.787	39.112	⑦
109	HZP9-08		黑色闪锌矿	18.444	15.665	38.747	⑦	134	HZP10-05		方铅矿	18.57	15.815	39.261	⑦
110	HZP9-06		黑色闪锌矿	18.439	15.673	38.727	⑦	135	HZP9-09		方铅矿	18.554	15.830	39.248	⑦
111	HZP6-11		黑色闪锌矿	18.442	15.676	38.754	⑦	136	HZP5-11		方铅矿	18.575	15.848	39.354	⑦
112	HZP9-08		黑色闪锌矿	18.437	15.680	38.766	⑦	137	HZP9-06		方铅矿	18.434	15.681	38.768	⑦
113	HZP9-09		黑色闪锌矿	18.453	15.694	38.788	⑦	138	HZP9-07		方铅矿	18.462	15.719	38.884	⑦
114	HZP10-07		黑色闪锌矿	18.462	15.708	38.855	⑦	139	HZP10-07		方铅矿	18.475	15.731	38.927	⑦
115	HQ483	C_1b	黄铁矿	18.514	15.712	38.765	⑤	140	3PHZ-14	C_1d	浅灰色白云岩	19.165	15.743	39.806	⑦
116	HQ484	C_1b	黄铁矿	18.499	15.725	38.909	⑤	141	3PHZ-13	C_1d	浅灰色泥质灰岩	19.085	15.675	38.679	⑦
117	HQ503	C_1b	黄铁矿	18.484	15.732	38.934	⑤	142		$P_2\beta$	玄武岩	18.545	15.591	38.882	④
118		C_1b	白云岩	18.673	15.963	39.685	①	143		$P_2\beta$	玄武岩	18.436	15.55	38.931	④

续表

序号	样号	采样位置	矿物/岩石	$^{206}Pb/^{204}Pb$	$^{207}Pb/^{204}Pb$	$^{208}Pb/^{204}Pb$	资料来源	序号	样号	采样位置	矿物/岩石	$^{206}Pb/^{204}Pb$	$^{207}Pb/^{204}Pb$	$^{208}Pb/^{204}Pb$	资料来源
144		C_1b	白云岩	18.51	15.791	39.124	①	162	HZP1-01	$P_2\beta$	玄武岩	18.481	15.715	38.901	④
145	HZP1-10	C_1b	浅灰色块状中粒白云岩	18.532	15.72	38.789	⑦	163	3PHZ-02	$P_2\beta$	玄武岩	18.642	15.618	39.054	④
146	HZP1-12	C_1b	浅肉红色细晶白云岩	18.457	15.693	38.797	⑦	164	3PHZ-08	Z_2dn	浅灰色白云岩	18.451	15.71	38.567	⑦
147	HZP1-05	C_1b	浅灰色块状中粒白云岩	18.456	15.693	38.784	⑦	165	3PHZ-07	Z_2dn	浅灰色白云岩	18.892	15.656	38.227	⑦
148		D_3z	白云岩	18.54	15.899	39.562	①	166		Z_2d	白云岩	18.517	15.851	39.271	①
149		D_3z	白云岩	18.842	15.681	38.716	③	167		Z_2d	白云岩	18.482	15.784	39.142	①
150	3PHZ-10	D_3z	浅灰色白云岩	20.92	15.922	41.018	⑦	168	3PHZ-14	C_1d	浅灰色白云岩	19.165	15.743	39.806	⑦
151	3PHZ-03	D_3z	深灰色块状微晶灰岩	18.508	15.691	38.678	⑦	169	3PHZ-13	C_1d	浅灰色泥质灰岩	19.085	15.675	38.679	⑦
152		P_1q	灰岩	18.759	15.609	38.542	⑦	170		$P_2\beta$	玄武岩	18.545	15.591	38.882	④
153	3PHZ-04	P_1q+m	深灰色灰岩	20.49	15.787	38.754	③	171	Z0807-1r	C_1b	方铅矿	18.32	15.63	38.26	⑧
154	3PHZ-06	P_1q+m	生物碎屑灰岩	18.814	15.67	38.671	⑦	172	Z0807-4r	C_1b	方铅矿	18.46	15.75	39.09	⑧
155	HZP1-09	C_3m	灰褐色灰岩	18.422	15.684	38.637	⑦	173	Z0807-5r	C_1b	方铅矿	18.30	15.62	38.68	⑧
156	HZP1-06	C_2w	浅灰色细晶灰岩	18.438	15.68	38.662	⑦	174	Z0807-11r	C_1b	方铅矿	18.50	15.75	39.07	⑧
157	HZP1-08	C_2w	灰色碎屑灰岩	18.498	15.683	38.666	⑦	175	Z0807-6r	C_1b	方铅矿	18.451	15.734	38.919	⑧
158		$P_2\beta$	玄武岩	18.855	15.5815	39.344	④	176	Z0807-10r	C_1b	方铅矿	18.438	15.731	38.890	⑧
159		$P_2\beta$	玄武岩	18.732	15.5283	38.928	④	177	Z0807-12r	C_1b	方铅矿	18.461	15.735	38.939	⑧
160		$P_2\beta$	玄武岩	18.843	15.602	39.107	④	178	Z0807-13r	C_1b	方铅矿	18.456	15.733	38.932	⑧
161		$P_2\beta$	玄武岩	18.584	15.5545	39.068	④	179	Z0807-17r	C_1b	方铅矿	18.433	15.731	38.886	⑧

注：①②③④⑤⑥⑦⑧分别引自 Zhou 等（2001），韩润生（2002），邓海琳等（1999），张招崇和王福生（2003），李文博等（2006），胡耀国（2000），柳贺昌和林文达（1999），本书。样品测试单位为澳实同位素实验室

（2）矿石铅主要为正常铅，且投于 Th 铅区、集中靠近 U 铅区的狭小范围内；Pb 同位素组成均一，集中分布于上地壳演化曲线附近及其与造山带演化曲线之间，并具有线性趋势（图 7-20，图 7-21），反映铅具壳源和造山带铅的混合特征（Canals and Cardellach，1997；蒋少涌等，2006）。

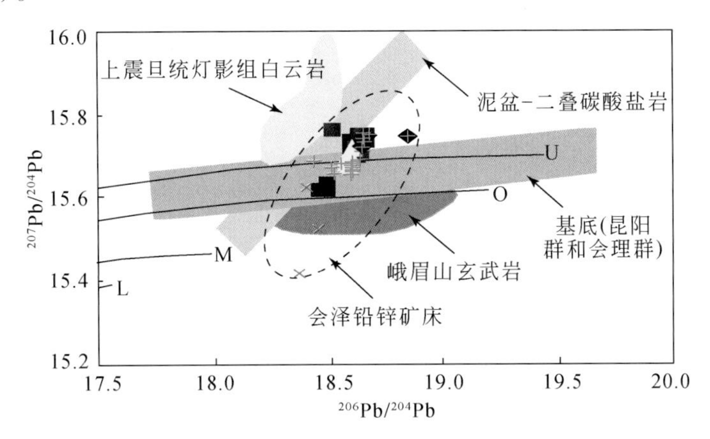

图 7-20 会泽富锗铅锌矿床$^{207}Pb/^{206}Pb$-$^{206}Pb/^{204}Pb$ 投图（底图据 Zhou et al.，2013）

L. 下地壳；M. 地幔；O. 造山带；U. 上地壳

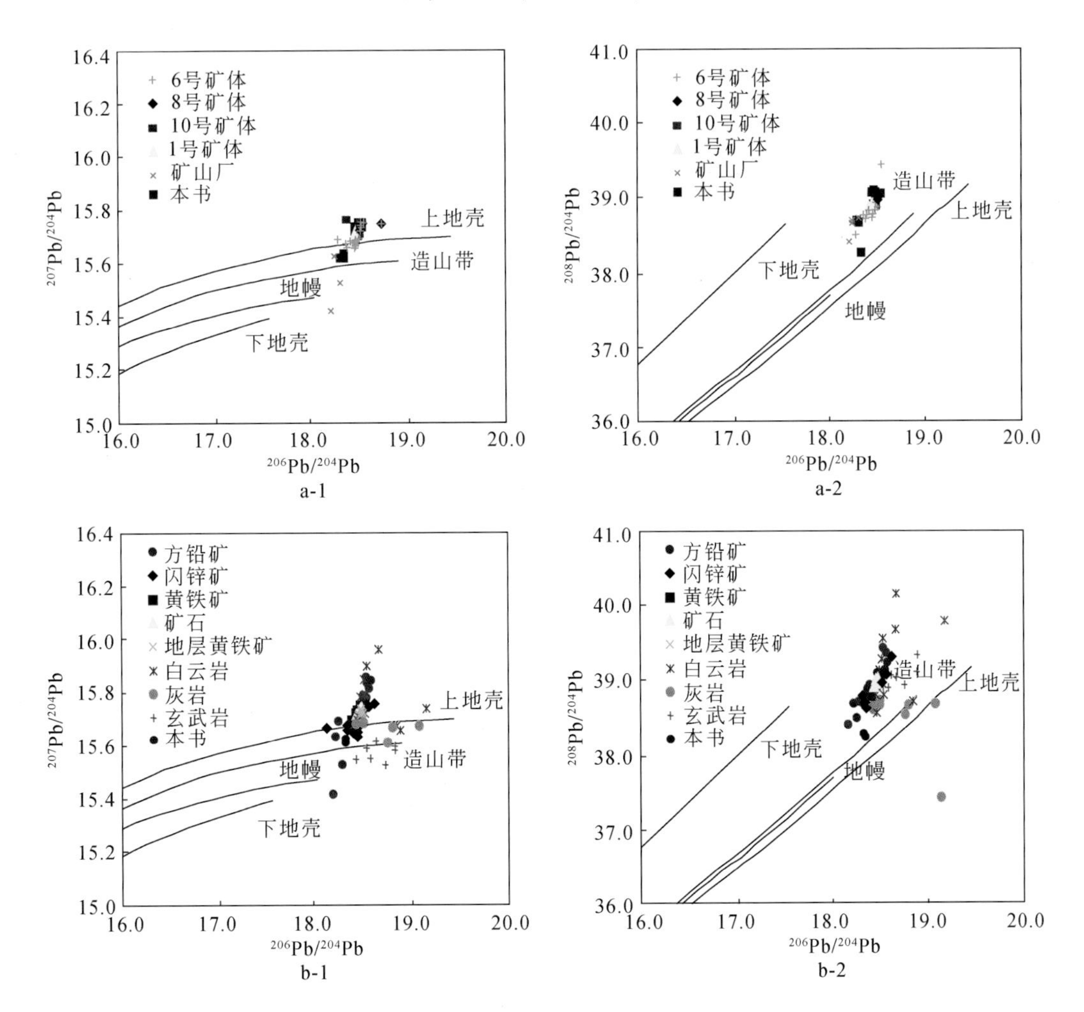

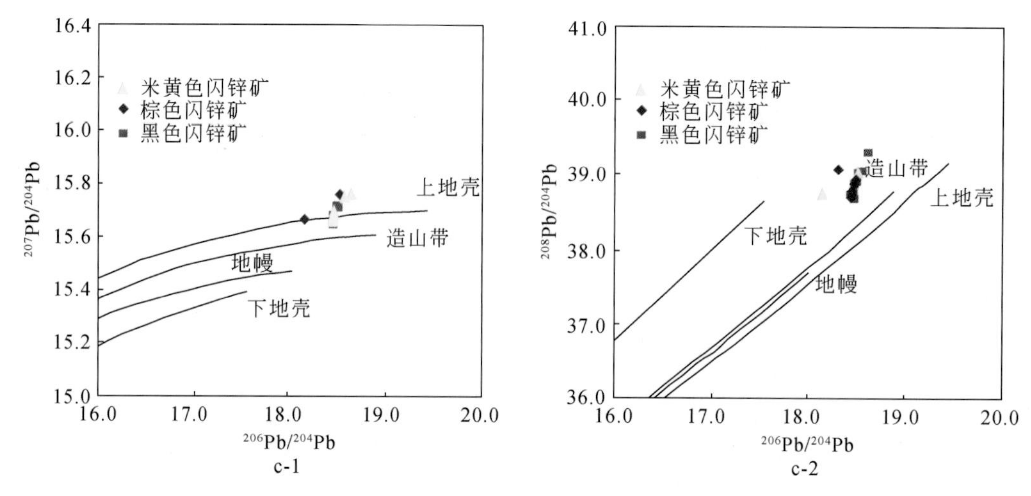

图 7-21　会泽富锗铅锌矿床 Pb 铅同位素构造模式图（底图据 Zartman and Doe，1981）
数据来源见表 7-13

因此，该矿床的铅源具有壳源、造山带铅特征，推测印支期碰撞造山作用是导致铅混合较均一的主因。

（五）锶同位素组成

通过会泽、乐红等富锗铅锌矿床 140 件 Sr 同位素组成研究（李文博等，2006；韩润生等，2006；胡耀国，2000；Zhou et al.，2001；黄智龙，2004；邓海琳等，1997）（图 7-22），闪锌矿、黄铁矿、矿石、方解石和蚀变白云岩的（$^{87}Sr/^{86}Sr$）$_0$值均高于未蚀变白云岩、曲靖组碳酸盐岩、玄武岩和上地幔，表明成矿流体具有高的锶同位素组成，锶源应为壳源（陈衍景等，2004），而非幔源（通常低于 0.710），且成矿物源与峨眉山玄武岩关系不密切；基底地层（昆阳群或会理群）的（$^{87}Sr/^{86}Sr$）$_0$ 值>闪锌矿、黄铁矿、矿石的（$^{87}Sr/^{86}Sr$）$_0$值>方解石和蚀变白云岩的（$^{87}Sr/^{86}Sr$）$_0$值，说明成矿流体可能来源于基底或流经基底并与具有较低锶同位素值的碳酸盐岩地层发生同位素交换，与韩润生等（2006）结论一致（表 7-14，表 7-15）。

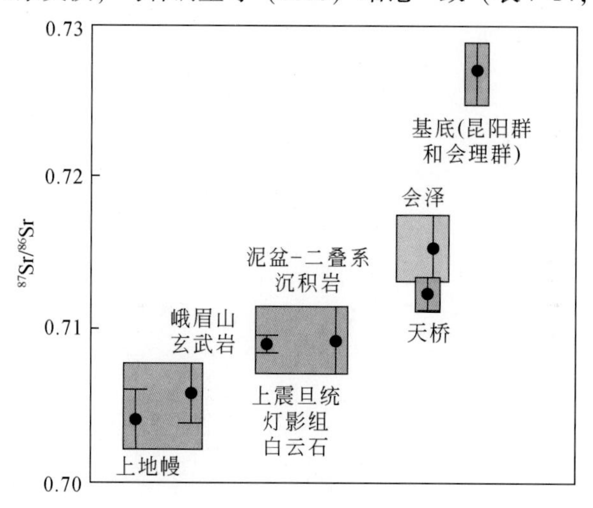

图 7-22　会泽、乐红铅锌矿床（$^{87}Sr/^{86}Sr$）值（底图据 Zhou et al.，2013）

表 7-14　会泽富锗铅锌矿锶同位素组成

样号	采样位置	矿物	$Rb/10^{-6}$	$Sr/10^{-6}$	$^{87}Rb/^{86}Sr$	$^{87}Sr/^{86}Sr$	$(^{87}Sr/^{86}Sr)_0$	资料来源
L1-1	1号矿体	闪锌矿	0.5	0.7	0.7	0.719123	0.716847	①
L1-3	1号矿体	闪锌矿	16	1	47.51	0.869687	0.715362	①
L1-9	1号矿体	闪锌矿	9.7	1	28.21	0.807449	0.715815	①
L1-10	1号矿体	闪锌矿	23.2	1.4	50.03	0.877686	0.715175	①
1-17	1号矿体	闪锌矿	0.7	0.5	14.09	0.762086	0.716318	①
HZQ38	6号矿体	闪锌矿	4.7	0.5	25.1	0.797653	0.716122	①
HZQ81	6号矿体	闪锌矿	1.9	0.9	6.22	0.736765	0.716564	①
28	8号矿体	闪锌矿	0.9	0.5	5.31	0.733923	0.716688	①
15	8号矿体	闪锌矿	0.8	0.5	4.34	0.730642	0.716548	①
10-16-1	10号矿体	闪锌矿	13.8	1	39.66	0.844739	0.715913	①
L10-5	10号矿体	闪锌矿	0.6	5.1	0.35	0.717833	0.716686	①
L10-5	10号矿体	闪锌矿	1	0.9	0.72	0.719104	0.716779	①
L10-4	10号矿体	闪锌矿	0.9	0.9	2.85	0.725816	0.716552	①
L10-2	10号矿体	闪锌矿	6.4	1.2	15.48	0.766775	0.716492	①
10-20-1	10号矿体	闪锌矿	1.6	1.6	1.48	0.721359	0.716565	①
LC-5	6号矿体	闪锌矿	0.7	3.2	0.65	0.719091	0.716989	①
LC-5	6号矿体	闪锌矿	19.9	1	61.28	0.913104	0.71405	①
LC-7	6号矿体	闪锌矿	14	1	42.14	0.851804	0.714922	①
LC-7	6号矿体	闪锌矿	16.1	1	47.59	0.869129	0.714544	①
LC-5	6号矿体	黄铁矿	23.5	1	69.71	0.940112	0.713676	①
LC-5	6号矿体	黄铁矿	1.1	313	0.0106	0.717046	0.717012	①
LC	6号矿体	方解石	0.8	267	0.0088	0.716382	0.716353	①
1	6号矿体	方解石	0.1	411	0.0007	0.717012	0.71701	①
3	6号矿体	方解石	3	418	0.0218	0.717079	0.717008	①
5	6号矿体	方解石	1	218	0.0149	0.717057	0.717009	①
HZQ47	6号矿体	方解石	5	311	0.0471	0.717154	0.717001	①
HZQ89-1	6号矿体	方解石	2.2	303	0.0207	0.717076	0.717009	①
HZQ89-2	6号矿体	方解石	0.8	281	0.0084	0.717025	0.716998	①
HZQ90	6号矿体	方解石	2	232	0.0252	0.717088	0.717006	①
HZQ100	6号矿体	方解石	2.5	281	0.0094	0.717028	0.716997	①
HZ911-29	1号矿体	方解石	3	400	0.2181	0.717164	0.716456	①
HZ911-12	1号矿体	方解石	0.2	390	0.0018	0.716472	0.716466	①
HZ911-10	1号矿体	方解石	3.7	270	0.0405	0.716586	0.716454	①
HZ911-3	1号矿体	方解石	1.9	180	0.0315	0.716567	0.716465	①
HZ911-37	1号矿体	方解石	3.1	402	0.0243	0.716554	0.716475	①

续表

样号	采样位置	矿物	$Rb/10^{-6}$	$Sr/10^{-6}$	$^{87}Rb/^{86}Sr$	$^{87}Sr/^{86}Sr$	$(^{87}Sr/^{86}Sr)_0$	资料来源
HQC-84	Cal-Gn-Py-Sp		0.3296	10.97	0.08868	0.72292±0.00004		②
HQC-99	Cal-Gn-Py-Sp		6.515	55.44	0.3391	0.74698±0.00008		②
HQC-109	Gn-Py-Sp		3.112	43.79	0.2157	0.7347±0.00003		②
HQC-212	Cal-Gn-Py-Sp		9.673	68.97	0.4147	0.71868±0.00003		②
QLC-53	Sp-Gn		0.2636	2.668	0.2951	0.756±0.00001		②
QLC-123	Gn-Sp		0.0856	8.852	0.0279	0.7177±0.00001		②
QLC-126	Gn-Sp-Py		0.1386	4.924	0.09115	0.71921±0.00003		②
Lh-1	乐红	闪锌矿	0.0916	3.235	0.0842	0.714139±8	0.71390	本书
Lh-2	乐红	闪锌矿	2.758	6.916	1.184	0.71447±11	0.71408	
Lh-3	乐红	闪锌矿	3.192	3.128	3.025	0.722403±9	0.71380	
Lh-4	乐红	闪锌矿	1.984	1.142	5.136	0.728278±7	0.71367	
Lh-5	乐红	闪锌矿	6.837	2.519	7.964	0.736836±12	0.71419	

注：样品测试单位为澳实同位素实验室；①②分别引自李文博等（2006），吴越（2013）

表 7-15　锶同位素组成统计

地层	样品数	测试对象	$(^{87}Sr/^{86}Sr)_0$	数据来源
C_1b	19	闪锌矿	0.716989～0.71405	①
	2	黄铁矿	0.713676～0.717012	
	14	方解石	0.71701～0.716353	
	7	矿石	0.7177～0.756	②
	4	未蚀变白云岩	0.7083～0.7093	④
	1	蚀变白云岩	0.7106	④
P_1q+m	1	全岩	0.708	③
D_3z	1	全岩	0.7105	⑤
$P_2\beta$	85	全岩	0.7039～0.7078	⑤
曲靖组碳酸盐岩地层	1		0.71046	⑥
基底地层（昆阳群或会理群）	5		0.7243～0.7288	⑤
上地幔			0.704±0.002	⑦
Z_2dn	5	闪锌矿	0.71367～0.71419	⑧

注：①～⑧分别引自李文博等（2006），韩润生等（2006），胡耀国（2000），Zhou 等（2001），黄智龙（2004），邓海琳等（1997），Faure（1977），张自超（1995）

（六）锌同位素组成

通过Zn同位素组成研究（表7-16），可得出如下认识。

表7-16　会泽富锗铅锌矿床锌、铁同位素组成

矿体	矿物	标高	样品编号	$\delta^{66}Zn_{(IRMM)}$	$\delta^{66}Zn_{(JMC)}$	$\delta^{68}Zn$	$\delta^{56}Fe$	$\delta^{57}Fe$	资料来源
1号	闪锌矿	1840m	1-1840-2	-0.013	0.307	-0.027	-1.579	-2.367	吴越（2013）
1号	闪锌矿		1-1840-1	-0.037	0.283	-0.083	-1.107	-1.669	
1号	闪锌矿		1-1840-1-2	-0.018	0.302	-0.046	-1.148	-1.629	
8号	闪锌矿	1441m	8-1441-4	-0.005	0.315	0.001	-1.277	-1.889	
8号	闪锌矿		8-1441-1	-0.151	0.169	-0.311	-1.158	-1.676	
8号	闪锌矿	1429m	8-1429-6	-0.117	0.203	-0.237	-0.837	-1.272	
8号	闪锌矿		8-1429-5	-0.031	0.289	-0.015	-0.988	-1.487	
8号	闪锌矿		8-1429-11	-0.12	0.2	-0.153	-0.875	-1.408	
10号	闪锌矿	1463m	10-1463-2-5	-0.121	0.199	-0.254	-1.803	-2.735	
10号	闪锌矿		10-1463-1	-0.1	0.22	-0.189	-1.168	-1.756	
10号	闪锌矿		10-1463-1-2	-0.076	0.244	-0.145	-1.196	-1.719	
10号	闪锌矿	1417m	10-1417-8	-0.137	0.183	-0.277	-0.816	-1.458	
10号	闪锌矿		10-1417-1	-0.131	0.189	-0.272	-0.96	-1.463	
6号	闪锌矿	1832m	1832-6	-0.115	0.205	-0.208	-1.058	-1.618	
6号	闪锌矿		1832-6-2	-0.109	0.211	-0.227	-1.116	-1.681	
6号	闪锌矿		1832-5	-0.013	0.307	-0.027	-1.573	-2.314	
5号	闪锌矿		1832-5-2	-0.019	0.301	-0.038	-1.134	-1.658	
5号	闪锌矿	1261m	1261-90-8	-0.073	0.247	-0.141	-0.927	-1.399	
5号	闪锌矿		1261-86-12	-0.117	0.203	-0.208	-0.999	-1.547	
平均值				-0.081	0.239	-0.154	-1.147	-1.733	
最大值				-0.005	0.315	0.001	-0.816	-1.272	
最小值				-0.151	0.169	-0.311	-1.803	-2.735	
峨眉山玄武岩		EMS-1		0.025	0.345	0.043	-0.058	-0.101	
峨眉山玄武岩		EMS-2		0.019	0.339	0.059	0.029	0.064	
峨眉山玄武岩		EMS-3		-0.029	0.291	-0.051	0.022	0.031	
峨眉山玄武岩		EMS-4		-0.075	0.245	-0.109	-0.043	-0.103	
峨眉山玄武岩		EMS-5		-0.055	0.265	-0.081	0.133	0.194	
平均值				-0.023	0.297	-0.028	0.017	0.017	
最大值				0.025	0.345	0.059	0.133	0.194	
最小值				-0.075	0.245	-0.109	-0.58	-0.103	

续表

矿体	矿物	标高	样品编号	$\delta^{66}Zn_{(IRMM)}$	$\delta^{66}Zn_{(JMC)}$	$\delta^{68}Zn$	$\delta^{56}Fe$	$\delta^{57}Fe$	资料来源
矿山厂	闪锌矿	1752 中段 15 号采场	Z0807-10r	−0.030	0.29				本书
	闪锌矿		Z0807-12r	0.104	0.424				
	闪锌矿		Z0807-13r	0.080	0.40				
	黄铁矿		Z0807-10r				−1.144	−1.680	

注：样品测试单位为澳实同位素实验室

（1）会泽富锗铅锌矿床 Zn 同位素组成明显不同于 VHMS 和 SEDEX 型块状硫化物矿床，与 MVT 较相似，与二道沟盖层碳酸盐岩基本一致，说明 Zn 很可能来源于本区各时代的碳酸盐岩地层（图 7-23）。

（2）本次测试结果比吴越（2013）的 $\delta^{66}Zn$ 值明显偏小，也明显小于黔西北板板桥、天桥铅锌矿床（Zhou et al., 2013），说明 Zn 在运移过程中发生了较明显分馏（图 7-23）。

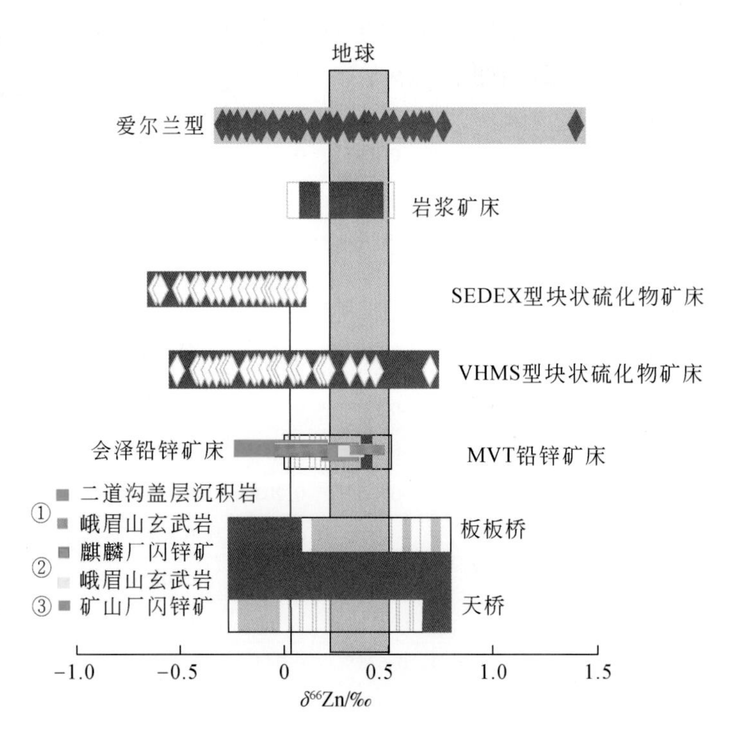

图 7-23　不同矿床和岩石的 Zn 同位素组成（底图据任邦方，2007）

（七）两类流体的识别

综合 S、C-O、H-O 同位素组成（图 7-24），均显示成矿过程中发生了流体混合作用。其中 I_1 阶段重晶石 S、H-O 同位素组成、NE 向构造带中方解石 C-O 同位素组成表明，会泽富锗铅锌矿成矿流体 A 来源于深源富重硫和较轻 C、O 同位素；地层中黄铁矿 S 同位素组成、矿区外围围岩中 C-O 同位素组成及早阶段闪锌矿中 H-O 同位素组成表明，流体 B 为大气降水淋滤碳酸盐岩围岩并萃取了地层中黄铁矿和硫酸盐（石膏）热化学还原硫的盆地卤水，具有较轻的S和较重的C-O、H-O同位素组成。两种流体混合后，同位素发生交换，最终混合流体的S、C-O、H-O同位素组成介于二者之间。

结合矿床地质特征和流体包裹体研究，产于断裂带及其旁侧断裂内的高温重晶石为流体A在氧逸度升高时过饱和的产物；而流体B对应的地质体为碳酸盐岩地层和沉积成岩期黄铁矿层和膏岩层。流体A、B的混合作用导致铅锌等硫化物沉淀，因此混合流体对应的地质体为铅锌硫化物矿体。两类流体及其混合流体信息见表7-17。

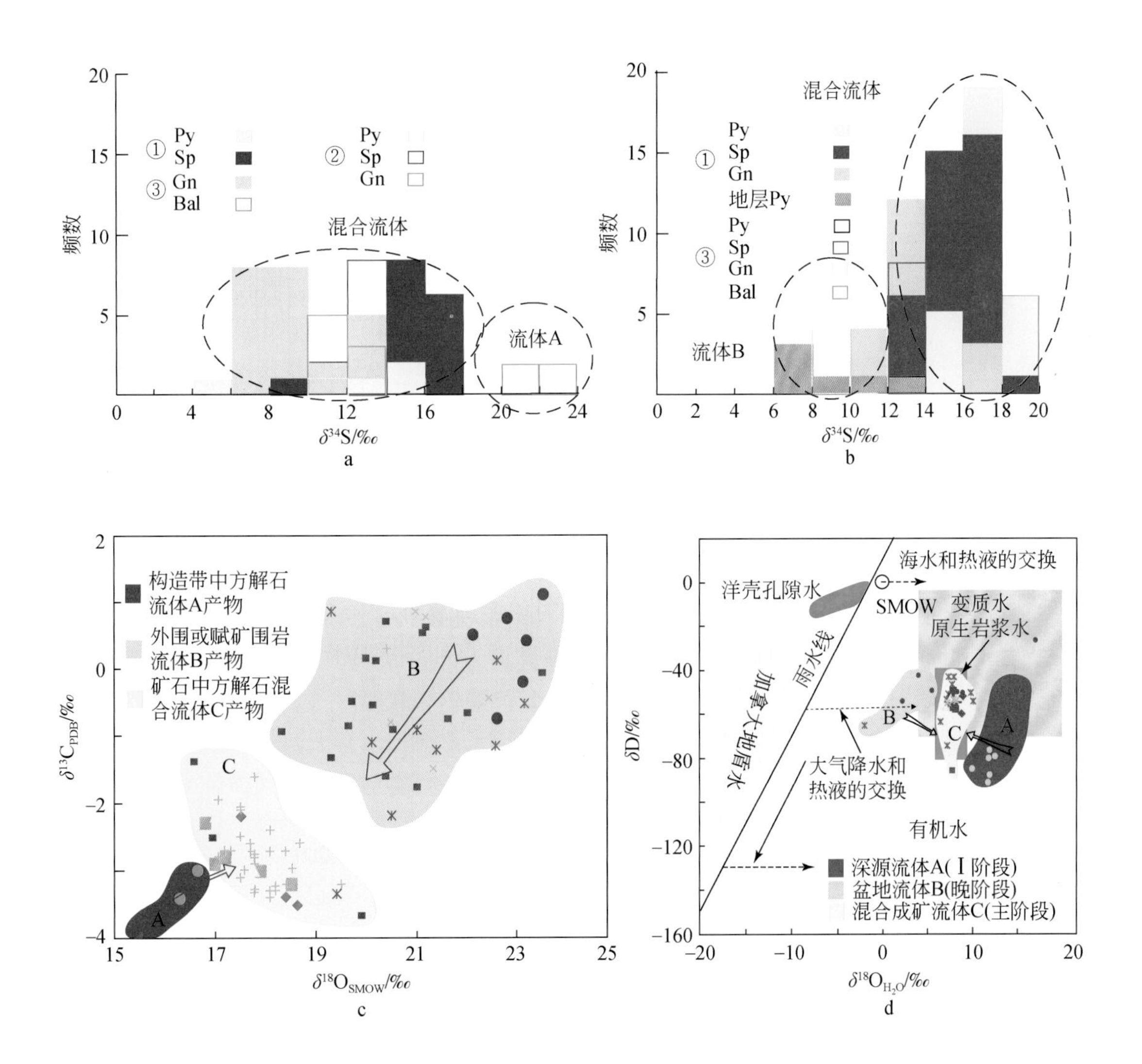

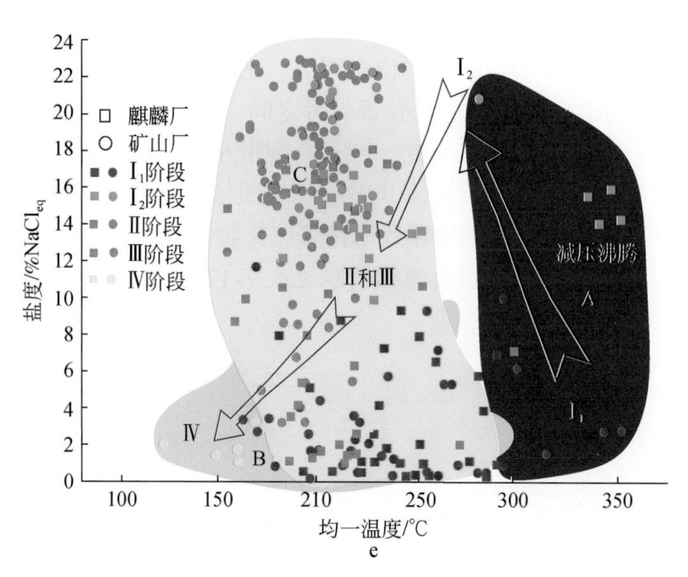

图 7-24 会泽富锗铅锌矿床两类流体识别的同位素和均一温度-盐度图

a. 矿山厂 S 同位素直方图；b. 麒麟厂 S 同位素直方图；c. C-O 同位素组成图；d. H-O 同位素组成图；e. 均一温度-盐度分布图。a、b 文献来源参见图 7-16

表 7-17 会泽富锗铅锌矿床成矿流体信息表

项目	流体 A	流体 B	混合流体
来源	深源	大气降水淋滤围岩的地层卤水	A、B 流体的混合热液
盐度/$\%NaCl_{eq}$	<10	>20	2 ~ 23
pH	<3.6	>6	5 ~ 8
CO_2	丰富	丰富	先升高再降低
SO_4^{2-}	70×10^{-6}	无	无
HS^-	无	地层中海相硫酸盐还原	沉淀为硫化物
Pb、Zn 形式	氯络合物	无或少量	硫化物沉淀
$\delta^{34}S$/‰	>20	<14	6 ~ 20
$\delta^{13}C$/‰	-3 ~ -4	-2 ~ 1	-4 ~ 1
δD/‰	-92 ~ -50	-66 ~ -43	-75 ~ -43
$\delta^{18}O$/‰	10 ~ 17	2 ~ 24	7 ~ 22
性质	酸性氧化性	中-弱碱性还原性	近中性
对应地质体	断裂带及其旁侧断裂中的高温重晶石	碳酸盐岩地层及沉积成岩期形成的黄铁矿层和膏盐层	铅锌硫化物矿体

综上所述，可得到下述认识。

（1）硫同位素组成特征与同期海水硫酸盐相同或接近，指示硫主要来源于地层中海相硫酸盐的热化学还原作用，且硫同位素达平衡，$\delta^{34}S$ 值也随海拔增高递增。

（2）C-O 同位素特征显示 C 主要来源于海相碳酸盐岩溶解作用，部分来自流经矿体下伏的富含有机质的地层。

（3）铅同位素组成较复杂，指示铅均具造山带铅和壳源铅，说明成矿物质来源于壳源，与造山带物源有关，具壳幔源混合铅的特点。

（4）矿石锶同位素组成指示成矿流体具有高锶的壳源，成矿物源可能来源于放射性成因的基底岩石，与峨眉山玄武岩关系不密切。

（5）Zn 同位素组成特征与黔西北矿集区铅锌矿床类似，指示 Zn 的运移距离长，至少 500km。

（6）S-C-H-O 同位素组成和流体包裹体研究显示，成矿流体为深源流体与盆地卤水的混合。

二、毛坪、乐红、松梁、富乐厂富锗铅锌矿床

（一）硫同位素组成

乐红、毛坪、茂租矿床硫同位素组成见表 7-18。

表 7-18　乐红、毛坪、茂租矿床硫同位素组成统计表

<table>
<tr><th>矿床</th><th>样品号</th><th>矿物</th><th>$\delta^{34}S_{V-CDT}/‰$</th><th>生物硫与硫酸盐的混合比例</th><th>资料来源</th></tr>
<tr><td rowspan="20">乐红铅锌矿床</td><td>LH-2</td><td>黄铁矿</td><td>23.7</td><td>1 : 9</td><td rowspan="20">本书</td></tr>
<tr><td>LH-3</td><td>黄铁矿</td><td>26.3</td><td>—</td></tr>
<tr><td>LH-4</td><td>黄铁矿</td><td>23.7</td><td>1 : 9</td></tr>
<tr><td>LH-5</td><td>黄铁矿</td><td>18.3</td><td>1 : 4</td></tr>
<tr><td>LH-9</td><td>黄铁矿</td><td>-21.9</td><td>6 : 1</td></tr>
<tr><td>LH-20</td><td>黄铁矿</td><td>-11</td><td>2 : 1</td></tr>
<tr><td>LH-21</td><td>黄铁矿</td><td>-11</td><td>2 : 1</td></tr>
<tr><td>LH-22</td><td>黄铁矿</td><td>-23.1</td><td>8 : 1</td></tr>
<tr><td>LH-24</td><td>黄铁矿</td><td>1.6</td><td>8 : 9</td></tr>
<tr><td>LH-26</td><td>黄铁矿</td><td>-13.4</td><td>8 : 3</td></tr>
<tr><td>LH-48</td><td>黄铁矿</td><td>23.3</td><td>1 : 8</td></tr>
<tr><td>LH-49</td><td>黄铁矿</td><td>24.1</td><td>1 : 9</td></tr>
<tr><td>LH-54-1</td><td>黄铁矿</td><td>13.3</td><td>2 : 5</td></tr>
<tr><td>LH-54-2</td><td>黄铁矿</td><td>23</td><td>1 : 8</td></tr>
<tr><td>LH-56</td><td>黄铁矿</td><td>19.8</td><td>1 : 5</td></tr>
<tr><td>LH-62</td><td>黄铁矿</td><td>-18.8</td><td>9 : 2</td></tr>
<tr><td>LH-63</td><td>黄铁矿</td><td>-25.6</td><td rowspan="2">生物硫区间</td></tr>
<tr><td>LH-64</td><td>黄铁矿</td><td>-25</td></tr>
<tr><td>LH-77</td><td>黄铁矿</td><td>20.7</td><td>1 : 5</td></tr>
<tr><td>LH-82</td><td>黄铁矿</td><td>16.9</td><td>2 : 7</td></tr>
</table>

续表

矿床	样品号	矿物	$\delta^{34}S_{V-CDT}$/‰	生物硫与硫酸盐的混合比例	资料来源
乐红铅锌矿床	LH-85-2	黄铁矿	14.1	1∶3	本书
	LH-88-2	弱氧化黄铁矿	4.7	3∶4	
	LH-2	方铅矿	20	1∶5	
	LH-9	方铅矿	18.9	2∶9	
	LH-21	方铅矿	21.6	1∶6	
	LH-76-1	方铅矿	14.5	1∶3	
	LH-76-2	方铅矿	16.7	2∶7	
	LH-78	方铅矿	19.4	2∶9	
	LH-4	棕褐色闪锌矿	28.1	—	
	LH-6	棕褐色闪锌矿	26.5	—	
	LH-11	浅棕黄色闪锌矿	14.4	1∶3	
	LH-60-2	浅棕色闪锌矿	19.5	1∶5	
	LH-76-1	浅棕色闪锌矿	15.7	1∶3	
	LH-77	棕红色闪锌矿	21.7	1∶6	
	LH-78	棕红色闪锌矿	22.3	1∶7	
	LH-90	棕红色闪锌矿	21.7	1∶6	
	LH-49	重晶石	24.6	硫酸盐区间	
	LH-91	重晶石	25.6		
	乐红	重晶石	27.2		张长青等（2005）
	乐红	重晶石	27.5		
茂租铅锌矿床	茂租	石膏（1）	13.97		郭欣（2012）
毛坪铅锌矿床	昭通	方铅矿（6）	8.6～16.4		柳贺昌和林文达（1999）；胡彬和韩润生（2003）
	昭通	闪锌矿（5）	9.62～20.9		
	昭通	黄铁矿（6）	9.2～24.1		
	昭通	闪锌矿（2）	19.9～21.0		本书

注：括号内为样品数；样品测试单位为澳实同位素实验室

1. 毛坪富锗铅锌矿床

金属硫化物的硫同位素组成极差高达15.55‰，显示硫同位素离差大，以富集重硫为特征。总体上，$\delta^{34}S_{\text{黄铁矿}}>\delta^{34}S_{\text{闪锌矿}}>\delta^{34}S_{\text{方铅矿}}$规律明显。对于同一样品，该规律最为明显，反映该矿床成矿流体中硫同位素分馏达到了平衡（Ohmoto，1986）。

硫同位素组成呈现单峰（图7-25），峰值在12‰～16‰，明显不同于深源硫（$\delta^{34}S$值在±5‰附近），与地层中石膏和重晶石等硫酸盐的值相近（$\delta^{34}S$在15‰），反映成矿流体的硫来源于地层中的海相硫酸盐，还原方式为热化学还原作用。

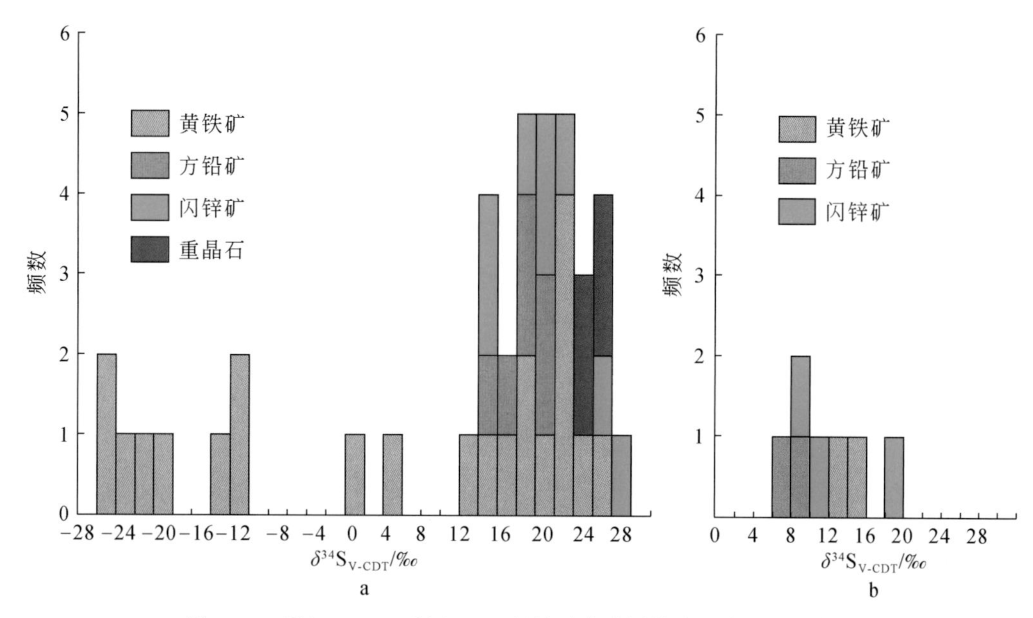

图 7-25　乐红（a）、毛坪（b）铅锌矿床硫同位素组成分布频率图

2. 乐红富锗铅锌矿床

总体而言，金属硫化物 δ^{34}S 比较分散，为-25.6‰（负极大值）~28.1‰（正极大值），离差 53.7‰；同样呈现 $\delta^{34}S_{黄铁矿}>\delta^{34}S_{闪锌矿}>\delta^{34}S_{方铅矿}$ 的规律，表明其成矿流体与硫化物之间的硫同位素基本达到平衡。也有部分矿物对出现 $\delta^{34}S_{闪锌矿}>\delta^{34}S_{黄铁矿}$，表明部分矿物对同位素未达到平衡状态，可能是不同成矿阶段的硫化物所导致的（图 7-25）。

（1）硫主要分布在三个区间：①亏损硫，-30‰~-25‰，可能为生物硫。②混合硫，-25‰~25‰，峰值 18‰~24‰，生物硫和硫酸盐混合产物。乐红矿床的 δ^{34}S 值主要集中在混合硫区间，峰值 18‰~25‰（图 7-25）。③富重硫，25‰~30‰，为海相硫酸盐热化学还原产物。

（2）对比原生黄铁矿和弱氧化黄铁矿硫同位素组成，弱氧化黄铁矿（LH-88-2）δ^{34}S 值明显变小，表明原生矿石氧化过程导致硫的分馏（脱重硫）。LH-49 黄铁矿与重晶石的 δ^{34}S 值接近，预示黄铁矿的硫来自于重晶石的热化学还原作用。

（3）不同颜色的闪锌矿硫同位素组成存在一定的差别。$\delta^{34}S_{浅棕色}<\delta^{34}S_{棕红色-红棕色}<\delta^{34}S_{棕色-棕褐色}$。系统岩矿鉴定表明不同颜色闪锌矿为成矿流体不同演化阶段的产物，因此从早阶段→晚阶段，指示成矿流体演化过程是一个脱重硫的过程。

（4）综合分析认为硫源可能来自泥盆系中硫酸盐的 TSR 还原，但不排除 BSR 对该矿区硫的来源具有一定的影响（图 7-26）。

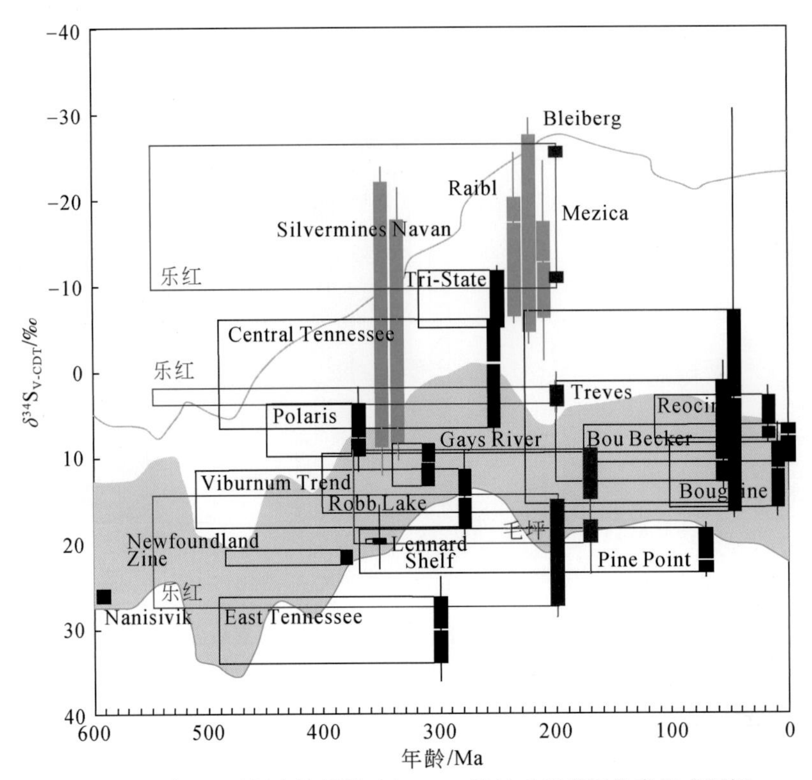

图 7-26　乐红、毛坪富锗铅锌矿与 MVT 铅锌矿床硫同位素组成图解

橙黄色线为沉积型黄铁矿 BSR 模式硫同位素组成；蓝色区域为 150℃条件下 TSR 分解作用所形成的硫化物硫同位素组成（Kiyosu and Krouse，1993）；MVT 矿床数据来源于 Leach 等（2005）

3. 硫同位素平衡温度

总体上，$\delta^{34}S_{闪锌矿平均值}>\delta^{34}S_{方铅矿平均值}$，且同一样品也表现出 $\delta^{34}S_{闪锌矿}>\delta^{34}S_{方铅矿}$，表明硫同位素已达平衡。依据下式（Seal，2006），计算方铅矿和闪锌矿矿物对硫同位素的平衡温度：

$$1000\ln\alpha_{i-H_2S}=10^6aT^{-2}+10^3bT^{-1}+c$$

$$1000\ln\alpha_{i-H_2S}\approx\Delta_{i-H_2S}$$

式中，T 为热力学温度，K；其他参数详见表 7-19。

根据矿物对计算的硫同位素平衡温度为 228 ~ 250℃，为矿床成矿温度提供了参考依据。

表 7-19　硫化物及相应的矿物对平衡同位素分馏参数及闪锌矿–方铅矿的平衡温度

i	a	b	c	t/℃	样品号	$\delta^{34}S_{Sp}$	$\delta^{34}S_{Gn}$	ΔSp–Gn	平衡温度/℃
方铅矿	-0. 63	0	0	50 ~ 700	Sp 均值$_{(n=8)}$与 Gn 均值$_{(n=6)}$	21. 17	18. 51	2. 66	250. 72
闪锌矿	0. 1	0	0	50 ~ 700	LH-78	22. 3	19. 4	2. 9	228. 57

注：a，b，c 为闪锌矿–方铅矿矿物对平衡同位素分馏参数，详见 Seal（2006）

（二）碳-氧同位素组成

1. 毛坪富锗铅锌矿床

在 $\delta^{13}C_{PDB}$-$\delta^{18}O_{SMOW}$ 图解上，矿物/岩石碳-氧同位素组成投影于海相碳酸盐岩附近，显示以海相碳酸盐岩溶解作用为主（图 7-27）。因此，成矿热液中碳源主要为海相碳酸盐岩，部分来自深源。

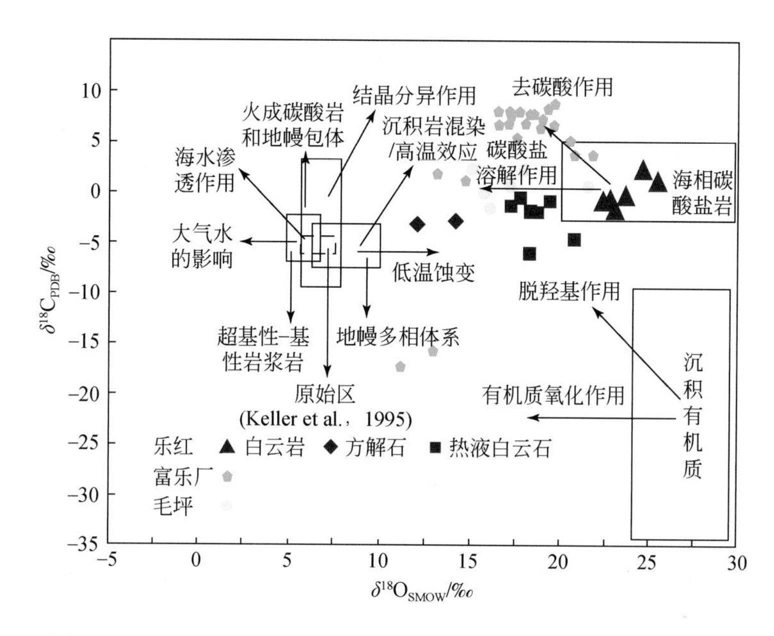

图 7-27 毛坪、富乐厂、乐红富锗铅锌矿床碳氧同位素组成分布图

2. 乐红富锗铅锌矿床

乐红矿床碳酸盐岩和矿物（近矿围岩 6 件、蚀变白云石 7 件、热液方解石 2 件）的 C、O 同位素组成分析结果见表 7-20，其具有如下特点。

（1）灰黑色白云岩的 C、O 同位素组成相对均一。

（2）在图 7-27 中，与方解石和白云石相比，灰黑色白云岩 $\delta^{18}O_{SMOW}$ 较高，且 $\delta^{13}C_{PDB}$ 值和 $\delta^{18}O_{SMOW}$ 值在图中位于海相碳酸盐岩范围内。白云石、方解石介于原生碳酸盐岩与海相碳酸盐岩之间，但相对于方解石，白云石具有略高的 $\delta^{13}C_{PDB}$ 值，表现为白云石相对亏损 ^{18}O，略微富集 ^{13}C。

（3）自灰黑色白云岩→白云石→方解石，碳氧同位素组成呈现出一定的线性变化，其值逐渐减小，有向深源的碳、氧同位素组成演化的趋势。

（4）碳源主要来自海相碳酸盐岩，一定程度上受到低温蚀变的影响。

表 7-20　乐红、毛坪、富乐厂矿床碳酸盐岩 C、O 同位素组成

矿床	样品编号	矿物/岩石	$\delta^{13}C_{V\text{-}PDB}$/‰	$\delta^{18}O_{V\text{-}PDB}$/‰	$\delta^{18}O_{V\text{-}SMOW}$/‰	资料来源
乐红铅锌矿床	LH-6	方解石	-3.2	-18.1	12.2	本书
	LH-7	方解石	-2.9	-16.1	14.3	
	LH-10	热液白云石	-3.1	-11.7	18.9	
	LH-14	热液白云石	-0.9	-11.9	18.7	
	LH-22	热液白云石	-0.5	-12.4	18.1	
	LH-23	热液白云石	-6.4	-12.2	18.4	
	LH-23	灰黑色白云岩	-0.7	-7.9	22.8	
	LH-47	灰黑色白云岩	2.2	-6.1	24.7	
	LH-58	灰黑色白云岩	0.9	-5.4	25.4	
	LH-60-1	灰黑色白云岩	-0.3	-7.2	23.5	
	LH-60-1	热液白云石	-1	-11.3	19.2	
	LH-81	热液白云石	-0.8	-10.8	19.8	
	LH-81	灰黑色白云岩	-0.8	-8.3	22.3	
	LH-84	热液白云石	-1.2	-12.9	17.6	
	LH-89	灰黑色白云岩	-1.5	-7.6	23	
毛坪铅锌矿床	M-22	方解石	-3.3	-11.7	15.59	
	M-54-2	方解石	-4.72	-11.3	16.08	
	MPO-286	方解石	-2.7	-13.3	17.2	胡彬（2004）
	MPO-82	方解石	-1.1	-12.4	18	
	MPO-15-1	白云石	-2.8	-9.2	21.4	
	MPO-248	方解石	-1.1	-15.5	14.9	
	MPO-5-1	方解石	-3.7	-11.7	18.8	
	—	方解石（4）*	-1.1 ~ -3.7	-15.5 ~ -11.7	14.9 ~ 18.8	详见表注
	—	白云石（1）*	-2.8	-9.2	21.4	
富乐厂铅锌矿床	Fllr-31	白云石	2.9	—	18.1	让昊，2014
	Fllr-32-3	白云石	3	—	17.6	
	Fllr-36-1	白云石	2.8	—	17.1	
	Fllr-39	白云石	2.4	—	18.9	
	Flr-42	白云石	2.9	—	18.6	
	Flr-43	白云石	3	—	18.4	
	Flr-48	白云石	3	—	16.7	
	Flr-50	白云石	3	—	19.2	
	Fllr-13	白云石	4	—	19.7	
	Fllr-35-1	白云石	-0.3	—	20.8	
	Fllr-03	白云石	3.2	—	17.7	
	Flr-42-2	白云石	2.7	—	17.4	
	FL42-1	白云石	3.02	—	16.64	司荣军，2005
	FL35	白云石	2.65	—	19.71	
	FL43	方解石	1.12	—	17.56	

续表

矿床	样品编号	矿物/岩石	$\delta^{13}C_{V\text{-}PDB}$/‰	$\delta^{18}O_{V\text{-}PDB}$/‰	$\delta^{18}O_{V\text{-}SMOW}$/‰	资料来源
富乐厂铅锌矿床	FL43	闪锌矿	—	—	11.08	司荣军，2005
	FL86	闪锌矿	—	—	10.8	
	FL67	闪锌矿	-17.7	—	13	
	FL42	方铅矿	-19.1	—	11.2	
	FL101	方铅矿	—	—	13.8	
	FL47	方铅矿	-2.6	—	14.7	
	FL21	白云石	2.68	—	16.68	
	FL36	细晶白云岩	4.08	—	19.56	
	FL49	细晶白云岩	3.02	—	19.16	
	FL58	蚀变白云岩	-0.56	—	21.7	
	FL59	细晶白云岩	3.98	—	19.39	
	FL122-1	细晶灰岩	0.84	—	20.58	
	FL115-1	蚀变白云岩	3.58	—	17.03	
	FL115-2	蚀变白云岩	3.29	—	16.52	

注：①括号内为样品数。②*数据资料来源：陈士杰（1986）；柳贺昌和林文达（1999）；Zhou等（2001）；胡彬和韩润生（2003）；韩润生（2005）；付绍洪（2004）；Han等（2007）；黄智龙（2004）；韩润生等（2006）；李文博等（2006）；司荣军（2005）。③样品测试单位为澳实同位素实验室

3. 富乐厂富锗铅锌矿床

（1）蚀变碳酸盐岩和脉石矿物的碳-氧同位素组成基本接近（表7-20，表7-21）。

（2）白云石、脉石矿物与地层中顺层断裂内白云石可能是同一热液体系演化的产物，碳源于碳酸盐岩的溶解作用。

（3）碳-氧同位素组成反映出海相碳酸盐岩溶解作用、去碳酸作用及沉积有机质氧化作用的综合效应的特点。

表7-21　毛坪、乐红、富乐厂矿床碳、氧同位素组成表

矿床	矿物/岩石	$\delta^{13}C_{PDB}$/‰		$\delta^{18}O_{PDB}$/‰		$\delta^{18}O_{SMOW}$/‰	
		范围	平均	范围	平均	范围	平均
毛坪铅锌矿床	方解石（4）	-1.1～-3.7	-2.15	-15.5～-11.7	-13.225	14.9～18.8	17.225
	白云石（1）*	-2.8	-2.8	-9.2	-9.2	21.4	21.4
	方解石（2）*	-3.3～-4.7	-4	15.6～16.1	15.84	-11.7～-11.3	-11.5
乐红铅锌矿床	方解石（2）	-3.2～-2.9	-3	-18.1～-16.1	-17.1	12.2～14.3	13.3
	白云石（7）	-6.4～-0.5	-1.9	-10.8～-12.9	-11.8	17.6～19.8	18.7
	白云岩（6）	-1.5～2.2	-0.03	-8.3～-5.4	-7.1	22.3～25.4	23.6

续表

矿床	矿物/岩石	$\delta^{13}C_{PDB}$/‰		$\delta^{18}O_{PDB}$/‰		$\delta^{18}O_{SMOW}$/‰	
		范围	平均	范围	平均	范围	平均
富乐厂铅锌矿床	白云石（15）*	-0.3～4	2.7	—	—	16.6～20.8	18.2
	方解石（1）*	1.12	—	—	—	17.56	—
	闪锌矿（3）*	-17.7	—	—	—	10.8～13	11.6
	方铅矿（3）*	-2.6	—	—	—	11.2～14.7	13.2
	白云岩（6）	-0.5～4.1	2.9	—	—	16.5～21.7	18.9
	灰岩（1）*	0.84	—	—	—	20.85	-

注：①括号内为样品数。②＊数据资料来源：陈士杰（1986）；柳贺昌和林文达（1999）；Zhou 等（2001）；胡彬和韩润生（2003）；韩润生（2005）；付绍洪（2004）；Han（2007）；黄智龙（2004）；韩润生等（2006）；李文博等（2006）；让昊（2011）；司荣军（2005）；其余来自本书

（三）氢氧同位素组成

昭通毛坪、巧家松梁、富乐厂 3 个矿床的 H、O 同位素组成较接近，结合成矿地质条件，推断其成矿流体为深源流体与热卤水的混合热液（表 7-22，图 7-28）。

表 7-22　毛坪、富乐厂富锗铅锌矿床矿物氢-氧同位素组成

矿床	样号	测定矿物	$\delta^{18}O$/‰	δD/‰	$\delta^{18}O_{H_2O}$/‰	资料来源
毛坪铅锌矿床	M-22	方解石	6.05	-62.72	-3.347	本书
	M-54-2	方解石	6.54	-62.43	-2.859	
	M-15	石英	8.38	-70.54	-3.825	
	MPO-286	方解石	5.15	14	-4.252	胡彬（2004）
	MPO-82	方解石	9.67	-47.1	0.2683	
	MPO-248	方解石	8.44	-46.4	-0.962	
	MPO-5-1	方解石	7.97	-64	-1.432	
	MPO-15-1	白云石	9.1	-35	-3.203	
富乐厂铅锌矿床	FL86	闪锌矿	10.8	-76	—	司荣军和顾雪祥（2004）
	FL43	闪锌矿	11.8	-61	—	
	FL42	方铅矿	11.2	-60	—	
	FL101	方铅矿	13.8	-60	-	

（四）铅同位素组成

从表 7-23 可以看出，毛坪矿床矿石矿物的 $^{206}Pb/^{204}Pb$ 值为 18.412～18.914（均值为 18.602），极差为 0.502；$^{207}Pb/^{204}Pb$ 值为 15.593～15.746（均值为 15.684），极差为 0.153；$^{208}Pb/^{204}Pb$ 值为 38.561～39.176，均值为 39.044，极差为 0.615。不同矿物的铅同位素组成有一定差异，闪锌矿铅同位素组成相对稳定，变化范围最小；黄铁矿的变化范围稍大，方铅矿的变化范围最大。但是，上述铅同位素组成极差均小于 1（最大为 0.628），说明铅来源较稳定。

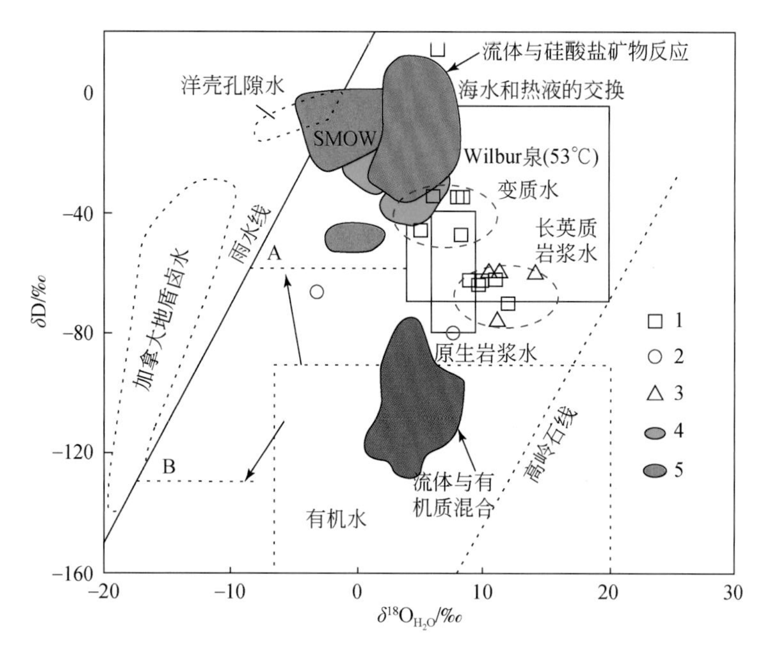

图 7-28　不同矿床矿物的氢氧同位素组成图

1. 毛坪铅锌矿床；2. 巧家松梁铅锌矿床；3. 富乐厂铅锌矿床；4. 伊利诺伊州-肯塔基州地区；5. 上密西西比河谷

表 7-23　毛坪富锗铅锌矿床铅同位素组成

矿物名称	$^{206}Pb/^{204}Pb$	$^{207}Pb/^{204}Pb$	$^{208}Pb/^{204}Pb$	μ
方铅矿*	18.410	15.593	38.561	9.37
方铅矿*	18.564	15.563	39.149	9.37
方铅矿*	18.460	15.510	38.940	9.07
方铅矿#	18.537	15.702	38.905	9.64
方铅矿#	18.914	15.746	39.176	9.68
方铅矿&	18.723	15.724	39.041	9.66
闪锌矿*	18.562	15.742	39.020	9.72
闪锌矿#	18.565	15.695	39.030	9.62
闪锌矿#	18.679	15.728	39.168	9.7
闪锌矿&	18.622	15.712	39.099	9.66
黄铁矿#	18.458	15.657	38.845	9.57
黄铁矿#	18.732	15.796	39.473	9.81
黄铁矿&	18.595	15.727	39.159	9.69

注：*据柳贺昌和林文达（1999）；#据胡彬（2004）；& 据王超伟等（2009）

μ 值的变化能提供地质作用的信息并反映铅源。根据 Stacey 和 Kramers（1975）提出幔源 μ=7～8，壳源 μ>9 的划分，毛坪矿床的源区 μ 值为 9.07～9.81，表明铅源为壳源。

将矿石铅同位素数据投在 Zartman 和 Doe（1981）的铅构造环境模式演化图（图 7-29）中，可以发现投影点主要集中于上地壳线附近，仅少数方铅矿样品位于造山带线和地幔线附近，就此推测本区铅主要来源于上地壳，部分具壳幔源混合铅的特点（图 7-29）。

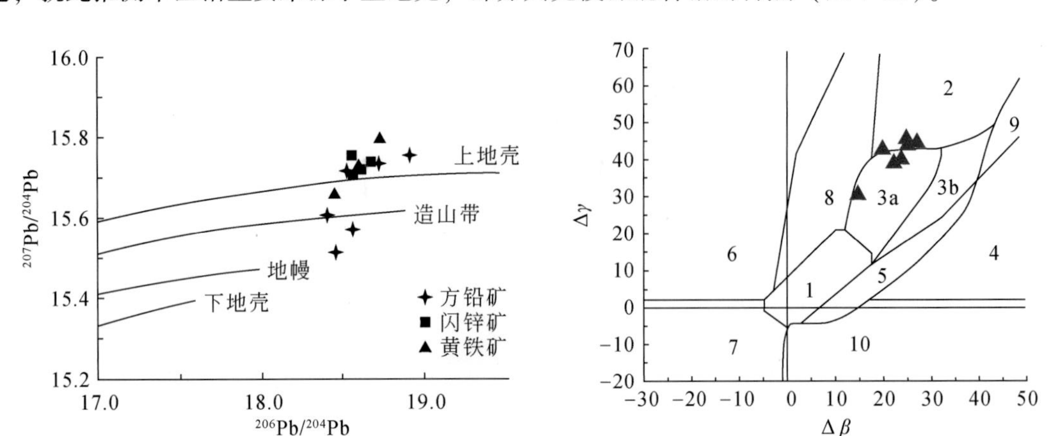

图 7-29　毛坪富锗铅锌矿床铅同位素组成构造模式环境图（据 Zartman and Doe，1981）（a）与铅同位素 $\Delta\gamma$-$\Delta\beta$ 图解（底图据朱炳泉，1998）（b）

1. 地幔源铅；2. 上地壳铅；3. 上地壳与地幔混合的俯冲带铅（3a. 岩浆作用；3b. 沉积作用）；4. 化学沉积型铅；5. 海底热水作用铅；6. 中深变质作用铅；7. 深变质下地壳铅；8. 造山带铅；9. 古老页岩上地壳铅；10. 退变质铅

综上所述，毛坪、乐红、富乐厂富锗铅锌矿床硫同位素组成特征与同期海水硫酸盐相同或接近，指示硫源于地层中海相硫酸盐的热化学还原作用，而且硫同位素达平衡；碳-氧同位素显示碳来源于海相碳酸盐岩溶解作用，部分来自流经矿体下伏富含有机质的地层；氢-氧同位素指示矿床成矿流体为深源流体与盆地卤水的混合。

三、滇东北矿集区同位素组成特征与矿质来源

（一）同位素组成特征

硫同位素：除个别矿床外，$\delta^{34}S$ 分布于-16‰～25‰，主要集中于 5‰～15‰（图 7-16，图 7-17，图 7-25，图 7-26），与同期海水硫酸盐相同或接近，说明硫主要来自海水，与典型的 MVT 铅锌矿床基本一致（图 1-12）。茂租矿床与川西南矿集区的天宝山矿床的 $\delta^{34}S$ 值较低。

碳氧同位素：变化范围较大（$\delta^{18}O_{PDB}$ 为-1.23‰～30‰，$\delta^{13}C_{PDB}$ 为-25.42‰～7.68‰）（图 1-13a，图 7-18，图 7-27），主要分布于海相碳酸盐岩和岩浆岩之间，氧同位素近于线性分布，显示了明显的碳酸盐溶解作用；灰岩、白云岩 $\delta^{13}C_{PDB}$ 变化范围较小，多投点于海相碳酸盐岩区，显示 C 源于其本身；方解石 $\delta^{13}C_{PDB}$ 变化相对较大，大部分位于或靠近海相碳酸盐岩区。因此，反映了成矿流体中 C、O 具多源性，以碳酸盐岩（围岩）为主。亏损的碳同位素组成，可能反映了有机质也参与了成矿作用。

铅同位素：$^{206}Pb/^{204}Pb$ 为 16.01～21.36，均值 18.62，$^{207}Pb/^{204}Pb$ 为 15.01～18.88，均值 15.72，$^{208}Pb/^{204}Pb$ 为 35.73～48.65，均值 38.92。从单个矿床看，组成相对稳定，多属单阶段铅。从整个矿田看，变化范围很大，反映了铅具多源性，以壳源为主，造山带次之。推测印支期造山作用是导致不同源区铅混合的主因（图 7-20，图 7-21，图 7-29）。

氢-氧同位素：氢-氧同位素组成（图1-13b，图7-19，图7-28）指示成矿流体主要来自深源流体和盆地流体。结合该类矿床成矿温度可高至350℃以上，推测成矿流体为深源流体与盆地流体混合而成。

锶同位素：会泽、毛坪富锗铅锌矿床矿石的$^{87}Sr/^{86}Sr$范围为0.71770～0.75600，预示原始成矿流体可能曾流经放射性成因的锶源区（图7-22）。根据区域地质条件分析，会泽、毛坪地区具有高$^{87}Sr/^{86}Sr$的地质体为昆阳群基底。由此推断，深部流体从基底上升过程中与断裂附近岩石发生水-岩反应，从而造成矿石与围岩的锶同位素组成的明显差异。

（二）矿质和流体来源

基于矿石学、矿物地球化学和微量元素地球化学（见第六章）及流体包裹体、同位素地球化学（本章）的综合研究，揭示了部分深部流体来源的主要证据，矿质主要来自变质基底和深源流体，成矿流体为深源流体与盆地卤水的混合。概括起来，其主要证据如下。

（1）矿石中，成矿元素（Pb、Zn、Fe、S、Ge、Ag、Cd）、矿化元素（As、Mo、Cu、Sb、Ga、Tl、In）及富集元素（Bi、U、Se、Cr等元素）在深部有增高趋势；闪锌矿中主要富集Cd、Ga、Ge、Cr元素，Cr是深源元素的标志。

（2）流体包裹体岩相学和流体物理化学条件的变化规律。

（3）H-O、Sr同位素示踪存在深源流体，成矿流体主要由深源流体与盆地卤水混合而成。结合区域岩相古地理分析，铅锌矿床周边分布一系列三叠纪陆内红层盆地，研究认为其盆地卤水主要与三叠纪盆地有关。

（4）会泽、茂租矿床中方解石、萤石的REE分配模式（图6-3，图6-9，图6-14），反映成矿过程发生强烈的水-岩相互作用。

本章小结

（1）流体包裹体地球化学研究揭示出成矿流体演化过程，反演了成矿流体加载迁移、卸载沉淀阶段的物理化学条件。

（2）基于流体包裹体、同位素地球化学的综合研究，获得了成矿流体深部来源的主要证据，主要矿质来自变质基底和深源流体，成矿流体为深源流体与盆地卤水的混合。

参考文献

陈好寿.1994.同位素地球化学研究.杭州：浙江大学出版社.

陈士杰.1986.黔西滇东北铅锌矿成因探讨.贵州地质，(3)：3-14.

陈晓钟，周朝宪，李朝阳.1996.麒麟厂铅锌成矿机理及其深部、外围成矿远景预测.中国科学院地球化学研究所博士学位论文.

陈衍景，Pirajno F，赖勇，等.2004.胶东矿集区大规模成矿时间和构造环境.岩石学报，20（4）：907-922.

崔天顺，齐金钟.1995.山东界河金矿黄铁矿环带及导型结构的研究.矿物学报，(4)：398-403.

邓海琳，李朝阳，涂光炽，等.1999.滇东北乐马厂独立银矿床Sr同位素地球化学.中国科学，29（6）：496-503.

付绍洪.2004.扬子地块西南缘铅锌成矿作用与分散元素镉镓锗富集规律.成都理工大学博士学位论文.

郭欣 . 2012. 滇东北地区铅锌矿床成矿作用与成矿规律 . 中国地质大学（北京）博士学位论文 .
郭远生, 罗荣生 . 2008. 滇中砂岩铜矿地质 . 昆明：云南科技出版社 .
韩润生 . 2002. 会泽超大型银铅锌矿床地质地球化学及隐伏矿定位预测 . 中国科学院地球化学研究所博士后出站报告 .
韩润生 . 2005. 隐伏矿定位预测的矿田（床）构造地球化学方法 . 地质通报, 24（z1）：978-984.
韩润生, 陈进, 黄智龙, 等 . 2006. 构造成矿动力学及隐伏矿定位预测：以云南会泽超大型铅锌（银、锗）矿床为例 . 北京：科学出版社 .
韩润生, 邹海俊, 胡彬, 等 . 2007. 云南毛坪铅锌（银、锗）矿床流体包裹体特征及成矿流体来源 . 岩石学报, 23（9）：2109-2118.
韩润生, 李波, 倪培, 等 . 2016. 闪锌矿流体包裹体显微红外测温及其矿床成因意义——以云南会泽超大型富锗银铅锌矿床为例 . 吉林大学学报（地球科学版）, 46（1）：91-104.
何明勤, 杨世瑜, 刘家军, 等 . 2004. 云南祥云金厂箐金（铜）矿床的成矿流体特征及流体来源 . 矿物岩石, 24（2）：35-40.
胡彬 . 2004. 云南昭通毛坪铅锌矿床地质地球化学特征及隐伏矿预测 . 昆明理工大学硕士学位论文 .
胡彬, 韩润生 . 2003. 毛坪铅锌矿构造控矿及找矿方向 . 云南地质, 22（3）：295-303.
胡耀国 . 2000. 贵州银厂坡银多金属矿床银的赋存状态、成矿物质来源与成矿机制 . 中国科学院地球化学研究所博士学位论文 .
黄智龙 . 2004. 云南会泽超大型铅锌矿床地球化学及成因：兼论峨眉山玄武岩与铅锌成矿的关系 . 北京：地质出版社 .
黄智龙, 陈进, 韩润生, 等 . 2001. 云南会泽铅锌矿床脉石矿物方解石 REE 地球化学 . 矿物学报, 21（4）：659-666.
蒋少涌, 赵葵东, 姜耀辉, 等 . 2006. 华南与花岗岩有关的一种新类型的锡成矿作用：矿物化学、元素和同位素地球化学证据 . 岩石学报, 22（10）：2509-2516.
李朝阳, 刘玉平, 张乾, 等 . 2005. 会泽铅锌矿床中自然锑的发现及伴生元素的分布特征 . 矿床地质, 24（1）：52-60.
李文博, 黄智龙, 张冠 . 2006. 云南会泽铅锌矿田成矿物质来源：Pb、S、C、H、O、Sr 同位素制约 . 岩石学报, 22（10）：2567-2580.
廖文 . 1984. 滇东、黔西铅锌金属区硫、铅同位素组成特征与成矿模式探讨 . 地质与勘探,（1）：2-8.
刘斌 . 2011. 简单体系水溶液包裹体 pH 和 Eh 的计算 . 岩石学报, 27（5）：1533-1542.
刘建明, 赵善仁, 刘伟, 等 . 1998. 成矿地质流体体系的主要类型 . 地球科学进展, 13（2）：161-165.
刘铁庚, 裘愉卓, 叶霖 . 1994. 闪锌矿的颜色、成分和硫同位素之间的密切关系 . 矿物学报,（2）：199-205.
刘文均, 郑荣才 . 2000. 花垣铅锌矿床成矿流体特征及动态 . 矿床地质, 19（2）：173-181.
刘文周 . 2009. 云南茂租铅锌矿矿床地质地球化学特征及成矿机制分析 . 成都理工大学学报（自然科学版）, 36（5）：480-486.
柳贺昌, 林文达 . 1999. 滇东北铅锌银矿床规律研究 . 昆明：云南大学出版社 .
卢焕章 . 1990. 包裹体地球化学 . 北京：地质出版社 .
卢焕章 . 2004. 流体包裹体 . 北京：科学出版社 .
马建秦, 李朝阳, 张复新 . 1999. 秦岭煎茶岭金矿床含金富砷黄铁矿增生环带研究 . 矿物学报, 19（2）：139-147.
让昊 . 2014. 云南富乐铅锌矿床构造—流体耦合成矿的流体地球化学证据 . 昆明理工大学硕士学位论文 .
任邦方, 凌文黎, 张军波, 等 . 2007. Zn 同位素分析方法及其地质应用 . 地质科技情报, 26（6）：30-35.
任邦方, 孙立新, 滕学建, 等 . 2012. 大兴安岭北部永庆林场-十八站花岗岩锆石 U-Pb 年龄、Hf 同位素特征. 地质调查与研究, 35（2）：109-117.

芮宗瑶，李宁，王龙生．1991．关门山铅锌矿床盆地热卤水成矿及铅同位素打靶．北京：地质出版社．
司荣军．2005．云南省富乐分散元素多金属矿床地球化学研究．中国科学院地球化学研究所博士学位论文．
司荣军，顾雪祥．2004．分散元素与金矿床．全国成矿理论与找矿方法学术研讨会．
王超伟，李元，罗海燕，等．2009．云南毛坪铅锌矿床的成因探讨．昆明理工大学学报（自然科学版），34（1）：7-11．
王磊．2016．滇东北会泽超大型铅锌矿床矿质和成矿流体来源．昆明理工大学硕士学位论文．
王磊，韩润生，张艳，等．2016．云南会泽铅锌矿田硫同位素研究．矿物岩石地球化学通报，35（6）：1248-1257．
王书来，汪东波，祝新友，等．2002．新疆塔木—卡兰古铅锌矿床成矿流体地球化学特征．地球与环境，30（4）：34-39．
吴越．2013．川滇黔地区MVT铅锌矿床大规模成矿作用的时代与机制．中国地质大学（北京）博士学位论文．
徐文炘．1991．矿物包裹体中水溶气体成分的物理化学参数图解．矿产与地质，（3）：200-206．
杨贵才，齐金忠．2008．甘肃省文县阳山金矿床地质特征及成矿物质来源．黄金科学技术，16（4）：20-24．
杨贵才，齐金忠，董华芳，等．2007．甘肃省文县阳山金矿床地质及同位素特征．地质与勘探，43（3）：37-41．
杨书桐．1993．黄铁矿的环带结构与金矿源的关系：以皖南东至金矿化区为例．地质找矿论丛，（2）：53-60．
叶水泉，曾正海．2000．南京栖霞山铅锌矿床流体包裹体研究．华东地质，21（4）：266-274．
张理刚．1985．稳定同位素在地质科学中的应用：金属活化热液成矿作用及找矿．西安：陕西科学技术出版社．
张学诚．1989．矿山厂铅锌矿一号矿体深部矿床地质特征及矿石物质成分研究．西南有色地质研究所科研报告．
张艳，韩润生，魏平堂，等．2015．云南昭通铅锌矿 pH-logf_{O_2} 和 pH-log$a$ 相图对铅锌共生分异的制约．中国地质，（2）：607-620．
张艳，韩润生，魏平堂，等．2017．云南会泽矿山厂铅锌矿床流体包裹体特征及成矿物理化学条件．吉林大学学报（地球科学版），47（3）：719-733．
张长青，毛景文，吴锁平，等．2005．川滇黔地区MVT铅锌矿床分布、特征及成因．矿床地质，24（3）：336-348．
张招崇，王福生．2003．峨眉山玄武岩Sr、Nd、Pb同位素特征及其物源探讨．地球科学，28（4）：431-439．
张振亮．2006．云南会泽铅锌矿床成矿流体性质和来源——来自流体包裹体和水岩反应实验的证据．中国科学院地球化学研究所博士学位论文．
张自超．1995．我国某些元古宙及早寒武世碳酸盐岩石的锶同位素组成．地质论评，41（4）：349-354．
郑永飞．2001．稳定同位素体系理论模式及其矿床地球化学应用．矿床地质，20（1）：57-70．
钟康惠，廖文，宋梦莹，等．2013．云南会泽铅锌矿床硫同位素问题探讨．成都理工大学学报（自然科学版），40（2）：130-138．
周朝宪．1998．滇东北麒麟厂锌铅矿床成矿金属来源、成矿流体特征和成矿机理研究．矿物岩石地球化学通报，17（1）：36-38．
朱炳泉．1998．地球科学中同位素体系理论与应用：兼论中国大陆壳幔演化．北京：科学出版社．
朱霞，倪培，黄建宝，等．2007．显微红外测温技术及其在金红石矿床中的应用．岩石学报，23（9）：22-28．
Andrew M D. 2014. Treatise on geochemistry. Holland, Elsevier Ltd.
Bodnar R J. 1983. A method of calculating fluid inclusion volumes based on vapor bubble diameters and P-V-T-X properties of inclusion fluids. Economic Geology, 78（3）：535-542.

Canals A, Cardellach E. 1997. Ore lead and sulphur isotope pattern from the low-temperature veins of the Catalonian Coastal Ranges (NE Spain). Mineralium Deposita, 32 (3): 243-249.

Claypool G E, Holser W T, Kaplan I R, et al. 1980. The age curves of sulfur and oxygen isotopes in marine sulfate and their mutual interpretation. Chemical Geology, 28 (80): 199-260.

Dejonghe L, Boulégue J, Demaiffe D, et al. 1989. Isotope geochemistry (S, C, O, Sr, Pb) of the Chaudfontaine mineralization (Belgium). Mineralium Deposita, 24 (2): 132-140.

Dixon G, Davidson G J. 1996. Stable isotope evidence for thermochemical sulfate reduction in the Dugald river (Australia) strata-bound shale-hosted zinc+lead deposit. Chemical Geology, 129 (3-4): 227-246.

Faure G. 1977. Principles of isotope geology. New York: John Wiley & Sons.

Ghazban F, Schwarcz H P, Ford D C. 1990. Carbon and sulfur isotope evidence for in situ reduction of sulfate, Nanisivik lead- zinc deposits, Northwest Territories, Baffin Island, Canada. Economic Geology, 85 (2): 360-375.

Han R S, Liu C Q, Huang Z L, et al. 2007. Geological features and origin of the Huize carbonate- hosted Zn- Pb- (Ag) District, Yunnan, South China. Ore Geology Reviews, 31 (1): 360-383.

Hoefs J. 1997. Stable isotope geochemistry. Berlin: Springer- Verlag.

Holser W T, Magaritz M, Ripperdan R L. 1996. Global Isotopic Events. In: Walliser O H (ed.). Global Events and Event Stratigraphy in the Phanerzoic. Berlin: Springer- Verlag.

Hu M A, Disnar J R, Sureau J F. 1995. Organic geochemical indicators of biological sulphate reduction in early diagenetic Zn-Pb mineralization: The Bois- Madame deposit (Gard, France). Applied Geochemistry, 10 (4): 419-435.

Jorgenson B B, Isaksen M F, Jannasch H W. 1992. Bacterial sulfate reduction above 100°C in deep-sea hydrothermal vent sediments. Science, 258 (5089): 1756-1757.

Keller J, Hoefs J. 1995. Stable isotope characteristics of recent natrocarbonatites from Oldoinyo Lengai. Carbonatite Volcanism. Springer Berlin Heidelberg: 113-123.

Kharaka Y K, Maest A S, Carothers W W, et al. 1987. Geochemistry of metal- rich brines from central Mississippi Salt Dome basin, U. S. A. Applied Geochemistry, 2: 543-561.

Kiyosu Y, Krouse H R. 1993. Thermochemical reduction and sulfur isotopic behavior of sulfate by acetic acid in the presence of native sulfur. Geochemical Journal, 27 (1): 49-57.

Leach D L, Sangster D F, Kelley K D, et al. 2005. Sediment- hosted lead- zinc deposits: A global perspective. Economic Geology, 100: 561-607.

Machel H G. 1989. Relationships between sulphate reduction and oxidation of organic compounds to carbonate diagenesis, hydrocarbon accumulations, salt domes, and metal sulphide deposits. Carbonates & Evaporites, 4 (2): 137-151.

Ohmoto H. 1972. Systematics of sulfur and carbon isotopes in hydrothermal ore deposits. Economic Geology, 67 (5): 551-578.

Ohmoto H. 1979. Isotopes of sulfur and carbon. Geochemistry of Hydrothermal Ore Deposits: 509-567.

Ohmoto H. 1986. Stable isotope geochemistry of ore deposits. Reviews in Mineralogy & Geochemistry, 16 (6): 491-559.

Ohmoto H. 1997. Sulfur and carbon isotopes. Geochemistry of Hydrothermal Ore Deposits: 517-612.

Ohmoto H, Kaiser C J, Geer K A. 1990. Systematics of sulphur isotopes in recent marine sediments and ancient sediment- hosted base metal deposits. Stable isotopes and fluid processes in mineralisation, 23: 70-120.

Peter O. 2007. Evidence of Zn isotopic fractionation in a soil- plant system of a pristine tropical watershed (Nsimi, Cameroon). Chemical Geology, 239 (1-2): 124-137.

Potter R W I. 1977. Pressure correction for fluid inclusion homog- enization temperatures, based on the volumetric properties of the system NaCl-H_2O. J Res V S Geol Surv, 5: 603-607.

Reed M H. 2006. Sulfide mineral precipitation from hydrothermal fluids. Reviews in Mineralogy & Geochemistry, 61 (3): 95-109.

Roedder E. 1984. Fluid inclusions. Mineralogy (12): 337-359, 413-471.

Sangster D F, Savard M M, Kontak D J. 1998. Sub-basin-specific Pb and Sr sources in Zn-Pb deposits of the Lower Windsor Group, Nova Scotia, Canada. Economic Geology, 93 (6): 911-919.

Seal R R I. 2006. Sulfur isotope geochemistry of sulfide minerals. Reviews in Mineralogy & Geochemistry, 61 (1): 633-677.

Spangenberg J, Fontboté L, Sharp Z D, et al. 1996. Carbon and oxygen isotope study of hydrothermal carbonates in the zinc-lead deposits of the San Vicente district, central Peru: A quantitative modeling on mixing processes and CO_2 degassing. Chemical Geology, 133 (s 1-4): 289-315.

Stacey J S, Kramers J D. 1975. Approximation of terrestrial lead isotope evolution by a two- stage model. Earth & Planetary Science Letters, 26 (2): 207-221.

Stoffell B, Wilkinson J J, Jeffries T E. 2004. Metal transport and deposition in hydrothermal veins revealed by 213 nm UV laser ablation microanalyses of single fluid inclusions. American Journal of Science, 304: 533-557.

Viers J, Oliva P, Nonell A, et al. 2007. Evidence of Zn isotopic fractionation in a soil- plant system of a pristine tropical watershed (Nsimi, Cameroon) . Chemical Geology, 239 (1): 124-137.

Wilkinson J J, Stoffell B, Wilkinson C C, et al. 2009. Anomalously metal- rich fluids from hydrothermal ore deposits. Science 323: 764-767.

Zartman R E, Doe B R. 1981. Plumbotectonics: The model. Tectonophysics, 75 (1-2): 135-162.

Zhang Y, Han R S, Wei P T, et al. 2017. Identification of two types of metallogenic fluids in the ultra-large Huize Pb-Zn Deposit, SW China. Geofluids, (1): 1-22.

Zheng Y F. 1990. Carbon- oxygen isotopic covariation in hydrothermal calcite during degassing of CO_2. Mineralium Deposita, 25 (4): 246-250.

Zheng Y F, Hoefs J. 1993. Carbon and oxygen isotopic covariations in hydrothermal calcites. Mineralium Deposita, 28 (2): 79-89.

Zhou C X, Wei S S, Guo J Y. 2001. The source of metals in the Qilichang Zn- Pb deposit, northeastern Yunnan, China: Pb-Sr isotope constrains. Economic Geology, 96: 583-598.

Zhou J X, Huang Z L, Yan Z. 2013. The origin of the Maozu carbonate- hosted Pb- Zn deposit, southwest China: Constrained by C-O-S-Pb isotopic compositions and Sm-Nd isotopic age. Journal of Asian Earth Sciences, 73 (5): 39-47.

第八章　流体“贯入”-交代成矿论（四）——实验地球化学

已有研究认为，铅锌主要有三种运移-沉淀模式：流体混合模式、硫酸盐还原模式、还原硫模式（见第一章第四节详述）。会泽富锗铅锌矿床赋矿岩石中无大量有机质存在，但白云石化非常强烈，因此硫酸盐还原模式（$SO_4^{2-}+Zn^{2+}+CH_4 = ZnS+2H_2O+CO_2$）不适用该矿床；还原硫模式则很难形成大型的、高品位的铅锌矿床，明显与会泽富锗铅锌矿品位特高矿体规模大相悖；流体混合作用应是形成会泽超大型矿床的主要沉淀机制（见第九章）。因此，本章以该矿床为例，主要模拟流体混合模式中各种可能的过程，为铅锌运移、沉淀机制研究提供重要依据，进一步弄清元素迁移与沉淀机理。

本章实验在中国科学院广州地球化学所矿物学与成矿学重点实验室完成，XRD 和 EPMA 测试在华南理工大学测试中心完成，水样测试在澳实分析测试（广州）有限公司完成。

pH 测定仪器为 Mettler Toledo 公司生产的 pH 计，pH 计每天用配制好的缓冲溶液（GGJ-119）进行三点校准。

XRD 测试仪器为德国 Bruker 公司生产的 D8ADVANCE，实验条件为铜靶，入射线波长 0. 15418nm，Ni 滤波片，管压 40kV，管流 40mA，扫描范围为 5°～90°，扫描步长 0. 02°，扫描速度 19. 2s/步，狭缝 DS0. 5°RS8mm（对应 LynxExe 阵列探测器）。

EPMA 测试仪器为日本 Shimadzu 公司生产的 EPMA-1600 并配备美国 EDAX 公司 Gensis 能谱仪，实验条件为加速电压 2. 0kV，二次电子分辨率 6nm，X 射线检出角 52. 5°，能量分辨率为 120eV。

第一节　成矿实验准备

一、实验约束条件

会泽富锗铅锌矿床尚无单个流体包裹体 LA-ICP-MS 原位测试数据（尤其是金属含量），本章参照有较多数据的 MVT 铅锌矿床成矿流体中的金属含量来配制相关的溶液。

Carpenter 等（1974）是首次检测到成矿区盆地卤水中金属含量的研究者，他们分析了 Gulf Coast 地区几十个矿床的盆地卤水并发现 Pb 的浓度达到了 111×10^{-6}，Zn 则高达 575×10^{-6}。

Yardley（2005）报道了 Pb、Zn 的浓度分别达到 100×10^{-6} 和 $n\times10^{-4}$。一些早期研究也在 Cave-in-Rock 地区 MVT 矿床的流体包裹体中检测到了金属含量（Czamanske et al.，1963；Pinckney and Haffty，1970）。Czamanske 等（1963）发现萤石流体包裹体中 Zn 超过了 500×10^{-6}，Pinckney 和 Haffty（1970）报道了 Zn 的范围为 10×10^{-6}～1040×10^{-6}。一般来说，从早阶段到晚阶段，金属含量降低，但具明显分散性。

Stoffell 等（2008）用 LA-ICP-MS 分析了 Tri-State 和 Arkansas 北部的 MVT 矿集区的单个流体包裹体中金属的含量，Pb、Zn 浓度分别在 $0.7\times10^{-6}\sim95\times10^{-6}$ 和 $0.2\times10^{-6}\sim400\times10^{-6}$，最大值都来自闪锌矿的流体包裹体。石英和方解石流体包裹体中的 Zn 浓度在 $0.1\times10^{-6}\sim34\times10^{-6}$。

Wilkinson 等（2009）根据 LA-ICP-MS 分析的 Arkansas 北部 MVT 矿集区流体包裹体中 Pb 的浓度和盆地卤水中的 Zn/Pb 值估算 Zn 浓度达到了 3000×10^{-6}。闪锌矿流体包裹体中得到的数据比利用共生脉石矿物流体包裹体中得到的数据高两个数量级。Wilkinson 等（2009）推断，即便有明显的岩相学证据证明脉石矿物与矿石矿物共生，脉石矿物中流体包裹体的分析结果也无法代表成矿流体。

现取 Pb 浓度约 100×10^{-6}，Zn 浓度约 500×10^{-6} 配制溶液。

根据 $b=w\rho1000/M$，其中 b 为质量摩尔浓度，w 为质量浓度，ρ 为密度，M 为摩尔质量。将 $w_{Pb}=100$，$M_{Pb}=207.2$，$w_{Zn}=500$，$M_{Zn}=65.41$，$\rho=1$ 代入计算得 $b_{Pb}=0.00048$mol/kg，$b_{Zn}=0.0076$mol/kg。为计算方便取 $b_{Pb}=0.0005$mol/kg，$b_{Zn}=0.01$mol/kg，其质量浓度分别为 103.6×10^{-6} 和 654.1×10^{-6}。

在水溶液中高价金属离子如 Fe^{3+}、Al^{3+} 等会发生强烈水解，同样二价金属离子如 Fe^{2+}、Cu^{2+}、Pb^{2+}、Zn^{2+} 等在一定范围内也可以水解。金属氢氧化物的沉淀直接受溶液 pH 的控制，也是元素迁移的最大威胁，所以配制溶液时要尤其注意 pH，以防止阳离子水解。根据勒沙特列原理，加酸使 H^+ 浓度增大，平衡向左移动（表 8-1），因此加酸可以抑制水解。

表 8-1　NaCl 溶液中 Fe、Pb、Zn 的主要化学反应

序号	反应方程式	序号	反应方程式
1	$Zn^{2+}+H_2O \rightleftharpoons ZnOH^++H^+$	9	$Pb^{2+}+H_2O \rightleftharpoons PbOH^++H^+$
2	$Zn^{2+}+2H_2O \rightleftharpoons Zn(OH)_2\downarrow+2H^+$	10	$Pb^{2+}+2H_2O \rightleftharpoons Pb(OH)_2\downarrow+2H^+$
3	$Zn^{2+}+3H_2O \rightleftharpoons Zn(OH)_3^-+3H^+$	11	$Pb^{2+}+3H_2O \rightleftharpoons Pb(OH)_3^-+3H^+$
4	$Zn^{2+}+4H_2O \rightleftharpoons Zn(OH)_4^{2-}+4H^+$	12	$PbCl_2+2NaCl = Na_2PbCl^{3+}+3Cl^-$
5	$ZnCl_2+2NaCl = Na_2ZnCl^{3+}+3Cl^-$	13	$PbCl_2+2NaCl = Na_2PbCl_2^{2+}+2Cl^-$
6	$ZnCl_2+2NaCl = Na_2ZnCl_2^{2+}+2Cl^-$	14	$PbCl_2+2NaCl = Na_2PbCl_3^++Cl^-$
7	$ZnCl_2+2NaCl = Na_2ZnCl_3^++Cl^-$	15	$PbCl_2+2NaCl = Na_2PbCl_4$
8	$ZnCl_2+2NaCl = Na_2ZnCl_4$		

金属氯络合物的稳定常数比金属羟基络合物高至少 4 个数量级（表 8-2），因此前者稳定性远高于后者。当用纯水稀释 2.5mol/L 的 $ZnCl_2$ 溶液时，马上出现白色絮状沉淀，而用 4mol/L 的 NaCl 溶液稀释时则无沉淀生成，此时 $ZnCl_2$ 转变为更稳定更高配位的 Na_2ZnCl_4 络合物，因此加入过量的氯化钠可使金属主要以氯络合物形式存在。

表 8-2　金属-无机配位体络合物的稳定常数（25℃）

配位体	金属离子	配位体数目 n	$\lg\beta_n$
Cl	Pb^{2+}	1，2，3	1.42，2.23，3.23
	Zn^{2+}	1，2，3，4	0.43，0.61，0.53，0.20
OH	Pb^{2+}	1，2，3	7.82，10.85，14.58
	Zn^{2+}	1，2，3，4	4.40，11.30，14.14，17.66

注：β_n为累积稳定常数

以锌为例，根据β_1＝［H^+］／［Zn^{2+}］，代入累积稳定常数可计算不同浓度下 pH-$\lg a_{Zn^{2+}}$的关系式，做 pH-$\lg a_{Zn^{2+}}$图（图 8-1）。当［Zn^{2+}］＝0.01mol/kg，pH＝6.4，锌水解生成白色絮状沉淀 $Zn(OH)_2$。NaCl 溶液 pH＝7，所以配制过程中要适当加酸调节酸度以防止阳离子水解。

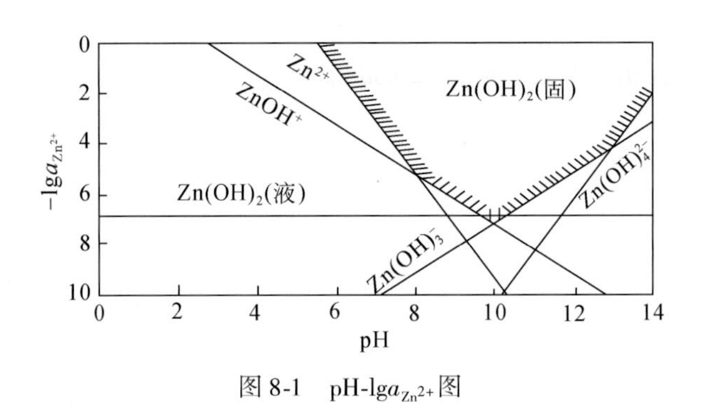

图 8-1　pH-$\lg a_{Zn^{2+}}$图

二、溶 液 配 制

1）Na_2ZnCl_4溶液

分别称取 0.3408g 和 14.61g 分析纯 $ZnCl_2$和 NaCl，放入用去离子水洗净的烧杯中，加去离子水搅拌使其溶解，转入 250mL 容量瓶中，以去离子水冲洗烧杯和玻棒后转入容量瓶，定容后摇匀备用。b_{ZnCl_2}＝0.01mol/kg，b_{NaCl}＝1mol/kg。

2）Na_2PbCl_4溶液

在 4mol/L 的 NaCl 中最多可溶解 0.01mol/L 的 $PbCl_2$，$PbCl_2$转变为更稳定更高配位的 Na_2PbCl_4络合物；若用 1mol/L 的 NaCl 则无法溶解 0.01mol/L 的 $PbCl_2$；当用 1mol/L 的 $ZnCl_2$溶液来溶解 0.005mol/L 的 $PbCl_2$时则有部分 $PbCl_2$溶不了，说明锌的络合能力更强，抢夺了 $PbCl_2$中的 Cl^-。

当铅的浓度太低时用于滴定的 NaHS 溶液浓度更低，这时需加入大量的 NaHS 溶液才能产生很少的沉淀，在一份较大体积的溶液中肉眼很难观察到微小的沉淀，所以为了方便观察混合反应中沉淀的生成，单独配制的 $PbCl_2$溶液的浓度是混合溶液的 10 倍即 0.005mol/L。

分别称取 0.03476g 和 14.61g 分析纯 $PbCl_2$和 NaCl，放入用去离子水洗净的烧杯中，加去离子水搅拌使其溶解，转入250mL容量瓶中，以去离子水冲洗烧杯和玻棒后转入容量瓶，定容后摇匀备用，b_{PbCl_2}=0.005mol/kg（$PbCl_2$的溶解度很小，已接近饱和），b_{NaCl}-1mol/kg。

3）NaHS溶液

称取14.02gNaHS，放入用去离子水洗净的烧杯中，加去离子水搅拌使其溶解，转入250mL容量瓶中，以去离子水冲洗烧杯和玻棒后转入容量瓶，定容后摇匀备用。b_{NaHS}=1mol/kg，将该母液逐级稀释到0.1mol/kg，0.01mol/kg，0.001mol/kg，0.02mol/kg，0.002mol/kg，0.0002mol/kg等浓度，备用。

4）含Pb、Zn混合溶液①

分别称取29.22g、0.0277g、0.0508g分析纯NaCl、$CaCl_2$和$MgCl_2$，放入用去离子水洗净的烧杯中，加去离子水搅拌使其溶解于约100mL水中，将称取好的0.3408g $ZnCl_2$，0.0348g $PbCl_2$逐个加入盐溶液中，为防止Pb、Zn水解，加入几滴盐酸使pH小于4。转入250mL容量瓶中，以去离子水冲洗烧杯和玻棒后转入容量瓶，定容后摇匀备用。b_{PbCl_2}=0.0005mol/kg，b_{ZnCl_2}=0.01mol/kg，b_{NaCl}=2mol/kg，b_{CaCl_2}=0.002mol/kg，b_{MgCl_2}=0.002mol/kg。

5）含Pb、Zn混合溶液②

分别称取29.22g、0.0277g、0.0508g分析纯NaCl、$CaCl_2$和$MgCl_2$，放入用去离子水洗净的烧杯中，加去离子水搅拌使其溶解于约100mL水中，将称取好的0.3408g $ZnCl_2$，0.0348g $PbCl_2$逐个加入盐溶液中，为防止Pb、Zn水解，同时保证滴加NaHS时不沉淀，加入几滴盐酸使pH小于2。取25mL 0.001mol/kg的NaHS于另一烧杯中，稀释至100mL，在不断搅拌下用滴管将NaHS逐滴加入上述混合溶液中，滴加完后转入250mL容量瓶中，以去离子水冲洗烧杯和玻棒后转入容量瓶，定容后摇匀备用。b_{PbCl_2}=0.0005mol/kg，b_{ZnCl_2}=0.01mol/kg，b_{NaCl}=2mol/kg，b_{CaCl_2}=0.002mol/kg，b_{MgCl_2}=0.002mol/kg，b_{NaHS}=0.0001mol/kg。

配置过程中所使用试剂均为分析纯，实验用水为超纯去离子水。

三、硫化物沉淀

按上述方法配制一定浓度的Pb、Zn溶液及其混合溶液，并与合适浓度的NaHS反应以获得硫化物沉淀（表8-3），因为要做X多晶衍射，需要一定量的粉末样品，所用溶液浓度均较大。

表8-3　硫化物沉淀的反应溶液

样号	硫化物	反应溶液	
1#	PbS	100mL 0.005mol/L $PbCl_2$	0.5mL 1mol/L NaHS
2#	ZnS	5mL 2.5mol/L $ZnCl_2$	12.5mL 1mol/L NaHS
3#	ZnS+PbS	5mL 1mol/L $ZnCl_2$，0.005mol/L $PbCl_2$ 25mL 50mL 0.005mol/L $PbCl_2$	6mL 1mol/L NaHS

将反应后溶液离心分离后过滤，沉淀烘干后送华南理工大学测试中心做XRD测试，测试结果表明（图8-2～图8-4）：含金属溶液与含NaHS溶液混合，生成较为纯净的方铅矿、

闪锌矿或二者共存的硫化物沉淀，因此实验方案可行。

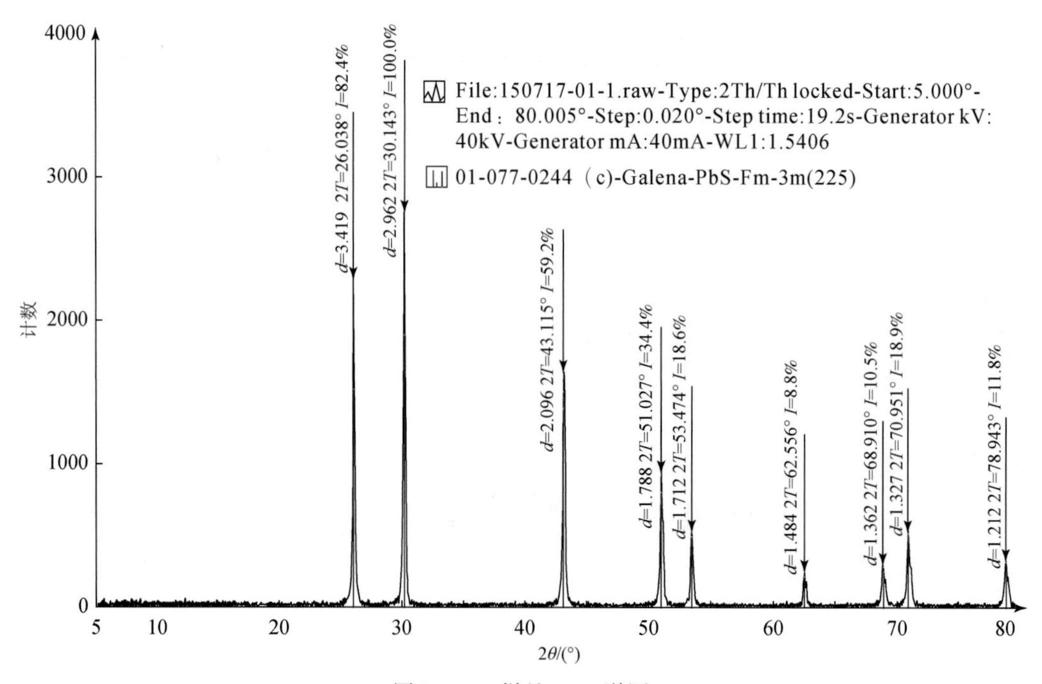

图 8-2　1#样品 XRD 谱图

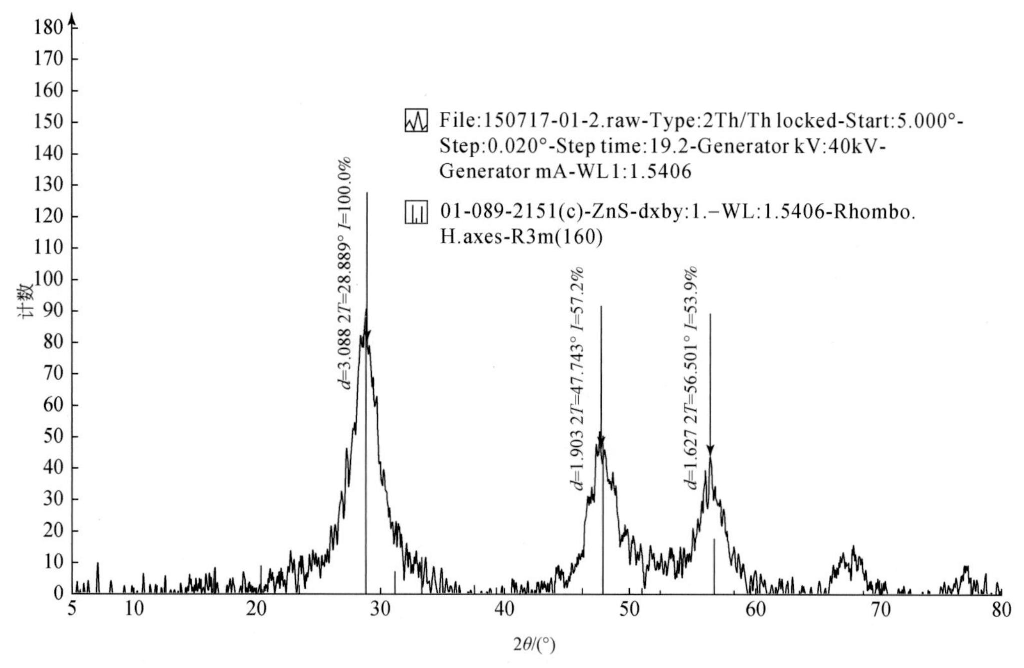

图 8-3　2#样品 XRD 谱图

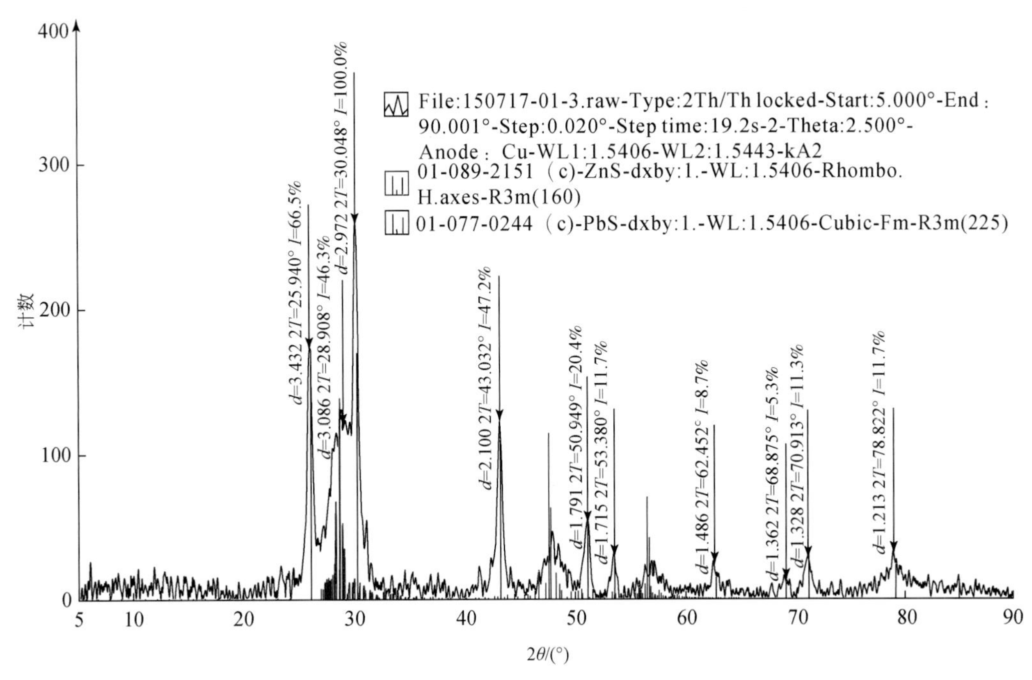

图 8-4　3#样品 XRD 谱图

第二节　流体混合作用实验

一、常温常压下流体混合实验

混合作用在各类热液矿床形成中起了重要作用，对揭示大型-超大型矿床形成机理具有重要意义。随着研究的不断深入，人们越来越相信流体混合模式是形成大型-超大型矿床最可能的方式。然而，在流体混合过程中，到底发生了哪些化学反应使金属以硫化物形式沉淀，是 Anderson（1975），Corbella 等（2004），Leach 等（2005），Reed（2006）等认为的金属与 H_2S 反应，还是 Reed（2006）等认为的与 HS^- 反应，或是与 S^{2-} 反应，这些反应的化学动力学过程如何？哪些因素控制了反应的发生和进行？关于以上问题的研究尚未见有关报道。本章拟通过水热实验研究，结合热力学相图来模拟和探讨流体混合过程中的上述问题。

目前，尚无可靠的高温高压设备可进行高温高压下使流体化学组分改变并在线实时观测、取样、测试的操作，图 8-5 表明，Pb、Zn 的氯络合物在高温下比在低温下稳定得多，即常温常压下都能稳定存在的 Pb、Zn 氯络合物在高温高压下也必能稳定存在；而且 HZT 矿床成矿温度和压力都较低，主要在 50 ~ 250℃ 和 100MPa 以内，在此温压范围内氯络合物稳定性变化并不大，因此常温常压下化学反应所具有的规律同样适用于该类矿床的成矿温度和压力范围内。所以，所有实验均在常温常压下完成。

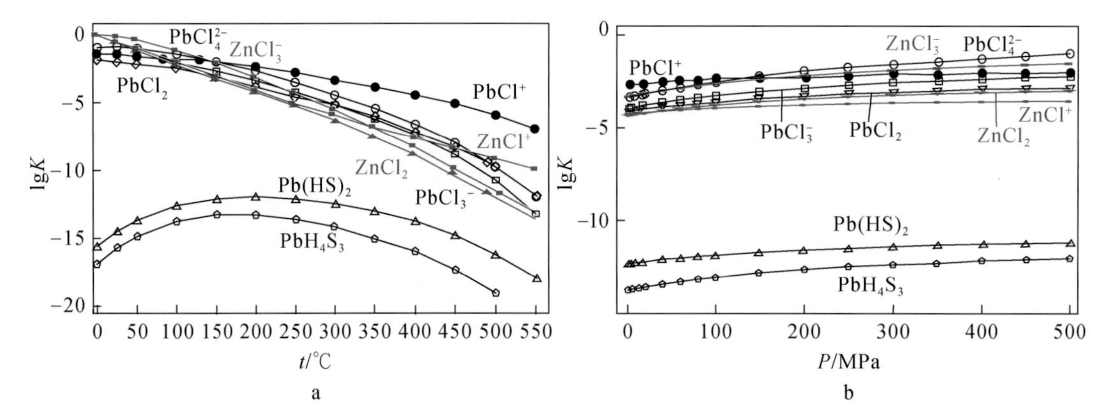

图 8-5　温度压力对络合物稳定性的影响（据 Reed，2006 修改）

a. 络合物的 t-lg K 图（P=80.0 MPa）；b. 络合物的 P-lg K 图（t=200℃）

（一）实验方法

本次实验根据所含金属种类分以下三组。

（1）含 Zn 溶液与 NaHS 溶液混合：取 10mL 配制好的含 Zn 溶液于 50mL 塑料小瓶中，调节酸度为 pH=2.09、2.70、3.76、5.00 和 5.80，用 0.002mol/L NaHS 溶液滴定。

（2）含 Pb 溶液与 NaHS 溶液混合：取 10mL 配制好的含 Pb 溶液于 50mL 塑料小瓶中，调节酸度为 pH = 1.38、2.38、2.42、3.00、3.2、4.00、5.00 和 6.00，用 0.0002mol/L NaHS 溶液滴定。

（3）含 Pb-Zn 混合溶液与 NaHS 溶液混合：取 10mL 配制好的 Pb、Zn 混合溶液于 50mL 塑料小瓶中，调节酸度为 pH=2.40、3.32、1.66、3.90，用 0.002mol/L NaHS 溶液滴定。

在不断摇动下缓慢滴加 NaHS 溶液，以免局部相对过饱和度太大，仔细观察是否生成沉淀，并记录 pH，直至沉淀出现后过量几毫升，快速加入过量的 0.1mol/kg NaHS 溶液，测定不同时间下的 pH。待 pH 稳定后，过滤分离样品液固相，固相干燥后做 XRD 分析。

由于表面化学作用原理，反应生成的沉淀将附着在岩石颗粒表面，为了便于直观地观察反应生成的硫化物沉淀并分析沉淀成分，在平行实验中使用了 HZT 富锗铅锌矿床最常见的赋矿围岩——白云岩，样品采自云南会泽矿区。因此另三组平行实验在滴定前加入 2g 40 目细晶白云岩样品。该平行实验的目的是更直观地观察反应生成的硫化物沉淀和分析沉淀成分，且加入白云岩后，水岩反应导致 pH 升高，此时的 pH 无法准确反映沉淀反应的过程和原理，所以只是在滴定反应数日后，过滤分离液固相，固相干燥后做 EPMA 分析。

（二）滴定实验结果

1. 滴定原始记录

（1）含 Zn 溶液与 NaHS 溶液混合，见表 8-4 ~ 表 8-6。

表 8-4 NaHS 用量与 pH

Hh-26	体积/mL	0.00	0.20	0.40	0.60	0.80	1.00	1.20	1.40	1.60	1.80	2.00	2.20
	pH	5.00	5.05	5.11	5.16	5.20	5.25	5.28	5.31	5.34	5.38	5.39	5.41
	体积/mL	2.40	2.60	2.80	3.00	5.00	7.00	9.00	11.00				
	pH	5.42	5.44	5.45	5.45	5.48	5.33	5.23	5.13				
Hh-27	体积/mL	0.00	0.20	0.40	0.60	0.80	1.00	3.00	5.00	7.00	9.00	11.00	13.00
	pH	5.80	5.87	5.90	5.93	5.99	6.01	6.07	6.10	6.13	6.15	6.14	6.10
Hh-28	体积/mL	0.00	0.50	1.00	1.50	2.00	2.50	3.00	3.50	4.00	4.50	5.00	5.50
	pH	3.76	3.77	3.79	3.80	3.82	3.84	3.85	3.88	3.90	3.92	3.94	3.96
	体积/mL	6.00	8.00	10.00	12.00	14.00							
	pH	3.97	3.98	4.00	4.02	4.05							
Hh-29	体积/mL	0.00	0.30	1.00	1.50	2.00	2.50	3.00	3.30	3.50	4.00	4.50	5.00
	pH	2.70	2.80	2.87	2.91	2.97	3.02	3.06	3.07	3.08	3.11	3.13	3.14
	体积/mL	7.00	9.00	11.00	13.00	15.00	17.00						
	pH	3.18	3.23	3.25	3.26	3.25	3.24						
Hh-30	体积/mL	0.00	0.50	1.00	1.50	2.00	2.50	3.00	3.50	4.00	4.50	5.00	5.50
	pH	2.09	2.12	2.15	2.19	2.22	2.25	2.29	2.32	2.34	2.37	2.40	2.43
	体积/mL	6.00	6.50	7.00	7.50	8.00	8.50	9.00	10.00	10.50	11.00	12.00	13.00
	pH	2.45	2.47	2.50	2.53	2.56	2.58	2.60	2.63	2.65	2.67	2.71	2.75
	体积/mL	14.00	15.00	16.00	18.00	20.00	22.00	24.00	26.00	28.00	30.00	32.00	34.00
	pH	2.78	2.82	2.85	2.91	2.96	3.00	3.03	3.06	3.08	3.08	3.07	3.07

表 8-5 刚出现沉淀时 NaHS 用量与初始 pH 关系

样品号	Hh-11	Hh-14	Hh-17	Hh-12	Hh-16	Hh-15	Hh-13
初始 pH	2.10	3.00	4.00	4.10	4.20	5.00	6.00
NaHS 用量/mL	15.55	4.50	2.95	3.00	2.55	1.85	0.40
样品号	Hh-30	Hh-29	Hh-28	Hh-26	Hh-27		
初始 pH	2.09	2.70	3.76	5.00	5.80		
NaHS 用量/mL	16.00	6.00	3.88	1.80	0.40		

向表 8-4 中滴定后的溶液中加入过量的 0.1mol/L NaHS 溶液，立即生成大量沉淀，pH 与时间的关系见表 8-6。

表 8-6 加入过量 NaHS 后 pH 与时间的关系

样号	初始	0.00h	0.02h	0.20h	0.50h
Hh-26	5.00	5.13	2.73	2.69	2.70
Hh-27	5.80	6.10	3.17	3.16	3.15
Hh-28	3.76	4.05	2.57	2.53	2.71

续表

样号	初始	0. 00h	0. 02h	0. 20h	0. 50h
Hh-29	2. 70	3. 24	2. 79	2. 75	2. 76
Hh-30	2. 09	3. 07	2. 78	2. 76	2. 76

（2）含 Pb 溶液与 NaHS 溶液混合见表 8-7 ~ 表 8-9。

表 8-7　NaHS 用量与 pH

样号	体积/mL	0. 00	0. 20	0. 40	0. 60	0. 80	1. 00	1. 20	1. 40	1. 60	1. 80	2. 00	2. 20	2. 40
Hh-41	pH	2. 42	2. 42	2. 43	2. 44	2. 46	2. 48	2. 49	2. 51	2. 52	2. 55	2. 56	2. 58	2. 59
Hh-42	pH	3. 00	3. 15	3. 35	3. 48	3. 57	3. 63	3. 68	3. 72	3. 75	3. 78			
Hh-43	pH	4. 00	4. 66	4. 74	4. 80	4. 87	4. 93	4. 97						
Hh-44	pH	5. 00	5. 05	5. 10	5. 14	5. 17								
Hh-45	pH	6. 00	6. 00	6. 08	6. 14									
Hh-7	体积/mL	0. 00	0. 20	0. 40	0. 60	0. 80	1. 00	1. 20	1. 40	1. 60	1. 80	2. 00	2. 20	2. 40
	pH	3. 20	3. 29	3. 66	3. 77	3. 85	3. 93	3. 98	4. 02	4. 06	4. 10	4. 15	4. 18	4. 38
	体积/mL	6. 20	8. 20	10. 20	12. 20	14. 20	16. 20	18. 20	20. 20	22. 20	24. 20			
	pH	4. 39	4. 42	4. 46	4. 49	4. 52	4. 60	4. 50	4. 45	4. 49	4. 54			
Hh-8	体积/mL	0. 00	0. 50	1. 00	1. 50	2. 00	2. 50	3. 00	5. 00	7. 00	9. 00	11. 00	13. 00	15. 00
	pH	2. 38	2. 44	2. 43	2. 46	2. 50	2. 54	2. 58	2. 68	2. 77	2. 82	2. 91	2. 96	3. 01
Hh-9	体积/mL	0. 00	0. 20	0. 50	1. 00	1. 50	2. 00	2. 50	3. 00	3. 50	4. 00	5. 00	6. 00	7. 00
	pH	1. 38	1. 36	1. 38	1. 40	1. 43	1. 46	1. 48	1. 52	1. 54	1. 56	1. 60	1. 64	1. 67
	体积/mL	8. 00	10. 00											
	pH	1. 70	1. 75											

表 8-8　初始 pH 与刚出现的沉淀 NaHS 用量

样品号	Hh-41	Hh-42	Hh-43	Hh-44	Hh-45	Hh-7	Hh-8	Hh-9
初始 pH	2. 42	3. 00	4. 00	5. 00	6. 00	1. 20	2. 00	7. 00
NaHS 用量/mL	2. 00	1. 40	0. 80	0. 40	0. 20	3. 20	2. 38	1. 38

向表 8-7 中滴定后的溶液加入过量的 0. 01mol/L NaHS 溶液，立即生成大量沉淀，pH 与时间的关系见表 8-9。

表 8-9　加入过量 NaHS 后 pH 与时间的关系

样号	初始	0. 00	0. 02	0. 50	3. 00
Hh-7	3. 20	4. 54	3. 28	3. 13	3. 13
Hh-8	2. 38	3. 01	2. 71	2. 64	2. 63
Hh-9	1. 38	1. 75	1. 75	1. 70	1. 70

（3）Pb、Zn 混合溶液①与 NaHS 溶液混合，见表 8-10 ~ 表 8-12。

表 8-10　NaHS 用量与 pH

Hh-46	体积/mL	0.00	0.20	0.40	0.60	0.80	1.00	1.20	1.40	1.60	1.80	2.00	4.00
	pH	3.32	3.33	3.35	3.37	3.38	3.39	3.42	3.44	3.46	3.47	3.49	3.51
	体积/mL	6.00	8.00	10.00	15.00								
	pH	3.53	3.54	3.56	3.57								
Hh-47	体积/mL	0.00	0.20	0.40	0.60	0.80	1.00	1.20	1.40	1.60	1.80	2.00	2.20
	pH	2.40	2.43	2.45	2.47	2.48	2.49	2.50	2.51	2.52	2.54	2.55	2.56
	体积/mL	2.40	2.60	2.80	3.00	5.00	7.00	9.00					
	pH	2.58	2.59	2.59	2.60	2.66	2.73	2.77					
Hh-48	体积/mL	0.00	0.20	0.40	0.60	0.80	1.00	1.20	1.40	1.60	1.80	2.00	2.20
	pH	1.66	1.72	1.74	1.76	1.7700	1.79	1.80	1.81	1.82	1.84	1.85	1.87
	体积/mL	2.40	2.60	2.80	3.00	5.00	7.00	9.00	11.00	16.00	21.00	26.00	
	pH	1.88	1.89	1.91	1.92	2.01	2.08	2.14	2.20	2.31	2.40	2.48	
Hh-49	体积/mL	0.00	0.20	0.40	0.60	0.80	1.00	1.20	1.40	1.60	1.80	2.00	2.20
	pH	3.90	3.94	3.99	4.01	4.0300	4.04	4.05	4.06	4.07	4.08	4.09	4.11
	体积/mL	2.40	2.60	2.80	3.00	5.00	7.00	9.00	11.00				
	pH	4.12	4.12	4.13	4.14	4.18	4.24	4.28	4.33				

表 8-11　初始 pH 与刚出现的沉淀 NaHS 用量

样品号	Hh-46	Hh-47	Hh-48	Hh-49
初始 pH	1.66	2.40	3.32	3.90
NaHS 用量/mL	2.40	1.40	0.60	0.20

向表 8-10 中滴定后的溶液加入过量的 0.01mol/LNaHS 溶液，立即生成大量沉淀，pH 与时间的关系见表 8-12。

表 8-12　加入过量 NaHS 后 pH 与时间的关系

样号	初始	0.00h	0.02h	0.20h	0.50h
Hh-46	3.32	3.57	2.26	2.25	2.23
Hh-47	2.40	2.77	2.08	2.08	2.08
Hh-48	1.66	2.48	2.43	2.32	2.30
Hh-49	3.90	4.33	2.56	2.49	2.48

2. 含金属溶液的 NaHS 滴定曲线

随着 NaHS 的不断加入（图 8-6），无论是只含铅或锌的溶液还是铅锌的混合溶液，都具有相同的趋势，溶液的 pH 缓慢升高，这主要是因为 NaHS 为强碱弱酸盐，在水溶液中弱酸根易水解使溶液呈弱碱性，$pH_{NaHS}\approx 9$，$2HS^{-}+2H_2O \rightleftharpoons 2S^{2-}+4OH^{-}$。

前已述及，Pb^{2+}、Zn^{2+} 在水溶液中也易水解使溶液呈酸性，尤其在碱性溶液中水解强烈，为保证元素能以氯络合物形式大量迁移，流体必须为酸性，所以当 NaHS 逐滴加入酸性的含金属溶液中后，酸碱中和反应使溶液的 pH 逐渐升高，$H^{+}+OH^{-} \rightleftharpoons H_2O$。

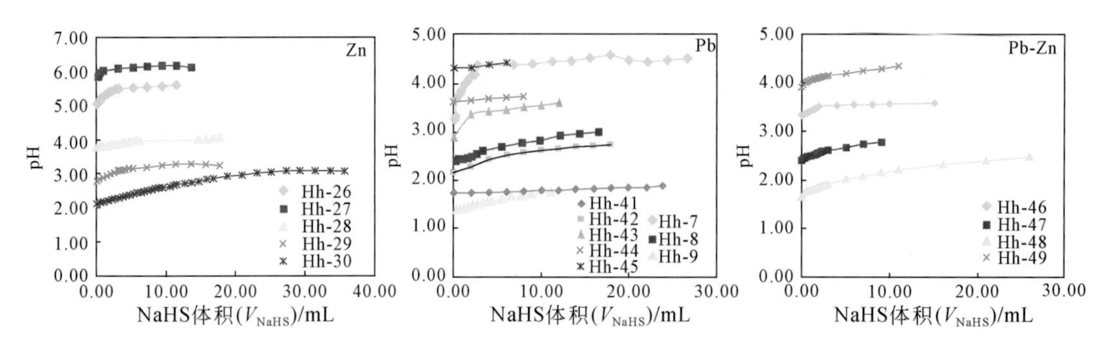

图 8-6　含金属溶液的 NaHS 滴定曲线

3. 混合滴定结果

图 8-7a～c 为不同初始 pH 的含金属溶液刚刚出现沉淀时滴定加入的 NaHS 溶液体积，图 8-7d～f 为加入过量 NaHS 溶液后不同时间下的 pH。

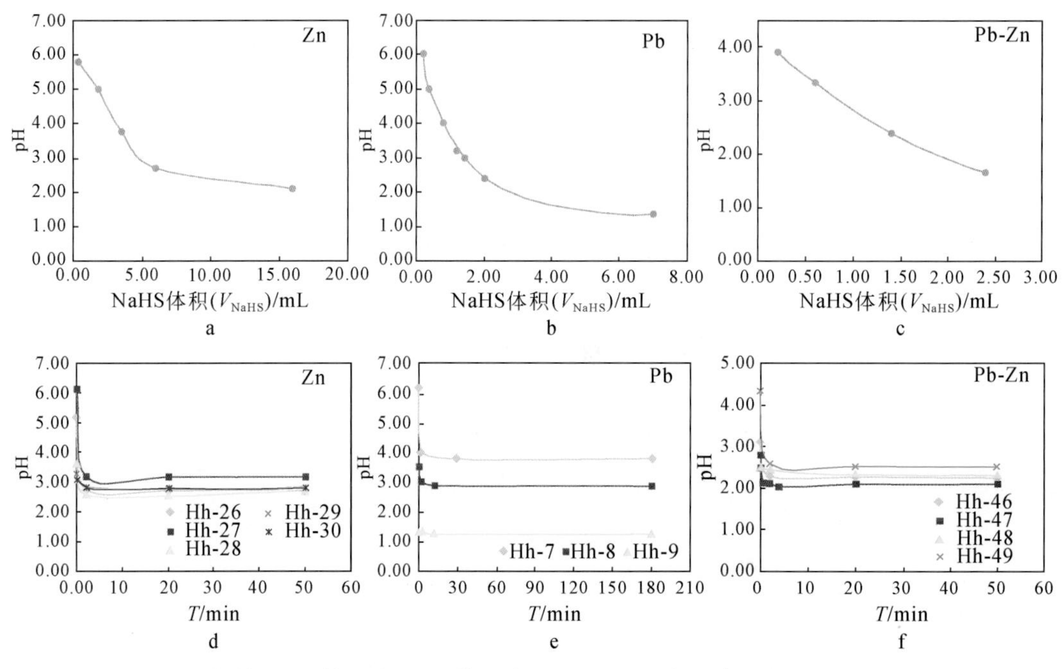

图 8-7　初始 pH-开始沉淀 NaHS 体积关系图（a～c）与沉淀反应动力学（d～f）

随着含金属溶液的初始 pH 降低（图 8-7 a～c），NaHS 用量增大，且当 pH>3 时，曲线斜率很陡，说明当含金属溶液的 pH>3 时，只需少量的 NaHS 溶液即可产生沉淀；而当含金属溶液的 pH<3 时，则需相对大量 NaHS 溶液才能产生沉淀。

加入过量 NaHS 后（图 8-7d～f），混合溶液酸度迅速降低，且在 1min 后 pH 稳定，说明沉淀反应速率非常快，且很快就能达到平衡。

（三）EPMA 能谱分析

反应生成的硫化物沉淀由于表面化学反应效应附着于岩石颗粒表面，将反应后的岩石颗粒用胶粘在载玻片上制成电子探针片对颗粒交接处（颗粒表面的硫化物已被磨去，只有两个颗粒交接处能保留）进行电子探针分析，但结果很不理想（图 8-8），其成分主要为脉石矿物 $CaCO_3$、$CaMg(CO_3)_2$及原岩中所含的少量金属，对硫化物沉淀几乎无反应。因此改将颗粒视为粉末样直接制靶进行 EPMA 能谱半定量分析，获得较为满意的效果（图 8-9 ~ 图 8-11，表 8-13 ~ 表 8-15）。EPMA 能谱测试表明附着在岩石颗粒表面的沉淀反应产物的主要成分为 PbS 和 ZnS。

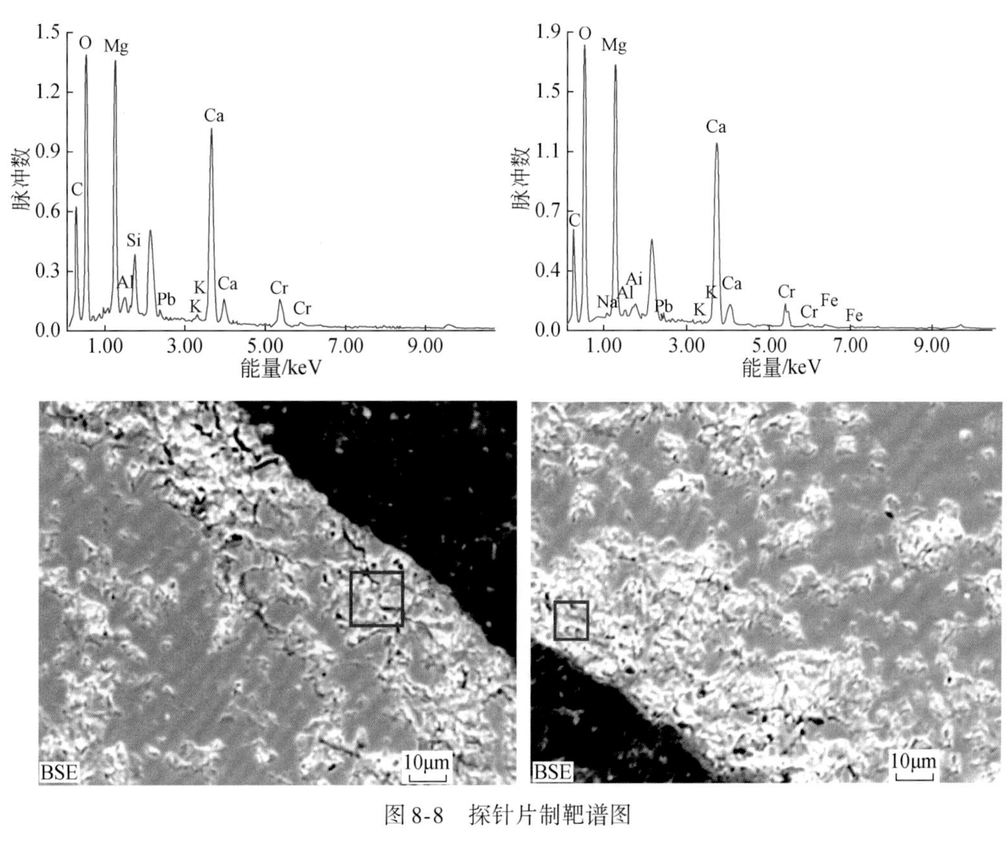

图 8-8　探针片制靶谱图

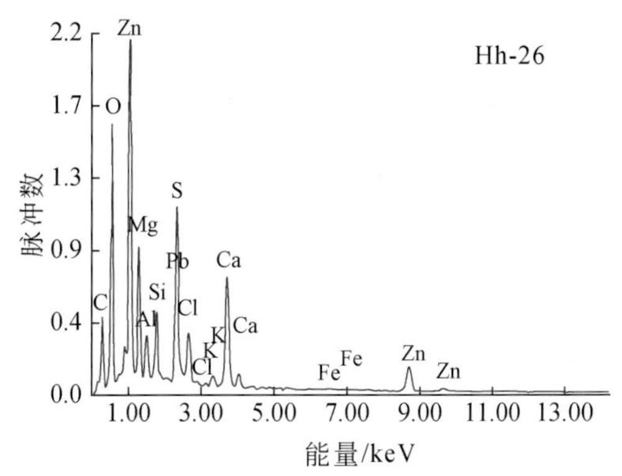

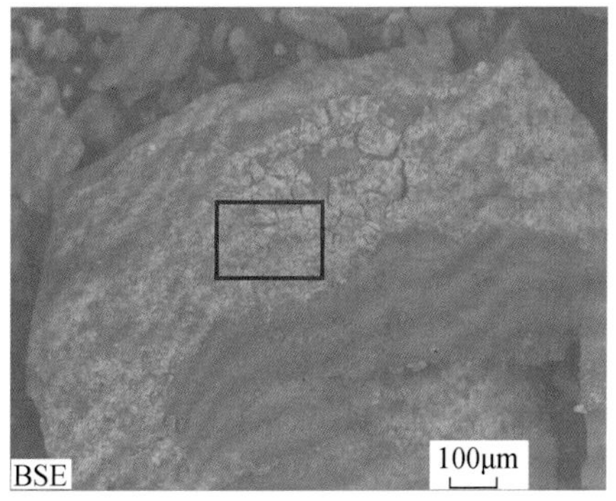

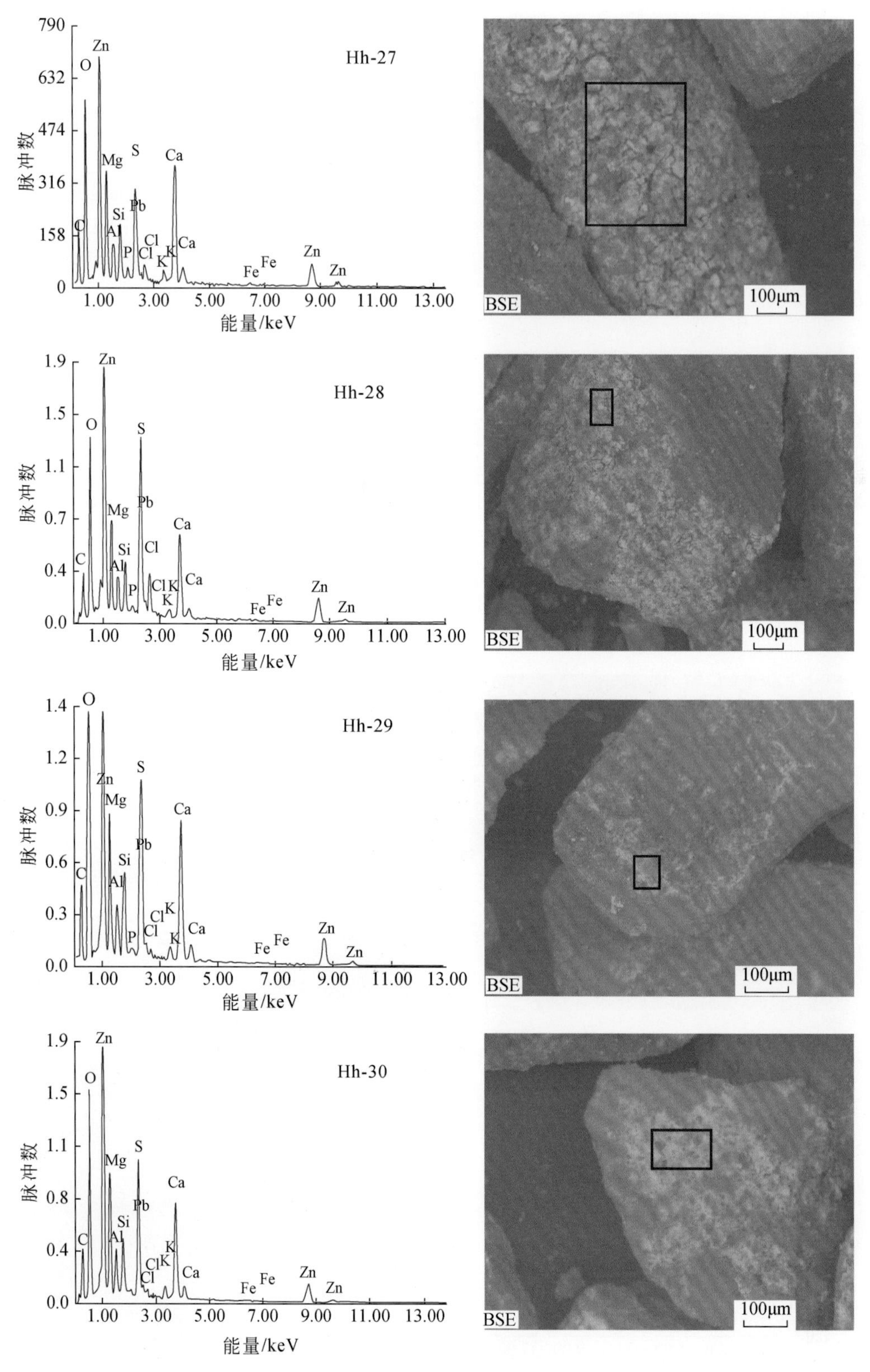

图 8-9　Hh26 ~ Hh30 电子探针谱图

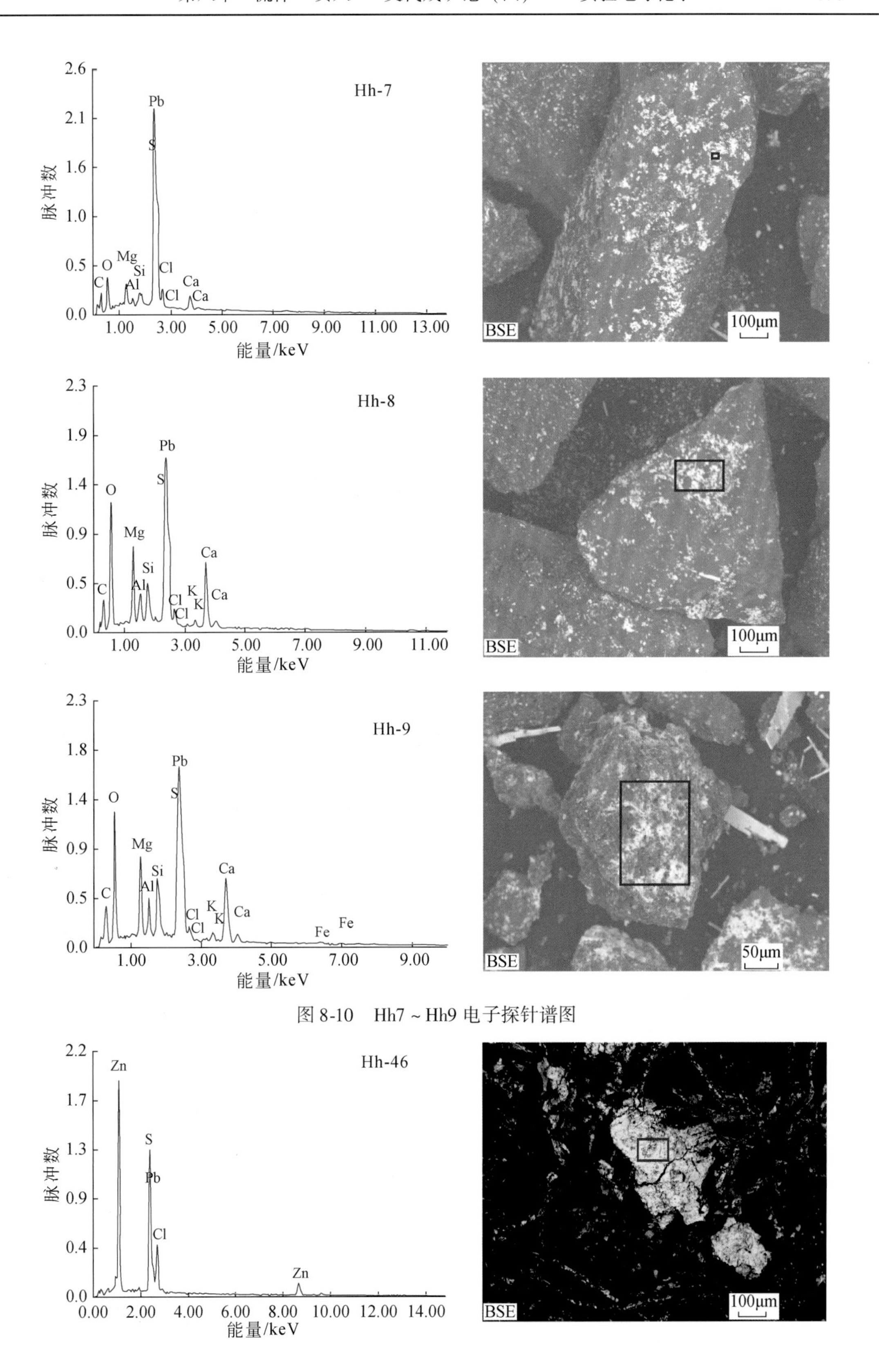

图 8-10　Hh7 ~ Hh9 电子探针谱图

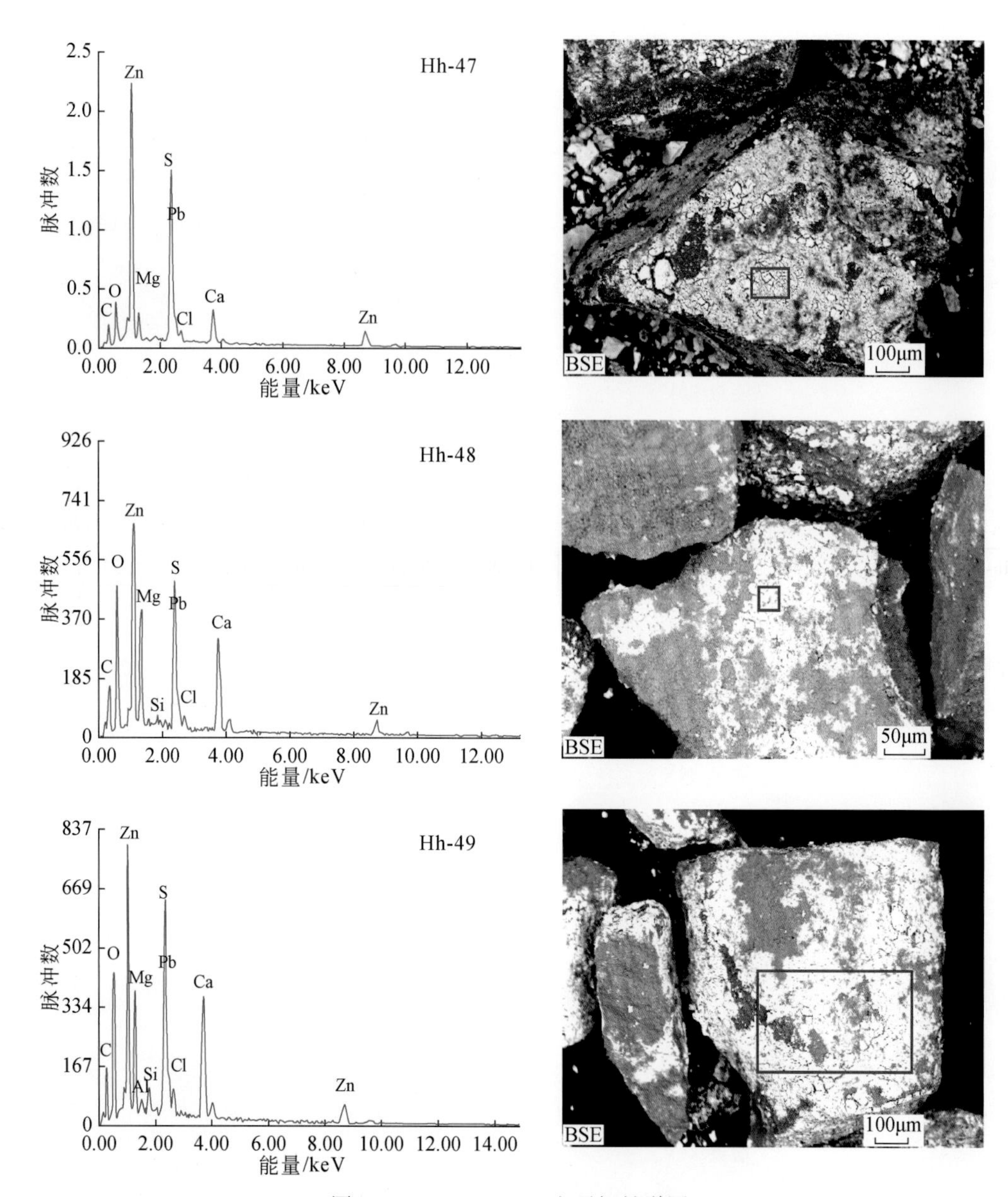

图 8-11　Hh46 ~ Hh49 电子探针谱图

表 8-13　Hh26 ~ Hh30 电子探针分析结果

样号	Zn		S		C		O		Ca		Mg	
	wt%	At%	wt%	At%	wt%	At%	wt%	At%	wt%	At%	wt%	At%
Hh-26	28. 18	10. 62	8. 95	6. 88	16. 55	33. 93	18. 17	27. 98	10. 3	6. 33	6. 17	6. 25
Hh-27	31. 51	12. 47	6. 22	5. 02	14. 35	30. 93	17. 87	28. 9	13. 2	8. 52	6. 19	6. 59
Hh-28	33. 38	13. 79	10. 5	8. 84	13. 96	31. 4	14. 93	25. 21	10. 15	6. 84	5. 28	5. 86
Hh-29	28. 6	10. 86	8. 46	6. 55	15. 76	32. 58	18. 82	29. 21	11. 74	7. 27	6. 66	6. 81
Hh-30	27. 54	10. 45	8. 88	6. 87	15. 06	31. 09	19. 16	29. 7	12. 69	7. 85	7. 29	7. 43

续表

样号	Si		Al		Cl		K		Fe		P	
	wt%	At%	wt%	At%	wt%	At%	wt%	At%	wt%	At%	wt%	At%
Hh-26	3.08	2.7	2.15	1.96	3.09	2.15	0.89	0.56	1.07	0.47	—	—
Hh-27	2.93	2.7	2.04	1.96	1.16	0.84	1.24	0.82	1.11	0.51	0.64	0.54
Hh-28	2.57	2.47	1.75	1.75	2.82	2.15	0.88	0.61	0.95	0.46	0.35	0.3
Hh-29	3.34	2.95	2.31	2.13	0.44	0.31	1.08	0.69	0.68	0.3	0.14	0.11
Hh-30	3.12	2.75	2.37	2.18	0.6	0.42	1.26	0.8	0.67	0.3	—	—

注：wt%为质量分数；At%为摩尔分数；“—”表示未检测到；本章其余电子探针分析结果同

表 8-14　Hh7～Hh9 电子探针分析结果

样号	Pb		S		C		O		Ca	
	wt%	At%	wt%	At%	wt%	At%	wt%	At%	wt%	At%
Hh-7	62.35	13.32	8.28	11.43	10.28	37.9	7.98	22.08	4.04	4.46
Hh-8	37.78	5.46	5.89	5.5	11.69	29.15	19.39	36.31	11.59	8.66
Hh-9	36.31	5.18	4.8	4.43	11.59	28.52	20.16	37.25	11.45	8.45
样号	Mg		Si		Al		Cl		K	
	wt%	At%	wt%	At%	wt%	At%	wt%	At%	wt%	At%
Hh-7	2.2	4	1.39	2.18	0.73	1.19	2.75	3.43	—	—
Hh-8	5.68	7	3.21	3.43	2.09	2.32	1.41	1.19	1.28	0.98
Hh-9	5.66	6.88	3.85	4.05	2.45	2.68	0.82	0.68	1.45	1.1

表 8-15　Hh46～Hh49 电子探针分析结果

样号	Pb		Zn		S		C		O	
	wt%	At%	wt%	At%	wt%	At%	wt%	At%	wt%	At%
Hh-46	17.32	4.42	46.41	37.58	24.33	40.16	—	—	—	—
Hh-47	11.04	1.76	40.42	20.47	17.57	18.15	12.51	34.47	6.51	13.47
Hh-48	11.43	1.44	21.79	8.69	8.86	7.2	15.66	33.97	17.85	29.07
Hh-49	8.23	1.1	28.1	11.86	11.21	9.65	14.3	32.84	14.02	24.17
样号	Ca		Mg		Si		Al		Cl	
	wt%	At%	wt%	At%	wt%	At%	wt%	At%	wt%	At%
Hh-46	—	—	—	—	—	—	—	—	11.94	17.83
Hh-47	7.43	6.14	3.08	4.19	—	—	—	—	1.44	1.35
Hh-48	14.43	9.38	8.39	8.99	0.45	0.42	—	—	1.14	0.84
Hh-49	14.05	9.67	7.07	8.02	0.99	0.97	0.56	0.58	1.47	1.14

（四）流体混合反应机理

1. 与碳酸盐岩容矿的铅锌矿床相关的热液流体中硫物种及其分布

通常认为，在碳酸盐岩容矿的铅锌矿床的流体混合模式中，还原硫主导了金属沉淀

(Beales and Jackson, 1966; Anderson, 1975; Giordano and Barnes, 1981; Giordano, 2002; Corbella et al., 2004; Leach et al., 2005, 2006; Reed, 2006)。热液体系中，还原硫的物种主要有 H_2S，S^{2-}，S_3^-或 HS^- (Manning, 2011; Pokrovski and Dubrovinsky, 2011; Tossell, 2012)。其中在250℃以上时以 S_3^-游离基为主，尤其是在350℃和0.5GPa条件下 (Pokrovski and Dubrovinsky, 2011; Tossell, 2012)。考虑到碳酸盐岩容矿的非岩浆后生热液型铅锌矿床主要形成于250℃以下且压力小于0.1 GPa (Basuki, 2002; Conliffe et al., 2013; Han et al., 2015; Leach et al., 2005; Wilkinson, 2001)，成矿流体中的S的主要物种不是 S_3^-自由基，而是S，H_2S，S^{2-}和 HS^-。

1) 热液体系中S的pH-lgf_{O_2}相图

热液体系中含S时，存在表8-16的化学平衡。

由表8-16中的反应1、2确定水的稳定范围。氧逸度的上限为1个大气压，反应1可确定自然界水稳定的上限，在 T=298K时，反应1的反应自由能为

$$\Delta G_{R,373}^{\theta}=-2\times(-237190)=474380\text{J/mol}$$

$$\text{Eh}_0=\Delta G_{R,T}^{\theta}/nF=474380/4\times96500=1.229\text{V}$$

$$\text{Eh}=\text{Eh}_0+\frac{RT}{nF}\ln\frac{[\text{氧化态}]}{[\text{还原态}]}=1.229+\frac{2.303\times298\times8.314}{4\times96500}\lg\frac{a_{\text{H}^+}^4 f_{\text{O}_2}}{a_{\text{H}_2\text{O}}}$$

$$=\text{Eh}_0+\frac{0.074}{4}\lg a_{\text{H}^+}^4=1.229-0.059\text{pH}$$

式中，$\Delta G_{R,373}^{\theta}$为温度373K，1大气压条件下，反应的自由能变化；R 为气体常数；F 为法拉第常数，值为96500C/mol；n 为氧化-还原反应中得失电子的数目；[氧化态] 为氧化态的各种离子的活度积；[还原态] 为还原态的各种离子的活度积。

由此得到水稳定的上限。

表8-16 热液流体中S的化学平衡

序号	化学平衡	序号	化学平衡
1	$2H_2O = O_2+4H^++4e$	6	$H_2S = S+2H^++2e$
2	$H_2 = 2H^++2e$	7	$H_2S=HS^-+H^+$
3	$HSO_4^- = SO_4^{2-}+H^+$	8	$HS^-+4H_2O = SO_4^{2-}+9H^++8e$
4	$S+4H_2O = HSO_4^-+7H^++6e$	9	$HS^- = S^{2-}+H^+$
5	$S+4H_2O = SO_4^{2-}+8H^++6e$	10	$S^{2-}+4H_2O = SO_4^{2-}+8H^++8e$

氢逸度的上限也定为1，反应2确定自然界水稳定的下限为Eh=-0.059pH。

假定水中溶解硫的总活度为10^{-2}mol/L，对于反应3，

$$\Delta G_{R,298}^{\theta}=-19.1444T\lg\frac{a_{\text{SO}_4^{2-}}a_{\text{H}^+}}{a_{\text{HSO}_4^-}}$$

$$\Delta G_{R,298}^{\theta}=(-744484)-(-755065)=10581\text{J/mol}$$

当 $a_{\text{HSO}_4^-}=a_{\text{SO}_4^{2-}}$时，$\text{pH}=\dfrac{10581}{19.1444\times298}=1.85$。

因为该反应无电子得失，所以和溶液的 Eh 无关。当 pH>2. 98 时，HSO_4^-的活度迅速下降，SO_4^{2-}的活度迅速增加。因此把 pH>2. 98 的这个区域称为 SO_4^{2-}的优势场，即溶液中硫的存在形式主要是 SO_4^{2-}。反之，pH<2. 98 时为 HSO_4^-的优势场。这两个优势场的下限和硫的其他存在形式的优势场计算如下。

对于反应 4，则有

$$Eh_0=\Delta G^{\theta}_{R,T}/nF=-755065-4\times(-237190)/6\times96500=0.31V$$

$$Eh=Eh_0+\frac{RT}{nF}\ln\frac{[氧化态]}{[还原态]}=0.33+\frac{2.303\times298\times8.314}{6\times96500}\lg\frac{a^6_{H^+}a_{HSO_4^-}}{a^4_{H_2O}}$$

$$=0.33+\frac{7\times0.074}{6}pH+\frac{0.074}{6}\lg a_{HSO_4^-}=0.31-0.069pH$$

同样可算出其他反应的 Eh。以 1 为基础，$Eh=1.229-0.059pH+0.0148\lg f_{O_2}$，将各反应的 Eh 代入计算可得到 pH-$\lg f_{O_2}$关系式，根据关系式做 pH- $\lg f_{O_2}$相图（图 8-12）。

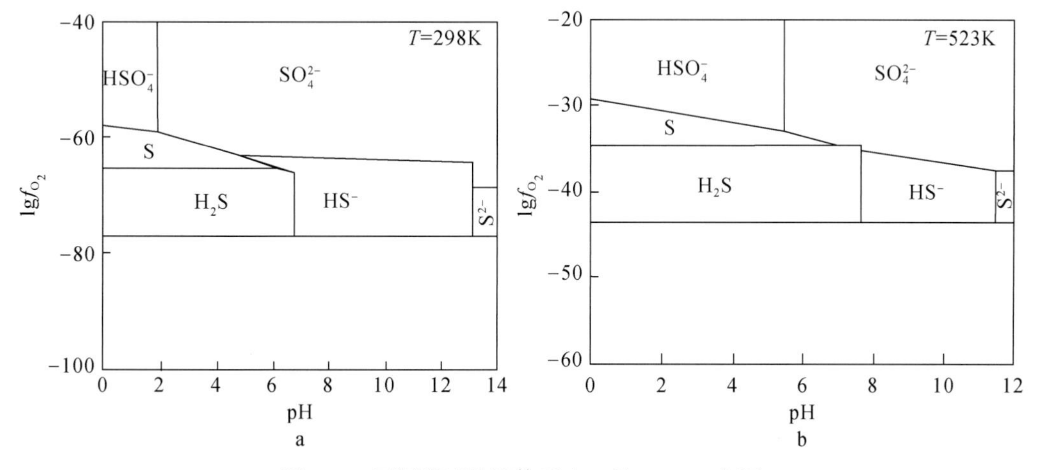

图 8-12　不同温度热液体系中 S 的 pH-$\lg f_{O_2}$相图

根据上述计算过程，代入不同温度下的热力学数据可以做出不同温度下 S 的 pH-$\lg f_{O_2}$相图，由于每个温度截面得到的 pH-$\lg f_{O_2}$相图中，不同形式 S 的优势场为渐变关系，此处只列出 $T=298K$ 和 $T=523K$ 时的相图。热力学数据均来自林传仙（1985）。

由图 8-12 可知，25～250℃，热液体系中 H_2S 优势场的 $\lg f_{O_2}$和 pH 都逐渐升高，pH 范围从（0，7）扩大至（0，7.7），使 HS^-的范围从（7，13.3）压缩至（7.7，11.6），即 H_2S 稳定的 pH 范围向碱性偏移了 0.7 个单位，因此将常温下的实验结果外推至 250℃以内是可接受的。H_2S 和 S^{2-}分别稳定在酸性和碱性环境下，而 HS^-的稳定区处于二者之间（图 8-12）。值得注意的是，温度越高，HS^-的稳定区被压缩得越多，HS^-与 H_2S 间的 pH 界线从 7.0 变化到 7.7。这表明在较高温度下 H_2S 在近中性条件下是比较稳定的。这为我们在常温常压下的实验结果向更高温度和压力下外推提供了理论基础。

2）热液体系中 S 的 pH-x 图

常温常压下，当流体为还原性时，$\lg f_{O_2}<-56.6$，溶液中 S 的物种为 H_2S、HS^-、S^{2-}

（图 8-12），这些分子或离子间存在下述平衡：

$$H_2S \rightleftharpoons HS^- + H^+, \quad K_{a_1} = \frac{c_{H^+} \cdot c_{HS^-}}{c_{H_2S}} = 10^{-7} \tag{8-1}$$

$$HS^- \rightleftharpoons S^{2-} + H^+, \quad K_{a_2} = \frac{c_{H^+} \cdot c_{S^{2-}}}{c_{HS^-}} = 10^{-15} \tag{8-2}$$

K_{a_1}、K_{a_2}分别为式（8-1）、式（8-2）中的平衡常数；c_{H^+}、c_{HS^-}、c_{H_2S}、$c_{S^{2-}}$分别为对应物质的浓度。根据质量守恒定律，溶液中 S 的总浓度 c_{ST} 可表示为

$$c_{ST} = c_{HS^-} + c_{S^{2-}} + c_{H_2S} \tag{8-3}$$

由式（8-1）~式（8-3）得

$$c_{ST} = c_{HS^-}\left(1 + \frac{c_{H^+}}{K_{a_1}} + \frac{K_{a_2}}{c_{H^+}}\right) = c_{HS^-}\left(1 + \frac{c_{H^+}}{10^{-7}} + \frac{10^{-15}}{c_{H^+}}\right) \tag{8-4}$$

用 x_0、x_1、x_2分别表示溶液中 S^{2-}、HS^-、H_2S 所占浓度百分比，那么每一组分在溶液中所占浓度百分比就可以表示为

$$x_1 = \frac{c_{HS^-}}{c_{ST}} = \left(1 + \frac{c_{H^+}}{10^{-7}} + \frac{10^{-15}}{c_{H^+}}\right)^{-1} \tag{8-5}$$

$$x_0 = \frac{c_{S^{2-}}}{c_{ST}} = \frac{c_{HS^-}}{c_{ST}} \times \frac{c_{S^{2-}}}{c_{HS^-}} = x_0 \frac{10^{-15}}{c_{H^+}} \tag{8-6}$$

$$x_2 = \frac{c_{H_2S}}{c_{ST}} = \frac{c_{HS^-}}{c_{ST}} \times \frac{c_{H_2S}}{c_{HS^-}} = x_0 \frac{c_{H^+}}{10^{-7}} \tag{8-7}$$

根据式（8-5）~式（8-7）得

$$x_0 + x_1 + x_2 = 1 \tag{8-8}$$

联立式（8-6）~式（8-8）得

$$x_2 = \frac{c_{H^+}^2 - c_{H^+} \times 10^{-7} - 10^{-22}}{c_{H^+}(c_{H^+} + 10^{-15})} \tag{8-9}$$

$$x_0 = \frac{10^{-30}}{(c_{H^+} + 10^{-15})^2 - 10^{-15} \times c_{H^+}} \tag{8-10}$$

上述方程表明，溶液中 S 的不同物种所占的浓度百分比与溶液 pH 相关。将 pH = 1 ~ 14 代入即可算出 x_0、x_1、x_2（表 8-17），并做 pH-x 图（图 8-13）。

表 8-17　还原性流体中 S 物种浓度百分比与 pH 关系

pH	x_2	x_1	x_0	pH	x_2	x_1	x_0
1	99.9999	0.0001	—	8	—	100.0000	—
2	99.9990	0.0010	—	9	—	100.0000	—
3	99.9900	0.0100	—	10	—	100.0000	0.0000
4	99.9000	0.1000	—	11	—	100.0000	0.0000
5	99.0000	1.0000	—	12	—	99.9999	0.0001
6	90.0000	10.0000	—	13	—	99.9902	0.0098
7	—	99.0000	—	14	—	99.1736	0.8264

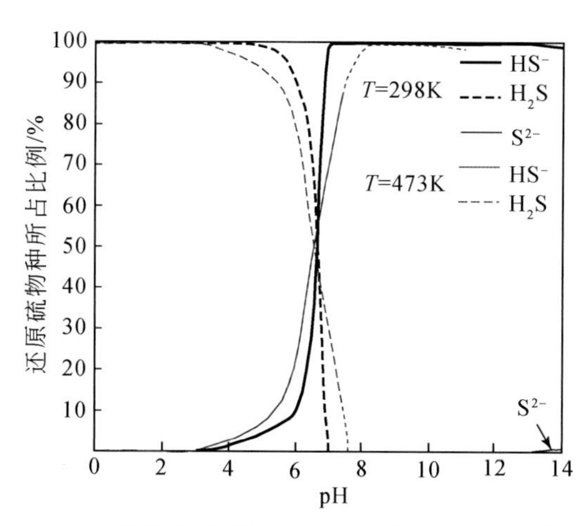

图 8-13　$T=298\text{K}$ 和 $T=473\text{K}$ 时 S 物种比例-溶液 pH 关系图（$T=473\text{K}$ 时的曲线据 Reed，2006 改绘）

H_2S，HS^-，S^{2-} 的浓度是 pH 的函数（Bjerrum plot）。当 $T=298\text{K}$，$pH\leqslant4$，溶液中的 S 主要以 H_2S 存在；$pH\geqslant7$，溶液中的 S 主要以 HS^- 存在；$4<pH<7$，H_2S 和 HS^- 共存。随着温度升高，H_2S 的优势场向右移动一个 pH 单位

NaHS 为强碱弱酸盐，其弱酸根离子在水溶液中很容易水解（Petrucci and Harwood，1977；Oxtoby et al.，2012），发生反应，形成弱碱性溶液。

$$HS^- + H_2O \rightleftharpoons H_2S(aq) + OH^- \tag{8-11}$$

同时，弱酸根离子也可以进一步离解形成弱酸性溶液。离解方程式如下：

$$HS^- \rightleftharpoons S^{2-} + H^+ \tag{8-12}$$

式（8-11）和式（8-12）反应的方向取决于热液流体的酸度（Petrucci and Harwood，1977；Oxtoby et al.，2012）。酸性下发生式（8-11）的反应，碱性下则利于式（8-12）的反应的发生。前人研究表明碳酸盐岩容矿的非岩浆后生热液型铅锌矿床的成矿流体通常为酸-中性（Emsbo，2000；Banks et al.，2002；Grandia et al.，2003；Leach et al.，2005），因此，在该类矿床形成过程中，式（8-11）是控制 H_2S 和 HS^- 比例的主要反应。在本节的混合实验中，具有较低初始 pH 的含金属溶液更易于发生式（8-11）的反应。这就是为什么所有的混合实验在最初时 pH 缓慢升高的原因（图 8-6），也与 H_2S 稳定在酸-中性下的结论相吻合（图 8-13）。

温度和 pH 不仅影响热液体系中 H_2S 和 HS^- 的稳定区域，也影响其分布比例。在酸性和室温下，还原硫中 H_2S 的比例接近 100%（图 8-13）。这是大部分研究者认为流体混合模式中 H_2S 主导了沉淀反应的一个主要原因（Anderson，1975；Beales and Jackson，1966；Corbella et al.，2004；Leach et al.，2005，2006；Reed，2006）。然而，本书计算表明，尽管更高的温度使得 HS^- 的稳定区域向碱性一侧压缩，温度升高也有利于提高 HS^- 在酸性流体中的分布比例（图 8-13）。473K，pH 约 5.5 时，HS^- 的比例升高至 10%，而当 pH 达到 6 时，该比例超过 20%，因此，其在流体混合过程中所起的作用不容忽视。

2. 碳酸盐岩容矿的铅锌矿床在流体混合过程中金属沉淀的地球化学路径

在 MVT 铅锌矿床的流体混合模式中，富含金属氯络合物而贫还原硫的流体在碳酸盐岩地层与富含还原硫（如 H_2S 和/或 HS^-）的另一流体相遇而导致金属沉淀富集（Beales and Jackson，1966；Anderson，1975；Beales，1975）。因此，混合可能有两种主要的路径（图 8-14）。

（1）含金属氯络合物的流体在构造驱动下进入碳酸盐岩地层，如川滇黔成矿域的会泽、昭通毛坪、富乐厂等铅锌矿床（图 8-14a）。

（2）含铅锌氯络合物的成矿流体在碳酸盐岩地层中运移，注入本地的还原流体而混合，如北美阿拉斯加北部的 MVT 矿床（Wilkinson et al.，2009），以及加拿大的 Pine Point 铅锌矿床（Beales and Jackson，1966）（图 8-14b）。

这两种途径的流体混合过程中，引起金属沉淀的地球化学反应也极为不同。

考虑到金属氯络合物在酸性流体和较高温度下更稳定（Seward，1984；Seward and Barnes，1997；Reed，2006；Tagirov et al.，2007a，2007b；Tagirov and Seward，2010），在第一种为主的路径中（图 8-14a），低 pH 的富金属氯络合物成矿流体在构造驱动下运移至碳酸盐岩地层中的容矿空间后，由于较长的停留时间，金属氯络合物失稳，铅锌水解：

$$Me^{2+} + 2H_2O \longleftrightarrow Me(OH)_2 + 2H^+ \tag{8-13}$$

氢氧化物脱水形成氧化物：

$$Me(OH)_2 \longrightarrow MeO\downarrow + H_2O \tag{8-14}$$

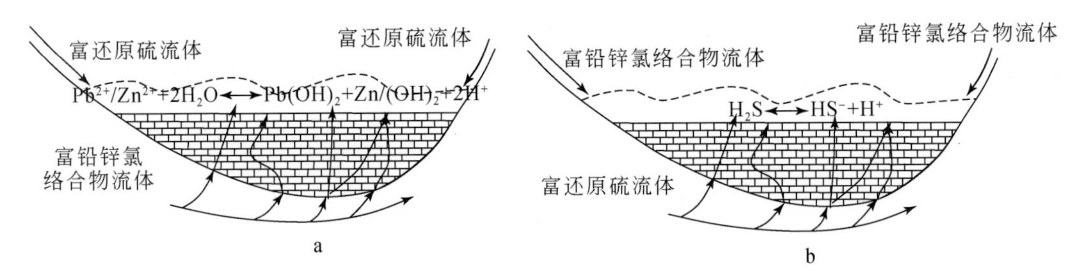

图 8-14　两种流体混合过程模式图

式（8-13）的反应生成大量 H^+ 溶解碳酸盐岩，导致规模较大的蚀变甚至喀斯特化（Pirajno，1992），并形成次生碳酸盐岩矿物（Misra，2000），在川滇黔成矿域表现为较大规模的围岩蚀变，生成大量的热液白云石（HTD）（文德潇等，2014）。由于 H^+ 的消耗，成矿流体逐渐变为中性（Robb，2005）；当富还原硫的流体也进入容矿空间时，式（8-11）的反应向相反方向进行，生成更多的 HS^-。由于硫化物通常具有最小的溶解度平衡常数（Reed，2006），尤其是在不同条件的 NaCl 体系中，方铅矿和闪锌矿的溶解度非常低（小于 1×10^{-6}）（Melent'Yev et al.，1969；Hennig，1971；Barrett and Anderson，1982，1988；Hayashi et al.，1990；Daskalakis and Helz，1993），流体中或碳酸盐岩表面铅锌的氢氧化物和氧化物很容易转化为硫化物（曹俊雅等，2016），发生以下反应：

$$Me(OH)_2 + H_2S(aq) \longrightarrow MeS\downarrow + 2H_2O \tag{8-15}$$

$$MeO(s) + H_2S(aq) \longrightarrow MeS\downarrow + H_2O \tag{8-16}$$

或

$$Me(OH)_2 + HS^- \longrightarrow MeS\downarrow + 2H_2O + OH^- \tag{8-17}$$

$$MeO(s) + HS^- \longrightarrow MeS\downarrow + OH^- \tag{8-18}$$

这种方式可以极大地提高金属成矿率。

与流体混合的第一种路径相比，第二种路径中当还原流体汇入碳酸盐岩地层时，成矿流体中S物种的分布受式（8-11）的反应和式（8-19）的反应控制：

$$H_2S \rightleftharpoons HS^- + H^+ \tag{8-19}$$

由于碳酸盐岩地层的存在，H^+被消耗，流体变为中性至弱碱性（Anderson，1997）。在这样的流体中，H_2S和HS^-都是主要物种（图8-12，图8-13）。由于铅锌的硫氢络合物在低温，中-碱性和低盐度下更稳定（Bourcier and Barnes，1987；Giordano and Barnes，1979；Akinfiev and Tagirov，2014；Zhong et al.，2015）：

$$Me^{2+} + nHS^- \rightleftharpoons Me(HS)_n^{2-n} \quad (n=2,\ 3,\ 4) \tag{8-20}$$

此时无法发生下列的金属沉淀反应：

$$Me^{2+} + HS^- \longrightarrow MeS\downarrow + H^+ \tag{8-21}$$

当富金属氯络合物的成矿流体注入容矿空间中与中-弱碱性的富还原硫流体混合时，铅锌的氯络合物变得不稳定，一部分将转变为式（8-20）中的硫氢络合物，另一部分则与流体中的H_2S直接反应：

$$Me^{2+} + H_2S \longrightarrow MeS\downarrow + 2H^+ \tag{8-22}$$

对于式（8-20）和式（8-22）的反应，由于混合流体中有足量的S，铅锌不太可能水解，这与第一种地球化学路径截然不同。同时，式（8-22）硫化物沉淀过程不断消耗H_2S，将导致铅锌的硫氢络合物失稳，释放部分HS^-形成H_2S，直到S物种、金属离子、硫氢络合物三者间达到平衡。

自然界的真实过程可能是两种路径的连续或交替过程。这取决于矿床形成时的岩相古地理、构造、流体性质等方面（Anderson，1975；Corbella et al.，2004；Leach et al.，2005）。与第二种路径相比，第一种路径可使金属沉淀量最大化，可能形成一系列更大规模和更高品位的矿床，分布于川滇黔成矿域的一系列高品位铅锌矿床应以第一种路径为主。

3. 流体混合中控制金属沉淀的因素

众所周知，温度下降以及成矿流体性质和组分的改变能有效促进金属从热液中沉淀（Seward and Barnes，1997；Fan et al.，2001；Reed，2006）。MVT矿床通常形成于低温低压环境下（Banks and Russell，1992；Leach et al.，1996；Marie and Kesler，2000；Savard et al.，2000；Grandia et al.，2003；Leach et al.，2005；Ganino and Arndt，2012），因此金属络合物的不稳定性和金属沉淀受温度的影响较小。尽管诸如S浓度增加，流体氧化和与地层水混合这样的过程确实能有效改变成矿流体的性质和组成（Seward and Barnes，1997），但在本节的流体混合实验中，这些过程却难以控制金属沉淀。

一个很有趣的地方是在本节的流体混合实验中，当NaHS被滴定进入含金属氯络合物的溶液中时，混合溶液的pH逐渐升高，直到滴定量达到一定程度时才能产生沉淀（图8-6）。这表明金属离子与S物种间的反应确实受环境pH和络合物稳定性的影响。假如HS^-直接与金属离子发生反应［式（8-21）］，当观察到沉淀时，释放的氢离子将提高流体酸度。与之相反的是根据式（8-11）的反应，初始时较低的pH将使S物种从HS^-向H_2S转变，释放的OH^-将中和流体。随着流体向中性转变，金属氯络合物越来越不稳定（Reed，2006），最终向硫氢化物和硫化物转变。由于式（8-22）的反应不仅能产生硫化物沉淀也生成氢离子，大量的金属沉淀通常伴随氢离子的释放。这清楚地解释了流体混合实验中最终阶段 pH 下降的原因（图 8-7）。

另一个有趣的现象是当含金属氯络合物溶液的初始 pH 约为 6 时，加入几滴 NaHS 就能马上产生沉淀（图 8-6，图 8-7）。毋庸置疑，这表明在弱酸-中性条件下，金属沉淀更易发生。在这种情况下，一方面，金属氯络合物不太稳定（Reed，2006），根据式（8-20）的反应，它们中的一部分将被硫氢络合物取代；另一方面，根据式（8-11）的反应大部分 HS^-被转变为 H_2S。因此，根据式（8-22）的反应，大部分铅锌离子直接与流体中的 H_2S 反应而生成沉淀。

弱酸-中性条件有利于铅锌矿床的形成，因此碳酸盐岩地层在调整环境 pH 时作用显著。在许多 MVT 矿床中，矿体通常与碳酸盐岩角砾胶结在一起（Sverjensky，1986；Anderson and Garven，1987）。这表明成矿流体运移至容矿空间时与碳酸盐岩充分接触，使流体向中性转变。在这一过程中或之后，释放的氢离子溶解碳酸盐岩并导致稍后的方解石和白云石沉淀。无论流体混合时是第一种路径还是第二种路径，在金属沉淀前，环境 pH 被中性化或呈中性。这一关键过程使铅锌氯络合物失稳，促进铅锌离子水解，沉淀诸如闪锌矿和方铅矿的硫化物。

（五）小　　结

根据常温常压下一系列 NaHS 滴入含金属氯化物溶液（加入/不加入白云石）中的混合实验，可以发现流体混合中金属沉淀受金属络合物稳定性和环境 pH 的影响。由于金属氯络合物在酸性流体中稳定，而其硫氢络合物则稳定于中-碱性条件，金属沉淀时成矿流体中 S 的物种、初始 pH 及环境 pH 控制着金属络合物的稳定性。其中，环境 pH 是流体混合过程中金属沉淀的主要控制因素。

25～250℃的 pH-$\lg f_{O_2}$ 和 pH-x 相图的热力学计算表明，尽管温度升高可使 H_2S 的稳定区域从酸性向弱碱性扩展，相对应的，HS^-的稳定区域从弱酸性向弱碱性移动，但同时，升温也使酸-中性热液体系中的 HS^-的比例提高。结合流体混合实验结果，弱酸-中性是铅锌矿床形成的最有利条件，其中，碳酸盐岩在调节环境 pH 方面作用显著。水岩相互作用导致的环境 pH 中性化使得铅锌氯络合物失稳，也使 S 物种发生重新分配，从而有利于铅锌离子水解或硫化物沉淀。因此，在铅锌硫化物沉淀中，流体中的 H_2S，而不是 HS^-或 S^{2-} 主导了沉淀反应。

二、不同温度下流体混合反应

以下实验均用 Pb、Zn 混合溶液在常压下的恒温槽中进行。由于高温高压下改变组分的操作目前尚无较好的方法完成，本实验只完成了 25℃、50℃及 75℃下含金属溶液与常温下 NaHS 溶液混合的反应。

取 10mL 混合溶液于密封良好的离心管中，在 50℃或 75℃的恒温槽中放置数小时使管内溶液恒温至 50℃或 75℃，拧开管盖，迅速加入不同浓度和体积的 NaHS 溶液。反应一段时间后，过滤分离固液相，液相送至澳实分析测试（广州）有限公司用 ICP-MS 测定 Pb、Zn、S 含量，固相送至华南理工大学测试中心做 XRD 分析。由于含金属溶液初始的 pH 与常温常压下一致，生成沉淀的量可能有所不同，可以近似地认为这部分差量是温度下降所造成的。

无论加入的 NaHS 溶液是否足量，也不管在任何温度下，铅锌硫化物的沉淀量随平衡时间几乎无变化（图 8-15，图 8-16），这表明铅锌的沉淀反应进行得很快，平衡时间非常短。

当 NaHS 不足量时，含金属流体的初始温度对沉淀率的影响甚微（图 8-15，表 8-18，表 8-19），铅锌的沉淀率都在 66. 9% ～67. 3% 的狭小范围内，这是因为虽然 PbS 的溶解度（1.3×10^{-36}）远小于 ZnS 溶解度（1.6×10^{-24}），按沉淀规律应是 PbS 优先于 ZnS 沉淀，但由于溶液中 Zn 的浓度（684×10^{-6}）是 Pb 浓度（106.5×10^{-6}）的 6 倍多，在 NaHS 不足时，浓度较大的 Zn 与溶解度较小的 Pb 相互竞争，最终使二者的沉淀率基本一致。

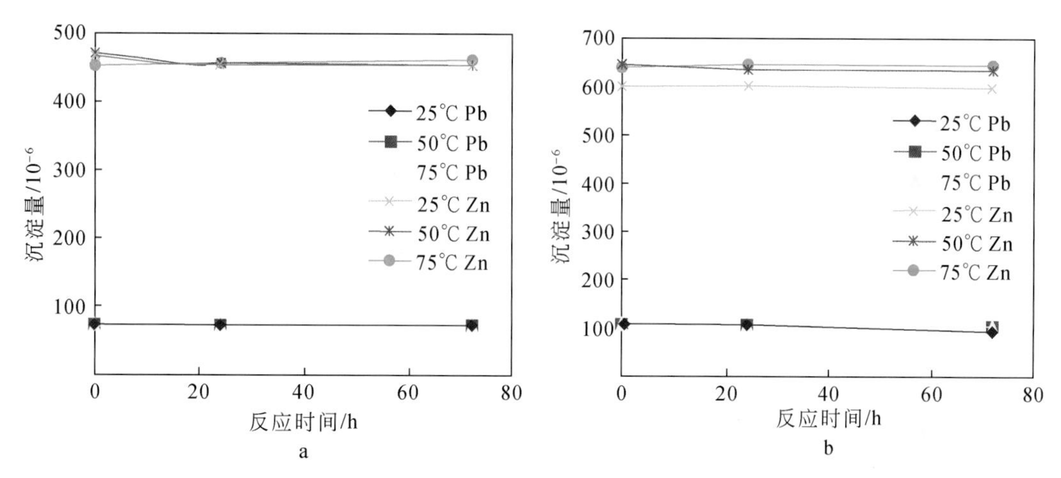

图 8-15　NaHS 不足量时（a）和 NaHS 过量时（b）平衡时间-沉淀量图

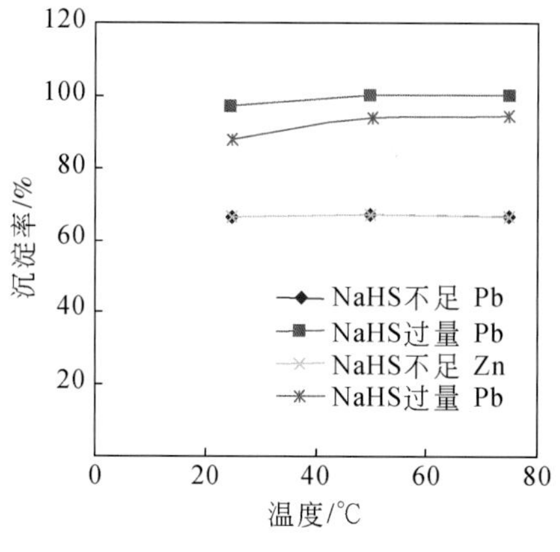

图 8-16　温度-沉淀率图

表 8-18　不同温度下的混合反应

样号	Pb				Zn				温度/℃	NaHS		平衡时间
	测试值/10^{-6}	沉淀量/10^{-6}	平均值/10^{-6}	沉淀率/%	测试值/10^{-6}	沉淀量/10^{-6}	平均值/10^{-6}	沉淀率/%		浓度/(mol/L)	体积/mL	
Hh-51	34.2	72.3			219	465						1min
Hh-52	35.8	70.7	71.2	66.9	230	454	458	66.9	25℃			24h
Hh-53	35.8	70.7			230	454						72h
Hh-54	32.8	73.7			214	470						1min
Hh-55	35.8	70.7	71.6	67.3	231	453	460	67.2	50℃	0.002	20	24h
Hh-56	36.0	70.5			228	456						72h
Hh-57	35.8	70.7			230	454						1min
Hh-58	35.8	70.7	71.1	66.8	229	455	457	66.8	75℃			24h
Hh-59	34.5	72.0			223	461						72h
Hh-60	106.5	0.0			684	0						空白
Hh-61	1.3	105.2			82.7	601						1min
Hh-62	0.8	105.7	103.0	96.7	81.0	603	602	87.9	25℃			24h
Hh-63	8.4	98.1			83.6	600						72h
Hh-64	<0.2	106.5			37.6	646						1min
Hh-65	0.2	106.3	106.4	99.9	43.7	640	641	93.7	50℃	0.02	20	24h
Hh-66	<0.2	106.5			48.7	635						72h
Hh-67	<0.2	106.5			41.4	642						1min
Hh-68	<0.2	106.5	106.4	99.9	1.0	645	644	94.1	75℃			24h
Hh-69	0.3	106.2			70.1	643						72h

表 8-19　温度下降对沉淀率的影响

含金属溶液		NaHS 溶液		混合温度/℃	ΔT/℃	沉淀率/%			
						NaHS 不足		NaHS 过量	
体积/mL	温度/℃	体积/mL	温度/℃			Pb	Zn	Pb	Zn
10	25	20	25	25	0	66.9	66.9	96.7	87.9
10	50	20	25	33.3	16.7	67.3	67.3	99.9	93.7
10	75	20	25	41.6	33.4	66.8	66.8	99.9	94.1

当 NaHS 过量时（图 8-15，表 8-18，表 8-19），铅锌沉淀率整体高于 NaHS 不足量时 20% 以上，这是 HS^- 浓度增大沉淀反应向右进行的结果，同时含金属溶液的初始温度越高，ΔT 越大，铅锌的沉淀率越高，因此温度下降可促使铅锌硫化物沉淀。此时铅锌沉淀率不一致是二者溶解度的差异造成的，由于 PbS 的溶解度非常小，在溶解–沉淀平衡中，能溶解的 PbS 自然非常小，沉淀率可以高达 99.9%，而 Zn 的溶解则比 Pb 多，其沉淀率最高只能达到 94.1%。

上述分析表明，温度下降可促使硫化物沉淀，但影响有限，只在 NaHS 过量时才表现明显，即溶液中金属浓度或还原组分浓度的影响远甚于温度。

第三节 水岩反应实验

由于成矿流体为弱酸性-酸性，当其流经碱性的碳酸盐岩围岩时必然发生水岩相互作用，本节实验将模拟不同初始 pH 的成矿流体与不同晶粒的白云岩和灰岩作用的动力学过程。

实验过程如下：向 20mL 不同初始 pH 的含金属溶液中加入约 2g 40 目不同晶粒的白云岩和灰岩，室温下反应一定时间后测定其 pH。

一、含锌溶液与围岩平衡实验

图 8-17 表明，无论含锌溶液的初始 pH 如何，也无论加入了多少刚使沉淀出现的 NaHS，以及刚沉淀时的 pH 如何，含锌溶液或混合溶液与细晶白云岩、粗晶白云岩或灰岩经过 16h 反应后，水岩反应已趋于平衡，pH 稳定在 5.20～6.00（表 8-20）。曲线显示振荡变化是由于岩石与溶液中始终处于溶解-沉淀的交换之中。

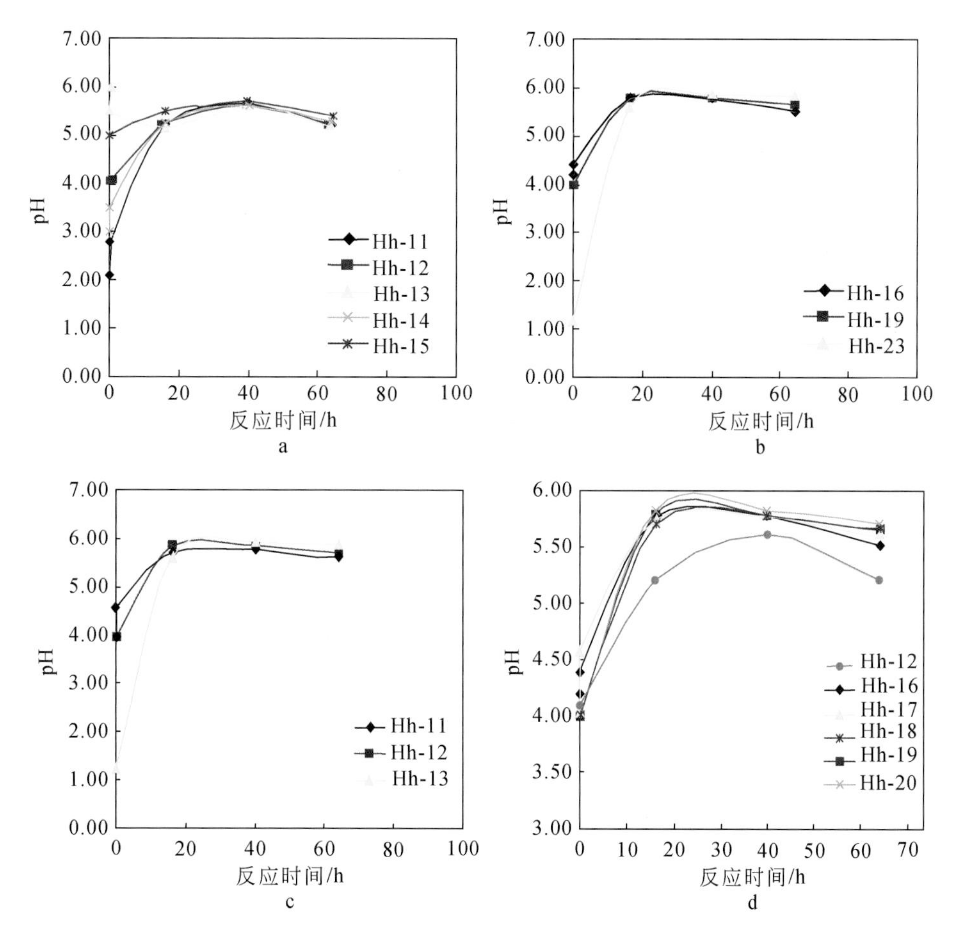

图 8-17 含锌溶液与围岩平衡的 t-pH 图

a. 不同初始 pH 与细晶白云岩平衡；b. 不同初始 pH 与粗晶白云岩平衡；
c. 不同初始 pH 与灰岩平衡；d. 同一初始 pH 与不同围岩平衡

表 8-20 含锌溶液与围岩平衡

样号	初始 pH	出现沉淀		岩石样品		16h 的 pH	40h 的 pH	64h 的 pH
		NaHS	pH	名称	质量/g			
Hh-11	2. 10	15. 55	2. 80	细晶白云岩	2. 0022	5. 20	5. 66	5. 20
Hh-12	4. 10	3. 00	4. 00	细晶白云岩	2. 0033	5. 20	5. 62	5. 20
Hh-13	6. 00	0. 40	5. 50	细晶白云岩	2. 0046	5. 20	5. 62	5. 24
Hh-14	3. 00	6. 45	3. 50	细晶白云岩	2. 0036	5. 25	5. 63	5. 28
Hh-15	5. 00	1. 85	5. 00	细晶白云岩	2. 0007	5. 50	5. 67	5. 40
Hh-16	4. 20	2. 55	4. 40	粗晶白云岩	2. 0078	5. 76	5. 77	5. 52
Hh-17	4. 00	2. 95	4. 58	灰岩	2. 0018	5. 75	5. 78	5. 60
Hh-18	4. 00			细晶白云岩	2. 0001	5. 70	5. 79	5. 60
Hh-19	4. 00			粗晶白云岩	2. 0086	5. 80	5. 78	5. 65
Hh-20	4. 00			灰岩	2. 0051	5. 84	5. 84	5. 72
Hh-21	1. 20	空白		无		1. 20	1. 10	1. 12
Hh-22	1. 20			细晶白云岩	2. 0058	5. 77	5. 84	5. 75
Hh-23	1. 20			粗晶白云岩	2. 0022	5. 60	5. 87	5. 84
Hh-24	1. 20			灰岩	2. 0058	5. 64	5. 93	5. 90

二、含铅溶液与围岩平衡实验

图 8-18 表明，无论含铅溶液的初始 pH 如何，也无论加入了多少刚使沉淀出现的 NaHS，以及刚沉淀时的 pH 如何，含铅溶液或混合溶液与细晶白云岩、粗晶白云岩或灰岩经过 16h 反应后，水岩反应已趋于平衡，pH 稳定在 5. 20 ~ 6. 00（表 8-21）。

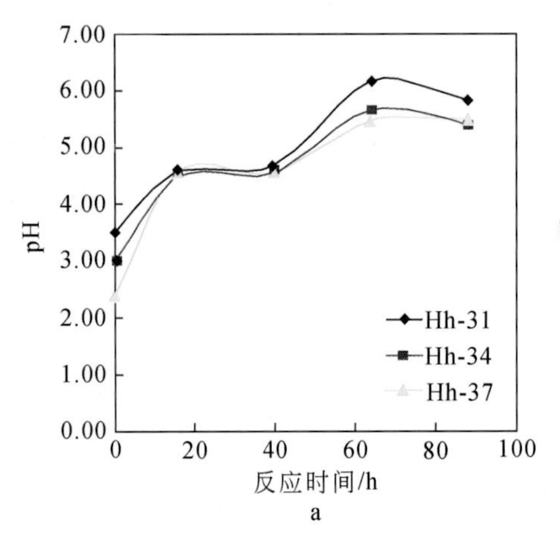

a

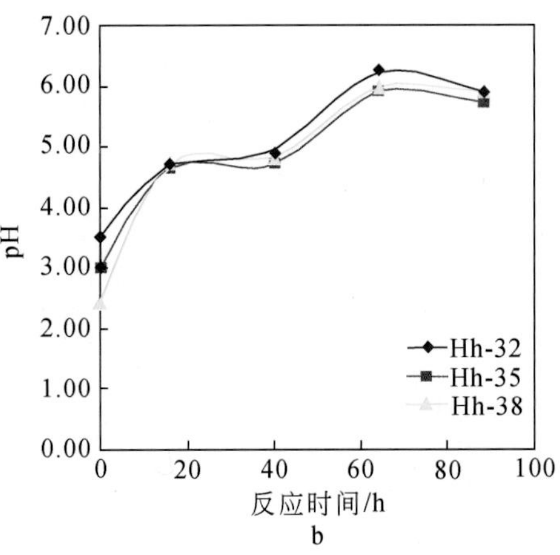

b

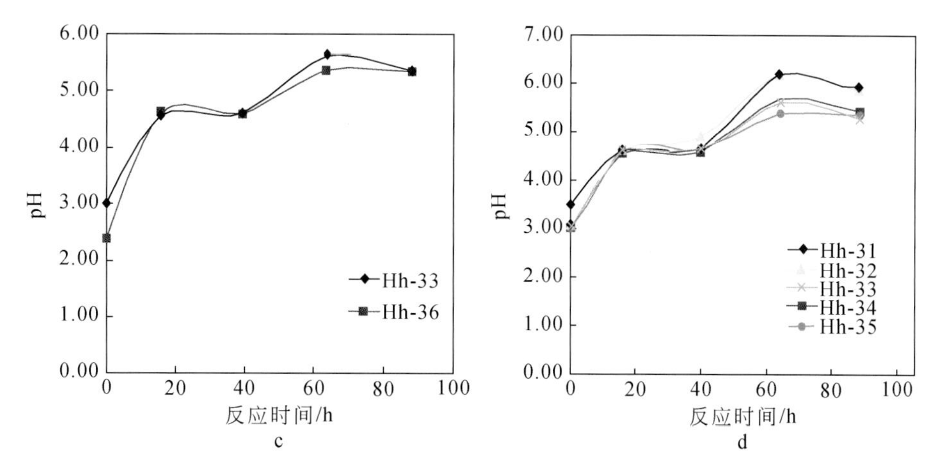

图 8-18 含铅溶液与围岩平衡的 t-pH 图

a. 不同初始 pH 与粗晶白云岩平衡；b. 不同初始 pH 与灰岩平衡；
c. 不同初始 pH 与细晶白云岩平衡；d. 同一初始 pH 与不同围岩平衡

表 8-21 含铅溶液与围岩平衡

样号	初始 pH	出现沉淀		岩石样品		16h 的	40h 的	64h 的
		NaHS/mL	pH	名称	质量/g	pH	pH	pH
Hh-31	3.00	1.20	3.50	粗晶白云岩	2.0068	4.60	4.68	6.17
Hh-32	3.00	1.20	4.58	灰岩	2.0019	4.62	4.90	6.20
Hh-33	3.00			细晶白云岩	2.0093	4.55	4.60	5.60
Hh-34	3.00			粗晶白云岩	2.0006	4.52	4.56	5.68
Hh-35	3.00			灰岩	2.0038	4.61	4.70	5.85
Hh-36	2.40			细晶白云岩	2.0042	4.62	4.62	5.36
Hh-37	2.40			粗晶白云岩	2.0012	4.60	4.58	5.47
Hh-38	2.40			灰岩	2.0086	4.69	4.80	5.92
Hh-39	1.20	空白		无	无	1.10	1.10	1.10

三、与过量 NaHS 反应后与围岩平衡实验

实际地质过程中，当成矿流体与还原性流体进入成矿空间混合沉淀出硫化物后，残余流体可能会在该成矿空间停留更长时间而与围岩有更充分的接触时间，本实验向表 8-4，表 8-7，表 8-10 中样品加入过量 NaHS 后，再加入细晶白云岩，pH 与时间关系见表 8-22。

图 8-19 表明，两种流体混合沉淀出大量硫化物后，混合后的流体与围岩作用，使围岩发生蚀变，流体本身 pH 升高，48h 后趋于稳定，比未加入 NaHS 或只加入少量 NaHS 达到稳定所需的时间要长。原因可能是溶液中大量的电解质 Fe、Pb、Zn、S 等已沉淀，此时酸度的调节只能依靠溶解的 Ca、Mg 水解来调节。溶液酸度最终稳定在 5.2 ~6.2，这是因为 Ca、Mg 的水解使溶液呈弱酸性，发生反应：

$$Ca^{2+}+2H_2O \rightleftharpoons Ca(OH)_2+2H^+$$

$$Mg^{2+}+2H_2O \rightleftharpoons Mg(OH)_2+2H^+$$

表 8-22　混合溶液与细晶白云岩平衡 pH-*t* 实验

样号	质量/g	初始 pH	24h pH	48h pH	72h pH	96h pH
Hh-7	2.0018	3.13	4.76	5.78	5.39	5.80
Hh-8	2.0035	2.63	5.07	5.50	5.41	5.70
Hh-9	2.0031	1.75	3.75	5.21	5.14	5.26
Hh-26	2.0055	2.70	4.68	6.24	5.90	6.38
Hh-27	2.0062	3.15	5.90	6.15	5.81	6.51
Hh-28	2.0048	2.71	5.90	6.17	5.88	6.53
Hh-29	2.0072	2.76	6.04	6.07	6.24	6.73
Hh-30	2.0075	2.76	3.48	5.58	6.25	6.62
Hh-46	2.0066	2.23	5.57	5.79	6.08	未测
Hh-47	2.0029	2.08	5.53	5.74	6.02	未测
Hh-48	2.0055	2.30	5.25	5.56	5.86	未测
Hh-49	2.0005	2.48	5.39	5.85	5.77	未测

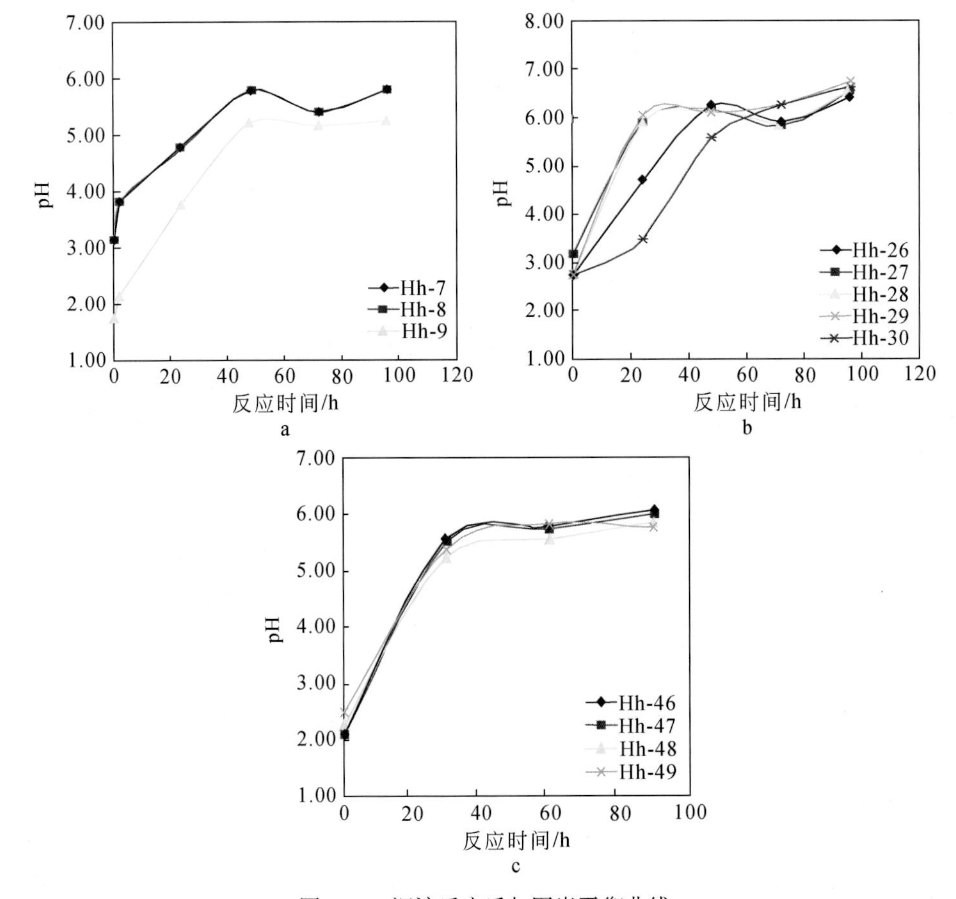

图 8-19　沉淀反应后与围岩平衡曲线

a. 含铅溶液混合沉淀后与围岩平衡；b. 含锌溶液混合沉淀后与围岩平衡；c. 含 Pb、Zn 溶液①混合沉淀后与围岩平衡

四、围岩粒度对平衡的影响

上述实验表明，在水岩相互作用中，混合溶液-围岩反应趋势与单独的含铅或锌的溶液一致。所以，下述的实验将用混合溶液开展粒度对平衡的影响研究。

取10mL混合溶液①于50mL塑料小瓶中，加入细晶白云岩，测定不同时间下pH，平衡后过滤分离固液相，测定溶液中的Pb、Zn含量。

反应过程中溶液颜色逐渐由淡绿色变为无色，岩石上吸附了白色的$Fe(OH)_2$沉淀，粒度越大溶液颜色越淡。4.5h后，Sb1-3已几乎变为无色，这是因为碳酸盐岩溶解消耗酸，溶液pH升高，Fe水解为$Fe(OH)_2$，由于渗透作用和表面化学反应作用，$Fe(OH)_2$胶体主要沿岩石的节理裂隙充填。颗粒越大的岩石中节理裂隙越发育，$Fe(OH)_2$胶体越容易充填进去，$Fe(OH)_2$胶体氧化后变为红色的$Fe(OH)_3$或$FeO(OH)\cdot nH_2O$即褐铁矿，这是为什么矿区蚀变白云岩常具褐铁矿化，且多沿节理裂隙分布的原因。

图8-20和表8-23表明在1.5h内，混合溶液①与不同粒度的围岩反应pH似乎不受粒度的影响，但在48h内粒度对反应却有显著影响（图8-20）。pH大小顺序为Sb-6>Sb-5>Sb-4>Sb-1>Sb-2≈Sb-3，这是因为粒度越小，反应的表面积越大，消耗的酸越多，溶解的Ca^{2+}、Mg^{2+}越多，Ca^{2+}、Mg^{2+}浓度增大，水解作用变弱，因而最终稳定的pH较高。Sb-1的pH大于Sb-2和Sb-3是因为Sb-1节理裂隙很发育，在这些节理裂隙中必然吸附着粒度很细小的白云石颗粒，是这些细小颗粒提高了Sb-1的反应效率。图8-21也显示了同样的规律，粒度越小，水解越强烈，形成的氢氧化物沉淀越多（Sb-1除外），即pH的高低代表了水解的强弱（表8-24）。

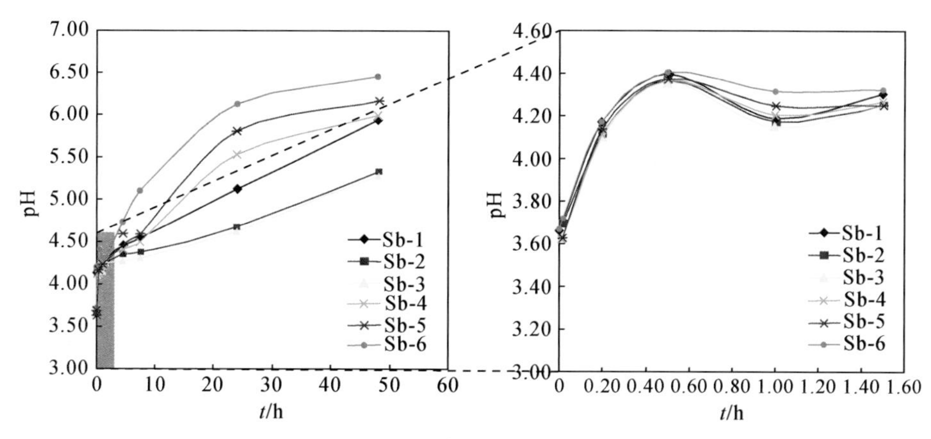

图8-20　1.5h内混合溶液①与不同粒度围岩反应的pH-*t*图

表8-23　粒度和时间对pH的影响

样号	粒度	质量/g	围岩	初始pH	0.02h pH	0.2h pH	0.5h pH	1h pH	1.5h pH	4.5h pH	7.5h pH	24h pH	48h pH
Sb-1	>3cm	8.6712	细晶白云岩	3.67	3.72	4.17	4.40	4.19	4.31	4.46	4.55	5.12	5.94
Sb-2	>1cm	1.2036	细晶白云岩	3.67	3.69	4.12	4.37	4.18	4.25	4.35	4.38	4.68	5.32

续表

样号	粒度	质量/g	围岩	初始 pH	0.02h pH	0.2h pH	0.5h pH	1h pH	1.5h pH	4.5h pH	7.5h pH	24h pH	48h pH
Sb-3	10~40 目	0.5023	细晶白云岩	3.67	3.62	4.10	4.36	4.15	4.25	4.27	4.30	4.63	5.29
Sb-4	80 目	0.5021	细晶白云岩	3.67	3.62	4.11	4.37	4.21	4.27	4.43	4.48	5.53	5.98
Sb-5	120 目	0.5015	细晶白云岩	3.67	3.63	4.14	4.38	4.25	4.26	4.60	4.61	5.81	6.16
Sb-6	200 目	0.5049	细晶白云岩	3.67	3.72	4.18	4.41	4.32	4.33	4.73	5.10	6.13	6.44

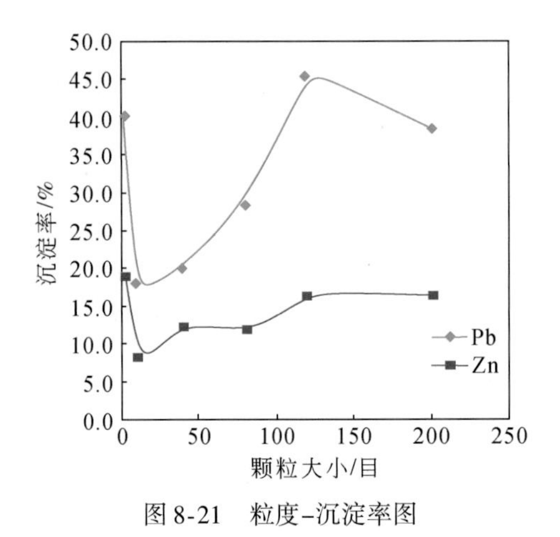

图 8-21 粒度-沉淀率图

表 8-24 反应 48h 后粒度对沉淀率的影响

样号	Pb			Zn		
	测试值/10^{-6}	沉淀量/10^{-6}	沉淀率/%	测试值/10^{-6}	沉淀量/10^{-6}	沉淀率/%
Sb-1	65.5	44.0	40.2	547	128.0	19.0
Sb-2	89.7	19.8	18.1	621	54.0	8.0
Sb-3	87.4	22.1	20.2	594	81.0	12.0
Sb-4	78.4	31.1	28.4	595	80.0	11.9
Sb-5	59.9	49.6	45.3	565	110.0	16.3
Sb-6	67.1	42.4	38.7	565	110.0	16.3
0720-1（空白）	109.5	44.0	40.2	675	128.0	19.0

本节水岩反应主要证实了下述认识：

（1）含铅、锌的酸性溶液与碳酸盐围岩反应后，不论是何种粒度的白云岩或灰岩，也不论酸性流体的初始 pH 为多少，反应进行 48h 后，溶液的 pH 能稳定至 5.2~6.2。

（2）岩石粒度越小，反应越剧烈，pH 升高得越大，铁、铅、锌水解的沉淀率越大。

第四节 水解实验

将上述实验结合川滇黔成矿域铅锌矿床地质特征，不难产生如此猜想：矿区容矿空间为 NE 向压扭性断裂，当含金属的酸性流体运移至容矿空间时（有足够的停留时间与围岩平衡），流体与断裂带中岩石反应，断裂带内多为白云质碎斑岩、碎粒岩甚至碎粉岩，这样的岩性使反应更加迅速，且反应后流体 pH 较高，利于金属离子水解，生成氢氧化物沉淀而与流体分离。流体不断汇聚消散，沉淀不断增多，铅锌在容矿空间中以氢氧化物形式被保存下来。当含还原硫的碱性流体运移至容矿空间时，由于氢氧化物的溶度积比硫化物高十几个数量级（Dean，1991），当还原硫存在时，氢氧化物将向更难溶的硫化物转变。

一、实验策略和方法

本节实验分为两部分（表 8-25），共 5 组实验：实验 1 ~3 为第一部分，考察 pH 对铅锌水解的影响；实验 4、5 为第二部分，考察水岩作用下铅锌的水解动力学过程及水解产物能否向硫化物转化。

表 8-25 实验方法列表

序号	名称	溶液	体积/mL	pH	围岩	晶粒	颗粒大小/目	样品号
1	pH 对水解的影响	溶液 a	10	加入盐酸或氢氧化钠调节溶液 pH 至表 8-26 中所列数值				0718-1 ~0718-6
2		溶液 b	10					0718-7 ~0718-12
3		溶液 c	10					0720-1 ~0718-7
4	水岩相互作用下的水解动力学	溶液 c	10	3.00	白云岩	细晶	40	TD-0 ~ TD-10
5		溶液 c	80	3.00	白云岩	细晶	40	TD-11 ~ TD-18

在第二部分实验中（实验 4、5）不仅考察了铅锌在水岩相互作用下的水解动力学，也模拟了水解后含铅锌溶液与还原流体混合的过程。旨在明确水岩作用和水解作用是否产生金属沉淀。之所以认为含金属流体先于还原流体到达容矿空间是基于如下考虑。

（1）本组实验旨在考察铅锌在水岩相互作用下的水解动力学过程及水解产物是否向硫化物转化。因此需要含金属溶液有充足的时间与围岩接触反应，并因水岩反应导致 pH 升高而使金属发生水解，进入容矿空间可以滞留一定时间是符合地质事实的最佳方式。

（2）流体进入容矿空间后有足够时间与围岩作用，其中携带的金属可最大限度地以氢氧化物或氧化物形式保存下来。由于容矿空间无法完全圈闭流体，流体仍会运移走，而水解却能让金属沉淀下来，之后多次进入的流体都能以这种方式将金属卸载。当还原流体进入时可转化为硫化物沉淀。但若是还原流体先进入容矿空间，该流体可能还未等到含金属流体到达又流走了。这样，深部或远距离运移至容矿空间的金属能最大限度地沉淀成矿。

鉴于上述原因，本书考虑了开放和（半）封闭两种体系，在第二部分实验中设计了如下实验，对应的为实验 4、5，具体实验流程如图 8-22 所示。

（1）假定为开放体系，即每天都有一定量的含 Pb、Zn 流体进入容矿空间，一定时间后（本实验为 7 天），含 Pb、Zn 流体运移走或仍留在该断裂中，含 NaHS 的流体进入该断裂，与其中的含 Pb、Zn 流体反应或转化水解产物而生成金属硫化物。

（2）假定为半封闭体系，一定量的含 Pb、Zn 流体进入容矿断裂，一定时间后（本实验为 7 天），Pb、Zn 流体运移走或仍留在该断裂中，含 NaHS 的流体进入该断裂，与其中的含

Pb、Zn 流体反应或转化水解产物而生成金属硫化物。其实当只考虑铅锌的水解动力学时可将该体系视为封闭体系。

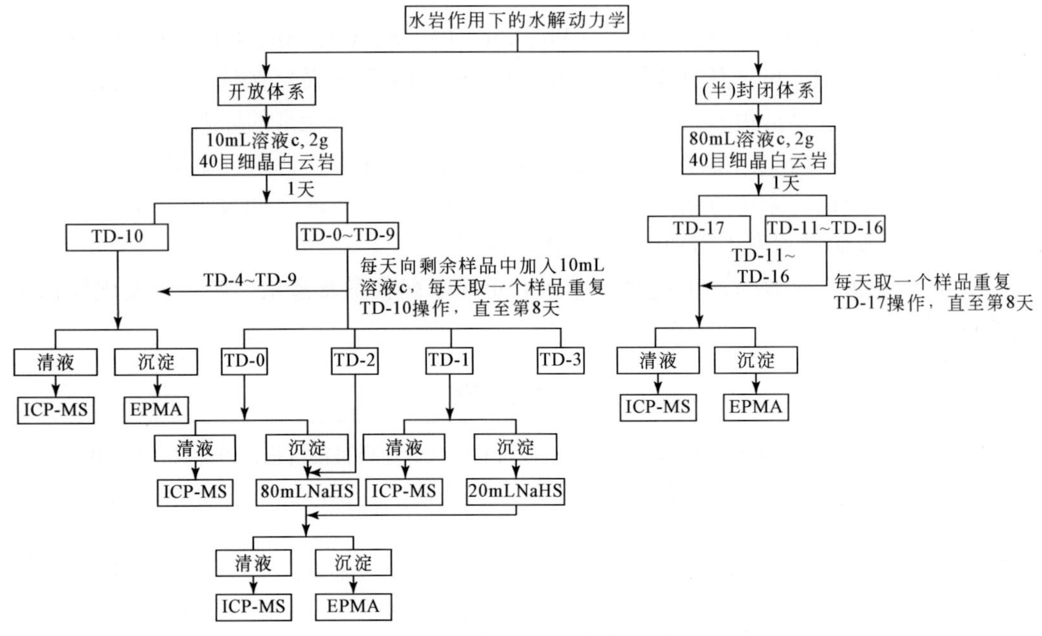

图 8-22　实验 4、5 的流程图

二、pH 对铅锌水解的影响

随着 pH 升高，不论是单独的 Pb 或 Zn 溶液还是 Pb、Zn 的混合溶液，液相中 Pb、Zn 的含量都降低（图 8-23）。当 pH 低于空白的 pH 时，理论上沉淀率都应为 0，但实测值略有波动是实验和测试误差所致，其值均在最大允许误差范围内。当 pH 大于 4 时，Pb、Zn 的沉淀率显著增大，pH=6.81 时，在 Pb、Zn 的混合溶液中，Zn 沉淀率达到 70.89%，而 Pb 更是高达 93.42%（表 8-26）。

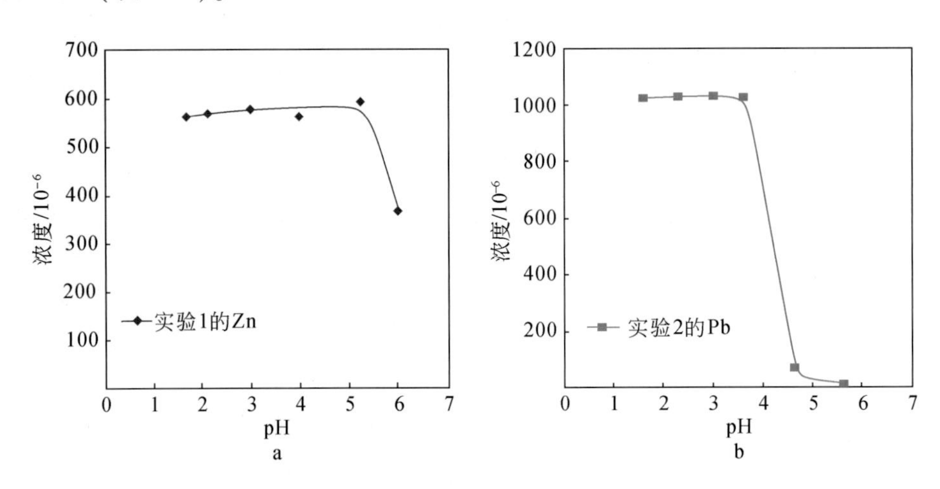

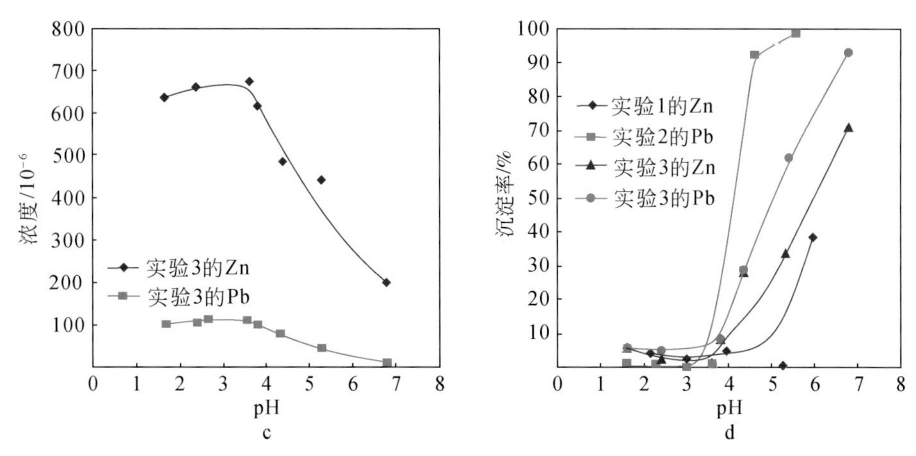

图 8-23　pH 对铅锌水解的影响

a. pH-Zn 含量图；b. pH-Pb 含量图；c. pH-Pb（Zn）含量图；d. pH-沉淀率图

表 8-26　水解实验

溶液	样号	Pb			Zn			pH
		测试值/10^{-6}	沉淀量/10^{-6}	沉淀率/%	测试值/10^{-6}	沉淀量/10^{-6}	沉淀率/%	
Zn	0718-1				642	38	5.64	1.66
	0718-2				647	27	4.01	2.15
	0718-3				656	18	2.67	3
	0718-4				639	35	5.19	4
	0718-5（空白）				654	0	0.00	5.28
	0718-6				415	259	38.43	6
Pb	0718-7	1020	15	1.45				1.6
	0718-8	1028	7	0.68				2.3
	0718-9（空白）	1035	0	0.00				3
	0718-10	1025	10	0.97				3.62
	0718-11	77.3	958	92.53				4.6
	0718-12	9.6	1025	99.07				5.6
Pb-Zn	0720-1	103.0	7	5.94	636	39	5.78	1.66
	0720-2	104.0	6	5.02	658	17	2.52	2.42
	0720-3（空白）	109.5	0	0.00	675	0	0.00	3.62
	0720-4	99.7	10	8.95	619	56	8.30	3.8
	0720-5	77.9	32	28.86	485	190	28.15	4.37
	0720-6	43.2	66	60.55	123.5	227	33.63	5.33
	0720-7	7.2	102	93.42	196.5	479	70.89	6.81

多年来的研究已证实，热液中的金属元素主要以络合物形式迁移，如氯络合物、硫络合物、氟络合物和羟基络合物等（Bayot and Devillers，2006；Liu et al.，2007；Stefánsson，

2007；Antignano and Manning，2008；Williams et al.，2009；Yardley and Bodnar，2014）。中心离子和配位基的性质、活度，配位场稳定能等内在因素及温度、压力、pH、氧逸度、硫逸度等环境因素都影响着络合物的稳定性（Anderson et al.，2000；Basuki，2002；Harris et al.，2003；Leach et al.，2005；Tagirov et al.，2007a，2007b；Tagirov and Seward，2010），铅锌的氯络合物是其迁移的主要形式（Helgeson，1964；Reed，2006）。Reed（2006）通过模拟得到了包括铅锌在内的多种金属在不同体系、温度、压力、pH、金属和配位体浓度下不同络合物的存在形式及其稳定性。在 Reed（2006）的计算机模拟实验中，随着 NaCl 的加入，金属硫化物矿物溶解，溶解过程中总的金属离子浓度呈数量级增加。矿物溶解完全是一个氯与金属逐渐形成络合物的过程，随着 Cl^-浓度升高至4mol/L，金属氢氧化物和硫氢化物逐渐转变为氯络合物。正如 Helgeson（1964）所述，这种氯离子与金属配位是天然海水可以搬运大量高浓度贱金属的根本原因，如 Salton 海水卤水（McKibben and Hardie，1997），Mississippi 油田卤水（Carpenter et al.，1974），红海卤水（Degens and Ross，1969），洋中脊黑烟囱（Von，1990）等。大多数贱金属硫化物从这样的天然海水中沉淀出来的过程很大程度上是克服了溶液中氯配位基络合贱金属的键能。

但络合物能否长距离大规模迁移主要取决于其稳定性，而络合物水解，尤其是能生成沉淀的水解，将极大地阻碍金属在热液中的运移。

成矿流体 pH 足够低是元素超常富集的必要条件。在流体运移过程中，较低的 pH 可有效抑制金属的水解反应，从而保证大量金属随流体运移。对于铅锌而言，pH<4 是其运移的有利条件（图 8-23），且 pH 向左移动一个单位，铅锌溶解的量呈数量级剧增（图 8-5），所能搬运的金属量越大。MVT 矿床成矿流体 pH 一般在 4～6（Sverjensky，1984；Murowchick and Barnes，1986；Goldhaber and StantonM，1987；Stanton and Goldhaber，1991；Plumlee et al.，1994；Emsbo，2000；Leach et al.，2005），在此 pH 范围内，Zn 的沉淀率达到 30%～50%，而 Pb 则高达 50%～80%（图 8-23），即铅锌的水解将导致 MVT 矿床成矿流体并非高度浓缩的含金属流体，这可能是 MVT 矿床品位较低的主要原因。而中国川滇黔成矿区铅锌矿床品位特高的主要原因是其成矿流体酸性较强，其 pH 在 3.6 以下（张振亮，2006；张艳等，2017；Zhang et al.，2017）。如此低的酸度不但有利于铅锌的溶解，而且有效抑制了铅锌的水解，使成矿流体可以携带巨量金属长距离迁移。

三、水岩作用下的水解动力学

第三节证实了水岩反应会使 Pb、Zn 溶液 pH 升高，本节第二部分表明在水岩反应能达到的 pH 范围内 Pb、Zn 会水解而部分沉淀，那么接下来的实验就是水岩反应是否能促使 Pb、Zn 水解，水解的动力学过程如何，水解产物能否向硫化物转化？

在铅锌的水解产物中（表 8-28），只有 $Pb(OH)_2$和 $Zn(OH)_2$为沉淀（Dean，1991），可用沉淀率近似代表水解程度。能谱扫描结果显示 TD-0～TD-3 中，铅锌主要以硫化物形式存在，而 TD-4～TD-10 中则以氧化物形式存在（表 8-29）。

铅锌在不同体系下的水解动力学虽然趋势相同，但也有明显差异（图 8-24）。在开放体系中，铅锌的沉淀率在一天内达到顶峰（42.8%和 15.8%），第二天急剧下降后趋于平稳；而封闭体系中铅锌沉淀率则在两天内增加较快，之后略微下降后再缓慢增加。这是由于，第一天时开放体系中只有10mL溶液，而封闭体系中为80mL，二者含金属溶液的浓度和pH都一致，加入白云岩的量也近似相等，那么碳酸盐岩溶解的量也应该一致，从而消耗或释放出等量的H^+或OH^-使溶液pH升高，但由于二者溶液总量不等，等量的OH^-造成的pH升高程度并不一样，体积较少的开放体系中的pH升高较多，最终使铅锌水解加剧。而之后加入酸性含金属溶液使溶液pH降低，铅锌氢氧化物的两性使部分沉淀溶解，体积增大也使水解变缓，之后的沉淀率都维持在一定范围内。封闭体系中，两天内的pH较低，碳酸盐岩溶解速率较快，pH升高也快，铅锌水解较剧烈，两天后，pH达到6左右后（见本章第三节），不论是碳酸盐岩溶解还是铅锌水解速率都将变慢，但溶液始终为弱酸性，反应仍将缓慢进行，所以沉淀率缓慢增加，但水岩反应导致的pH增加毕竟有限，当沉淀率增大到一定程度后将趋于稳定。

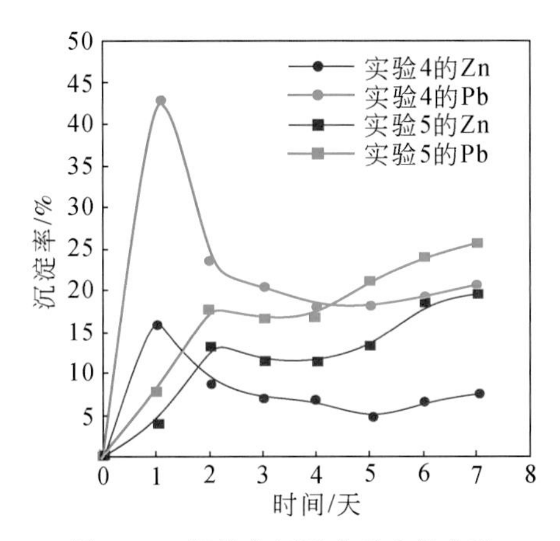

图8-24　铅锌水解反应动力学实验

不论是开放体系还是封闭体系，同样时间下，铅的沉淀率始终高于锌，即铅比锌更易水解，这是由勒沙特原理所决定的，即如果改变影响平衡的一个条件（如浓度、温度、压强等），平衡就向能够减弱这种改变的方向移动。本实验中，Pb的质量浓度约为Zn的15%，因此浓度低的Pb比Zn更易水解（表8-27～表8-29）。

表8-27　水岩作用下的水解动力学实验

样号	质量	Pb			Zn			时间/d	0.02mol/L的NaHS/mL	备注
		含量/10^{-6}	沉淀量/10^{-6}	沉淀率/%	含量/10^{-6}	沉淀量/10^{-6}	沉淀率/%			
TD-0前	2.0098	90.0	21.5	19.3	677	50.0	6.9	7	0	过滤清液
TD-0后	2.0098	<0.2	21.5	19.3	0.6	50	6.9	7	80	过滤
TD-1前	2.0047	93.2	18.3	16.4	678	49.0	6.7	7	0	过滤清液
TD-1后	2.0047	0.3	18.3	16.4	1.0	49.0	6.7	7	20	过滤
TD-2	2.0034	0.2	111.3	99.8	75.8	651.2	89.6	7	80	不过滤
TD-3	2.0037	62.5	49.0	43.9	536	191.0	26.3	7	20	不过滤
TD-4	2.0039	88.6	22.9	20.5	672	55.0	7.6	7	0	
TD-5	2.0059	90.1	21.4	19.2	678	49.0	6.7	6	0	

续表

样号	质量	Pb			Zn			时间/d	0.02mol/L 的 NaHS/mL	备注
		含量 $/10^{-6}$	沉淀量 $/10^{-6}$	沉淀率 /%	含量 $/10^{-6}$	沉淀量 $/10^{-6}$	沉淀率 /%			
TD-6	2.0053	91.3	20.2	18.1	692	35.0	4.8	5	0	
TD-7	2.0042	91.6	19.9	17.8	678	49.0	6.7	4	0	
TD-8	2.0049	88.8	22.7	20.4	676	51.0	7.0	3	0	
TD-9	2.0031	85.3	26.2	23.5	663	64.0	8.8	2	0	
TD-10	2.0075	63.8	47.7	42.8	612	115.0	15.8	1	0	
TD-11	2.0014	83.0	28.5	25.6	584	143.0	19.7	7	0	
TD-12	2.0083	84.8	26.7	23.9	593	134.0	18.4	6	0	
TD-13	2.0025	88.0	23.5	21.1	629	98.0	13.5	5	0	
TD-14	2.0028	92.7	18.8	16.9	644	83.0	11.4	4	0	
TD-15	2.0089	93.2	18.3	16.4	643	84.0	11.6	3	0	
TD-16	2.0079	91.8	19.7	17.7	631	96.0	13.2	2	0	
TD-17	2.0068	103.0	8.5	7.6	699	28.0	3.9	1	0	
TD-18	0	111.5	0.0	0.0	727	0.0	0.0	0	空白	

表 8-28　铅锌水解反应及平衡常数

序号	平衡方程式	平衡常数 K	各级 K 值	累积常数
1	$Zn^{2+}+H_2O \rightleftharpoons ZnOH^{+}+H^{+}$	$K_1=[ZnOH^{+}]/[Zn^{2+}][OH^{-}]$	4.40	4.40
2	$ZnOH^{+}+H_2O \rightleftharpoons Zn(OH)_2+H^{+}$	$K_2=[Zn(OH)_2]/[ZnOH^{+}][OH^{-}]$	6.90	11.30
3	$Zn(OH)_2+H_2O \rightleftharpoons Zn(OH)_3^{-}+H^{+}$	$K_3=[Zn(OH)_3^{-}]/[Zn(OH)_2][OH^{-}]$	2.84	14.14
4	$Zn(OH)_3^{-}+H_2O \rightleftharpoons Zn(OH)_4^{2-}+H^{+}$	$K_4=[Zn(OH)_4^{2-}]/[Zn(OH)_3^{-}][OH^{-}]$	3.52	17.66
5	$Pb^{2+}+H_2O \rightleftharpoons PbOH^{+}+H^{+}$	$K_1=[PbOH^{+}]/[Pb^{2+}][OH^{-}]$	7.82	7.82
6	$PbOH^{+}+OH^{-} \rightleftharpoons Pb(OH)_2+H^{+}$	$K_2=[Pb(OH)_2]/[Pb\ OH^{+}][OH^{-}]$	3.03	10.85
7	$Pb(OH)_2+Pb \rightleftharpoons Zn(OH)_3^{-}$	$K_3=[Pb(OH)_3^{-}]/[Pb(OH)_2][OH^{-}]$	3.73	14.58

表 8-29　电子探针测试结果

样号	Pb		Zn		S		C		O		Ca		Mg	
	wt%	At%	wt%	At%	wt%	At%	wt%	At%	wt%	At%	wt%	At%	wt%	At%
TD-0	12.51	1.77	26.19	11.73	10	9.13	12.84	31.28	13.17	24.09	16.53	12.07	6.68	8.04
TD-1	15.16	2.65	40.76	22.57	15.81	17.84	9.88	29.78	6.04	13.66	5.8	5.23	2.56	3.81
TD-2	10.02	1.53	35.9	17.4	14.76	14.58	11.42	30.11	9.4	18.61	10.92	8.63	5.32	6.93
TD-3	7.38	1.06	34.15	15.52	11.87	10.99	11.85	29.3	12.23	22.71	12.92	9.58	6.41	7.83
TD-4	53.07	9.56	—	—	—	—	20.31	31.48	38.54	44.84	25.7	11.93	14.49	11.1
TD-5	5.53	0.66	3.62	1.36	—	—	10.62	21.78	25.5	39.28	13.02	8.01	5.5	5.57
TD-6	3.22	0.34	15.2	5.07	—	—	18.49	33.59	27.55	37.58	18.42	10.03	8.95	8.03
TD-7	6.63	0.79	30.09	11.39	—	—	15.57	32.07	24.72	38.22	12.74	7.86	7.9	8.04
TD-8			2.69	1.45	—	—	6.08	17.87	14.61	32.23	29.08	25.61	10.39	15.08
TD-9	5.46	0.68	32.94	12.98	—	—	14.24	30.53	22.61	36.39	14.44	9.28	7.72	8.18
TD-10	35.55	6.06	—	—	—	—	11.12	34.57	13.42	31.3	10.77	10.03	4.78	7.33

续表

样号	Si		Al		Cl		K		Fe		P		Ti	
	wt%	At%	wt%	At%	wt%	At%	wt%	At%	wt%	At%	wt%	At%	wt%	At%
TD-0	0.5	0.52	0.25	0.27	1.34	1.1	—	—	—	—	—	—	—	—
TD-1	0.85	1.09	0.48	0.64	2.67	2.73	—	—	—	—	—	—	—	—
TD-2	0.51	0.57	0.27	0.32	1.48	1.32	—	—	—	—	—	—	—	—
TD-3	0.89	0.94	0.59	0.65	1.71	1.43	—	—	—	—	—	—	—	—
TD-4	0.41	0.27	0.56	0.38	—	—	—	—	—	—	—	—	—	—
TD-5	8.31	7.29	5.12	4.67	1.62	1.13	2.76	1.74	4.31	1.9	0.65	0.51	0.92	0.47
TD-6	1.04	0.81	0.77	0.63	6.37	3.92	—	—	—	—	—	—	—	—
TD-7	—	—	—	—	2.34	1.63	—	—	—	—	—	—	—	—
TD-8	0.4	0.51	—	—	1.2	1.2	—	—	—	—	—	—	—	—
TD-9	0.41	0.38	2.19	1.59	—	—	—	—	—	—	—	—	—	—
TD-10	—	—	—	—	6.84	7.2	—	—	—	—	—	—	—	—

对比直接调节溶液酸碱性（实验1～3）和水岩反应下铅锌的水解实验（实验4、5）可知，前者的沉淀率远高于后者。造成这一结果的原因可能有：①pH升高速率不同，前者在几秒内升高，后者则是几天内缓慢升高；②溶解的Ca、Mg等金属阳离子也同样会发生不同程度的水解，其水解在一定程度上抑制了铅锌的水解。

图8-25中TD-1主要为铅锌硫化物，其余三个为铅锌水解形成的氢氧化物脱水后的氧化物。图8-26～图8-27清晰地反映了白云岩随反应时间延长蚀变加强的过程：随反应时间的延长，从TD-10到TD-4，氧化物的量逐渐增多，白云岩的蚀变程度逐渐加强。岩石颗粒表面原岩被溶解重结晶，颗粒变得粗大，粒间间隙变大，岩石表面变得疏松多孔。因此含金属的酸性流体会在运移过程中与围岩反应使围岩孔隙度、渗透率增大而发生扩容作用，从而提高流体的运移速度和汇聚量。同时，川滇黔铅锌矿集区的矿体多赋存于层间压扭性断裂中，初始时由于应力集中而形成断裂，引起岩石塑性膨胀或破裂从而提高渗透率，促使流体在其中汇聚。汇流和扩容实际是一个能相互反馈的耦合动力学过程（Liu et al.，2008），汇流与扩容循环反复，容矿空间不断扩大，利于富厚矿体的形成。相比较而言，碱性的不与围岩反应的含还原硫的流体其运移速度和汇聚量都要远小于含金属的酸性流体，因此含金属的酸性流体最有可能先到达容矿空间。但由于汇流作用，两种流体将在容矿空间混合而发生沉淀。此过程周而复始，矿石不断沉淀堆积，形成大规模矿体。这与野外和室内镜下鉴定观察到的矿物环带以及矿物组合分带相吻合。

生成沉淀的水解反应可有效提高成矿效率。实验4、5表明，当含铅锌的酸性流体与碳酸盐岩接触反应时，水/岩反应导致的pH升高确实能使铅锌部分水解而沉淀，其最大沉淀率能达到42.8%，加入NaHS后，水解产物会向硫化物转变。所以当含金属流体早于含还原流体到达容矿空间时，生成沉淀的水解反应可使一部分金属保留在容矿空间中，能够保留的金属量取决于成矿流体的pH、金属浓度、流体体积、停留时间及围岩粒度等。

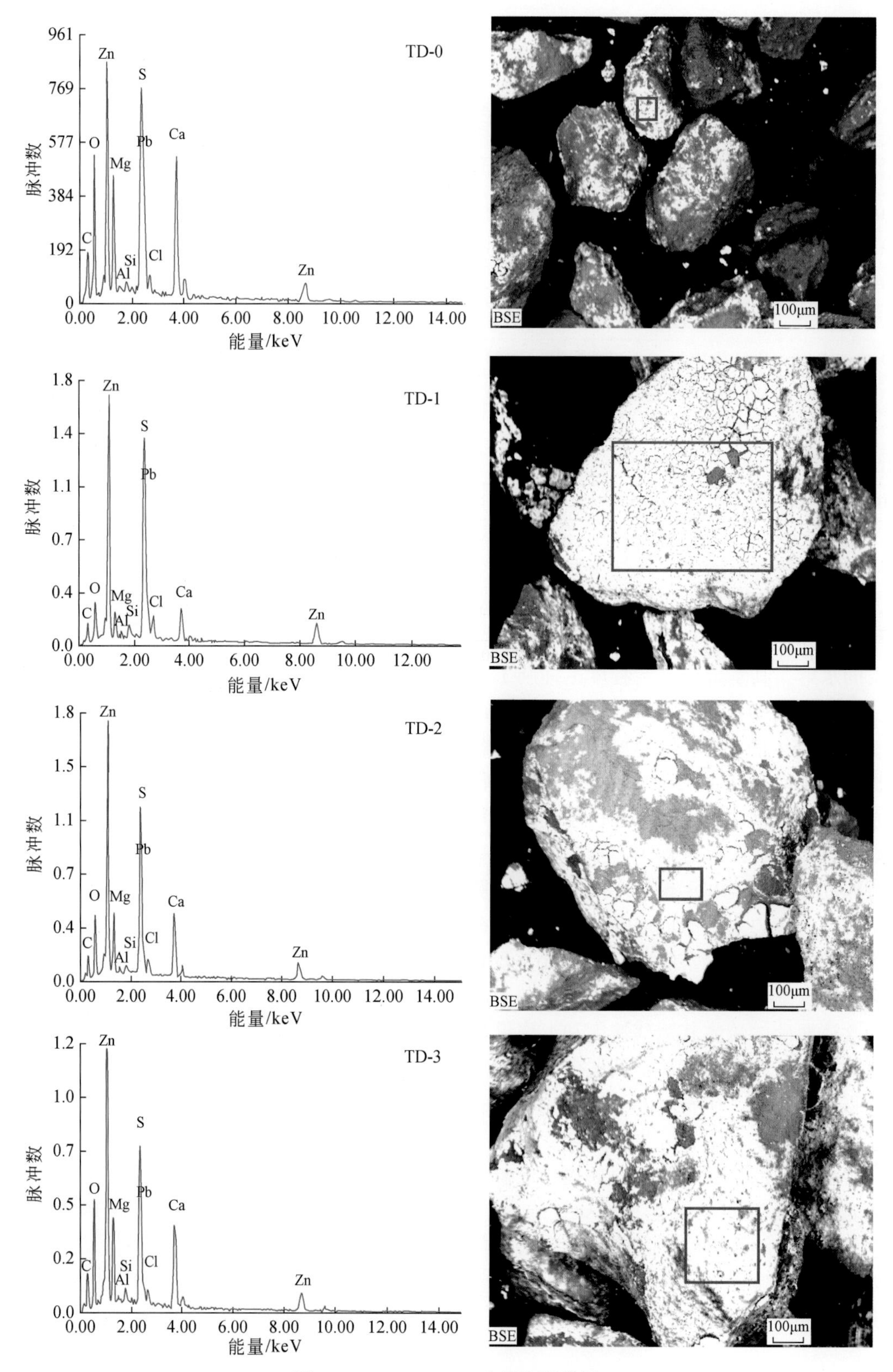

图 8-25　TD-0 ~ TD-3 电子探针谱图

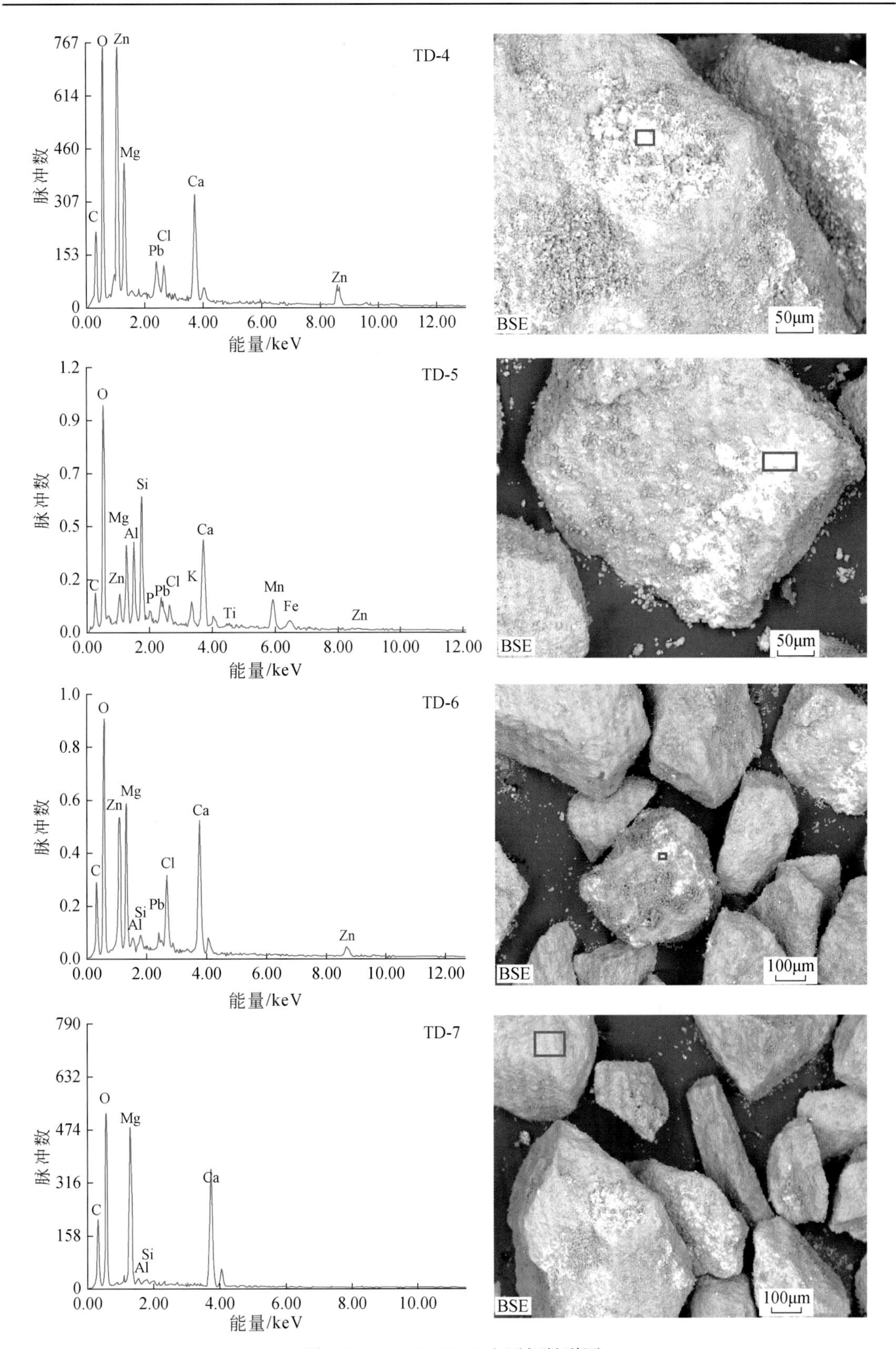

图 8-26　TD-4 ~ TD-7 电子探针谱图

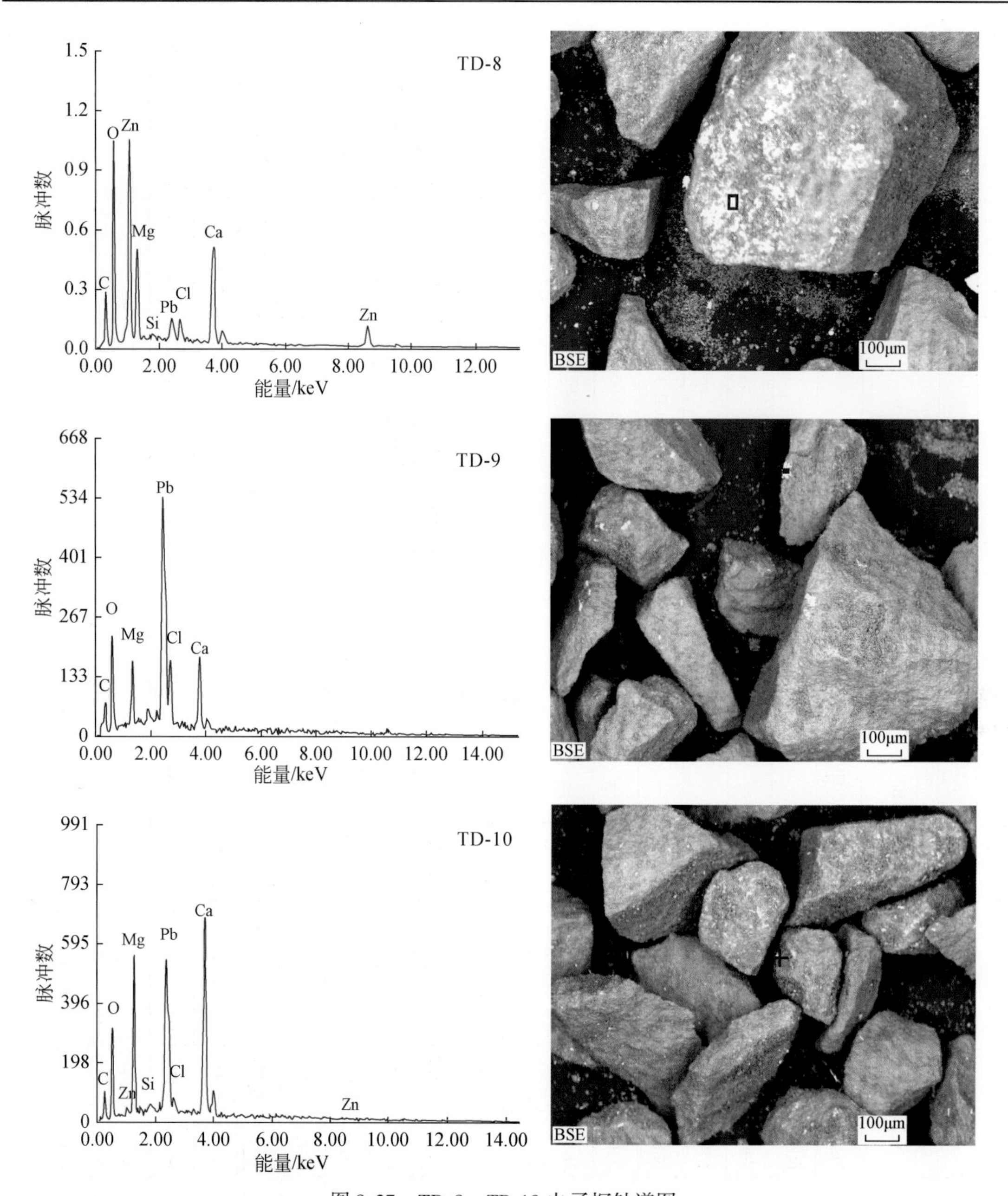

图 8-27　TD-8 ~ TD-10 电子探针谱图

四、水解实验的地质意义

20 世纪以来，人们对碳酸盐岩容矿的非岩浆后生热液型铅锌矿床的研究从未间断过，也取得了丰硕成果，尤其是对于 MVT 矿床，有学者系统总结了该类矿床的重要特征（Leach and Sangster，1993；Leach et al.，2005；Leach and Taylor，2010），世界上很多铅锌矿床均被归属于此类。HZT 矿床的研究虽然起步较晚，但也逐步取得了一系列突破性的进展（Han et al.，

2004，2006，2007a，2007b；韩润生，2006，2012，2014；张艳，2016；张艳等，2014，2016，2017；Zhang et al.，2017）。

在 Leach 等（Leach et al.，2005；Leach and Taylor，2010）总结的 MVT 矿床 14 个最重要的特征中，HZT 矿床有一半以上与其相似，因此很多学者也将其归为 MVT 矿床（Wang et al.，2002；Leach et al.，2005；张长青，2008，2005，2009；Leach and Taylor，2010；Li et al.，2016；Qin et al.，2016；Wu et al.，2013），但仔细对比却发现，两类矿床在构造背景、成矿流体（包括温度、盐度等方面性质）、主要控矿因素上存在显著区别，从而导致形成矿体的形态、品位和围岩蚀变也不相同。

结合水岩相互作用、水解实验和两类铅锌矿床不同的成矿地质条件，可以得以下推论。

（一）MVT 铅锌矿床

（1）成矿流体 pH 较高（pH>4）（Emsbo，2000；Goldhaber and StantonM，1987；Leach et al.，2005；Murowchick and Barnes，1986；Plumlee et al.，1994；Stanton and Goldhaber，1991；Sverjensky，1984），铅锌溶解度较小，水解程度大，含金属流体所能携带的金属量有限，不利于高品位矿石或矿体的形成；流体扩容作用有限，难以形成富厚矿体。

（2）驱动力较弱，目前普遍认同的 MVT 矿床运移驱动模式有地形或重力驱动模式（Garven and Freeze，1984；Bethke，1985；Garven，1985；Hitchon，1993），沉积和压实作用模式（Beales and Jackson，1966；Bethke，1985；Cathles and Smith，1983），热–盐对流循环模式（Russell，1986；Person and Garven，1994；Raffensperger and Garven，1995；Morrow，1998），与构造驱动力相比，这些驱动力明显较弱，流体运移速率较慢，容易停留在其流经的碳酸盐岩地层中的孔洞或断裂裂隙中，并与围岩发生作用导致 pH 升高而使铅锌水解。当还原流体流经这些地方时，氢氧化物/氧化物转变为稳定的硫化物。

因此，MVT 铅锌矿床通常规模大但品位低，形成的矿石为交代型和开放空间充填型，溶解崩塌角砾岩也很普遍，围岩蚀变不发育或较少。

（二）会泽型（HZT）铅锌矿床

（1）成矿流体 pH 较低（pH<3.6）（张振亮，2006；张艳等，2017；Zhang et al.，2017），铅锌溶解度大，水解程度小，含金属流体可携带巨量金属长距离运移，有利于高品位矿石或矿体的形成；流体扩容作用强劲，利于富厚矿体形成。

（2）驱动力较强，韩润生等（2006，2012，2014）认为，该区由于前陆盆地诱发强烈的斜冲走滑活动，形成一系列走滑断褶构造（带），强劲的构造动力作用驱动流体发生大规模运移，流体沿构造发生“贯入”，形成线状、带状展布的热液蚀变。由于流体运移速率较快，铅锌难以水解而随流体长距离大量运移，pH 较低还能不断萃取地层中的铅锌等金属元素，形成富矿流体。

（3）构造作用产生的断裂带有利于流体汇流，汇流和低 pH 都能促进扩容作用的发生。

（4）含金属流体先于还原流体进入容矿空间时，生成沉淀的水解反应可将金属保留在容矿空间中。

上述几种作用相辅相成，成矿金属不断富集，容矿空间不断扩大，当还原流体进入容矿空间时，两种流体混合成矿，前期形成的氢氧化物/氧化物也转变为稳定的硫化物，形成范围集中品位高的富矿体，形成的矿石构造主要为块状构造、条带状构造和稠密浸染状构造，同时伴随大规模的热液白云岩蚀变。

因此，两类矿床品位悬殊的主要原因是 pH、运移驱动力和水解程度的不同。

第五节　还原硫模式沉淀机制实验

HZT 矿床 S 主要来源于地层中海相硫酸盐的热化学还原。虽然该类矿床铅锌的运移沉淀以流体减压沸腾和混合为主，但不能排除在流体运移过程中，含金属流体或多或少萃取了还原硫，但由于酸性下铅锌氯络合物比硫氢络合物稳定得多，流体中铅锌仍以氯络合物形式存在，还原硫以 H_2S 形式存在。本部分实验模拟了以下几个过程：简单 pH 变化、水岩反应、等温稀释（简单稀释、短暂水岩作用后的稀释、充分水岩作用后的稀释，变温稀释已在本章第二节不同温度下流体混合反应中讨论）及沸腾作用。

一、pH　变　化

取 20mL 配制好的混合溶液②于塑料小瓶中，用盐酸或 NaOH 调节为不同酸度，离心分离再过滤分离固液相，送至澳实分析测试（广州）有限公司用 ICP-MS 测试清液中铅锌的含量，空白为未调酸度的样品（表 8-30，表 8-31）。

在混合溶液②中，pH>4 时沉淀作用开始变得显著；pH>6 时铅的沉淀率达到 85%，锌为 35%；pH=7.7 时，二者的沉淀率都达到了 98%。因此 pH 升高可明显促使铅锌硫化物沉淀（图 8-28，图 8-29）。事实上，这与本章第二节所述的混合反应机理一致，即 pH 升高将促使硫化物沉淀。该实验结果与 Reed（2006）用 CHEM-xpt 模拟的实验结果也一致（图 8-30）。

表 8-30　混合溶液②pH 效应

序号	样品号	Pb		Zn		pH
		含量/10^{-6}	沉淀率/%	含量/10^{-6}	沉淀率/%	
1	0724-0	93.8	11.51	654	2.10	1
2	0724-1	102.0	3.77	650	2.69	1.81
3	0724-2	100.5	5.19	656	1.80	2.8
4	0724-3	101.0	4.72	657	1.65	3.99
5	0724-4	43.2	59.25	548	17.96	5.33
6	0724-5	15.9	85.00	435	34.88	6.03
7	0724-6	7.2	93.21	196.5	70.58	6.81
8	0724-7	1.4	98.68	12.1	98.19	7.73
9	0724-8	0.8	99.25	4.4	99.34	8.98
10	0724-9	1.7	98.40	5.8	99.13	10
11	0724-10（空白）	106.0	—	668	—	1.81

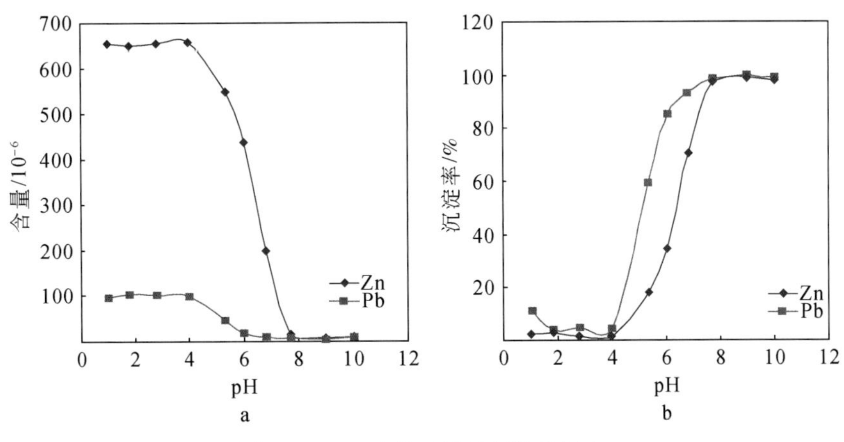

图 8-28　pH 变化对铅锌沉淀的影响

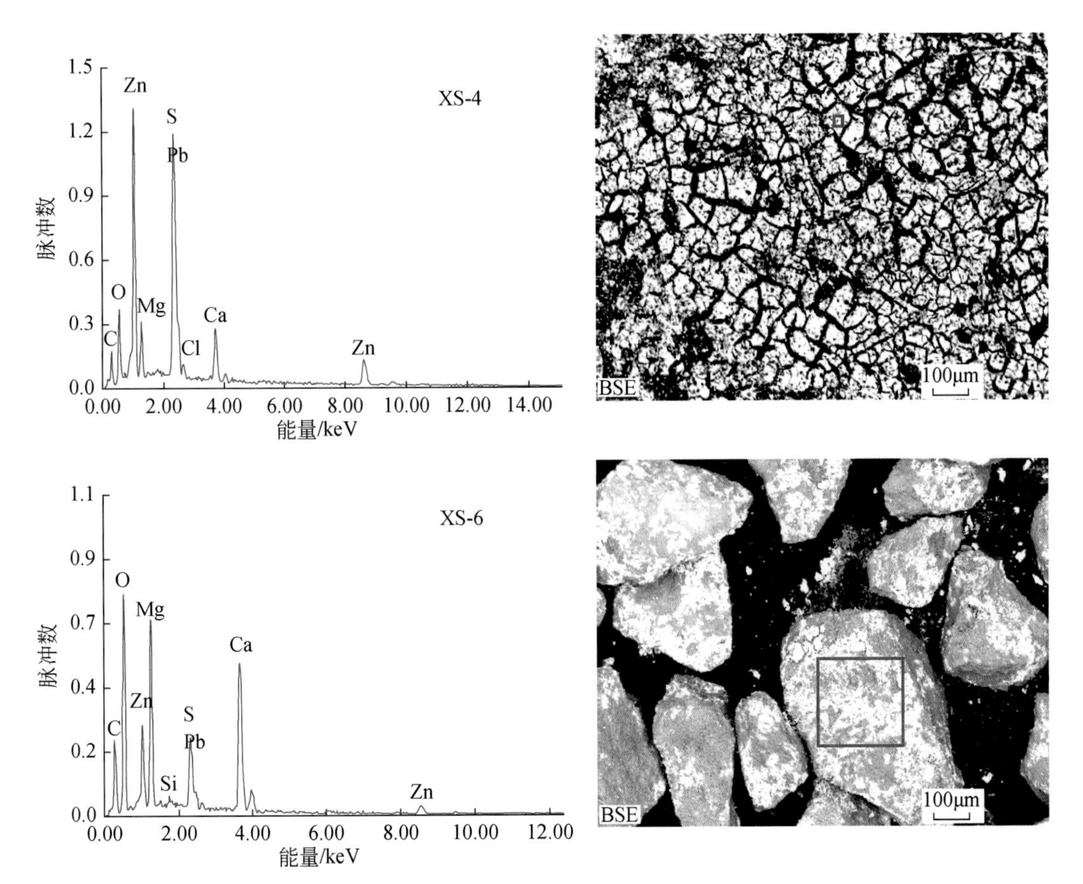

图 8-29　0724-6 电子探针图谱

表 8-31　电子探针测试结果

样号	Pb		Zn		S		C		O		Ca		Mg	
	wt%	At%	wt%	At%	wt%	At%	wt%	At%	wt%	At%	wt%	At%	wt%	At%
0724-6	9.32	1.4	37.57	17.85	15.25	14.77	13.04	33.72	8.83	17.13	9.4	7.28	5.11	6.54

样号	Si		Al		Cl		K		Fe		P		Ti	
	wt%	At%	wt%	At%	wt%	At%	wt%	At%	wt%	At%	wt%	At%	wt%	At%
0724-6	—	—	—	—	1.49	1.3	—	—	—	—	—	—	—	—

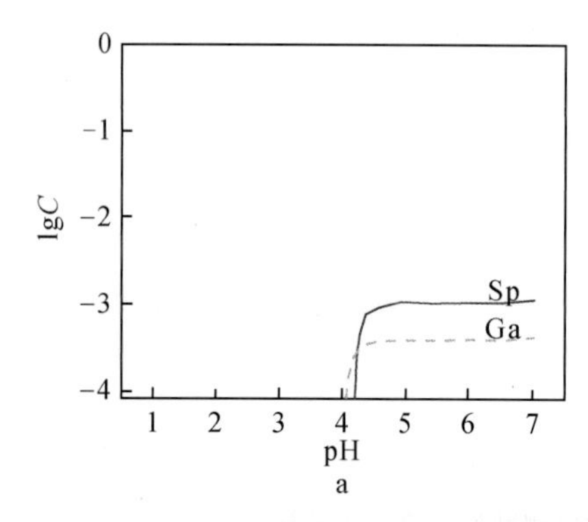

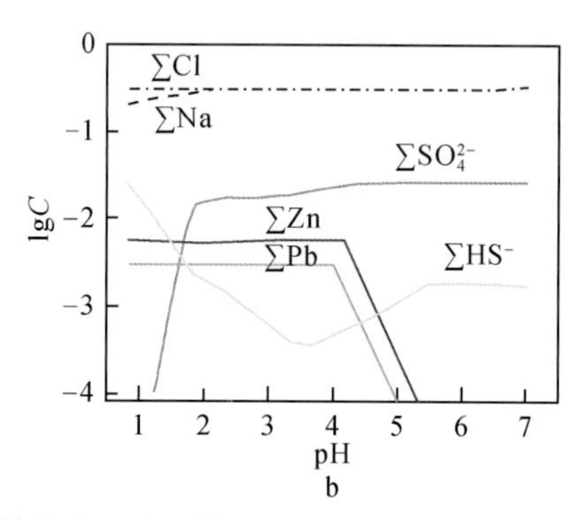

图 8-30　pH 变化的计算机模拟（Reed，2006）

初始 1mol 的 NaCl 的酸性流体中含溶解的 Pb、Zn，加入 NaOH 使 pH 从 0.8 升至 7，T=200℃。a. 矿物；b. 液相组分总浓度；H 和 S 的物种参见图 8-13；Sp. 闪锌矿；Gn. 方铅矿

二、水-岩作用

第三节和第四节中的实验表明在水岩反应导致 pH 升高的范围内可使铅锌沉淀。本部分实验将考察不同温度下（25℃、50℃、75℃、100℃、150℃）一定量 NaHS 的金属-氯络合物体系（Pb、Zn 的混合溶液②）与白云岩作用的沉淀情况，并用 Pb、Zn 的混合溶液①进行对照实验。第三节 Pb、Zn 的混合溶液①的水岩反应表明，48h 后反应已趋于平衡，所以反应时间均选为 48h。

实验过程：取 10mL Pb、Zn 的混合溶液②或①于 20mL 密封良好的离心管（或聚四氟乙烯衬套的莫雷釜）中，加入 0.5g 40 目白云岩，放入相应温度恒温槽（50℃、75℃）或马弗炉（100℃、150℃）。反应 48h 后，取出，离心分离过滤后清液送至澳实分析测试（广州）有限公司测 Pb、Zn 含量。其中 25℃ 为常温下实验，50℃、75℃ 实验在恒温槽中实现，100℃、150℃用聚四氟乙烯衬套的莫雷釜在马弗炉中实现。测试结果见表 8-32。

随着温度升高，Pb、Zn 沉淀率逐渐升高，在含 NaHS 组中，由于 PbS、ZnS 的溶度积远小于 $Pb(OH)_2$ 和 $Zn(OH)_2$，沉淀全部为硫化物；而在不含 NaHS 组中，沉淀为 $Pb(OH)_2$ 和 $Zn(OH)_2$。含 NaHS 组的沉淀率（150℃时为 35% 左右）始终略高于不含 NaHS 组（150℃时 Pb、Zn 分别为 32% 和 25% 左右）。实际上，两组沉淀均是水岩作用使 pH 升高而导致。含 NaHS 组中，pH 升高，铅锌氯络合物失稳，生成硫化物沉淀；不含 NaHS 一组中，pH 升高，

Pb、Zn 水解加剧，生成氢氧化物沉淀（图 8-31）。

Pb、Zn 在高温高压下更易水解，但其易返溶的特性使其水解常数的测定变得较为困难，必须用摇摆釜加滤片在线取样才能实现。在上述的简单水岩反应实验中，虽然各个温度下样品发生了部分返溶，但仍然得到了 Pb、Zn 水解随温度升高而加剧这一基本事实，也就是说水解是元素迁移的最大威胁，尤其是在高温高压下。

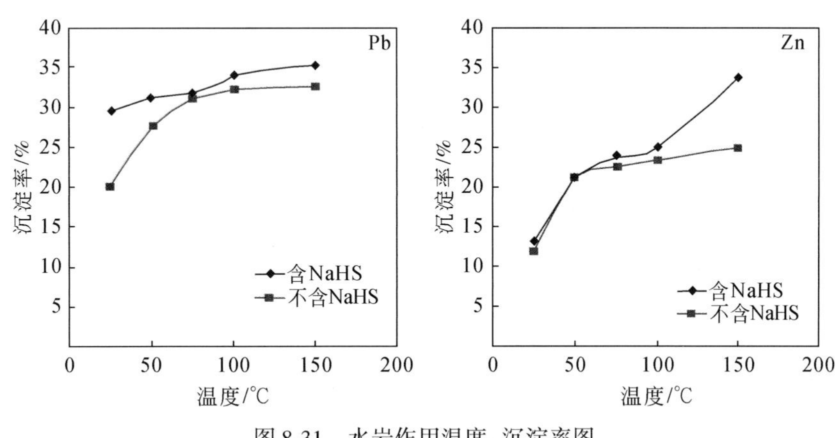

图 8-31　水岩作用温度-沉淀率图

表 8-32　水岩作用测试结果表

样号	Pb			Zn			白云岩质量/g	Pb、Zn 的混合溶液类型	温度/℃
	测试值/10^{-6}	沉淀量/10^{-6}	沉淀率/%	测试值/10^{-6}	沉淀量/10^{-6}	沉淀率/%			
Sb-16	77.2	32.3	29.5	623	95	13.2	0.5037	②	25
Sb-17	87.4	22.1	20.2	594	81	12.0	0.5023	①	
Sb-18	75.3	34.2	31.2	567	151	21.0	0.5036	②	50
Sb-19	79.1	30.4	27.8	532	143	21.2	0.5033	①	
Sb-20	74.9	34.6	31.6	547	171	23.8	0.5024	②	75
Sb-21	75.5	34.0	31.1	523	152	22.5	0.5047	①	
Sb-22	72.4	37.1	33.9	538	180	25.1	0.5015	②	100
Sb-23	74.4	35.1	32.1	518	157	23.3	0.5033	①	
Sb-24	70.9	38.6	35.3	547	171	33.7	0.5047	②	150
Sb-25	73.8	35.7	32.6	507	168	24.9	0.5058	①	
0720-1	109.5			675					空白
XS-13	109.5			718					

注：0720-1 为 Pb、Zn 的混合溶液①空白，XS-13 为 Pb、Zn 的混合溶液②空白

三、流体稀释作用

在地质过程中，可能存在不同的稀释作用，因此本实验设计了不同的过程以考察不同稀释流体、不同体积下有无围岩参与作用及作用不同时间所能产生的沉淀量。实验过程如下。

取 10mL Pb、Zn 的混合溶液②于 50mL 塑料小瓶内，分别进行以下三组实验：

（1）以 pH 计测定稀释前溶液的 pH_0，以 10mL 或 20mL 纯水或 2mol/L 的 NaCl 稀释。

（2）加入 0. 2000g 40 目白云石，过夜后测定 pH_0，再以 10mL 或 20mL 纯水或 2mol/L 的 NaCl 稀释。

（3）加入 0. 2000g 40 目白云石 10min 后测定 pH_0，再以 10mL 或 20mL 纯水或 2mol/L 的 NaCl 稀释。

测定稀释后的 pH_1，过滤，清液送至澳实测定 Pb、Zn 含量。上述的（1）、（2）、（3）过程分别近似对应地质上的以下过程：

（1）运移中含金属流体被等体积或两倍体积的大气降水或卤水稀释。

（2）含金属流体进入成矿空间后与白云岩围岩充分作用后被等体积或两倍体积的大气降水或卤水稀释。

（3）含金属流体进入成矿空间与白云岩短暂作用后（10min）被等体积或两倍体积的大气降水或卤水稀释。

实验结果表明（表 8-33，表 8-34，图 8-32 ~ 图 8-34），稀释作用确实能产生铅锌硫化物沉淀。其原理是稀释作用可使溶液浓度变低，根据勒沙特原理，H_2S 电离增强，使溶液 pH 升高、铅锌氯络合物失稳而生成硫化物沉淀。加入白云石后，水岩作用使溶液 pH 升高，从 XS-14 和 XS-15 可以看出，单独的水岩作用生成了部分硫化物 [此处是铅锌硫化物而不是铅锌氢氧化物，这是因为硫化物的溶度积远小于氢氧化物（见本章第二节），反应总是向更稳定的化合物生成方向进行]。当加入纯水或 NaCl 稀释时，稀释作用产生的沉淀便叠加在水岩作用生成的沉淀上。

表 8-33 稀释作用测试数据表

序号	编号	Pb			Zn			围岩参与	稀释流体	体积/mL	pH_0	pH_1
		测试值/10^{-6}	沉淀量/10^{-6}	沉淀率/%	测试值/10^{-6}	沉淀量/10^{-6}	沉淀率/%					
1	XS-1	49. 4	60. 1	54. 9	327	391. 0	54. 5	否	纯水	10	1. 81	2. 48
2	XS-2	51. 3	58. 2	53. 2	334	384. 0	53. 5	否	纯水	20	1. 81	2. 4
3	XS-3	50. 7	58. 8	53. 7	327	391. 0	54. 5	否	2mol/LNaCl	10	1. 81	2. 19
4	XS-4	45. 7	63. 8	58. 3	322	396. 0	55. 2	否	2mol/LNaCl	20	1. 81	2. 35
5	XS-5	34. 0	75. 5	68. 9	325	393. 0	54. 7	加 Dol 过夜	纯水	10	5. 3	5. 71
6	XS-6	21. 8	87. 7	80. 1	207	511. 0	71. 2	加 Dol 过夜	纯水	20	5. 5	5. 76
7	XS-7	35. 5	74. 0	67. 6	322	396. 0	55. 2	加 Dol 过夜	2mol/LNaCl	10	5. 45	6. 18
8	XS-8	23. 2	86. 3	78. 8	203	515. 0	71. 7	加 Dol 过夜	2mol/LNaCl	20	5. 49	6. 24
9	XS-9	44. 6	64. 9	59. 3	338	380. 0	52. 9	加 Dol	纯水	10	1. 81	4. 15
10	XS-10	28. 6	80. 9	73. 9	219	499. 0	69. 5	加 Dol	纯水	20	1. 81	4. 33
11	XS-11	45. 9	63. 6	58. 1	326	392. 0	54. 6	加 Dol	2mol/LNaCl	10	1. 81	4. 24
12	XS-12	35. 7	73. 8	67. 4	232	486	67. 6	加 Dol	2mol/LNaCl	20	1. 81	4. 32
13	XS-13（空白）	109. 5	0. 0	0. 0	718	0. 0	0. 0	空白	否		1. 81	1. 81
14	XS-14	69. 1	40. 4	36. 9	644	74. 0	10. 3	加 Dol 过夜	否		1. 81	5. 4
15	XS-15	92. 3	17. 2	15. 7	696	22. 0	3. 1	加 Dol 10min	否		1. 81	4. 23

表 8-34　电子探针测试结果

样号	Pb		Zn		S		C		O		Ca		Mg	
	wt%	At%	wt%	At%	wt%	At%	wt%	At%	wt%	At%	wt%	At%	wt%	At%
XS-4	18. 75	3. 04	33. 57	17. 28	15. 15	15. 89	12. 2	34. 18	8. 04	16. 9	6. 66	5. 59	4. 07	5. 63
XS-6	5. 66	0. 61	11. 93	4. 06	4. 15	2. 88	17. 26	31. 97	26. 8	37. 26	22. 34	12. 4	11. 61	10. 62
XS-8	—	—	—	—	—	—	16. 61	27. 11	36. 62	44. 88	27. 61	13. 5	12. 62	10. 18
XS-10	2. 49	0. 32	33. 38	13. 79	10. 5	8. 84	13. 96	31. 4	14. 93	25. 21	10. 15	6. 84	5. 28	5. 86
XS-12	1. 01	0. 12	24	9. 14	6. 59	5. 12	11. 79	24. 43	21. 4	33. 31	12. 82	7. 96	6. 89	7. 05

样号	Si		Al		Cl		K		Fe		P		Ti	
	wt%	At%	wt%	At%	wt%	At%	wt%	At%	wt%	At%	wt%	At%	wt%	At%
XS-4	—	—	—	—	1. 57	1. 49	—	—	—	—	—	—	—	—
XS-6	0. 26	0. 2	—	—	—	—	—	—	—	—	—	—	—	—
XS-8	3. 05	2. 13	2. 03	1. 47	—	—	1. 47	0. 73	—	—	—	—	—	—
XS-10	3. 72	3. 14	2. 47	2. 17	0. 8	0. 54	1. 13	0. 69	—	—	—	—	—	—
XS-12	6. 79	6. 02	4. 76	4. 39	1. 02	0. 71	2. 27	1. 44	0. 67	0. 3	—	—	—	—

注：XS-13 为不做任何操作的空白溶液，XS-14 为加白云石过夜后不稀释便过滤的空白，XS-15 为加白云石 10min 后不稀释便过滤的空白

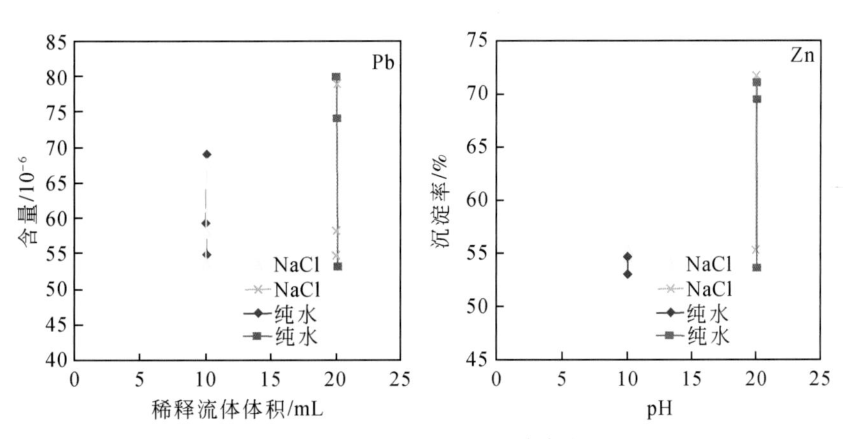

图 8-32　稀释作用导致铅锌沉淀率变化图

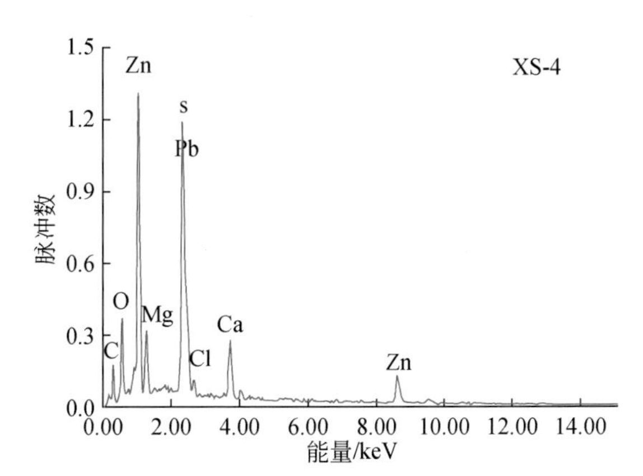

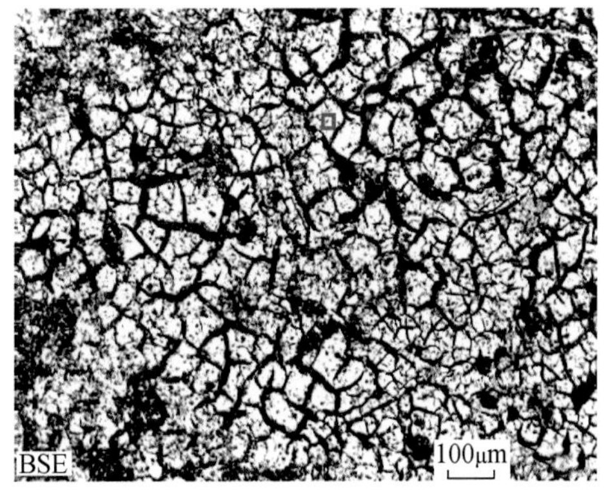

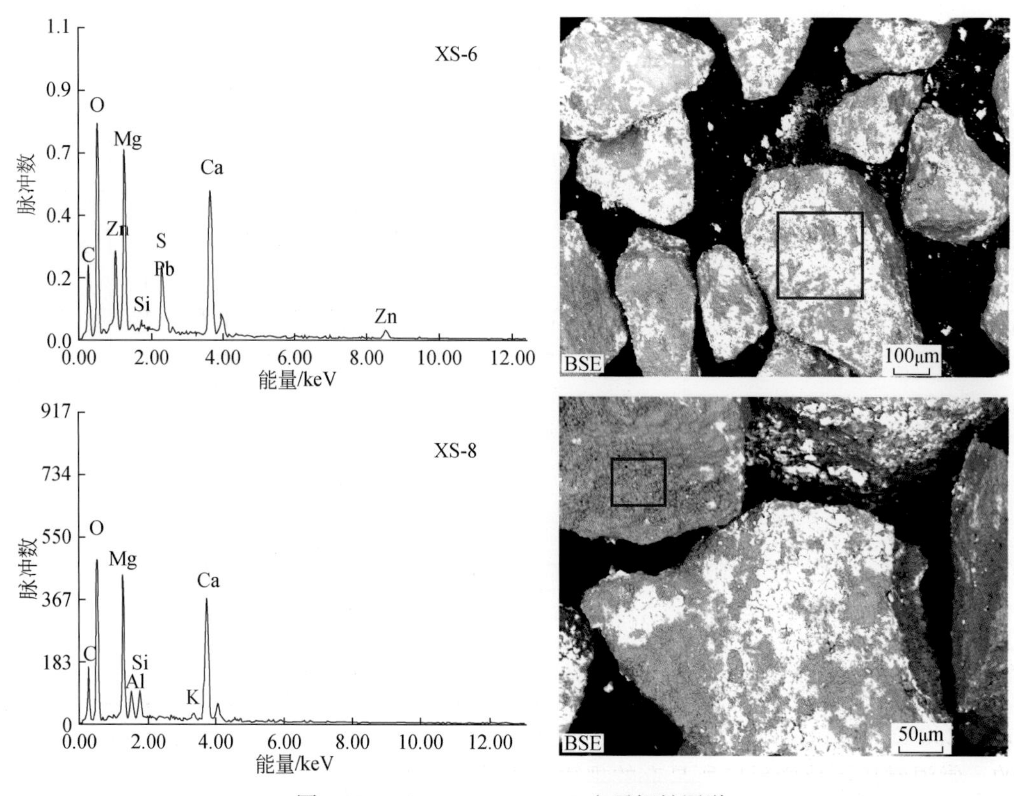

图 8-33 XS-4、XS-6、XS-8 电子探针图谱

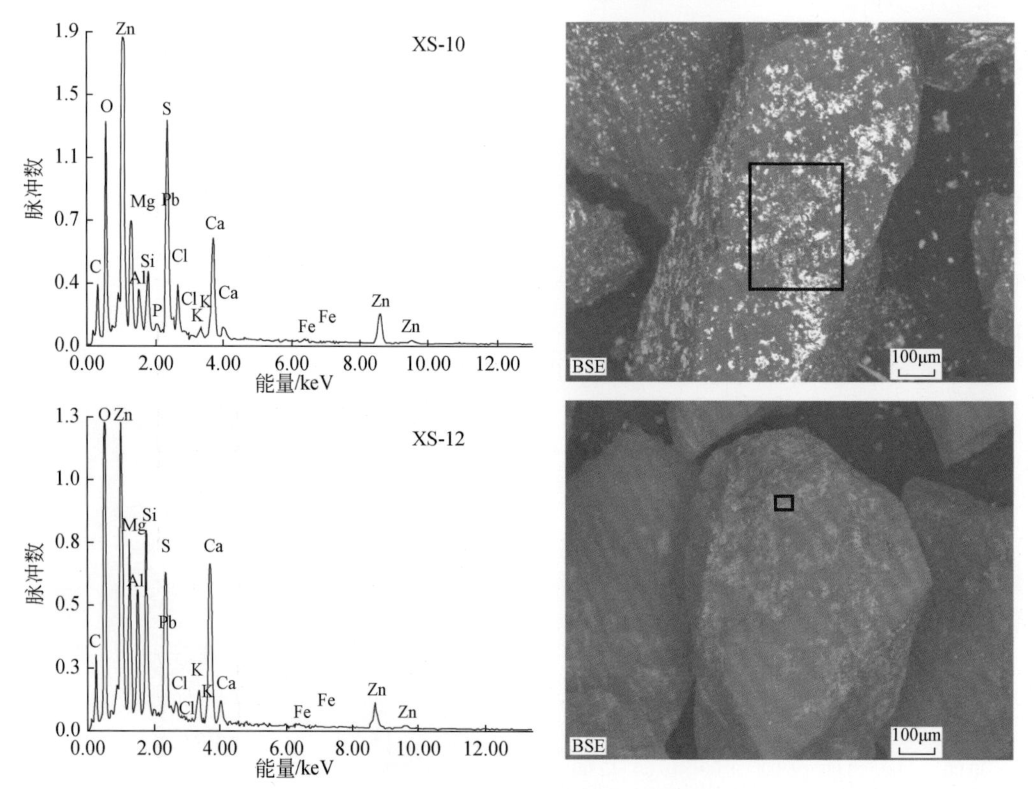

图 8-34 XS-10、XS-12 电子探针图谱

结合本章所设定的三个地质过程，可以得出以下结论。

（1）单纯的稀释作用下，无论是大气降水还是卤水，也无论是等体积还是两倍体积的稀释，铅锌的沉淀率都在53%～56%。

（2）含金属流体进入容矿空间与白云岩短暂作用后，等体积的纯水和NaCl稀释结果与结论（1）基本一致，而两倍体积的稀释却由于水岩作用与稀释作用的叠加，沉淀率提高到70%左右。

（3）含金属流体进入容矿空间与白云岩充分作用后，等体积的纯水和NaCl稀释使铅的沉淀率提高到70%左右，而Zn与结论（1）基本一致，而两倍体积的稀释却由于水岩作用与稀释作用的叠加，Pb的沉淀率提高到80%左右，Zn的沉淀率也提高到70%左右。

综上所述，稀释作用虽能产生一定量的沉淀，但最有效的稀释作用是当含金属流体进入容矿空间与围岩充分作用的稀释，因为两种流体很难同时到达成矿空间，所以这样的过程在地质上更具有普遍意义。

本章小结

基于水热成矿实验，模拟了HZT铅锌矿床形成时可能发生的成矿过程，得到如下结论。

（1）铅锌氯络合物在常温常压下的稳定性与250℃内的稳定性差异不大，硫的不同存在形式在250℃内受pH影响大致相同，因此将常温常压下的实验结果外推至250℃以内是可接受的，常温常压下化学反应所具有的规律同样适用于HZT矿床成矿温度范围内。

（2）流体混合实验表明，金属沉淀受金属络合物稳定性和环境pH的影响。其中，pH是该类矿床金属沉淀的主要控制因素，碳酸盐岩在调节环境pH方面作用显著；弱酸-中性是矿床形成的最有利条件，水-岩相互作用导致环境pH中性化使铅锌氯络合物失稳，也使S物种发生重新分配，从而有利于铅锌离子水解或硫化物沉淀。因此，在铅锌沉淀中流体中的H_2S，而不是HS^-或S^{2-}主导了铅锌沉淀反应。

（3）不同温度下流体混合实验表明，温度下降可促使硫化物沉淀，但影响有限，只在NaHS过量时表现才明显，溶液中金属浓度或还原组分HS^-浓度的影响远大于温度。

（4）水-岩反应实验表明，含铅锌的酸性溶液与碳酸盐岩围岩反应48h后，溶液的pH能稳定在5.2～6.2，与碳酸盐岩岩性和初始pH无关，岩石粒度越小，铅锌水解的沉淀率越大。

（5）水解实验表明，水-岩反应使pH升高能导致铅锌部分水解而沉淀，其最大沉淀率可达到20%左右，当氢氧化物沉淀与还原流体相遇时，沉淀会向硫化物转变。成矿流体pH=4是铅锌大量水解的阈值，与运移驱动力共同作用形成川滇黔接壤区品位特高的富锗铅锌矿床。

（6）在铅锌以氯络合物运移的流体中，还原硫以H_2S形式存在，这样的流体在经历pH变化、水岩反应、等温稀释时都能生成硫化物沉淀，其中生成沉淀的最有效方式是pH变化，稀释次之，水-岩反应再次之。

虽然上述结论是基于常温常压实验获得，在碳酸盐岩容矿的非岩浆后生铅锌矿床的成矿温压范围内具有相似的规律。但是，温度、压力的改变必然会导致铅锌大量水解的阈值及水-岩反应动力学过程发生变化。所以，下一步将应用高温高压设备进行成矿温压范围内的系统实验研究，以获得满意的效果。

参考文献

曹俊雅，鲁倍倍，马斌，等 . 2016. 氧化铅锌矿硫化技术研究进展 . 矿产综合利用，(2)：17-21.

韩润生，刘丛强，黄智龙，等 . 2001. 论云南会泽富铅锌矿床成矿模式 . 矿物学报，21（4）：674-680.

韩润生，陈进，黄智龙，等 . 2006. 构造成矿动力学及隐伏矿定位预测：以云南会泽超大型铅锌（银、锗）矿床为例 . 北京：科学出版社 .

韩润生，胡煜昭，王学琨，等 . 2012. 滇东北富锗银铅锌多金属矿集区矿床模型 . 地质学报，86（2）：280-294.

韩润生，王峰，胡煜昭，等 . 2014. 会泽型（HZT）富锗银铅锌矿床成矿构造动力学研究及年代学约束 . 大地构造与成矿学，38（4）：758-771.

韩润生，李波，倪培，等 . 2016. 闪锌矿流体包裹体显微红外测温及其矿床成因意义以云南会泽超大型富锗银铅锌矿床为例 . 吉林大学学报（地球科学版），46（1）：91-104.

林传仙 . 1985. 矿物及有关化合物热力学数据手册 . 北京：科学出版社 .

文德潇，韩润生，吴鹏，等 . 2014. 云南会泽 HZT 型铅锌矿床蚀变白云岩特征及岩石-地球化学找矿标志 . 中国地质，41（1）：235-245.

张艳 . 2016. 滇东北矿集区会泽超大型铅锌矿床流体混合成矿机制 . 昆明理工大学博士学位论文 .

张艳，韩润生，吴鹏，等 . 2014. 会泽型铅锌矿床铅锌共生分异的氧硫逸度制约——以滇东北昭通铅锌矿床为例 . 大地构造与成矿学，38（4）：898-907.

张艳，韩润生，魏平堂，等 . 2015. 云南昭通铅锌矿 pH-logf_{O_2} 和 pH-log$a$ 相图对铅锌共生分异的制约 . 中国地质，(2)：607-620.

张艳，韩润生，魏平堂 . 2016. 碳酸盐岩型铅锌矿床成矿流体中铅锌元素运移与沉淀机制研究综述 . 地质论评，62（1）：187-201.

张艳，韩润生，魏平堂，等 . 2017. 云南会泽矿山厂铅锌矿床流体包裹体特征及成矿物理化学条件 . 吉林大学学报（地球科学版），47（3）：719-733.

张长青 . 2008. 中国川滇黔交界地区密西西比型（MVT）铅锌矿床成矿模型 . 中国地质科学院博士学位论文 .

张长青，毛景文，吴锁平，等 . 2005. 川滇黔地区 MVT 铅锌矿床分布、特征及成因 . 矿床地质，24（3）：336-348.

张长青，余金杰，毛景文，等 . 2009. 密西西比型（MVT）铅锌矿床研究进展 . 矿床地质，28（2）：195-210.

张振亮 . 2006. 云南会泽铅锌矿床成矿流体性质和来源——来自流体包裹体和水岩反应实验的证据 . 中国科学院地球化学研究所博士学位论文 .

Akinfiev N N，Tagirov B R. 2014. Zn in hydrothermal systems：Thermodynamic description of hydroxide，chloride，and hydrosulfide complexes. Geochemistry International，52（3）：197-214.

Anderson A J，Mayanovic R A，Chou I M，et al. 2000. XAFS investigations of zinc halide complexes up to supercritical conditions. Ottawa，ON：NRC Research Press，Steam，Water and Hydrothermal Systems.

Anderson C B. 1997. Understanding carbonate equilibria by measuring alkalinity in experimental and natural systems. Journal of Geoscience Education，50（4）：389-403.

Anderson G M. 1973. The hydrothermal transport and deposition of galena and sphalerite near 100℃ . Economic Geology，68（4）：480-492.

Anderson G M. 1975. Precipitation of mississippi valley-type ores. Economic Geology，70（5）：937-942.

Anderson G M，Garven G. 1987. Sulfate-sulfide-carbonate associations in mississippi valley-type lead-zinc deposits. Economic Geology，82（2）：482-488.

Antignano A，Manning C E. 2008. Rutile solubility in H_2O，H_2O-SiO_2，and H_2O-$NaAlSi_3O_8$ fluids at 0.7～2.0GPa and 700～1000℃：Implications for mobility of nominally insoluble elements. Chemical Geology，255（s1-2）：283-293.

Banks D A，Russell M J. 1992. Fluid mixing during ore deposition at the Tynagh base-metal deposit，Ireland. European Journal of Mineralogy，4（5）：921-931.

Banks D A，Boyce A J，Samson I M. 2002. Constraints on the origins of fluids forming irish Zn-Pb-Ba deposits：Evidence from the composition of fluid inclusions. Economic Geology，97（3）：471-480.

Barrett T J，Anderson G M. 1982. The solubility of sphalerite and galena in NaCl brines. Economic Geology，77（8）：1923-1933.

Barrett T J，Anderson G M. 1988. The solubility of sphalerite and galena in 1～5 m NaCl solutions to 300℃. Geochimica et Cosmochimica Acta，52（4）：813-820.

Basuki N I. 2002. A review of fluid inclusion temperatures and salinities in Mississippi Valley-type Zn-Pb deposits：Identifying thresholds for metal transport. Exploration & Mining Geology，11（1-4）：1-17.

Bayot D，Devillers M. 2006. Peroxo complexes of niobium（V）and tantalum（V）. Coordination Chemistry Reviews，250（19-20）：2610-2626.

Beales F W. 1975. Precipitation mechanisms for mississippi valley-type ore deposits：a reply. Economic Geology，70：943-948.

Beales F W，Jackson S A. 1966. Precipitation of lead-zinc ores in carbonate reservoirs as illustrated by Pine Point ore field，Canada. T I Min Metall B，75：278-285.

Bethke C M. 1985. A numerical model of compaction-driven groundwater flow and heat transfer and its application to the paleohydrology of intracratonic sedimentary basins. Journal of Geophysical Research Solid Earth，90（B8）：6817-6828.

Bourcier W L，Barnes H L. 1987. Ore solution chemistry：VII. Stabilities of chloride and bisulphide complexes of zinc to 350℃. Economic Geology，82（7）：1839-1863.

Carpenter A B，Trout M L，Pickett E E. 1974. Preliminary report on the origin and chemical evolution of lead-and zinc-rich oil field brines in Central Mississippi. Economic Geology，69（8）：1191-1206.

Cathles L M，Smith A T. 1983. Thermal constraints on the formation of mississippi valley-type lead-zinc deposits and their implications for episodic basin dewatering and deposit genesis. Economic Geology，78（5）：983-1002.

Conliffe J，Wilton D，Blamey N，et al. 2013. Paleoproterozoic Mississippi Valley Type Pb-Zn mineralization in the Ramah Group，Northern Labrador：Stable isotope，fluid inclusion and quantitative fluid inclusion gas analyses. Chemical Geology，362（1）：211-223.

Corbella M，Ayora C，Cardellach E. 2004. Hydrothermal mixing，carbonate dissolution and sulfide precipitation in Mississippi Valley-type deposits. Mineralium Deposita，39：344-357.

Czamanske G K，Roedder E，Burns F C. 1963. Neutron activation analysis of fluid inclusions for copper，manganese，and zinc. Science，140（3565）：401-403.

Daskalakis K D，Helz G R. 1993. The solubility of sphalerite（ZnS）in sulfidic solutions at 25℃ and 1 atm pressure. Geochimica et Cosmochimica Acta，57（20）：4923-4931.

Dean J A. 1991. Lange's handbook of chemistry. Beijing：Science Press.

Degens E T，Ross D A. 1969. Hot brines and recent heavy metal deposits in the Red Sea. Berlin：Springer-Verlag.

Emsbo P. 2000. Gold in sedex deposits. SEG Reviews，13：427-437.

Fan H R，Groves D I，Mikucki E J，et al. 2001. Fluid mixing in the generation of Nevoria gold mineralization in the Southern Cross greenstone belt，Western Australia. Mineral Deposits，20（1）：37-43.

Ganino C，Arndt N. 2012. Metals and society：An introduction to economic geology. New York：Springer.

Garven G. 1985. The role of regional fluid flow in the genesis of the Pine Point Deposit，Western Canada sedimentary basin. Economic Geology, 80 (80): 307-324.

Garven G, Freeze R A. 1984. Theoretical analysis of the role of groundwater flow in the genesis of stratabound ore deposits; 1, Mathematical and numerical model. American Journal of Science, 284 (10): 1085-1124.

Giordano T H. 2002. Transport of Pb and Zn by carboxylate complexes in basinal ore fluids and related petroleum-field brines at 100℃: the influence of pH and oxygen fugacity. Geochemical Transactions, 3 (8): 56.

Giordano T H, Barnes H L. 1979. Ore solution chemistry VI; PbS solubility in bisulfide solutions to 300℃. Economic Geology, 74 (7): 1637-1646.

Giordano T H, Barnes H L. 1981. Lead transport in Mississippi valley-type ore solutions. Economic Geology, 76 (8): 2200-2211.

Goldhaber M B, Stanton M R. 1987. Experiment formation of marcasiteat 150－200℃; implications for carbonate hosted Pb-Zn deposits. Geological Society of America Abstracts with Programs, 19: 678.

Grandia F, Canals A, Cardellach E, et al. 2003. Origin of ore-forming brines in sediment-hosted Zn-Pb deposits of the Basque-Cantabrian Basin, Northern Spain. Economic Geology, 98 (7): 1397-1411.

Han R S, Liu C Q, Huang Z L, et al. 2004. Fluid inclusions of calcite and sources of ore-forming fluids in the Huize Zn-Pb- (Ag-Ge) District, Yunnan, China. Atca Geological Sinica, 78 (2): 583-591.

Han R S, Liu C Q, Huang Z L, et al. 2007a. Geological features and origin of the Huize carbonate-hosted Zn-Pb-(Ag) district, Yunnan. Ore Geology Reviews, 31: 360-383.

Han R S, Zou H J, Hu B, et al. 2007b. Features of fluid inclusions and sources of ore-forming fluid in the Maoping Carbonate-hosted Zn-Pb- (Ag-Ge) Deposit, Yunnan, China. Acta Petrological Sinica, 23 (09): 2109-2118.

Han R S, Li W, Qiu W L, et al. 2015. Typical geological features of rich Zn-Pb- (Ge-Ag) deposits in Northeastern Yunnan, China. Acta Geologica Sinica, 88 (s2): 160-162.

Harris D J, Brodholt J P, Sherman D M. 2003. Zinc complexation in hydrothermal chloride brines: Results from ab initio molecular dynamics calculations. Journal of Physical Chemistry A, 107 (7): 614-619.

Hayashi K, Sugaki A, Kitakaze A. 1990. Solubility of sphalerite in aqueous sulfide solutions at temperatures between 25 and 240℃. Geochimica et Cosmochimica Acta, 54 (3): 715-725.

Helgeson H C. 1964. Complexing and hydrothermal ore deposition. MacMillan.

Hennig W. 1971. Löslichkeit von Zinkblende unter hydrothermalen Bedingungen im System ZnS-NaCl-H_2O. Neues Jahrbuch für Mineralogie-Abhandlungen, 116: 61-79.

Hitchon B. 1993. Geochemisty of formation water, northern Alberta, Canada: Their relation to the Pine Point ore deposit, Edmontonn. Alberta Geological Survey, Open File Report.

Leach D L, Sangster D F. 1993. Mississippi valley-type lead-zinc deposits. Geological Association of Canada Special Paper, 40: 289-314.

Leach D L, Taylor R D. 2010. A deposit model for Mississippi Valley-Type Lead-Zinc Ores. U. S. geological Survey, 5070-A.

Leach D D, Viets J G, Koztowski A, et al. 1996. Geology, geochemistry, and genesis of the Silesia-Cracow zinc-lead district, southern Poland. Economic Geology, Special Issue 4: 144-170.

Leach D L, Sangster D F, Kelley K D, et al. 2005. Sediment-hosted lead-zinc deposits: A global perspective. Economic Geology, 100: 561-607.

Leach D, Macquar J C, Lagneau V, et al. 2006. Precipitation of lead-zinc ores in the Mississippi valley-type deposit at Trèves, Cévennes region of southern France. Geofluids, 6 (1): 24-44.

Li Z, Ye L, Huang Z L, et al. 2016. Primary research on trace elements in sphalerite from Tianqiao Pb-Zn Deposit, Northwestern Guizhou Province, China. Acta Mineralogica Sinica, 36 (2): 183-188.

Lin Y E, Li Z L, Hu Y S, et al. 2016. Trace elements in sulfide from the Tianbaoshan Pb-Zn deposit, Sichuan

Province，China：A LA-ICPMS study. Acta Petrologica Sinica，32（11）：3377-3393.

Liu L M，Shu Z M，Zhao C B，et al. 2008. The controlling mechanism of ore formation due to flow focusing dilation spaces in skarn ore deposits an ditssignificance for deep ore exploratio：Examples from the Tongling Anqing district. Acta Petrologica Sinica，24（8）：1848-1856.

Liu W H，Etschmann B，Foran G，et al. 2007. Deriving formation constants for aqueous metal complexes from XANES spectra：Zn^{2+} and Fe^{2+} chloride complexes in hypersaline solutions. American Mineralogist，92（5-6）：761-770.

Manning C E. 2011. Sulfur surprises in deep geological fluids. Science，331（6020）：1018-1019.

Marie J S，Kesler S E. 2000. Iron-rich and iron-poor mississippi valley-type mineralization，Metaline District，Washington. Economic Geology，95（5）：1091-1106.

McKibben M，Hardie L. 1997. Ore-forming brines in active continental rifts. In：Barnes H L（ed.）. Geochemistry of hydrothermal ore deposits. Wiley，877-936.

Melent'Yev B N，Ivanenko V V，Pamfilova L A. 1969. Solubility of some ore-forming sulfides under hydrothermal conditions. Geochemistry Internet，6：416-460.

Misra K C. 2000. Mississippi valley-type（MVT）zinc-lead deposits. Springer Netherlands，573-612.

Morrow D W. 1998. Regional subsurface dolomitization：Models and constraints. Geoscience Canada，25（2）：57-70.

Murowchick J B，Barnes H L. 1986. Marcasite precipitation from hydrothermal solutions. Geochimica et Cosmochimica Acta，50（12）：2615-2629.

Oxtoby D W，Gillis H P，Campion A. 2012. Principles of modern chemistry，seventh edition. Belmont：Thomson Higher Education.

Person M，Garven G. 1994. A sensitivity study of the driving forces on fluid flow during continental-rift basin evolution. Geological Society of America Bulletin，106（4）：461-475.

Petrucci R H，Harwood W S. 1977. General chemistry：Principles and modern applications. Macmillan，105-113.

Pinckney D M，Haffty J. 1970. Content of zinc and copper in some fluid inclusions from the Cave-in-Rock District，southern Illinois. Economic Geology，65（4）：451-458.

Pirajno F. 1992. Hydrothermal mineral deposits. Springer Berlin Heidelberg：101-155.

Plumlee G S，Leach D L，Hofstra A H，et al. 1994. Chemical reaction path modeling of ore deposition in Mississippi Valley-type Pb-Zn deposits of the Ozark region，US midcontinent. Economic Geology，90（5）：1346-1349.

Pokrovski G S，Dubrovinsky L S. 2011. The S3- ion is stable in geological fluids at elevated temperatures and pressures. Science，331（6020）：1052-1054.

Qin J H，Liao Z W，Zhu S B，et al. 2016. Mineralization of the carbonate-hosted Pb-Zn deposits in the Sichuan-Yunnan-Guizhou area，southwestern China. Sedimentary Geology and Tethyan Geology，36（1）：1-13.

Raffensperger J P，Garven G. 1995. The formation of unconformity-uranium ore deposits：2. Coupled hydrochemical modelling. American Journal of Science，295（6）：639-696.

Reed M H. 2006. Sulfide mineral precipitation from hydrothermal fluids. Reviews in Mineralogy and Geochemistry，61（1）：609-631.

Robb L. 2005. Introduction to ore-forming processes. Oxford：Blackwell Publishing.

Russell M J. 1986. Extension and convection：a genetic model for the Irish Carboniferous base metal and barite deposits. Mineral Deposits：315-318.

Savard M M，Chi G，Sami T，et al. 2000. Fluid inclusion and carbon，oxygen，and strontium isotope study of the Polaris Mississippi Valley-type Zn-Pb deposit，Canadian Arctic Archipelago：implications for ore genesis. Mineralium Deposita，35（6）：495-510.

Seward T M. 1984. The formation of lead（II）chloride complexes to 300℃：A spectrophotometric study.

Geochimicaet Cosmochimica Acta, 48 (1): 121-134.

Seward T M, Barnes H L. 1997. Metal transport by hydrothermal ore fluids. Geochemistry of hydrothermal ore deposits: 435-486.

Stanton M R, Goldhaber M B. 1991. Experimental studies of the synthesis of pyrite and marcasite (FeS2) from 0° to 200° C and summary of results. US Geological Survey. No. 91-310.

Stefánsson A. 2007. Iron (III) hydrolysis and solubility at 25 degrees C. Environmental Science & Technology, 41 (17): 6117-6123.

Stoffell B, Appold M S, Wilkinson J J, et al. 2008. Geochemistry and evolution of Mississippi valley-type mineralizing brines from the Tri-State and Northern Arkansas Districts determined by LA-ICP-MS microanalysis of fluid inclusions. Economic Geology, 103 (7): 1411-1435.

Sverjensky D A. 1984. Oil field brines as ore-forming solutions. Economic Geology, 79 (1): 23-37.

Sverjensky D A. 1986. Genesis of Mississippi valley-type lead-zinc desposits. Annual Review of Earth & Planetary Sciences, 14 (1): 177.

Tagirov B R, Seward T M. 2010. Hydrosulfide/sulfide complexes of zinc to 250℃ and the thermodynamic properties of sphalerite. Chemical Geology, 269 (3-4): 301-311.

Tagirov B, Zotov A, Schott J, et al. 2007a. A potentiometric study of the stability of aqueous yttrium-acetate complexes from 25 to 175℃ and 1–1000 bar. Geochimicaet Cosmochimica Acta, 71 (7): 1689-1708.

Tagirov B R, Suleimenov O M, Seward T M. 2007b. Zinc complexation in aqueous sulfide solutions: Determination of the stoichiometry and stability of complexes via ZnS (cr) solubility measurements at 100℃ and 150 bars. Geochimica Et Cosmochimica Acta, 71 (20): 4942-4953.

Tossell J A. 2012. Calculation of the properties of the S3-radical anion and its complexes with Cu+in aqueous solution. Geochimicaet Cosmochimica Acta, 95 (11): 79-92.

Von D. 1990. Seafloor hydrothermal activity: Black smoker chemistry and chimneys. Annu Rev Earth Planet Sci., 18: 173-204.

Wang J Z, Li C Y, Li Z Q, et al. 2002. The comparison of Mississippi valley-type lead-zinc deposits in Southwest of China and in Mid-Continent of United States. Bulletin of Mineralogy, Petrology and Geochemistry, 21 (2): 127-132.

Wilkinson J J. 2001. Fluid inclusions in hydrothermal ore deposits. Lithos, 55 (1): 229-272.

Wilkinson J J, Stoffell, B, Wilkinson, C C, et al. 2009. Anomalously metal-rich fluids form hydrothermal ore deposits. Science, 323 (5915): 764-767.

Williams-Jones A E, Bowell R J, Migdisov A A. 2009. Gold in solution. Elements, 5 (5): 281-287.

Wu Y, Zhang C Q, Mao J W, et al. 2013. The relationship between oil-gas organic matter and MVT mineralization: A case study of the Chipu lead-zinc deposit, Sichuan. Acta Geoscientica Sinica, (4): 425-436.

Yardley B W D. 2005. Metal concentrations in crustal fluids and their relationship to ore formation. Economic Geology, 100: 613-632.

Yardley B W D, Bodnar R J. 2014. Fluids in the continental crust. Geochemical Perspectives, 3 (1): 1-127.

Zhang Y, Han R S, Wei P T, et al. 2017. Identification of two types of metallogenic fluids in the ultra-large Huize Pb-Zn Deposit, SW China. Geofluids, (1): 1-22.

Zhong R, Brugger J, Chen Y, et al. 2015. Contrasting regimes of Cu, Zn and Pb transport in ore-forming hydrothermal fluids. Chemical Geology, 395: 154-164.

第九章　会泽型富锗铅锌矿床成矿规律及成矿机制

第二～第八章（成矿地质体、成矿构造与成矿结构面及成矿流体作用标志）从不同方面讨论了会泽型（HZT）矿床成矿作用特征，本章进一步概括其成矿规律，阐述其成矿作用过程、富锗铅锌锗超常富集及巨量聚焦成矿的主要机制。

第一节　矿床成矿规律总结及实例

一、矿床成矿规律总结

对滇东北矿集区会泽、毛坪、茂租、乐红、富乐厂、松梁等矿床的精细解剖，反映出该类矿床的成矿地质作用主要为斜冲走滑构造作用，其成矿地质体为控制中粗晶白云岩、针孔状粗晶白云岩蚀变体的斜冲走滑-断褶带，成矿流体在构造动力驱动下发生大规模运移，成岩白云岩发生重结晶等作用形成热液白云岩蚀变体，含铅锌等方案成矿流体在斜冲断层上盘的有利构造部位沉淀成矿。在斜冲断层上盘背斜的压扭性断裂裂隙带中，不仅发育片理化带和构造透镜体带，而且形成铅锌矿体或矿化蚀变体。

综合第二～第八章的研究，滇东北矿集区铅锌矿床的成矿规律可概括为：走滑断褶构造分级控矿系统；矿化蚀变岩相组合；典型的矿化结构；矿物组合分带和铅锌共生分异。具体来说，走滑断褶构造系统依次控制了矿集区、矿田、矿床、矿体（脉）及矿化蚀变带的展布；断裂构造与矿化蚀变岩相成矿结构面的组合，直接控制了脉状矿体形态、产状及其矿化强度，形成了“成矿构造-热液白云岩-矿体”呈层-脉式的矿化空间结构；成矿结构面组合和酸-碱地球化学障是铅锌共生分异和矿化蚀变分带的主要机制。

二、成矿规律研究实例——会泽超大型富锗铅锌矿床

（一）矿床地质概况

会泽矿区位于近SN向小江深断裂与曲靖-昭通隐伏断裂带之间、金牛厂-矿山厂斜冲走滑-断褶构造带的NE端（图3-1）。矿区地层以前震旦系为变质基底，以震旦系、古生界为沉积盖层。下石炭统摆佐组（C_1b）是最主要的赋矿地层。矿区构造主要为矿山厂、麒麟厂、银厂坡三条NE向压扭性主干断裂，与派生的NE向褶皱构造（矿山厂、麒麟厂、澜银厂背斜等）及其NW向羽状断层组成断褶构造。区内海西期玄武岩与成矿无成因联系。

（二）成矿地质体特征

成矿地质体：控制白云岩蚀变体的斜冲走滑-断褶带，即矿山厂、麒麟厂、银厂坡断褶构造作用控制了其上盘的中粗晶白云岩和针孔状粗晶白云岩蚀变体。

成矿地质体特征：伴随矿山厂、麒麟厂、银厂坡断褶构造作用，从断裂带下盘向上盘，依次形成网脉状白云石化-方解石化白云质灰岩→中细晶白云岩带→黄铁矿化铅锌矿化针孔状粗晶白云岩带铅锌矿体→面状粗晶白云岩带。

成矿地质体成因：斜冲走滑构造作用驱动深源流体发生区域性大规模运移，并与盆地流体发生混合等构造-流体多重耦合作用，形成热液白云岩蚀变体及矿床。

（三）成矿构造系统与成矿结构面的类型及特征

成矿构造系统类型：该矿床成矿构造系统属斜冲走滑-断褶构造系统，褶皱构造伴随断裂构造系统发生和发展，是统一的构造应力场持续作用的产物。

成矿结构面类型及其特征：成矿结构面主要包括断裂褶皱构造、蚀变岩相转化结构面。两类成矿结构面的组合控制了矿体的展布，断裂褶皱系统是在蚀变岩相转化面基础上形成和发展的结构面。矿区主要分布 NE 向、NW 向、近 SN 向及近 EW 向四组断裂。NE 向断裂经历了压-左行压扭性→张（扭）性→右行扭（压）性→左行扭（压）性力学性质的转变；NW 向断裂经历了左行扭性→张性→右行压扭性→左行扭性力学性质的转变；近 SN 向断裂经历了左行扭压性→右行扭性→压性力学性质的转变；近 EW 向断裂经历了右行扭性→左行扭性→压性力学性质的转变。“多”字型和“入”字型是主要的构造控矿型式。NE 向构造带是该区主要的成矿构造体系，小江深断裂是深源流体运移的主要通道。

（四）流体成矿作用标志

1. 矿化特征

矿体特征：截至目前，探明大小不同的矿体 300 余个，矿体主要赋存于矿山厂、麒麟厂断裂上盘下石炭统摆佐组（C_1b）中上部的层间断裂破碎带内，多呈似层状，透镜状、囊状和脉状，剖面上主要矿体呈现“阶梯状”的分布，垂向延深远大于走向延长，产状较陡（倾角>50°），具有“缓宽陡窄”的特征。

矿石特征：氧化矿石的矿物组成复杂，有异极矿、白铅矿、菱锌矿、铅矾等氧化矿物；硫化矿石主要矿石矿物为闪锌矿、方铅矿和黄铁矿，偶见黄铜矿、硫铋银矿和自然锑等，主要脉石矿物为方解石、（铁）白云石，其次为石英、重晶石、石膏和黏土类矿物等；硫化物矿石以块状构造为主，次为脉状、不规则条带状、网脉状构造等。矿石结构主要为他形-自形粗晶粒状、交代结构，可见共边、填隙、揉皱、压碎、包含、内部解理结构等。矿石中除 Pb、Zn、Fe、S 外，Ge、Ag、Cd、Ga、As、Cr 等共伴生组分，其中 Ge、Ga、Ag 等具重要的综合利用价值。

2. 矿化分带特征

从矿体底板到顶板，呈现深色闪锌矿+铁白云石→褐色-玫瑰色闪锌矿+方铅矿+黄铁矿→ 黄铁矿+方解石+白云石的矿物组合分带规律，反映了矿物共生分异的特征。

3. 成矿作用的微观特征

蚀变白云岩在剖面具明显的蚀变分带模式（详见第五章）。赋矿白云岩的热液蚀变参数如下：从矿化白云岩到未矿化白云岩，SiO_2为 12. 23% →3. 63% ，MgO/CaO 为 0. 67→0. 42、Al_2O_3/TFe 为 0. 15 ~0. 41→2. 11。

1）主、微量元素地球化学标志

不同时代碳酸盐岩地层中 Pb、Zn、Ge、Ga、In 等成矿元素发生了迁移，矿区外围成矿元素迁移为元素聚集成矿提供了可能（李文博等，2002，2006）。不同颜色白云岩呈规律性变化，矿体主要赋存于浅灰-灰白色白云岩中，近矿围岩往往具有厚度不等的米黄色白云岩，而肉红色（或紫红色）白云岩一般离矿体较远，且无铅锌矿化，反映含铁量有明显差异。各类白云岩∑REE 很低（2.59×10^{-6} ~ 28.52×10^{-6}），轻、重稀土总量及其分异特征相似，δCe（0. 64 ~1. 12）、δEu（0. 35 ~0. 72）为负异常或无异常。

2）流体包裹体标志

闪锌矿原生流体包裹体类型为纯气相（V）(最主要类型)、富液相气液两相（L+V）、富气相气液两相（L+V）、纯液相（L）、含子矿物多相（L+V+S）及含 CO_2 三相（$L_{CO_2}+L_{H_2O}+V_{CO_2}$）包裹体。流体包裹体均一温度主要集中于 150 ~220℃和 200 ~355℃，盐度主要集中于 2% ~4% $NaCl_{eq}$和 14% ~18% $NaCl_{eq}$两个区间。从成矿早阶段到晚阶段，成矿流体演化过程为中高温-中低盐度→中低温-中盐度→低温-低盐度。

3）同位素组成标志

$\delta^{34}S$：方铅矿、闪锌矿、黄铁矿均以富集重硫为特征（图 7-16，图 7-17），峰值为 12‰ ~16‰，与地层中石膏和重晶石 $\delta^{34}S$ 值相近（$\delta^{34}S$ 为 15‰），反映硫主要来自地层中的还原硫酸盐；$\delta^{34}S_{黄铁矿}>\delta^{34}S_{闪锌矿}>\delta^{34}S_{方铅矿}$，说明成矿流体中硫同位素分馏达到了热力学平衡（Ohmoto，1986）；不同颜色闪锌矿大致呈现 $\delta^{34}S_{浅色闪锌矿}>\delta^{34}S_{棕色闪锌矿}>\delta^{34}S_{黑色闪锌矿}$ 的变化规律。

$\delta^{13}C$-$\delta^{18}O$：$\delta^{13}C_{方解石}<\delta^{13}C_{蚀变白云岩}<\delta^{13}C_{灰岩}<\delta^{13}C_{白云岩}$，$\delta^{18}O_{方解石}<\delta^{18}O_{蚀变白云岩}<\delta^{18}O_{灰岩}<\delta^{18}O_{白云岩}$，成矿流体中 C、O 以溶解海相碳酸盐岩为主（图 7-18）。

δD-$\delta^{18}O$：主要脉石矿物（方解石）中包裹体 δD 集中分布于−43. 5‰ ~ −66. 0‰，$\delta^{18}O$ 为 6. 44‰ ~10. 08‰。成矿流体 $\delta^{18}O_{H_2O}$ 为−2. 05‰ ~10. 08‰（平均为 7. 55‰），δD 为−43. 5‰ ~ −86‰（平均为 56. 3‰），反映了成矿流体主要来自深源富矿质的混合流体（图 7-19）。

Sr 同位素：麒麟厂铅锌矿床不同类型硫化物矿石$^{87}Sr/^{86}Sr$ 在 0. 71021 ~0. 71768，其初始值($^{87}Sr/^{86}Sr)_0$为 0. 7114。硫化物和脉石矿物的$^{87}Sr/^{86}Sr$ 为 0. 70832 ~0. 71808（周朝宪，1996）。硫化物矿石、热液方解石$^{87}Sr/^{86}Sr$ 代表成矿期水/岩作用的$^{87}Sr/^{86}Sr$ 值，明显不同于围岩和同时代海水，预示矿床具混合锶的特征，矿质主要来自于昆阳群基底和深源（图 7-22）。

Pb 同位素：矿石铅同位素组成较稳定，分布于上地壳演化线之上的狭小区域，大部分落入岛弧铅和克拉通化地壳铅范围，少部分落在大洋火山岩铅的范围，具有明显的线性分布特征（图 7-20，图 7-21）。

第二节　矿床成矿作用过程

一、成岩与成矿的关系及成矿深度

成岩作用形成的碳酸盐岩是形成蚀变白云岩的基础，是成矿的必要条件和重要的成矿要素。根据矿物流体包裹体估算，会泽富锗铅锌矿床的成矿深度为1.4～2.5km。

二、矿质迁移、沉淀与成矿地球化学障

根据会泽、毛坪等铅锌矿成矿物理化学条件和热液蚀变等特征，初始成矿流体在中高温（250～350℃）、酸性条件下，Pb^{2+}、Zn^{2+}与Cl^-形成［$PbCl_n$］$^{2-n}$、［$ZnCl_n$］$^{2-n}$络合物迁移，可能还存在超临界流体迁移；当流体运移至碳酸盐岩中的有利成矿空间时发生中和反应，H^+被消耗引起pH增高，热液呈近中性，有利于金属硫化物沉淀。因此，其主要的成矿地球化学障为酸-碱障，形成的主要矿物组合为重晶石-石英-萤石-黄铁矿（中高温、酸性）+铁白云石-铁方解石（中温、碱性）(围岩）→方铅矿-闪锌矿-黄铁矿（中温、中性、还原性）→白云石-方解石（低温、碱性）。

该类矿床流体驱动力以构造动力为主，陆内走滑构造系统驱动成矿流体运移到断裂带等各种构造空间。矿床的形成受T、P、pH、lg$a$、f_{O_2}、f_{S_2}等条件的控制，硫化物沉淀符合流体混合模型（本章第三节详述）。

三、矿床的矿化空间组合结构

（1）矿化样式主要表现为层-脉结构、斜列-侧伏结构（图4-62）。

（2）成矿作用空间结构：构造-岩性双控结构和矿物组合分带结构（详见前述）及上下结构。

不少矿床都存在上下矿化结构，如毛坪、会泽富锗铅锌矿床（图9-1，图9-2）、澜沧老厂铅铜钼多金属矿床。2014年编录新竖井工勘ZK81钻孔岩心时发现，在震旦系灯影组蚀变白云岩中发育10余米铅锌矿化蚀变带，铅锌矿化、黄铁矿化沿构造裂隙分布（图9-2），证实灯影组中的蚀变白云岩和构造裂隙具备成矿的主控条件，进而提出了开展深部“多层位”的找矿勘查工作，通过工程验证，发现富厚矿体，取得了“新层位”找矿的重大突破。研究发现会泽矿区上下矿化结构明显，从而扩大了找矿空间：从浅部→深部，SW向侧伏的左列式上部矿体呈NE-SW向断续分布于斜冲断层上盘背斜南东翼的层间压扭性断裂带内，流体流向为SW向→NE向；下部为震旦系中的脉状铅锌矿体，矿物分带大体与上部的铅锌矿体特征类似。会泽富锗铅锌矿的上下矿化结构从侧面反映了小江深断裂是滇东北矿集区铅锌矿床主要的导矿构造。

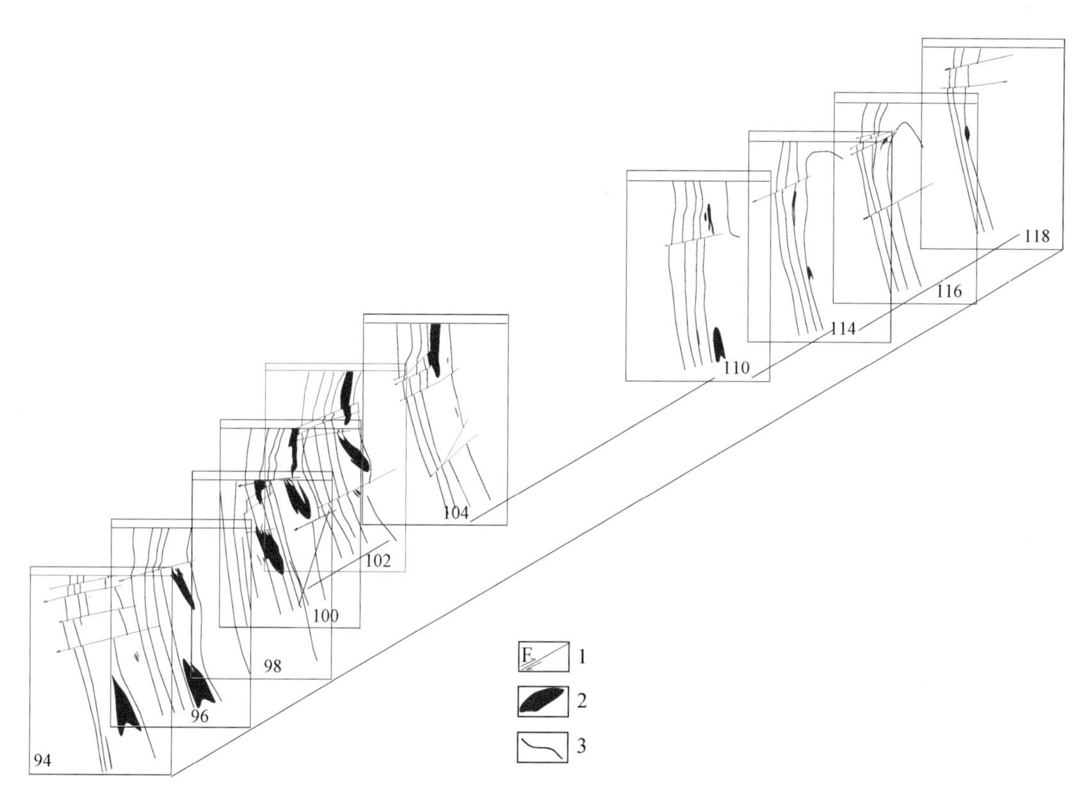

图 9-1　毛坪富锗铅锌矿床不同勘探线矿体立体分布综合图

1. 实测断层及运动方向；2. 矿体；3. 地质界线

a

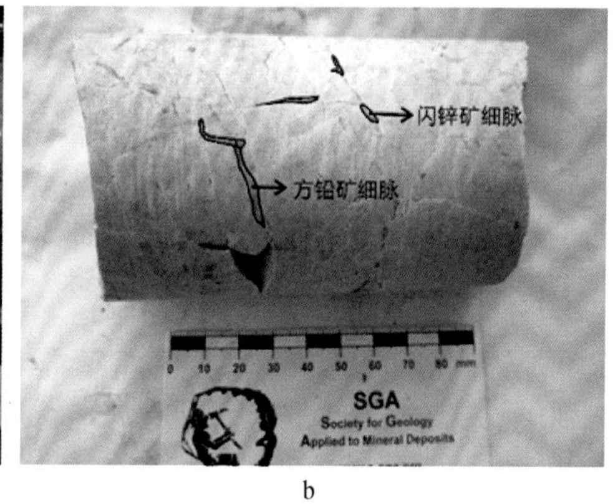

b

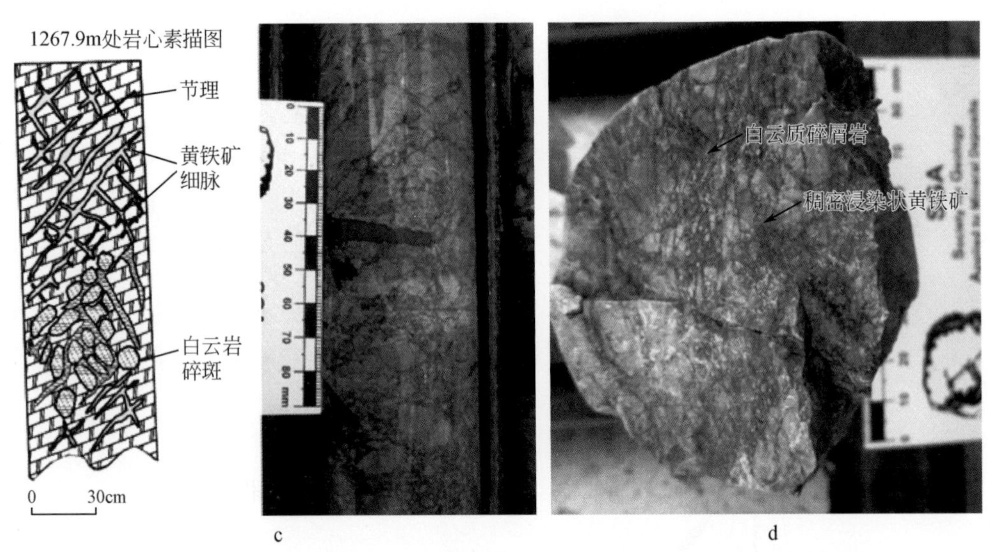

图 9-2　工勘 ZK81 钻孔岩心中灯影组白云岩铅锌矿化蚀变带照片和素描图

a、b. 950.1 ~ 969.8m 岩心；a. 强蚀变带黄铁矿化；b. 强蚀变带灰白色云岩，方铅矿、闪锌矿呈细脉状。c、d. 1267.9m 铅锌矿化的白云岩岩心

第三节　流体运移-沉淀机理

前已述及 HZT 矿床具有的主要特点（富、大、多、深、强、带、高），现综合流体地球化学、同位素地球化学、地质热力学及水热成矿实验研究成果，解释其中“富、大、强、带”四大特点，进一步揭示成矿流体运移和沉淀机制。

一、铅锌锗矿质超常富集机制

会泽富锗铅锌矿床平均品位特高（Pb+Zn 为 25% ~ 35%，部分超过 60%），矿床平面展布范围高度集中，检索发现是世界上最富的超大型铅锌矿床之一，如此富的矿床必然是元素发生了超常富集，而哪些因素控制元素的超常富集呢？综合研究表明，锗铅锌超常富集经历了流体“贯入”、酸性流体萃取、流体不混溶、水解作用和流体混合作用过程。

（一）流体“贯入”作用

韩润生等（2006，2012）论述了会泽富锗铅锌矿床流体“贯入”成矿作用，指出了该类矿床的形成是成矿流体沿 NE 向断褶构造带发生“贯入”作用的产物，并建立了构造-流体“贯入”成矿模型。综合研究认为，川滇黔接壤区陆内走滑断褶构造作用为区域性流体大规模运移创造了有利条件，也为深源流体“贯入”-交代成矿提供了动力源及空间条件。流体“贯入”作用可导致三方面的成矿效应：①印支期陆内走滑断褶构造作用，不仅使新元古代—古生代陆缘裂陷发生大规模构造变形，形成一系列走滑断褶带，并驱动深源流体沿走滑断褶带发生大规模运移，而且增高了岩石的渗透率和流体扩散速率，促使流体沿构造

“贯入”，发生汇流聚集，进一步导致成矿流体在压扭性断裂带的扩容空间沉淀成矿；②成矿流体“贯入”到构造空间内发生酸性流体萃取、流体减压沸腾和流体不混溶、流体混合等构造-流体多重耦合作用（见下详述）；③成矿流体“贯入”到有利的构造空间时，与赋矿围岩（碳酸盐岩）发生热水岩溶过程，使容矿空间进一步加大。会泽富锗铅锌矿床就是其例证：尽管6号矿体的最大厚度可达32m，但是矿体和围岩的总厚度与矿区赋矿地层（C_1b）的厚度（40～60m）一致。

流体“贯入”作用产生的汇流和扩容，是一个相互反馈的耦合动力学过程（Liu et al.，2008），两种过程循环反复，物理化学条件发生变化，使容矿空间不断扩大，有利于富厚矿体的形成。相比较而言，还原-碱性的盆地流体（流体B）运移速率和通量远小于含矿质的酸性氧化性流体（流体A），因此含矿质的酸性流体优先“贯入”到容矿空间内。当流体A早于流体B“贯入”到容矿空间时发生构造-流体多重耦合作用，导致铅锌等成矿物质进一步富集，极大地提高了成矿效率。因此，流体“贯入”作用是铅锌超常富集的主要机制之一。

（二）酸性流体萃取作用

（1）计算机模拟：在不同温度和压力下，Pb、Zn的氯络合物比硫氢络合物稳定（图8-5），在会泽矿床成矿温度范围内（100～300℃），二者溶解度差值在10^7个数量级以上。因此，Pb、Zn以氯络合物形式运移是元素超常富集的必要条件。

（2）热力学相图：在不同的pH条件，Pb、Zn的氯络合物溶解度比硫氢络合物大得多（图8-5）。在氯络合物中，pH降低，溶解度增大，如$PbCl_n^{2-n}$在pH为3.5和5.0时其溶解度分别为10^{-3}和10^{-6}（$ZnCl_n^{2-n}$在pH为3.8和5.3时其溶解度分别为10^{-3}和10^{-6}），即pH下降1.5个单位，流体中Pb、Zn含量增大1000倍。因此，中强-强酸性流体是携带巨量金属离子的必要条件。

（3）热液体系pH：根据刘斌（2011）的简化计算方法，并利用韩润生等（2006）包裹体气液相成分的测试数据，可以计算出会泽铅锌矿床热液成矿期不同阶段成矿流体的pH及其他物理化学条件（表7-2）。根据早阶段黄铁矿流体包裹体成分计算的pH为3.6～3.7，因为硫化物沉淀时流体向中性甚至碱性发展，迁移阶段pH应小于早阶段pH，所以会泽铅锌矿床成矿流体具备了元素超常富集的有利条件。

（4）酸性组分来源：会泽矿床成矿流体pH<3.6由什么原因引起？经研究发现，成矿早、中阶段流体包裹体成分中含有大量的SO_4^{2-}，其含量达到了70×10^{-6}以上（韩润生等，2006），而SO_4^{2-}含量为75×10^{-6}的稀硫酸浓度为0.00078mol/L，pH为2.8。国外研究证实存在这种酸性地质流体，如Reed（2006）认为许多酸性硫酸盐流体的pH在2～3，部分小于2（Rowe，1973；White et al.，1971）。

（5）低pH铅锌难水解：水解实验证明pH=4是铅锌显著水解的阈值（图8-23）。含金属离子流体的水解实验（表8-26）表明，随着pH升高，不论是单独的Pb或Zn溶液还是Pb、Zn的混合溶液，由于Pb、Zn水解生成$Pb(OH)_2$、$Zn(OH)_2$沉淀，液相中Pb、Zn含量会降低。当pH大于4时，Pb、Zn的沉淀率显著增大，pH=6.81时，在Pb、Zn的混合溶液中，Zn沉淀率达到70.89%，而Pb高达93.42%。因此，在流体运移过程中，较低的pH才能保证大量金属被搬运，pH<4 是搬运大量金属的有利条件，且 pH 越低，搬运的金属量越大。

（6）充足的矿源：Pb、Sr、Zn 同位素表明（图 7-20 ~ 图 7-22），成矿物质主要来源于本区基底（昆阳群）和深源流体，部分来自不同时代的碳酸盐岩地层，尤其是基底（昆阳群）为成矿提供了充足的矿源。

上述六方面决定了具有充足矿源的深源中高温–低盐度氧化性流体可以最大限度地萃取基底和流经地层中的铅锌元素，导致流体中的金属离子活度增高。

（三）流体不混溶作用

（1）流体包裹体岩相学：闪锌矿流体包裹体岩相学研究发现富含 $V_{H_2O}+S_{NaCl}+L_{H_2O}$、纯液相（L）包裹体与纯气相和富液相气液两相包裹体共存，以及含 CO_2 三相（$L_{CO_2}+V_{CO_2}+L_{H_2O}$）、不混溶包裹体共存（图 7-1b，f），反映流体发生了明显的气–液分异作用。

（2）流体包裹体 CO_2 含量：从成矿早阶段→主阶段→晚阶段，流体包裹体 CO_2 含量（韩润生等，2006）先降低再急剧升高，这是因为当流体从沸腾之初的 278℃ 降至 250℃ 的过程中，气体在沸腾中迅速从液相中分馏出来（Reed and Spycher，1985）。

（3）理论研究和计算机模拟：突然的压力释放可导致流体发生沸腾作用。

上述三方面均证明含巨量金属的酸性–氧化性流体“贯入”断褶构造带时，流体发生减压沸腾，导致气液分离，成矿物质进一步浓缩，为形成富矿流体提供了条件。

（四）水 解 作 用

（1）水解实验：证明 pH = 4 是铅锌显著水解的阈值，pH = 6.81 时，在含 Pb、Zn 的混合溶液中，Zn 沉淀率达到 70.89%，而 Pb 高达 93.42%（图 8-23）。

（2）水岩作用实验：碳酸盐岩（围岩）与酸性流体作用后，流体 pH 将稳定在 6 左右（图 8-17 ~ 图 8-19）。

（3）水岩作用下的水解动力学实验：水–岩作用导致 pH 升高能促进铅锌水解为氢氧化物沉淀或脱水后形成氧化锌，其最大沉淀率能达到 42.8%（图 8-24）。

（4）水热硫化法：从选矿工艺来看，众多学者对氧化铅锌矿采用水热硫化法均取得了比较满意的效果（Giggenbach，1974；陈继斌，1980；王吉坤等，2006；李勇等，2008，2009；李存兄等，2013）。徐红胜等（2010）对低品位氧化锌矿中的氧化锌单矿物的水热硫化实验表明，氧化锌单矿物的硫化率随反应温度的升高和反应时间的延长明显提高，200℃左右恒温 3h 可得到较单一的 ZnS 粉晶。

因此，含铅锌酸性流体在运移过程中与赋矿围岩发生水–岩作用使围岩孔隙度、渗透率增大并发生扩容作用，提高了流体运移速率和通量。当含矿质的酸性流体（流体 A）早于还原–碱性盆地流体（流体 B）到达容矿空间时，水解反应可使部分金属硫化物沉淀，其沉淀量取决于成矿流体的 pH、金属活度、流体体积、水解时间及围岩粒度等。

（五）两类流体混合作用

通过上述流体作用过程，深源流体 A 不断浓缩富集与富还原硫的流体 B 混合进入容矿空间时，迅速反应生成硫化物沉淀。同时，由于硫化物通常具有最小的溶解度平衡常数（Reed，2006），尤其是在不同条件的 NaCl 体系中，方铅矿和闪锌矿的溶解度非常低（小于 1×10^{-6}）（Melent'Yev et al.，1969；Barrett and Anderson，1982，1988；Daskalakis and Helz，1993），在温度大于 200℃，反应时间长于 3h，流体中或碳酸盐岩表面的铅锌氢氧化物和（或）氧化物很容易完全转化为单一稳定的硫化物。

综上所述，上述过程可概括如下：矿质超常富集的机制为流体“贯入”、酸性流体萃取、多相流体不混溶、水解作用和流体混合的作用过程，即具有充足矿源的深源中高温低盐度氧化性流体 A 在强劲的构造动力驱动下向上运移，该流体 pH 小于 3.6（小于铅锌显著水解的阈值，且利于铅锌大量溶解），铅锌以氯络合物形式存在并不断大量萃取；流体 A 沿断裂带“贯入”断褶构造带，经减压沸腾作用，发生气液分离进一步浓缩；水岩作用使流体 pH 升高，铅锌水解使成矿物质再次富集，极大地提高了成矿效率；当地层中循环的还原流体 B 渗滤进入断裂构造时，两种流体混合迅速生成金属硫化物沉淀。

二、铅锌锗巨量聚集机制

会泽富锗铅锌矿床单个矿体富铅锌和共伴生矿种（Ge、Ag、Cd）的资源量可达大型矿床规模，这样的巨量堆积与其沉淀方式密切相关。研究认为，铅锌沉淀作用主要为沸腾作用与混合作用，沸腾作用使流体 pH 升高，矿质浓缩，混合作用使成矿流体沉淀形成矿床。

（一）沸腾作用

沸腾作用不仅会使流体发生气液分离，矿质浓缩，pH 升高，而且也会导致部分高品位矿体的形成。沸腾作用是斑岩铜-钼矿床、锡-钨矿床、浅成热液矿床及多金属脉状矿床等成矿的主要原因之一。

大部分浅成热液矿床形成于曾经活动的地热体系（White，1981；Henley，1985）和构造系统中，由于体系固有的温度梯度（White et al.，1971；Muffler et al.，1971；Henley and Ellis，1983）和压力差异，体系中热流体沸腾是最基本的过程，可引起硫化物、碳酸盐岩和硅质矿物的沉淀（Buchanan，1981；Berger，1983）。沸腾过程主要包括：①开放体系沸腾（反应时气体从热液体系中移除）；②封闭体系沸腾（气体仍然留在流体中）；③开放和封闭体系等温沸腾（恒温下压力下降引起沸腾）。沸腾通常导致三种情况：①温度下降（等焓沸腾）；②酸性挥发性气体（H_2S 和 CO_2）进入气相使 pH 升高或酸性岩浆中 SO_2 和 HCl 解离导致 pH 降低，如美国科罗拉多的 Summitville 矿床（Stoffregen，1987）和日本的 Nansatsu 型矿床（Urashima et al.，1987）；③由于还原性气相物种（H_2S、CH_4、H_2）优先进入气相，残余热液流体被氧化（Henley et al.，1984；Reed and Spycher，1985），以上三个因素共同作用而使矿物沉淀。

在大量针对地热流体单相平衡的研究中，Reed 和 Spycher（1984）查明了沸腾如何影响液相的 pH 和矿物溶解度。Drummond 和 Ohmoto（1985）使用单相和部分多相平衡计算了沸腾对浅成体系中矿物沉淀的影响，并提出了沸腾体系的几个重要特征。其研究表明，沸腾主要发生在 300℃左右，最初 5% 的流体转化为蒸汽就会引起包括铅锌在内的大多数金属元素沉淀。Reed 和 Spycher（1985）通过多相平衡计算也得出相似的结论，在最初下降 33℃和

3.3MPa 的沸腾过程中，由于溶液的 pH 急剧升高，硫化物在这个相对较窄的温度梯度内快速沉淀，在之后的整个沸腾过程中，硫化物持续沉淀出来，直到温压分别降至 100℃ 和 0.1MPa，但沉淀量会非常小。Spycher 等（1986，1989）进一步讨论了从沸腾流体中沉淀出的硅酸盐、碳酸盐岩和硫化物矿物。

因此，沸腾作用一般发生在一个小体积范围内，形成的矿床具有品位高、矿化强度大但范围小、规模小的特点。

（二）流体混合作用

1. 理论依据

混合作用由于综合了以下几种作用而更易引起矿物沉淀。

（1）降温冷却：当热流体与冷的地层水混合时，成矿流体温度降低使金属氯络合物失稳，当低于 300℃ 时，矿物沉淀。

（2）稀释效应：盐度更高的卤水与相对纯的地层水混合，配位基浓度降低，对于有更高配位数的络合物如 $PbCl_4^{2-}$ 或 $ZnCl_4^{2-}$，其络合金属的能力减弱，此时稀释作用导致的沉淀效果会更为明显一些。

（3）pH 变化：由于两种流体成分很难一致，pH 在混合中发生变化有利于矿物沉淀。

（4）氧化还原反应：氧化性流体与还原性流体的混合必然导致大量沉淀的产生。

（5）自然界中存在沸腾后的流体与其他流体混合的例子（Reed and Spycher，1985），沸腾后的流体与近中性的地层水混合，pH 升高使铅锌硫化物沉淀。

（6）水岩反应促使流体 pH 升高有利于沉淀。

从广义上来讲，流体混合属于水岩反应，但其反应速度比流-固间的反应快得多，造成的沉淀效果显著。同时，混合作用具有热液体系循环的特点，影响范围大、持续时间长。因此，热液矿床矿物沉淀必有混合作用的过程，流体混合作用是形成大型-超大型矿床的重要机制之一。

2. 微观依据

（1）流体包裹体测温：不同阶段流体包裹体的均一温度和盐度具有明显差异，指示流体 A 与流体 B 混合导致矿物沉淀（图 7-3 ~ 图 7-5）。

（2）S 同位素组成：成矿过程为不同流体混合的过程（图 7-16），流体 A 中 $\delta^{34}S$‰>20‰，流体 B 的 $\delta^{34}S$‰<14‰，混合流体中 6‰<$\delta^{34}S$‰<20‰。

（3）C-O 同位素组成：成矿过程中发生了流体混合（图 7-18）。流体 A 中-3‰<$\delta^{13}C$‰<-4‰，16‰<$\delta^{18}O$‰<17‰；流体 B 中-2‰<$\delta^{13}C$‰<1‰，20‰<$\delta^{18}O$‰<24‰；混合流体中-4‰<$\delta^{13}C$‰<1‰，17‰<$\delta^{18}O$‰<22‰。流体混合作用使流体 A 与来自淋滤围岩的流体 B 中的 C-O 同位素发生交换，导致混合流体的碳氧同位素组成介于两种流体之间。

（4）H-O 同位素组成：矿区 H-O 同位素投点位于 H-O 同位素组成判别图上的变质水和大气降水线间（尤其是闪锌矿流体包裹体中 H-O 同位素）（图 7-19），表明成矿流体中的水主要来源于大气降水和深源流体水，即基底的酸性且含巨量金属的氧化性流体与来自大气降水的碱性还原流体混合而成。

重晶石的H-O同位素组成特征表明，可能存在两种不同成因的重晶石，一种应是从单一的流体（来自基底的热液）中析出，另一种应是大气降水和深源水混合时析出。

3. 实验依据

（1）降温冷却实验：当NaHS不足量时，含矿流体的初始温度对沉淀率的影响甚微（表8-18，表8-19，图8-15，图8-16），铅锌的沉淀率都在66.9%～67.3%的狭小范围（主要受NaHS加入量的控制）；而当NaHS过量时，铅锌沉淀率整体高于NaHS不足量时20%以上，这是还原硫浓度增大沉淀反应向右进行的结果。同时含金属溶液的初始温度越高，ΔT越大，铅锌的沉淀率越高。因此，温度下降可促使铅锌硫化物沉淀，但其影响有限，只在NaHS过量时才表现明显，也就是溶液中金属浓度或还原组分浓度的影响远甚于温度。

（2）稀释实验：稀释作用确实能产生铅锌硫化物沉淀（图8-32），结合本书第八章所设定的三个地质过程，可以得出以下结论。①在单纯的稀释作用下，无论是大气降水还是卤水，也无论是等体积还是两倍体积的稀释，铅锌的沉淀率都在53%～56%；②含矿流体进入容矿空间与白云岩短暂作用后，等体积的纯水和NaCl溶液的稀释结果与单纯的稀释作用基本一致。而两倍体积的稀释却由于水岩作用与稀释作用的叠加，沉淀率提高到70%左右；③当含矿流体进入容矿空间与白云岩充分作用后，等体积的纯水和NaCl溶液稀释使铅的沉淀率提高到70%左右，而Zn与单纯的稀释作用基本一致。而两倍体积的稀释却由于水岩作用与稀释作用的叠加，Pb的沉淀率提高到80%左右，Zn的沉淀率也提高到70%左右。

（3）pH变化：pH>4时沉淀作用开始变得显著，当pH>6时铅的沉淀率达到85%，锌为35%；pH=7.7时，二者的沉淀率都达到98%，pH升高可明显促使铅锌硫化物沉淀（图8-28）。

（4）水岩反应：随着温度升高，Pb、Zn沉淀率逐渐升高。在含NaHS组的实验中，由于PbS、ZnS的溶度积远远小于$Pb(OH)_2$和$Zn(OH)_2$，沉淀全部为硫化物；而在不含NaHS组中，沉淀为$Pb(OH)_2$和$Zn(OH)_2$。含NaHS组的沉淀率（150℃时为35%左右）始终略高于不含NaHS一组（150℃时Pb、Zn分别为32%和25%左右）。实际上，两组沉淀都是水岩作用使pH升高而导致的，在含NaHS组中，pH升高，H_2S电离出的HS^-量增加，与Pb、Zn结合生成沉淀；而在不含NaHS组中，pH升高，Pb、Zn水解加剧，生成氢氧化物沉淀（表8-30，图8-31）。

综上所述，会泽富锗铅锌矿床元素巨量堆积的机制是沸腾作用和混合作用。

因此，酸性流体萃取，流体减压沸腾、多相流体不混溶、水岩作用下铅锌水解、流体混合等构造-流体多重耦合作用是铅锌锗超常富集的内在原因。故铅锌锗超常富集与巨量聚集机制如下：陆内走滑断褶构造圈闭、成矿物源丰富、成矿流体充沛、构造动力驱动强劲、储矿空间优越、多相流体不混溶作用强烈、两类流体混合作用，导致成矿流体沿陆内走滑断褶带“贯入”形成大型-超大型富锗铅锌矿床。

三、广泛强烈的热液蚀变机制——水-岩作用

会泽富锗铅锌矿床的C-O同位素组成研究表明（图7-18），成矿流体起源或流经矿体下伏的富含有机质地层，水岩反应使碳酸盐岩溶解并导致流体与地层中C-O同位素发生交换，

最终流体中的 $\delta^{13}C$ 升高，围岩中的 $\delta^{13}C$ 降低。

当碱性的灰岩和白云岩与酸性流体作用时将被溶解，pH 是这些反应进行程度的最直观表征。水岩作用实验表明（表 8-20 ~ 表 8-22，图 8-17 ~ 图 8-19）：含铅锌的酸性溶液与碳酸盐岩围岩反应后，不论是何种粒度的白云岩或灰岩，也不论酸性流体的初始 pH 为多少，反应进行 48h 后，溶液的 pH 稳定在 5.2 ~ 6.2，且岩石粒度越小，反应越剧烈，pH 升高得越大，围岩蚀变越剧烈。

因此，在成矿期前，成矿流体呈酸性，且 pH 较低，围岩将发生强烈蚀变；在成矿时，Pb、Zn 沉淀为生酸反应，也将伴随着强烈的围岩蚀变，正是有围岩蚀变才能使主要受 pH 控制的沉淀反应得以持续进行。

四、明显的矿物组合分带机制——f_{S_2} 升高

铅锌硫化物矿床是自然界中铅锌矿床的最主要类型，主要矿物为方铅矿和闪锌矿。在元素周期表中，二者虽不同周期不同族（铅处于第五周期第ⅣA，锌在第三周期ⅡB），但晶体化学特性相似，地球化学行为十分相似，均具强亲硫性。方铅矿与闪锌矿常为共生的矿物，滇东北矿集区矿体具有明显的矿物组合分带，闪锌矿和方铅矿有不同的世代，这是由于同种矿物成矿阶段（先后）不同。矿物的共生组合受多种因素制约，总体来说有内因和外因，内因指元素的地球化学特性，外因指成矿时的物理化学条件（温度、酸碱度、氧化还原等）。

HZT 矿床矿物组合有差异（图 3-11，图 9-3），其分带（表 9-1）也有差别（图 9-3）：下部或中心富锌，上部或外侧富铅、铁。

表 9-1 滇东北 HZT 铅锌矿床主要矿物组合及分带特征简表

矿床	主要矿物组合	分带特征（垂向，由下→上；水平，中心→外侧）
毛坪	Sp-Gn-Py	Zn→Pb→Fe
会泽	Sp-Gn-Py-Brt	Zn→Pb→Fe
金沙厂	Gn-Sp-Brt-Fl-Thr	Zn→Pb→Hg→Ag
富乐厂	Sp-Gn-Py	Zn→Pb→Fe
茂租	Sp-Gn-Py	Zn→Pb→Fe

注：Sp. 闪锌矿；Gn. 方铅矿；Py. 黄铁矿；Cp. 黄铜矿；Thr. 黝铜矿；Fl. 萤石；Brt. 重晶石

通过室内外综合研究，将矿物分带划分为两种类型（图 9-3），即水平分带（图 9-3a）和垂向分带（图 9-3b）。横切剖面 AB 主要表现为水平分带，而纵切剖面 CD 则主要表现为垂向分带。这是流体在向上运移和扩散过程中硫化物沉淀和水岩相互作用的结果。水平分带和垂向分带特征相似，从矿体底部（中心）到矿体顶部（外侧）矿物组合基本一致，即粗晶黄铁矿+少量深色闪锌矿（Ⅰ-1）→棕色闪锌矿+方铅矿+铁白云石（Ⅰ-2）→方铅矿+浅色闪锌矿+方解石（Ⅰ-3）→细晶黄铁矿+方解石（Ⅰ-4）。这与会泽、毛坪富锗铅锌矿床热液成矿期的四个成矿阶段相对应，与元素组合也相对应（Ⅰ-1. Fe 和 Zn；Ⅰ-2. Zn，Pb，Ca 和 Mg；Ⅰ-3. Pb，Zn 和 Ca；Ⅰ-4. Fe，Ca 和 Mg）。

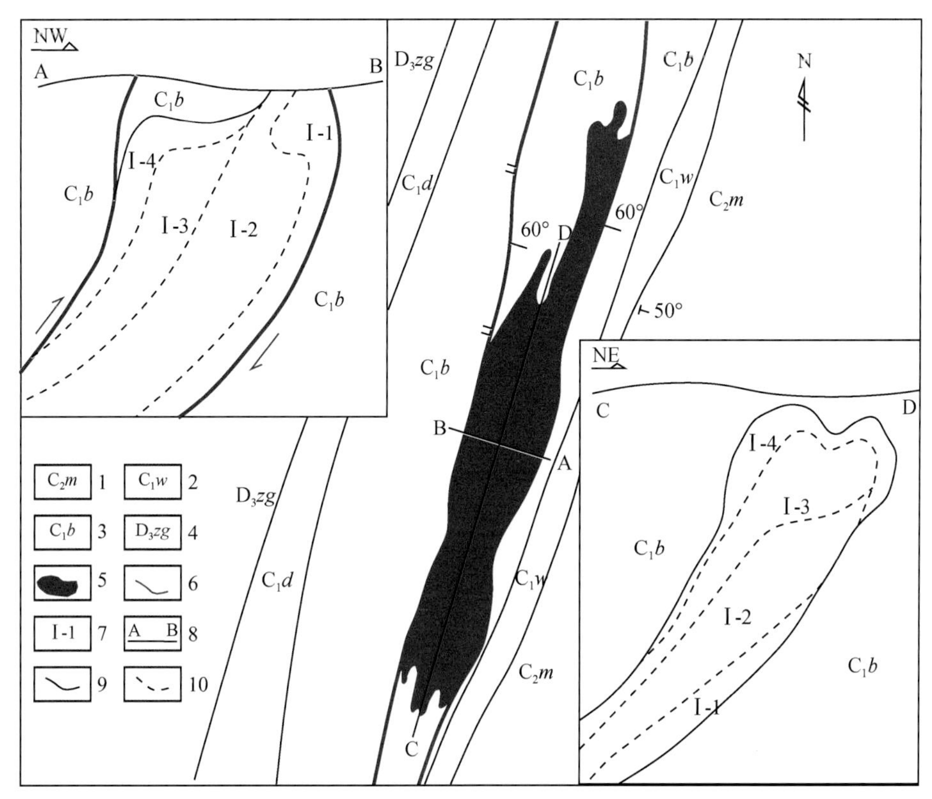

图 9-3　滇东北矿集区铅锌矿床矿物组合立体分带模式

AB 剖面为水平分带；CD 剖面为垂向分带。1. 上石炭统马平组；2. 下石炭统威宁组；3. 下石炭统摆佐组；4. 上泥盆统宰格组；5. 矿体；6. 断裂；7. 矿物组合分带；8. 剖面；9. 地层界线；10. 矿物组合分带界线；Ⅰ-1. 粗晶黄铁矿+少量深色闪锌矿；Ⅰ-2. 棕色闪锌矿+方铅矿+铁白云石；Ⅰ-3. 方铅矿+浅色闪锌矿+方解石；Ⅰ-4. 细晶黄铁矿+方解石。Gn. 方铅矿；Sp. 闪锌矿；Dol. 白云石；Cal. 方解石；Py. 黄铁矿

溶解度实验和热力学相图研究是探讨铅锌共生分异机制的有效方法，溶解度实验为热力学相图提供了基础数据。为查明铅、锌共生分异的原因，前人对铅、锌在热液中尤其是含氯、硫体系中的溶解过程进行了不少实验研究工作（Nriagu，1971；Nriagu and Anderson，1971；Giordano and Barnes，1979；Anderson，1975，1991；Seward，1984；Ruaya and Seward，1986；Bourcier and Barnes，1987；Barrett and Anderson，1988；Hayashi et al.，1990；尚林波等，2003，2004），但对矿物组合沉淀过程的条件研究甚少。

本节选择会泽和毛坪富锗铅锌矿床，在野外调研和室内研究的基础上，运用热力学相图（$\lg f_{O_2}$-$\lg f_{S_2}$，pH-$\lg f_{O_2}$，pH-lg［Pb^{2+}］和 pH-lg［HS^-］），探讨 pH、氧逸度、硫逸度及离子活度对铅、锌在热液迁移和沉淀过程中发生共生分异的制约，相图较好地解释了 HZT 矿床的矿物组合分带规律，查明了铅、锌迁移和沉淀的物理化学条件，获得了成矿元素分带的控制条件。

（一）热力学相图与应用

目前，利用热力学软件对地质学相图的研究主要局限于氧化物，如 Thermo-Calc 软件

(Grujicic，1988) 和 PELE 软件 (Boudreau，1999)，而对于中低温-低压硫化物体系，尚无相应的热力学软件。本节利用林传仙 (1985) 著作中有关数据，用 Excel 表格编写计算公式的方法计算并绘制了铅、锌、铁、闪锌矿、方铅矿、黄铁矿等共 16 种矿物及其矿物组合系统的 $\lg f_{O_2}$-$\lg f_{S_2}$，pH-$\lg f_{O_2}$，pH-lg [Pb^{2+}] 和 pH-lg [HS^-] 相图。

据韩润生等 (2006，2016)，张振亮等 (2006)，邱文龙 (2013)，张艳等 (2017) 对会泽、毛坪富锗铅锌矿床矿物流体包裹体的测温结果 (见第七章)，两个矿床成矿主阶段的温度主要集中在 100～250 ℃，以 200±20℃为主。选取 $T=373$K、423K、473K、523K 四个温度截面进行计算，分别近似对应热液成矿期的四个阶段。

1. $\lg f_{O_2}$-$\lg f_{S_2}$相图

《矿物及有关化合物热力学数据》手册 (林传仙，1985) 中热力学数据以 100K 为间隔，查到 $T=298.15$K、$T=400$K、$T=500$K 和 $T=600$K 下的相关数据，用拉格朗日插值法计算所选取温度下化合物的生成吉布斯自由能 ΔG，然后计算下列各反应的反应吉布斯自由能 $\Delta G_{R(T,P)}$。

$\Delta G_{R(T,P)}=\Delta G^0_{R,T}+RT\ln K$ (不考虑压力对平衡的影响) $=0$ (反应达到平衡时)

于是有

$$\Delta G^0_{R,T}=-RT\ln K \tag{9-1}$$

式中，$\Delta G^0_{R(T,P)}$为温度 T、压力 P 条件下反应的自由能变化；$\Delta G^0_{R,T}$为温度 T、压力 1 个大气压条件下反应的自由能变化；R 为气体常数；T 为反应温度；K 为反应的平衡常数。

其中，

$$K=\prod_{i=1}^{m}a_i^{c_i} \tag{9-2}$$

式中，a_i 为参加反应的第 i 成员 (包括产物共有 n 个) 的活度；c_i 为第 i 成员的反应系数，且规定产物的符号为正，反应物的符号为负。

反应方程式是固相与气相参与的反应，溶液相可忽略，假定固相是纯的固相，将式 (9-2) 代入式 (9-1) 并将自然对数换为常用对数后得

$$\Delta G^0_{R,T}=-2.303RT\lg\prod_{i=1}^{m}f_i^{c_i} \tag{9-3}$$

式中，f_i为第 i 种气体的逸度；c_i为第 i 种气体的化学反应计量系数，共有 m 种气体；T 为绝对温度，0℃=273.15K。当只有一种气体时代入气体常数 $R=8.315$J/mol 后可得

$$\Delta G^0_{R,T}=19.1494T\lg f_i^{c_i} \tag{9-4}$$

利用式 (9-4)，代入温度和反应吉布斯自由能可计算出反应达平衡时的氧逸度或硫逸度。

对有氧和硫同时参与的反应，其平衡线必然通过另两条平衡线的交点，可由吉布斯-杜哈姆方程得到直线的斜率 (即氧的计量系数与硫的计量系数的比值)，如表 9-2 中 (5) 线必然会通过 (1) 和 (3) 两条平衡线的交点，以该交点为起点按 (5) 的斜率画直线就可得到反应 (5) 的平衡线 (表 9-2)。

表 9-2　相关化学反应方程式

序号	反应方程式	序号	反应方程式
(1)	$3Fe+2O_2 = Fe_3O_4$	(10)	$ZnS+1/2O_2 = ZnO+1/2S_2$
(2)	$2Fe_3O_4+1/2O_2 = 3\ Fe_2O_3$	(11)	$Pb+1/2O_2 = PbO$
(3)	$Fe+1/2S_2 = FeS$	(12)	$3Pb+2O_2 = Pb_3O_4$
(4)	$FeS+1/2S_2 = FeS_2$	(13)	$Pb+O_2 = PbO_2$
(5)	$3FeS+2O_2 = Fe_3O_4+3/2S_2$	(14)	$Pb+1/2S_2 = PbS$
(6)	$3FeS_2+2O_2 = Fe_3O_4+3S_2$	(15)	$PbS+1/2O_2 = PbO+1/2S_2$
(7)	$2FeS_2+3/2O_2 = Fe_2O_3+2S_2$	(16)	$3PbS+2O_2 = Pb_3O_4+3/2S_2$
(8)	$Zn+1/2O_2 = ZnO$	(17)	$PbS+O_2 = PbO_2+1/2S_2$
(9)	$Zn+1/2S_2 = ZnS$	(18)	$4S_2 = S_8$

$$C_1 d\ln f_1 + C_2 d\ln f_2 = 0 \tag{9-5}$$

则有

$$\frac{d\ln f_1}{d\ln f_2} = -\frac{C_1}{C_2} \tag{9-6}$$

由此得出

$$斜率 = -\frac{氧的计量系数}{硫的计量系数} \tag{9-7}$$

最终以 $\lg f_{O_2}$-$\lg f_{S_2}$ 和 373K、423K、473K、523K 为约束条件绘制矿物及矿物组合的系统平衡相图（图 9-4）。

由图 9-4 可看出，一定温度下各种矿物及其组合均有各自稳定存在的 $\lg f_{O_2}$ 和 $\lg f_{S_2}$ 范围。通过对 473K 的相图解析，可得到 16 种矿物及其组合稳定存在的 $\lg f_{O_2}$、$\lg f_{S_2}$ 范围和氧化还原区块分布趋势，其氧化还原作用随 $\lg f_{O_2}$ 和 $\lg f_{S_2}$ 的增高而增强，但 $\lg f_{S_2}$ 一侧的氧化还原程度低于 $\lg f_{O_2}$ 方向，且每一区块都有其控制的主要因素和特征。

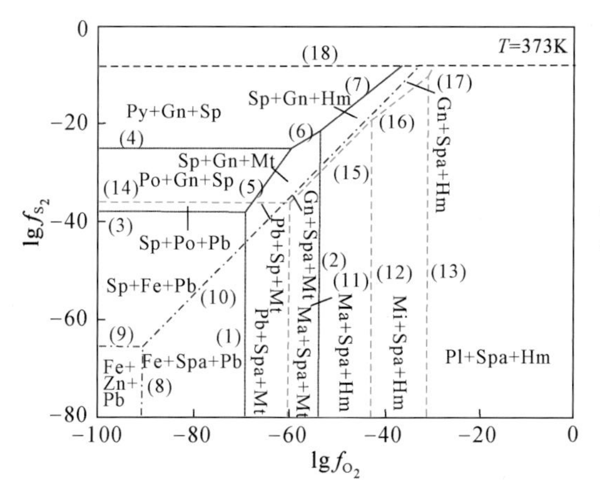

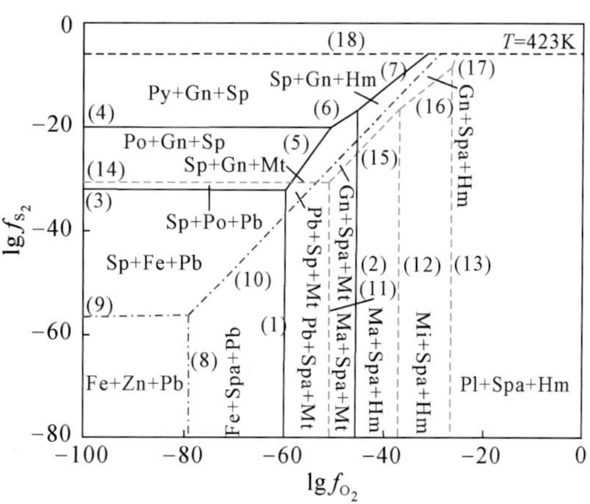

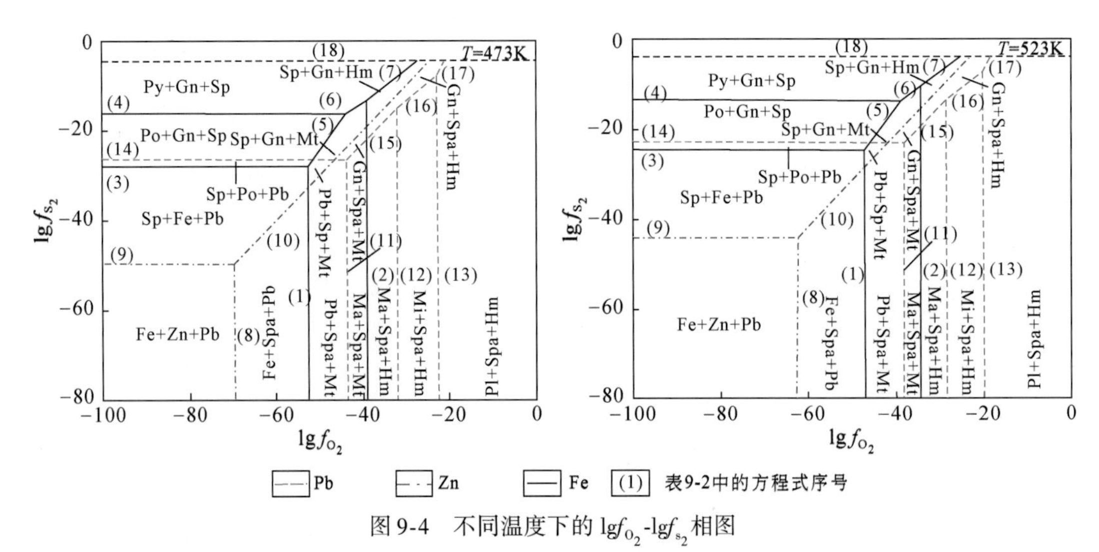

图 9-4　不同温度下的 lgf_{O_2}-lgf_{s_2} 相图

Py. 黄铁矿；Po. 磁黄铁矿；Mt. 磁铁矿；Hm. 赤铁矿；Sp. 闪锌矿；Spa. 红锌矿；Gn. 方铅矿；Li. 铅黄；Pl. 铅丹；Mi. 块黑铅矿

（1）闪锌矿形成所需的 lgf_{S_2} 最低，其次形成方铅矿，最后沉淀黄铁矿，相图中三者所占区块存在包含关系，即黄铁矿 ∈ 方铅矿 ∈ 闪锌矿，因此产生了铅锌的共生分异，最终形成了从矿体底部到顶部的矿物组合分带。

（2）同一温度下，不同条件的 lgf_{O_2} 和 lgf_{S_2} 限定了不同矿物组合的沉淀区间。

（3）图 9-4 中四幅相图对比表明，当温度下降，矿物沉淀所需的 lgf_{O_2}、lgf_{S_2} 值随之减小，氧化还原作用趋弱，矿物稳定范围（相图中占据的区块）向硫化物和氧化物方向移动，即相同氧硫逸度条件下降温有利于金属硫化物的沉淀。以黄铁矿为例，不同温度下其形成的氧硫逸度见表 9-3，当温度降低时，形成黄铁矿所需的氧硫逸度降低。

表 9-3　不同温度下黄铁矿形成的 lgf_{O_2}-lgf_{S_2}

温度	T=523K	T=473K	T=423K	T=373K
lgf_{O_2}	lgf_{O_2} ≤ −25	lgf_{O_2} ≤ −27. 8	lgf_{O_2} ≤ −31. 5	lgf_{O_2} ≤ −36. 7
lgf_{S_2}	−13. 9 ≤ lgf_{S_2} ≤ −4. 1	−16. 9 ≤ lgf_{S_2} ≤ −5. 1	−20. 5 ≤ lgf_{S_2} ≤ −6. 5	−25. 0 ≤ lgf_{S_2} ≤ −5. 1

2. pH-logf_{O_2} 相图

根据矿物共生组合建立化学反应方程式（表 9-4），利用林传仙（1985）著作中的热力学数据以及 Barrett 和 Anderson（1988）、Johnson（1992）中的热力学平衡常数，用 Excel 表格编写计算公式的方法，计算和绘制了 pH-lgf_{O_2} 相图及铅锌配合物的溶解度等值线图（图 9-5）。

表 9-4　pH-lgf_{O_2} 相关的化学方程式

编号及反应方程式	编号及反应方程式	编号及反应方程式
(1) $2H_2O = O_2 + 4H^+ + 4e$	(13) $CO_2 + H_2O = CO_3^{2-} + H^+$	(25) $Pb(HS)_3^- = PbS + H^+ + 2HS^-$
(2) $H_2 = 2H^+ + 2e$	(14) $HCO_3^- = CO_3^{2-} + H^+$	(26) $Zn^{2+} + HCO_3^{2-} = ZnCO_3 + H^+$
(3) $HSO_4^- = SO_4^{2-} + H^+$	(15) $PbS + 2O_2 = PbSO_4$	(27) $Zn^{2+} + S^{2-} = ZnS$
(4) $S + 4H_2O = HSO_4^- + 7H^+ + 6e$	(16) $PbSO_4 + HCO_3^- = PbCO_3 + HSO_4^-$	(28) $Zn^{2+} + H_2S = ZnS + 2H^+$
(5) $S + 4H_2O = SO_4^{2-} + 8H^+ + 6e$	(17) $Pb^{2+} + S^{2-} = PbS$	(29) $Zn^{2+} + HS^- = ZnS + H^+$
(6) $H_2S = S + 2H^+ + 2e$	(18) $Pb^{2+} + H_2S = PbS + 2H^+$	(30) $ZnCl^+ + H_2S = ZnS + 2H^+ + Cl^-$
(7) $H_2S = HS^- + H^+$	(19) $Pb^{2+} + HS^- = PbS + H^+$	(31) $ZnCl_2 + H_2S = ZnS + 2H^+ + 2Cl^-$
(8) $HS^- + 4H_2O = SO_4^{2-} + 9H^+ + 8e$	(20) $PbCl^+ + H_2S = PbS + 2H^+ + Cl^-$	(32) $ZnCl_3^- + H_2S = ZnS + 2H^+ + 3Cl^-$
(9) $HS^- = S^{2-} + H^+$	(21) $PbCl_2 + H_2S = PbS + 2H^+ + 2Cl^-$	(33) $ZnCl_4^{2-} + H_2S = ZnS + 2H^+ + 4Cl^-$
(10) $S^{2-} + 4H_2O = SO_4^{2-} + 8H^+ + 8e$	(22) $PbCl_3^- + H_2S = PbS + 2H^+ + 3Cl^-$	(34) $Zn(HS)_2 = ZnS + H^+ + HS^-$
(11) $H_2CO_3 = HCO_3^- + H^+$	(23) $PbCl_4^{2-} + H_2S = PbS + 2H^+ + 4Cl^-$	(35) $Zn(HS)_3^- = ZnS + H^+ + 2HS^-$
(12) $CO_2 + H_2O = HCO_3^- + H^+$	(24) $Pb(HS)_2 = PbS + H^+ + HS^-$	

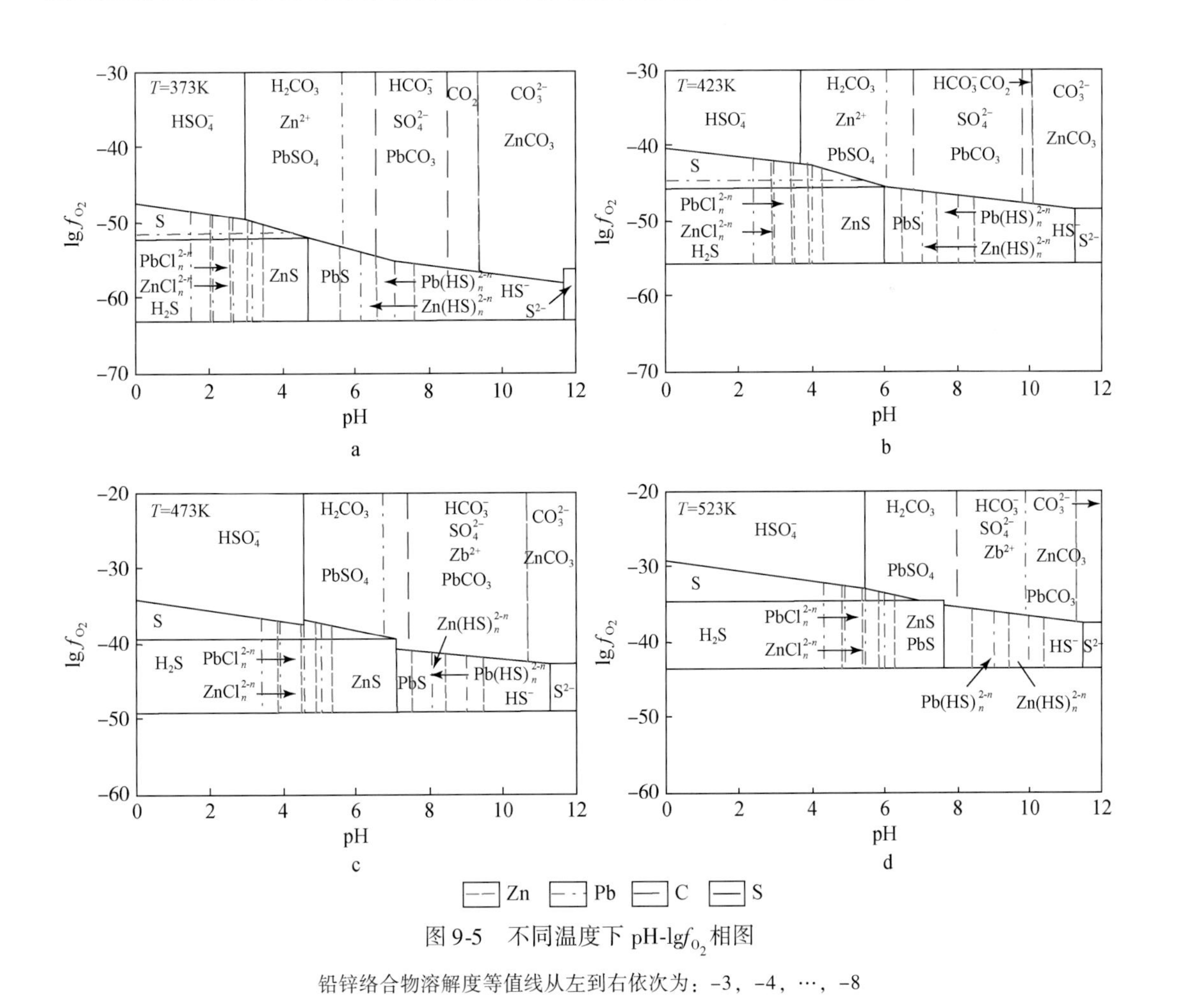

图 9-5　不同温度下 pH-lgf_{O_2} 相图

铅锌络合物溶解度等值线从左到右依次为：-3，-4，…，-8

对于表 9-4 中反应（17）~（19）、反应（27）~（29），其 $\Delta G<0$，反应可以自发进行，因而闪锌矿和方铅矿的稳定范围即 H_2S、HS^-、S^{2-} 的稳定范围。其中反应（15）~（19）将相图分为 $PbSO_4$、$PbCO_3$、PbS 三个大的稳定区域。对于锌来说，由于 $ZnSO_4$ 易溶于水，相图中稳定存在的是 Zn^{2+}、ZnS、$ZnCO_3$，由于反应（26）的 $\Delta G<0$，反应可以自发进行，$ZnCO_3$ 的稳定范围即 CO_3^{2-} 的稳定范围，即 26 号平衡线与 13 号平衡线重合，反应（26）~（29）将相图分为 Zn^{2+}、ZnS、$ZnCO_3$ 三个大的稳定区域。根据反应（20）~（25），反应（30）~（35），在相图中作出铅锌氯络合物和硫氢络合物的溶解度等值线。

对比不同温度下的 pH-$\lg f_{O_2}$ 相图（图 9-5），可以得出以下认识。

（1）铅、锌各种存在形式的 pH-$\lg f_{O_2}$ 稳定区域大致重叠，尤其是闪锌矿和方铅矿稳定区域几乎一致，即闪锌矿稳定的区域同时也是方铅矿的稳定区，且二者均有较大的稳定场。因此，铅锌元素地球化学性质的相似性是导致闪锌矿和方铅矿共生的重要原因。而溶解度等值线则表明闪锌矿的溶解度大于方铅矿，因此当溶液中铅、锌浓度大致相当时，铅浓度达到饱和时，锌很可能还没有饱和，所以铅的沉淀范围略宽于锌（以 473K 为例，方铅矿沉淀的 pH 为 5 ~ 8，闪锌矿沉淀的 pH 为 5.3 ~ 7.4），当铅沉淀时锌还可以在热液中继续迁移，造成了铅锌的分异。

（2）以 473K 为例，此时中性热液 pH = 5.65，在含硫和氯的体系中，酸性至近中性条件（pH<5.3）下，铅锌以氯络合物为主要存在形式；而在碱性条件（pH>8）下，铅锌以硫氢络合物为主要存在形式；中性附近（5<pH<8）则是铅锌硫化物的沉淀稳定区。所以，在热液运移过程中，当铅锌以氯络合物形式迁移时，热液由酸性变为弱酸性-弱碱性使硫化物析出；当铅锌以硫氢络合物形式迁移时，热液由碱性变为弱碱性-弱酸性使硫化物析出。因此闪锌矿和方铅矿沉淀从弱碱性-弱酸性热液中析出，且是热液性质发生突变而导致。随温度降低，硫化物沉淀的范围向酸性增大方向移动，在 523K、473K、423K、373K 下，硫化物沉淀的 pH 区间分别为（6，9），（5，8），（4.1，7.1），（3.1，6.1），即温度每下降 50K，硫化物沉淀的 pH 降低一个单位。所以当热液温度低于 423K 时硫化物从酸性溶液中析出；当热液温度大于 473K 时硫化物从碱性溶液中析出。因此，硫化物从何种热液中析出，不仅与其迁移时的络合物形式有关，也与沉淀析出时的温度关系密切。

这是闪锌矿和方铅矿从何种溶液中析出产生争论的主要原因。朱赖民（1995）用 D. A. Creare 提出的 pH 计算公式获得底苏铅锌矿床的 pH 为 4.42 ~ 4.55；周朝宪（1996）得到 250℃，69MPa 和 C_{K+} = 0.89 条件下会泽铅锌矿的 pH 为 4.9 ~ 5.3，从而认为铅锌从酸性溶液中析出；而张振亮等（2006）则认为从碱性溶液中析出（用围岩蚀变的方法得出会泽铅锌矿床的 pH 为中性-弱碱性）。

（3）除非在强碱性环境下，当氧逸度升高时，锌形成微溶于水的菱锌矿外。在其他情况下，氧逸度的升高都会使锌溶于热液而被带走。而铅则不然，氧逸度的升高形成了微溶于水的硫酸铅和碳酸铅，当 S^{2-} 浓度达到一定值时，微溶的硫酸铅和碳酸铅将向 K_{sp} 溶度积更小的难溶物方铅矿转变。

（4）一定温度下，pH 升高一个单位，溶解度下降约两个数量级，即酸性条件下溶解的金属离子是碱性条件下的 10 万 ~ 100 万倍。

（5）温度降低，闪锌矿和方铅矿稳定的 $\lg f_{O_2}$ 降低，降温有利于硫化物析出。从 523K、

473K、423K、373K，硫化物沉淀的 $\lg f_{O_2}$ 区间分别为（−43.4，−29.3），（−48.6，−35.9），（−55.5，−39.8），（−63.1，−54.5），即温度每下降 50K，硫化物沉淀的 $\lg f_{O_2}$ 降低 5～8 个数量级。

所以，对于铅、锌的氯和硫络合物，温度降低，配位体浓度减小，氧逸度升高都将使闪锌矿和方铅矿沉淀，所不同的是 pH 升高，氯络合物沉淀，而硫氢络合物则在 pH 降低时发生沉淀。

3. pH-lg*a* 相图

为了使相图简单明了地表达本节关注的问题，对表 9-5 中的反应需要做几个假定：当考虑 pH 与金属离子浓度间关系时，假定 $[HS^-]=0.1mol/L$，$[S^{2-}]=0.01mol/L$；当考虑 pH 与 $[HS^-]$ 间关系时，需设定 Pb、Zn、Fe 间的比例关系。假设会泽、毛坪富锗铅锌矿床各成矿期的 Pb、Zn、Fe 的形成量均一，则其品位可指示三者间的比例关系。根据会泽、毛坪矿床矿石常量元素中 Pb、Zn、Fe 的含量（韩润生等，2006），可设三者间的比值为 1∶2∶2。会泽、毛坪矿床成矿压力主要集中在 500×10^5Pa 左右（韩润生等，2006），因此假定压力为 500×10^5Pa。将以上假设代入 pH 关系式中可得 lg［金属离子］和 $\lg[HS^-]$，再根据 Pb、Zn、Fe 间比例可将 lg［金属离子］转化为 $\lg[Pb^{2+}]$，对于 pH-$\lg[HS^-]$，只有反应 1、2、5、8、11 能求出关系式，据此绘图得图 9-6 和图 9-7。

表 9-5　相关化学反应方程式

序号	反应方程式	序号	反应方程式
1	$H_2S = HS^- + H^+$	7	$Pb^{2+} + H_2S = PbS + 2H^+$
2	$HS^- = S^{2-} + H^+$	8	$Pb^{2+} + HS^- = PbS + H^+$
3	$Zn^{2+} + S^{2-} = ZnS$	9	$Fe^{2+} + S^{2-} + H_2S = FeS_2 + H_2$
4	$Pb^{2+} + S^{2-} = PbS$	10	$Fe^{2+} + 2H_2S = FeS_2 + H_2 + 2H^+$
5	$Zn^{2+} + H_2S = ZnS + 2H^+$	11	$Fe^{2+} + HS^- + H_2S = FeS_2 + H_2 + H^+$
6	$Zn^{2+} + HS^- = ZnS + H^+$		

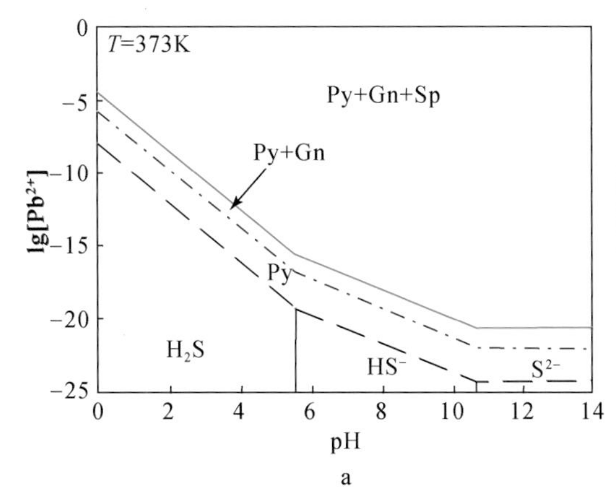

a

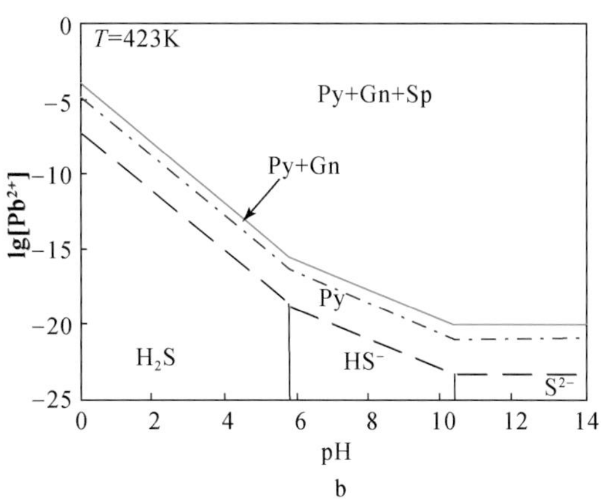

b

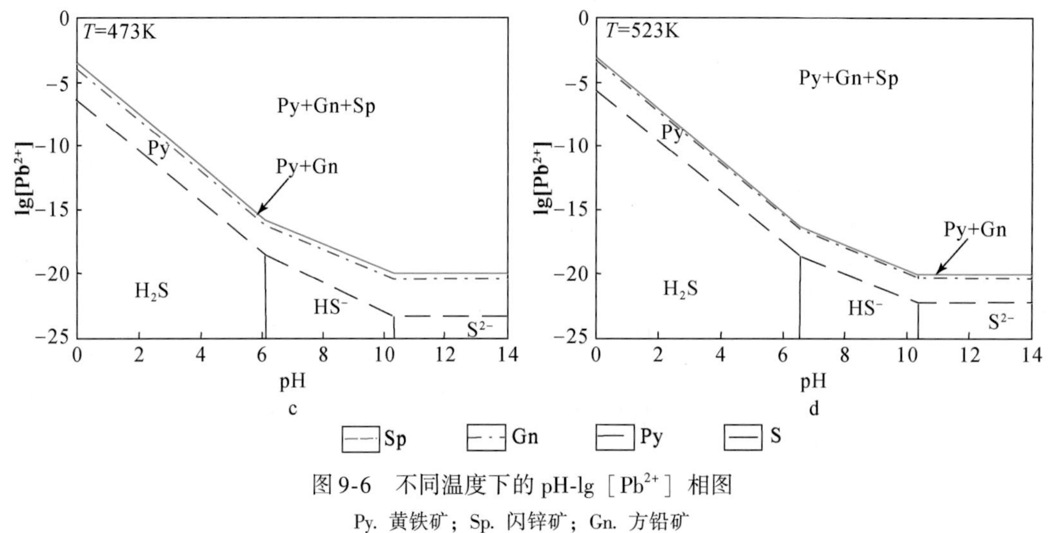

图 9-6　不同温度下的 pH-lg［Pb^{2+}］相图

Py. 黄铁矿；Sp. 闪锌矿；Gn. 方铅矿

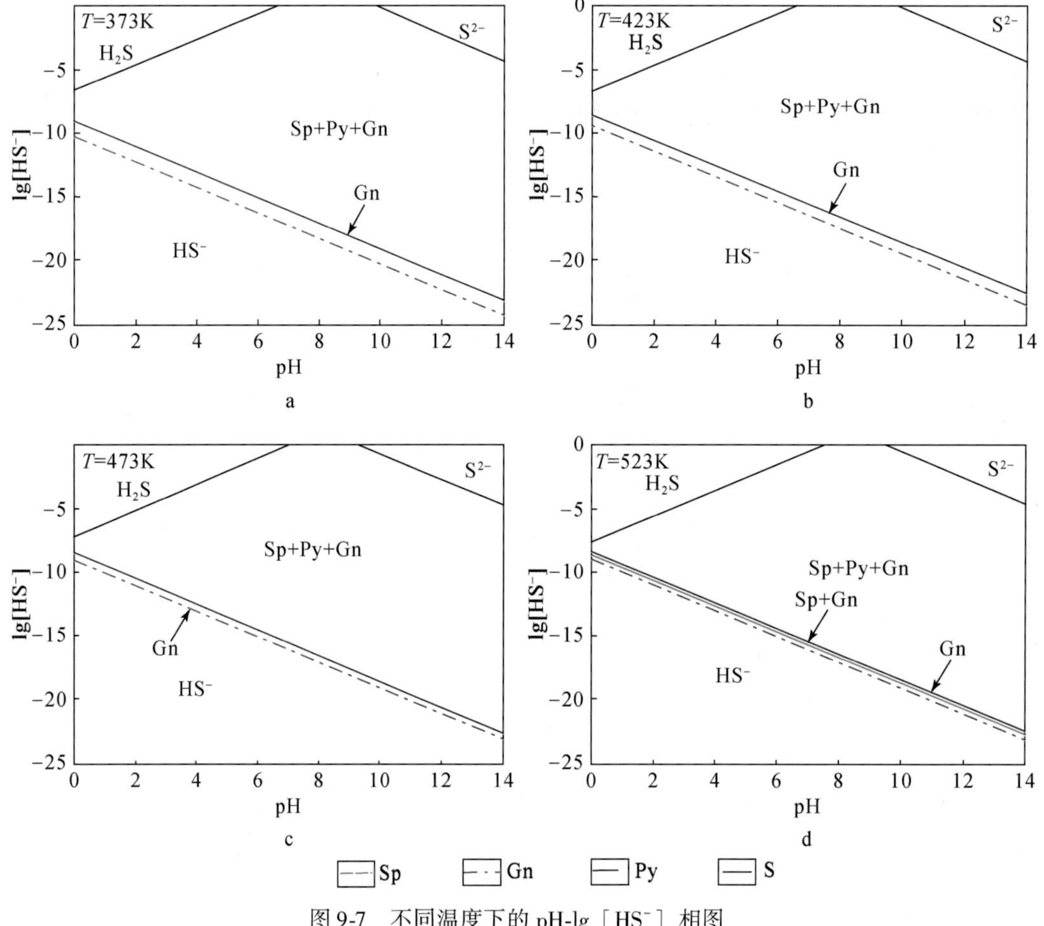

图 9-7　不同温度下的 pH-lg［HS^-］相图

Py. 黄铁矿；Sp. 闪锌矿；Gn. 方铅矿

从图 9-6 和图 9-7 可以得到以下认识。

（1）黄铁矿、闪锌矿、方铅矿组合在很大的 pH 范围内均可共生，其控制因素主要取决于一定温度下的金属离子活度。只有当 $\lg a_{HS^-}>-6.6$（$T=373K$）和 $\lg a_{HS^-}>-4.3$，pH>9.7（$T=373K$）时，黄铁矿、闪锌矿、方铅矿组合在酸性范围内不稳定，主要以 H_2S 和 S^{2-} 形式存在。

（2）在同一温度同一金属离子或 HS^- 活度下，金属硫化物易在碱性条件下析出。

（3）在 pH-lg$a$ 相图中，硫化物析出顺序为 Py→Gn→Sp；在 pH-lga_{HS^-} 相图中，硫化物析出顺序为 Gn→Py+Sp，即黄铁矿和闪锌矿形成所需的 HS^- 活度相近，这可能是形成含铁闪锌矿的原因之一。

（4）温度降低，形成硫化物所需的金属离子活度和 HS^- 活度减小，降温有利于硫化矿物的形成。

（二）讨　　论

1. 闪锌矿和方铅矿的沉淀顺序

矿床的形成是一个极其复杂的过程，由于断裂旁侧的碳酸盐岩溶解改变 pH，使其受不同的渗透率、围岩、物理化学条件的控制。当某一个或某几个条件满足时，必然有一个条件成为主导因素。在如此众多的因素中，哪一个是闪锌矿和方铅矿沉淀顺序的主控因素是一个值得深入探讨的问题。

闪锌矿和方铅矿沉淀顺序的不同是多因素共同作用的结果。当含矿热液在构造驱动下运移至容矿构造（层间破碎带）时，由于物理化学条件改变（T、pH、$\lg f_{O_2}$、$\lg f_{S_2}$、$\lg a$），铅锌络合物的溶解度降低，络合物分解，铅锌硫化物沉淀。溶解度等值线（图 9-5）表明闪锌矿溶解度大于方铅矿，也就是说当溶液中铅、锌浓度大致相当时，方铅矿应早于闪锌矿析出；而在氧硫逸度相图中（图 9-4），闪锌矿形成所需的 $\lg f_{O_2}$、$\lg f_{S_2}$ 最低，其次依次是方铅矿、黄铁矿，这使得闪锌矿早于方铅矿沉淀。因此，在热液流体中，硫逸度和铅锌比例是控制沉淀顺序的关键因素。

一般而言，矿液中 Zn^{2+} 离子浓度远高于 Pb^{2+} 离子浓度。中国的沉积岩容矿的铅锌矿床中 Zn：Pb 值一般在 2：1～4：1（涂光帜等，1984）；大部分 MVT 矿集区均相对富 Zn，其 Zn/（Zn+Pb）的值大于 0.5，而 Missouri 东南部的比值则小于 0.1（Leach et al.，2005，2010）；大部分 SEDEX（CD）矿床也相对富 Zn，其 Zn/（Zn+Pb）的值平均为 0.7，除了 Mount Isa 和 Sullivan 矿床外，它们的铅锌含量大致相等（Large et al.，2005）。由于存在这样含量上的悬殊，因此控制矿物沉淀的主要因素是硫逸度而不是络合物溶解度。当闪锌矿形成所需的硫逸度达到时，闪锌矿将最先沉淀。因此，在大部分富 Zn 的铅锌矿床中，闪锌矿早于方铅矿沉淀。

综上所述，铅锌的矿物分带受控于地球化学环境。在众多的物理化学条件中，T、pH 是控制铅锌溶解度和络合物稳定性的关键因素，二者决定了硫化物沉淀的大致区间，lg$a$ 则更多地与矿床规模和品位有关，$\lg f_{S_2}$ 是形成矿物分带最核心的控制因素。

2. 会泽、毛坪富锗铅锌矿床矿物组合分带与成矿过程的关系

结合相图和矿床地质特征，可以推断滇东北矿集区铅锌矿床在热液成矿期经历了以下过程。

1）成矿Ⅰ阶段

成矿流体在构造驱动下从深部向上运移过程中，铅、锌离子主要以氯络合物形式存在，初始时热液温度相对较高、pH 较低，成岩期形成的黄铁矿发生重结晶作用，形成粗晶黄铁矿。

当中高温酸性流体进入压扭性断裂后，停留时间长，由于 pH 较低（张艳等，2017），可溶解沉积成岩期形成的细晶白云岩和白云质灰岩。由于碳酸钙比碳酸镁更易溶解，因此岩石表面因溶解大量碳酸钙和少量碳酸镁而变得疏松多孔。水岩反应后，流体 pH 升高至 6 左右（图 8-17 ~ 图 8-19）。据 Calugaru 等（2016）的实验，初始 pH 大于 6 时，碳化后白云石去除污水中 Zn 的能力是未碳化的 7 倍，其原因是碳化后的白云石变得坚硬而多孔，水岩反应后被溶蚀的白云石在结构上与其相似。因此，当含矿流体未与还原硫相遇时，白云石可通过吸附、沉淀、离子交换等方式将重金属保存在其颗粒表面。由于铅锌硫化物具有更小的 K_{sp}，因而之后还原硫的加入将使闪锌矿、方铅矿沉淀。

在热液运移过程中，H_2S 的溶解度随温度下降而升高。随着 H_2S 的解离，S^{2-} 和 HS^- 的浓度升高。同时，压力降低，HF 和 HCl 等挥发性组分从流体中逃逸，流体的 pH 升高，而增加的 OH^- 浓度将促进 H_2S 的离解。

会泽和毛坪铅锌矿床中铅锌比为 2∶1（胡彬和韩润生，2003）。如上所述，闪锌矿将最先沉淀，同时交代沉积期形成的黄铁矿，形成闪锌矿晶体中包含黄铁矿的包含结构，释放 H_2S，为硫化物的进一步沉淀提供部分 S 源，发生如下反应：

$$2PbCl_n^{n-2}+2FeS_2+2H_2O=\!=\!=PbS\downarrow+2(n-1)Cl^{(n-1)}+2FeCl^++2H_2S+O_2\uparrow$$

$$2ZnCl_n^{n-2}+2FeS_2+2H_2O=\!=\!=ZnS\downarrow+2(n-1)Cl^{(n-1)}+2FeCl^++2H_2S+O_2\uparrow$$

由于弱碱性条件下黄铁矿沉淀所需的金属离子活度和硫氢根离子活度都与闪锌矿非常相近，但却未达到黄铁矿沉淀所需的 $\lg f_{O_2}$、$\lg f_{S_2}$，而 Fe^{2+} 与 Zn^{2+} 半径非常接近，可发生类质同象置换，流体中大量铁离子较易进入闪锌矿晶格，因而此阶段形成的闪锌矿颜色很深。

该阶段形成Ⅰ阶段中的粗晶黄铁矿+少量深褐色闪锌矿的矿物组合。

2）成矿Ⅱ阶段

为何此阶段中铅锌硫化物总是与热液白云石（HTD）共生？因为较高的 CO_3^{2-} 和温度是热液体系中能有效促进白云石化过程的关键因素（Machel，2001；Jacquemyn et al.，2014；Monteshernandez et al.，2014，2016）。Monteshernandez 等（2016）的实验表明，在较高的 CO_3^{2-} 浓度下，200 ~ 300℃的加热可发生白云石化，即从富镁方解石交代成白云石。

当闪锌矿开始大量沉淀时，其沉淀为生酸过程：

$$ZnCl_n^{n-2}+H_2S=\!=\!=ZnS\downarrow+nCl^{n-2}+2H^+$$

围岩中的灰岩或白云岩溶解于酸中（耗酸过程）：

$$CaCO_3+2H^+=\!=\!=Ca^{2+}+CO_2\uparrow+H_2O$$

$$CaMg(CO_3)_2+4H^+=\!=\!=Ca^{2+}+Mg^{2+}+2CO_2\uparrow+2H_2O$$

流体的 P_{CO_2} 增大并含大量 Fe^{2+}、Mg^{2+} 使白云石交代形成铁白云石：

$$Ca^{2+}+Mg^{2+}+Fe^{2+}+CO_3^{2-} \longrightarrow CaMg(CO_3)_2-CaFe(CO_3)_2 \text{ (ferro-dolomite)}$$

所以，矿区近矿围岩发育强烈的铁白云石化。也正是因为这样的生酸和耗酸过程能基本达到平衡，才使流体 pH 能一直维持在弱碱性条件，使硫化物不断析出和围岩发生强烈蚀变。随后热液中 Fe^{2+} 浓度降低，进入闪锌矿晶格将变得越来越难，形成的闪锌矿颜色逐渐变浅。

当温度进一步降低，$\lg f_{O_2}$ 逐渐升高。尽管 $\lg f_{S_2}$ 有所降低，但温度下降使矿物沉淀所需达到的 $\lg f_{S_2}$ 降低幅度更大（如 T=473K 时闪锌矿形成的 $\lg f_{O_2} \geqslant -69.9$，$\lg f_{S_2} \geqslant -49.8$，$T$=423K 时闪锌矿形成的 $\lg f_{O_2} \geqslant -79.1$，$\lg f_{S_2} \geqslant -54.8$），达到了方铅矿沉淀所需的氧硫逸度条件，方铅矿随之沉淀。

该阶段形成棕色闪锌矿+方铅矿+铁白云石的矿物组合。

3）成矿Ⅲ阶段

随着沉淀和流体的演变，锌在前一阶段的大量沉淀使其在流体中的浓度减小，并且随着流体向上向外运移，$\lg f_{O_2}$ 增大使锌易以离子形式随流体运移，此时方铅矿成为该阶段的主要矿物。上一阶段中铁白云石的形成消耗了流体中的大量镁离子，使流体中 Ca^{2+}/Mg^{2+} 值增大，不再易于形成铁白云石，而是析出方解石沉淀（生酸过程）：

$$Ca^{2+}+CO_2+H_2O = CaCO_3\downarrow+2H^+$$

方铅矿的沉淀也是生酸过程：

$$PbCl_n^{n-2}+H_2S = PbS\downarrow+nCl^{n-2}+2H^+$$

该阶段形成方铅矿+浅褐色-淡黄色闪锌矿+方解石的特征矿物组合。

4）成矿Ⅳ阶段

当最终达到黄铁矿沉淀的 $\lg f_{S_2}$ 时，大量黄铁矿从热液中析出，形成细粒的黄铁矿。方解石的析出使流体中 Ca^{2+}/Mg^{2+} 值减小，可析出方解石和白云石。

该阶段形成细晶黄铁矿+方解石+白云石的矿物组合。

水平分带、垂向分带的原理基本相同。由于中心处的 $\lg f_{O_2}$ 低，易形成单锌或多锌少铅的矿物组合。而外侧 $\lg f_{O_2}$ 高，易形成多铅少锌甚至单铅的矿物组合。

3. 矿物分带规律在找矿勘查中的应用

矿物分带规律指示了不同矿物的形成条件，因此具有理论意义和找矿的实际意义。例如，在滇东北矿集区的铅锌矿床中，若地表所见矿体以黑色闪锌矿为主，则说明其上部矿体已被剥蚀，则下部找矿前景不大。若地表以方铅矿为主，则下部可能有一定找矿前景。会泽超大型矿床中具有闪锌矿→方铅矿→黄铁矿→重晶石的矿物组合分带特征，这是由于流体运移至近地表时 $\lg f_{O_2}$ 较高，流体中 S 主要以 $[SO_4]^{2-}$ 形式存在，当地层中 Ba^{2+} 含量较高时可析出重晶石，应位于铅锌矿上部。所以矿床上部出现大量重晶石，则其下部定有铅锌矿体的分布，而上部对铅锌找矿无望（无晚期构造破坏前提下）。

斑岩型矿床中，若钻孔中所见矿物组合以黑色闪锌矿为主，则在其水平方向（靠岩体外侧）及其上部可能有铅锌矿体的分布。而其下部（靠近岩体内侧）对铅而言则前景不大，但可能有铜钼金矿的分布。

当然，上述只是热力学相图获得的理想模型和分带规律，与实际矿床的成矿条件还有较大的差异，仅作参考，需紧密结合实际，才会取得更好的效果。

五、HZT 铅锌矿床流体运移、沉淀机理

会泽富锗铅锌矿床的流体运移沉淀模式（图 9-8）如下：来自基底的酸性氧化性流体（Pb、Zn 以氯络合物形式存在）与地层中还原性流体以各自方式运移，进入层间压扭性断裂先减压沸腾后与含还原硫的地层卤水混合导致金属硫化物沉淀。其中高温低盐度的深源流体（深源流体 A）为酸度较大（pH<3.6）的氧化性流体，富重硫及较轻 C、O 同位素，昆阳群为其提供了充足的矿源，在强烈的构造动力驱动下，沿矿山厂断裂、麒麟厂断裂向上运移。低温高盐度的还原性流体（流体 B）为淋滤碳酸盐岩（围岩）并萃取了地层中热化学还原硫的地层卤水，具有较轻的 S 和较重的 C-O、H-O 同位素组成，该流体在地层中不断循环。两种流体最终在构造应力驱动下汇入 NE 向层间压扭性断裂，按矿物组合分带机制中所述的成矿过程沉淀出不同的矿物组合，形成特征的矿物组合分带。

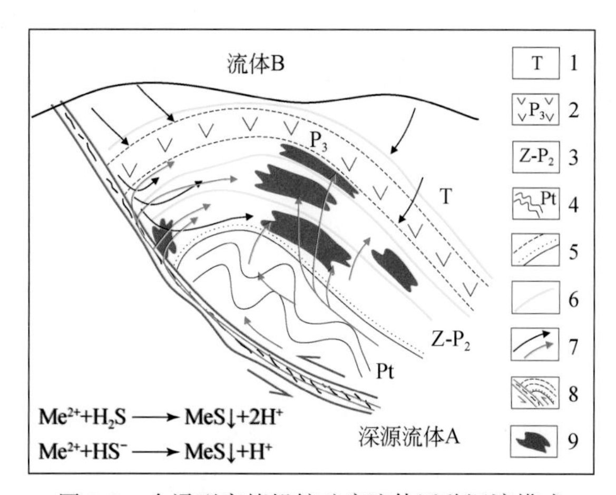

图 9-8　会泽型富锗铅锌矿床流体迁移沉淀模式

1. 三叠系；2. 上二叠统玄武岩；3. 震旦系—中二叠统；4. 变质基底；5. 接触关系；6. 含黄铁矿碳质层；7. 两类流体流向；8. 斜冲走滑-断褶带；9. 矿体

六、主要成矿作用过程

根据会泽、昭通毛坪等典型矿床成矿物理化学条件和热液蚀变等特征，初始流体呈中高温（200～350℃）、酸性条件，Pb^{2+}、Zn^{2+}与 Cl^-形成［$PbCl_4$］$^{2-}$、［$ZnCl_4$］$^{2-}$络合物迁移，可能还存在超临界流体迁移；当温度下降至 200℃左右时，流体运移至碳酸盐岩时发生中和反应，H^+被消耗引起 pH 增高，热液呈近中性，发生金属硫化物沉淀。因此，主要成矿过程的成矿地球化学障为酸-碱障，其矿物组合如下。

（1）中高温、酸性氧化性流体进入断褶带的主断裂附近（高氧逸度）时，形成重晶石+

赤铁矿（强酸性、氧化）矿物组合。

（2）热液成矿过程：铁白云石+（铁）方解石（碱性）→方铅矿+闪锌矿+黄铁矿（近中性、还原，矿体）→石英+萤石+黏土矿物（伊利石）（酸性）→方解石+白云石+黄铁矿（弱碱性，晚阶段）。

流体成矿作用过程的主要化学反应如下。

（1）缓冲作用与络合物形成。$Ca(HCO_3)_2$-H_2CO_3缓冲作用保持流体在酸性条件下长距离迁移：

$$CO_2+H_2O=H_2CO_3 \qquad H_2CO_3=H^++HCO_3^-$$

$$CaCO_3+H^+=Ca^{2+}+HCO_3^-$$

络合物形成：$$Zn^{2+}+nCl^-(aq)=[ZnCl_n]^{2-n}$$

$$(Pb)^{2+}+nCl^-(aq)=[PbCl_n]^{2-n}$$

（2）流体运移到主断裂带发生热液蚀变。酸性流体进入处于高氧逸度环境下的主断裂带，形成重晶石脉，同时地层中黄铁矿水解形成赤铁矿，散布于白云岩中形成肉红色白云岩：

$$2FeS_2+3H_2O+Ba^{2+}+SO_4^{2-}=Fe_2O_3\downarrow+BaSO_4\downarrow+6H^++4S^{2-}$$

（3）酸-碱中和作用与减压沸腾、CO_2释放。酸性流体进入主断裂带发生减压沸腾，同时碳酸盐岩与酸性流体作用发生铁碳酸岩化，发生气-液相分异作用，使热液 pH 升高，形成富矿流体：

$$CaCO_3+H^+=Ca^{2+}+CO_2\uparrow+H_2O$$

$$CaMg(CO_3)_2+H^+=Ca^{2+}+Mg^{2+}+CO_2\uparrow+H_2O$$

$$2Ca^{2+}+Mg^{2+}+Fe^{2+}+4CO_2+4H_2O=CaMg(CO_3)_2\text{-}CaFe(CO_3)_2\text{（铁白云石）}\downarrow+8H^+$$

$$Ca^{2+}+Fe^{2+}+2CO_2+2H_2O=CaFe(CO_3)_2\text{（铁方解石）}\downarrow+4H^+$$

在中-碱性条件发生 H_2S 电离：$H_2S(aq)=H^++HS^-$

（4）铅锌沉淀（在近中性、还原条件下）：

流体混合作用：$$ZnCl_n^{2-n}+HS^-(aq)=ZnS\downarrow+H^++nCl^-$$

$$PbCl_n^{2-n}+HS^-(aq)=PbS\downarrow+H^++nCl^-$$

黄铁矿还原作用：$$2PbCl_n^{2-n}+2FeS_2+2H_2O=PbS\downarrow+nCl^{2-n}+2FeCl^++2H_2S+O_2$$

$$2ZnCl_n^{2-n}+2FeS_2+2H_2O=ZnS\downarrow+nCl^{2-n}+2FeCl^++2H_2S+O_2$$

不同成矿阶段的成矿过程见本节第四部分内容。

七、铅锌锗超常富集和巨量聚集的主要机制总结

概括以上研究成果，该类矿床成矿元素超常富集与巨量聚集的主要机制如下。

（1）构造背景有利：印支晚期，扬子陆块与印支陆内发生碰撞作用，形成陆内走滑构造系统，导致绿汁江、小江深断裂发生左行走滑作用，垭都-蟒硐、威宁-水城断裂发生斜落走滑作用，弥勒-师宗深断裂发生左行冲断作用，从而使成矿流体圈闭于川滇黔三角区大量汇聚，形成 Pb、Zn、Ge 巨量聚集。

（2）矿质来源充足：深部变质基底可提供充足的矿源，为大型-超大型铅锌矿床的形成

奠定了物质基础。

（3）走滑断褶作用：走滑断褶构造作用驱动成矿流体大规模运移，并在断褶带中“贯入”成矿。

（4）减压沸腾作用：减压沸腾作用造成气-液流体分异，CO_2逃逸，从而形成富矿流体，并形成大面积铁白云石化蚀变。

（5）流体混合作用：流体混合作用是形成大型富矿体的主要机制，形成酸碱成矿地球化学障。(铁）白云石化的碳酸盐岩，不仅有利于成矿构造的形成，而且使铅、锌等成矿物质发生巨量沉淀，最终形成特富的大型-超大型铅锌矿床。

（6）“贯入”-交代作用：陆内走滑断褶构造驱动成矿流体沿断褶构造发生“贯入”-交代作用，导致强烈的热液蚀变和铅锌矿床的形成。

第四节　国内外典型 MVT 矿床与 HZT 矿床对比研究

一、流体运移、沉淀机制的差异

归纳起来，前人针对 MVT 矿床提出三种运移、沉淀机制（Misra，1999；Leach et al.，2005）(详见第一章第四节)，并区别于 HZT 矿床（表 9-6）。

表 9-6　MVT 与 HZT 矿床硫化物运移沉淀模型(据 Misra,1999;Leach et al. ,2005 修改)

矿床类型	模式类型	运移方式	沉淀机制	条件	适用矿床
MVT	流体混合模式	以氯络合物形式存在的远源盆地含金属流体和本地含 H_2S 流体以各自方式运移	在成矿区混合导致金属硫化物沉淀	围岩中含蒸发岩	赋存于造山过程中碳酸盐台地通过前缘到达近地表位置含蒸发岩的铅锌矿床
	硫酸盐还原模式	金属和硫酸盐共存于同一成矿流体中一起运移	硫酸盐经还原剂作用转变为 HS^- 或 H_2S 后与金属离子发生反应沉淀成矿	矿源层中存在足够量的硫酸盐，且溶液中存在大量高浓度金属离子	弧-被动陆缘碰撞的前陆盆地中碳酸盐岩沉淀之初有机质丰富的赋矿层位中的矿床
	还原硫模式	金属和还原硫共存于同一成矿流体中一起运移，金属以硫氢配合物形式存在	运移过程中物理化学条件发生改变（如稀释、降温、pH 改变）	存在理想的地质条件（pH 在 4 ~ 5 或更高一点），且 Pb 和 Zn 浓度很低，难以形成高品位的大型铅锌矿床	快速变形的逆冲推覆带地层中，蒸发岩和有机质均不丰富的矿床
HZT	酸性流体沸腾-“贯入”模式	来自基底的酸性氧化性流体（Pb、Zn 以氯络合物形式存在）与含还原硫的中碱性流体以各自方式运移	进入层间压扭性断裂先减压沸腾后与含还原硫的盆地卤水混合导致金属硫化物沉淀	来自基底的酸度较大的氧化性流体，具有充足的矿源，并萃取足够量的地层中海相硫酸盐的热化学还原硫	产于断褶构造带的 HZT 铅锌矿床

二、矿床对比研究

在第一章第一节论述了 MVT 与 HZT 两种端元矿床，表 9-7 列出了两端元矿床在成矿地质体、系统与成矿结构面、成矿作用标志三方面的异同点。表中反映尽管两端元矿床均赋存于碳酸盐岩中，但在成矿构造背景、成矿主控因素、矿化蚀变分带、成矿物化条件、矿体侧伏规律、地球化学特征及成矿机制等方面均有明显差异。

表 9-7　MVT、HZT 两端元铅锌矿床对比

端元矿床类型		HZT	MVT
成矿地质体	构造背景	陆块碰撞造山过程的陆内走滑构造系统	克拉通台地、前陆盆地边缘、被动陆缘
	主控因素	走滑断褶构造与蚀变碳酸盐岩	硅-钙面、不整合面、古喀斯特、溶塌角砾岩及正断层
	矿床典型特征	富（Pb+Zn：25% ~35%）、大（单个矿体规模达大型矿床）、多（共生 Ge、Ag、Cd 等）、深（延深大）、强（铁白云石化）、成矿温度较高、赋矿层位多级矿物组合分带	贫（Pb+Zn：3% ~10%）、大（矿床储量大）、少（共生组分）、浅（延深浅）、弱（蚀变）、成矿温度较低、一般无矿化蚀变分带
	矿化层位	多层位矿化	一般是单一层位
	成矿地质体	控制热液蚀变碳酸盐岩的走滑断褶构造带	碳酸盐岩盆地和陆内裂谷环境中成岩碳酸盐岩建造与同期构造的复合体
系统与成矿结构面	成矿构造系统	陆内走滑断褶构造系统	沉积构造系统与张性断裂系统的组合
	成矿结构面	断裂褶皱、蚀变岩相界面	硅-钙面、不整合面、古喀斯特、基底隆起、正断层
成矿作用标志	矿石组构	块状、脉状、网脉状构造；交代结构发育	角砾状、层状构造和充填结构为主
	物化条件	均一温度：183 ~221℃；250 ~355℃	75 ~150℃，我国主要集中 150 ~240℃
		盐度（% $NaCl_{eq}$）：13 ~18；1.8 ~4	15% ~35% $NaCl_{eq}$
		酸性→近中性→弱碱性	酸性→近中性
	流体成分	$Ca^{2+}-Mg^{2+}-Na^{+}-Cl^{-}-HCO_3^{-}-SO_4^{2-}$ 型，高 Ca^{2+}/Mg^{2+} 和 CO_2，低 Na^{+}/K^{+} 和 CH_4	以富 K^{+}、Ca^{2+}、Cl^{-}、CH_4 为特征，阳离子 $K^{+}>Ca^{2+}>Na^{+}>Mg^{2+}$，阴离子 $Cl^{-}>F^{-}$
	包裹体类型	除纯液相、气-液相包裹体外，有纯气相、含子晶多相、含 CO_2 三相包裹体	纯液相、气液两相包裹体
	络合物	$[PbCl_4]^{2-}$、$[ZnCl_4]^{2-}$	以氯络合物为主，硫络合物为次
	$\delta^{34}S_{CDT}$	变化较小（5‰ ~15‰），地层硫为主	-39‰ ~34.4‰，以海水硫酸盐为主，单一或多源
	$\delta^{18}O$-$\delta^{13}C$	变化较大，海相碳酸盐岩碳为主：$\delta^{18}O_{PDB}$ = -1.2‰ ~30‰，$\delta^{13}C_{PDB}$ = -25.4‰ ~7.7‰	海相碳酸盐岩为主：$\delta^{13}C_{PDB}$ = -9.2‰ ~0.1‰
	δD-$\delta^{18}O$	深源流体与盆地卤水的混合热液	以盆地卤水为主
	$(^{87}Sr/^{86}Sr)_0$	矿石具混合锶，初始值为 0.7114，主要来自于基底岩石和深源	蚀变白云岩具海水的初始值：0.7074 ~0.7083
	矿石铅同位素	组成较稳定，以壳源铅为主	基底来源，以上地壳为主

续表

端元矿床类型		HZT	MVT
矿床成矿规律	成矿规律	构造分级控矿系统、矿化蚀变岩相组合、典型的矿化结构、矿物和蚀变组合分带	前陆盆地地堑式构造带、不整合面上发育溶解坍塌角砾岩岩相组合、成矿正断层破碎带、区域性热卤水活动的硅-钙面
	成矿深度	1.5～2.5km	≤1km
	成矿过程	构造驱动-流体运移→流体“贯入”-分异→构造-流体耦合成矿	成岩碳酸盐岩岩溶→流体运移→充填成矿
	成矿模型	构造-流体“贯入”-交代成矿	盆地热卤水充填成矿

第五节 矿床成矿系统及成矿模型

一、滇东北矿集区富锗铅锌矿床成矿系统

根据翟裕生院士（翟裕生，1999）关于矿床成矿系统理论的论述，现总结滇东北矿集区富锗铅锌矿床成矿系统特征。

（1）“源”：Sr-Nd-Pb、C-H-O-S 同位素、矿石学、流体地球化学等特征示踪铅锌等矿质和成矿流体主要来源于变质基底深部流体和盆地卤水（Han et al.，2004，2007）。

（2）“运”：在斜冲走滑-断褶构造控矿论中，阐述了印支期碰撞造山作用发生陆内走滑作用，构造动力驱动成矿流体发生大规模运移，并与盖层中碳酸盐岩发生水-岩相互作用。成矿期断裂构造岩 HREE 富集特征（韩润生等，2001）、脉石矿物（方解石）的“四分组效应”特征与锌、碳氧同位素示踪均反映了这一特点。

（3）“储”：在流体“贯入”-交代成矿论中，论述了铅锌成矿流体演化过程，在构造动力驱动和酸碱地球化学障的控制下，发生流体混合、流体不混溶等构造-流体多重耦合作用，导致富矿流体沿层间压扭性构造带卸载与构造耦合成矿，最终形成 HZT 富锗铅锌矿床。

（4）“变”：成矿后构造使矿体变位，破坏矿体的连续性。

（5）“保”：该类矿床形成后未发生强烈的构造变动和剥蚀作用，使主要矿体得以保存。

概括起来，滇东北矿集区具有有利的成矿构造背景、充足的矿质来源、走滑断褶成矿作用、流体减压沸腾和混合“贯入”作用，导致了铅锌锗巨量堆积和超常富集，形成了陆内走滑构造体制的后生非岩浆热液型铅锌成矿系统，即 HZT 铅锌矿床成矿系统。

二、HZT 铅锌矿床成矿模型

纵观川滇黔接壤区铅锌矿床的成因，许多专家学者从不同角度或侧重点提出过不同的成因模式，如“岩浆热液”（谢家荣，1963）、“沉积”（张位及，1984）、“沉积-原地改造”（陈士杰，1986）、“沉积-改造”（廖文，1984；赵准，1995）、“沉积-成岩期后热液改造-

叠加”（陈进，1993）、“沉积-改造-后成”（柳贺昌和林文达，1999）、MVT 型（Zhou et al.，2001；张长青等，2005，2009；张长青，2008）和“贯入-萃取-控制”（韩润生等，2001，2006，2012，2014）、“均一化成矿流体贯入成矿”（黄智龙等，2003）等。

综合该类矿床成矿作用过程与矿质巨量聚集、超常富集机制，建立滇东北矿集区铅锌矿床流体“贯入”-交代成矿模型（图 9-9）。矿床形成过程可概括为三个主要阶段（韩润生等，2012）。

（1）陆内走滑断褶带形成与流体“贯入”大规模运移萃取阶段。

（2）流体不混溶、流体混合作用与富矿流体形成阶段。

（3）矿质卸载与构造-流体耦合成矿阶段。

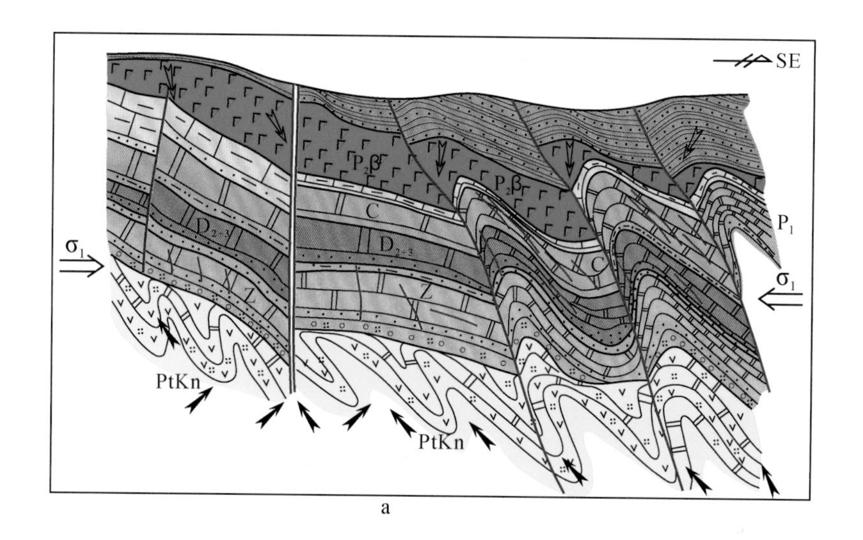

a

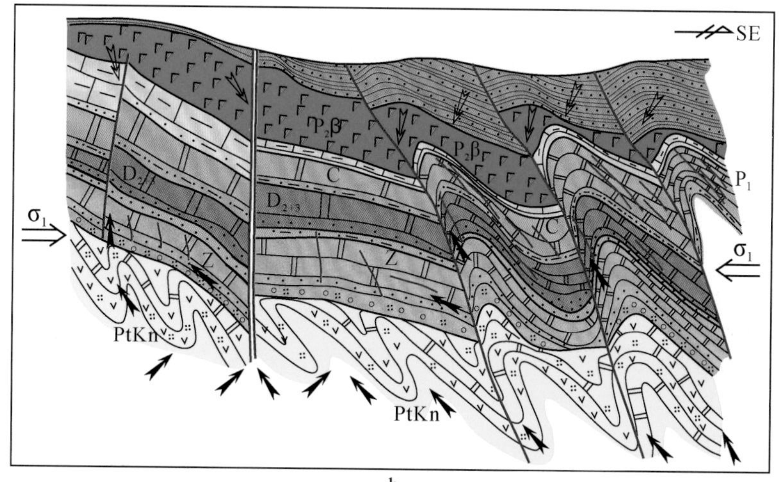

b

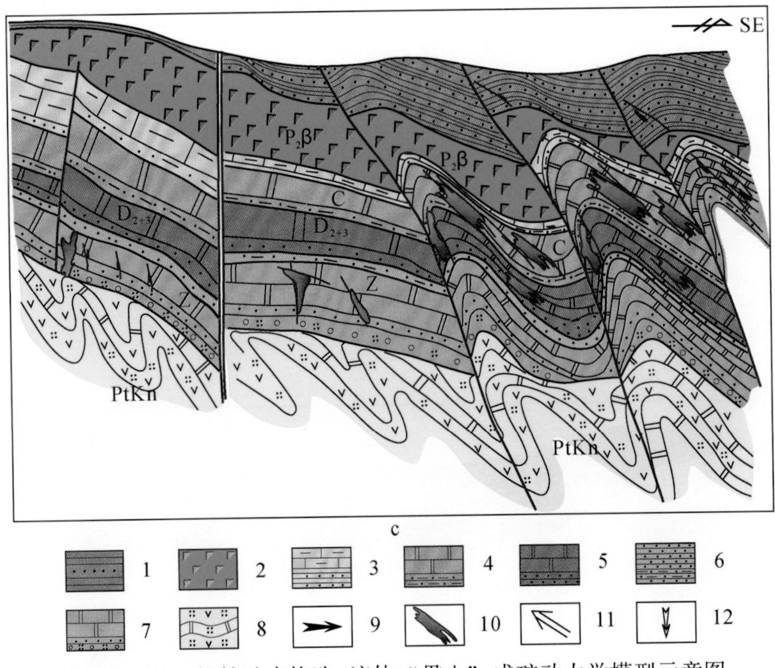

图 9-9 HZT 铅锌矿床构造-流体“贯入”成矿动力学模型示意图

a. 陆内走滑断褶带形成与流体“贯入”大规模运移阶段；b. 流体不混溶、流体混合作用与富矿流体形成阶段；c. 矿质卸载与构造耦合成矿阶段。1. 三叠系；2. 上二叠统玄武岩；3. 下二叠统；4. 石炭系；5. 中上泥盆统；6. 寒武系；7. 震旦系灯影组；8. 昆阳群；9. 深源流体；10. 矿体及矿物分带；11. 主压应力方向；12. 盆地流体

三、区域成矿模式

综合研究认为，印支运动对扬子陆块构造演化及其大规模成矿作用影响深远，“印支期富锗铅锌成矿事件”是值得关注的重大地质事件。该类矿床的大地构造背景为印支期扬子陆块与印支陆块的碰撞造山作用，导致中越交界的八布-Phu-Ngu 洋、越北香葩岛-海南屯昌一带洋盆在内的古特提斯洋关闭及南盘江-右江裂陷闭合，在小江深断裂带、紫云-垭都深断裂带、NE 向弥勒-师宗深断裂带所围成的“三角区”内，形成陆内走滑构造系统使成矿流体呈旋涡状圈闭于其中，在不同矿集区断褶带形成矿床（体）：在滇东北地区形成 NE 向左行斜冲走滑-断褶带，成矿流体沿断褶带运移至次级背斜的层间断裂裂隙带中沉淀成矿；在黔西北地区形成 NW 向斜落走滑-断褶带，成矿流体沿主断裂及其下盘背斜的层间断裂带中形成层-脉状矿体群；在川西南地区形成近 SN 向左行走滑断裂带，成矿流体沿派生的断裂-褶皱构造形成柱状矿体。显然，该类构造的空间分布具广泛性，类型具分区性和多样性，且对控矿具同期性。总体来说，川滇黔接壤区铅锌成矿是印支期陆块碰撞导致古特提斯洋关闭的成矿响应的产物。基于陆内走滑断褶构造控矿论与流体“贯入”-交代成矿论，建立了川滇黔接壤区 HZT 铅锌矿床区域成矿模式。

富锗铅锌矿床的形成，经历了陆内走滑断褶带形成与流体“贯入”大规模运移→流体不混溶、流体混合等构造-流体多重耦合作用与富矿流体形成→铅锌等矿质卸载与构造耦合成矿的复杂过程。

1）印支期陆内走滑断褶带形成与富 CO_2 中高温-酸性-氧化性流体"贯入"并大规模运移

印支晚期，印支陆块向扬子陆块发生碰撞造山作用，如此强大的构造动力机制使古特提斯洋（中越交界的八布-Phu-Ngu 洋及越北香葩岛-海南屯昌一带的洋盆）关闭及南盘江-右江裂陷闭合，导致在扬子陆块与华夏陆块交界一线形成南盘江-右江冲断带。正如方维萱等（2002）所述，印支运动形成南盘江-右江冲褶带，构造线主体为 NW 向，褶皱带主要分布在三叠系中，褶皱多为线形长轴紧闭/直立/倒转褶皱群落，碳酸盐岩分布区以相对宽缓褶皱为主。同时，NE 向弥勒-师宗深断裂发生左行斜冲走滑，NW 向威宁-水城、垭都-蟒硐深断裂发生右行斜落走滑作用。由于康滇古陆（$Ⅲ_2$）的阻挡，小江、绿汁江深断裂发生左行走滑作用，从而在川滇黔接壤区形成陆内走滑断褶构造系统：滇东北斜冲走滑-断褶带、黔西北斜落走滑-断褶带及川西南走滑断裂带，构造使成矿流体圈闭于"三角区"内，在滇东北地区形成八条斜冲走滑-断褶构造-矿化带，在黔西北地区形成两条斜落走滑-断褶构造-矿化带，而在川西南地区形成四条走滑断裂构造-矿化带。

索书田等（1998）根据南盘江-右江盆地地层中煤的镜质组反射率（R_o）结果，认为盆地深部存在中高温热流体（200～350℃）。这种高温-低盐度-氧化性热流体在 SE-NW 向构造应力场的强烈驱动下，从 SE→NW 沿变质基底与古生界间的不整合面及断裂带发生大规模运移。同时，赋矿地层中膏盐层的硫还原成硫代硫酸和氢硫酸，淋滤出中元古界基底地层（昆阳群或会理群）岩石中的大量铅锌等成矿元素（韩润生等，2006），形成富 CO_2 中高温-低盐度-酸性-氧化性流体。

2）流体不混溶、流体混合等作用及富矿流体形成

当中高温-酸性-氧化性流体沿断褶带向浅部运移发生"贯入"作用，由于热液系统失稳，发生减压沸腾作用，大量高分压的 CO_2 流体逃逸进入盖层中的碳酸盐岩中，碳酸盐岩提供足量的 CO_3^{2-} 和 HCO_3^- 缓冲对，成矿流体酸碱度稳定在酸性范围。同时，该流体与来自三叠纪红层盆地中的低温-中高盐度的盆地卤水发生混合作用，形成以铅、锌氯络合物形式为主的中高温-酸性、富含铅锌锗等元素的富矿流体。

3）富矿流体被还原、卸载与构造-流体耦合成矿

伴随深部热流体从 SE→NW 向浅部运移、气-液流体分异作用与流体混合作用的发生，当构造动力减弱甚至消失，成矿流体在断褶构造带附近形成重晶石-萤石带，在其上下盘形成线状、带状展布的（铁）白云石化等热液蚀变，导致富矿流体 pH 升高。同时，中温（200～250℃）、弱酸性的富矿流体被多层位煤层和黄铁矿层（下石炭统大塘组万寿山段、下二叠统梁山组、上二叠统宣威组）还原，并与成矿构造耦合，沿次级压扭性断裂构造带卸载沉淀，形成金属硫化物与脉石矿物的组合分带，在成矿晚阶段形成伊利石黏土矿物组合，最终在中、上元古界—古生界多个层位的有利构造部位形成具"富、大、多、深、高、层、强、带"特点的 HZT 富锗铅锌矿床。

本 章 小 结

（1）论述了 HZT 铅锌矿床的成矿地质体、成矿结构面及成矿流体作用标志，并阐述了会泽超大型富锗铅锌矿床成矿规律研究实例。

（2）研究总结了 HZT 铅锌矿床成矿规律：走滑断褶构造分级控矿系统、矿化蚀变岩相组合、典型的矿化结构、矿物组合分带和铅锌共生分异。

（3）从矿化样式、成矿作用空间结构特征讨论了矿床的矿化空间组合结构，进一步研究了其成矿作用过程。

（4）基于典型矿床地质特征、“三位一体”成矿规律、锗元素赋存规律、矿质和流体来源、流体演化过程及其迁移沉淀机制的研究，论证了铅锌锗巨量堆积与超常富集的主要机制，提出了流体“贯入”-交代成矿论。

（5）概括了成矿流体运移、沉淀机制及成矿作用过程，提出铅锌锗巨量堆积和超常富集的新机制：①有利构造背景；②充足矿质来源；③走滑断褶作用；④减压沸腾作用；⑤流体混合作用；⑥流体“贯入”-交代作用。

（6）通过川滇黔接壤区铅锌矿床与国内外典型 MVT 铅锌矿床的对比研究，提出会泽型（HZT）铅锌矿床新类型富锗铅锌矿床成矿系统，建立了 HZT 铅锌矿床成矿模型与区域成矿模式，为该类矿床找矿预测奠定了理论基础。

参 考 文 献

陈继斌 . 1980. 水热硫化法处理难选氧化铜矿 . 有色金属（选矿部分），（3）：13-16.

陈进 . 1993. 麒麟厂铅锌硫化矿矿床成因及成矿模式探讨 . 有色金属矿产与勘查，（2）：85-90.

陈士杰 . 1986. 黔西滇东北铅锌矿成因探讨 . 贵州地质，（3）：3-14.

陈晓钟，周朝宪，李朝阳 . 1996. 麒麟厂铅锌成矿机理及其深部、外围成矿远景预测 . 中国科学院地球化学研究所博士学位论文 .

方维萱，胡瑞忠，谢桂青，等 . 2002. 云南哀牢山地区构造岩石地层单元及其构造演化 . 大地构造与成矿学，26（1）：28-36.

韩润生，刘丛强，黄智龙，等 . 2001. 论云南会泽富铅锌矿床成矿模式 . 矿物学报，21（4）：674-680.

韩润生，陈进，黄智龙，等 . 2006. 构造成矿动力学及隐伏矿定位预测：以云南会泽超大型铅锌（银、锗）矿床为例 . 北京：科学出版社 .

韩润生，邹海俊，胡彬，等 . 2007. 云南毛坪铅锌（银、锗）矿床流体包裹体特征及成矿流体来源 . 岩石学报，23（9）：2109-2118.

韩润生，胡煜昭，王学琨，等 . 2012. 滇东北富锗银铅锌多金属矿集区矿床模型 . 地质学报，86（2）：280-294.

韩润生，王峰，胡煜昭，等 . 2014. 会泽型（HZT）富锗银铅锌矿床成矿构造动力学研究及年代学约束 . 大地构造与成矿学，38（4）：758-771.

韩润生，李波，倪培，等 . 2016. 闪锌矿流体包裹体显微红外测温及其矿床成因意义以云南会泽超大型富锗银铅锌矿床为例 . 吉林大学学报（地区科学版），46（1）：91-104.

胡彬，韩润生 . 2003. 毛坪铅锌矿构造控矿及找矿方向 . 云南地质，22（3）：295-303.

胡耀国，李朝阳，温汉捷 . 2000. 贵州银厂坡银矿床蚀变过程中组分迁移特征 . 矿物学报，20（4）：

371-377.

黄智龙 . 2004. 云南会泽超大型铅锌矿床地球化学及成因：兼论峨眉山玄武岩与铅锌成矿的关系 . 北京：地质出版社 .

黄智龙，李文博，韩润生，等 . 2003. 云南会泽超大型铅锌矿床成因研究中的几个问题 . 峨眉地幔柱与资源环境效应学术研讨会论文及摘要 .

金中国 . 2008. 黔西北地区铅锌矿控矿因素、成矿规律与找矿预测 . 北京：冶金工业出版社 .

李存兄，魏昶，邓志敢，等 . 2013. 氧化铅锌矿元素硫水热硫化-浮选实验研究 . 昆明理工大学学报（自然科学版），38（2）：1-6.

李文博，黄智龙，陈进，等 . 2002. 云南会泽超大型铅锌矿床成矿物质来源——来自矿区外围地层及玄武岩成矿元素含量的证据 . 矿床地质，（s1）：413-416.

李文博，黄智龙，张冠 . 2006. 云南会泽铅锌矿田成矿物质来源：Pb、S、C、H、O、Sr 同位素制约 . 岩石学报，22（10）：2567-2580.

李勇，王吉坤，魏昶，等 . 2008. 低品位氧化锌矿硫化预处理—浮选新工艺研究，全国冶金物理化学学术会议专辑 2008.

李勇，王吉坤，任占誉，等 . 2009. 氧化锌矿处理的研究现状 . 矿冶，18（2）：57-63.

廖文 . 1984. 滇东、黔西铅锌金属区硫、铅同位素组成特征与成矿模式探讨 . 地质与勘探，1：2-8.

林传仙 . 1985. 矿物及有关化合物热力学数据手册 . 北京：科学出版社 .

刘斌 . 2011. 简单体系水溶液包裹体 pH 和 Eh 的计算 . 岩石学报，27（5）：1533-1542.

刘斌，沈昆 . 1999. 流体包裹体热力学 . 北京：地质出版社 .

柳贺昌，林文达 . 1999. 滇东北铅锌银矿床规律研究 . 昆明：云南大学出版社 .

马更生，胡彬，韩润生，等 . 2006. 毛坪铅锌矿床地质地球化学特征 . 云南地质，25（4）：474-480.

马力 . 2004. 中国南方大地构造和海相油气地质 . 北京：地质出版社 .

毛景文，李晓峰，李厚民，等 . 2005. 中国造山带内生金属矿床类型、特点和成矿过程探讨 . 地质学报，79（3）：342-372.

邱文龙 . 2013. 云南昭通铅锌矿床流体地球化学研究 . 昆明理工大学硕士学位论文 .

任占誉，王吉坤，魏昶，等 . 2009. 低品位氧化铅锌矿的硫化及浮选 . 云南冶金，38（1）：27-29.

尚林波，樊文苓，邓海琳 . 2003. 热液中银、铅、锌共生分异的实验研究 . 矿物学报，23（1）：31-36.

尚林波，樊文苓，胡瑞忠，等 . 2004. 热液中铅、锌、银共生分异的热力学探讨 . 矿物学报，24（1）：81-86.

索书田，毕先梅，赵文霞，等 . 1998. 右江盆地三叠纪岩层极低级变质作用及地球动力学意义 . 地质科学，（4）：395-405.

涂光炽，等 . 1984. 中国层控矿床地球化学 . 北京：科学出版社 .

王吉坤，魏昶，董英，等 . 2006. 难选复杂氧化铅锌矿热压转化的方法：CN1718778.

王奖臻，李朝阳，李泽琴，等 . 2001. 川滇地区密西西比河谷型铅锌矿床成矿地质背景及成因探讨 . 地球与环境，29（2）：41-45.

谢家荣 . 1963. 论矿床的分类 . 北京：科学出版社 .

徐红胜，魏昶，李存兄，等 . 2010. 纯氧化锌水热硫化试验研究，全国冶金物理化学学术会议专辑 .

翟裕生 . 1999. 论成矿系统 . 地学前缘，1：13-27.

张立生 . 1998. 漫游峨眉山 . 华东地质，（3）：255-267.

张位及 . 1984. 试论滇东北铅锌矿床的沉积成因和成矿规律 . 地质与勘探，（7）：13-18.

张艳，韩润生，魏平堂，等 . 2017. 云南会泽矿山厂铅锌矿床流体包裹体特征及成矿物理化学条件 . 吉林大学学报（地球科学版），47（3）：719-733.

张长青 . 2008. 中国川滇黔交界地区密西西比型（MVT）铅锌矿床成矿模型 . 中国地质科学院博士学位论文 .

张长青，毛景文，吴锁平，等. 2005. 川滇黔地区 MVT 铅锌矿床分布、特征及成因. 矿床地质，24（3）：336-348.

张长青，余金杰，毛景文. 2009. 密西西比型（MVT）铅锌矿床研究进展. 矿床地质，28（2）：195-210.

张振亮，黄智龙，饶冰，等. 2006. 铅锌矿床中铅锌硫化物真的是从酸性溶液中析出？——以云南会泽铅锌矿床为例. 矿物学报，26（1）：53-58.

赵准. 1995. 滇东，滇东北地区铅锌矿床的成矿模式. 云南地质，（4）：350-354.

郑明秋. 1995. 鲁甸乐马厂银矿床矿石物质组分及赋银特征初步研究. 云南地质，（1）：28-38.

周朝宪. 1996. 滇东北麒麟厂锌铅矿床成矿金属来源、成矿流体特征和成矿机理研究. 中国科学院地球化学研究所博士学位论文.

朱赖民，袁海华. 1995. 论底苏铅锌矿床成矿物理化学条件. 成都理工大学学报（自然科学版）(4)：15-21.

Anderson G M. 1975. Precipitation of Mississippi valley-type ores. Economic Geology, 70（5）：937-942.

Anderson G M. 1991. Organic maturation and ore precipitation in Southeast Missouri. Economic Geology, 86（5）：909-926.

Barrett T J, Anderson G M. 1982. The solubility of sphalerite and galena in NaCl brines. Economic Geology, 77（8）：1923-1933.

Barrett T J, Anderson G M. 1988. The solubility of sphalerite and galena in 1－5 m NaCl solutions to 300℃. Geochimica et Cosmochimica Acta, 52（4）：813-820.

Barrett T J, Jarvis I, Jarvis K E. 1990. Rare earth element geochemistry of massive sulfides-sulfates and gossans on the Southern Explorer Ridge. Geology, 18（7）：583-586.

Berger B R, Eimon P I. 1983. Conceptual models of epithermal precious-metal deposits. In：Shanks W C（ed.）. Cameron Volume on Unconventional Minerals Deposits, Society of Mining Engineers, American Institute of Mining and Metallurgy：292-305.

Boudreau A E. 1999. PELE—a version of the MELTS software program for the PC platform. Computers & Geosciences, 25（2）：201-203.

Bourcier W L, Barnes H L. 1987. Ore solution chemistry：VII. Stabilities of chloride and bisulphide complexes of zinc to 350℃. Economic Geology, 82（7）：1839-1863.

Buchanan L J. 1981. Precious metal deposits associated with volcanic environments in the southwest. Geological Society of Arizona Digest, 14：237-262.

Calugaru I L, Neculita C M, Genty T, et al. 2016. Performance of thermally activated dolomite for the treatment of Ni and Zn in contaminated neutral drainage. Journal of Hazardous Materials, 310：48.

Daskalakis K D, Helz G R. 1993. The solubility of sphalerite（ZnS）in sulfidic solutions at 25℃ and 1 atm pressure. Geochimica et Cosmochimica Acta, 57（20）：4923-4931.

Drummond S E, Ohmoto H. 1985. Chemical evolution and mineral deposition in boiling hydrothermal systems. Economic Geology, 80（1）：126-147.

Emsbo P. 2000. Gold in sedex deposits. Economic Geology Review, 13：427-437.

Giggenbach W F. 1974. Equilibria involving polysulfide ions in aqueous sulfide solutions up to 240°. Inorganic Chemistry, 13（7）：1724-1730.

Giordano T H, Barnes H L. 1979. Ore solution chemistry Ⅵ；PbS solubility in bisulfide solutions to 300 degrees C. Economic Geology, 74（7）：1637-1646.

Grujicic M, Haidemenopoulos G N. 1988. A treatment of paraequilibrium thermodynamics in AF1410 steel using the thermocalc software and database. Calphad-computer Coupling of Phase Diagrams & Thermochemistry, 12（3）：219-224.

Han R S, Liu C Q, Huang Z L, et al. 2004. Fluid inclusions of calcite and sources of ore-forming fluids in the

Huize Zn-Pb-（Ag-Ge）District，Yunnan，China. Atca Geological Sinica，78（2）：583-591.

Han R S，Liu C Q，Huang Z L，et al. 2007. Geological features and origin of the Huize carbonate-hosted Zn-Pb-（Ag）District，Yunnan，South China. Ore Geology Reviews，31（1）：360-383.

Han R S，Liu C Q，Carranza J M，et al. 2012. REE geochemistry of altered fault tectonites of Huize-type Zn-Pb-（Ge-Ag）deposit，Yunnan Province，China. Geochemistry：Exploration，Environment，Analysis，12：127-146.

Hayashi K，Sugaki A，Kitakaze A. 1990. Solubility of sphalerite in aqueous sulfide solutions at temperatures between 25 and 240℃. Geochimica et Cosmochimica Acta，54（3）：715-725.

Henley R. 1985. The geothermal framework of epithermal deposits. In：Berger B R，Bethke P M（eds.）. Geology and Geochemistry of Epithermal System，Volume 2：New York，Society of Economic Geologists，Rwviews in Economic Geology.

Henley R W，Ellis A J. 1983. Geothermal systems ancient and modern：A geochemical review. Earth-Science Reviews，19（1）：1-50.

Henley R W，Truesdell A H，Barton P B. 1984. Mineral-fluid equilibria in hydrothermal systems. Reviews in Economic Geology，1：267.

Jacquemyn C，Desouky H E，Hunt D，et al. 2014. Dolomitization of the Latemar platform：Fluid flow and dolomite evolution. Marine & Petroleum Geology，55：43-67.

Johnson J W，Oelkers E H，Helgeson H C. 1992. SUPCRT92：A software package for calculating the standard molal thermodynamic properties of minerals，gases，aqueous species，and reactions from 1 to 5000 bar and 0 to 1000℃. Computers & Geosciences，18（7）：899-947.

Large R R，Bull S W，Mcgoldrick P J，et al. 2005. Stratiform and Strata-Bound Zn-Pb-Ag Deposits in Proterozoic Sedimentary Basins，Northern Australia. Salt Lake City Annual Meeting：931-963.

Leach D L，Sangster D F，Kelley K D，et al. 2005. Sediment-hosted lead-zink deposit：A global perspective. Economic Geology，100th Anniversary Volume：561-607.

Leach D L，Bradley D C，Huston D，et al. 2010. Sediment-hosted lead-zinc deposits in earth history. Economic Geology，105（3）：593-625.

Liu L M，Zhao Y M，Lin W W，et al. 2008. The controlling mechanism of ore formation due to flow-focusing dilation spaces in skarn ore deposits and its significance for deep-ore exploration：Examples from the Tongling-Anqing district. Acta Petrologica Sinica，24（8）：1848-1856.

Machel H G. 2001. Bacterial and thermochemical sulfate reduction in diagenetic settings — old and new insights. Sedimentary Geology，140（1-2）：143-175.

Melent'Yev B N，Ivanenko V V，Pamfilova L A. 1969. Solubility of some ore-forming sulfides under hydrothermal conditions. Geochem. Int，6：416-460.

Misra K C. 1999. Understanding mineral deposits. Dordrecht：Kluwer Academic Publishers.

Monteshernandez G，Findling N，Renard F，et al. 2014. Precipitation of ordered dolomite via simultaneous dissolution of calcite and magnesite：New experimental insights into an old precipitation enigma. Crystal Growth & Design，14（14）：671-677.

Monteshernandez G，Findling N，Renard F. 2016. Dissolution-precipitation reactions controlling fast formation of dolomite under hydrothermal conditions. Applied Geochemistry，73：169-177.

Muffler L J P，White D E，Truesdell A H. 1971. Hydrothermal explosion craters in Yellowstone National Park. Plant Physiology，71（4）：780-784.

Nriagu J O. 1971. Studies in the system PbS-NaCl-H_2S-H_2O：Stability of lead（II）thiocomplexes at 90℃. Chemical Geology，8（4）：299-310.

Nriagu J O, Anderson G M. 1971. Stability of the lead (II) chloride complexes at elevated temperatures. Chemical Geology, 7 (3): 171-184.

Ohmoto H. 1986. Stable isotope geochemistry of ore deposits. Rev Mineral, 16 (6): 491-559.

Powell R, Holland T J B. 2010. An internally consistent dataset with uncertainties and correlations: 3. Applications to geobarometry, worked examples and a computer program. Journal of Metamorphic Geology, 6 (2): 173-204.

Reed M H. 2006. Sulfide mineral precipitation from hydrothermal fluids. Reviews in Mineralogy & Geochemistry, 61 (3): 95-109.

Reed M H, Spycher N. 1984. Calculation of pH and mineral equilibria in hydrothermal waters with application to geothermometry and studies of boiling and dilution. Geochimica et Cosmochimica Acta, 48 (7): 1479-1492.

Reed M H, Spycher N F. 1985. Boiling, cooling, and oxidation in epithermal systems: A numerical modeling approach. Reviews in Economic Geology, 61: 249-272.

Rowe J J, Fournier R O, Morey G W. 1973. Chemical analysis of thermal waters in Yellowstone National Park, Wyoming, 1960-65. Archives of Oral Biology, 26 (4): 343-344.

Ruaya J R, Seward T M. 1986. The stability of chlorozinc (II) complexes in hydrothermal solutions up to 350℃. Geochimica et Cosmochimica Acta, 50 (5): 651-661.

Seward T M. 1984. The formation of lead (II) chloride complexes to 300℃: A spectrophotometric study. Geochimica Et Cosmochimica Acta, 48 (1): 121-134.

Spirakis C S, Heyl A V. 1995. Evaluation of proposed precipitation mechanisms for Mississippi Valley-type deposits. Ore Geology Reviews, 10 (1): 1-17.

Spycher N F. 1987. Boiling and acidification in epithermal systems: Numerical modeling of transport and deposition of base. Precious, and Volatile Metals, (7): 721.

Spycher N F, Reed M H. 1986. Boiling of geothermal waters, Precipitation of base and precious metals, speciations of arsenic and antimony, and the role of gas phase metal transport. In Proceedings of the workshop on geochemical modelling, Fallen Leaf Lake, 58-65.

Spycher N F, Reed M H. 1989. Evolution of a broadlands-type epithermal ore fluid along alternative PT paths; implications for the transport and deposition of base, precious, and volatile metals. Economic Geology, 84 (2): 328-359.

Stoffregen R E. 1987. Genesis of acid-sulfate alteration and Au-Cu-Ag mineralization at Summitville, Colorado. Economic Geology, 82 (6): 1575-1591.

Urashima Y, Izawa E, Hedenquist J. 1987. Nansatsu-type gold deposits in the Makurazaki District, Japan. In: Kyushu S M (ed.). Gold Deposits and Geothermal Fields, Geoligists of Japan, Guidebook2, 59.

White J D E. 1981. Active geothermal systems and hydrothermal ore deposits. Economic Geology, 75th Anniversary Volume: 392-423.

White J D E, Muffler L P, Truesdell A H. 1971. Vapor-dominated hydrothermal systems compa red with hot-water systems. Economic Geology, 66: 75-97.

Zhou C X, Wei S S, Guo J Y. 2001. The source of metals in the Qilichang Zn-Pb deposit, northeastern Yunnan, China: Pb-Sr isotope constrains. Economic Geology, 96: 583-598.

第十章　找矿预测地质模型、找矿技术集成及靶区优选

隐伏矿床定位预测是区域成矿学和成矿预测学的科学前沿和矿产勘查领域的主要难题之一。不同学者提出和应用了各种成矿预测与找矿预测理论和技术方法。代表性的理论具体如下。

（1）相似类比理论、地质异常致矿理论（求异理论）、地质条件组合控矿理论（赵鹏大等，1983，1995；赵鹏大和池顺都，1991；赵鹏大和孟宪国，1993；胡旺亮等，1995），即利用自然的理论和法则，相似的地质环境和成矿条件可以形成相似的矿床，将高度概括的成矿规律，应用到相似地区的找矿工作中，并通过地质、物探、化探、遥感等各类异常的综合与地质条件组合的系统分析，指导成矿预测。这些理论奠定了不同尺度找矿预测和矿产勘查的理论基础。

（2）矿床成矿系列理论（程裕淇等，1979，1983；陈毓川，1998），主要研究在一定的地质时期和地质环境中，在主导的地质成矿作用下形成的时间上、空间上和成因上具有密切联系的一组矿床类型的组合。根据该理论，针对工作区地质构造环境和岩石建造特征，可以预测该区可能存在的某一（些）成矿系列，形成了“缺位预测”方法（陈毓川等，2006；陈毓川，2007），有效地指导成矿预测和矿产勘查工作。

（3）综合信息评价理论（王世称和许亚光，1992），即运用地质、物探、化探、遥感等综合信息，以地质条件为前提，以综合信息找矿模型为目标，以认识成矿规律为准则，以达到成矿预测为目的，现已成为中小比例尺成矿预测的主要方法之一。

（4）成矿系统理论（翟裕生，1999，2010），即将成矿的构造体系、流体系统和化学反应及矿床定位机制有机结合起来，从成矿作用动力学演化的角度来分析控制矿床形成、变化和保存的全部地质要素和成矿作用的过程及所形成的矿床系列、矿化异常系列构成的整体，把整个找矿勘查工作视为一个包含众多子系统的大系统；既强调预测勘查大系统的完整性，又重视勘查子系统（不同勘查阶段，不同勘查技术方法的途径等）的独立性及相互依赖性；既重视勘查工作的循序渐进性，又充分考虑到不同找矿阶段在控矿因素、找矿标志、找矿方法上的差异性及特殊性，更有效地指导找矿工作。

（5）矿床模型预测理论（毛景文等，2012），即针对不同矿种、不同类型的矿床进行其成因模型研究，利用已知矿床的成因模型开展成矿预测并直接指导找矿勘查工作。研究常以矿床成矿模型为基础，以控矿理论为依据，通过成矿规律研究和总结，达到预测和圈定找矿靶区的目的，是矿床学迈向实用阶段的重要标志之一。

以上理论总结了矿床找矿标志和成矿域或矿集区多种类型矿床复合共（伴）生的特征。既有对单个矿床找矿预测的成因模型预测，又有对矿集区（矿床）进行预测的成矿系列理论、成矿系统理论等。

截至目前，国内外具代表性的找矿评价理论与方法具体如下。

（1）“三联式”矿产预测评价理论与方法（赵鹏大等，1996；赵鹏大和陈永清，1998，1999；赵鹏大等，2001），主要通过地质异常、成矿多样性、矿床谱系及“5P”靶区逐步逼近法联合分析，作为矿产资源评价的预测途径或预测系统。该技术方法尤其在中小比例尺的成矿预测中发挥了重要作用（赵鹏大等，2003）。

（2）“三部式”找矿矿产资源评价方法（Singer and Menzie，2010；肖克炎等，2006），是21世纪以来美国地质调查局推行的矿产资源勘查与定量评价方法。要求圈定找矿可行地段与矿床模型一致，估计未发现矿床个数与品位-吨位模型相一致，并要求对控矿因素和找矿信息的不确定性、可信度及时变性等方面建立科学有效的估计途径和方法体系。

（3）固体矿产矿床模型综合地质信息预测技术（叶天竺，2004；叶天竺等，2007）。通过进一步创新，提出了勘查区找矿预测理论与方法（叶天竺，2010；叶天竺等，2014，2017），在全国矿产资源潜力评价和全国危机矿山深部找矿勘查中做出了卓越贡献，而且正广泛应用于全国整装勘查项目综合研究中。

此外，还有GIS矿产预测方法技术（肖克炎等，2000）和预测普查组合（萨多夫斯基，1990）等。

针对危机矿山矿床（体）尺度的大比例尺隐伏矿定位预测研究，鲜有普适性的技术方法。因此在勘查区找矿预测理论与方法（叶天竺等，2014）研究的基础上，通过对成矿地质体、成矿结构面和成矿流体作用标志的研究，系统总结矿床的成矿规律。在大比例尺找矿预测阶段，进行成矿构造精细解析、大比例尺构造-蚀变岩相填图和构造地球化学精细勘查技术及物探技术的研发和应用，建立会泽型铅锌矿床找矿预测地质模型，研究提出大比例尺“四步式”深埋藏矿体定位探测集成技术，将该集成技术应用于会泽、毛坪等铅锌矿床深部及外围找矿预测中，取得了重大的找矿突破（韩润生，2007；韩润生等，2012）。

第一节　找矿预测地质模型

一、矿床“三位一体”各要素与矿体的时空关系

（一）成矿地质体与矿体的时空关系

在滇东北矿集区，在时间关系上，从成岩白云岩形成→走滑断褶构造带形成→成矿地质体（走滑断褶构造+蚀变白云岩带）→矿床；在空间关系上，矿体位于斜冲走滑-断褶构造上盘的压扭性断裂带中。

（二）成矿构造与成矿结构面的特征

走滑断褶构造分级控矿系统依次控制各成矿结构面：走滑断褶构造带是成矿流体运移的通道（导矿构造）；与导矿构造同期形成的同级次断裂构造为流体运移提供了有利条件（配矿构造）；热液白云岩蚀变岩相界面和次级压扭性断裂裂隙带提供成矿空间（容矿构造）。

（三）成矿作用的各类参数

成矿作用的各类参数见表9-7。

二、找矿预测地质模型及其应用流程

（一）找矿预测地质模型

根据川滇黔接壤区铅锌矿床成矿规律，建立该类矿床找矿预测的地质模型（图 10-1）：陆内走滑断褶构造系统控制了断褶构造分级控矿系统，该系统分别控制了矿集区、矿田、矿床、矿体及矿化蚀变带的展布，因此通过走滑断褶构造及其上盘的热液蚀变体（成矿地质体）确定勘查区的找矿方向；断裂构造、矿化蚀变岩相成矿结构面的组合，不仅直接控制了脉状矿体的产状和矿化强度，而且形成了“成矿构造-蚀变白云岩-矿体”的矿化结构，因此通过成矿结构面研究判断矿体的空间位置和产状；矿化蚀变岩相、断裂构造成矿结构面组合制约了矿体中矿物共生分异和蚀变分带，因此矿物组合和蚀变组合分带是判断隐伏矿体（床）存在的成矿流体作用标志。该模型对川滇黔接壤区深部和外围找矿预测和部署评价有重要的指导作用，如会泽铅锌矿深部和震旦系灯影组“新层位”找矿取得重大突破，即为典型实例。

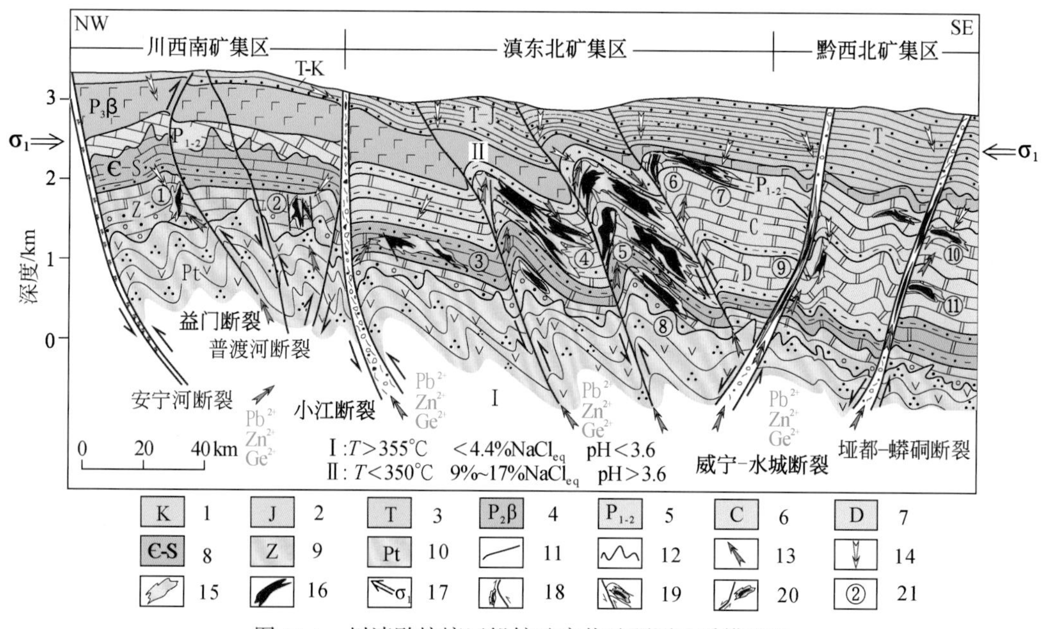

图 10-1 川滇黔接壤区铅锌矿床找矿预测地质模型图

1. 白垩系；2. 侏罗系；3. 三叠系；4. 上二叠统玄武岩；5. 中下二叠统；6. 石炭系；7. 泥盆系；8. 寒武系—志留系；9. 震旦系；10. 变质基底；11. 假整合；12. 角度不整合；13. 成矿流体流向；14. 大气降水；15. 蚀变岩相带；16. 富锗铅锌矿体；17. 主压应力方向；18. 走滑断裂带；19. 斜冲走滑-断褶带；20. 斜落走滑-断褶带。21. 典型矿床：①天宝山；②大梁子；③大兑冲；④会泽；⑤毛坪；⑥富乐厂；⑦乐马厂；⑧乐红；⑨青山；⑩猪拱塘；⑪簸箕湾

（二）找矿预测地质模型结构分析

在应用该类矿床找矿预测地质模型时，需关注其矿化样式、成矿作用空间结构特征及其时间结构特征（详见第九章第四节）。

（三）找矿预测地质模型的使用说明与找矿预测应用流程

1. 标志参数

该矿床模型中的参数参考川滇黔接壤区的典型矿床的标志参数：中高温–中低盐度–含气相、CO_2不混溶流体，陆内走滑断褶构造，矿化蚀变分带等。

2. 模型适用条件及其需要注意的问题

该模型目前限于川滇黔接壤区，其他类似地区可参考应用。成矿深度由流体包裹体和矿体实际深度资料估算，矿体与成矿地质体距离明显受构造规模和蚀变强度的制约。

3. 预测模型的找矿预测应用流程

（1）据成矿构造背景判别和确定成矿区（带）的找矿远景区（矿集区）。

（2）据成矿地质体、成矿构造系统和热液蚀变范围圈定矿田或矿床范围。

（3）据成矿结构面判别矿化样式和矿体产状。

（4）据成矿作用标志确定矿体的主要赋存地段。

在勘查过程中实际应用时，本书构建的找矿预测地质模型的勘查应用流程分为如下10个步骤（简称十大要素）。

看：研究成矿构造背景（陆内走滑断褶构造系统控制HZT铅锌矿床）。

查：查明岩性（相）组合（HZT矿床具有带状矿化蚀变白云岩相组合）。

识：识别矿化结构和矿物组合分带（HZT矿床“构造–蚀变白云岩–矿体”矿化结构、矿物–蚀变组合分带明显）。

厘：厘定成矿结构面（据走滑断褶构造及其上盘热液白云岩蚀变体圈定矿体赋存部位）。

析：剖析成矿构造判别矿体延深和侧伏方向（压扭性构造控制的矿体延深远大于走向延长且侧伏规律明显；控制的矿体延深大于走向延长）。

填：构造–蚀变岩相专项填图（突出构造与蚀变岩相等标志，圈定成矿热液运移方向和勘探线基线大致范围）。

测：野外快速分析仪测试黄铁矿、铁白云石等标型矿物的微量元素，初步评估矿化范围；闪锌矿、石英、方解石流体包裹体均一温度测量确定成矿温度高低。

比：类比区域成矿系统的典型矿床特征参数，构建以成矿模型为基础的找矿预测模型。

探：HZT矿床找矿应结合大比例尺构造地球化学及电磁、坑道、重力剖面测量，提出铅锌找矿靶区，初步布设少量探矿工程以确定勘探类型（预查），转换找矿地质模型为勘查模型。

勘：补充完善勘查模型，部署规模性探矿工程（普查）。

其中，预查阶段的综合研究尤为重要。前期在会泽、毛坪铅锌矿区深部及外围应用找矿预测地质模型的基础上，研发和应用大比例尺构造地球化学精细勘查、构造–蚀变岩相填图及坑道重力全空间域探测等技术已取得找矿突破，说明构建的找矿预测地质模型的流程有较强的针对性与实际指导意义。

第二节　隐伏矿定位预测技术方法集成及深部综合勘查模型

根据该类矿床成矿规律和找矿预测地质模型，在隐伏矿定位预测中，成矿构造解析、大比例尺构造-蚀变岩相填图、大比例尺构造地球化学精细勘查、大比例尺物探（高精度坑道重力全空间域定位探测、瞬变电磁探测等）技术方法，应用效果显著。这里主要简介大比例尺构造-蚀变岩相填图、大比例尺构造地球化学精细勘查、高精度坑道重力全空间域定位探测技术。

一、大比例尺构造-蚀变岩相填图方法

传统的物化探找矿方法，主要利用围岩与矿石的物理性质参数、元素含量的差异性来间接推断深部是否存在隐伏矿床或矿体，但是多属间接找矿方法，因异常多解性强、受电磁干扰大等，深部找矿预测效果往往事与愿违。

构造在热液矿床的形成及演化过程中发挥了至关重要的作用：不仅为成矿物质的运移和沉淀就位提供了通道及空间，也为成矿物质的活化萃取、交换及运移提供动力和能量，还控制着矿床、矿体（脉）的时空分布。同时，成矿过程中常发生与成矿密切相关的热液蚀变。因此，构造与热液蚀变的研究一直是热液矿床成矿规律研究和找矿预测的基础。袁见齐等（1985）认为，蚀变岩是岩石经蚀变后不仅发生化学成分和矿物成分的变化，同时也发生不同程度的物理性质的变化，如颜色、密度、硬度、孔隙度等的变化。尽管不同学者研究总结了岩浆热液成矿系统热液蚀变的分带规律，如斑岩型多金属矿床的热液蚀变分带模型，在找矿勘查中发挥了重要的指导作用。但是，对于明显受构造控制的非岩浆热液矿床，如改造型矿床等，需要研发一种大比例尺找矿预测的构造-蚀变岩相填图方法。

该方法在坑道（全空间域）或地表（半空间域）进行1∶10000～1∶500比例尺成矿构造识别和蚀变岩类型及其组合划分的基础上，总结构造-蚀变岩相分带规律，编制工作区蚀变岩相分布图，揭示成矿流体作用标志，对比研究未知区与已知区矿化蚀变特征，圈定有利找矿地段，预测矿产种类、矿体赋存位置及矿化富集程度，指出深部盲矿体存在的定位靶区，以达到隐伏矿预测的目的（韩润生等，2017a，2017b）。

该方法技术流程主要包括：①矿床成矿构造解析和蚀变岩相填图阶段；②蚀变岩相分带阶段；③深部隐伏矿定位预测阶段。该方法不仅适用于非岩浆热液型矿床，如构造热液型、变质热液型、复合热液型铜、铅、锌、钼、金、钨、锡、铁等多金属矿床的深部找矿预测，而且也适用于岩浆热液型矿床，如斑岩型铜、钼、金矿床和高温岩浆热液型钨、锡、铜矿床。其优点主要表现在：①适用于井巷（全空间域）或地表半裸露-裸露岩石区（半空间域）中，直接进行热液矿床深部隐伏矿定位预测；②克服了物化探找矿方法因异常多解性强影响矿体空间定位的问题；③不受电磁干扰大等不利因素的影响；④探测精度高，可适用1∶10000～1∶100比例尺的矿床（体）定位；⑤方法简便，操作性强，工作成本低；⑥不受地形影响。

二、大比例尺构造地球化学精细勘查技术

（一）构造地球化学十多年来（2000～2013年）主要进展简介

构造地球化学是陈国达（1984）、涂光炽（1984a，1984b）最早倡导的研究领域之一。涂光炽（1984a，1984b）指出，构造地球化学是研究地质构造作用与地壳中化学元素的分配和迁移、分散和富集等关系的学科，一方面研究构造作用中的地球化学过程，另一方面研究地球化学过程所引起和反映出来的构造作用。自从Sorby于1863年提出“经受着变形的岩石可以发生化学变化”的构造地球化学萌芽思想以来，广大地质工作者经过坚持不懈地深入研究，相继提出了应力矿物、构造变质、构造动力成岩成矿、构造动力驱动流体成岩成矿和构造地球化学等学术思想，揭示了构造作用在控制岩石形成和变形过程中不仅形成构造形迹有规律的排列组合构成构造体系，而且还影响地球化学元素（同位素）的分布、迁移、聚集与分散，并伴随成矿作用的发生和地球化学异常的形成，从而有力推动了构造地球化学、构造地质学的发展和找矿勘查的科技进步。孙岩和戴春森（1993）、孙岩（1998）、刘泉清（1981）、孙家骢等（1988）、吴学益（1998）、钱建平（1994）等在构造地球化学理论、技术方法及其应用方面取得了重要的研究成果和显著的实际效果，为十多年来构造地球化学的丰富和发展奠定了基础。韩润生（2005）通过大量研究和实践，认为构造地球化学主要研究控矿构造复合转变和在一定地球化学条件下成矿元素（同位素）的空间分布规律，探讨构造应力场控制下成矿流体运移规律及地球化学元素的演化过程，揭示物质组分在各种构造环境中的赋存规律，是指导成矿预测、找矿勘探和生产开拓的依据之一。

十多年来，随着《国务院关于加强地质工作的决定》（国发〔2006〕4号）的贯彻落实和国家危机矿山接替资源找矿专项的全面实施，我国掀起了地质找矿的新高潮，构造地球化学研究及其应用方兴未艾，找矿勘查如火如荼。加之，地质现代分析测试技术和实验技术的进步，构造地球化学在理论、勘查技术及其与实践应用方面迅猛发展，在认识地质构造与地球化学的关系、认识构造形成和发展对地壳中元素的分配和迁移的影响、提供矿床成因和成矿规律的信息及丰富成矿理论方面具有重要意义，并在探索地球化学元素在地壳中的运动特征及其时空分布规律与地壳构造发展的相互关系，为矿产快速评价、成矿预测与找矿勘探及地震预测、地质灾害预报提供重要依据等方面发挥了重要作用。而且，在壳-幔相互作用、板块边界的地球化学过程等区域构造地球化学研究方面也取得一系列成果。

回顾构造地球化学十多年来研究的主要进展，主要体现在理论、勘查技术及实践应用三个方面：理论上，拓展出构造成矿动力学、构造物理化学、构造-矿物-地球化学、构造-流体-成矿耦合及活动断层构造地球化学研究的新方向，使构造地球化学研究的深度和广度不断拓展；断裂地球化学、改造成矿作用理论逐步深化，构造控矿/成矿规律不断完善，而且在重要成矿区（带）多金属矿床研究中的优势逐渐凸现。在勘查技术上，已形成构造地球化学勘查技术流程和以构造地球化学为核心的集成技术，并成为隐伏矿定位预测的主要技术之一。在实践应用上，构造地球化学在明显受构造控制的铅、锌、金、铜、锡等多金属矿床深部找矿与快速评价中广泛应用，特别在危机矿山深部和外围找矿勘查中发挥了重要作用。具体进展如下。

1. 构造地球化学理论的主要进展

1）矿田（床）构造地球化学研究的新方向和新认识不断涌现

构造成矿动力学新方向。韩润生和马德云（2003）通过大量的构造控制型金属矿床的构造地球化学研究后，总结提出了构造成矿动力学的研究方向，认为它是在矿田构造、矿田（床）构造地球化学、成矿构造应力场、构造流体动力学、流体地球化学等学科研究的基础上发展起来的分支方向，主要研究在动力（主要指构造动力）作用下，岩浆侵入和成矿流体的“（来）源、（成）生、（迁）移、聚（集）、（分）散、（成）矿”的过程及动力学机制。其中构造地球化学是其核心内容，是隐伏矿定位预测的基础。构造控矿的物质表现通过构造地球化学现象反映出来，成矿物质的来源、迁移、聚集、分散等过程能够反映构造的演化与发展，揭示控矿构造演化与成矿元素迁移和聚集之间的内在联系。构造运动常常形成两种结果：一是构造形迹有规律地排列组合构成构造体系，二是地球化学元素在构造活动中迁移、富集及其共生组合形成地球化学异常。构造体系和地球化学元素的时空分布规律共同组成构造地球化学场。地球化学元素的迁移包括元素物理化学状态的转变和空间运动，伴随着能量的传递。在热液活动过程中，元素迁移主要以渗滤作用和扩散作用两种方式进行，构造作用使物质和能量带入，造成热液体系的不平衡状态，导致一系列构造地球化学作用，常伴随成矿作用的发生，可应用于会泽铅锌矿、陕西铜厂矿田的研究和隐伏矿定位预测中（韩润生等，2003，2006）。

构造物理化学新方向。吕古贤等（2011）认为，构造可影响岩石变形，但是构造应力不能直接影响流体，构造附加压力可以影响化学反应过程。在此基础上拓展出构造物理化学的研究领域，而且通过构造物理化学分析，在金矿预测评价中取得明显的找矿效果。这一思想对于揭示构造地球化学理论的本质具有重要意义。

构造-矿物-地球化学研究新方向。方维萱等（2000）通过大量研究，提出了构造-矿物-地球化学研究的新方向，使构造地球化学研究提升至矿物学层次。

构造-流体-成矿的耦合关系研究不断深化。韩润生和马德云（2003）认为在整个成矿过程中，构造是控制一定区域中各地质体间耦合关系的主导因素，是构造成岩成矿和构造驱动流体运移成岩成矿的重要驱动力，又是矿体最终定位的场所，它与成矿流体、成矿作用构成了密切联系的系统。据此建立了会泽型铅锌矿床和楚雄盆地砂岩型铜矿床的成矿模型，为构建构造地球化学找矿勘查模型奠定了基础（韩润生和马德云，2003；韩润生等，2010，2012）。黄德志和邱瑞龙（2002）通过张八岭构造带内小庙山金矿床断裂构造地球化学研究，阐明了构造活动-蚀变作用-成矿作用特征，揭示出蚀变构造岩型金矿、石英脉型金矿两种类型金矿床断裂构造地球化学差异是其成矿机理不同的主要原因。

活动断层构造地球化学新方向。赵军等（2009）认为，活动断层在形成演化过程中常伴随复杂的构造地球化学作用，并导致诸如应力矿物的生长、断层泥矿物颗粒表面微形貌的形成、气体同位素异常等地质现象的出现，它们均可用来判识活动断层的活动性、启闭性，以及断裂带的三维展布特征与断裂带的深度等问题。因此，有关活动断裂带的断层泥、流体地球化学及相关的水-岩相互作用等一直是吸引众多地学工作者密切关注的重要问题。

2）断裂地球化学理论逐步深化

孙岩等（孙岩，1998；孙岩等，2012）以非线性理论和力学、化学耦合作用思想为指导，对断裂构造地球化学进行了系统总结，其内容包括基础理论、相关解释、实验模拟和实践应用四个方面。Han 等（2001，2012）通过云南会泽铅锌矿床断裂构造岩稀土元素地球化学研究认为不同类型断裂构造岩的稀土元素地球化学分配模式可示踪成矿流体的活动轨迹等。还值得关注的是，在冲断褶皱构造地球化学、韧性剪切带金矿床构造地球化学研究中，元素迁移研究也取得可喜进展（滕彦国等，2001；李文勇等，2005；韩润生等，2010，2012）。

3）与构造地球化学密切相关的构造控矿/成矿规律总结不断完善

通过矿田（床）构造的几何学、运动学、力学、物质学、年代学、动力学及拓扑学的研究，构造控矿规律总结不断完善，并在构造地球化学找矿预测中发挥了重要作用。主要的构造控矿/成矿规律有构造-岩性（岩相）界面复合控矿、构造分带性和对称性及等距性控矿、构造分区性与复合性控矿、构造分级控矿、冲断褶皱构造控矿和层间断裂控矿等，其中层间断裂控矿特征表现为“层间断裂-蚀变岩-矿体”的矿化结构。还厘定出新的构造控矿型式，即会泽富锗铅锌矿床“阶梯状”控矿构造、易门矿田“镜面对称”构造及铜厂矿田“巨型压力影”构造等，为构造地球化学研究奠定了基础（韩润生等，2001，2003，2010）。

4）构造地球化学在重要成矿区带矿床成矿规律研究中优势显现

结合区域构造、成岩成矿实验及矿床学研究，构造地球化学在区域矿化分带规律、元素富集规律及矿床成因研究中发挥了重要作用。

邓军等（2000）对夹皮沟金矿床的系统分析，指出中生代太平洋板块向华北板块碰撞、俯冲，其效应激发了幔源和壳源岩浆的发生，成矿元素活化、迁移并形成区域性 Au、Cu 侧向分带。矿带内 Cu、Au、Bi 对称性分布、控矿构造组合类型与矿体原生晕序列的相关性及稳定同位素所揭示的构造分馏等特征，反映了夹皮沟金矿带是幔-壳流体加入、矿质多源、中生代构造-岩浆-成矿作用的产物。

杨元根等（2004）在实验构造地球化学研究（吴学益，1998）的基础上，通过海南二甲金矿构造地球化学模拟实验研究，探究了岩石的变形机制及韧性剪切活动与金成矿的关系，揭示出动力变形作用不仅导致岩石组构的变化，形成微型剪切带、碎粒流带等流动构造，还伴随有明显的流体活动和金的沉淀和富集成矿，进一步论证了这一过程与压溶作用密切相关。

5）与构造地球化学密切相关的改造成矿作用的上、下时限

涂光炽（1984b，1988）在研究改造型矿床中强调构造改造作用的地球化学过程，指出“改造成矿指地层、基底或深部（三者之一、二或三均可）的某些呈分散状态存在的成矿元素在后期地质作用或地壳运动中受到活化迁移，然后在构造软弱部位富集成矿”，为构造地球化学研究和实际应用指明了方向。冉崇英等（2010）在此基础上系统总结了改造成矿理论基本论点和鲜明特色：矿质来源的广泛性；成矿流体的特殊性；成矿元素的活泼性；改造作用的内生性；断裂构造的主导性；赋矿岩石的多样性；改造矿床的普遍性；成矿作用的独特性与应有地位-矿床分类的四分法。进一步通过滇中大姚-牟定式砂岩铜矿床的深入研究，为沉积成岩与改造两期成矿论提供了新论据，并从岩石学解读和划分了改造成矿作用的上限与下限，分别为后生作用之后和变生作用之末。

2. 构造地球化学勘查技术的主要进展

1）构造地球化学勘查技术逐步形成

十多年来，构造地球化学勘查技术不断发展，已成为隐伏矿定位预测评价中关键技术之一，并逐渐形成其勘查技术流程（图10-2），在危机矿山深部和外围找矿中发挥了重要作用。

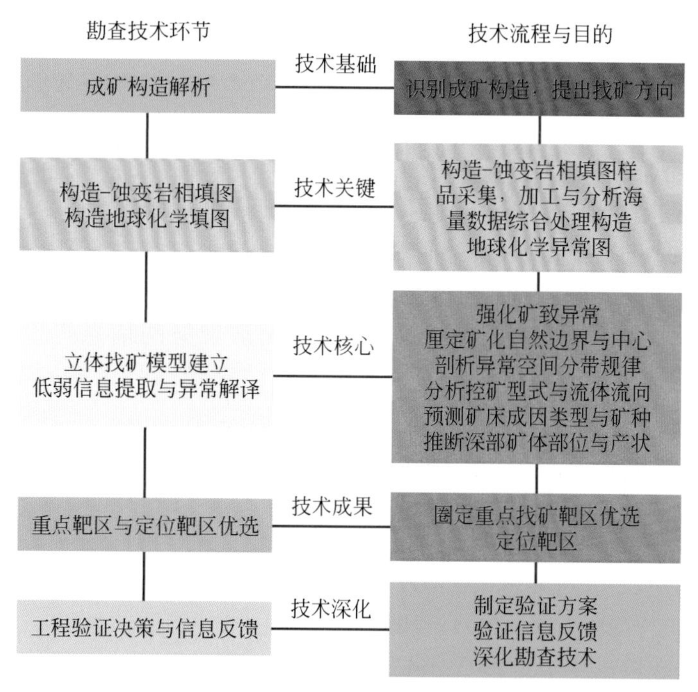

图10-2 构造地球化学深部精细勘查技术流程（韩润生，2006，2013）

韩润生（2003，2005，2007）认为，构造地球化学是构造控制型金属矿床隐伏矿定位预测的有效技术之一。在特定的地质作用过程中，某些具有相似地球化学性质的元素具有相似的地球化学行为与迁移、富集规律，并用此规律进行矿床（田）深部及外围地区的隐伏矿定位预测，并强调构造地球化学研究要从构造-流体-成矿系统出发，将成矿建造与成矿改造、力学分析与历史分析、构造地球化学与构造应力场、不同层次的成矿预测与不同比例尺的预测、典型矿床解剖与区域成矿规律研究相结合，采用“重点解剖→点面结合→综合评价→厘定靶位→工程验证”的找矿模式，快速、准确地优选找矿靶区。现已形成隐伏矿床坑道构造地球化学精细勘查技术（韩润生，2005）。

尽管不同学者提出的构造地球化学勘查技术内容和实施步骤有所差异，但是其技术的主要流程大都包括六方面的内容（韩润生，2005）：①矿田（床）成矿构造解析与构造控矿模式建立；②构造-蚀变岩相填图、构造地球化学精细填图；③构造地球化学异常提取、解译及其勘查模型建立；④成岩成矿模拟实验（包括实验模拟、构造应力场数值模拟等）；⑤重点找矿靶区和靶位优选；⑥工程验证决策与信息反馈。其中①～③是该技术的核心内容。其中异常提取的重要进展是，海量数据处理从线性、中比例尺为主提取转为非线性、大比例尺强化异常。而且，不少实例证明，构造地球化学勘查技术表现出六个主要特点：①构造地球化学异常指示重点找矿靶区与具体靶位；②推断隐伏矿的大致产状；③提供矿床成因信息；④预测深部的矿床类型和新矿种；⑤反映某些构造控矿型式；⑥推断成矿流体的流向。

2）构建了构造地球化学为核心的集成找矿技术

随着探矿深度和找矿难度的加大，在深埋藏矿体定位探测和快速找矿评价中，已逐步构建了一系列行之有效的集成技术。韩润生团队通过在云南会泽富锗铅锌矿床、毛坪富锗铅锌矿床等矿山深部及外围近20年的找矿实践，已形成和应用了“矿床模型应用、成矿构造精细解析+构造–蚀变岩相填图、构造应力场筛选靶区+构造地球化学立体勘查+物探勘查并结合定位预测软件平台”集成技术。实践证明，该集成技术已成为川滇黔接壤区会泽型铅锌矿床深部定位探测的有效技术。例如，在毛坪富锗铅锌矿床深部及外围圈定了1：2000、1：5000构造地球化学异常及高极化率异常（带）及瞬变电磁异常，提出5个重点找矿靶区和靶位。通过工程验证，已发现多个富厚矿体（韩润生等，2010）。

杨世瑜和钟昆明（2006）总结了北衙金矿床影像线–环结构与构造地球化学异常都具成带成块网络结构，常同位呈现，从宏观格局和元素聚集的信息提供矿床定位的丰富“隐信息”，据此构建了构造地球化学为关键技术的“影像线环结构+构造地球化学”集成技术。

3. 构造地球化学勘查技术应用的主要进展

构造地球化学勘查技术在受构造控制的铅、锌、金、锑、铜、锡等多金属矿床深部找矿与快速评价中应用广泛（刘继顺等，2001；尹华仁等，2001；刘荣访，2001；张拴宏等，2001；王力等，2002；韩润生，2003，2006；韩润生和马德云，2003；韩润生等，2001，2003，2006；王灿章和钱建平，2003；陈勇敢等，2004；范柱国等，2004；李玉新和范柱国，2005；蒋顺德等，2006；邹海俊等，2006；赖健清等，2007；吴继承等，2007；钱建平等，2008，2011；王雅丽和金世昌，2009；Han et al.，2009；覃鹏等，2011；陈艳等，2011），其突出进展如下：从元素异常圈定找矿靶区转变为成矿构造识别与元素组合异常圈定靶区，从地表和浅部、中比例尺为主转变为立体、大比例尺为主，从传统经验模式转变为立体勘查模式，并形成大比例尺坑道构造地球化学精细填图技术，找矿效果显著。在滇东北富锗铅锌矿集区（云南会泽富锗铅锌矿、毛坪富锗铅锌矿、巧家铅锌矿等）、元古宙裂谷带铜矿（易门狮子山铜矿、凤山铜矿）、滇西北保山核桃坪铅锌矿及陕西铜厂铜金多金属矿田等找矿实践中，应用构造地球化学勘查技术取得了重大的找矿突破和明显的找矿进展（罗霞，2000，2001；韩润生，2006；韩润生等，2001，2003，2010；王雷等，2010）。

李惠等（李惠，2006；李惠等，2013）结合勘查地球化学理论，总结了区别于构造地球化学勘查技术的构造叠加晕找盲矿法，已成功应用于数十个危机大中型金矿区深部及外围找矿中，在河南秦岭金矿、山东新城金矿、陕西太白金矿、辽宁凤城白云金矿等矿山取得重要进展。

4. 构造地球化学中长期发展提升的主要方向和研究领域

纵观构造地球化学十多年来的主要进展，体现了构造地球化学的强大生命力。作者认为，在今后构造地球化学的5个研究方向，不断取得更大的新突破。

（1）大型-超大型矿床构造成矿动力学及大比例尺深埋藏矿体立体定位定量预测模型。

（2）构造-蚀变岩相填图、构造地球化学成岩成矿模拟实验、超微观纳米结构研究及构造物理化学分析。

（3）断裂构造中常量元素-微量元素-稀土元素及其分异耗散顺序；矿物脉体-次生包裹体-同变形期流体及其微观动力学分析；应力强度-温热梯度-流体浓度及其耦联相关体系；构造应力场-流变物理场-地球化学场及其参量数字模拟等（孙岩，1998）。

（4）多期成矿叠加矿床的构造地球化学场时空结构耦合模型。

（5）覆盖区、雨林区等特殊地质景观区构造地球化学勘查技术研发及其国内外应用。

（二）构造地球化学深部精细勘查技术流程

通过1994～2013年的构造地球化学研究，提出了构造地球化学深部精细勘查技术流程（图10-2），其应用效果显著。

三、高精度坑道重力全空间域定位探测方法

在深部找矿勘查中，通常采用直流电法、磁法、电磁法等在半空间域（如地表）探测，但是这些方法因受电磁干扰难以在深部全空间域隐伏矿床（体）定位探测中取得实效。

重力勘探是观测地球重力场的变化，借以查明地质构造和矿产分布的物探方法。重力勘探方法主要应用于区域尺度的地球表面探测，集中于半空间域，采用的比例尺一般为1∶100万～1∶5万。地下重力包括井中重力和坑道重力。1950年，Smith和Hammer对井中重力进行了研究；1989年，徐公达和周国潘对井中重力、坑道重力进行了总结。但是，以上学者只对地下重力进行了地层密度、构造等方面的研究，未开展隐伏矿体的定位探测研究。张征（2012）在新疆彩霞山地表（半空间域）开展重力场平面特征和重力剖面的研究，间接探索了与控矿的大理岩相关的铅锌矿体的分布区段，并结合其他物探方法在地表开展找矿勘查。

基于会泽型铅锌矿床高品位大储量、矿石与围岩密度差异明显的特点，发明了高精度坑道重力全空间域定位探测技术（韩润生等，2014；李文尧和韩润生，2014），其应用程序如下：岩矿鉴定→岩石矿石密度参数测量→坑道重力和重力梯度观测→观测数据改正（固体潮改正、零漂改正、地形改正、布格改正、纬度改正、坑道改正、采空区改正、回填区改正等）→矿体定性定位探测→矿体定位定量预测等。该技术的突出优点如下：①深部全空间域的定位探测；②适用于矿石与岩石密度差明显的隐伏矿定位探测，明显比围岩密度大且具有一定规模的高密度矿体，探测效果更好，如富铅锌矿、富铜矿、富铁矿、富白钨矿或富黑钨矿、富锑矿、富铀矿等；③克服了矿体空间定位探测的多解性问题；④不受电磁干扰的影响；⑤受地形影响小；⑥观测面基本是平面，不用进行曲化平，异常简单；⑦探测精度高，可适用1∶10000～1∶500比例尺深部矿体的精确定位。该方法解决了金属矿体在全空间域定位困难和其他物探方法受电磁干扰、异常多解性影响等而导致深部矿体难以准确定位的难题。现建立高密度直立矿体、倾斜矿体坑道重力探测方法的各类模型（图10-3，图10-4）。

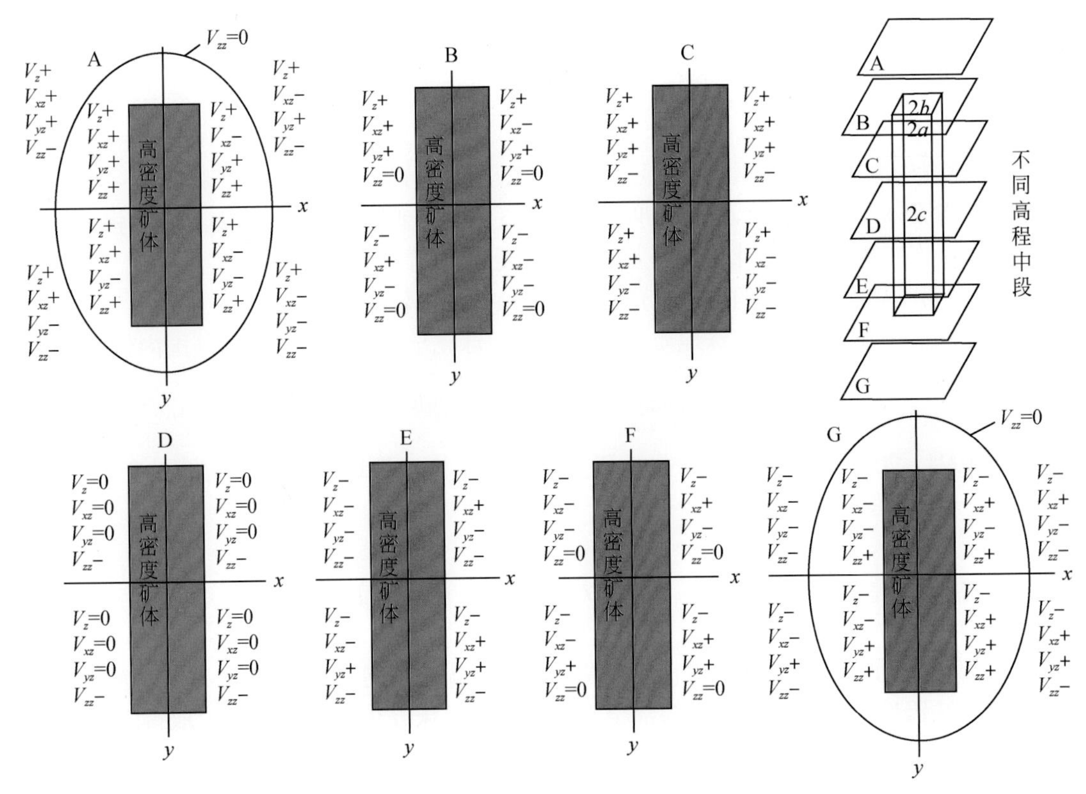

图 10-3　不同中段平面 V_z、V_{xz}、V_{yz}、V_{zz}正负组合判别直立高密度矿体位置图

V_z. 重力异常；V_{xz}. 重力异常 x 方向梯度；V_{yz}. 重力异常方向梯度；V_{zz}. 重力异常 z 方向梯度

由图 10-3 可知，高密度直立矿体上部中段平面（A）、顶部中段平面（B）、中上部中段平面（C）、中部中段平面（D）、中下部中段平面（E）、底部中段平面（F）、下部中段平面（G）的 V_z、V_{xz}、V_{yz}、V_{zz}的正负组合不同。因此，可通过 V_z、V_{xz}、V_{yz}、V_{zz}的正负组合特征，判断直立高密度矿体相对于坑道的位置。

图 10-4 为直立高密度矿体中心断面不同中段 V_z正演图（图 10-4a）、V_{xz}正演图（图 10-4b）、V_{yz}正演图（图 10-4c）、V_{zz}正演图（图 10-4d）。由图 10-4 可知，不同中段不同部位的 V_z、V_{xz}、V_{yz}、V_{zz}的正负组合不同。因此，可通过 V_z、V_{xz}、V_{yz}、V_{zz}的正负组合特征，判断直立高密度矿体相对于坑道的位置。

图 10-5a 为倾斜高密度矿体上、中、下、左、右、前、后分区图。由图 10-5 可知，高密度倾斜矿体上部平面（图 10-5b）、中上部平面（图 10-5c）、中部平面（图 10-5d）、中下部平面（图 10-5e）、下部平面（图 10-5f）的 V_z、V_{xz}、V_{yz}、V_{zz}的正负组合不同。因此可通过 V_z、V_{xz}、V_{yz}、V_{zz}的正负组合特征，判断倾斜高密度矿体相对于坑道的位置。

图 10-6 是通过倾斜高密度矿体中心断面不同中段的 V_z正演图（图 10-6a）、V_{xz}正演图（图 10-6b）、V_{yz}正演图（图 10-6c）、V_{zz}正演图（图 10-6d）。由图 10-6 可知，可通过 V_z、V_{xz}、V_{yz}、V_{zz}的正负组合特征，判断倾斜高密度矿体相对于坑道的位置。

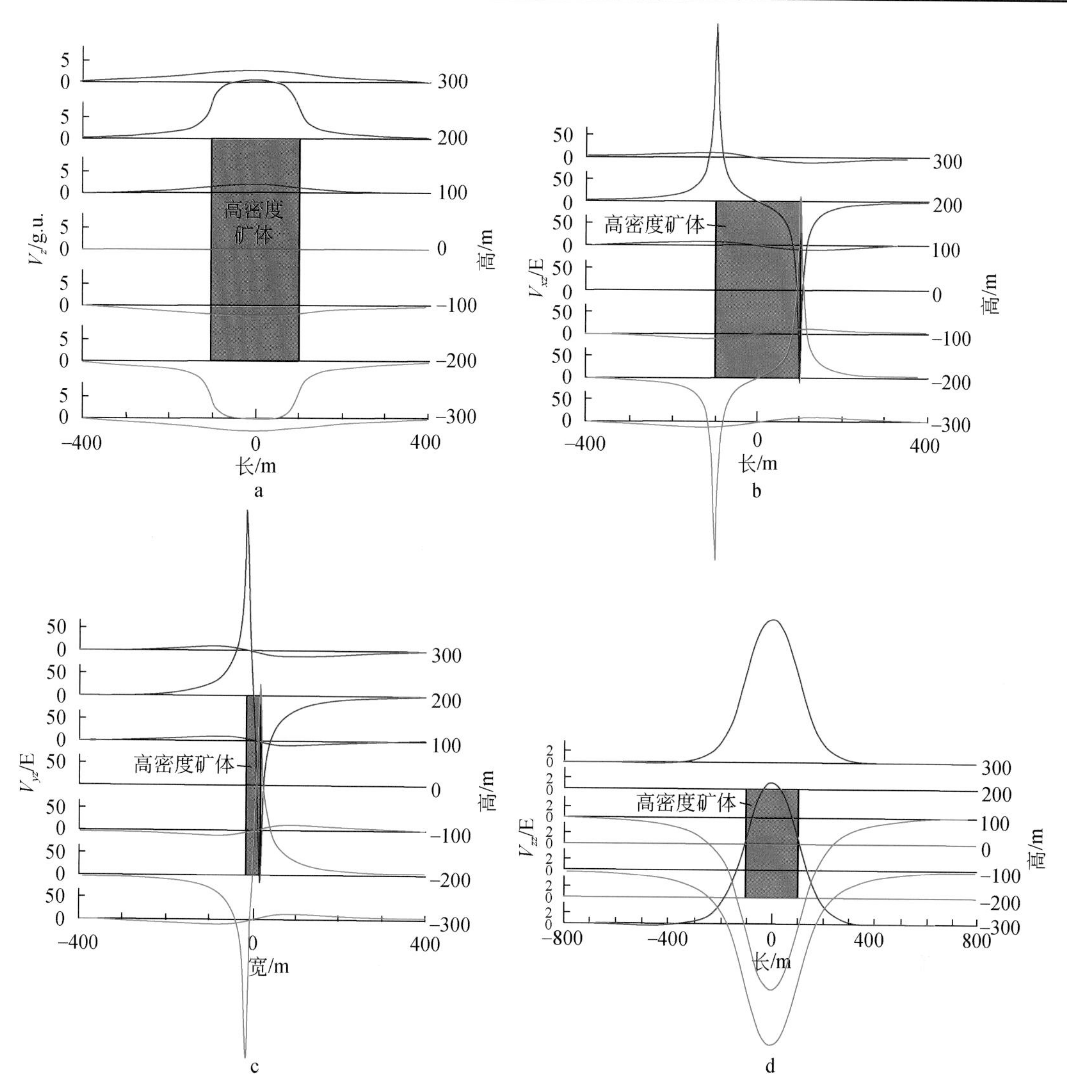

图 10-4　不同中段直立高密度矿体 V_z、V_{xz}、V_{yz}、V_{zz} 正演断面图

模型参数：长 200m，宽 30m，高 400m，密度差 1g/cm³。

a. *XOZ* 断面，b. *XOZ* 断面，c. *YOZ* 断面，d. *XOZ* 断面

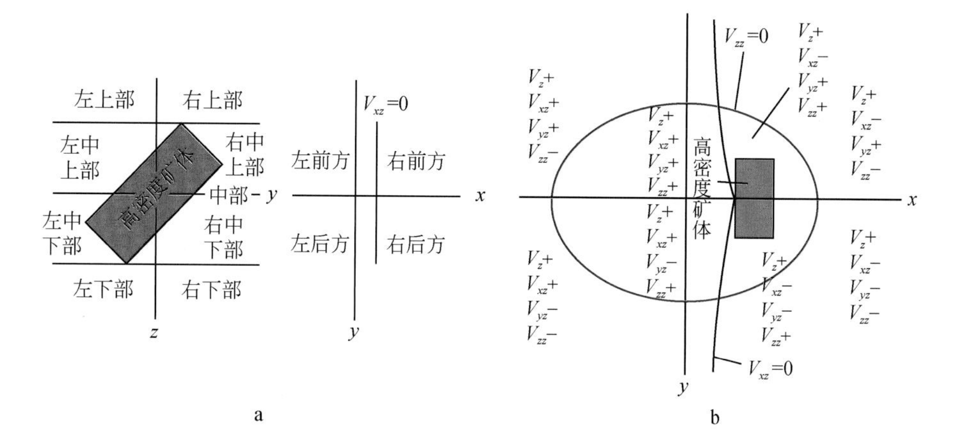

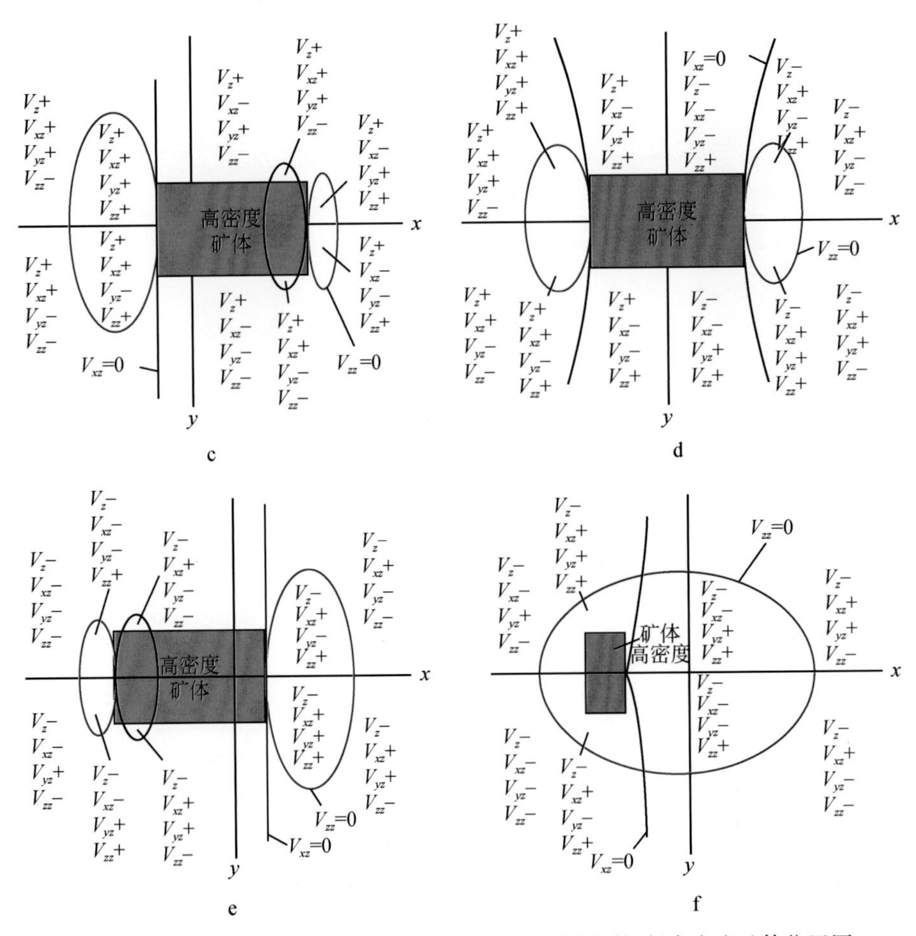

图 10-5　不同中段平面 V_z、V_{xz}、V_{yz}、V_{zz} 正负组合判别倾斜高密度矿体位置图

a. 倾斜矿体方位划分；b. 上部平面；c. 中上部平面；d. 中部平面；e. 中下部平面；f. 下部平面

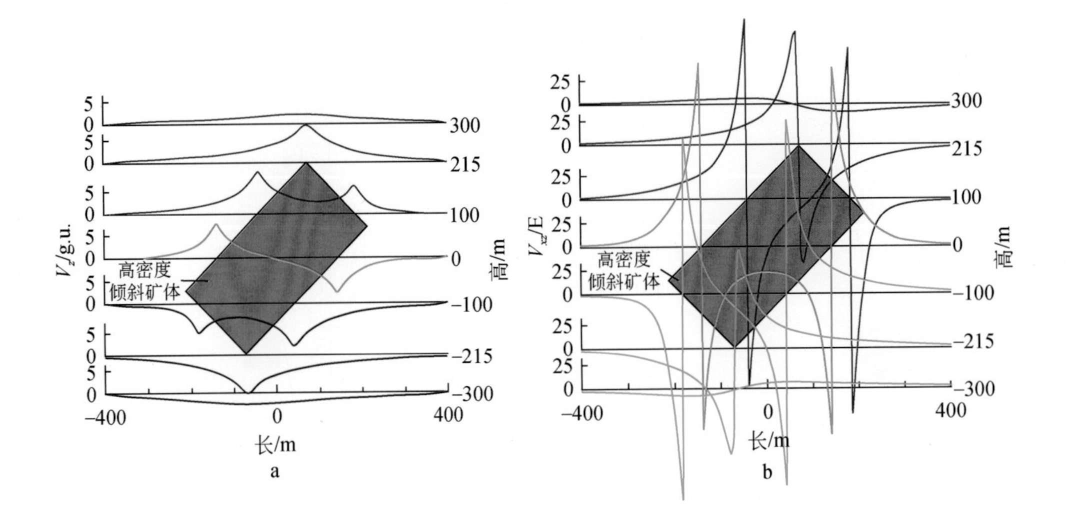

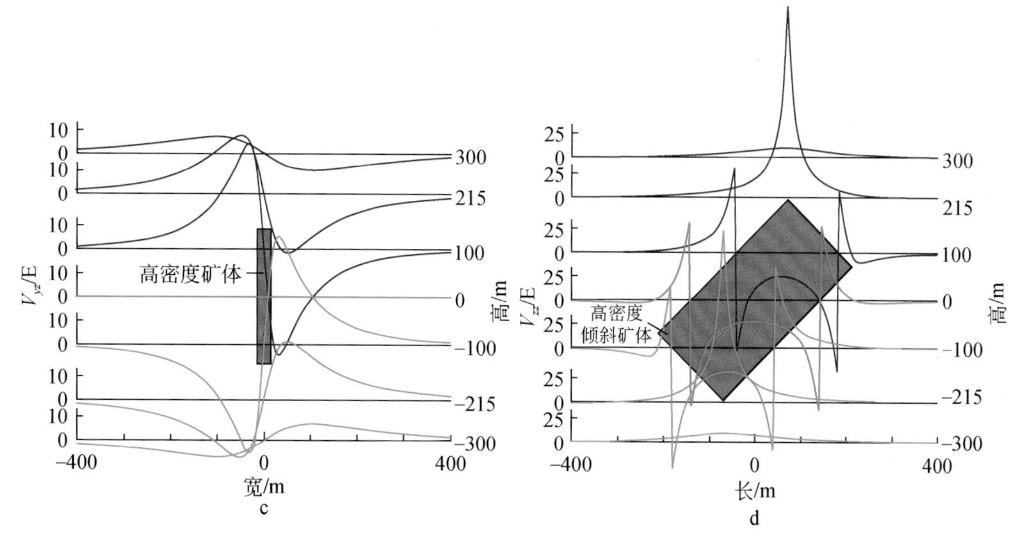

图 10-6 不同中段倾斜高密度矿体 V_z、V_{xz}、V_{yz}、V_{zz}正演剖面图

模型参数：长 200m，宽 30m，高 400m，倾角 45°，密度差 1g/cm³。

a. *XOZ* 断面，b. *XOZ* 断面，c. *YOZ* 断面，d. *XOZ* 断面

四、大比例尺“四步式”深埋藏矿体定位探测集成技术

针对在哪里找大矿、如何找富矿的难题，综合该类矿床大比例尺找矿预测研究与大量找矿实践，构建了“四步式”深埋藏矿体定位探测集成技术：矿床模型应用与成矿构造精细解析→蚀变岩相填图→构造地球化学精细勘查→大比例尺物探。通过找矿技术和集成技术的研发与应用，分别在会泽、毛坪富锗铅锌矿床深部及外围取得了重大找矿突破，在巧家松梁等铅锌矿深部取得找矿进展。在会泽富锗铅锌矿床新发现 8 号、10 号等富厚矿体，累计新增铅锌金属资源储量 600 多万吨，使其成为世界上最富的超大型富锗铅锌矿床之一；在毛坪富锗铅锌矿床深部及外围发现Ⅰ-6 号、Ⅰ-8 号、Ⅰ-10 号等矿体，新增铅锌金属资源储量 330 多万吨，是继会泽铅锌矿之后取得的新突破，使其成为超大型-大型富锗铅锌矿床。该集成技术具体内容如下（图 10-7）。

（1）紧紧把握成矿的“时（间）-空（间）-物（质）-演（化）”四要素与“（物）源-运（输）-储（集）-变（化）”四环节，通过成矿地质作用、构造成矿系统及流体作用标志的研究，确定矿床的成矿地质体，厘定成矿结构面，揭示成矿流体作用特征标志，逐步建立矿床找矿预测地质模型，优选找矿方向——实现“空间择向”。

（2）通过大比例尺构造-蚀变岩相填图，预测找矿有利区段，配合构造应力场筛选靶区，筛选出有利的找矿区段——实现“面中筛区”。

（3）应用构造地球化学精细勘查技术，圈定矿化的自然边界和矿化中心，快速圈定重点找矿靶区和定位靶区——实现“区中选点”。

（4）开展大比例尺坑道重力、AMT 和 TEM、IP 综合探深，优选定位靶区，指出隐伏矿体产状和埋深，提交工程验证——实现“点上探深”，最终找到深部矿体，实现深部找矿勘查技术的系统化。

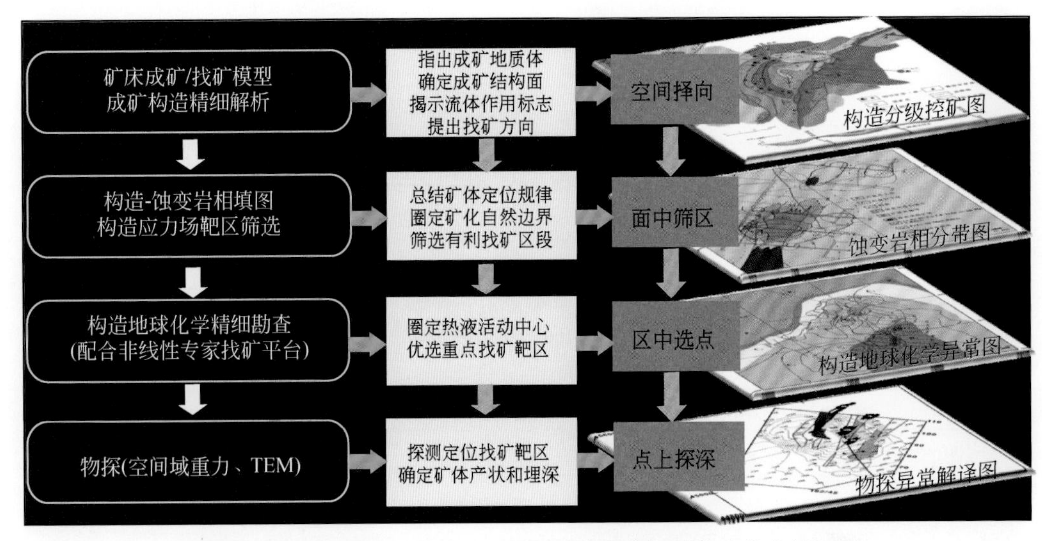

图 10-7　大比例尺"四步式"深部矿体定位探测集成技术框架图

五、大比例尺"四步式"深部综合勘查模型

综合"四步式"深埋藏矿体定位探测集成技术及大量找矿实践成果，建立了该类矿床深部综合勘查模型，具体见图 10-8。

六、隐伏矿定位预测的四大标志

根据 HZT 铅锌矿床成矿规律与大比例尺"四步式"深埋藏矿体定位探测集成技术，提出该类矿床隐伏矿定位预测的四大标志：①成矿地质作用标志（找矿基础）；②成矿结构面标志（找矿关键）；③流体成矿作用标志（找矿线索）；④找矿技术信息标志（找矿信息）。

第三节　研究实例（一）——毛坪大型富锗铅锌矿床

现以滇东北矿集区的典型矿床——毛坪大型富锗铅锌矿床为例，来说明大比例尺"四步式"深埋藏矿体定位探测集成技术的具体应用和找矿突破的主要过程。

一、矿床勘查过程简介

毛坪富锗铅锌矿床地质研究和勘查工作大致划分为三个阶段。

第一阶段（1956 ~ 2000 年）：云南省地质矿产勘查开发局第八地质大队，西南有色地质勘探公司 317 队、314 队等多家地勘单位在毛坪富锗铅锌矿区开展地质研究或找矿勘查工作，共提交铅锌金属资源储量 38 万 t，确定该矿床为一中型铅锌矿床。

第二阶段（2001 ~ 2010 年）：云南省地质矿产开发局第一地质大队、昆明理工大学、云

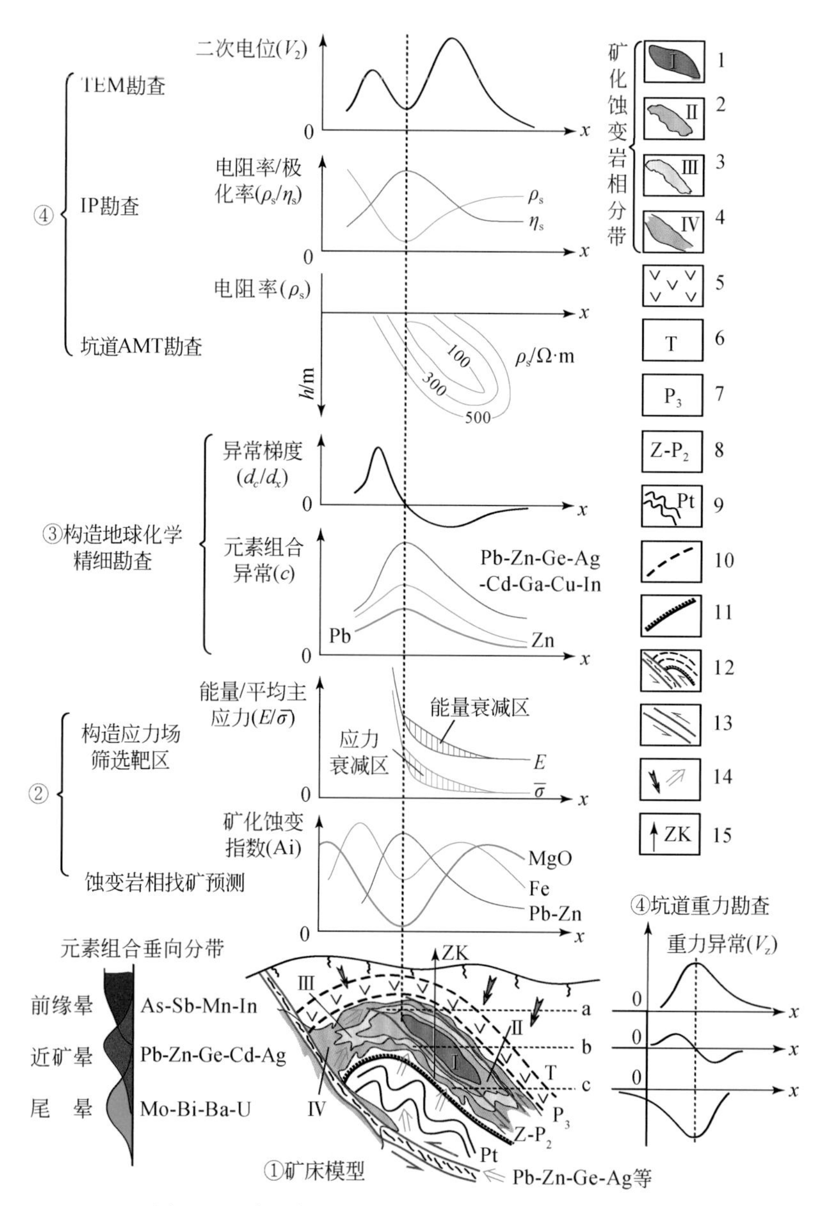

图10-8　大比例尺“四步式”深部综合勘查模型图

1. 铅锌矿体；2. 黄铁矿化针孔状粗晶白云岩相带；3. 杂色粗晶白云岩相带；4. 方解石化细晶灰质白云岩相带；5. 玄武岩；6. 三叠系；7. 上二叠统；8. 震旦系—二叠系；9. 变质基底；10. 假整合；11. 角度不整合；12. 斜冲走滑-断褶带；13. 层间滑动带；14. 流体流向；15. 验证钻孔

南驰宏资源勘查开发有限公司等单位在矿区开展了地质研究和矿产勘查工作。昆明理工大学于2003年6月提交了《昭通毛坪铅锌矿床成矿地质条件及隐伏矿定位预测》研究总结报告；2006年10月提交了《昭通毛坪铅锌矿区深部及外围找矿及物化探综合方法研究》研究总结报告。通过工程验证和勘查，在矿区深部找到Ⅰ-6号矿体，确定该矿床为一大型铅锌矿床。

第三阶段（2010～2013年）：昆明理工大学、彝良驰宏矿业公司、云南驰宏资源勘查开发有限公司在矿区开展了矿床成因、矿田构造填图、构造-蚀变岩相填图、构造地球化学勘查和坑道重力、EH4 勘查及深部勘探等综合研究和勘查工作。昆明理工大学提交了《昭通毛坪大型铅锌矿床深部及外围隐伏矿找矿预测及增储研究》研究总结报告。通过靶区验证和勘查，在矿区深部又发现了Ⅰ-8 号、Ⅰ-10 号等系列矿体，使该矿床资源储量更上一个台阶，成为大型–超大型富锗铅锌矿床。

二、大比例尺“四步式”深埋藏矿体定位探测集成技术应用

（一）矿床模型应用与成矿构造精细解析——“空间择向”

1. 矿床成矿规律和矿床模型应用

根据该矿床典型的地质特征，其成矿地质作用为斜冲走滑–断褶构造作用，因此矿床的成矿地质体为控制块状中粗晶铁白云岩和针孔状、空洞状粗晶白云岩蚀变体的毛坪断褶构造带；成矿构造系统为斜冲走滑–断褶构造分级控矿系统，主要的成矿结构面为褶皱–断裂构造与矿化蚀变岩相转化结构面（表 9-7）；成矿流体作用标志主要表现为矿石组构、典型的矿化结构、矿物组合分带、成矿流体特征及同位素示踪等特征（表 9-7）。研究认为，该矿床的成矿规律可概括为：毛坪断褶构造分级控矿系统、典型矿化结构、矿物组合分带、铅锌共生分异与矿化蚀变岩相组合。

2. “空间择向”

根据矿床成矿规律，应把握毛坪断褶构造及其上盘的热液蚀变白云岩（成矿地质体），确定找矿方向；根据断裂构造与矿化蚀变岩相成矿结构面的组合，判断矿体的空间位置和产状。同时，根据矿物组合分带和蚀变组合分带特征，提出隐伏矿床（体）存在的成矿流体作用的关键标志。所以，该矿床深部找矿预测的主要方向锁定于毛坪冲断褶皱构造上盘。

根据断裂构造的空间几何学、运动学、力学、年代学（期次）、物质学（构造蚀变岩特征）、动力学、应力作用方式与褶皱构造的类型、规模、产状、形态、空间组合及其与区域构造的关系，认为斜冲走滑–断褶构造是该矿床成矿构造系统类型，可分为断裂构造亚系统和褶皱构造亚系统，其中褶皱构造系统是伴随断裂构造系统的发生而发展的，是伴随成矿作用统一的构造应力场持续作用的产物。会泽–牛街断褶构造带控制了毛坪、洛泽河、放马坝、云炉河坝等铅锌矿床组成的铅锌矿田（图 3-13）；毛坪断褶构造控制了昭通毛坪大型富锗铅锌矿床；其上盘的 NE 向左行压扭性层间断裂带控制了Ⅰ号等富厚矿体群（图 3-14）；更次级的节理裂隙构造控制矿脉。

通过矿区含矿断裂力学性质的鉴定和控矿构造型式分析，矿区内主要存在“多”字型及“入”字型控矿构造型式。根据矿区褶皱和各方向断裂结构面力学性质的复杂转变过程，结合矿区地质特征，通过构造筛分，将矿区构造划分为四种构造体系，其成生发展顺序为：①SN 向构造带；②NE 向构造带；③NW 向构造带；④EW 向构造带。其中 NE 向构造带是主要的成矿构造体系。两类成矿结构面的组合控制了矿体的展布。

（二）构造-蚀变岩相填图——“面中筛区”

该矿床成矿早阶段常见强烈的铁白云石化、黄铁矿化、铁方解石化及硅化，而中晚阶段见方解石化、白云石化、高岭石化等。根据760、670两个中段热液蚀变类型及组合、强度、矿物共生关系及蚀变岩组构等特征，从矿体向围岩，依次划分为四个蚀变岩相带：矿体带（Ⅰ）、矿石带（Ⅱ）、过渡带（Ⅲ）和外围带（Ⅳ），并绘制了两中段蚀变岩岩相分带图（表5-17，图5-24，图5-26）。

在实施中，构造蚀变岩相填图方法配合构造应力场靶区筛选方法（韩润生，2006），通过蚀变岩相填图，揭示出矿体主要定位于强铁白云石化-强黄铁矿化-强硅化针孔状粗晶白云岩带与强方解石化-白云石化中粗晶白云岩带的蚀变岩相转化带上。因此，找矿预测的有利区段为毛坪断褶构造上盘发育的强铁白云石化-强黄铁矿化-强硅化针孔状粗晶白云岩与强铁白云石化-强方解石化-中粗晶白云岩的蚀变岩相带上。为此，提出重点找矿区段位于Ⅰ-6号矿体的SW、NE两侧。

（三）大比例尺构造地球化学精细勘查——“区中选点”

根据构造地球化学精细勘查技术流程（韩润生，2013；Han et al.，2015），在矿区及近外围地表（1∶5000，1∶2000）圈定E-1，F-1，D-1，D-2，A-1，A-2，A-3；构造地球化学元素组合异常（图5-25，图10-9），特别是E-1和F-1异常。主体异常延伸方向为NE-SW向，不同元素组合异常叠加显著。研究认为，背斜倒转翼（西翼）Ⅰ号矿化带110勘探线SW向延伸地段至80勘探线的地段是重点找矿靶区，而且Ⅱ号、Ⅲ号矿化带深部及其SW段找矿前景良好。

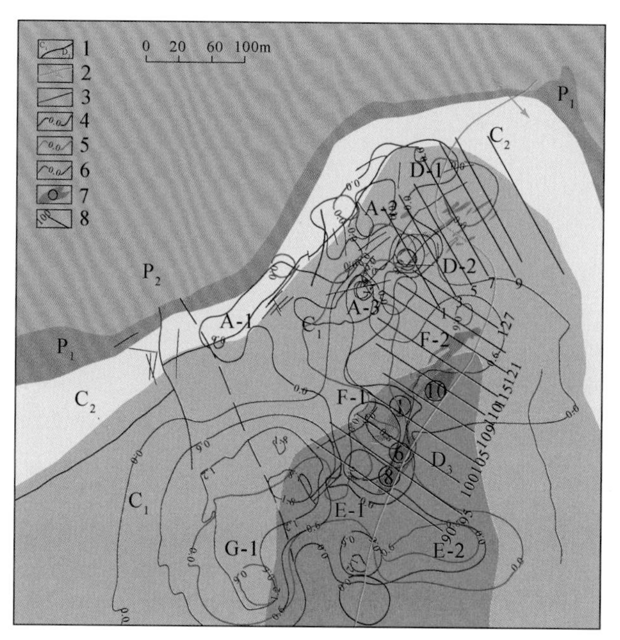

图10-9 毛坪富锗铅锌矿区地表构造地球化学异常-地质简图

1. 地层界线；2. 背斜轴线；3. 断层；4. 元素组合Zn-Pb-Cd-Ge-Mn-Ba异常线；5. 元素组合In-Bi-T-Sn-Cr-Tl-Mo异常线；6. 矿体及编号；7. 勘探线及编号；8. 异常值

1. 构造地球化学精细勘查

为了精细研究上述找矿靶区，在670中段进行1∶500坑道构造地球化学研究，获得5个主因子。①F1：Ti、Ba、V、P、Zr、Li、Be、Sc、Co、Ga、Rb、Y、Nb、Cs、LREE、HREE、Hf、Ta、W、Bi、Th、Sn、Tl、Mn。②F2：Pb、Zn、Ag、Cu 、Cd、In、Tl、As、Sb、Hg。③F3：Bi、Th、U。④F4：Cr、Co、Ni、Mo。⑤F5：Sr。其中，F_2代表铅锌矿化元素组合，近矿晕和前缘晕元素组合，其异常与Ⅰ-6号矿体分布区吻合，说明构造地球化学异常是矿体原生晕的反映，108号线与114号穿脉间的异常是重点找矿靶区；F_3代表高温热液尾晕元素组合，其异常走向呈NE-SW向，与Ⅰ-6号矿体平行，是深部矿体的异常反映；F_4因子的元素均具较强的亲铁性和亲硫性，代表黄铁矿化的元素组合（图5-25）。

2. 重点找矿靶区圈定

（1）A-1靶区：位于94号穿脉SW侧，Ⅰ-6号矿体SW侧的深部。证据如下：①蚀变岩相分带规律明显（图5-25）；②构造地球化学异常的发散方向；③矿体等间距定位规律；④坑道重力异常明显。推测隐伏矿体在平面上与Ⅰ-6号矿体斜列，其走向为NE-SW向。

（2）A-2靶区：位于Ⅰ-6号矿体SE侧98～102号穿脉范围深部。证据如下：①蚀变岩相分带规律明显；②F2、F3、F4因子元素组合异常与Ⅰ-6号矿体异常呈相邻式分布，指示深部矿体向SE向倾斜的特征；③黄铁矿化强烈。推测Ⅰ-6号隐伏矿体向深部延深。

（3）A-3靶区：位于108～114号穿脉深部30～60m，推断隐伏矿体走向为NE-SW向（图5-25）。证据如下：①蚀变岩相分带规律明显；②F2、F3因子元素组合异常明显；③浸染状铅锌矿化、细脉状黄铁矿化热液蚀变强烈；④矿体等间距定位规律。

（四）大比例尺物探技术研发应用——“点上探深”

在地表圈定的1∶5000、1∶2000构造地球化学异常区内，综合应用了直流充电、激电和瞬变电磁勘查方法，在深部配合大比例尺坑道重力测量，进行靶区优选，并推断隐伏矿体埋深和产状（图10-10，图10-11）。

（1）直流充电：推断已知的Ⅰ号矿体向SW方向可延伸至85号勘探线，与Ⅰ号矿体走向一致。推测Ⅰ号矿体SE侧应存在与Ⅰ号矿体群平行、向SE向倾斜的脉状隐伏矿体，倾向为SE向，延深较大。选择Ⅰ号矿体中心剖面110号勘探线，预测矿体顶端垂向埋深大于64m，矿体倾角为80°。

（2）激电中梯（IP）：圈定主要高极化率异常（带）5个，即JD-1～JD-5号异常。其中JD-1号异常反映Ⅰ号矿体向南西可延伸到90号勘探线；JD-2号异常由Ⅰ号矿体尾端或紧邻该矿体南东侧的平行矿体引起；推测JD-3号异常是平行隐伏矿体的反映。因此，这些异常是寻找新矿体最值得重视的异常。

（3）瞬变电磁（TEM）：划分Sb-1～Sb-4号4个异常带。Sb-1号异常带是深部Ⅰ号矿体中心部位的反映；Sb-2号异常带为C_1d碳质地层引起；Sb-3号、Sb-4号异常带规模和强度较大，是最具前景的重点靶区。

综合上述推断，Ⅰ号矿体群在平面上延伸到测区90号勘探线。最有远景的找矿靶区为JD-3号、JD-2号激电异常和Sb-3号TEM异常；JD-5号激电中梯异常、Sb-4号TEM异常带是重要

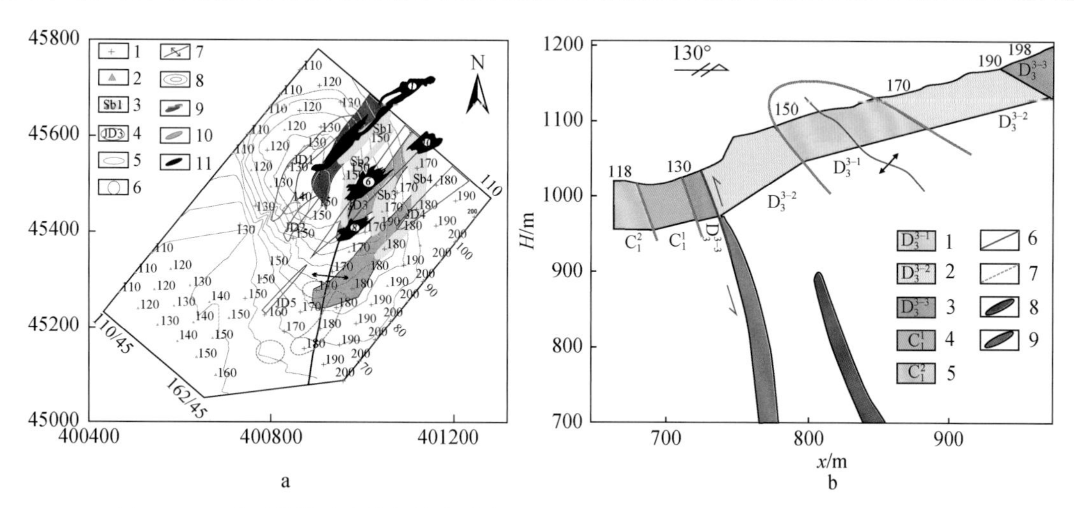

图 10-10 毛坪铅锌矿床物探综合异常平面图（a）与 110 号勘探线剖面解译图（b）

a：1. Ip 测点及编号；2. 充电测点编号；3. TEM 低阻异常及编号；4. Ip 高极化率异常及编号；5. 充电电位推测矿体水平投影；6. Ip 剖面视充电率异常；7. 背斜轴；8. 充电电位异常；9. 推测Ⅰ号矿体延伸位置；10. 推测找矿靶区；11. 新发现矿体。b：1. 厚层状中细晶白云岩；2. 粗晶白云岩；3. 中细晶白云岩夹页岩和灰岩；4. 含煤层岩砂页岩；5. 黑色燧石条带灰岩；6. 断裂；7. 背斜轴；8. 推测Ⅰ号矿体；9. 推断解释的矿体

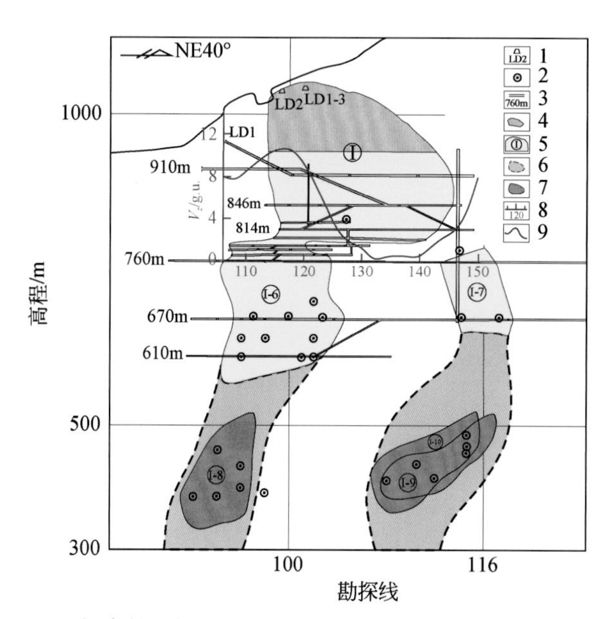

图 10-11 毛坪富锗铅锌矿深部坑道重力预测靶区与工程验证纵投影图

1. 老硐及编号；2. 验证钻孔；3. 坑道及高程；4. 氧化物矿体；5. 硫化物矿体及编号；6. 预测靶区；7. 发现的新矿体；8. 重力点位及编号；9. 重力异常

找矿靶区。同时，开展坑道重力探测。综合研究认为，Ⅰ号矿化带的 2 个定位靶区（图 10-10）如下。

（1）Ⅰ号矿体群的 SW 端沿层间断裂带应赋存富厚矿体，延伸范围从 105 号勘探线至洛泽河地段 90 号勘探线，矿体向深部 SW 向侧伏延深、NE-SW 向延长，垂向延深远大于走向延长，并具有膨胀、收缩的特点，矿体呈雁列式分布。

（2）在Ⅰ号矿体的 SE 侧发现与Ⅰ号矿体平行的两条高极化率、低阻-瞬变电磁综合异常及明显构造地球化学异常及重力异常带，推断在 SE 方向靠近倒转背斜轴部 80～110 号勘探线出现与Ⅰ号矿体平行的 SW-NE 向富厚隐伏矿体（图 10-10）。

（五）大比例尺“四步式”深埋藏矿体定位探测集成技术应用效果

通过该集成技术的应用，提出了矿区Ⅰ号矿化带 2 个定位靶区。通过坑钻工程验证，在 670 中段发现Ⅰ-6 号隐伏矿体后，相继在深部发现Ⅰ-8 号、Ⅰ-9 号、Ⅰ-10 号（图 10-11）、Ⅰ-11 号、Ⅰ-12 号等隐伏矿体，取得了深部及外围找矿的重大突破。其中Ⅰ-6 号矿体厚度 0.7～20.2m（平均厚度 8.45m），Pb+Zn 品位 25.3%；Ⅰ-8 号矿体平均厚度 34.15m，Pb+Zn 平均品位 29.97%（图 10-12、图 10-13）。截至 2016 年年底，共新增铅锌金属资源储量 330 多万吨（图 3-17），使毛坪富锗铅锌矿床从一个中型矿床变成了超大型矿床。

应用该集成技术和综合勘查模型，取得了显著的找矿效果，不仅对会泽型铅锌矿床深部和外围找矿预测有现实意义，而且对危机矿山热液矿床深部和外围大比例尺定位预测和找矿评价具有重要指导作用。在该模式的应用过程中，对不同类型的热液矿床，可适当强化或弱化某些步骤。如明显受构造控制的金属矿床，须加强成矿构造精细解析、大比例尺构造蚀变岩相填图及构造地球化学精细勘查技术的应用研究，有望取得事半功倍的找矿效果。

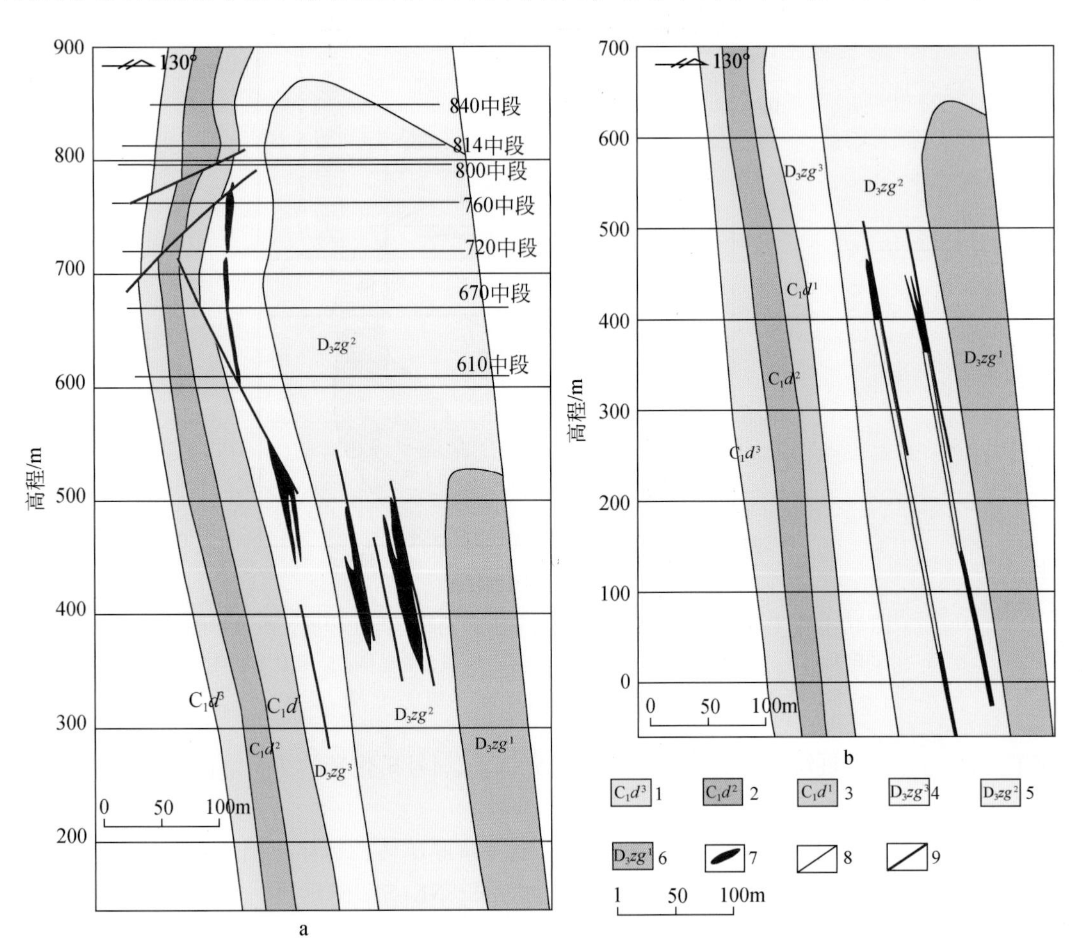

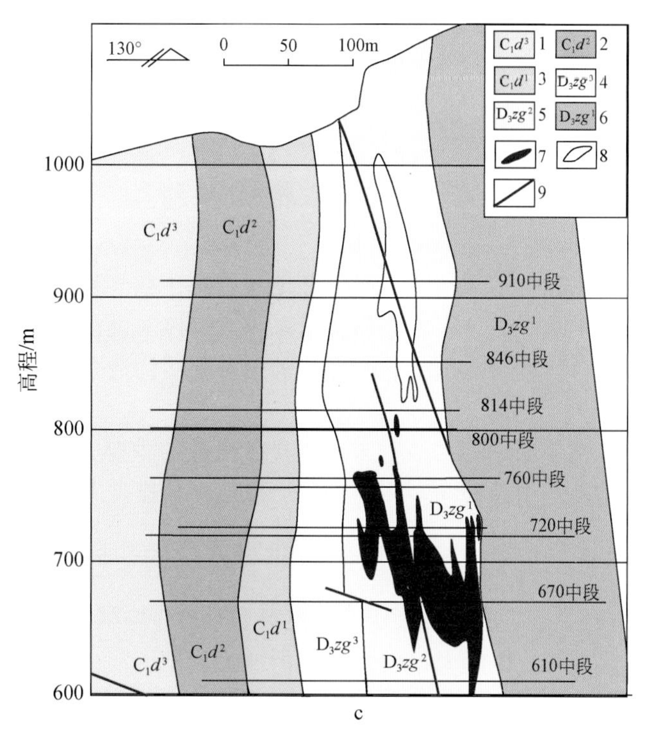

图 10-12　毛坪富锗铅锌矿床 114 号勘探线（a）、112 号勘探线（b）、110 号勘探线（c）剖面图

1. 下石炭统大塘组第三段；2. 下石炭统大塘组第二段；3. 下石炭统大塘组第一段；4. 上泥盆统宰格组第三段；5. 上泥盆统宰格组第二段；6 上泥盆统宰格组第一段；7. 矿体；8. 地层界线；9. 断层

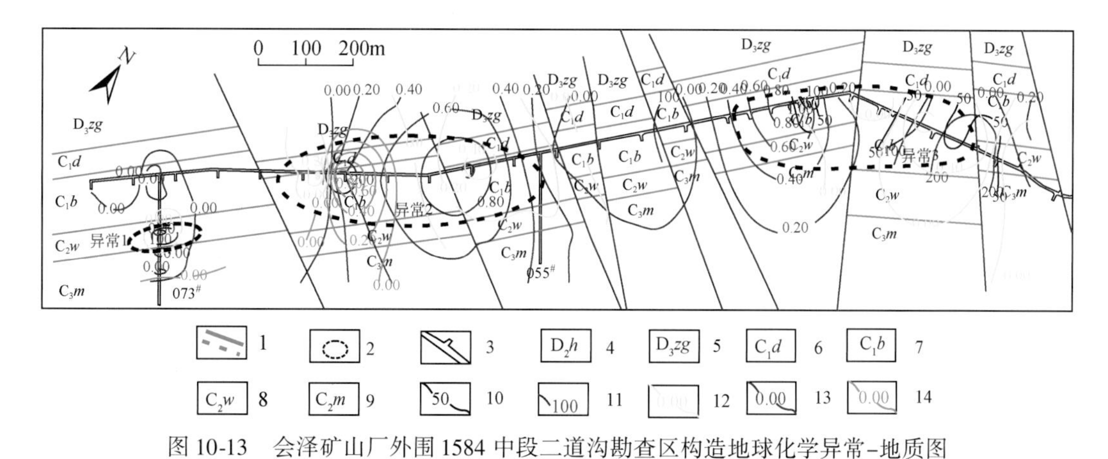

图 10-13　会泽矿山厂外围 1584 中段二道沟勘查区构造地球化学异常-地质图

1. 地层界线；2. 异常区；3. 坑道；4. 泥盆系海口组；5. 泥盆系宰格组；6. 石炭系大塘组；7. 石炭系摆佐组；8. 石炭系威宁组；9. 石炭系马平组；10. 铅异常等值线（10^{-6}）；11. 锌异常等值线（10^{-6}）；12. F_3因子元素组合（Pb、Zn、Cu、Cd）异常；13. F_6因子元素组合（In、Hf、Co、Y）异常；14. F_5因子元素组合（MnO、Na_2O、TFe）异常

第四节　研究实例(二)——会泽超大型富锗铅锌矿床深部及外围

一、矿床模型应用和成矿构造精细解析——“空间择向”

根据会泽铅锌矿床的典型地质特征，其成矿地质作用主要表现为斜冲走滑-断褶构造作用。因此，该矿床的成矿地质体为走滑断褶构造系统。具体来说，其成矿地质体为控制热液成因的中粗晶白云岩、针孔状粗晶白云岩蚀变体的走滑断褶构造系统。应用的矿床找矿预测模型如图 10-1 所示。

根据矿床成矿规律和矿床模型，该矿床地质找矿预测的主要方向为矿山厂-金牛厂断褶构造带到北端的银厂坡断层中南段与会泽麒麟厂、矿山厂断褶带上盘的次级构造系统。

（一）矿区构造控矿规律与控矿构造样式

矿山厂-金牛厂 NE 构造带在小江深断裂的控制下活动并控制了会泽富锗铅锌矿田（床）的位置，为其提供连接小江深断裂及昆阳群基底的通道；矿山厂、麒麟厂、银厂坡三条冲断褶皱构造带将矿床限制于其上盘的褶皱中，为成矿提供了良好的构造背景及热液运移通道；矿区内摆佐组（灯影组、宰格组次之）中的 NE 向层间断裂带为主要的容矿构造，NW 向（部分地区为 NNW—SN 向）的断裂为配矿构造，EW 向断裂为破矿构造。

会泽富锗铅锌矿区断裂-褶皱构造、热液蚀变岩相转化面是主要成矿结构面，成矿结构面类型直接控制了矿化样式（图 4-53）。

（1）断裂裂隙型：走滑断褶构造系统的次级断裂裂隙带。

（2）倾伏背斜型：矿体受倾伏背斜陡倾翼控制。

（3）矿化蚀变岩相转化面（酸碱界面）。

（4）组合型：断裂+倾伏背斜型（矿体受倾伏背斜陡倾翼的层间断裂控制）、断裂+矿化蚀变岩相转化面型（共同控制了矿体的展布）、同斜断裂型（同向倾斜的控矿断裂组合控制了其上盘的矿体群）。

（二）小竹箐勘查区构造格架

详见第四章第四节第二部分内容。

（三）“空间择向”

1. 会泽矿区深部

综合会泽矿区深部成矿构造系统与成矿结构面特征，根据该矿床的成矿规律及找矿标志，矿区的总体找矿方向为矿山厂、麒麟厂断裂上盘褶皱陡倾斜翼的压扭性断裂带及其旁侧的蚀变白云岩带（针孔状、块状中粗晶白云岩带），东头压扭性断裂带的上盘蚀变白云岩也值得注意。具体来说，找矿方向有五。

（1）矿山厂矿区 SW 段深部（二道沟一带）：矿山厂断裂上盘 C_1b 和 Zbd 中的层间压扭性断裂带及其上盘的粗晶白云岩带。

（2）麒麟厂矿区 SW 段深部（小菜园东南段）：麒麟厂断裂上盘 C_1b 和 Zbd 中的层间压扭性断裂带及其上盘的粗晶白云岩带。

（3）麒麟厂矿区 NE 段深部（朱家丫口–白泥井地段）：麒麟厂断裂上盘 NE 段 C_1b 中层间压扭性断裂带及其上盘的粗晶白云岩带。

（4）东头逆断层与矿山厂断层交会地段上盘的层间压扭性断裂带及其上盘粗晶白云岩带。

（5）矿区 D_3zg^3 中层间压扭性断裂及其上盘的粗晶白云岩带；朱家丫口–白泥井地段除找铅锌矿外，还需注意重晶石矿的寻找。

2. 小竹箐勘查区

关于小竹箐勘查区（图 4-11）的找矿方向，应主要集中在：①灯影组中沿银厂坡断裂一侧的矿化蚀变带；②斜冲断层派生的背斜南段地层倒转处，与矿化相关的白云石化主要分布于 Z1 背斜的摆佐组、宰格组中，蚀变中粗晶白云岩中的层间破碎带发育。综合研究认为，银厂坡断裂、NE/NW 向断裂、蚀变白云岩与成矿密切相关；矿体应展布于银厂坡断裂上盘灯影组内靠近银厂坡断层一侧；Z1 褶皱倒转处摆佐组中 NE 层间断裂与 NW 向构造交会处，形成银厂坡断层（导矿构造）、褶皱及其配套构造（配矿构造）、NE 向层间破碎带（容矿构造）的特征。

二、大比例尺构造–蚀变岩相填图——“面中筛区”

（一）会泽矿区深部蚀变岩相填图及应用

本次研究主要对 1571 中段朱家丫口勘查区及 1584 中段小菜园勘查区进行了蚀变岩相填图，涉及的穿脉有 1571 中段沿脉，以及 51 号穿脉、63 号穿脉、71 号穿脉、79 号穿脉、95 号穿脉、119 号穿脉、143 号穿脉，1571 中段附一、附二、附三沿脉及 36 号穿脉、56 号穿脉。针对以上穿脉中典型的蚀变分带特征，选取 1571 中段 143 号穿脉及 1584 中段 36 号穿脉作为典型蚀变分带剖面进行深度剖析。矿化蚀变分带规律及构造对其控制的内容详见第五章第一节。

（二）小竹箐勘查区蚀变岩相填图及其应用

通过小竹箐勘查区蚀变岩相填图，共发现矿化蚀变点 66 个，蚀变类型大致分为：①明显方解石化；②脉状白云石化（含铁白云石化），即线状蚀变；③黄铁矿化（细脉状、脉状、网脉状）；④大面积白云石化，即面状白云石化蚀变；⑤近裂面绿泥石化；⑥泥化（物理作用）。根据勘查区内地层–构造实测剖面（图 4-12），剖析区内蚀变特征。

白云石化是主要的蚀变类型，在空间上主要呈带状、线状展布（图 4-12）。

（1）带状展布：在测区北西侧，主要为灯影组蚀变白云岩，基本整个地层都发生蚀变作用，形成肉红色、米黄色粗晶白云岩；沿 NE 45°方向形成两条带状展布的蚀变白云岩带

(宰格组三段和摆佐组)。在威宁组和大塘组中形成肉红色、米黄色粗晶(局部针孔状)白云岩，局部形成透镜体状白云岩蚀变体。

(2)线状展布：圈定了其他不连续的分布于不同地层的蚀变体，范围较小。

小竹箐勘查区主要存在2条铅锌矿化带、4条粗晶白云石化蚀变带、4条褐铁矿化蚀变带和6条方解石化蚀变带，其中铅锌矿化带和粗晶白云石化蚀变带范围较大。①铅锌矿化带：一条呈长条形分布于Z_2dn地层中，走向为NE向，主要沿银厂坡分支断裂分布；另一条分布于背斜C_1b地层转折端处，与地层走向近乎一致，且与地层岩性密切相关。②粗晶白云石化蚀变带：主要分布于背斜C_1b和D_3zg^3地层中，严格受地层厚度和产状控制，走向NE。③褐铁矿化蚀变带：主要分布于背斜C_1b地层转折端处，与地层产状近乎一致。④方解石化蚀变带：分布特征不明显，在区内P_1q+m、D_3zg、C_1b、Z_2dn等地层中均有分布，产状有顺层，也有切层。

研究发现，粗晶白云岩化沿构造发育于白云质灰岩中；Pb-Zn矿化、黄铁矿化和方解石化发育于构造作用强烈地带。在平面上形成蚀变分带：以斜冲断裂构造为中心，向两侧延伸依次为铅锌矿化带→黄铁矿化→方解石化。

三、大比例尺构造地球化学精细勘查——“区中选点”

(一)会泽矿区深部

以1584～1571中段主沿脉、附一、附二、附三沿脉，073号穿脉、055号穿脉、36号穿脉、56号穿脉、88号穿脉、51号穿脉、71号穿脉、143号穿脉，1274中段竖井连道及2号穿脉，1031中段86号穿脉及各钻孔中的断裂构造岩(矿石)样品为依据，讨论不同类型的断裂构造岩(矿石)在相应中段上的变化规律。除采样点距按照5～20m进行和样品重量不少于500g外，样品采集、加工及测试单位和方法同前，样品总计606件，其中1584～1571中段423件，1274中段25件，1031中段158件，每件样品分析50个元素。综合分析后得到以下认识。

(1)1584中段二道沟勘查区：见异常三处(图10-13)，073号穿脉内，勘探线073NE向勘探线064～054主沿脉上，勘探线048～044主沿脉上。

(2)1584中段小菜园勘查区：见异常五处(图10-14)，附二沿脉中36号穿脉，附一沿脉中56号穿脉，附三沿脉上靠近主沿脉位置，88号穿脉口，勘探线88NE向附三沿脉处。

(3)1571中段朱家丫口勘查区：见异常六处(图10-15)，51号穿脉，63号穿脉，79号穿脉，119号穿脉，119号线NE向沿脉上，143号穿脉。

(4)1274中段矿山厂矿区：2号穿脉内(图10-16)。

(5)1261中段麒麟厂矿区：86号、90号穿脉的深部SW侧(图3-4)。

(二)小竹箐勘查区

通过对地表不同地层中不同方向、不同性质断裂带构造岩和蚀变岩系统定点、观察及构造地球化学测量和样品采集，原则上按照100～200m点距进行地球化学样品采样，采样不受断裂等构造限制，并加密完成。样品经过加工缩分处理，正样加工至180～200目。样品

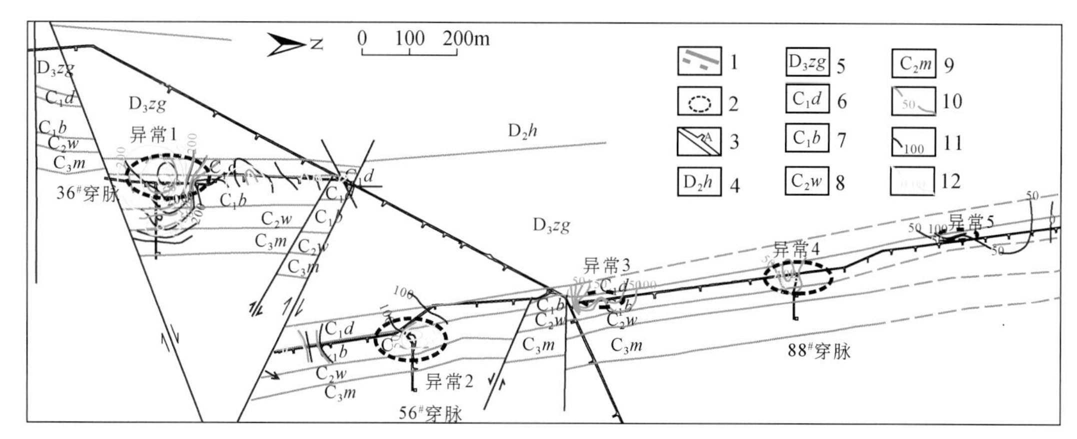

图 10-14　会泽矿山厂外围 1584 中段小菜园勘查区构造地球化学异常-地质图

1. 地层界线；2. 异常区；3. 坑道；4. 泥盆系海口组；5. 泥盆系宰格组；6. 石炭系大塘组；7. 石炭系摆佐组；8. 石炭系威宁组；9. 石炭系马平组；10. 铅异常等值线（10^{-6}）；11. 锌异常等值线（10^{-6}）；12. F_3因子元素组合（Pb、Zn、Cd）异常

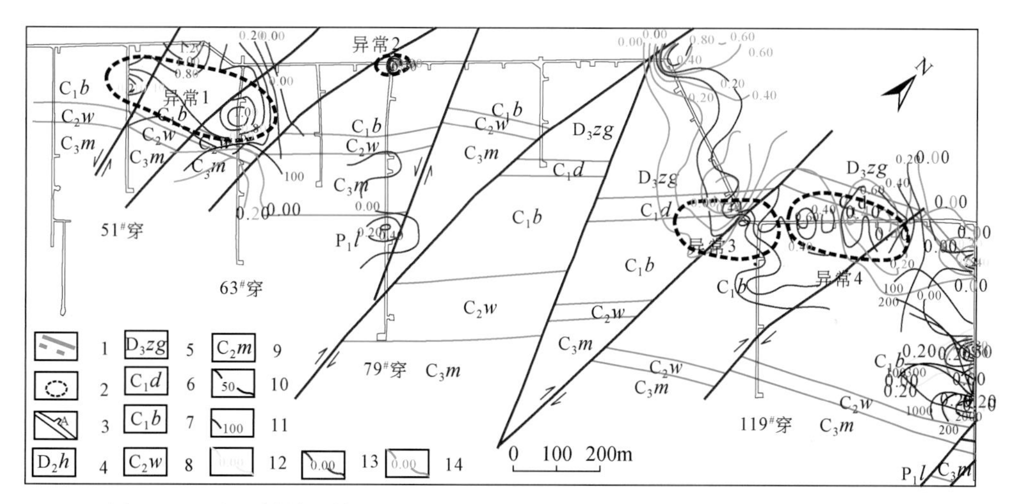

图 10-15　会泽麒麟厂外围 1571 中段朱家丫口勘查区构造地球化学异常-地质图

1. 地层界线；2. 异常区；3. 坑道；4. 泥盆系海口组；5. 泥盆系宰格组；6. 石炭系大塘组；7. 石炭系摆佐组；8. 石炭系威宁组；9. 石炭系马平组；10. 铅异常等值线（10^{-6}）；11. 锌异常等值线（10^{-6}）；12. F_3因子元素组合（Cd、Zn、Pb 异常）；13. F_6因子元素组合（Ba）异常；14. F_5因子元素组合（In、Mo）异常

重量不少于 1000g，其余部分保存为副样。地球化学样品委托西北有色地质研究院测试中心采用 ICP-MS 法进行测试。按照样品总数的 3% 送测密码样，以检测数据的准确性，主要指示元素的平均误差小于 8%，分析方法、仪器均达到精度要求。每件样品分析 42 个元素和氧化物。

据图 10-17 和图 10-18，小竹箐勘查区构造地球化学总体特征及找矿预测区如下。

（1）矿化因子异常区与该区 Pb、Zn 异常区重合或相邻，反映构造地球化学异常是靶区圈定的重要依据，即银厂坡断裂及其上盘 Z_2dn 和 C_1b 中的次级断裂裂隙带是找矿预测靶区。

（2）矿体严格受断裂及裂隙控制，走向可能为 NNE 向，矿液从深部沿断裂通道运移至

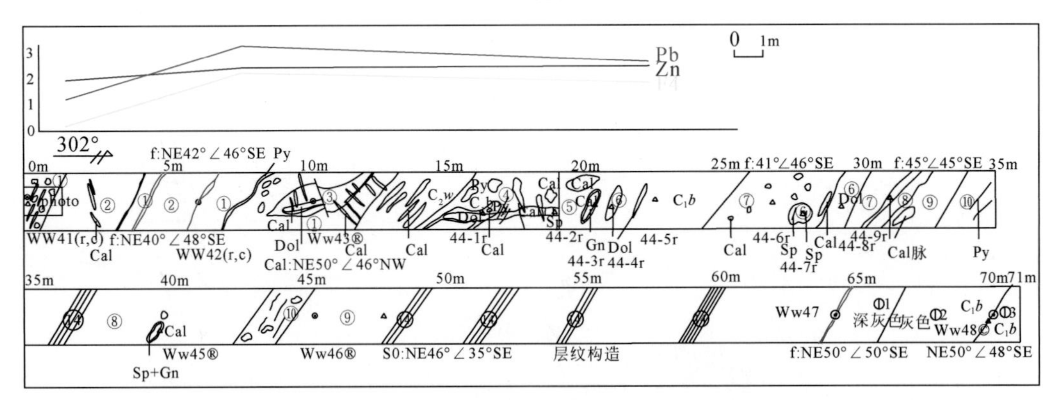

图 10-16　会泽矿区深部 1274 中段 2 号穿脉 Pb、Zn 及 F_4 因子元素组合（Cd、Pb、Zn）异常分布图

（纵坐标为 Pb、Zn 含量和元素组合异常的常用对数值）

①角砾状深灰色灰岩；②灰色白云质灰岩，浅灰色；③灰黑色白云岩；④白色，灰白色中细晶灰质白云岩，强 Py 化；⑤Sp+Py+Ca 矿体，以 Sp 为主；⑥白-灰白色中晶白云岩，夹 Ga、Sp 细脉及浸染状，星点状，细脉状 Py；⑦矿体，Ga 为主；⑧深灰色网脉状 Cc 化白云岩；⑨灰-灰白色细晶白云岩；⑩灰-灰白色中粗晶白云岩；⑪深灰色方解石化灰岩；⑫灰色细晶灰质白云岩；⑬灰色，深灰色灰岩；⑭白色中细晶白云岩与灰色中细晶白云岩互层

浅部，然后向两侧沿次级断裂或裂隙带运移。

（3）银厂坡断裂在成矿期呈压扭性，控制了银厂坡矿床和小竹箐勘查区，C_1b 中的 NE 向压扭性断裂控制矿体。

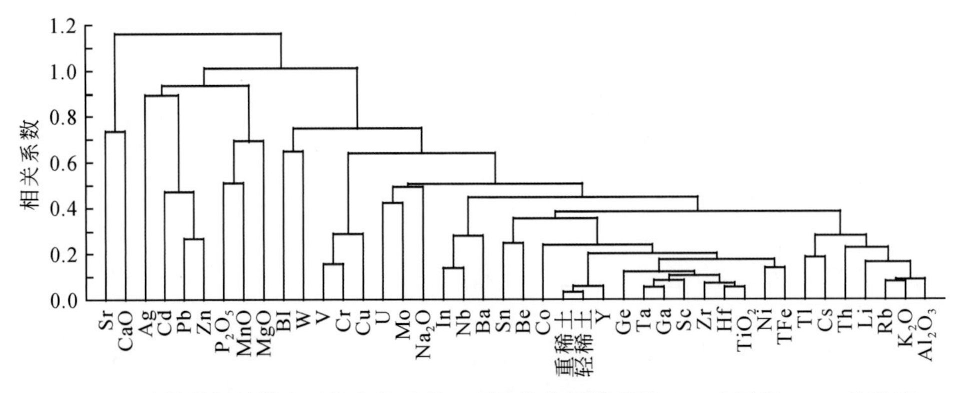

图 10-17　小竹箐铅锌勘查区构造岩元素 R 型聚类分析谱系图（42 个元素，249 件样品）

四、大比例尺物探技术应用——“点上探深”

（一）会泽矿区深部

对麒麟厂测区坑道重力观测数据作各项改正后，经综合分析和分离后得剩余异常等值线图（图 10-19）。

由图 10-19 可知：1571 中段主要有一正一负 2 个异常，异常相隔较近，异常编号为 Δg-13、Δg-14。1031 中段有 5 处异常，其中正异常为 Δg-17；负异常为 Δg-15、Δg-16、Δg-17、Δg-19，异常值较小。

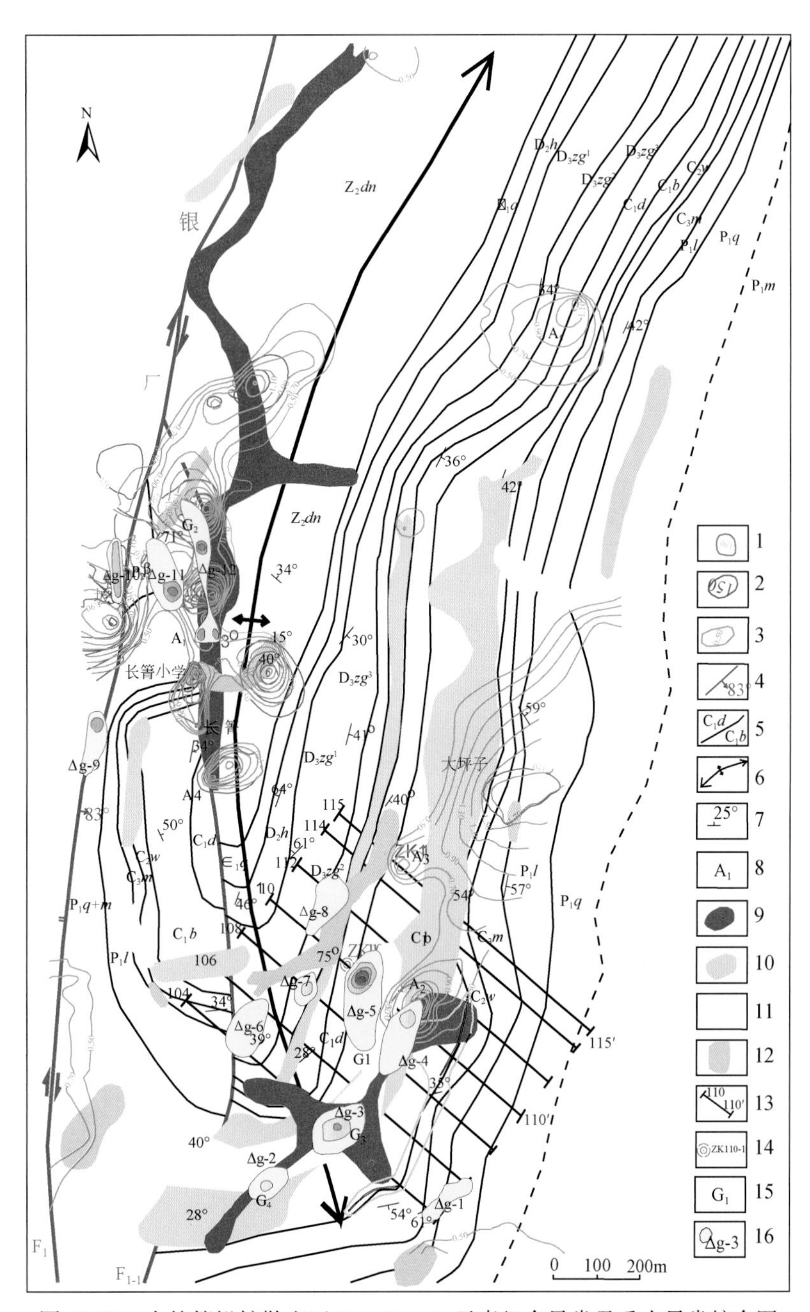

图 10-18 小竹箐铅锌勘查区 Pb、Zn、F_2元素组合异常及重力异常综合图

1. Zn（10^{-6}）元素等值线；2. Pb（10^{-6}）元素等值线；3. F_2因子元素组合（Pb、Zn、Cd）异常；4. 断裂及倾向倾角；5. 地层界线；6. 背斜；7. 地层产状；8. 化探异常区编号；9. Pb、Zn 矿化带；10. 粗晶白云石化蚀变带；11. 褐铁矿化蚀变带；12. 方解石化蚀变带；13. 勘探线及编号；14. 设计钻孔机编号；15. 重力异常区编号（有找矿意义）；16. 剩余布格重力异常编号

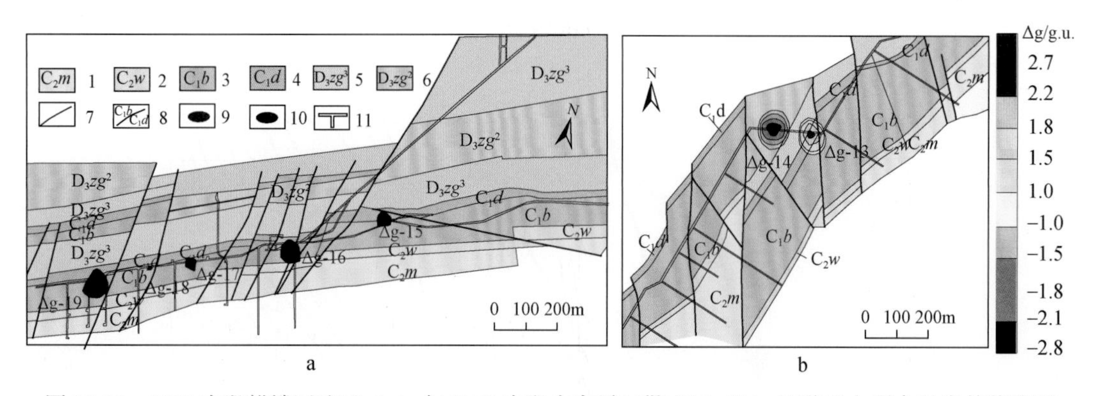

图 10-19　1031 中段麒麟厂矿区（a）与 1571 中段朱家丫口勘查区（b）坑道重力剩余异常等值线图

1. 上石炭统马平组；2. 上石炭统威宁组；3. 下石炭统摆佐组；4. 下石炭统大塘组；5. 上泥盆统宰格组第三段；6. 上泥盆统宰格组第二段；7. 断层；8. 地层界线；9. 重力正异常等值线；10. 重力负异常等值线；11. 坑道

对上述麒麟厂坑道测区内 7 个异常推断解释见表 10-1。

表 10-1　麒麟厂坑道测区重力异常推断解释表

中段	异常类型	异常编号	推断依据
1571	有找矿意义	Δg-13、Δg-14	（1）正异常异常强度大于 1.0g. u.，负异常异常强度小于 1.0g. u.，异常规模较大； （2）Δg-13 异常位宰格组三段（D_3zg^3）、大塘组（C_1d）和摆佐组（C_1b）中。Δg-14 异常位于宰格组二段（D_3zg^2）中； （3）异常上方、下方均无采空区； （4）异常所在区域有 In、Ba 构造地球化学异常； （5）异常相隔较近，呈反对称，推测可能为倾斜的重晶石脉引起的异常
1031	有找矿意义	Δg-15、Δg-16、Δg-17、Δg-19	（1）负异常异常强度在 1.0g. u. 左右，异常规模较大； （2）异常位于有利赋矿层摆佐组（C_1b）中； （3）异常上方、下方均无采空区； （4）异常所在区域有 Pb、Zn 构造地球化学异常。其中 Δg-16、Δg-19 异常处 Pb、Zn 矿化的构造地球化学异常较明显； （5）异常值为负，推测主矿体位于坑道上方
	无找矿意义	Δg-18	单点正异常，异常规模小

由表 10-1 可得：在麒麟厂坑道测区获得重力异常 7 个，具有找矿意义异常 6 个，不具有找矿意义异常 1 个。

（二）小竹箐勘查区

对小竹箐勘查区重力观测数据作改正后，得到布格重力异常等值线图，再依据大于 3 倍布格重力异常总精度圈定异常范围，异常下限为 1.0g. u.。分析该区重力的区域场特征后，对布格重力异常作平面趋势分析，即分离区域场与剩余场。根据趋势分析剩余异常值及大于等于异常下限，作布格重力异常图（图 10-20）。

100～112 勘探线共有 8 处异常，均为正异常。Δg-2、Δg-3、Δg-4、Δg-5 四个异常位于摆佐组（C_1b）；Δg-6 异常位于海口组（D_2h）；Δg-7、Δg-8 异常位于宰格组（D_3zg）；Δg-1 异常位于梁山组（P_3l）、栖霞茅口组（P_1q+m）。

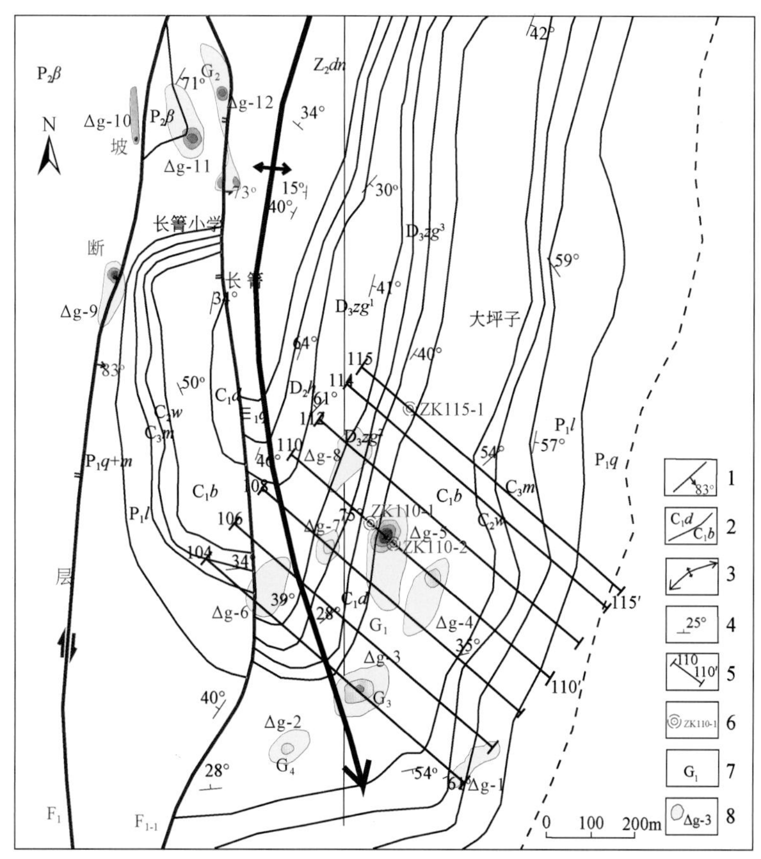

图 10-20　会泽矿区外围小竹箐勘查区剩余布格重力异常图

1. 断裂及倾向倾角；2. 地层界线；3. 背斜；4. 地层产状；5. 勘探线及编号；6. 设计钻孔机编号；7. 重力异常区编号（有找矿意义）；8. 剩余布格重力异常 Δg（g. u.）编号

200～212 勘探线有 4 个异常，为正异常。其中有 1 个异常位于灯影组（Z_2dn）；2 个异常位于玄武组（$P_2\beta$）、栖霞茅口组（P_1q+m）；1 个异常位于玄武组（$P_2\beta$）中。

对上述小竹箐测区 12 个异常推断解释见表 10-2。

表 10-2　小竹箐勘查区重力异常推断解释表

测线	异常类型	异常编号	推断依据
100～102 勘探线	有找矿意义	Δg-2、Δg-3、Δg-4、Δg-5	（1）位于有利赋矿层摆佐组中（C_1b）； （2）异常规模较大、异常强度大于 1g. u.； （3）异常区域有激电异常； （4）异常区域有构造地球化学异常； （5）异常区域在地表见铅锌矿化
	意义不明	Δg-1、Δg-6、Δg-7、Δg-8	异常规模较小，异常强度较弱，位于非有利赋矿层中

续表

测线	异常类型	异常编号	推断依据
200～212勘探线	有找矿意义	Δg-12	(1) 位于有利赋矿层灯影组中（Z_2dn）； (2) 异常规模较大、异常强度大于1g. u.； (3) 异常区域有激电异常； (4) 异常区域有构造地球化学异常； (5) 异常地段在地表可见铅锌矿化
	无找矿意义	Δg-9、Δg-10、Δg-11	异常规模较小，异常强度较弱，位于非有利赋矿层中

由表10-2可得：在小竹箐勘查区重力测量共获得异常12个，有找矿意义异常5个，不具有找矿意义或不明的异常7个。推断Δg-2、Δg-3、Δg-4与Δg-5可能反映两层矿体呈左列式分布。

五、“四步式”集成技术应用效果

（一）会泽矿区深部

根据前述预测标志，将地质条件与构造地球化学、构造-蚀变岩相及重力探测成果相结合，在矿区深部优选出10个靶区（图10-21～图10-23）。

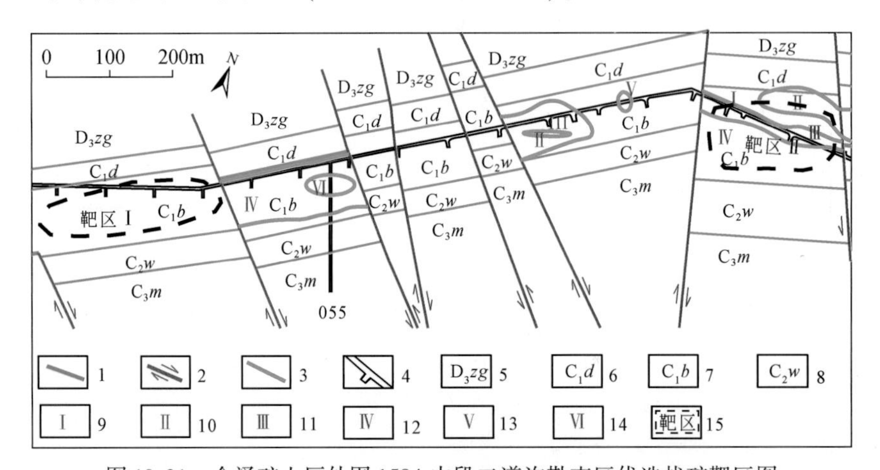

图10-21　会泽矿山厂外围1584中段二道沟勘查区优选找矿靶区图

1. 地层界线；2. 断层；3. 蚀变分带界线；4. 坑道；5. 泥盆系宰格组（D_3zg）；6. 石炭系大塘组（C_1d）；7. 石炭系摆佐组（C_1b）；8. 石炭系威宁组（C_2w）；9. Ⅰ细晶蚀变白云岩带；10. Ⅱ针孔状粗晶白云岩带；11. Ⅲ粗晶蚀变白云岩带；12. Ⅳ白云岩化灰岩带；13. Ⅴ方解石化细晶白云岩带；14. Ⅵ黄铁矿化带；15. 靶区

靶区1：位于1584中段二道沟勘查区064号勘探线SW侧主沿脉偏SE方向064～066号勘探线深部，根据构造地球化学异常圈定。向SE方向侧伏，走向SW-NE。

靶区2：位于1584中段二道沟勘查区036号勘探线SW侧主沿脉偏SE方向036～040号勘探线深部，根据构造地球化学异常圈定。向SE方向侧伏，走向SW-NE。

靶区3：位于1584中段小菜园勘查区附2沿脉F_5断裂东侧36号勘探线深部，附近发育大量NE向断裂，且见铅锌矿化，根据地球化学异常及蚀变圈定，推测为隐伏矿体引起。

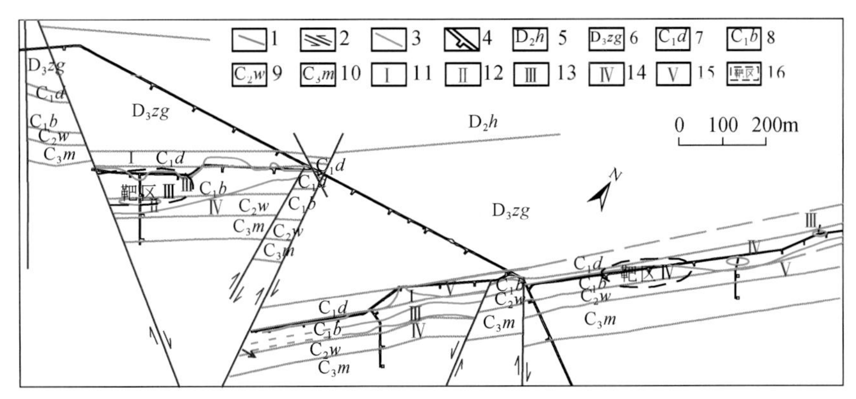

图10-22　会泽矿山厂外围1584中段小菜园勘查区找矿优选靶区图

1. 地层界线；2. 断层；3. 蚀变分带界线；4. 坑道；5. 泥盆系海口组（D_2h）；6. 泥盆系宰格组（D_3zg）；7. 石炭系大塘组（C_1d）；8. 石炭系摆佐组（C_1b）；9. 石炭系威宁组（C_2w）；10. 石炭系马平组（C_3m）；11. Ⅰ细晶蚀变白云岩带；12. Ⅱ针孔状粗晶白云岩带；13. Ⅲ粗晶蚀变白云岩带；14. Ⅳ白云岩化灰岩带；15. Ⅴ方解石化细晶白云岩带；16. 靶区

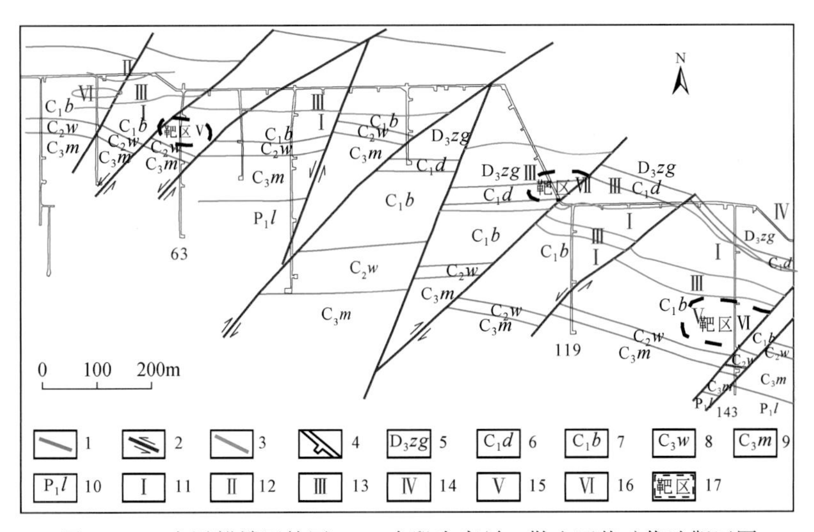

图10-23　会泽麒麟厂外围1571中段朱家丫口勘查区找矿优选靶区图

1. 地层界线；2. 断层；3. 蚀变分带界线；4. 坑道；5. 泥盆系宰格组（D_3zg）；6. 石炭系大塘组（C_1d）；7. 石炭系摆佐组（C_1b）；8. 石炭系威宁组（C_2w）；9. 石炭系马平组（C_3m）；10. 二叠系梁山组；11. Ⅰ细晶蚀变白云岩带；12. Ⅱ针孔状粗晶白云岩带；13. Ⅲ粗晶蚀变白云岩带；14. Ⅳ白云岩化灰岩带；15. Ⅴ方解石化细晶白云岩带；16. Ⅵ黄铁矿化带；17. 找矿靶区

靶区4：位于1584中段小菜园勘查区附三沿脉靠近主沿脉处、87～92号勘探线深部，根据构造地球化学异常圈定。

靶区5：位于1571中段朱家丫口勘查区63～71号勘探线深部，63号穿脉异常较强。根据构造地球化学异常圈定。

靶区6：位于1571中段朱家丫口勘查区125～159号勘探线深部，143号穿脉异常强烈。根据构造地球化学异常圈定，推测为重晶石矿体引起。

靶区7：位于1571中段朱家丫口勘查区119号勘探线上部（119号穿脉口），根据构造地球化学异常及重力异常圈定，推测为重晶石矿体引起。

靶区 8：1031 中段麒麟厂矿区 138～122 号勘探线有铅锌元素异常，并有较强的重力异常，在 138 号勘探线两类异常明显，推测为上部主矿体引起，在此平面之下，矿体变小或尖灭。

靶区 9、靶区 10：1031m 中段深部 102～132 号勘探线、134～160 号勘探线为重点找矿靶区。

在此基础上，对 1764、1584 中段开展高精度坑道重力测量（图 10-24），于已知Ⅰ号矿体部位获得明显的重力异常，异常最大值约 5g. u.，根据高密度倾斜矿体重力异常断面模型（图 10-6），推断Ⅰ号已知矿体延深大或深部有隐伏矿体。于 1584 中段开展坑道 EH4 测量，获得 600m×900m 的明显 EH4 低电阻率异常。通过与云南驰宏锌锗股份有限公司的共同努力，综合坑道重力异常、坑道 EH4 低电阻率异常，紧密结合成矿地质条件，圈定深部重点靶区。钻孔验证发现Ⅰ-5 号富锗铅锌矿体（图 10-24）；麒麟厂外围 1031m 中段深部 102～132 号勘探线、134～160 号勘探线为重点找矿靶区，工程验证勘探发现 10-11～10-15 等系列矿体群，近期在 150 号勘探线附近的深部钻探工程验证中也发现了新矿体（图 3-4），其他靶区还有待验证。

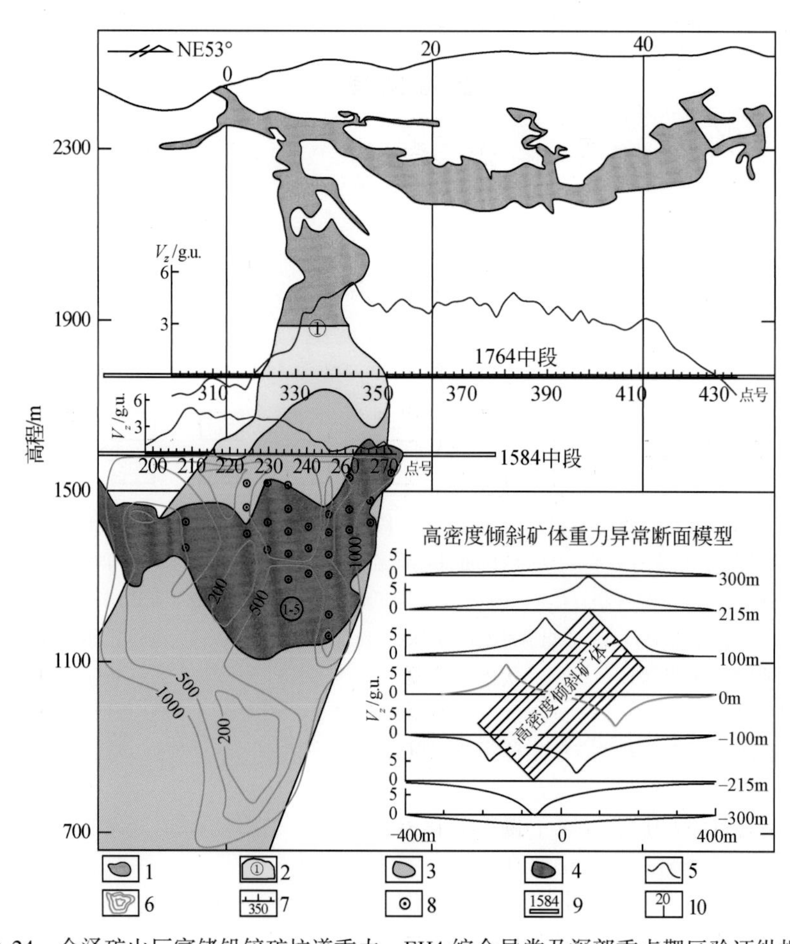

图 10-24　会泽矿山厂富锗铅锌矿坑道重力、EH4 综合异常及深部重点靶区验证纵投影图

1. 氧化矿体；2. 硫化矿体及编号；3. 预测靶区；4. 发现的矿体；5. 重力异常；6. EH4 异常（单位：Ω · m）；7. 重力点位及编号；8. 验证勘探钻孔；9. 坑道；10. 勘探线及编号

（二）小竹箐勘查区

综合小竹箐勘查区成矿地质条件和矿田构造解析、构造-蚀变岩相填图、构造地球化学、物探勘查成果（图10-18），优选出2个重点找矿靶区：①下石炭统摆佐组中构造-矿化蚀变带深部；②震旦系灯影组中热液脉型铅锌矿（化）体深部。

本章小结

（1）建立了HZT铅锌矿床找矿预测地质模型及其勘查应用流程，提出主要的找矿标志。

（2）创建了大比例尺构造-蚀变岩相填图、高精度坑道重力全空间域定位探测技术，创新了构造地球化学深部精细勘查技术，应用效果显著。

（3）创建了HZT铅锌矿床大比例尺“四步式”深埋藏矿体定位探测集成技术，实现了深部找矿勘查技术系统化，应用效果明显，显示出其广阔的应用前景。

（4）以毛坪、会泽富锗铅锌矿床深部及外围找矿为实例，应用大比例尺“四步式”深埋藏矿体定位探测集成技术，在毛坪、会泽矿区深部及外围再次取得了重大找矿突破。

参考文献

陈国达.1984.构造地球化学的几个问题.矿物岩石地球化学通报，3（1）：3-4.

陈艳，杨斌，王慧，等.2011.灵北断裂带黄埠岭-七里山段构造地球化学找矿预测.矿产与地质，25（2）：148-151.

陈勇敢，赵玉锁，张国立，等.2004.甘肃寨上金矿床构造地球化学特征.黄金地质，10（4）：61-65.

陈毓川.1998.中国矿床成矿系列初论.北京：地质出版社.

陈毓川.2007.中国成矿体系与区域成矿评价.北京：地质出版社.

陈毓川，裴荣富，王登红.2006.三论矿床的成矿系列问题.地质学报，80（10）：1501-1508.

程裕淇，陈毓川，赵一鸣.1979.初论矿床的成矿系列问题.地球学报，1（1）：39-65.

程裕淇，陈毓川，赵一鸣，等.1983.再论矿床的成矿系列问题.地球学报，2：5-68，138-139.

邓军，孙忠实，杨立强，等.2000.吉林夹皮沟金矿带构造地球化学特征分析.高校地质学报，6（3）：405-411.

范柱国，秦德先，谈树成，等.2004.个旧老厂锡多金属矿田东部断裂构造地球化学异常特征.矿物学报，24（2）：129-135.

方维萱，黄转莹，刘方杰.2000.八卦庙超大型金矿床构造-矿物-地球化学.矿物学报，20（2）：121-153.

韩润生.2003.初论构造成矿动力学及其隐伏矿定位预测研究内容和方法.地质与勘探，39（1）：5-9.

韩润生.2005.隐伏矿定位预测的矿田（床）构造地球化学方法.地质通报，24（z1）：978-984.

韩润生.2006.构造成矿动力学及隐伏矿定位预测：以云南会泽超大型铅锌（银、锗）矿床为例.北京：科学出版社.

韩润生.2007.成矿理论研究新进展、地质勘查技术方法（第四、六章）.有色金属进展（1996-2005）（第二卷有色金属矿业）.长沙：中南大学出版社.

韩润生.2013.构造地球化学近十年主要进展.矿物岩石地球化学通报，32（2）：198-203.

韩润生，马德云.2003.陕西铜厂矿田构造成矿动力学.昆明：云南科技出版社.

韩润生，陈进，李元，等.2001.云南会泽麒麟厂铅锌矿床构造地球化学及定位预测.矿物学报，21（4）：667-673.

韩润生，陈进，高德荣，等．2003. 构造地球化学在隐伏矿定位预测中的应用．地质与勘探，39（6）：25-28.

韩润生，邹海俊，刘鸿．2006. 滇东北铅锌银矿床成矿规律及构造地球化学找矿．云南地质，25（4）：382-384.

韩润生，王峰，赵高山，等．2010. 滇北东矿集区昭通毛坪铅锌矿床深部找矿新进展．地学前缘，17（3）：275-275.

韩润生，胡煜昭，王学琨，等．2012. 滇东北富锗银铅锌多金属矿集区矿床模型．地质学报，86（2）：280-294.

韩润生，李文尧，王峰．2014. 一种坑道重力全空间域定位探测高密度隐伏矿体的方法（ZL20141 0398391. 7）

胡旺亮，吕瑞英，高怀忠，等．1995. 矿床统计预测方法流程研究．地球科学，(2)：128-132.

黄德志，邱瑞龙．2002. 安徽张八岭构造带小庙山金矿容矿断裂构造地球化学研究．大地构造与成矿学，26（1）：69-74.

蒋顺德，秦德先，邓明国．2006. 个旧锡矿芦塘坝矿段断裂构造地球化学特征及其找矿意义．矿产与地质，20（6）：677-681.

赖健清，彭省临，杨牧，等．2007. 铜陵凤凰山铜矿南区构造地球化学异常的确定与评价．地质与勘探，43（4）：54-58.

李惠．2006. 金矿区深部盲矿预测的构造叠加晕模型及找矿效果．北京：地质出版社．

李惠，禹斌，李德亮，等．2013. 构造叠加晕找盲矿法及找矿效果．中国科技成果，(8)：87-87.

李文尧，韩润生．2014. 一种坑道重力全空间域定位探测低密度隐伏矿体的方法（ZL2014 1 0398243. 5）

李文勇，夏斌，康继武．2005. 华北板块南部豫西褶皱冲断带构造地球化学研究．地质科学，40（3）：328-336.

李玉新，范柱国．2005. 个旧老厂锡多金属矿田陡石阶测区断裂构造地球化学异常特征．矿产与地质，19（1）：66-71.

刘继顺，高珍权，舒广龙．2001. 李坝金矿田构造地球化学特征及其找矿意义．大地构造与成矿学，25（1）：87-94.

刘泉清．1981. 构造地球化学的研究及其应用．地质与勘探，4：55-63.

刘荣访．2001. 河北省灵寿县石湖金矿的构造地球化学特征．北京地质，(4)：13-19.

罗霞．2000. 会泽铅锌矿深部找矿获重大突破——预测新增铅锌储量近百万吨潜在产值数十亿元．云南日报，05-12.

罗霞．2001. 会泽铅锌矿可能是世界级超大型矿床．云南日报，01-04（A1-1）．

吕古贤，孙岩，刘德良，等．2011. 构造地球化学的回顾与展望．大地构造与成矿学，35（4）：479-494.

毛景文，张作衡，裴荣富．2012. 中国矿床模型概论．北京：地质出版社．

钱建平．1994. 广西灌阳地区碳酸盐岩层滑断裂构造地球化学系统．矿物学报（4）：348-356.

钱建平，何胜飞，王富民，等．2008. 安徽省廖家地区地质地球化学特征和构造地球化学找矿．物探与化探，32（5）：519-524.

钱建平，谢彪武，陈宏毅，等．2011. 广西金山金银矿区成矿构造分析和构造地球化学找矿．现代地质，25（3）：531-544.

冉崇英，胡煜昭，吴鹏，等．2010. 学习实践“改造成矿作用”理论——以滇中砂岩铜矿为例兼论改造作用的上、下限问题．地学前缘，17（2）：35-44.

萨多夫斯基 A И. 1990. 针对具体构造的地区预测普查组合（以亚洲东北部为例）．国外地质科技，（4）：1-7.

孙家骢，江祝伟，雷跃时．1988. 个旧矿区马拉格矿田构造-地球化学特征．昆明理工大学学报（自然科学版），（3）：303-311.
孙岩 . 1998. 断裂构造地球化学导论 . 北京：科学出版社 .
孙岩，戴春森 . 1993. 论构造地球化学研究 . 地球科学进展，8（3）：1-6.
孙岩，沈修志，黄钟瑾，等 . 2012. 层滑断裂与层控矿床——以苏皖南部上古生界的地层为例 . 地质论评，30（5）：430-436.
覃鹏，杨斌，曹军 . 2011. 山东招远黄埠岭金矿构造地球化学特征及找矿远景分析 . 矿产与地质，25（4）：324-329.
滕彦国，张成江，倪师军，等 . 2001. 田湾金矿田韧性剪切带成矿构造地球化学研究 . 大地构造与成矿学，25（1）：95-101.
涂光炽 . 1984a. 构造与地球化学 . 大地构造与成矿学，3（1）：1-2.
涂光炽 . 1984b. 中国层控矿床地球化学（第一卷）. 北京：科学出版社 .
涂光炽 . 1988. 中国层控矿床地球化学（第三卷）. 北京：科学出版社 .
王灿章，钱建平 . 2003. 广西高龙金矿鸡公岩矿段构造地球化学找矿研究 . 矿产与地质，17（3）：237-241.
王雷，韩润生，黄建国，等 . 2010. 云南易门凤山铜矿床 59#矿体分布区断裂构造地球化学特征及成矿预测 . 大地构造与成矿学，34（2）：233-238.
王力，孟昭君，毛政利 . 2002. 构造地球化学方法在个旧锡矿外围找矿预测中的应用 . 全国矿床会议论文集 .
王世称，许亚光 . 1992. 综合信息成矿系列预测的基本思路与方法 . 中国地质，（10）：12-14.
王雅丽，金世昌 . 2009. 独山巴年锑矿断裂构造地球化学特征 . 有色金属工程，61（4）：129-133.
吴继承，王金荣，吴春俊，等 . 2007. 湖南龙山地区金矿床断裂构造地球化学特征 . 矿产与地质，21（3）：351-357.
吴学益 . 1998. 构造地球化学导论 . 贵阳：贵州科技出版社 .
肖克炎，朱裕生，宋国耀 . 2000. 矿产资源 GIS 定量评价 . 中国地质，（7）：29-32.
肖克炎，丁建华，刘锐 . 2006. 美国“三步式”固体矿产资源潜力评价方法评述 . 地质论评，52（6）：793-798.
杨世瑜，钟昆明 . 2006. 斑岩金矿床快速定位预测研究：北衙斑岩型金矿床影象线环结构-构造地球化学快速定位预测 . 昆明：云南大学出版社 .
杨元根，吴学益，金志升，等 . 2004. 海南二甲金矿的动力变形成矿作用及构造地球化学模拟实验研究 . 大地构造与成矿学，28（3）：320-329.
叶天竺 . 2004. 固体矿产预测评价方法技术 . 北京：中国大地出版社 .
叶天竺 . 2010. 流体成矿作用过程、矿物标志、空间特征 . 全国危机矿山项目办典型矿床研究专项中期成果会 .
叶天竺，肖克炎，严光生 . 2007. 矿床模型综合地质信息预测技术研究 . 地学前缘，14（5）：13-21.
叶天竺，吕志成，庞振山等 . 2014. 勘查区找矿预测理论与方法（总）论 . 北京：地质出版社 .
叶天竺，吕志成，庞振山 . 2017. 勘查区找矿预测理论与方法（各）论 . 北京：地质出版社 .
尹华仁，周显强，于宏东，等 . 2001. 青海省哇洪山北北西向构造岩浆岩带构造地球化学初探 . 中国矿物岩石地球化学学会西部矿产勘察开发中的应用地球化学研讨会论文集 .
袁见齐，朱上庆，翟裕行 . 1985. 矿床学 . 北京：地质出版社 .
翟裕生 . 1999. 论成矿系统 . 地学前缘，（1）：13-27.
翟裕生 . 2010. 成矿系统论 . 北京：地质出版社 .
张拴宏，周显强，田晓娟，等 . 2001. 青海托莫尔日特金矿区断裂构造地球化学特征 . 黄金地质，7（1）：33-38.
张征 . 2012. 重力和可控源音频大地电磁法在新疆彩霞山铅锌矿区的应用 . 矿产勘查，3（3）：389-396.

赵军，郑国东，付碧宏 . 2009. 活动断层的构造地球化学研究现状 . 地球科学进展，24（10）：1130-1137.

赵鹏大 . 2006. 矿产勘查理论与方法 . 武汉：中国地质大学出版社 .

赵鹏大，池顺都 . 1991. 初论地质异常 . 地球科学，1（3）：241-248.

赵鹏大，孟宪国 . 1993. 地质异常与矿产预测 . 地球科学：中国地质大学学报，（1）：39-47.

赵鹏大，陈永清 . 1998. 地质异常矿体定位的基本途径 . 中国地质大学学报（地球科学），23（2）：111-114.

赵鹏大，陈永清 . 1999. 基于地质异常单元金矿找矿有利地段圈定与评价 . 地球科学，24（5）：443-448.

赵鹏大，胡旺亮，李紫金 . 1983. 矿床统计预测的理论与实践 . 地球科学，4：113-127.

赵鹏大，王京贵，饶明辉，等 . 1995. 中国地质异常 . 地球科学，（2）：117-127.

赵鹏大，池顺都，陈永清 . 1996. 查明地质异常：成矿预测的基础 . 高校地质学报，（4）：361-373.

赵鹏大，池顺都，李志德，等 . 2001. 矿产勘查理论与方法 . 北京：中国地质大学出版社 .

赵鹏大，陈建平，张寿庭 . 2003. “三联式”成矿预测新进展 . 地学前缘，10（2）：455-463.

邹海俊，韩润生，方维萱，等 . 2006. 专家辅助找矿系统中模糊综合评判（FCA）模型的软件实现及应用——以云南会泽铅锌矿隐伏矿预测为例 . 地质通报，25（4）：99-105.

Han R S. 2005. Orefield/deposit tectono-geochemical method for the localization and prognosis of concealed orebodies. Regional Geology of China，24：978-984.

Han R S，Ma D Y，Wu P，et al. 2009. Ore-finding method of fault tectono-geochemistry in the Tongchang Cu-Au polymetallic orefield，Shaanxi，China：I. Dynamics of tectonic ore-forming processes and prognosis of concealed ores. Chinese Journal of Geochemistry，28（4）：397-404.

Han R S，Chen J，Wang F，Wang X K，Li Y. 2015. Analysis of metal-element association halos within fault zones for the exploration of concealed ore-bodies—A case study of the Qilinchang Zn-Pb-（Ag-Ge）deposit in the Huizemine district，northeastern Yunnan，China. Journal of Geochemical Exploration，159：62-78.

Singer D A，Menzie A，et al. 2010. Quantitative mineral resource assessments—an integrated approach. Oxford University Press，3（3）：514-525.

Sorby H C. 1908. On the application of quantitative methods to the study of the structure and history of rocks. Geological Society of London，64（24）：171-233.